Vahlens Übungsbücher

Wöhe · Kaiser · Döring

Übungsbuch zur Einführung in die Allgemeine Betriebswirtschaftslehre

Übungsbuch zur Einführung in die Allgemeine Betriebswirtschaftslehre

von

Univ.-Prof. Dr. Dr. h.c. mult. Günter Wöhe †

Dr. Hans Kaiser †

Univ.-Prof. Dr. Ulrich Döring

16., überarbeitete und aktualisierte Auflage

Verlag Franz Vahlen München

Prof. Dr. Dr. h.c. mult. Günter Wöhe †, ehemals Professor der Betriebswirtschaftslehre an der Universität des Saarlandes

Dr. Hans Kaiser †, ehemals Ass.-Prof. an der Universität des Saarlandes

Prof. Dr. Ulrich Döring, Professor em. der Betriebswirtschaftslehre an der Universität Lüneburg

ISBN 978 3 8006 6301 9

Satz: Fotosatz Buck
Zweikirchener Str. 7, 84036 Kumhausen
Druck und Bindung: Westermann Druck Zwickau GmbH
Crimmitschauer Str. 43, 08058 Zwickau
Umschlaggestaltung: Ralph Zimmermann – Bureau Parapluie

CO_2 neutral
vahlen.de/nachhaltig

Gedruckt auf säurefreiem, alterungsbeständigem Papier
(hergestellt aus chlorfrei gebleichtem Zellstoff)

Vorwort zur 16. Auflage

Wöhe-Übungsbuch zum aktiven Lernen

Zentrale Pflichtveranstaltungen zur Einführung in die Betriebswirtschaftslehre finden häufig in großen, überfüllten Hörsälen statt. Dabei bleibt für die Studierenden wenig Raum zum aktiven Lernen, weil die Möglichkeit direkter Kommunikation in Form von Fragen und Antworten stark eingeschränkt ist.

Studienanfänger schätzen das Übungsbuch aus zwei Gründen als Begleitbuch zu ihren Lehrveranstaltungen und als passgenaue Ergänzung zum Wöhe-Lehrbuch:

(1) Lernen am Fallbeispiel (Case Study)

Mehr als **500 Übungsaufgaben** decken das gesamte Stoffpensum des Lehrbuchs ab. An zahlreichen kleinen Fallbeispielen können sich die Studierenden in der eigenständigen Lösung betrieblicher Problemstellungen üben und dabei ihr Denken in ökonomischen Kategorien schulen.

(2) Wissenskontrolle und Klausurtraining

Neben den Übungsaufgaben dienen mehr als **600 Wiederholungsfragen und** rund **300 Multiple-Choice-Aufgaben** der Wissenskontrolle und der gezielten Klausurvorbereitung.

Um Ihnen als Studienanfängern den Einstieg zu erleichtern, geben wir Ihnen einige **praktische Hinweise zur Benutzung dieses Buchs**:

- Wie das Wöhe-Lehrbuch ist auch das Wöhe-Übungsbuch in sechs Abschnitte unterteilt.
- Am Anfang eines jeden Abschnitts finden Sie eine Übersicht mit sämtlichen Übungsaufgaben sowie Seitenverweisen zu den Wiederholungsfragen und den Multiple-Choice-Aufgaben des entsprechenden Abschnitts.
- Bei den Übungsaufgaben finden Sie zwischen dem Aufgaben- und dem Lösungsteil Seitenverweise zum einschlägigen Lehrbuchtext. Im Bedarfsfall können Sie also vor dem Einstieg in den Lösungsteil Ihr betriebswirtschaftliches Grundwissen anhand des Lehrbuchs verbessern.
- Zur Kontrolle Ihres Wissensstands können Sie bei jeder Übungsaufgabe Ihre eigene Lösung mit der im Übungsbuch abgedruckten Musterlösung vergleichen.
- Zur Beantwortung jeder Wiederholungsfrage gibt es ebenfalls einen Seitenrückverweis zum einschlägigen Lehrbuchtext.
- Angaben zu den richtigen Lösungen der Multiple-Choice-Aufgaben finden Sie am Schluss des jeweiligen Aufgabenkatalogs.

Der Verfasser ist bestrebt, den **Kontakt** zu Studierenden und Kolleginnen und Kollegen weiter zu intensivieren. Zur Kontaktaufnahme nutzen Sie bitte

info@vahlen.de

Neuerungen in der aktuellen Auflage

In die 27. Auflage des Wöhe-Lehrbuchs wurde ein neues Kapitel zum „Online-Marketing" aufgenommen. Außerdem wurde das Kapitel „Planung und Entscheidung" neu konzipiert. Dabei liegt der Schwerpunkt der Überarbeitung in einer vertieften Behandlung der strategischen Planung, die in der Planungspraxis immer stärker in den Vordergrund rückt. In Anlehnung an die Neuerungen im Wöhe-Lehrbuch wurden zahlreiche alte Aufgaben im Übungsbuch durch neue, praxisorientierte Übungsbeispiele ersetzt.

Zum Schluss danke ich allen Leserinnen und Lesern, die mir Hinweise zur Verbesserung dieses Buches gegeben haben. Mein ganz besonderer Dank gilt Frau Violetta Graf für ihre Umsicht beim Erstellen einer elektronischen Textfassung. Dem Lektor des Verlags Franz Vahlen, Herrn Dipl.-Volkswirt Hermann Schenk, danke ich erneut für seinen guten Rat im Rahmen einer seit Jahrzehnten geübten vertrauensvollen Zusammenarbeit.

Lüneburg, im Juni 2020 *Ulrich Döring*

Vorwort zur ersten Auflage

Mit dem vorliegenden Übungsbuch werden zwei Aufgaben verfolgt: erstens soll der Lehr- und Problemstoff der „Einführung in die Allgemeine Betriebswirtschaftslehre" anhand von Fallaufgaben beleuchtet, vertieft und noch leichter verständlich gemacht und damit für die Berufspraxis einfacher anwendbar gestaltet werden; zweitens soll der Leser durch Wiederholungs- und Testfragen und dazugehörige Lösungshinweise sein Wissen überprüfen und ergänzen und sich somit gezielt auf Prüfungen vorbereiten können.

Dieser doppelten Zielsetzung entsprechend ist der Stoff in zweifacher Weise bearbeitet worden: einerseits erfolgte eine Aufbereitung der gesamten „Einführung" in Form von Wiederholungs- und Testfragen, die teils kurze Antworten (z. B. Fragen nach Definitionen von Begriffen), teils längere Analysen (z. B. Fragen nach Zusammenhängen oder Verfahren, ihren Vor- und Nachteilen oder nach der Analyse von Entscheidungskriterien) erfordern; andererseits wurden möglichst praxisbezogene Fallaufgaben entwickelt. Den etwa 500 Fallaufgaben ist grundsätzlich die Lösung beigegeben. Bei den etwa 500 Wiederholungsfragen erübrigt sich in der Regel eine ausführliche Lösungsantwort, da sich jede Frage auf einen bestimmten Abschnitt der „Einführung" bezieht, die Antwort sich also in der „Einführung" befindet. Es genügt deshalb der Hinweis auf die entsprechende Seite der „Einführung" (11. und 12. Auflage). Den etwa 130 Testfragen sind jeweils mehrere Antworten beigegeben, die teils richtig, teils falsch sind. Die Aufgabe für den Leser besteht darin, die richtigen Lösungen herauszufinden. Am Ende jeder Gruppe von Testfragen findet sich ein Hinweis auf die jeweils richtigen Antworten. Der Lerneffekt kann erheblich vergrößert werden, wenn der Leser auch Überlegungen darüber anstellt, was an den seiner Meinung nach nicht zutreffenden Antworten falsch ist.

Da wir der Meinung sind, daß die didaktischen Vorzüge eines Übungsbuches, die in der Möglichkeit des fallweisen Lernens bestehen, erst dann zur Geltung kommen, wenn sich die Fälle und Aufgaben aus dem Fundus an Kenntnissen lösen lassen, die sich der Leser zuvor aus dem Lehrbuch erworben hat, haben wir den

Stoff des Übungsbuches gliederungsmäßig und inhaltlich soweit wie möglich an das dazugehörige Lehrbuch angelehnt, d.h. die Gliederung des Übungsbuches in 6 Hauptabschnitte und die Untergliederung der Hauptabschnitte entsprechen der Gliederung der „Einführung". Der Leser hat somit die Möglichkeit, sich zunächst den Stoff des Lehrbuches oder eines Lehrbuchabschnittes anzueignen und danach sein Wissen auf die möglichst praxisnahen Fälle und Übungsaufgaben des Übungsbuches anzuwenden. Auf diese Weise gewinnt er nicht nur einen Einblick in praktische Entscheidungssituationen, sondern er festigt auch durch die Lösung der Fälle und Übungsaufgaben seine aus dem Lehrbuch erworbenen Kenntnisse der betriebswirtschaftlichen Theorie und Praxis.

Die zweifache Aufbereitung des Stoffes in Wiederholungs- und Testfragen sowie in Fallaufgaben ist in den Hauptabschnitten 2–6 konsequent durchgeführt worden. Der 1. Hauptabschnitt (Gegenstand, Methoden und Geschichte der Betriebswirtschaftslehre) eignet sich nur bedingt für Fallaufgaben. Dieser Abschnitt kann weitaus besser mit Hilfe der Wiederholungs- und Testfragen und der als Lösungshilfe beigegebenen Schaubilder und tabellarischen Zusammenfassungen wiederholt werden.

Ein großer Teil der Fragen könnte in einer mündlichen Prüfung gestellt werden und läßt sich folglich relativ kurz beantworten. Ein anderer Teil eignet sich vom Problemumfang her für mehrstündige schriftliche Arbeiten. Eine ausführliche Bearbeitung – mit entsprechenden Kontrollmöglichkeiten in der „Einführung" – ist als Vorbereitung auf schriftliche Prüfungen zu empfehlen.

Für kritische Anregungen und das Lesen der Korrekturen sind wir den Herren Dipl.-Kfm. Hartmut Bieg, Dipl.-Kfm. Jürgen Bilstein, Dipl.-Kfm. Helmuth Lehr und Dipl.-Kfm. Karl-Willi Schlemmer zu Dank verpflichtet. Unser Dank gilt ebenso Frau Angelika Hauch und Fräulein Doris Schneider für ihre Sorgfalt und Mühe beim Schreiben der Manuskripte.

Saarbrücken, im September 1975/September 1976

Günter Wöhe
Hans Kaiser
Ulrich Döring

Inhaltsübersicht

Dritter Abschnitt Produktion

Vierter Abschnitt Marketing

Fünfter Abschnitt
Investition und Finanzierung

Sechster Abschnitt
Betriebswirtschaftliches Rechnungswesen

Erster Abschnitt

Standort und Geschichte der Betriebswirtschaftslehre

Seite

Wiederholungsfragen:

	Wöhe Seite
Welche kritischen Einwände werden gegen das Gewinnmaximierungsprinzip geltend gemacht?	10
Worin liegt der Unterschied zwischen primären und sekundären Werturteilen?	11
Wie lässt sich der produktivitätsorientierte Ansatz von Erich Gutenberg beschreiben?	16 f.
Wie lässt sich der entscheidungsorientierte Ansatz der Betriebswirtschaftslehre charakterisieren?	17 f.
Wie lässt sich der verhaltensorientierte Ansatz der Betriebswirtschaftslehre charakterisieren?	18 f.
Welche Rolle spielen Transaktionskosten, Verfügungsrechte (Property-Rights) und die Prinzipal-Agenten-Beziehung im Rahmen des institutionenökonomischen Ansatzes?	20–24
Wie vollzieht sich die betriebliche Leistungserstellung und -verwertung zwischen Beschaffungsmarkt, Absatzmarkt, Kapitalmarkt und Staat?	28 f.
Wie lassen sich das Erfahrungsobjekt und das Erkenntnisobjekt der Betriebswirtschaftslehre umschreiben?	33
Wie lässt sich das ökonomische Prinzip mengen- und wertmäßig definieren?	33 f.; 38
Worin besteht der Unterschied zwischen einem Betrieb, einem privaten Haushalt und einem öffentlichen Haushalt?	29 f.
Zu welchem Einteilungsergebnis gelangt man, wenn man die Gesamtzahl der Betriebe nach Wirtschaftszweigen unterteilt?	31 f.
Wie lässt sich das ökonomische Prinzip als Maximumprinzip, Minimumprinzip und Optimumprinzip interpretieren?	34
Worin unterscheidet sich ein Betrieb im marktwirtschaftlichen System von einem Betrieb in der Planwirtschaft?	35–37
Welche Aufgabe hat die entscheidungsorientierte Betriebswirtschaftslehre?	37
Wie sind Produktivität, Wirtschaftlichkeit, Gewinn und Rentabilität definiert?	38
Welcher Unterschied besteht zwischen der Eigenkapitalrentabilität und der Gesamtkapitalrentabilität?	39
Wie lässt sich die Verhaltensweise des Homo oeconomicus umschreiben?	41
Wie lässt sich die Betriebswirtschaftslehre von anderen Disziplinen abgrenzen?	40–42
Zu welchem Einteilungsergebnis gelangt man bei einer funktionalen Einteilung der Betriebswirtschaftslehre?	43 f.

Aufgabe 1 Rationalprinzip und Homo oeconomicus

Welcher Zusammenhang besteht zwischen dem allgemeinen Rationalprinzip und dem Homo oeconomicus?

Wöhe S. 33f. und S. 41

Die Modelltheorie geht von der Voraussetzung aus, dass sich ein Wirtschaftssubjekt bei seinen Wahlhandlungen rational verhält. **Rationales Verhalten** liegt dann vor, wenn das Wirtschaftssubjekt der Alternative mit dem höheren Zielerreichungsgrad den Vorzug gibt. Ein rational handelndes, nutzenmaximierendes Wirtschaftssubjekt wird in der ökonomischen Modelltheorie als **Homo oeconomicus** bezeichnet.

Aufgabe 2 Rationalprinzip und ökonomisches Prinzip

Erläutern Sie den Zusammenhang zwischen dem Rationalprinzip und dem ökonomischen Prinzip!

Wöhe S. 33f.

Das **Rationalprinzip** geht von der Hypothese aus, dass ein Wirtschaftssubjekt die bessere Lösung der schlechteren Lösung vorzieht. Das ökonomische Prinzip gibt dem Wirtschaftssubjekt eine Verhaltensmaßregel an die Hand, wie es zur besseren Lösung gelangen kann. Da die Produktionsfaktoren knapp sind, müssen sie mit großer Umsicht, d. h. nach dem Aspekt der Nützlichkeit eingesetzt werden. Daraus folgt:

- Mit einem gegebenen Faktoreinsatz muss das höchstmögliche Produktionsergebnis erzielt werden (Maximumprinzip).
- Ein vorgegebenes Produktionsergebnis muss mit geringstmöglichem Faktoreinsatz erreicht werden (Minimumprinzip).

Das **ökonomische Prinzip** kann als Prinzip zur **Schonung knapper Ressourcen** verstanden werden.

Aufgabe 3 Ökonomisches Prinzip und Prinzip langfristiger Gewinnmaximierung

Erläutern Sie den Zusammenhang zwischen dem ökonomischen Prinzip und dem Prinzip langfristiger Gewinnmaximierung im planwirtschaftlichen und im marktwirtschaftlichen Betrieb!

Wöhe S. 34–37

Im **planwirtschaftlichen System** bemühen sich die Betriebe um die Einhaltung des ökonomischen Prinzips. Gewinnmaximierung ist der Planwirtschaft fremd.

Im **marktwirtschaftlichen System** müssen die Unternehmen das ökonomische Prinzip beachten. Täten sie es nicht, würden sie also auf Kostensenkungsmöglichkeiten verzichten, wären sie nicht mehr wettbewerbsfähig. Würden die Unternehmen im marktwirtschaftlichen Wettbewerb auf die Gewinnerzielungsabsicht verzichten, blieben sie – bei schlechter Wirtschaftslage – doch der Verlustgefahr, also der Eigenkapitaldezimierung, ausgesetzt. Zum Ausgleich dieses unternehmerischen Risikos müssen Unternehmen im marktwirtschaftlichen Wettbewerb auf die Erzielung möglichst hoher Gewinne bedacht sein. Gewinnmaximierungsstreben dient der langfristigen Sicherung der Unternehmensexistenz: Nur wer (in guten Jahren) sein Eigenkapital durch Gewinnmaximierung mehrt, hat (in schlechten Jahren) ein Eigenkapitalpolster, mit dem sich Verluste auffangen lassen.

Aufgabe 4 Systematisierung von Grundbegriffen

Stellen Sie die Gemeinsamkeiten und Unterschiede zwischen folgenden Begriffen in einem Schema heraus:

(a) Rationalprinzip
(b) Allgemeines Vernunftprinzip
(c) Wirtschaftlichkeitsprinzip
(d) Gesamtkapitalrentabilitätsmaximierung
(e) Eigenkapitalrentabilitätsmaximierung
(f) Rentabilitätsoptimierung

Wöhe S. 1, S. 33–35 und S. 39

Verwenden Sie das folgende Schema als Lösungshilfe; versuchen Sie jedoch, den Inhalt der einzelnen Spalten, d.h. die Umschreibung der Begriffe, zunächst selbst zu entwickeln!

RATIONALPRINZIP (ALLGEMEINES VERNUNFTPRINZIP)				
Allgemeine Formulierung	**Wirtschaftlichkeitsprinzip** (ökonomisches Prinzip)		**Rentabilitätsoptimierung**	
	Produktivität (mengenmäßige oder technische Wirtschaftlichkeit)	Wirtschaftlichkeit i. e. S. (wertmäßige Wirtschaftlichkeit)	**Gesamtkapitalrentabilitätsmaximierung**	**Eigenkapitalrentabilitätsmaximierung**
$\frac{\text{Ziel}}{\text{Mittel}} = \frac{\text{Nutzen}}{\text{Opfer}}$	$\frac{\text{mengenmäßiger Ertrag (Ausbringungsmenge)}}{\text{mengenmäßiger Einsatz (Faktoreinsatzmenge)}}$	$\frac{\text{wertmäßiger Ertrag}}{\text{wertmäßiger Einsatz (Aufwand)}}$	$\frac{\text{Gewinn + FK-Zinsen}}{\text{Gesamtkapital (Eigenkapital + Fremdkapital)}}$	$\frac{\text{Gewinn}}{\text{Eigenkapital}}$
Ein optimales Ziel soll mit einem gegebenen Einsatz an Mitteln erreicht werden **(Maximumprinzip)**.	Ein maximaler mengenmäßiger Ertrag soll mit einem gegebenen mengenmäßigen Faktoreinsatz erzielt werden.	Ein maximaler wertmäßiger Ertrag soll mit einem gegebenen Aufwand erzielt werden.	Ein maximaler Gesamtertrag (Gewinn + FK-Zinsen) soll mit einem gegebenen Gesamtkapitaleinsatz (Eigenkapital + Fremdkapital) erzielt werden.	Ein maximaler Gewinn soll mit einem gegebenen Eigenkapitaleinsatz erzielt werden.
Ein bestimmtes Ziel soll mit dem geringsten Einsatz an Mitteln erreicht werden **(Minimumprinzip)**.	Ein bestimmter mengenmäßiger Ertrag soll mit dem geringsten mengenmäßigen Faktoreinsatz erzielt werden.	Ein bestimmter wertmäßiger Ertrag soll mit dem geringsten Aufwand erzielt werden.	Ein bestimmter Gesamtertrag (Gewinn + Fremdkapitalzinsen) soll mit dem geringsten Gesamtkapitaleinsatz (Eigenkapital + Fremdkapital) erzielt werden.	Ein bestimmter Gewinn soll mit dem geringstmöglichen Eigenkapitaleinsatz erzielt werden.

Aufgabe 5 Zuordnung von Grundbegriffen

Ordnen Sie folgende Begriffe (a) bis (e) den nachstehenden Beispielen (1) bis (7) zu:

(a) Rationalprinzip
(b) Produktivitätsmaximierung
(c) wertmäßige Wirtschaftlichkeitsmaximierung
(d) Gesamtkapitalrentabilitätsmaximierung
(e) Eigenkapitalrentabilitätsmaximierung

(1) Herr SCHLAU will mit möglichst wenig Geld eine möglichst lange Weltreise unternehmen.
(2) Herr SPRINGER will mit möglichst wenig Worten seine aufgebrachte Gattin beruhigen.
(3) Der Taxiunternehmer KASKO wünscht, dass seine Fahrer mit möglichst wenig Benzin möglichst weit kommen.
(4) Der Zuschneider MECK soll aus 1.000 qm Stoff möglichst viele Anzüge herausschneiden.
(5) Der Filialleiter GRÜN soll mit einem Eigenkapitaleinsatz von 1.000.000 EUR einen möglichst großen Gewinn erzielen.
(6) Der Student MEISER will für eine Ferienreise 1.000 EUR in möglichst kurzer Zeit verdienen.
(7) Der Betriebsleiter BLAU soll aus 1.000 qm Weißblech im Wert von 3 EUR/qm 15.000 Konservendosen im Wert von 0,20 EUR pro Stück fertigen.

Den Beispielen (1) bis (7) lassen sich folgende Begriffe (a) bis (e) zuordnen:

(1) Keine Zuordnung möglich, da nicht durchführbar. Herr SCHLAU würde sich nach dem Rationalprinzip verhalten, wenn er mit einem bestimmten Geldbetrag eine möglichst lange Weltreise machen wollte oder eine Weltreise einer bestimmten Länge mit einem minimalen Geldbetrag.
(2) Rationalprinzip (a).
(3) Keine Zuordnung möglich, da nicht durchführbar. Es würde sich um eine mengenmäßige Produktivitätsmaximierung handeln, wenn die Fahrer entweder mit einer bestimmten Menge Benzin möglichst weit fahren oder für eine bestimmte Strecke möglichst wenig Benzin verbrauchen.
(4) Rationalprinzip (a) und Produktivitätsmaximierung (b).
(5) Rationalprinzip (a) und Eigenkapitalrentabilitätsmaximierung (e).
(6) Rationalprinzip (a).
(7) Es handelt sich hier um eine Arbeitsanleitung, jedoch nicht um ein Optimierungsproblem. Die wertmäßige Wirtschaftlichkeit wäre zu maximieren, wenn Herr BLAU aus dem Weißblech im Wert von 3.000 EUR möglichst viele Konservendosen im Wert von 0,20 EUR pro Stück anfertigen oder 15.000 Konservendosen im Wert von 0,20 EUR pro Stück aus möglichst wenig Weißblech zum Preis von 3 EUR/qm fertigen sollte.

Aufgabe 6 Bestimmung von Produktivität und Wirtschaftlichkeit

Aus 10 kg Draht können 1.000 Schrauben hergestellt werden. Der Wert des Drahtes beläuft sich auf 2 EUR/kg. Der Wert einer Schraube beträgt 0,02 EUR.

Teilaufgabe a)

Wie hoch sind die Produktivität (mengenmäßige Wirtschaftlichkeit) und die wertmäßige Wirtschaftlichkeit des Einsatzes von 10 kg Draht zur Herstellung von 1.000 Schrauben?

Wöhe S. 38 f.

$$\textbf{Produktivität} = \frac{\text{Ausbringungsmenge}}{\text{Faktoreinsatzmenge}}$$

$$\textbf{Produktivität} = \frac{\text{1.000 Schrauben}}{\text{10 kg Draht}} = \text{100 Schrauben/kg Draht}$$

$$\textbf{Wirtschaftlichkeit} = \frac{\text{wertmäßiger Faktorertrag (Ertrag)}}{\text{wertmäßiger Faktoreinsatz (Aufwand)}}$$

$$\textbf{Wirtschaftlichkeit} = \frac{\text{1.000 Schrauben} \cdot \text{0,02 EUR/Schraube}}{\text{10 kg Draht} \cdot \text{2 EUR/kg Draht}} = \frac{\text{20 EUR}}{\text{20 EUR}} = 1{,}0$$

Teilaufgabe b)

Sie erhalten den Auftrag, die Produktivität der Schraubenherstellung um 10 % zu steigern. Welche Möglichkeiten haben Sie?

Bis jetzt werden 100 Schrauben aus 1 kg Draht hergestellt. Soll die Produktivität um 10 % gesteigert werden, müssen 110 Schrauben aus 1 kg Draht erzeugt werden.

$$\textbf{Produktivität} = \frac{\text{1.100 Schrauben}}{\text{10 kg Draht}}$$

$$\textbf{Produktivität} = \text{110 Schrauben/kg Draht}$$

Halten Sie die Faktoreinsatzmenge von 10 kg Draht konstant, so müssen Sie 1.100 Schrauben herstellen. Soll jedoch die Ausbringung mit 1.000 Schrauben konstant bleiben, so dürfen Sie nur 9,09 kg Draht verbrauchen.

$$\textbf{Produktivität} = \frac{\text{1.000 Schrauben}}{\text{9,09 kg Draht}}$$

$$\textbf{Produktivität} = \text{110 Schrauben/kg Draht}$$

Teilaufgabe c)

Sie erhalten den Auftrag, die wertmäßige Wirtschaftlichkeit der Schraubenherstellung um 10 % zu erhöhen. Welche Möglichkeiten stehen Ihnen zur Verfügung?

Lösungshinweis: Variieren Sie zum einen die Mengen, zum anderen die Preise.

Wöhe S. 38f.

Bleiben der **Preis** für eine Schraube mit 0,02 EUR und der Preis für 1 kg Draht mit 2 EUR unverändert, so ist die Erhöhung der Wirtschaftlichkeit um 10% wie in Teilaufgabe b) zu erreichen.

(1) Erhöhung der Anzahl der Schrauben von 1.000 auf 1.100 Stück

$$\textbf{Wirtschaftlichkeit} = \frac{\text{1.100 Schrauben} \cdot \text{0,02 EUR/Schraube}}{\text{10 kg Draht} \cdot \text{2 EUR/kg}} = \frac{\text{22 EUR}}{\text{20 EUR}} = 1{,}1$$

(2) Verminderung der Menge des eingesetzten Drahtes

$$\textbf{Wirtschaftlichkeit} = \frac{\text{1.000 Schrauben} \cdot \text{0,02 EUR/Schraube}}{\text{9,09 kg Draht} \cdot \text{2 EUR/kg}} = \frac{\text{20 EUR}}{\text{18,18 EUR}} = 1{,}1$$

Bleiben die **Mengen** unverändert, so lässt sich die Erhöhung der Wirtschaftlichkeit über eine Änderung der Preise erzielen.

(3) Können Sie den Preis für die Schrauben um 10% auf 0,022 EUR/Schraube erhöhen, so folgt:

$$\textbf{Wirtschaftlichkeit} = \frac{1.000 \text{ Schrauben} \cdot 0{,}022 \text{ EUR/Schraube}}{10 \text{ kg Draht} \cdot 2 \text{ EUR/kg}} = \frac{22 \text{ EUR}}{20 \text{ EUR}} = 1{,}1$$

(4) Gelingt es, den Preis des Drahtes auf 1,818 EUR/kg herunterzuhandeln, so folgt:

$$\textbf{Wirtschaftlichkeit} = \frac{1.000 \text{ Schrauben} \cdot 0{,}02 \text{ EUR/Schraube}}{10 \text{ kg Draht} \cdot 1{,}818 \text{ EUR/kg}} = \frac{20 \text{ EUR}}{18{,}18 \text{ EUR}} = 1{,}1$$

Aufgabe 7 Auswahlprinzip der Betriebswirtschaftslehre

Eine der wichtigsten Aufgaben der Betriebswirtschaftslehre ist es, betriebliche Handlungsalternativen auf ihre Zweckmäßigkeit hin zu untersuchen. So versucht man, Aussagen darüber zu machen, ob die Handlungsalternative A vorteilhafter ist als B oder C. Das Kriterium, an welchem man die Vorteilhaftigkeit der verschiedenen Handlungsalternativen misst, ist der langfristig erzielbare Gewinn. Die Investition A ist also vorteilhafter als die Investitionen B und C, wenn sie einen höheren Gewinn erwarten lässt. Die Betriebswirtschaftslehre käme in diesem Falle zu folgender Empfehlung: Will ein Unternehmen den maximalen Gewinn erzielen, so sollte es die Investition A durchführen. Die Betriebswirtschaftslehre macht demnach das **Gewinnmaximierungsprinzip** zu ihrem Auswahlprinzip.

Daneben wird zuweilen behauptet, das Auswahlprinzip der Betriebswirtschaftslehre sei nicht der maximal erzielbare **Gewinn,** sondern die maximal erreichbare **Eigenkapitalrentabilität**. Im folgenden Beispiel soll gezeigt werden, inwieweit beide Auswahlkriterien identisch sind und in welchem Punkt sie sich unterscheiden.

> Max VOLLGAS ist Alleininhaber einer Tankstelle, die ausschließlich mit Eigenkapital (200.000 EUR) finanziert ist und deren Jahresgewinn zurzeit 40.000 EUR beträgt. VOLLGAS spielt mit dem Gedanken, seinen Betrieb um eine automatische Waschanlage zu erweitern, deren Investitionsvolumen gerade 200.000 EUR beträgt. Der Jahresgewinn würde in diesem Falle auf 72.000 EUR ansteigen.
>
> VOLLGAS, der kein Fremdkapital aufnehmen möchte, müsste im Falle einer Betriebserweiterung seinen Bruder als Kompagnon aufnehmen, der das zusätzlich erforderliche Eigenkapital einbrächte und zur Hälfte am Gewinn beteiligt würde.
>
> Halten Sie die Betriebserweiterung für zweckmäßig, wenn
>
> (a) die Firma VOLLGAS nach dem maximalen Gewinn strebt (Auswahlprinzip = Gewinnmaximierung) oder wenn
>
> (b) Max VOLLGAS nach einer maximalen Verzinsung seines Eigenkapitals strebt (Auswahlprinzip = Eigenkapitalrentabilitätsmaximierung)?
>
> Unter welcher Bedingung sind beide Auswahlprinzipien identisch?

Wöhe S. 37–39

Die Betriebserweiterung würde zu einer Steigerung des Gewinns der Firma VOLLGAS um 32.000 EUR führen. Unter Anwendung des Auswahlprinzips „Gewinnmaximierung" ist also die geplante Betriebserweiterung zu befürworten.

Macht man dagegen die Eigenkapitalrentabilität zum Auswahlprinzip, dann muss man die Betriebserweiterung ablehnen: Während die Eigenkapitalrentabilität zurzeit bei 20 % (= 40.000 EUR/200.000 EUR · 100 %) liegt, würde sie nach der Betriebserweiterung auf 18 % (= 72.000 EUR/400.000 EUR · 100 %) zurückgehen.

Das Auswahlprinzip „Gewinnmaximierung" führt immer dann zu den gleichen Ergebnissen wie das Auswahlprinzip „Eigenkapitalrentabilitätsmaximierung", wenn die Größe „Eigenkapital" unverändert bleibt. Sobald aber zwei (oder mehrere) Handlungsalternativen von einer unterschiedlichen Eigenkapitalbasis ausgehen, ist nicht mehr die absolute Höhe des Gewinns, sondern der auf das Eigenkapital bezogene Gewinn (= Eigenkapitalrentabilität) die für den Unternehmer ausschlaggebende Größe.

Aufgabe 8 Bestimmung der Rentabilität

Ein Betrieb weist folgende Bilanz und Gewinn- und Verlustrechnung auf:

Aktiva	Bilanz zum 31.12.01		Passiva
Anlagevermögen	6.000	Eigenkapital 1.1.01	24.000
		Gewinn 01	3.600
Umlaufvermögen	37.600	Schulden	16.000
	43.600		43.600

Aufwand	Gewinn- und Verlustrechnung 1.1.–31.12.01		Ertrag
Wareneinsatz	6.000	Erlöse	20.000
Löhne	9.440		
Schuldzinsen	960		
Gewinn	3.600		
	20.000		20.000

Die Schulden sollen sich seit dem 1.1.01 nicht verändert haben.

Welche
(a) Gesamtkapitalrentabilität
(b) Eigenkapitalrentabilität
wurde in diesem Betrieb erzielt?

Wöhe S. 37–39

Gesamtkapitalrentabilität	Eigenkapitalrentabilität
$r_G = \frac{\text{Gewinn} + \text{Fremdkapitalzinsen}}{\text{Eigenkapital} + \text{Fremdkapital}} \cdot 100\,\%$	$r_E = \frac{\text{Gewinn}}{\text{Eigenkapital}} \cdot 100\,\%$
$r_G = \frac{3.600 + 960}{24.000 + 16.000} \cdot 100\,\%$	$r_E = \frac{3.600}{24.000} \cdot 100\,\%$
$r_G = 11{,}4\,\%$	$r_E = 15\,\%$

Aufgabe 9 Eigenkapitalrentabilität und Gesamtkapitalrentabilität

Sie lesen in der Zeitung folgende Anzeige:

„Renditeobjekt: Mieteinnahmen 18.000 EUR pro Jahr; Rendite 15 %; erforderliches Eigenkapital 80.000 EUR; Restfinanzierung über Bausparkasse zu 5 %."

Wieviel kostet das Grundstück, wenn mit 15 % Rendite

(a) die Gesamtkapitalrentabilität
(b) die Eigenkapitalrentabilität

gemeint ist?

Wöhe S. 37–39

Gesucht ist der Kaufpreis X, der sich aus dem erforderlichen Eigenkapital in Höhe von 80.000 EUR und dem Fremdkapital zusammensetzt.

Gesamtkapital (Kaufpreis)	=	X
Eigenkapital	=	80.000 EUR
Fremdkapital	=	X – 80.000 EUR
Fremdkapitalzinsen	=	5 % von (X – 80.000 EUR)
Fremdkapitalzinsen	=	0,05 (X – 80.000)
Ertrag	=	18.000 EUR
Gewinn	=	18.000 EUR – Fremdkapitalzinsen
Gewinn	=	18.000 – 0,05 (X – 80.000)

(a) Kaufpreis bei Gesamtkapitalrentabilität = 15 %	(b) Kaufpreis bei Eigenkapitalrentabilität = 15 %
$0{,}15 = \frac{18.000}{X}$	$0{,}15 = \frac{18.000 - 0.05\,(X - 80.000)}{80.000}$
(a) Kaufpreis = 120.000 EUR	**(b) Kaufpreis = 200.000 EUR**

Aufgabe 10 Finanzielles Gleichgewicht – Aufrechterhaltung der Zahlungsfähigkeit

Unternehmen im marktwirtschaftlichen System verfolgen üblicherweise das Ziel langfristiger Gewinnmaximierung. Voraussetzung unternehmerischer Tätigkeit ist aber die Aufrechterhaltung der Zahlungsfähigkeit. Wird ein Unternehmen zahlungsunfähig, muss es Insolvenz anmelden. In der Regel bedeutet dies: Der Betrieb muss seine Tätigkeit einstellen, sein Vermögen veräußern und aus dem Veräußerungserlös seine Schulden begleichen.

Die DAMNUM AG rechnet für die kommende Periode 02 mit folgenden Zahlungen:

Finanzplan 02			
Einzahlungen		**Auszahlungen**	
Umsatzerlöse	550	Lohn und Gehalt	80
Staatl. Investitionsförderung	50	Anschaffung Betriebsmittel	600
		Einkauf Werkstoffe	120
		Dividende	60
		Steuern	40
		Darlehenstilgung	30

Am Periodenanfang 02 beziffert sich der Bestand finanzieller Mittel auf 130.

Teilaufgabe a)

Kann die DAMNUM AG nach diesem Plan ihre Zahlungsfähigkeit in Periode 02 aufrechterhalten?

Lösungshinweis für Anfänger: Ordnen Sie die verschiedenen Zahlungen ein in das System „Betriebliche Leistungserstellung und -verwertung" in Abb. 1 auf **S. 28** im **„Wöhe"**!

Nach der vorliegenden Planung müsste die DAMNUM AG Insolvenz anmelden:

	Erwartete Einzahlungen	600
–	Erwartete Auszahlungen	930
	Auszahlungsüberschuss	330
–	Anfangsbestand Finanzmittel	130
	Finanzielle Deckungslücke	**200**

Selbst unter Einsatz des anfänglich vorhandenen Finanzmittelbestands verbleibt eine Deckungslücke von 200 Geldeinheiten.

Teilaufgabe b)

Sehen Sie Möglichkeiten, die drohende Deckungslücke zu schließen?

Zur Aufrechterhaltung der Zahlungsbereitschaft müssten die Einzahlungen um (mindestens) 200 Geldeinheiten erhöht bzw. die Auszahlungen entsprechend gesenkt werden. Dazu sind folgende Alternativen denkbar:

(1) Kürzung des Investitionsprogramms.
Dabei müssten die Auszahlungen für Betriebsmittel von 600 auf 400 gesenkt werden. Fraglich bleibt, ob dann das Umsatzvolumen von 550 noch realisierbar wäre bzw. die staatliche Investitionsförderung gezahlt wird.

(2) Zuführung von Fremdkapital.

(3) Zuführung von zusätzlichem Eigenkapital durch die Aktionäre.

Aufgabe 11 Allgemeine und Spezielle Betriebswirtschaftslehre

In Ihrem Vorlesungsverzeichnis werden folgende Lehrveranstaltungen ausgewiesen:

(1) Controlling
(2) Statistik
(3) Marketing
(4) Investition
(5) Tourismus
(6) Produktion
(7) Organisation
(8) Entscheidungstheorie
(9) Bilanzen
(10) Einführung in die VWL
(11) Materialwirtschaft
(12) Bankbetriebslehre
(13) Finanzwirtschaft
(14) Betriebssoziologie
(15) Industriebetriebslehre
(16) Handelsrecht
(17) Wirtschaftsprüfung
(18) Personal und Führung

Welche Lehrveranstaltungen sind der/den

A Allgemeinen Betriebswirtschaftslehre
B Speziellen Betriebswirtschaftslehre
C Nachbarwissenschaften

zuzuordnen?

Wöhe S. 40–45

A Allgemeine Betriebswirtschaftslehre: (1), (3), (4), (6), (7), (8), (9), (11), (13) und (18)
B Spezielle Betriebswirtschaftslehre: (5), (12), (15) und (17)
C Nachbarwissenschaften: (2), (10), (14) und (16)

Testfragen zum Ersten Abschnitt

Den folgenden Fragen sind Antworten beigegeben, die teils richtig, teils falsch sind. Ihre Aufgabe besteht darin, die richtigen Antworten herauszufinden und zu begründen, warum sie richtig und die anderen falsch sind. Die Lösungen finden Sie im Anschluss an die letzte Frage. Gelingt Ihnen die Begründung nicht, so ist es empfehlenswert, die erfragten Zusammenhänge und Definitionen im „Wöhe" noch einmal durchzuarbeiten. Das Stichwortverzeichnis des „Wöhe" wird Ihnen helfen, sich schnell zurechtzufinden.

1. Das ökonomische Prinzip besagt:

	richtig	falsch
(1) Mit gegebenem Geldaufwand soll ein maximaler Erlös erzielt werden.	○	○
(2) Mit geringstem Mitteleinsatz soll der größtmögliche Ertrag erwirtschaftet werden.	○	○
(3) Es soll stets mit den geringsten Kosten produziert werden.	○	○
(4) Ein gegebenes Ziel soll mit geringstmöglichem Mitteleinsatz erreicht werden.	○	○

2. Welche der folgenden Behauptungen sind richtig?

	richtig	falsch
(1) Gewinnmaximierungsprinzip und ökonomisches Prinzip sind voneinander unabhängig.	○	○
(2) Das ökonomische Prinzip ist die Voraussetzung des Gewinnmaximierungsprinzips.	○	○
(3) Das Gewinnmaximierungsprinzip ist die Voraussetzung des ökonomischen Prinzips.	○	○

3. Welche der folgenden Behauptungen sind richtig?

	richtig	falsch
(1) Jeder Betrieb ist eine Unternehmung.	○	○
(2) Unternehmungen sind die Betriebe im marktwirtschaftlichen Wirtschaftssystem.	○	○
(3) Betrieb ist ein technischer Begriff, Unternehmung ist ein juristischer Begriff.	○	○
(4) Alle Betriebe streben nach dem Gewinnmaximum.	○	○
(5) Ein Betrieb ist eine planvoll organisierte Wirtschaftseinheit, in der Sachgüter produziert und/oder Dienstleistungen bereitgestellt werden.	○	○

4. Welche der folgenden Prinzipien sind systembezogene Merkmale des Betriebes?

	richtig	falsch
(1) erwerbswirtschaftliches Prinzip	○	○
(2) Prinzip der Wirtschaftlichkeit	○	○
(3) Prinzip des finanziellen Gleichgewichts	○	○
(4) Prinzip plandeterminierter Leistungserstellung	○	○

5. Welche der folgenden Prinzipien sind vom Wirtschaftssystem unabhängige Bestimmungsfaktoren des Betriebes?

	richtig	falsch
(1) Prinzip der Planerfüllung	○	○
(2) Prinzip der Wirtschaftlichkeit	○	○
(3) Prinzip des Privateigentums an den Produktionsmitteln	○	○
(4) Autonomieprinzip	○	○

6. Ein Betrieb kann seinen Wirtschaftsplan anhand der Daten des Marktes selbst bestimmen. Um welches Wirtschaftssystem handelt es sich?

	richtig	falsch
(1) Marktwirtschaft	○	○
(2) Zentralverwaltungswirtschaft	○	○
(3) kommunistische Planwirtschaft	○	○
(4) staatlich gelenkte Wirtschaft	○	○
(5) kapitalistisches Wirtschaftssystem	○	○

7. Mit welchen Wirtschaftseinheiten beschäftigt sich die Betriebswirtschaftslehre?

	richtig	falsch
(1) Einzelwirtschaften	○	○
(2) Private Haushalte	○	○
(3) Öffentliche Haushalte	○	○
(4) Produktionswirtschaften	○	○

8. In welche Gruppe/n von Wissenschaften ist die Betriebswirtschaftslehre einzuordnen?

	richtig	falsch
(1) Volkswirtschaftslehre	○	○
(2) Soziologie	○	○
(3) Politikwissenschaften	○	○
(4) Naturwissenschaften	○	○
(5) Wirtschaftswissenschaften	○	○

9. Welche der folgenden Teilgebiete der Betriebswirtschaftslehre sind Bestandteil der Allgemeinen Betriebswirtschaftslehre?

	richtig	falsch
(1) Industriebetriebslehre	○	○
(2) Betriebswirtschaftliche Steuerlehre	○	○
(3) Bankbetriebslehre	○	○
(4) Unternehmensfinanzierung	○	○
(5) Kostenrechnung	○	○

10. Welches der folgenden Prinzipien ist nach herrschender Meinung das Auswahlprinzip der Betriebswirtschaftslehre?

	richtig	falsch
(1) Gemeinwirtschaftliche Wirtschaftlichkeit	○	○
(2) langfristige Gewinnmaximierung	○	○

	richtig	falsch
(3) Umsatzmaximierung	○	○
(4) Kostenminimierung	○	○

11. Welche der folgenden Aussagen sind primäre Werturteile?

	richtig	falsch
(1) Die Gewinnbeteiligung der Arbeitnehmer entspricht einer gerechten Entlohnung.	○	○
(2) Die Steuerbelastung der Unternehmen ist zu hoch.	○	○
(3) Nur wer Kapitalrisiko trägt, darf im Aufsichtsrat mitbestimmen.	○	○
(4) Bei vollkommener Konkurrenz wird das Gewinnmaximum an der Kapazitätsgrenze erreicht.	○	○

12. Welche der folgenden Aussagen sind sekundäre Werturteile (Finalrelationen)?

	richtig	falsch
(1) Will der Betrieb bei gegebener Absatzsituation den Gewinn maximieren, so muss er das kostengünstigste Verfahren anwenden.	○	○
(2) Je höher die im Betrieb gezahlten Löhne sind, desto größer ist die Lohngerechtigkeit.	○	○
(3) Soll in Zeiten steigender Preise die Substanz erhalten werden, so ist eine Bewertung zu Wiederbeschaffungskosten zweckmäßiger als eine Bewertung zu Anschaffungskosten.	○	○
(4) Die degressive Abschreibung sollte mit Rücksicht auf die Gleichmäßigkeit der Besteuerung in der Steuerbilanz nicht zugelassen werden.	○	○

13. Welche der folgenden Vertreter der Betriebswirtschaftslehre zählen zur normativ-ethischen Richtung?

	richtig	falsch
(1) Eugen Schmalenbach	○	○
(2) Heinrich Nicklisch	○	○
(3) Wilhelm Rieger	○	○
(4) Erich Gutenberg	○	○

14. Wer hat die Produktivitätsbeziehung zwischen Faktoreinsatz und Faktorertrag in den Mittelpunkt der betriebswirtschaftlichen Forschung gestellt?

	richtig	falsch
(1) Heinrich Nicklisch	○	○
(2) Fritz Schmidt	○	○
(3) Erich Gutenberg	○	○
(4) Eugen Schmalenbach	○	○

Lösungen: Richtig sind folgende Antworten: **1.** (1), (4); **2.** (2); **3.** (2), (5); **4.** (1), (4); **5.** (2); **6.** (1), (5); **7.** (1), (4); **8.** (5); **9.** (2), (4), (5); **10.** (2); **11.** (1), (2), (3); **12.** (1), (3); **13.** (2); **14.** (3).

Aufbau des Betriebes

Seite

Zweiter Abschnitt

I. Unternehmensführung

1. Shareholder, Stakeholder und Unternehmensziele

Wiederholungsfragen:

	Wöhe Seite
Was versteht man unter Unternehmensführung und wie lässt sich die Unternehmensführung in einzelne Teilsysteme untergliedern?	47–49
Welche Personengruppe beansprucht im Shareholder-Ansatz für sich das Recht zur Festlegung der Unternehmensziele und zur uneingeschränkten Entscheidungsgewalt?	50
Welche Personengruppen beanspruchen nach dem Stakeholder-Ansatz Entscheidungskompetenzen im Unternehmen?	51
Welche Zusammenhänge bestehen zwischen der Übernahme unternehmerischen Risikos, Festbetragsbeteiligten und Restbetragsbeteiligten?	52 f.
Wie lässt sich die Berücksichtigung der Stakeholder-Interessen im marktwirtschaftlichen System verwirklichen?	53 f.
Welches sind die konstitutiven Merkmale eigentümergeführter Unternehmen und managementgeführter Unternehmen?	55 f.
Welches sind die wesentlichen Gegenstände arbeitsrechtlicher Mitbestimmung?	58 f.
Welches sind die wesentlichen Gegenstände unternehmerischer Mitbestimmung?	59–61
Was versteht man unter Corporate Governance?	62
Worin besteht das Konfliktpotential zwischen ökonomischen, sozialen und ökologischen Zielen?	65 f.
Nach welchen verschiedenen Merkmalen lassen sich Unternehmensziele einteilen?	66–68
Warum ist es in der betrieblichen Praxis notwendig, zwischen Oberzielen, Zwischenzielen und Unterzielen zu unterscheiden?	69

Aufgabe 1 Shareholder- versus Stakeholderinteressen

Als Stakeholder sind die Arbeitnehmer u. a. an einer Arbeitszeitverkürzung bei vollem Lohnausgleich bzw. an einer Erfolgsbeteiligung interessiert. Eine andere Stakeholdergruppe, die Nachfrager, haben ein Interesse an Verbraucherschutz durch Produktqualitätsgarantien. Die Öffentlichkeit hat schließlich ein Interesse am Einsatz umweltschonender Produktionstechniken, deren Realisierung im Allgemeinen mit einer Erhöhung der Produktionskosten verbunden ist. Erläutern Sie vor diesem Hintergrund die Beziehungen zwischen den Zielen der Shareholder und den Zielen der Stakeholder!

Wöhe S. 50–52

2. Abschnitt

Eine Erfolgsbeteiligung der Arbeitnehmer führt ceteris paribus (c. p.) für die Anteilseigner zu einer Verringerung des Zukunftserfolgs G. Eine Arbeitszeitverkürzung bei vollem Lohnausgleich führt c. p. zu einer Erhöhung der Lohnstückkosten, die ihrerseits eine Reduzierung des Zukunftserfolgs G bewirkt.

Ähnlich verhält es sich mit der von den Nachfragern gewünschten Qualitätssicherungsgarantie und Produzentenhaftung: Die Kosten steigen, wodurch die Zukunftserfolge c. p. sinken. Gleiche Kosten- und Erfolgswirkungen ergeben sich beim Einsatz umweltschonender Produktionstechniken. Fazit: Unter ceteris-paribus-Bedingungen gibt es einen **Zielkonflikt** zwischen **Shareholder-** und **Stakeholderinteressen.**

Hebt man die ceteris-paribus-Bedingung auf, muss man bei der Berücksichtigung von Stakeholderinteressen mögliche positive Erfolgsbeiträge in Rechnung stellen.

Sichere Erfolgsminderung	Mögliche Erfolgssteigerung
• G sinkt durch Erfolgsbeteiligung bzw. Arbeitszeitverkürzung	• G steigt bei Erhöhung der Arbeitsproduktivität bewirkt durch gestiegene Arbeitszufriedenheit
• G sinkt durch gestiegene Gewährleistungskosten	• G steigt, wenn sich Produkterlöse über verbessertes Produzentenimage steigern lassen
• G sinkt durch gestiegene Produktionskosten	• G steigt, wenn der Absatzmarkt das verbesserte Produzentenimage über höhere Produktpreise honoriert

Ist bei der Berücksichtigung von Stakeholderinteressen die mögliche Erfolgssteigerung größer als die sichere Erfolgsminderung, verfolgen Shareholder und Stakeholder **komplementäre Ziele.**

Aufgabe 2 Determinanten des Shareholder Value

Der Shareholder-Value-Ansatz ist ein Konzept zur Unternehmenssteuerung im Interesse der Anteilseigner. Nach diesem Konzept sind die Eigentümer an einer Maximierung des Wertes des Eigenkapitals interessiert.

Von welchen Faktoren hängt der Shareholder Value eines Unternehmens ab?

Wöhe S. 181–183

Der Shareholder Value entspricht dem Wert des Eigenkapitals. Der Shareholder Value wird auf investitionstheoretischer Grundlage ermittelt. Er entspricht dem Barwert künftiger Gewinne. Somit gelten

- die Zukunftsgewinne G bzw. (E–A),
- der Kalkulationszinsfuß i und
- die Dauer der Unternehmenstätigkeit t

als Determinanten zur Ermittlung des Shareholder Value. Der Kalkulationszinsfuß ist ein risikoabhängiger Zins und entspricht der Verzinsung der optimalen Alternativanlage mit vergleichbarem Risiko (gewünschte Mindestverzinsung) der Eigenkapitalgeber.

Aufgabe 3 Shareholder Value und Aktienkurs

Die PROFITTO AG weist in ihrer Bilanz ein Grundkapital von 50 Mio. Geldeinheiten (GE) aus. Die Gesellschaft ist vollständig eigenfinanziert. Der Nennbetrag der ausgegebenen Stammaktien beziffert sich auf 5 GE/Stück.

Teilaufgabe a)

Wie hoch ist der rechnerische Aktienkurs, wenn die Aktionäre
- einen jährlichen Zukunftsgewinn G von 90 Mio. GE,
- eine Mindestverzinsung i von 9 % und
- eine unendliche Lebensdauer des Unternehmens erwarten?

Wöhe S. 181–183

Die PROFITTO AG hat 10 Mio. Aktien ausgegeben. Bei unendlicher Lebensdauer und gleichbleibendem Zukunftsgewinn (= ewige Rente) entspricht der Shareholder Value (= Wert des Eigenkapitals) UW^{EK} dem Barwert einer ewigen Rente G:

$$\mathbf{UW^{EK}} = \frac{G}{i} = \frac{90 \text{ Mio. GE}}{0{,}09} = 1.000 \text{ Mio. GE}$$

$$\textbf{Rechnerischer Aktienkurs} = \frac{UW^{EK}}{\text{Aktienzahl}} = \frac{1.000 \text{ Mio. GE}}{10 \text{ Mio. Stück}} = 100 \text{ GE/Aktie}$$

Unter den gegebenen Annahmen beziffert sich der rechnerische Aktienkurs auf 100 GE pro Aktie.

Teilaufgabe b)

Welche grundlegenden Unternehmensstrategien ermöglichen dem Vorstand eine Steigerung des Shareholder Value? Erläutern Sie diese Strategien an einem selbstgebildeten Beispiel!

Grundsätzlich kann der Shareholder Value gesteigert werden durch
- Gewinnexpansion (G nimmt zu),
- Risikoreduktion (i nimmt ab) und/oder
- Lebensdauerverlängerung (t nimmt zu).

Unter den Bedingungen der Teilaufgabe a) ist eine Verlängerung der Lebensdauer nicht möglich. Die Möglichkeiten zur Steigerung des Shareholder Value und des rechnerischen Aktienkurses lassen sich c.p. und beispielhaft wie folgt beziffern:

Strategie A: Steigerung des Zukunftsgewinns G auf 99 Mio. GE;

Strategie B: Senkung der gewünschten Mindestverzinsung i auf 7,5 % durch Besetzung risikoärmerer Geschäftsfelder;

Strategie C: Kombination aus A und B (G = 99 Mio., i = 0,0075)

Strategie	A	B	C
$UW^{EK} = \frac{G}{i}$	$\frac{99 \text{ Mio.}}{0{,}09}$	$\frac{90 \text{ Mio.}}{0{,}075}$	$\frac{99 \text{ Mio.}}{0{,}075}$
Shareholder Value	1.100 Mio.	1.200 Mio.	1.320 Mio.
Rechnerischer Aktienkurs	110 GE	120 GE	132 GE

Aufgabe 4 Arbeitsrechtliche und unternehmerische Mitbestimmung

Wo ist die arbeitsrechtliche Mitbestimmung (hauptsächlich) und wo die unternehmerische Mitbestimmung gesetzlich verankert? Auf welche Betriebe wird die jeweilige Form der Mitbestimmung angewendet? Welche Zielsetzung liegt jedem der Gesetzeswerke zugrunde?

Wöhe S. 58–61

Arbeitsrechtliche Mitbestimmung	
Gesetzlich geregelt im:	Betriebsverfassungsgesetz (BetrVG)
Anwendungsbereich:	Unternehmen mit mehr als **fünf** Arbeitnehmern
Zielsetzung:	Schutz der Arbeitnehmer durch Informations-, Beratungs-, Widerspruchs- und beschränkte Mitentscheidungsrechte bezüglich aller Fragen, die das tägliche Arbeitsleben, den Arbeitsplatz, die Arbeitszeit und die Lohngestaltung betreffen

Unternehmerische Mitbestimmung			
Gesetzlich geregelt im:	Drittelbeteiligungsgesetz vom 18.05.2004 (DrittelbG)	Mitbestimmungsgesetz vom 04.05.1976 (MitbestG)	Montan-Mitbestimmungsgesetz vom 21.05.1951 (MontanMitbestG)
Anwendungsbereich:	Unternehmen in der Rechtsform der AG, GmbH, Genossenschaft, KGaA oder Versicherungsvereine auf Gegenseitigkeit mit mehr als 500 Arbeitnehmern	Unternehmen in der Rechtsform der AG, KGaA, GmbH oder Genossenschaft mit mehr als 2.000 Arbeitnehmern	Unternehmen der Montanindustrie in der Rechtsform der AG oder GmbH mit mehr als 1.000 Arbeitnehmern
Zielsetzung:	Mitspracherecht der Arbeitnehmer an unternehmerischer Planung und Entscheidung durch Besetzung des Aufsichtsrats mit 1/3 Arbeitnehmervertretern	Partnerschaft zwischen Arbeitnehmer und Arbeitgeber durch paritätische Teilnahme der Arbeitnehmervertreter an allen wichtigen unternehmerischen Planungen und Entscheidungen	

Aufgabe 5 Arbeitsrechtliche Mitbestimmung

Die Geschäftsführung der SPIELWAREN GMBH hat für das kommende Jahr folgende Maßnahmen ins Auge gefasst:

(1) Entlassungen im Frühjahr;
(2) Kurzarbeit im Sommer;
(3) Überstunden in der Vorweihnachtszeit (tariflich nicht geregelt);
(4) Umstellung der Heizanlage von Koks auf Öl;
(5) Umstellung der Beleuchtung in den Werkshallen von Glühbirnen auf Neonlicht;
(6) Herstellung von militärischem Kinderspielzeug, dafür: Produktionseinstellung bei Schlafpuppen;
(7) Modernisierung der Werkskantine;
(8) Erwerb einer 20%-Beteiligung an einem ausländischen Spielwarenkonzern;
(9) Betriebsferien im Juli/August;
(10) Ablösung eines Großkredits durch Verkauf eines bisher ungenutzten betrieblichen Grundstücks.

Welche dieser Maßnahmen können ohne Einschaltung des Betriebsrats in die Wege geleitet werden?

Wöhe S. 58 f.

Die Geschäftsführung der SPIELWAREN GMBH kann folgende Entscheidungen ohne Einschaltung des Betriebsrats treffen: (4), (8), (10) und je nach Ausgestaltung (6).

2. Planung und Entscheidung

Wiederholungsfragen:

	Wöhe Seite
Was versteht man unter Planung?	70
Aus welchen Basiselementen besteht ein Planungsmodell?	71
Wie lauten die wesentlichen Charakteristika strategischer, taktischer und operativer Planung?	73
Mit welchen Planungsgegenständen beschäftigt sich die Grundsatzplanung?	73 f.
Was versteht man unter strategischer Planung?	74
Mit welchen Planungsgegenständen beschäftigen sich die taktische und die operative Planung?	75
Wie überwindet das Gegenstromverfahren die Kluft zwischen retrograder und progressiver Planung?	77
Was versteht man unter rollender Planung?	78
Was versteht man unter dem Ausgleichsgesetz der Planung?	78 f.
Was versteht man unter strategischer Analyse?	80
Welche Gegenstände strategischer Planung kennen Sie?	81
Wie lässt sich der Stückkostendegressioneffekt erklären?	82
Wie ist das Marktwachstums-/Marktanteils-Portfolio konzipiert?	84 f.
Welche Erkenntnisse lassen sich aus der Stärken-Schwächen-Analyse gewinnen?	85

	Wöhe Seite
Welche Strategien lassen sich aus der SWOT-Analyse ableiten?	86 f.
Wie lassen sich die unterschiedlichen Informationsgrade vor dem Treffen einer Entscheidung charakterisieren?	89
Was versteht man unter einem Entscheidungsfeld, einem Aktionsraum, einem Zustandsraum und einem Ergebnisraum?	90 f.
Wie ermittelt man den Erwartungswert μ?	91 f.
Wie ist die Standardabweichung σ definiert?	92
Nach welchen Regeln lassen sich Entscheidungen unter Risiko treffen?	93 f.
Nach welchen Entscheidungsregeln lassen sich Entscheidungen bei Ungewissheit treffen?	94–96

Aufgabe 6 Zeitliche und hierarchische Einteilung der Planung

Unternehmensplanung ist ein arbeitsteiliger Prozess. Systematisieren Sie die Planung nach den Merkmalen

- zeitliche Reichweite und
- Zuordnung zu den Hierarchieebenen

eines Unternehmens!

Wöhe S. 73 f.

Der Aufbau der Unternehmensplanung lässt sich in Form einer Pyramide veranschaulichen, an deren Spitze die Grundsatzplanung steht:

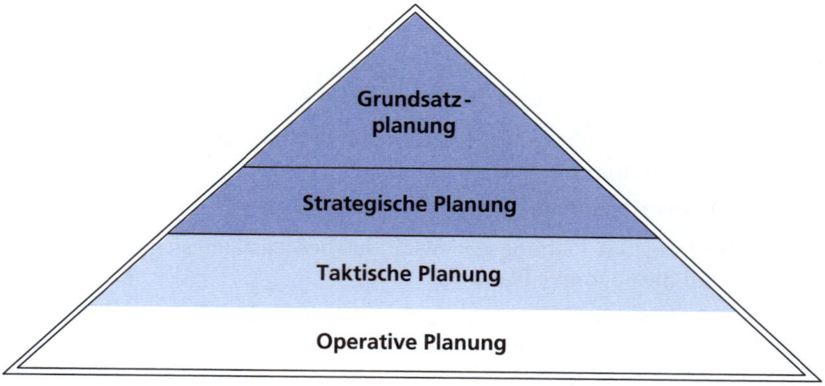

Die **Grundsatzplanung** hat verfassungsähnlichen Charakter. In ihr sind die Grundsätze unternehmerischen Handelns verankert. Sie wird von der **Unternehmensleitung** festgelegt, gilt zeitlich unbefristet und hat Vorgabecharakter für die nachgeordneten Planungsebenen.

Auch die strategische Planung fällt in die Zuständigkeit der **Unternehmensleitung**. Es handelt sich um eine Rahmenplanung mit einem Planungszeitraum von mehr als fünf Jahren. Die strategische Planung hat Vorgabecharakter für die nachgeordneten Planungsebenen.

Die **taktische Planung** konkretisiert die aus der strategischen Planung abgeleiteten Planungsprojekte. Sie fällt in die Zuständigkeit der **mittleren Führungsebene** und erstreckt sich auf einen Zeitraum von zwei bis fünf Jahren.

Die **operative Planung** wird aus der taktischen Planung abgeleitet. Sie übernimmt den Part der Feinplanung mit einer Fristigkeit von maximal zwölf Monaten und fällt in die Zuständigkeit der **unteren Führungsebene**.

Aufgabe 7 Arten der Planung – Beispiele –

Gegeben sind acht Beispiele betrieblicher Planung:

(1) Zur Bewältigung des hohen Paketaufkommens in der Vorweihnachtszeit plant ein Paketzustelldienst für den Monat Dezember 100 zusätzliche Mitarbeiter über eine Leiharbeitsfirma zu engagieren.
(2) Der Patriarch eines großen Familienunternehmens errichtet eine Stiftung und verfügt in deren Satzung, dass nach seinem Tod die Geschäftsführung immer in den Händen eines Nichtfamilienmitglieds liegen soll.
(3) Ein Textilfilialist will in den kommenden vier Jahren sein Filialnetz um 60 weitere Filialen vergrößern.
(4) Zur Stärkung seiner Kernkompetenz trennt sich ein Mischkonzern mit dem Schwerpunkt Lebensmittelproduktion von seiner Schiffbausparte.
(5) Die Satzung eines Lebensmittelfilialisten verbietet den Handel mit alkoholischen Getränken.
(6) Eine Traditionsbrauerei in Familienbesitz plant den Einstieg in das Geschäft mit nichtalkoholischen Getränken.
(7) Zum Ausgleich des altersbedingten Ausscheidens rechnet das Personalmanagement für die kommenden drei Jahre mit einem Bedarf von 200 neuen Mitarbeitern.
(8) Ein Fernsehgerätehersteller plant sechs Wochen vor der Fußball-WM eine Werbeserie zur Steigerung der Nachfrage nach großen Flachbildschirmen.

Ordnen Sie die acht Fallbeispiele jeweils einer der in Aufgabe 6 genannten Planungskategorien zu!

Wöhe S. 73–76

Die Fallbeispiele lassen sich folgendermaßen zuordnen:

Grundsatzplanung:	(2) und (5)
Strategische Planung:	(4) und (6)
Taktische Planung:	(3) und (7)
Operative Planung:	(1) und (8)

Aufgabe 8 Unternehmensanalyse

Nennen Sie jeweils sechs Beispiele für Stärken bzw. Schwächen eines Unternehmens!

Wöhe S. 85

Unternehmensstärken (Beispiele):

(1) Erfolgreiche Forschungsabteilung (zahlreiche Patententwicklungen)
(2) Gut ausgebildetes Stammpersonal
(3) Kostenführerschaft (geringe Stückkosten)
(4) Rechte an attraktiven Marken
(5) Hoher Anteil an Stammkunden
(6) Guter Ruf; hohe Kreditwürdigkeit

Unternehmensschwächen (Beispiele):

(1) Hoher Verschuldungsgrad (zu wenig Eigenkapital)
(2) Hohe Fluktuationsrate (häufiger Personalwechsel)
(3) Fehlender Fachkräftenachwuchs
(4) Unzureichende Wirtschaftlichkeitskontrolle
(5) Veraltete Produktionstechnik
(6) Fehlende Finanzmittel für Rationalisierungsinvestitionen

Aufgabe 9 Umweltanalyse

Nennen Sie jeweils sechs Beispiele für Chancen und Risiken im Marktumfeld!

Wöhe S. 86

Chancen im Marktumfeld (Beispiele):

(1) Wachsendes Einkommen der Nachfrager
(2) Niedrige Lohnkosten an ausländischen Produktionsstandorten
(3) Unternehmensfreundliches gesellschaftspolitisches Klima
(4) Steigende Nachfrage durch hohes Bevölkerungswachstum
(5) Entdeckung einer Marktlücke zur Befriedigung spezieller Kundenwünsche
(6) Verdrängung schwacher Konkurrenten durch eine aggressive Niedrigpreisstrategie

Risiken im Marktumfeld (Beispiele):

(1) Schnell zunehmender Marktsättigungsgrad
(2) Starke Konkurrenten bei hoher Wettbewerbsintensität
(3) Fortschreitende Überalterung der Bevölkerung
(4) Hohe Steuern am heimischen Produktionsstandort
(5) Politische Unsicherheit an ausländischen Produktionsstandorten
(6) Erhöhung der Zollschranken im internationalen Warenverkehr

Aufgabe 10 Strategische Stärken-Schwächen-Analyse

Welches Ziel verfolgt die strategische Stärken-Schwächen-Analyse? Nennen Sie wichtige Kriterien zur Unternehmensbeurteilung aus den Bereichen Personalmanagement, Produktion, Marketing, Investition und Finanzierung!

Wöhe S. 85

Die Stärken-Schwächen-Analyse verfolgt das Ziel, eine Strategie zu entwickeln, mit der sich die **Wettbewerbsfähigkeit** des eigenen Unternehmens **gegenüber seinem wichtigsten Konkurrenten verbessern** lässt.

Zur Beurteilung beider Vergleichsunternehmen können folgende Kriterien (Strategische Potentiale) herangezogen werden.

Personal:	Stammpersonal, hohe Mitarbeiterqualifikation, geringe Fluktuationsrate
Produktion:	neuester Stand der Technik, geringe Stückkosten
Marketing:	Preisführerschaft, Servicequalität, bekannte Marken
Investition:	hohes Budget für Modernisierungsinvestitionen
Finanzierung:	hohes Eigenkapitel, hohe Kreditwürdigkeit

Aufgabe 11 Stärken-Schwächen-Analyse – Beispiel –

Im Zuge seiner strategischen Stärken-Schwächen-Analyse hat ein **Baumaschinenhersteller U** ein Stärken-Schwächen-Profil erstellt, das sein strategisches Potential im Vergleich zu seinem **wichtigsten Konkurrenten K** wie folgt abbildet:

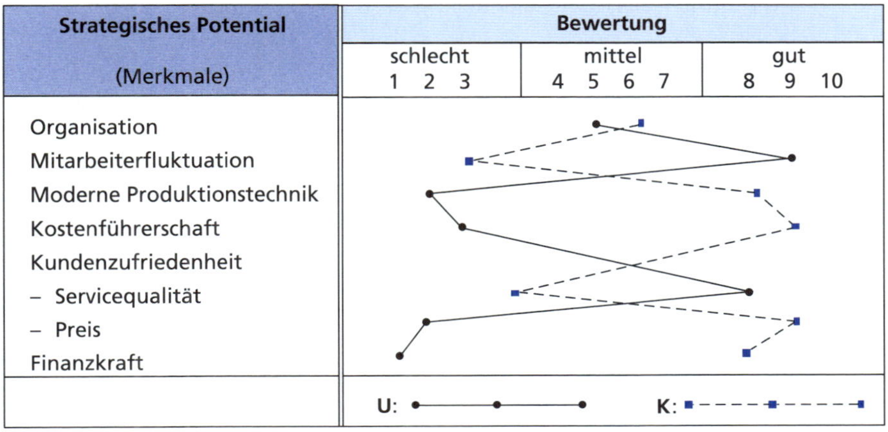

Teilaufgabe a)

Wo liegen die Stärken bzw. Schwächen des Unternehmens U im Vergleich zu seinem wichtigsten Konkurrenten K?

Wöhe S. 85 f.

Die **Stärken** des Unternehmens U liegen auf den Gebieten

- Geringe Mitarbeiterfluktuation
- Hohe Servicequalität

Die **Schwächen** des Unternehmens U liegen auf den Gebieten

- veraltete Produktionstechnik
- überhöhte Stückkosten
- zu hohe Absatzpreise
- unzureichende Finanzkraft.

Teilaufgabe b)

Welche Rückschlüsse kann U aus der strategischen Stärken-Schwächen-Analyse ziehen? Was kann U tun, um seine strategische Wettbewerbsposition zu verbessern?

Im Preiswettbewerb mit seinem Konkurrenten K steht U auf verlorenem Posten. Das Gleiche gilt für die Kostenführerschaft. Die hohen Preisforderungen von U erklären sich aus hohen Produktionskosten. Die hohen Produktionskosten sind auf den Einsatz einer veralteten Produktionstechnik zurückzuführen, denn U fehlen die Finanzmittel zur Durchführung von Rationalisierungsinvestitionen. Daraus folgt: U muss seine Finanzkraft durch zusätzlichen (Eigen-)Kapitaleinsatz stärken.

Aufgabe 12 Risiko, Chance und Eintrittswahrscheinlichkeit

Der Ausgang einer Handlungsalternative (Kursentwicklung zwischen Kauf- und Verkaufstag einer Aktie) liegt gewöhnlich in der Zukunft. Chance nennt man die

Möglichkeit des günstigen (Kursgewinn), Risiko die Möglichkeit des ungünstigen Ausgangs (Kursverlust). Mit welcher Wahrscheinlichkeit der günstige, mit welcher Wahrscheinlichkeit der ungünstige Fall eintritt, lässt sich manchmal vorhersagen: in einem Tresor befinden sich 1.200 EUR, die dem gehören sollen, der den Tresor öffnet. Der dazu benötigte Schlüssel befindet sich neben vier anderen Schlüsseln, die ähnlich aussehen, aber nicht passen, in einem Kasten.

Teilaufgabe a)

> Sie dürfen einen Schlüssel aus dem Kasten nehmen. Dafür müssen Sie 200 EUR bezahlen. Wie groß ist das Risiko, wie groß die Chance? Wie groß sind die zugehörigen Eintrittswahrscheinlichkeiten? Versuchen Sie Risiko, Chance und Eintrittswahrscheinlichkeiten in einer Graphik abzubilden!

Die Chance liegt mit einer Eintrittswahrscheinlichkeit von c = 1/5 bei 1.000 EUR (1.200 – 200). Das Risiko beziffert sich bei einer Eintrittswahrscheinlichkeit von r = 4/5 auf 200 EUR.

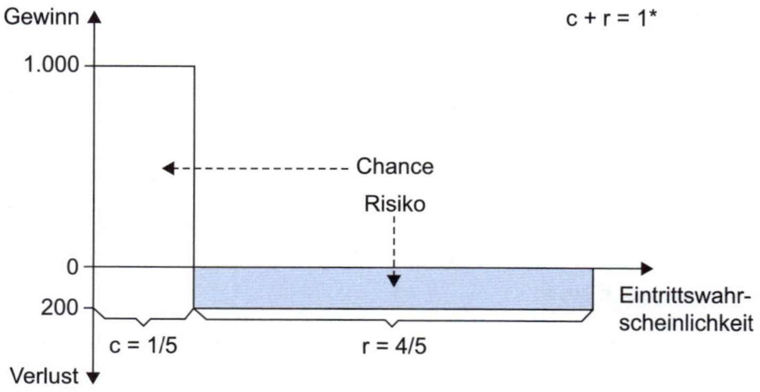

* Von der Besonderheit, dass eine Handlungsalternative mit gewisser Wahrscheinlichkeit weder Gewinn noch Verlust in Aussicht stellt, soll hier abgesehen werden.

Teilaufgabe b)

> Wieviel würden Sie höchstens für die Möglichkeit bezahlen, einen Schlüssel aus dem Kasten zu nehmen? Welche Rolle spielt in diesem Zusammenhang der **mathematische Erwartungswert?**

Wöhe S. 92 f.

Eine generelle Aussage über den Wert der Möglichkeit, einen Schlüssel aus dem Kasten zu nehmen, lässt sich nicht machen. Die Bewertung dieser Möglichkeit ist abhängig von der Einstellung der jeweiligen Person zu Risiko und Chance. Ist eine Person sehr risikofreudig, wird sie für diese Möglichkeit u. U. 500 EUR und mehr bezahlen; im Grenzfall 1.200 EUR. Eine andere Person, die man risikoscheu nennen mag, würde für diese Möglichkeit nicht einmal 50 EUR bezahlen.

Einen mathematischen Erwartungswert erhält man, indem man das mit einer bestimmten Wahrscheinlichkeit erwartete Ergebnis mit der zugehörigen Eintrittswahrscheinlichkeit gewichtet. Der mathematische Erwartungswert, dass ein Schlüssel passt, beträgt somit 1.200 · 0,20 = 240 EUR.

Man bedient sich häufig dieses mathematischen Erwartungswertes, um beim Fehlen vollkommener Voraussicht den Wert einer Handlungsalternative anzugeben. Unter Anwendung dieser Methode käme man im vorliegenden Falle zu dem Ergebnis, dass man höchstens 240 EUR für den Schlüssel bezahlen dürfe. Dieses Vorgehen scheint auch einleuchtend: Um mit absoluter Sicherheit an die 1.200 EUR im Tresor zu gelangen, muss man alle fünf Schlüssel kaufen, d.h. fünfmal den mathematischen Erwartungswert, also 1.200 EUR (= 5 · 240 EUR) bezahlen.

Aufgabe 13 Mathematischer Erwartungswert

Es gelten die Angaben der **Aufgabe 12**. Nehmen wir an, Sie hätten einen der fünf Schlüssel für 200 EUR erworben. Wie groß ist der mathematische Erwartungswert Ihres Gewinns (= Reinvermögenszuwachs)? Wie groß ist Ihr Gewinn in Wirklichkeit?

Der mathematische Erwartungswert des Gewinns beziffert sich auf 40 EUR:

erwarteter Gewinn	·	c	–	erwarteter Verlust	·	r
1.000	·	0,20	–	200	·	0,80

Graphisch lässt sich der mathematische Erwartungswert des Gewinns ermitteln, indem man von der über der Abszisse (x-Achse) befindlichen Fläche die schraffierte Fläche unterhalb der Abszisse abzieht (vgl. Abbildung in Aufgabe 9). Mit 40 EUR entspricht der mathematische Erwartungswert des Gewinns gerade der Differenz zwischen dem mathematischen Erwartungswert des Schlüssels (240 EUR) und dem tatsächlich dafür gezahlten Preis (200 EUR).

In Wirklichkeit ist jedoch mit dem Schlüsselkauf ein Gewinn von 1.000 EUR oder ein Verlust von 200 EUR verbunden, je nachdem ob es der richtige Schlüssel war oder nicht.

Aufgabe 14 Änderung der Eintrittswahrscheinlichkeit

Es gelten die Angaben von **Aufgabe 12**. Vor Ihnen hat bereits jemand einen Schlüssel für 300 EUR gekauft.

Teilaufgabe a)

Sie beabsichtigen einen der vier verbleibenden Schlüssel nach Maßgabe des mathematischen Erwartungswertes zu kaufen. Welche drei Fälle müssen Sie im Hinblick auf die Wertermittlung unterscheiden?

Vor der Wertermittlung müssen drei Fälle unterschieden werden:

(1) Man weiß nicht, ob der Schlüssel des Vorgängers passte.
(2) Man weiß, dass der Schlüssel des Vorgängers passte.
(3) Man weiß, dass der Schlüssel des Vorgängers nicht passte.

Teilaufgabe b)

In welchem dieser Fälle ist der mathematische Erwartungswert am höchsten; wann ist er am niedrigsten? Berechnen Sie die Werte!

Am höchsten ist dieser Wert im Falle (3), am niedrigsten im Falle (2).

Im Falle (1) steht man vor der gleichen entscheidungstheoretischen Situation wie in Aufgabe 9. Ob sich nämlich **nach** Ihrer Wahl vier Schlüssel im Kasten oder drei im Kasten und einer in der Hand eines Dritten befindet, macht keinen Unterschied. Die Wahrscheinlichkeit, dass Sie den richtigen Schlüssel wählen, beträgt 1/5, sein mathematischer Erwartungswert 240 EUR.

Wenn Sie wissen, dass der Schlüssel des Vorgängers passte (Fall 2), ist die Wahrscheinlichkeit, den richtigen Schlüssel zu erhalten, gleich null; der zugehörige mathematische Erwartungswert reduziert sich ebenfalls auf null.

Im Falle (3) haben Sie die Gewissheit, dass einer von den vier verbliebenen Schlüsseln passt. Die Wahrscheinlichkeit, den richtigen Schlüssel zu ziehen, erhöht sich auf 0,25, der mathematische Erwartungswert auf 300 EUR (= 1.200 EUR · 0,25).

Aufgabe 15 Mathematischer Erwartungswert einmaliger und wiederholbarer Handlungsalternativen

Ein Betrieb hat die Wahl zwischen den beiden Handlungsalternativen A und B. A bringt mit absoluter Sicherheit 50 EUR Gewinn. Der Erfolg der Handlungsalternative B dagegen ist unsicher. Mit einer Eintrittswahrscheinlichkeit von c = 0,20 wird ein Gewinn in Höhe von 2.000 EUR erwartet. Mit größerer Wahrscheinlichkeit (r = 0,80) muss man dagegen mit einem Verlust in Höhe von 400 EUR rechnen.

Teilaufgabe a)

Wie groß ist der mathematische Erwartungswert des Erfolgs aus Handlungsalternative B?

Der mathematische Erwartungswert des Erfolgs aus Handlungsalternative B beziffert sich auf

$$2.000 \cdot 0{,}20 - 400 \cdot 0{,}80 = 80 \text{ EUR}$$

Teilaufgabe b)

Sollte sich der Betrieb für Alternative A oder für die Möglichkeit B entscheiden?

Wöhe S. 91 f.

Diese Frage wäre dann leicht zu beantworten, wenn der mathematische Erwartungswert aus B ebenso sicher wäre, wie der mit Sicherheit erwartete Gewinn der Alternative A. Da jedoch der mathematische Erwartungswert eine **fiktive Größe** ist, die mit dem sich tatsächlich einmal ergebenden Erfolg (hier: 2.000 EUR Gewinn oder 400 EUR Verlust) so gut wie niemals übereinstimmt, ist er als Entscheidungsgrundlage nur begrenzt brauchbar.

Die Entscheidung für A oder B kann im vorliegenden Falle nicht rational begründet werden; sie ist vielmehr abhängig von der subjektiven Einstellung des Entscheidungsträgers zu Risiko und Chance.

Teilaufgabe c)

Der Betrieb steht immer noch vor der Wahl, sich für A oder B zu entscheiden. Sein Handlungsspielraum hat sich aber dahingehend erweitert, dass er entweder die Aktion A oder die Aktion B zweihundertmal durchführen kann. Wie soll er sich entscheiden, wenn bei Möglichkeit B

(1) der Ausgang der zweihundert Möglichkeiten einheitlich ist, d. h. Alternative B geht zweihundertmal mit einem Gewinn von 2.000 EUR oder zweihundertmal mit einem Verlust von 400 EUR aus;

(2) der Ausgang der zweihundert Möglichkeiten voneinander unabhängig ist?

Ist der Ausgang der zweihundert Möglichkeiten **einheitlich** (1), bleibt der Entscheidungsnotstand der Teilaufgabe b) bestehen. Während sich der sichere Gewinn der Möglichkeit A auf 200 · 50 = 10.000 EUR beläuft, beträgt der mathematische Erwartungswert für B

$$200 \cdot (2.000 \cdot 0{,}20 - 400 \cdot 0{,}80) = 16.000 \text{ EUR}$$

Dieser Gewinn wird jedoch auf keinen Fall eintreffen. Vielmehr muss man mit 400.000 EUR Gewinn oder 80.000 EUR Verlust rechnen. Eine Handlungsempfehlung lässt sich also nicht aussprechen, weil die Risikoneigung des Entscheiders nicht bekannt ist.

Das ändert sich, wenn der Ausgang der zweihundert Möglichkeiten voneinander **unabhängig** ist. Hier wird bereits das sog. **Gesetz der großen Zahlen** wirksam, wonach sich bei sehr häufiger Wiederholung eines Vorgangs die Eintrittswahrscheinlichkeiten des Einzelfalls (c = 0,20; r = 0,80) im Ausgang der Gesamtheit aller (200) Fälle widerspiegeln. Entscheidet man sich also für Alternative B, dann darf man damit rechnen, dass 200 · 0,20 = 40mal der Gewinnfall und 200 · 0,80 = 160mal der Verlustfall eintritt. Der mathematische Erwartungswert des Gewinns beläuft sich zwar jetzt ebenfalls auf 16.000 EUR; im Gegensatz zum mathematischen Erwartungswert einer einmaligen Handlungsalternative (Teilaufgabe b) oder einer wiederholbaren Handlungsalternative mit einheitlichem Ausgang (Fall 1) hat diese Ziffer jetzt keinen fiktiven Charakter mehr. Es ist allenfalls möglich, dass sich aus den 200 Aktionen nicht 40, sondern 38 oder 43 Gewinnfälle ergeben. Solche geringfügigen Abweichungen können die Brauchbarkeit eines mathematischen Erwartungswertes als Entscheidungsziffer in so gelagerten Fällen nicht wesentlich beeinträchtigen. Man wird sich also auf der Grundlage dieser Ziffer für Möglichkeit B entscheiden, denn 16.000 EUR > 10.000 EUR.

Fazit: Mathematische Erwartungswerte liefern nur dann brauchbare Entscheidungsziffern, wenn sie auf einer größeren Anzahl von Fällen mit unabhängigem Ausgang basieren.

Aufgabe 16 Erwartungswertprinzip (Bayes-Prinzip)

Gegeben sei die folgende Gewinn- und Verlustgrößen enthaltende Entscheidungsmatrix

Zustandsraum / Aktionsraum	U_1	U_2	U_3	U_4
A_1	10	20	30	40
A_2	– 50	0	50	100
A_3	100	60	20	– 20
A_4	150	50	0	– 100
A_5	– 250	0	200	400

Welche Aktion wird der Entscheidende veranlassen, wenn er sich nach dem Erwartungswertprinzip richtet? Die bekannten Eintrittswahrscheinlichkeiten seien für $w_1 = 0{,}4$, für $w_2 = 0{,}3$, für $w_3 = 0{,}2$ und für $w_4 = 0{,}1$. Beschreiben Sie zunächst dieses Prinzip und kritisieren Sie anschließend das Ergebnis im Hinblick auf seine Anwendung im betrieblichen Bereich!

Wöhe S. 92–94

Dieses Prinzip verlangt, dass diejenige Handlungsmöglichkeit gewählt wird, die den größtmöglichen Erwartungswert der Zielerreichungsgrade – im Beispiel also der Gewinne und Verluste – aufweist. Dabei ist der mathematische Erwartungswert als die über alle Umweltsituationen ($U_1, \ldots, U_4$) gebildete Summe der mit den Eintrittswahrscheinlichkeiten gewichteten Zielerreichungsgrade einer Aktion zu verstehen.

Demnach ergeben sich folgende Erwartungswerte:

Zustandsraum / Wahrscheinlichkeit / Aktionsraum	U_1	U_2	U_3	U_4	Summe
	0,4	0,3	0,2	0,1	
A_1	10 · 0,4 = 4	20 · 0,3 = 6	30 · 0,2 = 6	40 · 0,1 = 4	20
A_2	– 50 · 0,4 = – 20	0 · 0,3 = 0	50 · 0,2 = 10	100 · 0,1 = 10	0
A_3	100 · 0,4 = 40	60 · 0,3 = 18	20 · 0,2 = 4	– 20 · 0,1 = – 2	60
A_4	150 · 0,4 = 60	50 · 0,3 = 15	0 · 0,2 = 0	– 100 · 0,1 = – 10	**65**
A_5	–250 · 0,4 = – 100	0 · 0,3 = 0	200 · 0,2 = 40	400 · 0,1 = 40	– 20

Der Entscheidende wird demnach die Aktion A_4 wählen, da diese den größten Erwartungswert hat.

Die Anwendung dieser Regel, die bekannte Eintrittswahrscheinlichkeiten voraussetzt, führt aber nur dann zu einer optimalen Entscheidung, wenn die Aktion mit dem höchsten Erwartungswert **ausreichend häufig wiederholt** werden kann. Dies ist jedoch bei betriebswirtschaftlichen Entscheidungsproblemen eher die **Ausnahme**.

Aufgabe 17 Minimax-Regel (Wald-Regel)

Gehen Sie von der Entscheidungsmatrix in **Aufgabe 16** aus!

Welche Handlungsmöglichkeit wird der Entscheidungsträger nach dieser Regel wählen? Beschreiben Sie zunächst dieses Prinzip und kritisieren Sie anschließend das Ergebnis!

Wöhe S. 94 f.

Nach dieser Regel wählt der Entscheidungsträger die Handlung aus, die bei Eintreten des **ungünstigsten Falls** noch das beste Ergebnis bringt. Zu bestimmen sind demnach in der Matrix die Zeilenminima, und es ist dann die Aktion mit dem Maximum dieser Zeilenminima zu realisieren.

Aktionsraum	Zeilenminima
A_1	10
A_2	– 50
A_3	– 20
A_4	– 100
A_5	– 250

Diese Regel rechnet mit dem ungünstigsten Fall, d.h. sie unterstellt eine absolut **pessimistische Erwartung.** Bei Realisierung der Aktion A 1 ist dem Entscheidenden ein Mindestgewinn von 10 sicher, dagegen beträgt sein maximaler Gewinn nur 40. Bei einer neutralen Umwelt (Zustandsraum) ist diese Regel für einen Unternehmer, der generell nur dann große Gewinne macht, wenn er etwas riskiert, wenig hilfreich.

Sieht sich der Unternehmer jedoch einer Situation gegenüber, in der ein rational handelnder Gegenspieler seinen eigenen Gewinn im Verlust des Mitspielers sieht (Spieltheorie, vgl. die **Aufgaben 22** und **23**), so führt die Minimax-Regel zu der optimalen Entscheidung.

Aufgabe 18 Maximax-Regel

Gehen Sie von der Entscheidungsmatrix in **Aufgabe 16** aus!

Welche Handlungsmöglichkeit wird der Entscheidungsträger nach dieser Regel wählen? Beschreiben Sie zunächst dieses Prinzip und kritisieren Sie anschließend das Ergebnis!

Wöhe S. 94 f.

Der Entscheidungsträger wählt nach dieser Regel die Aktion aus, die bei Eintreffen des **günstigsten Falls** das beste Ergebnis bringt. Im Gegensatz zur Minimax-Regel ist demnach die Aktion mit dem Maximum der Zeilenmaxima zu realisieren.

Aktionsraum	Zeilenmaxima
A_1	40
A_2	100
A_3	100
A_4	150
A_5	400

Diese Regel rechnet mit dem günstigsten Fall, der bei Realisierung der Aktion A4 einen Gewinn von 400 bringt. Nicht beachtet wird hierbei, dass diese Wahl das größtmögliche Verlustrisiko von – 250 mit umfasst. Während die Minimax-Regel auf das Verhalten eines Pessimisten abstellt, beschreibt die Maximax-Regel die Entscheidung eines **Optimisten.**

Aufgabe 19 Hurwicz-Regel (Pessimismus-Optimismus-Regel)

Gehen sie von den Entscheidungsmatrizen in den **Aufgaben 17** und **18** und einem Optimismusparameter von $\lambda = 0{,}4$ aus!

Welche Handlungsmöglichkeit wird der Entscheidungsträger nach dieser Regel wählen? Was ist das zentrale Problem bei diesem Vorgehen?

Wöhe S. 94 f.

Während die Minimax-Regel vom ungünstigsten, d. h. pessimistischsten Fall und die Maximax-Regel vom günstigsten, d. h. optimistischsten Fall ausgeht, kombiniert die Hurwicz-Regel diese beiden Regeln durch Gewichtung ihrer Extremwerte. Dabei werden die Zeilenmaxima mit dem **Optimismusparameter (λ)** und die Zeilenminima mit dem **Pessimismusparameter (1 – λ)** multipliziert und dann die Handlungsmöglichkeit realisiert, die das Maximum der Summen beider Faktoren aufweist.

Aktionsraum	Zeilenmaxima · λ	Zeilenminima · (1–λ)	Summe
A_1	40 · 0,4 = 16	10 · 0,6 = 6	22
A_2	100 · 0,4 = 40	– 50 · 0,6 = – 30	10
A_3	100 · 0,4 = 40	– 20 · 0,6 = – 12	**28**
A_4	150 · 0,4 = 60	– 100 · 0,6 = – 60	0
A_5	400 · 0,4 = 160	– 250 · 0,6 = – 150	10

Bei einem Optimismusparameter von 0,4 ist demnach die Handlungsmöglichkeit A_3 zu wählen. Die Problematik dieser Regel liegt in der Ermittlung des Optimismusparameters (λ).

Aufgabe 20 Savage-Niehans-Regel (Regel des kleinsten Bedauerns)

Gehen sie von der Entscheidungsmatrix in **Aufgabe 16** aus!

Welche Handlungsmöglichkeit wird der Entscheidungsträger nach dieser Regel wählen? Beschreiben Sie zunächst dieses Prinzip und kritisieren Sie anschließend das Ergebnis!

Wöhe S. 94–96

Bei der Anwendung dieser Regel will der Entscheidende sein Bedauern (Opportunitätsverlust) möglichst gering halten. Dieser Nachteil wird durch die Differenz zwischen dem erwarteten Nutzen und dem maximalen Nutzen (Spaltenmaxima) ausgedrückt.

Die Matrix enthält folgende Spaltenmaxima:

Zustandsraum	U_1	U_2	U_3	U_4
Spaltenmaxima	150	60	200	400

Es wird nun für jeden Nutzenwert der Entscheidungsmatrix das maximal mögliche Bedauern durch Differenzbildung des jeweiligen Spaltenmaximumwertes zum jeweiligen Nutzenwert ermittelt. Von diesen Werten wird für jede Handlungsmöglichkeit der maximale Betrag, also das maximale Bedauern ermittelt, ehe hieraus die Aktion, bei der das **maximale Bedauern am kleinsten** ist, gewählt wird.

Zustandsraum / Aktionsraum	U_1	U_2	U_3	U_4	Maximales Bedauern
A_1	140	40	170	360	360
A_2	200	60	150	300	300
A_3	50	0	180	420	420
A_4	0	10	200	500	500
A_5	400	60	0	0	400

Bei Anwendung dieser Entscheidungsregel erweist sich die Handlungsalternative A_2 als optimale Lösung, da bei ihrer Anwendung der höchstmögliche Nachteil mit 300 am geringsten ist. Kritisch ist anzumerken, dass diese Regel wie die Minimax-Regel ein eher pessimistisches Entscheidungssubjekt unterstellt.

Aufgabe 21 Laplace-Regel (Regel des unzureichenden Grundes)

In **Aufgabe 16** wurde bei der Anwendung des Erwartungswertprinzips (Bayes-Prinzip) für Risikoentscheidungen mit bekannten Erwartungswahrscheinlichkeiten gerechnet. Für Entscheidungen bei Ungewissheit sind derartige Wahrscheinlichkeiten nicht bekannt.

Welche Unterstellung macht die Laplace-Regel im Hinblick auf die Wahrscheinlichkeit des Eintretens bestimmter Umweltzustände? Welche Handlungsmöglichkeit ist nach dieser Regel zu wählen? Kritisieren Sie diese Entscheidungsregel!

Wöhe S. 94 f.

Da dem Entscheidungsträger über die Umweltbedingungen keine Wahrscheinlichkeiten bekannt sind, wird nach Laplace vorgeschlagen, alle Zustände als **gleich wahrscheinlich** einzustufen. Bei den vier Umweltzuständen des vorliegenden Beispiels ist somit jeder Nutzenwert mit einer Wahrscheinlichkeit von 0,25 zu gewichten, sodann die Summe zu bilden und die Alternative mit der höchsten Summe auszuwählen.

Für die Alternative A_1 ergibt sich somit:

$$\begin{aligned} \text{Nutzenwert} &= 0{,}25 \cdot 10 + 0{,}25 \cdot 20 + 0{,}25 \cdot 30 + 0{,}25 \cdot 40 \\ &= 0{,}25 \cdot (10 + 20 + 30 + 40) \\ &= 0{,}25 \cdot 100 \\ &= 25 \end{aligned}$$

Die benötigten Werte lassen sich somit vereinfacht durch die Multiplikation der Zeilensummen (aus **Aufgabe 16**) mit der Wahrscheinlichkeit von 0,25 bestimmen.

Aktionsraum	Zeilensumme	Zeilensumme · 0,25
A_1	100	25
A_2	100	25
A_3	160	40
A_4	100	25
A_5	350	87,5

Nach dieser Regel führen die Handlungsmöglichkeiten A_1, A_2 und A_4 mit 25 zum selben Resultat. Zu wählen ist die Handlungsmöglichkeit A_5 mit dem maximalen Nutzenwert von 87,5. Die Hauptkritik an dieser Regel richtet sich dagegen, dass die Sinnhaftigkeit einer **Unterstellung gleicher Wahrscheinlichkeiten nicht beweisbar** ist.

Aufgabe 22 Spiel mit Sattelpunkt

Gegeben ist folgende Ergebnismatrix der Spielsituation eines Zwei-Personen-Spiels.

Aktionsraum des Gegenspielers / Aktionsraum des Entscheidungsträgers	B_1	B_2	B_3	B_4
A_1	10/–10	18/–18	30/–30	40/–40
A_2	50/–50	0/0	80/–80	100/–100
A_3	100/–100	20/–20	40/–40	80/–80
A_4	150/–150	15/–15	5/–5	100/–100
A_5	25/–25	16/–16	20/–20	40/–40

Wöhe S. 96–98

Teilaufgabe a)

Erläutern Sie zunächst verbal die Spielsituation!

Die Matrix ist beiden Kontrahenten bekannt. Hieraus sind der Nutzen (z. B. Gewinne, Einzahlungen) des Entscheidungsträgers (Spielers) und die Kosten (z. B. Verluste, Auszahlungen) des Gegenspielers erkennbar. Die Einzahlungen des Spielers entsprechen den Auszahlungen des Gegenspielers. In der vorliegenden Matrix beträgt die höchstmögliche Einzahlung des Spielers, die der höchstmöglichen Auszahlung des Gegenspielers entspricht, 150 (Feld A_4/B_1 der Matrix). Bei 0 (Feld A_2/B_2 der Matrix) erzielt der Gegenspieler das beste, der Spieler das schlechteste Ergebnis.

Teilaufgabe b)

Erläutern Sie das Ergebnis des Spiels nach jeweils einem Zug, wenn es sich um ein sequentielles Spiel handelt!

Bei einem sequentiellen Spiel trifft zuerst der Spieler (A) seine Entscheidung für eine Aktion (A_1, …, A_5). Nach deren Bekanntgabe trifft der Gegenspieler (B) seine Entscheidung (B_1, …, B_4). Wählt der Spieler A_1, so geht der Gegenspieler auf B_1, weil hier mit 10 seine Auszahlung am geringsten ist. Geht der Spieler auf A_4, wählt der Gegenspieler B_3, um mit 5 ebenfalls wieder seinen Verlust zu minimieren. Der Spieler kann durch die Wahl von A_3 sein bestes Ergebnis mit 20 erzielen, weil in diesem Falle der Gegenspieler, um seinen Verlust zu minimieren, B_2 wählen muss:

Die Strategie des Spielers besteht also darin, dass er die Zeile wählen muss, die das **Maximum der Zeilenminima** enthält!

Teilaufgabe c)

> Erläutern Sie das Ergebnis des Spiels nach jeweils einem Zug, wenn es sich um ein simultanes Spiel handelt! Vergleichen Sie das Ergebnis mit dem des sequentiellen Spiels!

Die Spielregel verlangt nunmehr, dass beide Spieler gleichzeitig ihre gewählte Aktion bekanntgeben. Dies bedeutet, dass jeder die mögliche Aktion des anderen bei seiner Wahl berücksichtigen muss. Die Strategie des Spielers besteht darin, dass er die Zeile wählen muss, die das **Maximum der Zeilenminima** enthält, während der Gegenspieler die Spalte mit dem **Maximum der Spaltenminima** aussucht.

Aktionsraum des Gegenspielers / Aktionsraum des Spielers	B_1	B_2	B_3	B_4	Zeilen-minima
A_1	10/–10	18/–18	30/–30	40/–40	10
A_2	50/–50	0/0	80/–80	100/–100	0
A_3	100/–100	20/–20	40/–40	80/–80	20 Max!
A_4	150/–150	15/–15	5/–5	100/–100	5
A_5	25/–25	16/–16	20/–20	40/–40	16
Spaltenminima	–150	–20 Max!	–80	–100	

In diesem Beispiel stimmt das Maximum der Zeilenminima des Entscheidungsträgers (Spielers) mit dem Maximum der Spaltenminima des Gegners (Gegenspielers) überein. Da sich hier eine **eindeutige Lösung** ergibt, spricht man von einem **Spiel mit Sattelpunkt**. Weicht ein (Gegen-)Spieler von seiner Strategie ab, ist hiermit die Gefahr verbunden, sich im Vergleich zur Gleichgewichtslösung zu verschlechtern.

Es ändert sich nichts an der vorangegangenen Lösung.

Aufgabe 23 Spiel ohne Sattelpunkt

Gegeben ist folgende Ergebnismatrix einer Spielsituation eines Zwei-Personen-Spiels.

Aktionsraum des Gegenspielers / Aktionsraum des Spielers	B_1	B_2	B_3	B_4	Zeilenminima
A_1	10/–10	18/–18	30/–30	40/–40	10
A_2	50/–50	0/0	80/–80	100/–100	0
A_3	100/–100	20/–20	40/–40	80/–80	20 Max!
A_4	150/–150	90/–90	5/–5	100/–100	5
A_5	25/–25	16/–16	20/–20	40/–40	16
Spaltenminima	–150	–90	–80 Max!	–100	

Wöhe S. 96–98

Teilaufgabe a)

Erläutern Sie das Ergebnis des Spiels nach jeweils einem Zug, wenn es sich um ein sequentielles Spiel handelt!

Bei einem sequentiellen Spiel trifft wieder zuerst der Spieler seine Entscheidung für eine Aktion (A_1, …, A_5), anschließend der Gegenspieler (B_1, …, B_4). Da der Gegenspieler sich immer für das „geringste Leid" entscheiden wird, besteht die Strategie des Spielers darin, die Zeile zu wählen, die das Maximum der Zeilenminima enthält: A_3. Innerhalb dieser Zeile entscheidet sich B schließlich für den geringsten Verlust, also für B_2.

Teilaufgabe b)

Erläutern Sie das Ergebnis des Spiels nach jeweils einem Zug, wenn es sich um ein simultanes Spiel handelt! Vergleichen Sie das Ergebnis mit dem des sequentiellen Spiels!

Wählt der Spieler die Zeile A_3 mit dem **Maximum der Zeilenminima** und der Gegenspieler die Spalte B_3 mit dem **Maximum der Spaltenminima**, so werden beide in ihren Erwartungen positiv enttäuscht, weil der Entscheidungsträger statt eines erwarteten Gewinns von 20 einen solchen von 40 erzielt und der Gegner statt eines erwarteten Verlustes von 80 nur einen solchen von 40 erleidet.

Rechnet jedoch der Spieler von vornherein damit, dass sein Gegenspieler die Spalte B_3 wählt, so wird er seinerseits die Strategie A_2 anwenden und einen Gewinn von 80 erzielen. Rechnet der Gegenspieler hingegen damit, dass der Spieler A_3 wählt, wird er B_2 spielen, um seinen Verlust mit 20 zu minimieren. Durchschaut nun der

Spieler diese Überlegung des Gegenspielers, B_2 zu spielen, so wird er seinerseits A_4 wählen, um so einen Gewinn von 90 zu machen. Durchschaut der Gegenspieler diese Überlegung, so wird er statt B_2 jetzt B_3 spielen, um so nur einen Verlust von 5 zu erleiden. Diese Überlegungen lassen sich solange fortsetzen, bis man wieder am Ausgangspunkt angelangt ist, d.h. die ganze strategische Konzeption dreht sich im Kreise.

Bei einem solchen **Spiel ohne eindeutige Lösung** handelt es sich um ein Spiel **ohne Sattelpunkt**, das sich dadurch auszeichnet, dass das Maximum der Zeilenminima des Entscheidungsträgers nicht mit dem Maximum der Spaltenminima des Gegners übereinstimmt.

Aufgabe 24 Determinanten des Unternehmerrisikos

In der Hoffnung auf ein Anhalten des Baubooms gründen die Gebrüder Meier die BAUBOOM KG. Ehe der Betrieb aufgenommen werden kann, müssen ein Büro und ein Lagerplatz für Betriebsmittel gemietet werden. Außerdem müssen diverse Baumaschinen, Gerüste, Schalmaterial u.Ä. angeschafft werden. Schließlich werden zwei Kolonnen zu je zwölf Mann eingestellt. Das Baumaterial kann kurzfristig – je nach Bedarf – beschafft werden. Wie beurteilen Sie – differenziert nach Faktorarten – das mit der Faktorbeschaffung eingegangene Unternehmerrisiko?

Das Ausmaß des **Unternehmerrisikos** der BAUBOOM KG richtet sich nach Höhe und Dauer der eingegangenen Verpflichtungen (= Zwang zur Einhaltung bestehender Verträge) bzw. nach Höhe und Dauer der vermögensmäßigen Bindung (= Investitionen).

Die Werkstoffe werden gemäß Aufgabenstellung nach Bedarf beschafft, so dass sich kein Lager bildet. Im Hinblick auf die **Werkstoffbeschaffung** bestehen deshalb keine Risiken der Lagerhaltung (z.B. die Gefahren der Qualitätsminderung), sondern es besteht lediglich das Risiko zu hoher Preise. Weitere Risiken würden diesbezüglich erst entstehen, wenn die Materialien von den Lieferanten nicht zur gewünschten Zeit in der gewünschten Menge am gewünschten Ort zur Verfügung gestellt werden könnten.

Das mit der **Einstellung von Mitarbeitern** verbundene Unternehmerrisiko ergibt sich aus den Regelungen des Kündigungsschutzgesetzes. Je länger die vom Arbeitgeber einzuhaltenden Kündigungsfristen und je höher die im Kündigungsfall zu zahlenden Abfindungen sind, desto größer ist das unternehmerische Risiko.

Bei der **Betriebsmittelbeschaffung** ist keine einheitliche Betrachtung möglich. Die mit der **Anmietung** von Büro und Lagerplatz eingegangenen Verpflichtungen lassen sich nur dann schnell abbauen, wenn im Mietvertrag kurze Kündigungsfristen vereinbart wurden.

Anders verhält es sich mit den **gekauften Betriebsmitteln**. Je länger die Nutzungsdauer eines gekauften Betriebsmittel ist und je spezieller die Betriebsmittel auf die Baubranche zugeschnitten sind, umso höher ist das mit dem Erwerb eingegangene Unternehmerrisiko zu veranschlagen. Das Unternehmerrisiko begegnet uns hier in der Gefahr, einem großen Nutzenpotential im Zeitverlauf nur unzureichende Nutzungsmöglichkeiten (Mangel an Bauaufträgen) zuführen zu können. Sollte der Bauboom zurückgehen, müssten die gekauften Betriebsmittel veräußert werden. Die Chance, hierfür Abnehmer in der Baubranche zu finden, ist in einem solchen Fall eher gering.

Aufgabe 25 Möglichkeiten der Risikobegrenzung

Es gelten die Annahmen der **Aufgabe 24**. Allerdings sind die Betriebsmittel noch nicht gekauft worden. Nach wie vor möchte aber die BAUBOOM KG eine hohe Baukapazität bereithalten. Sehen sie eine Möglichkeit, das mit der Betriebsmittelbereitstellung einzugehende Unternehmerrisiko zu reduzieren?

Lösungshinweis: Auch Büro und Lagerplatz sind Betriebsmittel.

Wöhe S. 556–558

Die BAUBOOM KG sollte versuchen, für besonders langlebige und teure Betriebsmittel **Leasingverträge** abzuschließen. Wenn die diesbezüglichen Kündigungsfristen kürzer sind als die Nutzungsdauer, reduziert sich das Unternehmerrisiko. Ein Kauf ist Leasingverträgen nur für solche Betriebsmittel vorzuziehen, die sich bei nicht erfüllten Erwartungen (Bauflaute) ohne große Schwierigkeiten, d.h. schnell und ohne große Verluste, (auch außerhalb der Branche) verkaufen lassen.

3. Organisation

Wiederholungsfragen:

Wöhe	Seite
Welche Aufgabe hat die Organisation? Welche Rolle spielen in diesem Zusammenhang die Koordination und die Motivation?	100 f.
Welche Arbeitsschritte sind zur Schaffung einer Aufbauorganisation zu bewältigen?	104
Welcher Zusammenhang besteht zwischen Aufgabenanalyse und Aufgabensynthese?	104 f.
Worin unterscheidet sich eine funktionale Organisation von einer divisionalen Organisation?	105 f.
Welcher Zusammenhang besteht zwischen Leitungsspanne und Leitungstiefe?	107 f.
Wie lassen sich die Unterschiede zwischen Linienstellen, Stabsstellen und Zentralstellen unterscheiden?	109
Warum bemüht sich die Organisation um die Delegation taktischer und operativer Entscheidungen?	109 f.
Was versteht man unter einem Organigramm?	110
Wo liegen die Vor- und Nachteile des Einlinien- bzw. Mehrliniensystems?	111 f.
Wie ist eine Spartenorganisation aufgebaut?	113 f.
Wie ist eine Matrixorganisation aufgebaut?	115
Welche Einzelanforderungen werden an die Ablauforganisation gestellt?	117
Welche Management-by-Konzepte kennen Sie?	119 f.

Aufgabe 26 Aufbau- und Ablauforganisation

Welche der folgenden Fragestellungen sind der Aufbauorganisation, welche sind der Ablauforganisation zuzuordnen?

(1) Soll das Materialeingangslager im Produktionsgebäude oder im Verwaltungsgebäude untergebracht werden?
(2) Sollen die Sekretariatsarbeiten des Vertriebsleiters auf eine Ganztags- oder zwei Halbtagsstellen übertragen werden?
(3) Sollen in einer Montagehalle die vom Prüfingenieur zu prüfenden Aggregate zum Prüfer transportiert werden oder soll der Prüfer seine Verrichtung am Standort des Aggregats vornehmen?
(4) Ist zur Anleitung und Überwachung der Monteure eine zweite Meisterstelle erforderlich?
(5) Soll sich ein Unternehmen, das Militärtechnik, Frachtschiffe und Lokomotiven herstellt, eine funktionale oder eine divisionale Organisationsstruktur geben?
(6) Soll der Produktionsbereich in 5 Abteilungen mit jeweils 80 Stellen oder in 8 Abteilungen mit jeweils 50 Stellen untergliedert werden?
(7) Welche Aufgaben soll die Stabstelle des Direktionsassistenten wahrnehmen?
(8) Im Vertrieb ist die Stelle eines Außendienstmitarbeiters wiederzubesetzen. Vertriebsleiter und Personalleiter sind unterschiedlicher Meinung über die Eignung des Bewerbers B. Wer hat das letzte Wort bei der Einstellung von B?
(9) An einem Fließband werden zerbrechliche Einbauteile zusammengesetzt. Glasbruch ist unvermeidbar. Wie viele Ersatzstücke sollen am Arbeitsplatz des Monteurs M in Reserve vorgehalten werden?
(10) Welche organisatorischen Vorsichtsmaßnahmen sind zu ergreifen, damit bei unvorhergesehenen Betriebsstörungen die Stillstandzeit des Fertigungsbandes möglichst kurz gehalten werden kann?

Wöhe S. 103 f. und S. 117 f.

Die anstehenden Probleme sind folgendermaßen zuzuordnen:

Aufbauorganisation (2), (4), (5), (6), (7) und (8)
Ablauforganisation (1), (3), (9) und (10)

Aufgabe 27 Ablauf- und Kapazitätsplanung

Die WOHLFAHRT AG beschäftigt 800 Mitarbeiter und plant den Bau einer Werkskantine. Man rechnet damit, dass 90 % der Beschäftigten von der neuen Kantine Gebrauch machen werden. Der Leiter der Personal- und Sozialabteilung möchte die Kantine mit 600 Stühlen bestücken lassen. Sein Assistent macht ihn darauf aufmerksam, dass diese Zahl zu gering sei; man benötige mindestens 720 Sitzplätze. Wem würden Sie recht geben, wenn Sie zusätzlich erfahren, dass

(a) die Kantine mit drei Ausgabeschaltern versehen werden soll,
(b) an jedem Schalter vier Essen/Minute ausgegeben werden,
(c) die Mittagspause eine Stunde dauert,
(d) Warteschlangen an den Schaltern nicht entstehen (d. h. die Mittagspause dauert für jeden 60 Minuten, beginnt und endet aber zu individuell verschiedenen Zeitpunkten) und
(e) die Beschäftigten maximal 30 Minuten Zeit auf das Mittagessen verwenden?

Welche Kapazität sollte die neue Kantine nach Ihrer Meinung haben?

Das Mittagessen in der Kantine lässt sich in drei Phasen einteilen:

Phase I: Zu Beginn dieser Phase (Zustrom-Phase) sind alle Sitzplätze leer; die Kantine füllt sich allmählich. Beendet ist diese Phase erst zu dem Zeitpunkt, an dem der erste Mitarbeiter die Kantine nach beendeter Mahlzeit verlässt (Abstrom = null).

Phase II: Dieser Zeitabschnitt ist dadurch gekennzeichnet, dass jeder eintretende Mitarbeiter einen Platz einnimmt, den ein anderer soeben geräumt hat (Zustrom = Abstrom). Diese Phase (Zustrom-Abstrom-Phase) ist dann beendet, wenn der letzte Mitarbeiter die Kantine betreten hat.

Phase III: Mit Beginn dieser Phase (Abstrom-Phase) werden die Ausgabeschalter geschlossen (Zustrom = null). Von da an dauert es noch 30 Minuten, bis der letzte Mitarbeiter die Kantine verlassen hat. Zu diesem Zeitpunkt ist Phase III beendet.

Wenn Phase I durch den Abgang des ersten Mittagsgastes beendet wird, dann bedeutet das, dass diese Phase 30 Minuten dauert. Während dieser Zeit werden 30 (Minuten) · 3 (Schalter) · 4 (Essen/Minute) = 360 Personen an den Ausgabeschaltern bedient. Da während dieser Phase noch niemand die Kantine verlässt, müssen zunächst 360 Sitzgelegenheiten vorhanden sein.

Phase II ist beendet, wenn der letzte Mitarbeiter die Kantine betreten hat. In diesem Zeitabschnitt müssen also die restlichen 360 Mitarbeiter (720 Mitarbeiter, welche die Kantine in Anspruch nehmen, – 360 aus Phase I) bedient werden. Für sie müssen zusätzliche Sitzplätze nicht zur Verfügung gestellt werden, da ja während dieses Zeitraums die ersten 360 Mitarbeiter nach und nach „abströmen".

Phase II dauert demnach ebenfalls 30 Minuten $\left(\frac{360}{4 \cdot 3}\right)$.

Da in Phase III niemand mehr die Kantine betritt, werden keine zusätzlichen Sitzplätze benötigt.

Aus diesen Überlegungen folgt: Weder der Leiter der Personal- und Sozialabteilung noch sein Assistent haben die Anzahl der erforderlichen Sitzgelegenheiten richtig berechnet. Es werden nur so viele Plätze benötigt, wie Mitarbeiter in Phase I zuströmen, also 360 Stück. Jeder Sitzplatz wird während der Mittagspause zweimal belegt, einmal in Phase I, einmal in Phase II. Die Kapazität der Kantine ist auf 360 Sitzplätze oder 720 Essenausgaben/Mittagspause zu beziffern.

Aufgabe 28 Ablauf- und Kapazitätsplanung (Datenvariation I)

Es gelten alle Bedingungen der **Aufgabe 27** bis auf Bedingungen (d) und (e). Es soll jetzt angenommen werden, dass die Mittagspause für jedermann um 12 Uhr beginnt und um 13 Uhr endet. Außerdem ist davon auszugehen, dass jeder Mitarbeiter maximal nur noch 20 Minuten Zeit auf die Einnahme der Mahlzeit verwendet und anschließend die Kantine verlässt. Wie viele Sitzplätze sind unter diesen Bedingungen erforderlich? Wie groß ist die Kapazität der Kantine?

Lösungshinweis: Zerlegen Sie den Ablauf zunächst in die Zustrom-Phase (I), die Zustrom-Abstrom-Phase (II) und die Abstrom-Phase (III)!

Phase I: Beginn 12.00 Uhr; Ende 12.20 Uhr, erster Mitarbeiter verlässt Kantine.

Phase II: Beginn 12.20 Uhr; Ende 12.40 Uhr. Da jeder Mitarbeiter um 13.00 Uhr zu seinem Arbeitsplatz zurückgekehrt sein muss, andererseits aber 20 Minuten Zeit zum Essen benötigt, muss er sein Essen spätestens um 12.40 Uhr am Schalter in Empfang genommen haben.

Phase III: Beginn 12.40 Uhr; Ende 13.00 Uhr. Mit Beginn dieser Phase werden die Ausgabeschalter geschlossen; am Ende dieses Zeitabschnitts hat der letzte Mitarbeiter die Kantine verlassen.

Während Phase I werden 20 (Minuten) · 3 (Schalter) · 4 (Essen/Minute) = 240 Personen an den Schaltern bedient. Es müssen zunächst 240 Sitzplätze vorhanden sein. Im Verlauf der Phase II findet auf den Sitzplätzen lediglich eine Umschichtung statt, da Zustrom und Abstrom (12 Personen/Minute = 3 · 4) gleich stark sind. Im Verlauf der Phase III werden die Sitzplätze nach und nach geräumt.

Es werden nur noch 240 Sitzplätze benötigt; es können aber auch nur noch 480 Personen ihre Mahlzeiten einnehmen. Dementsprechend wäre die Kapazität der Kantine in diesem Falle auf 240 Sitzplätze bzw. 480 Essenausgaben/Mittagspause zu beziffern. Hieraus ergibt sich die Notwendigkeit zur Revision der Ablaufplanung.

Aufgabe 29 Ablauf- und Kapazitätsplanung (Datenvariation II)

Es gelten alle Angaben der **Aufgabe 28**. Um alle 720 Beschäftigten beköstigen zu können, beabsichtigt der Leiter der Personal- und Sozialabteilung, die Anzahl der Sitzplätze von 240 auf 480 zu erhöhen. Er rechnet Ihnen vor, dass die Bereitstellung von weiteren 240 Sitzplätzen genau der Anzahl der bisher nicht bedienten Beschäftigten (720 – 480) entspricht. Was halten Sie von seinem Vorhaben?

Nichts! Aus **Aufgabe 28** geht hervor, dass die (zu geringe) Kapazität der Kantine nicht durch die Sitzplätze, sondern durch den Bedienungsablauf an den Ausgabeschaltern zustande kommt. Die Essenausgabe ist auf Phase I und II beschränkt. Während dieser 40 Minuten können zurzeit maximal 40 · 3 · 4 = 480 Essen ausgegeben werden. Zur Behebung der Kapazitätsrestriktion ist folglich nicht die Anzahl der Sitzplätze zu erhöhen, sondern die Form der Essenausgabe zu modifizieren.

Aufgabe 30 Ablauf- und Kapazitätsplanung (Datenvariation III)

Es gelten alle Annahmen der **Aufgabe 28**. Durch welche beiden Maßnahmen kann die Essenausgabe so abgeändert werden, dass die gewünschte Kapazität von 720 Essenausgaben/Mittagspause erreicht wird? Wie viele Sitzplätze sind dann erforderlich?

Die **erste Möglichkeit,** die Kapazität auf 720 Essen/Mittagspause auszubauen, besteht darin, den Ausgaberhythmus (zurzeit 4 Essen/Minute und Schalter) zu beschleunigen. Würde es gelingen, 6 Essen/Minute und Schalter auszugeben, könnten von 12.00 bis 12.20 Uhr (Phase I) 20 · 3 · 6 = 360 Personen und in Phase II noch einmal die gleiche Personenzahl bedient werden. Es wären 360 Sitzplätze erforderlich.

Die **zweite Möglichkeit** besteht darin, bei derzeitigem Ausgaberhythmus die Zahl der Schalter zu erhöhen. Um in Phase I und II jeweils 360 Essen ausgeben zu können, müsste die Anzahl der Schalter s auf

$$s = \frac{360}{20 \cdot 4} = 4{,}5,$$

also auf fünf Schalter erhöht werden. In diesem Fall müsste die Anzahl der Sitzplätze auf 20 · 5 · 4 = 400 erhöht werden.

Eine Kombination zwischen der ersten und der zweiten Möglichkeit (4 Schalter; 4,5 Essen/Minute und Schalter) ist ebenfalls möglich **(dritte Möglichkeit)**. Auch in diesem Fall wären 20 · 4 · 4,5 = 360 Sitzplätze erforderlich.

4. Personalwirtschaft

Wiederholungsfragen:

	Wöhe Seite
Welche Rahmenbedingungen führen in der Personalwirtschaft zur Einschränkung der Handlungsmöglichkeiten?	122–124; 146 f.
Welche Teilgebiete der Personalplanung kennen Sie?	128
An welchen Sachverhalten orientiert sich die Personalbedarfsplanung?	129 f.
Wo liegen die Vor- und Nachteile interner bzw. externer Personalbeschaffung?	132
Welche Möglichkeiten des Personalabbaus kennen Sie?	134–136
Über welche Teilbereiche erstreckt sich die Personaleinsatzplanung?	137
Welches Ziel verfolgt die Personalentwicklungsplanung?	139
Welche Instrumente der Mitarbeitermotivation kennen Sie?	141
Welche Methoden der Arbeitsbewertung kennen Sie?	143
Welche Lohnformen kennen Sie?	144
Wo liegen die Vor- und Nachteile des Zeitlohns?	145
Wie kann ein Prämienlohn ausgestaltet werden?	146
Welche Formen der Kapitalbeteiligung kennen Sie?	149
Welche Führungsstile kennen Sie?	150 f.

Aufgabe 31 Tarifliche Arbeitszeit und Haupttätigkeitszeit

Für die Arbeitnehmer eines Betriebes gelten folgende Angaben:

– Tarifliche Arbeitszeit/Woche (52 Wochen)	40 Std.
– Feiertage/Jahr	10
– Urlaubstage/Jahr	27
– Durchschnittliche Ausfallzeit wegen Krankheit/Arbeitnehmer (Krankheitstage/Jahr)	10
– Sonderurlaubstage/Jahr	3
– Anteil der betrieblichen Wartezeiten an der betrieblichen Einsatzzeit	8 %
– Anteil der betrieblichen Nebenarbeiten an der betrieblichen Einsatzzeit	7 %

Wie hoch ist die Personalkapazität pro Arbeitnehmer? Wie viele **produktive Fertigungsstunden/Arbeitnehmer** (Haupttätigkeitszeit) stehen für den eigentlichen Betriebszweck zur Verfügung?

	Std./Jahr	Std./Jahr
I. Tarifliche Arbeitszeit (52 Wochen · 40 Std.)		**2.080**
Feiertage (10 Tage · 8 Std.)	80	
Urlaub (27 Tage · 8 Std.)	216	
Krankheit (10 Tage · 8 Std.)	80	
Sonderurlaub (3 Tage · 8 Std.)	24	
Abwesenheitszeit	400	– 400
II. Betriebliche Einsatzzeit		**1.680**
Wartezeiten (8 % von II)	134	
Nebenarbeiten (7 % von II)	118	
Nichtproduktive Tätigkeit	252	– 252
III. Produktive Fertigungsstunden/Jahr		**1.428**

Die tarifliche Jahresarbeitszeit beträgt 2.080 Stunden. Die Haupttätigkeitszeit von 1.428 Stunden/Jahr ist maßgebend für die Ermittlung der **Personalkapazität** und für die Feststellung der Lohnkosten für eine **produktive Arbeitsstunde**. Der Betrieb bezahlt zwar den Lohn für 2.080 Stunden, erhält hierfür aber nur 1.428 Stunden Arbeitsleistung.

Aufgabe 32 Bruttolohn, Nettolohn und betriebliche Lohnkosten

Ein Arbeitnehmer erhält einen Tariflohn von 21 EUR/Stunde (Bruttoarbeitslohn). Wie hoch ist der Nettolohn je Stunde des Arbeitsnehmers und wie hoch sind die Lohnkosten (Bruttolohn + lohnabhängige Nebenkosten) je Stunde für den Arbeitgeber unter Berücksichtigung folgender Angaben:

		Bezugsbasis: Bruttolohn	
	Rentenversicherung	18,70 %	
	Krankenversicherung	14,60 %	
	Pflegeversicherung	2,35 %	
	Arbeitslosenversicherung	3,00 %	
I.	Gesetzlicher Sozialversicherungsbeitrag	38,65 %	38,65 %
II.	Lohnsteuer/Kirchensteuer/Solidaritätszuschlag (SolZ)		23,00 %

Beachten Sie, dass der Beitrag zur gesetzlichen Sozialversicherung zur einen Hälfte vom Arbeitnehmer und zur anderen Hälfte vom Arbeitgeber zu tragen ist! (Zusatzbelastungen der Arbeitnehmer werden einfachheitshalber vernachlässigt.)

Wöhe S. 144–146

Unter Berücksichtigung der oben angegebenen Abzüge ergeben sich für den Arbeitnehmer folgender **Nettolohn je Stunde** und für den Arbeitgeber folgende **Lohnkostenbelastung je Stunde**:

I.	Gesetzliche Sozialversicherung	38,65 % von 21 EUR	8,12 EUR
	davon Arbeitnehmeranteil (ANA)		4,06 EUR
	davon Arbeitgeberanteil (AGA)		4,06 EUR
II.	Lohnsteuer, Kirchensteuer/SolZ	23,00 % von 21 EUR	4,83 EUR

Bruttolohn EUR/Std.	+	Sozialversicherung (AGA) EUR/Std.	=	Betriebliche Lohnkosten EUR/Std.
21,00		4,06		**25,06**

– Sozialversicherung (ANA) EUR/Std. 4,06
– Steuerbelastung EUR/Std. 4,83

Nettolohn EUR/Std.
12,11

Der Arbeitgeber hat Lohnkosten in Höhe von EUR 25,06. Davon erhält der Arbeitnehmer nur EUR 12,11. Im Klartext: Mehr als die Hälfte der betrieblichen Lohnkosten fließt in die Finanz- und Sozialkassen des Staates.

Aufgabe 33 Effektive Lohnkosten

Ein Betrieb bezahlt einem Arbeitnehmer 2.080 Arbeitsstunden/Jahr. Dafür stehen ihm 1.428 Fertigungsstunden/Jahr zur Verfügung (vgl. hierzu **Aufgabe 31**). Wie hoch sind die betrieblichen Lohnkosten/Jahr (einschließlich aller lohnabhängigen Nebenkosten) und die Lohnkosten für eine Fertigungsstunde, wenn folgende Angaben gelten:

Tarifliche Arbeitszeit (bezahlte Stunden/Jahr)	2.080 Std.
Produktive Fertigungsstunden/Jahr (Haupttätigkeitszeit)	1.428 Std.
Arbeitslohn/Std.	21 EUR
AG-Anteil zur gesetzlichen Sozialversicherung (% vom Bruttolohn)	19,33 %
Urlaubsgeld/Jahr (% vom Urlaubslohn bei 27 Urlaubstagen)	50 %
Weihnachtsgeld/Jahr (% vom Bruttomonatslohn)	60 %

Wöhe S. 144–146

Der Bruttoarbeitslohn/Jahr beträgt insgesamt 43.680 EUR (2.080 Std. · 21 EUR/Std.). Der durchschnittliche Bruttomonatslohn beziffert sich somit auf 3.640 EUR. Für 27 Urlaubstage (= 216 Std.) wird ein Urlaubslohn von 4.536 EUR gezahlt.

Die gesamten Lohnkosten/Jahr lassen sich wie folgt berechnen:

	Bruttoarbeitslohn/Jahr		43.680 EUR
+	Weihnachtsgeld	(60 % von 3.640 EUR)	2.184 EUR
+	Urlaubsgeld	(50 % von 4.536 EUR)	2.268 EUR
	Gesamtbezüge des Arbeitnehmers/Jahr		48.132 EUR
+	AG-Anteil zur gesetzl. Sozialversicherung (19,33 % von 48.132 EUR)		9.304 EUR
	Gesamte Lohnkosten/Jahr		**57.436 EUR**

Die gesamten **Lohnkosten** betragen also 57.436 EUR/Jahr und **40,22 EUR/Fertigungsstunde**. Damit übersteigen die Lohnkosten/Fertigungsstunde den tariflich vereinbarten Stundenlohn (21 EUR) um gut 90 %.

Aufgabe 34 Personalleasing

Die PROFILEASING GMBH kann einen Gerüstbauer zu folgenden Bedingungen einstellen:

Bruttoarbeitslohn/Monat	2.500 EUR
AG-Anteil zur gesetzlichen Sozialversicherung	20 %
Arbeitszeit/Tag	8 Std.
Arbeitstage/Jahr (nach Abzug von Urlaubs- und Feiertagen)	220 Tage
Krankheitstage/Jahr	10 Tage
Nachfragebedingte Leerlaufzeiten/Jahr	10 Tage

Wie hoch ist der Personalaufwand PA für eine produktive Arbeitsstunde? Wie hoch ist der Erfolgsbeitrag G_M, wenn die PROFILEASING ihren Kunden 32 EUR/Arbeitsstunde in Rechnung stellen kann?

Wöhe S. 144–146

	Bruttoarbeitslohn/Jahr	30.000 EUR
+	AG-Anteil zur gesetzlichen Sozialversicherung (20 %)	6.000 EUR
	Personalaufwand (PA)/Jahr	**36.000 EUR**

I.	**Arbeitszeit/Jahr**	**Stunden**
	(220 Tage · 8 Std./Tag)	1.760
	– Krankheit (10 Tage · 8 Std./Tag)	80
II.	**Betriebliche Einsatzzeit/Jahr**	**1.680**
	– nachfragebedingte Leerlaufzeiten (10 Tage · 8 Std./Tag)	80
III.	**Produktive Stunden/Jahr**	**1.600**

Personalaufwand PA/Std. $= \frac{36.000\ \text{EUR}}{1.600\ \text{Std.}} =$ **22,50 EUR**

Erfolgsbeitrag/Std. G_M $= PE_M - PA_M$

$= 32{,}00 - 22{,}50 =$ **9,50 EUR**

Der Gerüstbauer M sollte eingestellt werden, denn er leistet einen positiven Erfolgsbeitrag G_M von 9,50 EUR/Std.

Aufgabe 35 Humankapitalbewertung bei Einstellung

Die Personalabteilung der DACHBAU GMBH berät über die Einstellung des Mitarbeiters M. Diesbezüglich liegen folgende Prognosen bzw. Erfahrungswerte vor:

Eintrittsalter des Stellenbewerbers	45 Jahre
PE_M (erwarteter Personalertrag)	(konstant) 45.000 EUR/Jahr
PA_M (erwarteter Personalaufwand)	(konstant) 35.000 EUR/Jahr
Erwartetes Austrittsalter (Rentenbeginn)	65 Jahre
Kalkulationszins	6 %

Lösungshinweis: Der Rentenbarwertfaktor RBW für 20 Jahre zu 6 % findet sich im Anhang dieses Buchs.

Wöhe S. 125–127 und S. 482–485

Schon auf den ersten Blick zeigt sich: M sollte eingestellt werden, denn der erwartete **Erfolgsbeitrag/Jahr (G_M)** ist positiv:

G_M	=	**PE_M**	–	**PA_M**		
G_M	=	45.000 EUR	–	35.000 EUR	=	**10.000 EUR**

Der für den Stellenbewerber M zu ermittelnde Humankapitalwert HK_M entspricht

- dem Barwert aller erwarteten Erfolgsbeiträge G_M
- bezogen auf den gegenwärtigen Entscheidungszeitpunkt t_0 (hier: Entscheidung über die Einstellung).

Den **Humankapitalwert (HK_M)** ermittelt man wie folgt:

HK_M	=	**G_M**	·	**RBW** (6 %/20 Jahre)		
HK_M	=	**10.000 EUR**	·	**11,470**	=	**114.700 EUR**

Eine Einstellung des Mitarbeiters ist zu befürworten. Der Gesamtvorteil beziffert sich auf 114.700 EUR, sofern der Mitarbeiter bis zur Vollendung des 65. Lebensjahres dem Betrieb erhalten bleibt.

Aufgabe 36 Humankapitalverlust bei Kündigung durch Mitarbeiter

Es gelten die Ausgangsdaten aus **Aufgabe 35**. Wider Erwarten erklärt M nach fünf Jahren Betriebszugehörigkeit, seinen Arbeitsvertrag kündigen zu wollen.

Welche Konsequenzen hätte dies für die DACHBAU GMBH? Wie hoch ist der drohende Verlust an Humankapital HK_M?

Wöhe S. 125–127 und S. 482–485

Bezeichnet man den Zeitpunkt der Kündigungsandrohung mit t_0, hätte der Vollzug der Kündigung durch M für den Arbeitgeber folgende Konsequenz: Entgegen der ursprünglichen Planung gingen dem Arbeitgeber

- für die kommenden 15 Jahre
- positive Erfolgsbeiträge G_M
- in Höhe von 10.000 EUR/Jahr verloren.

Zur Berechnung des **Humankapitalverlustes** ist der Rentenbarwertfaktor (RBW) für 6 % und 15 Jahre heranzuziehen:

Humankapitalverlust						
HK_M	=	**G_M**	·	**RBW** (6 %/15 Jahre)		
HK_M	=	10.000 EUR	·	9,712	=	**97.120 EUR**

Aufgabe 37 Erhalt des Humankapitals durch Rentenzusage

Es gelten weiterhin die Daten aus den **Aufgaben 35** und **36**. Die Geschäftsführung der DACHBAU GMBH möchte M von der Kündigung abhalten. Darum macht sie M folgendes Angebot: Wenn M

- auf die in t_0 angedrohte Kündigung verzichtet
- erhält er nach seinem altersbedingten Ausscheiden (t_{15})
- eine Betriebsrente von 12.000 EUR/Jahr
- mit 10 Jahren Laufzeit, also von $t_{16} - t_{25}$.

M ist bereit, auf dieses Angebot einzugehen.

Wie verändert sich der Humankapitalwert HK_M im Vergleich zum Vollzug der Kündigung?

Wöhe S. 125–127 und S. 482–485

Wird die Kündigung durch M in t_0 vollzogen, gäbe es keine weiteren Erfolgsbeiträge G_M. Der Humankapitalwert HK_M wäre also gleich null.

Würde die angedrohte Kündigung durch die Rentenzusage abgewendet, könnte man mit folgendem Zahlungsstrom rechnen:

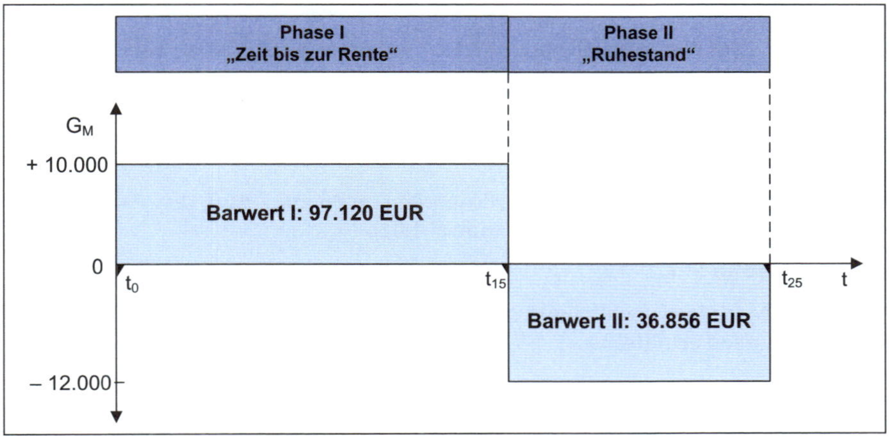

Der auf **t_0 bezogene Barwert II** der Rentenzahlungen (12.000 EUR/Jahr) ist in zwei Schritten zu berechnen:

1. Schritt: Barwert der 10 Rentenzahlungen bezogen auf den Zeitpunkt t_{15} (= Barwert t_{15})

2. Schritt: Umrechnung des Barwertes t_{15} zum gewünschten Barwert t_0. Dazu ist der Barwert t_{15} mit dem Abzinsungsfaktor AZF (6 %/15 Jahre) zu multiplizieren.

Berechnung der Barwerte						
Barwert I	=	G_M	·	**RBW** (6 %/15 Jahre)		
	=	10.000 EUR	·	9,712	=	**97.120 EUR**
Barwert II	=	G_M	·	**RBW** (6 %/10 Jahre)		
Barwert t_{15}:	=	12.000 EUR	·	7,360	=	88.320 EUR
Barwert t_0:	=	88.320 EUR	·	**AZF** (6 %/15 Jahre)		
	=	88.320 EUR	·	0,4173	=	**36.856 EUR**

Die Zusage der Betriebsrente ist für den Arbeitgeber vorteilhaft, denn per Saldo wird **Humankapital im Wert von 60.264 EUR** (= 97.120 EUR – 36.856 EUR) an das Unternehmen gebunden.

Aufgabe 38 Personalbedarfsplanung

Die CERES AG ist ein wachsendes Unternehmen. Auch für die Planperiode 02 (1.1.02–31.12.02) ist mit einem zusätzlichen Personalbedarf im Produktionsbereich A zu rechnen. Hierzu liegen folgende Informationen vor:

Jahresleistung eines Monteurs vor Ausfallzeiten (Stück)	3.333
Durchschnittliche Ausfallzeiten	10 %
Geplantes Produktionsvolumen (Stück)	3 Mio.
Personalbestand am 30.6.01	900

Zum Planungszeitpunkt 30.6.01 erwartet man, dass bis zum 31.12.01

- 20 Mitarbeiter wegen Erreichens der Altersgrenze und wegen Kündigung ausscheiden.
- 12 Auszubildende nach Ablegung der Gesellenprüfung in den Montagebetrieb aufgenommen werden.

Ermitteln Sie den zusätzlichen Personalbedarf bzw. den Personalüberhang zum Beginn der Planungsperiode (1.1.02).

Wöhe S. 129–131

Der Sollpersonalbedarf im Produktionsbereich A zum 1.1.02 lässt sich folgendermaßen ermitteln:

$$\frac{\text{geplantes Produktionsvolumen (Stück)}}{\text{Leistung/Mitarbeiter (Stück) nach Ausfallzeiten}} = \frac{3.000.000}{3.333 \cdot 0{,}9} = 1.000 \text{ Mitarbeiter}$$

Ermittlung des Istbestands	Anzahl der Mitarbeiter
Personalbestand am 30.6.01	900
– Personalabgang (30.6.01 – 31.12.01)	– 20
+ Personalzugang (30.6.01 – 31.12.01)	+ 12
= Erwarteter Istbestand zum 1.1.02	**892**

Ermittlung des Nettopersonalbedarfs	Anzahl der Mitarbeiter
Bruttopersonalbedarf ab 1.1.02	1.000
– Erwarteter Istbestand zum 1.1.02	– 892
= **Nettopersonalbedarf** zum 1.1.02	**+ 108**

Da für die Planperiode 02 gilt:

Soll (Bruttopersonalbedarf) **>** **Ist** (angepasster Personalbestand).

Im Produktionsbereich A besteht also ein (zusätzlicher) Personalbedarf, der 108 Monteure (Nettopersonalbedarf) beträgt.

Aufgabe 39 Betriebsbedingte Kündigung – Abfindungsanspruch

Angesichts rückläufiger Nachfrage muss die FLAUTE-GMBH betriebsbedingte Kündigungen aussprechen. In der Marketingabteilung sind die beiden Kundendienstmitarbeiter A und B beschäftigt, von denen einer entlassen werden muss:

Kundendienstmitarbeiter		A	B
(1)	Dauer der Betriebszugehörigkeit	19 Jahre	18 Jahre
(2)	Bruttoarbeitslohn/Monat	2.900 EUR	3.500 EUR
(3)	Leistungsfähigkeit bzw. Engagement	gering	sehr hoch
(4)	Familienstand	verheiratet	ledig
(5)	Lebensalter	55 Jahre	40 Jahre
(6)	Chancen am Arbeitsmarkt	gering	hoch

Wöhe S. 134–136

Teilaufgabe a)

Welchen der beiden Mitarbeiter würden Sie als Geschäftsführer der FLAUTE-GMBH aus ökonomischer Perspektive gerne weiterbeschäftigen?

Da B über das deutlich höhere Leistungspotential verfügt, sollte B der FLAUTE-GMBH erhalten bleiben.

Teilaufgabe b)

Kann unter den obigen Bedingungen (1) bis (6) die Geschäftsführung Mitarbeiter A betriebsbedingt kündigen?

Nein. Bei der betriebsbedingten Kündigung muss eine Sozialauswahl erfolgen. Zu entlassen ist der Mitarbeiter, den die Kündigung weniger hart trifft. Vor allem in Anbetracht der Kriterien (1) sowie (4) bis (6) darf A nicht entlassen werden.

Teilaufgabe c)

Ermitteln Sie den Abfindungsanspruch des zu kündigenden Mitarbeiters B!

B hat einen gesetzlichen **Abfindungsanspruch** in Höhe eines halben Bruttomonatslohns je Jahr der Betriebszugehörigkeit, also in Höhe von (3.500 EUR · 18 · 0,5) **31.500 EUR**.

Aufgabe 40 Arbeitsbewertung

Der Tarifvertrag XYZ gibt vor, dass die Arbeitsbewertung analytisch zu erfolgen hat. Dabei sei von folgenden Kriterien sowie möglichen Bewertungseinheiten und entsprechenden Gewichtungen auszugehen:

Kriterium	Bewertungs-einheiten	Gewichtung
körperliche Anforderungen	1 bis 5	2
geistige Anforderungen	1 bis 5	3
Übernahme von Verantwortung	1 bis 7	4
Schwierigkeiten der Arbeitsbedingungen	1 bis 3	1

Für die Arbeitsplätze Helfer (I), Monteur (II) und Meister (III) wurden folgende (ungewichtete) Bewertungseinheiten im Hinblick auf die einzelnen Kriterien ermittelt:

Kriterium	Arbeitsplätze		
	I	II	III
körperliche Anforderungen	2	3	2
geistige Anforderungen	1	3	5
Übernahme von Verantwortung	1	3	6
Schwierigkeiten der Arbeitsbedingungen	1	2	1

Schließlich liegen folgende Lohnbereiche in Abhängigkeit von der gewichteten Arbeitsplatzbewertung vor:

Lohngruppe	Gewichtete Wertzahlenbereiche aus der Arbeitsplatzbewertung	Minimale Lohnhöhe in EUR/Monat	Maximale Lohnhöhe in EUR/Monat
1	10 bis 14	1.300	1.700
2	15 bis 19	1.600	2.050
...	...	...	...
4	25 bis 29	2.350	2.900
5	30 bis 34	2.800	3.400
...	...	...	...
7	40 bis 44	3.850	4.600
8	45 bis 50	4.450	5.250
...	...	...	...

Ordnen Sie die drei Arbeitsplätze den relevanten Lohngruppen zu.

Wöhe S. 143 f.

Für die einzelnen Arbeitsplätze sind die ermittelten Bewertungseinheiten für die einzelnen Kriterien zu gewichten und schließlich zu addieren. So ergibt sich eine jeweilige Wertzahl.

Kriterium	I	II	III
körperliche Anforderungen	$2 \cdot 2 = 4$	$3 \cdot 2 = 6$	$2 \cdot 2 = 4$
geistige Anforderungen	$1 \cdot 3 = 3$	$3 \cdot 3 = 9$	$5 \cdot 3 = 15$
Übernahme von Verantwortung	$1 \cdot 4 = 4$	$3 \cdot 4 = 12$	$6 \cdot 4 = 24$
Schwierigkeiten der Arbeitsbedingungen	$1 \cdot 1 = 1$	$2 \cdot 1 = 2$	$1 \cdot 1 = 1$
Summe (Wertzahl)	**12**	**29**	**44**
Lohngruppe	**1**	**4**	**7**

Anschließend sind die einzelnen Arbeitsplätze den Lohngruppen zuzuordnen. Während der Helfer (I) der Lohngruppe 1 und der Monteur (II) der Lohngruppe 4 zugerechnet wird, findet sich der Meister (III) in der Lohngruppe 7 wieder.

Aufgabe 41 Ermittlung des Akkordlohns – Geldakkord und Zeitakkord

Ermitteln Sie für den Akkordarbeiter SCHNELL den Stundenverdienst SV als Geldakkord und als Zeitakkord! Zur Ermittlung dieser Größen stehen Ihnen folgende Angaben zur Verfügung:

ML	Mindestlohn	=	18 EUR/Std.
AZ	Akkordzuschlag	=	20 %
NL	Normalleistung	=	12 Stück/Std.
IL	Istleistung SCHNELL	=	15 Stück/Std.

Lösungshinweis: Beim Zeitakkord ergibt sich der SV als Produkt aus Istleistung/Std. IL, Vorgabezeit/Stück VZ und Minutenfaktor MF.

Wöhe S. 145 f.

Berechnung über den Geldakkord: Der **Akkordrichtsatz/Std.** AR ergibt sich aus Mindestlohn ML zuzüglich Akkordzuschlag AZ und beträgt 21,60 EUR/Std. (= Stundenverdienst bei Normalleistung NL). Der **Geldsatz/Stück** GS ist der Quotient aus Akkordrichtsatz/Std. und Normalleistung/Std. Dieser beträgt 1,80 EUR/Stück (= 21,60 EUR/Std. : 12 Stück/Std.). Der Stundenverdienst SV von SCHNELL bei der Istleistung IL von 15 Stück/Std. beträgt schließlich:

SV	=	IL	·	GS		[EUR/Std.]
SV	=	15 Stück/Std.	·	1,80 EUR/Stück	=	**27 EUR/Std.**

Ermittlung des Stundenverdienstes SV über den Geldakkord

Berechnung über den Zeitakkord: Da die Normalleistung NL für eine derartige Beschäftigung bei 12 Stück/Std. liegt, beträgt die **Vorgabezeit/Stück (VZ)** 5 Minuten (= 60 Minuten : 12 Stück). Der **Minutenfaktor** MF entspricht dem Minutenverdienst eines Arbeiters bei Normalleistung. Dieser beträgt 36 Cent/Minute (21,60 EUR : 60 Minuten). Der Stundenverdienst SV von SCHNELL bei der Istleistung IL von 15 Stück berechnet sich auf diesem Wege also:

SV	=	IL	·	VZ	·	MF		[EUR/Std.]
SV	=	15 Stück/Std.	·	5 Min./Stück	·	0,36 EUR/Min.	=	**27 EUR/Std.**

Ermittlung des Stundenverdienstes SV über den Zeitakkord

Aufgabe 42 Ermittlung des Akkordlohns: Zeitakkord

Ausgangsdaten zur Akkordlohnberechnung für die Arbeitnehmer A, B, C und D:

ML	Mindestlohn	=	15 EUR/Std.
AZ	Akkordzuschlag	=	20 %
NL	Normalleistung/Std.	=	3 Stück
IL	Istleistung/Std.	=	A: 1 Stück, B: 2 Stück, C: 3 Stück, D: 4 Stück

Wöhe S. 145 f.

Teilaufgabe a)

Ermitteln Sie für die Arbeitnehmer A, B, C und D den Stundenverdienst SV als Zeitakkord (siehe **Aufgabe 41**) und berücksichtigen Sie dabei die Tatsache, dass der Mindestlohn ML 15 EUR/Std. beträgt.

Da die Normalleistung NL für eine derartige Beschäftigung bei 3 Stück/Std. liegt, beträgt die **Vorgabezeit/Stück** 20 Minuten (= 60 Minuten : 3 Stück). Der **Minutenfaktor** MF entspricht dem Minutenverdienst eines Arbeiters bei Normalleistung. Dieser beträgt 30 Cent/Minute (18 EUR : 60 Minuten). Die jeweiligen Stundenverdienste SV bei den entsprechenden Istleistungen berechnen sich auf diesem Wege also wie folgt:

SV	=	IL	·	VF	·	MF		[EUR/Std.]	ML = 15 EUR/Std.
SV_A	=	1 Stück/Std.	·	20 Min./Stück	·	0,30 EUR/Min.	=	(6 EUR/Std.)	**15 EUR/Std.**
SV_B	=	2 Stück/Std.	·	20 Min./Stück	·	0,30 EUR/Min.	=	(12 EUR/Std.)	**15 EUR/Std.**
SV_C	=	3 Stück/Std.	·	20 Min./Stück	·	0,30 EUR/Min.	=	**18 EUR/Std.**	
SV_D	=	4 Stück/Std.	·	20 Min./Stück	·	0,30 EUR/Min.	=	**24 EUR/Std.**	

Teilaufgabe b)

Ermitteln Sie auf der Basis der Eckwerte aus der Teilaufgabe a)
- den Stundenverdienst SV
- die Lohnstückkosten LSK

für eine Istleistung IL von 1, 2, 3 bzw. 4 Stück/Std.

Gehen Sie dabei von **zwei Fällen** aus:

(1) Es gibt keinen Mindestlohn ML.
(2) Der Mindestlohn ML beträgt 15 EUR/Std.

Übertragen Sie die Zahlenwerte in eine Graphik, in der die Istleistung (Stück/Std.) auf der x-Achse abgetragen wird.

(1) Kein Mindestlohn			(2) Mindestlohn 15 EUR/Std.		
IL	SV	LSK	IL (Stück/Std.)	SV (EUR/Std.)	LSK (EUR/Stück)
1	6 EUR	6 EUR	1	15 EUR	15 EUR
2	12 EUR	6 EUR	2	15 EUR	7,50 EUR
3	18 EUR	6 EUR	3	18 EUR	6 EUR
4	24 EUR	6 EUR	4	24 EUR	6 EUR

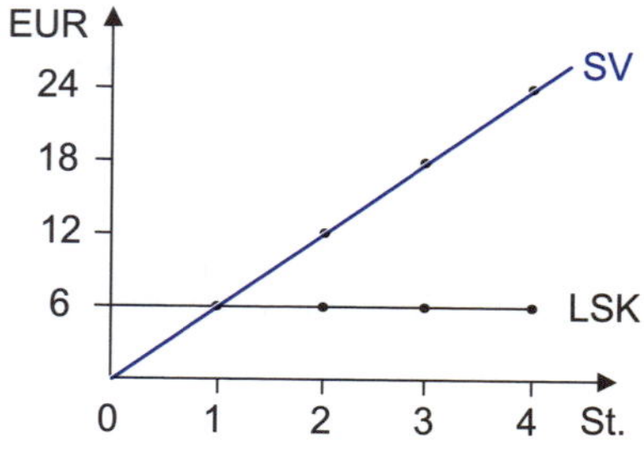

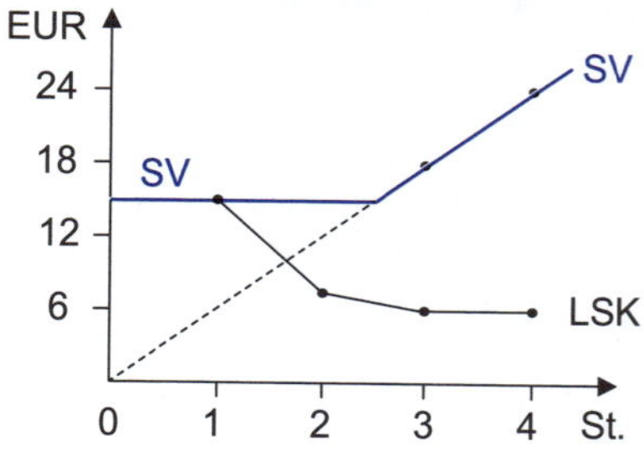

Ohne Berücksichtigung des Mindestlohns ML **(Fall 1)** sind die Lohnstückkosten konstant (LSK = 6 EUR/Stück). Der Stundenverdienst SV steigt proportional zur Istleistung IL.

Unter Berücksichtigung des Mindestlohns ML = 15 EUR/Std. **(Fall 2)** tritt dieser Effekt erst dann ein, wenn die Istleistung IL mindestens so hoch ist wie die Normalleistung NL (hier: 3 Stück/Std.).

Aufgabe 43 Marktpreis für Arbeit

Der **Marktpreis für Arbeit p_M** richtet sich nach der Angebotsfunktion der Arbeitnehmer (AA) und der Nachfragefunktion der Arbeitgeber (NN). Die folgende Abbildung geht von der vereinfachenden Annahme aus, dass alle Arbeitsanbieter über die gleiche Qualifikation verfügen, dass also die menschliche Arbeit ein homogenes Gut ist.

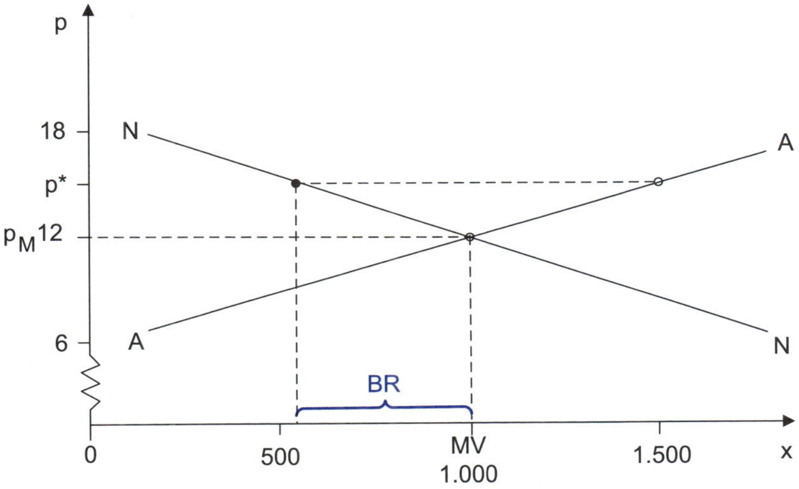

Interpretieren Sie das graphische Arbeitsmarktmodell durch Beantwortung folgender Fragen:

(1) Welchen Zusammenhang zeigt die Angebotsfunktion AA zwischen dem Preis für Arbeit (p) und der angebotenen Arbeitsmenge x?
(2) Welche Mindestbedingung muss erfüllt sein, damit Arbeitgeber Arbeit nachfragen (→ Arbeitsplätze anbieten)?
(3) Wie reagieren die Unternehmen als Arbeitsplatzanbieter auf steigende Löhne?
(4) Warum bezeichnet man den Marktpreis für Arbeit (p_M) als Gleichgewichtspreis?
(5) Welche Marktreaktion ist zu erwarten, wenn die Arbeitsanbieter (Arbeitnehmer, Gewerkschaften) eine Erhöhung des Lohnniveaus von p_M auf p* durchsetzen?

Wöhe S. 124 und S. 147

(1) Steigende Löhne (p) führen zu einem erhöhten Arbeitsangebot, z. B. durch Mobilisierung der Arbeitsmarktreserve oder Zuwanderung ausländischer Arbeitnehmer.
(2) Unternehmen bieten nur dann einen zusätzlichen Arbeitsplatz an, wenn der erwartete Arbeitsertrag PE höher ist als der Personalaufwand PA.
(3) Auf steigende Löhne reagieren die Unternehmen mit einem verknappten Arbeitsplatzangebot. Die von links oben nach rechts unten verlaufende Funktion der Arbeitsnachfrage (NN) zeigt: Mit steigendem Lohn erhöhen sich die Leistungsanforderungen an die Arbeitnehmer. Unrentable Arbeitsplätze (PA > PE) werden abgebaut. Die nachgefragte Arbeitsmenge x geht zurück.

(4) Im obigen Beispiel beträgt der Gleichgewichtspreis, also der Marktpreis p_M für eine Arbeitsstunde 10 EUR. Zum Marktpreis p_M wird das Arbeitsmarktvolumen MV von 1.000 Einheiten (x) am Arbeitsmarkt angeboten und nachgefragt. Bietet ein Unternehmen einen Lohn, der unterhalb des Marktpreises p_M liegt, kann dieses den Arbeitsplatz auf einem vollkommenen Arbeitsmarkt nicht besetzen.

(5) Würden die Arbeitsanbieter eine Erhöhung des Stundenlohns von p_M auf p*, also von 10 EUR auf 12,50 EUR durchsetzen, würden die nachfragenden Unternehmen statt des bisherigen Marktvolumens von 1.000 Einheiten nur noch knapp 600 Einheiten anbieten. Allgemein kann man sagen: Lohnforderungen, die über dem Gleichgewichtspreis p_M liegen, führen zu einem **Beschäftigungsrückgang BR**, führen also zur **Arbeitsplatzvernichtung**.

Aufgabe 44 Gesetzlicher Mindestlohn

Es gelten die Ausführungen zur vorangehenden **Aufgabe 43**. Aber: Anders als in **Aufgabe 40** unterstellt, ist die menschliche Arbeit kein homogenes, sondern ein heterogenes Gut: Die Arbeit eines geringqualifizierten Mitarbeiters hat einen geringeren Wert als die Arbeit eines hochqualifizierten Mitarbeiters, der hohe Personalerträge PE erwirtschaften kann.

Welchen Einfluss hat ein **gesetzlicher Mindestlohn ML** in Höhe von **9,35 EUR/Std.** auf das Marktvolumen (Arbeitseinheiten x) für beide Marktsegmente, wenn folgende Annahmen gelten:

Arbeitsmarkt	Hochqualifizierte	Geringqualifizierte
Marktpreis/Std. p_M Marktvolumen (MV)	15,50 EUR 1.000 Einheiten	7,50 EUR 1.000 Einheiten

Lösungshinweis: Übertragen Sie die Arbeitsmarktdaten in ein Diagramm nach dem Muster der **Aufgabe 43**.

Wöhe S. 124 und S. 147

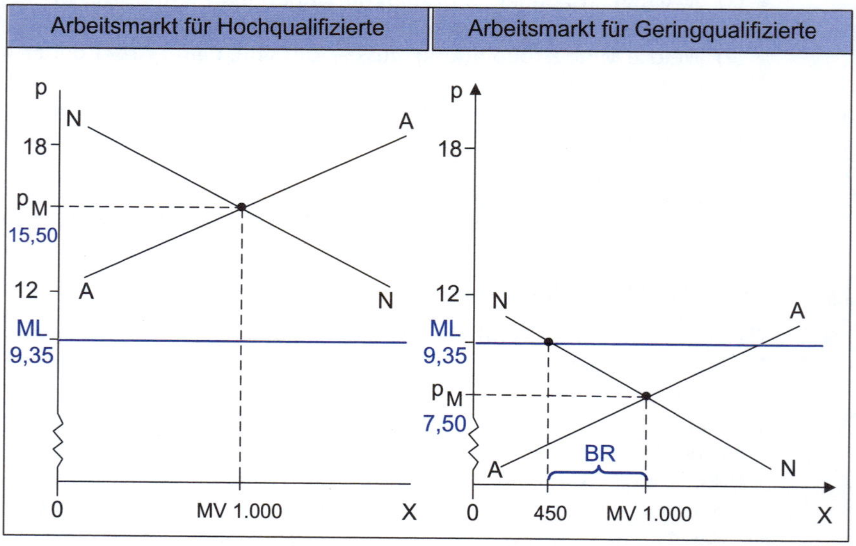

Verallgemeinernd lässt sich sagen: Liegt der gesetzliche Mindestlohn unterhalb des Marktpreises P_M, hat er keinen Einfluss auf das Marktvolumen MV. Diese Bedingung ist im Beispiel im Marktsegment für **Hochqualifizierte** erfüllt.

Im Marktsegment für **Geringqualifizierte** kann der gesetzliche Mindestlohn schnell zur **Arbeitsplatzvernichtung** führen. Im Beispiel liegt der gesetzliche Mindestlohn um ca. 25 Prozent über dem Gleichgewichtspreis p_M. Die Einführung des gesetzlichen Mindestlohns führt im Beispiel zu einem Beschäftigungsrückgang BR von 1.000 auf 450 Einheiten.

5. Informationswirtschaft

Wiederholungsfragen:

	Wöhe Seite
In welche Teilgebiete lässt sich die Informationswirtschaft einteilen?	158 f.
In welchen Arbeitsschritten gelangt man vom Informationsbedarf zur Informationsausgabe?	160
Welcher Zusammenhang besteht zwischen analytischen und operativen Informationssystemen?	163 f.
Was versteht man unter Enterprise Resource Planning (ERP)?	165
Wie lässt sich die Struktur eines Data-Warehouse abbilden?	169
Wie lassen sich die Arbeitsgebiete des Electronic Commerce systematisieren?	176

Aufgabe 45 Informationsquellen

Man unterscheidet einerseits zwischen internen und externen, andererseits zwischen personalen und sachlichen Informationsquellen. Systematisieren Sie die Informationsquellen graphisch und ordnen Sie die folgenden acht Informationsbeschaffungsfälle der betreffenden Informationsquelle zu!

(1) Im Zuge seiner langfristigen Expansionsplanung stützt sich ein Brillenfilialist auf die Angaben der amtlichen Statistik zur Altersstruktur der Bevölkerung.
(2) Die Revisionsabteilung sichtet im Rahmen einer Unterschlagungsprüfung die Zahlungsbelege des letzten Quartals.
(3) Der Leiter der Fertigungsabteilung fragt bei den Meistern den aktuellen Krankenstand ab.
(4) Zur Bewertung von Wertpapierbeständen im Rahmen der steuerlichen Vermögensaufstellung entnimmt man einer Börsenzeitung die amtlichen Jahresschlusskurse.
(5) Im Zuge der Jahresabschlusserstellung wird die Anlagenkartei zur Bestimmung der planmäßigen Abschreibung herangezogen.
(6) Im Zuge der kurzfristigen Fertigungsplanung erfragt der Leiter der Fertigungsabteilung von einem Sachbearbeiter der Vertriebsabteilung die vereinbarten Liefertermine des Auftragsbestands.
(7) Die Unternehmensleitung fragt den Leiter der Kreditabteilung der Hausbank nach den Zinskonditionen eines kurzfristigen Überbrückungskredits.
(8) Der Leiter der Verkaufsabteilung lässt sich in einem Gespräch mit einer Werbeagentur über Möglichkeiten zur Verbesserung des Produktimages unterrichten.

Die verschiedenen Informationsquellen lassen sich folgendermaßen systematisieren:

Informationsquellen	interne	externe
personale	A	B
sachliche	C	D

Die obigen acht Informationsfälle lassen sich wie folgt zuordnen: A (3) und (6); B (7) und (8); C (2) und (5); D (1) und (4).

Aufgabe 46 Transformation von Informationen

Ein Börseninformationsdienst versorgt 500 Kunden (Banken und institutionelle Anleger) mit aktuellen Börseninformationen über die Kursentwicklung der 30 Dax-Titel. Das Geschäftsmodell ist folgendermaßen aufgebaut:

(1) Für jeden der 30 Dax-Titel werden an jedem Börsentag die laufenden Kursnotierungen und die Schlusskurse festgehalten.
(2) Einschlägige Anlageempfehlungen (Kaufen, Halten oder Verkaufen) von Aktienanalysten werden gesammelt und für sechs Monate gespeichert.
(3) Die Kursentwicklung eines jeden Titels wird in einem Kurzzeitchart (30 Tage) und in einem Langzeitchart (12 Monate) graphisch dargestellt.
(4) Bei der Speicherung der Börsenkurse sorgt ein separates Programm für die Ermittlung des Jahreshöchst- und Jahrestiefstkurses.
(5) Die Ergebnisprognosen der Dax-Unternehmen werden gesammelt. Aus den Ergebnisprognosen für das laufende und das kommende Jahr wird das erwartete Ergebnis pro Aktie ermittelt.
(6) Ein separates Programm ermittelt das Kurs-Gewinn-Verhältnis, indem der aktuelle Börsenkurs zum Ergebnis je Aktie in Beziehung gesetzt wird.
(7) Durch Eingabe seines Nutzernamens kann der Abonnent den aktuellen Kurs, die graphische Darstellung der Kursentwicklung, die Analystenempfehlungen, die Jahreshöchst- und -tiefstkurse, die Ergebnisprognose und das Kurs-Gewinn-Verhältnis über das Internet abrufen.

Aus welchen Quellen deckt der Börseninformationsdienst seinen Informationsbedarf?

Wie lassen sich die oben genannten sieben Sachverhalte

a) zeitlicher
b) sachlicher
c) räumlicher

Informationstransformation zuordnen?

Wöhe S. 160–162

Als Informationsanbieter fungieren:

- Deutsche Börse AG (Dax-Kurse)
- Analysten (Empfehlungen)
- Dax-Unternehmen (Ergebnisprognosen)
- Hauseigener Bilanzanalyst (Aufbereitung von Jahresabschlussinformationen).

Die sieben Sachverhalte lassen sich folgendermaßen zuordnen:

Sachverhalt	Prozessstufe	Transformation
(1), (2), (5)	Informationsspeicherung	zeitlich
(3), (4), (5), (6)	Informationsverarbeitung	sachlich
(7)	Informationsübermittlung	räumlich

Aufgabe 47 Operative und analytische Informationssysteme

In einem Unternehmen sind folgende Einzelaufgaben zu erledigen:

(1) Überwachung des Zahlungseingangs
(2) Bearbeitung von Reklamationen
(3) Beförderung des leistungsfähigsten Vertriebsmitarbeiters zum Bezirksleiter
(4) Herrenausstatter erweitert sein Sortiment um Damenmode
(5) Endgültige Eliminierung von Verlustartikeln aus dem Sortiment
(6) Termingerechte Zahlung zwecks Skontoabzug
(7) Automatisierte Bestellung zwecks Lagerauffüllung
(8) Auftragsabhängige Produktionsprogrammzusammenstellung für die kommende Arbeitswoche
(9) Investitionsprogrammplanung für die kommenden drei Jahre
(10) Reihenfolgeplanung des täglichen Produktionsablaufs bei Kleinserien

Welche dieser Einzelaufgaben werden in operativen, welche in analytischen Informationssystemen abgewickelt?

Wöhe S. 163–170

Aufgabenlösung in operativen Informationssystemen: (1), (2), (6), (7), (8) und (10).
Aufgabenlösung in analytischen Informationssystemen: (3), (4), (5) und (9).

Aufgabe 48 Berichterstattung durch das Data-Warehouse

Zur Lösung verschiedener Führungsaufgaben auf der obersten und der mittleren Hierarchieebene benötigt man Entscheidungsinformationen in folgenden Problemfeldern:

A. Welche Artikel sollen aus dem Sortiment genommen werden?
B. Wo liegen die technischen Schwachstellen unserer Produkte?
C. Welche Filialen sollten im kommenden Jahr geschlossen werden?
D. Welche Außendienstmitarbeiter sind für Führungspositionen zu qualifizieren?
E. Welche Unternehmensbeteiligungen sollten auf- bzw. abgebaut werden?
F. In welchen Unternehmensbereichen müssen Erweiterungsinvestitionen vorgenommen werden?
G. Auf welche Hauptzulieferer soll sich das Unternehmen in den kommenden drei Jahren stützen?
H. Wer sind unsere wichtigsten Kunden, die besonders intensiver Pflege bedürfen.

Zeigen Sie beispielhaft, welche Daten Sie zur Lösung dieser Probleme aus dem Data-Warehouse abrufen können!

Wöhe S. 168–170

Das Data-Warehouse wird durch ERP-Systeme mit Daten versorgt, die zur Lösung der angesprochenen Probleme in Berichtform abgerufen werden können:

Bericht	Einzelinformation
A. Sortimentsbereinigung	• Deckungsbeiträge/Artikel • Umsatzmenge/Artikel in früheren Perioden
B. Produktverbesserung	• Anzahl der Reklamationen/Produkt • Art der Reklamationen/Produkt
C. Bereinigung des Filialnetzes	• Umsatzentwicklung/Filiale • Kostenentwicklung/Filiale
D. Personalentwicklungsplan	• Umsatzentwicklung/Außendienstmitarbeiter • Beschwerden durch Kunden
E. Optimierung Beteiligungsportfolio	• Dividendenausschüttung/Beteiligung • Kursentwicklung/Beteiligung
F. Investitionsplanung	• Abgelehnte Aufträge (Kapazitätsengpässe) • Deckungsbeiträge im Engpassbereich • Produktionskosten im Engpassbereich
G. Lieferantenauswahl	• Beschaffungspreise/Stück • Reklamationen/Periode
H. Großkundenpflege	• Umsatzvolumen bzw. Deckungsbeitrag/Periode • Anzahl der Reklamationen/Periode

Aufgabe 49 Informations- und Kommunikationstechnologie

Beschreiben Sie die Grundkomponenten der Informations- und Kommunikationstechnologie. Gehen Sie bei Ihren Ausführungen auch auf das Zusammenwirken der einzelnen Komponenten ein.

Wöhe S. 171 f.

Die Informations- und Kommunikationstechnologie besteht aus den Komponenten

- Hardware,
- Software,
- Netzwerke.

Die **Hardware** ist dabei der materielle Teil der IuK-Technologie. Sie umfasst die Ein- und Ausgabegeräte sowie die Speichermedien und die Zentraleinheit.

Die **Software** ist der immaterielle Teil der IuK-Technologie. Sie definiert Prozessanweisungen für virtuelle Abläufe. Diese virtuellen Abläufe (Programme), z.B. Rechenoperationen, laufen mit Unterstützung der Hardware. So definiert ein Programm beispielsweise, welche Rechenoperationen ausgeführt werden sollen und welche Informationen dafür notwendig sind.

Ein **Netzwerk** stellt die (technische) Verbindung zwischen zwei oder mehr Computern her. Hierdurch können Informationen dezentral generiert werden, aber dennoch einer Vielzahl von Nutzern zugänglich sein. Auch Netzwerke setzen

Hardwarekomponenten, z. B. einen Telefonanschluss, und Softwarekomponenten, z. B. die Zugangssoftware, voraus.

Aufgabe 50 Softwaresystematik

Systematisieren Sie die Begriffe: Betriebssystem, Anwendungssoftware, Protokolle, Hilfsprogramme, Individualsoftware, Software, Dienstprogramme, Systemsoftware, Treiber und Standardsoftware. Erläutern Sie anschließend die Aufgaben von System- und Anwendungssoftware.

Wöhe S. 172

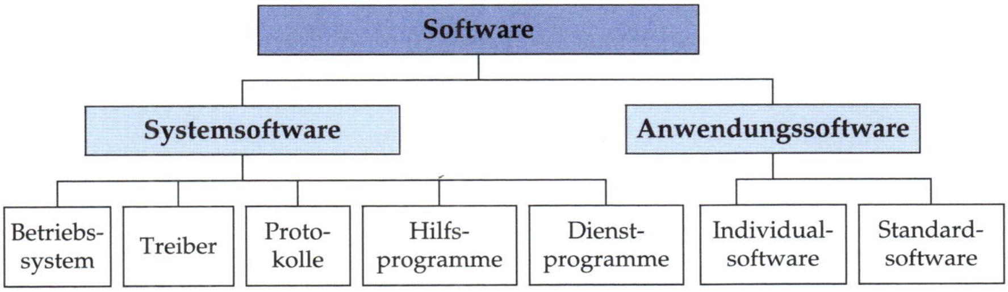

Systemsoftware enthält i. d. R. Basisprogramme, die noch keine konkreten betriebswirtschaftlichen Fragestellungen lösen. Vielmehr nimmt sie eine

- Servicefunktionen und eine
- Koordinationsfunktion

wahr. Im Rahmen der Servicefunktion bietet die Systemsoftware eine Anzahl von Programmen, die dem Nutzer die Bedienung, Wartung und Handhabung seines Computers und des Dateisystems erleichtern (z. B. Dienstprogramme). Im Rahmen der Koordinationsfunktion regelt die Systemsoftware

- das reibungslose Nebeneinander von verschiedenen (Anwendungs-)Programmen
- die Abstimmung von Soft- und Hardware
- die Abstimmung unterschiedlicher Hardwarekomponenten.

Anwendungssoftware dient der Lösung konkreter (betriebswirtschaftlicher) Fragestellungen und bezieht sich damit auf den fachspezifischen Teil der Informations- und Kommunikationstechnologie.

Aufgabe 51 Betriebswirtschaftliche Nutzung des Internets

Die Fa. HAUSHALTS-FUCHS vertreibt Elektrokleingeräte verschiedener Markenartikelhersteller über ein Netz von 30 gemieteten Filialen in Einkaufszentren verschiedener Großstädte. Ein eigener Reparaturservice wird nicht unterhalten, da sich die Reparatur solcher Geräte erfahrungsgemäß nicht lohnt. HAUSHALTS-FUCHS verfügt außerdem über ein nicht voll ausgelastetes Zentrallager (mit angegliederter Zentralverwaltung), von welchem die Filialen unter Einsatz eines eigenen Fuhrparks mit Ware versorgt werden.

Der Markt ist sehr wettbewerbsintensiv und der Druck auf die Absatzpreise ist folglich sehr stark. Trotzdem verfolgt die Geschäftsleitung das strategische Ziel, innerhalb eines Zeitraums von fünf Jahren eine Umsatzverdoppelung zu erreichen.

Hierzu stehen zwei Handlungsalternativen zur Verfügung:

F: Erweiterung des Filialnetzes
I: Einstieg in den Internethandel.

Welche Entscheidungsdeterminanten müssen berücksichtigt werden, um das Ziel langfristiger Gewinnmaximierung zu erreichen?

Lösungshinweis: Beschreiben Sie die Vor- und Nachteile der Vertriebsalternativen F und I durch Zugrundelegung des Konzepts dynamischer Investitionsrechnung.

Wöhe S. 173–178, S. 442 f. und S. 476 f.

Die Vertriebsalternativen F und I setzen eine langfristige Bindung finanzieller Mittel voraus. Zur exakten Lösung des anstehenden Entscheidungsproblems müssten die erwarteten Ein- und Auszahlungen beider Alternativen für den gesamten Planungszeitraum prognostiziert und auf den Beginn des Planungszeitraums abgezinst werden. Dabei ist zwischen der Anschaffungsauszahlung A_n und laufenden Ein- und Auszahlungen zu (E_t, A_t) zu unterscheiden.

Entscheidungsrelevant sind die durch die Geschäftserweiterung verursachten **zusätzlichen** Ein- und Auszahlungen:

	F: Filialnetz	**I: Internethandel**
A_0 Anschaffungs-auszahlung	• Ladeneinrichtung • Fuhrpark	• Internetportal • Mitarbeiterschulung
A_t Laufende Auszahlungen	• Raummiete • Verkaufspersonal • Transport zur Filiale	• Zusatzpersonal Internet • Aktualisierungskosten • Lizenzen Software • Transport zum Kunden
E_t Laufende Einzahlungen	$m_F \cdot p_F$	$m_I \cdot p_I$

Für die **Alternative F** (Filialnetzerweiterung) ist die Prognose der Ein- und Auszahlungen relativ einfach, weil für A_0 und A_t Erfahrungswerte vorliegen. Schwieriger ist die Prognose der Einzahlungen E_t, weil die künftige Entwicklung der Absatzmenge m_F und der Absatzpreise p_F nur schwer prognostizierbar ist.

Eine Erfolgsprognose für die Alternative I ist noch schwieriger, weil keine innerbetrieblichen Erfahrungswerte vorliegen. Tendenziell wird man aber davon ausgehen können, dass der Internethandel sowohl bei den einmaligen wie auch bei den laufenden Auszahlungen der kostengünstigere Vertriebsweg ist.

Von entscheidender Bedeutung ist das Verhältnis von ($m_F \cdot p_F$) zu ($m_I \cdot p_I$). Hierbei ist die vertriebsformabhängige Mengenrelation m_F zu m_I sowie die entsprechende Absatzpreisrelation p_F zu p_I zu überprüfen. Geht man davon aus, dass $A_I < A_F$, kann der Kostenvorteil des Internethandels über niedrigere Absatzpreise $p_I < p_F$ an die Kunden weitergegeben werden.

Der Preisvorteil des Internethandels kann eine erhöhte Umsatzmenge ($m_I > m_F$) nach sich ziehen. Die Preispräferenz des Internethandels schlägt sich aber nur dann in höherer Umsatzmenge m_I nieder, wenn der Produktnutzen über den Internetvertriebsweg nicht eingeschränkt wird. Den (teureren) Vertriebsweg über den lokalen Fachhandel gehen Produkte, die

- vor Erwerb in Augenschein zu nehmen
- erklärungsbedürftig
- servicebedürftig

sind. Alle drei Einschränkungen treffen im vorliegenden Fall nicht zu. Deshalb spricht vieles dafür, dass ein Vertrieb über das Internet vorteilhafter ist als der Filialbetrieb. Dabei sollte aber auch prognostiziert werden, welchen Einfluss der Einstieg in den Internethandel auf das bestehende Filialnetz hat.

6. Controlling

Wiederholungsfragen:

Wöhe	Seite
Ist es gerechtfertigt, Controlling als Querschnittfunktion der Unternehmensführung zu interpretieren?	178 f.
Was versteht man unter der Zielausrichtungsfunktion des Controllings?	179 f.
Wie lautet die Indifferenzbedingung zur Vorteilhaftigkeit unternehmerischer Tätigkeit?	181
Wie sind das Mehrperiodenmodell und das Einperiodenmodell wertorientierter Unternehmensführung konzipiert?	182–190
Was sind Werttreiber im Hinblick auf den Shareholder Value?	183
Was versteht man unter positiven Synergieeffekten?	185 f.
Wie gelangt man zum Economic Value Added (EVA)?	187 f.
Wie lässt sich das EVA-Konzept zur Steuerung von Geschäftsbereichen einsetzen?	188–190
Wie lässt sich die Koordination zwischen verschiedenen Führungsteilsystemen bewerkstelligen?	194 f.
Nennen Sie übergreifende Koordinationsinstrumente des Controllings!	197
Nach welchen Verfahren kann die Budgetierung erfolgen?	197–200
Wo liegen die Gefahren der Budgetierung?	200 f.
Welche vier Perspektiven werden hinsichtlich der Balanced Scorecard grundsätzlich unterschieden?	204 f.
Welchen Zweck verfolgt man mit dem Einsatz marktorientierter Verrechnungspreise im Rahmen des Controllings?	205 f.

Aufgabe 52 Koordinationsfunktion des Controllings

Ein Hersteller von Landmaschinen vertreibt Mähdrescher, Traktoren und Erntemaschinen über den Fachhandel. Ein hoher Absatzerfolg ist nur durch eine intensive Bearbeitung der einzelnen Absatzgebiete zu erreichen. Zu diesem Zweck werden 28 Außendienstmitarbeiter eingesetzt, welche die Produkte beim Fachhandel absetzen und den Fachhandel unterstützen, um schwierige Einzelgeschäfte mit Endabnehmern zum Abschluss zu bringen.

Der Vertrieb ist folgendermaßen strukturiert:

(1) Der Inlandsmarkt ist in vier Absatzregionen eingeteilt. Jedem der vier Regionalleiter unterstehen sieben Bezirksleiter, in deren Aufgabenbereich der Verkauf, die Bearbeitung von Reklamationen und in Einzelfällen (sog. Kampfgeschäften) die Einräumung von Zahlungszielen fällt.

(2) Die Kompetenz zur Einräumung von Zahlungszielen ist folgendermaßen verteilt:
- Bezirksleiter: Bis zu 5.000 EUR pro Einzelgeschäft bei maximaler Laufzeit von 2 Monaten. Maximales Jahresbudget: 10 Prozent des Bezirksumsatzes.
- Regionalleiter: Bis zu 15.000 EUR pro Einzelgeschäft bei maximaler Laufzeit von 3 Monaten. Maximales Jahresbudget: 20 Prozent des Regionalumsatzes.
- Vertriebsleiter: Darüber hinausgehende Einzelfallentscheidung. Maximales Jahresbudget: 25 Prozent des Inlandumsatzes.

(3) Zum Ende der Periode 01 vereinbarte die Unternehmensleitung mit der Vertriebsleitung für die Planperiode 02 bei einer durchschnittlichen Preisanhebung von 1 Prozent eine Umsatzsteigerung von 5 Prozent. Dieser Vereinbarung ging ein Bezirksleitertreffen voraus, auf dem sich die Vertriebsleitung über die Geschäftserwartungen in den einzelnen Produktsparten unterrichten ließ.

(4) Aufbauend auf den Absatzplan aus (3) wurde für die Planperiode 02 ein Produktionsplan erstellt, der mit der Personalführung abgestimmt wurde. Dabei ergaben sich ein zusätzlicher Personalbedarf von 20 Mitarbeiterstellen bei der Erntemaschinenproduktion und ein Personalüberhang von 12 Mitarbeitern bei der Traktorenproduktion. Der Personalbeschaffungsplan für die Planperiode 02 sieht 8 Neueinstellungen vor.

(5) Die Bezirksleiter haben wöchentliche Arbeitsberichte zu erstellen, die jeweils am Montag den Regionalleitern vorliegen müssen. Darin ist über einzelne Händlerbesuche, das abgeschlossene Umsatzvolumen und das Volumen der Zielverkäufe zu berichten.

(6) Die Regionalleiter unterrichten die Vertriebsleitung laufend und routinemäßig über die Umsatzentwicklung. Weichen die monatlichen Istumsätze in einem Verkaufsbezirk um mehr als 10 Prozent vom Planumsatz ab, ist die Vertriebsleitung zu informieren.

(7) Neben ihrem (geringen) Grundgehalt erhalten die Bezirksleiter eine (normale) Verkaufsprovision in Höhe von 2 Prozent des Umsatzes.

(8) Wird der Planumsatz um 5 Prozent (10 Prozent) unterschritten, reduziert sich die Verkaufsprovision auf 1,8 Prozent (1,2 Prozent). Soweit der Planumsatz überschritten wird, erhöht sich die Verkaufsprovision für den Gebietsleiter auf 3 Prozent.

Erläutern Sie an diesem praktischen Beispiel die Koordinationsfunktion des Controlling und ordnen Sie dabei die acht Sachverhalte den Teilgebieten: Planung, Kontrolle, Personalführung, Informationswirtschaft und Organisation zu.

Wöhe S. 178 f.

Das Controlling hat die Aufgabe, Planung, Kontrolle, Organisation, Personalführung und Informationswirtschaft im Sinne der betrieblichen Zielsetzung zu koordinieren.

(1) **Organisation:** Aufgabenbeschreibung einer Bezirksleiterstelle; Aufbauorganisation des Geschäftsbereichs „Vertrieb".
(2) **Organisation:** Kompetenzverteilung zwischen Organisationsmitgliedern.
(3) **Information:** Informationsbeschaffung im Bottom-up-Verfahren.
Planung: Absatzplanung durch Zielvereinbarung.
(4) **Planung:** Abstimmung von Absatz-, Produktions- und Personalplan.
(5) **Information:** Von Bezirksleitern an Regionalleiter.
Kontrolle: Von Bezirksleitern durch Regionalleiter.
(6) **Information:** Von Regionalleitern an Vertriebsleitung.
Kontrolle: Von Bezirks- und Regionalleitern durch Vertriebsleitung.
(7) **Personalführung:** Motivation durch leistungsabhängige Entlohnung.
(8) **Kontrolle:** Soll-Ist-Vergleich der Bezirksleiterumsätze.
Personalführung: Sanktion schlechter, Belohnung guter Leistung.

Aufgabe 53 EVA-Konzept

Ein Unternehmen gelangt für die Periode 01 zu folgendem Erfolgsausweis:

GuV für Periode 01			
	Umsatzerlöse		3.000
+	sonstige betriebliche Erträge	+	800
–	Materialaufwand	–	200
–	Personalaufwand	–	900
–	Abschreibungsaufwand	–	700
–	sonstiger betrieblicher Aufwand	–	400
–	Zinsaufwand	–	300
	Gewinn	+	**1.300**

Zusatzangaben:

(1) Hinter den sonst. betrieblichen Erträgen (800) stehen Mieterlöse aus der Vermietung von Werkswohnungen.
(2) Im Abschreibungsaufwand (700) ist eine Gebäudeabschreibung auf die Werkswohnungen in Höhe von 100 enthalten.
(3) Im sonst. betrieblichen Aufwand ist Reparaturaufwand zur Instandhaltung der Werkswohnungen in Höhe von 100 enthalten.
(4) Das Betriebsvermögen hat einen Wert von 18.000. Darin ist der Wert der Werkswohnungen in Höhe von 8.000 enthalten.
(5) Der zu berücksichtigende Kapitalkostensatz i sei annahmegemäß 8 Prozent.

Teilaufgabe a)

Wie hoch ist das betriebsnotwendige Vermögen? Wie hoch ist das operative Ergebnis, also das betriebsbedingte Ergebnis vor dem Abzug von Fremdkapitalzinsen?

Wöhe S. 187 f.

Ermittlung des betriebsnotwendigen Vermögens:

	Betriebsvermögen	18.000
–	nicht betriebsnotwendiges Vermögen	8.000
	Betriebsnotwendiges Vermögen	**10.000**

Ermittlung des operativen Ergebnisses vor Zinsen:

	Umsatzerlöse	3.000
–	Materialaufwand	200
–	Personalaufwand	900
–	Abschreibungsaufwand (betriebsbedingt)	600
–	sonstiger betrieblicher Aufwand (betriebsbedingt)	300
	Operatives Ergebnis vor Zinsen	**+ 1.000**

Das operative Ergebnis vor Zinsen ist um nichtbetriebsbedingte Sachverhalte zu korrigieren. Damit gelangt man zu einem betriebsbedingten Ergebnis vor Abzug von Zinsaufwand. Bezieht man diese Ergebnisgröße auf das betriebsnotwendige Vermögen, erhält man die betriebsinterne Verzinsung des betriebsnotwendigen Vermögens.

Teilaufgabe b)

> Wie hoch ist der Economic Value Added (EVA)? Wie beurteilen Sie die Ertragslage des Unternehmens?

Der Economic Value Added ist folgendermaßen zu ermitteln:

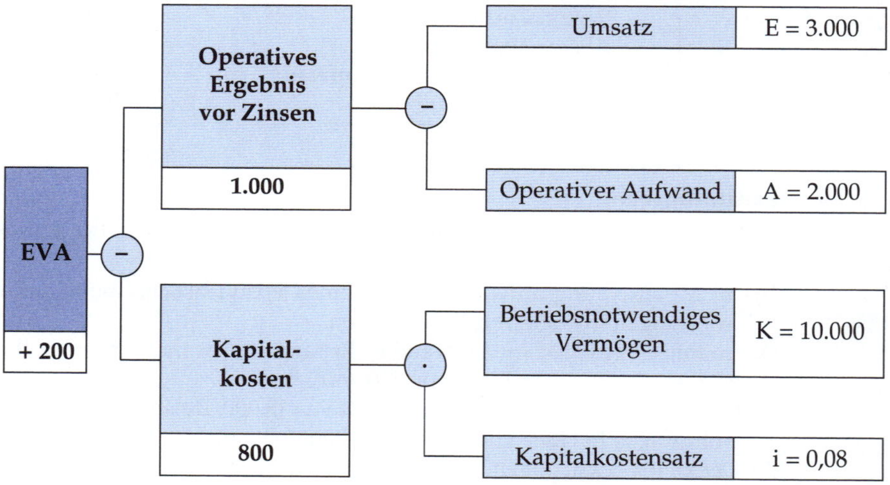

Die Kapitalgeber finanzieren ein betriebsnotwendiges Vermögen in Höhe von 10.000. Hieraus erwarten sie eine Verzinsung von 8 Prozent. Zur Befriedigung dieser Verzinsungswünsche muss der Betrieb mindestens 800 Geldeinheiten erwirtschaften. Ein EVA von + 200 zeigt, dass der Betrieb ein Ergebnis erwirtschaftet hat, das die Kapitalkosten um 200 übersteigt.

Aufgabe 54 Unternehmensgesamtwert, Substanzwert und Goodwill

Es gelten die Grundannahmen der **Aufgabe 53**:

– Umsatzerlöse/Jahr E	3.000
– Operativer Aufwand (vor Zinsen) A	2.000
– Betriebsnotwendiges Vermögen	10.000
– Verzinsungswunsch der Kapitalgeber (Durchschnittssatz)	8 Prozent

Das betriebsnotwendige Vermögen von 10.000 wurde im Wege der **Einzelbewertung** (als bilanziertes Vermögen bewertet mit Verkehrswerten) ermittelt. Der Kapitalkostensatz von 8 % ist der gewogene Durchschnitt (WACC) aus den Verzinsungswünschen der Eigenkapitalgeber (i_{EK}) und der Fremdkapitalgeber (i_{FK}).

Weiterhin ist davon auszugehen, dass

- operative Erträge und Aufwendungen (E und A) identisch sind mit den Ein- und Auszahlungen der jeweiligen Periode.
- das operative Ergebnis (E – A = + 1.000) in gleichbleibender Höhe auf unbegrenzte Zeit (= Ewige Rente) zu erwirtschaften ist.

Wie hoch ist der erfolgsabhängige Zukunftserfolgswert (ohne Werkswohnungen)? Wie ist die Diskrepanz zum betriebsnotwendigen Vermögen (10.000) zu erklären?

Wöhe S. 510–512 und S. 519 f.

Im vorliegenden (einfachen) Fall lässt sich der erfolgsabhängige Wert des betriebsnotwendigen Vermögens (= Zukunftserfolgswert) als Barwert einer ewigen Rente ermitteln:

$$\mathbf{UGW} = \frac{E-A}{i} = \frac{(3.000-2.000)}{0{,}08} = \mathbf{12.500}$$

Der Verkehrswert des bilanzierten betriebsnotwendigen Vermögens, also der Substanzwert des betriebsnotwendigen Vermögens, beträgt dagegen nur 10.000.

Substanzwert* (Einzelbewertung zum Verkehrswert)	**10.000**
+ **Goodwill** (Originärer Firmenwert)	**2.500**
Zukunftserfolgswert** (Gesamtbewertung)	**12.500**

* Substanzwert ohne Werkswohnungen
** ZEW ohne Werkswohnungen

Der Goodwill ist eine immaterielle Vermögensposition. Im vorliegenden Fall lässt sich der Goodwill als Barwert des Economic Added Value

$$\mathbf{Goodwill} = \frac{EVA}{i} = \frac{200}{0{,}08} = \mathbf{2.500}$$

ermitteln.

Aufgabe 55 Aktienoptionsprogramm für Führungskräfte

Ob eine Aktiengesellschaft erfolgreich war, lässt sich u. a. an der Höhe der Dividende und der Aktienkursentwicklung messen. Die Gründe dieses Erfolgs liegen vor allem in der Art und Weise der Geschäftsführung durch den Vorstand. Hierauf basierende Aktienkurssteigerungen kommen den Eigenkapitalgebern zugute. Um den Vorstand für eine aktienkurssteigernde Geschäftspolitik zu gewinnen, setzen die Aktionäre das Motivationsinstrument der Aktienkaufoptionen ein.

Die XY-AG hat ihren Vorstandsmitgliedern für Periode 01 folgende Aktienkaufoption eingeräumt:

– Aktienkurs (Durchschnittskurs Januar 01)	60 EUR
– Basispreis/Aktie	63 EUR
– Optionstermin	Januar 03
– Optionsvolumen	max. 100.000 Stück

Wie verhält sich ein optionsberechtigtes Vorstandsmitglied, wenn der Börsenkurs im Januar 03 bei (a) 62 EUR bzw. (b) 75 EUR liegt?

Wöhe S. 188–190

Bei Ausübung der Kaufoption muss das Vorstandsmitglied den Basispreis von 63 EUR pro Aktie bezahlen. Bei einem Börsenkurs von 62 EUR (a) wird die Kaufoption nicht ausgeübt. Die Entlohnung des Vorstands beschränkt sich auf das vertraglich fixierte Grundgehalt.

Bei einem Börsenkurs von 75 EUR (b) gelangt das Vorstandsmitglied bei Ausübung der Kaufoption zu einem geldwerten Vorteil von 1,2 Mio. EUR (= 100.000 · [75 – 63] = 100.000 · 12). Die Kurssteigerung von 60 auf 75 EUR ist Indiz für eine erfolgreiche Unternehmensführung. Hierfür erhält das einzelne Vorstandsmitglied eine leistungsabhängige Entlohnung in Höhe von 1,2 Mio. EUR.

Aufgabe 56 Risikomanagement Teil 1 – Bewertung von Einzelrisiken

Als Industrieausrüster baut die PUMPEN-KG hochspezialisierte Pumpenaggregate, die von Nachfragern aus der chemischen Industrie als Bauteile für Fertigungsanlagen benötigt werden.

Nach dem Ausscheiden eines Mitgesellschafters ist das **Eigenkapital der PUMPEN-KG** auf **800.000 EUR** zusammengeschmolzen. Dem Eigenkapital (= Verlustauffangpotential) stehen erhebliche Einzelrisiken gegenüber, die der Geschäftsführer der PUMPEN-KG wie folgt beschreibt:

(1) Schwankende Rohstoffpreise

Zum Guss der Pumpengehäuse wird Messing benötigt. Zu Beginn eines Jahres tätigt man **eine** Messingbestellung, die den gesamten Jahresbedarf abdeckt. Nach derzeitigen Preisen belaufen sich die (unmittelbaren) Rohstoffbeschaffungskosten für eine (Jahres-)Bestellung auf 3 Mio. EUR. Fallende Wiederbeschaffungskosten führen zu einem Wertverlust am Lagerbestand. Aktuell rechnet man eher mit rückläufigen Preisnotierungen am Messingmarkt. Der Geschäftsführer geht davon aus, dass mit einer **Eintrittswahrscheinlichkeit von 60 Prozent** (w = 0,60) eine **Wertminderung** am (hohen) Lagerbestand in Höhe von **400.000 EUR** eintreten könnte.

(2) Drohender Personalüberhang

Die PUMPEN-KG steht kurz vor dem Abschluss eines lukrativen Großauftrags. Zur Abwicklung dieses Großauftrags müssten 20 Meister und 100 Facharbeiter eingestellt werden. Ist der Großauftrag nach einem Jahr abgewickelt, droht ein Personalüberhang, wenn es keine entsprechenden Anschlussaufträge gibt. Die **Eintrittswahrscheinlichkeit fehlender Anschlussbeschäftigung** schätzt der Geschäftsführer auf **50 Prozent**. In diesem Fall müssten folgende Abfindungen an die freigesetzten Mitarbeiter gezahlt werden:

(a) 100 Facharbeiter, jeweils 2.000 EUR/Person
(b) 20 Meister, jeweils 4.000 EUR/Person.

(3) Haftung für Einbaufehler

Die an die Industriebetriebe gelieferten Pumpen werden von Außendienstmonteuren der PUMPEN-KG vor Ort in die Fertigungsanlagen der Besteller eingebaut. Durch Fehler beim Pumpeneinbau kann es zu Schäden an den kundeneigenen Fertigungsanlagen kommen. Mit einer **Eintrittswahrscheinlichkeit von 10 Prozent** können **Schäden in Höhe von 1,5 Mio. EUR** durch Mitarbeiter der PUMPEN-KG verursacht werden.

(4) Gründung eines Gemeinschaftsunternehmens

Der geplante Einstieg in den chinesischen Markt setzt die Gründung eines Gemeinschaftsunternehmens mit einem chinesischen Partnerunternehmen voraus. Zur Abdeckung der hohen Ingangsetzungskosten muss jeder der beiden Vertragspartner **2 Mio. EUR Beteiligungskapital** einbringen. Käme es danach zu einem in Aussicht gestellten staatlichen Großauftrag, würde das Gemeinschaftsunternehmen in der dreijährigen Anlaufphase hohe Gewinne erwirtschaften. Bliebe dagegen der erwartete Staatsauftrag aus, wäre das Projekt gescheitert und der Kapitaleinsatz der PUMPEN-KG wäre restlos verloren. Die **Eintrittswahrscheinlichkeit des Scheiterns wird auf 30 Prozent** veranschlagt.

(5) Drohender Forderungsausfall

(a) Große Sorgen bereitet **die Einzelforderung** gegenüber dem Großabnehmer A in Höhe von netto **300.000 EUR**. Nach jüngsten Pressemeldungen befindet sich A in großen finanziellen Schwierigkeiten. Die **Eintrittswahrscheinlichkeit** der Insolvenz von A verbunden mit einem totalen Forderungsausfall wird auf **80 Prozent** geschätzt.

(b) Bei den **übrigen Forderungen** aus Lieferungen und Leistungen im Nettowert von **1 Mio. EUR** rechnet man mit einem **Ausfallrisiko** in Höhe von **3 Prozent**.

Der Geschäftsführer der PUMPEN-KG bittet Sie um eine Bewertung der genannten Einzelrisiken nach dem Risikomaß „Erwartungswert des Schadensfalls". Kommentieren Sie zudem das Ergebnis!

Wöhe S. 191 f.

Zur **Ermittlung des Erwartungswertes** ist die mögliche Schadenshöhe (SH) mit der Eintrittswahrscheinlichkeit des Schadens (w) zu gewichten.

Erwartungswert = SH · w

Daraus ergibt sich für die Risikofälle (1) bis (5) folgende Risikobewertung:

Risikofall		**Schadenshöhe** (EUR)	**· w** (Prozent)	**= Erwartungswert** (EUR)
(1)	Schwankende Rohstoffpreise	400.000,–	0,60	240.000,–
(2a)	Abfindung für 100 Facharbeiter	200.000,–	0,50	100.000,–
(2b)	Abfindung für 20 Meister	80.000,–	0,50	40.000,–
(3)	Haftpflichtschaden	1.500.000,–	0,10	150.000,–
(4)	Gemeinschaftsunternehmen	2.000.000,–	0,30	600.000,–
(5a)	„Insolvenzbedrohte" Einzelforderung	300.000,–	0,80	240.000,–
(5b)	Übrige Forderungen	1.000.000,–	0,03	30.000,–
	Insgesamt			**1.400.000,–**

Das Eigenkapital (800.000 EUR) der PUMPEN-KG reicht nicht aus, alle genannten Risiken abzudecken. Im Rahmen des Risikomanagements muss man versuchen, die drohenden Risiken so zu reduzieren, dass die PUMPEN-KG beim Eintritt der Schadensfälle nicht in eine existenzbedrohende Lage gerät.

Aufgabe 57 Risikomanagement Teil 2 – Risikosteuerung

Die Risikosteuerung verfolgt das Ziel, den Erwartungswert der Einzelrisiken auf einen Betrag zu begrenzen, der sich an der Eigenkapitalausstattung orientiert.

Teilaufgabe a)

Welche Möglichkeiten der Risikosteuerung kennen Sie?

Wöhe S. 193 f.

Der Erwartungswert der Einzelrisiken kann durch folgende Maßnahmen verringert werden:

	Erwartungswert der Einzelrisiken
–	Einzelrisiken vermeiden
–	Einzelrisiken vermindern
–	Einzelrisiken auf Dritte überwälzen
=	**restliche Risiken selbst tragen**

Teilaufgabe b)

Es gelten die Ausgangsdaten der **Aufgabe 56**. Folgende Möglichkeiten einer Risikoreduzierung werden diskutiert:

(1) Schwankende Rohstoffpreise

Zur Minderung des Wertverlustrisikos beim Lagerbestand sehen Sie die Möglichkeit, den Lagerbestand in der Weise zu verringern, dass der Jahresrohstoffbedarf durch mehrere Teillieferungen gedeckt wird. Hierzu erhalten Sie die Auskunft, dass man den Jahresrohstoffbedarf auch durch **quartalsweise Teillieferungen** decken könne. Damit ließe sich – bei gleichbleibender Eintrittswahrscheinlichkeit – die **Schadenshöhe** von 400.000 EUR auf **100.000 EUR** reduzieren.

(2a) Drohende Abfindung für 100 Facharbeiter

Zur Vermeidung eines später drohenden Personalüberhangs schlagen Sie vor, den Facharbeiterbedarf über eine Leiharbeitsfirma mit **kurzfristig kündbaren Arbeitnehmerüberlassungsverträgen** zu decken. Die Rechtsabteilung hält ihren Vorschlag aus juristischer Sicht für realisierbar.

(2b) Drohende Abfindung für 20 Meister

Ihren Vorschlag, auch die zusätzlich benötigten Meister unter Einschaltung einer Leiharbeitsfirma einzustellen, scheitert am Einwand des Geschäftsführers, dass am Leiharbeitsmarkt derart hochqualifizierte Mitarbeiter nicht zu finden sind.

(3) Drohende Haftpflichtschäden

Ihren Vorschlag, drohende Ansprüche Dritter durch den Abschluss einer **Haftpflichtversicherung** abzudecken, hält der Geschäftsführer für praktikabel.

(4) Mögliches Scheitern des geplanten Gemeinschaftsunternehmens

Der Geschäftsführer sieht keine Möglichkeit zur Minderung oder Überwälzung des Risikos. Darum schlagen Sie vor, das **Projekt ganz fallen** zu **lassen**.

(5a) „Insolvenzbedrohte" Einzelforderung

Dieses Forderungsausfallrisiko muss die PUMPEN-KG **selbst tragen**, denn keine Versicherung wird angesichts der hohen Ausfallwahrscheinlichkeit bereit sein, das Ausfallrisiko zu übernehmen.

(5b) Ausfall der übrigen Forderungen

Der Geschäftsführer befürwortet Ihren Vorschlag zum Abschluss einer **Forderungsausfallsversicherung**.

> Erstellen Sie nach Maßgabe dieser Informationen eine Tabelle, aus der hervorgeht, in welchem Umfang Einzelrisiken
> - zu vermeiden,
> - zu vermindern,
> - zu überwälzen bzw.
> - selbst zu tragen sind.
>
> **Lösungshinweis:** Zusätzliche Aufwendungen, die durch das Vermindern bzw. durch das Überwälzen von Einzelrisiken entstehen würden, sollen der Einfachheit halber vernachlässigt werden.

Ausgehend vom Erwartungswert der Einzelrisiken aus **Aufgabe 56** führt die Risikobegrenzung zu folgendem Ergebnis (Beträge in EUR):

Einzel-risiko	Erwartungswert				
	bisher	vermeiden	vermindern	überwälzen	selbst tragen
(1)	240.000,–		180.000,–		60.000,–
(2a)	100.000,–		100.000,–		–
(2b)	40.000,–				40.000,–
(3)	150,000,–			150.000,–	–
(4)	600.000,–	600.000,–			–
(5a)	240.000,–				240.000,–
(5b)	30.000,–			30.000,–	–
Insgesamt	**1.400.000,–**	600.000,–	280.000,–	180.000,–	**340.000,–**

Aufgabe 58 Risikomanagement Teil 3 – Risikotragfähigkeit

> Es gelten die Angaben der **Aufgaben 56** und **57**. Zusätzlich teilt Ihnen der Geschäftsführer mit, dass die Gesellschafter der PUMPEN-KG vergleichsweise risikoscheu seien, wobei sie das Risiko (genauer gesagt: den **Erwartungswert des selbst zu tragenden Risikos) auf 25 Prozent des Eigenkapitals begrenzen** möchten. Wie beurteilen Sie nach dieser Vorgabe die Risikotragfähigkeit der PUMPEN-KG?

Bei einem Eigenkapital von 800.000 EUR und einer Begrenzung der Ausfallquote auf 25 Prozent soll der Erwartungswert der Einzelrisiken höchstens 200.000 EUR betragen. Damit kommt man zu folgendem Soll-Ist-Vergleich:

Soll:	Maximal tolerierter Risikoerwartungswert	**200.000,–**
Ist:	Erwartungswert des selbst zu tragenden Risikos	**340.000,–**
Risikoüberhang		**140.000,–**

2. Abschnitt

Aufgabe 59 Risikomanagement Teil 4 – Risikoüberhang

Es gelten die Angaben der **Aufgaben 56** bis **58**. In **Aufgabe 58** wurde ein **Risikoüberhang (Erwartungswert) in Höhe von 140.000 EUR** festgestellt. Was kann die PUMPEN-KG tun, um den Risikoüberhang zu beseitigen?

Zur Beseitigung des Risikoüberhangs gibt es **drei Möglichkeiten**:

(1) Erhöhte Risikobereitschaft

Würden die Gesellschafter bei einem gegebenen Eigenkapital in Höhe von 800.000 EUR die tolerierbare Eigenkapitalverlustquote von 25 auf 42,5 Prozent erhöhen, würde der Sollwert von 200.000 EUR auf 340.000 EUR steigen (800.000 EUR · 0,425 = 340.000 EUR).

(2) Erhöhung des Eigenkapitals

Will man die tolerierbare Verlustquote von 25 Prozent aufrechterhalten, müsste man das Eigenkapital von 800.000 EUR auf 1.360.000 EUR erhöhen, um das Istrisiko von 340.000 EUR abzudecken (1.360.000 EUR · 0,25 = 340.000 EUR).

(3) Weiterer Abbau von Risiken

Bei gegebenem Eigenkapital und gegebener tolerierbarer Verlustquote von 25 Prozent kann der Risikoüberhang von 140.000 EUR nur durch einen weitergehenden Risikoabbau vermieden werden. In diesem Sinne ist der PUMPEN-KG zu empfehlen, den aktuellen Risikoüberhang ausnahmsweise zu tolerieren und in Zukunft auf besonders riskante Geschäfte zu verzichten. Hierzu gehört die Vermeidung von Klumpenrisiken. Ohne das Klumpenrisiko des Forderungsausfalls nach einem Großauftrag (Einzelrisiko 5a in **Aufgabe 56**) wäre der Erwartungswert des selbst zu tragenden Restrisikos um 240.000 EUR niedriger.

7. Testfragen zu Kapitel I: Unternehmensführung

Den folgenden Fragen sind Antworten beigegeben, die teils richtig, teils falsch sind. Ihre Aufgabe besteht darin, die richtigen Antworten herauszufinden und zu begründen, warum sie richtig und die anderen falsch sind. Die Lösungen finden Sie im Anschluss an die letzte Frage. Gelingt Ihnen die Begründung nicht, so ist es empfehlenswert, die erfragten Zusammenhänge und Definitionen im „Wöhe" noch einmal durchzuarbeiten. Das Stichwortverzeichnis des „Wöhe" wird Ihnen helfen, sich schnell zurechtzufinden.

1. Welche der folgenden Aufgaben gehört nicht zu den Funktionen des dispositiven Faktors?

	richtig	falsch
(1) Planung	○	○
(2) Kapitalbeschaffung	○	○
(3) Organisation	○	○
(4) Jahresabschlussprüfung	○	○

2. Nach dem Stakeholder-Ansatz

	richtig	falsch
(1) liegt die unternehmerische Entscheidungsgewalt allein bei den Eigenkapitalgebern;	○	○
(2) sollen die divergierenden Ziele der Anspruchsgruppen konsensual zu einem einheitlichen Unternehmensziel zusammengefasst werden;	○	○

	richtig	falsch
(3) sollen vorrangig die Ziele der Öffentlichkeit respektiert werden;	○	○
(4) soll der Interessenausgleich zwischen den Anspruchsgruppen durch vertragliche Vereinbarungen mit den Shareholdern erreicht werden.	○	○

3. In eigentümergeführten Unternehmen

	richtig	falsch
(1) wird immer das Ziel der langjährigen Gewinnmaximierung verfolgt;	○	○
(2) gibt es keinen Aufsichtsrat;	○	○
(3) stellen die Eigentümer die Mehrheit in der Hauptversammlung;	○	○
(4) gilt die arbeitsrechtliche Mitbestimmung.	○	○

4. Das Mitbestimmungsgesetz von 1976

	richtig	falsch
(1) gilt für alle deutschen Kapitalgesellschaften (außer Montanbetriebe) mit mehr als 2000 Beschäftigten;	○	○
(2) sichert u. a. die Mitspracherechte der Arbeitnehmer im Aufsichtsrat;	○	○
(3) sichert die Mitsprache aller Stakeholder bei wichtigen Unternehmensentscheidungen;	○	○
(4) sichert die Wahrung der Arbeitnehmerinteressen bei der Unternehmensführung durch die Entsendung eines Arbeitsdirektors in den Vorstand;	○	○
(5) räumt den Arbeitnehmern weitergehende Rechte ein als das Drittelbeteiligungsgesetz von 2004.	○	○

5. Welche der folgenden Behauptungen ist richtig?

	richtig	falsch
(1) Betriebe im marktwirtschaftlichen Wettbewerb verfolgen vorrangig ökonomische Ziele.	○	○
(2) „Langfristige Gewinnmaximierung" und „Maximierung des Shareholder Value" sind deckungsgleiche Ziele.	○	○
(3) Zwischen ökonomischen und sozialen Zielen kann es zu Zielkonflikten kommen.	○	○
(4) Zwischen sozialen und ökologischen Zielen kann es keine konfliktären Beziehungen geben.	○	○

6. Welches der folgenden gesetzlichen Regelwerke sieht eine paritätische Mitbestimmung vor?

	richtig	falsch
(1) Montan-Mitbestimmungsgesetz	○	○
(2) Betriebsverfassungsgesetz	○	○
(3) Aktiengesetz	○	○
(4) Arbeitsrecht	○	○

7. Was versteht man unter unternehmerischer Mitbestimmung?

	richtig	falsch
(1) Die Arbeitnehmer sind im Vorstand vertreten und entscheiden mit.	○	○
(2) Die Arbeitnehmer werden durch den Betriebsrat in ihren Angelegenheiten vertreten.	○	○
(3) Die Arbeitnehmer sind so stark im Aufsichtsrat vertreten, dass sie indirekt Einfluss auf die unternehmerischen Entscheidungen nehmen können.	○	○
(4) Der Betriebsrat kann Einfluss auf die Führungsentscheidungen nehmen.	○	○

8. Welche der folgenden Behauptungen ist richtig?

	richtig	falsch
(1) Alle Planungsaufgaben sind von der Unternehmensleitung zu erledigen.	○	○
(2) Langfristige Planungsaufgaben werden von der obersten, mittel- und kurzfristige Planungsaufgaben werden von der mittleren bzw. unteren Führungsebene wahrgenommen.	○	○
(3) Strategische Planung ist Aufgabe der Unternehmensleitung.	○	○
(4) Die Delegation nachrangiger Entscheidungen auf nachgeordnete Hierarchieebenen ist ein wichtiges organisatorisches Prinzip zur Entlastung der Unternehmensleitung.	○	○

9. Ein Betrieb gibt einer sehr großen Anzahl leitender Angestellter Pensionszusagen und bildet dafür Pensionsrückstellungen nach versicherungsmathematischen Grundsätzen.
Handelt es sich hierbei um eine Entscheidung unter

	richtig	falsch
(1) Ungewissheit	○	○
(2) Risiko	○	○
(3) Sicherheit?	○	○

10. Welche der folgenden Behauptungen ist richtig?

	richtig	falsch
(1) Entscheidungen bei sicheren Erwartungen richten sich nach der Höhe des mathematischen Erwartungswertes.	○	○
(2) Das Entscheidungsfeld besteht aus den Elementen Handlungsalternativen, Entscheidungsinstanzen und Entscheidungsergebnissen.	○	○
(3) Kostenminimierungsmodelle führen dann zu gewinnmaximalen Entscheidungen, wenn die zu beurteilenden Alternativen gleich hohe Erlöse erwarten lassen.	○	○
(4) In Entscheidungssituationen unter Risiko ist die Minimax-Regel zu bevorzugen.	○	○

11. Welche der folgenden Behauptungen ist richtig?

	richtig	falsch
(1) Die Organisationsstruktur eines Unternehmens wird von der Belegschaftsversammlung mit Mehrheit beschlossen.	○	○
(2) Die Festlegung der Organisationsstruktur ist eine nicht delegierbare Aufgabe der Unternehmensleitung.	○	○
(3) Das Delegationsprinzip der Organisation gebietet, die Aufgabe der Festlegung der Organisationsstruktur auf nachgeordnete Stellen zu übertragen.	○	○
(4) Die Festlegung der Aufbauorganisation obliegt der Unternehmensleitung, Regelungen zur Ablauforganisation fallen in den Zuständigkeitsbereich der mittleren und unteren Führungsebene.	○	○

12. In einem Betrieb wird bei der Weitergabe von Anweisungen über die einzelnen Hierarchieebenen der „Dienstweg" strikt eingehalten. Um welches Leitungssystem handelt es sich?

	richtig	falsch
(1) Funktionssystem	○	○
(2) Liniensystem	○	○
(3) Stabliniensystem	○	○
(4) Spartenorganisation	○	○

13. Welche der folgenden Behauptungen ist richtig?

	richtig	falsch
(1) Nach dem ökonomischen Prinzip sind organisatorische Regelungen nur dann zu treffen, wenn der geldwerte Vorteil dieser Maßnahmen größer ist als die mit ihrer Einführung und Aufrechterhaltung verbundenen Kosten.	○	○
(2) Je größer ein Unternehmen, desto stärker wird der Druck, Disposition durch Organisation zu ersetzen.	○	○
(3) Eine divisionale Organisation ist verrichtungsorientiert.	○	○
(4) Taktische und operative Entscheidungen lassen sich nur bei einer funktionalen Organisationsstruktur delegieren.	○	○

14. Welche der folgenden Behauptungen ist richtig?

	richtig	falsch
(1) Im Gegensatz zu Linienstellen haben Stabsstellen keine Weisungskompetenz.	○	○
(2) Stabsstellen gibt es nur im Mehrliniensystem.	○	○
(3) In der Spartenorganisation können Unternehmensbereiche als Profit Center fungieren.	○	○
(4) Im Gegensatz zur Aufbauorganisation ist die Projektorganisation eine Organisation auf Zeit.	○	○

15. Die Personalwirtschaft

	richtig	falsch
(1) ist im Führungssystem der Unternehmung der Teilfunktion „Kontrolle" zuzuordnen;	○	○
(2) hat die Personalplanung, die Personalführung und die Personalmotivation zum Gegenstand;	○	○
(3) verfolgt soziale, die Unternehmensleitung verfolgt ökonomische Ziele;	○	○
(4) verfolgt das Ziel, den Personaleinsatz und die Mitarbeitermotivation so zu gestalten, dass das langfristige Gewinnmaximum erreicht werden kann.	○	○

16. Welche der folgenden Lohnformen ist nicht unmittelbar leistungsbezogen?

	richtig	falsch
(1) Akkordlohn	○	○
(2) Umsatzprovision	○	○
(3) Stundenlohn	○	○
(4) Prämienlohn	○	○
(5) Monatsgehalt	○	○

17. Die Lohnkosten pro Leistungseinheit sind konstant. Um welche Lohnform handelt es sich?

	richtig	falsch
(1) Akkordlohn	○	○
(2) Monatsgehalt	○	○
(3) Prämienlohn	○	○
(4) Stundenlohn	○	○

18. Das Risiko der Minderleistung eines Arbeitnehmers geht allein zu Lasten des Betriebes. Um welche Lohnform handelt es sich?

	richtig	falsch
(1) Stundenlohn	○	○
(2) Zeitakkord	○	○
(3) Umsatzprovision	○	○
(4) Prämienlohn	○	○

19. Welche der folgenden Behauptungen ist richtig?

	richtig	falsch
(1) Der Akkordlohn eignet sich nicht für Arbeitsverrichtungen, bei denen es auf hohe Präzision ankommt.	○	○
(2) Der Prämienlohn ist ein Instrument, qualitative Mehrleistungen zu vergüten.	○	○
(3) Beim Akkordlohn kann übersteigertes Arbeitstempo zu Qualitätsminderungen führen.	○	○
(4) Der Zeitlohn ist für Arbeitsverrichtungen ungeeignet, bei denen die Unfallgefahr besonders hoch ist.	○	○

20. Welche der folgenden Behauptungen ist richtig?

	richtig	falsch
(1) Die Arbeitsbewertung bezieht sich auf eine Stelle, die Leistungsbewertung soll das Arbeitsergebnis eines bestimmten Stelleninhabers beurteilen.	○	○
(2) Eine betriebliche Rentenzusage hat Auszahlungen und damit immer eine Verringerung des Humankapitals zur Folge.	○	○
(3) Der gesetzliche Mindestlohn ist ein geeignetes Instrument zur Behebung des Fachkräftemangels.	○	○
(4) Ein Unternehmen sollte nur dann Ausbildungsplätze anbieten, wenn der während der Ausbildungszeit erwirtschaftete Personalertrag PE höher ist als die Ausbildungsvergütung PA.	○	○
(5) Zur Steigerung des Humankapitalwertes sollte ein Unternehmen vorzugsweise Arbeitskräfte im Niedriglohnbereich anwerben.	○	○

21. Bei welcher Lohnform profitieren sowohl Arbeitnehmer als auch Betrieb von einer Mehrleistung des Arbeitnehmers?

	richtig	falsch
(1) Stundenlohn	○	○
(2) Prämienlohn	○	○
(3) Umsatzprovision	○	○
(4) Monatsgehalt	○	○

22. Welche der folgenden Behauptungen ist richtig?

	richtig	falsch
(1) Zur Ermittlung des Humankapitalwertes für einen Mitarbeiter muss man den Betrag des betrieblichen Eigenkapitals durch die Anzahl der Beschäftigten teilen.	○	○
(2) Gesetzliche Arbeitnehmerschutzvorschriften führen zu einer Einschränkung der Vertragsfreiheit auf Seiten der Arbeitgeber.	○	○
(3) Mitarbeiter dürfen nicht gegen ihren Willen gekündigt werden.	○	○
(4) Eine hohe Fluktationsrate ist ein Indiz für die Innovationskraft eines Unternehmens.	○	○

23. Welche der folgenden Behauptungen ist richtig?

	richtig	falsch
(1) Je größer ein Unternehmen, desto eher bedarf es tendenziell der Kontrolle, damit das Unternehmensziel erreicht werden kann.	○	○
(2) Kontrollergebnisse können im Wege der Rückkopplung die künftige Zielbildung, Planung und Ausführung beeinflussen.	○	○
(3) Die Ergebnisse der Leistungskontrolle einzelner Mitarbeiter sollten betriebsweit bekanntgemacht werden.	○	○
(4) Kontrolle mündet in jedem Fall in einen Soll-Ist-Vergleich.	○	○

24. Die Informationswirtschaft hat die Aufgabe,

	richtig	falsch
(1) die im Unternehmensprozess benötigten Informationen unter Beachtung des ökonomischen Prinzips bereitzustellen.	○	○
(2) im Sinne des Transparenzgebots der Corporate Governance alle betrieblichen Vorgänge an die Öffentlichkeit zu bringen.	○	○
(3) die Informationsbedürfnisse der externen Bilanzadressaten zu befriedigen.	○	○
(4) originär verfügbare Informationen durch zeitliche, sachliche und räumliche Transformation bedarfsgerecht verfügbar zu machen.	○	○

25. Auf welche Teilaufgaben erstreckt sich die Organisation des Informationsprozesses?

	richtig	falsch
(1) Feststellung des Informationsbedarfs	○	○
(2) Informationsbeschaffung und -eingabe	○	○
(3) Informationsspeicherung (zeitliche Transformation)	○	○
(4) Informationsverarbeitung (sachliche Transformation)	○	○
(5) Informationsübermittlung (örtliche Transformation)	○	○
(6) Informationsausgabe	○	○

26. Welche Vorteile hat die elektronische Datenverarbeitung?

	richtig	falsch
(1) Sie ist ohne jede menschliche Mitwirkung möglich.	○	○
(2) Sie zeichnet sich durch hohe Verarbeitungsgeschwindigkeit und hohe Speicherkapazität aus.	○	○
(3) Sie bietet geringe Fehleranfälligkeit und hohe Kostenvorteile.	○	○
(4) Sie erlaubt eine Planung unter Sicherheit.	○	○
(5) Sie entlastet die Unternehmensleitung von Routinetätigkeiten.	○	○

27. Das Betriebssystem

	richtig	falsch
(1) stellt das konstruktive Kernstück der Hardware dar;	○	○
(2) ist eine Anleitung zur Bedienung der Hardware durch den Anwender;	○	○
(3) bedarf regelmäßiger Wartung durch einen Techniker;	○	○
(4) ist wichtigster Bestandteil der Systemprogramme und regelt den Arbeitsablauf innerhalb der Zentraleinheit;	○	○
(5) sorgt für eine effiziente Auslastung der Hardware-Komponenten.	○	○

28. Das Controlling

	richtig	falsch
(1) beschränkt sich auf eine lückenlose Kontrolle aller Unternehmensprozesse;	○	○
(2) soll die Führungsteilsysteme Planung, Kontrolle, Organisation, Personalführung und Information koordinieren;	○	○
(3) hat die Hauptaufgabe, Unterschlagungen aufzudecken;	○	○
(4) soll die Unternehmensleitung bei ihren Führungsentscheidungen unterstützen;	○	○
(5) verfolgt das Ziel der Kostenminimierung.	○	○

29. Wertorientierte Unternehmensführung hat die Aufgabe,

	richtig	falsch
(1) das Ergebnis unternehmerischer Tätigkeit mit dem Vorjahresergebnis zu vergleichen;	○	○
(2) den Shareholder Value zu steigern;	○	○
(3) das Ergebnis unternehmerischer Tätigkeit mit dem Ergebnis aus alternativer Kapitalanlage zu vergleichen;	○	○
(4) die externen Bilanzadressaten über den Wert des Anlage- und Umlaufvermögens zu informieren.	○	○

30. Welche der folgenden Behauptungen ist richtig?

	richtig	falsch
(1) Durch eine Steigerung der Verzinsungswünsche der Kapitalgeber kann der Shareholder Value gesteigert werden.	○	○
(2) Der Shareholder Value entspricht dem Wert des Eigenkapitals eines Unternehmens.	○	○
(3) Durch die Senkung der auszahlungswirksamen Aufwendungen steigt c. p. der Shareholder Value.	○	○
(4) Je höher das betrieblich gebundene Vermögen, desto höher ist c. p. der Economic Value Added.	○	○

Lösungen: Richtig sind folgende Antworten: **1.** (4); **2.** (2); **3.** (2); **4.** (1), (2), (5); **5.** (1), (2), (3); **6.** (1); **7.** (3); **8.** (2), (3), (4); **9.** (2); **10.** (3); **11.** (2), (4); **12.** (2), (3); **13.** (1), (2); **14.** (1), (3), (4); **15.** (2), (4); **16.** (3), (5); **17.** (1); **18.** (1); **19.** (1), (2), (3); **20.** (1); **21.** (2), (3); **22.** (2); **23.** (1), (2); **24.** (1), (4); **25.** (1), (2), (3), (4), (5), (6); **26.** (2), (3), (5); **27.** (4), (5); **28.** (2), (4); **29.** (2), (3); **30.** (2), (3).

II. Wahl der Rechtsform

Wiederholungsfragen:

	Wöhe Seite
Nennen Sie die wichtigsten Rechtsformen privater Betriebe!	210 f.
Von welchen Entscheidungskriterien hängt die Wahl der Rechtform privater Betriebe ab?	208 f.
Wer haftet in welchem Umfang für die Verbindlichkeiten einer Gesellschaft bürgerlichen Rechts?	213
Welchen Vorschlag macht das HGB zur Gewinn- bzw. Verlustverteilung einer OHG?	214
Worin unterscheiden sich Kommanditisten und Komplementäre bezüglich ihrer Rechte und Pflichten?	215
Wie sind der typische und der atypische Gesellschafter an Gewinnen, Verlusten und Wertänderungen des Vermögens beteiligt?	216
Welche Rechte gewährt die Aktie ihrem Inhaber?	219
Welche Kompetenzen haben Vorstand, Aufsichtsrat und Hauptversammlung einer AG?	218
Welche größenabhängigen Prüfungs- und Offenlegungsvorschriften gelten für Kapitalgesellschaften?	220
In welchen wesentlichen Punkten unterscheidet sich eine Europäische Gesellschaft von einer AG?	220 f.
Worauf beruht die starke Stellung des Komplementärs einer KGaA?	221
Wie hoch ist das Mindeststammkapital einer GmbH?	222
Wie beeinflusst die Nachschusspflicht der Genossen die Finanzierungsmöglichkeiten der Genossenschaft?	223
Wie gelangt man vom Gewerbeertrag zur Gewerbesteuer?	224
Welche Regelungen gelten bei der Einkommensteuer für das Steuersubjekt und die Steuerbemessungsgrundlage?	224 f.
Welche Unternehmen unterliegen der Körperschaftsteuer?	225
Welche Ertragsteuern sind in einen rechtsformabhängigen Steuerbelastungsvergleich einzubeziehen?	226
Wie ist eine GmbH & Co. KG aufgebaut?	227
Welche Aufgaben werden in einer Doppelgesellschaft der Besitzpersonen- bzw. der Betriebskapitalgesellschaft zugewiesen?	227 f.
Welche internen bzw. externen Gründe können für einen Wechsel der Rechtsform sprechen?	229

1. Gewinnverteilung

Aufgabe 60 Gewinnverteilung der OHG

An einer OHG sind die Gesellschafter A, B und C mit Kapitalanteilen von 50.000 EUR, 150.000 EUR und 800.000 EUR beteiligt. Der Gewinn beträgt 490.000 EUR.

Welchen Anteil am Gewinn erhält jeder Gesellschafter, wenn der Gesellschaftsvertrag keine Bestimmungen über die Gewinnverteilung enthält? Unter welcher Voraussetzung halten Sie diese Gewinnverteilung für angemessen?

Wöhe S. 213 f.

Die Gewinnverteilung erfolgt nach § 121 HGB wie folgt:

Gesellschafter	Kapitalanteil	Gewinnverteilung		
		4 % Verzinsung	Rest nach Köpfen	insgesamt
A	50.000	2.000	150.000	152.000
B	150.000	6.000	150.000	156.000
C	800.000	32.000	150.000	182.000
insgesamt	**1.000.000**	**40.000**	**450.000**	**490.000**

Eine derartige Gewinnverteilung ist angemessen, wenn erstens die Verzinsung in Höhe von 4 % marktüblich ist, zweitens alle vollhaftenden Gesellschafter das gleiche Risiko tragen und drittens jeder im gleichen Umfang im Unternehmen arbeitet.

Aufgabe 61 Berücksichtigung des Unternehmerlohns bei der Gewinnverteilung der OHG

Es gelten die Angaben von **Aufgabe 60**. Jedoch soll im Gesellschaftsvertrag zusätzlich vereinbart sein, dass vor einer Gewinnverteilung zunächst die Arbeitsentgelte (Unternehmerlohn) der im Betrieb arbeitenden Gesellschafter abgezogen werden sollen. A entnimmt für seine Tätigkeit als kaufmännischer Leiter 80.000 EUR und B als technischer Leiter 70.000 EUR, C arbeitet nicht im Betrieb mit.

Welche Anteile am Gewinn einschließlich des Unternehmerlohns entfallen auf die drei Gesellschafter, wenn ansonsten über die Gewinnverteilung im Gesellschaftsvertrag nichts vereinbart ist? Unter welcher Voraussetzung halten Sie diese Gewinnverteilung für angemessen?

Es ergibt sich folgende Gewinnverteilung:

Gesellschafter	Kapitalanteil	Gewinnverteilung			
		Unternehmerlohn	4% Verzinsung	Rest nach Köpfen	insgesamt
A	50.000	80.000	2.000	100.000	182.000
B	150.000	70.000	6.000	100.000	176.000
C	800.000	–	32.000	100.000	132.000
insgesamt	**1.000.000**	**150.000**	**40.000**	**300.000**	**490.000**

Eine derartige Gewinnverteilung ist angemessen, wenn die Verzinsung von 4 % und die Unternehmerlöhne marktüblich sind und alle Gesellschafter das gleiche Risiko tragen.

Aufgabe 62 Berücksichtigung von Unternehmerlohn, Eigenkapitalverzinsung und Risikoprämie bei der Gewinnverteilung der OHG

Es gelten die Angaben der **Aufgaben 60** und **61**. Im Gesellschaftsvertrag soll zusätzlich vereinbart sein: „Aus dem Gewinn ist zunächst der Unternehmerlohn zu zahlen, sodann ist eine **Eigenkapitalverzinsung** in Höhe von 10 % vorzunehmen; ein verbleibender Rest ist als **Risikoprämie** (zur Abdeckung des unterschiedlichen Risikos im Verlustfall) im Verhältnis des Gesamtvermögens der Gesellschafter (Eigenkapital + sonstiges Privatvermögen jeweils zu Jahresbeginn) zu verteilen."

Welcher Gewinnanteil einschließlich des Unternehmerlohns entfällt auf jeden Gesellschafter, wenn die Verzinsung des betrieblichen Kapitalanteils 10 % beträgt und sich das sonstige Privatvermögen von A auf 100.000 EUR, von B auf 1.650.000 EUR und von C auf 250.000 EUR beläuft?

Für die Ermittlung der Risikoprämie gilt folgende Überlegung:

Risikoprämie	=	Gewinn	–	Unternehmerlohn	–	Eigenkapitalverzinsung
Risikoprämie	=	490.000	–	150.000	–	100.000
Risikoprämie	=	240.000				

Die Verteilung der Risikoprämie in Höhe von 240.000 EUR erfolgt nach dem gesamten haftenden Vermögen.

Gesellschafter	Betriebsvermögen (Kapitalanteil)	Sonstiges Privatvermögen	Gesamtvermögen		Risikoprämie
			EUR	%	
A	50.000	100.000	150.000	5	12.000
B	150.000	1.650.000	1.800.000	60	144.000
C	800.000	250.000	1.050.000	35	84.000
insgesamt	**1.000.000**	**2.000.000**	**3.000.000**	**100**	**240.000**

Es ergibt sich folgende Gewinnverteilung:

Gesellschafter	Kapitalanteil	Gewinnverteilung			
		Unternehmerlohn	10 % Verzinsung	Risikoprämie	zusammen
A	50.000	80.000	5.000	12.000	97.000
B	150.000	70.000	15.000	144.000	229.000
C	800.000	–	80.000	84.000	164.000
insgesamt	**1.000.000**	**150.000**	**100.000**	**240.000**	**490.000**

Aufgabe 63 Gewinnverteilung bei der KG

Welche Gewinnverteilung ergibt sich bei einer KG, wenn A Komplementär und B und C Kommanditisten sind und

(a) der Gesellschaftsvertrag keine Regelung über die Gewinnverteilung enthält,
(b) die analoge Regelung aus **Aufgabe 60** zu Grunde gelegt wird?

Wöhe S. 215

(a) Nach §168 HGB ist das Eigenkapital mit 4% zu verzinsen und der Rest angemessen zu verteilen. Eindeutig ist hierbei lediglich die Verzinsung. Zur Angemessenheit dürften auch die Berücksichtigung der Mitarbeit im Betrieb sowie die Berücksichtigung des unterschiedlichen Risikos gehören. Enthält der Gesellschaftsvertrag keine Regelungen und kommt es zu keiner Einigung, muss die Entscheidung gerichtlich herbeigeführt werden.

(b) Wird die Regelung von Aufgabe 59 analog angewendet, so ergibt sich zu diesem Fall keine Änderung im Hinblick auf den Unternehmerlohn und die Eigenkapitalverzinsung. Bei der Risikoprämie tritt jedoch eine abweichende Verteilung ein, weil das Privatvermögen von B und C nicht haftet. Für die Verteilung der Risikoprämie gilt folgende Rechnung:

Gesellschafter	Betriebsvermögen (Kapitalanteil)	haftendes Privatvermögen	haftendes Gesamtvermögen		Risikoprämie
			EUR	%	
A	50.000	100.000	150.000	13,64	32.736
B	150.000	–	150.000	13,64	32.736
C	800.000	–	800.000	72,72	174.528
insgesamt	**1.000.000**	**100.000**	**1.100.000**	**100.00**	**240.000**

Aufgabe 64 Gewinnverteilung bei der AG

Eine Aktiengesellschaft hat in den Perioden 1 bis 3 folgende Ergebnisse (in Mio. EUR) zu erwarten:

Periode	Jahresüberschuss	Jahresfehlbetrag
1	100	
2		20
3	–	–

Zu Beginn der Periode 1 liegt der Bestand der „anderen Gewinnrücklagen" bei 30 Mio. EUR. Die „gesetzlichen Rücklagen" können unbeachtet bleiben, weil ihre Höhe den gesetzlichen Vorgaben entspricht.

In Periode 1 und 2 möchte der Vorstand eine möglichst geringe Dividende, in Periode 3 möchte er eine Dividende von 50 Mio. EUR ausschütten. Wie ist dieses Ziel zu erreichen?

Wöhe S. 219 und S. 716 f.

Durch Bildung bzw. Auflösung von „anderen Gewinnrücklagen" lässt sich das Ziel des Vorstands erreichen:

Periode 1

Jahresüberschuss	100
– Einstellung in „andere Gewinnrücklagen"	– 50
Bilanzgewinn	50

„Andere Gewinnrücklagen"	
AB (Anfangsbestand)	30
→	+ 50
EB (Endbestand)	80

Periode 2

	Jahresfehlbetrag	– 20
+	Auflösung „andere Gewinnrücklagen“	+ 20
	Bilanzgewinn	0

„Andere Gewinnrücklagen“	
AB	80
←	– 20
EB	60

Periode 3

	Jahresergebnis	– 0
+	Auflösungen „andere Gewinnrücklagen“	+ 50
	Bilanzgewinn	+ 50

„Andere Gewinnrücklagen“	
AB	+ 60
←	– 50
EB	10

Nach §58 AktG darf der Vorstand im vorliegenden Fall ohne Zustimmung der Hauptversammlung bis max. 50 Prozent des Jahresüberschusses in die „anderen Gewinnrücklagen“ einstellen. Darüber hinaus hat er das Recht, „andere Gewinnrücklagen“ zwecks Dividendenzahlung aufzulösen.

Aufgabe 65 Gewinnverteilung einer Immobilienfonds-KG

Der Projektentwickler P gründet zu Ende der Periode 01 die IMMOBILIENFONDS-KG. Der Finanzierungsplan hat folgendes Aussehen:

– Eigenkapital	
• Komplementäreinlage	3 Mio. EUR
• Kommanditeinlage 50.000 Anteile á 2.000 EUR	100 Mio. EUR
– Fremdkapital	
Bankdarlehen zu 6 % Jahreszins	97 Mio. EUR

Das Gesamtkapital wird zum Erwerb einer City-Immobilie im Wert von 200 Mio. EUR eingesetzt.

– Mietertrag 02	15 Mio. EUR
– sonstiger betrieblicher Aufwand	850.000 EUR
– Gewinnverteilung	
• Kommanditisten: vorab 8 % auf die Kapitaleinlage	
• Komplementär: Restgewinn	

Erstellen Sie für die IMMOBILIENFONDS-KG

- die Eröffnungsbilanz zum 1.1.02
- GuV 02 mit Gewinnverteilung auf Komplementär und Kommanditisten.

Wöhe S.215 und S.645–651

Die Eröffnungsbilanz der IMMOBILIENFONDS-KG hat folgendes Aussehen:

Aktiva	Bilanz zum 1.1.02 (Mio. EUR)		Passiva
Grundstücke und Gebäude	200	Eigenkapital	103
		Einl. Komplementär 3	
		Einl. Kommanditisten 100	
		Darlehensverbindlichkeiten	97
	200		200

GuV 02	
	EUR
Mieterträge	15.000.000
– sonstiger betrieblicher Aufwand	850.000
– Zinsaufwand	5.820.000
Gewinn	**8.330.000**
• Anteil Kommanditisten (8 % auf 100 Mio.)	8.000.000
• Anteil Komplementär	330.000

Der Komplementär erreicht eine Eigenkapitalverzinsung in Höhe von 11 %, die Kommanditisten erhalten (nur) 8 % auf ihre Kapitaleinlage. Die Besserstellung des Komplementärs lässt sich ökonomisch folgendermaßen begründen: Erstens trägt er als Vollhafter ein höheres Risiko als die Kommanditisten. Zweitens werden die Kommanditisten aus dem Gewinnpool vorrangig, der Komplementär dagegen nachrangig bedient.

2. Haftung

Aufgabe 66 Haftung der AG

Womit haftet eine Aktiengesellschaft ihren Gläubigern im Insolvenzfall
(a) mit den Aktien
(b) mit dem Grundkapital
(c) mit dem Reinvermögen
(d) mit dem Bruttovermögen?

Im Falle der Insolvenz können sich die Gläubiger nur aus dem Bruttovermögen (d), d. h. den liquidierbaren Vermögenspositionen, befriedigen. Das Reinvermögen (c) ist lediglich eine rechnerische Differenz zwischen dem Bruttovermögen und den Schulden. Das Grundkapital (b) kommt als Haftungssubstanz ebenfalls nicht in Betracht. Es stellt keine Vermögensposition, sondern nur einen buchhalterischen Merkposten dar. Auch die Aktien (a) bilden für die Gläubiger keine Haftungssubstanz, denn sie befinden sich in den Händen der Aktionäre, während sich die Forderungen der Gläubiger nur gegen die Gesellschaft richten können, die aufgrund ihrer eigenen Rechtspersönlichkeit ein von den Aktionären verselbständigtes Rechtssubjekt ist.

Aufgabe 67 Haftung der Aktionäre einer AG

Teilaufgabe a)

Bis zu welchem Betrag haften die Aktionäre den Gläubigern der Gesellschaft?
(a) bis zum Nennbetrag der Aktien
(b) bis zum Tageskurs
(c) bis zum Anschaffungskurs
(d) bis zum Kurs im Liquidationszeitpunkt.

Ist die Aktie voll eingezahlt, so haften die Aktionäre den Gläubigern der Gesellschaft überhaupt nicht. Ist die Aktie noch nicht voll eingezahlt, haften sie mit dem ausstehenden Betrag.

Teilaufgabe b)

Wie hoch ist der maximale Vermögensverlust, den ein Aktionär aus seiner Beteiligung an der AG erleiden kann?
(a) bis zum Nennbetrag seiner Aktien
(b) bis zum Tageskurs
(c) bis zum Anschaffungskurs
(d) bis zum Kurs im Liquidationszeitpunkt.

Der Aktionär kann maximal soviel verlieren, wie er einmal für die Aktie bezahlt hat. (c) ist demnach richtig.

Aufgabe 68 Haftung einer GmbH und ihrer Gesellschafter

Die DEBET-GmbH hat zum 31.12.01 folgende Bilanz vorgelegt:

Aktiva	Bilanz der DEBET-GmbH zum 31.12.01		Passiva
Sachanlagen	65.000	Stammeinlage A	20.000
Vorräte	60.000	Stammeinlage B	10.000
Forderungen aus Lieferungen und Leistungen	150.000	Darlehensverbindlichkeiten	200.000
Bank	5.000	Lieferantenverbindlichkeiten	50.000
	280.000		280.000

Zu Beginn der Periode 02 geht bei der DEBET-GmbH die Nachricht ein, dass die Forderung aus Lieferungen und Leistungen in Höhe von 150.000 EUR in voller Höhe ausfällt. Der Bilanzansatz der übrigen Vermögensposten entspricht dem aktuellen Verkehrswert.

Die beiden Gesellschafter A und B verfügen neben ihrer (voll eingezahlten) Stammeinlage über ein Privatvermögen in Höhe von 100.000 bzw. 200.000 EUR.

Teilaufgabe a)

Wie beurteilen Sie die wirtschaftliche Lage der DEBET-GmbH? Wie beurteilen Sie die Chancen der Gläubiger, ihre Zahlungsansprüche zu realisieren?

Wöhe S. 221 f. und S. 651

Nach dem Ausfall der Forderung aus Lieferungen und Leistungen in Höhe von 150.000 EUR ergibt sich aus der Gegenüberstellung von Vermögen und Schulden (Status) folgendes Bild:

Status DEBET-GmbH	
Vermögen	130.000
– Verbindlichkeiten	250.000
Überschuldung	120.000

Mit dem Eintreten der Überschuldung ist die DEBET-GmbH verpflichtet, beim zuständigen Amtsgericht einen Insolvenzantrag zu stellen.

Die Zahlungsansprüche der Gläubiger richten sich allein an die Schuldnerin, die DEBET-GmbH. Zur Schuldendeckung steht der Gesellschaft ein Vermögen in Höhe von 130.000 EUR zur Verfügung. Im Falle der Unternehmensliquidation können die Gläubiger mit einer Insolvenzquote (= Schuldendeckungsquote) in Höhe von 52 Prozent rechnen. Werden die Banken als Gläubiger aufgrund vertraglicher Vereinbarungen vorrangig bedient, reduziert sich diese Quote für die „Lieferantengläubiger".

Teilaufgabe b)

Haben die Gesellschafter A und B die Möglichkeit, die DEBET-GmbH vor der Insolvenz zu retten?

Eine Rettung vor der Insolvenz setzt einen (mindestens) ausgeglichenen Status voraus. Zur Beseitigung der Überschuldung müssten A bzw. B zusätzliches Stammkapital in Höhe von insgesamt (mindestens) 120.000 EUR in die DEBET-GmbH einbringen.

3. Steuerbelastung

Aufgabe 69 Einfluss der Besteuerung auf die Rechtsformwahl bei Gewinnthesaurierung

Im Zuge ihrer Unternehmensgründung stehen die Brüder A und B vor der Frage der Rechtsformwahl. Zur Wahl stehen die Rechtsformalternativen **OHG** und **GmbH**. Zur Beurteilung des steuerlichen Einflusses auf die Wahl der Rechtsform sind folgende Eckwerte zu berücksichtigen.

Erwarteter Gewinn (EUR/Jahr)	100.000
Gewerbesteuerhebesatz (Prozent)	400
Gewinnanteil A (Prozent)	60
Gewinnanteil B (Prozent)	40
Einkommensteuersatz A (Prozent)	40
Einkommensteuersatz B (Prozent)	30

A und B haben die Absicht, die Gewinne kommender Jahre in voller Höhe zu thesaurieren. Sollen Sie sich für die Rechtsform der OHG oder der GmbH entscheiden? Die Thesaurierungsbegünstigung soll unberücksichtigt bleiben.

Wöhe S. 223–227

Die Höhe der Gewerbesteuerbelastung ist unabhängig von der gewählten Rechtsform. Bei einem Gewinn von 100.000 EUR und einer Messzahl von 3,5 Prozent liegt der Gewerbesteuermessbetrag bei 3.500 EUR. Bei einem Hebesatz von 400 Prozent gelangt man zu einer jährlichen **Gewerbesteuerbelastung von 14.000 EUR**.

Einzelfirmen und Personengesellschaften können sich bei der Berechnung der Einkommensteuerschuld die gezahlte Gewerbesteuer bis zum Höchstbetrag des 3,8-fachen Messbetrags (hier 3.500 EUR), im vorliegenden Fall also 13.300 EUR, anrechnen lassen.

Neben der Körperschaftsteuer KSt (15 Prozent) und der individuellen Einkommensteuer ESt (hier 30 bzw. 40 Prozent) ist der Solidaritätszuschlag SolZ in Höhe von 5,5 Prozent auf die berechnete KSt bzw. ESt zu berücksichtigen.

Belastungsvergleich				
	Steuerbelastung GmbH			
(1)	Gewinn vor Steuern			100.000
(2)	Gewerbesteuer (14 % von 1)			14.000
(3)	KSt (15 % von 1)			15.000
(4)	SolZ (5,5 % von 3)			825
	Gesamtbelastung bei Thesaurierung (2) + (3) + (4)			**29.825**
	Steuerbelastung OHG			
		A	B	Insgesamt
(1)	Gewinn vor Steuern	60.000	40.000	100.000
(2)	GewSt (14 % von 1)			14.000
(3)	ESt (40 bzw. 30 % von 1)	24.000	12.000	
	– GewSt-Anrechnung	– 7.980	– 5.320	
		16.020	6.680	22.700
(4)	SolZ (5,5 % von 3)	881	367	1.248
	Gesamtbelastung bei Thesaurierung (2) + (3) + (4)			**37.948**

Ohne Berücksichtigung einer Thesaurierungsbegünstigung ist bei vollständiger Thesaurierung die GmbH die günstigere Rechtsform.

Aufgabe 70 Einfluss der Besteuerung auf die Rechtsformwahl bei Gewinnausschüttung

Es gelten alle Angaben zur **Aufgabe 69** mit einer Ausnahme: A und B haben die Absicht, in Zukunft alle Jahresgewinne in voller Höhe auszuschütten. Für welche Rechtsform sollen sie sich entscheiden? Ermitteln Sie die theoretische Steuerbelastung!

Wöhe S. 223–227

Die ausgeschütteten Gewinne einer GmbH unterliegen bei den Gesellschaftern der Belastung mit Abgeltungssteuer von 25 Prozent und dem SolZ von 5,5 Prozent. Werden die erwarteten Gewinne Jahr für Jahr restlos ausgeschüttet, ist für die GmbH bzw. die OHG mit folgender Steuerbelastung zu rechnen:

Belastungsvergleich bei vollständiger Gewinnausschüttung

Steuerbelastung der GmbH

		A	B	Insgesamt
(1)	Gewinn vor Steuern	(60.000)	(40.000)	100.000
(2)	GewSt (14 % von 1)			14.000
(3)	KSt (15 % von 1)			15.000
(4)	SolZ (5,5 % von 3)			825
(5)	Belastung auf Gesellschaftsebene (2) + (3) + (4)			29.825
(6)	Gewinnausschüttung (1) – (5)	(42.105)	(28.070)	70.175
(7)	Abgeltungssteuer (25 % von 6)	(10.526)	(7.018)	17.544
(8)	SolZ (5,5 % von 7)	(579)	(386)	965
	Gesamtbelastung bei Ausschüttung (5) + (7) + (8)			**48.334**

Steuerbelastung der OHG

		A	B	Insgesamt
(1)	Gewinn vor Steuern	60.000	40.000	100.000
(2)	GewSt (14 % von 1)			14.000
(3)	ESt (30 bzw. 40 % von 1)	24.000	12.000	
	– GewSt-Anrechnung	– 7.980	– 5.320	
		16.020	6.680	22.700
(4)	SolZ (5,5 % von 3)			1.248
	Gesamtbelastung bei Ausschüttung (2) + (3) + (4)			**37.948**

Unter der Annahme vollständiger Gewinnausschüttung ist die OHG der GmbH unter steuerlichen Gesichtspunkten vorzuziehen.

III. Zusammenschluss von Unternehmen

Wiederholungsfragen:

	Wöhe Seite
Welche Kooperations- und Konzentrationsformen kennen Sie?	232
Wie unterscheiden sich horizontale, vertikale und konglomerate Unternehmensverbindungen?	232 f.
Was versteht man im Zusammenhang mit vertikalen Unternehmensverbindungen unter Rückwärtsintegration und Vorwärtsintegration?	233
Welche Ziele verfolgt man mit Unternehmensverbindungen im Beschaffungsbereich, Produktionsbereich, Finanzierungsbereich und Absatzbereich?	233–237
Wie funktionieren echte und unechte Arbeitsgemeinschaften?	238 f.
Welche Formen von Interessengemeinschaften kennen Sie?	239
Welche Arten von Kartellen kennen Sie?	240
Warum sind Kartelle generell verboten?	240 f.
Was versteht man unter einem Joint Venture?	241
Welche abgestuften Möglichkeiten der Einflussnahme eröffnen unterschiedliche Beteiligungsquoten?	242 f.
Welche Rolle spielt die einheitliche wirtschaftliche Leitung bei der Konzernbildung?	243 f.
Wo liegt der Unterschied zwischen einer Konzernbildung und einer Fusion?	243–248
Welche Formen des Unterordnungskonzerns kennen Sie?	244 f.
Welche Unterschiede bestehen zwischen einem Stammhauskonzern und einer Holding?	246
Was versteht man unter einer Finanzholding?	246
Welche Formen der Fusion kennen Sie?	247
Welche Aufgabe hat die Fusionskontrolle?	249

1. Ziele und Arten von Unternehmenszusammenschlüssen

Aufgabe 71 Gewinnmaximierung durch Unternehmenszusammenschlüsse

Als Oberziel für den Zusammenschluss von Unternehmen kann die Erhöhung des Gewinns aller teilnehmenden Unternehmungen angesehen werden. Dieses Ziel der Gewinnerhöhung lässt sich auf drei Arten erreichen: entweder durch Steigerung der Wirtschaftlichkeit im technischen und organisatorischen Bereich der betrieblichen Leistungserstellung **(Rationalisierung)**, durch eine verstärkte Stellung der zusammengeschlossenen Unternehmen am Beschaffungsmarkt und/oder am Absatzmarkt **(Konzentration)** oder durch die Streuung von Risiken **(Diversifikation)**.

Durch welche Maßnahmen in den einzelnen Funktionsbereichen (Beschaffung, Produktion, Absatz sowie Investition und Finanzierung) können die zusammengeschlossenen Unternehmen ihre Wirtschaftlichkeit und ihre Marktmacht erhöhen? Stellen Sie die Zusammenhänge in einer Übersicht dar, bei der Sie in der Kopfzeile die Wirtschaftlichkeit und die beiden Varianten der Marktmacht eintragen sowie vertikal die verschiedenen Funktionsbereiche abtragen! Verwenden Sie das nachfolgend abgedruckte Schema erst dann als Lösungshilfe, wenn Sie versucht haben, die Aufgabe selbständig zu bearbeiten!

Wöhe S. 233–237

Funktion	Wirtschaftlichkeit	Marktmacht		Diversifikation
		Beschaffungsmarkt	Absatzmarkt	
Beschaffung	Sicherung der Rohstoffversorgung durch Zusammenschluss mit Rohstoffgewinnungsbetrieben	Erzielung von Preisnachlässen, Mengenrabatten und günstigen Zahlungs- und Lieferbedingungen		
Produktion	Schaffung optimaler Betriebsgröße; Rationalisierung durch Normung und Typung; Zusammenlegung von Forschung und Entwicklung			Risikominderung durch Erweiterung des Produktionsprogramms
Absatz	Straffung und Vereinheitlichung der Vertriebsorganisationen		Vergrößerung des Marktanteils; Einschränkung des Wettbewerbs; Erringung der Marktführerschaft oder monopolähnlicher Stellung	Risikominderung durch Erweiterung des Angebots
Investition und Finanzierung	Bessere Auslastung gemeinsamer Investitionsvorhaben; Verringerung der Forschungsinvestitionen	Verbesserte Möglichkeiten zur Befriedigung hohen Kapitalbedarfs (Aktien; Industrieobligationen); Reduzierung der Kapitalkosten als Großnachfrager von Fremdkapital		Reduzierung der Kapitalkosten wegen Verringerung des Risikos

Aufgabe 72 Arten von Unternehmenszusammenschlüssen

Man unterscheidet drei Arten von Unternehmenszusammenschlüssen:

a) Zusammenschlüsse auf **horizontaler Ebene**
b) Zusammenschlüsse auf **vertikaler Ebene**
c) Zusammenschlüsse **anorganischer** (konglomerater) Art (branchenfremde Zusammenschlüsse).

Welche Art des Zusammenschlusses ist jeweils zu wählen, wenn folgende Ziele erreicht werden sollen:

(1) Sicherung der Rohstoffversorgung;
(2) Rationalisierung durch Betriebserweiterung;
(3) Reduzierung der Forschungs- und Entwicklungskosten;
(4) Risikominderung durch Erweiterung des Angebotsspektrums um völlig andersartige Produkte;
(5) Straffung und Vereinheitlichung der Vertriebsorganisation;
(6) Reduzierung der Kapitalkosten als Großnachfrager von Fremdkapital;
(7) Sicherung der Absatzmöglichkeiten durch Zusammenschluss mit nachgelagerten Produktionsstufen;
(8) Erhöhung der Absatzpreise durch Einschränkung des Wettbewerbs;
(9) Erzwingen von Mengenrabatten;
(10) Erhöhung der Kreditwürdigkeit durch breitere Eigenkapitalbasis.

Lösung: 1 b, 2 a, 3 a, 4 c, 5 a, 6 a, b, c, 7 b, 8 a, 9 a, 10 a, b, c.

2. Fusion

Aufgabe 73 Fusion ohne wechselseitige Beteiligung und ohne eigene Anteile

Die Aktiengesellschaft A (aufnehmende Gesellschaft) will die Aktiengesellschaft B (übertragende Gesellschaft) im Zuge einer Fusion aufnehmen. Beide Gesellschaften haben folgende Bilanzen:

Aktiva	Bilanz A		Passiva
Kasse	9.000.000	Gezeichnetes Kapital	2.000.000
		Rücklagen	4.000.000
		Schulden	3.000.000
	9.000.000		9.000.000

Aktiva	Bilanz B		Passiva
Kasse	2.300.000	Gezeichnetes Kapital	1.000.000
		Rücklagen	500.000
		Schulden	800.000
	2.300.000		2.300.000

Der Einfachheit halber soll keine der beiden Gesellschaften einen Firmenwert haben (bilanzielles Eigenkapital = Wert des Eigenkapitals). Da in beiden Gesellschaften nur Kassenbestände vorhanden sind, brauchen auch etwaige im Vermögen steckende stille Rücklagen nicht beachtet zu werden. Die Schulden sollen ebenfalls keine stillen Rücklagen enthalten.

Das Umtauschverhältnis von B- gegen A-Aktien soll auf Basis der Bilanzkurse (Bilanzkurs = Bilanziertes Eigenkapital : Gezeichnetes Kapital) ermittelt werden.

Um welchen Betrag muss das Gezeichnete Kapital von A erhöht werden, um mit den so geschaffenen neuen A-Aktien die Aktionäre von B zu entschädigen, deren Aktien nach der Fusion vernichtet werden? Ermitteln Sie zunächst den Bilanzkurs und das Umtauschverhältnis. Welche Bilanz von A ergibt sich nach der Fusion und welcher Bilanzkurs lässt sich aus der Bilanz errechnen?

Wöhe S. 570–575

Der Bilanzkurs errechnet sich wie folgt:

$$\textbf{Bilanzkurs} = \frac{\text{Bilanziertes Eigenkapital}}{\text{Gezeichnetes Kapital}} \cdot 100\,\%$$

$$\textbf{Bilanzkurs A} = \frac{6.000.000}{2.000.000} \cdot 100\,\% = 300\,\%$$

$$\textbf{Bilanzkurs B} = \frac{1.500.000}{1.000.000} \cdot 100\,\% = 150\,\%$$

Das Umtauschverhältnis ergibt sich unmittelbar aus dem Verhältnis der Bilanzkurse:

$$\textbf{Umtauschverhältnis} = \frac{300\,\%}{150\,\%} = \frac{2}{1}$$

Zur Entschädigung von zwei B-Aktien ist somit eine A-Aktie erforderlich, zur Entschädigung des gesamten Kapitals von B in Höhe von 1.000.000 EUR nominell demnach 500.000 EUR nominell A-Aktien. Denn es gilt die Beziehung:

Innerer Wert der untergehenden B-Aktien	=	Innerer Wert der zur Entschädigung gegebenen A-Aktien
1.000.000 EUR nominell B-Aktien · 150 %	=	500.000 EUR nominell A-Aktien · 300 %
1.500.000 EUR	=	1.500.000 EUR

Das Gezeichnete Kapital von A muss demnach um 500.000 EUR erhöht werden. Da das gesamte bilanzierte untergehende Eigenkapital von B sich auf 1.500.000 EUR beläuft, erhöht die Differenz zwischen diesem Betrag und dem zusätzlichen Gezeichneten Kapital von 500.000 EUR in Höhe von 1.000.000 EUR die Rücklagen von A.

Es ergibt sich nach der Fusion folgende Bilanz von A:

Aktiva	**Bilanz A**		**Passiva**
Kasse	11.300.000	Gezeichnetes Kapital	2.500.000
		Rücklagen	5.000.000
		Schulden	3.800.000
	11.300.000		11.300.000

$$\textbf{Bilanzkurs} = \frac{7.500.000}{2.500.000} \cdot 100\,\% = 300\,\%$$

Der Bilanzkurs der Gesellschaft A darf sich nach der Fusion nicht verändert haben. Andernfalls wären entweder die Anteilseigner von A benachteiligt und die von B bevorzugt worden bzw. umgekehrt.

Aufgabe 74 Kaufofferte bei Unternehmenszusammenschluss

Die X-AG plant die Übernahme der Y-AG. Der Großaktionär A hält 30 % der Anteile der Y-AG. Die restlichen Aktien befinden sich im Streubesitz. Beide Gesellschaften sind **vollständig eigenfinanziert**. Im Übrigen ist von folgenden Daten auszugehen:

Gesellschaft	Börsenkurs pro Aktie	Aktienanzahl Stück	Börsenkapitalisierung
X-AG	600 GE	2 Mio.	1.200 Mio. GE
Y-AG	420 GE	1 Mio.	420 Mio. GE

Die X-AG möchte mit dem Großaktionär A in direkte Verkaufsverhandlungen treten. Den Publikumsaktionären soll ein Kaufangebot gemacht werden. In beiden Fällen will die X-AG die Y-Aktien gegen Barzahlung übernehmen. Welche Informationen benötigt die X-AG vor Beginn der Übernahmeverhandlungen?

Wöhe S. 246–248 und S. 509–512

Vor Beginn der Übernahmeverhandlungen muss die X-AG folgende Fragen beantworten:

(1) Wieviel müssen die Anteilseigner der Y-AG für eine Y-Aktie **mindestens** erhalten, damit der Verkauf für die Y-Aktionäre gerade noch vorteilhaft ist? Dieser Betrag ist die **Preisuntergrenze für die Verkäufer** (Y-Aktionäre).
(2) Wieviel darf die X-AG für eine Y-Aktie **höchstens** bezahlen, damit der Erwerb sich lohnt? Dieser Betrag ist die **Preisobergrenze für den Käufer** (X-AG).

Zu Beantwortung beider Fragen benötigt man folgende Informationen:

(a) Gegenwärtiger Wert des Eigenkapitals (UW^{EK}) der Y-AG
(b) Gegenwärtiger Wert des Eigenkapitals (UW^{EK}) der X-AG
(c) Wert des Eigenkapitals (UW^{EK}) der X-AG nach Übernahme der Y-AG.

Im Falle der Übernahme aller Y-Aktien erlangen die X-Aktionäre einen Vermögenszuwachs in Höhe des Differenzbetrags zwischen dem Wert des zusammengeschlossenen Unternehmens (c) und dem gegenwärtigen Wert der X-AG (b).

Aufgabe 75 Synergieeffekt und Unternehmenszusammenschluss

Es gelten die Ausgangsdaten der **Aufgabe 74**. Zusätzlich verfügen die X-AG und die Aktionäre der Y-AG über folgende Informationen:

Unternehmen	Zukunftsgewinn p. a. (in Mio. GE)	Laufzeit in Jahren	Gewünschte Mindestverzinsung des Eigenkapitals (in Prozent)
X-AG vor Zusammenschluss	120	unbegrenzt	8
Y-AG vor Zusammenschluss	40	unbegrenzt	8
Zusammenschluss X & Y	187,5	unbegrenzt	7,5

Im Falle eines Unternehmenszusammenschlusses könnten Rationalisierungspotentiale im Forschungs-, Produktions- und Absatzbereich mobilisiert werden, wodurch sich der erwartete Gesamtgewinn von 160 Mio. GE auf 187,5 Mio. GE erhöhen würde. Außerdem käme es beim Unternehmenszusammenschluss zu einer Risikodiversifikation. Die Eigenkapitalgeber würden dies mit einer Reduktion der gewünschten Mindestverzinsung auf 7,5 Prozent honorieren.

Ermitteln Sie die Kursspanne für die Übernahme der Y-Aktien durch die X-AG. Der untere Kurswert markiert den Geldbetrag, den ein Y-Aktionär mindestens erhalten muss, der obere Kurswert bezeichnet den Geldbetrag, den die X-AG höchstens bezahlen darf.

Wöhe S. 180–186 und S. 570–575

Der Wert des Eigenkapitals UW^{EK} vor und nach Unternehmenszusammenschluss lässt sich folgendermaßen ermitteln:

Unternehmen	$UW^{EK} = \frac{G}{i}$ = **Wert des Eigenkapitals**	**Wert/Aktie**
X-AG vor Zusammenschluss	$\frac{120 \text{ Mio. GE}}{0{,}08}$ = **1.500 Mio. GE**	750 GE
Y-AG vor Zusammenschluss	$\frac{40 \text{ Mio. GE}}{0{,}08}$ = **500 Mio. GE**	500 GE
Zusammenschluss X & Y	$\frac{187{,}5 \text{ Mio. GE}}{0{,}075}$ = **2.500 Mio. GE**	

(1) Preisuntergrenze für eine Y-Aktie aus Sicht der Y-Aktionäre

Der Verkauf ihrer Aktien lohnt sich für Y-Aktionäre nur dann, wenn sie von der X-AG mindestens 500 GE/Aktie erhalten. Der Wert einer Y-Aktie (500 GE) ist höher als der gegenwärtige Börsenkurs (420 GE).

(2) Preisobergrenze für eine Y-Aktie aus Sicht der X-AG

Durch den Erwerb aller Y-Aktien würde die X-AG einen Wert von 2.500 Mio. GE (Zusammenschluss X & Y) erreichen.

Wert der Y-AG aus der Sicht der X-AG		
	Zusammenschluss X & Y	2.500 Mio. GE
–	Wert der X-AG vor Zusammenschluss	– 1.500 Mio. GE
	Wert der Y-AG aus Sicht der X-AG	**1.000 Mio. GE**

Zieht man davon den bisherigen Wert der X-AG (1.500 Mio. GE) ab, generiert die X-AG mit dem Kauf der Y-Aktien einen **Mehrwert in Höhe von 1.000 Mio. GE**. Teilt man diesen Betrag durch die Anzahl der Y-Aktien (1 Mio. Stück), gelangt man aus der Sicht der X-AG zu einem Wert von 1.000 GE/Y-Aktie (= Preisobergrenze aus der Sicht des Käufers).

Resultat

(1) Preisuntergrenze für eine Y-Aktie aus Verkäufersicht: 500 GE
(2) Preisobergrenze für eine Y-Aktie aus Käufersicht: 1.000 GE

Eine Offerte zur Übernahme der Y-Aktien in einer Preisspanne, die zwischen 500 und 1.000 GE je Y-Aktie liegt, wäre für die Aktionäre beider Gesellschaften von Vorteil.

IV. Wahl des Standorts

Wiederholungsfragen:

	Wöhe Seite
Warum gehört die Standortwahl zu den konstitutiven Führungsentscheidungen?	249 f.
Welche räumliche Dimension steht hinter der internationalen, interlokalen bzw. lokalen Standortwahl?	250
Welche auf den Gütereinsatz bzw. auf den Güterabsatz bezogenen Standortfaktoren beeinflussen die Wahlentscheidung?	251
Welchen Einfluss haben Arbeitskostenunterschiede auf die internationale Standortwahl?	251–253
Welchen Einfluss haben Besteuerungsunterschiede auf die internationale Standortwahl?	254 f.

Aufgabe 76 Internationale Standortwahl und Arbeitskosten

Die MOBIL-AG fertigt Schneefräsen, die vorwiegend im süddeutschen Raum verkauft werden. Die gestiegene Nachfrage erfordert den Bau eines Zweigwerks mit einer Jahreskapazität von 10.000 Stück. Für Produktion und Absatz gelten folgende Planwerte:

Produktionsmenge/Jahr = Absatzmenge/Jahr	10.000 Stück
Arbeitseinsatz/Stück	100 Std.
sonstiger Aufwand/Stück	2.000 EUR
Verkaufspreis/Stück	7.000 EUR

Als Standorte für das neue Zweigwerk kommen Deutschland (West), Italien oder Irland in Betracht. Die Arbeitsproduktivität ist an allen Standorten gleich hoch. Bei einer Produktionsverlagerung ins Ausland entsteht ein zusätzlicher Verwaltungsaufwand von 2,5 Mio. EUR/Jahr. Außerdem sind Transportkosten zu berücksichtigen:

	Deutschland	Italien	Irland
Zusätzlicher Verwaltungsaufwand EUR/Jahr	–	2,50 Mio.	2,50 Mio.
Zusätzliche Transportkosten EUR/Stück	–	100	250
Arbeitskosten EUR/Std.	42,90	27,90	32,20

An welchem Standort sollte die MOBIL AG das Zweigwerk errichten?

Wöhe S. 249–253

Die MOBIL-AG sollte unter den gegebenen Bedingungen das Zweigwerk in Italien errichten.

in Mio. EUR	Deutschland	Italien	Irland
Umsatzerlöse	70,00	70,00	70,00
– Arbeitskosten	42,90	27,90	32,20
– zusätzlicher Verwaltungsaufwand	–	2,50	2,50
– zusätzliche Transportkosten	–	1,00	2,50
– Sonstiger Aufwand	20,00	20,00	20,00
= **Gewinn vor Steuern**	**7,10**	**18,60**	**12,80**

Der in Italien erzielbare Gewinn vor Steuern ist deutlich höher als am deutschen Standort.

Aufgabe 77 Internationale Standortwahl und Gewinnsteuern

Es gelten die Angaben der **Aufgabe 76**. Für welchen Standort sollte sich die MOBIL-AG entscheiden, wenn Unternehmenssteuern zu berücksichtigen sind.

Die effektiven Steuerbelastungssätze betragen für

Deutschland	28,9 Prozent
Italien	24,6 Prozent
Irland	14,1 Prozent

Wöhe S. 254 f.

Ausgangspunkt der Planung ist der in **Aufgabe 76** ermittelte Gewinn vor Steuern:

in Mio. EUR	Deutschland	Italien	Irland
Gewinn vor Steuern	7,10	18,60	12,80
– Effektive Steuerbelastung			
28,9 %	2,05		
24,6 %		4,58	
14,1 %			1,80
= **Gewinn nach Steuern**	**5,05**	**14,02**	**11,00**

Unter Berücksichtigung von Gewinnsteuern bleibt Italien der günstigste Investitionsstandort, mit einem Gewinn nach Steuern in Höhe von 14,02 Mio. EUR.

V. Testfragen zu den Kapiteln II bis IV: Wahl der Rechtsform, Unternehmenszusammenschlüsse, Wahl des Standorts

Den folgenden Fragen sind Antworten beigegeben, die teils richtig, teils falsch sind. Ihre Aufgabe besteht darin, die richtigen Antworten herauszufinden und zu begründen, warum sie richtig und die anderen falsch sind. Die Lösungen finden Sie im Anschluss an die letzte Frage. Gelingt Ihnen die Begründung nicht, so ist es empfehlenswert, die erfragten Zusammenhänge und Definitionen im „Wöhe" noch einmal durchzuarbeiten. Das Stichwortverzeichnis des „Wöhe" wird Ihnen helfen, sich schnell zurechtzufinden.

1. Welche der folgenden Rechtsformen zählen zu den Kapitalgesellschaften?

	richtig	falsch
(1) Kommanditgesellschaft	○	○
(2) GmbH & Co.	○	○
(3) Aktiengesellschaft	○	○
(4) Genossenschaft	○	○
(5) Kommanditgesellschaft auf Aktien	○	○

2. In welchen Rechtsformen steht die Leitungsbefugnis allen Gesellschaftern zu?

	richtig	falsch
(1) Kommanditgesellschaft	○	○
(2) Genossenschaft	○	○
(3) Aktiengesellschaft	○	○
(4) Offene Handelsgesellschaft	○	○
(5) Stille Gesellschaft	○	○

3. Die Geschäftsführung einer AG erfolgt durch

	richtig	falsch
(1) den Aufsichtsrat	○	○
(2) die Hauptversammlung	○	○
(3) den Vorstand	○	○
(4) die Mehrheitsaktionäre	○	○

4. Bei welchen Rechtsformen schreibt der Gesetzgeber ein Mindestnennkapital vor?

	richtig	falsch
(1) Stille Gesellschaft	○	○
(2) Aktiengesellschaft	○	○
(3) Genossenschaft	○	○
(4) Kommanditgesellschaft	○	○
(5) Offene Handelsgesellschaft	○	○

5. Bei welchen der folgenden Rechtsformen unterliegt der Gewinn der Körperschaftsteuer?

	richtig	falsch
(1) GmbH	○	○
(2) Offene Handelsgesellschaft	○	○
(3) Genossenschaft	○	○
(4) Aktiengesellschaft	○	○
(5) Kommanditgesellschaft	○	○

6. Bei welchen der folgenden Rechtsformen unterliegt der Jahresabschluss auch ohne Anwendung des Publizitätsgesetzes einer Pflichtprüfung, sofern u.U. bestimmte Größenkriterien erfüllt sind?

	richtig	falsch
(1) GmbH	○	○
(2) Aktiengesellschaft	○	○
(3) Stille Gesellschaft	○	○
(4) Genossenschaft	○	○
(5) GmbH & Co.	○	○

7. Bei welchen Unternehmenszusammenschlüssen verlieren die Unternehmen ihre rechtliche Selbständigkeit?

	richtig	falsch
(1) Konzern	○	○
(2) Kartell	○	○
(3) Fusion	○	○
(4) Interessengemeinschaft	○	○
(5) Konsortium	○	○

8. Wie nennt man einen Zusammenschluss, bei dem sich mehrere Betriebe desselben Wirtschaftszweiges unter Beibehaltung ihrer rechtlichen Selbständigkeit verbinden?

	richtig	falsch
(1) Vertikaler Zusammenschluss	○	○
(2) Fusion	○	○
(3) Horizontaler Zusammenschluss	○	○
(4) Kartell	○	○

9. Für welche Art von Unternehmenszusammenschlüssen ist das Merkmal „einheitliche Leitung" Voraussetzung?

	richtig	falsch
(1) Interessengemeinschaft	○	○
(2) Konsortium	○	○
(3) Konzern	○	○
(4) Kartell	○	○

2. Abschnitt

	richtig	falsch
(1) Ort der niedrigsten Lohnkosten	○	○
(2) Ort der geringsten Steuerbelastung	○	○
(3) Ort des größten Umsatzes	○	○
(4) Ort des maximalen Gewinns	○	○
(5) Ort der niedrigsten Transportkosten	○	○

11. Welche Steuern können die nationale Standortwahl beeinflussen?

	richtig	falsch
(1) Körperschaftsteuer	○	○
(2) Gewerbesteuer	○	○
(3) Lohnsteuer	○	○
(4) Grundsteuer	○	○
(5) Kfz-Steuer	○	○

Lösungen: Richtig sind folgende Antworten: **1.** (3), (5); **2.** (4); **3.** (3); **4.** (2); **5.** (1), (3), (4); **6.** (1), (2), (4), (5); **7.** (3); **8.** (3), (4); **9.** (3); **10.** (4); **11.** (2), (4).

Produktion

Dritter Abschnitt

Seite

I. Produktions- und Kostentheorie

1. Grundlagen der Produktionstheorie

Wiederholungsfragen:

	Wöhe Seite
Auf welche Fragestellungen geben die Produktions- und Kostentheorie jeweils Antworten?	274 f.
Welche Voraussetzungen müssen erfüllt sein, damit eine Produktion als technisch effizient bezeichnet werden kann?	276
Was versteht man im Zusammenhang mit dem Begriff der Produktionsfunktion unter beliebiger Teilbarkeit und unter Homogenität?	276 f.
Worin unterscheidet sich ein einstufiges Einproduktmodell vom mehrstufigen Mehrproduktmodell?	277 f.
Was versteht man unter einer Isoquante?	278 f.
Wie lassen sich Isoquanten aus einem Ertragsgebirge ableiten?	278 f.
Worin unterscheiden sich substitutionale von limitationalen Produktionsfunktionen?	279 f.
Was ist bei limitationalen Produktionsfunktionen eine Prozessgerade?	279 f.
Wodurch unterscheidet sich die partielle von der totalen Faktorvariation?	281 f.

Aufgabe 1 Effiziente Produktion

Ein Produkt M kann durch verschiedene Kombinationen von zwei Produktionsfaktoren R_1 und R_2 in den Mengen r_1 und r_2 produziert werden. Die nachfolgende Tabelle gibt alle denkbaren r_1-r_2-Kombinationen zur Produktion unterschiedlicher Mengen m des Produkts M wieder.

Punkt	r_1	r_2	m
A	2	4	4
B	5	3	5
C	3	4	5
D	3	1	3
E	2	5	4
F	1	3	3
G	2	2	3
H	3	4	4
I	4	2	4
J	5	2	5
K	3	3	4
L	4	1	3

Zeichnen Sie nur die effizienten Faktorkombinationen in ein r_1-r_2-Diagramm ein, und verbinden Sie die Faktoreinsatzkombinationen, die zur selben Ausbringungsmenge gehören, durch eine Linie miteinander! Begründen Sie bei den nicht eingezeichneten Faktoreinsatzkombinationen, warum diese nicht effizient sind.

Wöhe S. 275 f. und S. 278

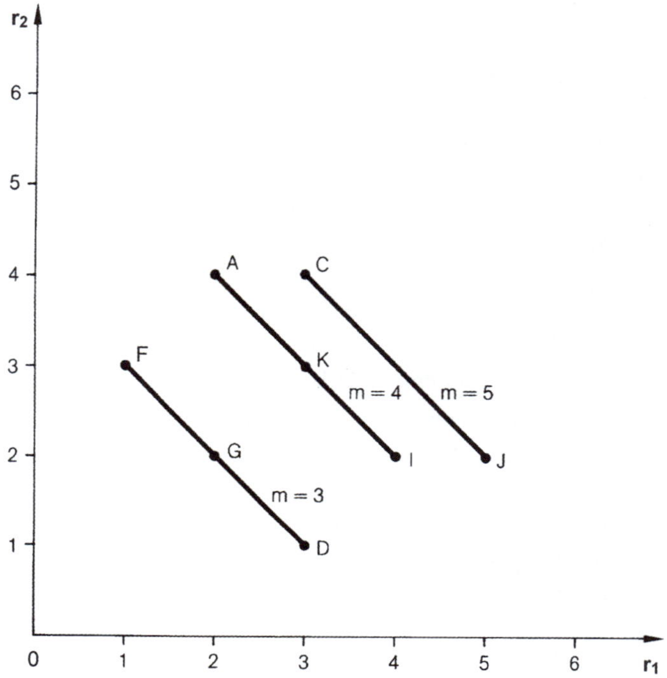

Bei einer Ausbringungsmenge von m = 3 ist der Punkt L nicht effizient, weil bei Verzicht auf eine Einheit r_1 ($r_1 = 3$ statt $r_1 = 4$ bei $r_2 = 1$) dieselbe Produktionsmenge hergestellt werden kann (Punkt D). Entsprechendes gilt für die Ausbringungsmenge m = 4 für den Punkt E, da bei Verzicht auf eine Einheit r_2 ($r_2 = 4$ statt $r_2 = 5$ bei $r_1 = 2$) Punkt A realisiert werden kann, und für den Punkt H, da im Punkt H entweder auf eine Einheit r_1 (Punkt A) oder auf eine Einheit r_2 (Punkt K) verzichtet werden kann. Für m = 5 schließlich ist der Punkt B ineffizient (bei Verzicht auf eine Einheit r_2 wird Punkt J realisiert).

Die Verbindungslinien zwischen den Punkten gleicher Ausbringungsmenge würden für den Fall, dass die Produktionsfaktoren unendlich teilbar wären, die Produktionsmöglichkeitenkurven oder **Isoquanten** für alternative Ausbringungsmengen anzeigen.

Aufgabe 2 Produktionsfunktion als Input-Output-Relation

Welcher Zusammenhang wird durch eine Produktionsfunktion wiedergegeben?

Wöhe S. 276 f.

In einer Produktionsfunktion wird die Beziehung zwischen Produktionsergebnis (Ertrag bzw. Ausbringung) und Faktoreinsatz (Rohstoffe, Energie, Arbeitsleistung usw.) offengelegt. Ist die Produktionsfunktion bekannt, so erlaubt jede beliebige Faktoreinsatzmenge Rückschlüsse auf die Höhe des Produktionsergebnisses.

Aufgabe 3 Produktionsmodelle

Gliedern Sie unter Verwendung der Ordnungsmerkmale „Sicherheit", „Unsicherheit", „Berücksichtigung der Zeit" und „keine Berücksichtigung der Zeit" die existierenden Produktionsmodelle. Erläutern Sie, wodurch sich diese Produktionsmodelle jeweils voneinander unterscheiden!

Wöhe S. 277 f.

Berücksichtigung der Zeit / Sicherheit	nein	ja
sicher	statisch-deterministische Produktionsmodelle	dynamisch-deterministische Produktionsmodelle
unsicher	statisch-stochastische Produktionsmodelle	dynamisch-stochastische Produktionsmodelle

Während deterministische Produktionsmodelle Sicherheit hinsichtlich der zu berücksichtigenden Daten unterstellen, erfolgt bei stochastischen Produktionsmodellen die Berücksichtigung der Unsicherheit auf der Grundlage wahrscheinlichkeitstheoretischer Überlegungen. Statische Produktionsmodelle beziehen sich auf eine fest vorgegebene Bezugsperiode (z. B. einen Arbeitstag), während dynamische Produktionsmodelle die zeitliche Gestaltung des Produktionsablaufs mitberücksichtigen.

3. Abschnitt

Aufgabe 4 Analyse des Ertragsgebirges

Ein Ertragsgebirge setzt die Einsatzmenge eines Produktionsfaktors r_1, die Einsatzmenge eines Produktionsfaktors r_2 und die Ausbringungsmenge m zueinander in Beziehung. Erläutern Sie, welche drei Arten der Betrachtung bei der Analyse eines Ertragsgebirges unterschieden werden können, welche Komponenten dabei jeweils als konstant unterstellt werden und wie der Schnitt durch das Ertragsgebirge verläuft!

Wöhe S. 278–283

Unterschieden werden kann zwischen der Analyse der Isoquanten, der partiellen Faktorvariation und der totalen Faktorvariation.

Bei der **Analyse der Isoquanten** wird die Ausbringungsmenge m als konstant unterstellt, so dass sich mit Hilfe dieser Analyse die Frage beantworten lässt, welche technisch effizienten Kombinationen (r_1, r_2) der Produktionsfaktoren R_1 und R_2 die Produktion einer vorgegebenen Ausbringungsmenge m erlauben. Der Schnitt durch das Ertragsgebirge verläuft also horizontal.

Im Rahmen der **partiellen Faktorvariation** wird untersucht, wie sich die Ausbringungsmenge m verändert, wenn die Einsatzmenge nur eines Produktionsfaktors variiert wird, während die des anderen Produktionsfaktors konstant bleibt. Dabei wird folglich das Ertragsgebirge vertikal und parallel zur r_1- oder zur r_2-Achse durchschnitten.

Bei der **totalen Faktorvariation** schließlich wird danach gefragt, wie sich die Ausbringungsmenge m ändert, wenn die Einsatzmengen beider Produktionsfaktoren im gleichen Maße geändert werden. Konstant bleibt hier also das Faktoreinsatzverhältnis $r_1 : r_2$, der Schnitt durch das Ertragsgebirge verläuft vom Nullpunkt ausgehend vertikal entlang der Prozessgeraden.

Aufgabe 5 Faktorbedarf

Otto Wurm ist Komplementär der HOLZ-WURM-KG. Die Firma bringt drei Produkte auf den Markt: Bretter, Kanthölzer und Rohmaterial für Spanplatten. Wurm kauft von verschiedenen Forstbetrieben Kiefernstämme, aus deren unterem (dickerem) Teil Bretter geschnitten werden, während der obere (schlankere) Teil nur noch zur Herstellung von Kanthölzern verwendet werden kann. Die Abfälle werden zu Span zerkleinert. In welcher Relation die drei Produktarten anfallen, hängt von der Beschaffenheit der Stämme ab. (Dünnere Stämme bringen wenig Bretter, relativ viel Kantholz und besonders viel Span.) Wurm hat für das kommende Jahr mit seinen Kunden insgesamt 4.200 m³ Bretterholz, 2.800 m³ Kantholz und 1.000 m³ Span* kontraktiert. Da er nur noch über geringfügige Mengen an Rohmaterial (Stammholz) verfügt, will er sein Lager mit dem Periodenbedarf auffüllen.

Als Lieferanten kommen nur die beiden Forstbetriebe I und II in Frage. Forstbetrieb I kann nur sehr große, dicke Stämme liefern. Wir nennen sie Sorte I; die Liefermenge bezeichnen wir als m_1. Lieferant II bietet dagegen nur relativ dünne Stämme an. Die Liefermenge dieser Sorte II bezeichnen wir mit m_2. Sorte I ist so beschaffen, dass die drei Produktarten Bretter, Kanthölzer und Span in der Relation 60 % : 32 % : 8 % anfallen. Aus Sorte II werden die gleichen Produkte in der Relation 45 % : 35 % : 20 % gewonnen.

Lieferant I bietet 2.000 m³ an, Lieferant II offeriert 5.000 m³. Reichen diese Mengen zusammengenommen aus, den gewünschten Lagerbestand zu realisieren?

2.000 m³ Stammholz der Sorte I (m_1) reichen aus für:

$2.000 \cdot 0{,}60 = 1.200$ m³ Bretter (B)
$2.000 \cdot 0{,}32 = 640$ m³ Kantholz (K)
$2.000 \cdot 0{,}08 = 160$ m³ Span (S)

5.000 m³ Stammholz der Sorte II (m_2) reichen aus für:

$5.000 \cdot 0{,}45 = 2.250$ m³ Bretter (B)
$5.000 \cdot 0{,}35 = 1.750$ m³ Kantholz (K)
$5.000 \cdot 0{,}20 = 1.000$ m³ Span (S)

Realisierbare Mengen:	Benötigte Mengen:
B = 3.450 m³	**B** = 4.200 m³
K = 2.390 m³	**K** = 2.800 m³
S = 1.160 m³	**S** = 1.000 m³

Gelingt es Wurm nicht, größere Mengen an Stammholz zu beschaffen, kann er seinen Lieferverpflichtungen nur bei Span in vollem Umfang nachkommen.

Aufgabe 6 Ermittlung der Fehlmenge

Es gelten die Angaben aus **Aufgabe 5**. Wie groß müsste bei m_1 = 2.000 m³ die von Lieferant II angebotene Menge m_2 sein, damit Wurm seine Verträge erfüllen kann?

* Gewöhnlich wird Span nach Gewicht verkauft. Zur Vereinfachung wurde die gewichtmäßig kontraktierte Menge in den volumenmäßigen Stammholzbedarf (1.000 m³) umgerechnet.

Produktart	(1) Produktions-soll	(2) Produktion aus m_1	(3) Produktions-bedarf aus m_2 (1) – (2)	(4) Ausbeute-koeffizient der Sorte II	(5) Benötigte Menge m_2 (3) : (4)
B	4.200	1.200	3.000	0,45	6.666,7
K	2.800	640	2.160	0,35	6.171,5
S	1.000	160	840	0,20	4.200

Wenn aus einem m³ der Sorte II 45 % Bretter gewonnen werden, dann benötigt man für 3.000 m³ Bretter 6.666,7 m³ Stammholz der Sorte II usw.

Zur Erfüllung aller Lieferverpflichtungen benötigt Wurm mindestens 6.666,7 m³ der Sorte II. In diesem Fall ergeben sich jedoch erhebliche Überschüsse bei Kantholz und Span.

Aufgabe 7 Faktormengenkombinationen (rechnerische Ermittlung)

Es gelten weiterhin sämtliche Daten aus dem Vorspann der **Aufgabe 5**. Die Annahme, es gäbe Lieferbeschränkungen bei den Lieferanten I und II, wird jedoch aufgegeben. Ermitteln Sie in einem rechnerischen Ansatz die Gesamtheit aller Faktorkombinationen m_1, m_2 zur Realisierung der benötigten Ausbringungsmengenkombination B, K, S!

Lösungshinweis: Betrachten Sie zunächst jede Produktart für sich allein und fragen Sie sich, wie groß m_1 sein muss, wenn $m_2 = 0$ ist und umgekehrt. Suchen Sie dann für jede Produktart nach einem Lösungsansatz, der alle Kombinationen m_1, m_2 abdeckt.

Beispiel: Wenn die Liefermenge $m_2 = 0$ beträgt, benötigt man zur Herstellung von 4.200 m³ Brettern mindestens $m_1 = 4.200 : 0,60 = 7.000$ m³ Stammholz usw.

Produktart	m_1 für $m_2 = 0$	m_2 für $m_1 = 0$
B	7.000,0	9.333,$\overline{3}$
K	8.750,0	8.000,0
S	12.500,0	5.000,0

Zur Herstellung von 4.200 m³ Brettern benötigt man also entweder 7.000 m³ der Sorte I oder 9.333,$\overline{3}$ m³ der Sorte II oder eine Kombination zwischen beiden Sorten. Für Bretter lassen sich die möglichen m_1-m_2-Kombinationen auf folgende Formel bringen:

Faktoreinsatz	≥ gewünschte Ausbringungsmenge
B $0{,}60 \cdot m_1 + 0{,}45 \cdot m_2$	≥ 4.200
Für Kantholz und Span gilt analog:	
K $0{,}32 \cdot m_1 + 0{,}35 \cdot m_2$	≥ 2.800
S $0{,}08 \cdot m_2 + 0{,}20 \cdot m_2$	≥ 1.000

Die Ausbringungsmenge in Höhe von 4.200 m³ Bretter ist jetzt als gegebene Größe zu betrachten. Diese konstante Größe lässt sich durch **verschiedene Faktorkombinationen** m_1, m_2 realisieren. Welche Menge m_2 benötigt wird, hängt also davon ab, welche Menge m_1 eingesetzt wird. Bei konstanter Ausbringungsmenge ist also m_2 abhängig von m_1 – und umgekehrt.

3. Abschnitt

Man löst deshalb diese drei Ungleichungen nach m_2 (bzw. m_1) auf und erhält:

B	$m_2 \geq 9.333,\overline{3} - \frac{4}{3} \cdot m_1$
K	$m_2 \geq 8.000,0 - \frac{32}{35} \cdot m_1$
S	$m_2 \geq 5.000,0 - \frac{2}{5} \cdot m_1$

Mit Hilfe dieser drei Ungleichungen kann man für jede beliebige Liefermenge m_1 (m_2) die zusätzlich benötigte Liefermenge m_2 (m_1) bestimmen. (Hinweis für mathematisch geschulte Leser: es gilt die sog. **Nichtnegativitätsbedingung,** d.h. m_1, m_2 darf keinen negativen Wert annehmen.)

Aufgabe 8 Faktormengenkombinationen (graphische Ermittlung)

Versuchen Sie, die in **Aufgabe 7** für **Bretter** ermittelte Faktoreinsatzrelation in einer graphischen Darstellung abzubilden! Zeigen Sie also in einem Diagramm, bei dem Sie auf der Abszisse m_1 und auf der Ordinate m_2 abbilden, die Abhängigkeit der Faktoreinsatzmenge m_2 (m_1) von der Höhe des Faktoreinsatzes m_1 (m_2).

Lösungshinweis: Ermitteln Sie zuvor in einer Wertetabelle diejenigen Mengen m_2, wenn m_1 die Werte 0, 2.000, 4.000 und 7.000 annimmt und übertragen Sie die zusammengehörenden Wertepaare als Punkte in das Diagramm! Verbinden Sie die Punkte miteinander und kommentieren Sie das Ergebnis!

$$m_2 \geq 9.333 - \frac{4}{3} \cdot m_1$$

Setzt man für m_1 die oben vorgegebenen Werte ein, so erhält man für m_2 folgende korrespondierende Werte:

m_1	0	2.000	4.000	7.000
m_2	$9.333,\overline{3}$	$6.666,\overline{6}$	4.000	0

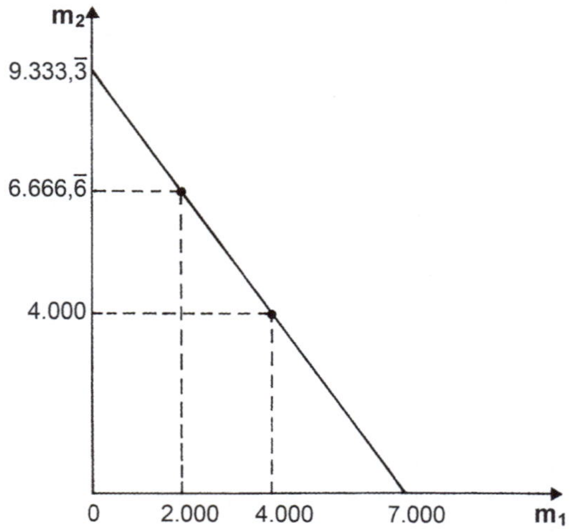

Diese Graphik lässt sich folgendermaßen interpretieren: Stehen z. B. 2.000 m^3 des Faktors I zur Verfügung, dann benötigt man mindestens $6.666,\overline{6}$ m^3 des Faktors II, um die gewünschte Menge (4.200 m^3) **Bretter** herstellen zu können. Alle unterhalb der Geraden liegenden Faktorkombinationen reichen zur Herstellung der gewünschten Menge nicht aus. Alle oberhalb der Geraden liegenden Faktorkombinationen m_1, m_2 führen zu einem Produktionsüberschuss bei Brettern.

Aufgabe 9 Faktormengenkombinationen für mehrere Produkte

Versuchen Sie, die Faktormengenkombinationen m_1, m_2 für die beiden übrigen Produkte aus **Aufgabe 7** in das Diagramm der **Aufgabe 8** zu übertragen und kommentieren Sie das Ergebnis! (**Hinweis:** Wurm will die vorgegebenen Ausbeutekoeffizienten unbedingt einhalten. Er verzichtet also auf die Möglichkeit, Kantholz und Bretter zu Span zu verarbeiten.)

Zur Herstellung der Bretter benötigt man jene Faktormengenkombinationen (m_1, m_2), welche auf oder über der Geraden BB liegen. Entsprechendes gilt für Kantholz und Span und die Geraden KK und SS. Wählt die HOLZ-WURM-KG z. B. die Faktormengenkombination P, dann lassen sich daraus zwar in ausreichendem Maße Bretter und Span, nicht jedoch genügend Kanthölzer herstellen, denn die Faktormengenkombination P liegt unterhalb der Geraden KK. Aus dieser Überlegung folgt, dass zur vollständigen Herstellung aller drei Produkte nur Faktormengenkombinationen herangezogen werden können, welche auf oder **oberhalb** der Kurve LMNO liegen.

Dabei muss allerdings berücksichtigt werden, dass diese Faktormengenkombinationen zwar nicht unterschritten werden dürfen, dass sich aber bei jedem Punkt auf dieser Kurve für ein oder zwei Produkte **Überschussmengen** ergeben. Wählt die HOLZ-WURM-KG beispielsweise die Kombination N, dann reichen die zugehörigen Faktormengen zwar gerade zur Produktion von Span und Kantholz aus, bei der Bretterproduktion ergibt sich dann aber ein Überschuss.

Die drei Funktionen B, K und S lassen sich folgendermaßen zusammenfassen:

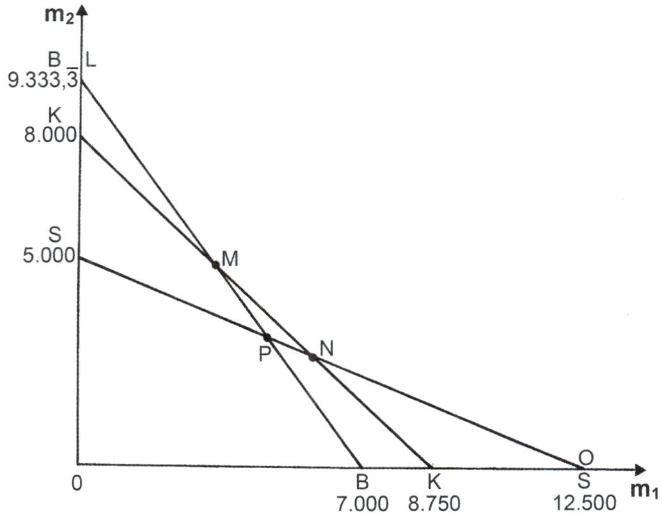

Aufgabe 10 Produktionstheoretische Grundbegriffe

Welche der folgenden Behauptungen sind richtig:

(1) Der wertmäßige Output kann nicht kleiner sein als der wertmäßige Input.
(2) Eine Produktionsfunktion zeigt den funktionalen Zusammenhang zwischen Input und Output.
(3) Eine Faktoreinsatzkombination ist effizient, wenn der Wert des Outputs den Wert des Inputs übersteigt.
(4) Eine Faktoreinsatzkombination ist effizient, wenn beim Faktoreinsatz das ökonomische Prinzip eingehalten wird.
(5) Eine Isoquante zeigt, wie eine vorgegebene Produktionsmenge durch den Einsatz alternativer Faktoreinsatzverhältnisse zweier substitutionaler Produktionsfaktoren realisiert werden kann.
(6) Eine limitationale Produktionsfunktion basiert auf begrenztem Faktoreinsatz.

Richtig sind die Behauptungen (2), (4) und (5).

2. Grundlagen der Kostentheorie

Wiederholungsfragen:

	Wöhe Seite
Wie wird dem Wirtschaftlichkeitsprinzip auf der Ebene der Kostentheorie gefolgt?	283 f.
Wie kann der Begriff „Kosten" definiert werden?	284
Welche Beziehung wird durch eine Kostenfunktion abgebildet?	284
Was versteht man unter einer Kostenisoquante?	284 f.
Welchen Einfluss hat eine Faktorpreisänderung auf die Höhe der Faktormengenzusammensetzung innerhalb eines Kostenbudgets?	285 f.
An welcher Stelle wird das Kostenminimum bei substitutionalen Produktionsfunktionen erreicht (Graphik)?	286 f.
Wodurch entsteht der Fixkostensockel?	288 f.
Wie lassen sich Grenzkosten algebraisch und graphisch ermitteln?	291 f.
In welchem Verhältnis stehen bei einer proportionalen Gesamtkostenfunktion Grenzkosten und variable Stückkosten?	291 f.
Was sind Kostendeterminanten?	293
Nennen Sie Beispiele für verschiedene Kostendeterminanten!	293–295
Worin unterscheidet sich die multiple von der mutativen Betriebsgrößenvariation?	293 f.

Aufgabe 11 Kostenisoquanten

Die Produktion eines Gutes M erfolgt mit Hilfe zweier Produktionsfaktoren R_1 (Marktpreis q_1 = 4 EUR/Einheit) und R_2 (Marktpreis q_2 = 8 EUR/Einheit). Es steht ein Kostenbudget K_0 von 120 EUR zur Verfügung. Stellen Sie die für diesen Fall geltende Kostenisoquante algebraisch und graphisch dar!

Wöhe S. 284 f.

Die Kostenisoquante K_0 lässt sich algebraisch und graphisch folgendermaßen ermitteln:

$$\mathbf{K_0} = q_1 \cdot r_1 + q_2 \cdot r_2$$
$$\mathbf{120} = 4 \cdot r_1 + 8 \cdot r_2$$
$$\mathbf{r_2} = \frac{120}{8} - \frac{4}{8} \cdot r_1 = 15 - 0{,}5r_1$$

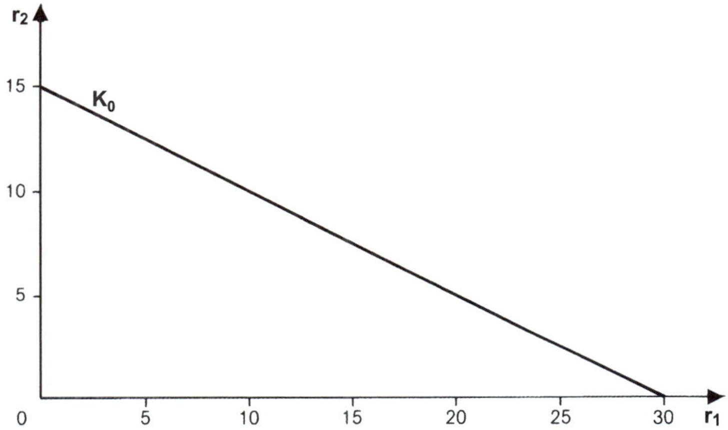

Aufgabe 12 Kostenminimierung

Einem Betrieb stehen zur Herstellung eines Gutes die beiden Produktionsfaktoren r_1 und r_2 zur Verfügung. Beide Faktoren sind gegenseitig substituierbar. Man kann also eine gewünschte Ausbringungsmenge mit großem Faktoreinsatz von r_1 bei gleichzeitig kleinem Faktoreinsatz von r_2 oder mit kleinen Mengen von r_1 bei gleichzeitig großen Mengen von r_2 erzielen. Die gewünschte Ausbringungsmenge m_1 lässt sich also durch eine Vielzahl von Faktorkombinationsmöglichkeiten erwirtschaften:

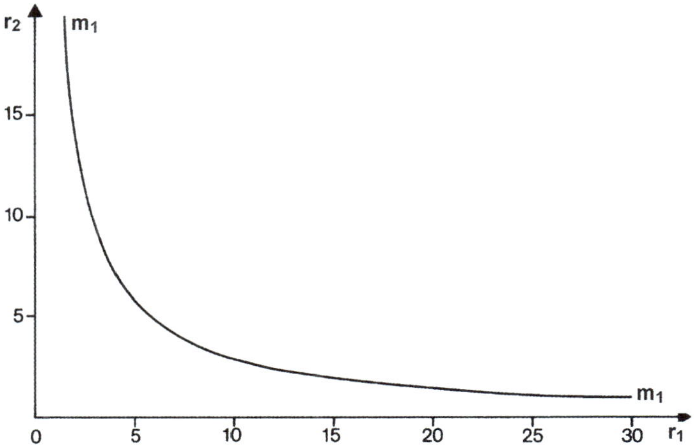

Die Faktorpreise beziffern sich auf p_{r1} = 4 EUR/Einheit und p_{r2} = 6 EUR/Einheit. Muss der Betrieb zur Erreichung des gewünschten Ausbringungsniveaus m_1 Gesamtkosten K von 72 EUR oder von 108 EUR aufwenden?

Wöhe S. 286 f.

Bei einem Kostenbudget K_I von 72 EUR können maximal 18 Einheiten r_1 oder maximal 12 Einheiten r_2 beschafft werden. Dazwischen gibt es auch andere Faktorkombinationsmöglichkeiten (z. B. $r_1 = 3$ und $r_2 = 10$), die alle auf der **Kostenisoquante** K_I = 72 EUR abgebildet sind.

Entsprechendes gilt für ein Kostenbudget K_{II} von 108 EUR. Für diesen Betrag können maximal 27 Einheiten r_1 oder 18 Einheiten r_2 eingesetzt werden.

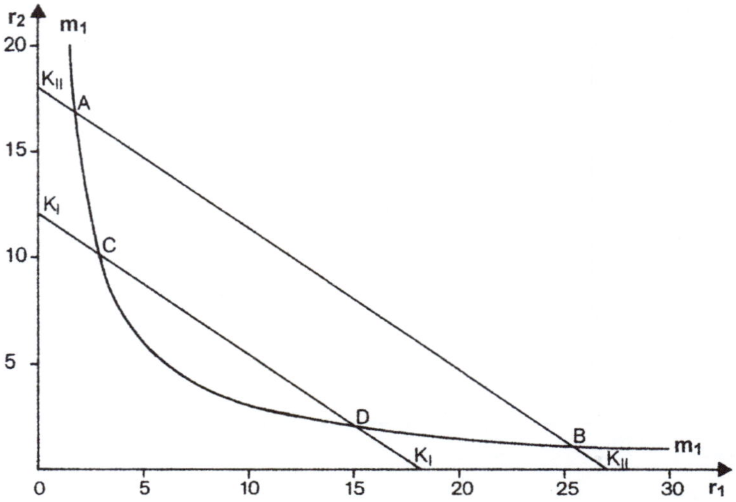

Die Abbildung zeigt, dass sich die gewünschte Ausbringung m sowohl mit 108 EUR als auch mit 72 EUR Gesamtkosten erwirtschaften lässt. Nach dem **Wirtschaftlichkeitsprinzip** sind die Kosten zu minimieren, so dass das Ausbringungsniveau m_1 sowohl durch die Faktorkombination C ($r_1 = 3$; $r_2 = 10$) als auch durch die Kombination D ($r_1 = 15$; $r_2 = 2$) erreicht werden kann. Die Faktorkombinationen A und B erwirtschaften die gleiche Ausbringungsmenge mit höherem Kosteneinsatz und scheiden somit aus.

Die obige Abbildung zeigt aber auch, dass weder die Faktorkombination C noch die Faktorkombination D dem Wirtschaftlichkeitsprinzip entspricht. Die Ausbringung m1 lässt sich auch mit geringerem Kosteneinsatz als K_I erwirtschaften. Oder: Mit dem Kostenbudget K_I lässt sich ein höheres Ausbringungsniveau erreichen.

Aufgabe 13 Minimalkostenkombination (formal)

Es gelten die Angaben aus **Aufgabe 12**. Allerdings wird das Kostenbudget K_{II} gestrichen. Der Betrieb möchte mit einem Kostenbudget K_I von 72 EUR eine möglichst große Ausbringungsmenge erwirtschaften. Die Produktionsfunktion lautet $m = r_1 \cdot r_2$. In welchem Verhältnis soll er die beiden Faktoren r_1 und r_2 einsetzen, damit die größtmögliche Ausbringungsmenge erzielt wird?

Wöhe S. 286 f.

Mit einem Kosteneinsatz von 72 EUR lässt sich ein höheres Ausbringungsniveau, nennen wir es m_2, erreichen, wenn man – vom Kombinationspunkt C ausgehend (siehe Aufgabe 12) weniger von r_2 und dafür mehr von r_1 einsetzt. Das optimale Einsatzverhältnis von r_1 und r_2, die sog. **Minimalkostenkombination,** lässt sich folgendermaßen ermitteln:

$$\mathbf{K} = p_{r1} \cdot r_1 + p_{r2} \cdot r_2$$

$$\mathbf{72} = 4 \cdot r_1 + 6 \cdot r_2$$

$$\mathbf{r_2} = 12 - \frac{2}{3} \cdot r_1$$

$$\mathbf{m} = r_1 \cdot r_2$$

$$\mathbf{m} = r_1 \cdot (12 - \frac{2}{3} \cdot r_1)$$

$$\mathbf{m} = 12 \cdot r_1 - \frac{2}{3} \cdot r_1^2$$

Mit dem gegebenen Kosteneinsatz von 72 EUR ist die maximale Ausbringung zu erzielen, so dass für m der Extremwert zu ermitteln ist. Dabei ist die 1. Ableitung m′ gleich null zu setzen:

$$\frac{\mathbf{dm}}{\mathbf{dr_1}} = m' = 12 - \frac{4}{3} \cdot r_1 = 0$$

$$\boxed{\mathbf{r_1 = 9}}$$

$$\mathbf{r_2} = 12 - \frac{2}{3} \cdot 9$$

$$\boxed{\mathbf{r_2 = 6}}$$

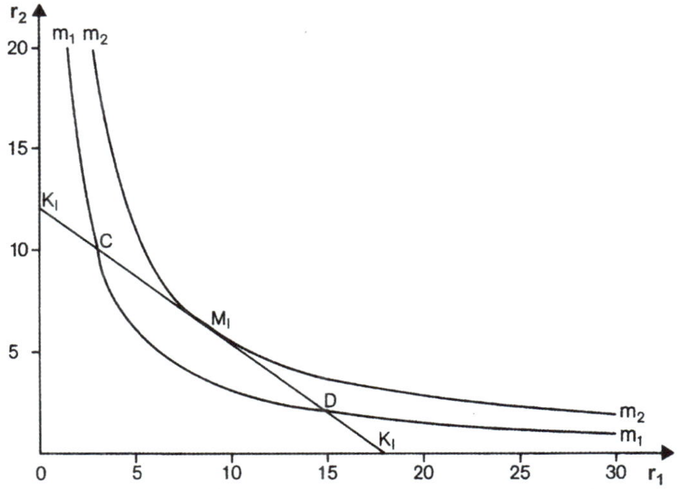

Bei einem Kostenniveau $K_I = 72$ liegt die Minimalkostenkombination im Punkt M_I ($r_1 = 9$; $r_2 = 6$). Bei gegebener Produktionsfunktion wird die Minimalkostenkombination durch das Verhältnis der Faktorpreise p_{r1} und p_{r2} bestimmt. Der optimale Faktoreinsatz (9 Einheiten : 6 Einheiten) entspricht dem umgekehrten Verhältnis der Faktorpreise (4 EUR : 6 EUR).

Aufgabe 14 Faktorpreisänderung

Es gelten die Angaben aus den **Aufgaben 12** und **13** mit einer Ausnahme: Der Beschaffungspreis des Produktionsfaktors r_1 verringert sich von 4 EUR/Einheit auf 3 EUR/Einheit. Der Beschaffungspreis des Faktors r_2 bleibt mit 6 EUR/Einheit unverändert. Das Kostenbudget soll weiterhin 72 EUR betragen.

Ändert die Kostenisoquante ihren Verlauf? Ändert sich die Minimalkostenkombination? Ändert die Prozessgerade ihren Verlauf?

Wöhe S. 286

Bei einem Kostenbudget von 72 EUR könnten nach der Verbilligung des Faktors r_1 auf 3 EUR maximal 24 Einheiten beschafft werden. Die Kostenisoquante hat jetzt einen veränderten Verlauf:

$$\mathbf{K_N} = 3 \cdot r_1 + 6 \cdot r_2 = 72$$

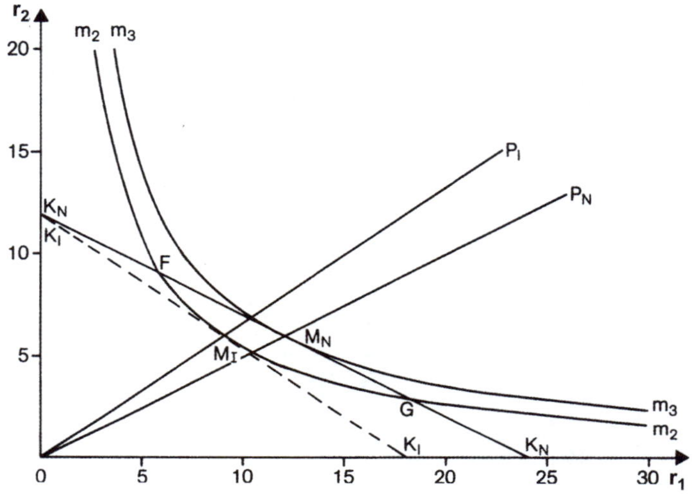

Die Isoquante mit dem bisherigen Niveau m_2 wird von der neuen Kostenisoquante K_N in den Punkten F und G geschnitten. Substituiert man – von F ausgehend – den Faktor r_2 schrittweise durch den Faktor r_1, kann man ein höheres Ausbringungsniveau erreichen. Das höchstmögliche Niveau liegt dort, wo eine Isoquante die Kostenisoquante K_N berührt. Dieser Punkt ist in M_N erreicht. Nach der Preisänderung für r_1 hat also die Minimalkostenkombination M_N die Koordinaten $r_1 = 12$ und $r_2 = 6$. (Zur rechnerischen Ermittlung vgl. das Vorgehen in Aufgabe 13). In diesem Punkt wird die Kostenisoquante K_N von einer höherwertigen Isoquante tangiert, die in der obigen Abbildung mit m_3 bezeichnet wird.

Bei einem Kostenniveau $K_N = 72$ liegt die Minimalkostenkombination im Punkt M_N ($r_1 = 12$; $r_2 = 6$). Bei gegebener Produktionsfunktion wird die Minimalkostenkombination durch das Verhältnis der Faktorpreise p_{r1} und p_{r2} bestimmt. Der optimale Faktoreinsatz (12 Einheiten : 6 Einheiten) entspricht wiederum dem umgekehrten Verhältnis der Faktorpreise (3 EUR : 6 EUR).

Aufgabe 15 Minimalkostenkombination (praktisch)

Es gelten die Daten der **Aufgaben 5** bis **9**. Welche Faktormengenkombination ist für die HOLZ-WURM-KG die günstigste, wenn dickes Stammholz (Sorte I) 250 EUR/m³ und dünneres Stammholz (Sorte II) 200 EUR/m³ kostet? Wie hoch sind die Kosten dieser optimalen Mengenkombination?

Lösungshinweis: Nehmen Sie zunächst an, zur Beschaffung beider Sorten stünden der HOLZ-WURM-AG 800.000 EUR zur Verfügung; ziehen Sie also zur Lösung die **Kostenisoquante** heran!

Wöhe S. 286 f.

Die Kostenfunktion lautet:

$$\mathbf{K} = 250 \cdot m_1 + 200 \cdot m_2$$

Beläuft sich das Kostenbudget z. B. auf 800.000 EUR, dann könnte man schreiben

$$\mathbf{800.000} = 250 \cdot m_1 + 200 \cdot m_2$$

$$\mathbf{m_2} = 4.000 - \frac{5}{4} \cdot m_1$$

Diese als **Kostenisoquante** bezeichnete Gerade ist in die Zeichnung aus Aufgabe 9 einzufügen:

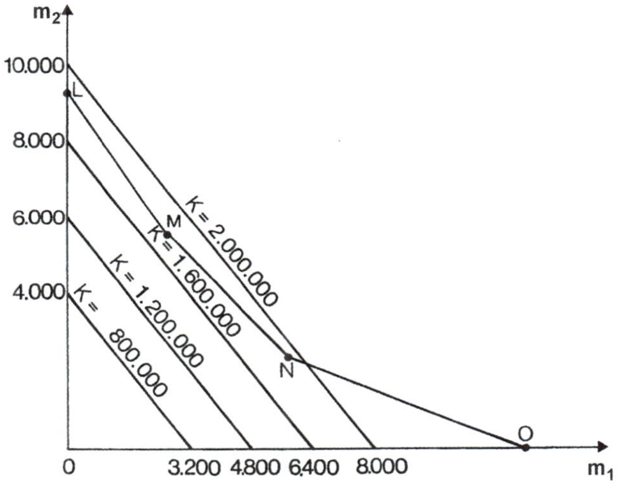

Diese Schar von Kostenisoquanten zeigt, dass Aufwendungen von 1,6 Mio. noch nicht zur Beschaffung der benötigten Faktormengen ausreichen. Mit einem Kostenbetrag von 2 Mio. lässt sich zwar in etwa die Kombination N verwirklichen, jedoch lassen sich z. B. bei vermehrtem Einsatz von m_2 mit diesem Betrag auch größere Faktormengen beschaffen. Man sieht deutlich, dass die maßgebliche Kostenisoquante die Isoquante im Punkt M nur berühren (tangieren) muss **(Minimalkostenkombination)**. Die Minimalkosten lassen sich für die gewünschte Ausbringungsmenge folgendermaßen ermitteln: Zunächst sind die Faktormengen des Punktes M zu bestimmen; M liegt (vgl. Aufgabe 9) im Schnittpunkt der Funktionen für Bretter und Kantholz:

B	$m_2 \geq 9.333,\overline{3} - \frac{4}{3} \cdot m_1$
K	$m_2 \geq 8.000,0 - \frac{32}{35} \cdot m_1$

Für den Schnittpunkt beider Funktionen gilt somit:

$$9.333,\overline{3} - \frac{4}{3} \cdot m_1 = 8.000 - \frac{32}{35} \cdot m_1$$

$$\frac{44}{105} \cdot m_1 = 1.333,\overline{3}$$

$$\mathbf{m_1} = 3.181,8$$

$$\mathbf{m_2} = 8.000 - \frac{32}{35} \cdot 3.181{,}8$$

$$\mathbf{m_2} = 5.090{,}9$$

$$\mathbf{K} = 250 \cdot m_1 + 200 \cdot m_2$$
$$\mathbf{K} = 250 \cdot 3.181{,}8 + 200 \cdot 5.090{,}9$$

$$\mathbf{K} = 1.813.630 \text{ EUR}$$

Für die HOLZ-WURM-KG ist es am günstigsten, 3.181,8 m^3 Stammholz Sorte I und 5.090,9 m^3 Stammholz Sorte II zu bestellen. Die Kosten werden sich auf 1.813.630 EUR belaufen.

Aufgabe 16 Minimalkostenkombination bei Preisverschiebung

Es gelten die Angaben der **Aufgabe 15**. Wider Erwarten gelingt es der HOLZ-WURM-KG, den Preis für die Sorte I von 250 EUR/m^3 auf 175 EUR/m^3 herunterzuhandeln. Ändert diese Tatsache etwas an der Höhe der zu bestellenden Mengen m_1, m_2 und der Höhe der Kosten? Bringen Sie zunächst die neuen **Kostenisoquanten** in eine graphische Verbindung mit der Kurve LMNO und ermitteln Sie dann die rechnerische Lösung!

Wöhe S. 286 f.

Würde man die zunächst geplanten Bestellmengen von m_1 = 3.181,8 m^3 und m_2 = 5.090,9 m^3 realisieren, entstünden nunmehr Kosten in Höhe von 1.574.995 EUR:

$$\mathbf{K} = 175 \cdot 3.181{,}8 + 200 \cdot 5.090{,}9$$
$$\mathbf{K} = 1.574.995 \text{ EUR}$$

Es ist zu prüfen, ob eine von M abweichende Faktormengenkombination geringere Kosten verursacht. Zu diesem Zweck sind die veränderten Kostenisoquanten mit der Kurve LMNO in Verbindung zu bringen. Sollte sich zeigen, dass eine Kostenisoquante diese Kurve in einem von M abweichenden Punkt berührt, so gäbe dieser Punkt die der neuen Preisrelation entsprechende **optimale** Faktormengenrelation an.

$$\mathbf{K} = 175 \cdot m_1 + 200 \cdot m_2$$

Für K = 1,6 Mio. EUR gilt:

$$\mathbf{m_2} = 8.000 - \frac{7}{8} \cdot m_1$$

Die folgende Abbildung macht deutlich, dass die gewünschten Faktormengen für weniger als 1,6 Mio. EUR zu haben sind. Es wird weiterhin sichtbar, dass die maßgebende Kostenisoquante die Kurve LMNO im Punkt N berühren muss. Diesen Punkt N erhält man als Schnittpunkt der Funktionen für Kantholz und Span (vgl. die **Aufgaben 8** und **9**):

K	$m_2 \geq 8.000 - \frac{32}{35} \cdot m_1$
S	$m_2 \geq 5.000 - \frac{2}{5} \cdot m_1$

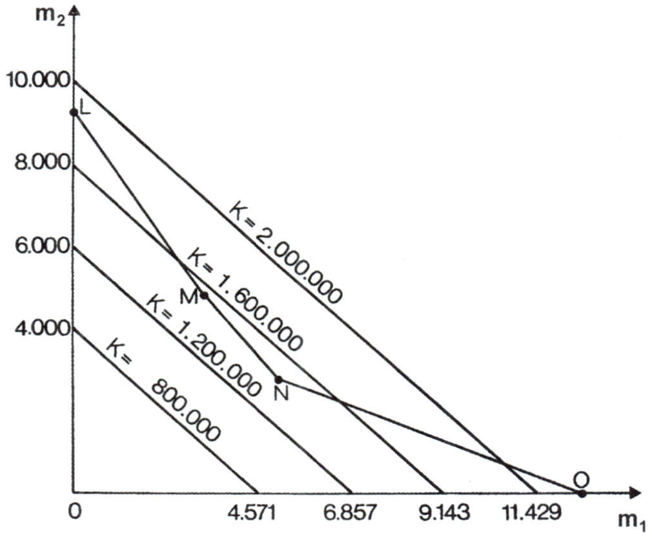

Für den Schnittpunkt beider Funktionen gilt somit:

$$8.000 - \frac{32}{35} \cdot m_1 = 5.000 - \frac{2}{5} \cdot m_1$$

$$\frac{18}{35} \cdot m_1 = 3.000$$

$$\mathbf{m_1} = 5.833,\overline{3}$$

$$\mathbf{m_2} = 5.000 - \frac{2}{5} \cdot 5.833,\overline{3}$$

$$\mathbf{m_2} = 2.666,\overline{6}$$

$$\mathbf{K} = 175 \cdot 5833,\overline{3} + 200 \cdot 2.666,\overline{6}$$

$$\mathbf{K} = 1.554.167 \text{ EUR}$$

Die optimale Faktormengenkombination liegt jetzt im Punkt N. Die Preissenkung für Sorte I führte zu einer **Substitution** von m_2 nach m_1. Auf der ermäßigten Preisbasis in dieser Aufgabe liegt der Substitutionseffekt in einer Kosteneinsparung in Höhe von 1.574.995 – 1.554.167 = 20.828 EUR.

Aufgabe 17 Gesamtkostenfunktion

Welcher Zusammenhang wird durch eine Kostenfunktion wiedergegeben, und wie lässt sich eine lineare Kostenfunktion in allgemeiner Form schreiben?

Wöhe S. 288 f.

Mit Hilfe einer Kostenfunktion lassen sich die Kosten in Abhängigkeit von der Ausbringungsmenge darstellen. Jeder Ausbringungsmenge werden durch diese Funktion die zugehörigen Kosten zugeordnet. Die allgemeine Schreibweise für die lineare Kostenfunktion lautet:

$$\mathbf{K} = K_f + K_v \qquad \text{oder}$$
$$\mathbf{K} = K_f + k_v \cdot m$$

Beziffert sich eine Kostenfunktion beispielsweise auf $K = 10.000 + 4 \cdot m$, so bedeutet das, dass ein Produktionsprozess Fixkosten in Höhe von 10.000 EUR und variable Kosten in Höhe von 4 EUR/Stück verursacht. Für eine Ausbringungsmenge von 2.000 Stück erhalten die Kosten somit einen Wert von 18.000 EUR.

Aufgabe 18 Formale Kostenfunktion

Gegeben ist die Kostenfunktion $K = 0{,}01 \cdot m^3 - m^2 + 100 \cdot m + 720$. Stellen Sie diese Kostenfunktion so um, dass Sie die übliche Schreibweise $K = K_f + K_v$ erhalten.

Wöhe S. 288 f.

Bei der oben angegebenen Kostenfunktion handelt es sich um eine Funktion 3. Grades. Wir haben es mit einem nichtlinearen Gesamtkostenverlauf mit Fixkostenblock zu tun. Die Funktion hat einen Wendepunkt und verläuft S-förmig ansteigend.

Bei einer Umformung der Kostenfunktion in die übliche Schreibweise ergibt sich:

$$K = \underbrace{720}_{\text{fixe Kosten}} + \underbrace{100 \cdot m - m^2 + 0{,}01 \cdot m^3}_{\text{variable Kosten}}$$

Aufgabe 19 Rechnerische Ermittlung bei S-förmiger Gesamtkostenfunktion

Gegeben ist weiterhin die Kostenfunktion $K = 720 + 100 \cdot m - m^2 + 0{,}01 \cdot m^3$. Berechnen Sie die Fixkosten K_f, die variablen Gesamtkosten K_v und die Gesamtkosten K für die Ausbringungsmengen: 0, 10, 20, …, 100 Stück. Übertragen Sie die Ergebnisse in ein Koordinatensystem!

Wöhe S. 288 f. und S. 297 f.

m	0	10	20	30	40	50	60	70	80	90	100
K_f	720	720	720	720	720	720	720	720	720	720	720
K_v	0	910	1.680	2.370	3.040	3.750	4.560	5.530	6.720	8.190	10.000
K	720	1.630	2.400	3.090	3.760	4.470	5.280	6.250	7.440	8.910	10.720

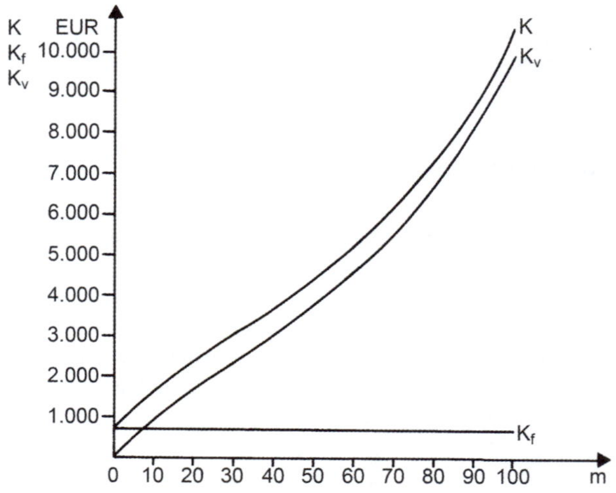

Aufgabe 20 Nutz- und Leerkosten

Das private Bahnunternehmen BLITZ & SCHNELL ist im Personenverkehr tätig. Diesem wurde für drei Jahre die Lizenz erteilt, die Strecke Frankfurt – Hamburg – Frankfurt wöchentlich zwei Mal (am Montag und am Freitag) ohne weiteren Zwischenstopp zu bedienen. Betrachtet wird nunmehr lediglich die Montagsfahrt von Frankfurt nach Hamburg. Es sei angenommen, dass ein Zug eine **Kapazität** von 400 Sitzplätzen hat – Stehplätze werden nicht angeboten. Die Fahrkarten werden nur im Internet verkauft. Jeder Fahrgast erhält je Fahrt einen Kaffee und einen Imbiss. Dies ist im Fahrpreis (= **Stückerlös** e) von 42 EUR für eine einfache Fahrkarte inbegriffen.

Die **fixen** Kosten K_f für die Fahrt, die sich auf den Zug (z. B. Lizenzgebühr, Treibstoff, Öl und Wagenabnutzung) und das Zugpersonal (z. B. Lokführer, Schaffner) beziehen, belaufen sich auf 10.000 EUR. Die **variablen** Kosten k_v je Fahrgast, die sich auf die Verpflegung beziehen, betragen 2 EUR.

Wöhe S. 289 f. und S. 831 f.

Teilaufgabe a)

Wieviel Tickets müssten BLITZ & SCHNELL mindestens verkaufen, damit die einzelne Fahrt kein Verlustgeschäft wird?

Die Gesamtkosten K betragen je Fahrt in Abhängigkeit von der Fahrgastzahl x:

$$K = K_f \quad + k_v \quad \cdot x$$
$$K = 10.000 \text{ EUR} \quad + 2 \text{ EUR} \cdot x$$

Die gesamten Erlöse E betragen:

$$E = 42 \text{ EUR} \cdot x$$

Die Gewinnschwelle wird erreicht, wenn die Erlöse E den (Gesamt-)Kosten entsprechen, also wenn gilt:

$$E = K$$
$$42 \text{ EUR} \cdot x = 10.000 \text{ EUR} + 2 \text{ EUR} \cdot x$$
$$x = 250$$

Es müssen insgesamt 250 Fahrkarten verkauft werden, damit die Fahrt kein Verlustgeschäft ist.

Teilaufgabe b)

Wie groß sind die Gesamtkosten und wie groß ist der Verlust für eine Fahrt, wenn keine Fahrkarte verkauft wird? Erläutern Sie in diesem Zusammenhang die Begriffe Nutzkosten und Leerkosten!

Wird keine Fahrkarte verkauft, werden auch keine Erlöse generiert: E = 0. Da x = 0, fallen jedoch auch keine variablen Kosten, sondern „lediglich" die fixen Kosten in Höhe von 10.000 EUR an. Der Verlust beträgt somit 10.000 EUR.

Soweit Kapazitäten ausgelastet sind, spricht man im Hinblick auf die diesbezüglichen fixen Kosten von **Nutzkosten**, die vom Kunden getragen werden. Soweit Kapazitäten ungenutzt sind, spricht man von **Leerkosten**, die der Betrieb zu tragen hat. Im vorliegenden Fall sind die gesamten Fixkosten Leerkosten.

Teilaufgabe c)

BLITZ & SCHNELL verkaufen für die Montagsfahrt von Frankfurt nach Hamburg 320 Fahrkarten. Wie groß sind die Leerkosten K_L, wie groß sind die Nutzkosten K_N, und welcher Gewinn wird realisiert?

Der Gewinn beträgt 2.800 EUR:

$$G = e \cdot x - (K_f + k_v \cdot x)$$

$$G = 42 \text{ EUR} \cdot 320 - (10.000 \text{ EUR} + 2 \text{ EUR} \cdot 320)$$

$$G = 2.800 \text{ EUR}$$

Da 80 von 400 Plätzen, also 20 %, nicht besetzt sind, liegen trotz des Gewinns Leerkosten vor. Diese betragen bei der vorliegenden Auslastung von 80 % insgesamt 20 % der fixen Kosten, also 2.000 EUR. Wird die Auslastung mit dem Terminus Beschäftigungsgrad BG belegt, gilt:

$$K_L = (1 - BG) \cdot K_f$$

$$K_L = (1 - 0{,}8) \cdot 10.000 \text{ EUR}$$

$$K_L = 0{,}2 \cdot 10.000 \text{ EUR}$$

$$K_L = 2.000 \text{ EUR}$$

Die Nutzkosten betragen schließlich 80 % der fixen Kosten, also:

$$K_N = BG \cdot K_f$$

$$K_N = 0{,}8 \cdot 10.000 \text{ EUR}$$

$$K_N = 8.000 \text{ EUR}$$

Teilaufgabe d)

Zeigen Sie, dass die Summe aus Leerkosten K_L und Nutzkosten K_N den fixen Kosten entspricht!

Es gilt:

$$K_L + K_N = (1 - BG) \cdot K_f + BG \cdot K_f = (1 - BG + BG) \cdot K_f = K_f$$

Bei der Unterscheidung in Leerkosten und Nutzenkosten handelt es sich nur um eine fiktive Unterteilung der Fixkosten, wobei ein Unternehmen möglichst versuchen muss, Leerkosten zu vermeiden.

Aufgabe 21 Gesamtkosten, Grenzkosten und Durchschnittskosten I

Gegeben ist eine (beliebige) **progressiv** ansteigende Gesamtkostenfunktion. Ermitteln Sie zunächst an Hand einer graphischen Darstellung die Grenzkosten K'_1 bis K'_7, und stellen Sie ihnen die zu einer Ausbringungsmenge m = 7 gehörenden Durchschnittskosten k_7 gegenüber. Stellen Sie in einer zweiten Graphik den Grenzkosten die zu einer Ausbringungsmenge m = 5 gehörenden Durchschnittskosten k_5 gegenüber, und kommentieren Sie kurz das Ergebnis!

Wöhe S. 288–293

Die Durchschnittskosten sind das arithmetische Mittel der kontinuierlich steigenden Grenzkosten. Für eine Ausbringungsmenge m = 7 ergeben sich die Gesamtkosten

$$(1)\ K_7 = \sum_{i=1}^{7} K'_i$$

$$(2)\ K_7 = k_7 \cdot 7$$

entweder (1) aus der Summe der Grenzkosten K'_1 bis K'_7 oder (2) aus dem Siebenfachen der Durchschnittskosten k_7.

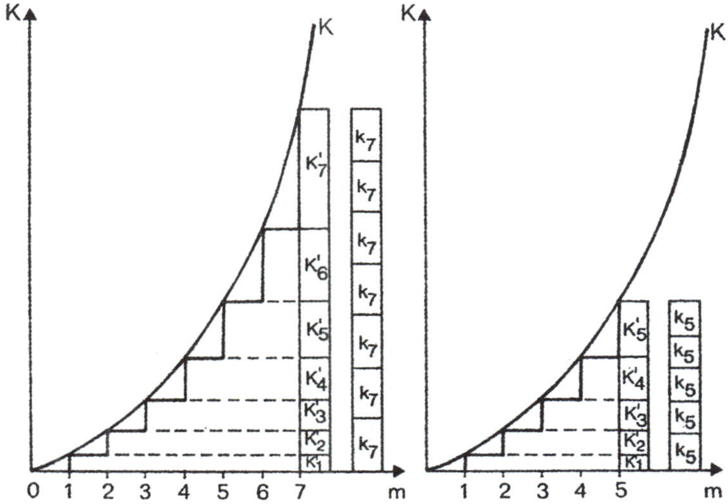

Je geringer die Ausbringungsmenge ist, desto niedriger sind bei progressivem Gesamtkostenverlauf die Durchschnittskosten (vgl. k_7 und k_5).

Aufgabe 22 Gesamtkosten, Grenzkosten und Durchschnittskosten II

Gegeben ist eine progressiv ansteigende Gesamtkostenfunktion. Die Grenzkosten der ersten Ausbringungseinheit werden mit K'_1 die der zweiten mit K'_2 usw. bezeichnet. Entsprechend werden die Durchschnittskosten der ersten beiden Ausbringungsmengeneinheiten k_2, die der ersten drei Einheiten k_3 usw. genannt.

Welche der folgenden Behauptungen sind richtig?

(1) Mit zunehmender Ausbringungsmenge steigen die Grenzkosten.
(2) Die Grenzkosten steigen an, die Durchschnittskosten bleiben konstant.
(3) Die Durchschnittskosten steigen an, jedoch weniger schnell als die Grenzkosten.
(4) Für die Ausbringungsmenge m = 4 gilt: $K'_1 + K'_2 + K'_3 + K'_4 = 4 \cdot k_4 = K_4$.
(5) Für die Ausbringungsmenge m = 1 gilt: $K' = k = K$.

Wöhe S. 288–293

Antwort: Die Behauptungen (1), (3), (4) und (5) sind richtig. Die Behauptung (2) ist falsch.

Aufgabe 23 Fixe Durchschnittskosten, variable Durchschnittskosten, Durchschnittskosten und Grenzkosten bei S-förmigem Gesamtkostenverlauf

Leiten Sie aus der Gesamtkostenfunktion $K = 720 + 100 \cdot m - m^2 + 0{,}01 \cdot m^3$ die Funktion der fixen Durchschnittskosten, die Funktion der variablen Durchschnittskosten, die Funktion der Durchschnittskosten und die Grenzkostenfunktion ab! Setzen Sie in jede der drei Funktionen folgende Werte für m ein: 10, 20, 30, ..., 100 Stück und fassen Sie das Ergebnis in einer Wertetabelle zusammen!

Wöhe S. 288–293

Die **fixen Durchschnittskosten** k_f erhält man, wenn man die Fixkosten K_f durch m dividiert:

$$\mathbf{K_f} = 720$$

$$\mathbf{k_f} = \frac{720}{m}$$

Die **variablen Durchschnittskosten** k_v erhält man, indem man die variablen Kosten K_v durch m dividiert:

$$\mathbf{K_v} = 100 \cdot m - m^2 + 0{,}01 \cdot m^3$$
$$\mathbf{k_v} = 100 - m + 0{,}01 \cdot m^2$$

Entsprechend lässt sich die Funktion der **Durchschnittskosten** k so ermitteln, dass man die Gesamtkosten K durch m dividiert:

$$\mathbf{K} = 720 + 100 \cdot m - m^2 + 0{,}01 \cdot m^3$$

$$\mathbf{k} = \underbrace{\frac{720}{m}}_{k_f} + \underbrace{100 - m + 0{,}01 \cdot m^2}_{k_v}$$

$$\mathbf{k} = k_f + k_v$$

Die **Grenzkosten** K' entsprechen dem Zuwachs der Gesamtkosten, der sich bei einer Steigerung der Ausbringungsmenge um jeweils ein Stück ergibt. Die Höhe des Kostenzuwachses (Grenzkosten) richtet sich nach dem Steigerungsmaß der Gesamtkostenfunktion.

Analytisch entspricht die Grenzkostenfunktion der ersten Ableitung $\frac{dK}{dm}$ der Gesamtkostenfunktion:

$$\mathbf{K'} = \frac{dK}{dm} = 100 - 2 \cdot m + 0{,}03 \cdot m^2$$

Setzt man die gewünschten Werte m = 10, 20, …, 100 in jede der drei Funktionen ein, dann erhält man:

m	10	20	30	40	50	60	70	80	90	100
$\mathbf{k_f}$	72	36	24	18	14,40	12	10,29	9	8	7,20
$\mathbf{+ k_v}$	91	84	79	76	75	76	79	84	91	100
k	163	120	103	94	89,40	88	89,29	93	99	107,20
K'	83	72	67	68	75	88	107	132	163	200

Aufgabe 24 Minimalwerte für K', k_v und k

Es gilt weiterhin die Gesamtkostenfunktion $K = 720 + 100 \cdot m - m^2 + 0{,}01 \cdot m^3$. **Aufgabe 23** hat gezeigt, dass die Grenzkosten K', die variablen Durchschnittskosten k_v und die Durchschnittskosten k mit zunehmender Ausbringungsmenge zunächst abnehmen und von einer bestimmten Menge an wieder ansteigen. Ermitteln Sie diejenige Ausbringungsmenge, bei der die Grenzkosten, die variablen Durchschnittskosten bzw. die Durchschnittskosten den geringstmöglichen Wert annehmen! Welche Höhe haben Grenzkosten, variable Durchschnittskosten und Durchschnittskosten in den einzelnen Fällen? Erläutern Sie Ihr Vorgehen!

Wöhe S. 288–293

Grenzkosten, variable Durchschnittskosten und Durchschnittskosten haben einen etwa U-förmigen Verlauf. Das Minimum liegt im Tiefpunkt der jeweiligen Funktion. Die Ausbringungsmenge, bei welcher das (a) Grenzkostenminimum, das (b) Minimum der variablen Durchschnittskosten und das (c) Minimum der Durchschnittskosten erreicht wird, erhält man, wenn man

(a) die 1. Ableitung der Grenzkostenfunktion (= 2. Ableitung der Gesamtkostenfunktion),
(b) die 1. Ableitung der Funktion der variablen Durchschnittskosten und
(c) die 1. Ableitung der Funktion der Durchschnittskosten

gleich null setzt.

(a) Grenzkostenminimum:

$$\mathbf{K'} = 100 - 2 \cdot m + 0{,}03 \cdot m^2$$

$$\mathbf{K''} = \frac{dK'}{dm} = -2 + 0{,}06 \cdot m = 0$$

$$\mathbf{m} = 33{,}\overline{3}$$

Setzt man diesen Wert für m in die Grenzkostenfunktion ein, dann erhält man das Grenzkostenminimum $K'_{min} = 66{,}\overline{6}$.

m	= $33{,}\overline{3}$ Stück
$\mathbf{K'_{min}}$	= $66{,}\overline{6}$ EUR

Im Gegensatz zu dieser mathematischen Lösung setzt die wirtschaftliche Lösung Ganzzahligkeit für m voraus. Danach verursacht die Produktion des 34. Stücks zusätzliche Kosten von 66,67 EUR. Diesen Wert erhält man auch, wenn man in die Gesamtkostenfunktion für m 33 bzw. 34 einsetzt und die Differenz zwischen beiden Gesamtkostenwerten (3.357,04 EUR – 3.290,37 EUR) ermittelt.

(b) Minimum der variablen Durchschnittskosten:

$$\mathbf{k_v} = 100 - m + 0{,}01 \cdot m^2$$

$$\frac{\mathbf{dk_v}}{\mathbf{dm}} = -1 + 0{,}02 \cdot m = 0$$

$$\mathbf{m} = 50$$

Setzt man diesen Wert für m in die Funktion der variablen Durchschnittskosten ein, erhält man als Minimum der variablen Durchschnittskosten $k_{v\,min} = 75$.

m	= 50 Stück
$\mathbf{k_{v\,min}}$	= 75 EUR

(c) Minimum der Durchschnittskosten:

$$\mathbf{k} = \frac{720}{m} + 100 - m + 0{,}01 \cdot m^2$$

$$\frac{\mathbf{dk}}{\mathbf{dm}} = -\frac{720}{m^2} - 1 + 0{,}02 \cdot m = 0$$

$$\mathbf{m} = 60$$

Setzt man diesen Wert für m in die Durchschnittsfunktion ein, erhält man als Minimum der Durchschnittskosten $k_{min} = 88$.

$$\mathbf{m} = 60 \text{ Stück}$$
$$\mathbf{k_{v\,min}} = 88 \text{ EUR}$$

Aufgabe 25 Produktionsverfahren und Kostenfunktion

Zur Überwindung eines Produktionsengpasses beabsichtigt die Firma GESUNDBRUNNEN OHG eine neue vollautomatische Mineralwasserabfüllanlage zu beschaffen. Die Geschäftsleitung hat die Wahl zwischen zwei verschiedenen Anlagen. Für die Anlage I werden die Fixkosten pro Jahr auf 16.000 EUR, für Anlage II auf 36.000 EUR veranschlagt. Der (variable) Maschinenkostensatz/Stunde wird für I bei 8 EUR, für II bei 4,50 EUR liegen. Dabei ist zu beachten, dass die Abfüllleistung pro Stunde für I mit 20 Kästen, die für II mit 30 Kästen (à 20 Flaschen) angegeben wird.

Für welche Anlage sollte sich die Geschäftsleitung entscheiden, wenn aufgrund der Absatzerwartungen mit einem Ausstoß von 100.000 Kästen pro Jahr gerechnet werden kann?

Wöhe S. 288–293

Die variablen Kosten/Kasten (k_v) betragen für Anlage I bzw. II:

I	8,00 EUR/Std.	:	20 Kästen/Std.	=	0,40 EUR/Kasten
II	4,50 EUR/Std.	:	30 Kästen/Std.	=	0,15 EUR/Kasten

Bei einem Jahresausstoß von 100.000 Kästen belaufen sich die Gesamtkosten der Flaschenabfüllung auf:

$$\mathbf{K} = K_f + k_v \cdot m$$
$$\mathbf{K_I} = 16.000 + 0{,}40 \cdot 100.000 = 56.000 \text{ EUR}$$
$$\mathbf{K_{II}} = 36.000 + 0{,}15 \cdot 100.000 = 51.000 \text{ EUR}$$

Die durchschnittlichen Abfüllkosten (je Kasten) belaufen sich somit für Anlage I auf $k_I = 0{,}56$ EUR, für Anlage II auf $k_{II} = 0{,}51$ EUR. Die Geschäftsleitung sollte sich für Anlage II entscheiden.

Aufgabe 26 Alternative Produktionsverfahren

Bei gleichen Ausgangsdaten wie in **Aufgabe 25** liegen noch keine Informationen über erwartete Absatzmengen vor. Man möchte deshalb von Ihnen wissen, bei welcher Beschäftigungshöhe welche Anlage günstiger ist. Wie gehen Sie vor? Wie sieht die graphische Lösung aus?

Wöhe S. 288–293

Bei einer Ausbringungsmenge von 100.000 Kästen pro Jahr ist Anlage II günstiger als Anlage I (vgl. Aufgabe 25). Bei einem Jahresausstoß von einem einzigen Kasten ist I (K = 16.000,40 EUR) günstiger als II (K = 36.000,15 EUR). Es muss also zwischen einem und 100.000 Kästen eine Jahresleistung geben, bei der sich beide Anlagen kostenmäßig „die Waage halten".

Bei dieser gesuchten Ausbringungsmenge (m) ist $K_I = K_{II}$. Es gilt also

$$\underbrace{16.000 + 0{,}40 \cdot m}_{K_I} = \underbrace{36.000 + 0{,}15 \cdot m}_{K_{II}}$$

Löst man diese Gleichung nach m auf, so erhält man m = 80.000. Daraus folgt für die GESUNDBRUNNEN OHG: Rechnet man für längere Zeit mit einem Jahresausstoß von 1 bis 80.000 Kästen, dann sollte man sich für Anlage I entscheiden. Erwartet man dagegen eine Jahresausbringung von mehr als 80.000 Kästen, liegt der Kostenvorteil bei Anlage II.

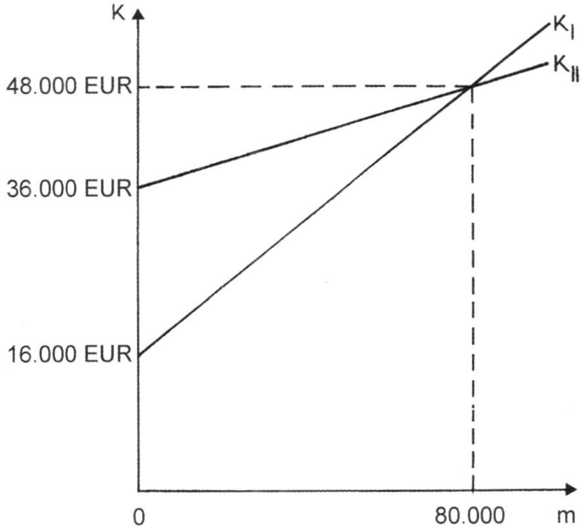

Aufgabe 27 Rentabilität und Wirtschaftlichkeit

Es gelten alle Angaben der **Aufgaben 25** und **26**. Allerdings liegt die Kapazitätsgrenze für Anlage I bei 32.000 und für Anlage II bei 100.000 Kästen pro Jahr. Die GESUNDBRUNNEN OHG rechnet damit, in den kommenden Jahren jeweils 45.000 Kästen verkaufen zu können.

Teilaufgabe a)

Werden Sie der GESUNDBRUNNEN OHG die Anschaffung der Anlage I oder den Kauf der Anlage II empfehlen? Welche zusätzlichen Informationen benötigen Sie zur Beantwortung dieser Frage, wenn Sie davon ausgehen, dass diese Unternehmung nach dem maximalen Gewinn strebt?

Wöhe S. 288–293

Werden mit der Anlage I 32.000 Stück produziert, dann betragen die Durchschnittskosten

$$\mathbf{k_I} = \frac{16.000}{32.000} + 0{,}40 = 0{,}90 \text{ EUR.}$$

Werden mit der Anlage II 32.000 Stück produziert, dann betragen die Durchschnittskosten

$$\mathbf{k_{II}} = \frac{36.000}{32.000} + 0{,}15 = 1{,}28 \text{ EUR.}$$

Werden aber mit Anlage II die maximal absetzbaren 45.000 Kästen abgefüllt, dann betragen die Durchschnittskosten

$$\mathbf{k_{II}} = \frac{36.000}{45.000} + 0{,}15 = 0{,}95 \text{ EUR.}$$

In dieser Situation ist Anlage I am wirtschaftlichsten, denn hier entstehen die niedrigsten Stückkosten. Trotzdem ist es denkbar, dass man der GESUNDBRUNNEN OHG zur Einrichtung der Anlage II raten sollte. Die Entscheidungssituation lautet nämlich hier: Soll bei einem möglichen Absatz von 45.000 Stück pro Jahr aus Gründen der Stückkostenminimierung auf die Produktion und den Absatz von 13.000 Stück verzichtet werden? Ist – so könnte man fragen – die Anlage II für die GESUNDBRUNNEN OHG nicht doch rentabler, d. h. gewinnträchtiger, als Anlage I? Um diese Frage beantworten zu können, muss man in Erfahrung bringen, wie hoch die Stückgewinne für einen Kasten Mineralwasser sind, in welchem Verhältnis also Stückerlös und Stückkosten zueinander stehen.

Teilaufgabe b)

Der Verkaufspreis für einen Kasten Mineralwasser liegt bei 9 EUR. Ohne Berücksichtigung der Abfüllkosten liegen die Durchschnittskosten bei 6,50 EUR/Kasten. Können Sie der GESUNDBRUNNEN OHG die Anschaffung der Anlage II empfehlen, obwohl Anlage I hinsichtlich der Durchschnittskosten günstiger ist?

Gewinn (G)	= Stückgewinn (g)	· Ausbringungsmenge (m)
Stückgewinn (g)	= Stückerlös (p)	– Stückkosten (k)
Stückkosten (k)	= Produktionskosten (k_p)	+ Abfüllkosten (k_a)

Verfahren I:

$$\mathbf{k_I} = k_p + k_a = 6{,}50 + 0{,}90 = 7{,}40 \text{ EUR}$$
$$\mathbf{g_I} = p - k_I = 9{,}00 - 7{,}40 = 1{,}60 \text{ EUR}$$
$$\mathbf{G_I} = g_I \cdot m_I = 1{,}60 \cdot 32.000 = 51.200 \text{ EUR}$$

Verfahren II:

$$\begin{aligned}
k_{II} &= k_p + k_a &&= 6{,}50 + 0{,}95 &&= 7{,}45 \text{ EUR}\\
g_{II} &= p - k_{II} &&= 9{,}00 - 7{,}45 &&= 1{,}55 \text{ EUR}\\
G_{II} &= g_{II} \cdot m_{II} &&= 1{,}65 \cdot 45.000 &&= 69.750 \text{ EUR}
\end{aligned}$$

Mit einem voraussichtlichen Gewinn von 69.750 EUR ist die Anlage II **rentabler** als Anlage I. Man sollte deshalb der GESUNDBRUNNEN OHG die Anschaffung der Anlage II empfehlen, obwohl die Anlage I geringere Durchschnittskosten aufweist.

Aufgabe 28 Auswahl von Produktionsverfahren

Wie hoch müssten die Stückkosten (k_p) vor Berücksichtigung der Abfüllkosten sein, damit Anlage I gewinnträchtiger ist als Anlage II? Im Übrigen gelten die Daten der **Aufgabe 27**.

Wöhe S. 288–293

Gesucht:	**Stückkosten vor Abfüllkosten**		$= k_p$
Gegeben:	**Stückerlös**	p	$= 9{,}00$
	Abfüllkosten I:	k_a	$= 0{,}90$
	Abfüllkosten II:	k_a	$= 0{,}95$
	Produktionsmenge	m_I	$= 32.000$
		m_{II}	$= 45.000$

Bedingung

$$\begin{aligned}
G_I &\geq G_{II}\\
G_I &= g_I \cdot 32.000\\
G_{II} &= g_{II} \cdot 45.000\\
g &= p - (k_p + k_a)\\
g_I &= 9 - (k_p + 0{,}90)\\
g_{II} &= 9 - (k_p + 0{,}95)\\
g_I &= 8{,}10 - k_p\\
g_{II} &= 8{,}05 - k_p\\
G_I &= (8{,}10 - k_p) \cdot 32.000\\
G_{II} &= (8{,}05 - k_p) \cdot 45.000
\end{aligned}$$

$$(8{,}10 - k_p) \cdot 32.000 \geq (8{,}05 - k_p) \cdot 45.000$$

$$k_p \geq 7{,}9269$$

Liegen die Stückkosten k_p vor Berücksichtigung der Abfüllkosten bei 7,9269 EUR und mehr, dann ist Anlage I nicht nur kostengünstiger, sondern auch gewinnträchtiger (verlustärmer) als Anlage II.

3. Ausgewählte Produktions- und Kostenfunktionen

Wiederholungsfragen:

	Wöhe Seite
Beschreiben Sie den Verlauf der Gesamtertrags- und der Grenzertragsfunktion einer ertragsgesetzlichen Produktionsfunktion!	296 f.
An welcher Stelle stimmen Grenzertrag und Durchschnittsertrag bei der ertragsgesetzlichen Produktionsfunktion überein?	296 f.
Stellen Sie das Vierphasenschema der Produktionsfunktion vom Typ A dar!	296 f.
Welchen Verlauf weist die Gesamtkostenfunktion einer ertragsgesetzlichen Produktionsfunktion auf?	297–299
Wie lassen sich Grenz- und Durchschnittskostenfunktion ermitteln?	298
Welchen Verlauf weist die Durchschnittskostenfunktion einer ertragsgesetzlichen Produktionsfunktion auf, und wodurch wird dieser Verlauf bestimmt?	298 f.
Beschreiben Sie die wichtigsten Annahmen, auf der die Gutenberg-Produktionsfunktion (Produktionsfunktion vom Typ B) aufbaut!	300
Was ist eine Verbrauchsfunktion?	300 f.
Wie lassen sich aus Verbrauchsfunktionen Produktionsfunktionen ableiten?	301 f.
Welche Anpassungsarten an unterschiedliche Beschäftigungslagen lassen sich unterscheiden?	302–304
Was versteht man unter optimalem Leistungsgrad?	302 f.
Warum führt die zeitliche Anpassung nicht immer zu einem linearen Gesamtkostenverlauf?	303 f.

Aufgabe 29 Ertragsgesetz

Die Anzahl der produzierten Mengeneinheiten ist bei gegebener Produktionstechnik abhängig von der Höhe des Faktoreinsatzes. Wir wollen unterstellen, dass für einen bestimmten Produktionsvorgang mehrere Produktionsfaktoren eingesetzt werden. Für alle Faktoren wird die Faktoreinsatzmenge r_e konstant gehalten. Nur für einen einzigen Faktor R_V lässt sich die Faktoreinsatzmenge r_v variieren.

Eine Steigerung bzw. Verringerung der produzierten Mengeneinheiten m ist also nur auf eine Änderung von r_v zurückzuführen. Hierfür gelten folgende Daten:

Faktoreinsatzmenge r_V	1	2	3	4	5	6	7	8	9	10	11	12	13
Ertrag E = Anzahl der Produktionseinheiten m	10	30	60	100	150	190	220	240	250	255	250	240	220

Ermitteln Sie aus diesen Zahlenangaben den Grenzertrag E' und den Durchschnittsertrag e für die Faktoreinsatzmengen r_v : 1, 2, ..., 13! Worin liegt die Besonderheit dieses Ertragsverlaufs?

Wöhe S. 295–297

Aus dem obigen Ertragsverlauf lassen sich folgende Grenzerträge E' und Durchschnittserträge e ermitteln:

r_v	1	2	3	4	5	6	7	8	9	10	11	12	13
E'	10	20	30	40	50	40	30	20	10	5	– 5	– 10	– 20
e	10	15	20	25	30	31,7	31,4	30	27,8	25,5	22,7	20	16,9

Bei diesem Ertragsverlauf hat man zunächst steigende Ertragszuwächse E' zu verzeichnen. Der Grenzertrag erreicht beim Einsatz der fünften Faktoreinheit mit einem Ertragszuwachs von 50 Einheiten sein Maximum. Erhöht man den Faktoreinsatz von 5 auf 6 Einheiten, steigt der Gesamtertrag zwar von 150 auf 190 Produktionseinheiten an, der Ertragszuwachs ist jedoch mit 40 Produktionseinheiten nicht mehr so groß wie beim Einsatz des 5. Stücks (50 Produktionseinheiten).

Bis zum Einsatz der 10 Faktoreinheiten lässt sich der Gesamtertrag mit abnehmenden Zuwachsraten (Grenzerträgen) steigern. Bei einem Faktoreinsatz von 10 Einheiten wird das Ertragsmaximum (E_{max} = 255) erreicht. Wird der Faktoreinsatz auf 11, 12 oder 13 Einheiten erhöht, nimmt der Gesamtertrag ab. Dies kommt auch durch die Grenzerträge mit negativem Vorzeichen zum Ausdruck. Der vorliegende Ertragsverlauf ist also durch zunächst **zunehmende**, dann **abnehmende** und schließlich **negative** Grenzerträge gekennzeichnet; er entspricht damit dem Ertragsgesetz.

Aufgabe 30 Gesamtertrag, Grenzertrag und Durchschnittsertrag

Es gelten die Angaben der **Aufgabe 29**. Zeigen Sie den Verlauf des Gesamtertrags E, des Grenzertrags E' und des Durchschnittsertrags e in Abhängigkeit von der Höhe des Faktoreinsatzes in einer graphischen Darstellung! Verbinden Sie die einzelnen Punkte miteinander und versuchen Sie, bei der dabei entstandenen Gesamtertragsfunktion den Grenzertrag sichtbar zu machen! Übertragen Sie danach die Werte für den Grenzertrag und den Durchschnittsertrag in eine zweite Graphik!

Wöhe S. 295–297

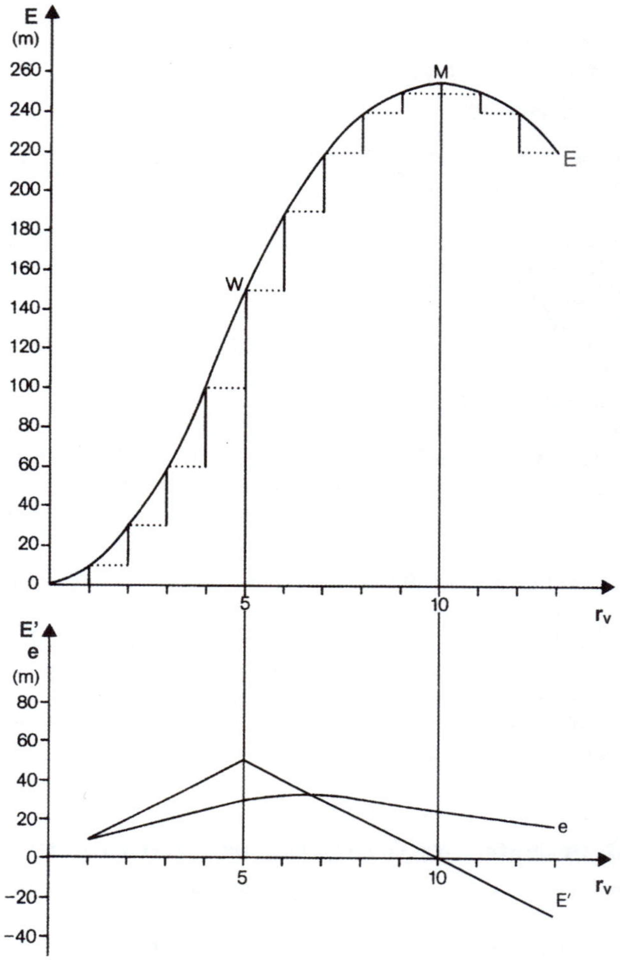

Die Gesamtertragsfunktion steigt bis zum Wendepunkt W mit steigenden Zuwachsraten (progressiv) an. Mit dem Einsatz der fünften Faktoreinheit erreicht der Grenzertrag E' sein Maximum (W). Der Gesamtertrag E steigt mit zunehmendem Faktoreinsatz degressiv an. Mit dem Einsatz der 10. Faktoreinheit erreicht er sein Maximum (M). Von da an nimmt der Gesamtertrag ab; der Grenzertrag E' wird negativ.

Aufgabe 31 Analyse der Produktionsfunktion vom Typ A

Die aus dem Ertragsgesetz abgeleitete Produktionsfunktion lässt sich in vier Phasen einteilen:

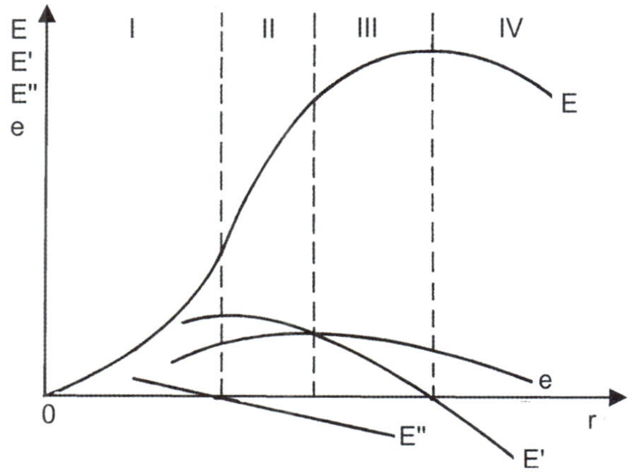

E = Gesamtertrag
E′ = Grenzertrag = Ertragszuwachs = 1. Ableitung von E
E″ = Grenzertragszuwachs = 2. Ableitung von E = 1. Ableitung von E′
e = Durchschnittsertrag
r = Faktoreinsatzmenge

Wie beurteilen Sie die Richtigkeit folgender Behauptungen?

Lösungshinweis: Versuchen Sie zunächst, sich den Zusammenhang der oben abgebildeten Funktionen klarzumachen. Diese Zusammenhänge sind Ihnen erst dann geläufig, wenn Sie die folgenden Behauptungen überprüfen können, ohne dabei die graphische Darstellung anzuschauen.

Wöhe S. 295–297

Behauptungen:

(1) Der Gesamtertrag steigt von der ersten bis zum Ende der dritten Phase mit kontinuierlich abnehmenden Zuwachsraten an.
(2) In der vierten Phase nimmt der Gesamtertrag ab, wodurch der Durchschnittsertrag negativ wird.
(3) Da der Grenzertrag in der zweiten Phase zurückgeht, sinkt auch der Durchschnittsertrag.
(4) Da der Grenzertrag in der dritten Phase den Durchschnittsertrag unterschreitet, sinkt auch der Durchschnittsertrag.
(5) Der Durchschnittsertrag steigt in der ersten Phase schneller an als der Grenzertrag.
(6) Am Ende der dritten Phase ist der Anstieg des Grenzertrags gleich null.
(7) Sobald der Grenzertrag geringer wird als der Durchschnittsertrag, nimmt der Durchschnittsertrag ab.
(8) Im Wendepunkt der Gesamtertragskurve (Übergang von Phase I zu II) ist der Grenzertrag ebenso groß wie der Durchschnittsertrag.
(9) In der zweiten Phase liegt der Grenzertrag über, in der dritten Phase liegt er unter dem Durchschnittsertrag.
(10) Sobald die Gesamtertragskurve ihren Scheitelpunkt (Maximum) erreicht, beginnt der Grenzertrag abzunehmen.

3. Abschnitt

Antwort:

Folgende Behauptungen sind richtig: (4), (7) und (9). Alle übrigen Behauptungen sind falsch.

Aufgabe 32 Kostenfunktionen einer ertragsgesetzlichen Produktionsfunktion

Stellen Sie den Verlauf der Gesamtkostenfunktion, der Grenzkostenfunktion, der Durchschnittskostenfunktion und der variablen Durchschnittskostenfunktion einer ertragsgesetzlichen Produktionsfunktion graphisch dar! Erläutern Sie anhand dieser Darstellung das Vierphasenschema der Kostenfunktionen!

Wöhe S. 297–299

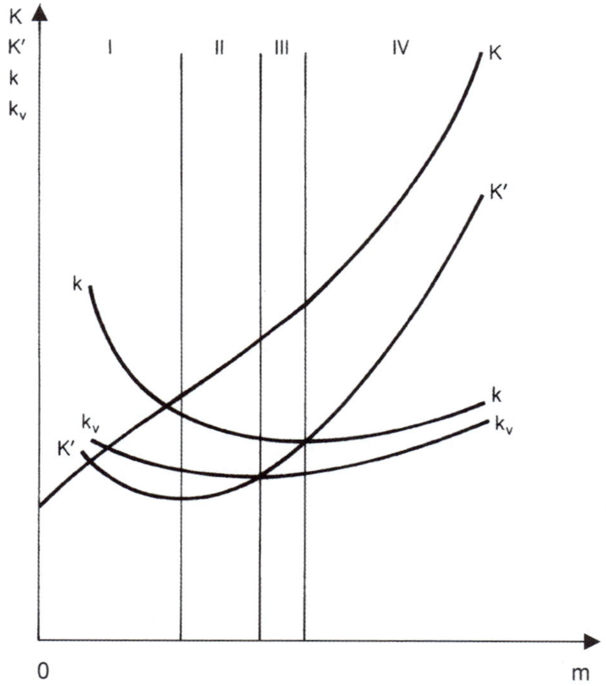

Phase I

Die Gesamtkosten K steigen mit abnehmendem Steigungsmaß (degressiv) an, die Grenzkosten K' sind also abnehmend. Am Ende der Phase I hat die Gesamtkostenfunktion ihren Wendepunkt (Grenzkostenminimum). Auch die Durchschnittskosten k und die variablen Durchschnittskosten verringern sich in Phase I.

Phase II

Die Gesamtkosten wachsen mit zunehmendem Steigungsmaß (progressiv) an, die Grenzkosten nehmen also zu. Am Ende der Phase II erreichen die variablen Durchschnittskosten ihr Minimum. Sie haben an dieser Stelle die gleiche Höhe wie die Grenzkosten. Die Durchschnittskosten nehmen in Phase II und darüber hinaus weiter ab.

Phase III

Gesamtkosten, variable Durchschnittskosten und Grenzkosten steigen an. Die Durchschnittskosten fallen weiter und erreichen am Ende der Phase III ihr Minimum. Sie sind an dieser Stelle mit den Grenzkosten identisch.

Phase IV

Gesamtkosten, variable Durchschnittskosten, Grenzkosten und Durchschnittskosten steigen an.

Aufgabe 33 Produktionsfunktion vom Typ A und vom Typ B

Welcher Unterschied besteht zwischen einer Produktionsfunktion vom Typ A und einer Produktionsfunktion vom Typ B?

Wöhe S. 295–304

Die Produktionsfunktion vom Typ A bezeichnet den Ertragsverlauf, welcher aus dem sog. **Ertragsgesetz** abgeleitet wird. Diesem „Gesetz" zufolge nimmt die Ausbringungsmenge bei kontinuierlich vermehrtem Faktoreinsatz zunächst mit steigenden Zuwachsraten (= Grenzerträgen) zu, während sie von einem bestimmten Punkt (= Wendepunkt) nur noch mit abnehmenden Zuwachsraten ansteigt. Bei weiter steigendem Faktoreinsatz wird eine Stelle (= Scheitelpunkt) erreicht, von der an die Hinzufügung weiterer Faktoreinheiten zu einem Rückgang der Ausbringungsmenge führt.

Diese konstruierte Gesetzmäßigkeit ist auf den industriellen Bereich selten anwendbar. Zwar ist auch hier die Höhe des Ertrags abhängig von den Faktoreinsatzmengen, nur wird diese Abhängigkeit nicht mehr aus einem „Gesetz", sondern aus **Verbrauchsfunktionen** abgeleitet. Jede Verbrauchsfunktion wird auf technischer Grundlage ermittelt und gibt für jede einzelne Faktorart die Beziehungen zwischen Faktorverbrauch und Leistungsabgabe wieder. Aus solchen Verbrauchsfunktionen hat Gutenberg die **Produktionsfunktion vom Typ B** abgeleitet.

Aufgabe 34 Mengenmäßige Verbrauchsfunktion

Ein Pkw hat bei jeweils einer Stunde Betriebsdauer bei einer gleichbleibenden Geschwindigkeit (gemessen in Kilometer pro Stunde [km/h]) den folgenden Treibstoffverbrauch (gemessen in Litern pro Stunde [l/h]):

Geschwindigkeit km/h	Verbrauch l/h	Geschwindigkeit km/h	Verbrauch l/h
3,5	1,400	90	7,200
5	1,410	100	8,578
10	1,440	110	10,022
20	1,640	120	12,000
30	1,980	130	14,156
40	2,578	140	16,800
50	3,335	150	20,334
60	4,133	160	24,533
70	4,978	170	29,466
80	5,974	180	37,800

Ermitteln Sie jeweils für eine Fahrstrecke von 100 km (Ausbringung, Leistung) bei den gegebenen Geschwindigkeiten (Intensitäten) den Treibstoffverbrauch! Zeigen Sie in einer graphischen Darstellung, wo die Minimalintensität (d_{min}), die Maximalintensität (d_{max}) und die Optimalintensität (d_{opt}) liegen!

Wöhe S. 300–304

Die Ermittlung des Treibstoffverbrauchs erfolgt in zwei Schritten: Zunächst wird die für eine Fahrstrecke von 100 km benötigte Zeit berechnet. So sind bei einer Geschwindigkeit von z. B. 20 km/h hierfür 5 Stunden notwendig. Sodann wird diese Zeit mit dem Verbrauch pro Stunde bei der jeweiligen Geschwindigkeit multipliziert. Bei einer Geschwindigkeit von 20 km/h also 5 · 1,640 l = 8,2 l.

Fasst man beide Schritte zusammen so folgt:

$$\textbf{Verbrauch/100 km} = 100\text{ km} : 20\text{ km/h} \cdot 1{,}640\text{ l/h}$$

$$\textbf{Verbrauch/100 km} = \frac{100\text{ km} \cdot 1\text{ h}}{20\text{ km}} \cdot \frac{1{,}640\text{ l}}{1\text{ h}}$$

$$\textbf{Verbrauch/100 km} = 5 \cdot 1{,}640\text{ l} = 8{,}2\text{ l}$$

oder in allgemeiner Form:

$$\textbf{Verbrauch/100 km} = \text{h/100 km} \cdot \text{l/h}$$

Es folgt somit:

km/h	h/100 km	l/100 km
3,5	28,571	40,000
5	20,000	28,200
10	10,000	14,400
20	5,000	8,200
30	3,333	6,600
40	2,500	6,445
50	2,000	6,670
60	1,667	6,888
70	1,429	7,111
80	1,250	7,468

km/h	h/100 km	l/100 km
90	1,111	8,000
100	1,000	8,578
110	0,909	9,111
120	0,833	10,000
130	0,769	10,889
140	0,714	12,000
150	0,667	13,556
160	0,625	15,333
170	0,588	17,333
180	0,556	21,000

Die Maximalintensität liegt mit einem Treibstoffverbrauch von 21 l/100 km bei der Höchstgeschwindigkeit von 180 km/h. Die Minimalintensität liegt bei Schritttempo 3,5 km/h. Bei dieser Geschwindigkeit verbraucht das Fahrzeug 40 l/100 km. Die Optimalintensität liegt bei 40 km/h mit einem Treibstoffverbrauch von 6,445 l/100 km.

Überträgt man den Verbrauch in l/100 km bei den entsprechenden Geschwindigkeiten in eine Graphik, so ergibt sich folgendes Bild:

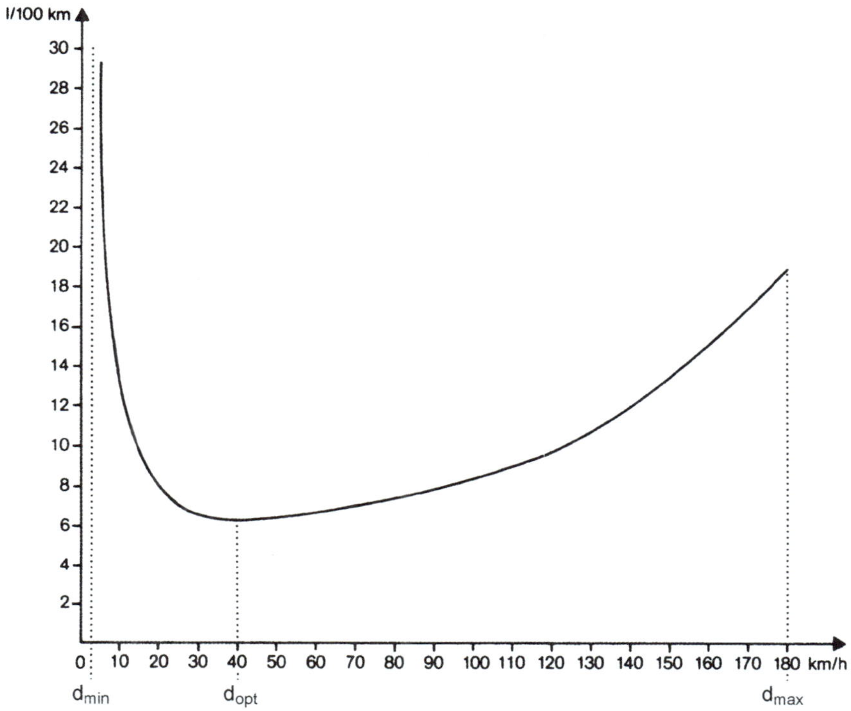

Aufgabe 35 Anpassungsformen

Wann werden im Bereich der Produktion Anpassungsprozesse erforderlich, und welche drei Grundformen der Anpassung lassen sich nach Gutenberg unterscheiden?

Wöhe S. 302–304

Im Bereich der Produktion werden Anpassungsprozesse durch **Beschäftigungsschwankungen** ausgelöst. Wurden z. B. bisher 4.000 Einheiten/Periode hergestellt und könnten jetzt aufgrund veränderter Nachfrage 6.000 (3.000) Einheiten abgesetzt werden, dann wird der Betrieb in der Regel versuchen, sich mit seiner Produktion der veränderten Nachfrage anzupassen.

Einem höheren (niedrigeren) **Beschäftigungsniveau** kann sich der Betrieb

a) zeitlich
b) intensitätsmäßig
c) quantitativ

anpassen. Von **zeitlicher** Anpassung spricht man dann, wenn die wöchentliche Arbeitszeit erhöht (gesenkt) wird, ohne dass sich die Intensität und der Bestand an Potentialfaktoren, z. B. Maschinen, ändern. **Intensitätsmäßige** Anpassung liegt dann vor, wenn bei gleichem Maschinenbestand und gleicher Arbeitszeit die Leistungsabgabe (und somit auch der Energieverbrauch) einer Anlage erhöht (gesenkt) wird. Von **quantitativer** Anpassung spricht man dann, wenn bei konstanter Intensität und Arbeitszeit der Maschinenbestand vergrößert (verkleinert) wird.

Aufgabe 36 Monetäre Verbrauchsfunktion

In einer Trocknungsanlage wird ein Rohstoff durch Zufuhr von Heißluft getrocknet. Der Trocknungsprozess dauert (incl. Rüstzeit) 8 Stunden und entspricht der Dauer der täglichen Arbeitszeit.

Der Betrieb hat die Möglichkeit, die Temperatur der Heißluftzufuhr zu variieren. Durch eine Erhöhung der Trockentemperatur lässt sich die Prozessdauer zwar nicht abkürzen; wohl aber lässt sich die Charge vergrößern, d.h. etwa, dass bei einer Temperatursteigerung von 40 auf 80 Grad die mengenmäßige Auslastung der Anlage von 20 Doppelzentner (dz) auf beispielsweise 45 dz erhöht werden kann. Ein Trocknungsvorgang dauert in beiden Fällen 8 Stunden. Die zur Trocknung benötigte Heißluft wird durch Einsatz von Heizöl erzeugt. Bei der niedrigsten Temperaturstufe kann die Anlage mit 20 dz/Arbeitsgang trocknen; bei der höchstmöglichen Trockentemperatur kann die Trockenanlage so beschickt werden, dass sie 100 dz/Arbeitsgang ausbringt.

Mit steigender Trockentemperatur (Intensität) erhöht sich der Ölverbrauch/Arbeitsgang; dem steht eine Erhöhung der Ausbringungsmenge (von 20 auf max. 100 dz/Arbeitsgang) gegenüber. Somit besteht ein funktionaler Zusammenhang zwischen Leistungsmenge (Anzahl der dz/Arbeitsgang) und dem Faktorverbrauch. Den bewerteten Ölverbrauch pro Leistungseinheit (dz) wollen wir als k_1 bezeichnen. Auf der Grundlage des derzeit geltenden Ölpreises lassen sich die Energiekosten/dz nach folgender Formel berechnen:

$$k_1 = 30 - m + 0{,}01 \cdot m^2 \qquad [20 \leq m \leq 100]$$

Mit m bezeichnen wir die Anzahl der getrockneten dz/Arbeitsgang. Die eckige Klammer zeigt an, dass diese Funktion nur für den Leistungsbereich von 20 bis 100 dz/Arbeitsgang gilt. Wie hoch sind die Kosten des Ölverbrauchs/dz, wenn die Anlage 20, 30, …, 100 dz/Arbeitsgang ausbringen soll? Zeigen Sie in einer graphischen Darstellung, wo die Minimalintensität (d_{min}), die Maximalintensität (d_{max}) und die Optimalintensität (d_{opt}) der Anlage liegen.

Wöhe S. 300–304

Setzt man für m die Werte 20, 30, …, 100 in die obige Funktion ein, erhält man für k_1 folgende Werte:

m	20	30	40	50	60	70	80	90	100
k_1	14	9	6	5	6	9	14	21	30

Bei der niedrigsten Temperaturstufe betragen also die Trockenkosten/dz 14 EUR, bei der höchsten Temperaturstufe betragen sie wegen des verringerten Wirkungsgrades der Anlage 30 EUR/dz. Der günstigste (kostenminimale) Wirkungsgrad der Anlage liegt bei einer Trockentemperatur, die eine Ausbringung von 50 dz/Arbeitsgang ermöglicht. Hier betragen die Energiekosten/dz nur 5 EUR. Bei diesem Leistungsgrad liegt folglich die **Optimalintensität**. Minimal- bzw. Maximalintensität liegen bei der Niedrigsttemperatur mit einer Ausbringungsmenge von 20 dz bzw. bei der Höchsttemperatur mit einer Ausbringungsmenge von 100 dz/Arbeitsgang.

Überträgt man die Wertepaare der obigen Tabelle in eine Graphik, ergibt sich folgendes Bild:

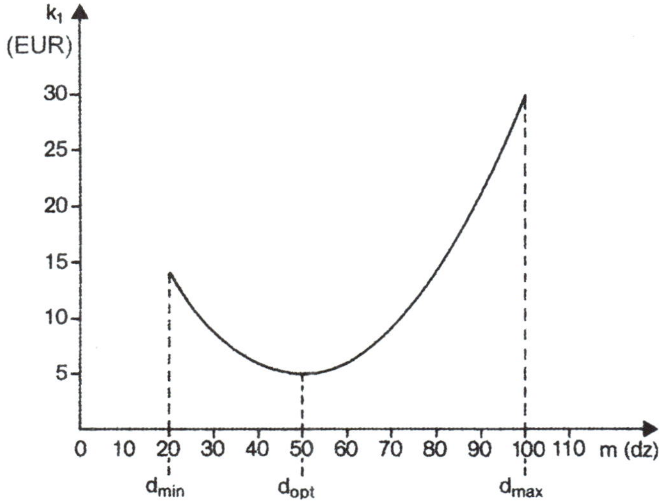

Aufgabe 37 Monetäre Verbrauchsfunktion (Fortsetzung)

Für den in **Aufgabe 36** beschriebenen Produktionsprozess wird nicht nur Energie, sondern es werden auch Maschinenleistung und Rohstoffe benötigt. Die Trocknungsanlage wurde von einem Spezialhersteller geleast. Der Leasingnehmer hat die Möglichkeit, den Leasingvertrag bei fehlendem Bedarf kurzfristig zu kündigen. Die monatliche Leasinggebühr beträgt 10.000 EUR; dabei werden die Kosten für Reparaturen und Wartung vom Leasinggeber getragen. Die Trocknungsanlage wird voraussichtlich an 250 Arbeitstagen im Jahr in Betrieb sein.

Der zu trocknende Rohstoff kostet 10 EUR/dz. Durch den Trocknungsprozess kommt es zu einem geringfügigen Materialschwund. Die prozentuale Höhe des Materialschwundes ist von der Temperatur der zugeführten Heißluft abhängig. Da die Trockentemperatur ihrerseits von der gewünschten Produktionsmenge abhängig ist, besteht zwischen der gewünschten Produktionsmenge und den Materialkosten/dz ein funktionaler Zusammenhang über folgende Ursachenkette:

höhere Ausbringungsmenge → höhere Heißlufttemperatur → höherer Schwund/Leistungseinheit → höhere Materialkosten/Leistungseinheit

Zum Ausgleich des Materialschwundes sind auf der niedrigsten Temperaturstufe, bei der die Anlage mit 20 dz beschickt wird, 2 % mehr an Rohstoff einzusetzen; auf der höchsten Temperaturstufe (m = 100 dz/Arbeitsgang) sind zum Ausgleich des Materialschwundes 10 % mehr an Rohstoff einzusetzen. Zwischen beiden Eckwerten steigt der Rohstoffschwund proportional zum Anstieg des Rohstoffeinsatzes/Arbeitsgang.

Bringen Sie die funktionale Abhängigkeit der Maschinenkosten/Leistungseinheit (k_2) und der Materialkosten/Leistungseinheit (k_3) von der Leistungshöhe (m) in einer Formel zum Ausdruck, die ähnlich aufgebaut ist wie die Funktion k_1 in Aufgabe 36! Ermitteln Sie die Optimalintensität der Trocknungsanlage in Bezug auf die Maschinenkosten (d_{opt2}) und die Materialkosten (d_{opt3}), indem Sie in die Gleichungen k_2 und k_3 für m alternative Werte von 10, 20, ..., 100 einsetzen! Übertragen Sie die gefundenen Werte in eine graphische Darstellung!

Wöhe S. 300–304

Für die Ermittlung der Maschinenkosten/Leistungseinheit (dz) gilt folgendes: Die jährliche Leasinggebühr beträgt 120.000 EUR. Bei 250 Arbeitstagen belaufen sich die Maschinenkosten/Tag auf 480 EUR; bei 480 EUR Maschinenkosten/Tag lässt sich also eine Schichtleistung von 20 bis maximal 100 dz Trockengut erstellen. Für die **Maschinenkosten/dz** (k_2) gilt somit:

$$\mathbf{k_2} = \frac{480}{m} \quad [20 \leq m \leq 100]$$

Analog lässt sich die Kostenfunktion k_3 für den Materialverbrauch/Leistungseinheit ermitteln. Ein Doppelzentner des Rohmaterials kostet 10 EUR. Mit zunehmender Leistungsmenge steigen die **Materialkosten/dz** (k_3) durch zunehmenden Schwund (infolge höherer Trockentemperatur) an:

$$\mathbf{k_3} = 10 + 0{,}01 \cdot m \; [20 \leq m \leq 100]$$

Für die alternativen Leistungsmengen (m = 20, 30, …, 100) gelten folgende Kostenwerte:

m (dz/Arbeitsgang)	20	30	40	50	60	70	80	90	100
k_2 (Maschinenkosten/dz)	24,00	16,00	12,00	9,60	8,00	6,86	6,00	5,33	4,80
k_3 (Materialkosten/dz)	10,20	10,30	10,40	10,50	10,60	10,70	10,80	10,90	11,00

In Bezug auf die Maschinenkosten (Leasinggebühr) liegt die Optimalintensität der Trocknungsanlage bei einer Trockentemperatur, die eine Ausbringung von 100 dz/Arbeitsgang erlaubt; bei dieser Intensität betragen die Maschinenkosten/Leistungseinheit 4,80 EUR.

Die Materialkosten/Leistungseinheit sind dagegen bei der niedrigstmöglichen Trockentemperatur, d. h. bei einer Leistungsmenge von 20 dz/Arbeitsgang, optimal; sie betragen in diesem Fall 10,20 EUR/dz.

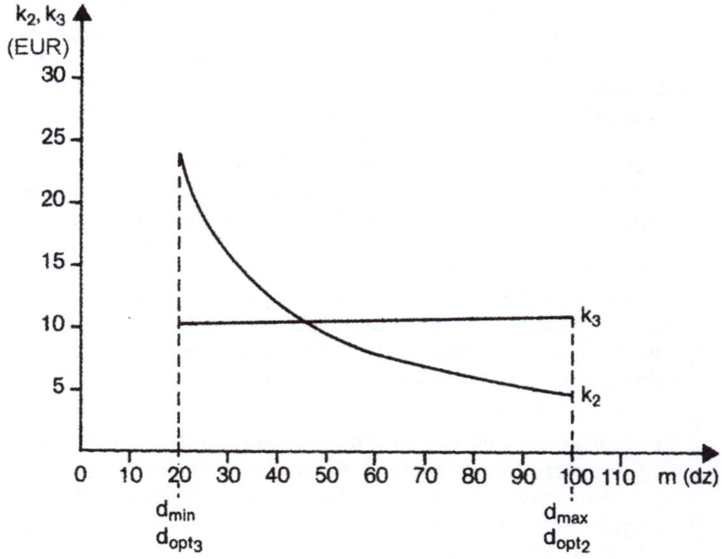

Aufgabe 38 Aggregierte monetäre Verbrauchsfunktion

Es gelten die Angaben der **Aufgaben 36** und **37**. Wo liegt der kostenminimale Leistungsgrad der Trockenanlage, wenn Sie alle drei Kostenarten (k_1, k_2, k_3) berücksichtigen? Liefern Sie eine rechnerische und eine zeichnerische Lösung und erläutern Sie das Ergebnis!

Wöhe S. 300–304

Der kostenminimale Leistungsgrad der Trockenanlage liegt dort, wo die variablen Kosten/Leistungseinheit (k_v = EUR/dz) am geringsten sind. Die variablen Durchschnittskosten k_v setzen sich aus den Energiekosten k_1, den Maschinenkosten k_2 und den Rohstoffkosten k_3 zusammen. Aggregiert man diese drei Kostenarten, dann erhält man:

m	20	30	40	50	60	70	80	90	100
k_1	14,00	9,00	6,00	5,00	6,00	9,00	14,00	21,00	30,00
k_2	24,00	16,00	12,00	9,60	8,00	6,86	6,00	5,33	4,80
k_3	10,20	10,30	10,40	10,50	10,60	10,70	10,80	10,90	11,00
k_v	48,20	35,30	28,40	25,10	24,60	26,56	30,80	37,23	45,80

Bezogen auf die variablen Stückkosten k_v liegt die Optimalintensität der Trockenanlage bei einer Trockentemperatur, die einen Ausstoß von 60 dz/Arbeitsgang erlaubt. Die variablen Durchschnittskosten betragen in diesem Fall 24,60 EUR/dz.

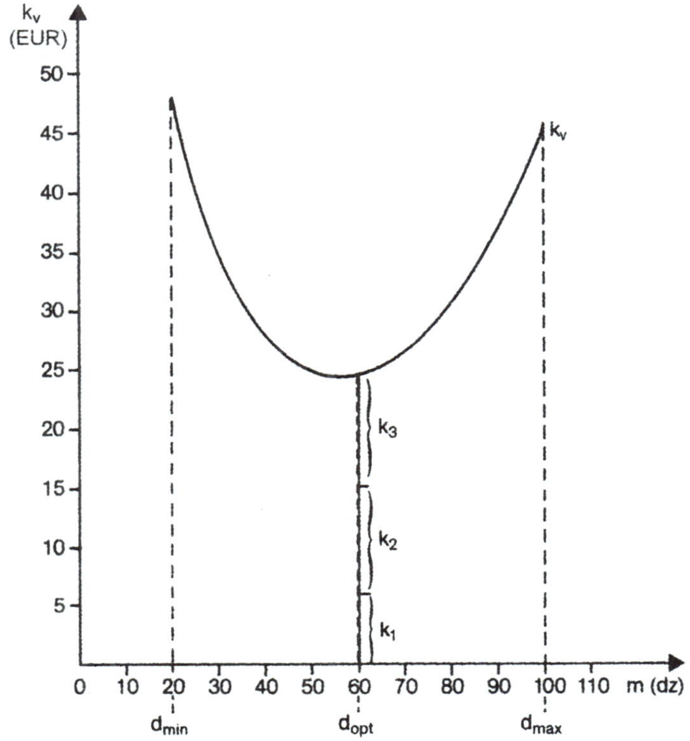

Für die aggregierte monetäre Verbrauchsfunktion k gilt:

$$\mathbf{k} = k_1 + k_2 + k_3$$

$$\mathbf{k} = 30 - m + 0{,}01 \cdot m^2 + \frac{480}{m} + 10 + 0{,}01 \cdot m$$

$$\mathbf{k} = 40 + \frac{480}{m} - 0{,}99 \cdot m + 0{,}01 \cdot m^2 \; [20 \leq m \leq 100]$$

(Unterstellt man die Möglichkeit einer stufenlosen Temperaturregelung, dann ergibt sich das Minimum für k bei m ≈ 57 dz. Die variablen Kosten/dz betragen bei dieser Intensität 24,48 EUR.)

Die bei m = 60 dz (genau genommen m ≈ 57 dz) liegende Optimalintensität, die alle drei variablen Kostenarten berücksichtigt, ist ein Kompromiss zwischen der Optimalintensität für die Kostenart „Energie“ (m = 50 dz), die Kostenart „Maschinenleistung“ (m = 100 dz) und die Kostenart „Material“ (m = 20 dz). Unter den gegebenen Bedingungen ist es am günstigsten, die Trockenanlage mit einer „mittleren“ Heißlufttemperatur zu betreiben, die einen Ausstoß von 60 dz/Arbeitsgang ermöglicht.

Aufgabe 39 Faktorpreisänderung und Optimalintensität

Es gelten die Angaben der **Aufgaben 36** und **37**. Der Kostenfunktion $k_1 = 30 - m + 0{,}01 \cdot m^2$ lag ein Ölpreis von 0,30 EUR/Liter zugrunde. Wegen drastischer Verknappung des Angebots ist für das kommende Jahr mit einem Ölpreis von 0,75 EUR/Liter zu rechnen. Die kostenminimale Ausbringungsmenge betrug beim bisherigen Ölpreis 60 dz/Schicht; die zugehörigen Produktionskosten bezifferten sich auf 24,60 EUR/dz (vgl. Aufgabe 38). Hat die erwartete Ölpreiserhöhung eine Änderung der bisherigen Optimalintensität zur Folge?

Wöhe S. 300–304

Die erwartete Ölpreisanhebung entspricht einer Preissteigerung von 150 %. Die neue Kostenfunktion k_{n1} für die Kostenart „Heizöl“ ist somit mit dem Faktor 2,5 zu multiplizieren. Dabei ergibt sich:

$$\mathbf{k_{n1}} = 75 - 2{,}5\ m + 0{,}025 \cdot m^2$$

Durch Einsetzen der alternativen Werte für m ergeben sich für k_{n1}, die neuen Energiekosten/Leistungseinheit, folgende Zahlen:

m	20	30	40	50	60	70	80	90	100
$\mathbf{k_{n1}}$	35,00	22,50	15,00	12,50	15,00	22,50	35,00	52,50	75,00

Entsprechend erhält man unter Berücksichtigung der gestiegenen Energiekosten für die aggregierte monetäre Verbrauchsfunktion k_n:

$$\mathbf{k_n} = k_{n1} + k_2 + k_3$$

m	20	30	40	50	60	70	80	90	100
$\mathbf{k_{n1}}$	35,00	22,50	15,00	12,50	15,00	22,50	35,00	52,50	75,00
$\mathbf{k_2}$	24,00	16,00	12,00	9,60	8,00	6,86	6,00	5,33	4,80
$\mathbf{k_3}$	10,20	10,30	10,40	10,50	10,60	10,70	10,80	10,90	11,00
$\mathbf{k_n}$	69,20	48,80	37,40	32,60	33,60	40,06	51,80	68,73	90,80

Die Verteuerung des Heizöls hat nicht nur eine Erhöhung des Kostenniveaus, sondern auch eine Verschiebung der Optimalintensität zur Folge. Das Minimum der aggregierten monetären Verbrauchsfunktion k_n liegt jetzt bei einer Leistung von 50 dz/Schicht. Nach der Ölpreiserhöhung erhalten die Energiekosten gegenüber den anderen beiden Kostenarten (Maschinen- und Materialkosten) ein so starkes Gewicht, dass die kostengünstigste Ausbringungsmenge/Schicht von 60 auf 50 dz/Schicht (genau genommen auf $m \approx 53$ dz/Schicht) gedrückt wird.

Das Minimum der Energiekosten/Leistungseinheit liegt vor und nach der Ölpreiserhöhung bei einer Ausbringungsmenge von 50 dz/Schicht. Durch die Ölpreiserhöhung erhalten die Energiekosten ein so großes Gewicht, dass sie den (auf der Basis aller drei Kostenarten ermittelten) optimalen Leistungsgrad auf dieses Niveau „ziehen".

Aufgabe 40 Optimalintensität

Optimale Intensität ist der Leistungsgrad (km/h; U/min.) einer Anlage, bei welcher

a) die variablen Stückkosten am niedrigsten
b) die Ausbringung am höchsten
c) die Gesamtkosten am geringsten
d) der auf die Leistungseinheit bezogene Verschleiß und Energieverbrauch am niedrigsten

sind. Kreuzen Sie die richtigen Antworten an!

Wöhe S. 300–303

Richtige Antworten: a) und d).

3. Abschnitt

Aufgabe 41 Zeitliche Anpassung

Die Gesamtkosten der BAU-BOOM-AG stiegen bisher proportional in Abhängigkeit von der Ausbringungsmenge. Nun versucht die AG, sich zeitlich (mit Hilfe von Überstunden) an die gestiegene Nachfrage anzupassen.

Teilaufgabe a)

Wie wird der weitere Verlauf der Gesamtkostenfunktion gewöhnlich aussehen?

Wöhe S. 303 f.

Die Zahlung von Überstundenzuschlägen wirkt auf die Gesamtkostenfunktion wie jede Erhöhung der Faktorpreise: Die Kostenfunktion zeigt über der Ausbringungsmenge, von der an die Überstunden gefahren werden, einen Knick, steigt weiterhin proportional, aber mit erhöhtem Steigungsmaß an.

Teilaufgabe b)

Ist es möglich, dass sich bei zeitlicher Anpassung das Steigungsmaß der Gesamtkostenkurve weniger stark erhöht, als es den Überstundenzuschlägen entspricht?

Lösungshinweis: Ein Anstieg der Beschäftigung zieht im Allgemeinen eine Erhöhung der Bestellmengen nach sich.

Das ist dann möglich, wenn bei ansteigender Beschäftigung andere Faktorpreise, z. B. aufgrund von Mengenrabatten, sinken.

Aufgabe 42 Optimale Anpassung

Ein Heizwerk versorgt ein Neubauviertel mit Fernwärme. Die Anlage ist Tag und Nacht in Betrieb. Die Kosten pro Wärmeeinheit k sind abhängig von der Intensität, mit welcher die Anlage betrieben wird:

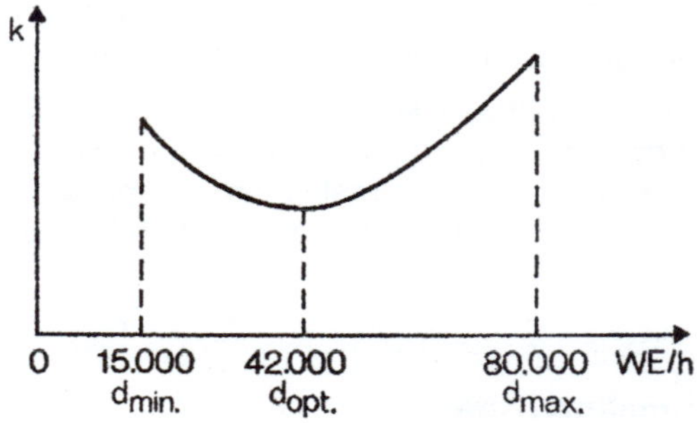

Zwischen 6 Uhr und 22 Uhr liefert die Anlage ununterbrochen 42.000 WE/h. Von 22 Uhr bis 6 Uhr ist der Bedarf an Fernwärme um zwei Drittel niedriger.

Wöhe S. 300–304

Teilaufgabe a)

Wie und in welchem Ausmaß soll man dem verringerten Nachtwärmebedarf Rechnung tragen?

Dem verringerten Nachtwärmebedarf sollte, soweit technisch möglich und nicht mit weiteren Anlaufkosten verbunden, durch zeitliche Anpassung begegnet werden, indem sich die Anlage bei Optimalintensität stündlich für 20 Minuten anschaltet.

Teilaufgabe b)

Wegen eines großen Kälteeinbruchs steigt der Bedarf an Tagwärme (6 Uhr bis 22 Uhr) bei gleichbleibendem Nachtwärmebedarf auf 50.000 WE/h. Die Möglichkeit, Nachtwärme zu speichern, ist gegeben. Schlagen Sie angesichts des erhöhten Wärmebedarfs zeitliche oder intensitätsmäßige Anpassung vor?

Bei **zeitlicher** Anpassung (d. h. bei Verlängerung der nächtlichen Betriebszeit von bisher 20 Minuten/Stunde) auf Basis der Optimalintensität steigen die Produktionskosten – neben den Kosten für die längere Produktionszeit zu k_{opt} – um die Kosten der Wärmespeicherung zuzüglich der Kosten des Wärmeverlustes. Bei **intensitätsmäßiger** Anpassung steigen dagegen die Betriebskosten/Stunde um 50.000 WE · (k^t – k_{opt}), wobei k_{opt} die Kosten/WE bei einer Intensität von 42.000 WE/h, k^t die (höheren) Kosten/WE bei einer Intensität von 50.000 WE/h angibt. Ob man sich für zeitliche oder intensitätsmäßige Anpassung entscheidet, hängt davon ab, welcher der beiden Mehrkostenbeträge niedriger ist.

Teilaufgabe c)

Es wird unterstellt, dass die zeitliche Anpassung, d. h. die Verlängerung der nächtlichen Anschaltphasen, kostengünstiger sei als die intensitätsmäßige Anpassung. Der Wärmeverlust sei gleich null, der Bedarf an Nachtwärme nach wie vor 14.000 WE/h. Um wieviel darf der stündliche Bedarf an Tageswärme zunehmen (zur Zeit 42.000 WE/h), um allein im Rahmen **zeitlicher** Anpassung erbracht werden zu können?

Die Nachtheizdauer beträgt acht Stunden. Unter Beibehaltung der **Optimalintensität** von 42.000 WE/h liegt die Wärmeleistung bei maximaler zeitlicher Anpassung, d.h. im Falle ununterbrochenen Betriebes bei Optimalintensität, bei 42.000 WE/h · 8 h/Nacht = 336.000 WE/Nacht.

	Nachtleistung	42.000 · 8	= 336.000 WE/Nacht
–	**Nachtbedarf**	14.000 · 8	= 112.000 WE/Nacht
=	**Nachtüberschuss**		= 224.000 WE : 16 h = 14.000 WE/h

Der Bedarf an Tageswärme darf höchstens um 14.000 WE/h zunehmen; anderenfalls muss man auf eine kostenungünstigere Intensität übergehen.

Aufgabe 43 Dauer der Beschäftigungsänderung

Ein Taxiunternehmen, welches bisher voll ausgelastet war, verfügt über drei Fahrzeuge und sieht sich einer gestiegenen Nachfrage gegenüber. Welche Anpassungsmöglichkeiten würden Sie empfehlen, wenn die Nachfragesteigerung

a) auf die Abhaltung einer Verkaufsmesse
b) auf die Einstellung einer Buslinie

zurückzuführen ist?

Wöhe S. 302–304

Zeitliche Anpassung, d.h. eine Verlängerung der Betriebszeit, kommt in beiden Fällen nicht in Frage, da man Fahrgäste, die mittags bedient werden wollen, nicht auf den Abend vertrösten kann. Da die Nachfragesteigerung im Fall a) sehr kurzlebig ist, scheidet eine **quantitative** Anpassung, d.h. die Beschaffung eines oder mehrerer neuer Fahrzeuge bzw. die Einstellung neuer Fahrer, aus. Hier besteht nur die Möglichkeit **intensitätsmäßiger** Anpassung durch Erhöhung der Fahrgeschwindigkeit, die allerdings nicht sehr ergiebig sein dürfte. Da im Fall b) die Nachfragesteigerung von Dauer ist, empfiehlt sich die **quantitative** Anpassung durch Beschaffung eines neuen Fahrzeugs bzw. Mitarbeitereinstellung.

Aufgabe 44 Optimalintensität

Die BUTTERBERG AG sieht sich einer steigenden Nachfrage nach Butter gegenüber. Im Mittelpunkt der Butterherstellung stehen die sog. Butterfertiger, trommelartige, elektrisch betriebene Anlagen, in denen die Sahne zu Butter geschlagen wird. Die BUTTERBERG AG verfügt derzeit über vier gleichartige Anlagen, die mit unterschiedlicher Intensität betrieben werden können. Jede Anlage wird zu Beginn eines Arbeitsgangs mit einer Sahnemenge beschickt, die zu 800 kg Butter führt. Die Dauer eines Arbeitsgangs ist abhängig von der Schaltstufe (I, II, III oder IV). Mit zunehmender Schaltstufe erhöht sich natürlich auch der Stromverbrauch/Stunde. Für die einzelnen Schaltstufen gelten (bei konstanter Beschickung pro Arbeitsgang) folgende Angaben:

Schaltstufe	Stromverbrauch/Std. (kWh)	Bearbeitungszeit (Min.)
I	20	75
II	24	60
III	28	55
IV	32	50

Bei Schaltstufe I dauert die Herstellung von 800 kg Butter 75 Minuten; der dabei eintretende Stromverbrauch/Std. liegt bei 20 kWh, beträgt also für einen Arbeitsgang

$$20 \cdot \frac{75}{60} = 25 \text{ kW.}$$

Die Arbeitszeit liegt bei 8 Stunden/Tag. Reinigung und Beschickung der Butterfertiger dauern 1 Stunde/Tag und Anlage. (Diese ablaufbedingte Unterbrechung soll unabhängig von der Zahl der täglichen Beschickungen sein.) Gehen Sie aus Vereinfachungsgründen davon aus, dass ein Arbeitsgang über Nacht unterbrochen und am nächsten Tag fortgesetzt werden kann.

Wöhe S. 300–304

Teilaufgabe a)

Alle vier Anlagen arbeiteten bisher in Schaltstufe I. Wie groß ist unter diesen Bedingungen die maximale Ausbringungsmenge/Arbeitstag?

Ausbringungsmenge/ Tag	=	Ausbringungsmenge/ Std. und Anlagen	·	Anzahl der Betriebsstunden

Die Anzahl der Betriebsstunden für alle vier Anlagen beläuft sich auf (8 – 1) · 4 = 28 Stunden. Die auf 60 Minuten umgelegte Ausbringungsmenge/Anlage beträgt

$$800 \text{ kg} \cdot \frac{60}{75} = 640 \text{ kg/Std.}$$

Ausbringungsmenge/Tag = 640 kg/Std. · 28 Std./Tag = 17.920 kg/Tag

Bei Schaltstufe I kann die AG täglich maximal 17.920 kg Butter erzeugen.

Teilaufgabe b)

Bisher wurden im Tagesdurchschnitt 17.000 kg Butter produziert und verkauft. Wie beurteilen Sie die Anordnung der Produktionsleitung, die Butterfertiger in Schaltstufe I zu betreiben?

Das Ergebnis aus Teilaufgabe a) zeigt, dass Schaltstufe I ausreichte, um die gewünschte Menge (17.000 kg/Tag) herzustellen. Mengenbedingt ist der Übergang auf eine höhere Schaltstufe nicht erforderlich. Im Hinblick auf die größtmögliche **Wirtschaftlichkeit** ist aber eine Intensitätssteigerung, d. h. eine Erhöhung der Schaltstufe, zu empfehlen, wie die folgende Berechnung zeigt:

Schaltstufe	Stromverbrauch/Charge
I	$\frac{20 \cdot 75}{60} = 25{,}0$ kW
II	$\frac{24 \cdot 60}{60} = 24{,}0$ kW
III	$\frac{28 \cdot 55}{60} = 25{,}\overline{6}$ kW
IV	$\frac{32 \cdot 50}{60} = 26{,}\overline{6}$ kW

Die **optimale** Intensität liegt bei Schaltstufe II, da dort der Stromverbrauch/Charge am niedrigsten ist. Während nämlich zur Herstellung von 800 kg Butter in Schaltstufe I 25 kW benötigt werden, sinkt der Energieverbrauch in Schaltstufe II mit 24 kW auf das Minimum. Es wäre also zweckmäßiger gewesen, die Aggregate in Schaltstufe II zu betreiben und dafür zeitweise stillstehen zu lassen.

Aufgabe 45 Zeitlich-intensitätsmäßige Anpassung I

Es gelten alle Angaben aus **Aufgabe 44** – Vorspann –. Die Aggregate werden zur Zeit in Schaltstufe I betrieben. Die Nachfrage steigt auf

a) 20.000 kg/Tag
b) 24.000 kg/Tag.

Bei der BUTTERBERG AG erwägt man, die Mittagspause (60 Minuten) in zwei Schichten abzuhalten. Außerdem trägt man sich mit dem Gedanken, gleitende Arbeitszeit mit 90 Minuten Gleitzeit einzuführen. Beide Regelungen, die zu einer Verlängerung der Laufzeit der Aggregate um 60 bzw. 90 Minuten führen würden, fänden die Zustimmung des Betriebsrats.

Soll sich die BUTTERBERG AG der veränderten Nachfrage zeitlich (Mittagspause, gleitende Arbeitszeit) oder intensitätsmäßig (Änderung der Schaltstufe) anpassen?

Wöhe S. 300–304

Die Intensität sollte auch bei unveränderter Nachfrage gewechselt werden (vgl. Aufgabe 44b). Ohne Veränderung der Arbeitszeit beläuft sich die maximale Tagesproduktion bei Optimalintensität, also in Schaltstufe II, auf 800 kg · 28 Std. = 22.400 kg. Für die Nachfragesituation a) ist also eine **intensitätsmäßige** Anpassung in Form des Übergangs auf Schaltstufe II ausreichend.

Die Nachfragesituation b) dagegen macht zusätzlich eine **zeitliche** Anpassung erforderlich. Die Fehlmenge von 24.000 – 22.400 = 1.600 kg muss durch Verlängerung der Laufzeit ausgeglichen werden. Bei einer stündlichen Ausbringungsmenge von 4 Anlagen · 800 kg/Anlage = 3.200 kg genügte es bereits, wenn die tägliche Laufzeit der Anlagen von 7 auf 7,5 Stunden erhöht würde. Für eine derartige zeitliche Anpassung genügte sowohl die Einführung der schichtweisen Mittagspause als auch der Übergang zur gleitenden Arbeitszeit.

Aufgabe 46 Zeitlich-intensitätsmäßige Anpassung II

Es gelten die Angaben der **Aufgaben 44** (Vorspann) und **45**. Nach einem weiteren Monat steigt die Tagesnachfrage auf 31.000 kg. Wie soll sich die BUTTERBERG AG der veränderten Situation anpassen?

Lösungshinweis: Beachten Sie die in Aufgabe 45 angedeuteten Möglichkeiten zur Verlängerung der Betriebszeit!

Wöhe S. 300–304

Bei einer Laufzeit von 7 Stunden/Tag lassen sich bei Optimalintensität maximal 22.400 kg Butter gewinnen (vgl. Aufgabe 45). Ohne dass sich die Lohnsätze durch Überstundenzuschläge erhöhen, ist eine Ausweitung der täglichen Laufzeit um 2,5 Stunden (Überbrückung der Mittagspause + gleitende Arbeitszeit) möglich. Durch **zeitliche** Anpassung lässt sich also die Ausbringungsmenge um 800 kg · 2,5 Std. · 4 = 8.000 kg erhöhen. Zeitliche Anpassung ohne Änderung der Faktorpreise erlaubte somit bei Optimalintensität eine maximale Tagesproduktion von 22.400 + 8.000 = 30.400 kg. Zeitliche Anpassung bei Optimalintensität reicht also nicht ganz aus, um der gestiegenen Nachfrage Rechnung zu tragen.

In dieser Situation hat die BUTTERBERG AG folgende drei Aktionsmöglichkeiten:

(1) Schaltstufe II (Optimalintensität); 9,5 Stunden Laufzeit (Normallohn); 30.400 kg Tagesproduktion;
Nachteil: 600 kg Nachfrageverlust.

(2) Schaltstufe II (Optimalintensität); Laufzeit > 9,5 Stunden (Überstundenzuschlag); 31.000 kg Tagesproduktion;
Nachteil: Überstundenzuschlag.

(3) Teilweise Schaltstufe II, teilweise Schaltstufe III; maximal 9,5 Stunden Laufzeit (Normallohn); 31.000 kg Tagesproduktion;
Nachteil: Erhöhte Stromkosten/kg bei Schaltstufe III.

Ob sich die BUTTERBERG AG für (1), (2) oder (3) entscheidet, hängt von der wertmäßigen Höhe des jeweiligen Nachteils ab, der nur unter Berücksichtigung des Bruttogewinns für ein kg Butter und der Faktorpreise (Stromkosten, Überstundenzuschlag) ermittelt werden kann.

Aufgabe 47 Intensitätsmäßige Anpassung

Es gelten die Angaben aus **Aufgabe 46**. Die BUTTERBERG AG hat errechnet, dass Nachteil (3) am geringsten ist und entscheidet sich somit nach intensitätsmäßiger und zeitlicher Anpassung erneut zu einer Intensitätsänderung. Genügt es, dass ein einziger Butterfertiger auf Schaltstufe III gestellt wird, während die restlichen drei in Schaltstufe II (Optimalintensität) verbleiben?

Wöhe S. 302 f.

Um die fehlenden 600 kg (31.000 kg – 30.400 kg) herstellen zu können, muss man mindestens an einem Aggregat auf Schaltstufe III übergehen. Verbleiben drei Aggregate auf Schaltstufe II, so lassen sich damit

$$30.400 \cdot \frac{3}{4} = 22.800 \text{ kg herstellen.}$$

Arbeitet die vierte Anlage in Schaltstufe III, erbringt sie zusätzlich

$$800 \text{ kg} \cdot \frac{60}{55} \approx 873 \text{ kg/Std.}$$

Somit erzielt die vierte Anlage eine Tagesproduktion in Höhe von 873 · 9,5 ≈ 8.294 kg. Damit liegt die Gesamttagesproduktion bei 22.800 + 8.294 = 31.094 kg und reicht aus, die gestiegene Nachfrage zu befriedigen. Es ist also ausreichend, sich mit einem einzigen Aggregat **intensitätsmäßig** (Übergang auf Schaltstufe III) anzupassen.

II. Produktionsplanung

1. Produktionsprogrammplanung

Wiederholungsfragen:

	Wöhe Seite
Mit welchen Teilproblemen beschäftigt sich die langfristige Produktionsprogrammplanung?	305 f.
Welcher Zusammenhang besteht zwischen der kurzfristigen Produktionsprogrammplanung und einem Produktionsengpass?	307–311
Wie berechnet man den Deckungsbeitrag/Stück (Gewinn/Stück)?	308
Welchen Einfluss hat die Anzahl der Produkte und die Anzahl der Produktionsengpässe auf die Ausgestaltung der kurzfristigen Produktionsprogrammplanung?	309–311
Was versteht man unter einem Deckungsbeitrag pro Engpassbelastungseinheit?	309
Unter welchen Bedingungen ist die lineare Programmierung für die kurzfristige Produktionsprogrammplanung unabdingbar?	309–311
Wie lässt sich der zulässige Lösungsbereich bei zwei Produkten und zwei Engpässen graphisch darstellen?	310

Aufgabe 48 Engpassermittlung

Die Firma HANS WURST OHG betreibt eine Fleischwarenfabrik. Neben Fleischkonserven wird Räucherware hergestellt, bei der sich ein Produktionsengpass anbahnt. Der Engpass droht bei der Räucheranlage zu entstehen, die bei einer täglichen Arbeitszeit von acht Stunden im Monatsdurchschnitt an 22 Arbeitstagen in Betrieb ist. Die Anlage wird von sechs Produkten beansprucht, wobei in einem Arbeitsgang immer nur eine einzige Produktart geräuchert werden kann. Die in kg ausgedrückte Kapazität (= räumliche Auslastung) der Anlage ist für alle Produktarten verschieden. Die Produktarten unterscheiden sich auch im Hinblick auf die Zeitdauer des Räuchervorgangs. Folgende Tabelle fasst diese Unterschiede zusammen:

Produktart	Charge* kg/Beschickung	Belastungskoeffizient Stunden/Charge
Hinterschinken	2.400	10**
Vorderschinken	1.800	8
Speck	2.000	8
Salami	1.600	6
Leberwurst	1.500	5
Blutwurst	1.200	4

* Unter Charge versteht man den Umfang der Ladung oder Beschickung einer technischen Anlage.

** Die tägliche Arbeitszeit ist geringer als die Bearbeitungszeit. Gehen Sie davon aus, dass der Räuchervorgang über Nacht unterbrochen und am nächsten Tag fortgesetzt werden kann.

Das Räuchern von Speck dauert also beispielsweise 8 Stunden, wobei die Anlage mit maximal 2.000 kg ausgelastet werden kann.

Für die kommende Zeit hat die HANS WURST OHG bei entsprechenden Preisen und Kosten folgende Absatzerwartungen (im Monatsdurchschnitt):

Produktart	Absatzmenge kg/Monat	Absatzpreis EUR/kg	Materialeinzelkosten EUR/kg	Fertigungseinzelkosten EUR/kg	Gemeinkosten (fix) EUR/kg
Hinterschinken	14.400	17,00	8,00	2,00	3,80
Vorderschinken	5.400	12,00	6,20	1,80	1,60
Speck	4.000	3,70	1,50	0,10	1,00
Salami	9.600	14,00	6,80	1,20	2,70
Leberwurst	12.000	6,00	3,20	1,00	0,80
Blutwurst	10.800	6,00	2,60	1,20	1,70

Lassen sich mit der gegebenen Räucherkapazität die geplanten Absatzmengen realisieren oder gibt es in diesem Produktionsbereich einen Engpass?

Produktart	(1) Sollmenge kg/Monat	(2) Charge kg/ Beschickung	(3) Chargenzahl (1) : (2)	(4) Belastungskoeffizient Std./Charge	(5) Solllaufzeit (3) · (4)
Hinterschinken	14.400	2.400	6	10	60
Vorderschinken	5.400	1.800	3	8	24
Speck	4.000	2.000	2	8	16
Salami	9.600	1.600	6	6	36
Leberwurst	12.000	1.500	8	5	40
Blutwurst	10.800	1.200	9	4	36
Summe					**212**

Um die geplanten Absatzmengen realisieren zu können, benötigte die HANS WURST OHG eine monatliche Betriebszeit von 212 Stunden. Da nur 176 (= 8 Stunden · 22 Arbeitstage) Maschinenstunden zur Verfügung stehen, wird die Räucheranlage zum **Produktionsengpass**.

Aufgabe 49 Engpassbeseitigung

Die HANS WURST OHG kann wegen der Existenz eines Produktionsengpasses nicht die volle Nachfrage befriedigen (vgl. **Aufgabe 48**). Was halten Sie von dem Vorhaben, die Produktionsmengen aller sechs Produktarten gemessen an den geplanten Absatzmengen um 16,98 % zu kürzen? Ein derart gekürztes Produktionsvolumen ließe sich gerade mit 176 Betriebsstunden bewältigen.

Diese schematische Produktionskürzung wäre deshalb sehr unvorteilhaft, weil Produkte mit hohem Erfolgsanteil ebenso stark von der Rationierung betroffen würden wie Produkte mit niedrigerem (oder gar negativem) Erfolgsbeitrag. Beim Auftreten unvermeidbarer Produktionsengpässe ist vielmehr eine **Prioritätenskala** aufzustellen, in der diejenigen Produktarten, an denen man am besten verdient, ganz oben rangieren und in vollem Umfang produziert werden sollten.

3. Abschnitt

Aufgabe 50 Ermittlung der optimalen Engpassbelastung I

Erstellen Sie eine solche Prioritätenskala gemäß **Aufgabe 49** nach Maßgabe der Stückgewinne!

Wie hoch ist der danach zu erwartende Gesamterfolg?

Lösungshinweis: Zur Ermittlung der Stückkosten vgl. Aufgabe 48.

Produktart	Absatzpreis EUR/kg	Stückkosten EUR/kg	Stückgewinn EUR/kg	Prioritätenskala	Produktionsmenge kg/Monat	Engpassbelastung
Hinterschinken	17,00	13,80	3,20	(2)	14.400	60
Vorderschinken	12,00	9,60	2,40	(3)	5.400	24
Speck	3,70	2,60	1,10	(4)	4.000	16
Salami	14,00	10,70	3,30	(1)	9.600	36
Leberwurst	6,00	5,00	1,00	(5)	12.000	40
Blutwurst	6,00	5,50	0,50	(6)	–	–
Summe						**176**

Unter Beachtung der hier nach Maßgabe der **Stückgewinne** ermittelten Prioritätenskala fallen die Produktion und der Absatz von Blutwurst dem Engpass zum Opfer. Der Erfolg dieses Produktionsprogramms lässt sich folgendermaßen bestimmen:

Produktart	Stückgewinn EUR/kg	Menge kg/Monat	Erfolgsanteil EUR/Monat
Hinterschinken	3,20	14.400	46.080
Vorderschinken	2,40	5.400	12.960
Speck	1,10	4.000	4.400
Salami	3,30	9.600	31.680
Leberwurst	1,00	12.000	12.000
Blutwurst	– 1,70	10.800	– 18.360
Summe			**88.760**

Da auch bei Produktionseinstellung für Blutwurst die auf diese Produktart umgelegten Fixkostenanteile (Gemeinkosten/kg = 1,70 EUR) weiterhin anfallen, müssen sie als negative Erfolgskomponente in Ansatz gebracht werden. Der mit diesem Produktionsprogramm erzielbare monatliche Gesamtgewinn beläuft sich somit auf 88.760 EUR.

Aufgabe 51 Ermittlung der optimalen Engpassbelastung II

Ändert sich die Prioritätenskala aus **Aufgabe 50**, wenn man sie an der Höhe der Deckungsbeiträge ausrichtet? Wie hoch ist dann der Gesamterfolg?

Wöhe S. 307–311

3. Abschnitt

Produktart	Absatzpreis EUR/kg	variable Stückkosten EUR/kg	Deckungs-beitrag EUR/kg	Prioritätenskala	Produktions-menge kg/Monat	Engpass-belastung
Hinterschinken	17,00	10,00	7,00	(1)	14.400	60
Vorderschinken	12,00	8,00	4,00	(3)	5.400	24
Speck	3,70	1,60	2,10	(5)	4.000	16
Salami	14,00	8,00	6,00	(2)	9.600	36
Leberwurst	6,00	4,20	1,80	(6)	–	–
Blutwurst	6,00	3,80	2,20	(4)	10.800	36
Summe						**172***

* Bei diesem Produktionsprogramm verbleibt eine nicht genutzte Restkapazität von 4 Stunden. Die Räucherdauer für eine Leberwurstcharge beträgt mindestens 5 Stunden.

Bei dieser nach Deckungsbeiträgen eingerichteten Prioritätenskala fällt die Leberwurstproduktion dem Engpass zum Opfer. Der Monatserfolg ist für dieses Produktionsprogramm folgendermaßen zu ermitteln:

Produktart	Gemeinkosten EUR/kg	Menge kg/Monat	Gemeinkosten EUR/Monat
Hinterschinken	3,80	14.400	54.720
Vorderschinken	1,60	5.400	8.640
Speck	1,00	4.000	4.000
Salami	2,70	9.600	25.920
Leberwurst	0,80	12.000	9.600
Blutwurst	1,70	10.800	18.360
Summe			**121.240**

Die Summe der monatlichen Gemeinkosten (= Fixkosten) beläuft sich auf 121.240 EUR.

Produktart	Deckungsbeitrag EUR/kg	Menge kg/Monat	Bruttogewinn EUR/Monat
Hinterschinken	7,00	14.400	100.800
Vorderschinken	4,00	5.400	21.600
Speck	2,10	4.000	8.400
Salami	6,00	9.600	57.600
Leberwurst	1,80	–	–
Blutwurst	2,20	10.800	23.760
Summe			**212.160**

Der Bruttogewinn beträgt 212.160 EUR. Der Nettogewinn ist demnach auf 90.920 EUR zu beziffern:

Bruttogewinn	–	Fixkosten	=	Nettogewinn
212.160 EUR	–	121.240 EUR	=	90.920 EUR

Aufgabe 52 Lenkziffer zur Produktionssteuerung

Wie erklären Sie sich die Unterschiede in den Ergebnissen der Aufgaben 50 und 51?

Wöhe S. 307–311

Ordnet man die Produkte nach Maßgabe ihrer Stückgewinne (Aufgabe 50), gelangt man zu einer anderen Prioritätenskala als bei einer Anordnung nach **Deckungsbeiträgen** (Aufgabe 51). Folglich unterscheidet sich in beiden Fällen auch der Gesamterfolg. Die Prioritätenskala nach Deckungsbeiträgen ist derjenigen nach Stückgewinnen überlegen, denn sie führt zu einem um 2.160 EUR höheren Gesamterfolg.

falsch:

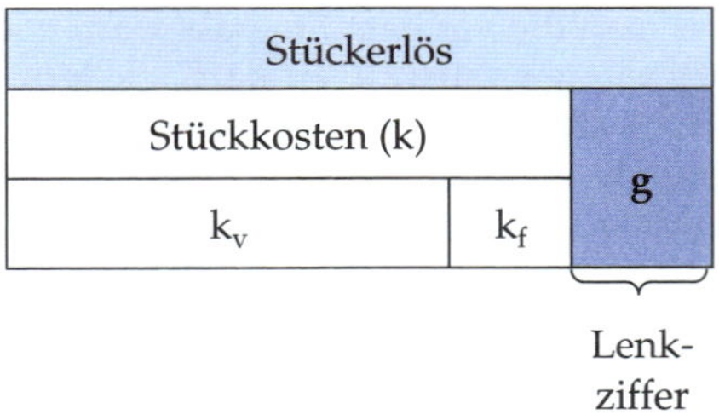

richtig:

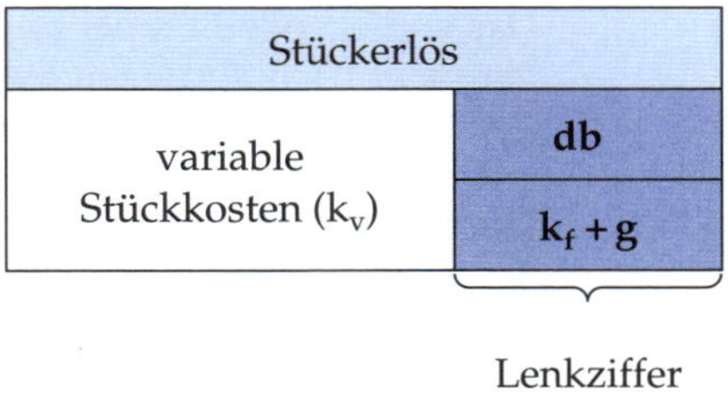

Diese Überlegenheit lässt sich folgendermaßen erklären: Die Lenkziffer „Stückgewinn g" wird ermittelt, indem von den Umsatzerlösen je Produkteinheit die variablen Stückkosten k_v und die fixen Stückkosten k_f abgezogen werden. Bei der Lenkziffer „Deckungsbeitrag db" werden die Umsatzerlöse je Produkteinheit lediglich um die variablen Stückkosten k_v reduziert. Die fixen Stückkosten k_f bleiben unberücksichtigt, denn die fixen Kosten müssen auch im Falle der Nichtproduktion getragen werden. Diese sind somit im Rahmen der kurzfristigen Planung entscheidungsirrelevant.

Aufgabe 53 Prioritätenskala und Belastungsdauer

Nehmen Sie an, Sie seien der Inhaber eines gut gehenden Speiselokals, vor dessen Tür sich eine größere Zahl von Gästen befindet, die bereit sind, notfalls den ganzen Abend auf einen freiwerdenden Tisch zu warten. Sie haben für den Rest des Abends nur noch einen einzigen Tisch frei, den Sie einmal oder gegebenenfalls mehrmals hintereinander mit wartenden Gästen besetzen können. Diese wartenden Gäste lassen sich je nach beabsichtigter Speiseauswahl und beabsichtigter „Verweildauer" am Tisch in drei verschiedene Kategorien einteilen:

Kategorie	Preis EUR/Mahlzeit	variable Kosten EUR/Mahlzeit	Deckungsbetrag EUR/Mahlzeit	Verweildauer Std./Gast bzw. Mahlzeit
I	50	30	20	1,0
II	40	14	26	2,0
III	32	18	14	0,5

Wie würden Sie Ihre Gäste auswählen, damit der Tisch für den Rest des Abends (4 Stunden) möglichst viel „abwirft"?

Im vorliegenden Falle wird man die Gäste weder nach Maßgabe des Preises noch nach Maßgabe des Deckungsbeitrags der Mahlzeit auswählen. Man muss vielmehr darauf achten, dass der Tisch mit Gästen der Kategorie I, II oder III in Abhängigkeit vom Deckungsbeitrag db je Engpassbelastungseinheit (= **relativer Deckungsbeitrag**) besetzt wird. Es lassen sich pro Stunde erwirtschaften:

$$\textbf{Bruttoerfolg (db) pro Stunde} = \frac{p - k_v = db}{\text{Verweildauer}}$$

I = 20 EUR/Stunde, II = 13 EUR/Stunde und III = 28 EUR/Stunde.

Der Tisch ist hier ein Engpass, so wie es die Räucheranlage in den vorangegangenen Aufgaben war. Die den Engpass „Tisch" beanspruchenden Gäste sind zu vergleichen mit Schinken, Speck und Leberwurst, die den Engpass „Räucheranlage" beanspruchten.

Das vorliegende Beispiel zeigt, dass man die vor dem Engpass wartenden Einheiten nicht nach absoluten Deckungsbeiträgen auswählen darf, sondern dass man die Prioritätenskala nach Maßgabe des **Deckungsbeitrags/Beanspruchungsdauer** (= Deckungsbeitrag/Engpassbelastungseinheit = db/E) bilden muss. Ein absoluter Deckungsbeitrag der Kundenkategorie I in Höhe von 20 EUR ist unvorteilhafter als der absolute Deckungsbeitrag der Kundenkategorie III in Höhe von 14 EUR, wenn sich dieser in 30 Minuten, jener in 60 Minuten erwirtschaften lässt.

Aufgabe 54 Ermittlung der optimalen Engpassbelastung

Es gelten die Angaben der **Aufgaben 48** bis **52**. Wie ändert sich die Prioritätenskala der HANS WURST OHG, wenn man sie an der Höhe des Deckungsbeitrags/Engpassbelastungseinheit (db/E) ausrichtet? Wie hoch ist der Gesamterfolg?

Lösungshinweis: Beachten Sie bei der Bildung der Lenkziffern, dass die gewichtmäßige Auslastung der Räucheranlage bei den einzelnen Produkten unterschiedlich ist (vgl. Aufgabe 48). Die Lenkziffer db/E ergibt sich deshalb aus db pro Charge/Belastungskoeffizient.

Produktart	(1) db EUR/kg	(2) kg (Charge)	(3) db EUR/ Charge (1) · (2)	(4) Belastungs-koeffizient Std./Charge	(5) db/E EUR/Std. (3) : (4)	(6) Prioritätenskala	(7) Produktions-menge kg/Monat	(8) Engpass-belastung Std./Monat
Hinterschinken	7,00	2.400	16.800	10	1.680	(1)	14.400	60
Vorderschinken	4,00	1.800	7.200	8	900	(3)	5.400	24
Speck	2,10	2.000	4.200	8	525	(6)	–	–
Salami	6,00	1.600	9.600	6	1.600	(2)	9.600	36
Leberwurst	1,80	1.500	2.700	5	540	(5)	6.000	20
Blutwurst	2,20	1.200	2.640	4	660	(4)	10.800	36
Summe								**176**

Die Prioritätenskala hat sich geändert. Da die Betriebszeit von 176 Stunden nicht überschritten werden darf, verzichtet man nach diesem Auswahlprinzip am ehesten auf die Produktion von Speck und teilweise auch auf die Produktion von Leberwurst. Will man die Vorteilhaftigkeit dieses Produktionsprogramms ermitteln, muss man seinen Gesamterfolg bestimmen und mit dem Gesamterfolg der Aufgabe 51 vergleichen:

Produktart	(1) db EUR/kg	(2) Engpass-belastung Std./Monat	(3) Bruttogewinn EUR/Monat (1) · (2)	(1) db EUR/kg	(2) Produktions-menge kg/Monat	(3) Bruttogewinn EUR/Monat
Hinterschinken	1.680	60	100.800	7,00	14.400	100.800
Vorderschinken	900	24	21.600	4,00	5.400	21.600
Speck	525	–	–	2,10	–	–
Salami	1.600	36	57.600	6,00	9.600	57.600
Blutwurst	540	20	10.800	1,80	6.000	10.800
Leberwurst	660	36	23.760	2,20	10.800	23.760
Summe			**214.560**			**214.560**

	Bruttogewinn	214.560 EUR
–	**Fixkosten**	121.240 EUR
=	**Nettogewinn**	93.320 EUR

Bestimmt man das Produktionsprogramm nicht mehr nach Maßgabe der Deckungsbeiträge, sondern nach Maßgabe der Deckungsbeiträge pro Engpassbelastungseinheit, dann erhöht sich der Nettogewinn von 90.920 EUR auf 93.320 EUR, also um 2.400 EUR. Daraus wird erneut deutlich, dass die Größe db/E der Größe db als Auswahlprinzip zur **Bestimmung des optimalen Produktionsprogramms** bei Existenz eines Engpasses überlegen ist.

2. Materialwirtschaft

Wiederholungsfragen:

Wöhe	Seite
Welche Aufgaben hat die Materialwirtschaft?	311–313
Welche Vor- und Nachteile hat die fallweise Einzelbeschaffung gegenüber dem Just-in-Time-Konzept?	312
Wie unterscheiden sich programmgebundene und verbrauchsgebundene Materialbedarfsermittlung?	313–316
Wie gelangt man von Strukturstücklisten zu Baukastenstücklisten?	314 f.
Welcher Zusammenhang besteht zwischen Bruttobedarf, Mehrverbrauchszuschlag, Lagerbestand und Nettobedarf?	315 f.
Wo liegt das strukturelle Grundproblem der verbrauchsgebundenen Materialbedarfsermittlung?	316
Auf welcher Einteilungskonvention basiert die ABC-Analyse?	317
Welche Rolle spielen Scoringmodelle bei der Lieferantenauswahl?	319 f.
Welcher grundlegende Zusammenhang besteht zwischen der Höhe der Bestellmenge auf der einen Seite sowie der Lagerkapazität und den Lagerkosten auf der anderen Seite?	320
Welche Fragen sind im Rahmen der langfristigen Lagerkapazitätsplanung zu beantworten?	321 f.

	Wöhe Seite
Welcher Zusammenhang besteht bei gegebenem Periodenbedarf zwischen der Bestellmenge, der Bestellhäufigkeit und den bestellfixen Kosten?	322 f.
Wie wird die optimale Bestellmenge ermittelt?	323
Welche Rolle spielt der Meldebestand im Bestellpunktsystem?	325
Geht das Bestellrhythmussystem von festen oder flexiblen Bestellungen aus?	325

Aufgabe 55 Determinanten der Lagerhaltung

Welche beiden Voraussetzungen müssen erfüllt sein, damit man von einem optimalen Lagerbestand sprechen kann?

Wöhe S. 320 f.

Der Lagerbestand darf einerseits nicht zu klein sein, um Störungen des Produktionsprozesses möglichst zu vermeiden. Der Lagerbestand darf andererseits nicht zu groß sein, damit vermeidbare Kosten (vermehrte Lagerkosten, überflüssige kalkulatorische Zinsen, hohe Versicherungsprämien usw.) ausgeschlossen sind.

Aufgabe 56 Determinanten der Lagerhaltung (Schema)

Lagerhaltung ist eine kostspielige Angelegenheit. Trotzdem disponieren fast alle Betriebe ihre Zu- und Abgänge so, dass Lagerbestände entstehen. Worin sehen sie die Ursachen für ein derartiges Disponieren? Erfassen Sie die Bestimmungsgründe der Lagerhaltung gesondert für Werkstoff-, Halbfabrikate- und Fertigfabrikatelager!

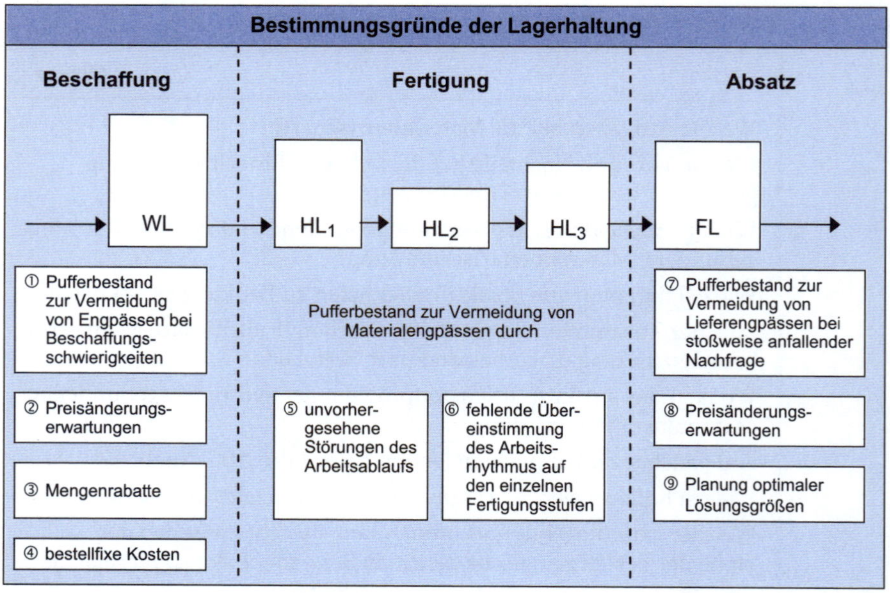

WL Werkstofflager
HL Halbfabrikatelager der Fertigungsstufe 1 bis 3
FL Fertigfabrikatelager

Aufgabe 57 Determinanten der Lagerhaltung (Beispiele)

Versuchen Sie, jeden der folgenden Lagerhaltungsfälle einem der in **Aufgabe 56** aufgeführten neun Bestimmungsgründe zuzuordnen:

(a) Eine Großgärtnerei hat einen monatlichen Bedarf von 3 m^3 Muttererde, die mit dem eigenen LKW, dessen Fassungsvermögen 8 m^3 beträgt, antransportiert wird. Es wird jeweils eine volle LKW-Ladung beschafft.

(b) Wegen eines drohenden Ölembargos der Förderstaaten rechnet ein Mineralölkonzern mit Versorgungsschwierigkeiten. Man deckt sich bis an die Grenze der Lagerkapazität ein.

(c) Wegen des inzwischen verhängten Ölembargos rechnet ein Tankstellenbesitzer schon für die nächsten Tage mit sprunghaft steigenden Benzinpreisen. Er „schont" seine Lagerbestände, indem er die Abgabemengen rationiert.

(d) In der Porzellanmanufaktur werden die Geschirrteile zuerst geformt, dann gebrannt, dann dekoriert. Während die Bearbeitung eines Werkstücks im ersten und dritten Arbeitsgang nur wenige Minuten dauert, werden bei einem einzigen Brennvorgang, der ca. 24 Stunden dauert, 12.000 Geschirrteile gebrannt. In dieser Manufaktur gibt es große Bestände an geformten, aber noch nicht gebrannten, sowie an gebrannten, aber noch nicht dekorierten Geschirrteilen.

(e) Die Fertigung von Teakholzbrettern vollzieht sich in drei Arbeitsgängen: Leimen, Schleifen, Imprägnieren. Den Transport der Werkstücke von Fertigungsstufe zu Fertigungsstufe besorgt ein Fließband, welches manchmal für kurze Zeit stehenbleibt, ehe der Defekt behoben ist. Aus diesem Grunde sind an der Schleifanlage verleimte Bretter und an der Imprägnieranlage geschliffene Bretter gestapelt.

(f) Eine Großgärtnerei benötigt täglich 250 Liter Heizöl zur Beheizung der Gewächshäuser. Der vorhandene Tank hat eine Kapazität von 30.000 Litern. Die günstigsten Angebote je Liter Heizöl gibt es bei großen Abnahmemengen.

(g) Eine Schokoladenfabrik beginnt im Januar mit der Herstellung von Osterhasen. Bis Mitte März ist der Lagerbestand auf 300.000 Stück angewachsen.

(h) Ein Schmuckwarenhersteller rechnet damit, dass der Goldpreis in den nächsten Wochen und Monaten ansteigen wird, und deckt sich entsprechend ein.

(i) Infolge eines Konjunktureinbruchs geht die Nachfrage nach einem Automodell um die Jahreswende von monatlich 50.000 auf 20.000 Stück zurück. In Erwartung einer Normalisierung der Absatzlage für das Frühjahr produziert man monatlich 40.000 Stück, um den Kostenvorteil großer Serien zu nutzen.

Lösung: a 4, b 1, c 8, d 6, e 5, f 3, g 7, h 2, i 9.

Aufgabe 58 Grundmodell der Lagerplanung

Die KRÜMEL KG ist ein führender Anbieter in Weinen und Spirituosen. Für das kommende Geschäftsjahr soll ein roter Bordeaux der unteren Preisklasse neu in das Sortiment aufgenommen werden. Erwartungsgemäß sollen in diesem Jahr 18.000 Flaschen abgesetzt werden. Bei einem Direktimport beträgt der Einkaufspreis 5 EUR/Flasche. Zusätzlich verlangt der französische Erzeuger für jede Sendung eine pauschale Auslagenvergütung von 500 EUR. Die Zins- und Lagerkosten bei der KRÜMEL KG belaufen sich – auf 12 Monate gerechnet – auf 10 % des Wertes der durchschnittlich eingelagerten Ware.

Soll die KRÜMEL KG ihren Gesamtbedarf von 18.000 Flaschen in Bestellmengen von 18 · 1.000, 9 · 2.000, 6 · 3.000, 3 · 6.000, 2 · 9.000 oder 1 · 18.000 Flaschen decken? Bei welcher Bestellmenge sind die Gesamtkosten für 18.000 Flaschen am geringsten, wenn alle Voraussetzungen für das Grundmodell zur Ermittlung der optimalen Bestellmenge erfüllt sind?

Wöhe S. 322–324

Die Gesamtkosten/Jahr setzen sich im vorliegenden Fall aus drei Bestandteilen zusammen:

K_u = unmittelbare Beschaffungskosten/Jahr $(B \cdot p)$

K_m = mittelbare Beschaffungskosten/Jahr $\left(K_f \cdot \frac{B}{m}\right)$

K_l = Lagerkosten/Jahr $\left(\frac{m \cdot p}{2} \cdot q\right)$

B = Jahresbedarf = 18.000 Flaschen
p = Einstandspreis/Flasche = 5 EUR
K_f = fixe Kosten/Bestellung = 500 EUR
q = Zins- und Lagerkostensatz (%) = 10 %
m = Bestellmenge eines Bestellvorgangs

Bestellmenge m	1.000	2.000	3.000	6.000	9.000	18.000
$K_u = B \cdot p$	90.000	90.000	90.000	90.000	90.000	90.000
$K_m = K_f \cdot \frac{B}{m}$	9.000	4.500	3.000	1.500	1.000	500
$K_l = \frac{m \cdot p}{2} \cdot q$	250	500	750	1.500	2.250	4.500
$K = K_u + K_m + K_l$	99.250	95.000	93.750	93.000	93.250	95.000

Mit 93.000 EUR erreichen die Gesamtkosten ihren niedrigsten Wert, wenn der Gesamtbedarf in drei Beschaffungsvorgängen mit einer Bestellmenge von jeweils 6.000 Flaschen gedeckt wird. Die optimale Bestellmenge m_{opt} beträgt somit 6.000 Flaschen.

Aufgabe 59 Einflussgrößen der optimalen Bestellmenge

Es gelten die Angaben der **Aufgabe 58**. Welchen Einfluss hat – bei isolierter Betrachtung – eine Erhöhung des Gesamtbedarfs B, des Einstandspreises p, der bestellfixen Kosten K_f und des Lagerkostensatzes q auf die optimale Bestellmenge?

Wöhe S. 322 f.

Auf die optimale Bestellmenge haben nur die mittelbaren Beschaffungskosten K_m und die Lagerkosten K_l Einfluss. Die unmittelbaren Beschaffungskosten K_u spielen keine Rolle, weil sie von der Bestellmenge unabhängig sind. In Aufgabe 58 betragen sie stets – also unabhängig von der Bestellmenge – 90.000 EUR. Im Einzelnen beeinflussen die verschiedenen Komponenten die optimale Bestellmenge wie folgt:

Gesamtbedarf B

Eine Erhöhung (Verringerung) des Gesamtbedarfs bewirkt eine Vergrößerung (Verringerung) der optimalen Bestellmenge, weil die mittelbaren Beschaffungskosten K_m, die für eine möglichst große Bestellmenge sprechen, durch eine Erhöhung des Gesamtbedarfs ein stärkeres Gewicht erhalten.

Einstandspreis p

Durch Erhöhung (Verringerung) des Einstandspreises p steigen (fallen) die Lagerkosten K_l, weil der Wert des durchschnittlichen Lagerbestands zunimmt (abnimmt). Durch einen höheren Einstandspreis erhalten die Lagerkosten, die für eine möglichst geringe Bestellmenge sprechen, ein stärkeres Gewicht. Bei Erhöhung (Verringerung) des Einstandspreises p fällt (steigt) die optimale Bestellmenge.

Bestellfixe Kosten K_f

Durch einen Anstieg der bestellfixen Kosten K_f erhöhen sich die mittelbaren Beschaffungskosten K_m. Da die mittelbaren Beschaffungskosten für möglichst große Bestellmengen sprechen, erhöht (verringert) sich die optimale Bestellmenge infolge gestiegener (gefallener) bestellfixer Kosten.

Lagerkostensatz q

Größere Bestellmengen sind mit höheren Lagerkosten K_l verbunden. Wenn sich der Lagerkostensatz erhöht, ist es vorteilhaft, den stärker ins Gewicht fallenden Lagerkosten durch Verringerung der Bestellmenge auszuweichen.

Aufgabe 60 Optimale Bestellmenge (graphische Ermittlung)

Es gelten die Angaben der **Aufgabe 58**. Übertragen Sie die Werte für K_u, K_m und K_l aus **Aufgabe 58** in ein Koordinatensystem und verbinden Sie die einzelnen Punkte miteinander! Aggregieren Sie danach alle drei Funktionen zur Gesamtkostenfunktion K, welche die Gesamtkosten in Abhängigkeit von der Bestellmenge m anzeigt! Ermitteln Sie die optimale Bestellmenge m_{opt} graphisch und erläutern Sie ihr Zustandekommen!

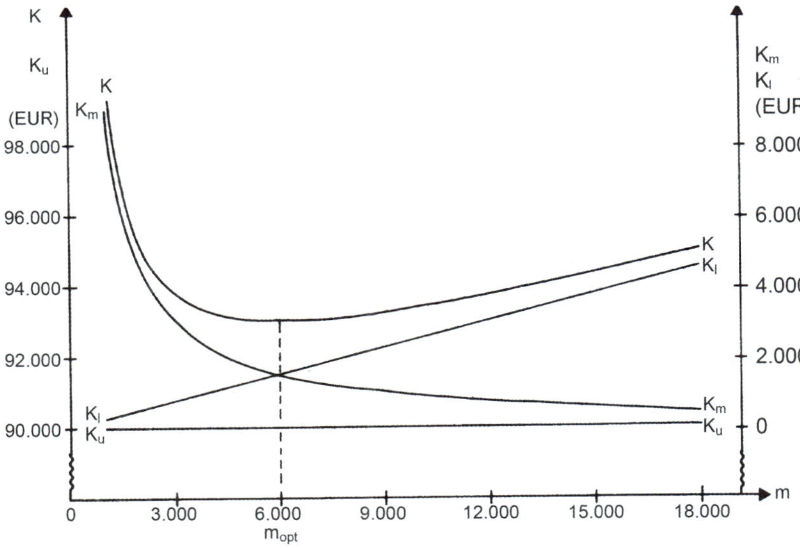

Die optimale Bestellmenge m_{opt} liegt im Minimum der Gesamtkostenfunktion K. Dabei gilt:

$$K = K_u + K_m + K_l$$

$$K = B \cdot p + K_f \cdot \frac{B}{m} + \frac{m \cdot p}{2} \cdot q$$

Das Minimum für K erhält man, wenn man die 1. Ableitung $\left(\frac{dK}{dm}\right)$ gleich null setzt:

$$\frac{dK}{dm} = -\frac{K_f \cdot B}{m^2} + \frac{p \cdot q}{2} = 0$$

$$\frac{K_f \cdot B}{m^2} = \frac{p \cdot q}{2} \text{ oder}$$

$$K_f \cdot \frac{B}{m} = \frac{p \cdot q \cdot m}{2}$$

mittelbare Beschaffungskosten	=	Lagerkosten

Das Gesamtkostenminimum liegt also dort, wo die mittelbaren Beschaffungskosten genauso groß sind wie die Lagerkosten. Graphisch ist dieser Punkt durch den Schnittpunkt von K_l und K_m gekennzeichnet.

Geht man von einer Bestellmenge von beispielsweise 3.000 Flaschen aus, dann ist es vorteilhaft, die Bestellmenge bis auf 6.000 Flaschen zu vergrößern, weil in diesem Bereich K_m (von 3.000 EUR auf 1.500 EUR) stärker fällt als K_l (von 750 EUR auf 1.500 EUR) ansteigt. Überschreitet die Bestellmenge 6.000 Flaschen, steigen die Lagerkosten schneller als die mittelbaren Beschaffungskosten fallen.

Aufgabe 61 Bestellmengenplanung

Firma IMMERGRÜN unterhält eine gut gehende Baumschule, welche ihre Erzeugnisse teilweise selbst zieht, teilweise aber auch von einem Großhändler in größeren Partien bezieht, vorübergehend einpflanzt und je nach Bedarf ausgräbt und verkauft.

Aufgrund bisheriger Erfahrungen darf man damit rechnen, im kommenden Jahr 01 etwa 36.000 Blautannen verkaufen zu können. Die Blautannen bezieht man vom Großhändler. Der Vorrat soll bei IMMERGRÜN sowohl am Anfang als auch am Ende des Jahres 01 gleich null sein. Während des ganzen Jahres 01 belaufe sich der Einstandspreis (k_v) für Blautannen auf 20 EUR/Stück. Der Einfachheit halber wird angenommen, dass die Nachfrage nach Blautannen keinen Saisonschwankungen unterliege. Somit ist der Lagerabgang kontinuierlich. Jede einzelne Bestellung verursacht – unabhängig von der Höhe der Bestellmenge – bestellfixe Kosten (K_f) in Höhe von 4.000 EUR. Der Großhändler verlangt von IMMERGRÜN Barzahlung. Die Lagerhaltung führt also zu einer Kapitalbindung, die mit dem Tag des Warenzugangs beginnt und die sich mit dem durch Verkäufe abnehmenden Lagerbestand schrittweise reduziert. Das durch die Lagerhaltung gebundene Kapital verursacht Zinskosten in Höhe von 9 % pro Jahr zuzüglich 1 % sonstige Lagerkosten.

Wöhe S. 322–324

Teilaufgabe a)

> Bei der **Bestellmengenplanung** ergibt sich für Firma IMMERGRÜN das Problem, den Jahresbedarf von 36.000 Stück durch wenige große oder viele kleine Bestellungen zu decken. Welche Kostenfaktoren sind bei der Lösung dieses Problems zu berücksichtigen?

Wenige große Bestellungen haben den Vorteil, dass die bestellfixen Kosten K_f in Höhe von 4.000 EUR nur selten anfallen. Dafür ergibt sich aber der Nachteil, dass der mit jeder Bestellung verbundene Lagerzugang und folglich auch die mit der Lagerhaltung einhergehende Kapitalbindung sehr hoch ist, was zu hohen Zins- und Lagerkosten führt.

Wird der Jahresbedarf dagegen durch viele kleine Bestellungen gedeckt, fallen die bestellfixen Kosten sehr häufig an. Dafür sind aber die Zins- und sonstigen Lagerungskosten wegen der niedrigen Lagerbestände sehr gering.

Die einzelnen Bestellmengen müssen deshalb so bemessen werden, dass die Summe aus diesen beiden Kostenfaktoren das Minimum erreicht.

Teilaufgabe b)

Firma IMMERGRÜN hat bei der Bestellmengenplanung folgende Möglichkeiten:

Fall	Anzahl der Bestellungen	Bestellmenge	Jahresbedarf
A	1	36.000	36.000
B	2	18.000	36.000
C	6	6.000	36.000
D	12	3.000	36.000

Wie groß ist in den einzelnen Fällen der durchschnittliche mengenmäßige Lagerbestand für Periode 01? Zeigen Sie in einer graphischen Darstellung die Lagerbestandsveränderungen und den durchschnittlichen Lagerbestand für die Fälle B und C!

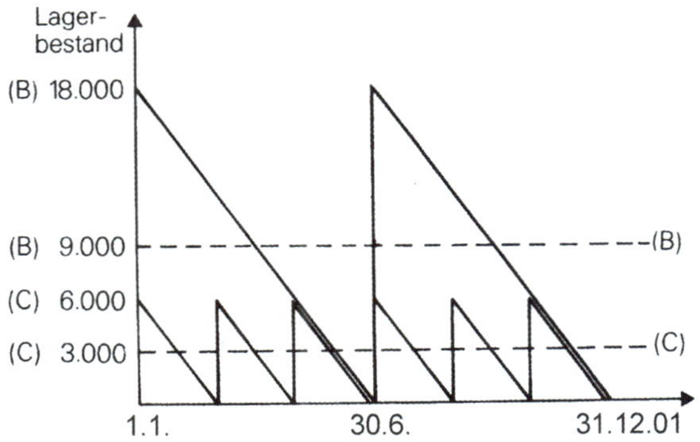

Die durchgezogenen Linien zeigen die Lagerbestandsveränderungen, die gestrichelten Linien zeigen den durchschnittlichen Lagerbestand. Für die vier Fälle ergibt sich folgender durchschnittlicher (mengenmäßiger) Lagerbestand: A = 18.000 Stück, B = 9.000 Stück, C = 3.000 Stück und D = 1.500 Stück.

Teilaufgabe c)

Die mit Beschaffung und Lagerhaltung verbundenen Kosten für Blautannen setzen sich aus folgenden Bestandteilen zusammen:

	Einstandskosten ($p \cdot m$)
+	bestellfixe Kosten (K_f)
=	Anschaffungskosten
+	Zins- und Lagerkosten
=	Gesamtkosten

Welcher der oben genannten Fälle A, B, C und D führt zu den geringsten Gesamtkosten für den Gesamtbedarf des Jahres 01? Auf welche Größe werden gewöhnlich die Zins- und Lagerkosten in Höhe von 10 % bezogen? Berücksichtigen Sie diese auch bei Ihrer Berechnung der Gesamtkosten/Jahr!

Die Zins- und Lagerkosten/Jahr richten sich nach der Höhe des durchschnittlichen **wertmäßigen** Lagerbestands. Hierbei wird im Standardmodell der Materialwert berücksichtigt, also

$$\frac{p \cdot m}{2} \cdot 0{,}10$$

Fall	A	B	C	D
(1) Anzahl der Bestellungen	1	2	6	12
(2) m = Bezugsmenge/Bestellung	36.000	18.000	6.000	3.000
(3) p = Einstandspreis EUR/Stück	20	20	20	20
(4) Einstandskosten EUR/Lieferung (2) · (3)	720.000	360.000	120.000	60.000
(5) K_f = fixe Kosten EUR/Bestellung	4.000	4.000	4.000	4.000
(6) Anschaffungskosten EUR/Bestellung (4) + (5)	724.000	364.000	124.000	64.000
(7) Anschaffungskosten EUR/Jahr (6) · (1)	724.000	728.000	744.000	768.000
(8) q = Zins + Lagerkosten	10 %	10 %	10 %	10 %
(9) ∅ Kapitalbindung = 50 % von (2) · (3) bzw. von (4)	360.000	180.000	60.000	30.000
(10) Zins- und Lagerkosten/Jahr (9) · (8)	36.000	18.000	6.000	3.000
(11) Gesamtkosten/Jahr (7) + (10)	760.000	746.000	750.000	771.000

Die Berechnung zeigt, dass die Gesamtkosten/Jahr im Falle B, also bei einer Bestellhäufigkeit von 2 und einer Einzelbestellmenge von 18.000 Stück/Bestellung, am geringsten sind.

Teilaufgabe d)

Im Rahmen der Bilanzierung werden zu den Anschaffungskosten all jene Kosten gezählt, die erforderlich sind, um einen Vermögensgegenstand in einen betriebsbereiten Zustand zu versetzen. Insofern gehören auch die bestellfixen Kosten zu den Anschaffungskosten und erhöhen somit den wertmäßigen Lagerbestand. Greifen Sie zur Ermittlung der Gesamtkosten wieder auf die Daten der Teilaufgabe c) zurück. Berücksichtigen Sie jedoch im Hinblick auf die Zins- und Lagerkosten nun auch die bestellfixen Kosten! Zu welchem Ergebnis kommen Sie dann? Ist es im Hinblick auf das Standardmodell zur Ermittlung der optimalen Bestellmenge gerechtfertigt, bei der Berechnung der Zins- und Lagerkosten die bestellfixen Kosten zu vernachlässigen?

Wie die obige Tabelle verdeutlicht, gehören auch die bestellfixen Kosten K_f zu den Anschaffungskosten. Genau genommen führen auch diese zu gebundenem Kapital, weil sie den durchschnittlichen Wert des Lagerbestands erhöhen. Sachgerecht wäre somit zur Ermittlung der Zins- und Lagerkosten, im Beispiel 10 % der durchschnittlich gebundenen Anschaffungskosten einer Bestellung zu berücksichtigen, also

$$\frac{p \cdot m + K_f}{2} \cdot 0{,}10$$

Greift man auf diese Formel zurück, ergeben sich folgende Gesamtkosten:

Fall	A	B	C	D
(1) Anzahl der Bestellungen	1	2	6	12
(2) m = Bezugsmenge/Bestellung	36.000	18.000	6.000	3.000
(3) p = Einstandspreis EUR/Stück	20	20	20	20
(4) Einstandskosten EUR/Lieferung (2) · (3)	720.000	360.000	120.000	60.000
(5) K_f = fixe Kosten EUR/Bestellung	4.000	4.000	4.000	4.000
(6) Anschaffungskosten EUR/ Bestellung (4) + (5)	724.000	364.000	124.000	64.000
(7) Anschaffungskosten EUR/Jahr (6) · (1)	724.000	728.000	744.000	768.000
(8) q = Zins + Lagerkosten	10 %	10 %	10 %	10 %
(9) ∅ Kapitalbindung = 50 % von (6)	362.000	182.000	62.000	32.000
(10) Zins- und Lagerkosten/Jahr (9) · (8)	36.200	18.200	6.200	3.200
(11) Gesamtkosten/Jahr (7) + (10)	760.200	746.200	750.200	771.200

Die Ergebnisse zeigen zum einen, dass auch hier die Gesamtkosten/Jahr im Falle B, also bei einer Bestellhäufigkeit von 2 und einer Einzelbestellmenge von 18.000 Stück/Bestellung, am geringsten sind. Zum anderen zeigt diese Tabelle auch, dass eine Berücksichtigung der bestellfixen Kosten bei der Ermittlung der Zins- und Lagerkosten im Standardmodell zur optimalen Bestellmengenermittlung nicht erforderlich ist, denn in allen Fällen A bis D erhöhen sich die Gesamtkosten um 200 Euro (4.000 Euro/Bestellung · q). Für die Entscheidung über die optimale Bestellmenge sind diese Beträge irrelevant, also **entscheidungsirrelevant**, zur sachgerechten Ermittlung der Gesamtkosten ist deren Berücksichtigung jedoch erforderlich.

Aufgabe 62 Optimale Bestellmenge

Es gelten alle Angaben der **Aufgabe 61**. Firma IMMERGRÜN ist jedoch bei der Bestellmengenplanung nicht mehr auf die oben genannten vier Fälle beschränkt, sondern sie kann jede beliebige Teilmenge bestellen.

Teilaufgabe a)

Werden die in Aufgabe 61d) ermittelten Gesamtkosten des Jahresbedarfs bei Einhaltung der optimalen (= kostengünstigsten) Bestellmenge höher sein als

(a) 720.000 EUR
(b) 723.000 EUR
(c) 740.000 EUR
(d) 746.200 EUR
(e) 750.000 EUR?

Die richtige Antwort lautet: (a) ja, (b) ja, (c) vielleicht, (d) nein, (e) nein.

Erläuterungen: Die Einstandskosten der Blautannen betragen für Periode 01 36.000 Stück · 20 EUR/Stück = 720.000 EUR; dazu kommen 4.000 EUR bestellfixe Kosten für mindestens eine Bestellung. Da die Gesamtkosten bei zweimaliger Bestellung (vgl. Aufgabe 61d) 746.200 EUR betragen, können die Gesamtkosten bei Einhaltung der optimalen Bestellmenge nicht höher sein. Die Gesamtkosten der optimalen Bestellmenge werden also zwischen 724.000 EUR und 746.200 EUR liegen.

Teilaufgabe b)

Wie groß ist die optimale Bestellmenge? Wie hoch sind in diesem Fall die Gesamtkosten des Jahresbedarfs?

Lösungshinweis: Bedienen Sie sich bei der Ermittlung der optimalen Bestellmenge der Formel auf **S. 324** im **„Wöhe"**! Zur Ermittlung der Gesamtkosten berücksichtigen Sie bei den Zins- und Lagerkosten die Anschaffungskosten!

Die Formel zur Ermittlung der optimalen Bestellmenge lautet:

$$\sqrt{\frac{2 \cdot \text{Jahresbedarf} \cdot \text{bestellfixe Kosten}}{\text{Einstandspreis} \cdot (\text{Zins-} + \text{Lagerkostensatz})}}$$

$$\sqrt{\frac{2 \cdot 36.000 \cdot 4.000}{20 \cdot 0{,}10}} = \sqrt{144.000.000} = 12.000 \text{ Stück}$$

Die optimale Bestellmenge beläuft sich auf 12.000 Stück. Für Periode 01 muss also Firma IMMERGRÜN drei Bestellungen aufgeben. Die Gesamtkosten des Jahresbedarfs betragen 744.200 EUR.

Einstandskosten EUR/Bestellung = 20 EUR/Stück · 12.000 Stück + bestellfixe Kosten EUR/Bestellung	240.000 EUR 4.000 EUR
= Anschaffungskosten EUR/Bestellung	244.000 EUR
Anschaffungskosten EUR/Jahr = 244.000 EUR/ Bestellung · 3 Bestellungen + Zins- und Lagerkosten EUR/Jahr = ½ · 244.000 EUR · 0,10	732.000 EUR 12.200 EUR
= Gesamtkosten EUR/Jahr	744.200 EUR

Bezieht man den Gesamtbedarf in drei Bestellungen zu jeweils 12.000 Stück, also in Höhe der optimalen Bestellmenge, so erreichen die Gesamtkosten mit 744.200 EUR das Minimum. Sie liegen deutlich unter den Gesamtkosten der Fälle A, B, C und D aus **Aufgabe 61c**).

Aufgabe 63 Vorratsplanung

Firma IMMERGRÜN verkauft durchschnittlich 150 Stück Blautannen/Tag. Es dauert annahmegemäß drei Tage, bis eine Bestellung den Großhändler erreicht. Zwei Tage dauert die Ausführung des Auftrags beim Großhändler, und weitere zwei Tage dauert der Transport vom Großhändler zu IMMERGRÜN. Aus Vorsichtsgründen will IMMERGRÜN stets einen Vorrat halten, der drei Tage ausreicht. Handelt es sich bei der Menge von 1.500 Stück um die optimale Bestellmenge, den Bestellbestand, den eisernen Bestand, den Meldebestand oder den Mindestbestand?

Wöhe S. 325

Bei der Menge von 1.500 Stück handelt es sich um den Melde- bzw. Bestellbestand.

Aufgabe 64 Preisänderungserwartungen

Welchen Einfluss haben Preisänderungserwartungen (bei den zu lagernden Gütern) auf die Höhe des Lagerbestands? Zeigen Sie, dass ein Lagerdisponent bei Preisänderungserwartungen ebenso reagiert wie ein Devisen- oder Aktienspekulant!

Rechnet ein Devisenspekulant für die nächsten Tage mit dem Absinken des Kurses einer ausländischen Währung (= Preisrückgang im Vergleich zum EUR), wird er sich von seinen Devisenbeständen trennen; rechnet er dagegen mit einem Kursanstieg (= Preiserhöhung im Vergleich zum EUR), wird er sich mit Devisen eindecken.

Genauso verhält sich ein guter Lagerdisponent in einem Betrieb: Rechnet er mit Preissteigerungen, wird er sich stärker eindecken, als er es bei konstanten Preisen tun würde. Hält er dagegen Preissenkungen für wahrscheinlich, wird er die nächste Bestellung soweit wie möglich hinauszögern.

Erwartete Preisänderung	Devisenspekulant	Lagerdisponent
Preissteigerung	Maximierung des Bestands (durch verstärkte Einkäufe und/oder verminderte Verkäufe)	Maximierung des Lagerbestands (durch vorgezogene Bestellungen)
Preissenkung	Minimierung des Bestands (durch verminderte Einkäufe und/oder verstärkte Verkäufe)	Minimierung des Lagerbestands (durch hinausgeschobene Bestellungen)

Aufgabe 65 Ableitung von Stücklisten aus einer Erzeugnisstruktur

Die Erzeugnisstruktur für ein Endprodukt P hat folgendes Aussehen:

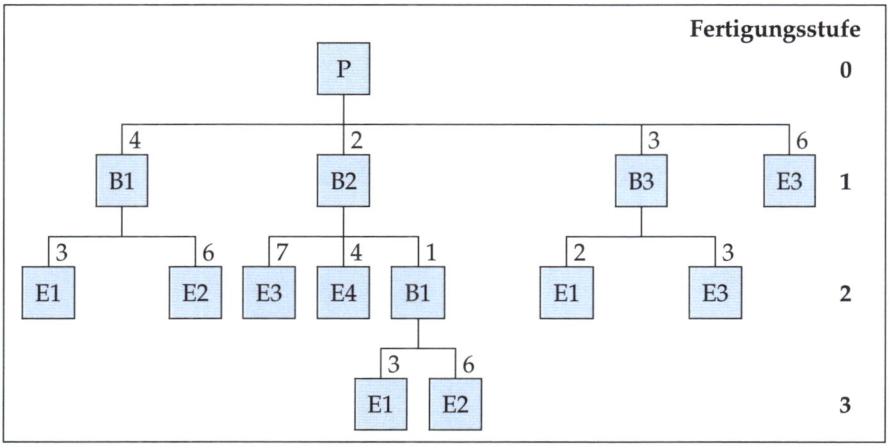

Baugruppen sind mit B und Einzelteile mit E gekennzeichnet.

Wöhe S. 313–319

3. Abschnitt

Teilaufgabe a)

> Geben Sie zunächst die nach Dispositionsstufen gegliederte Erzeugnisstruktur an und erläutern Sie, für welche Stücklistenform diese Gliederung von Bedeutung ist.

Als Dispositionsstufe bezeichnet man die tiefste Fertigungsstufe, in der eine Baugruppe oder ein Einzelteil Verwendung findet.

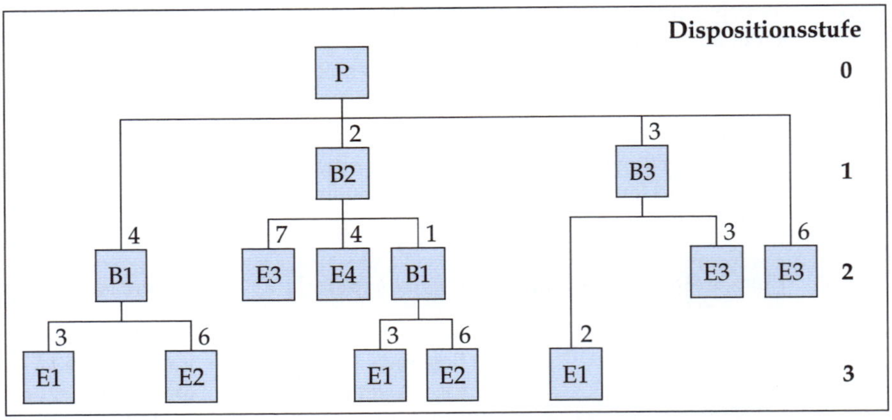

Erzeugnisstruktur gegliedert nach Dispositionsstufen

Angaben über die Dispositionsstufe benötigt man für die Erstellung einer Mengenübersichtsstückliste.

Teilaufgabe b)

> Erstellen Sie anhand der gegebenen Erzeugnisstruktur die Mengenübersichtsstückliste und die Strukturstückliste für das Endprodukt P sowie die Baukastenstücklisten für B1, B2, B3 und P.

Dispositionsstufe	Teilebezeichnung	Menge
1	B2	2
1	B3	3
2	B1	6
2	E3	29
2	E4	8
3	E1	24
3	E2	36

Mengenübersichtsstückliste für Endprodukt P

Fertigungsstufe	Teilebezeichnung	Menge
. 1	B1	4
. . 2	E1	3
. . 2	E2	6
. 1	B2	2
. . 2	E3	7
. . 2	E4	4
. . 2	B1	1
. . . 3	E1	3
. . . 3	E2	6
. 1	B3	3
. . 2	E1	2
. . 2	E3	3
. 1	E3	6

Strukturstückliste für Endprodukt P

Teilebezeichnung	Menge
B1 B2 B3 E3	4 2 3 6

Baukastenstückliste für Endprodukt P

Teilebezeichnung	Menge
E1 E2	3 6

Baukastenstückliste für Baugruppe B1

Teilebezeichnung	Menge
B1 E3 E4	1 7 4

Baukastenstückliste für Baugruppe B2

Teilebezeichnung	Menge
E1 E3	2 3

Baukastenstückliste für Baugruppe B3

Aufgabe 66 Materialklassifizierung mit Hilfe der ABC-Analyse

Die DURCHBLICK GmbH ist ein ständig expandierendes Unternehmen auf dem Gebiet des Fensterbaus.

Gert GLAS, Geschäftsführer der DURCHBLICK GmbH, hat Sie zur Bewältigung betriebswirtschaftlicher Fragen als Assistenten eingestellt. Sie werden zunächst beauftragt, eine ABC-Analyse zur Klassifizierung der im Produktionsprozess des Unternehmens verwendeten Materialien durchzuführen.

Wöhe S. 316–318

Teilaufgabe a)

Welche Informationen benötigen Sie, um Ihren Auftrag auszuführen?

Sie benötigen für jede im Produktionsprozess eingesetzte Materialart Angaben über den mengenmäßigen Verbrauch pro Periode und den Preis pro Mengeneinheit.

Teilaufgabe b)

Nachdem Sie wissen, welche Informationen Sie einholen müssen, wenden Sie sich an den Angestellten Kurt KLAR, der in der DURCHBLICK GmbH für den kaufmännischen Bereich zuständig ist, und fordern von ihm eine Liste mit den unter a) genannten Informationen, um eine ABC-Analyse durchführen zu können.

KLAR, wissensdurstig und misstrauisch Ihnen gegenüber, stellt zunächst folgende Fragen:

Aus welchen Gründen führt man mittels einer ABC-Analyse eine Materialklassifizierung durch, und wie geht man bei der Durchführung einer ABC-Analyse vor?

Um die Bedarfsdeckung zu gewährleisten, ist eine umfassende Bedarfsplanung erforderlich. Diese verursacht aber schnell erhebliche Kosten. Aus Gründen der Wirtschaftlichkeit ist es daher nicht möglich, für die Vielzahl der in einem Unternehmen eingesetzten Materialien den gleichen Dispositionsaufwand zu betreiben. Mittels der ABC-Analyse werden jene Materialien selektiert, die für das Unternehmen einen hohen Grad an Bedeutung besitzen und aus diesem Grund einer umfassenden und detaillierten Planung bedürfen.

Teilaufgabe c)

In welchen Teilschritten gehen Sie bei der Durchführung einer ABC-Analyse vor?

Bei der Durchführung einer ABC-Analyse wählt man eine zweigeteilte Vorgehensweise, die man in folgende Teilschritte zerlegen kann:

I. (a) Ermittlung des Periodenverbrauchs in Geldeinheiten für jede Materialart.
(b) Vergabe einer Rangziffer an jede Materialart entsprechend ihrem in Geldeinheiten gemessenen Periodenverbrauch.
(c) Berechnung des prozentualen Anteils jeder Materialart am Gesamtverbrauch in Mengeneinheiten aller Materialarten.
(d) Berechnung des prozentualen Anteils jeder Materialart am Gesamtverbrauchswert aller Materialarten.

II. (a) Ordnen der Materialarten entsprechend ihrer Rangziffer.
(b) Kumulieren der prozentualen Anteile am Gesamtverbrauch in Mengeneinheiten aller Materialarten.
(c) Kumulieren der prozentualen Anteile am Gesamtverbrauchswert aller Materialarten.

Die Klassifizierung als A-, B- oder C-Teil hängt jetzt nur noch von der Festlegung der Grenzwerte ab.

Teilaufgabe d)

Zufriedengestellt durch Ihre Antworten händigt KLAR Ihnen folgende Liste aus, anhand derer Sie die Analyse nachfolgend durchführen:

Materialart Nr.	Materialverbrauch pro Periode in ME	Preis pro ME in EUR
1	156	96
2	728	5
3	104	375
4	208	21,75
5	156	62,50
6	312	3,75
7	130	200
8	520	2
9	260	15
10	26	3.500

Führen Sie nun die ABC-Analyse durch!

In Tabelle I sind die oben bereits verbal erläuterten Schritte I, (a) bis (d), in Tabelle II entsprechend die Schritte II, (a) bis (c) durchgeführt.

Tabelle I:

Materialart Nr.	Materialverbrauch pro Periode in ME	Materialverbrauch pro Periode in %	Preis pro ME	Wert des Gesamtverbrauchs in GE	Wert des Gesamtverbrauchs in %	Rang
		(c)		(a)	(d)	(b)
1	156	6	96	14.976	7,7	4
2	728	28	5	3.640	1,9	8
3	104	4	375	39.000	20	2
4	208	8	21,75	4.524	2,3	6
5	156	6	62,5	9.750	5	5
6	312	12	3,75	1.170	0,6	9
7	130	5	200	26.000	13,3	3
8	520	20	2	1.040	0,5	10
9	260	10	15	3.900	2	7
10	26	1	3.500	91.000	46,7	1
	2.600	**100**		**195.000**	**100**	

Tabelle II:

Teileart	Rang	Materialart Nr.	Mengenverbrauch in %	kumulierter Mengenverbrauch in %	Wertverbrauch in %	kumulierter Wertverbrauch in %
	(a)			(b)		(c)
A	1	10	1	1	46,7	46,7
	2	3	4	5	20	66,7
	3	7	5	10	13,3	80
B	4	1	6	16	7,7	87,7
	5	5	6	22	5	92,7
	6	4	8	30	2,3	95
C	7	9	10	40	2	97
	8	2	28	68	1,9	98,9
	9	6	12	80	0,6	99,5
	10	8	20	100	0,5	100

Nach Festlegung der Grenzwerte erhält man folgende Klassifizierung in A-, B- und C-Teile:

Teileart	Materialart Nr.	Wertanteil (%)	Mengenanteil (%)
A-Teile	10, 3, 7	80 %	10 %
B-Teile	1, 5, 4	15 %	20 %
C-Teile	9, 2, 6, 8	5 %	70 %

Teilaufgabe e)

Nach Abschluss der Analyse werden Sie von GLAS aufgefordert, ihm die Ergebnisse zu präsentieren. Welche Möglichkeiten der graphischen Veranschaulichung gibt es, und wie sehen diese in unserem Fall aus?

Die Ergebnisse der ABC-Analyse kann man in Form einer Lorenzkurve oder eines Balkendiagramms graphisch darstellen.

Für unser Beispiel erhält man folgende Graphiken:

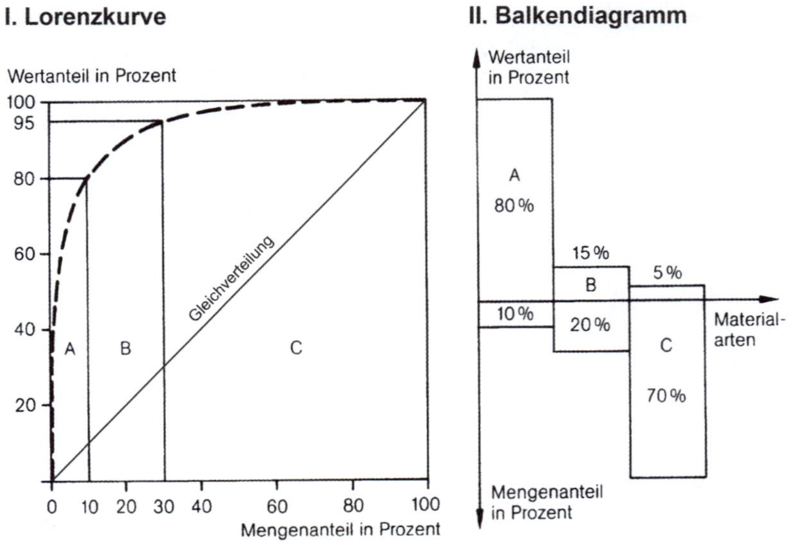

3. Abschnitt

3. Fertigungsplanung

Wiederholungsfragen:

	Wöhe Seite
Was versteht man unter Fließfertigung?	327
Was bedeutet der Begriff „Werkstattfertigung"?	326
Nennen Sie typische Beispiele für eine Einzelfertigung!	326
Nennen Sie Beispiele für eine ortsgebundene Fertigung!	327
Wodurch ist die Gruppenfertigung gekennzeichnet?	327
Was versteht man unter optimaler Losgröße?	329 f.
Welcher Zusammenhang besteht zwischen auflagefixen Kosten und Auflagendegression (Losgrößendegression)?	329 f.
Welche Aufgabe hat die Durchlaufterminierung?	331
Welche Vorteile liegen in der Verkürzung der Durchlaufzeiten?	331
Woraus setzt sich die vorgangsbezogene Durchlaufzeit zusammen?	331
Erläutern Sie die Begriffe „auftragsbezogene Durchlaufzeit", „kritischer Pfad" und „Pufferzeit"!	332 f.
Worin besteht der Unterschied zwischen Vorwärts- und Rückwärtsterminierung?	333
Welchem Zweck dienen Netzpläne?	333
Nennen Sie einige kurzfristige Maßnahmen der Kapazitätsabstimmung!	334 f.
Nennen Sie langfristige Maßnahmen der Kapazitätsabstimmung!	334 f.

	Wöhe Seite
Welche Aufgabe hat die Terminfeinplanung?	335
Was ist ein Gantt-Diagramm?	337 f.
Erklären Sie das Dilemma der Ablaufplanung!	337
Welchen Vorzug weisen Prioritätsregeln gegenüber mathematisch exakten Verfahren der Terminfeinplanung auf?	338
Was besagt die SZ- und was die KOZ-Regel?	338
Welches Problem wird mit Hilfe des optimalen Fließbandabgleichs gelöst?	338 f.
Wie wird der optimale Fließbandabgleich vorgenommen?	339

Aufgabe 67 Fertigungstypen

Es lassen sich folgende Fertigungstypen unterscheiden:

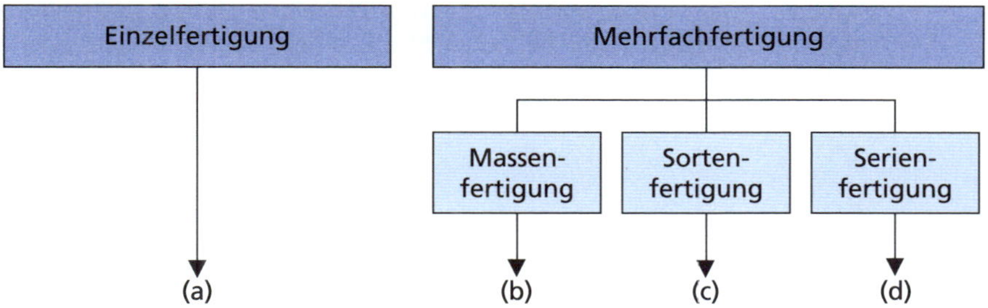

Welchen dieser vier Fertigungstypen würden Sie folgende Produkte zuordnen: (1) Fertigbeton mit unterschiedlichem Zementgehalt, (2) Einfamilienhäuser, (3) Elektrizität, (4) Münzen, (5) Bücher, (6) Teppiche, (7) Teppichauslegware, (8) Großtanker, (9) Benzin, (10) Stahlblech unterschiedlicher Stärke, (11) Brücken und (12) Autos?

Wöhe S. 326–328

Die richtige Lösung lautet: 1 c, 2 a, 3 b, 4 d, 5 c, 6 d, 7 b, 8 a, 9 b, 10 c, 11 a und 12 d.

Aufgabe 68 Werkstatt- und Fließfertigung

Von welchen Faktoren hängen die Produktionskosten bei der Werkstattfertigung einerseits und bei der Fließfertigung andererseits ab? Unter welchen Bedingungen sollte man sich für das eine oder das andere Fertigungsverfahren entscheiden?

Wöhe S. 326 f.

Üblicherweise ist die Erlösseite unabhängig von der Wahl des Fertigungsverfahrens. Langfristige Gewinnmaximierung erreicht man somit über die Kostenminimierung. Die Fließfertigung FF zeichnet sich durch vergleichsweise hohe Kapitalkosten (als Folge des großen Investitionsvolumens), die Werkstattfertigung WF durch vergleichsweise hohe Lohnstückkosten und hohe Kosten für Transport und Stillstandzeiten der Betriebsmittel (= Leerkosten) aus.

Die hohe Kapitalintensität der Fließfertigung führt zu einem hohen Anteil fixer Kosten an den Gesamtkosten K_{FF}. Dafür sind die variablen Stückkosten vergleichsweise niedrig (→ geringerer Anstieg der Kostenfunktion).

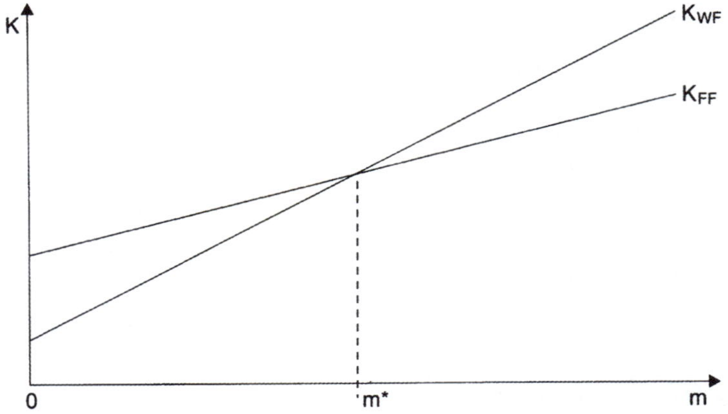

Dagegen sind in den Kosten der Werkstattfertigung K_{WF} hohe variable (stärkerer Anstieg) und vergleichsweise niedrige Fixkosten enthalten. Fließfertigung lohnt sich im Allgemeinen nur bei hohen Stückzahlen, also bei Serien- oder Massenfertigung. Unter formalen Gesichtspunkten ist Fließfertigung nur vorteilhaft, wenn die Produktionsmenge den kritischen Wert m* übersteigt.

Aufgabe 69 Organisationstypen der Fertigung

Welche Vorteile hat die Fließfertigung gegenüber der Werkstattfertigung? Welche der folgenden Antworten sind richtig?

(a) geringere Transportkosten
(b) geringere variable Stückkosten
(c) höhere Produktqualität
(d) bessere Arbeitsplatzbedingungen
(e) geringere Lagerkosten
(f) bessere Anpassungsmöglichkeiten bei Beschäftigungsschwankungen
(g) höhere Arbeitsproduktivität

Wöhe S. 327 f.

Richtig sind folgende Antworten: (a), (b), (e) und (g).

Aufgabe 70 Losgrößenplanung

Die FENESTRA-GMBH produziert drei Sorten von Fertigfenstern (aus Holz, Metall und Kunststoff), die täglich an Baumärkte ausgeliefert werden. Alle drei Fenstertypen werden auf derselben Fertigungsanlage hergestellt. Beim Sortenwechsel müssen die Maschinen umgerüstet werden, wodurch auflagefixe Rüstkosten entstehen.

Im Zuge der Fertigungsplanung für den Monat November kann man sich für eine

(a) kleine Losgröße (Tagesbedarf)
(b) große Losgröße (Monatsbedarf)

entscheiden.

Erstellen Sie eine Matrix, aus der zu erkennen ist, welchen Einfluss die Höhe der Losgröße auf die Rüstkosten bzw. auf die Zins- und Lagerkosten für den Monat November hat!

Wöhe S. 329 f.

Eine Matrix, welche die Auswirkungen der Losgröße auf die entsprechenden Kosten verdeutlich, könnte wie folgt aussehen:

	Losgröße	
	(a) klein	**(b) groß**
Rüstkosten im November	hoch	niedrig
Lager- und Zinskosten im November	niedrig	hoch

Fazit: Im Zuge der Losgrößenplanung muss die gegenläufige Tendenz bei der Entwicklung von Rüstkosten sowie von Lager- und Zinskosten berücksichtigt werden.

Aufgabe 71 Optimale Losgröße

Die BESTSELLER AG vertreibt ein Fachbuch, von dem sich in den nächsten Jahren 8.000 Stück/Jahr absetzen lassen. Die auflagefixen Kosten belaufen sich auf 36.000 EUR/Auflage. Das in den gedruckten, aber noch nicht verkauften Büchern gebundene Kapital muss mit 10 % p. a. verzinst werden. Der Absatz vollzieht sich kontinuierlich, also ohne zeitliche Schwankungen. Wie groß soll die Auflage (= optimale Losgröße) gewählt werden, wobei die Zins- und Herstellungskosten pro Buch möglichst gering gehalten werden sollen, wenn die auflageproportionalen Herstellungskosten k_v (Papier, Einband, Druckerschwärze usw.)

a) 10 EUR/Stück
b) 40 EUR/Stück

betragen? In welchem der beiden Fälle wird die Auflage niedriger sein? Beantworten Sie bitte zunächst diese letzte Frage und begründen Sie Ihre Antwort.

Wöhe S. 329 f.

Auflagefixe Kosten bewirken tendenziell eine Vergrößerung, Zinskosten der Lagerung dagegen eine Verkleinerung der Auflage. Da die Zinskosten u. a. von der Höhe der Herstellungskosten abhängen, führen höhere Herstellungskosten/Stück zu höheren Zinskosten und somit auch zu einer Verringerung der Auflage. Im Fall b) wird also die Auflage niedriger sein als im Fall a).

$$\sqrt{\frac{2 \cdot \text{Jahresbedarf} \cdot \text{auflagefixe Kosten}}{\text{auflageproportionale Kosten} \cdot \text{Zinssatz}}} = \text{optimale Losgröße}$$

Fall a):
$$\sqrt{\frac{2 \cdot 8.000 \text{ Stück} \cdot 36.000 \text{ EUR}}{10 \text{ EUR/Stück} \cdot 0{,}10}} = \sqrt{576.000.000 \text{ Stück}^2} = \mathbf{24.000 \text{ Stück}}$$

Fall b):
$$\sqrt{\frac{2 \cdot 8.000 \text{ Stück} \cdot 36.000 \text{ EUR}}{40 \text{ EUR/Stück} \cdot 0{,}10}} = \sqrt{144.000.000 \text{ Stück}^2} = \mathbf{12.000 \text{ Stück}}$$

Im Falle a) liegt die kostengünstigste Auflage bei 24.000 Stück, im Falle b) bei 12.000 Stück.

Aufgabe 72 Kapazitätsterminierung

Die SCHNEIDER-WIBBEL KG produziert Herrenkonfektion. Ein fester Auftrag zur Herstellung von 1.000 Anzügen liegt vor. Zum Nähen der Hosen H ist der 6. bis 9., zum Nähen der Jacketts J ist der 6. bis 11. Arbeitstag des Monats Mai vorgesehen:

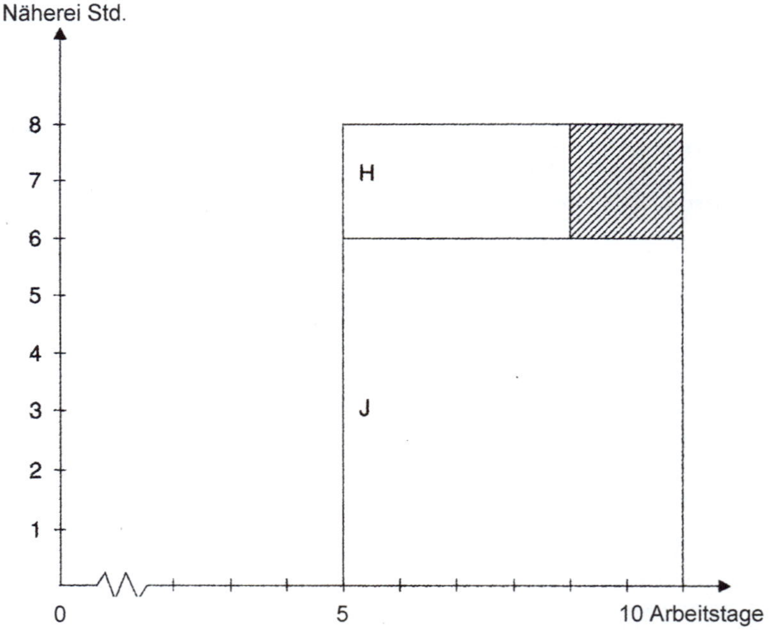

Spätestens am 11. Arbeitstag müssen die Anzüge die Näherei durchlaufen haben.

Die schraffierte Fläche markiert eine Pufferzeit, zu der die Näherei, deren Normalarbeitszeit acht Stunden/Tag beträgt, nur zu drei Viertel ausgelastet ist. Vom 6. bis einschließlich dem 9. Arbeitstag ist die Näherei dagegen zu 100 Prozent ausgelastet.

Zu Beginn des Monats Mai ist über die Annahme eines lukrativen Zusatzauftrags Z zu entscheiden, für den folgende Daten gelten:

- Kapazitätsbeanspruchung Näherei: 8 Stunden
- frühestmöglicher Arbeitsbeginn: 6. Arbeitstag
- spätestmöglicher Fertigstellungstermin: 9. Arbeitstag.

Der Zusatzauftrag Z soll auf jeden Fall angenommen werden. Maximal können drei Überstunden/Arbeitstag gefahren werden, wobei die SCHNEIDER-WIBBEL KG mit folgenden Zuschlägen rechnen muss:

9. Arbeitsstunde	10 %
10. Arbeitsstunde	20 %
11. Arbeitsstunde	30 %

An welchen Arbeitstagen sollte der Zusatzauftrag Z abgewickelt werden?

Wöhe S. 333–335

Der Zusatzauftrag Z ist zwischen dem 6. und dem 9. Arbeitstag durchführbar. Diese Zeitspanne sollte voll genutzt werden, damit die notwendigen Überstunden im Interesse der Kostenminimierung möglichst „flach" auf einen maximalen Zeitraum verteilt werden.

Zur Abwicklung des Basisauftrags (1.000 Anzüge) ist es ausreichend, wenn die Hosen bis zum 11. Arbeitstag fertiggestellt sind. Verlagert man einen Teil der Hosenproduktion in die ursprünglich geplante Pufferzeit (10. und 11. Arbeitstag), schafft man zwischen dem 6. und 9. Arbeitstag einen Kapazitätsfreiraum von jeweils einer Arbeitsstunde.

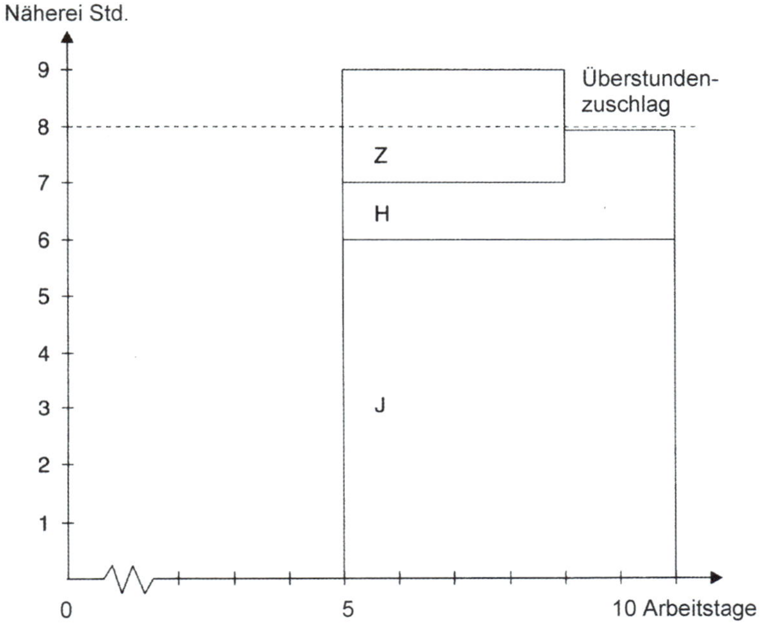

Aufgabe 73 Warteschlange und Wartezeit

Sie werden beauftragt, den Ablauf der Essenausgabe in der Werkskantine neu zu regeln. Bisher existieren fünf nebeneinander liegende Schalter, an denen jeweils drei Frauen das Zusammenstellen eines Tellergerichtes besorgen. Von den 800 Beschäftigten machen durchschnittlich 90 % von der Werkskantine Gebrauch. Allerdings wurde die Mittagspause in zwei Schichten à 30 Minuten abgehalten. Bei der bisherigen Organisation der Essenausgabe konnten an jedem Schalter 4 Essen/Minute ausgegeben werden.

Wie lang ist nach dem bisherigen Ausgabeverfahren die Wartezeit für den Einzelnen im ungünstigsten Fall, wenn man unterstellt, dass jede Schicht fast gleichzeitig eintrifft und sich gleichmäßig auf die fünf Schalter verteilt?

Aus jeder Schicht nehmen 360 Personen (= durchschnittlich 90 %) die Kantine in Anspruch, so dass auf jeden Schalter 72 Personen entfallen. Im ungünstigsten Fall hat man also 71 Personen vor sich. Somit muss man maximal $72 \cdot 0{,}25$ Min. = 18 Minuten warten, ehe man sein Essen in Empfang nehmen kann.

Aufgabe 74 Festlegung der Taktzeit

Ein Tellergericht besteht normalerweise aus Fleisch (F), Soße (S), Gemüse (G) und Kartoffeln (K). Die Zusammenstellung eines solchen Tellergerichtes lässt sich in vier entsprechende Arbeitsgänge gleicher Zeitdauer einteilen. Als erster bzw. letzter

Arbeitsgang (von ebenfalls gleicher Zeitdauer) kommt noch das Bereitstellen des leeren Tellers (T) bzw. die Entgegennahme der Essenmarke (M) hinzu. Nach dem neuen Ausgabeverfahren sollen diese sechs Verrichtungen an einem Fließband vollzogen werden.

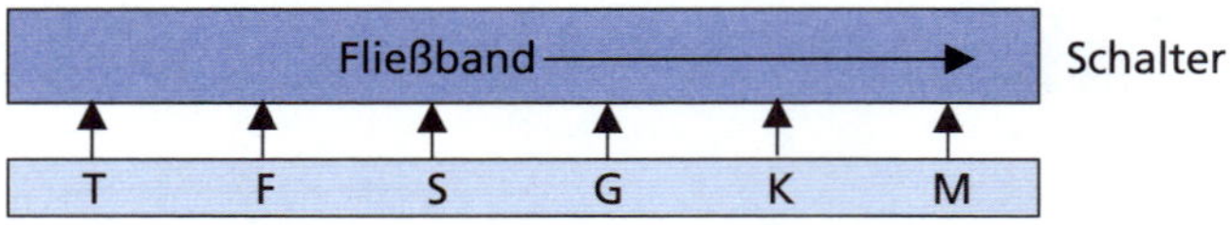

Teilaufgabe a)

> Wie lautet die **Taktzeit**, wenn das Band (von T bis M) 10 m lang ist und eine Laufgeschwindigkeit von 0,40 m/Sek. hat?

Wöhe S. 338 f.

Aus diesen beiden Angaben lässt sich lediglich ableiten, dass die Transportzeit vom Bandanfang bis zum Bandende 25 Sekunden beträgt. Die Taktzeit ist aber zunächst unabhängig von den Zeitintervallen, in denen jeweils ein neuer Teller auf das Band gelegt wird. Es ist denkbar, dass dies nur alle zwei Minuten geschieht; dann wird alle zwei Minuten ein Teller mit Fleisch versehen, mit Soße begossen usw. In diesem Fall betrüge die Taktzeit zwei Minuten.

Teilaufgabe b)

> Sie haben schon einmal ein solches Band in Betrieb gesehen und dabei festgestellt, dass alle sechs Verrichtungen, ausgeführt an sechs verschiedenen Tellern, gleichzeitig vollzogen werden. Lassen sich aus dieser Tatsache Rückschlüsse auf die Taktzeit ziehen?

Die Gleichzeitigkeit der Verrichtungen ist nur folgendermaßen zu erreichen: In T wird ein Teller ① aufgelegt; gelangt dieser zu F, wird in T ein zweiter Teller ② aufgelegt. Zu dem Zeitpunkt, zu dem man in T den vierten Teller ④ auflegt, befindet sich der dritte in F, der zweite in S und der erste in G:

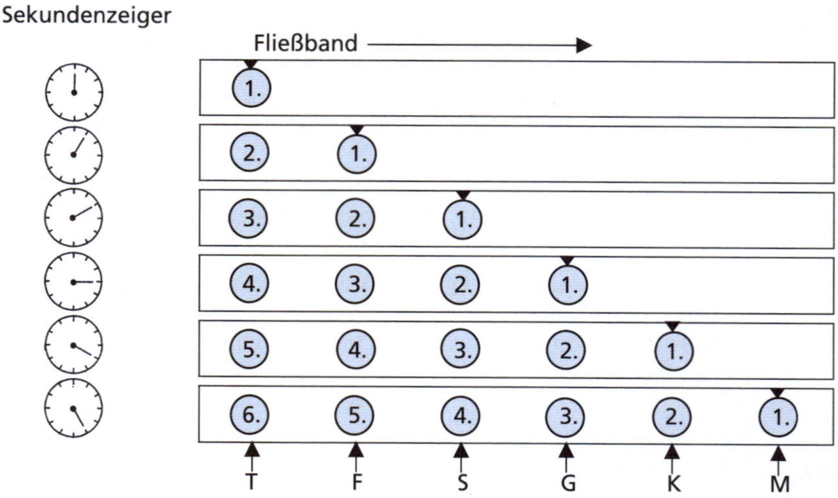

Zwischen dem Auflegen des ersten Tellers in T und der Ankunft dieses Tellers in M vergehen 25 Sekunden. Während dieser 25 Sekunden wurden der zweite Teller, der sich jetzt in K befindet, der dritte, der sich jetzt in G befindet, der vierte, der bei S und der fünfte, der bei F angelangt ist, aufgelegt. (Der sechste Teller soll gerade erst aufgelegt werden.) Innerhalb von 25 Sekunden wurden also fünf Teller aufgelegt, oder: Die Teller werden in Zeitintervallen von fünf Sekunden aufgelegt, in Intervallen von fünf Sekunden mit Fleisch versehen usw. Die **Taktzeit** beträgt also fünf Sekunden.

Aufgabe 75 Warteschlange und Wartezeit (Fortsetzung)

Es gelten alle Angaben der vorangegangenen **Aufgabe 74**. Wie viele Schalter neuer Art müssen installiert werden, wenn die Wartezeit im ungünstigsten Fall (bisher 18 Minuten; siehe Aufgabe 73) zehn Minuten nicht übersteigen soll? Dabei soll die Zwei-Schichten-Regelung beibehalten werden.

Werden alle Teller in einem 5-Sekunden-Takt aufgelegt, können an einem Schalter 12 Essen/Minute ausgegeben werden. Soll die Wartezeit im ungünstigsten Fall zehn Minuten nicht übersteigen, darf auch im ungünstigsten Fall die Warteschlange nicht größer als 120 Personen (= 10 Minuten · 12 Personen/Minute) sein. Da von einer Schicht 360 Personen die Werkskantine in Anspruch nehmen, sind drei Schalter neuer Art einzurichten.

Aufgabe 76 Arbeitsgeschwindigkeit und Taktgeber

Es gelten die Angaben zu **Aufgabe 73** bis **75**. Die Bänder sind seit einiger Zeit in Betrieb, die maximalen Wartezeiten überschreiten in der Regel nicht die Zehn-Minuten-Grenze. An manchen Tagen wechselt das Bedienungspersonal die Stellen (T tauscht mit K usw.). An manchen Tagen beträgt auch die Wartezeit bis zu 12 Minuten. Worauf kann das zurückzuführen sein, wenn es keine Unterbrechung des Arbeitsablaufs gibt? Wie lässt sich Abhilfe schaffen?

Lösungshinweis: Wer bestimmt die Taktzeit?

Die Taktzeit, jenen Rhythmus also, in dem die Teller an den Schalter gelangen, bestimmt der Taktgeber. In unserem Beispiel ist das die Arbeitskraft am Anfang des Bandes, also die Person, welche die Teller auflegt. Geschieht dies in Zeitintervallen von sechs statt fünf Sekunden, können an jedem Schalter nur noch zehn Essen/Minute ausgegeben werden. In einem solchen Falle erhöhte sich auch für die übrigen Stellen das zur „Bearbeitung" zur Verfügung stehende Zeitintervall (= Zeitspanne bis zum Eintreffen des nächsten Tellers) um eine Sekunde. Die Verzögerungen bei der Essensausgabe haben ihre Ursachen in der Person, welche die Teller auflegt.

Es empfiehlt sich, als **Taktgeber** (bei konstanter Bandgeschwindigkeit) nicht eine Person, sondern einen Automaten einzusetzen. Der Arbeitsplatz T müsste also von einem Apparat, der alle fünf Sekunden einen Teller auf das Band gleiten lässt, ersetzt werden. Verzögerungen können jetzt nur noch dadurch eintreten, dass ein Teller von der einen oder anderen Stelle übersehen, im Endergebnis also unvollständig „bearbeitet" wird.

Aufgabe 77 Taktzeit, Bandgeschwindigkeit und Wartezeit

Es gelten die Angaben zu **Aufgabe 73** bis **76**. Der Automat mit einer festen Taktzeit von fünf Sekunden wurde installiert. Der Betriebsrat macht Ihnen den Vorschlag, zur Verkürzung der Wartezeiten der Kantinenbenutzer die Bandgeschwindigkeit von 0,40 m/Sek. auf 0,50 m/Sek. zu erhöhen. Was halten Sie von diesem Vorschlag?

3. Abschnitt

Solange die Taktzeit unverändert bleibt, passiert ein Teller den Arbeitsplatz im Zeitabstand von fünf Sekunden. Wird nur alle fünf Sekunden ein Teller auf das Band gelegt, kann auch – unabhängig von der Bandgeschwindigkeit – nur alle fünf Sekunden ein Teller den Schalter erreichen. Die Wartezeit lässt sich also durch Erhöhung der Bandgeschwindigkeit nicht verkürzen; dies wäre nur durch Änderung der Taktzeit möglich (→ Taktgeber = Tellermaschine).

III. Integration der Produktionsplanung und -steuerung

Wiederholungsfragen:

	Wöhe Seite
Warum kann die schrittweise Durchführung der Produktionsplanung im Rahmen einzelner Partialmodelle zur Verfehlung des betriebswirtschaftlichen Oberziels führen?	339
Welchem Oberziel folgt üblicherweise ein PPS-System?	339 f.
Mit welchem Schritt beginnt im PPS-System die Planung der Produktion?	341
Welchen Aufgaben dient die Betriebsdatenerfassung?	343
Was versteht man unter dem Durchlaufzeit-Syndrom?	344
Was ist ein Belastungskonto im Rahmen der BORA, und wie wird mit diesem Konto gearbeitet?	344 f.
Welchem Zweck dient eine Laufkarte (Kanban)?	345
Was versteht man unter Lean Production?	345
Welche Ziele verfolgt das Lean Management)?	345 f.
Welche Verfahren der Qualitätssicherung kennen Sie?	346
Was versteht man unter einer Fortschrittszahl?	346 f.
Welchem Zweck dient das CIM-Konzept?	347 f.
Erläutern Sie die Supply-Chain-Planungsmatrix!	349 f.
Wie kann Industrie 4.0 zur Gewinnmaximierung beitragen?	351–354

3. Abschnitt

Aufgabe 78 Mengenplanung in PPS-Systemen

Das Mengenplanungsmodul eines PPS-Systems dient der Materialbedarfsermittlung, der Bestellmengenplanung und der Losgrößenplanung. Erklären Sie die Begriffe „Stückliste", „Bruttobedarf", „Nettobedarf" und „optimale Bestellmenge" im Zusammenhang mit einem PPS-System!

Wöhe S. 341 f.

Stücklisten dienen der programmgebundenen Materialbedarfsermittlung für die im Produktionsverfahren eingesetzten Rohstoffe und Vorprodukte. Zu diesem Zweck wird aus der in der Planperiode zu produzierenden Menge (Primärbedarf) mit Hilfe der Stücklistenauflösung, die auf den Konstruktionsunterlagen oder Rezepturen beruht, der für die Produktion benötigte Bedarf an Rohstoffen und Vorprodukten (Sekundärbedarf), manchmal auch an Hilfs- und Betriebsstoffen (Tertiärbedarf), berechnet. Dieser **Bruttobedarf** für die einzelnen Materialarten wird in der Regel noch um eine Sicherheitsmarge, den Mehrverbrauchszuschlag, erhöht. Zieht man davon den noch vorhandenen Lagerbestand ab, so erhält man den **Nettobedarf** der jeweiligen Materialart für die betreffende Planungsperiode.

Unter Berücksichtigung des als notwendig erachteten Sicherheitsbestands im Lager lässt sich nunmehr die Materialmenge, die vom jeweiligen Lieferanten bestellt werden muss, ermitteln. Unter der optimalen Bestellmenge versteht man die Menge, bei der die Materialkosten je Materialeinheit einschließlich der anfallenden Transport-, Bestell- und Lagerkosten (mit Finanzierungskosten) am geringsten sind. Je größer dabei die Bestellmenge, desto geringer sind in der Regel Transport- und Bestellkosten (und in der Regel auch die Nettopreise) je Materialeinheit, desto höher sind jedoch die entsprechenden Lagerkosten.

Aufgabe 79 CIM-Konzept

Erklären Sie, was man unter dem CIM-Konzept versteht und welche Teilaufgaben die einzelnen Komponenten eines solchen Systems haben!

Wöhe S. 348 f.

Der Ansatzpunkt des CIM-Konzepts liegt primär in der computergestützten Integration aller im Rahmen der Produktionsplanung und -steuerung anfallenden Daten (Datenintegration). Dabei bezieht sich die Integration nicht nur – wie in klassischen PPS-Systemen – auf betriebswirtschaftliche, sondern auch auf technische Daten. Die Nutzung dieser gemeinsamen Datenbasis führt nicht nur zu Kostenersparnissen und zur Vermeidung von Planungsfehlern, die auf mangelnder Abstimmung basieren, sondern ermöglicht auch die Erstellung übergreifender Programme, wie sie z. B. zur vollautomatisierten Werkzeugmaschinensteuerung benötigt werden (Vorgangsintegration).

Mit Hilfe der computergestützten Konstruktion **(CAD)** werden zunächst die Konstruktionszeichnungen direkt am Bildschirm erstellt. Aus diesen Konstruktionszeichnungen werden mit Hilfe der computergestützten Planung **(CAP)** Arbeits- und Mengenplätze (z. B. Stücklisten) und Programme zur Steuerung der NC-Maschinen abgeleitet. Gleichzeitig werden vom Produktionsplanungssystem (PPS-System) u. a. auf Basis der Stücklisten die Daten zur Produktionsprogrammplanung, zur Mengen- und Kapazitätsplanung sowie zur Werkstattsteuerung erstellt. Diese Daten und die vom CAP-System zur Verfügung gestellten Informationen werden von den Programmen zur computergestützten Fertigung **(CAM)** zur Steuerung der Maschinen eingesetzt. Die computergestützte Qualitätssicherung **(CAQ)** unterstützt schließlich die Qualitätskontrolle durch Prüfungsprogramme (ermittelt auf Basis der CAP-Daten) und durch die Unterstützung von Messsystemen zur Ausschusserfassung.

IV. Testfragen zum Dritten Abschnitt

Den folgenden Fragen sind Antworten beigegeben, die teils richtig, teils falsch sind. Ihre Aufgabe besteht darin, die richtigen Antworten herauszufinden und zu begründen, warum sie richtig und die anderen falsch sind. Die Lösungen finden Sie im Anschluss an die letzte Frage. Gelingt Ihnen die Begründung nicht, so ist es empfehlenswert, die erfragten Zusammenhänge und Definitionen im „Wöhe" noch einmal durchzuarbeiten. Das Stichwortverzeichnis des „Wöhe" wird Ihnen helfen, sich schnell zurechtzufinden.

1. Ein Automobilwerk stellt 5 verschiedene Wagentypen her. Um welches Fertigungsprinzip handelt es sich?

	richtig	falsch
(1) Massenfertigung	○	○
(2) Serienfertigung	○	○
(3) Sortenfertigung	○	○
(4) Einzelfertigung	○	○

2. Welche der folgenden Begriffe zählt man nicht zu den Organisationstypen der Fertigung?

	richtig	falsch
(1) Einzelfertigung	○	○
(2) Gruppenfertigung	○	○
(3) Werkstattfertigung	○	○
(4) Mehrfachfertigung	○	○
(5) Fließfertigung	○	○

3. Welche der folgenden Tatbestände zählen nicht zu den Bestimmungsgründen für die Bildung von Lagern?

	richtig	falsch
(1) Pufferbestand zur Vermeidung von Engpässen bei Beschaffungsschwierigkeiten	○	○
(2) Preissenkungserwartungen auf der Beschaffungsseite	○	○
(3) Preissteigerungserwartungen auf der Absatzseite	○	○
(4) Mengenrabatte auf der Absatzseite	○	○
(5) unvorhergesehene Störungen bei der Fertigung	○	○
(6) Pufferbestand zur Vermeidung von Lieferengpässen bei stoßweise auftretender Nachfrage	○	○

4. Welche der folgenden Feststellungen sind zutreffend? Bei Kapazitätsengpässen richtet sich das optimale Produktionsprogramm

	richtig	falsch
(1) nach den Stückgewinnen der verschiedenen Produkte.	○	○
(2) nach den Deckungsbeiträgen der verschiedenen Produkte.	○	○
(3) nach dem Absatzpreis der verschiedenen Produkte.	○	○
(4) nach dem Deckungsbeitrag je Engpassbelastungseinheit.	○	○

5. Welche der folgenden Behauptungen ist richtig? Die optimale Losgröße liegt

	richtig	falsch
(1) im Minimum der auflagefixen Kosten.	○	○
(2) im Minimum der auflageproportionalen Kosten.	○	○
(3) im Minimum der Summe aus auflagefixen und auflageproportionalen Kosten.	○	○

6. Wie bezeichnet man den funktionalen Zusammenhang zwischen Ausbringungsmenge und mengenmäßigem Einsatz der Produktionsfaktoren?

	richtig	falsch
(1) Produktionsfunktion	○	○
(2) Minimalkostenkombination	○	○
(3) Kostenfunktion	○	○
(4) monetäre Produktionsfunktion	○	○

7. Welche der folgenden Aussagen über Substitutionalität und Limitationalität sind richtig?

	richtig	falsch
(1) Bei alternativer Substitution kann auf den Einsatz eines Produktionsfaktors völlig verzichtet werden.	○	○
(2) Begrenzte Substitution bedeutet, dass zum Ersatz einer bestimmten Menge eines Produktionsfaktors nur eine begrenzte Menge eines anderen Produktionsfaktors benötigt wird.	○	○
(3) Gibt es unendlich viele Prozessgeraden, so wird eine substitutionale Produktionsfunktion zu einer limitationalen Produktionsfunktion.	○	○
(4) Bei einer Prozessvariation erfolgt ein Wechsel des Produktionsprozesses.	○	○

8. Bei einem Ertragsgebirge

	richtig	falsch
(1) kann die Analyse der partiellen Faktorvariation durch einen vertikalen Schnitt entlang der Prozessgeraden graphisch vorgenommen werden.	○	○
(2) ergeben sich durch horizontale Schnitte Isoquanten.	○	○
(3) wird zur partiellen Faktorvariation stets der Produktionsfaktor R_1 als konstant unterstellt.	○	○
(4) liegt totale Faktorvariation vor, wenn die Einsatzmenge aller Produktionsfaktoren variiert.	○	○

9. Die kurzfristige Produktionsprogrammplanung

	richtig	falsch
(1) legt fest, wie Überkapazitäten kurzfristig abgebaut werden können.	○	○
(2) legt fest, wie Produktionsengpässe durch Erweiterungsinvestitionen kurzfristig beseitigt werden können.	○	○
(3) betrachtet vorhandene Produktionsengpässe als Datum.	○	○
(4) lässt sich in jedem Fall nur im Wege linearer Programmierung lösen.	○	○

10. Die Kosten bleiben bei Zunahme der Ausbringung konstant. Um welche Kostenart handelt es sich?

	richtig	falsch
(1) Fixe Kosten	O	O
(2) degressive Kosten	O	O
(3) proportionale Kosten	O	O
(4) progressive Kosten	O	O

11. Welche der folgenden Behauptungen sind richtig? Ein steigender Gesamtkostenverlauf kann je nach Höhe des Steigungsmaßes führen

	richtig	falsch
(1) zu steigenden Grenzkosten.	O	O
(2) zu konstanten Grenzkosten.	O	O
(3) zu fallenden Grenzkosten.	O	O

12. Welche der folgenden Behauptungen ist richtig? Ein linear steigender Gesamtkostenverlauf mit Fixkostenblock führt

	richtig	falsch
(1) zu steigenden Grenzkosten.	O	O
(2) zu gleichbleibenden Grenzkosten.	O	O
(3) zu fallenden Grenzkosten.	O	O
(4) zu steigenden Stückkosten.	O	O
(5) zu konstanten Stückkosten.	O	O
(6) zu fallenden Stückkosten.	O	O

13. Die Gesamtkostenkurve verläuft linear steigend. Wie verläuft die Kurve der variablen Stückkosten?

	richtig	falsch
(1) Parallel zur Abszisse, deckungsgleich mit der Grenzkostenkurve	O	O
(2) parallel zur Abszisse, oberhalb der Grenzkostenkurve	O	O
(3) steigend bis zur Kapazitätsgrenze	O	O
(4) fallend bis zur Kapazitätsgrenze	O	O

14. Welche der folgenden Behauptungen sind richtig?

	richtig	falsch
(1) Fixe Kosten sind Kosten, die überhaupt nicht zu verändern sind.	O	O
(2) Fixe Kosten sind Kosten, die bei einer Beschäftigungsänderung konstant bleiben.	O	O
(3) Fixe Kosten sind Kosten, die keinen Einfluss auf eine anstehende kurzfristige Entscheidung haben.	O	O
(4) Fixe Kosten sind Kosten, die innerhalb eines Jahres nicht zu verändern sind.	O	O
(5) Fixe Kosten sind Kosten, die kurzfristig nicht zu verändern sind.	O	O

3. Abschnitt

15. Welche der folgenden Voraussetzungen für die aus dem Ertragsgesetz abgeleiteten Produktionsfunktionen sind richtig?

	richtig	falsch
(1) Zwei variable Produktionsfaktoren werden in der Weise miteinander kombiniert, dass steigende Mengen des einen auf steigende Mengeneinheiten des anderen variablen Faktors aufgewendet werden.	○	○
(2) Beide Produktionsfaktoren sind beliebig teilbar.	○	○
(3) Die Produktionstechnik ist unverändert.	○	○
(4) Es wird nur eine Produktart erzeugt.	○	○

16. Welche der folgenden Behauptungen über ertragsgesetzliche Produktionsfunktionen sind richtig?

	richtig	falsch
(1) Vom Wendepunkt der Gesamtertragsfunktion an sinken die Gesamterträge.	○	○
(2) Vom Wendepunkt der Gesamtertragsfunktion an sinken die Grenzerträge.	○	○
(3) Vom Maximum (Scheitelpunkt) der Gesamtertragsfunktion an sinken die Gesamterträge.	○	○
(4) Vom Maximum (Scheitelpunkt) der Gesamtertragsfunktion an sinken die Grenzerträge.	○	○
(5) Die Durchschnittsertragsfunktion schneidet die Grenzertragsfunktion im Maximum der Grenzertragsfunktion.	○	○
(6) Vom Maximum der Grenzertragsfunktion an werden die Durchschnittserträge negativ.	○	○

17. Welche der folgenden Aussagen sind richtig? Bei ertragsgesetzlichem Verlauf der Kostenfunktion führt

	richtig	falsch
(1) eine Erhöhung der Faktorpreise zu einer mengenmäßigen Erhöhung des Gesamtertrags.	○	○
(2) eine Erhöhung der Faktorpreise zu einer mengenmäßigen Verminderung des Gesamtertrags.	○	○
(3) eine Verminderung des Preises für den fixen Faktor zu einer Verminderung des Steigungsmaßes der Gesamtkostenkurve.	○	○
(4) eine Erhöhung des Preises des fixen Faktors zu einer Parallelverschiebung der Gesamtkostenkurve nach oben.	○	○
(5) eine Erhöhung des Preises des variablen Faktors zu einer Parallelverschiebung der Gesamtkostenkurve nach oben.	○	○

18. Welche der folgenden kritischen Kostenpunkte entstehen durch Schnittpunkte zwischen der Grenzkostenkurve und der Stückkostenkurve?

	richtig	falsch
(1) Gewinnmaximum	○	○
(2) Minimum der Durchschnittskosten	○	○
(3) Nutzenschwelle	○	○
(4) Nutzengrenze	○	○

19. Welche der folgenden Aussagen sind richtig?

	richtig	falsch
(1) Mit zunehmender Ausbringungsmenge sinken die fixen Stückkosten.	○	○
(2) Wegen ihres Fixkostencharakters sind die fixen Stückkosten fix, d.h. unabhängig von der Ausbringungsmenge.	○	○
(3) Die aus dem Ertragsgesetz abgeleitete Gesamtkostenfunktion kennt keine Fixkosten.	○	○
(4) Der Verlust einer Produktionsperiode kann maximal die Höhe der Fixkosten erreichen.	○	○

20. Welche Aussagen über Anpassungsformen bei Gutenberg-Produktionsfunktionen sind zutreffend?

	richtig	falsch
(1) Bei der qualitativen Anpassung wird die Intensität der genutzten Aggregate verändert.	○	○
(2) Bei der selektiven Anpassung wird unter Aggregaten mit unterschiedlichen Kostenniveaus ausgewählt.	○	○
(3) Bei der zeitlichen Anpassung wird die Ausbringungsmenge durch Veränderung der Intensität bei konstanter Anzahl der eingesetzten Aggregate variiert.	○	○
(4) Die zeitliche Anpassung führt stets zu einem linearen Gesamtkostenverlauf.	○	○

21. Die Materialwirtschaft

	richtig	falsch
(1) konzentriert sich ausschließlich auf die Minimierung des Einkaufspreises/Stück.	○	○
(2) berücksichtigt beim Kostenminimierungsstreben die unmittelbaren und mittelbaren Beschaffungskosten sowie die Lagerkosten.	○	○
(3) beschäftigt sich ausschließlich mit der kurzfristigen Bestellmengenplanung.	○	○
(4) orientiert sich bei der Lieferantenauswahl ausschließlich an Kostengesichtspunkten.	○	○

22. Welche der folgenden Behauptungen sind richtig?

	richtig	falsch
(1) Je höher die Zinsen, desto höher ist c. p. die optimale Bestellmenge!	○	○
(2) Je weiter die Entfernung zum Lieferanten, desto höher ist c. p. die optimale Bestellmenge!	○	○
(3) Die bestellfixen Kosten sind bei der Ermittlung der optimalen Bestellmenge entscheidungsirrelevant!	○	○
(4) Im Grundmodell zur optimalen Bestellmenge werden Mengenrabatte nicht berücksichtigt!	○	○

23. Welche der folgenden Behauptungen sind richtig?

	richtig	falsch
(1) Fließfertigung eignet sich besonders gut zur auftragsweisen Einzelfertigung.	○	○
(2) Fließfertigung führt im Allgemeinen zu höheren Lohnstückkosten als Einzelfertigung.	○	○
(3) Werkstattfertigung hat gegenüber der Fließfertigung den Vorteil, auf einen Beschäftigungsrückgang flexibler reagieren zu können.	○	○
(4) Hinsichtlich möglicher Beschäftigungsänderungen sind Risiken und Chancen der Fließfertigung größer als die der Werkstattfertigung.	○	○

24. Welche Aufgaben werden normalerweise im Rahmen EDV-gestützter PPS-Systeme gelöst?

	richtig	falsch
(1) Bestellmengenplanung	○	○
(2) Lieferantenauswahl	○	○
(3) Lagerkapazitätsplanung	○	○
(4) Losgrößenplanung	○	○
(5) Materialbedarfsermittlung	○	○
(6) Kapazitätsterminierung	○	○

25. Welche der folgenden Daten werden im Rahmen der Grunddatenverwaltung eines traditionellen PPS-Systems gewöhnlich gespeichert?

	richtig	falsch
(1) Kalkulatorische Zinssätze	○	○
(2) Arbeitszeiten der Mitarbeiter im Produktionsbereich	○	○
(3) Fertigungszeiten	○	○
(4) Lieferantenstammdaten	○	○
(5) Werbeausgaben je Produktart	○	○
(6) Rüstzeiten der einzelnen Betriebsmittel	○	○

26. Welche der folgenden Abkürzungserklärungen sind richtig?

	richtig	falsch
(1) CAD: Computer Animated Development	○	○
(2) CAM: Computer Aided Modelling	○	○
(3) CAP: Computer Aided Planning	○	○
(4) CAQ: Computer Aided Quality Assurance	○	○

	richtig	falsch
(1) Mit Industrie 4.0 wird den Kunden ermöglicht, die Produktion über ihre mobilen Endgeräte zu steuern.	○	○
(2) Da die Steuerung der vernetzten Produktion, sog. Industrie 4.0, erstmals durch eine Applikation auf dem iPhone 4 erfolgen konnte, wurde dieses zum Namensgeber der Technologie.	○	○
(3) Als Industrie 4.0 wird die Produktionsweise von Unternehmen mit Internetanschluss bezeichnet.	○	○

27. Welche der folgenden Behauptungen zu „Industrie 4.0" ist richtig?

	richtig	falsch
(4) Bei Industrie 4.0 werden Bauteile mit Funketiketten versehen, damit eine Kommunikation zwischen Betriebsmitteln und Bauteilen möglich ist.	O	O

28. Welche der folgenden Aussagen ist richtig?

	richtig	falsch
(1) Industrie 4.0 ist die unternehmensübergreifende Vernetzung der Produktion.	O	O
(2) Bei Industrie 4.0 können verkürzte Durchlaufzeiten und eine geringere Vorratshaltung zu Kosteneinsparungen führen.	O	O
(3) Industrie 4.0 ermöglicht eine Produktion ohne Personaleinsatz.	O	O
(4) Kaizen ist ein bekanntes Verfahren zur Qualitätsverbesserung.	O	O

Lösungen: Richtig sind folgende Antworten: **1.** (2); **2.** (1), (4); **3.** (2), (4); **4.** (4); **5.** (3); **6.** (1); **7.** (1), (4); **8.** (2), (4); **9.** (3); **10.** (1); **11.** (1), (2), (3); **12.** (2), (6); **13.** (1); **14.** (2), (3); **15.** (3), (4); **16.** (2), (3); **17.** (4); **18.** (2); **19.** (1); **20.** (2); **21.** (2); **22.** (2), (4); **23.** (3), (4); **24.** (1), (4), (5), (6); **25.** (3), (4), (6); **26.** (3), (4); **27.** (4); **28.** (1), (2), (4).

Marketing

Seite

Vierter Abschnitt

Seite

Seite

I. Grundlagen

Wiederholungsfragen:

	Wöhe Seite
Worin unterscheiden sich Käufer- und Verkäufermärkte?	358
An welchen Maximen orientiert sich das Marketing?	359
Worin unterscheiden sich Konsumgüter- und Investitionsgütermarketing?	360
Welcher Zusammenhang besteht zwischen Unternehmenszielen, Marktforschung und dem Einsatz der Marketinginstrumente?	360 f.

Aufgabe 1 Absatzpolitik auf Verkäufermärkten

Die FUNDUS GMBH verfügt im Einzugsgebiet von Stuttgart über eine Baulandreserve von 550.000 m². Hiervon sollen in den kommenden fünf Jahren jeweils 110.000 m² an Einzelinteressenten abgegeben werden. Man kann fest davon ausgehen, dass die Baulandnachfrage im Ballungsraum Stuttgart auch in den kommenden Jahren deutlich größer sein wird als das Angebot.

Die FUNDUS GMBH möchte ihren Gewinn maximieren, wobei im kommenden Jahr eine Bruttofläche von 110.000 m² vermarktet werden soll. Zieht man davon die benötigten Verkehrsflächen (Straßen, Bürgersteige) ab, erhält man die verwertbare Baulandnettofläche.

Teilaufgabe a)

Die Baulandnettofläche kann in drei Varianten vermarktet werden:

A Parzellen à 1.000 m² für Einfamilienhäuser
B Parzellen à 400 m² für Doppelhaushälften
C Parzellen à 250 m² für Reihenhäuser

Für welche Produktvariante soll sich die FUNDUS GMBH entscheiden, wenn folgende Daten zur Verfügung stehen:

Variante	Verkehrsflächenbedarf m²	Nettofläche m²/Parzelle	Erschließungskosten EUR/Parzelle	Verkaufspreis* EUR/m² Nettofläche
A	10.000	1.000	10.000	400
B	14.000	400	7.500	500
C	22.500	250	6.000	600

* Im Verkaufspreis sind die von der FUNDUS GMBH zu tragenden Erschließungskosten enthalten.

Den maximalen Gewinn erwirtschaftet die FUNDUS GMBH dann, wenn sie das Gelände nach der Variante C (Reihenhäuser) parzelliert:

4. Abschnitt

Variante	Nettofläche m^2	Parzelle m^2	Anzahl Parzellen	Erschließungs-kosten EUR/Parzelle	Erschließungs-kosten Mio. EUR
A	100.000	1.000	100	10.000	1,0
B	96.000	400	240	7.500	1,8
C	87.500	250	350	6.000	2,1

Variante	Nettofläche m^2	Verkaufspreis EUR/m^2	Verkaufserlös Mio. EUR	Erschließungs-kosten Mio. EUR	Gewinn Mio. EUR
A	100.000	400	40,0	1,0	39,0
B	96.000	500	48,0	1,8	46,2
C	87.500	600	52,5	2,1	50,4

Teilaufgabe b)

Welche absatzpolitischen Instrumente setzt die FUNDUS GMBH zur Verkaufsförderung ein?

Wöhe S. 358 f. und S. 384 f.

Die FUNDUS GMBH agiert auf einem Verkäufermarkt. Im Extremfall müssen sich die Käufer auf Wartelisten platzieren lassen. Besonderer absatzpolitischer Anstrengungen auf der Verkäuferseite bedarf es nicht. Im vorliegenden Fall betreibt der Verkäufer Produktpolitik, wobei die Einzelabgabemenge (Parzellengröße) optimiert wird.

Aufgabe 2 Absatzpolitik auf Käufermärkten

Die Firma SLEEPYHEAD produziert PC für den heimischen Markt. Bei voller Kapazitätsauslastung können 10.000 Stück des Typs 0815 produziert werden. Die Kostenfunktion lautet $K = 8.000.000 + 800 \cdot m$. Bislang war die Produktionskapazität zu 80 Prozent ausgelastet. Die Geräte werden zu 2.400 EUR/Stück an den Fachhandel abgegeben. Der Endverkaufspreis liegt bei 3.000 EUR/Stück.

Teilaufgabe a)

Welches Jahresergebnis konnte die Firma SLEEPYHEAD bislang ausweisen?

Bei einer Kapazitätsauslastung von 80 Prozent wurden bislang 8.000 Stück pro Jahr produziert und abgesetzt.

	Mio. EUR/Jahr
Erlös ($E = 2.400 \cdot m$)	19,20
– Kosten ($K = 8.000.000 + 800 \cdot m$)	14,40
Gewinn	**4,80**

Teilaufgabe b)

Ein Konkurrent aus Fernost überschwemmt den heimischen Markt mit einem vergleichbaren Gerät, das für 1.980 EUR/Stück in Kaufhäusern angeboten wird. Obwohl die Firma SLEEPYHEAD den Händlerabgabepreis auf 2.000 EUR/Stück gesenkt hat, ist die Kapazitätsauslastung infolge des Wettbewerbsdrucks auf 50 Prozent zurückgegangen. Befindet sich SLEEPYHEAD noch in der Gewinnzone?

Bei einer Absatzmenge von 5.000 Stück entsteht ein Verlust in Höhe von 2 Mio. EUR/ Jahr:

	Mio. EUR/Jahr
Erlös (E = 2.000 · m)	10,00
– Kosten (K = 8.000.000 + 800 · m)	12,00
Verlust	**2,00**

Teilaufgabe c)

Welche absatzpolitischen Aktionen kann SLEEPYHEAD zur Verbesserung seiner Wettbewerbsposition einsetzen?

Wöhe S. 384 f.

Im Rahmen der **Produktpolitik** könnte SLEEPYHEAD versuchen,

- den Typ 0815 durch ein leistungsfähigeres Nachfolgemodell zu ersetzen
- durch zusätzliche Serviceleistungen (Software) die eigene Wettbewerbsposition zu verbessern und/oder
- dem Typ 0815 ein anspruchsvolleres Design zu verpassen, welches zahlungskräftigere Kunden besser anspricht.

Im Rahmen der **Preispolitik** kann ein Preiserhöhungsspielraum für die Geräte mit dem anspruchsvollen Design leichter durchgesetzt werden.

Im Rahmen der **Kommunikationspolitik** scheidet die (Massen-)Werbung bei derart geringer Kapazität aus. Eine Absatzbelebung ist eher durch gezielte verkaufsfördernde Maßnahmen am Ort des Verkaufs möglich.

Zu prüfen ist schließlich eine **Kombination** aus produkt-, preis- und distributionspolitischen Maßnahmen. SLEEPYHEAD muss versuchen,

- den Absatzkanal über die Kaufhäuser hinaus zu öffnen,
- dabei einen Abgabepreis zu erzielen, der über den eigenen Selbstkosten, aber unter dem Kaufhaus-Einstandspreis des Konkurrenzprodukts liegt,
- die eigene Kapazität zwecks Senkung der Stückkosten auszudehnen und
- das Garantie- und Serviceargument als heimischer Hersteller in den Vordergrund zu rücken.

Aufgabe 3 Marktpotential, Marktvolumen, Marktanteil

Die Firma PARVULI ist einer der größten Kinderwagenhersteller in Deutschland. Im abgelaufenen Jahr produzierte man 100.000 Kinderwagen, von denen 50 Prozent in den Export gingen.

In Deutschland wurden in dem betreffenden Jahr 680.000 Kinder geboren. Die im Inland verkauften Kinderwagen, 400.000 Stück, stammten zu 60 Prozent aus ausländischer Produktion.

Wie groß ist am **deutschen Kinderwagenmarkt**

- das **Marktpotential**
- das **Marktvolumen**
- der **Marktanteil** der Firma PARVULI?

Wie lässt sich die Diskrepanz zwischen Marktpotential und Marktvolumen erklären?

Wöhe S. 366

Das **Marktpotential** (= maximale Nachfragemenge bei Vollversorgung des deutschen Marktes) liegt bei **680.000 Stück**.

Das **Marktvolumen** (= tatsächliche Absatzmenge) beziffert sich auf **400.000 Stück**.

Firma PARVULI hat am deutschen Markt 50.000 Kinderwagen abgesetzt. Somit beträgt der

$$\textbf{Marktanteil} = \frac{\text{Firmenabsatz}}{\text{Marktvolumen}} \cdot 100\,\% = \frac{50.000 \text{ Stück}}{400.000 \text{ Stück}} \cdot 100\,\% = \mathbf{12{,}5\,\%}$$

Die Diskrepanz zwischen Marktpotential (680.000 Stück) und Marktvolumen (400.000 Stück) lässt sich auf mehrere Ursachen zurückführen: z. B. Verzicht auf Kinderwageneinkauf für das zweite (folgende) Kind(er) und den Secondhandmarkt.

II. Absatzplanung

Wiederholungsfragen:

	Wöhe Seite
Orientiert sich das strategische Marketing an der aktuellen Marktsituation oder an erwarteten Entwicklungen?	362 f.
Nennen Sie Beispiele zur taktischen und zur operativen Marketingplanung!	363
In welchen Schritten gelangt man vom unternehmerischen Oberziel zu operationalen Unterzielen des Marketings?	363 f.
Welcher Zusammenhang besteht zwischen einer Absatzprognose und einem Marketingaktionsplan?	381 f.
Lässt sich eine Absatzprognose durch einfache Trendfortschreibung der Absatzentwicklung vergangener Perioden erstellen?	382

Aufgabe 4 Lieferzeit und Absatzmenge

Die SPORTARTIKEL KG produziert unter anderem Luftmatratzen in drei verschiedenen Ausführungen x_1, x_2 und x_3. Alle drei Ausführungen müssen an den beiden Aggregaten A_1 und A_2 bearbeitet werden. Die Bearbeitungszeiten sind verschieden und betragen in Minuten/Stück:

	x_1	x_2	x_3
A_1	8	4	2
A_2	4	2	6

Jede Einheit der Ausführung x_1 muss also 8 Minuten an Anlage A_1 und 4 Minuten an Anlage A_2 bearbeitet werden usw. Die Maschinenlaufzeit liegt für beide Anlagen ebenso wie die wöchentliche Arbeitszeit bei 40 Stunden. Die Erlös- und Kostensituation sieht für die drei Ausführungen folgendermaßen (Angaben in EUR) aus:

	x_1	x_2	x_3
p	28,00	18,00	23,00
k_v	22,00	15,00	19,00

Die Saison ist in vollem Gange; das Lager ist geräumt. Bestellungen, die in der Saisonspitze kurz terminiert sind, können nur aus der laufenden Produktion erledigt werden. Welchen **Liefertermin** können Sie für folgende Gesamtbestellung zusagen: $x_1 = 90$ Stück, $x_2 = 110$ Stück und $x_3 = 140$ Stück?

Die Artikel beanspruchen die Produktionsanlagen wie folgt (Angaben in Minuten):

	$x_1 = 90$	$x_2 = 110$	$x_3 = 140$	Σ
A_1	720	440	280	1.440
A_2	360	220	840	1.420

Um die Bestellung ausführen zu können, muss A_1 1.440 Minuten, A_2 1.420 Minuten in Betrieb sein. Bei acht Stunden Arbeitszeit/Tag (= 480 Minuten) kann ein Liefertermin zugesagt werden, der einer Produktionszeit von drei Arbeitstagen Rechnung trägt.

Aufgabe 5 Optimales Produktionsprogramm

Bis auf den Auftrag gelten alle Angaben der **Aufgabe 4**. Es liegt jetzt folgende Nachfrage vor: $x_1 = 180$ Stück, $x_2 = 130$ Stück und $x_3 = 200$ Stück.

Teilaufgabe a)

Kann dieser Auftrag mit einer Lieferzeit von fünf Arbeitstagen angenommen werden?

	$x_1 = 180$	$x_2 = 130$	$x_3 = 200$	Σ
A_1	1.440	520	400	2.360
A_2	720	260	1.200	2.180

Da in fünf Arbeitstagen 2.400 Maschinenminuten zur Verfügung stehen, kann der Auftrag angenommen werden.

Teilaufgabe b)

Kurz vor Ausführung dieses Auftrags wird eine Reparatur bei Anlage A_1 fällig, die zwei Arbeitstage in Anspruch nimmt. Welche Sorte(n) wird (werden) von der Produktionseinschränkung betroffen, wenn bei jeder Sorte auch die Lieferung von Teilmengen möglich ist?

Die SPORTARTIKEL KG kann bei Anlage A_1 nur noch über drei Arbeitstage = 1.440 Maschinenminuten verfügen. Es müssen folglich 920 Maschinenminuten (= 2.360 – 1.440) „eingespart“ werden. Die Kürzung der Produktionsmengen muss diejenige Sorte treffen, an der am wenigsten verdient wird oder genauer gesagt: An welcher der Verdienst pro Bearbeitungsminute am geringsten ist.

	x_1	x_2	x_3
p	28,00	18,00	23,00
k_v	22,00	15,00	19,00
db	6,00	3,00	4,00
BK	8	4	2
db/EPE	0,75	0,75	2,00

db = Deckungsbeitrag
BK = Belastungskoeffizient für A_1 = Bearbeitungszeit Minuten/Stück
db/EPE = Deckungsbeitrag/Engpassbelastungseinheit EUR/Minute = db : BK

Eine Produktionskürzung wäre bei Ausführung x_3 am unvorteilhaftesten, da dort der Verdienst pro Bearbeitungsminute (db/EPE) mit 2 EUR am höchsten ist. Ob die Auftragskürzung bei x_1 oder x_2 vorgenommen wird, ist gleichgültig. Entscheidet man sich z. B. für x_1, dann gilt: 920 Minuten : 8 Minuten/Stück = 115 Stück, d. h. die Liefermenge wird bei x_1 auf 180 – 115 = 65 Stück reduziert. Die übrigen Liefermengen bleiben unverändert.

Teilaufgabe c)

Es gelten alle Angaben der **Aufgabe 5b**. Wie hoch müsste der Preis für Ausführung x_3 sein, damit diese dem Produktionsengpass zum Opfer fällt?

Diese Bedingung ist dann erfüllt, wenn für x_3 der db/EPE auf 0,74 EUR absinkt; dann betrüge der Deckungsbeitrag 0,74 EUR/Minute · 2 Minuten/Stück = 1,48 EUR/Stück. Der Preis für x_3 müsste sich auf 19,00 + 1,48 = 20,48 EUR belaufen.

Aufgabe 6 Optimales Produktionsprogramm (graphische Lösung)

Es gelten alle Angaben der **Aufgabe 4**. Die Ausführung x_2 wird jedoch aus dem Sortiment gestrichen. Für Ausführung x_1 und x_3 liegen mehr Bestellungen vor als die SPORTARTIKEL KG ausführen kann. An eine Preiserhöhung, die vermutlich zu einem Nachfragerückgang führt, ist nicht zu denken, da man während der Saison an die Katalogpreise gebunden ist. Um über Annahme oder Ablehnung der Bestellungen befinden zu können, muss zuvor das optimale Produktionsprogramm ermittelt werden. Bedienen Sie sich zu diesem Zweck einer graphischen Darstellung, auf deren Achsen die beiden Variablen x_1 und x_3 abgetragen werden. Erstellen Sie zu diesem Zweck zuerst für jede Anlage eine Wertetabelle, aus der hervorgeht, wie viele Einheiten der Sorte x_1 innerhalb von fünf Arbeitstagen (= 2.400 Minuten) auf Anlage A_1 produziert werden können, wenn $x_3 = 0$, $x_3 = 200$, $x_3 = 400$, $x_3 = 600$ usw. ist. Wiederholen Sie diesen Vorgang für Anlage A_2, wenn $x_3 = 0$, $x_3 = 100$, $x_3 = 200$ usw. ist!

Wöhe S. 307–311

	x_1	x_3	**Kapazität**
A_1	8	2	2.400
A_2	4	6	2.400

$$A_1{:}\ 8 \cdot x_1 + 2 \cdot x_3 = 2.400$$
$$A_2{:}\ 4 \cdot x_1 + 6 \cdot x_3 = 2.400$$

Für A_1 gilt:

x_1	300	250	200	150	100	50	0
x_3	0	200	400	600	800	1.000	1.200

Für A_2 gilt:

x_1	600	450	300	150	0
x_3	0	100	200	300	400

Überträgt man die Zahlenpaare x_1, x_3 in ein Koordinatensystem, dann erhält man:

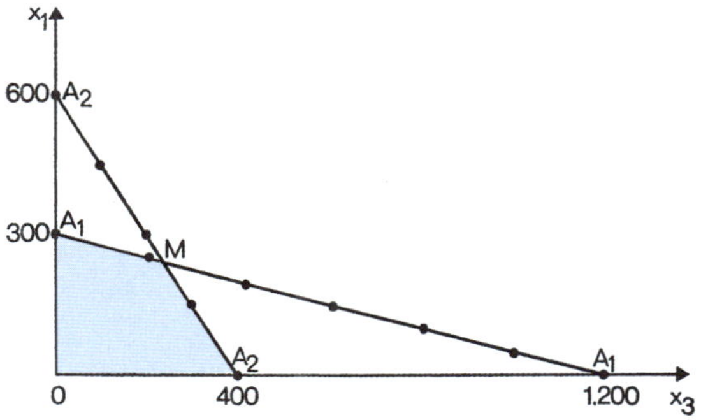

Der **Lösungsbereich,** d.h. die Anzahl aller Ausbringungsmengenkombinationen, die unter Berücksichtigung der Kapazitätsrestriktionen möglich ist, liegt innerhalb des Vierecks $0A_2MA_1$. Je mehr sich aber die Mengenkombination der Begrenzungslinie A_2MA_1 nähert, desto größer ist die Ausbringungsmenge und desto höher ist der Gewinn. Das optimale, d.h. das gewinnträchtigste, Produktionsprogramm wird deshalb durch einen auf dieser Begrenzungslinie liegenden Punkt markiert. Wo dieser Punkt genau liegt, wird sich erst durch Heranziehung der **Isogewinnlinie** bestimmen lassen.

Der **Deckungsbeitrag** DB (= Summe aller Deckungsbeiträge) lässt sich mit Hilfe folgender Gleichung bestimmen:

$$\mathbf{DB} = db_1 \cdot x_1 + db_3 \cdot x_3$$
$$\mathbf{DB} = 6 \cdot x_1 \quad + 4 \cdot x_3$$

Setzt man z. B. DB = 1.200 EUR, ergibt sich:

$$1.200 = 6 \cdot x_1 + 4 \cdot x_1$$
$$6 \cdot x_1 = 1.200 - 4 \cdot x_3$$
$$x_1 = 200 - \frac{2}{3} \cdot x_3$$

Die zuletzt genannte Gleichung ist die Isogewinnlinie für DB = 1.200 EUR. Analog lassen sich die Isogewinnlinien für DB = 1.800, DB = 2.400 und DB = 3.000 ermitteln:

$$\mathbf{(DB = 1.800)\ x_1} = 300 - \frac{2}{3} \cdot x_3$$
$$\mathbf{(DB = 2.400)\ x_1} = 400 - \frac{2}{3} \cdot x_3$$
$$\mathbf{(DB = 3.000)\ x_1} = 500 - \frac{2}{3} \cdot x_3$$

Für DB = 1.200 gilt:

x_1	200	100	0
x_3	0	150	300

Überträgt man diese Wertepaare in den durch die **Restriktionslinie** A_1, A_2 begrenzten Lösungsbereich, so erhält man:

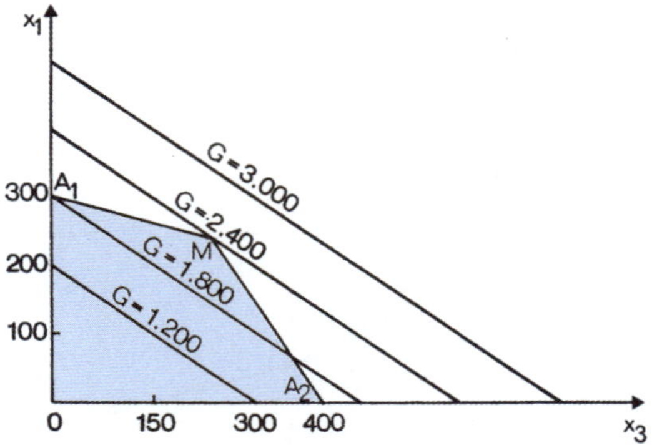

Deckungsbeiträge von 1.200 EUR bzw. 1.800 EUR liegen innerhalb des Lösungsbereichs, sind aber nicht optimal. Der höchstmögliche Deckungsbeitrag, welchen die Kapazitätsrestriktionen gerade noch zulassen, liegt in der Ausbringungsmengenkombination des Punktes M. Diese Mengenkombination liegt im Schnittpunkt von A_1 und A_2, also wenn $A_1 = A_2$.

Für A_1 steht: $8 \cdot x_1 + 2 \cdot x_3 = 2.400 \mid : 8 \quad x_1 + \frac{1}{4} \cdot x_3 = 300$

Für A_2 steht: $4 \cdot x_1 + 6 \cdot x_3 = 2.400 \mid : 4 \quad x_1 + \frac{3}{2} \cdot x_3 = 600$

$$300 - \frac{1}{4} \cdot x_3 = 600 - \frac{3}{2} \cdot x_3$$

$$\frac{5}{4} \cdot x_3 = 300$$

$$\mathbf{x_3 = 240}$$

$$x_1 + \frac{1}{4} \cdot 240 = 300$$

$$\mathbf{x_1 = 240}$$

Den höchstmöglichen Deckungsbeitrag in Höhe von 2.400 EUR erzielt man dann, wenn man bezogen auf fünf Arbeitstage für Ausführung x_1 und x_3 Bestellungen in Höhe von jeweils 240 Stück akzeptiert.

Aufgabe 7 LP-Ansatz (zwei Variablen, zwei Restriktionen)

Es gelten alle Angaben der **Aufgabe 6**. Die dort erarbeitete graphische Lösung soll jetzt mit Hilfe der Linearen Programmierung (LP-Ansatz) nachvollzogen werden. Bei dieser Gelegenheit soll der Lösungsweg der Simplex-Methode näher erläutert werden.

Wöhe S. 902–904

Teilaufgabe a)

Wie lautet der LP-Ansatz zur Lösung dieses Problems?

Der LP-Ansatz besteht aus drei Bestandteilen: der Zielfunktion, den Kapazitätsrestriktionen und den Nichtnegativitätsbedingungen. Das Ziel der Gewinnmaximierung erreicht man über die Maximierung des Deckungsbeitrags DB.

Zielfunktion:

Maximiere DB $= db_1 \cdot x_1 + db_3 \cdot x_3$!
Maximiere DB $= 6 \cdot x_1 + 4 \cdot x_3$!

Kapazitätsrestriktionen:

$\mathbf{A_1}$	$8 \cdot x_1 + 2 \cdot x_3 \leq 2.400$
$\mathbf{A_2}$	$4 \cdot x_1 + 6 \cdot x_3 \leq 2.400$

Nichtnegativitätsbedingungen:

$$x_1 \geq 0; \quad x_3 \geq 0$$

Teilaufgabe b)

Welche Funktion haben die Nichtnegativitätsbedingungen?

Die Einführung der Nichtnegativitätsbedingungen, d. h. des Verbots, dass beispielsweise die Ausbringungsmenge der Ausführung x_1 einen negativen Wert annehmen kann, bewahrt den Entscheidungsträger vor Lösungen, die zwar mathematisch richtig, wirtschaftlich aber unsinnig sind.

Teilaufgabe c)

Welche Funktion haben Schlupfvariablen?

Bei der Simplex-Methode lassen sich nur Gleichungen, nicht aber Ungleichungen in Ansatz bringen. Die Schlupfvariablen (s_1, s_2) haben die Aufgabe, die die Kapazitätsrestriktionen ausdrückenden Ungleichungen in Gleichungen zu verwandeln. Danach lässt sich schreiben:

A1	$8 \cdot x_1 + 2 \cdot x_3 + s_1 = 2.400$
A2	$4 \cdot x_1 + 6 \cdot x_3 + s_2 = 2.400$

Nimmt s_1 beispielsweise später den Wert 17 an, so besagt dies, dass die verfügbare Kapazität von 2.400 Minuten mit 2.383 Minuten zur Bearbeitung von x_1 und x_3 genutzt wurde und 17 Minuten Leerlauf gegeben waren.

Teilaufgabe d)

Wie hoch ist bei den gegebenen Produktionsengpässen A_1, A_2 die gewinnmaximale Ausbringungsmengenkombination x_1, x_3? Wie hoch ist der maximale Deckungsbeitrag DB? Verwenden Sie die Simplex-Methode!

Hinweis: Sollten Sie mit diesem Rechenverfahren bisher nicht vertraut sein, dann lassen Sie sich bitte durch die folgende Sechs-Punkte-Arbeitsanweisung, die auf den ersten Blick sehr kompliziert aussieht, nicht abschrecken. Die Lösung ist bestimmt einfacher, als es zunächst den Anschein hat.

Die ersten drei Schritte der Arbeitsanweisung werden bereits im 1. Simplextableau berücksichtigt. Die Schritte 4 und 5 der Arbeitsanweisung lassen sich am einfachsten verstehen, wenn man sie unter Heranziehung des konkreten Zahlenmaterials „Umformung des 1. Simplextableaus" (siehe unten) interpretiert.

1. Simplextableau

	x_1	x_3	s_1	s_2	DB	E
Z_1	**(8)**	**2**	**1**			**2.400**
Z_2	**4**	**6**		**1**		**2.400**
Z_3	**–6**	**–4**			**1**	**0**

Z_1 bedeutet: $8 \cdot x_1 + 2 \cdot x_3 + s_1 = 2.400$ im Hinblick auf A_1; dies gilt vergleichbar für Z_2 im Hinblick auf A_2. Der senkrechte Strich zwischen der DB-Spalte und der Ergebnisspalte (E-Spalte bzw. Spalte E) hat also die Funktion eines Gleichheitszeichens. Die letzte Zeile Z_3 ergibt sich aus der Umformung der Zielfunktion:

$$\mathbf{DB} = 6 \cdot x_1 + 4 \cdot x_3$$
$$-6 \cdot x_1 - 4 \cdot x_3 + DB = 0$$

Wichtig ist vor allem, dass die ersten Zeilen die **Kapazitätsrestriktionen** und dass die **letzte** Zeile die **Zielfunktion** aufnimmt.

Arbeitsanweisung: Der Arbeitsgang zur Umformung dieses Simplextableaus lässt sich in folgende Schritte zerlegen (Erläuterungen = Erl.):

(1) Man sucht in der Zielfunktionszeile Z_3 nach dem kleinsten negativen Koeffizienten, wobei $-6 < -4$. Gibt es zwei kleinste Koeffizienten, sind beide gleichberechtigt, die Wahl zwischen beiden ist willkürlich. Die durch diesen kleinsten Koeffizienten ausgezeichnete Spalte versieht man mit dem Symbol ⊓ und bezeichnet sie als **Pivotspalte.**

(2) Man dividiert die in der E-Spalte enthaltenen Zahlen durch den zugehörigen positiven Belastungskoeffizienten der Pivotspalte, also 2.400 : 8 = 300 und 2.400 : 4 = 600. Diejenige Zeile, in welcher das Ergebnis aus E : Belastungskoeffizienten am kleinsten ist (300 < 600), versieht man mit dem Symbol └ und bezeichnet sie als **Pivotzeile** (PZ). Erhält man zwei kleinste Ergebnisse, sind beide gleichberechtigt; die Auswahl erfolgt dann willkürlich.

(3) Diejenige Zahl, welche im Schnittpunkt zwischen Pivotspalte und Pivotzeile steht, versieht man mit dem Symbol ○ und bezeichnet sie als **Pivotelement.**

(4) Die Pivotzeile ist so umzuformen, dass an die Stelle des Pivotelements eine 1 tritt. Steht dort bereits eine 1, gilt die Umformung als bereits vollzogen. Steht dort – wie im 1. Simplextableau – eine 8, ist die Pivotzeile mit dem Faktor 1/8 – dem **reziproken Wert** also – zu multiplizieren (vgl. die folgenden Umformungen).

(5) Aus allen übrigen Zahlen der **Pivotspalte** (4; – 6) müssen Nullen werden. Dies wird erreicht, indem man zu jeder dieser Zeilen das geeignete Vielfache der (neuen) Pivotzeile addiert. Da in der neuen Pivotzeile immer eine 1 steht, ist für Z_2 die Pivotzeile mit – 4, für Z_3 mit + 6 zu multiplizieren und das Ergebnis dieser P'-Zeile zu Z_2 bzw. Z_3 zu addieren (vgl. die folgenden Umformungen).

(6) Die umgeformten Zeilen fasst man zu einem neuen Simplextableau zusammen und wiederholt den Vorgang (1) bis (5) solange, bis in der Zielfunktionszeile keine negativen Koeffizienten mehr stehen. In diesem Fall liegt das Endtableau vor, aus dem die optimale Lösung ablesbar ist.

Umformung des 1. Simplextableaus

	x_1	x_3	s_1	s_2	DB	E	
PZ alt	**8**	**2**	**1**			**2.400**	$\cdot \frac{1}{8}$ Vgl. Erl. (4).
PZ neu	**1**	$\frac{1}{4}$	$\frac{1}{8}$			**300**	
Z_2 alt	**4**	**6**		**1**		**2.400**	
+ PZ neu · (– 4)	**– 4**	**– 1**	$-\frac{1}{2}$			**– 1.200**	Vgl. Erl. (5).
Z_2 neu		**5**	$-\frac{1}{2}$	**1**		**1.200**	
Z_3 alt	**– 6**	**– 4**			**1**		
+ PZ neu · 6	**6**	$\frac{3}{2}$	$\frac{3}{4}$			**1.800**	Vgl. Erl. (5).
Z_3 neu		$-\frac{5}{2}$	$\frac{3}{4}$		**1**	**1.800**	

4. Abschnitt

2. Simplextableau (vgl. Erl. (6))

	x_1	$\boxed{x_3}$	s_1	s_2	DB	E
Z_1	1	$\frac{1}{4}$	$\frac{1}{8}$			300
$\boxed{Z_2}$		(5)	$-\frac{1}{2}$	1		1.200
Z_3		$-\frac{5}{2}$	$\frac{3}{4}$		1	1.800

Umformung des 2. Simplextableaus

	$\boxed{x_1}$	x_3	s_1	s_2	DB	E	
PZ alt		5	$-\frac{1}{2}$	1		1.200	$\cdot \frac{1}{5}$ Vgl. Erl. (4).
PZ neu		1	$-\frac{1}{10}$	$\frac{1}{5}$		240	
Z_1 alt	1	$\frac{1}{4}$	$\frac{1}{8}$			300	
+ PZ neu $\cdot (-\frac{1}{4})$		$-\frac{1}{4}$	$\frac{1}{40}$	$-\frac{1}{20}$		– 60	Vgl. Erl. (5).
Z_1 neu	1		$\frac{3}{20}$	$-\frac{1}{20}$		240	
Z_3 alt		$-\frac{5}{2}$	$\frac{3}{4}$		1	1.800	
+ PZ neu $\cdot \frac{5}{2}$		$\frac{5}{2}$	$-\frac{1}{4}$	$\frac{1}{2}$		600	Vgl. Erl. (5).
Z_3 neu			$\frac{1}{2}$	$\frac{1}{2}$	1	2.400	

3. Simplextableau (= Endtableau)

	x_1	x_3	s_1	s_2	DB	E
Z_1	1		$\frac{3}{20}$	$-\frac{1}{20}$		240
Z_2		1	$-\frac{1}{10}$	$\frac{1}{5}$		240
Z_3			$\frac{1}{2}$	$\frac{1}{2}$	1	2.400

Ergebnis:
x_1 = 240 Stück
x_3 = 240 Stück
DB = 2.400 EUR

Aufgabe 8 LP-Ansatz (drei Variablen, zwei Restriktionen)

Die SPORTARTIKEL KG stellt drei Produkte mit den Produktionsmengen x_1, x_2 und x_3 her. Alle drei Produkte beanspruchen die beiden Produktionsanlagen A_1 und A_2, deren wöchentliche Kapazität auf jeweils 2.400 Fertigungsminuten beschränkt ist. Gegenwärtig übersteigt die Nachfrage nach allen drei Produkten die wöchentliche Produktionskapazität. Ermitteln Sie das optimale Produktionsprogramm (x_1, x_2, x_3) sowie den maximal erzielbaren Deckungsbeitrag DB für die Planungswoche auf der Basis folgender Daten:

Zielfunktion:

Maximiere DB = $db_1 \cdot x_1 + db_2 \cdot x_2 + db_3 \cdot x_3$!
Maximiere DB = $6 \cdot x_1 + 3 \cdot x_2 + 4 \cdot x_3$!

Kapazitätsrestriktionen:

A_1 $8 \cdot x_1 + 4 \cdot x_2 + 2 \cdot x_3 \leq 2.400$
A_2 $4 \cdot x_1 + 2 \cdot x_2 + 6 \cdot x_3 \leq 2.400$

Nichtnegativitätsbedingungen:

$x_1 \geq 0; \quad x_2 \geq 0; \quad x_3 \geq 0$

Lösungshinweis: Beachten Sie die Erläuterungen (Erl.) zur Anwendung der Simplex-Methode in **Aufgabe 7**!

1. Simplextableau

	x_1	x_2	x_3	s_1	s_2	DB	E
Z_1	(8)	4	2	1			2.400
Z_2	4	2	6		1		2.400
Z_3	– 6	– 3	– 4			1	0

Umformung des 1. Simplextableaus

	x_1	x_2	x_3	s_1	s_2	DB	E	
PZ alt	8	4	2	1			2.400	$\cdot \frac{1}{8}$ Vgl. Erl. (4).
PZ neu	1	$\frac{1}{2}$	$\frac{1}{4}$	$\frac{1}{8}$			300	
Z_2 alt	4	2	6		1		2.400	
+ PZ neu · (– 4)	– 4	– 2	– 1	$-\frac{1}{2}$			– 1.200	Vgl. Erl. (5).
Z_2 neu			5	$-\frac{1}{2}$	1		1.200	
Z_3 alt	– 6	– 3	– 4			1		
+ PZ neu · 6	6	3	$\frac{3}{2}$	$\frac{3}{4}$			1.800	Vgl. Erl. (5).
Z_3 neu			$-\frac{5}{2}$	$\frac{3}{4}$		1	1.800	

2. Simplextableau (vgl. Erl. (6))

	x_1	x_2	x_3	s_1	s_2	DB	E
Z_1	1	$\frac{1}{2}$	$\frac{1}{4}$	$\frac{1}{8}$			300
Z_2			5	$-\frac{1}{2}$	1		1.200
Z_3			$-\frac{5}{2}$	$\frac{3}{4}$		1	1.800

Umformung des 2. Simplextableaus

	x_1	x_2	x_3	s_1	s_2	DB	E	
PZ alt			5	$-\frac{1}{2}$	1		1.200	$\cdot\frac{1}{5}$ Vgl. Erl. (4).
PZ neu			1	$-\frac{1}{10}$	$\frac{1}{5}$		240	
Z_1 alt	1	$\frac{1}{2}$	$\frac{1}{4}$	$\frac{1}{8}$			300	
+ PZ neu $\cdot(-\frac{1}{4})$			$-\frac{1}{4}$	$\frac{1}{40}$	$-\frac{1}{20}$		– 60	Vgl. Erl. (5).
Z_1 neu	1	$\frac{1}{2}$		$\frac{3}{20}$	$-\frac{1}{20}$		240	
Z_3 alt			$-\frac{5}{2}$	$\frac{3}{4}$		1	1.800	
+ PZ neu $\cdot\frac{5}{2}$			$\frac{5}{2}$	$-\frac{1}{4}$	$\frac{1}{2}$		600	Vgl. Erl. (5).
Z_3 neu				$\frac{1}{2}$	$\frac{1}{2}$	1	2.400	

3. Simplextableau (= Endtableau)

	x_1	x_2	x_3	s_1	s_2	DB	E
Z_1	1	$\frac{1}{2}$		$\frac{3}{20}$	$-\frac{1}{20}$		240
Z_2			1	$-\frac{1}{10}$	$\frac{1}{5}$		240
Z_3				$\frac{1}{2}$	$\frac{1}{2}$	1	2.400

In der Zielfunktionszeile Z_3 sind keine negativen Koeffizienten mehr enthalten. Der Rechengang ist beendet. Aus der Ergebnisspalte lassen sich die gewünschten Informationen ablesen. Für DB ergibt sich der Zahlenwert 2.400 (DB = 2.400); siehe Zeile Z_3. Für x_3 ergibt sich der Zahlenwert 240 Stück; siehe Zeile Z_2. Nur in Zeile Z_1 ist das Ergebnis mehrdeutig. Der Zahlenwert 240 (Stück) lässt sich entweder x_1 **oder** x_2 zuordnen. Entweder ist $x_1 = 240$ oder $x_2 = 480$. Die SPORTARTIKEL KG hat bei der Annahme von Bestellungen die folgenden beiden (extremen) Möglichkeiten:

4. Abschnitt

1. Möglichkeit	2. Möglichkeit
$x_1 = 240$ $x_3 = 240$	$x_2 = 480$ $x_3 = 240$
DB = 2.400	DB = 2.400

Die Produktionskapazitäten werden jeweils wie folgt genutzt (Minuten/Woche):

1. Möglichkeit:	
A_1	$8 \cdot 240 + 2 \cdot 240 = 2.400$
A_2	$4 \cdot 240 + 6 \cdot 240 = 2.400$
2. Möglichkeit:	
A_1	$4 \cdot 480 + 2 \cdot 240 = 2.400$
A_2	$2 \cdot 480 + 6 \cdot 240 = 2.400$

Bei voller Kapazitätsauslastung ergibt sich in beiden Fällen ein Deckungsbeitrag von 2.400 EUR pro Woche.

Aufgabe 9 LP-Ansatz (drei Variablen, fünf Restriktionen)

Es gelten alle Angaben der **Aufgabe 8**. Die Nachfrage nach den Ausführungen x_1, x_2, x_3 ist jetzt allerdings begrenzt. Für die Produktion der kommenden fünf Arbeitstage liegen bei der SPORTARTIKEL KG folgende Bestellungen vor:

$x_1 = 120$ Stück
$x_2 = 180$ Stück
$x_3 = 360$ Stück.

Teilaufgabe a)

Welche Aufträge können akzeptiert werden? Wie hoch ist der zugehörige Deckungsbeitrag/Woche? Wie lautet der LP-Ansatz? Ermitteln Sie die Lösung mit Hilfe der Simplex-Methode!

Wöhe S. 902–905

Dieses Entscheidungsproblem unterscheidet sich von dem der Aufgabe 8 dadurch, dass nunmehr neben die beiden Produktionsrestriktionen (A_1, A_2) drei **Absatzrestriktionen** (V_1, V_2, V_3) treten. Der lineare Ansatz ist folgendermaßen zu formulieren:

Zielfunktion (ZF):

$$\textbf{Maximiere DB} = 6 \cdot x_1 + 3 \cdot x_2 + 4 \cdot x_3$$

Kapazitätsrestriktionen:

A_1	$8 \cdot x_1 + 4 \cdot x_2 + 2 \cdot x_3 \leq 2.400$
A_2	$4 \cdot x_1 + 2 \cdot x_2 + 6 \cdot x_3 \leq 2.400$

Absatzrestriktionen:

V_1	$x_1 \leq 120$
V_2	$x_2 \leq 180$
V_3	$x_3 \leq 360$

Nichtnegativitätsbedingungen:

$$x_1 \geq 0; \quad x_2 \geq 0; \quad x_3 \geq 0$$

Die in die Produktionsrestriktionen einzufügenden Schlupfvariablen seien mit s_1 und s_2, die in den Absatzrestriktionen zu berücksichtigenden Schlupfvariablen seien mit r_1, r_2, r_3 bezeichnet. Werden die Ungleichungen mit Hilfe der Schlupfvariablen in Gleichungen umgewandelt, erhält man folgendes Gleichungssystem:

A_1	$8 \cdot x_1 + 4 \cdot x_2 + 2 \cdot x_3 + 1 \cdot s_1$	$= 2.400$
A_2	$4 \cdot x_1 + 2 \cdot x_2 + 6 \cdot x_3 + 1 \cdot s_2$	$= 2.400$
V_1	$1 \cdot x_1 + 1 \cdot r_1$	$= 120$
V_2	$1 \cdot x_2 + 1 \cdot r_2$	$= 180$
V_3	$1 \cdot x_3 + 1 \cdot r_3$	$= 360$
ZF	$-6 \cdot x_1 - 3 \cdot x_2 - 4 \cdot x_3 + 1 \cdot DB$	$= 0$

Schreibt man dieses Gleichungssystem in etwas veränderter Form, erhält man das erste Simplextableau:

1. Simplextableau

	x_1	x_2	x_3	s_1	s_2	r_1	r_2	r_3	DB	E
Z_1	**8**	**4**	**2**	**1**						**2.400**
Z_2	**4**	**2**	**6**		**1**					**2.400**
Z_3	**(1)**					**1**				**120**
Z_4		**1**					**1**			**180**
Z_5			**1**					**1**		**360**
Z_6	**– 6**	**– 3**	**– 4**						**1**	**0**

Umformung des 1. Simplextableaus

Da das Pivotelement = 1 ist, gilt die Pivotzeile bereits als umgeformt.

	x_1	x_2	x_3	s_1	s_2	r_1	r_2	r_3	DB	E
PZ neu	**1**					**1**				**120**
Z_1 alt	**8**	**4**	**2**	**1**						**2.400**
+ PZ · **(– 8)**	**– 8**					**– 8**				**– 960**
Z_1 neu		**4**	**2**	**1**		**– 8**				**1.440**
Z_2 alt	**4**	**2**	**6**		**1**					**2.400**
+ PZ neu · **(– 4)**	**– 4**					**– 4**				**– 480**
Z_2 neu		**2**	**6**		**1**	**– 4**				**1.920**
Z_6 alt	**– 6**	**– 3**	**– 4**						**1**	
+ PZ neu · **6**	**6**					**6**				**720**
Z_6 neu		**– 3**	**– 4**			**6**			**1**	**720**

Eine Umformung von Z_4 und Z_5 ist nicht erforderlich, da die Koeffizienten in der Pivotspalte bereits null sind. Die Zeilen Z_4 und Z_5 können also unverändert in das 2. Simplextableau übernommen werden.

2. Simplextableau

	x_1	x_2	x_3	s_1	s_2	r_1	r_2	r_3	DB	E
Z_1		4	2	1		– 8				1.440
Z_2		2	6		1	– 4				1.920
Z_3	1					1				120
Z_4		1					1			180
Z_5			1					1		360
Z_6		– 3	– 4			6			1	720

Umformung des 2. Simplextableaus

	x_1	x_2	x_3	s_1	s_2	r_1	r_2	r_3	DB	E	
PZ alt		2	6		1	– 4				1.920	$\cdot \frac{1}{6}$
PZ neu		$\frac{1}{3}$	1		$\frac{1}{6}$	$-\frac{2}{3}$				320	
Z_1 alt		4	2	1		– 8				1.440	
+ PZ neu · (– 2)		$-\frac{2}{3}$	– 2		$-\frac{1}{3}$	$\frac{4}{3}$				– 640	
Z_1 neu		$\frac{10}{3}$		1	$-\frac{1}{3}$	$-\frac{20}{3}$				800	
Z_5 alt			1					1		360	
+ PZ neu · (– 1)		$-\frac{1}{3}$	– 1		$-\frac{1}{6}$	$\frac{2}{3}$				– 320	
Z_5 neu		$-\frac{1}{3}$			$-\frac{1}{6}$	$\frac{2}{3}$		1		40	
Z_6 alt		– 3	– 4			6			1	720	
+ PZ neu · 4		$\frac{4}{3}$	4		$\frac{2}{3}$	$-\frac{8}{3}$				1.280	
Z_6 neu		$-\frac{5}{3}$			$\frac{2}{3}$	$\frac{10}{3}$			1	2.000	

Die Zeilen Z_3 und Z_4 werden unverändert in das 3. Simplextableau übernommen, da ihr Koeffizient in der Pivotspalte bereits null ist.

3. Simplextableau

	x_1	x_2	x_3	s_1	s_2	r_1	r_2	r_3	DB	E
Z_1		$\frac{10}{3}$		1	$-\frac{1}{3}$	$-\frac{20}{3}$				800
Z_2		$\frac{1}{3}$	1		$\frac{1}{6}$	$-\frac{2}{3}$				320
Z_3	1					1				120
Z_4		1					1			180
Z_5		$-\frac{1}{3}$			$-\frac{1}{6}$	$\frac{2}{3}$		1		40
Z_6		$-\frac{5}{3}$			$\frac{2}{3}$	$\frac{10}{3}$			1	2.000

Umformung des 3. Simplextableaus

Da das Pivotelement = 1 ist, gilt die Pivotzeile als bereits umgeformt. Z_3 bleibt wieder unverändert.

	x_1	x_2	x_3	s_1	s_2	r_1	r_2	r_3	DB	E
PZ neu		**1**					**1**			**180**
Z_1 alt		$\frac{10}{3}$		**1**	$-\frac{1}{3}$	$-\frac{20}{3}$				**800**
+ PZ neu · $(-\frac{10}{3})$		$-\frac{10}{3}$					$-\frac{10}{3}$			**– 600**
Z_1 neu				**1**	$-\frac{1}{3}$	$-\frac{20}{3}$	$-\frac{10}{3}$			**200**
Z_2 alt		$\frac{1}{3}$	**1**		$\frac{1}{6}$	$-\frac{2}{3}$				**320**
+ PZ neu · $(-\frac{1}{3})$		$-\frac{1}{3}$					$-\frac{1}{3}$			**– 60**
Z_2 neu			**1**		$\frac{1}{6}$	$-\frac{2}{3}$	$-\frac{1}{3}$			**260**
Z_5 alt		$-\frac{1}{3}$			$-\frac{1}{6}$	$\frac{2}{3}$		**1**		**40**
+ PZ neu · $\frac{1}{3}$		$\frac{1}{3}$					$\frac{1}{3}$			**60**
Z_5 neu					$-\frac{1}{6}$	$\frac{2}{3}$	$\frac{1}{3}$	**1**		**100**
Z_6 alt		$-\frac{5}{3}$			$\frac{2}{3}$	$\frac{10}{3}$			**1**	**2.000**
+ PZ neu · $\frac{5}{3}$		$\frac{5}{3}$					$\frac{5}{3}$			**300**
Z_6 neu					$\frac{2}{3}$	$\frac{10}{3}$	$\frac{5}{3}$		**1**	**2.300**

4. Simplextableau (= Endtableau)

	x_1	x_2	x_3	s_1	s_2	r_1	r_2	r_3	DB	E
Z_1				**1**	$-\frac{1}{3}$	$-\frac{20}{3}$	$-\frac{10}{3}$			**200**
Z_2			**1**		$\frac{1}{6}$	$-\frac{2}{3}$	$-\frac{1}{3}$			**260**
Z_3	**1**					**1**				**120**
Z_4		**1**					**1**			**180**
Z_5					$-\frac{1}{6}$	$\frac{2}{3}$	$\frac{1}{3}$	**1**		**100**
Z_6					$\frac{2}{3}$	$\frac{10}{3}$	$\frac{5}{3}$		**1**	**2.300**

Mit dem 4. Simplextableau ist der Rechengang beendet, da sich in der Zielfunktionszeile keine negativen Werte mehr befinden. Das Ergebnis besagt, dass die SPORTARTIKEL KG für die kommenden fünf Arbeitstage folgende Bestellungen akzeptieren sollte: 120 Stück der Ausführung x_1, 180 Stück der Ausführung x_2 und 260 Stück der Ausführung x_3. Bei der letztgenannten Ausführung können Bestellwünsche in Höhe von 100 Einheiten nicht erfüllt werden ($r_3 = 100$). Dies wird aus den mit blauen Kreisen versehenen Ergebnissen der Zeile Z_5 deutlich. Dies ist allein auf die Produktionsrestriktion A_2 ($4 \cdot 120 + 2 \cdot 180 + 6 \cdot 260 = 2.400$) zurückzuführen, während bei A_1 ($8 \cdot 120 + 4 \cdot 180 + 2 \cdot 260 = 2.200$) noch Kapazitäten von 200 Minuten frei sind. Diese Tatsache wird auch aus dem 4. Simplextableau ersichtlich, wo $s_1 = 200$ ist; siehe die mit blauen Kreisen versehenen Ergebnisse in Zeile Z_1. Das Zusammenwirken der fünf Restriktionen erlaubt einen Deckungsbeitrag in Höhe von DB = 2.300 EUR ($6 \cdot 120 + 3 \cdot 180 + 4 \cdot 260 = 2.300$).

Teilaufgabe b)

Interpretieren Sie die Zahlen 2/3, 10/3 und 5/3, welche im Endtableau in der Zeile Z_6 zu finden sind!

Wöhe S. 905

Bei den Zahlen 2/3, 10/3 und 5/3 in Zeile Z_6 des Endtableaus handelt es sich um sog. **Schattenpreise** der jeweiligen Restriktion. Diese geben jeweils an, um wie viel sich der Zielfunktionswert ändert, wenn die Kapazität der entsprechenden Ressource um eine Einheit erhöht wird bzw. – allgemeiner – sofern die entsprechende Restriktion um eine Einheit gelockert wird. Im konkreten Beispiel lassen sich die Zahlen theoretisch wie folgt interpretieren:

Zur Zahl 2/3 in Spalte s_2: Ist es möglich, die Kapazitätsrestriktion von Anlage A_2 um eine Einheit zu lockern, also die Kapazität um eine Minute auf 2.401 Minuten zu erweitern, würde sich der Zielwert DB um 2/3 EUR (0,67 EUR) erhöhen.

Zur Zahl 10/3 in Spalte r_1: Ist es möglich, die Absatzrestriktion V_1 um eine Einheit zu lockern, also die mögliche Absatzmenge von x_1 um eine Einheit zu erhöhen, würde sich der Zielwert DB um 10/3 EUR (3,33 EUR) verbessern.

Zur Zahl 5/3 in Spalte r_2: Ist es möglich, die Absatzrestriktion V_2 um eine Einheit zu lockern, also die mögliche Absatzmenge von x_2 um eine Einheit zu erhöhen, würde sich der Zielwert DB um 5/3 EUR (1,67 EUR) erhöhen.

Es ist jedoch zu beachten, dass es im Falle der Änderung einer dieser Restriktionen zu einem neuen Ausgangstableau (1. Simplextableau) sowie zu neuen Umformungsschritten und schließlich zu einem veränderten Endtableau kommen würde.

Im Hinblick auf die Kapazitätsrestriktion der Anlage A_1 und die Absatzrestriktion V_3 betragen die Schattenpreise in der aktuellen Optimallösung null, denn auf der Anlage A_1 sind noch Kapazitäten frei und auch die Absatzrestriktion des Produkts x_3 kommt nicht zum Zuge, weil bei einer Absatzmenge von 260 Stück die Restriktion von möglichen 360 Stück nicht greift.

III. Marktforschung

Wiederholungsfragen:

	Wöhe Seite
Welche unternehmensexternen Informationen sammelt die Marktforschung?	365 f.
Welcher Unterschied besteht zwischen Marktvolumen und Marktanteil?	366
Welche Typen von Kaufentscheidungen werden unterschieden?	367
Worin besteht der wesentliche Unterschied zwischen einem S-R-Modell und einem S-O-R-Modell?	368 f.
Nach welchen Kriterien lässt sich die Gesamtheit der Nachfrager in einzelne Marktsegmente aufteilen?	369–371
Welche Verfahren der Primärforschung werden unterschieden?	372
Welche Grundstruktur hat ein zweistufig aufgebauter Fragenkatalog?	374
Nennen Sie Formen persönlicher und apparativer Beobachtung!	375
Folgt ein Experiment dem deskriptiven oder dem kausalanalytischen Forschungsdesign?	376
Warum wird beim Store-Test-Experiment der Versuchsgruppe eine Kontrollgruppe gegenübergestellt?	377
Was versteht man unter einem Panel?	378
Welche Testmarktkonzepte werden unterschieden?	379

Aufgabe 10 Deskriptive und kausalanalytische Marktforschung

Die deskriptive Marktforschung bemüht sich um die Sammlung von Basisinformationen. Die kausalanalytische Forschung will dagegen Ursache-Wirkungs-Zusammenhänge aufdecken. Welche der folgenden acht Fragestellungen ist Gegenstand deskriptiver bzw. kausalanalytischer Marktforschung?

(1) Warum kaufen junge Leute lieber das Produkt der Marke A, während das Konkurrenzprodukt der Marke B vorzugsweise von Senioren erworben wird?
(2) Ein Kaffeeröster möchte eine Kaffeesorte speziell für ältere Menschen entwickeln. Welche Produkteigenschaften sollte dieser Kaffee aufweisen?
(3) Ein Markenartikelanbieter hat durch die zunehmende Konkurrenz von Billiganbietern erhebliche Marktanteile verloren. Durch welche absatzpolitischen Maßnahmen kann der Markenartikler seine Wettbewerbsposition verbessern?
(4) Der Marktanteil eines Waschmittels hat sich um zwei Prozentpunkte erhöht. In welchem Maße ist dieser Absatzerfolg auf den eigenen Werbefeldzug bzw. auf die Preiserhöhung bei zwei Konkurrenzprodukten zurückzuführen?
(5) Ist der Nachfragerückgang bei Kalbsleberpastete der Marke C auf die veränderte Einstellung zum Fleischkonsum oder auf die kürzliche Preiserhöhung zurückzuführen?
(6) Ist die veränderte Packungsgestaltung beim Produkt der Marke D Grund für den gestiegenen Marktanteil?
(7) Ist die differenzierte Absatzentwicklung beim Produkt der Marke E auf die unterschiedliche Regalplatzierung im Discounthandel bzw. in Kaufhäusern zurückzuführen?

(8) Ein Hersteller von Dauergebäck möchte mit einer Werbekampagne im Fernsehen das Image seiner Produkte „verjüngen". Wie sollten die Werbespots grundsätzlich konzipiert sein?

Wöhe S. 376

In den Bereich deskriptiver Forschung gehören die Fragen (2), (3) und (8). Die Fragen (1), (4), (5), (6) und (7) sind Gegenstand kausalanalytischer Forschung.

Aufgabe 11 Testmärkte

Was ist ein Testmarkt und welche Bedeutung hat er in Bezug auf die Auswahl der absatzpolitischen Instrumente? Worauf ist bei der Fixierung von Testmärkten zu achten?

Wöhe S. 379 f.

Ein Testmarkt ist ein regional und zeitlich begrenzter **Ausschnitt des Gesamtmarktes.** Da die Einführung neuer Produkte mit erheblichen Absatzrisiken verbunden ist, offeriert man einen neuen Artikel zunächst auf einem Testmarkt, um die Marktgängigkeit dieses Produkts zu überprüfen. Nur wenn das Erzeugnis auf dem Testmarkt Erfolg hat, wird man sich zu einer Auflegung größerer Serien entschließen.

Der Testmarkt bietet darüber hinaus die Möglichkeit, die **Wirksamkeit einzelner absatzpolitischer Instrumente** fast modellmäßig zu überprüfen. Die Wirkung von Preisänderungen, Werbung und Produktgestaltung auf die Absatzmenge und den Gewinn lässt sich durch (zeitliche) Isolierung der jeweiligen Maßnahme besonders gut überprüfen. Ein Testmarkt kann seine Aufgaben nur dann erfüllen, wenn er für den Gesamtmarkt **repräsentativ** ist.

Aufgabe 12 Mikro-Testmarkt

Beschreiben Sie knapp die Funktionsweise eines Mikro-Testmarktes! Welche Rolle spielen in diesem Zusammenhang folgende Begriffe: unabhängige Variable, abhängige Variable, Testelemente, kontrollierte Variablen, Störvariablen, Experimentiergruppe und Kontrollgruppe?

Wöhe S. 380

Bei einem Mikro-Testmarkt werden verschiedene Haushalte (= **Testelemente**) an das Kabelnetz angeschlossen. Diese Haushalte tätigen ihre Einkäufe des täglichen Bedarfs (zum überwiegenden Teil) beim örtlichen Einzelhandel. Der Einzelhandel verfügt über Scanner-Kassen, die es erlauben, dem identifizierten Kunden A die Wareneinkäufe exakt, d. h. nach Menge, Marke und Einkaufszeitpunkt, zuzuordnen.

Mit Hilfe des Mikro-Testmarktes versucht ein Marktforschungsunternehmen, die Wirkung einzelner absatzpolitischer Instrumente (z. B. Packungsänderung, Preisänderung, vor allem aber Werbung) auf die Zielgröße (Umsatz) festzustellen. In unserem Beispiel soll die Wirkung einer Werbemaßnahme (= **unabhängige Variable**) auf den Umsatz (= **abhängige Variable**) untersucht werden. Will man die Umsatzänderung ausschließlich auf die Werbemaßnahme zurückführen, müssen die anderen absatzpolitischen Instrumente, also Preis, Verpackung und Regalplatzierung, des Experimentierprodukts (= **kontrollierte Variable**) konstant gehalten werden.

Zur Ermittlung des kausalen Effekts (Änderung der abhängigen Variable durch Änderung der unabhängigen Variable) teilt man die Testelemente (beobachtete

Haushalte) in zwei Gruppen: z. B. Haushalte A bis M sowie Haushalte N bis Z. In das Fernsehprogramm der Haushalte A bis M wird die Werbung für das Experimentierprodukt geschaltet; in das Programm der Haushalte N bis Z wird keine Werbung geschaltet. Fragen die Haushalte der **Experimentiergruppe** A bis M das beworbene Experimentierprodukt stärker (genauso stark) nach als die nichtumworbenen Haushalte der **Kontrollgruppe** N bis Z, war die Werbung erfolgreich (erfolglos). Für den Zeitraum des Experiments müssen störende Einflussfaktoren wie etwa eine Zeitungswerbung für die Konkurrenzmarke (= **Störvariable**) eliminiert werden.

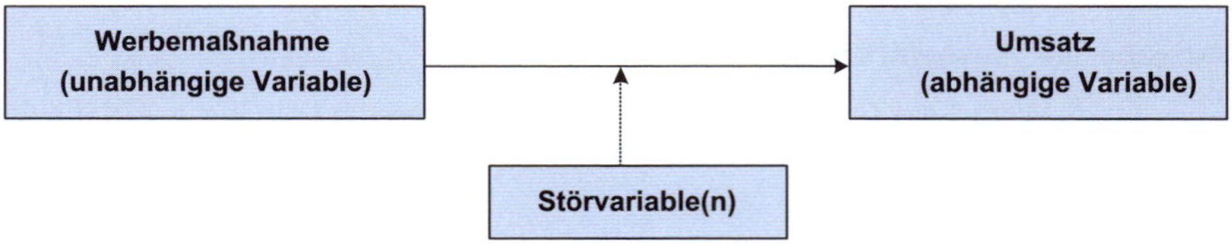

Aufgabe 13 Experiment

Die Großbrauerei GAMBRINUS vertreibt Bier im Kleinfassformat (5 Liter) über den Lebensmittel-Discounthandel. Seit zwölf Monaten ist der Absatz rückläufig, was auf einen höheren Konkurrenzdruck zurückzuführen ist.

Zur Belebung des Absatzes zieht der Marketingvorstand eine Preissenkung in Erwägung. Vor einem Preissenkungsbeschluss soll die Absatzmengenwirkung einer Preissenkung im Rahmen eines Experiments getestet werden.

Welche Testmöglichkeiten gibt es? Worin bestehen die Vor- und Nachteile beider Testverfahren?

Wöhe S. 373 f. und S. 376 f.

GAMBRINUS hat die Wahl zwischen einem

- **Befragungsexperiment,** in dem 1.000 bis 2.000 Teilnehmer (potentielle Nachfrager) nach ihrer Kaufbereitschaft zum bisherigen Preis bzw. zum reduzierten Preis gefragt werden.
- **Beobachtungsexperiment**, bei dem in 10 bis 20 Verkaufsstätten das Kleinfass-Bier zum bisherigen Preis bzw. zum reduzierten Preis angeboten wird.

Der Vorteil des Beobachtungsexperiments liegt in der Tatsache, dass es nicht Meinungsäußerungen (→ Befragungsexperiment), sondern harte Fakten (→ tatsächliche Verkaufszahlen) liefert. Der Nachteil des Beobachtungsexperiments liegt im Zwang zur Kooperation mit dem Handel und in der Gefahr, dass die Konkurrenz vorzeitig über die Absichten von GAMBRINUS informiert wird.

Aufgabe 14 Preistest 1 – Store-Test

Die Großbrauerei GAMBRINUS plant eine Preissenkung für Bier im Kleinfassformat. Zur Prognose der verkaufsfördernden Wirkung der Preissenkung hat man sich für ein Beobachtungsexperiment, d. h. den probeweisen Verkauf des preisermäßigten Biers in Testläden, also für einen Store-Test, entschieden.

Wie ist ein Store-Test aufzubauen? Welche Rolle spielen dabei die Versuchsgruppe und die Kontrollgruppe?

Wöhe S. 376 f.

Die Absatzmenge des GAMBRINUS-Biers ist nicht nur von dessen Preis, sondern von vielen anderen Faktoren abhängig: Das Wetter, die Regalplatzierung, Werbemaßnahmen und Sonderverkaufsaktionen für Konkurrenzartikel usw. spielen hierbei eine wichtige Rolle. Im Verkaufsexperiment wirken diese Größen als **Störfaktoren**.

Will man feststellen, welche Absatzmengensteigerung durch eine Preissenkung erreichbar ist, muss man den Preistest so gestalten, dass die Störfaktoren weitgehend neutralisiert werden. Zu diesem Zweck bildet man beim Store-Test eine

- **Versuchsgruppe** von (10) Ladenlokalen mit GAMBRINUS-Angebot zum niedrigen Preis und eine
- **Kontrollgruppe** von (10) Ladenlokalen mit dem GAMBRINUS-Angebot zum bisherigen (höheren) Preis.

Während des Versuchszeitraums von beispielsweise 30 Tagen sind beide Gruppen den gleichen Einflüssen von Witterung, Konkurrenzwerbung usw. ausgesetzt. Wenn zusätzlich sichergestellt ist, dass die Läden der Versuchsgruppe die gleiche Kundenklientel ansprechen wie die Läden der Kontrollgruppe und wenn weiterhin sichergestellt ist, dass das Experimentierprodukt in allen Ladenlokalen in gleicher Weise präsentiert wird, dann lässt sich nach dem Ceteris-paribus-Prinzip ein Kausalzusammenhang zwischen Preisänderung und Absatzmengenänderung herstellen.

Aufgabe 15 Preistest 2 – Marktreaktionsfunktion

Die Großbrauerei GAMBRINUS hat im Rahmen eines Experiments die Marktreaktion auf eine Preissenkung getestet. Das Bier im 5-Liter-Kleinfass wurde im Rahmen des Preistests

- in einem vorgegebenen Testzeitraum (1.–30. Juni)
- in jeweils 10 strukturgleichen Testläden
- zu unterschiedlichen Ladenverkaufspreisen

angeboten. In der Kontrollgruppe K (10 Testläden) wird das Bier zum bisherigen Verkaufspreis von 7,50 EUR/Stück angeboten. In der Store-Testgruppe A wird der Angebotspreis auf 6,75 EUR/Stück, in der Store-Testgruppe B auf 6,00 EUR/Stück festgesetzt.

Am Ende der Testphase lagen folgende Verkaufszahlen vor:

Testteilnehmer (jeweils 10 Läden)	**Ladenpreis** (EUR/Stück)	**Verkaufsmenge** (Stück)	**Umsatz** (EUR)
Kontrollgruppe K	7,50	3.000	22.500
Testgruppe A	6,75	4.000	27.000
Testgruppe B	6,00	5.000	30.000

Erstellen Sie aus diesen Daten eine **punktuelle Marktreaktionsfunktion**! Tragen Sie dabei auf der Ordinate den Absatzpreis p, auf der Abszisse die Verkaufsmenge m ab! Welchen Zusammenhang sehen Sie zur Preis-Absatz-Funktion?

Wöhe S. 377 und S. 380 f.

Die Marktreaktionsfunktion zeigt den funktionalen Zusammenhang zwischen der

- unabhängigen Variablen (hier: Verkaufspreis p)
- abhängigen Variablen (hier: Verkaufsmenge m).

Marktreaktionsfunktion

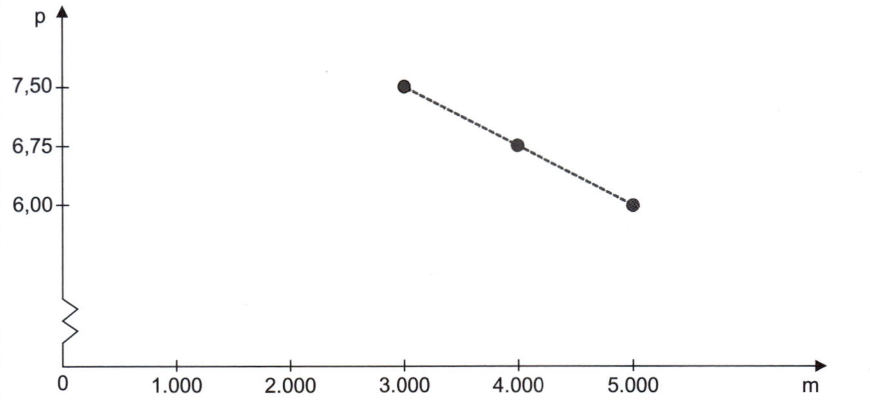

Würde man eine Vielzahl solcher Preistests durchführen, ließe sich der punktuelle Eintrag zu einer Linie (------) verdichten, die den funktionellen Zusammenhang zwischen Preis und Absatzmenge, also eine Preis-Absatz-Funktion, darstellt.

Aufgabe 16 Preistest 3 – Optimaler Angebotspreis

Es gelten die Angaben der **Aufgabe 15**. Die Großbrauerei GAMBRINUS steht vor der Frage, ob sie den bisherigen Ladenverkaufspreis in Höhe von 7,50 EUR/Stück beibehalten soll oder ob sie eine

- A-Preissenkung auf 6,75 EUR/Stück
- B-Preissenkung auf 6,00 EUR/Stück

vornehmen soll.

Welchen Rat würden Sie unter Berücksichtigung folgender Zusatzinformationen erteilen:

- Der (Hersteller-)Abgabepreis liegt um ein Drittel unter dem Ladenverkaufspreis.
- Die variablen Stückkosten k_v betragen 2,40 EUR/Stück.

Wöhe S. 308

Die – schrittweise – Senkung des Ladenverkaufspreises führt zu einer Erhöhung der Absatzmenge m. Bei der Erhöhung der Absatzmenge m um eine Einheit steigen die Kosten um 2,40 EUR (k_v = 2,40 EUR). GAMBRINUS sollte sich für den Ladenverkaufspreis entscheiden, bei dem der Deckungsbeitrag, d. h. die Differenz zwischen dem Erlös E und den variablen Kasten ($k_v \cdot m$)

$$DB = E - k_v \cdot m$$

den größtmöglichen Wert erreicht.

Preis-alternative EUR/St.	(1) Verkaufs-menge m Stück	(2) Abgabe-Preis EUR/St.	(3) Erlös E (1) · (2)	(4) Variable Kosten $m \cdot k_v$	(5) Deckungs-Beitrag DB (3) – (4)
7,50	3.000	5,00	15.000	7.200	7.800
6,75	4.000	4,50	18.000	9.600	**8.400**
6,00	5.000	4,00	20.000	12.000	8.000

Beim gegenwärtigen Ladenverkaufspreis von 7,50 EUR/Stück erwirtschaftet GAMBRINUS einen Deckungsbeitrag DB in Höhe von 7.800 EUR. Der **Ladenverkaufspreis** sollte auf 6,75 EUR/Stück gesenkt werden, weil bei diesem Preis der **maximale Deckungsbeitrag von 8.400 EUR** erwirtschaftet werden kann.

Aufgabe 17 Typen von Kaufentscheidungen

Die Verhaltensforschung unterscheidet zwischen impulsiven, habitualisierten, extensiven und limitierten Kaufentscheidungen. Wie lassen sich die folgenden Beispiele den einzelnen Typen zuordnen?

(1) Nachdem Herr Nikolaus auf einem ausgedehnten Weihnachtsmarkt drei Bäume der mittleren Preisklasse und Größe in Augenschein genommen hat, entscheidet er sich mangels nennenswerter Qualitätsunterschiede für den ersten.
(2) Überwältigt vom Gipfelerlebnis erwirbt Herr Waterkant an der Bergstation der Zugspitzbahn einen Trachtenhut.
(3) Sonniges Winterwetter und ein günstiges Sonderangebot im Kaufhaus beflügeln Frau Sponti, die eigentlich einen Tennisschläger erstehen wollte, zum Kauf von Langlaufskiern.
(4) Im achten Juweliergeschäft findet ein Brautpaar endlich die Trauringe, die es schon immer gesucht hatte.
(5) Unbeirrt von Sonderangeboten kauft Frau Stetig immer nur die streichfähige Teewurst mit der roten Plombe.
(6) Nach langer Prüfung und abschließender Lektüre einer Verbraucherzeitschrift entschließt sich Herr Gründlich zum Abschluss einer Lebensversicherung bei der Securitas AG.
(7) Liebling will seiner Freundin zum Geburtstag eine Handtasche schenken. Glücklicherweise wird er schon im ersten Geschäft fündig, denn seine Mittagspause ist sehr kurz.
(8) Beim Discounter um die Ecke kauft ein Stadtstreicher die Rotweinmarke, an die er sich so gewöhnt hat.

Wöhe S. 367

Impulsive Kaufentscheidung (2), (3) und (7); habitualisierte Kaufentscheidung (5) und (8); extensive Kaufentscheidung (4); limitierte Kaufentscheidung (1) und (6).

IV. Marketingpolitik

1. Grundlagen

Wiederholungsfragen:

	Wöhe Seite
Was versteht man unter homogenen und heterogenen Gütern?	383
Mit welchen Mitteln versuchen Anbieter, sich dem Preiswettbewerb ein Stück weit zu entziehen?	384
Wie lassen sich die vier Marketinginstrumente weiter unterteilen?	384 f.
Unter welchen Bedingungen spricht man von einem vollkommenen Markt?	404
Welches Aussehen hat das Marktformenschema?	404
Was versteht man unter Marketing-Mix?	454 f.

Aufgabe 18 Vollkommener Markt

Welche Voraussetzungen liegen dem Modell des vollkommenen Marktes zugrunde? Welchen Erklärungswert hat dieses Modell für die betriebliche Preispolitik?

Wöhe S. 404 und S. 408 f.

Dem Modell des vollkommenen Marktes liegen folgende Prämissen zu Grunde:

(1) **Maximumbedingung** (Streben nach dem Gewinnmaximum für alle Anbieter; Streben nach dem Nutzenmaximum für alle Nachfrager);
(2) **Vollkommene Markttransparenz**;
(3) **Homogenitätsbedingung** (Angebot homogener Güter; Nachfrager haben keine persönlichen, sachlichen, räumlichen und zeitlichen Präferenzen);
(4) **Unendlich große Reaktionsgeschwindigkeit** auf veränderte Marktdaten.

Sind diese vier Bedingungen erfüllt, so hat jedes Gut einen einheitlichen Marktpreis. Liegt die Preisforderung eines Anbieters **über** dem Einheitspreis, so haben diese vier Bedingungen den Verlust der gesamten Nachfrage zur Folge. Fordert nämlich der Anbieter A für ein Wirtschaftsgut einen höheren Preis als der Anbieter B, dann werden alle Nachfrager, die nach dem Nutzenmaximum streben (Maximumbedingung), weil sie Kenntnis davon haben, dass A teurer ist als B (vollkommene Markttransparenz), sofort von A zu B überwechseln (unendlich große Reaktionsgeschwindigkeit). Dies setzt voraus, dass zu A keine persönlichen Bindungen bestehen und die von B angebotene Ware mit der von A angebotenen vollkommen identisch ist (Homogenitätsbedingung).

Ein **Unterschreiten** des Angebotspreises dagegen entfernt den Anbieter vom angestrebten Gewinnmaximum und verletzt somit die Maximumbedingung. Der preispolitische Spielraum eines Anbieters auf dem vollkommenen Markt ist unter der Bedingung, dass mindestens ein weiterer Anbieter vorhanden ist, somit gleich null. Das heißt aber: Erst die **Unvollkommenheit des Marktes** eröffnet dem Betrieb die Möglichkeit zur Preispolitik. Die Voraussetzung für eine aktive Preispolitik ist also das Aufspüren von Unvollkommenheiten des Marktes. Die vier Prämissen haben somit die Aufgabe, deutlich zu machen, welche verschiedenen Faktoren der

Betrieb in der Realität überprüfen muss, um beispielsweise Preiserhöhungsspielräume ausfindig zu machen.

Weiß ein Anbieter zum Beispiel, dass die **Markttransparenz** auf Seiten der Abnehmer sehr gering, auf Seiten seiner Konkurrenten aber sehr groß ist, wird er sich zur Erreichung seines Gewinnmaximums u. U. zu einer Preiserhöhung entschließen. Rechnet dieser Anbieter aber mit einem guten Marktüberblick auf Seiten der Kunden und mit geringem Marktüberblick auf Seiten der Konkurrenz, wird er sich u. U. für eine Preissenkung entscheiden, da auf diese Weise ein großer Nachfragezuwachs zu erwarten ist, ohne dass die Konkurrenz von der Preissenkung Kenntnis nimmt und somit auch nicht mit einer eigenen Preissenkung reagiert.

Der Erklärungswert dieser Modellkonstruktion lässt sich auch an einem anderen Beispiel erkennen: Stellt ein Anbieter nach einer Preissenkung fest, dass der Nachfragezuwachs so bescheiden ist, dass sein Gesamtgewinn zunächst zurückgeht (Gewinnminderung durch Preissenkung > Gewinnerhöhung durch Nachfragezuwachs), so wird er dennoch bei der Preissenkung bleiben, wenn er weiß, dass zwar die **Reaktionsgeschwindigkeit** der Nachfrager gering, ihr Marktüberblick aber recht gut ist, sodass erst nach geraumer Zeit mit einer stetigen Nachfragesteigerung zu rechnen ist.

Schon aus diesen beiden Beispielen wird ersichtlich: In Wirklichkeit existieren keine vollkommenen Märkte. Gleichwohl ist die Beschäftigung mit dieser gedanklichen Konstruktion sinnvoll, da im Wege isolierender Abstraktion (= schrittweises Aufheben der einzelnen Prämissen) die Möglichkeiten und Grenzen preispolitischer Spielräume aufgedeckt werden können.

Aufgabe 19 Marktabgrenzung und Angebotsstruktur

In der Bundesrepublik Deutschland gibt es einige Tausend Metzgereien. Wie würden Sie diesen Tatbestand im Marktformenschema klassifizieren?

Wöhe S. 404 f.

Der großen Zahl von Anbietern nach scheint es sich um eine atomistische Angebotsstruktur zu handeln. Bei dieser Klassifizierung würde jedoch die Notwendigkeit einer räumlichen Einengung des Marktes übersehen. Man kann die Metzgerei in Kiel und die in Konstanz nicht als Konkurrenten auf ein und demselben Markt betrachten. Die Tatsache, dass der Kunde den Anbieter aufsuchen muss, um seinen Bedarf zu decken, sorgt für eine starke Einengung der Märkte. Die lokale Begrenzung des Marktes hat somit eine **oligopolartige Angebotsstruktur** zur Folge, denn für den einzelnen der zahlreichen Nachfrager kommen im Allgemeinen höchstens fünf bis sechs Anbieter in die engere Wahl.

Aufgabe 20 Unvollkommener Markt und Angebotsstruktur

In einer Stadt gibt es vier Fischgeschäfte, von denen sich jedes durch ein besonderes Merkmal auszeichnet. Auf Firma Frisch entfallen 30 % der Gesamtnachfrage, auf Firma Billig 20 %, auf Firma Freundlich 15 % und auf Firma Zentrum 35 %. Die Preise sind bei allen Anbietern verschieden. Wie würden Sie den Markt charakterisieren? Worauf sind die Preisunterschiede zurückzuführen?

Wöhe S. 383 f. und S. 416 f.

Es handelt sich hier um eine **oligopolistische Angebotsstruktur** auf einem unvollkommenen Markt. Für das eine spricht die Anzahl der Anbieter, für das andere die Uneinheitlichkeit des Preises.

Die Preisunterschiede lassen sich auf das Bestehen von Präferenzen für den einen oder anderen Anbieter zurückführen. Zur Überwindung von Absatzwiderständen steht bei jedem der vier Anbieter ein anderes absatzpolitisches Mittel im Vordergrund:

Firma Frisch:	Produktqualität
Firma Billig:	Preis
Firma Freundlich:	Service und persönlicher Kontakt
Firma Zentrum:	verkehrsmäßige Lage

Jeder dieser Faktoren schafft Präferenzen für den jeweiligen Anbieter. Diese Bindungen sorgen für die Unvollkommenheit des Marktes und gewähren dem Anbieter mehr oder weniger stark begrenzte Preisspielräume. Bei Firma Frisch kommt es nicht darauf an, dass die dort angebotene Ware wirklich besser ist als anderwärts; entscheidend ist vielmehr, dass z. B. durch die Sauberkeit des Geschäfts der Eindruck erweckt wird, die Ware sei besser als anderswo.

Aufgabe 21 Angebotsstruktur und Wettbewerb

Gibt es eine Erklärung dafür, dass die an den Bundesautobahnen gelegenen Tankstellen Benzin im Allgemeinen etwas teurer verkaufen als die übrigen Tankstellen? Welchen Zusammenhang sehen Sie zwischen Angebotsstruktur und Wettbewerb? Nennen Sie weitere Beispiele dafür, dass je nach Art der Angebotsstruktur für identische Wirtschaftsgüter unterschiedliche Preise gezahlt werden!

Viele Autofahrer, welche die Bundesautobahnen über weite Strecken benutzen, sind gezwungen, innerhalb eines bestimmten Streckenabschnitts zu tanken. Da ein Verlassen der Autobahn im Allgemeinen recht zeitraubend ist, sind die betroffenen Kraftfahrer quasi gezwungen, eine bestimmte Tankstelle anzufahren. Für diesen speziellen Kreis von Autofahrern hat die betreffende Tankstelle eine **monopolähnliche Stellung.** In Städten, in denen 3, 5 oder 10 Tankstellen miteinander in Konkurrenzbeziehungen stehen, kann sich kaum ein Anbieter erlauben, einen weit über dem ortsüblichen Benzinpreis liegenden Preis zu verlangen, da er in diesem Falle wohl den größten Teil seiner Kunden verlieren würde. Bei einer derartigen oligopolistischen Angebotsstruktur gestattet der Wettbewerb keine oder so gut wie keine „überdurchschnittlichen" Preise. In der monopolähnlichen Situation an der Autobahn dagegen ist der Wettbewerb ausgeschaltet, wenn man von der zeitraubenden Möglichkeit des Verlassens der Autobahn absieht.

In dem eben beschriebenen Fall handelte es sich um eine **räumlich** bedingte Ausschaltung des Wettbewerbs. Andere Beispiele für eine räumlich bedingte Beschränkung des Wettbewerbs, die zu monopolähnlicher Angebotsstruktur führt, ist das Angebot von Speisen in ICE-Zügen oder auf Sportveranstaltungen. Ein Beispiel für eine **zeitlich** bedingte Beschränkung des Wettbewerbs, die ebenfalls die Möglichkeit eröffnet, höhere Preisforderungen als sonst üblich durchzusetzen, ist der Verkauf von Blumen und Lebensmitteln in der Nähe großer Bahnhöfe außerhalb der üblichen Geschäftszeiten.

2. Produktpolitik

Wiederholungsfragen:

	Wöhe Seite
Welche Gestaltungselemente sind Gegenstand der Produktpolitik?	386 f.
Welche Phasen durchläuft ein Produkt im Zuge seines Lebenszyklus?	388 f.
Welche Schritte unternehmen Anbieter zur Auffindung von Produktlücken und Marktnischen?	390–392
Wie lässt sich die Marktgängigkeit eines neuen Produkts vor seiner endgültigen Einführung testen?	392
Welches Ziel verfolgen Anbieter mit einer Produktdifferenzierung?	394
Welchen Sortimentstypen begegnet man im Einzelhandel?	395
Mit welchen Instrumenten können Anbieter das Produktimage erhöhen?	396
Warum bevorzugen viele Nachfrager Markenartikel?	398
Welche Ziele verfolgen die Inhaber von Hersteller- bzw. Handelsmarken?	398 f.
Was versteht man im Markenartikelsegment unter „No Names"?	399
Mit welchen Markenklassen sollen unterschiedliche Marktsegmente erreicht werden?	399 f.
Wie gelangt ein Hersteller zur Abschöpfung einer Qualitätsgarantierente bzw. einer Prestigerente?	400
Welche Merkmale kennzeichnen eine erfolgreiche Marke?	401
Was versteht man unter einem Marken-Cash-Flow?	401
Wie lässt sich der Wert einer Marke ermitteln?	401
Bei welcher Art von Gütern wird der Kundendienst zum kaufentscheidenden Leistungsbestandteil?	402 f.

Aufgabe 22 Grundnutzen – Zusatznutzen

Welchen Grundnutzen bzw. Zusatznutzen erwartet ein Nachfrager vom Erwerb
- eines Rasenmähers,
- eines Wintermantels,
- eines Badezusatzes oder
- einer Sitzgarnitur?

Wöhe S. 385 f.

Objekt	Grundnutzen	Zusatznutzen
Rasenmäher	sauberer Rasenschnitt	Sicherheit, Bedienungsfreundlichkeit, Umweltfreundlichkeit, Sparsamkeit
Wintermantel	Körperschutz, Strapazierfähigkeit, Bequemlichkeit	Chic, Unterstreichen der Individualität
Badezusatz	Sauberkeit, Frische	anregender Duft, erotische Ausstrahlungskraft
Sitzgarnitur	Sitzgelegenheit, Bequemlichkeit	Repräsentation, ästhetisches Empfinden

Aufgabe 23 Produktlebenszyklus und absatzpolitische Instrumente

Welche absatzpolitischen Instrumente werden in den einzelnen Phasen des Produktlebenszyklus vorzugsweise eingesetzt?

Wöhe S. 388 f.

Folgende absatzpolitische Instrumente werden eingesetzt, wobei es Überschneidungen zwischen den Phasen geben kann:

Phase	Instrumente
Einführung	Einführungswerbung, Aufbau eines Vertriebssystems für das neue Produkt
Wachstum	Massenwerbung, Erweiterung des Vertriebsnetzes
Reife	Schaffung von Präferenzen zur Abwehr von Konkurrenten durch verpackungs-, preis- und werbepolitische Maßnahmen
Sättigung	Leichte Produktvariation, Sonderverkaufsaktionen
Degeneration	Abschöpfung von Deckungsbeiträgen ohne absatzpolitische Maßnahmen **oder** grundlegende Produktvariation (Relaunch)

Aufgabe 24 Produkteliminierung

Die QUARTA KG vertreibt vier Produkte, für die folgende Stückerlöse (p), Stückkosten (k) und Absatzmengen (m) gelten:

Produkt	m	p	k
A	1 Mio.	10,00	12,00
B	1 Mio.	20,00	25,00
C	1 Mio.	8,00	5,00
D	1 Mio.	24,00	17,00

Nach einem drastischen Preisverfall sind die Verkaufspreise bei den Produkten A und B nicht mehr kostendeckend. Die Fixkosten K_f der QUARTA KG beziffern sich auf 12 Mio. EUR pro Periode. Bei der Berechnung der Stückkosten k wurden die Fixkosten gleichmäßig auf die gesamte Absatzmenge von 4 Mio. Stück verteilt.

Teilaufgabe a)

Wie hoch sind der Deckungsbeitrag (DB) pro Sorte, der Gewinnbeitrag (G) pro Sorte und der gesamte Periodenerfolg?

Wöhe S. 308 und S. 406

Bei jährlichen Fixkosten K_f von 12 Mio. EUR wurde jeder Verkaufseinheit ein Fixkostenanteil (k_f) in Höhe von 3 EUR/Stück zugerechnet. Zur Ermittlung der variablen Stückkosten (k_v) sind also die Stückkosten k um jeweils 3 EUR zu kürzen.

Produkt	(1) m	(2) p	(3) k	(4) k_v	(5) DB [(2) – (4)] · (1)	(6) G [(2) – (3)] · (1)
A	1 Mio.	10,00	12,00	9,00	+ 1 Mio.	– 2 Mio.
B	1 Mio.	20,00	25,00	22,00	– 2 Mio.	– 5 Mio.
C	1 Mio.	8,00	5,00	2,00	+ 6 Mio.	+ 3 Mio.
D	1 Mio.	24,00	17,00	14,00	+ 10 Mio.	+ 7 Mio.
					+ 15 Mio.	+ 3 Mio.
			– Fixkosten K_f		– 12 Mio.	–
			Periodenerfolg		**+ 3 Mio.**	**+ 3 Mio.**

Teilaufgabe b)

Sollten die Verlustprodukte A und B aus dem Sortiment entfernt werden? Gehen Sie bei Beantwortung dieser Frage davon aus, dass

- zwischen den vier Produkten kein Sortimentszusammenhang besteht und
- auch nach einer Produkteliminierung jährliche Fixkosten in Höhe von 12 Mio. EUR anfallen würden.

Wöhe S. 389

Eine Vollkostenrechnung erweckt vordergründig den Eindruck, dass bei einer Eliminierung der Verlustprodukte A und B der Periodenerfolg von 3 Mio. EUR auf 10 Mio. EUR gesteigert werden könnte, wobei Produkt C einen Gewinnbeitrag von

3 Mio. EUR und Produkt D von 7 Mio. EUR leisten. Eine Produkteliminierung auf der Basis der Vollkostenrechnung führt aber zu falschen Ergebnissen.

Verzichtet die QUARTA KG auf den Verkauf einer Einheit des Produkts A, verliert sie auf der einen Seite den Verkaufserlös von 10 EUR/Stück. Andererseits beziffert sich die Kosteneinsparung/Stück nicht auf 12 EUR (Stückkosten k), sondern nur auf 9 EUR (variable Stückkosten k_v). Die Fixkosten von 12 Mio. EUR/Jahr fallen unabhängig davon an, ob die Produkte A und B produziert werden oder nicht. Die Fixkosteneinsparung ist also bei Produkteliminierung gleich null. Die **Fixkosten** sind **entscheidungsirrelevant.** Die Produktion sollte unter den gegebenen Bedingungen solange fortgesetzt werden, wie die Stückerlöse p die variablen Stückkosten k_v übersteigen. Eliminierungskriterium ist somit der Deckungsbeitrag $db = p - k_v$.

Produkt	p	k_v	db	m	DB
A	10,00	9,00	+ 1,00	1 Mio.	+ 1 Mio.
B	20,00	22,00	– 2,00	1 Mio.	– 2 Mio.
C	8,00	2,00	+ 6,00	1 Mio.	+ 6 Mio.
D	24,00	14,00	+ 10,00	1 Mio.	+ 10 Mio.
					+ 15 Mio.
			– Fixkosten K_f		– 12 Mio.
			Periodenerfolg		**+ 3 Mio.**

Durch Eliminierung des Produkts B würde der Periodenerfolg von 3 Mio. EUR auf 5 Mio. EUR ansteigen. Würde auch das Produkt A eliminiert, würde der Periodengewinn nur 4 Mio. EUR betragen.

Aufgabe 25 Produkteliminierung mit Sortimentszusammenhang

Bei ihrer Entscheidung über die Produkteliminierung muss die QUARTA KG folgenden Sortimentszusammenhang berücksichtigen:

- Würde die Produktion von A eingestellt, würden vom Substitutionsgut C 250.000 Stück mehr verkauft.
- Würde die Produktion von B eingestellt, würden vom Komplementärgut D 300.000 Stück weniger verkauft.

Im Übrigen gelten die Angaben der **Aufgabe 24**. Insbesondere ist davon auszugehen, dass die Fixkosten unabhängig von der Zusammensetzung und Höhe des Produktionsprogramms sind. Welches Aussehen hat unter diesen Bedingungen das optimale Produktionsprogramm?

Hinsichtlich des gewinnmaximalen Produktions- und Absatzprogramms muss die QUARTA KG folgende vier Alternativen mit den zugehörigen Absatzmengen prüfen:

Produkt / Alternative	A	B	C	D
(1)	1 Mio.	1 Mio.	1 Mio.	1 Mio.
(2)	–	1 Mio.	1,25 Mio.	1 Mio.
(3)	1 Mio.	–	1 Mio.	0,7 Mio.
(4)	–	–	1,25 Mio.	0,7 Mio.

Alternative (1)

Produkt	m	db	DB
A	1 Mio.	+ 1,00	+ 1 Mio.
B	1 Mio.	– 2,00	– 2 Mio.
C	1 Mio.	+ 6,00	+ 6 Mio.
D	1 Mio.	+ 10,00	+ 10 Mio.

	+ 15 Mio.
– Fixkosten K_f	– 12 Mio.
Periodenerfolg	**+ 3 Mio.**

Alternative (2)

Produkt	m	db	DB
B	1,00 Mio.	– 2,00	– 2,0 Mio.
C	1,25 Mio.	+ 6,00	+ 7,5 Mio.
D	1,00 Mio.	+ 10,00	+ 10,0 Mio.

	+ 15,5 Mio.
– Fixkosten K_f	– 12,0 Mio.
Periodenerfolg	**+ 3,5 Mio.**

Alternative (3)

Produkt	m	db	DB
A	1,0 Mio.	+ 1,00	+ 1 Mio.
C	1,0 Mio.	+ 6,00	+ 6 Mio.
D	0,7 Mio.	+ 10,00	+ 7 Mio.

	+ 14 Mio.
– Fixkosten K_f	– 12 Mio.
Periodenerfolg	**+ 2 Mio.**

Alternative (4)

Produkt	m	db	DB
C	1,25 Mio.	+ 6,00	+ 7,5 Mio.
D	0,70 Mio.	+ 10,00	+ 7,0 Mio.

	+ 14,5 Mio.
– Fixkosten K_f	– 12,0 Mio.
Periodenerfolg	**+ 2,5 Mio.**

Unter Berücksichtigung des Sortimentszusammenhangs ist es am vorteilhaftesten, lediglich das Produkt A zu eliminieren (Alternative 2).

Aufgabe 26 Sortimentspolitik und Absatzverbund

Der Einzelhändler MERCATO erfasst alle Warenverkäufe an der Scannerkasse. Der folgenden Übersicht ist zu entnehmen, in welcher Zusammensetzung und in welcher Stückzahl die Artikel A bis F bei den Kaufvorgängen (1) bis (7) erworben wurden:

Artikel / Kaufvorgänge	A	B	C	D	E	F	Zahl der gekauften Artikel
(1)	1		1	3			5
(2)					1	1	2
(3)					1	1	2
(4)		1	1	4	1		7
(5)	1		1	3	1		6
(6)	1	1	1	6	1		10
(7)	1		1	5		1	8
Summe der Käufe eines Artikels	4	2	5	21	5	3	40

Wöhe S. 376 und S. 898

Teilaufgabe a)

Zwischen welchen Artikeln besteht der

- schwächste
- stärkste

Absatzverbund?

Der **schwächste Absatzverbund** besteht zwischen den Artikeln B und F, die nicht ein einziges Mal gemeinsam erworben wurden.

Der **stärkste Absatzverbund** besteht zwischen den Artikeln C und D. Bei sieben Einkaufsvorgängen wurden sie fünfmal gemeinsam erworben.

Teilaufgabe b)

Wie beeinflusst der starke Absatzverbund zwischen den Artikeln C und D die Sortimentspolitik von MERCATO? Gehen Sie zur Beantwortung dieser Frage von der Annahme aus, dass

- bei Artikel C („Lockvogel-Angebot") ein negativer Deckungsbeitrag von 10 EUR/Stück
- bei Artikel D ein positiver Deckungsbeitrag von 20 EUR/Stück
- bei allen anderen Artikeln (A, B, E und F) positive Deckungsbeiträge

erwirtschaftet werden.

Von Artikel C wurden 5 Einheiten verkauft. Bleibt C im Sortiment, hat MERCATO den

- **Nachteil** eines negativen Deckungsbeitrags von 50 EUR
- **Vorteil**, dass Kunden, die wegen des „Lockvogels" C zu MERCATO kommen, auch den Artikel D erwerben, mit dem ein positiver Deckungsbeitrag von 420 EUR erwirtschaftet wird.
- **Vorteil**, dass der „Lockvogel" C den Absatz der übrigen Artikel (A, B, E und F) beflügelt, die allesamt positive Deckungsbeiträge zu verzeichnen haben.

Aufgabe 27 Sortimentstypen und Kundenwünsche

Kunden suchen beim Einkauf Bequemlichkeit, Artenvielfalt in Form von großer Sortimentstiefe, ein emotionales Einkaufserlebnis, exklusive Produktqualität, gute Beratung und einen niedrigen Preis. In welchem Maße tragen die einzelnen Sortimentstypen diesen Kundenwünschen Rechnung?

Sortiment breit/flach (Warenhaus)

Breites Sortiment, geringe Artenvielfalt, große Bequemlichkeit (alles unter einem Dach), kaum Niedrigpreisangebote.

Sortiment schmal/tief (Fachhandel)

Große Artenvielfalt, exklusive Produktqualität, emotionales Einkaufserlebnis, gute Fachberatung, Hochpreissegment.

Sortiment schmal/flach (Discounter)

Begrenzte Auswahl bei Gütern des täglichen Bedarfs, sterile Einkaufsatmosphäre, keine Exklusivprodukte, keine Beratung, Niedrigpreissegment.

Aufgabe 28 Homogene und heterogene Güter

Was versteht man unter homogenen, was unter heterogenen Gütern? Welche Bedeutung hat diese Unterscheidung für die betriebliche Preispolitik?

Lösungshinweis: Beachten Sie die Homogenitätsbedingung (3) aus **Aufgabe 18**!

Homogene Güter sind solche, bei denen eine Gütereinheit der anderen vollkommen gleicht. Beispiele hierfür sind etwa Metalle, Heizöl, Zement, Glas und mit geringfügigen Einschränkungen Getreide, Baumwolle, Milch usw.

Heterogene Güter sind dagegen solche, bei denen eine Gütereinheit von der anderen mehr oder weniger stark abweicht. Beispiele hierfür sind Wein, Leberwurst, Autos und im Extremfall Gemälde, Skulpturen, alte Orientteppiche usw.

Während die Nachfrager im Falle homogener Güter keine sachlichen Präferenzen für die vom einen oder die vom anderen Anbieter offerierten Güter haben, spielt die Ausprägung der jeweiligen Einheit eines heterogenen Gutes für die Kaufentscheidung und damit auch für die Wahl des Anbieters eine mehr oder weniger große Rolle. Ist die von der Heterogenität der jeweiligen Gütereinheit ausgehende Kaufmotivation bei Leberwurst oder Landschinken noch relativ gering, so drängt sie bei Gemälden und anderen Sammlerstücken alle anderen Nebenbedingungen (vor allem die Preisrelation zu solchen Gütern anderer Anbieter) weit in den Hintergrund.

Für die betriebliche Preispolitik folgt daraus: Mit zunehmender Heterogenität eines Gutes wächst die Möglichkeit zu **aktiver Preispolitik**. Könnten zum Beispiel in einer Gemeinde Wasser oder Elektrizität von zwei oder mehr Anbietern bezogen werden, dann wäre die Preisautonomie eines jeden Anbieters insofern eingeschränkt, als er bei der eigenen Preisfestsetzung kaum von den Preisen der Konkurrenten abweichen kann. Existieren dagegen in der gleichen Gemeinde mehrere Boutiquen, die modische Damenkleider (verschiedener Hersteller) anbieten, so brauchen diese als Anbieter derart heterogener Güter bei der Preisfestsetzung nur begrenzt die Angebote der Konkurrenten zu beachten.

Aufgabe 29 Markenwert als Zukunftserfolgswert

Die APERO-AG, ein Spirituosenhersteller, produziert seit 30 Jahren einen Aperitif nach einer eigenen geheimen Rezeptur. Das Produkt wird unter dem eingetragenen Markennamen „Salute" auf den Markt gebracht. Es hat sich zum **Markenartikel** entwickelt und wird flächendeckend über den Facheinzelhandel verkauft.

Ein international agierender Lebensmittelkonzern bekundet lebhaftes Interesse am Erwerb der Marke „Salute" und möchte in konkrete Kaufverhandlungen mit der APERO-AG eintreten.

Vor Beginn dieser Verhandlungen beauftragt Sie der Vorstand der APERO-AG mit der Zusammenstellung entscheidungsrelevanter Informationen. Welche Daten müssen Sie dem Vorstand vorlegen?

Wöhe S. 401 f. und S. 510 f.

Die APERO-AG sollte die Marke „Salute" nur dann verkaufen, wenn der erzielbare Verkaufspreis größer ist als der Wert der Marke. Bestimmt man den Markenwert MW nach dem investitionstheoretischen Konzept des **Zukunftserfolgswertes**, gilt für den **Markenwert MW** folgende Grundgleichung:

MW = Barwert aller markenspezifischen Zahlungen
MW = Barwert aller Marken-Cash-Flows

$$MW = \sum_{t=1}^{n} \left(E_t^M - A_t^M\right) \cdot (1+i)^{-t}$$

Erläuterung der Symbole:
- n = Planungszeitraum (= geplante Nutzungsdauer des Markenartikels)
- E_t^M = Markenabhängige (Mehr)Erlöse (= Preisprämie für Markenartikel)
- A_t^M = Markenabhängige (Mehr)Auszahlungen (z. B. Auszahlungen für Markenregistrierung und Auszahlungen für markenspezifische Werbung)
- i = Kapitalkostensatz (= maßgeblicher Kalkulationszinsfuß der APERO-AG)

Zur Vorbereitung der Verhandlungen müssen die im Symbolverzeichnis aufgeführten Daten beschafft werden.

Aufgabe 30 Berechnung des Markenwertes

Es gelten die Angaben der **Aufgabe 29**. Aus dem Marketing und dem Rechnungswesen der APERO-AG erhalten Sie folgende Informationen:

- n : Man rechnet damit, dass die Marke „Salute" noch 25 Jahre lang genutzt werden kann und danach wertlos ist.
- E_t^M : Für die kommenden 25 Jahre rechnet man mit folgenden markenspezifischen Erlösen:
  - m = Absatzmenge/Jahr = 3 Mio. Flaschen
  - p_M = Händlerabgabepreis für das Markenprodukt: 7,80 EUR/Flasche
  - p_{NM} = Händlerabgabepreis für ein vergleichbares Nichtmarkenprodukt: 7,– EUR/Flasche
- A_t^M : Auszahlungen für Markenregistrierung 10.000,– EUR im Zehnjahresturnus, Auszahlungen für Markenwerbung 1,5 Mio. EUR/Jahr
- i : Kalkulationszinsfuß 6 Prozent

Berechnen Sie den Markenwert (Zukunftserfolgswert) MW für die Marke „Salute"! Der Einfachheit halber ist anzunehmen, dass

- die Markenregisterkosten in Jahresraten von jeweils 1.000 EUR zu zahlen sind
- alle Zahlungen zum Periodenende anfallen.

Wöhe S. 401 f. und S. 482–486 und S. 510

Der Markenwert MW ist nach dem investitionstheoretischen Konzept des Zukunftserfolgswertes nach folgender Formel zu berechnen:

$$MW = \sum_{t=1}^{n} \left(E_t^M - A_t^M\right) \cdot (1+i)^{-t}$$

Die jährlichen markenspezifischen Mehrerlöse E_t^M ergeben sich aus der Marken-Preisprämie ($p_M - p_{NM}$) multipliziert mit der jährlichen Absatzmenge m:

$$\mathbf{E_t^M} = (p_M - p_{NM}) \cdot m = (7{,}80 - 7{,}00) \cdot 3 \text{ Mio. Stück} = \mathbf{2.400.000,- \ EUR}$$

Die jährlichen markenspezifischen Auszahlungen A_t^M setzen sich aus den (jährlichen) Ausgaben für Markenwerbung (1,5 Mio. EUR) und Markenregister (1.000 EUR) zusammen:

$$\mathbf{A_t^M} = 1.500.000 + 1.000 = \mathbf{1.501.000,- \ EUR}$$

Hieraus ergibt sich folgender Marken-Cash-Flow:

$$\textbf{Marken-Cash-Flow} = E_t^M - A_t^M = 2.400.000 - 1.501.000 = \mathbf{899.000,- \ EUR}$$

Da der Marken-Cash-Flow während des gesamten Planungszeitraums von 25 Jahren konstant ist (= gleichbleibende Rente), kann der Markenwert MW durch Einsatz des Rentenbarwertfaktors RBF 6 Prozent/25 Jahre ermittelt werden.

Markenwert MW = Marken-Cash-Flow · RBF
Markenwert MW = 899.000 EUR · 12,783 = **11.491.917,– EUR**

Die APERO-AG sollte die Marke „Salute" nur dann verkaufen, wenn der Erwerber einen Kaufpreis zahlt, der oberhalb des Markenwertes MW in Höhe von 11.491.917 EUR liegt.

Aufgabe 31 Innovationsquellen

Einproduktunternehmen sind in der Regel krisenanfälliger als Mehrproduktbetriebe, bei denen sich das Absatzrisiko im Falle konjunktureller Rückschläge, vor allem aber im Falle struktureller Schwierigkeiten auf mehrere Produkte verteilt. Die Ursachen, von denen die Impulse zur Schaffung neuer Produkte ausgehen, bezeichnet man als Innovationsquellen. Solche Innovationsquellen sind u. a.

(a) Abfall,
(b) Know-how (hochentwickelte Produktionstechnik),
(c) freie Saisonkapazitäten,
(d) Vertriebsmöglichkeiten durch gesicherten Kundenstamm und
(e) Änderung der Verbrauchergewohnheiten.

Wie würden Sie die folgenden Beispiele der Einführung neuer Produkte den einzelnen Innovationsquellen zuordnen (Mehrfachnennungen möglich):

(1) Ein Hersteller von Backzutaten entschließt sich zur Produktion von Fertigpackungen für Rührkuchen.

(2) Ein Hersteller von Porzellangeschirr hält einen Stab hervorragender, allgemein anerkannter Designer und entschließt sich, die Produktion von Kristallgläsern aufzunehmen.
(3) Ein Hersteller von Kunststofferdtanks verfügt über modernste Fertigungsverfahren zur Verarbeitung von Polyester und entschließt sich zur Herstellung von Bootskörpern.
(4) Ein Hersteller von Sitzrasenmähern nimmt die Produktion von Kleinschneeräumern auf.
(5) Ein Hersteller von Fertigtüren fertigt aus den Holzabfällen Spanplatten an.
(6) Ein Molkereibetrieb beliefert das Hotelgewerbe mit Butter in Kleinpackungen à 20 g.
(7) Eine Autoreparaturwerkstatt gliedert sich einer Autolackiererei an.
(8) Ein Skihersteller nimmt die Produktion von Wasserski auf.
(9) Eine Brauerei mit großem Gaststättennetz nimmt die Produktion von Apfelsaft auf.
(10) Ein Hersteller von Schaumgummimatratzen zerkleinert die Abfälle und verwendet sie als Kissenfüllungen.

Diese Beispiele sind den Innovationsquellen folgendermaßen zuzuordnen:

1 d und e, 2 b und d, 3 b, 4 c, 5 a, 6 d und e, 7 d, 8 c, 9 d und 10 a.

Aufgabe 32 Produktgestaltung – Werbung

Ein Anbieter verkauft bei Stückkosten von 1,60 EUR pro Jahr 100.000 Stück zum Preis von 2 EUR. Ein Werbefeldzug, der bei unverändertem Absatzpreis in diesem Jahr eine Absatzmengensteigerung um 20 %, im nächsten Jahr gegenüber dem jetzigen Stand eine Absatzmengenerhöhung um 10.000 Stück erwarten ließe, würde 30.000 EUR kosten. Eine Erhöhung der Absatzmenge um 20 % ließe sich auch durch eine Verbesserung der Produktqualität und eine Modernisierung der Verpackung erreichen. In diesem Falle würden bei unverändertem Absatzpreis die Stückkosten auf 1,80 EUR ansteigen. Sollte der Anbieter Werbung oder Produktgestaltung oder beides vornehmen oder unterlassen?

Bisheriger Zustand	$G = (2 - 1{,}60) \cdot 100.000$ $G = 40.000$ EUR/Jahr
Werbung	$G_1 = (2 - 1{,}60) \cdot 120.000 - 30.000$ $G_1 = 18.000$ EUR im 1. Jahr $G_2 = (2 - 1{,}60) \cdot 110.000$ $G_2 = 44.000$ EUR im 2. Jahr
Produktgestaltung	$G = (2 - 1{,}80) \cdot 120.000$ $G = 24.000$ EUR/Jahr

Der Anbieter sollte sowohl den Werbefeldzug als auch die Produktgestaltung unterlassen. Während in der bisherigen Situation der Gewinn der beiden kommenden Jahre auf insgesamt 80.000 EUR veranschlagt werden kann, sind im Falle der Werbung zusammen 62.000 EUR und im Falle der Produktgestaltung zusammen 48.000 EUR Gewinn zu erwarten.

3. Preispolitik

Wiederholungsfragen:

Wöhe	Seite
Welche Fragestellung dominiert die klassische Preistheorie?	403
Welche Instrumente werden in der praktischen Preispolitik eingesetzt?	403
Warum bemühen sich Anbieter um die Schaffung sachlicher und persönlicher Präferenzen?	405
Wie lässt sich der Elastizitätskoeffizient η ermitteln?	406
Unter welchen Bedingungen spricht man von (sehr) elastischer bzw. unelastischer Nachfrage?	406 f.
Auf welcher (fiktiven) Grundannahme basiert die klassische Preistheorie?	407
Unter welchen Bedingungen zieht eine Preissteigerung eine Erhöhung der Nachfragemenge nach sich?	409
Was versteht man unter Substitutionskonkurrenz?	410
Wie sind Cournot'sche Menge und Cournot'scher Preis definiert?	410 f.
Welche Grundannahmen zum Verhalten oligopolistischer Anbieter wurden in der Marketingliteratur entwickelt?	412 f.
Unter welchen Voraussetzungen spricht man von vollkommener (atomistischer) Konkurrenz?	413 f.
Mit welcher Angebotsmenge erreicht ein Anbieter bei vollkommener Konkurrenz das Gewinnmaximum?	414 f.
Was versteht man unter der Nutzschwelle und der Nutzgrenze?	415 f.
Wann spricht man von unvollkommener (polypolistischer) Konkurrenz?	417
Welche Besonderheiten charakterisieren den monopolistischen Bereich der Preis-Absatz-Funktion des Polypolisten?	417 f.
Bei welcher Angebotsmenge erreicht der Polypolist sein Gewinnmaximum?	417 f.
Was sind übliche „Spielarten" strategischer Preispolitik?	419–421
An welchen Größen kann sich die Preisfindung in der betrieblichen Praxis orientieren?	421
Worin unterscheidet sich die langfristige von der kurzfristigen Preisuntergrenze?	422 f.
Wie lässt sich bei nachfrageorientierter Preisbildung die Preis-Absatz-Funktion näherungsweise ermitteln?	423 f.
Welche Arten der Preisdifferenzierung kennen Sie?	425
Welches Ziel verfolgen Anbieter mit einer differenzierten Konditionenpolitik?	425–427

4. Abschnitt

Aufgabe 33 Typische und atypische Preis-Absatz-Funktion

Mit der Redewendung „Die Hausse nährt die Hausse" will man die Tatsache umschreiben, dass Kurssteigerungen an der Börse weitere Kurssteigerungen nach sich ziehen. Welche Rückschlüsse lassen sich aus dieser Beobachtung auf das Kaufverhalten der Nachfrager ziehen?

Der obigen Redewendung liegt folgende Erfahrung zugrunde: Kommt es auf organisierten Märkten (für Wertpapiere, Devisen, Edelmetalle usw.) zu Kurs-, d.h. Preissteigerungen, dann sind diese Preissteigerungen sehr oft die Ursache für ein weiteres Anziehen der Preise. Eine Erklärung für diese Beobachtung findet man wohl in der Vermutung, dass sowohl die Käufer- als auch die Verkäuferseite mit weiteren Preissteigerungen rechnen, wodurch die Verkäuferseite das Angebot knapp hält, die Käuferseite aber die Nachfrage in Erwartung kurzfristig realisierbarer Gewinne verstärkt.

Diese Erscheinung, welche den Namen **Spekulationseffekt** trägt, lässt sich mit dem normalen Kaufverhalten der Nachfrager nicht in Einklang bringen. Während die typische Nachfragefunktion durch die Beobachtung gekennzeichnet ist, dass bei Preissenkungen mehr, bei Preissteigerungen weniger gekauft wird, sorgt der Spekulationseffekt genau für die gegenteilige Wirkung: Es wird mehr gekauft, weil die Preise steigen. Und weil mehr gekauft wird, steigen die Preise weiter.

Fragt man sich, wie sich diese beiden konträren Vorgänge auf einen Nenner bringen lassen, gelangt man zu folgender Erklärung: Der Spekulationseffekt ist eine stets nur **kurzfristige** Erscheinung; längerfristig wird sich immer der Normalverlauf der Nachfragefunktion durchsetzen. Außerdem ist der Spekulationseffekt auf einen recht engen Kreis von Gütern beschränkt; er ist nur bei Investitionsgütern und langlebigen Konsumgütern anzutreffen, also dann, wenn zwischen Beschaffung und Bedarf (Verbrauch) ein Güterbestand tritt. In den Fällen, in denen Beschaffung und Bedarf zeitlich zusammenfallen (Lebensmittel, Wohnungsmieten, Kinobesuche usw.) ist für den Spekulationseffekt kein Raum.

Aufgabe 34 Elastizität der Nachfrage

Bei normalem Verlauf der Preis-Absatz-Funktion führt eine Preissteigerung zu einem Rückgang, eine Preissenkung zu einer Steigerung der Nachfragemenge. Das Verhältnis aus prozentualer Mengenänderung und prozentualer Preisänderung bezeichnet man als Elastizität der Nachfrage, welche im Elastizitätskoeffizienten

$$\eta = \frac{\text{prozentuale Mengenänderung}}{\text{prozentuale Preisänderung}}$$

zum Ausdruck kommt. Zur einfacheren Handhabung wird der negative Elastizitätskoeffizient η durch ein eingefügtes Minuszeichen zu einem positiven Wert [ ] umdefiniert. Zeigen Sie in einem Schaubild die Wirkung einer Preiserhöhung (-senkung) auf die Höhe des geldmäßigen Umsatzes (= Gesamterlös), wenn $[\eta] > 1$, $[\eta] = 1$ und $[\eta] < 1$ ist!

Wöhe S. 406 f.

Nachfrage	Preissenkung	Preiserhöhung
elastisch $[\eta] > 1$	(1) Umsatz steigt	(2) Umsatz sinkt
$[\eta] = 1$	(3) Umsatz konstant	(4) Umsatz konstant
unelastisch $[\eta] < 1$	(5) Umsatz sinkt	(6) Umsatz steigt

Aufgabe 35 Elastizität der Nachfrage (Beispiele)

Stellen Sie fest, ob es sich bei folgenden Preisänderungen um Fall (1), (2), (5) oder (6) der obigen Darstellung (siehe **Aufgabe 34**) handelt:

(a) Die Deutsche Post ermäßigt eine Woche lang die Preise für 50-Cent-Marken auf 30 Cent.
(b) Gegenüber dem Vorjahr sind Weihnachtsbäume um 20 % im Preis gestiegen.
(c) Die Parkgebühr vor dem Hauptbahnhof einer Großstadt wird um 10 Cent/Stunde gesenkt.
(d) Die Stadtwerke berechnen um 10 % höhere Wasser- und Kanalgebühren.
(e) Die städtischen Omnibusbetriebe entschließen sich zu einer Gebührensenkung.
(f) Schuhsohlen aus Leder werden um 50 % teurer.
(g) Im Rahmen eines Sonderangebots sind Schweineschnitzel um 4 EUR/kg billiger zu haben.
(h) Tonrohre und Kunststoffrohre, die am Bau für Kanalisationszwecke gleichermaßen geeignet sind, hatten bisher den gleichen Preis; Tonrohre werden jetzt um 20 % teurer angeboten.

Diese acht Fälle lassen sich folgendermaßen einordnen: a 1, b 6, c 5, d 6, e 5, f 2, g 1, h 2.

Aufgabe 36 Unabhängigkeit des Monopolisten

Zuweilen wird behauptet, ein Monopolist sei bei der Festsetzung seiner Preise völlig unabhängig, da er der einzige ist, der das betreffende Gut anbietet. Wie beurteilen Sie diese These?

Wöhe S. 410–412

Diese Behauptung ist falsch. Der Monopolist ist bei seiner Preisgestaltung sehr wohl von verschiedenen Größen abhängig. Dabei handelt es sich um

(1) die Dringlichkeit der Nachfrage,
(2) das Einkommen der Nachfrager,
(3) die Preise aller übrigen Güter,
(4) die Möglichkeit des Ausweichens auf Substitutionsgüter (z. B. von Kohle auf Heizöl),
(5) die Möglichkeit des Aufkommens von Konkurrenzbetrieben wegen attraktiver Preishöhe und
(6) kartellrechtliche Bestimmungen (Ausnutzung einer marktbeherrschenden Stellung).

Aufgabe 37 Erlösfunktion des Monopolisten

Ein Monopolist sieht sich folgender Nachfragesituation gegenüber: Der Prohibitivpreis, jener Preis also, der so hoch ist, dass alle Kunden die Nachfrage einstellen, beträgt 6 EUR; die Sättigungsmenge, also die höchste absetzbare Menge, liegt bei 12 Stück. Um ein Stück mehr verkaufen zu können, muss der Preis für sämtliche Einheiten um jeweils 0,50 EUR zurückgenommen werden. Der Preis ist nicht nur für die jeweils letzte, sondern für sämtliche Einheiten der zu verkaufenden Güter zu reduzieren, da der Verkaufspreis für alle Nachfrager einheitlich sein soll. Berechnen und zeichnen Sie die Preis-Absatz-Funktion (PAF), die Erlösfunktion (E) und die Grenzerlösfunktion (E')!

Wöhe S. 410–412

Der **Prohibitivpreis** ist jener Preis, bei welchem die Nachfrage nach dem betreffenden Gut völlig zum Erliegen kommt. Die **Sättigungsmenge** ist jene Menge, die gerade noch aufgenommen wird, wenn der Preis 0 EUR beträgt, die Waren also verschenkt werden.

Bezeichnet man die absetzbare Menge mit m, den Preis mit p und den Erlös mit E, dann ergibt sich:

p	m	E = p · m	E′
6,00	0	0	
5,50	1	5,50	5,50
5,00	2	10,00	4,50
4,50	3	13,50	3,50
4,00	4	16,00	2,50
3,50	5	17,50	1,50
3,00	6	18,00	0,50
2,50	7	17,50	– 0,50
2,00	8	16,00	– 1,50
1,50	9	13,50	– 2,50
1,00	10	10,00	– 3,50
0,50	11	5,50	– 4,50
0	12	0	– 5,50

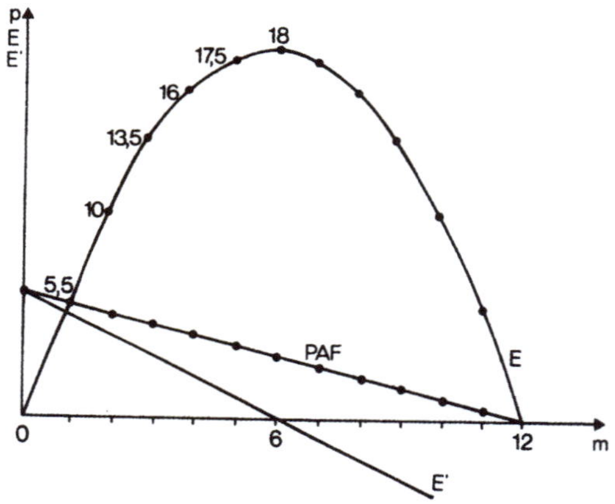

Aufgabe 38 Erlösmaximum des Monopolisten

Es gelten alle Angaben der **Aufgabe 37**. Bei welcher Ausbringungsmenge erreicht dieser Monopolist sein Erlösmaximum, bei welcher Ausbringungsmenge sein Gewinnmaximum?

Wöhe S. 400–402

Mit 18 EUR liegt das Erlösmaximum bei einer Ausbringungsmenge von 6 Stück. Bei einer höheren Ausbringungsmenge geht der Erlös absolut zurück, da sich der Preisrückgang stärker auswirkt als die Mengenzunahme.

Der Gewinn ist die Differenz zwischen Erlös und Kosten. Solange die Höhe der Kosten nicht bekannt ist, kann man auch keine Aussagen über die Gewinnhöhe oder das Gewinnmaximum machen.

Aufgabe 39 Gewinn- und Erlösmaximum

Es gelten alle Angaben der **Aufgabe 37**. Unter welcher Bedingung deckt sich die gewinnmaximale Ausbringungsmenge mit der erlösmaximalen Verkaufsmenge?

Lösungshinweis: Ziehen Sie zur Beantwortung dieser Frage die Zeichnung aus **Aufgabe 37** heran!

Das Gewinnmaximum läge bei einer Ausbringungsmenge von 6 Stück, wenn entweder gar keine oder nur fixe Kosten entstünden.

Aufgabe 40 Cournot'scher Punkt

Es gelten alle Angaben der **Aufgabe 37**. Die Kostenfunktion lautet

(a) $K = 2 \cdot m$ (b) $K = 6 + m$.

Ermitteln Sie das Gewinnmaximum des Monopolisten, die zugehörige Ausbringungsmenge (Cournot'sche Menge) und den zugehörigen Preis (Cournot'schen Preis)!

Wöhe S. 410–412

p	m	E = p · m	(a) K = 2 · m		(b) K = 6 + m	
			K = 2 · m	G = E – K	K = 6 + m	G = E – K
6,00	0	0	0	0	6,00	– 6,00
5,50	1	5,50	2,00	3,50	7,00	– 1,50
5,00	2	10,00	4,00	6,00	8,00	2
4,50	3	13,50	6,00	7,50	9,00	4,50
4,00	4	16,00	8,00	8,00	10,00	6,00
3,50	5	17,50	10,00	7,50	11,00	6,50
3,00	6	18,00	12,00	6,00	12,00	6
2,50	7	17,50	14,00	3,50	13,00	4,50
2,00	8	16,00	16,00	0	14,00	2
1,50	9	13,50	18,00	– 4,50	15,00	– 1,50
1,00	10	10,00	20,00	– 10,00	16,00	– 6,00
0,50	11	5,50	22,00	– 16,50	17,00	– 11,50
0	12	0	24,00	– 24,00	18,00	– 18,00

Für (a) $K = 2 \cdot m$ liegt das **Gewinnmaximum** bei 8 EUR, die zugehörige Menge bei 4 Stück und der zugehörige Preis bei 4 EUR. Für (b) $K = 6 + m$ beträgt der Höchstgewinn 6,50 EUR, die zugehörige Menge 5 Stück und der betreffende Preis 3,50 EUR.

Aufgabe 41 Cournot'scher Punkt – Marginalanalyse

Es gelten die Angaben aus **Aufgabe 40** mit der Beschränkung auf die Kostenfunktion K = 2m.

Anders als dort geschehen soll jetzt der Cournot'sche Punkt im Wege der Marginalanalyse nach Maßgabe der Bedingungsgleichung

$$E' = K'$$

bestimmt werden. Die These lautet: Der Monopolist verfehlt das Gewinnmaximum, wenn er diese Gleichgewichtsbedingung missachtet.

Erstellen Sie zur Überprüfung dieser These eine Wertetabelle nach dem Muster des Lösungstableaus in Aufgabe 40 und diskutieren Sie das Ergebnis!

Lösungshinweis: Tragen Sie in die Kopfzeile der Tabelle folgende Größen ein: p, m, E, E', K, K', G' und G.

Wöhe S. 410–412

(1) p	(2) m	(3) E (1) · (2)	(4) E'	(5) K K = 2 · m	(6) K'	(7) G' (4)–(6)	(8) G (3)–(5)
6,00	0	0		0			
			5,50		2,00	+ 3,50	3,50
5,50	1	5,50		2,00			
			4,50		2,00	+ 2,50	6,00
5,00	2	10,00		4,00			
			3,50		2,00	+ 1,50	7,50
4,50	3	13,50		6,00			
			2,50		2,00	+ 0,50	8,00
4,00	4	16,00		8,00			
			1,50		2,00	− 0,50	7,50
3,50	5	17,50		10,00			
			0,50		2,00	− 1,50	6,00
3,00	6	18,00		12,00			
			− 0,50		2,00	− 2,50	3,50
2,50	7	17,50		14,00			
			− 1,50		2,00	− 3,50	0
2,00	8	16,00		16,00			
			− 2,50		2,00	− 4,50	− 4,50
1,50	9	13,50		18,00			
			− 3,50		2,00	− 5,50	− 10,00
1,00	10	10,00		20,00			
			− 4,50		2,00	− 6,50	− 16,50
0,50	11	5,50		22,00			
			− 5,50		2,00	− 7,50	− 24,00
0	12	0		24,00			

Mit dem Verkauf des ersten (zweiten) Stücks erwirtschaftet der Monopolist ein Grenzgewinn G' in Höhe von 3,50 (2,50) GE. Addiert man die (positiven) Grenzgewinne der ersten viert Stücke, gelangt man zu einem Gesamtgewinn in Höhe von 8,00 GE.

Übersteigt die Angebotsmenge die kritische Marke von vier Stück, liegen die Grenzgewinne im negativen Bereich. Würde also der Monopolist über die kritische Angebotsmenge m_c = 4 Stück hinausgehen und ein weiteres Stück, insgesamt also fünf Stück anbieten, müsste er einen Grenzverlust in Höhe von 0,50 GE in Kauf nehmen.

Fazit:
Zur Erreichung des Gewinnmaximums will der Monopolist alle positiven Grenzgewinne (E' > K') vereinnahmen. Da er keinen Grenzverlust (E' < K') in Kauf nehmen möchte, liegt die gewinnmaximale Angebotsmenge m_c bei E' = K'.

Aufgabe 42 Kostenanstieg im Monopol

Es gilt weiterhin die Preis-Absatz-Funktion aus **Aufgabe 37**. Die variablen Stückkosten (= Grenzkosten) betragen 3 EUR. Wie hoch ist die Cournot'sche Menge? Wie hoch ist bestenfalls der Gewinn? Unter welchen Umständen wird bei gleicher Cournot'scher Menge kein einziges Stück angeboten?

Wöhe S. 410–412

p	m	$E = p \cdot m$	$K_v = 3 \cdot m$	$G^* = E - K_v$
6,00	0	0	0	0
5,50	1	5,50	3,00	2,50
5,00	2	10,00	6,00	4,00
4,50	3	13,50	9,00	4,50
4,00	4	16,00	12,00	4,00
3,50	5	17,50	15,00	2,50
3,00	6	18,00	18,00	0
.	.	.	.	.
.	.	.	.	.
.	.	.	.	.

Die gewinnmaximale Ausbringungsmenge beträgt 3 Stück. Das Gewinnmaximum liegt bei 4,50 EUR. Dieser Gewinn wird jedoch nur erzielt, wenn keine fixen Kosten anfallen. G* bedeutet somit: Gewinn vor Abzug der Fixkosten. Übersteigen die Fixkosten den Betrag von 4,50 EUR, wird die Produktion eingestellt.

Aufgabe 43 Veränderte Kostenstruktur im Monopol

Welchen Einfluss hat eine Änderung der fixen Kosten K_f bzw. der variablen Kosten K_v auf

(a) den Monopolgewinn,
(b) den Cournot'schen Preis bzw.
(c) die Cournot'sche Menge?

Wöhe S. 410–412

Die Einflüsse einer veränderten Kostenstruktur lassen sich folgendermaßen systematisieren:

	Fixe Kosten K_f		Variable Kosten K_v	
	Senkung	Anstieg	Senkung	Anstieg
Monopolgewinn	steigt	fällt	steigt	fällt
Cournot'scher Preis	gleich	gleich	fällt	steigt
Cournot'sche Menge	gleich	gleich[1]	steigt	fällt

[1] Ist der Anstieg der fixen Kosten größer als der ursprüngliche Monopolgewinn, sinkt die Angebotsmenge auf null.

Aufgabe 44 Preis-Absatz-Funktion des Oligopolisten

Auf einem vollkommenen Markt hält der Oligopolist Z einen Marktanteil von 10 Prozent. Für das homogene Gut liegt der gegenwärtige Marktpreis p* bei 60 EUR/Stück. Für Z gilt – unter der Annahme vorgegebener Reaktionen der Konkurrenz – folgende Preisabsatzfunktion p bzw. Kostenfunktion K:

$$p = 100 - 0{,}01 \cdot m$$
$$K = 10.000 + 50 \cdot m$$

Zeichnen Sie zunächst die Preisabsatzfunktion (PAF). Wie hoch sind der Prohibitivpreis und die Sättigungsmenge? Wie hoch ist bei geltendem Marktpreis p* der von Z erzielbare Gewinn?

Wöhe S. 407 und S. 412 f.

Der Prohibitivpreis beträgt 100 EUR. Für die Sättigungsmenge gilt p = 0, also $0 = 100 - 0{,}01 \cdot m$. Die Sättigungsmenge liegt also bei 10.000 Stück.

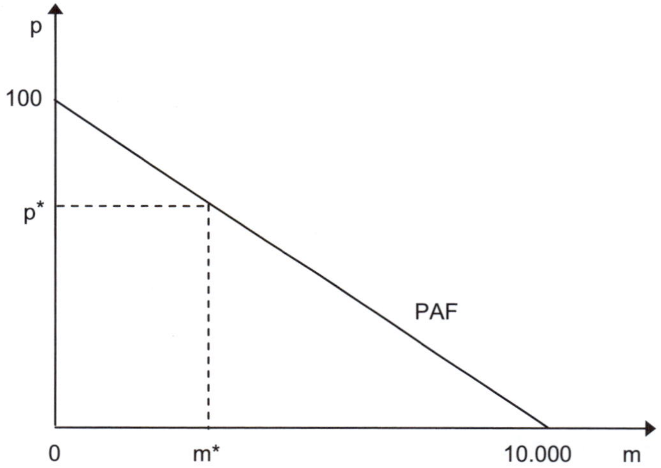

Zunächst muss festgestellt werden, welche Menge m* von Z bei p* = 60 abgesetzt werden kann:

$$\begin{aligned} p &= 100 - 0{,}01 \cdot m \\ p^* &= 60 \\ 60 &= 100 - 0{,}01 \cdot m^* \\ m^* &= 4.000 \text{ Stück} \end{aligned}$$

Zur Gewinnermittlung sind die Erlöse E* den Kosten K* gegenüberzustellen:

$$G^* = E^* - K^*$$
$$E^* = m^* \cdot p^* = 4.000 \cdot 60 \qquad = 240.000 \text{ EUR}$$
$$K^* = 10.000 + 50 \cdot m^* = 10.000 + 200.000 \qquad = 210.000 \text{ EUR}$$
$$\mathbf{G^* = \qquad 30.000\ EUR}$$

Gegenwärtig erzielt Z einen Periodengewinn von 30.000 EUR.

Aufgabe 45 Gewinnmaximum des Oligopolisten

Für den Oligopolisten Z gelten weiterhin die Ausgangsdaten der **Aufgabe 44**. Wie müsste der Oligopolist Z seinen Angebotspreis zur Erreichung des Gewinnmaximums ändern? Wie muss sich die Konkurrenz annahmegemäß verhalten, damit Z das angestrebte Gewinnmaximum tatsächlich erreicht?

Wöhe S. 412 f.

Für das Gewinnmaximum des Oligopolisten Z gilt die Bedingungsgleichung Grenzerlös = Grenzkosten (E′ = K′).

$$p = 100 - 0{,}01 \cdot m$$
$$E = p \cdot m$$
$$E = 100 \cdot m - 0{,}01 \cdot m^2$$
$$E' = \frac{dE}{dm}$$
$$E' = 100 - 0{,}02 \cdot m$$
$$K = 10.000 + 50 \cdot m$$
$$K' = \frac{dK}{dm}$$
$$K' = 50$$
$$K' = E'$$
$$50 = 100 - 0{,}02 \cdot \overline{m}$$

$$\boxed{\overline{m} = 2.500 \text{ Stück}}$$

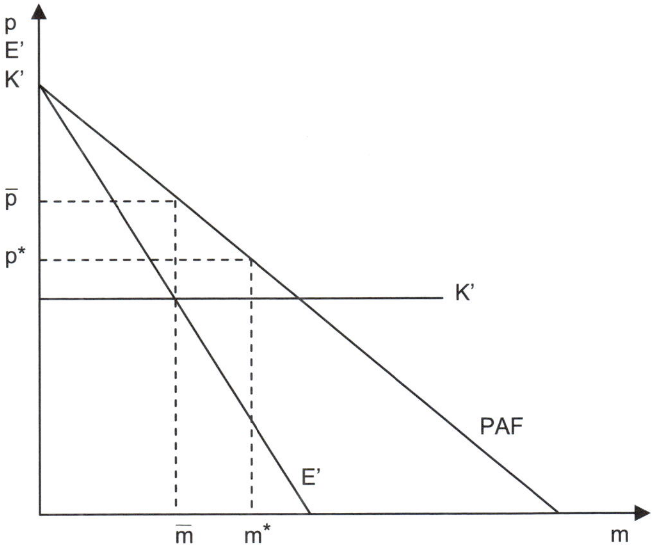

Beträgt die gewinnmaximale Angebotsmenge $\overline{m}$ = 2.500 Stück, lässt sich der gewinnmaximale Angebotspreis $\overline{p}$ wie folgt ermitteln:

$$\overline{p} = 100 - 0{,}01 \cdot \overline{m}$$
$$\overline{p} = 100 - 0{,}01 \cdot 2.500$$

$$\boxed{\overline{p} = 75 \text{ EUR}}$$

Bietet Z 2.500 Stück zu 75 EUR/Stück an, ist der maximale Gewinn $\bar{G}$ wie folgt zu ermitteln:

$$\bar{E} = \bar{m} \cdot \bar{p} = 2.500 \cdot 75 = 187.500 \text{ EUR}$$
$$\bar{K} = 10.000 + 50 \cdot \bar{m} = 10.000 + 125.000 = 135.000 \text{ EUR}$$
$$G = \mathbf{52.500 \text{ EUR}}$$

Z agiert annahmegemäß auf einem vollkommenen Markt. Erhöht er den Angebotspreis im Alleingang von 60 EUR auf 75 EUR pro Stück, verliert er die gesamte Nachfrage. Die Erhöhung des Angebotspreises $\bar{p}$ auf 75 EUR lässt sich am Markt nur durchsetzen, wenn die **Konkurrenten** ihren **Angebotspreis** ebenfalls auf 75 EUR pro Stück **anheben.**

Ersatzweise kann Z versuchen, sich einen autonomen Preiserhöhungsspielraum von 15 EUR pro Stück zu schaffen. Zu diesem Zweck müsste er sein **akquisitorisches Potential** durch Schaffung persönlicher und sachlicher Präferenzen stärken.

Aufgabe 46 Marktverhalten des Oligopolisten

Welche Grundformen wirtschaftlichen Verhaltens gibt es für Oligopolisten auf unvollkommenen Märkten?

Wöhe S. 412 f.

Es gibt drei Grundformen wirtschaftlichen Verhaltens gegenüber den Konkurrenten:

(1) wirtschaftsfriedliches Verhalten (in Bezug auf Preise und Marktanteile akzeptiert jeder den Status quo);
(2) kooperatives Verhalten bzw. Koalitionsverhalten (Preisabsprachen und Kartellvereinbarungen);
(3) ruinöser Wettbewerb bzw. Kampfverhalten (Preissenkungen mit dem Ziel, einen oder mehrere Anbieter vom Markt zu verdrängen).

Aufgabe 47 Gewinnmaximum bei vollkommener Konkurrenz

Die UNIPRIX-KG vertreibt Eierbriketts, die für 16 EUR/Doppelzentner (dz) eingekauft und für 24 EUR/dz verkauft werden. Die fixen Kosten betragen 40.000 EUR/Periode. Wie hoch ist die gewinnmaximale Angebotsmenge und wie hoch ist der zugehörige Gewinn?

Wöhe S. 413–419

p	m	E = 24 · m	K = 40.000 + 16 · m	G = E – K
24,00	1.000	24.000,00	56.000,00	– 32.000,00
24,00	2.000	48.000,00	72.000,00	– 24.000,00
24,00	10.000	240.000,00	200.000,00	40.000,00
24,00	20.000	480.000,00	360.000,00	120.000,00
24,00	30.000	720.000,00	520.000,00	200.000,00
.	.	.	.	.
.	.	.	.	.
.	.	.	.	.

Der Gewinn steigt mit zunehmender Angebotsmenge; der Abstand zwischen Erlösfunktion und Kostenfunktion (= Gewinn) wird von einer bestimmten Ausbringungsmenge an immer größer. Die Gewinnerzielungsmöglichkeiten werden also nicht durch die Lage der Kostenkurve, sondern allein durch die **Kapazitätsgrenze** beschränkt. Liegt die Kapazitätsgrenze beispielsweise bei einer Verkaufsmenge von 25.000 dz/Periode, dann beträgt der zu dieser gewinnmaximalen Verkaufsmenge gehörende Gesamtgewinn 160.000 EUR.

Aufgabe 48 Gewinnschwelle bei vollkommener Konkurrenz

Es gelten alle Angaben der **Aufgabe 47**. Bei welcher Angebotsmenge liegt die Gewinnschwelle (Nutzschwelle) der UNIPRIX-KG?

Wöhe S. 413–416

Die Gewinnschwelle liegt bei der Angebotsmenge m, für die E = K gilt, also wenn $24 \cdot m = 40.000 + 16 \cdot m$ ist.

$$\mathbf{24 \cdot m} = 40.000 + 16 \cdot m$$
$$\mathbf{m} = 5.000$$

Die UNIPRIX-KG muss mindestens 5.000 dz/Periode verkaufen, um nicht mit Verlust abzuschließen.

Aufgabe 49 Lang- und kurzfristige Preisuntergrenze

Es gelten alle Angaben der **Aufgabe 47**. Wegen Verbilligung der Heizölpreise (Substitutionsgut) ist bei gleichbleibender Kostenstruktur ($K = 40.000 + 16 \cdot m$) mit einem Preisrückgang für Eierbriketts zu rechnen. Wie hoch ist die kurzfristige und wie hoch ist die langfristige Preisuntergrenze für die UNIPRIX-KG?

Wöhe S. 422 f.

Die **kurzfristige** Preisuntergrenze entspricht den variablen Durchschnittskosten k_v, beträgt hier also 16 EUR/dz. Die **langfristige** Preisuntergrenze entspricht den Durchschnittskosten k. Da infolge der Fixkostendegression die Höhe der Durchschnittskosten von der Angebotsmenge abhängt, ist die langfristige Preisuntergrenze dann erreicht, wenn der Preis bis auf die Durchschnittskosten der maximalen Ausbringungsmenge (z. B. 25.000 dz) abgesunken ist. Für m = 25.000 gilt

$$\mathbf{K} = 40.000 + 16 \cdot 25.000$$
$$\mathbf{k} = \frac{440.000}{25.000}$$
$$\mathbf{k = 17{,}60}$$

Die langfristige Preisuntergrenze liegt bei 17,60 EUR.

Aufgabe 50 Kurzfristige Preisuntergrenze bei vollkommener Konkurrenz

Es gelten die Angaben der **Aufgabe 47**. Verkäufe zu einem Preis, der selbst die kurzfristige Preisuntergrenze unterschreitet, müssen unterbleiben, also m = 0 für $p < k_v$. Können Sie sich trotzdem vorstellen, dass die UNIPRIX-KG Eierbriketts für 15 EUR/dz verkauft, obwohl diese für 16 EUR/dz eingekauft wurden?

Lösungshinweis: Wiederbeschaffung.

Es kann durchaus sinnvoll sein, Waren auch dann noch anzubieten, wenn der erzielbare Preis die Einstandskosten k_v unterschreitet. Dies ist erstens möglich, wenn der Betrieb eingestellt werden soll, eine Wiederbeschaffung der Waren also nicht beabsichtigt ist. In diesem Falle liegt die Preisuntergrenze streng genommen bei 0 EUR.

Die Preisuntergrenze kann aber auch dann unterhalb der (historischen) Einstandskosten liegen, wenn die Wiederbeschaffungskosten zwischenzeitlich gesunken sind. Liegt der Einstandspreis für 1 dz Eierbriketts inzwischen bei 11 EUR, ist es durchaus vorteilhaft, auch zu einem Preis von 15 EUR/dz noch anzubieten.

Daraus folgt: Bei der Ermittlung der kurzfristigen Preisuntergrenze sind die variablen Durchschnittskosten nicht auf der Basis historischer Einstandspreise, sondern auf der Basis von **Wiederbeschaffungskosten** zu ermitteln.

Aufgabe 51 Preisuntergrenze und gestiegene Wiederbeschaffungskosten

Für die UNIPRIX-KG gelten folgende Angaben: Einstandspreis 16 EUR/dz; Fixkosten/Periode 40.000 EUR; Kapazitätsgrenze 25.000 dz/Periode. Worauf ist es zurückzuführen, dass die kurzfristige Preisuntergrenze mit 19 EUR/dz, die langfristige mit 20,60 EUR/dz angegeben wird?

Lösungshinweis: Vgl. **Aufgabe 50**!

Die Wiederbeschaffungskosten sind auf 19 EUR/dz gestiegen (= kurzfristige Preisuntergrenze). Die langfristige Preisuntergrenze ergibt sich entsprechend aus:

$$\mathbf{K} = \frac{K_f}{m} + k_v$$

$$\mathbf{k} = \frac{40.000}{25.000} + 19$$

$$\mathbf{k} = \mathbf{20{,}60\ EUR}$$

Aufgabe 52 Mengenabhängige Preisdifferenzierung

Bei vollkommener Konkurrenz bietet der Betrieb zu einem konstanten Preis (Marktpreis) jede beliebige Menge an (Preisgerade). Zeigen Sie, dass diese modellmäßige Betrachtung selbst dann unrealistisch ist, wenn vollkommene Konkurrenz existiert.

Lösungshinweis: Unterschiedliche Abnahmemengen der einzelnen Nachfrager.

Selbst unter den Bedingungen vollkommener Konkurrenz wird ein Anbieter bei größeren Abnahmemengen über den Preis mit sich reden lassen **(Mengennachlass)**. Ein gutes Beispiel hierfür ist der Heizölmarkt, der nur geringfügige Unvollkommenheiten (im Sinne des Modells) aufweist, und auf dem trotzdem große Preisunterschiede festzustellen sind. Zwar gibt es zwischen den örtlichen Anbietern kaum nennenswerte Unterschiede im Literpreis bei einer Abnahmemenge von 100 Liter. Sehr groß ist aber bei jedem Anbieter die Differenz zwischen dem Literpreis bei einer Abnahmemenge von 100 Liter und dem Literpreis bei einer Abnahmemenge von 1.000 Liter. In der bis zur Kapazitätsgrenze reichenden Preisgeraden steckt also die stillschweigende Prämisse konstanter Losgrößen (= unveränderte Abgabemenge von Verkauf zu Verkauf).

Auch unter den Bedingungen vollkommener Konkurrenz kann die „Preisgerade" für den Heizölhändler etwa folgendes Aussehen haben:

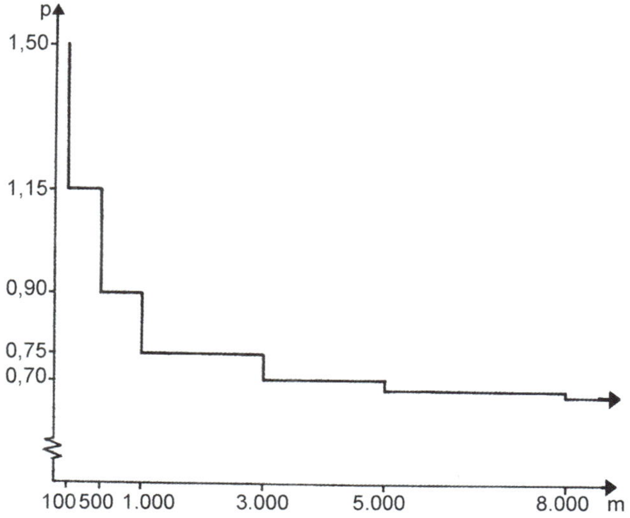

Beträgt z. B. die Einzelabnahmemenge 400 Liter, liegt der Preis bei 1,15 EUR/Liter. Liegt die Einzelabnahmemenge dagegen bei 4.000 Liter, beträgt der Preis 0,70 EUR/Liter.

Aufgabe 53 Ursachen mengenabhängiger Preisdifferenzierung

Welchen Zusammenhang sehen Sie zwischen der Gewährung von Mengenrabatten und dem stufenweisen Abfall der Preisgeraden aus **Aufgabe 52**? Worauf lassen sich beide Formen des Preisnachlasses zurückführen?

Jede Auftragsabwicklung, wozu natürlich auch der Verkauf von Waren gehört, verursacht Kosten, die teilweise von der Auftragshöhe (Liefermenge) unabhängig sind. Die Kosten der Annahme des Auftrags, der Auslieferung der Ware, der Rechnungserstellung und -verbuchung sind weitgehend unabhängig von der Höhe des Auftrags bzw. der Bestellmenge. Je größer die Bestellmenge des Nachfragers ist, desto stärker verteilen sich diese auftragsfixen Kosten auf die jeweilige Einheit der abgenommenen Ware. Da die Stückkosten mit zunehmender Auftragshöhe sinken, ist der Anbieter um so eher zu Preisnachlässen bereit, je höher die Bestellmenge ist. Derartige Preisnachlässe können entweder in einer Preisstaffel, wie bei Heizöl, Schrauben in einer Eisenwarenhandlung, verbilligten Mehrfachfahrkarten bei Verkehrsbetrieben und Skiliftanlagen u. Ä. oder in der Gewährung von Mengenrabatten, z. B. auf handelsübliche Abnahmemengen im Großhandel, zum Ausdruck kommen.

Aufgabe 54 Unvollkommener Markt

Was versteht man nach Gutenberg unter dem akquisitorischen Potential eines Anbieters? Welcher Zusammenhang besteht zwischen dem Vorhandensein des akquisitorischen Potentials eines Anbieters und der Vollkommenheit des Marktes?

Wöhe S. 383 f. und S. 416 f.

Unter dem **akquisitorischen Potential** versteht man die Fähigkeit eines Anbieters, Präferenzen für sich und die von ihm feilgebotene Ware zu wecken. Je stärker das akquisitorische Potential eines Anbieters ist, desto größer ist seine Möglichkeit, auch für nahezu homogene Güter Preissteigerungen (im Vergleich zu Konkurrenzbetrieben) durchzusetzen.

Die Existenz des akquisitorischen Potentials, d. h. die Annahme des Vorhandenseins persönlicher und sachlicher Präferenzen, stellt eine Durchbrechung der Homogenitätsbedingung dar. Sobald persönliche und sachliche Präferenzen in Form eines akquisitorischen Potentials vorhanden sind, ist kein vollkommener Markt und somit auch keine vollkommene Konkurrenz (vollkommene Konkurrenz = vollkommener Markt + atomistische Angebotsstruktur) mehr möglich.

Aufgabe 55 Polypolistische Konkurrenz

Die Tatsache, dass eine Vielzahl von Anbietern auf einem unvollkommenen Markt agiert, bezeichnet man als polypolistische Konkurrenz auf unvollkommenen Märkten. Die von Gutenberg entwickelte Nachfragekurve eines Anbieters bei derart polypolistischer Konkurrenz hat folgendes Aussehen:

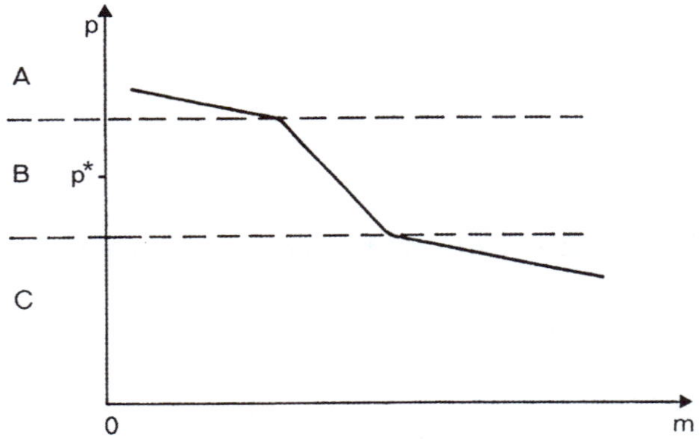

Beschreiben Sie zunächst den Einfluss des akquisitorischen Potentials auf den Verlauf dieser Preisabsatzfunktion und skizzieren Sie dann den Zusammenhang zwischen Preisänderungen (Preiserhöhungen und -senkungen) und akquisitorischem Potential für die drei Preisbereiche A, B und C! Wählen Sie dabei den Preis p* als Ausgangspreis!

Wöhe S. 416–418

	Preiserhöhung	Preissenkung
A **Oberer atomistischer Bereich**	Schon bei geringfügiger Preiserhöhung geht die Nachfrage stark zurück. Der Nachfragerückgang setzt sich aus drei Komponenten zusammen: (1) Kunden verringern die Nachfrage; (2) andere Kunden stellen die Nachfrage ein; (3) wieder andere Kunden wechseln zu einem anderen Anbieter über.	Schon bei geringfügiger Preissenkung steigt die Nachfrage stark an. Die Nachfragesteigerung setzt sich aus drei Komponenten zusammen: (1) Kunden vermehren ihre Nachfrage; (2) andere Personen treten erstmals als Nachfrager auf; (3) wieder andere Kunden wechseln von einem anderen Anbieter über.

	Preiserhöhung	Preissenkung
	Das Schwergewicht des Nachfrageverlustes liegt bei diesem dritten Kundenkreis, auf den das akquisitorische Potential angesichts des hohen Preises nicht mehr wirkt.	Das Schwergewicht der Nachfragesteigerung liegt bei diesem dritten Kundenkreis. Es handelt sich hierbei um Nachfrager, die wegen des ursprünglich hohen Preises zu anderen Anbietern übergelaufen waren und die jetzt zurückkehren. Die Ursache für diese Rückwanderung liegt im abnehmenden Preisnachteil dieses Anbieters und im erneuten Wirksamwerden seines akquisitorischen Potentials.
B Monopolistischer Bereich	Eine Preiserhöhung innerhalb des monopolistischen Bereichs führt zu einem vergleichsweise schwachen Nachfrageverlust. Der Anbieter büßt vor allem die Kundenkreise (1) und (2) ein. Wenige Nachfrager laufen zur Konkurrenz über. Der Kundenkreis (3) bleibt also dem Anbieter kraft seines akquisitorischen Potentials erhalten. Zwischen den Anbietern findet kein Nachfrageraustausch statt.	Eine Preissenkung innerhalb des monopolistischen Bereichs führt zu einer vergleichsweise schwachen Nachfragesteigerung. Der Anbieter gewinnt nur die Kundenkreise (1) und (2) hinzu. Die Preissenkung weicht nämlich so wenig vom Leitpreis p* ab, dass das akquisitorische Potential der Konkurrenzbetriebe ausreicht, um deren Nachfrager von einer Abwanderung zu diesem Anbieter weitgehend abzuhalten. Zwischen den Anbietern findet kein Nachfrageraustausch statt.
C Unterer atomistischer Bereich	Schon bei geringfügiger Preiserhöhung geht die Nachfrage stark zurück. Alle drei Kundenkreise sorgen für den Nachfragerückgang. Das Schwergewicht liegt beim Kundenkreis (3). Bei diesem Personenkreis handelt es sich um Nachfrager, die zu ihren früheren Anbietern zurückkehren. Die Ursache dieser Rückwanderung liegt im abnehmenden Preisvorteil dieses Anbieters und im akquisitorischen Potential der übrigen Anbieter.	Schon bei geringfügiger Preissenkung steigt die Nachfrage stark an. Alle drei Kundenkreise sorgen für die Nachfragesteigerung. Das Schwergewicht liegt beim Kundenkreis (3). Die Preisabweichung vom Leitpreis p* ist jetzt so groß, dass das akquisitorische Potential der Konkurrenten nicht mehr ausreicht, um die Nachfrager von einer Abwanderung zu diesem Anbieter abzuhalten.

Bei atomistischer Angebotsstruktur auf vollkommenen Märkten verläuft die Preis-Absatz-Funktion als Parallele zur Abszisse (Preisgerade). Verfügen dagegen die Anbieter auf einem unvollkommenen Markt über ein akquisitorisches Potential (persönliche und sachliche Präferenzen), dann kann ein einzelner Anbieter den Preis in gewissem Umfang (bis zur oberen Grenze des Bereichs B) erhöhen, ohne dadurch die gesamte Nachfrage zu verlieren. Da aber auch seine Konkurrenten über ein akquisitorisches Potential verfügen, kann er nicht damit rechnen, dass schon bei einer geringfügigen eigenen Preissenkung alle Nachfrager von den Konkurrenten zu ihm überwechseln, wie es bei atomistischer Konkurrenz auf vollkommenen Märkten (= vollkommene Konkurrenz) der Fall wäre. Erst wenn die eigene Preissenkung die untere Grenze des Bereichs B unterschreitet, kommt es zu einer schlagartigen Nachfragesteigerung durch Kundenabwanderung von Konkurrenzbetrieben.

Das akquisitorische Potential schafft somit jedem Anbieter einen **preispolitischen Spielraum** (B), innerhalb dessen man bei Preisänderungen weder Massenabwanderungen zu Konkurrenzbetrieben noch Massenzuwanderungen von Konkurrenten erwarten muss. Diesen reaktionsfreien Bereich B bezeichnet man deshalb auch als **monopolistischen Bereich.**

Dass es in diesem monopolistischen Bereich bei Preiserhöhungen zu einer Verringerung der Nachfragemenge kommt, ist vor allem darauf zurückzuführen, dass durch das verteuerte Angebot etliche Kunden vom Kauf Abstand nehmen oder zumindest ihre Nachfrage einschränken, ohne sich der Konkurrenz zuzuwenden **(Randnachfrager)**. Dass dagegen Preissenkungen zu einer Steigerung der Absatzmenge im Bereich B führen, lässt sich insbesondere damit begründen, dass zusätzlicher Bedarf geweckt wird **(latente Nachfrage)**, sei es bei Personen, die bisher noch gar nicht gekauft haben, sei es bei Kunden, die ihren Verbrauch aufgrund des günstigeren Preises erhöhen.

Aufgabe 56 Akquisitorisches Potential und Preis-Absatz-Funktion

Der Leitpreis ist jene Preisvorstellung, die sich bei den Nachfragern als üblich durchgesetzt hat. So beträgt z.B. der Leitpreis für fünf Zitronen 0,60 EUR, für 250 gr. Butter 1,00 EUR, für einen Liter Benzin 1,60 EUR usw. Regionale und saisonale Unterschiede tun der Existenz derartiger Leitpreise keinen Abbruch. Der Leitpreis für 1.000 gr. Roggenbrot liege bei 3,60 EUR. Welches Aussehen hat die Preisabsatzfunktion für Bäckerei B, wenn

(1) weder B noch seine Konkurrenten über ein akquisitorisches Potential verfügen;
(2) die Konkurrenz über ein starkes, B über ein geringes akquisitorisches Potential verfügt;
(3) die Konkurrenz über ein geringes, B über ein starkes akquisitorisches Potential verfügt;
(4) sowohl B als auch seine Konkurrenten über ein starkes akquisitorisches Potential verfügen;

und im Übrigen die Prämissen des vollkommenen Marktes erfüllt sind?

Wöhe S.416–418

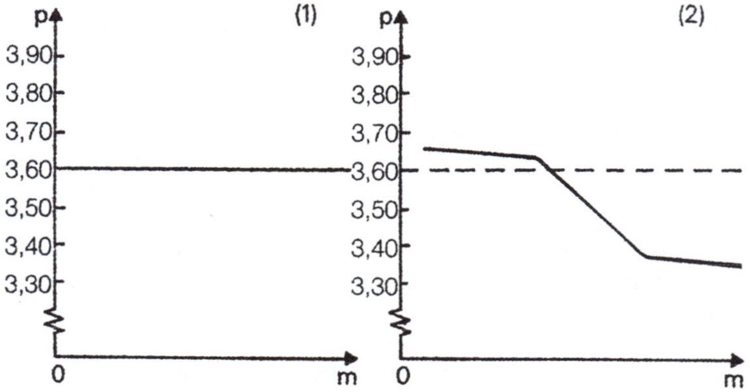

(3)

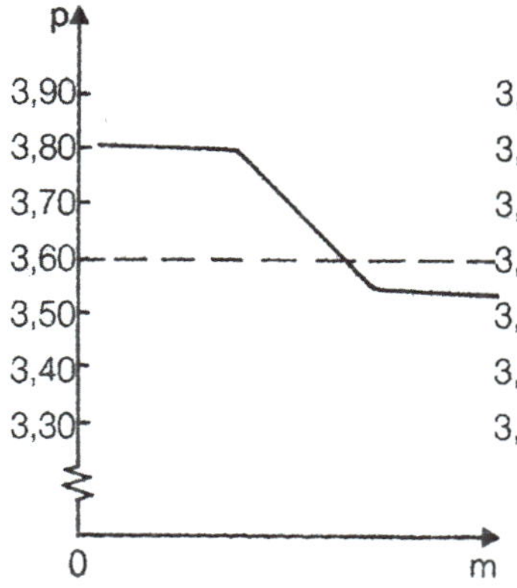

(4)

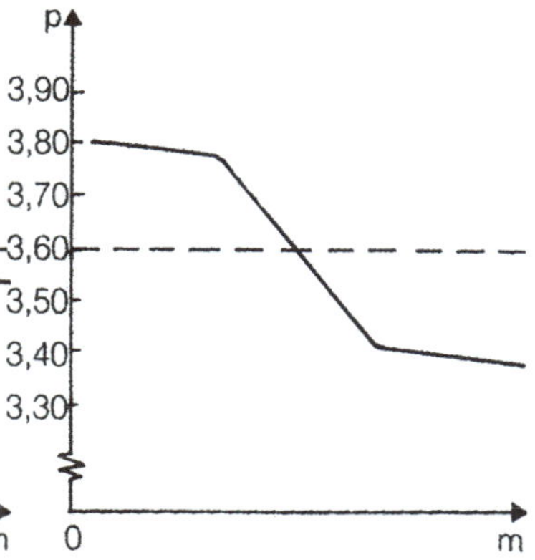

Zu (1): Die Preis-Absatz-Funktion der Bäckerei B entspricht der Preisgeraden bei vollkommener Konkurrenz.

Zu (2): Da die Kundschaft keine engen Bindungen an Bäckerei B verspürt, wird sie schon bei geringfügigem Übersteigen des Leitpreises der Bäckerei B den Rücken kehren. Ermäßigt Bäckerei B dagegen den Brotpreis, so werden die Nachfrager wegen der starken Bindung an die Konkurrenz zunächst nur langsam von dort abgezogen.

Zu (3): Das eigene akquisitorische Potential erlaubt Preiserhöhungen, ohne zum Verlust der gesamten Nachfrage zu führen. Liegt die Preisforderung unter dem Leitpreis, wandern schon bald Nachfrager in erheblichem Umfang von der Konkurrenz ab.

Zu (4): Bewegt sich die Preisforderung oberhalb des Leitpreises, wird eine „Massenabwanderung" zunächst durch das eigene Potential verhindert, das erst bei einer Preisforderung von 3,80 EUR seine Wirkung verliert. Bewegt sich die Preisforderung dagegen unterhalb des Leitpreises, verhindert das Potential der Konkurrenz eine „Massenzuwanderung". Erst wenn die eigene Preisforderung 3,40 EUR unterschreitet, verliert das Potential der Konkurrenz seine Wirksamkeit.

Aufgabe 57 Kostenorientierte Preisbildung

Der Kernsatz des marktwirtschaftlichen Wirtschaftssystems lautet: „Angebot und Nachfrage bestimmen den Preis". Je stärker die Nachfrage, desto größer ist die Chance der Anbieter, hohe Preise durchzusetzen. Ein krasses Beispiel hierfür ist die Preisentwicklung bei Baustahl während eines Baubooms. Ist dagegen das Angebot sehr groß (Schweineberg, Butterberg), können die Nachfrager zu relativ niedrigen Preisen einkaufen.

Ist dieser marktwirtschaftliche Preisbildungsmechanismus auch auf die Bauwirtschaft anwendbar, in welcher der Auftragserteilung eine Ausschreibung mit Submission vorangeht und der Geringstfordernde den Auftrag erhält? Darf man behaupten, in derartigen Fällen bildeten sich die Preise nicht am Markt, sondern sie ergäben sich aus der Kalkulation? Ist es angebracht, in diesen Fällen nicht von Marktpreisen, die sich aus Angebot und Nachfrage ergeben, sondern von Kostenpreisen zu sprechen?

Marktpreise orientieren sich an der Dringlichkeit der Nachfrage und an den Preisforderungen der Konkurrenz. Im marktwirtschaftlichen System werden also die Preisforderungen nicht allein aus den Kosten abgeleitet (eine Ausnahme bilden bei der Vergabe öffentlicher Aufträge die „Leitsätze für die Preismitteilung auf Grund von Selbstkosten" (LSP). Mit Hilfe der Kosten stellt der Betrieb lediglich fest, ob es für ihn angesichts des erzielbaren Marktpreises noch vorteilhaft ist, als Anbieter am Markt aufzutreten.

Werden die Angebotspreise dagegen nur aus den Kosten ermittelt (Kostenpreise), bleiben die Gegebenheiten des Marktes unberücksichtigt. Ist der Kostenpreis niedriger als der Marktpreis, verfehlt der Anbieter das Gewinnmaximum; ist er höher, hat er nur geringe Absatzchancen. In beiden Fällen führen also Kostenpreise zu **falschen Absatzentscheidungen**.

Die Behauptung, die Bauwirtschaft biete ihre Leistungen zu Kostenpreisen an, wäre nur dann richtig, wenn man dort die Angebotspreise entweder aus den Kosten ableitete, ohne einen Gewinnzuschlag zu verwenden, oder wenn man immer den gleichen, von der Marktsituation völlig unabhängigen Gewinnzuschlag anwendete. Beides ist in Wirklichkeit nicht der Fall. Während eines Baubooms, bei besonders starker Nachfrage also, werden die Anbieter die Gewinnzuschläge großzügiger bemessen als während eines konjunkturellen Abschwungs, bei dem man unter Umständen zu einem Preis anbietet, der zwar die variablen, nicht aber die vollen Kosten deckt (kurzfristige Preisuntergrenze). Durch derart variable Gewinnzuschläge passt sich die Bauwirtschaft den Gegebenheiten des Marktes an. Das Ergebnis dieser Preisermittlung sind nicht Kostenpreise, sondern marktabhängige Preise.

Aufgabe 58 Vollkostenorientierte Preisbildung

Die Firma INFORTUNE kalkuliert ihre Angebotspreise auf Vollkostenbasis mit einem Gewinnzuschlag von 25 % auf die Stückkosten k. Die Kostenfunktion lautet

$$K = 12.000 + 10 \cdot m.$$

Für die erste Periode kalkuliert man die Angebotspreise auf der Basis einer erwarteten Absatzmenge von 1.200 Stück. Für die folgenden Perioden wird die erwartete Absatzmenge an der tatsächlichen Absatzmenge der Vorperiode orientiert.

Die Preis-Absatz-Funktion ist zunächst nicht bekannt. Erst im nachhinein stellt sich folgende Preis-Mengen-Relation heraus:

Angebotspreis (EUR)	25,00	27,50	31,25	42,50
Absatzmenge (Stück)	1.000	800	500	300

Zeigen Sie, wie sich die Firma INFORTUNE aus dem Markt herauskalkuliert!

Wöhe S. 421–423

Periode	Erwartete Absatzmenge	k_v	k_f	k	g*	Angebots-preis	Tatsächliche Absatzmenge
1	1.200	10	10	20	5,00	25,00	1.000
2	1.000	10	12	22	5,50	27,50	800
3	800	10	15	25	6,25	31,25	500
4	500	10	24	34	8,50	42,50	300

* $g = 0{,}25 \cdot k$

Aufgabe 59 Arten der Preisdifferenzierung

Nennen Sie jeweils ein Beispiel für

(1) mengenbezogene,
(2) personelle,
(3) räumliche,
(4) verwendungsbezogene und
(5) zeitliche

Preisdifferenzierung!

Wöhe S. 425

(1) Der Listenpreis für Teppichboden liegt bei 80 EUR/m². Bei Abnahme ganzer Rollen (22 bis 26 m lang) erhält der Kunde einen Rollenrabatt von 12 Prozent.
(2) Schüler und Studenten erhalten beim Museumsbesuch, Rentner bei Benutzung des Skilifts eine Preisermäßigung von 50 Prozent.
(3) Ein inländischer Pharmahersteller beliefert den deutschen (italienischen) Pharmagroßhandel mit seinem Präparat Z zum Preis von 18 EUR/Stück (13 EUR/Stück).
(4) Ein Alkoholhersteller beliefert den Pharmagroßhandel mit trinkbarem (vergälltem) Alkohol für 20 EUR (15 EUR) pro Liter.
(5) Auf Sylt kostet ein bestimmtes Hotelzimmer in der Hochsaison (Nachsaison) 300 EUR (160 EUR) pro Nacht.

Aufgabe 60 Räumliche und zeitliche Präferenzen

Sämtliche Varianten der Absatzpolitik sind gekennzeichnet von dem Versuch, Absatzwiderstände zu überwinden, d.h. Waren in möglichst großen Mengen bzw. zu möglichst hohen Preisen abzusetzen. Zeigen Sie, wie die Bäckerei B, die mit der Bäckerei A in Konkurrenz steht, durch Schaffung zeitlicher, räumlicher und sachlicher Präferenzen beim Verkauf frischer Brötchen aktive Absatzpolitik betreiben kann, indem sie Kunden von A abzieht und trotzdem einen höheren Preis verlangen kann als A!

Nimmt man an, dass Bäckerei A erst um 8 Uhr öffnet, dann kann B schon um 6.30 Uhr öffnen und alle Nachfrager an sich ziehen, die schon so früh ihren Bedarf an frischen Brötchen decken wollen oder müssen. Für diese **zeitliche** Präferenz werden viele Nachfrager vermutlich einen höheren Preis akzeptieren.

Räumliche Präferenzen kann die Bäckerei B mit ihrem Brötchenangebot dadurch schaffen, dass sie die Ware am Morgen frei Haus liefert. Für diesen besonderen Kundendienst werden die Nachfrager vermutlich einen höheren Preis zu zahlen bereit sein.

Sachliche Präferenzen kann die Bäckerei B dadurch schaffen, dass sie den Kunden jederzeit warme Brötchen garantiert.

Aufgabe 61 Marktaufspaltung

Nehmen Sie an, die Brötchen zweier Bäckereien seien von gleicher Qualität. A und B hatten zunächst 38 Cent/Stück verlangt. Nachdem B räumliche, zeitliche und sachliche Präferenzen aus Aufgabe 60 für sich geschaffen hatte, habe man den Preis auf 41 Cent/Stück erhöht. Welche Auswirkungen hätte diese Preiserhöhung bei B auf die Zusammensetzung des Kundenkreises von A und B, wenn die übrigen Bedingungen des vollkommenen Marktes erfüllt wären?

Alle „frühen" Nachfrager werden, sofern ihnen die zeitliche Präferenz 3 Cent pro Brötchen wert ist, von A zu B überwechseln. Die „bequemen" Nachfrager werden vermutlich das Gleiche tun. Dies gilt auch für die Interessenten für warme Brötchen. Nach der Preiserhöhung wird B jedoch alle oder fast alle „normalen" Nachfrager, das sind jene, die keine zeitlichen, räumlichen und sachlichen Präferenzen haben, an A verlieren, da A die gleiche Ware zu einem niedrigeren Preis verkauft.

Aufgabe 62 Preisdifferenzierung

Nach Schaffung der räumlichen und zeitlichen Präferenzen aus **Aufgabe 60** hat Bäckerei B die Absicht, den Preis von 38 auf 41 Cent/Brötchen zu erhöhen. Welche preispolitische Möglichkeit bietet sich für B theoretisch an, um den Verlust der Normalnachfrager zu verhindern? Wie nennt man eine derartige preispolitische Maßnahme?

Wöhe S. 425

Da sowohl die „frühen" als auch die „bequemen" Nachfrager bereit zu sein scheinen, den höheren Preis zu zahlen, könnte Bäckerei B daran denken, sich des absatzpolitischen Mittels der Preisdifferenzierung zu bedienen. Man verlangt von den Normalnachfragern weiterhin den Normalpreis von 38 Cent/Stück. Bei den übrigen Nachfragern betreibt man räumliche und zeitliche Preisdifferenzierung und verlangt 41 Cent/Stück.

In Wirklichkeit wird sich aber die räumliche und vor allem die zeitliche Preisdifferenzierung nur schwer durchführen lassen. Letzteres würde z. B. bedeuten, dass B täglich ab 8 Uhr die Preise von 41 auf 38 Cent/Stück reduziert. Im Gegensatz zum Einheitspreis von 41 Cent/Stück bringt nämlich die Preisdifferenzierung den „frühen" und „bequemen" Nachfragern zum Bewusstsein, dass sie für eine zusätzliche Leistung auch einen zusätzlichen Preis bezahlen müssen. Es ist durchaus denkbar, dass man den höheren Preis widerspruchslos hinnimmt, wenn ihn alle bezahlen müssen, dass man ihm aber auszuweichen versucht, wenn offen zutage tritt, dass die besondere Leistung auch ihren besonderen Preis hat.

Aufgabe 63 Abschöpfungspreise und Penetrationspreise

Nennen Sie jeweils ein Beispiel für eine Abschöpfungspreisstrategie und eine Penetrationspreisstrategie!

Wöhe S. 420 f.

Im Rahmen einer **Abschöpfungspreisstrategie** publiziert der Erfolgsautor X seinen neuesten Roman zuerst in einem exklusiven Herrenmagazin mit niedriger Auflage, dann in einer angesehenen Tageszeitung, danach erscheint der Roman in einer aufwendigen Leinenausgabe und schließlich als preisgünstiges Taschenbuch.

Ein Ölbrennerhersteller entwickelt einen neuen Brenner, dessen Herstellungskosten um 20 Prozent und dessen Ölverbrauchswerte bei gleicher Leistung um 30 Prozent gesenkt werden. Da das neue Produkt nicht patentiert ist und somit leicht kopiert werden kann, entschließt er sich, den Markt im Wege einer **Penetrationspreisstrategie** (Durchdringungsstrategie) zu überschwemmen. Mit dem Aufbau großer Produktionskapazitäten gelangt man über große Serien zu geringen Stückkosten. Da der Angebotspreis des neuen Brenners um 25 % unter dem Preis herkömmlicher Konkurrenzprodukte liegt, erwartet man schon für das zweite Jahr einen Marktanteil von 60 Prozent.

Aufgabe 64 Rabattpolitik und Elastizität

Die DISCONTO OHG ist ein mittelständischer Hersteller von Toaströstern. Gegenwärtig werden zum Preis von 100 EUR/Stück pro Periode 40.000 Stück abgesetzt. Das Produkt wird zur Hälfte an wenige Großabnehmer N_G und zur anderen Hälfte an viele Kleinabnehmer N_K abgesetzt. Die Kostenfunktion lautet

$$K = 1.000.000 + 50 \cdot m.$$

Teilaufgabe a)

Wie hoch ist gegenwärtig der Deckungsbeitrag/Stück (db) und der Jahreserfolg (G)?

Für den Deckungsbeitrag db gilt:

$$\mathbf{db} = p - k_v = 100 - 50 = \mathbf{50\ EUR}$$

Der Jahreserfolg G lässt sich folgendermaßen ermitteln:

$$G = db \cdot m - K_f$$

$$G = 50 \cdot 40.000 - 1.000.000 = \mathbf{1.000.000\ EUR}$$

Teilaufgabe b)

Angesichts freier Produktionskapazitäten zieht die DISCONTO OHG in Erwägung, den Abnehmern zur Belebung des Absatzes einen differenzierten Wiederverkäuferrabatt einzuräumen.

Dabei reagieren die Großabnehmer erwartungsgemäß viel elastischer auf die Rabattgewährung als die Kleinabnehmer.

Ist folgende Rabattgewährung für die DISCONTO OHG vorteilhaft?

Abnehmer	Rabatthöhe in Prozent	Elastizität [η]
N_G	20	4,0
N_K	10	2,0

Wöhe S. 406 f. und S. 425 f.

Großabnehmer N_G:

Im Falle der Rabattgewährung sinkt der Nettopreis p* auf 80 EUR/Stück. Damit reduziert sich der Deckungsbeitrag db* auf 30 EUR/Stück.

Eine Preiselastizität [η] = 4,0 besagt, dass eine Preissenkung um 20 Prozent eine Absatzmengenerhöhung um 80 Prozent nach sich zieht. Somit beziffert sich m* auf 36.000 Stück (= 20.000 Stück · 1,8).

Kein Rabatt			Rabatt 20 Prozent		
db	m	DB	db*	m*	DB*
50	20.000	1 Mio.	30	36.000	1,08 Mio.

Im Falle der Rabattgewährung an Großabnehmer steigt der Deckungsbeitrag (Gewinn) um 80.000 EUR pro Jahr.

4. Abschnitt

Kleinabnehmer N_K

Im Falle der Rabattgewährung in Höhe von 10 Prozent (→ p* = 90 EUR/Stück) sinkt der Deckungsbeitrag db* auf 40 EUR/Stück, während sich die Absatzmenge m* um 20 Prozent auf 24.000 Stück erhöht.

Kein Rabatt			Rabatt 20 Prozent		
db	m	DB	db*	m*	DB*
50	20.000	1 Mio.	40	24.000	0,96 Mio.

Den Kleinabnehmern sollte der Rabatt nicht eingeräumt werden, weil der Deckungsbeitrag (Gewinn) in diesem Falle um 40.000 EUR pro Jahr zurückgehen würde.

4. Kommunikationspolitik

Wiederholungsfragen:

	Wöhe Seite
Welche Aufgabe hat die Kommunikationspolitik?	427
Welche Teilbereiche gehören zur Kommunikationspolitik?	428
Was versteht man unter klassischer Werbung?	429
Wie lassen sich operationale Werbeziele aus dem unternehmerischen Oberziel ableiten?	429 f.
Was versteht man bei Werbeaktivitäten unter dem Carry-Over-Effekt?	430 f.
Welche Verfahren zur Festlegung des Werbebudgets werden unterschieden?	431–433
Nach welchen Kriterien lässt sich das (jährliche) Werbebudget aufteilen?	433
Wie ist das Werbebudget auf einzelne Werbeträger aufzuteilen, und welche Messprobleme sind bei der Erfolgsprognose zu lösen?	434 f.
Welche Unterscheidungsmerkmale kennzeichnen die emotionale bzw. die informative Werbung?	437
Welche Möglichkeiten der Werbewirkungskontrolle gibt es?	438
Wodurch unterscheiden sich (klassische) Werbung und Verkaufsförderung?	439
Was versteht man unter Corporate Social Responsibility, und wie begegnet die Öffentlichkeitsarbeit diesem gesellschaftlichen Anspruch?	440

Aufgabe 65 Grundbegriffe der Werbung

Die STADTWERKE AG in Gasheim soll am 1. Juli 01 an das Erdgasverbundnetz angeschlossen werden. Bisher wurden die privaten Haushalte in Gasheim mit Koksgas versorgt. Die STADTWERKE AG möchte zweierlei erreichen: Einerseits möchte man die bisherigen Abnehmer von Koksgas dazu bewegen, die durch die Einführung von Erdgas erforderliche technische Umrüstung an Gasherden und -heizungen vornehmen zu lassen. Man möchte also auf jeden Fall ein Ausweichen der Haushalte auf andere Energieträger (Elektrizität, Heizöl) vermeiden. Andererseits möchte man die Haushalte davon überzeugen, dass eine Gasheizung vorteilhafter sei als andere Heizungsanlagen. Auf diese Weise will man eine Erweiterung des Gasumsatzes zu Lasten anderer Energieträger bewirken.

Um diese Ziele zu erreichen, will man im ersten Halbjahr 01 eine Reihe von Zeitschrifteninseraten in der Lokalpresse veröffentlichen, die städtischen Omnibusse mit großen Werbeaufschriften versehen, eine Broschüre als Postwurfsendung allen örtlichen Haushalten zustellen lassen und mehrere Informationskurzfilme im Werbeteil der örtlichen Kinoprogramme platzieren. Man rechnet damit, dass diese Werbekampagne 180.000 EUR kosten wird.

Systematisieren Sie das Werbevorhaben der STADTWERKE AG nach dem

(a) Umfang des Werbeziels,
(b) Werbesubjekt,
(c) Werbeobjekt,
(d) Werbemittel,
(e) Werbeträger,
(f) Werbezeitpunkt und -dauer sowie
(g) Werbebudget.

Wöhe S. 429–437

(a) Werbeziele:	Positive Kundeneinstellung erreichen, Konkurrenzprodukte „überflügeln";
(b) Werbesubjekt:	Private Haushalte in Gasheim;
(c) Werbeobjekt:	Erdgas;
(d) Werbemittel:	Werbeanzeigen, Werbeanschläge, Werbedrucke, Werbefilme;
(e) Werbeträger:	Lokalpresse, städt. Verkehrsbetriebe, Post, Kinos;
(f) Werbedauer:	1.1.01 bis 30.6.01;
(g) Werbebudget:	180.000 EUR.

Aufgabe 66 Zielgruppen der Werbung

Die Werbesubjekte, die Personen also, an welche die Werbebotschaft adressiert ist, lassen sich hinsichtlich ihrer wichtigsten Merkmale unterscheiden nach:

(1) ihrem Stand- bzw. Wohnort,
(2) ihrem Alter,
(3) ihrem Geschlecht,
(4) ihrer sozialen Stellung und
(5) ihrem Familienstand.

Welches Merkmal steht bei der Auswahl der Werbesubjekte im Vordergrund, wenn Sie für eine Motorradzeitschrift, ein Speiserestaurant, Urlaub auf einem bayerischen Bauernhof, Kleinkrafträder, eine Linienfluggesellschaft, Kinderspielzeug, gebrauchte Kleidung, Babywäsche oder Kaffeefahrten per Omnibus werben wollen (Mehrfachnennungen denkbar)?

Wöhe S. 431

Speiserestaurant (1)
Kaffeefahrten per Omnibus (1) und (2)
Kleinkrafträder (2)

Motorradzeitschrift (3)
Babywäsche (3)
Linienfluggesellschaft (4)
gebrauchte Kleidung (4)
Urlaub auf Bauernhof (5)
Kinderspielzeug (5)

Aufgabe 67 Produktgruppenwerbung

Sie sind Hersteller zweier oder mehrerer Produkte und müssen sich bei der Auswahl der Werbeobjekte fragen, ob Sie zusammen (Produktgruppenwerbung) oder getrennt (separate Werbung) für Ihre Erzeugnisse werben wollen. Welche diesbezüglichen Überlegungen könnten Sie anstellen als Anbieter von

(1) Haarwaschmitteln für trockenes, normales und fettiges Haar;
(2) Autos der Typen A, B, C;
(3) Fertighäusern der Typen I, II, III;
(4) Biofleisch und Fleisch aus Massentierhaltung;
(5) Hunde- und Katzenfutter;
(6) Röcken und Pullovern aus Jersey?

Zu (1):

Eine **Produktgruppenwerbung** erscheint vorteilhaft, da es sich um eine homogene Zielgruppe handelt und der Werbeerfolg des einen Produkts trotzdem nicht auf Kosten des anderen geht. Außerdem wird die Wirksamkeit des Haarwaschmittels für einen besonderen Haartyp durch die Tatsache unterstrichen, dass es für andere Haartypen „völlig andere" Mittel gibt.

Zu (2):

Es empfiehlt sich eine **separate Werbung** für jeden einzelnen Autotyp. Handelt es sich nämlich um Typen aus ein und derselben Wagenklasse (Substitutionsgüter), würde der Werbeerfolg für das eine Objekt immer auf Kosten des anderen gehen. Eine gemeinsame Werbung würde dem Ziel widersprechen, die Produkte in der Vorstellung der Nachfrager voneinander abzuheben. Handelte es sich dagegen um Fahrzeuge verschiedener Wagenklassen, wäre eine gemeinsame Werbung noch stärker abzulehnen; der Kleinwageninteressent würde durch den Vergleich mit dem komfortablen Fahrzeug auf die Unzulänglichkeit „seines" Wagens aufmerksam gemacht; zudem würde dem Geltungsbedürfnis und Standesbewusstsein des Komfortwageninteressenten Abbruch getan, wenn ihm durch die gemeinsame Werbung unmittelbar vor Augen geführt würde, dass „seine" Herstellermarke gar nicht so exklusiv ist, wie er glaubte.

Zu (3):

Obwohl dieser Fall mit dem vorangegangenen identisch zu sein scheint, dürfte hier eine **Produktgruppenwerbung** vorteilhafter sein. Der Grund dafür liegt einerseits in der Tatsache, dass das Eigenheim bei breiten Käuferschichten weniger als Statussymbol, weniger als Gegenstand zur Befriedigung des Prestigebedürfnisses, weniger als Mittel zur Unterstreichung der eigenen Persönlichkeit angesehen wird als das Auto. Hinzu kommt ein weiterer Grund: Während die Autotypen auch vor der Werbemaßnahme bereits einem breiten Publikum bekannt sind, hat die Werbung für Fertighäuser in erster Linie die Aufgabe zu informieren. Zu diesem Zweck aber ist die Produktgruppenwerbung wesentlich besser geeignet als die separate Werbung für ein Produkt.

Zu (4):

Ein Werbeerfolg für „Billigfleisch" würde kaum auf Kosten des Biofleischabsatzes gehen. Insofern wäre eine Produktgruppenwerbung unschädlich. Trotzdem sollte man für jedes der beiden Produkte **getrennt werben**: Für beide Produkte dürften zwei getrennte Zielgruppen existieren, so dass für jedes Werbeobjekt ein die Zielgruppe treffender Werbeträger und ein der Zielgruppe entsprechendes Werbemittel gewählt werden sollte.

Zu (5):

Obwohl es sich um sehr ähnliche Produkte handelt, sollte eine Produktgruppenwerbung unterbleiben: Einerseits sind auch hier die Zielgruppen fast völlig **verschieden** (wer einen Hund hat, hat im Allgemeinen keine Katze); andererseits könnte es bei gemeinsamer Werbung Katzenfreunde (Hundefreunde) verstimmen, dass der Anbieter auch Kontakte „zum anderen Lager" unterhält.

Zu (6):

Bei Röcken und Pullovern handelt es sich um komplementäre Güter. Es ist möglich, dass sich jemand zum Kauf des Pullovers nur deshalb entschließt, weil er darauf aufmerksam gemacht wurde, dass es den passenden Rock dazu gibt. Ein Werbeerfolg bei einem Produkt kommt dem anderen Produkt in hohem Maße zugute. **Produktgruppenwerbung** ist vorteilhaft.

Aufgabe 68 Werbebudget

Welche Möglichkeiten zur Werbebudgetbestimmung lassen sich unterscheiden?

Wöhe S. 431–433

(1) Analytischer Ansatz:
(a) das Werbebudget orientiert sich an den Werbezielen;
(b) das Werbebudget ist ebenso wie das geplante Investitionsvolumen von der Vorteilhaftigkeit abhängig; die Werbung wird als Investition betrachtet.

(2) Praktikerverfahren:
(a) Werbebudget auf der Grundlage (Prozentsatz) des erzielten oder erwarteten Umsatzes;
(b) Werbebudget auf der Grundlage (Prozentsatz) des erzielten oder erwarteten Gewinns;
(c) das Werbebudget orientiert sich am Werbebudget der Konkurrenz;
(d) das Werbebudget orientiert sich an der vergangenen oder künftigen Ausbringungsmenge.

Aufgabe 69 Werbeträger

Sie haben die Wahl zwischen folgenden Werbeträgern: Herrenmagazin, Bausparerzeitschrift, Modezeitschrift, Regenbogenpresse, Tageszeitung und ADAC-Zeitschrift. Welchen dieser Werbeträger wählen Sie, wenn Sie Online-Autoversicherungen, exklusives Rasierwasser, Rasendünger, Gebrauchtwagen, Kosmetika, Fertigparkett, heizbare Decken, Whisky, Luxusuhren, Sommersprossentinktur, Eigentumswohnungen, Winterreifen oder Ostasienflüge anpreisen wollen (Mehrfachnennungen möglich)?

Wöhe S. 431–433

Herrenmagazin:	Rasierwasser, Whisky, Luxusuhren
Bausparerzeitschrift:	Rasendünger, Fertigparkett, Eigentumswohnungen
Modezeitschrift:	Kosmetika, Luxusuhren
Regenbogenpresse:	heizbare Decken, Sommersprossentinktur
Tageszeitung:	Gebrauchtwagen, Eigentumswohnungen
ADAC-Zeitschrift:	Online-Autoversicherungen, Winterreifen

Aufgabe 70 Zielgruppe und Kaufmotiv

Die PHÖBUS-GmbH, ein am Markt eingeführtes Touristik-Unternehmen, hat das Reiseprogramm für die kommende Saison zusammengestellt. Es werden insgesamt sechs Reisen angeboten:

(1) Seereise in die Karibik (Dezember bis Februar) 14 Tage ab Lissabon auf einem Luxusschiff zum Preis von 20.800 EUR.
(2) Flugreise nach Rhodos (Mai bis Oktober) 14 Tage, Halbpension, zum Preis von 1.995 EUR.
(3) Flugreise nach Mallorca (November bis März) 1 Monat Vollpension 1.990 EUR, jeder Verlängerungsmonat 1.280 EUR.
(4) Kreuzfahrt von der italienischen zur kaukasischen Riviera (Mai bis Juni) 18 Tage, auf einem Schiff mit „familiärer Atmosphäre“ zum Schlagerpreis von 4.520 EUR.
(5) „Club Poseidon“, Feriendorf an der Côte d'Azur (Reiten, Fechten, Segeln, Sporttauchen, Fliegen) 14 Tage zum Preis von 2.280 EUR.
(6) Kombinierte Flug-Schiffsreise nach Athen, Mykenä und Troja mit wissenschaftlicher Begleitung, Vorbereitungsseminaren und Diavorträgen an Bord, 14 Tage zum Preis von 6.120 EUR.

Als Mitarbeiter der Werbeabteilung der PHÖBUS-GmbH erhalten Sie den Auftrag,
(a) die Zielgruppe (Werbesubjekte) jeder dieser Veranstaltungen zu charakterisieren;
(b) einzelne Reisemotive jeder dieser Zielgruppen stichwortartig zu umschreiben;
(c) unter Berücksichtigung von Zielgruppe und Reisemotiv für jede Veranstaltung einen Werbeslogan zu entwerfen.

Veranstaltung	(a) Zielgruppe	(b) Reisemotiv	(c) Werbeslogan
(1) Karibik	Soziale Oberschicht (Anwälte, Ärzte, Unternehmer); Alter: ca. 35–65 Jahre	Exklusivität, Snobismus, Prestige, auf Außergewöhnlichkeit bedacht	Karibik – das Traumziel aller, das Reiseziel weniger!
(2) Rhodos	Junge, meist unverheiratete Leute; Alter: ca. 17–30 Jahre	Erlebnis, Abwechslung, Bräune, Reisebekanntschaften, Erholung	Rhodos – wo man sich besser kennenlernt.

Veranstaltung	(a) Zielgruppe	(b) Reisemotiv	(c) Werbeslogan
(3) Mallorca	Rentner und Pensionäre; Alter: über 65 Jahre	Erholung, Gesundheit, Abwechslung, Kontaktmöglichkeit mit Gleichaltrigen, geringe Reisekosten	Nehmen Sie Urlaub vom Winter! – Mallorca erwartet Sie.
(4) Kreuzfahrt	Mittelstand (Gewerbetreibende, mittlere und höhere Angestellte); Alter: ca. 40–65 Jahre	Abwechslung, Erholung, klangvolle Reiseziele zu erschwinglichem Preis, gehobener Massentourismus	Kreuz und quer durch's Mittelmeer. – Verbinden Sie die italienische mit der kaukasischen Riviera!
(5) Club	Jüngere, reiseerfahrene, aufgeschlossene Leute mit mittlerem Einkommen und höherem Informations- und Bildungsstand; Alter: ca. 25–40 Jahre	Entspannung, Abwechslung, Sport, Erholung, Unterhaltung, starke Abneigung gegen Massentourismus, Bekanntschaften	Man trifft sich wieder im „Club Poseidon".
(6) Antike	Meist Akademiker mit klassischem Bildungsideal (hohe Beamte, Ärzte und Anwälte); Alter: ca. 35–70 Jahre	Bildung; das Angebot muss absolut seriös wirken	Auf den Spuren Homers.

Aufgabe 71 Produktimage

Jedes Produkt hat eine Reihe von Eigenschaften. In der Werbung beschränkt man sich auf die Hervorhebung einer oder weniger Eigenschaften, von denen man glaubt, dass sie die Zielgruppen am ehesten ansprechen. Wirbt man für Champagner, wird man dieses Gut nicht als absolut durststillend anpreisen, sondern man wird das „unvergleichliche Prickeln, den verschwenderischen Genuss eines erlesenen Getränks" verheißen. Bei der Hervorhebung solcher Eigenschaften für Zwecke der Werbung spricht man auch von der Festlegung des Produktimages. Als neuer Mitarbeiter einer Werbefirma erhalten Sie den Auftrag, das Produktimage einiger Erzeugnisse herauszuarbeiten. Ihr Vorgänger hat folgende Aufstellung hinterlassen:

(1) Cashmere-Mantel: (Designer-Label) erlesen, warm, praktisch, strapazierfähig, elegant, einzigartig.
(2) Autoreifen: sicher, rund, preiswert, formschön, langlebig.

(3) Brot:	sättigend, herzhaft-kräftig, durchgebacken, vitaminreich, bekömmlich.
(4) Damenuhr:	wertvoll, preiswert, präzise, staubgeschützt, zeitlos-schlicht, extravagant-aufwendig, strapazierfähig.
(5) Auto:	schnell, bequem, wasserdicht, sicher, sparsam, sportlich, solide verarbeitet, elegant, gefedert.
(6) Porzellangeschirr:	kostbar, praktisch, formschön, spülmaschinenfest, prächtig, säurefest, zeitlos-schlicht, hygienisch.

Welche der hier aufgeführten Attribute sind dem Produktimage abträglich und dürfen keinesfalls in Werbebotschaften genannt werden? Begründen Sie Ihre Antwort!

Folgende Attribute sind dem Produktimage abträglich:

(1) Cashmere-Mantel: (Designer-Label)	warm, praktisch, strapazierfähig. – In diesen Eigenschaften ist ein weitaus billigerer Wollmantel dem Cashmere-Mantel überlegen.
(2) Autoreifen:	rund, formschön. – Diese Eigenschaften sind selbstverständlich bzw. nicht gefragt.
(3) Brot:	sättigend, durchgebacken. – Ein Produkt wird dadurch abgewertet, dass man Selbstverständlichkeiten als seine Besonderheiten hervorhebt.
(4) Damenuhr:	staubgeschützt, strapazierfähig. – Damenuhren werden nur in Ausnahmefällen nach solchen Aspekten ausgewählt.
(5) Auto:	wasserdicht, gefedert. – Auch hier handelt es sich um Selbstverständlichkeiten.
(6) Porzellangeschirr:	säurefest, hygienisch. – Auch hier handelt es sich um Selbstverständlichkeiten. Im Übrigen ist die Säurebeständigkeit bei Geschirr von untergeordneter Bedeutung.

Aufgabe 72 Festlegung des Produktimages

Welches der in **Aufgabe 71** genannten Attribute kann bei der Festlegung des Produktimages im Vordergrund stehen? Durch welchen Umstand wird die Auswahl im Falle (4), (5) und (6) erschwert?

(1) Cashmere-Mantel:	elegant, einzigartig
(2) Autoreifen:	langlebig
(3) Brot:	herzhaft-kräftig, vitaminreich

Bei diesen Produkten handelt es sich – mit etlichen Einschränkungen – um homogene Güter. In solchen Fällen gibt es bei den Nachfragern nur geringfügige Abweichungen hinsichtlich der Bewertung einzelner Produkteigenschaften. Bei Autoreifen, Batterien und Glühbirnen wird die Langlebigkeit in der Wertschätzung der Nachfrager immer vor der Formschönheit rangieren. Bei heterogeneren Gütern wie Damenuhren, Autos und Porzellangeschirr wird es nahezu unmöglich, jeweils **ein** Attribut als für **alle** Nachfrager bedeutsamste Eigenschaft herauszuheben.

Während bei homogenen Gütern **alle** Nachfrager zur Zielgruppe gehören (oder gehören können), ist die Gesamtheit der Nachfrager bei heterogenen Gütern, wie z. B. Autos, nach der jeweils bevorzugten Produkteigenschaft in verschiedene Zielgruppen aufzuspalten. Für Werbezwecke lässt sich das Produktimage bei solchen Gütern nur dann festlegen, wenn man weiß, welche Zielgruppe (die Sportlichen, die Sparsamen, die Sicherheitsbewussten) bei der Produktgestaltung im Vordergrund stand.

Aufgabe 73 Konsumentenbeeinflussung durch Werbung

Nennen Sie die wichtigsten Bedingungen der Konsumentenbeeinflussung durch Werbung!

(1) Die Zielgruppe muss festgelegt werden.
(2) Die Werbebotschaft muss auf die Zielgruppe zugeschnitten sein.
(3) Die Information (Werbebotschaft) muss zur Zielgruppe gelangen.
(4) Die Botschaft muss von den Zielpersonen aufgenommen und akzeptiert werden.
(5) Zum Zwecke der Verhaltensänderung (= Steigerung der Kaufbereitschaft) muss die Zielperson über eine geraume Zeit hin der Suggestion des Werbenden ausgesetzt sein, d.h. die Werbebotschaft muss wiederholt an den umworbenen Käufer herangetragen werden.

Aufgabe 74 Kontrolle des ökonomischen Werbeerfolgs

Die PUBLICITAS AG hat für das Produkt X eine Werbekampagne durchgeführt. Nachträglich liegen folgende Daten vor:

Periode	1	2	3	4	5	6	7
Werbeaufwand (Mio. EUR)	1	2	–	–	–	–	–
Absatzmengenanstieg (Tsd. Stück)	20	80	70	60	50	40	30

Der Absatzmengenanstieg ist allein auf den Werbefeldzug zurückzuführen. Von der achten Periode an sind keine Werbewirkungen mehr zu verzeichnen. Der Deckungsbeitrag/Stück beziffert sich auf 10 EUR. Ein- und Auszahlungen seien jeweils zum Periodenende angefallen. Der Kalkulationszinsfuß der PUBLICITAS AG liegt bei 8 Prozent. War die Werbemaßnahme vorteilhaft?

Lösungshinweis: Zinstabelle am Ende des Buchs.

Wöhe S. 432, S. 437 und S. 478–483

Werbebedingt hat sich die Absatzmenge um insgesamt 350.000 Stück erhöht. Dem Werbeaufwand von 3 Mio. EUR steht somit ein Anstieg des Deckungsbeitrags von 3,5 Mio. EUR gegenüber. Unter Vernachlässigung des Zeitaspektes war der Werbefeldzug erfolgreich. Da werbebedingte Auszahlungen (AZ) und werbebedingte Mehreinzahlungen bzw. Deckungsbeiträge (EZ) zeitlich auseinanderfallen, muss jedoch der Zeitaspekt zur Erfassung von Zinswirkungen berücksichtigt werden:

Periode	(1)	(2)	(3)	(4)	(5)
	Abzinsungs-faktor	EZ (TEUR)	AZ (TEUR)	EZÜ (TEUR) (2) – (3)	Barwert EZÜ (EUR) (4) · (1)
1	0,9259	200	1.000	– 800	– 740.720
2	0,8573	800	2.000	– 1.200	– 1.028.760
3	0,7938	700	–	+ 700	+ 555.660
4	0,7350	600	–	+ 600	+ 441.000
5	0,6806	500	–	+ 500	+ 340.300
6	0,6302	400	–	+ 400	+ 252.080
7	0,5835	300	–	+ 300	+ 175.050
					– 5.390

4. Abschnitt

Der **Kapitalwert** des Werbefeldzugs ist **negativ**. Unter Berücksichtigung der Zinswirkungen erweist sich die Werbemaßnahme also als unvorteilhaft.

5. Distributionspolitik

Wiederholungsfragen:

	Wöhe Seite
Aus welchen Bestandteilen setzt sich das Distributionssystem eines Herstellers zusammen?	441
Welche Planungsgrößen muss ein Hersteller bei der Ermittlung des optimalen Vertriebsweges berücksichtigen?	442
Welche Distributionsformen lassen sich aus verschiedenartigen Distributionswünschen der Nachfrager ableiten?	443
Mit welchen Präsentationsformen begegnet der Einzelhandel der Nachfrage nach Massengütern bzw. nach Luxusgütern?	444
Wie groß ist der Einfluss eines Herstellers auf die Distributionsorgane im Absatzkanal?	447
Welche Distributionsziele muss ein Hersteller bei der Optimierung seines Absatzkanals im Auge behalten?	447 f.
Welche Vorteile sprechen aus der Sicht eines Herstellers für den direkten bzw. indirekten Vertriebsweg?	449
Unter welchen Bedingungen spricht man von der Dominanz des Herstellers bzw. von der Dominanz des Einzelhandels?	449 f.
Worin unterscheidet sich ein Vertragshändler von einem Franchise-Nehmer?	450
Worin liegen die Vorteile von Factory Outlet Zentren für Anbieter und Nachfrager?	451
Worin liegen die Vorteile des Online-Vertriebs für Anbieter und Nachfrager?	451 f.
Was versteht man unter einem Mehrkanal-Vertrieb?	452 f.

Aufgabe 75 Distribution und Preissegment

Die SALMO GmbH ist eine traditionsreiche Lachsräucherei, die einen beschränkten Kreis von Feinkostgeschäften mit frisch geräuchertem Ostsee-Wildlachs beliefert. Die zunehmende Verbreitung von preiswertem Zuchtlachs hat die Absatzmenge der SALMO GmbH stark zurückgehen lassen. Die Kapazität von 2.500 Tonnen pro Jahr (t/Jahr) ist nur noch zu 40 Prozent ausgelastet. Der Deckungsbeitrag von 30.000 EUR/t ist nach wie vor zufriedenstellend.

Ein Lebensmittelfilialist des Niedrigpreissegments macht der SALMO GmbH folgende alternative Offerte:

Produkt:	Zuchtlachs geräuchert
Abnahmepreis:	28.000 EUR/t
Abnahmemenge:	2.500 t/Jahr
Abnahmegarantie:	3 Jahre

Beim Räuchern von Zuchtlachs beziffern sich die variablen Kosten auf 16.000 EUR/ to. Die Fixkosten sind bei beiden Distributionsalternativen gleich hoch.

Sollte die SALMO GmbH die Offerte annehmen und künftig den Lebensmitteldiscounter statt der Feinkostgeschäfte beliefern?

Wöhe S. 447 f.

Distributionsalternative: Wildlachs/Fachhandel

Deckungsbeitrag/t	30.000 EUR
Absatzmenge	1.000 t
Deckungsbeitrag/Jahr	**30 Mio. EUR**

Distributionsalternative: Zuchtlachs/Discounthandel

Abnahmepreis/t	28.000 EUR
Variable Kosten/t	16.000 EUR
Deckungsbeitrag/t	12.000 EUR
Absatzmenge	2.500 t
Deckungsbeitrag/Jahr	**30 Mio. EUR**

Beide Alternativen sind – formal – gleichwertig. Gleichwohl sollte die SALMO GmbH bei der bisherigen Distributionsalternative bleiben, weil die Abhängigkeit von vielen Feinkostgeschäften weniger riskant ist als die Abhängigkeit von einem einzigen Lebensmittelfilialisten.

Aufgabe 76 Zweispurige Distribution

Es gelten die Angaben der **Aufgabe 75**. Wie könnte die SALMO GmbH ihre Marktposition verbessern?

Die SALMO GmbH sollte ihren bisherigen Distributionsweg (Fachhandel) auf jeden Fall beibehalten. Gleichzeitig sollte sie versuchen, die freien Kapazitäten von 1.500 t/ Jahr durch Zuchtlachsräucherei zu belegen. Dabei ist jede Preisofferte des Lebensmittelfilialisten vorteilhaft, die einen positiven Deckungsbeitrag bringt, die also über 16.000 EUR/t liegt. Um das Qualitätsimage gegenüber dem Fachhandel nicht zu beeinträchtigen, sollte der Zuchtlachs über den Discounthandel unter einer anderen Firmenbezeichnung und mit anderer Verpackung vertrieben werden.

Aufgabe 77 Großhandel – Einzelhandel

Ein Anbieter produziert jährlich 100.000 Stück mit Stückkosten von 16 EUR. Bisher wurden die Produkte an den Großhandel zu einem Preis ab Werk von 19 EUR/ Stück abgesetzt. Die gesamte Produktion könnte aber auch zu einem Preis von 21,50 EUR/ Stück an den Einzelhandel verkauft werden. In diesem Falle betrügen die Transportkosten/Stück 2 EUR und die Kosten für zwei Reisende mit Auto 85.000 EUR/Jahr.

Teilaufgabe a)

Welchen Absatzweg sollte der Hersteller wählen?

Wird – wie bisher – der Großhandel eingeschaltet, beträgt der Gewinn G_G:

$$G_G = (19\text{ EUR} - 16\text{ EUR}) \cdot 100.000\text{ Stück} = \mathbf{300.000\ EUR}$$

Liefert man dagegen unmittelbar an den Einzelhandel, beträgt der Gewinn G_E:

$$G_E = (21{,}50\ \text{EUR} - 16\ \text{EUR} - 2\ \text{EUR}) \cdot 100.000\ \text{Stück} - 85.000\ \text{EUR} = \mathbf{265.000\ EUR}$$

Die Einschaltung des Großhandels ist bei einer Absatzmenge von 100.000 Stück pro Jahr vorteilhaft.

Teilaufgabe b)

Wie groß müsste bei linearer Gesamtkostenfunktion die Ausbringungsmenge sein, damit die Belieferung des Einzelhandels zu einem höherem Gewinn führt als die Einschaltung des Großhandels?

Je nach Absatzweg (Großhandel oder Einzelhandel) lautet die Gewinnfunktion des Anbieters:

$$\begin{aligned} G_G &= 3 \cdot m \\ G_E &= 3{,}50 \cdot m - 85.000 \end{aligned}$$

Die Belieferung des Einzelhandels ist somit günstiger als der Absatz über den Großhandel, wenn

$$\begin{aligned} G_E &> G_G \\ 3{,}50 \cdot m - 85.000 &> 3 \cdot m \\ 0{,}5 \cdot m &> 85.000 \\ \mathbf{m} &> \mathbf{170.000} \end{aligned}$$

Sobald die Angebotsmenge 170.000 Stück pro Jahr übersteigt, ist der Absatz über den Einzelhandel vorteilhafter als über den Großhandel.

4. Abschnitt

Aufgabe 78 Handelsvertreter – Reisende

Die Firma AMBULANT vertreibt Kompressoren auf dem direkten Absatzweg. Zur Wahl steht der Vertrieb über unabhängige Handelsvertreter bzw. firmeneigene Reisende.

Handelsvertreter:
Die Entlohnung erfolgt ausschließlich über eine verkaufsmengenabhängige Vergütung von 300 EUR/Stück. An den Fahrtkosten eines Handelsvertreters beteiligt sich die Firma AMBULANT mit 30.000 EUR/Jahr. Darüber hinaus entstehen 10.000 EUR Fixkosten/Jahr und Handelsvertreter (Telefonkosten etc.).

Reisende:
Jeder Reisende erhält von der Firma AMBULANT ein Jahresbruttogehalt von 90.000 EUR. Die Personalnebenkosten beziffern sich auf 30.000 EUR pro Reisenden und Jahr. Die von AMBULANT darüber hinaus zu tragenden Fahrzeugkosten belaufen sich pro Reisenden und Jahr auf 40.000 EUR. Verkauft ein Reisender mehr als 500 Kompressoren pro Jahr, erhält er vom 501. Stück an eine Verkaufsprämie von 100 EUR/Stück.

Wie hoch ist die Jahresabsatzmenge m*, bei der für AMBULANT die jährlichen Kosten für beide Distributionsalternativen gleich hoch sind?

Wöhe S. 452 f.

Kosten des Handelsvertreters K^H:

$K^H = 40.000 + 300 \cdot m$

Kosten des Reisenden K^R:

$K^R = 160.000$ (für $0 < m < 501$)

$K^R = 160.000 + 100 \cdot m$ (für $m > 500$)

Für m* gilt: $K^R = K^H$

$160.000 = 40.000 + 300 \cdot m^*$

$m^* = 400$

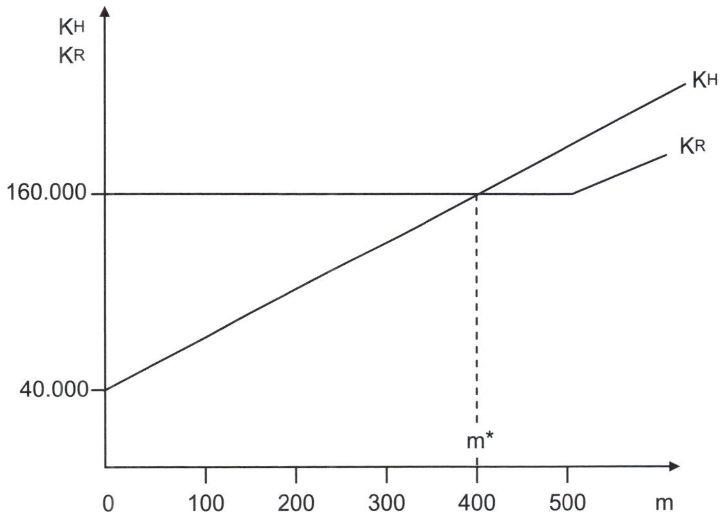

Verkauft der Reisende weniger (mehr) als 400 Kompressoren/Jahr, ist sein Einsatz für AMBULANT teurer (billiger) als der Einsatz des Handelsvertreters.

Aufgabe 79 Bedarfsgerechte Vertriebswege

Mit verschiedenartigen Vertriebswegen möchte die Marketingpraxis unterschiedlichen Nachfragerbedürfnissen gerecht werden. Die folgende Aufstellung enthält

- zwölf Bedarfsfälle (1) – (12)
- zwölf Vertriebsformen (a) – (l)

Welche Vertriebsform lässt sich den einzelnen Bedarfsfällen zuordnen?

Bedarfsfälle		Vertriebsform	
(1)	Ein Student (mit Gipsbein nach Skiunfall) will zur Klausurvorbereitung einen „Wöhe" kaufen.	(a)	Großhandel
(2)	Eine Rentnerin braucht eine neue Brille.	(b)	Factory-Outlet
(3)	Ein Installationsbetrieb muss einen Ölbrenner einbauen, der nicht auf Lager ist.	(c)	Baumarkt
(4)	Ein Erstsemester braucht zur WG-Ausstattung einen Kochtopf, ein Elektrokabel und eine Wolldecke.	(d)	Bahnhofs-Center
(5)	Ein Rentner mit kleinem Einkommen sucht nach preisgünstigen Lebensmitteln.	(e)	Direktversicherung
(6)	Ein Handelsreisender braucht auf seiner Dienstfahrt ein Erfrischungsgetränk.	(f)	City-Center/ Fußgängerzone
(7)	Ein „Sparfuchs" will eine günstige KFZ-Versicherung abschließen.	(g)	Geldautomat
(8)	Ein Student braucht zum Sonntagsbrunch bei seiner Erbtante einen Blumenstrauß.	(h)	Warenhaus
(9)	Zum Kauf des Blumenstraußes braucht der Student Bargeld.	(i)	Discounter
(10)	Zur Renovierung seiner „Bude" braucht der Student Farbe, Pinsel, Teppich und Kleber.	(j)	Online-Einkauf
(11)	Die Freundin des Studenten wünscht sich zu Weihnachten ein paar Schuhe, die gerade „in" sind.	(k)	Tankstelle
(12)	Ein Pensionär, prestige- und preisbewusst, will sich einen Burberry-Mantel und seiner Frau einen Bogner-Skianzug kaufen.	(l)	Facheinzelhandel

Wöhe S. 441–444

Zu den Bedarfsfällen (1) – (12) gehören folgende Vertriebsformen:

(1) – (j); (2) – (l); (3) – (a); (4) – (h); (5) – (i); (6) – (k); (7) – (e); (8) – (d); (9) – (g); (10) – (c); (11) – (f); (12) – (b).

Aufgabe 80 Optimaler Einzelhandelsstandort

Die PROGRESS KG, ein namhafter Textilfilialist, ist auf Expansionskurs. Demnächst soll im Großraum Düsseldorf in laufstarker Lage eine neue Filiale eröffnet werden.

Folgende Gegebenheiten sprechen für die zur Wahl stehenden Standorte:

N: Fußgängerzone Neuss: größere Ladenfläche, breitere Schaufensterfront

D: Fußgängerzone Düsseldorf: höhere Einwohnerzahl, höhere Kaufkraft/Einwohner, höhere Passantenfrequenz, geringere Konkurrenz

Die zur Standortbewertung heranzuziehenden

□ Gewichtsziffern der Standortmerkmale

• Punktzahlen der Standorte D und N

sind der folgenden Tabelle zu entnehmen:

Standortmerkmale	Gewichtungsziffer □	Punktzahl	
		• D	• N
Verkaufsfläche	20	6	9
Schaufensterfront	15	7	8
Einwohnerzahl	12	9	4
Kaufkraft/Einwohner	13	8	6
Passantenfrequenz	30	10	2
Konkurrenzsituation	10	9	4

Teilaufgabe a)

Errechnen Sie aus den obigen Angaben den (gewichteten) Punktwert für die beiden Standorte D: Düsseldorf und N: Neuss!

Wöhe S. 319 f. und S. 445 f.

Standortmerkmale	Gewichtungsziffer □	Punktzahl •		Punktwert ⊡	
		D	N	D	N
Verkaufsfläche	20	6	9	120	180
Schaufensterfront	15	7	8	105	120
Einwohnerzahl	12	9	4	108	48
Kaufkraft/Einwohner	13	8	6	104	78
Passantenfrequenz	30	10	2	300	60
Konkurrenzsituation	10	9	4	90	40
Gesamtpunktwerte				**827**	**526**

Dank seiner deutlich besseren Lauflage ist der Standort Düsseldorf dem Standort Neuss weit überlegen.

Teilaufgabe b)

Die geforderte Monatsmiete beträgt in

- **D Düsseldorf** 10.000 EUR
- **N Neuss** 9.500 EUR

Für welchen Standort wird sich die PROGRESS AG entscheiden?

Gemessen am Unterschied der Standortqualität, bei der Düsseldorf mit rund 300 Punkten Vorsprung führt, fällt der Mietpreisunterschied kaum ins Gewicht. Deshalb wird sich die PROGRESS KG für den Standort Düsseldorf entscheiden.

4. Abschnitt

V. Marketing-Mix

Wiederholungsfragen:

	Wöhe Seite
Was versteht man unter Marketing-Mix?	454
Welche Rolle spielt die Mehrmarkenstrategie im Rahmen des Marketing-Mix?	455
Welche Vorteile bietet der Mehrkanalvertrieb?	455
Welche Marketinginstrumente können Gegenstand des Online-Marketings sein?	456
Welche Teilbereiche des Online-Marketings kennen Sie?	456–458

Aufgabe 81 Verlustgefahr auf schrumpfenden Märkten

Der Z-VERLAG ist ein Einproduktunternehmen, das eine überregionale Tageszeitung herausgibt, die an Abonnenten in ganz Deutschland vertrieben wird.

Der Z-VERLAG kämpft seit Jahren mit steigenden Kosten bei rückläufiger Absatzmenge m (m = Anzahl der Zeitungsabonnements): Der Rückgang der Abonnentenzahl zwang den Z-VERLAG zur wiederholten Anhebung des monatlichen Bezugspreises p, was eine erneute Kündigungswelle bei Abonnenten auslöste, denen die Zeitung einfach zu teuer geworden war.

Die Gesamtkosten (K) des Z-VERLAGS setzen sich aus drei Kostenblöcken zusammen:

K_R = Kosten der Redaktion (ca. 60 % von K)
K_D = Kosten der Druckerei (ca. 20 % von K)
K_V = Kosten des Vertriebs (ca. 20 % von K)

Teilaufgabe a)

Erkennen Sie einen Zusammenhang zwischen der rückläufigen Absatzmenge m und der Kostenstruktur des Z-VERLAGS?

Wöhe S. 421 f.

Bei den Kostenblöcken K_D und K_V handelt es sich um variable, d. h. von der Höhe der Auflage abhängige Kosten. Dagegen handelt es sich beim Kostenblock K_R „Redaktion" um fixe Kosten, die sich auch bei einem Rückgang der Ausbringungsmenge m um beispielsweise 20 % nicht reduzieren lassen, wenn die bisherige journalistische Qualität der Tageszeitung erhalten bleiben soll.

Der Z-VERLAG muss versuchen, die Ausbringungsmenge m zu erhöhen, damit die Fixkosten der Redaktion auf eine größere Absatzmenge verteilt werden können.

Teilaufgabe b)

Erstellen Sie für den Z-VERLAG die Kosten- und Erlösrechnung für den abgelaufenen Monat Januar 01 auf der Basis folgender Daten

m (Anzahl der Abonnements)	300.000 St.
p (monatlicher Bezugspreis/Abonnement)	70 EUR
K_R (Kosten der Redaktion/Monat)	13,0 Mio. EUR
k_D (Druckkosten/Stück und Monat)	15 EUR
k_V (Vertriebskosten/Stück und Monat)	14 EUR

Erfolgsrechnung Januar 01					**Erlöse EUR**	**Kosten EUR**
	Absatzmenge m	•	Bezugspreis/St.			
	300.000 St.	•	70 EUR/St.		21,00 Mio.	
K_R	Kosten Redaktion (fix)					13,00 Mio.
K_D	Absatzmenge m	•	k_D			
	300.000 St.	•	15 EUR/St.			4,50 Mio.
K_V	Absatzmenge m	•	k_V			
	300.000 St.	•	14 EUR/St.			4,20 Mio.
	Erlöse Januar 01				**21,00 Mio.**	
	Kosten Januar 01					**1,70 Mio.**
	Verlust Januar 01				**0,70 Mio.**	

Mit einem Monatsverlust in Höhe von 700.000 EUR steckt der Z-VERLAG tief in der Verlustzone und muss sein bisheriges Geschäftsmodell überdenken.

Aufgabe 82 Online-Marketing: Produktpolitik

Es gelten alle Angaben der **Aufgabe 81**. Ein Verlust von 700.000 EUR/Monat ist ein Alarmsignal für den Z-VERLAG. Die Unternehmensleitung erkennt, dass ein Zeitungsverlag, der – wie bisher – nur eine Print-Ausgabe anbietet, nicht mehr zeitgemäß ist.

Zur Erkundung der Leserbedürfnisse führt der Z-VERLAG eine Online-Befragung durch, die sich an aktuelle und frühere Abonnenten und einen weiteren Kreis potentieller Leser richtet. Nach Auswertung der Befragung lassen sich gruppenspezifische Kundenwünsche erkennen, deren Anteil an der Gesamtzahl der Befragten sich wegen Mehrfachnennungen nicht ganz genau beziffern lässt.

Gruppe	Gruppenspezifischer Kundenwunsch	Anteil
A	**Ältere, zahlungskräftige Leser** wünschen die Printausgabe unabhängig vom Preis.	≈ 20 %
B	**Ältere, preisempfindliche Leser** bevorzugen die Printausgabe, drohen aber im Fall weiterer Preiserhöhung mit der Kündigung des Abonnements.	≈ 35 %
C	**Digitalaffine (jüngere) Leser** wollen „kein Papier mit sich rumschleppen".	≈ 40 %
D	**Nachrichtenhungrige Leser** wünschen eine zeitnahe Unterrichtung über aktuelle Tagesereignisse.	≈ 5 %

Ist die bisherige Beschränkung auf die traditionelle Print-Ausgabe noch zeitgemäß? Welche produktspezifischen Konsequenzen sollten aus den Befragungsergebnissen gezogen werden?

Wöhe S. 459

Zur Vermeidung weiterer Verluste sollte der Z-VERLAG sein Produktangebot erweitern:

(1) Die **Print-Ausgabe** muss zur Befriedigung der Kundenwünsche A und B beibehalten werden.
(2) Zusätzlich sollte eine inhaltsgleiche **Digital-Ausgabe** für die Gruppe C angeboten werden.
(3) Der Digital-Ausgabe gehört die Zukunft, denn die Personengruppe aus A und B wird aus biologischen Gründen immer kleiner.
(4) Zur Befriedigung der Kundenwünsche der Gruppe D sollte die **Digital-Ausgabe** schon am Vorabend an die Abonnenten übermittelt werden.
(5) Zusätzlich sollte am Vor- und Nachmittag eines jeden Tages ein **Newsletter** per E-Mail oder SMS an Abonnenten übermittelt werden.

Aufgabe 83 Online-Marketing: Preispolitik

Es gelten die Angaben der **Aufgabe 81**. Nach seiner produktpolitischen Umstellung in **Periode 01** (vgl. Aufgabe 82) bietet der Z-VERLAG neben der traditionellen Print-Ausgabe inzwischen eine Digital-Ausgabe an. Zur Stärkung der Attraktivität beider Ausgaben erhält jeder Abonnent am Vor- und am Nachmittag einen digitalen Newsletter ohne gesonderte Berechnung.

Für die **Digital-Ausgabe** wurde für **Periode 02** der monatliche Bezugspreis **pD** auf **40 EUR** festgesetzt. Im abgelaufenen Monat Januar 02 lag Auflage **mD** bei **180.000 Stück**.

Für die **Print-Ausgabe** wurde der monatliche Bezugspreis **pP** von bisher 70 EUR auf **60 EUR** herabgesetzt. Wegen eines teilweisen Leserwechsels von Print auf Digital ging die Printauflage **mP** auf **250.000 Stück**/Monat zurück.

Da die **Digital-Ausgabe keine Druckkosten** und nur **geringe Vertriebskosten** in Form der Pflege des Online-Service (K_{OS}) verursacht, ändert sich an der bisherigen Kostenstruktur (vgl. Aufgabe 81) nur wenig:

Kosten des bisherigen Print-Angebots		EUR
K_R =	Kosten der Redaktion (Fixkosten/Monat)	13,00 Mio.
k_D =	Druckkosten/Stück und Monat	15,-
k_V =	Vertriebskosten/Stück und Monat	14,-
Kosten für das zusätzliche Digital-Angebot		**EUR**
K_{OS} =	Kosten für Online-Service (Fixkosten/Monat)	250.000,-

Ermitteln Sie für den gerade abgelaufenen Monat Januar 02 das mit dem erweiterten Produktangebot (Print + Digital) erwirtschaftete Monatsergebnis! Worauf führen Sie die Veränderung der Ertragslage im Vergleich zum Monatsverlust des Vorjahres in Höhe von 70.000 EUR zurück?

Wöhe S. 459

Erfolgsrechnung Januar 02				Erlöse EUR	Kosten EUR
Print	m_P	•	p_P		
	250.000 St.	•	60 EUR/St.	15,00 Mio.	
Digital	m_D	•	p_D		
	180.000 St.	•	40 EUR/St.	7,20 Mio.	
K_R	Kosten Redaktion (fix)				13,00 Mio.
K_{OS}	Online-Service (fix)				0,25 Mio.
K_D	m_P	•	k_D		
	250.000 St.	•	15 EUR/St.		3,75 Mio.
K_V	m_P	•	k_V		
	250.000 St.	•	14 EUR/St.		3,50 Mio.
	Erlöse Januar 02			**22,20 Mio.**	
	Kosten Januar 02				**20,50 Mio.**
	Gewinn Januar 02				**1,70 Mio.**

Die Erweiterung des traditionellen Zeitungsangebots um eine Digital-Ausgabe hat den Z-VERLAG steil nach oben geführt – von 700.000 EUR Verlust im Januar 01 (vgl. Aufgabe 81) zu 1,7 Mio. EUR Gewinn im Januar 02.

Die Digital-Ausgabe ist für den Z-VERLAG von dreifachem Vorteil:

(1) **Zusätzlichen Erlösen** (aus der Digital-Ausgabe) von 7,2 Mio. EUR stehen **zusätzliche Kosten** in Höhe von 250.000 EUR gegenüber.

(2) Die Digital-Ausgabe ermöglicht eine Quersubventionierung zur Print-Ausgabe, deren monatlicher Bezugspreis von 70 auf 60 EUR herabgesetzt werden kann.

(3) Der Digital-Ausgabe gehört die Zukunft, denn die Personengruppe mit starker Bindung zum Print-Produkt wird naturgemäß kleiner, während nachrückende Jahrgänge in einer digital-affinen Welt aufgewachsen sind.

4. Abschnitt

VI. Testfragen zum Vierten Abschnitt

Den folgenden Fragen sind Antworten beigegeben, die teils richtig, teils falsch sind. Ihre Aufgabe besteht darin, die richtigen Antworten herauszufinden und zu begründen, warum sie richtig und die anderen falsch sind. Die Lösungen finden Sie im Anschluss an die letzte Frage. Gelingt Ihnen die Begründung nicht, so ist es empfehlenswert, die erfragten Zusammenhänge und Definitionen im „Wöhe" noch einmal durchzuarbeiten. Das Stichwortverzeichnis des „Wöhe" wird Ihnen helfen, sich schnell zurechtzufinden.

1. Absatzziele

	richtig	falsch
(1) richten sich auf die optimale Versorgung des Marktes.	○	○
(2) sind Unterziele, die aus dem unternehmerischen Gesamtziel abzuleiten sind.	○	○
(3) können mit Teilzielen aus anderen Funktionsbereichen kollidieren.	○	○
(4) beeinflussen die Auswahl der absatzpolitischen Instrumente.	○	○

2. Welche der folgenden Behauptungen sind richtig?

	richtig	falsch
(1) Ausprägungen der Preispolitik sind Rabatte, Zahlungsbedingungen und Kundendienst.	○	○
(2) Durch Schaffung sachlicher und persönlicher Präferenzen können sich Anbieter dem Wettbewerb gänzlich entziehen.	○	○
(3) Kampfpreise gehen zu Lasten der Gewinnmarge.	○	○
(4) In einem Testmarkt wird das Konsumentenverhalten unter künstlichen geschaffenen Bedingungen untersucht.	○	○

3. Welche der folgenden Behauptungen sind richtig?

	richtig	falsch
(1) Vor dem eigentlichen Kaufakt prüft der Homo oeconomicus die einzelnen Angebote sorgfältig.	○	○
(2) Im Wege der Marktsegmentierung werden die Nachfrager in möglichst heterogene Gruppen (Segmente) eingeteilt.	○	○
(3) Die Verhaltensforschung ist unabdingbare Voraussetzung für den Einsatz des absatzpolitischen Instrumentariums.	○	○
(4) Die Verhaltensforschung unterscheidet u. a. zwischen impulsiven, habitualisierten und extensiven Kaufentscheidungen.	○	○

4. Marktsegmentierung

	richtig	falsch
(1) erlaubt dem Anbieter die Entwicklung spezieller Absatzstrategien, die sich an homogenen Nachfragerbedürfnissen orientieren.	○	○
(2) erlaubt eine Marktabschottung bei Ausgrenzung missliebiger Konkurrenten.	○	○
(3) liegt vor, wenn viele kleine Anbieter den Markt versorgen.	○	○
(4) ist eine wichtige Voraussetzung für den zielgerichteten und differenzierten Einsatz der absatzpolitischen Instrumente.	○	○
(5) orientiert sich an geographischen, demographischen, psychographischen und verhaltensbezogenen Kriterien.	○	○

5. Produktpolitik

	richtig	falsch
(1) spielt als Marketinginstrument in einer Knappheitsgesellschaft eine größere Rolle als in einer Überflussgesellschaft.	○	○
(2) verfolgt u. a. das Ziel, homogene Güter durch Markenbildung zu heterogenisieren.	○	○
(3) ist ein kurzfristig wirkendes absatzpolitisches Instrument.	○	○
(4) hat ihren Ursprung im technischen Fortschritt auf der Anbieter- und in Bedarfsverschiebungen auf der Nachfragerseite.	○	○

6. Produktvariation

	richtig	falsch
(1) führt im Falle des Gelingens zur sog. Zwei-Höcker-Funktion.	○	○
(2) verlängert den Lebenszyklus des Produkts.	○	○
(3) ist mit höheren Risiken und Kosten verbunden als Produktinnovation.	○	○
(4) verzögert den Zeitpunkt der Produkteliminierung.	○	○
(5) ist dem Relaunch aus Kostengründen vorzuziehen.	○	○

7. Ein Automobilhersteller versucht, den Absatz eines Wagens durch Ausstattung mit Chromzierleisten u. Ä. zu vergrößern. Um welches absatzpolitische Instrument handelt es sich?

	richtig	falsch
(1) Kommunikationspolitik	○	○
(2) Produktpolitik	○	○
(3) Distributionspolitik	○	○
(4) Preispolitik	○	○

8. Welche der folgenden Bedingungen verhindert das Entstehen eines vollkommenen Marktes?

	richtig	falsch
(1) Die Anbieter streben nach dem Gewinnmaximum.	○	○
(2) Die Nachfrager streben nach dem Nutzenmaximum.	○	○
(3) Die Nachfrager haben sachliche und persönliche Präferenzen.	○	○
(4) Es besteht völlige Markttransparenz.	○	○
(5) Die Nachfrager reagieren nicht sofort auf Preisänderungen.	○	○

9. Wann erreicht der Angebotsmonopolist sein Gewinnmaximum?

	richtig	falsch
(1) Im Maximum der Gesamterlöskurve.	○	○
(2) wenn die Grenzkosten gleich dem Preis sind.	○	○
(3) wenn die Grenzkosten gleich dem Grenzerlös sind.	○	○
(4) an der Kapazitätsgrenze.	○	○

10. Ein Oligopolist

	richtig	falsch
(1) erreicht sein Gewinnmaximum dort, wo die Grenzerlöse höher sind als die Grenzkosten.	○	○
(2) erreicht sein Gewinnmaximum dort, wo die Durchschnittskosten minimal sind.	○	○
(3) muss bei eigenen Preisänderungen Konkurrenzreaktionen in Rechnung stellen.	○	○
(4) neigt aus Angst vor ruinösem Wettbewerb zu wirtschaftsfriedlichem Verhalten.	○	○
(5) kann den eigenen Angebotspreis auf einem vollkommenen Markt nur in den Grenzen seines akquisitorischen Potentials über den Konkurrenzpreis anheben.	○	○

11. Das Gewinnmaximum bei vollkommener Konkurrenz (linearer Gesamtkostenverlauf) ist erreicht,

	richtig	falsch
(1) wenn der Preis die Stückkosten deckt.	○	○
(2) wenn die Grenzkosten gleich dem Preis sind.	○	○
(3) wenn die variablen Durchschnittskosten gleich dem Preis sind.	○	○
(4) wenn der Betrieb an der Kapazitätsgrenze produziert und der Preis über den Stückkosten liegt.	○	○

12. Welche der folgenden Behauptungen sind richtig?

	richtig	falsch
(1) Bei linearem Gesamtkostenverlauf fällt die Stückkostenkurve, weil die fixen Stückkosten mit steigender Ausbringung sinken.	○	○
(2) Die Grenzerlöskurve des Monopolisten deckt sich mit seiner Nachfragekurve.	○	○
(3) Bei vollkommener Konkurrenz ist der Grenzerlös gleich dem Preis.	○	○
(4) Bei vollkommener Konkurrenz kann der einzelne Anbieter den Marktpreis nicht beeinflussen.	○	○

13. Bei vollkommener Konkurrenz kann ein Betrieb

	richtig	falsch
(1) jede Menge zu jedem Preis absetzen.	○	○
(2) jede Menge zum gegebenen Marktpreis absetzen.	○	○
(3) durch eigene Preissenkung eine größere Menge absetzen.	○	○
(4) bei einem über dem Marktpreis liegenden Preis nichts absetzen.	○	○

14. Bei einem Angebotsmonopol kann ein Betrieb

	richtig	falsch
(1) jede Menge zu jedem Preis absetzen.	○	○
(2) jede Menge zu einem bestimmten Preis absetzen.	○	○
(3) eine bestimmte Menge zu einem bestimmten Preis absetzen.	○	○
(4) eine steigende Menge bei fallendem Preis absetzen.	○	○
(5) eine fallende Menge bei einem steigenden Preis absetzen.	○	○
(6) ab einem bestimmten Preis überhaupt nichts absetzen.	○	○

15. Welche Folgen hat die Erhöhung der fixen Kosten des Monopolbetriebes, wenn Gewinnmaximierung angestrebt ist?

	richtig	falsch
(1) Der Monopolgewinn nimmt ab.	○	○
(2) Die abgesetzte Menge sinkt.	○	○
(3) Der Angebotspreis wird erhöht.	○	○
(4) Angebotspreis und Absatzmenge bleiben konstant.	○	○

16. Welche Folgen hat die Erhöhung der variablen Kosten des Monopolbetriebes, wenn Gewinnmaximierung angestrebt ist?

	richtig	falsch
(1) Der Monopolgewinn nimmt ab.	○	○
(2) Die Angebotsmenge bleibt konstant.	○	○
(3) Der Angebotspreis steigt.	○	○
(4) Die Angebotsmenge wird verringert.	○	○

17. Die Gesamtkostenkurve verläuft S-förmig. Wann erreicht der Betrieb bei vollkommener Konkurrenz sein Gewinnmaximum?

	richtig	falsch
(1) Im Schnittpunkt von Grenzkosten- und Stückkostenkurve,	○	○
(2) im Schnittpunkt von Grenzkosten- und Preiskurve,	○	○
(3) an der Kapazitätsgrenze,	○	○
(4) im Schnittpunkt von Grenzkosten- und Grenzerlöskurve.	○	○

18. Um welche kritischen Kostenpunkte handelt es sich, wenn bei S-förmigem Gesamtkostenverlauf und vollkommener Konkurrenz die Preisgerade die Stückkostenkurve schneidet?

	richtig	falsch
(1) Gewinnmaximum	○	○
(2) langfristige Preisuntergrenze	○	○
(3) Nutzenschwelle	○	○
(4) Kostenminimum	○	○
(5) Nutzengrenze	○	○

19. Welche der folgenden Voraussetzungen gelten für eine von links nach rechts fallende Gesamtnachfragekurve?

	richtig	falsch
(1) Gegebene Einkommen der Nachfrager,	○	○
(2) gegebene Preise aller anderen Güter,	○	○
(3) gegebene Kostenstruktur der Betriebe,	○	○
(4) gegebene Produktionstechnik.	○	○

20. Mit welchen anderen Kurven deckt sich die Preisgerade bei vollkommener Konkurrenz?

	richtig	falsch
(1) Mit der Grenzerlöskurve,	○	○
(2) mit der individuellen Angebotskurve,	○	○
(3) mit der Gesamtumsatzkurve,	○	○
(4) mit der Gesamtnachfragekurve.	○	○

21. Bei welchen Absatzwegen handelt es sich um direkten Absatz?

	richtig	falsch
(1) Verkauf an den Großhandel,	○	○
(2) Verkauf an den Einzelhandel,	○	○
(3) Verkauf durch Reisende,	○	○
(4) Verkauf an ein Versandgeschäft.	○	○

Lösungen: Richtig sind folgende Antworten: **1.** (2), (3), (4); **2.** (3); **3.** (1), (3), (4); **4.** (1), (4), (5); **5.** (2), (4); **6.** (1), (2), (4); **7.** (2); **8.** (3), (5); **9.** (3); **10.** (3), (4); **11.** (4); **12.** (1), (3), (4); **13.** (2), (4); **14.** (3), (4), (5), (6); **15.** (1), (4); **16.** (1), (3), (4); **17.** (2), (4); **18.** (3), (5); **19.** (1), (2); **20.** (1); **21.** (3).

Investition und Finanzierung

Seite

Fünfter Abschnitt

Seite

Seite

I. Investition

1. Statische Verfahren der Investitionsrechnung (Praktikermethoden)

Wiederholungsfragen:

	Wöhe Seite
Nach welchen Faustformeln ermittelt die Kostenvergleichsrechnung kalkulatorische Abschreibungen und kalkulatorische Zinsen?	476
Wo liegt der Unterschied zwischen Kostenvergleichsrechnung und Gewinnvergleichsrechnung?	475 f.
Wie gelangt man vom originären Gewinn der Gewinnvergleichsrechnung zum korrigierten (pagatorischen) Gewinn der Rentabilitätsvergleichsrechnung?	477
Welchen Zusammenhang stellt die Rentabilitätsvergleichsrechnung zwischen der projektindividuellen Rentabilität r und der gewünschten Mindestverzinsung i her?	477
Welchen Zusammenhang stellt die Amortisationsrechnung zwischen der Anschaffungsauszahlung A_0 und dem repräsentativen Periodeneinzahlungsüberschuss her?	477 f.
Was versteht man unter einer Soll-Amortisationsdauer?	478
Welcher Kritik sind die statischen Verfahren der Investitionsrechnung ausgesetzt?	478 f.

Aufgabe 1 Kostenvergleichsrechnung

Die Firma HUCKEPACK verleiht kleine Lastkraftwagen an Selbstfahrer. Man steht vor der Entscheidung, einen neuen Kleintransporter anzuschaffen. Die drei Fahrzeugtypen M, O und P stehen zur Wahl, die unterschiedliche Anschaffungskosten A_0 aufweisen.

Beim Kostenvergleich hat man zwischen

- zeitabhängigen **(fixen) Kosten**, wie
  - Kfz-Steuer
  - Kfz-Versicherung
  - kalkulatorischen Abschreibungen
  - kalkulatorischen Zinsen,

einerseits und

- leistungsabhängigen **(variablen) Kosten**, wie
  - Ölverbrauch
  - Wartung und Reparatur
  - Reifenabnutzung,

andererseits zu unterscheiden.

Für die drei Fahrzeugtypen gelten folgende Daten:

Fahrzeugtyp	M	O	P
Nutzlast in Tonnen (t)	3	4	5
Anschaffungskosten A_0	60.000	50.000	80.000
Nutzungsdauer n (Jahre)	6	4	4
Zinskosten/Jahr i	0,08	0,08	0,08
Fixe Kosten/Jahr:			
Kfz-Steuer	1.900	1.800	2.100
Kfz-Versicherung	1.700	1.700	1.700
Kalkulatorische Abschreibung (linear)	$\frac{A_0}{n}$	$\frac{A_0}{n}$	$\frac{A_0}{n}$
Kalkulatorische Zinsen	$\frac{A_0}{2} \cdot i$	$\frac{A_0}{2} \cdot i$	$\frac{A_0}{2} \cdot i$
Variable Kosten/1.000 km:			
Öl	10	10	10
Reparatur + Wartung	270	170	70
Reifen	20	20	20

Teilaufgabe a)

Ermitteln Sie für alle drei Fahrzeugtypen die Gesamtkostenfunktion K! Welcher Fahrzeugtyp verursacht die minimalen Gesamtkosten K?

Wöhe S. 475 f.

Fahrzeugtyp	M	O	P
Kfz-Steuer	1.900	1.800	2.100
Kfz-Versicherung	1.700	1.700	1.700
Kalkulatorische Abschreibung	10.000	12.500	20.000
Kalkulatorische Zinsen	2.400	2.000	3.200
Fixe Kosten K_f	16.000	18.000	27.000
Öl	10	10	10
Reparatur + Wartung	270	170	70
Reifen	20	20	20
Variable Kosten/1.000 km	300	200	100
Variable Kosten/km k_v	0,30	0,20	0,10

Setzt man eine Ausbringungsmengeneinheit m mit einem gefahrenen Kilometer gleich und wählt man für die Gesamtkostenfunktion die Schreibweise $K = K_f + k_v \cdot m$, gelangt man für die drei Fahrzeugtypen zu folgenden Kostenfunktionen:

$$K_M = 16.000 + 0{,}30 \cdot m$$
$$K_O = 18.000 + 0{,}20 \cdot m$$
$$K_P = 27.000 + 0{,}10 \cdot m$$

Typ M verursacht hohe variable Kosten k_v und geringe Fixkosten K_f. Typ M kann nur bei geringer Jahreskilometerleistung vorteilhaft sein. Dagegen ist Typ P bei sehr hoher Laufleistung am kostengünstigsten, weil bei diesem Typ die variablen Kosten k_v am geringsten sind.

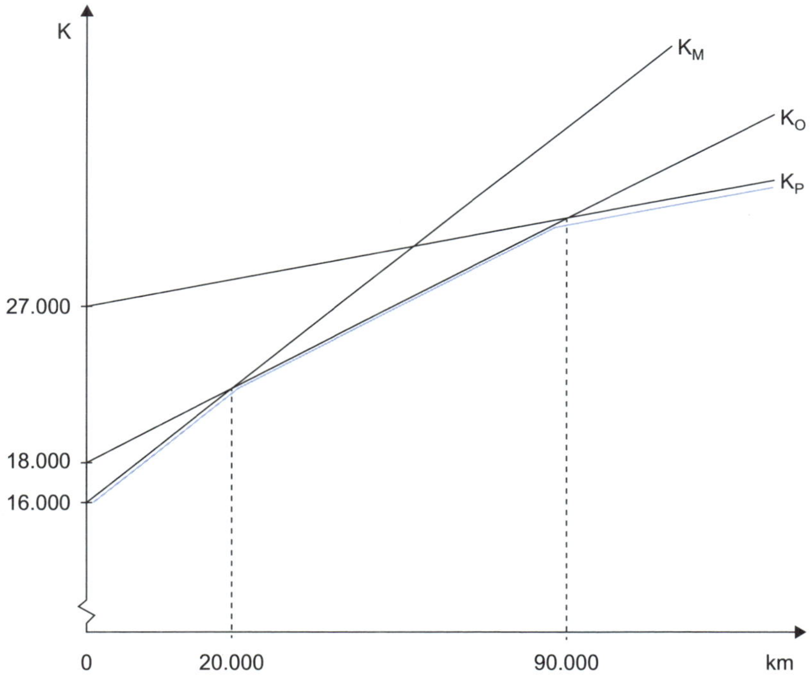

Bei einer Jahresleistung von 20.000 km ist HUCKEPACK zwischen M und O indifferent:

$$\mathbf{K_M = K_O}$$
$$16.000 + 0{,}30 \cdot m = 18.000 + 0{,}20 \cdot m$$
$$m = 20.000 \text{ km/Jahr}$$

Bei einer Jahresleistung von 90.000 km ist HUCKEPACK zwischen O und P indifferent:

$$\mathbf{K_O = K_P}$$
$$18.000 + 0{,}20 \cdot m = 27.000 + 0{,}10 \cdot m$$
$$m = 90.000 \text{ km/Jahr}$$

Je nach erwarteter Jahreskilometerleistung entscheidet sich HUCKEPACK für folgenden Fahrzeugtyp:

Kilometerleistung/Jahr			Fahrzeugtyp
0	bis	20.000 km	M
20.000	bis	90.000 km	O
	über	90.000 km	P

Teilaufgabe b)

HUCKEPACK rechnet mit einer Jahreskilometerleistung von 60.000 km. Wie hoch sind die Durchschnittskosten/km (k) bei den einzelnen Fahrzeugtypen?

Für eine Jahresleistung von 60.000 km gilt:

Typ	Gesamtkosten K K_f + k_v · 60.000 = K	Durchschnitts-kosten k
M	16.000 + 0,30 · 60.000 = 34.000	$0{,}5\overline{6}$
O	18.000 + 0,20 · 60.000 = 30.000	0,50
P	27.000 + 0,10 · 60.000 = 33.000	0,55

HUCKEPACK sollte sich für Typ O entscheiden, weil hier mit 0,50 EUR/km die minimalen Durchschnittskosten erreicht werden.

Aufgabe 2 Gewinnvergleichsrechnung

Es gelten weiterhin die Ausgangsdaten der **Aufgabe 1**. Bei einer erwarteten Gesamtleistung von 60.000 km/Jahr hat sich Firma HUCKEPACK auf Basis der Kostenvergleichsrechnung für den Fahrzeugtyp O zu entscheiden, weil hier die Durchschnittskosten k mit 0,50 EUR/km am geringsten sind.

In Anbetracht der unterschiedlichen Nutzlast lassen sich die Fahrzeuge jedoch zu unterschiedlichen Preisen/km vermieten:

Fahrzeugtyp	M	O	P
Nutzlast t	3	4	5
Erlös p (EUR/km)	0,80	0,90	1,00

Für welchen Fahrzeugtyp sollte sich HUCKEPACK nach der Gewinnvergleichsrechnung entscheiden, wenn eine Gesamtleistung von 60.000 km/Jahr erwartet wird?

Wöhe S. 476

Bei einer erwarteten Gesamtlaufleistung von 60.000 km/Jahr lässt sich der Stückgewinn/km g und der Gesamtgewinn/Jahr G wie folgt ermitteln:

Fahrzeugtyp	M	O	P
Erlös p (EUR/km)	0,80	0,90	1,00
– Stückkosten k (EUR/km)	$0{,}5\overline{6}$	0,50	0,55
Stückgewinn g (EUR/km)	$0{,}2\overline{3}$	0,40	0,45
Gesamtgewinn G (EUR/Jahr)	14.000	24.000	27.000

Nach der Gewinnvergleichsrechnung sollte sich Firma HUCKEPACK für den Fahrzeugtyp P entscheiden.

Aufgabe 3 Rentabilitätsvergleichsrechnung

Es gelten weiterhin die Ausgangsdaten der **Aufgaben 1** und **2**. Nach der Gewinnvergleichsrechnung lassen die Investitionsalternativen folgende Jahresgewinne erwarten:

Fahrzeugtyp	M	O	P
Jahresgewinn G	14.000	24.000	27.000

Für welchen Fahrzeugtyp sollte sich Firma HUCKEPACK nach der Rentabilitätsvergleichsrechnung entscheiden?

Wöhe S. 476 f.

Im vorliegenden Fall lässt sich unter Rückgriff auf die kalkulatorischen Zinsen und den durchschnittlichen Kapitaleinsatz $A_0 : 2$ folgende Rentabilitätsvergleichsrechnung aufstellen:

Fahrzeugtyp	M	O	P
Originärer Gewinn G	14.000	24.000	27.000
+ Kalkulatorische Zinsen	2.400	2.000	3.200
Korrigierter Gewinn G_P	16.400	26.000	30.200
∅ Kapitaleinsatz $\frac{A_0}{2}$	30.000	25.000	40.000
Rentabilität r in Prozent	$54,\bar{6}$%	104 %	75,5 %

Nach der Rentabilitätsvergleichsrechnung ist die Investition O mit einer Verzinsung des durchschnittlich gebundenen Kapitals von 104 Prozent am vorteilhaftesten.

Aufgabe 4 Gewinn, Rentabilität und Differenzinvestition

Nach der Gewinnvergleichsrechnung (**Aufgabe 2**) sollte der Fahrzeugtyp P, nach der Rentabilitätsvergleichsrechnung (**Aufgabe 3**) sollte der Fahrzeugtyp O angeschafft werden. Grundlage dieser Handlungsempfehlung sind folgende Ausgangsdaten:

Fahrzeugtyp	O	P
Anschaffungskosten A_0	50.000	80.000
∅ Kapitalbindung	25.000	40.000
Kalkulatorische Zinsen 8 %	2.000	3.200
Gewinn G	24.000	27.000
Korrigierter Gewinn G_P	26.000	30.200
Rentabilität r in Prozent	104	75,5

Wie ist die widersprüchliche Handlungsempfehlung der Gewinn- bzw. Rentabilitätsvergleichsrechnung zu erklären?

Der Investitionsentscheidung ist ein kalkulatorischer Zinssatz von 8 Prozent zugrunde gelegt. Man hat also davon auszugehen, dass Eigenkapital zu 8 Prozent am Kapitalmarkt angelegt und Fremdkapital zum gleichen Satz aufgenommen werden kann.

Die durchschnittliche Kapitalbindung von P liegt bei 40.000 EUR. Wir wollen annehmen, dass HUCKEPACK über Eigenkapital in dieser Höhe verfügt. HUCKEPACK kann also sein gesamtes Eigenkapital in P investieren. Stattdessen kann er 25.000 EUR in O investieren, wobei 15.000 EUR für eine sog. **Differenzinvestition** verbleiben. Geht man davon aus, dass die Differenzinvestition in einer Geldanlage am Kapitalmarkt zu 8 Prozent vollzogen wird, kann HUCKEPACK folgende Vergleichsrechnung aufstellen:

Investition	O	P
Basisinvestition (Kfz)	25.000	40.000
Differenzinvestition	15.000	–
Investitionserträge		
Basisinvestition	26.000	30.200
Differenzinvestition 8 %	1.200	–
Gesamtergebnis	27.200	30.200

Die Rentabilitätsvergleichsrechnung (**Aufgabe 3**) führt zu falschen Ergebnissen; eine Rentabilität von 104 Prozent auf den Eigenkapitaleinsatz von 40.000 EUR ist nicht realisierbar, weil eine Verwendung des Restkapitals von 15.000 EUR zum Erwerb eines weiteren Fahrzeugs vom Typ O nicht zur Disposition steht.

Aufgabe 5 Amortisationsdauer und Risiko

Der Lottospieler HANS GLÜCK hat 1 Mio. EUR gewonnen. Drei Kapitalanlagemöglichkeiten stehen zur Disposition:

A Erwerb einer Bundesanleihe mit 30 Jahren Laufzeit und 8 Prozent Jahreszins.

B Erwerb von Automobilaktien, die im Falle guter Autokonjunktur 10 Prozent Dividende versprechen.

C Beteiligung an einer Goldminen AG, die mit einem Kapitaleinsatz von 100 Mio. EUR ein neues Feld erschließen will. Wird man fündig, kann mit Kapitalrückflüssen von 25 Mio. EUR pro Jahr gerechnet werden.

HANS GLÜCK ist risikoscheu. Können Sie ihm empfehlen, sich für die Anlage mit der kürzesten Amortisationsdauer zu entscheiden?

Wöhe S. 477 f.

Für die drei Anlageformen gelten folgende Amortisationsdauern:

A	12,5 Jahre
B	10,0 Jahre
C	4,0 Jahre

Bei der Investition C ist die Amortisationsdauer am kürzesten, weil diese Anlage – bei günstigen Umweltbedingungen – die rentabelste ist. Der Kapitalmarkt honoriert ein Engagement in C mit einer besonders hohen Risikoprämie. Ein risikoscheuer Anleger muss sich also darüber im Klaren sein, dass Investitionen mit kurzer Amortisationsdauer meist mit hohem Risiko verbunden sind.

2. Grundlagen der Finanzmathematik

Wöhe S. 482–485

Aufgabe 6 Kapitalendwert (Aufzinsung)

Am 1.1.01 werden 1.000 EUR zu 10 % Zinsen pro Jahr bei einer Bank angelegt. Der Investor hat somit zu diesem Zeitpunkt t_0 ein Anfangskapital (K_0) von 1.000 EUR. Über welches Endkapital verfügt er nach 2 Jahren, also zum Zeitpunkt t_2, einschließlich der Zinsen, sofern diese bei Fälligkeit nicht ausgezahlt, sondern sofort wieder angelegt werden (Zinseszinseffekt)?

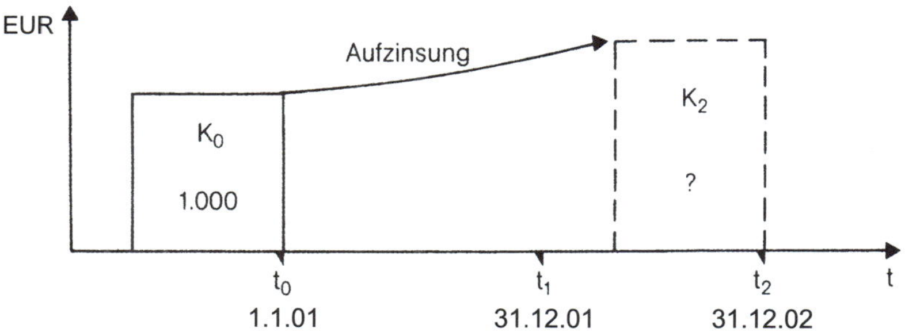

t_0 p_1	1.1.01 01	Anfangskapital Zeitpunkt t_0 (K_0) Zinsen 01 zum 31.12.01: 10 % von 1.000	1.000 EUR 100 EUR
t_1 p_2	31.12.01 02	Kapital Zeitpunkt t_1 (K_1) Zinsen 02 zum 31.12.02: 10 % von 1.100	1.100 EUR 110 EUR
t_2	31.12.02	Kapital Zeitpunkt t_2 (K_2)	1.210 EUR

Er verfügt somit über ein Endkapital von 1.210 EUR.

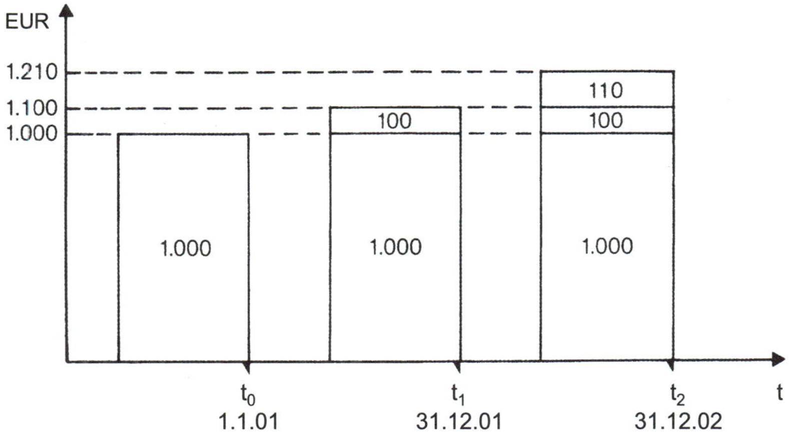

Die finanzmathematische Formel zur Bestimmung des Endkapitals lautet:

$$K_n = K_0 \cdot (1 + i)^n$$

Es bedeuten:

K_0 = Kapital im Zeitpunkt t_0; i = Zinssatz pro Jahr;
K_n = Kapital im Zeitpunkt t_n; n = Anzahl der Jahre (Perioden).

In unserem Beispiel lautet bei $K_0 = 1.000$, $i = 0,1$ (≙ 10 %) und $n = 2$ die Formel:

$$K_2 = 1.000 \cdot (1 + 0,1)^2.$$

Für den Faktor $(1 + i)^n$, der als **Aufzinsungsfaktor** bezeichnet wird, sind im Anhang dieses Übungsbuchs für die Zinssätze 6 %, 8 % und 10 % **Zinseszinstabellen** beigefügt. Da in unserem Fall i = 10 % beträgt, nehmen Sie diese Tabelle zur Hand und lesen Sie in Spalte (2): $(1 + i)^n$, in Zeile n = 2 den Wert ab. Er beträgt 1,210. Setzt man diesen Wert in die obige Formel ein, so folgt:

$$K_2 = 1.000 \cdot 1,210 = \underline{\underline{\mathbf{1.210}}}$$

Aufgabe 7 Ermittlung von Kapitalendwerten

Welches Endkapital (K_n) ergibt sich für folgende Aufgaben (a) bis (c). Benutzen Sie zur Lösung die entsprechenden **Zinstabellen, Spalte (2) am Ende dieses Buchs**.

Aufgabe	K_0	i	n
(a)	7.000 EUR	6 %	15 Jahre
(b)	100 EUR	8 %	20 Jahre
(c)	1 EUR	10 %	50 Jahre

Lösung:

(a) K_{15}	=	7.000	·	2,397	=	16.779,00 EUR
(b) K_{20}	=	100	·	4,661	=	466,10 EUR
(c) K_{50}	=	1	·	117,391	=	117,39 EUR

Aufgabe 8 Barwert oder Kapitalanfangswert (Abzinsung)

Welchen Betrag müssen Sie am 1.1.01 bei der Bank einzahlen, wenn Sie am 31.12.02 1.210 EUR abheben wollen und die Bank Ihnen 10 % Zinsen pro Jahr zahlt?

Lösungshinweis: Siehe **Aufgabe 6**.

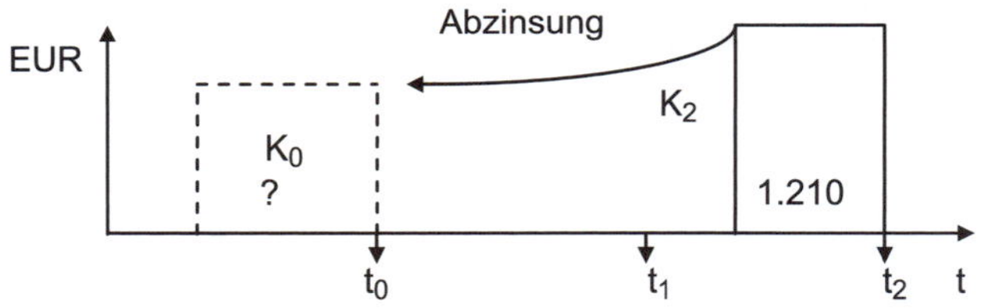

Wie Sie aus Aufgabe 6 entnehmen können, müssen Sie zu diesem Zweck am 1.1.01 1.000 EUR einzahlen. Somit haben im Zeitpunkt t_2 für Sie 1.210 EUR bei 10 % Zinsen den gleichen Wert wie 1.000 EUR im Zeitpunkt t_0.

Die Endwertformel aus Aufgabe 6

$$\mathbf{K_n} = K_0 \cdot (1 + i)^n$$

ist nach dem gesuchten Barwert (Anfangskapital) aufzulösen:

$$\mathbf{K_0} = K_n \cdot \frac{1}{(1+i)^n}$$

Wie wir bereits in Aufgabe 6 gesehen haben, ist für n = 2 und i = 10 % der Faktor $(1 + i)^n = 1{,}210$. Für K0 folgt somit für diese Aufgabe

$$\mathbf{K_0 =} 1.210 \text{ EUR} \cdot \frac{1}{1{,}210} = \underline{\underline{\mathbf{1.000 \text{ EUR}}}}$$

Mathematisch lässt sich $\frac{1}{(1 + i)^n}$ schreiben als $(1 + i)^{-n}$, so dass die Formel für den Barwert (Kapitalanfangswert) auch dargestellt werden kann als

$$\mathbf{K_0} = K_n \cdot (1 + i)^{-n}$$

Diese sog. **Abzinsungsfaktoren** sind in der Spalte (3) der jeweiligen Zinstabellen im Anhang dieses Übungsbuchs angegeben.

Ausgerechnet ergibt $\frac{1}{1{,}210} \approx 0{,}8264$ und

$$K_0 = 1.210 \text{ EUR} \cdot 0{,}8264 = \underline{\underline{\mathbf{999{,}94\ EUR}}}$$

bzw. rund 1.000 EUR (Rundungsfehler 0,06 EUR).

Aufgabe 9 Ermittlung von Barwerten

Welchen Wert hat in den folgenden Aufgaben (a) bis (c) der Barwert (Anfangskapital) (K_0)? Benutzen Sie zur Lösung die entsprechenden **Zinstabellen Spalte (3)**.

Aufgabe	K_n	i	n
(a)	10.000 EUR	10 %	2 Jahre
(b)	37.000 EUR	8 %	17 Jahre
(c)	7.000 EUR	6 %	6 Jahre

Lösung:

$$\begin{aligned}
\textbf{(a) } K_0 &= 10.000 \text{ EUR} \cdot 0{,}8264 = 8.264{,}00 \text{ EUR}\\
\textbf{(b) } K_0 &= 37.000 \text{ EUR} \cdot 0{,}2703 = 10.001{,}10 \text{ EUR}\\
\textbf{(c) } K_0 &= 7.000 \text{ EUR} \cdot 0{,}7050 = 4.935{,}00 \text{ EUR}
\end{aligned}$$

Aufgabe 10 Barwert mehrerer Abhebungen von einem Sparbuch

In den **Aufgaben 8** und **9** wurde sinngemäß danach gefragt, welchen Barwert eine einmalige Abhebung von einem Sparkonto am Ende der Laufzeit bei einer bestimmten Verzinsung und einer bestimmten Laufzeit hat. In dieser Aufgabe soll danach gefragt werden, welchen Barwert mehrere Abhebungen von einem Sparbuch haben müssen oder umgekehrt ausgedrückt: Welchen Betrag muss ich bei einer gegebenen Verzinsung auf das Sparkonto einzahlen, wenn ich zu bestimmten Zeitpunkten bestimmte Beträge abheben will, wobei nach Abhebung des letzten Betrags das Sparkonto auf null stehen soll.

Welchen Betrag (K_0) müssen Sie in t_0 auf das Sparkonto einzahlen, wenn Sie in t_1 = 1.000 EUR (K_1) und in t_3 = 1.500 EUR (K_3) entnehmen wollen und die Bank 8 % Zinsen pro Jahr (p. a.) zahlt?

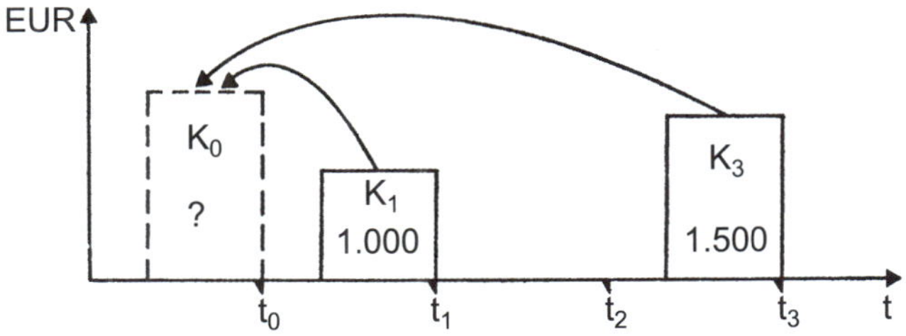

Barwert K_0 = Barwert K_1 + Barwert K_3

Gemäß Aufgabe 8 lautet hierfür die mathematische Formel:

$$\mathbf{K_0} = K_1 \cdot (1 + i)^{-1} + K_3 \cdot (1 + i)^{-3}$$

$$\mathbf{K_0} = 1.000 \text{ EUR} \cdot 1{,}08^{-1} + 1.500 \text{ EUR} \cdot 1{,}08^{-3}$$

Nach der Zinstabelle 8 % Spalte (3) folgt für n = 1 und n = 3

$$\mathbf{K_0} = 1.000 \text{ EUR} \cdot 0{,}9259 + 1.500 \text{ EUR} \cdot 0{,}7938$$

$$\mathbf{K_0} = 925{,}90 \text{ EUR} + 1.190{,}70 \text{ EUR}$$

$$\mathbf{K_0} = \underline{\underline{\mathbf{2.116{,}60\ EUR}}}$$

Um die beiden gewünschten Abhebungen tätigen zu können, sind also zum Zeitpunkt t_0 = 2.116,60 EUR einzuzahlen.

Probe:

Jahr	Kapital Anfang des Jahres	Zinsen 8 %	Kapital + Zinsen	Abhebung (Tilgung)	Kapital Ende des Jahres
1	2.116,60	169,33	2.285,93	1.000	1.285,93
2	1.285,93	102,87	1.388,80	0	1.388,80
3	1.388,80	111,10	1.499,90	1.500	(– 0,10)[1]

[1] Rundungsdifferenz

Aufgabe 11 Ermittlung von Barwerten mehrerer Abhebungen

Wie hoch ist in den folgenden Aufgaben (a) bis (c) der Barwert – das Anfangskapital (K_0)? Benutzen Sie zur Lösung die entsprechenden Zinstabellen Spalte (3).

Aufgabe	Abhebung	i
(a)	K_3 = 7.000 EUR, K_{17} = 50.000 EUR, K_{12} = 10.000 EUR	10 %
(b)	K_{10} = 20.000 EUR, K_{20} = 20.000 EUR	8 %
(c)	K_{30} = 17.000 EUR, K_{50} = 100.000 EUR	6 %

Lösung:

(a) $\mathbf{K_0}$ = 7.000 EUR · 0,7513 + 10.000 EUR · 0,3186 + 50.000 EUR · 0,1978 = 18.335,10 EUR

(b) $\mathbf{K_0}$ = 20.000 EUR · 0,4632 + 20.000 EUR · 0,2145 = 13.554,00 EUR

(c) $\mathbf{K_0}$ = 17.000 EUR · 0,1741 + 100.000 EUR · 0,0543 = 8.389,70 EUR

5. Abschnitt

Aufgabe 12 Rentenbarwert (Barwert einer Annuität)

Welches Kapital muss am 1.1.01 eingelegt werden, wenn bei einem Zinssatz von 10 % pro Jahr am 31.12.01, 31.12.02 und am 31.12.03 jeweils 1.000 EUR entnommen werden sollen?

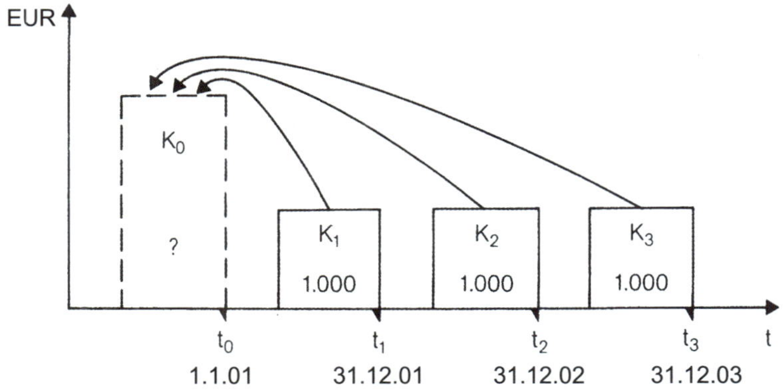

Diese Aufgabe unterscheidet sich von der vorangegangenen Aufgabe in zwei Punkten: Einmal findet eine **gleich hohe Entnahme** (1.000 EUR) statt und zum anderen erfolgt diese Entnahme in **ununterbrochener Folge** am Ende eines jeden Jahres. Man spricht deshalb auch von einer nachschüssigen (am Ende des Jahres erfolgenden) Entnahme oder **nachschüssigen Rente** oder **Annuität**.

Nach der Lösung von Aufgabe 10 gilt:

Barwert K_0 =	Barwert K_1	+	Barwert K_2	+	Barwert K_3
K_0 =	$K_1 \cdot (1 + i)^{-1}$	+	$K_2 \cdot (1 + i)^{-2}$	+	$K_3 \cdot (1 + i)^{-3}$

Unter Verwendung der Zinstabelle für 10 % Spalte (3) folgt:

$$\mathbf{K_0} = 1.000 \text{ EUR} \cdot 0{,}9091 + 1.000 \text{ EUR} \cdot 0{,}8264 + 1.000 \text{ EUR} \cdot 0{,}7513$$

oder nach Ausklammerung von 1.000

$$\mathbf{K_0} = 1.000 \text{ EUR} \cdot (0{,}9091 + 0{,}8264 + 0{,}7513)$$

$$\mathbf{K_0} = 1.000 \text{ EUR} \cdot 2{,}4868 = \underline{\underline{\mathbf{2.486{,}80 \text{ EUR}}}}$$

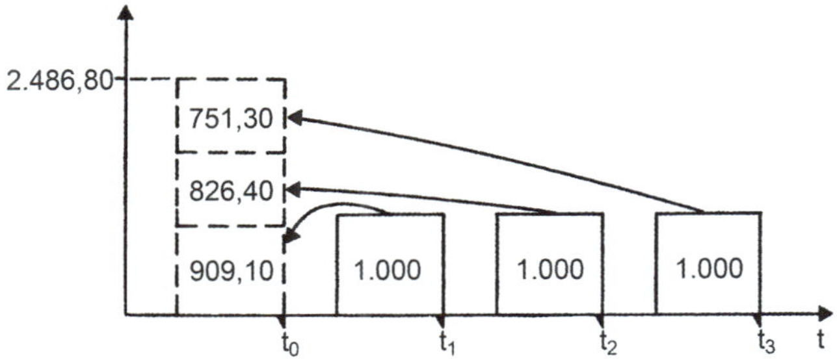

In unserer Zinstabelle sind für den Barwert einer Annuität (Rentenbarwert) in Spalte (4) hierfür die entsprechenden **Rentenbarwertfaktoren** bereits ausgerechnet, so dass die Lösung dieser Aufgabe einfacher durchzuführen ist. In Spalte (4) der Zinstabelle für 10 % ist für n = 3 der Faktor 2,487 angegeben. Hieraus ergibt sich für eine nachschüssige Annuität von 1.000 EUR über drei Jahre:

$$\mathbf{K_0} = \text{Annuität} \cdot \text{Rentenbarwertfaktor}$$

$$\mathbf{K_0} = 1.000 \text{ EUR} \cdot 2{,}487 = \underline{\underline{\mathbf{2.487 \text{ EUR}}}}$$

Man muss also heute 2.487 EUR einzahlen, um bei 10%-iger Jahresverzinsung eine dreimalige nachschüssige Jahresrente in Höhe von 1.000 EUR zu erhalten.

Aufgabe 13 Ermittlung von Rentenbarwerten (Annuitätenbarwerten)

Wie hoch ist der Barwert (Anfangskapital K_0) folgender Renten (a) bis (e)? Benutzen Sie zur Lösung die entsprechenden **Zinstabellen Spalte (4)**.

Aufgabe	Annuität	i	n
(a)	500 EUR	6 %	40 Jahre
(b)	1.000 EUR	8 %	20 Jahre
(c)	10.000 EUR	10 %	5 Jahre
(d)	2.000 EUR	8 %	10 Jahre
(e)	4.711 EUR	6 %	17 Jahre

Lösung:

(a) K_0	=	500 EUR	·	15,046	=	7.523 EUR
(b) K_0	=	1.000 EUR	·	9,818	=	9.818 EUR
(c) K_0	=	10.000 EUR	·	3,791	=	37.910 EUR
(d) K_0	=	2.000 EUR	·	6,710	=	13.420 EUR
(e) K_0	=	4.711 EUR	·	10,477	=	49.357 EUR

Aufgabe 14 Annuität (Rente)

In den **Aufgaben 12** und **13** wurde bei einer gegebenen Rente (Annuität) der Barwert (Anfangskapital) gesucht. In dieser Aufgabe soll umgekehrt danach gefragt werden, welche Rente einer bestimmten Laufzeit sich bei einer bestimmten Verzinsung aus einem gegebenen Anfangskapital (K_0) ergibt. Das Restkapital soll schließlich 0 EUR betragen.

Welche dreimal am Ende jeden Jahres zahlbare Rente (Annuität) ergibt sich bei einer Verzinsung von 6 % pro Jahr und einem Anfangskapital von 10.000 EUR?

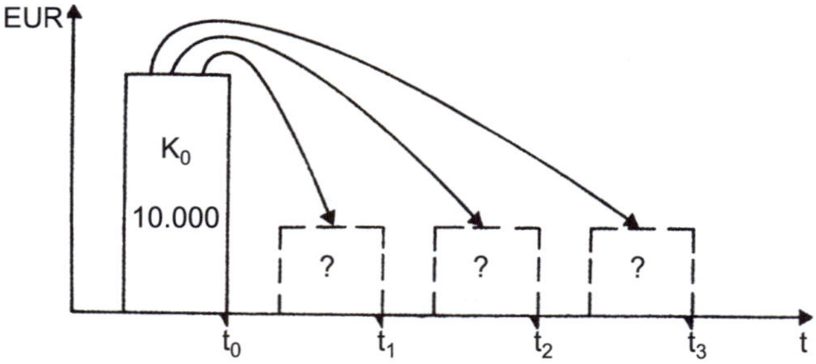

Wird wie in Aufgabe 12 der Barwert (Anfangskapital) einer Annuität (Rente) gesucht, so lautet die Formel:

$$\textbf{Barwert } (K_0) = \text{Annuität} \cdot \text{Rentenbarwertfaktor}$$

Wird dagegen bei gegebenem Anfangskapital die Annuität gesucht, so folgt durch Auflösung nach dem gesuchten Wert:

$$\textbf{Annuität (Rente)} = \text{Barwert } (K_0) \cdot \frac{1}{\text{Rentenbarwertfaktor}}$$

Der jeweilige Faktor $\frac{1}{\text{Rentenbarwertfaktor}}$, der als **Annuitätenfaktor** oder auch als **Rentenfaktor** bezeichnet wird, ist in Spalte (5) der Zinstabelle bereits ausgerechnet. Wird für die Lösung der Aufgabe der Rentenbarwertfaktor (Zinstabelle 6 %, Spalte (4), n = 3) verwandt, so ergibt sich folgende Lösung:

$$\text{Annuität} = 10.000 \text{ EUR} \cdot \frac{1}{2{,}673} = 10.000 \text{ EUR} \cdot 0{,}37411 = \underline{\underline{\mathbf{3.741{,}10\ EUR}}}$$

Wird der Annuitätenfaktor der Spalte (5) direkt verwandt, so folgt:

$$\text{Annuität} = 10.000 \text{ EUR} \cdot 0{,}37411 = \underline{\underline{\mathbf{3.741{,}10\ EUR}}}$$

Probe:

Jahr	Kapital Anfang des Jahres	Zinsen 6 %	Kapital + Zinsen	Abhebung (Tilgung)	Kapital Ende des Jahres
1	10.000,00	600,00	10.600,00	3.741,10	6.858,90
2	6.858,90	411,53	7.270,43	3.741,10	3.529,33
3	3.529,33	211,76	3.741,09	3.741,10	(– 0,01)[1]

1 Rundungsdifferenz

Aufgabe 15 Ermittlung von Annuitäten

Welche jährlichen Zins- und Tilgungsraten gleicher Höhe (Annuitäten) sind zu zahlen, wenn zu folgenden Konditionen Darlehen (= Anfangskapital) aufgenommen werden (verwenden Sie die entsprechenden **Zinstabellen Spalte 5**)?

Aufgabe	Darlehen	i	Laufzeit
(a)	10.000 EUR	10 %	5 Jahre
(b)	50.000 EUR	8 %	10 Jahre
(c)	100.000 EUR	6 %	25 Jahre

Lösung:

(a) Annuität = 10.000 EUR · 0,26380 = 2.638,00 EUR
(b) Annuität = 50.000 EUR · 0,14903 = 7.451,50 EUR
(c) Annuität = 100.000 EUR · 0,07823 = 7.823,00 EUR

Aufgabe 16 Interne Verzinsung

Bis jetzt wurde das Anfangskapital, das Endkapital bzw. wurden die Raten (Annuitäten) gesucht. In dieser Aufgabe soll bei gegebenem Anfangs- und Endkapital sowie einer vorgeschriebenen Laufzeit die notwendige jährliche Verzinsung bestimmt werden.

Welche jährliche Verzinsung ist notwendig, wenn ein Anfangskapital von 4.664 EUR in 8 Jahren auf 10.000 EUR anwachsen soll?

Es gilt nach Aufgabe 6 die Beziehung

$$\mathbf{K_n} = K_0 \cdot (1 + i)^n$$

Gesucht ist in unserem Fall der Zinssatz i.

Eine mathematische Auflösung der gesamten Formel nach i ist möglich (Wurzelrechnen):

$$i = \sqrt[n]{\frac{K_n}{K_0}} - 1 = \sqrt[8]{\frac{10.000\text{ EUR}}{4.664\text{ EUR}}} - 1 \approx 0{,}1$$

Mit Hilfe von Zinstabellen, in denen der Wert $(1 + i)^n$ enthalten ist, kann der Zinssatz näherungsweise bestimmt werden. Aus einer Auflösung des obigen Ausdruckes folgt:

$$(1 + i)^n = \frac{K_n}{K_0}$$

Da $K_n = 10.000$ EUR, $K_0 = 4.664$ EUR und $n = 8$ betragen, folgt:

$$(1 + i)^8 = \frac{10.000\text{ EUR}}{4.664\text{ EUR}} = \underline{\underline{2{,}144}}$$

Man muss nun in den einzelnen nach Zinssätzen (6 %, 8 %, 10 %) geordneten Zinstabellen in der Zeile n und der Spalte $(1 + i)^n$, also der Spalte (2), so lange suchen, bis man den Wert

$$\frac{K_n}{K_0}$$

findet. In unserem Beispiel findet man den Wert 2,144 bei n = 8 in der Spalte (2) der Zinstabelle für 10 %. Die Lösung lautet demnach:

Wenn ein Anfangskapital von 4.664 EUR in 8 Jahren auf 10.000 EUR anwachsen soll, ist eine Verzinsung von 10 % notwendig. In diesem Falle wurde ein Beispiel gewählt, das sich mit unseren Zinstabellen (6 %, 8 %, 10 %) exakt lösen lässt. Für eine **generelle Lösung** derartiger Probleme durch **systematisches Suchen** wären demnach umfangreiche Zinstabellen über einen großen Zinsbereich notwendig.

Aufgabe 17 Ermittlung von Zinsfüßen

Welche Zinsfüße ergeben sich unter Rückgriff auf Spalte (2) der Zinstabellen in den folgenden Aufgaben (a) bis (c) bei gegebenem Anfangs- und Endkapital und gegebener Laufzeit?

Aufgabe	K_0	K_n	n
(a)	10.000 EUR	21.590 EUR	10
(b)	23.736 EUR	63.921 EUR	17
(c)	10.000 EUR	100.000 EUR	28

Lösung:

(a) $\frac{K_n}{K_0} = \frac{21.590}{10.000} = 2{,}159$ $\quad$ i = 8% bei n = 10

(b) $\frac{K_n}{K_0} = \frac{63.921}{23.736} = 2{,}693$ $\quad$ i = 6% bei n = 17

(c) $\frac{K_n}{K_0} = \frac{100.000}{10.000} = 10$ $\quad$ i liegt zwischen 8 % und 10 % bei n = 28

Durch Probieren unter Rückgriff auf die Formel $(1 + i)^n$ kommt man auf einen Zinssatz von ca. 8,57 %.

Aufgabe 18 Anzahl der Perioden (Laufzeit)

Wie lange muss ein Anfangskapital von 5.000 EUR bei 8 % Zinsen angelegt werden, damit es auf 20.000 EUR anwächst?

Die Formel $K_n = K_0 \cdot (1 + i)^n$ ist nach n aufzulösen. Dies ist mathematisch exakt nur über Logarithmenrechnen möglich:

$$n = \frac{\ln\left(\frac{K_n}{K_0}\right)}{\ln(1+i)} = \frac{\ln\left(\frac{20.000 \text{ EUR}}{5.000 \text{ EUR}}\right)}{\ln(1+0{,}08)} \approx 18{,}013 \text{ Jahre}$$

Mit Hilfe der Zinstabellen lässt sich eine **Näherungslösung** finden:

$$(1 + i)^n = \frac{K_n}{K_0}$$

Da $K_0 = 5.000$ EUR, $K_n = 20.000$ EUR und $i = 8\,\%$ gegeben sind, folgt:

$$(1 + 0{,}08)^n = \frac{20.000 \text{ EUR}}{5.000 \text{ EUR}} = \underline{\underline{4{,}000}}$$

In Spalte (2) der Tabelle für 8 % muss nun der Wert gesucht werden, der dem errechneten Faktor 4,000 am nächsten kommt. Die **Anlagezeit** liegt zwischen n = 18 Jahren (Faktor 3,996) und n = 19 Jahren (Faktor 4,316).

Aufgabe 19 Ermittlung der Anzahl der Perioden

In welcher Zeit wachsen in den folgenden Aufgaben (a) bis (c) bei gegebener Verzinsung die angegebenen Anfangskapitalbeträge auf die angegebenen Endkapitalbeträge an? Lösen Sie unter Rückgriff auf die Zinstabellen!

Aufgabe	Anfangskapital	Endkapital	Zinssatz
(a)	10 EUR	281,02 EUR	10 %
(b)	375 EUR	1.000,00 EUR	8 %
(c)	1.000 EUR	7.000,00 EUR	6 %

Lösung:

Aufgabe	Faktor	Zinstabelle	Jahre
(a)	28,102	10 %	$n = 35$
(b)	2,667	8 %	$12 < n < 13$
(c)	7,000	6 %	$33 < n < 34$

3. Dynamische Verfahren der Investitionsrechnung (Finanzmathematische Methoden)

Wiederholungsfragen:

	Wöhe Seite
Mit welchen Rechengrößen arbeiten die dynamischen Verfahren der Investitionsrechnung?	480
Auf welchen vereinfachenden Annahmen basiert das Grundmodell der Investitionsrechnung?	481
Welcher Zusammenhang besteht zwischen dem Zukunftserfolgswert und dem Kapitalwert?	486
Was sagt ein positiver (negativer) Kapitalwert über die Vorteilhaftigkeit einer Investition?	486 f.
Wann ist eine Investition nach der Annuitätenmethode vorteilhaft?	490
Wann ist eine Investition nach der Methode des internen Zinsfußes vorteilhaft?	491
Von welcher Wiederanlageprämisse geht die Methode des internen Zinsfußes aus?	492
Wie unterscheidet sich die technische von der wirtschaftlichen Nutzungsdauer?	492 f.
Wie ermittelt man die wirtschaftliche Nutzungsdauer einer Investition?	492 f.
Welcher Zusammenhang besteht zwischen dem Kalkulationszinsfuß vor und nach Steuern?	495
Nach welcher Formel ermittelt man den Kapitalwert nach Steuern?	495 f.
Auf welche Punkte konzentriert sich die Kritik am Grundmodell der Investitionsrechnung?	497
Wie berücksichtigt das Dean-Modell die Interdependenz zwischen Investitions- und Finanzierungsentscheidungen?	497–499
Was leistet die lineare Programmierung zur simultanen Investitions- und Finanzplanung?	499
Warum haben sich die Modelle zur simultanen Investitionsprogrammplanung bislang nicht in der Praxis durchsetzen können?	499
Welcher Zusammenhang besteht zwischen Umweltzuständen, Inputgrößen und Ergebnisgrößen der Investitionsrechnung bei Unsicherheit?	500 f.
Wie begegnen Korrekturverfahren und Sensitivitätsanalysen dem Unsicherheitsproblem?	501–503
Was leistet die (μ, σ)-Regel bei Investitionsentscheidungen unter Unsicherheit?	505
Wie ist ein Entscheidungsbaum aufgebaut?	505 f.
Wie lässt sich im Rahmen eines portfoliotheoretischen Ansatzes das Investitionsrisiko durch Diversifikation verringern?	508

Aufgabe 20 Ein- und Auszahlungen im Investitionskalkül

Der Unternehmer U kann in t_0 eine Sachinvestition tätigen. Die Anschaffungsauszahlung A_0 beläuft sich auf 1.000 TEUR. Nach zweijähriger Investitionsdauer, also in t_2, soll die Anlage zu einem Liquidationserlös L_n von 600 TEUR veräußert werden.

Mit der maschinellen Anlage werden Produkte erstellt. Hierbei werden am Absatzmarkt – jeweils zum Ende der 1. und 2. Periode – folgende laufende Einzahlungen (in TEUR) erwirtschaftet:

laufende Einzahlungen E_t: $E_{t1} = 500$, $E_{t2} = 900$

Zur Herstellung der Produkte werden Produktionsfaktoren (Arbeit, Werkstoffe) beschafft. Dabei werden – ebenfalls jeweils zum Periodenende – folgende Auszahlungen (in TEUR) am Beschaffungsmarkt getätigt:

laufende Auszahlungen A_t: $A_{t1} = 400$, $A_{t2} = 200$

Erstellen Sie eine tabellarische Übersicht aller Einzahlungen (+) und Auszahlungen (–)!

Wöhe S. 472–474

Ein- und Auszahlungen lassen sich folgendermaßen darstellen (in TEUR):

Zeitpunkt	t_0	t_1	t_2
Anschaffungsauszahlung A_0	– 1.000		
laufende Einzahlungen E_t		+ 500	+ 900
laufende Auszahlungen A_t		– 400	– 200
Liquidationserlös L_n			+ 600

Im „**Wöhe**" ist dieser Zahlungsstrom auf **S. 481** auf einem Zeitstrahl graphisch dargestellt.

Aufgabe 21 Zahlungstableau bei Eigenkapitaleinsatz

Der Unternehmer U verfügt über ein Eigenkapital von 1.000 TEUR. Diesen Betrag könnte er zu 10 Prozent Jahreszins am Kapitalmarkt anlegen. Stattdessen kann er eine Sachinvestition mit folgenden Ausgangsdaten (in TEUR) tätigen.

Zeitpunkt	t_0	t_1	t_2
Anschaffungsauszahlung A_0	– 1.000		
laufende Einzahlungen E_t		+ 500	+ 900
laufende Auszahlungen A_t		– 400	– 200
Liquidationserlös L_n			+ 600

Teilaufgabe a)

Über welches Endvermögen kann U in t_2 verfügen, wenn er sein Eigenkapital von 1.000 TEUR zu 10 Prozent Jahreszinsen am Kapitalmarkt anlegt? Erstellen Sie ein Zahlungstableau!

Das Endvermögen K_2 lässt sich durch Aufzinsung von K_0 errechnen:

$$\mathbf{K_2} = K_0 \cdot (1 + i)^2$$
$$\mathbf{K_2} = 1.000 \cdot 1{,}10^2$$
$$\mathbf{K_2} = 1.000 \cdot 1{,}21 = 1.210$$

Bei Anlage des Eigenkapitals am Kapitalmarkt kann U in t_2 über ein Endvermögen von 1.210 TEUR verfügen.

Zeitpunkt	Zahlungsvorgang	Betrag TEUR
t_0	Anfangsvermögen	+ 1.000
t_1	Zinsgutschrift (1)	+ 100
t_1	Bestand Schulden (–)/Guthaben (+)	+ 1.100
t_2	Zinsgutschrift (2)	+ 110
t_2	Bestand Schulden (–)/Guthaben (+)	+ 1.210

Teilaufgabe b)

Über welches Endvermögen kann U in t_2 verfügen, wenn er die Sachinvestition tätigt? Erstellen Sie das Zahlungstableau! Wie vorteilhaft ist die Sachinvestition gemessen an der Alternativanlage des Eigenkapitals am Kapitalmarkt?

Wöhe S. 472–474

Der mit der Sachinvestition verbundene Zahlungsstrom lässt sich zu folgendem Zahlungstableau zusammenfassen, wobei überschüssige Beträge am Kapitalmarkt für 10 % Zinsen pro Jahr angelegt werden:

Zeitpunkt	Zahlungsvorgang	Betrag TEUR
t_0	Anfangsvermögen	+ 1.000
t_0	Anschaffungsauszahlung A_0	– 1.000
t_1	E_1	+ 500
t_1	A_1	– 400
t_1	Bestand Schulden (–)/Guthaben (+)	+ 100
t_2	Zinsgutschrift	+ 10
t_2	E_2	+ 900
t_2	A_2	– 200
t_2	Liquidationserlös L_n	+ 600
t_2	Bestand Schulden (–)/Guthaben (+)	+ 1.410

Bei der Sachinvestition I wächst das Reinvermögen von U stärker als bei der Alternativanlage am Kapitalmarkt (in TEUR):

Endvermögen t_2 bei Sachinvestition I	1.410
Endvermögen t_2 bei Kapitalmarktanlage	1.210
Vorteil der Sachinvestition Δ_I	+ 200

Im **„Wöhe", S. 473**, wurde für die gleiche Sachinvestition I bei Fremdfinanzierung ein Vermögenszuwachs Δ_I von = 200 TEUR errechnet. Dies entspricht exakt dem relativen Vermögenszuwachs bei Eigenfinanzierung. Daraus folgt: Wenn Fremdkapital zu 10 Prozent beschafft und Eigenkapital zum gleichen Satz von 10 Prozent angelegt werden kann, hat die Finanzierung keinen Einfluss auf die Vorteilhaftigkeit einer Investition.

Aufgabe 22 Zukunftserfolgswert und Kapitalwert

Ein Unternehmen kann eine Sachinvestition tätigen, die durch folgenden Zahlungsstrom gekennzeichnet ist:

Zeitpunkt	t_0	t_1	t_2	t_3	t_4
Anschaffungsauszahlung A_0	– 6.000	–	–	–	–
laufende Einzahlungen E_t	–	+ 3.000	+ 2.000	+ 2.000	+ 1.000
laufende Auszahlungen A_t	–	– 1.000	– 500	– 300	– 1.000
Liquidationserlös L_n	–	–	–	–	+ 2.000
Nettoeinzahlungen	– 6.000	+ 2.000	+ 1.500	+ 1.700	+ 2.000

Wöhe S. 485–487

Teilaufgabe a)

Es gilt ein Kalkulationszinsfuß von 8 Prozent. Wie hoch sind der Zukunftserfolgswert und der Kapitalwert? Ist die Investition vorteilhaft?

Zwischen dem Zukunftserfolgswert und dem Kapitalwert besteht folgender Zusammenhang:

Zukunftserfolgswert (= Barwert aller Nettoeinzahlungen zwischen t_1 und t_n)
– **Anschaffungsauszahlung** A_0

Kapitalwert

Zeitpunkt	t_1	t_2	t_3	t_4
(1) Nettoeinzahlungen	+ 2.000	+ 1.500	+ 1.700	+ 2.000
(2) Abzinsungsfaktor	$1{,}08^{-1}$	$1{,}08^{-2}$	$1{,}08^{-3}$	$1{,}08^{-4}$
oder*	0,9259	0,8573	0,7938	0,7350
(3) Barwert der Nettoeinzahlungen (1) · (2)	+ 1.852	+ 1.286	+ 1.349	+ 1.470
Zukunftserfolgswert	+ 5.957			

* Vgl. die Zinstabelle, Spalte (3), im Anhang dieses Buchs.

Im vorliegenden Fall ist der Zukunftserfolgswert (Gegenwartswert) des Investitionsobjekts kleiner als die Anschaffungsauszahlung A_0.

	Zukunftserfolgswert	+ 5.957
–	Anschaffungsauszahlung A_0	– 6.000
	Kapitalwert	– **43**

Der Kapitalwert ist negativ; die Investition sollte unterbleiben.

Teilaufgabe b)

Es gilt jetzt ein Kalkulationszinsfuß von 6 Prozent. Wie hoch sind jetzt der Zukunftserfolgswert und der Kapitalwert?

5. Abschnitt

Zeitpunkt	t_1	t_2	t_3	t_4
(1) Nettoeinzahlungen	+ 2.000	+ 1.500	+ 1.700	+ 2.000
(2) Abzinsungsfaktor	$1{,}06^{-1}$	$1{,}06^{-2}$	$1{,}06^{-3}$	$1{,}06^{-4}$
oder	0,9434	0,8900	0,8396	0,7921
(3) Barwert der Nettoeinzahlungen (1) · (2)	+ 1.887	+ 1.335	+ 1.427	+ 1.584
Zukunftserfolgswert	+ 6.233			

Der Zukunftserfolgswert ist im vorliegenden Fall höher als die Anschaffungsauszahlung A_0.

	Zukunftserfolgswert	+ 6.233
–	Anschaffungsauszahlung A_0	– 6.000
	Kapitalwert	+ **233**

Bei einem Kalkulationszinsfuß von 6 Prozent ist die Investition vorteilhaft. Gemessen an den Vorgaben der Teilaufgabe a) ist der Kalkulationszinsfuß von 8 auf 6 Prozent gesunken. Je niedriger der Kalkulationszinsfuß (= Kapitalkosten), desto schwächer ist der Abwertungseffekt künftiger Zahlungen bei der Ermittlung des Barwertes. Je niedriger die Kapitalkosten, desto höher ist also der Gegenwartswert künftiger Einzahlungsüberschüsse. In unserem Beispiel hat das Sinken des Kalkulationszinsfußes von 8 auf 6 Prozent zur Folge, dass die Investition vorteilhaft wird.

Aufgabe 23 Rangfolgeentscheidung nach dem Kapitalwert

Die Firma HUCKEPACK vermietet Kleinlastwagen an Selbstfahrer. Zur Überwindung eines Kapazitätsengpasses soll ein weiterer LKW angeschafft werden. Zur Wahl stehen die beiden Fahrzeugtypen O und P, für die folgende Planungsdaten gelten:

Fahrzeugtyp	O	P
Anschaffungsauszahlung A_0	– 50.000	– 80.000
Investitionsdauer n	4 Jahre	4 Jahre
Liquidationserlös L_n	0	0
laufende Einzahlungen E_t	+ 54.000/Jahr	+ 60.000/Jahr
laufende Auszahlungen A_t	– 15.500/Jahr	– 9.800/Jahr
Kalkulationszinsfuß i	8 Prozent	8 Prozent

Ermitteln Sie die Kapitalwerte für die beiden Investitionsobjekte O und P!

Wöhe S. 485–487

Fahrzeugtyp	O	P
Anschaffungsauszahlung A_0	– 50.000	– 80.000
Jährlicher Einzahlungsüberschuss $E_t - A_t$	+ 38.500	+ 50.200

Zwischen t_1 und t_4 fließen Einzahlungsüberschüsse in gleichbleibender Höhe (= Rente). Multipliziert man den jährlichen Einzahlungsüberschuss mit dem Rentenbarwertfaktor (RBF) 8 %/4 Jahre aus der Zinstabelle, Spalte (4), im Anhang dieses Buchs, gelangt man zu folgendem Ergebnis:

Fahrzeugtyp	O	P
(1) $E_t - A_t$	+ 38.500	+ 50.200
(2) RBF 8 %/4 Jahre	3,312	3,312
(3) Zukunftserfolgswert (1) · (2)	+ 127.512	+ 166.262
(4) Anschaffungsauszahlung A_0	50.000	80.000
(5) **Kapitalwert** (3) – (4)	**+ 77.512**	**+ 86.262**

Beide Investitionen sind im Prinzip vorteilhaft. Im Rahmen der Rangfolgeentscheidung sollte aber Fahrzeugtyp P mit dem höheren Kapitalwert angeschafft werden.

Aufgabe 24 Kapitalwert, Abschreibungen und Zinsen

Die Vorteilhaftigkeit der Fahrzeugtypen O und P wurde in

- **Aufgabe 2** nach der Gewinnvergleichsrechnung und in
- **Aufgabe 23** nach der Kapitalwertmethode

beurteilt. Beide Rechnungen gehen von identischen Ausgangsdaten aus. Sie unterscheiden sich aber in folgendem Punkt: In der Gewinnvergleichsrechnung werden folgende Kostenkomponenten berücksichtigt:

Fahrzeugtyp	O	P
Kalkulatorische Abschreibung $\frac{A_0}{n}$	12.500	20.000
Kalkulatorische Zinsen $\frac{A_0}{2} \cdot i$	2.000	3.200

Kann die Kapitalwertmethode zu richtigen Ergebnissen führen, wenn sie diese beiden Kostenkomponenten vernachlässigt?

Die Gewinnvergleichsrechnung arbeitet mit Erlösen und Kosten, die Kapitalwertmethode mit Einzahlungen und Auszahlungen. Die Gewinnvergleichsrechnung berücksichtigt die **Kapitalkosten** explizit, d.h. über den Ansatz kalkulatorischer Zinsen. Die Kapitalwertmethode berücksichtigt die Kapitalkosten implizit, d.h. über die Diskontierung (Abzinsung) künftiger Einzahlungsüberschüsse.

Analog gilt für Abschreibung und Wertverzehr: Die Gewinnvergleichsrechnung erfasst den **Wertverzehr** der Anlagen über die Berücksichtigung kalkulatorischer Abschreibungen. Beim Fahrzeugtyp P waren das im Beispiel 4 · 20.000 = 80.000. Auch die Kapitalwertmethode berücksichtigt den Anlagenwertverzehr: So erfasst man bei Anlage P eine Anschaffungsauszahlung A_0 von – 80.000. Da der Liquidationserlös im vorliegenden Fall null ist, beziffert sich der Wertverzehr der Totalperiode auf 80.000.

Aufgabe 25 Annuitätenmethode

Die Gemeinde SANFTLEBEN steht vor der Entscheidung, zur Qualifizierung von Langzeitarbeitslosen eine Beschäftigungsgesellschaft zu gründen. Die Arbeitsbeschaffungsmaßnahme soll auf zwei Jahre ausgelegt werden. In t_0 kostet die Schaffung eines Arbeitsplatzes in der Beschäftigungsgesellschaft 100.000 EUR. In t_2 erbringt die Auflösung eines Arbeitsplatzes einen Liquidationserlös von + 30.000. In den kommenden zwei Jahren verursacht ein Arbeitsplatz folgende laufenden Ein- und Auszahlungen:

	t_1	t_2
E_t	+ 20.000	+ 22.000
A_t	– 60.000	– 60.000

Die Gemeinde SANFTLEBEN unterhält bei der örtlichen Sparkasse ein Kontokorrentkonto, auf dem Guthaben und Schulden mit einheitlich 10 Prozent p.a. verzinst werden.

Vor Realisierung der Beschäftigungsmaßnahme will der Gemeindekämmerer wissen, mit welchem jährlich gleichbleibenden (endfälligen) Subventionsbetrag aus dem öffentlichen Haushalt jeder Arbeitsplatz in der Beschäftigungsgesellschaft bezuschusst werden muss. Wie lässt sich diese Frage beantworten?

Wöhe S. 488–490

Zeitpunkt	t_1	t_2
E_t	+ 20.000	+ 22.000
A_t	– 60.000	– 60.000
L_n	–	+ 30.000
(1) Nettoeinzahlungen	– 40.000	– 8.000
(2) Abzinsungsfaktor $1{,}10^{-t}$	0,9091	0,8264
(3) Barwert (1) · (2)	– 36.364	– 6.611
Zukunftserfolgswert	– 42.975	
– Anschaffungsauszahlung A_0	– 100.000	
Kapitalwert K	– 142.975	

Die Annuität a erhält man, wenn man den Kapitalwert K mit dem Annuitätenfaktor ANF multipliziert. Der Annuitätenfaktor ANF ist in Spalte (5) der Zinstabellen im Anhang dieses Buchs wiedergegeben.

K	·	ANF	=	a
– 142.975	·	0,57619	=	82.381

Der Gemeindekämmerer muss damit rechnen, dass er jeden Arbeitsplatz in t_1 und t_2 mit einer **Subvention** von jeweils 82.381 EUR bezuschussen muss.

Aufgabe 26 Annuität und Zahlungstableau

Es gelten die Angaben der **Aufgabe 25**. Das Kontokorrentkonto der Gemeinde hat in t_0 einen Stand von null. Die Gemeinde SANFTLEBEN schafft in t_0 einen Arbeitsplatz und leistet in t_1 sowie t_2 einen Zuschuss aus dem öffentlichen Haushalt von jeweils 82.381 EUR. Welches Aussehen hat das Kontokorrentkonto?

Wöhe S. 488–490

Zwischen t_0 und t_2 lässt sich das Kontokorrent folgendermaßen fortschreiben:

t_0	Anfangskapital	0
t_0	Anschaffungsauszahlung A_0	– 100.000
t_1	Kreditzinsen Periode 1	– 10.000
t_1	E_1	+ 20.000
t_1	A_1	– 60.000
t_1	Subvention a_1	+ 82.381
t_1	Schuldenstand t_1	– 67.619
t_2	Kreditzinsen Periode 2	– 6.762
t_2	E_2	+ 22.000
t_2	A_2	– 60.000
t_2	L_n	+ 30.000
t_2	Subvention a_2	+ 82.381
t_2	Endkapital t_2	0

Das Kontokorrent zeigt, dass die negative Annuität a = – 82.381 (= Subvention) gerade ausreicht, die finanzielle Unterdeckung einer an sich unvorteilhaften Investition (K = – 142.975) auszugleichen.

Aufgabe 27 Näherungslösung zur Ermittlung des internen Zinsfußes

Die Sachinvestition I lässt folgenden Zahlungsstrom in Geldeinheiten (GE) erwarten:

Zeitpunkt	t_0	t_1	t_2
Anschaffungsauszahlung A_0	– 1.000		
Einzahlungen E_t		+ 500	+ 900
Auszahlungen A_t		– 400	– 200
Liquidationserlös L_n			+ 600
Nettoeinzahlungen	– 1.000	+ 100	+ 1.300

Ermitteln Sie für diese Sachinvestition den internen Zinsfuß r! Ist die Investition vorteilhaft, wenn der Kalkulationszinsfuß i

a) 10 Prozent
b) 20 Prozent

beträgt?

Wöhe S. 490–492

Der interne Zinsfuß gibt an, zu welchem Prozentsatz sich das in einem Investitionsobjekt gebundene Kapital verzinst. Zur Ermittlung des internen Zinsfußes r diskontiert man den erwarteten Zahlungsstrom mit dem Kalkulationszinsfuß i = 0 % und berechnet so den fiktiven Kapitalwert K. Durch schrittweise Erhöhung des Diskontierungszinsfußes wird K immer kleiner. Man versucht so, sich dem Kapitalwert von 0 anzunähern. Ist K z. B. bei 13 Prozent noch positiv und bei 14 Prozent negativ, dann liegt der interne Zinsfuß r zwischen 13 und 14 Prozent und kann durch Interpolation näherungsweise berechnet werden.

Zinssatz	t_0	t_1	t_2	K
0	– 1.000	+ 100	+ 1.300	+ 400,00
0,10	– 1.000	$+ \frac{100}{1{,}10^1}$	$+ \frac{1.300}{1{,}10^2}$	+ 165,29
0,15	– 1.000	$+ \frac{100}{1{,}15^1}$	$+ \frac{1.300}{1{,}15^2}$	+ 69,94
0,19	– 1.000	$+ \frac{100}{1{,}19^1}$	$+ \frac{1.300}{1{,}19^2}$	+ 2,05
0,20	– 1.000	$+ \frac{100}{1{,}20^1}$	$+ \frac{1.300}{1{,}20^2}$	– 13,89

Im vorliegenden Fall liegt der interne Zinsfuß zwischen 19 und 20 Prozent. In diesem Zinsintervall von 100 Basispunkten (= 2.000 – 1.900) verändert sich der Kapitalwert um (2,05 + 13,89 =) 15,94 GE.

Gesucht ist die Anzahl der Basiszinspunkte x, um die der Zinsfuß von 19 Prozent erhöht werden muss, damit K gleich null wird.

$$\frac{15{,}94}{100} = \frac{2{,}05}{x}$$

$$x \approx 13 \text{ Basispunkte} = 0{,}13\ \%$$

Der interne Zinsfuß r beziffert sich somit auf rund:

	Sockelzins	19,00
+	Basispunkte x in Prozent	00,13
	Interner Zinsfuß r	**19,13 Prozent**

Nach dem Kriterium des internen Zinsfußes ist eine Investition vorteilhaft, wenn der interne Zinsfuß r höher ist als der Kalkulationszinsfuß i. Die Investition ist also bei einem Kalkulationszinsfuß von

(a) i = 10 Prozent vorteilhaft bzw.
(b) i = 20 Prozent unvorteilhaft.

Wie die obige Berechnung (in der Tabelle) zeigt, gelangt man bei Anwendung des Kapitalwertkriteriums zum gleichen Ergebnis.

Aufgabe 28 Kapitalwert und interner Zinsfuß

Ein Investor verfügt über ein Eigenkapital von 1.000 Geldeinheiten. Er hat die Wahl zwischen der Sachinvestition A und der Sachinvestition B. Beide Sachinvestitionen haben eine Laufzeit von zwei Jahren und eine Anschaffungsauszahlung A_0 von jeweils – 1.000. In der folgenden Übersicht werden die Zahlungsströme für beide Investitionen A und B wiedergegeben. Der für t_0 angegebene Wert entspricht der jeweiligen Anschaffungsauszahlung A_0.

Zeitpunkt	t_0	t_1	t_2
Zahlungsstrom A	– 1.000	+ 1.070	+ 100
Zahlungsstrom B	– 1.000	0	+ 1.250

Wird keine der beiden Sachinvestitionen A bzw. B realisiert, kann das verfügbare Eigenkapital zu 6 Prozent am Kapitalmarkt angelegt werden. Zur Beurteilung der Vorteilhaftigkeit beider Sachinvestitionen will der Investor sowohl die Kapitalwertmethode als auch die Methode des internen Zinsfußes anwenden.

Teilaufgabe a)

Wie hoch sind die Kapitalwerte der Sachinvestitionen A bzw. B?

Wöhe S.485–487

Bei einem Kalkulationszinsfuß i von 6 Prozent lässt sich der Kapitalwert bei Heranziehung der Abzinsungsfaktoren aus der Zinstabelle (am Ende des Buchs) folgendermaßen ermitteln:

Zeitpunkt	t_0	t_1	t_2	K
Zahlungsstrom A	– 1.000	+ 1.070	+ 100	K_A
Abzinsungsfaktor $1{,}06^{-t}$	1,000	0,9434	0,8900	
Barwert	– 1.000	+ 1009,44	+ 89,00	**+ 98,44**
Zahlungsstrom B	– 1.000	0	+ 1.250	K_B
Abzinsungsfaktor $1{,}06^{-t}$	1,000	0,9434	0,8900	
Barwert	– 1.000	0	1.112,50	**+ 112,50**

Nach dem Kapitalwertkriterium sollte der Anleger die Sachinvestition B realisieren.

Teilaufgabe b)

Ermitteln Sie den internen Zinsfuß für die Sachinvestition A bzw. B! Für welche Investition sollte sich der Anleger nach diesem Kriterium entscheiden?

Wöhe S.490–492

Die internen Zinsfüße r_A bzw. r_B lassen sich wie folgt ermitteln:

Sachinvestition A				
Zinssatz	Zahlungsstrom			K_A
	t_0	t_1	t_2	
0,15	– 1.000	$+\dfrac{1.070}{1{,}15^1}$	$+\dfrac{100}{1{,}15^2}$	+ 6,05
0,16	– 1.000	$+\dfrac{1.070}{1{,}16^1}$	$+\dfrac{100}{1{,}16^2}$	– 3,27

Der interne Zinsfuß r_A liegt zwischen 15 und 16 Prozent.

$$\frac{9{,}32}{100} = \frac{6{,}05}{x}$$

$$x_A \approx 65 \text{ Basispunkte} = 0{,}65\ \%$$

$$\mathbf{r_A} \approx 15{,}00 + x_A \approx \boxed{\mathbf{15{,}65\ \%}}$$

Sachinvestition B				
Zinssatz	Zahlungsstrom			K_A
	t_0	t_1	t_2	
0,11	− 1.000	0	$+ \frac{1.250}{1{,}11^2}$	+ 14,53
0,12	− 1.000	0	$+ \frac{1.250}{1{,}12^2}$	− 3,51

Der Zinsfuß r_B liegt zwischen 11 und 12 Prozent.

$$\frac{18{,}04}{100} = \frac{14{,}53}{x}$$

$$x_B \approx 81 \text{ Basispunkte} = 0{,}81\ \%$$

$$\mathbf{r_B} \approx 11{,}00 + x_B \approx \boxed{\mathbf{11{,}81\ \%}}$$

Da $r_A > r_B$ sollte sich der Anleger nach dem Kriterium des internen Zinsfußes für die Sachinvestition A entscheiden.

Teilaufgabe c)

Nach den Ergebnissen der Teilaufgaben a) und b) steht der Anleger vor einer paradoxen Situation:

$K_A \approx +98{,}44$	$K_B = +112{,}50$	Wähle B!
$r_A \approx 15{,}65\ \%$	$r_B \approx 11{,}81\ \%$	Wähle A!

Für welche Investition sollte sich der Anleger entscheiden? Welches Vorteilhaftigkeitskriterium ist richtig?

Wöhe S. 492

Bei der Sachinvestition A kommt es in t_1 zu einem hohen Kapitalrückfluss von + 1.070. Nach der Wiederanlageprämisse der Kapitalwertmethode wird dieser Betrag zwischen t_1 und t_2 am Kapitalmarkt zu 6 Prozent angelegt. Nach der Wiederanlageprämisse der Methode des internen Zinsfußes kann der gleiche Betrag zwischen t_1 und t_2 zum Zinsfuß r_A von 15,65 Prozent angelegt werden. Der interne Zinsfuß der Investition A ist deshalb so hoch, weil man von der Fiktion einer hochrentierlichen Zwischenanlage des in t_1 anfallenden Einzahlungsüberschusses ausgeht. Die Methode des internen Zinsfußes führt nur dann zur richtigen Investitionsentscheidung, wenn die zwischenzeitlichen Kapitalrückflüsse der Sachinvestition A tatsächlich zum internen Zinsfuß (15,65 Prozent) angelegt werden können.

Können zwischenzeitliche Kapitalrückflüsse – wie in unserem Fall unterstellt – nur zum Kalkulationszinsfuß (6 Prozent) angelegt werden, täuscht die Methode des internen Zinsfußes eine Rentabilität vor, die es in Wahrheit nicht gibt. In diesem Fall führt nur die Kapitalwertmethode zur richtigen Investitionsentscheidung.

Aufgabe 29 Bestimmung der wirtschaftlichen Nutzungsdauer durch das Kapitalwertmaximum

Der Taxifahrer SCHNELL, der einen Wagen 4 Jahre lang fahren möchte, bittet Sie, ihm aus drei verschiedenen Wagentypen den vorteilhaftesten Wagen herauszusuchen. Auf Basis einer Nutzungsdauer von 4 Jahren und einem Kalkulationszinsfuß von 10 Prozent ermitteln Sie mit Hilfe der Kapitalwertmethode, dass unter sämtlichen zur Auswahl stehenden Kraftfahrzeugen der Wagen vom Typ S den höchsten positiven Kapitalwert hat und empfehlen Herrn SCHNELL diesen Wagen zu kaufen. Ehe Herr SCHNELL sich zum Kauf entschließt, bittet er Sie, noch festzustellen, ob es nicht vorteilhafter wäre, den Wagen vom Typ S länger oder kürzer als 4 Jahre zu fahren.

Es stehen Ihnen folgende Angaben über die Entwicklung der Ein- und Auszahlungen für den Wagen S zur Verfügung.

Anschaffungsauszahlung (A_0) = 20.000 EUR

Zeitpunkt	Erlös	Betriebsausgaben	Restverkaufserlös
t_0	–	–	19.500
t_1	26.000	20.000	13.000
t_2	30.000	22.000	10.000
t_3	35.000	24.000	6.000
t_4	31.000	29.000	3.000
t_5	29.000	33.000	1.000

Der Restverkaufserlös im Zeitpunkt t_0 bedeutet, dass bei einem Kauf des Wagens zu 20.000 EUR und einem sofortigen Verkauf des neuen Wagens nur noch netto 19.500 EUR zu erlösen sind, da noch Auszahlungen (Verkaufsaufwand) von 500 EUR anfallen.

Wöhe S. 492 f.

Teilaufgabe a)

Wie lässt sich die wirtschaftliche Nutzungsdauer des Taxis auf Basis der Kapitalwerte bestimmen?

Der Kapitalwert gibt, falls positiv, den Barwert des Vorteils, falls negativ, den Barwert des Nachteils an. Man geht nun so vor, dass man die Kapitalwerte bestimmt für eine Nutzungsdauer von null, von einem Jahr, von zwei Jahren usw. Die Nutzungsdauer, bei der sich der niedrigste Kapitalwert ergibt, ist dabei die unvorteilhafteste Nutzungsdauer, diejenige mit dem größten Kapitalwert die vorteilhafteste Nutzungsdauer, die sog. **wirtschaftliche Nutzungsdauer**.

Teilaufgabe b)

Welche Barwerte der einzelnen Einzahlungsüberschüsse EZÜ und der Restverkaufserlöse ergeben sich bezogen auf den Zeitpunkt null der Investitionsentscheidung für die einzelnen Zeitpunkte?

Zeitpunkt	t_0	t_1	t_2	t_3	t_4	t_5
E_t A_t	– –	26.000 20.000	30.000 22.000	35.000 24.000	31.000 29.000	29.000 33.000
$E_t - A_t$ = EZÜ	–	6.000	8.000	11.000	2.000	– 4.000
Barwertfaktoren (10%)	0	0,9091	0,8264	0,7513	0,6830	0,6209
Barwert t_0 der EZÜ	–	5.455	6.611	8.264	1.366	– 2.484
Restverkaufserlös	19.500	13.000	10.000	6.000	3.000	1.000
Barwert t_0 der Restverkaufserlöse	19.500	11.818	8.264	4.508	2.049	621

Es ergeben sich im Zeitverlauf fallende Barwerte der Einzahlungsüberschüsse und der Restverkaufserlöse.

Teilaufgabe c)

Welche unterschiedlichen Kapitalwerte ergeben sich, wenn Herr SCHNELL sein Taxi alternativ zu den einzelnen Zeitpunkten $t_0, t_1, \dots, t_5$ verkauft?

Zeitpunkt des alternativen Verkaufs	Anschaffungsauszahlung	Barwert Restwert	Barwert laufende Einzahlungsüberschüsse					Kapitalwert
			t_1	t_2	t_3	t_4	t_5	
t_0	– 20.000	19.500	–	–	–	–	–	– 500
t_1	– 20.000	11.818	5.455	–	–	–	–	– 2.727
t_2	– 20.000	8.264	5.455	6.611	–	–	–	+ 330
t_3	– 20.000	4.508	5.455	6.611	8.264	–	–	+4.838
t_4	– 20.000	2.049	5.455	6.611	8.264	1.366	–	+3.745
t_5	– 20.000	621	5.455	6.611	8.264	1.366	– 2.484	– 167

Die optimale Nutzungsdauer, d.h. die **wirtschaftliche Nutzungsdauer,** liegt dort, wo der **Kapitalwert sein Maximum** erreicht. Die wirtschaftliche Nutzungsdauer beträgt demnach 3 Perioden.

5. Abschnitt

Aufgabe 30 Bestimmung der wirtschaftlichen Nutzungsdauer durch eine Grenzbetrachtung

Nach **Aufgabe 29** wird das Ende der wirtschaftlichen Nutzungsdauer in t_3 dadurch angezeigt, dass der Kapitalwert im Zeitraum von t_3 auf t_4 fällt. Herr SCHNELL erzielt in t_4 jedoch noch Einzahlungsüberschüsse von 2.000 EUR. Seine Restverkaufserlöse in t_3 betragen 6.000 EUR und in t_4 3.000 EUR.

Wöhe S. 492 f.

Teilaufgabe a)

Welchen Nachteil erleidet Herr SCHNELL unter Berücksichtigung der Verzinsung dadurch, dass er den Wagen statt drei, vier Jahre, also ein Jahr länger, fährt?

Verkauft Herr SCHNELL den Wagen in t_3 zu 6.000 EUR, so hat er gegenüber dem Verkauf in t_4 zum Preis von 3.000 EUR einen Mehrerlös von 3.000 EUR. Ein weiterer Vorteil ergibt sich daraus, dass er den Verkaufspreis von 6.000 EUR ein Jahr lang zu 10 % Zinsen anlegen kann, was ihm zu den 3.000 EUR weitere 600 EUR erbringt. Durch den Verkauf in t_4 entgehen ihm somit 3.600 EUR. Dieser Nachteil vermindert sich jedoch durch die bei einem späteren Verkauf in t_4 noch anfallenden Einzahlungsüberschüsse in Höhe von 2.000 EUR auf einen Nachteil von 1.600 EUR.

Einzahlungsüberschüsse in t_4		+ 2.000
Verkaufspreisminderung bei späterem Verkauf zum Preis t_4	3.000	
Preis t_3	– 6.000	– 3.000
		– 1.000
Entgehende Zinsen für t_4 auf den Verkaufspreis in t_3		– 600
	Verlust	– 1.600

Teilaufgabe b)

Bei dieser Grenzbetrachtung wurde ein Verlust von 1.600 EUR ermittelt. Dagegen beläuft sich der in **Aufgabe 29** ausgewiesene Kapitalwertverlust auf 1.093 EUR (Kapitalwert in t_3 = 4.838 EUR – Kapitalwert in t_4 = 3.745 EUR). Welcher Zusammenhang besteht zwischen den beiden Größen?

Bei der Grenzbetrachtung wird der Verlust von 1.600 EUR auf den Zeitpunkt t_4 bezogen, während sämtliche Kapitalwerte für den Zeitpunkt t_0 berechnet sind. Demnach muss der Verlust aus der Grenzbetrachtung mit dem Kalkulationszinsfuß auf den Zeitpunkt t_0 diskontiert werden, um die Übereinstimmung der Ergebnisse der beiden Methoden zu beweisen.

$$\text{Kapitalwert des Grenzverlustes} = -\frac{1.600 \text{ EUR}}{1{,}1^4} = -1.600 \text{ EUR} \cdot 0{,}683$$

Kapitalwert des Grenzverlustes = – 1.093 EUR

Aufgabe 31 Kapitalwert nach Steuern bei linearer Abschreibung

Die FLAUTE KG steht vor der Frage, ob sie eine Erweiterungsinvestition durchführen soll, für die folgende Angaben gelten:

Anschaffungskosten A_0	– 16.000
Nutzungsdauer n	5 Jahre
Jährliche Einzahlungsüberschüsse $E_t - A_t$	+ 4.150
Abschreibungsbasis	16.000
Abschreibungsart	linear
Gewinnsteuersatz	40 %
Kalkulationszinsfuß	10 %
Liquidationserlös L_5	0

Ermitteln Sie für diese Investition den Kapitalwert nach Steuern K_s!

Wöhe S. 493–497

Im vorliegenden Fall errechnet sich der Kalkulationszinsfuß nach Steuern i_s wie folgt:

$$i_s = i \cdot (1 - s) = 0{,}10 \cdot (1 - 0{,}40) = 0{,}06$$

5. Abschnitt

Somit ist der Nettozahlungsstrom mit dem Nettokalkulationszinsfuß von 6 Prozent zu diskontieren. Die jährliche Abschreibung AfA (für „Absetzung für Abnutzung") errechnet sich nach der linearen Methode wie folgt:

$$\text{AfA} = \frac{A_0}{n} = \frac{16.000}{5} = 3.200$$

Die Steuerbemessungsgrundlage wird mit B_t, die Gewinnsteuerzahlung mit $S_t = s \cdot B_t$ bezeichnet. Der Rentenbarwertfaktor RBF für 5 Jahre/6 % beziffert sich auf 4,212 (vgl. die Zinstabelle im Anhang dieses Buchs).

Zeitpunkt	t_1	t_2	t_3	t_4	t_5	Σ
$E_t - A_t$	+ 4.150	+ 4.150	+ 4.150	+ 4.150	+ 4.150	+ 20.750
$- AfA_t$	– 3.200	– 3.200	– 3.200	– 3.200	– 3.200	– 16.000
B_t	+ 950	+ 950	+ 950	+ 950	+ 950	4.750
$- S_t = s \cdot B_t$	– 380	– 380	– 380	– 380	– 380	– 1.900
$E_t - A_t - S_t$	+ 3.770	+ 3.770	+ 3.770	+ 3.770	+ 3.770	18.850
RBF	4,212					
Barwert	**3.770 · 4,212 = 15.879**					

Der Barwert aller Nettorückflüsse (= Zukunftserfolgswert) beziffert sich auf + 15.879.

	Zukunftserfolgswert nach Steuern	+ 15.879
–	Anschaffungsauszahlung A_0	– 16.000
	Kapitalwert nach Steuern K_S	**– 121**

Angesichts des negativen Kapitalwertes sollte die Erweiterungsinvestition nicht durchgeführt werden.

Aufgabe 32 Umformung der Kapitalwertformel nach Steuern

Ihr Mitbewohner studiert Mathematik. Er befasst sich näher mit der Kapitalwertformel nach Steuern, welche er an folgender Stelle im zugehörigen Lehrbuch als Formel (3) findet:

Wöhe S. 495, Abb. 28

Nach einigen Umformungen legt er Ihnen das folgende Ergebnis vor:

(3) $$K_s = \sum_{t=1}^{n} [E_t - A_t - s \cdot (E_t - A_t - AfA_t)] \cdot (1 + i_s)^{-t} - A_0$$

(a) $$K_s = \sum_{t=1}^{n} [(E_t - A_t) - s \cdot (E_t - A_t) + s \cdot AfA_t] \cdot (1 + i_s)^{-t} - A_0$$

(b) $$K_s = \sum [(1 - s) \cdot (E_t - A_t) + s \cdot AfA_t] \cdot (1 + i_s)^{-t} - A_0$$

(c) $$K_s = \sum [\underbrace{\underbrace{(E_t - A_t)}_{(I)} \cdot \underbrace{(1 - s)}_{(II)}}_{(III)} + \underbrace{s \cdot AfA_t}_{(IV)}] \cdot \underbrace{(1 + i_s)^{-t}}_{(V)} \underbrace{- A_0}_{(VI)}$$

Teilaufgabe a)

Erläutern Sie Ihrem Mitbewohner die einzelnen Bestandteile (I) bis (VI) der Formel (c)!

Bestandteil (I) stellt den Einzahlungsüberschuss einer Periode dar. Der **Bestandteil (II)** ist der Faktor, mit welchem aus einer Zahlung die Steuerlast herausgerechnet werden kann. Insofern ist **Bestandteil (III)** der Einzahlungsüberschuss nach Steuern. Beim **Bestandteil (IV)** handelt es sich um deie Steuerersparnis, die sich durch die Abzugsfähigkeit der AfA (steuerlichen Abschreibung) ergibt, denn die bisherigen Bestandteile erfassten nur die auszahlungswirksamen Aufwendungen (Betriebsausgaben). **Bestandteil (V)** ist der Abzinsungsfaktor (AZF) unter Berücksichtigung der Gewinnsteuern. Abgezinst wird hiermit in der jeweiligen Periode der Einzahlungsüberschuss nach Steuern unter Berücksichtigung der AfA-Steuerersparnis. Beim **Bestandteil (VI)** handelt es sich schließlich um die Anfangsauszahlung.

Teilaufgabe b)

Kontrollieren Sie die Umformungen Ihres Mitbewohners, indem Sie mit der Datenbasis der **Aufgabe 31** unter Rückgriff auf die Formel (c) den Kapitalwert nach Steuern K_S ermitteln!

Der Faktor (1 – s) beträgt weiterhin 0,6. Der Rentenbarwertfaktor RBF für 5 Jahre/6 % beziffert sich wiederum auf 4,212 (vgl. die Zinstabelle im Anhang dieses Buchs).

Zeitpunkt	t_1	t_2	t_3	t_4	t_5	Σ
$E_t - A_t$	4.150	4.150	4.150	4.150	4.150	20.750
$(E_t - A_t) \cdot (1 - s)$	2.490	2.490	2.490	2.490	2.490	12.450
AfA_t	3.200	3.200	3.200	3.200	3.200	16.000
$s \cdot AfA_t$	1.280	1.280	1.280	1.280	1.280	6.400
$(E_t - A_t) \cdot (1 - s) + (s \cdot AfA_t)$	3.770	3.770	3.770	3.770	3.770	18.850
RBF	4,212					
Barwert	**3.770 · 4,212 = 15.879**					

Diese Formel ändert – im Vergleich zur Aufgabe 31 – nichts am Barwert der Nettorückflüsse (= Zukunftserfolgswert), der sich auf + 15.879 GE beziffert. Insofern ergibt sich unter Berücksichtigung der Anfangsauszahlung A_0 von 16.000 GE wiederum ein negativer Kapitalwert nach Steuern K_S in Höhe von – 121 GE, weshalb die Investition nachteilig ist. Zwar ist die Erweiterungsinvestition nicht durchzuführen, allerdings hat Ihr Mitbewohner mit der Umformung „ganze Arbeit geleistet“ und eine transparente Berechnungsformel hergeleitet.

Aufgabe 33 Kapitalwert nach Steuern bei Sonderabschreibung

Die FLAUTE KG steht vor der Frage, ob sie die Erweiterungsinvestition durchführen soll, deren Grunddaten in **Aufgabe 31** angegeben sind. Abweichend von der dortigen Datenlage führt der Fiskus zur Belebung der Investitionstätigkeit eine Sonderabschreibung ein:

- 50 % Sonderabschreibung in Periode 1
- lineare Abschreibung von jeweils 12,5 % in den Perioden 2 bis 5.

Ermitteln Sie unter diesen Bedingungen den Kapitalwert nach Steuern K_S!

Wöhe S. 493–497

In der folgenden Übersicht wird die Gewinnsteuerbemessungsgrundlage mit B_t bezeichnet. Die Gewinnsteuer S_t ergibt sich dann aus $S_t = s \cdot B_t$. Eine Gewinnsteuerzahlung (-rückerstattung) trägt ein negatives (positives) Vorzeichen.

Zeitpunkt	t_1	t_2	t_3	t_4	t_5	Σ
$E_t - A_t$	+ 4.150	+ 4.150	+ 4.150	+ 4.150	+ 4.150	+ 20.750
$- AfA_t$	– 8.000	– 2.000	– 2.000	– 2.000	– 2.000	– 16.000
B_t	– 3.850	+ 2.150	+ 2.150	+ 2.150	+ 2.150	4.750
$- S_t = s \cdot B_t$	+ 1.540	– 860	– 860	– 860	– 860	– 1.900
$E_t - A_t - S_t$	+ 5.690	+ 3.290	+ 3.290	+ 3.290	+ 3.290	18.850
$1{,}06^{-t}$	0,9434	0,8900	0,8396	0,7921	0,7473	
Barwert	**+ 5.368**	**+2.928**	**+ 2.762**	**+ 2.606**	**+ 2.459**	**16.123**

Der Barwert aller Nettorückflüsse (= Zukunftserfolgswert) beziffert sich auf + 16.123.

	Zukunftserfolgswert nach Steuern	+ 16.123
–	Anschaffungsauszahlung A_0	– 16.000
	Kapitalwert nach Steuern K_S	**+ 123**

Unter Berücksichtigung einer 50%-igen Sonderabschreibung wird die Erweiterungsinvestition vorteilhaft. Damit hat der Gesetzgeber sein Ziel der Investitionsförderung durch Gewährung von Sonderabschreibungen erreicht.

Aufgabe 34 Steuerparadoxon

Ein Unternehmen kann eine maschinelle Anlage mit folgenden Ausgangsdaten erwerben:

Anschaffungsauszahlung A_0	14.000
Nutzungsdauer n	14 Jahre
Jährliche Einzahlungsüberschüsse $E_t - A_t$	1.900
Abschreibungsbasis	14.000
Liquidationserlös L_{14}	0
Abschreibungsart	linear
Kalkulationszinsfuß i	10 %

Ermitteln Sie für dieses Investitionsobjekt
- den Kapitalwert vor Steuern K,
- den Kapitalwert nach Steuern K_{S20} bei einem Gewinnsteuersatz s von 20 Prozent,
- den Kapitalwert nach Steuern K_{S40} bei einem Gewinnsteuersatz s von 40 Prozent.

Wöhe S. 493–497

Ermittlung des Kapitalwertes vor Steuern

Bei den Einzahlungsüberschüssen handelt es sich um eine gleichbleibende Zahlung (Rente). Der Rentenbarwertfaktor RBF 10 %/14 Jahre beziffert sich auf 7,367 (vgl. die Zinstabelle am Ende des Buchs).

$$K = (E_t - A_t) \cdot RBF - A_0$$
$$K = 1.900 \cdot 7{,}367 - 14.000$$
$$\mathbf{K} = 13.997 - 14.000 = \boxed{\mathbf{-3}}$$

In einer Welt ohne Steuern sollte diese Investition unterbleiben, weil der Kapitalwert negativ ist.

Ermittlung des Kapitalwertes nach Steuern

Steuersatz	s = 0,20	s = 0,40
Kalkulationszinsfuß vor Steuern	i = 0,10	i = 0,10
Kalkulationszinsfuß nach Steuern	i_{S20} = 0,08	i_{S40} = 0,06
Rentenbarwertfaktor RBF 14 Jahre	8,244	9,295
Steuerliche Abschreibung/Jahr AfA_t	1.000	1.000
Jährlicher Einzahlungsüberschuss $E_t - A_t$	1.900	1.900
Steuerbemessungsgrundlage $B_t = E_t - A_t - AfA_t$	900	900
Gewinnsteuerzahlung $S_t = s \cdot B_t$	180	360
Nettozahlung $E_t - A_t - S_t$	1.720	1.540

$$K_S = (E_t - A_t - S_t) \cdot RBF - A_0$$
$$K_{S20} = 1.720 \cdot 8{,}244 - 14.000$$
$$\mathbf{K_{S20}} = 14.180 - 14.000 = \boxed{\mathbf{+180}}$$
$$K_{S40} = 1.540 \cdot 9{,}295 - 14.000$$
$$\mathbf{K_{S40}} = 14.314 - 14.000 = \boxed{\mathbf{+314}}$$

In beiden Fällen ist die Investition vorteilhaft. Das Phänomen, dass
- eine Investition erst durch Einführung einer Gewinnsteuer vorteilhaft wird bzw.
- eine Investition mit steigendem Gewinnsteuersatz an Vorteilhaftigkeit gewinnt,

bezeichnet man als **Steuerparadoxon**. Das Steuerparadoxon stellt sich bei abschreibungsfähigen Investitionsobjekten ein. Die **steuerliche Abschreibung** erlaubt eine Verminderung der Steuerzahlungen und begünstigt damit das zu beurteilende Investitionsobjekt gegenüber einer Anlage am Kapitalmarkt. Zudem reduziert die Gewinnsteuer den Kalkulationszinsfuß.

Aufgabe 35 Sensitivitätsanalyse

Für ein Investitionsobjekt gelten die folgenden Daten:

Anschaffungsauszahlung (A_0)	9.500 EUR
(gleichbleibender) Einzahlungsüberschuss ($E_t - A_t$)	1.000 EUR
Kalkulationszinsfuß (i)	6 Prozent
Nutzungsdauer (n)	15 Jahre
Liquidationserlös am Ende der Nutzungsdauer (L_{15})	7.000 EUR

Wöhe S. 485–487 und S. 502 f.

Teilaufgabe a)

Wie hoch ist der Kapitalwert der Investition? Ist die Investition vorteilhaft?

Die Kapitalwertformel lautet:

$$\mathbf{K} = A_0 + \sum_{t=1}^{n}(E_t - A_t)\cdot(1+i)^{-t} + L_n\cdot(1+i)^{-n} = -A_0 + (E_t - A_t)\cdot RBF + L_n \cdot AZF$$

Der Kapitalwert der Investition berechnet sich unter Rückgriff auf den entsprechenden Rentenbarwert- (RBF) und Abzinsungsfaktor (AZF) wie folgt:

$$\mathbf{K} = -\,9.500 + 1.000\cdot 9{,}712 + 7.000\cdot 0{,}4173$$
$$\mathbf{K} = -\,9.500 + 9.712 + 2.921$$
$$\mathbf{K = +\,3.133}$$

Die Investition ist vorteilhaft, da sie einen positiven Kapitalwert aufweist (K > 0).

Teilaufgabe b)

Im ungünstigsten Fall könnte der Kalkulationszinsfuß auf 10 Prozent steigen. Wie hoch ist in diesem Fall der Kapitalwert? Ist die Investition unter diesen Bedingungen noch vorteilhaft?

Der Anstieg des Kalkulationszinsfußes führt zu folgendem Kapitalwert:

$$\mathbf{K} = -\,9.500 + 1.000\cdot 7{,}606 + 7.000\cdot 0{,}2394$$
$$\mathbf{K} = -\,9.500 + 9.706 + 1.676$$
$$\mathbf{K = -\,218}$$

Mit steigendem Kalkulationszinsfuß verringert sich c. p. der Kapitalwert der Investition. Bei einem Kalkulationszinsfuß von 10 Prozent ergibt sich für die betrachtete Investition ein negativer Kapitalwert (K < 0). Die Investition ist unter diesen Bedingungen unvorteilhaft.

Teilaufgabe c)

Es gelten die ursprünglichen Daten für das Investitionsobjekt. Auf welchen Wert darf der jährliche Einzahlungsüberschuss ($E_t - A_t$) sinken, ohne dass die Investition unvorteilhaft wird? Es sei unterstellt, dass die jährlichen Einzahlungsüberschüsse trotz des Absinkens in allen Perioden einheitlich hoch sind.

Entscheidungsindifferenzen bezüglich der Vorteilhaftigkeit einer Investition liegen vor, wenn der Kapitalwert der Investition gleich null ist (K = 0). Erst wenn der Kapitalwert der Investition unter null sinkt, wird die Investition unvorteilhaft.

Setzt man in der Kapitalwertformel K = 0, so erhält man:

$$\mathbf{0} = -A_0 + \sum_{t=1}^{n} (E_t - A_t) \cdot (1 - i)^{-t} + L_n \cdot (1 + i)^{-n}$$

Dieser Term lässt sich unter Berücksichtigung des Abzinsungs- (AZF) und des Rentenbarwertfaktors (RBF) umformen in:

$$(E_t - A_t) = \frac{A_0 - L_n \cdot (1+n)^{-n}}{\sum_{t=1}^{n} (1+i)^{-t}} = \frac{A_0 - L_n \cdot AZF}{RBF}$$

Nun steht der RBF also im Nenner. Für die betrachtete Investition ergibt sich:

$$(E_t - A_t) = \frac{9.500 - 2.921}{\sum_{t=1}^{15} 1{,}06^{-t}} = \frac{6.579}{9{,}712}$$

$$(E_t - A_t) = \mathbf{677{,}41}$$

Sinkt der Einzahlungsüberschuss ($E_t - A_t$) unter den kritischen Wert von 677,41 (bei dem sich ein Kapitalwert von null ergibt), dann wird der Kapitalwert der Investition negativ. Die Investition wird unvorteilhaft.

Aufgabe 36 Entscheidungsbaumverfahren

Die Geschäftsleitung der PRODUKT AG muss über die Anschaffung einer neuen Maschine entscheiden. Zur Auswahl stehen eine speziell auf die Bedürfnisse der PRODUKT AG zugeschnittene Spezialmaschine und eine auch in anderen Betrieben nutzbare Universalmaschine. Die Höhe der erzielbaren Einzahlungsüberschüsse (EZÜ) pro Periode hängt bei beiden Maschinen von der zukünftigen konjunkturellen Entwicklung ab. Für die Zukunft wird mit dem Eintritt von zwei alternativen Konjunkturlagen (gute Konjunktur oder schlechte Konjunktur) gerechnet, wobei aufgrund der besseren Abstimmung der Spezialmaschine auf den Produktionsprozess der PRODUKT AG die mit ihr erzielbaren Überschüsse stets über denen der Universalmaschine liegen. Für einen Planungshorizont von zwei Perioden gelten die folgenden Daten:

	Einzahlungsüberschuss Periode 1 in TEUR		Einzahlungsüberschuss Periode 2 in TEUR	
	gute Konjunktur	schlechte Konjunktur	gute Konjunktur	schlechte Konjunktur
Spezialmaschine	800	450	750	300
Universalmaschine	650	300	650	250

Bei den Werten der Tabelle handelt es sich um bereits auf den Zeitpunkt t_0 diskontierte Zahlungsüberschüsse.

Der Vorstand der PRODUKT AG rechnet in Periode 1 mit einer Wahrscheinlichkeit von 0,7 (0,3) mit einer guten (schlechten) Entwicklung. Für die Periode 2 wird angenommen, dass sich die Konjunktur mit einer Wahrscheinlichkeit von 0,8 genauso entwickelt wie in Periode 1.

Teilaufgabe a)

Für welche Alternative sollte sich der Vorstand der PRODUKT AG entscheiden, wenn sich die Anschaffungsauszahlungen A_0 im Zeitpunkt t_0

- für die Spezialmaschine auf 1.100 TEUR
- für die Universalmaschine auf 900 TEUR

belaufen und bei beiden Maschinen nach Ablauf der beiden Perioden mit einem Restwert von null zu rechnen ist?

Wöhe S. 503 f.

Die Entscheidung soll anhand der Erwartungswerte der Kapitalwerte getroffen werden ($EZÜ_1$ = Barwert des Einzahlungsüberschusses der Periode 1; $EZÜ_2$ = Barwert des Einzahlungsüberschusses der Periode 2).

Spezialmaschine:

Konjunkturentwicklung		Kapitalwert $EZÜ_1 + EZÜ_2 - A_0$	Eintrittswahrscheinlichkeit	gewichteter Kapitalwert
Periode 1	**Periode 2**			
gut	gut	800 + 750 – 1.100 = 450	0,7 · 0,8 = 0,56	450 · 0,56 = 252
gut	schlecht	800 + 300 – 1.100 = 0	0,7 · 0,2 = 0,14	0 · 0,14 = 0
schlecht	gut	450 + 750 – 1.100 = 100	0,3 · 0,2 = 0,06	100 · 0,06 = 6
schlecht	schlecht	450 + 300 – 1.100 = – 350	0,3 · 0,8 = 0,24	– 350 · 0,24 = – 84

Erwartungswert: + 174

Universalmaschine:

Konjunktur-entwicklung		Kapitalwert $EZÜ_1 + EZÜ_2 - A_0$		Eintrittswahr-scheinlichkeit		gewichteter Kapitalwert	
Periode 1	**Periode 2**						
gut	gut	650 + 650 – 900 =	400	0,7 · 0,8 =	0,56	400 · 0,56 =	224
gut	schlecht	650 + 250 – 900 =	0	0,7 · 0,2 =	0,14	100 · 0,14 =	0
schlecht	gut	300 + 650 – 900 =	50	0,3 · 0,2 =	0,06	50 · 0,06 =	3
schlecht	schlecht	300 + 250 – 900 =	– 350	0,3 · 0,8 =	0,24	– 350 · 0,24 =	– 84
						Erwartungswert:	**+ 143**

Die Spezialmaschine hat den höheren Erwartungswert des Kapitalwertes und sollte daher gewählt werden.

Teilaufgabe b)

Abweichend von Teilaufgabe a) soll angenommen werden, dass die Möglichkeit besteht, die Investition schon nach der Periode 1 zu beenden. Die Universalmaschine kann im Fall der vorzeitigen Beendigung zu einem Preis von 450 TEUR (auf t_0 diskontierter Wert der Zahlung) verkauft werden. Der Wert der Spezialmaschine entspricht den notwendigen Abbruchkosten; der erzielbare Einzahlungsüberschuss beträgt somit null. Welche Handlungsweise ist unter diesen Bedingungen zu empfehlen? Lösen Sie das Problem mit Hilfe des Entscheidungsbaumverfahrens!

Wöhe S. 505–508

Durch die Möglichkeit der vorzeitigen Beendigung des Projekts erhöht sich die Anzahl der zu treffenden Entscheidungen. Neben die eigentliche Investitionsentscheidung im Zeitpunkt t_0 (Spezialmaschine oder Universalmaschine) tritt nun noch die Folgeentscheidung im Zeitpunkt t_1. Im Zeitpunkt t_1 kann auf die konjunkturelle Entwicklung in der Periode 1 reagiert werden und das Investitionsprojekt kann gegebenenfalls vorzeitig beendet werden. Das erweiterte Entscheidungsproblem ist auf der übernächsten Seite als Entscheidungsbaum dargestellt.

Zunächst sind die Kapitalwerte für alle 16 Resultatsknoten des Zeitpunktes t_2 zu ermitteln. Man erhält die in der nachstehenden Tabelle aufgeführten Werte:

Resultat	A_0	Barwert EZÜ Periode 1	Barwert EZÜ Periode 2	Barwert Verkaufs-erlös	Kapitalwert
$R_{2,1}$	1.100	800	750	–	450
$R_{2,2}$	1.100	800	300	–	0
$R_{2,3}$	1.100	800	–	–	– 300
$R_{2,4}$	1.100	800	–	–	– 300
$R_{2,5}$	1.100	450	750	–	100
$R_{2,6}$	1.100	450	300	–	– 350

Resultat	A_0	Barwert EZÜ Periode 1	Barwert EZÜ Periode 2	Barwert Verkaufs-erlös	Kapitalwert
$R_{2,7}$	1.100	450	–	–	– 650
$R_{2,8}$	1.100	450	–	–	– 650
$R_{2,9}$	900	650	650	–	400
$R_{2,10}$	900	650	250	–	0
$R_{2,11}$	900	650	–	450	200
$R_{2,12}$	900	650	–	450	200
$R_{2,13}$	900	300	650	–	50
$R_{2,14}$	900	300	250	–	– 350
$R_{2,15}$	900	300	–	450	– 150
$R_{2,16}$	900	300	–	450	– 150

Soll die Lösung des Entscheidungsproblems mit Hilfe des Roll-Back-Verfahrens gefunden werden, sind zunächst die besten Folgeentscheidungen zu ermitteln. Die vier denkbaren Entscheidungssituationen im Zeitpunkt t_1 lassen sich folgendermaßen charakterisieren:

Investitionsalternative	Konjunktur in Periode 1	Entscheidungsknoten
Spezialmaschine	gut	$E_{1,1}$
Spezialmaschine	schlecht	$E_{1,2}$
Universalmaschine	gut	$E_{1,3}$
Universalmaschine	schlecht	$E_{1,4}$

Für jede dieser Entscheidungssituationen ist zu entscheiden, ob das Projekt abgebrochen oder fortgeführt wird. Entscheidet man anhand der Erwartungswerte der Kapitalwerte ergibt sich:

Entscheidungsknoten	Kapitalwert bei Fortführung	Kapitalwert bei Abbruch
$E_{1,1}$	**360**	– 300
$E_{1,2}$	**10**	– 650
$E_{1,3}$	**320**	200
$E_{1,4}$	**– 30**	– 150

Der Erwartungswert des Kapitalwertes **bei Fortführung** ergibt sich beispielsweise für den Entscheidungsknoten $E_{1,1}$ durch $450 \cdot 0{,}8 + 0 \cdot 0{,}2$ im Hinblick auf die Resultate $R_{2,1}$ und $R_{2,2}$. Der Erwartungswert des Kapitalwertes **bei Abbruch** ergibt sich für $E_{1,1}$ hingegen aus $-300 \cdot 0{,}8 - 300 \cdot 0{,}2$ im Hinblick auf $R_{2,3}$ und $R_{2,4}$.

Die Kapitalwerte der jeweils besten Entscheidung sind in der Tabelle hervorgehoben.

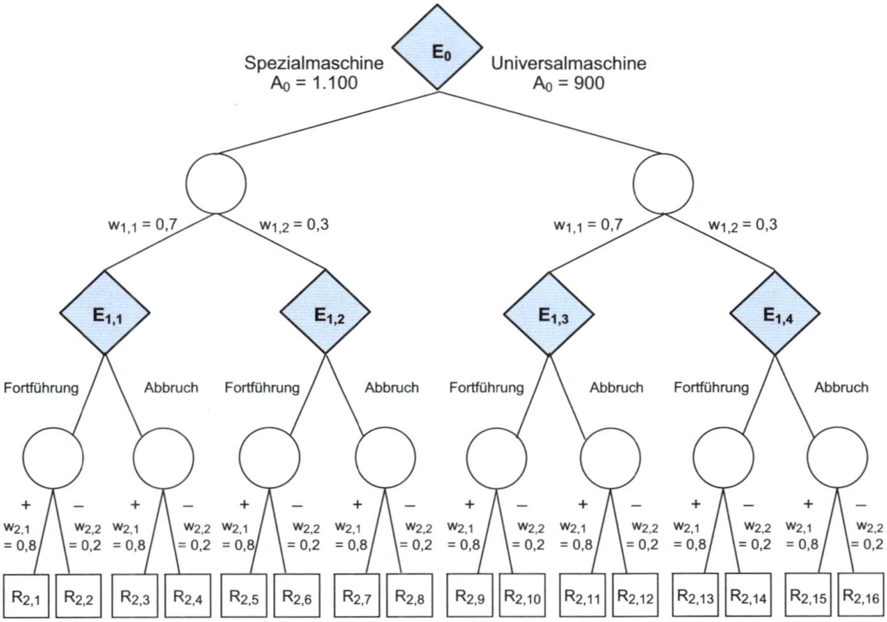

Berücksichtigt man bei der Beurteilung der Vorteilhaftigkeit der Investitionsalternativen im Zeitpunkt t_0 nur die besten Folgeentscheidungen, erhält man die folgenden Kapitalwerte:

Spezialmaschine	Universalmaschine
$360 \cdot 0{,}7 + 10 \cdot 0{,}3 = +255$	$320 \cdot 0{,}7 - 30 \cdot 0{,}3 = +215$

Wird die Möglichkeit einer vorzeitigen Beendigung des Investitionsprojekts in der Planung explizit berücksichtigt, lautet die optimale Strategie ebenfalls: Kauf der Spezialmaschine. Egal, ob die konjunkturelle Entwicklung in Periode 1 positiv verläuft oder nicht: Die Investition sollte nicht abgebrochen werden.

Aufgabe 37 Erwartungswert und Standardabweichung

Der Kapitalanleger DUBIUS hat die Wahl zwischen den Investitionsobjekten A, B, C und D. Jedes Objekt verursacht eine Anschaffungsauszahlung A_0 in Höhe von 100 Geldeinheiten. Die künftigen Kapitalrückflüsse k sind risikobehaftet. Die möglichen Umweltzustände U_1, U_2 und U_3 werden mit jeweils gleicher Eintrittswahrscheinlichkeit erwartet:

Umweltzustand U_j	U_1	U_2	U_3
Eintrittswahrscheinlichkeit w_i	$w_1 = 0{,}\overline{3}$	$w_2 = 0{,}\overline{3}$	$w_3 = 0{,}\overline{3}$

Kapitalrückflüsse k	U_1	U_2	U_3
k_{Aj}	+ 6	+ 6	+ 6
k_{Bj}	+ 9	+ 6	+ 3
k_{Cj}	+ 18	+ 6	– 6
k_{Dj}	+ 36	+ 6	– 24

Teilaufgabe a)

Wie hoch ist der Erwartungswert μ der Kapitalrückflüsse k_j für die Projekte A bis D?

Wöhe S. 90–93 und S. 504 f.

Der Erwartungswert μ spiegelt den unter Berücksichtigung der Eintrittswahrscheinlichkeiten ermittelten Durchschnittswert der Einzelergebnisse wider:

$$\mu = w_1 \cdot k_1 + \ldots + w_n \cdot k_n$$
$$= \sum_{j=1}^{n} w_j \cdot k_j$$

Investitionsobjekt	A	B	C	D
Erwartungswert μ	+ 6	+ 6	+ 6	+ 6

Teilaufgabe b)

Die Standardabweichung σ ist ein Maß zur Quantifizierung des Risikos einer Investition. Je weiter die umweltabhängigen Einzelergebnisse um den Erwartungswert μ gestreut sind, desto riskanter ist die Investition. Die Standardabweichung σ lässt sich nach folgender Formel ermitteln:

$$\sigma = \sqrt{w_1 \cdot (k_1 - \mu)^2 + \ldots + w_n \cdot (k_n - \mu)^2} = \sqrt{\sum_{j=1}^{n} w_j \cdot (k_j - \mu)^2}$$

Wie hoch ist jeweils die Standardabweichung σ für die Investitionsalternativen A bis D?

Wöhe S. 92

Die Berechnung der Standardabweichung soll beispielhaft für die Investition B durchgeführt werden:

$$\sigma_B = \sqrt{0{,}\overline{3} \cdot (9-6)^2 + 0{,}\overline{3} \cdot (6-6)^2 + 0{,}\overline{3} \cdot (3-6)^2}$$
$$= \sqrt{6}$$
$$= 2{,}449$$

Investitionsobjekt	A	B	C	D
Standardabweichung σ	0	+ 2,449	+ 9,798	+ 24,495

Teilaufgabe c)

Für welches Investitionsobjekt sollte sich DUBIUS als risikoneutraler bzw. als risikoscheuer Anleger entscheiden?

Wöhe S. 92–94 und S. 503–505

Ist DUBIUS **risikoneutral**, entscheidet er sich für die Alternative mit dem maximalen Erwartungswert μ. Da der Erwartungswert μ für alle vier Alternativen + 6 beträgt, ist DUBIUS zwischen A, B, C und D indifferent.

Ist DUBIUS dagegen **risikoscheu**, entscheidet er sich nach der (μ, σ)-Regel. Bei gleichem Erwartungswert wählt er die Alternative mit dem geringsten Risiko, im vorliegenden Fall also die Investitionsalternative A.

4. Testfragen zu I. Investition

Den folgenden Fragen sind Antworten beigegeben, die teils richtig, teils falsch sind. Ihre Aufgabe besteht darin, die richtigen Antworten herauszufinden und zu begründen, warum sie richtig und die anderen falsch sind. Die Lösungen finden Sie im Anschluss an die letzte Frage. Gelingt Ihnen die Begründung nicht, so ist es empfehlenswert, die erfragten Zusammenhänge und Definitionen im „Wöhe" noch einmal durchzuarbeiten. Das Stichwortverzeichnis des „Wöhe" wird Ihnen helfen, sich schnell zurechtzufinden.

1. Welche der folgenden Verfahren der Investitionsrechnung zählen zu den sog. Praktikermethoden?

	richtig	falsch
(1) die Verzinsung, die ein bestimmtes Investitionsobjekt abwirft,	○	○
(2) Kapitalwertmethode	○	○
(3) Amortisationsrechnung	○	○
(4) Kostenvergleichsrechnung	○	○
(5) Methode des internen Zinsfußes	○	○
(6) Rentabilitätsvergleichsrechnung	○	○

2. Bei teilweise fremdfinanzierten Investitionen versteht man unter dem Kalkulationszinsfuß

	richtig	falsch
(1) die Verzinsung, die ein bestimmtes Investitionsobjekt abwirft.	○	○
(2) die gewünschte Mindestverzinsung der Kapitalgeber.	○	○
(3) allein die Verzinsung des für die Investition benötigten Fremdkapitals.	○	○
(4) allein die Verzinsung des für die Investition benötigten Eigenkapitals.	○	○

	richtig	falsch
(5) auf einem vollkommenen Kapitalmarkt den Zinssatz, zu dem beliebig große Mengen als Eigenkapital angelegt oder als Fremdkapital aufgenommen werden können.	O	O

3. Mit Hilfe welchen Wertes wird die Vorteilhaftigkeit einer Investition bestimmt?

	richtig	falsch
(1) Barwert	O	O
(2) Ertragswert	O	O
(3) Anschaffungswert	O	O
(4) Kapitalwert	O	O
(5) Restverkaufserlös	O	O

4. Welche der folgenden Behauptungen ist richtig? Eine Investition ist vorteilhaft,

	richtig	falsch
(1) wenn sie sich zum internen Zinsfuß verzinst.	O	O
(2) wenn der Kalkulationszinsfuß über dem internen Zinsfuß liegt.	O	O
(3) wenn ihr Kapitalwert positiv ist.	O	O
(4) wenn eine Wiedergewinnung der Anschaffungsauszahlungen möglich ist.	O	O
(5) wenn die Summe aller Einzahlungen die Summe aller Auszahlungen übersteigt.	O	O

5. Welche der folgenden Behauptungen ist richtig? Der Kapitalwert einer Investition ist negativ,

	richtig	falsch
(1) wenn ihre interne Verzinsung kleiner als der Kalkulationszinsfuß ist.	O	O
(2) wenn ihre interne Verzinsung größer als der Kalkulationszinsfuß ist.	O	O
(3) wenn die Anschaffungsauszahlung A_0 größer ist als der Barwert aller Einzahlungsüberschüsse von t_1 bis t_n.	O	O
(4) wenn die Summe aller abgezinsten Einzahlungen kleiner als die Summe aller abgezinsten Auszahlungen ist.	O	O

6. Der Amortisationszeitpunkt einer Anlage ist der Zeitpunkt,

	richtig	falsch
(1) an dem die Anlage aus dem Betrieb ausscheidet.	O	O
(2) an dem die Anlage technisch verbraucht ist.	O	O
(3) an dem die Anlage technisch überholt ist.	O	O
(4) an dem die Anlage ihre optimale wirtschaftliche Nutzungsdauer erreicht hat.	O	O
(5) an dem die Anschaffungsauszahlungen wiedergewonnen sind.	O	O

7. Welche der folgenden Behauptungen ist richtig?

	richtig	falsch
(1) Die Annuitätenmethode zeigt, wie ein gegebenes Anfangskapital K_0 bei gegebener Verzinsung i und gegebener Laufzeit t in einen gleichbleibenden jährlichen Entnahmebetrag (= Rente) umgerechnet werden kann.	○	○
(2) Die Annuität ergibt sich aus der Multiplikation der Anschaffungsauszahlungen mit dem Wiedergewinnungsfaktor.	○	○
(3) Der Barwert der Annuität entspricht dem Kapitalwert, falls mit dem Kalkulationszinsfuß gerechnet wird.	○	○
(4) Der Barwert der Annuität entspricht dem Kapitalwert, falls mit dem internen Zinsfuß gerechnet wird.	○	○
(5) Eine Investition ist vorteilhaft, wenn die Annuität all ihrer Zahlungen positiv ist.	○	○

8. Die optimale wirtschaftliche Nutzungsdauer einer Anlage ist dann erreicht,

	richtig	falsch
(1) wenn ihr Kapitalwert null wird.	○	○
(2) wenn die Anlage keine Einzahlungen mehr erbringt.	○	○
(3) wenn die Einzahlungsüberschüsse negativ werden.	○	○
(4) wenn die Anlage vollständig abgeschrieben ist.	○	○
(5) wenn ihr Kapitalwert positiv wird.	○	○
(6) wenn ihr Kapitalwert das Maximum erreicht.	○	○

9. Das Grundmodell der dynamischen Investitionsrechnung

	richtig	falsch
(1) berücksichtigt nur die Kosten nicht die Erlösseite.	○	○
(2) basiert auf der Prämisse des vollkommenen Kapitalmarktes.	○	○
(3) verzinst Einzahlungsüberschüsse zum Habenzins und Auszahlungsüberschüsse zu einem höheren Sollzins.	○	○
(4) erlaubt einen Vorteilhaftigkeitsvergleich nur für Investitionen mit gleich hoher Anschaffungsauszahlung A_0.	○	○

10. Der Abzinsungsfaktor

	richtig	falsch
(1) ist der Kehrwert des Aufzinsungsfaktors.	○	○
(2) ist im Gegensatz zum Aufzinsungsfaktor immer negativ.	○	○
(3) wird – bei gleichem Zinsfuß – um so höher, je weiter die abzuzinsende Zahlung in der Zukunft liegt.	○	○
(4) ist – bei gleicher Periode – um so höher, je höher der Zinsfuß ist.	○	○
(5) entspricht im Einperiodenfall dem Rentenbarwertfaktor.	○	○

11. Im Standardmodell mit Gewinnsteuer

	richtig	falsch
(1) ist der Kapitalwert nach Steuern immer niedriger als der Kapitalwert vor Steuern.	O	O
(2) ist der Kapitalwert nach Steuern c. p. umso höher, je schneller die Anlage steuerlich abgeschrieben wird.	O	O
(3) wird nur eine allgemeine Gewinnsteuer mit proportionalem Tarif berücksichtigt.	O	O
(4) ist der Kalkulationszinsfuß nach Steuern umso niedriger, je höher der Gewinnsteuersatz ist.	O	O

12. Zur Berücksichtigung des Investitionsrisikos

	richtig	falsch
(1) arbeiten die Korrekturverfahren mit einem ermäßigten Kalkulationszinsfuß.	O	O
(2) zeigt die Sensitivitätsanalyse, wie weit eine Inputgröße vom angenommenen Ausgangswert abweichen darf, ohne dass der Kapitalwert negativ wird.	O	O
(3) gewichtet die Risikoanalyse die zustandsabhängigen Ergebnisse (Kapitalwerte) mit der jeweiligen Eintrittswahrscheinlichkeit.	O	O
(4) machen risikoscheue Investoren den Erwartungswert μ zum Entscheidungskriterium.	O	O

Lösungen: Richtig sind die folgenden Antworten: **1.** (3), (4), (6); **2.** (2), (5); **3.** (4); **4.** (3); **5.** (1), (3), (4); **6.** (5); **7.** (1), (3), (5); **8.** (6); **9.** (2); **10.** (1), (5); **11.** (2), (3), (4); **12.** (2), (3).

II. Unternehmensbewertung

Wiederholungsfragen:

	Wöhe Seite
Welche Anlässe erfordern eine Unternehmensbewertung?	509
Welche drei Funktionen gelten als Hauptfunktionen der Unternehmensbewertung?	509 f.
Welche Merkmale kennzeichnen das investitionstheoretische Konzept des Zukunftserfolgswertes?	511 f.
Woran erkennen Sie die wesentlichen Unterschiede zwischen Einzel- und Gesamtbewertung?	512
Worin liegen die besonderen Schwierigkeiten der Ermittlung des Zukunftserfolgswertes?	512 f.
Auf welche Methoden greift die Praxis der Unternehmensbewertung überwiegend zurück?	513
Was versteht man unter dem Free Cash Flow?	514 f.
Wie wird der sog. Marktwert des Eigenkapitals im Rahmen der Discounted-Cash-Flow-Methode (DCF-Methode) ermittelt?	517 f.
Von welcher Vorstellung gehen die herkömmlichen Verfahren der Unternehmensbewertung aus?	518
Warum ist der Substanzwert zur Ermittlung eines entscheidungs-relevanten Unternehmenswertes ungeeignet?	519 f.
Wie ist der originäre Goodwill definiert?	520
Was versteht man unter dem sog. Mittelwertverfahren?	520 f.

Aufgabe 38 Subjektbezogener Zukunftserfolgswert

Herr A möchte sein Unternehmen verkaufen und sich zur Ruhe setzen. Den Verkaufserlös will er in Pfandbriefen anlegen, die ihm eine Verzinsung von 8 Prozent p. a. bieten. Er verhandelt getrennt mit zwei Kaufinteressenten, Herrn B und Herrn C. Herr C, der über genügend eigene Mittel verfügt, hat sein Kapital zur Zeit zu 6 Prozent Zinsen p. a. angelegt. Dies könnte er zum Erwerb einsetzen. Herr B, der den Kauf der Unternehmung aus fremden Mitteln finanzieren müsste, würde hierfür ein Darlehen mit 10%-iger Verzinsung aufnehmen.

Mit welchem der beiden Kaufinteressenten kann Herr A handelseinig werden, wenn die drei Parteien im Hinblick auf das Unternehmen mit folgenden Einzahlungsüberschüssen (EZÜ) jeweils zum Jahresende rechnen:

EZÜ in TEUR	A	B	C
t_1	800	800	800
t_2	1.200	1.200	1.200
t_3	1.100	1.100	1.100
t_4	950	950	950
t_5	1.000	1.000	1.000

EZÜ in TEUR	A	B	C
t_6	1.000	1.000	1.000
t_7	1.100	1.100	1.100
t_8	700	700	700
t_9	850	–	850
t_{10}	900	–	900
t_{11}	–	–	1.000
t_{12}	–	–	1.150

A rechnet also mit einer Restlebensdauer des Unternehmens von 10 Jahren, B mit einer von 8 Jahren und C mit einer von 12 Jahren. Außer den laufenden Einzahlungsüberschüssen sollen alle drei Parteien mit einem Liquidationserlös in Höhe von 9.000 TEUR rechnen, der nicht in der obigen Tabelle berücksichtigt wurde.

Welchen Betrag wird A mindestens verlangen? Wieviel werden B bzw. C maximal für das Unternehmen bezahlen?

Wöhe S. 510–512

Um festzustellen, welchen Preis er mindestens verlangen muss, wird der Verkäufer A den für ihn maßgeblichen Unternehmenswert ermitteln. Dieser **Entscheidungswert** ergibt sich aus dem Barwert aller von A erwarteten Einzahlungsüberschüsse, wobei A den künftigen Liquidationserlös dem Einzahlungsüberschuss des 10. Jahres zurechnet. Analog werden B bzw. C vorgehen, wenn sie feststellen wollen, wieviel sie für das Unternehmen maximal ausgeben dürfen.

Zeitpunkt	Einzahlungs-überschuss A in TEUR	Abzinsungs-faktor A $i_A = 0{,}08$	Barwert A in TEUR	Einzahlungs-überschuss B in TEUR	Abzinsungs-faktor B $i_B = 0{,}10$	Barwert B in TEUR	Einzahlungs-überschuss C in TEUR	Abzinsungs-faktor C $i_C = 0{,}06$	Barwert C in TEUR
t_1	800	0,9259	741	800	0,9091	727	800	0,9434	755
t_2	1.200	0,8573	1.029	1.200	0,8264	992	1.200	0,8900	1.068
t_3	1.100	0,7938	873	1.100	0,7513	826	1.100	0,8396	924
t_4	950	0,7350	698	950	0,6830	649	950	0,7921	752
t_5	1.000	0,6806	681	1.000	0,6209	621	1.000	0,7473	747
t_6	1.000	0,6302	630	1.000	0,5645	565	1.000	0,7050	705
t_7	1.100	0,5835	642	1.100	0,5132	565	1.100	0,6651	732
t_8	700	0,5403	378	9.700*	0,4665	4.525	700	0,6274	439
t_9	850	0,5002	425	–	–	–	850	0,5919	503
t_{10}	9.900*	0,4632	4.586	–	–	–	900	0,5584	503
t_{11}	–	–	–	–	–	–	1.000	0,5268	527
t_{12}	–	–	–	–	–	–	10.150*	0,4970	5.045
Summe der Barwerte			**10.683**			**9.470**			**12.700**

* Einzahlungsüberschuss inkl. Liquidationserlös

Herr A wird mindestens 10.683 TEUR für sein Unternehmen haben wollen, B wird höchstens 9.470 TEUR und C höchstens 12.700 TEUR zu zahlen bereit sein. Verhandlungen zwischen A und B sind von vornherein zum Scheitern verurteilt. Zwischen A und C dagegen ist eine Einigung durchaus denkbar. Würden sie sich z. B. auf einen Preis von 11.000 TEUR oder 12.000 TEUR einigen, wäre die Transaktion für beide Parteien vorteilhaft.

Aufgabe 39 Ursachen unterschiedlich hoher Unternehmenswerte

Worauf ist es bei der Unternehmensbewertung zurückzuführen, dass jeder Bewertende trotz Anwendung des gleichen Bewertungsverfahrens (Zukunftserfolgswertmethode) zu einem anderen Unternehmenswert gelangt?

Wöhe S. 510–512

Die Höhe des Unternehmenswertes (= Barwert sämtlicher Einzahlungsüberschüsse) hängt von drei Faktoren ab:

(1) Höhe der Einzahlungsüberschüsse
(2) Höhe des Kalkulationszinsfußes
(3) erwartete Restlebensdauer.

Wenn A ein Unternehmen bewertet, rechnet er in der Regel nicht mit den gleichen Einzahlungsüberschüssen wie B. Das kann sowohl darauf zurückzuführen sein, dass A tüchtiger ist als B und tatsächlich höhere Einzahlungsüberschüsse **erwirtschaftet**, als auch darauf, dass A optimistischer in die Zukunft blickt als B und höhere Einzahlungsüberschüsse **erwartet**. In beiden Fällen werden die ermittelten Unternehmenswerte nicht übereinstimmen.

Ein weiterer Grund für unterschiedliche Unternehmenswerte liegt in der Tatsache, dass jeder Bewertende seinen individuellen Kalkulationszinsfuß anzuwenden hat, der mit dem eines anderen Bewertenden nicht übereinstimmen muss (vgl. Aufgabe 38).

Wenn A das Unternehmen so führen würde, dass es über einen längeren Zeitraum Einzahlungsüberschüsse erwarten lässt als B dies erwarten kann, dann wird A auch aus diesem Grund zu einem höheren Unternehmenswert gelangen als B.

Aufgabe 40 Unternehmensbewertung mit dem herkömmlichen Ertragswertverfahren

In **Aufgabe 38** wurde der Unternehmenswert als Zukunftserfolgswert ermittelt. Merkmale dieses investitionstheoretischen Wertermittlungskonzepts sind insbesondere

- die Zukunftsorientierung und
- die Subjektbezogenheit der wertbestimmenden Faktoren.

In der Realität lassen sich für die Gesamtlebensdauer des Unternehmens subjektbezogene Zukunftserfolge (Einzahlungsüberschüsse) nur mit großer Risikobandbreite prognostizieren. Dieses Prognoseproblem wird vom **Ertragswertverfahren** herkömmlicher Prägung ausgeblendet. Dieses Wertermittlungskonzept möchte einen **vergangenheitsorientierten, objektiven** Unternehmenswert ermitteln.

Wie hoch ist der auf den Planungszeitpunkt t_0 bezogene Ertragswert, wenn in den zurückliegenden fünf Geschäftsjahren folgende objektiv erzielbare Jahresgewinne erwirtschaftet wurden?

Jahr	Gewinn in EUR
t_{-5}	1.000.000
t_{-4}	1.050.000
t_{-3}	900.000
t_{-2}	700.000
t_{-1}	850.000
t_0	

Zur Ermittlung des Ertragswertes ist im vorliegenden Fall von
- unendlicher Lebensdauer des Unternehmens,
- einem „landesüblichen Zins" von 6 Prozent und
- einem Risikozuschlag von 3 Prozent

auszugehen.

Wöhe S. 518 f.

Für die abgelaufenen fünf Geschäftsjahre ergibt sich ein Durchschnittsgewinn von 900.000 EUR/Jahr. Der Kalkulationszinsfuß beziffert sich auf 9 Prozent. Bei unendlicher Lebensdauer des Unternehmens wird der Ertragswert EW als Barwert einer ewigen Rente nach folgender Formel ermittelt:

$$EW = \frac{G}{i} = \frac{900}{0{,}09} = \boxed{10.000}$$

Der Ertragswert beläuft sich – ohne Trendberücksichtigung – also auf 10 Mio. EUR.

Aufgabe 41 Unternehmensbewertung nach dem Substanzwertverfahren

Das Unternehmen des Herrn A soll jetzt zum Substanzwertverfahren bewertet werden. Folgende Bilanz ist gegeben:

Aktiva	Bilanz A zum 31.12.01		Passiva
Grundstück und Gebäude	1.500	Eigenkapital	3.000
Sachanlagen	4.000	Verbindlichkeiten	4.500
Vorräte	1.400		
Kasse/Bank	600		
	7.500		7.500

Zusatzinformationen:

(1) Im Vermögen ist zudem eine stille Rücklage in Höhe von 3.000 enthalten.
(2) Im Bilanzposten „Grundstücke und Gebäude" stecken nicht betriebsnotwendige Vermögensteile (Mietwohngrundstücke), die zum Preis von 1.000 (= Buchwert) veräußert werden könnten.
(3) Der Ertragswert der Firma A beziffert sich auf 10.000 (vgl. Aufgabe 40).

Ermitteln Sie den Substanzwert (Teilreproduktionswert) der Firma A? Wie hoch ist der originäre Firmenwert?

Wöhe S. 519 f.

Der Substanzwert/Teilreproduktionswert lässt sich folgendermaßen ermitteln:

	Wiederbeschaffungswert des betriebsnotwendigen bilanzierten Vermögens (7.500 + 3.000 – 1.000)		9.500
–	Schulden	–	4.500
+	Liquidationswert des nicht betriebsnotwendigen Vermögens	+	1.000
	Teilreproduktionswert/Substanzwert		**6.000**

Der originäre Firmenwert ist identisch mit dem Wert des nicht selbständig bewertbaren immateriellen Vermögens (Wert des Kundenstamms, Wert der Organisation usw.). Der originäre Firmenwert lässt sich nur indirekt ermitteln:

	Ertragswert	10.000
–	Teilreproduktionswert/Substanzwert	6.000
	Originärer Firmenwert	**4.000**

Erhöht man den Teilreproduktionswert um den originären Firmenwert, erhält man nach herkömmlicher Ansicht den Vollreproduktionswert, der mit dem Ertragswert identisch ist.

Aufgabe 42 Unternehmensbewertung nach dem Mittelwertverfahren

Ertrags- und Substanzwertverfahren führten in unserem Beispiel zu unterschiedlichen Ergebnissen:

Ertragswert (**Aufgabe 40**)	10.000
Substanzwert (**Aufgabe 41**)	6.000

Zu welchem Unternehmenswert gelangt man nach dem Mittelwertverfahren? Warum hat man dieses Bewertungsverfahren so konzipiert, dass es in der Regel zu einem unter dem Ertragswert liegenden Wertansatz führt?

Wöhe S. 520 f.

Nach dem Mittelwertverfahren ergibt sich der Unternehmenswert aus der Formel:

$$\text{Unternehmensmittelwert} = \frac{\text{Ertragswert} + \text{Substanzwert}}{2} = \frac{10.000 + 6.000}{2}$$

Der Unternehmenswert beziffert sich danach auf 8.000. Der originäre Firmenwert von 4.000 findet nur zur Hälfte Eingang in den Unternehmensmittelwert. Bei diesem Bewertungsverfahren trägt man den zukünftigen Ertragserwartungen absichtlich nicht in voller Höhe Rechnung. Da ein Unternehmen, das hohe Gewinne erwirtschaftet, stets der Gefahr ausgesetzt ist, dass diese Gewinne durch das Auftauchen neuer Konkurrenten abschmelzen, halten es die Verfechter dieses Bewertungsverfahrens für angebracht, die künftigen „Übergewinne" nur zur Hälfte zu berücksichtigen.

Aufgabe 43 Unternehmensbewertung nach dem Verfahren der Übergewinnkapitalisierung

Dieses Bewertungsverfahren unterteilt den erwarteten Gewinn von 900 (in TEUR) aus **Aufgabe 40** in einen Normalgewinn und einen Übergewinn. Als Normalgewinn gilt die Verzinsung (9 Prozent = landesüblicher Zins 6 % + Risikozuschlag 3 %) des Substanzwertes (6.000). Da der Übergewinn als flüchtige Größe gilt, wird er mit einem erhöhten Kalkulationszinsfuß – hier: 20 Prozent – diskontiert. Wie hoch ist der Unternehmenswert auf Basis des Verfahrens der Übergewinnkapitalisierung?

Wöhe S. 521 f.

Bei einem erwarteten Gewinn von 900 lassen sich Normalgewinn und Übergewinn folgendermaßen berechnen:

Normalgewinn	6.000 · 0,09	540
Übergewinn	900 – 540	360

Der Unternehmenswert setzt sich nach diesem Bewertungsverfahren aus folgenden Faktoren zusammen:

	Substanzwert		6.000
+	Barwert des Übergewinns	$\frac{360}{0{,}20}$	1.800
	Wert der Unternehmung		7.800

Während das Mittelwertverfahren die durch einen zukünftigen verschärften Wettbewerb drohende Gefahr von Gewinneinbußen dadurch zu berücksichtigen sucht, dass es den Firmenwert nur zur Hälfte zum Bestandteil des Unternehmenswertes werden lässt, versucht die Methode der Übergewinnkapitalisierung das gleiche Ziel mit anderen Mitteln zu erreichen: Die über das Normalmaß (= Verzinsung der Unternehmenssubstanz) hinausgehenden zukünftigen Gewinne, der Übergewinn also, wird so stark abgezinst, dass diese kapitalisierten Gewinnteile den Substanzwert der Unternehmung nur noch vergleichsweise geringfügig erhöhen.

Aufgabe 44 Unternehmensbewertung nach der DCF-Methode

Die TRAVERNA-AG ist ein erfolgreiches Unternehmen. Man rechnet für die Zukunft mit weiterem Gewinnwachstum und geht von einer unbegrenzten Lebensdauer des Unternehmens aus.

Für das abgelaufene Geschäftsjahr (Periode 0) hat die TRAVERNA-AG folgende GuV vorgelegt:

	GuV (Periode 0)	(in Mio. EUR)
	Umsatzerlöse	10.000
+	sonstige betriebliche Erträge	470
–	Personalaufwand	3.000
–	Abschreibungsaufwand	2.300
–	sonstiger betrieblicher Aufwand	2.000
–	Zinsaufwand	1.200
	Ergebnis vor Steuern	1.970
–	Steuern vom Einkommen und Ertrag	200
–	sonstige Steuern	30
	Jahresüberschuss	**1.740**

Die **sonstigen betrieblichen Erträge** resultieren aus der erfolgswirksamen Auflösung einer Rückstellung.

Der **Zinsaufwand** von 1.200 bezieht sich auf einen Roll-over-Kredit in Höhe von 20.000, der mit 6 Prozent verzinst wird. Für die Zukunft rechnet man mit einem

- konstanten Zinssatz von 6 Prozent und
- konstanten Kreditvolumen von 20.000.

Die Fremdkapitalquote ($\frac{FK}{GK}$) liegt gegenwärtig bei 0,5 und soll in Zukunft nicht verändert werden.

Auf der Ertragseite sind Umsatzerlöse, auf der Aufwandseite sind

- **Personalaufwand,**
- **sonstiger betrieblicher Aufwand,**
- **Zinsaufwand** und
- **Steuern**

in voller Höhe **zahlungswirksam**.

Der **Planungszeitraum** soll die kommenden **fünf Perioden** umfassen. Für eine Planungsrechnung ist bei den entscheidenden Ertrags- und Aufwandspositionen von folgenden Veränderungen auszugehen:

Position		**jährliche Veränderungsrate**
Umsatzerlöse	+	10 Prozent
Personalaufwand	+	9 Prozent
sonstiger betrieblicher Aufwand	+	4 Prozent
sonstige Steuern		unverändert
Ertragsteuern	+	12 Prozent

Aus den für die kommenden fünf Jahre erstellten Planbilanzen lässt sich folgende (geplante) **Veränderung** des **Anlage- bzw. Umlaufvermögens** entnehmen.

Planperiode	**(1)**	**(2)**	**(3)**	**(4)**	**(5)**
UV (Erhöhung +/Minderung –)	+ 396	– 8	+ 364	– 79	+ 174
AV (Erhöhung +/Minderung –)	+ 3.000	+ 2.600	+ 1.500	+ 2.800	+ 5.500

Der frei verfügbare Einzahlungsüberschuss einer Planperiode (Free Cash Flow = FCF) wird einerseits zur Zinszahlung (FKZ) an die Fremdkapitalgeber, andererseits zur Ausschüttung an die Aktionäre verwendet. Weitere Zahlungen zwischen der TRAVERNA-AG und ihren Aktionären (Kapitalerhöhungen/Kapitalherabsetzungen) sind nicht vorgesehen.

Wöhe S. 513–518

Teilaufgabe a)

Wie hoch ist der Brutto Cash Flow der abgelaufenen Periode 0?

Ausgangspunkt zur Ermittlung des Brutto Cash Flows ist das Ergebnis vor Steuern.

	Ergebnis vor Steuern	1.970
+	Fremdkapitalzinsen	+ 1.200
	Ergebnis vor Zinsen und Steuern (EBIT)	**3.170**
–	Unternehmenssteuern	
	sonstige Steuern	– 30
	Ertragsteuern	– 200
	Ergebnis vor Zinsen	**2.940**
+	Abschreibungen	+ 2.300
–	Auflösung von Rückstellungen	– 470
	Brutto Cash Flow	**4.770**

Der aus der laufenden Geschäftstätigkeit der abgelaufenen Periode erwirtschaftete Einzahlungsüberschuss (= Brutto Cash Flow) beziffert sich auf 4.770.

Probe:

Umsatzerlöse	10.000
– Personalaufwand	– 3.000
– sonstiger betrieblicher Aufwand	– 2.000
– sonstige Steuern	– 30
– Ertragsteuern	– 200
Brutto Cash Flow	**4.770**

Teilaufgabe b)

Wie hoch ist der für die fünf Planperioden erwartete Brutto Cash Flow? Ermitteln Sie darüber hinaus den Free Cash Flow!

Planperiode	(1)	(2)	(3)	(4)	(5)
Umsatzerlöse	11.000	12.100	13.310	14.641	16.105
– Personalaufwand	3.270	3.564	3.885	4.235	4.616
– sonstiger betrieblicher Aufwand	2.080	2.163	2.250	2.340	2.433
– sonstige Steuern	30	30	30	30	30
– Ertragsteuern	224	251	281	315	352
Brutto Cash Flow	**5.396**	**6.092**	**6.864**	**7.721**	**8.674**
Änderung Anlagevermögen*	– 3.000	– 2.600	– 1.500	– 2.800	– 5.500
Änderung Nettoumlaufvermögen*	– 396	+ 8	– 364	+ 79	– 174
Free Cash Flow	**2.000**	**3.500**	**5.000**	**5.000**	**3.000**

* Erhöhung – (Geldabfluss); Minderung + (Geldzufluss)

Korrigiert man den Brutto Cash Flow um die Geldabflüsse (Geldzuflüsse), die auf Investitionen (Desinvestitionen) im Anlage- und Umlaufvermögen zurückzuführen sind, erhält man den Free Cash Flow. Der Free Cash Flow ist der Geldbetrag, der aus dem Unternehmen an die Eigen- und Fremdkapitalgeber zurückfließen kann.

Teilaufgabe c)

Die TRAVERNA-AG ist in einem konjunktursensitiven Wirtschaftssektor tätig. Entsprechend hoch ist ihr Beta-Faktor (1,5).

Wie hoch ist im Falle der TRAVERNA-AG

- die gewünschte Fremdkapitalverzinsung i_F,
- die gewünschte Eigenkapitalverzinsung i_E,
- der gewogene Kapitalkostensatz (WACC) i_G?

Bei der Ermittlung der Kapitalkosten ist von folgenden Werten auszugehen:

- risikoloser Basiszins i_B = 4 Prozent
- unternehmensspezifischer Risikozuschlag für Fremdkapital 2 Prozent
- Zins des Marktportfolios μ_M = 8 Prozent
- Eigenkapitalquote 50 Prozent.

Wöhe S. 516 f.

Die von den Fremdkapitalgebern gewünschte Mindestverzinsung i_F beläuft sich auf 6 Prozent:

$\mathbf{i_F} = i_B + \text{Risikozuschlag} = 0{,}04 + 0{,}02 = \mathbf{0{,}06}$

5. Abschnitt

Die von den Eigenkapitalgebern gewünschte Mindestverzinsung i_E ist abhängig vom risikolosen Basiszins i_B, vom Zuschlag zur Abdeckung des allgemeinen Marktrisikos $(\mu_M - i_B)$ und vom unternehmensspezifischen Risikoaufschlag, der durch den Beta-Faktor β ausgedrückt wird:

$$i_E = i_B + \beta \cdot (\mu_M - i_B)$$
$$i_E = 0{,}04 + 1{,}5 \cdot (0{,}08 - 0{,}04) = \mathbf{0{,}10}$$

Die gewünschte Mindestverzinsung des Eigenkapitals i_E beziffert sich auf 10 Prozent.

Die gewogenen Kapitalkosten (WACC) i_G werden nach folgender Formel ermittelt:

$$i_G = i_E \cdot \frac{EK}{GK} + i_F \cdot \frac{FK}{GK}$$

$$i_G = 0{,}10 \cdot \frac{1}{2} + 0{,}06 \cdot \frac{1}{2} = 0{,}08$$

Zur Ermittlung des sog. Marktwertes des Gesamtkapitals (= Gesamtwert der Unternehmung) ist der Free Cash Flow (FCF) mit dem Gesamtkapitalkostensatz i_G von 8 Prozent zu diskontieren.

Teilaufgabe d)

Wie hoch ist der Unternehmensgesamtwert UGW der TRAVERNA-AG?

Lösungshinweis: Nach Beendigung des Detailplanungszeitraums wird ein gleichbleibender Free Cash Flow in Höhe des Free Cash Flows der letzten Planungsperiode erwartet.

Bei einem Detailplanungszeitraum von fünf Jahren ist der Unternehmensgesamtwert UGW nach folgender Formel zu ermitteln:

$$UGW = \sum_{t=1}^{5} FCF_t \cdot (1 + i_G)^{-t} + \frac{FCF_5}{i_G} \cdot (1 + i_G)^{-5}$$

Der erwartete Free Cash Flow wurde in Teilaufgabe b) ermittelt. Danach ist jenseits des Detailplanungszeitraums, also ab t_6, auf unbegrenzte Zeit ein gleichbleibender Free Cash Flow in Höhe von 3.000 zu erwarten. Der auf t_5 berechnete Barwert dieser – nach t_5 erwarteten – ewigen Rente (Free Cash Flow der Rentenphase) beträgt 37.500 (= 3.000 : 0,08). Zur Ermittlung des UGW ist dieser Rentenbarwert von t_5 auf t_0 abzuzinsen.

Periode	FCF	Abzinsungsfaktor (8 Prozent)	Barwert
(1)	2.000	0,9259	1.852
(2)	3.500	0,8573	3.001
(3)	5.000	0,7938	3.969
(4)	5.000	0,7350	3.675
(5)	3.000	0,6806	2.042
(6) bis ∞	37.500	0,6806	25.523
Unternehmensgesamtwert UGW			**40.062**

Der nach der DCF-Methode ermittelte Unternehmensgesamtwert der TRAVERNA-AG beziffert sich auf 40.062.

Teilaufgabe e)

Wie hoch ist der Marktwert des Eigenkapitals der TRAVERNA-AG? Ermitteln Sie den Marktwert des Eigenkapitals nach der Brutto- und nach der Nettomethode!

Wöhe S. 517 f.

Der Marktwert des Eigenkapitals UW^{EK} lässt sich – unter Berücksichtigung der vereinfachenden Annahmen des vorliegenden Falls – nach folgenden Formeln ermitteln.

Bruttomethode:

$$UW^{EK} = UGW - UW^{FK}$$

$$UW^{EK} = \sum_{t=1}^{5} FCF_t \cdot (1+i_G)^{-t} + \frac{FCF_5}{i_G} \cdot (1+i_G)^{-5} - \frac{FKZ_t}{i_F}$$

Nettomethode:

$$UW^{EK} = \text{Barwert des Entnahmestroms der Aktionäre}$$

$$UW^{EK} = \sum_{t=1}^{5} (FCF_t - FKZ_t) \cdot (1 + i_E)^{-t} + \frac{FCF_5 - FKZ_5}{i_E} \cdot (1 + i_E)^{-5}$$

UW^{FK} = Marktwert des Fremdkapitals
FKZ_t = jährliche Zahlung von Fremdkapitalzinsen

Bei gleichbleibendem Fremdkapitalzinssatz i_F, gleichbleibendem Kreditvolumen FK und unendlicher Kreditlaufzeit lässt sich der **Marktwert des Fremdkapitals** als Barwert einer ewigen Rente in Höhe der Fremdkapitalzinsen FKZ ermitteln:

$$UW^{FK} = \frac{FKZ_t}{i_F} = \frac{1.200}{0{,}06} = 20.000$$

Bei Anwendung der **Bruttomethode** beziffert sich **der Marktwert des Eigenkapitals** auf UGW – UW^{FK}, also auf (40.062 – 20.000 =) **20.062.**

Bei Anwendung der **Nettomethode** ist der Free Cash Flow (FCF) um die Fremdkapitalzinsen (FKZ) zu kürzen. Der den Aktionären zufließende Nettobetrag (FCF – FKZ) ist mit dem Eigenkapitalkostensatz i_E zu diskontieren:

Periode	FCF – FKZ	=	Nettobetrag	Abzinsungsfaktor (10 Prozent)	Barwert
(1)	2.000 – 1.200	=	800	0,9091	727
(2)	3.500 – 1.200	=	2.300	0,8264	1.901
(3)	5.000 – 1.200	=	3.800	0,7513	2.855
(4)	5.000 – 1.200	=	3.800	0,6830	2.595
(5)	3.000 – 1.200	=	1.800	0,6209	1.118
(6) bis ∞			18.000	0,6209	11.176
Marktwert des Eigenkapitals					**20.372**

Von der sechsten Periode an ist ein jährlicher Nettobetrag von 1.800 zu erwarten. Bezogen auf t_5 entspricht der Barwert der ewigen Rente (also dem Barwert des Free Cash Flows der Rentenphase) 18.000 (= 1.800 : 0,10). Dieser Betrag ist auf t_0 abzuzinsen.

Bei der Ermittlung des Marktwertes des Eigenkapitals nach der Brutto- bzw. Nettomethode gibt es eine Betragsabweichung. Zu einer solchen Betragsabweichung kommt es, weil im Beispiel der gewogene Kapitalkostensatz WACC unter der vereinfachenden Annahme einer konstanten Eigenkapitalquote von 50 Prozent ermittelt wurde. Bei genauer Ermittlung müsste aber der gewogene Kapitalkostensatz die intertemporären Verschiebungen der Marktwerte von UW^{EK} und UW^{FK} berücksichtigen, was hier aus Vereinfachungsgründen unterlassen wurde.

Aufgabe 45 Wert des Eigenkapitals und Verschuldungsgrad

An der VALOR AG sind die beiden Familienstämme A und B zu jeweils 50 % beteiligt. Zur Bewertung der VALOR AG erhalten Sie folgende Informationen.

Unternehmensdaten der VALOR AG	
Gegenwärtiger Gewinn (EUR/Jahr)	10 Mio.
Erwarteter Gewinn (EUR/Jahr)	10 Mio.
Planungshorizont	unbegrenzt
Verschuldungsgrad	null
Anzahl ausgegebener Aktien (Stück)	1 Mio.
Gewünschte Eigenkapitalverzinsung (Prozent)	10
Gewinn/Aktie (EUR)	10

Teilaufgabe a)

Wie hoch ist der

- Unternehmensgesamtwert UGW
- Wert des Eigenkapitals UW^{EK}
- Wert der Unternehmensbeteiligungen A bzw. B

der VALOR AG?

Wöhe S. 182

Die VALOR AG ist vollständig mit Eigenkapital finanziert. Deshalb sind der Unternehmensgesamtwert UGW und der Wert des Eigenkapitals UW^{EK} deckungsgleich.

Wertverhältnisse der VALOR AG	
Unternehmensgesamtwert (EUR)	100 Mio.
Wert des Eigenkapitals (EUR)	100 Mio.
Wert der Beteiligung A (EUR)	50 Mio.
Wert der Beteiligung B (EUR)	50 Mio.

Der Unternehmensgesamtwert UGW lässt sich im vorliegenden Fall nach der Formel der ewigen Rente

$$\mathbf{UGW = \frac{E - A}{i} = \frac{10\ Mio.}{0{,}10} = 100\ Mio.}$$

ermitteln.

Teilaufgabe b)

Der Familienstamm B lässt die Bereitschaft erkennen, seine Aktien zum Preis von 100 EUR/Stück zu verkaufen. Zu diesem Zweck legt die VALOR AG ein Aktienrückkaufprogramm über 500.000 Aktien zum Preis von 100 EUR/Stück auf. Der Gesamtkaufpreis von 50 Mio. EUR wird durch die Aufnahme langfristigen Fremdkapitals, das zu 4 Prozent zu verzinsen ist, finanziert. Welchen Wert hat die Beteiligung A nach dieser Transaktion, wenn die A-Aktionäre weiterhin eine Eigenkapitalverzinsung in Höhe von 10 Prozent erwarten? Wie lässt sich die Steigerung des Shareholder Value für die A-Aktionäre erklären?

Wöhe S. 602 f.

Für den Rückkauf der B-Aktien erfolgt die Aufnahme von Fremdkapital in Höhe von 50 Mio. EUR. Bei einem Zinssatz von 4 Prozent belaufen sich die Fremdkapitalzinsen auf 2 Mio. EUR pro Jahr. Durch den zusätzlichen Zinsaufwand reduziert sich der Gewinn der VALOR AG von 10 Mio. auf 8 Mio. EUR/Jahr.

Wertverhältnisse der VALOR AG	
Nach fremdfinanziertem Aktienrückkauf	
Bisheriger Gewinn (EUR)	10 Mio.
– Fremdkapitalzinsen (EUR)	2 Mio.
Aktueller und künftiger Gewinn (EUR)	8 Mio.
Anzahl verbliebener A-Aktien (Stück)	500.000
Gewünschte Eigenkapitalverzinsung (Prozent)	10
Gewinn/Aktie (EUR)	16

$$UW^{EK} = \frac{8 \text{ Mio.}}{0{,}10} = 80 \text{ Mio.}$$

Der Wert der Beteiligung A steigt von 50 Mio. auf 80 Mio. EUR. Die Steigerung des Shareholder Value ist auf den Leverage-Effekt zurückzuführen: An die Stelle teueren Eigenkapitals (i_E = 10 Prozent) tritt billiges Fremdkapital (i_F = 4 Prozent). Da die verbleibenden A-Aktionäre – trotz gestiegenen Risikos – ihren Mindestverzinsungswunsch (i_E = 10 Prozent) nicht erhöht haben, steigt der Shareholder Value der A-Beteiligung um 30 Mio. EUR an.

Testfragen zu II. Unternehmensbewertung

Den folgenden Fragen sind Antworten beigegeben, die teils richtig, teils falsch sind. Ihre Aufgabe besteht darin, die richtigen Antworten herauszufinden und zu begründen, warum sie richtig und die anderen falsch sind. Die Lösungen finden Sie im Anschluss an die letzte Frage. Gelingt Ihnen die Begründung nicht, so ist es empfehlenswert, die erfragten Zusammenhänge und Definitionen im „Wöhe" noch einmal durchzuarbeiten. Das Stichwortverzeichnis des „Wöhe" wird Ihnen helfen, sich schnell zurechtzufinden.

1. Was versteht man unter dem Unternehmenswert?

	richtig	falsch
(1) Den Barwert aller künftigen Geldentnahmen durch den/die Unternehmenseigentümer (Eigenkapitalgeber),	○	○
(2) die Summe aller in der Bilanz ausgewiesenen Vermögenspositionen,	○	○
(3) die Summe aus bilanziertem Eigen- und Fremdkapital,	○	○
(4) die Bilanzsumme zuzüglich des Firmenwertes.	○	○

2. Der Wert eines Unternehmens

	richtig	falsch
(1) entspricht dem Kapitalwert des Unternehmens.	○	○
(2) entspricht dem Kapitalwert zuzüglich der Anschaffungsauszahlungen.	○	○
(3) entspricht dem Kapitalwert abzüglich der Anschaffungsauszahlungen.	○	○
(4) entspricht dem Kapitalwert abzüglich des Restverkaufserlöses.	○	○
(5) entspricht seinem Verkaufspreis.	○	○

3. Bei welchem der folgenden Anlässe ist eine Unternehmensbewertung regelmäßig erforderlich?

	richtig	falsch
(1) Aufstellung der Jahresbilanz	○	○
(2) Verkauf des Unternehmens	○	○
(3) Feststellung des Auseinandersetzungsguthabens eines ausscheidenden Gesellschafters	○	○
(4) Fusion zweier Gesellschaften	○	○
(5) Liquidation eines Unternehmens	○	○

4. Der Wert eines Unternehmens ist für zwei potentielle Käufer des Unternehmens

	richtig	falsch
(1) immer gleich.	○	○
(2) unterschiedlich, weil beide unterschiedlich hohe Einzahlungsüberschüsse erzielen können.	○	○
(3) unterschiedlich, weil beide mit unterschiedlichen Kalkulationszinsfüßen rechnen.	○	○
(4) unterschiedlich, weil beide mit unterschiedlich hohen Anschaffungsauszahlungen für das Unternehmen rechnen.	○	○
(5) unterschiedlich, weil beide beim späteren Verkauf des Unternehmens mit unterschiedlich hohen Verkaufserlösen rechnen.	○	○

5. Der Eigentumsübergang an einem Unternehmen kann zustande kommen, wenn

	richtig	falsch
(1) der Entscheidungswert für den Käufer größer als für den Verkäufer ist.	○	○
(2) der Entscheidungswert für den Käufer gleich hoch wie für den Verkäufer ist.	○	○
(3) der Entscheidungswert für den Käufer kleiner als für den Verkäufer ist.	○	○

Lösungen: Richtig sind die Antworten: **1.** (1); **2.** (2); **3.** (2), (3), (4); **4.** (2), (3), (5); **5.** (1), (2).

III. Finanzierung

1. Grundlagen der Finanzplanung

Wiederholungsfragen:

	Wöhe Seite
Durch welche Maßnahmen können Investitionsvolumen und Finanzierungspotential aufeinander abgestimmt werden?	522
Welche Ziele verfolgt die Finanzplanung?	522–524
Welcher Zusammenhang besteht zwischen der Unsicherheit künftiger Ein- und Auszahlungen einerseits und der Liquiditätsvorsorge andererseits?	523 f.
Was versteht man unter zeitraum- und zeitpunktbezogener Liquidität?	523
Welcher Zusammenhang besteht zwischen Zahlungsmittelbeständen (= Liquidität), Insolvenzvorsorge und Gewinnstreben?	523 f.
Durch welche Anpassungsmaßnahmen lässt sich die Überliquidität bzw. Unterliquidität ausgleichen?	524
Welche Rolle spielt der Cash Flow im Rahmen der mittelfristigen Finanzplanung?	525 f.
Wie ist der operative Cash Flow im einfachsten Modell der finanzwirtschaftlichen Cash-Flow-Analyse definiert?	526
Von welchen Daten geht die strategische (langfristige) Finanzplanung aus?	527
Welche Teilfragen stellen sich bei der mittelfristigen Finanzplanung?	527 f.
Wie ist die Liquidität 1., 2. bzw. 3. Grades definiert?	528
Welche Planungsgrößen gehen in einen zukunftsbezogenen kurzfristigen Finanzplan ein?	528 f.

Aufgabe 46 Liquiditätskennziffern

Die Firma SOLVENZ hat zum 31.12.01 folgende Bilanz (in TEUR) erstellt:

Aktiva		Passiva	
Grundstücke	180	Eigenkapital	90
Geschäftsausstattung	30	Rückstellungen	60
Langfristige Darlehensforderungen	70	Langfristige Darlehensverbindlichkeiten	150
Warenvorräte	50	Kurzfristige Darlehensverbindlichkeiten	70
Forderungen aus Lieferungen und Leistungen	40	Lieferantenverbindlichkeiten	30
Zahlungsmittel	30		
	400		**400**

(Bilanz zum 31.12.01)

Teilaufgabe a)

Wie hoch ist die Liquidität 1., 2. bzw. 3. Grades?

Wöhe S. 528

Liquidität

$$\textbf{1. Grades} = \frac{\text{Zahlungsmittel (ZM)}}{\text{kurzfristige Verbindlichkeiten}} \cdot 100\,\% = \frac{30}{100} \cdot 100\,\% = \textbf{30 \%}$$

$$\textbf{2. Grades} = \frac{\text{ZM + kurzfristige Forderungen}}{\text{kurzfristige Verbindlichkeiten}} \cdot 100\,\% = \frac{30 + 40}{100} \cdot 100\,\% = \textbf{70 \%}$$

$$\textbf{3. Grades} = \frac{\text{ZM + kurzfristige Forderungen + Vorräte}}{\text{kurzfristige Verbindlichkeiten}} \cdot 100\,\% = \frac{30 + 40 + 50}{100} \cdot 100\,\% = \textbf{120 \%}$$

Teilaufgabe b)

Was besagt die Liquidität 3. Grades? Die Firma SOLVENZ muss gleich zu Beginn der Periode 02 damit rechnen, dass

- Löhne in Höhe von 25 TEUR zu zahlen sind und
- 20 % der langfristigen Darlehensverbindlichkeiten fällig werden.

Sichert unter diesen Bedingungen eine Liquidität 3. Grades in Höhe von 120 Prozent die Zahlungsfähigkeit der Firma SOLVENZ in Periode 02?

Wöhe S. 528

Eine Liquidität 3. Grades von 120 % sagt aus, dass die kurzfristigen Verbindlichkeiten am Stichtag 31.12.01 zu 120 % durch Zahlungsmittel und kurzfristig liquidierbare Vermögensgegenstände (kurzfristige Forderungen und Warenvorräte) gedeckt sind. Aus der zeitpunktbezogenen Liquiditätsanalyse lassen sich aber keine tragfähigen Rückschlüsse auf die (zeitraumbezogene) künftige Zahlungsfähigkeit ziehen.

Im vorliegenden Fall sind zwar die zum 31.12.01 ausgewiesenen kurzfristigen Verbindlichkeiten zu 120 % durch Liquidität (3. Grades) gedeckt. Berücksichtigt man aber, dass neben den kurzfristigen Verbindlichkeiten von 100 schon in naher Zukunft weitere Auszahlungen von 25 (Löhne) bzw. 30 (Kredittilgung) fällig werden, steht dem Liquiditätspotential von 120 ein Auszahlungsvolumen von 155 gegenüber. Damit ist die künftige Zahlungsfähigkeit gefährdet.

Aufgabe 47 Cash-Flow-Analyse und mittelfristige Finanzplanung

Zur Vorbereitung ihrer mittelfristigen Finanzplanung geht die Firma RATIO für jedes der kommenden fünf Jahre von folgender Plan-GuV aus:

Soll		Plan-GuV	Haben
Wareneinsatz	250	Umsatzerlöse	800
Personalaufwand	150	Andere Erträge	200
Mietaufwand	30		
Zinsaufwand	70		
Abschreibungsaufwand	180		
Zuführung zu langfristigen Rückstellungen	70		
Gewinn	250		
	1.000		**1.000**

Wie hoch ist der operative Cash Flow vor Steuern? Wie hoch ist der operative Cash Flow nach Steuern, wenn die Gewinnsteuerbelastung bei 40 Prozent liegt? Wie hoch ist der Netto Cash Flow, also der Cash Flow nach Abzug von Gewinnsteuern und Gewinnausschüttungen, wenn 50 % des Gewinns nach Steuern ausgeschüttet werden sollen?

Welcher Zusammenhang besteht zwischen dem (erwarteten) Netto Cash Flow und dem erwarteten Innenfinanzierungsvolumen?

Wöhe S. 525 f.

Die gesuchten Größen lassen sich folgendermaßen ermitteln:

	Gewinn vor Steuern	250
+	Abschreibungsaufwand	180
+	Zuführung zu langfristigen Rückstellungen	70
	Operativer Cash Flow vor Steuern	**500**
–	Gewinnsteuer (40 % von 250)	100
	Operativer Cash Flow nach Steuern	**400**
–	Ausschüttung (50 % von 150)	75
	Netto Cash Flow (nach Steuern und Ausschüttungen)	**325**

Die finanzwirtschaftliche Cash-Flow-Analyse geht von der Fiktion aus, dass

- alle Erträge einzahlungswirksam und
- alle Aufwendungen, mit Ausnahme der Abschreibungen und der Zuführung zu den langfristigen Rückstellungen, auszahlungswirksam sind.

Unter diesen vereinfachenden Bedingungen zeigt ein (positiver) operativer Cash Flow von 500 den erwarteten Einzahlungsüberschuss aus der laufenden Geschäftstätigkeit vor Gewinnsteuern und Gewinnausschüttungen. Verringert man diesen (vorläufigen) Einzahlungsüberschuss um die Gewinnsteuerbelastung von 100, erhält man den operativen Cash Flow nach Steuern in Höhe von 400. Nach dem weiteren Abzug der Ausschüttung (75) erhält man den Netto Cash Flow in Höhe von 325.

Unter den vereinfachenden Annahmen des Beispielfalls zeigt sich im Netto Cash Flow der Teil der erwirtschafteten Einzahlungen, der weder zur

- Abdeckung zahlungswirksamer Aufwendungen noch zur
- Gewinnsteuerzahlung noch zur
- Gewinnausschüttung

benötigt wird. Unter den Annahmen des Modells zeigt also der **Netto Cash Flow** das **planmäßige Innenfinanzierungsvolumen** des Unternehmens.

Aufgabe 48 Finanzierungspotential und Investitionsvolumen

Es gelten die Annahmen der **Aufgabe 47**. Die Firma RATIO kann also für die kommenden fünf Perioden – jeweils zum Periodenende – mit einem Netto Cash Flow (= Innenfinanzierungsvolumen) von 325 pro Periode rechnen. Darüber hinaus kann die Firma RATIO von folgenden Außenfinanzierungsmöglichkeiten ausgehen:

Zeitpunkt	Eigenkapitaleinlage	Kreditaufnahme	Kredittilgung
t_0	+ 1.000	+ 1.000	
t_1		+ 200	– 100
t_2		+ 200	– 100
t_3		+ 200	– 100
t_4	+ 150	+ 200	– 100
t_5			– 100

Wie hoch ist das maximale Investitionsvolumen, das die Firma RATIO jeweils zum Beginn der fünf kommenden Planperioden realisieren kann? Gehen Sie hierbei von einem Zahlungsmittelbestand von 0 im Planungszeitpunkt t_0 aus.

Wöhe S. 466–468

Das mögliche Investitionsvolumen der kommenden fünf Perioden lässt sich folgendermaßen ermitteln:

Zeitpunkt	Innen-finanzierung	Außenfinanzierung			Investitions-volumen
		Eigenkapital	Kredit-aufnahme	Kredit-tilgung	
t_0		+ 1.000	+ 1.000		+ 2.000
t_1	+ 325		+ 200	– 100	+ 425
t_2	+ 325		+ 200	– 100	+ 425
t_3	+ 325		+ 200	– 100	+ 425
t_4	+ 325	+ 150	+ 200	– 100	+ 575
t_5	+ 325			– 100	+ 225

Zu Beginn der ersten (zweiten) Planperiode kann ein Investitionsvolumen von maximal 2.000 (425) realisiert werden.

Aufgabe 49 Kurzfristiger Finanzplan

Ein neu zu gründender Betrieb rechnet mit folgenden monatlichen Ein- und Auszahlungen aus seiner betrieblichen Tätigkeit ohne Berücksichtigung des Bereichs der Außenfinanzierung (in TEUR):

Anfang des Monats	t_0	t_1	t_2	t_3	t_4	t_5	t_6	t_7	t_8
Einzahlungen	0	20	40	60	60	60	60	60	60
Auszahlungen	80	40	40	40	40	40	40	40	40

Der Einfachheit halber wird angenommen, dass der Unternehmer keine Möglichkeit hat, dem Betrieb Eigenkapital zuzuführen.

(a) Wieviel Kredit muss der Betrieb in den einzelnen Monaten bei seiner Hausbank aufnehmen?
(b) In welchem Monat ist der Betrieb erstmals in der Lage, mit der Kredittilgung zu beginnen?
(c) Wie hoch ist der Betrieb in den einzelnen Monaten verschuldet, wenn davon ausgegangen wird, dass die Einzahlungsüberschüsse zur Tilgung des Kredits verwandt werden?
(d) Zu welchem Zeitpunkt hat der Betrieb seinen Kredit bei der Hausbank vollständig getilgt?

Wöhe S. 528 f.

Die Ein- und Auszahlungen des Betriebes lassen sich folgendermaßen abbilden:

Anfang des Monats	t_0	t_1	t_2	t_3	t_4	t_5	t_6	t_7	t_8
Einzahlungen	0	20	40	60	60	60	60	60	60
Auszahlungen	80	40	40	40	40	40	40	40	40

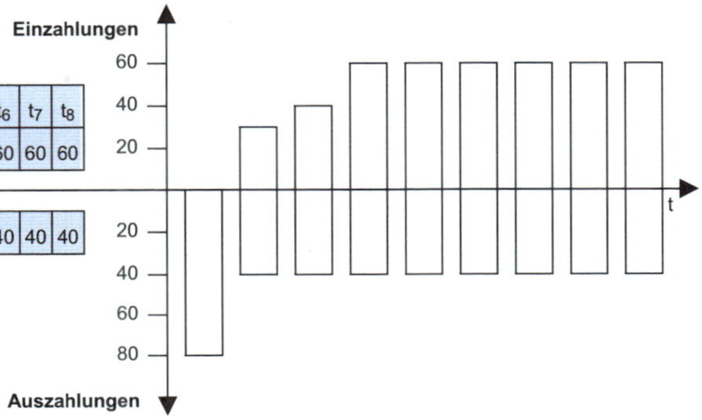

Werden Ein- und Auszahlungen gegeneinander aufgerechnet, dann erhält man entweder Auszahlungsüberschüsse (t_0 und t_1) oder Einzahlungsüberschüsse (t_3 bis t_8). Auszahlungsüberschüsse führen zur Kreditaufnahme, Einzahlungsüberschüsse dagegen werden zur Kredittilgung verwendet.

Einzahlungen	0	20	40	60	60	60	60	60	60
Auszahlungen	80	40	40	40	40	40	40	40	40
Kredittilgung	–	–	0	20	20	20	20	20	20
Kreditaufnahme	80	20	0	–	–	–	–	–	–

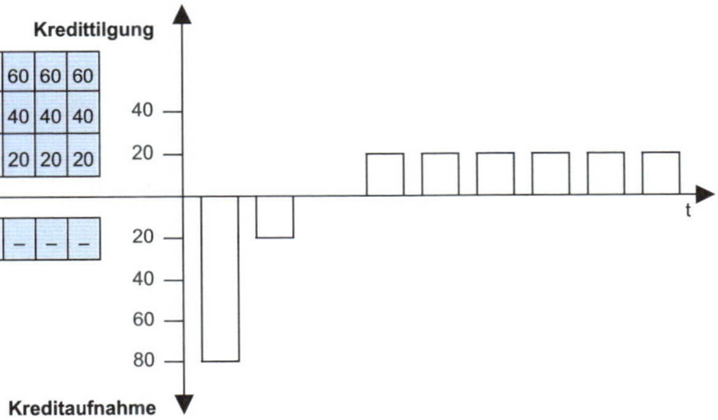

Jede Kreditaufnahme (= Auszahlungsüberschuss) führt zur Erhöhung der Schulden, jede Kredittilgung (= Einzahlungsüberschüsse) führt zur Reduzierung der Schulden. In t_8 sind die Einzahlungsüberschüsse (= Kredittilgung) so hoch, dass auf dem Kontokorrentkonto ein Guthaben in Höhe von 20 verzeichnet werden kann.

Kredittilgung	–	–	0	20	20	20	20	20	20
Kreditaufnahme	80	20	0	–	–	–	–	–	–
Guthaben	–	–	–	–	–	–	–	0	20
Schulden	80	100	100	80	60	40	20	0	–

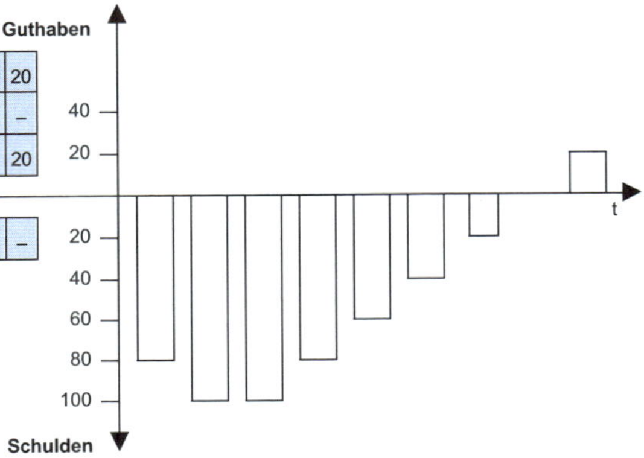

(a) Der Betrieb muss zu Beginn des ersten Monats (in t_0) 80.000 EUR und Anfang des zweiten Monats (in t_1) nochmals zusätzlich 20.000 EUR Kredit aufnehmen.
(b) Der Betrieb kann erstmals Anfang des vierten Monats (in t_3) mit der Kredittilgung beginnen, da zu diesem Zeitpunkt erstmals ein Einzahlungsüberschuss auftritt.
(c) Zu Beginn ist der Betrieb mit 80.000 EUR verschuldet, die Schuld steigt auf 100.000 EUR zu Beginn des zweiten Monats an, verbleibt einen weiteren Monat unverändert auf 100.000 EUR und fällt dann monatlich um 20.000 EUR.
(d) Zu Beginn des achten Monats (in t_7) ist der Kredit vollständig getilgt.

2. Außenfinanzierung

Wiederholungsfragen:

	Wöhe Seite
Welche Merkmale lassen sich zur Unterscheidung von Eigenkapital und Fremdkapital heranziehen?	531
Was versteht man unter Beteiligungsfinanzierung?	532
Welche Vorzüge haben börsennotierte Aktien aus der Sicht der Kapitalanleger?	533
Welche Aktiengattungen werden unterschieden?	534 f.
Welche finanzwirtschaftlichen Ziele verfolgen Unternehmen mit der Fremdfinanzierung?	535
Nach welchen Kriterien lassen sich alternative Formen der Fremdfinanzierung einteilen?	536
Was sind die wesentlichen Merkmale eines Schuldscheindarlehens?	538
Wo liegen die Vorteile einer Anleihenfinanzierung für Kapitalgeber und für Kapitalnehmer?	539
Was versteht man unter einer Unterpari-Emission?	540 f.
Trifft es zu, dass eine Nullkuponanleihe dem Kapitalgeber keine Verzinsung bringt?	541 f.
Worin liegt die Besonderheit einer Wandelanleihe?	543 f.
Haben Genussscheine Eigen- oder Fremdkapitalcharakter?	546
Welchen Weg nimmt ein Wechsel bei der Abwicklung eines Diskontkredits?	549 f.
Worin liegen die Vor- und Nachteile des Kontokorrentkredits?	550 f.
Worin liegt die Besonderheit eines Commercial-Paper-Programms?	552
Worin liegt der Unterschied zwischen Commercial Papers und Euronotes?	552 f.
Was versteht man unter Factoring?	553 f.
Worin liegt die Besonderheit von Asset-Backed-Securities?	554 f.
Welche Leasingarten lassen sich unter dem Aspekt der Übernahme des Investitionsrisikos unterscheiden?	557 f.

	Wöhe Seite
Worin liegt der Unterschied zwischen einem Voll- und einem Teilamortisationsvertrag?	557
Worin liegen die Vor- bzw. Nachteile des Leasings im Vergleich zum Kreditkauf?	558

Aufgabe 50 Investition und Finanzierung nach dem Dean-Modell

Herr LEIHER will seinen Gewinn maximieren. Dabei hat er folgende Anlagemöglichkeiten und folgende Kreditbeschaffungsmöglichkeiten (Beträge in EUR):

Anlagemöglichkeiten		Kreditbeschaffungsmöglichkeiten	
Anlagebetrag	Rendite	Kreditbetrag	Schuldzinssatz
100.000	15 %	100.000	6 %
150.000	13 %	100.000	8 %
70.000	9 %	100.000	11 %
100.000	6 %	100.000	14 %

Welche Kredite wird Herr LEIHER in Anspruch nehmen, wenn

(a) der Anlagebetrag und der Kreditbetrag beliebig teilbar sind,
(b) der Anlagebetrag, jedoch nicht der Kreditbetrag beliebig teilbar ist,
(c) der Kreditbetrag, jedoch nicht der Anlagebetrag beliebig teilbar ist,
(d) weder der Anlage- noch der Kreditbetrag beliebig teilbar ist.

Welchen Gewinn erzielt er in den Fällen (a) bis (d)?

Lösungshinweis: Eine Kassenhaltung sei nicht möglich. Zeichnen Sie die Grenzertrags- und die Grenzkostenkurve!

Wöhe S. 497–499

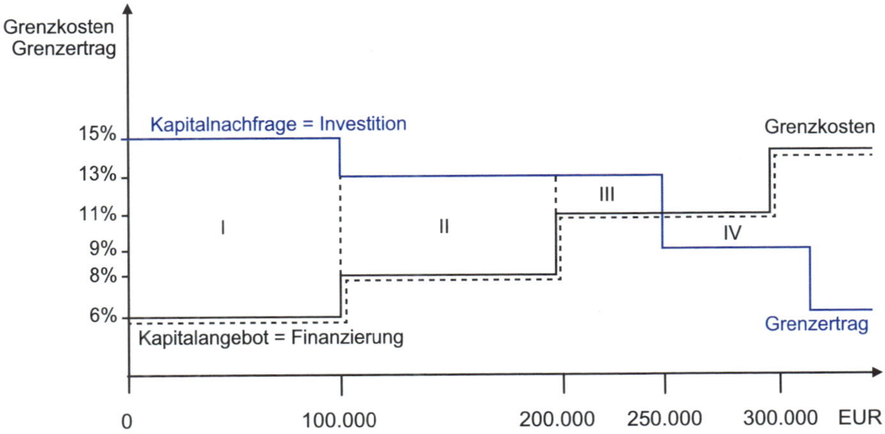

I	II	III	IV
15 % · 100.000 EUR – 6 % · 100.000 EUR	13 % · 100.000 EUR – 8 % · 100.000 EUR	13 % · 50.000 EUR – 11 % · 50.000 EUR	9 % · 50.000 EUR – 11 % · 50.000 EUR
+ 9.000 EUR	+ 5.000 EUR	+ 1.000 EUR	– 1.000 EUR

(a) Sind der Anlagebetrag und der Kreditbetrag beliebig teilbar, wird Herr LEIHER beim Schnittpunkt der Grenzkostenkurve und der Grenzertragskurve einen Kredit von 250.000 EUR aufnehmen und diesen investieren. Der Gesamtgewinn beträgt in diesem Fall 15.000 EUR.

(b) Ist der Anlagebetrag, jedoch nicht der Kreditbetrag beliebig teilbar, so steht Herr LEIHER vor der Alternative, entweder 200.000 EUR oder 300.000 EUR Kredit aufzunehmen. Sowohl bei einem Kredit von 200.000 EUR als auch bei einem Kredit von 300.000 EUR beläuft sich sein Gewinn auf 14.000 EUR. Er wird demnach nur einen Kredit von insgesamt 200.000 EUR aufnehmen.

(c) Ist der Kreditbetrag, jedoch nicht der Anlagebetrag teilbar, so ergibt sich in diesem Beispiel das gleiche Ergebnis wie im Fall (a).

(d) Ist weder der Kreditbetrag noch der Anlagebetrag beliebig teilbar, so wird Herr LEIHER nur das erste Projekt mit dem billigsten Kredit realisieren. Sein Gewinn beläuft sich dabei auf 9.000 EUR.

Aufgabe 51 Bilanzkurs, Börsenkurs und Firmenwert

Die in einigen Posten zusammengefasste Bilanz der PHARMA-AG hat (in Mio. EUR) folgendes Aussehen:

Aktiva		Bilanz der PHARMA-AG zum 31.12.01		Passiva
Immaterielle Anlagen	120	Grundkapital	100	
Grundstücke	180	Kapitalrücklage	20	
Maschinelle Anlagen	350	Andere Gewinnrücklagen	80	
Umlaufvermögen	150	Eigenkapital	200	200
		Rückstellungen		60
		Verbindlichkeiten		540
	800			800

– Es wurden 20 Mio. Aktien zu einem Nennbetrag von 5 EUR/Stück ausgegeben.
– Der Verkehrswert der Grundstücke beziffert sich auf 300 Mio. EUR.
– Der Verkehrswert der maschinellen Anlagen beträgt 470 Mio. EUR.

Alle übrigen Posten sind zeit- und sachgerecht bewertet.

Teilaufgabe a)

Wie hoch ist der Bilanzkurs bzw. der korrigierte Bilanzkurs der PHARMA-Aktie?

Wöhe S. 572 f.

Bei einem Grundkapital von 100 Mio. EUR und einem Aktiennennwert von 5 EUR/Stück sind 20 Mio. Stück PHARMA-Aktien im Umlauf. Damit lassen sich der Bilanzkurs und der korrigierte Bilanzkurs wie folgt ermitteln:

$$\text{Bilanzkurs} = \frac{\text{bilanziertes Eigenkapital}}{\text{Zahl der Aktien}} = \frac{200 \text{ Mio. EUR}}{20 \text{ Mio. Stück}} = 10 \text{ EUR/Stück}$$

$$\text{Korrigierter Bilanzkurs} = \frac{\text{bilanziertes Eigenkapital} + \text{stille Rücklagen}}{\text{Zahl der Aktien}} = \frac{200 \text{ Mio.} + 240 \text{ Mio. EUR}}{20 \text{ Mio. Stück}} = 22 \text{ EUR/Stück}$$

Wegen der stillen Rücklagen in den Bilanzposten Grundstücke (120 Mio. EUR = 300 – 180) und Maschinelle Anlagen (120 Mio. EUR = 470 – 350) liegt der korrigierte Bilanzkurs deutlich über dem Bilanzkurs.

Teilaufgabe b)

Anfang Januar 02 liegt der Börsenkurs der PHARMA-Aktie bei 50 EUR/Stück. Wie lässt sich die hohe Abweichung zum (korrigierten) Bilanzkurs erklären?

Wöhe S. 519 f.

Der Inhaber einer PHARMA-Aktie ist mit dem Bruchteil von 1 : 20 Mio. Stück Aktien am Eigenkapital der PHARMA-AG beteiligt. Am Kapitalmarkt wird das Unternehmen nicht nach Maßgabe der bilanzierten Vermögensgegenstände, sondern nach den Gewinnerwartungen des Unternehmens bewertet.

Der weit über dem korrigierten Bilanzwert liegende Börsenkurs zeigt, dass die Kapitalmarktteilnehmer hohe Erwartungen an die Zukunftserfolge der PHARMA-AG hegen. Fragt man nach den Gründen derart hoher Ertragserwartungen, stößt man u. U. auf folgende Besonderheiten:

- Niedrige Kosten wegen
  - rationeller Produktionstechnik
  - leistungsfähiger, motivierter Mitarbeiter
  - günstiger Logistik usw.
- Hohe Umsatzerwartungen wegen
  - stark nachgefragter Produkte
  - Innovationspotential der Forschungsabteilung
  - effizientem Vertriebsnetz usw.

In allen Fällen handelt es sich um immaterielle Werte, die den Unternehmenswert erhöhen, aber nicht in der Bilanz enthalten sind. Diese Sachverhalte fasst man unter dem Begriff „Originärer Firmenwert" oder „Originärer Goodwill" zusammen.

Aufgabe 52 Ordentliche Kapitalerhöhung

Ausgehend von der in **Aufgabe 51** abgebildeten Bilanz führt die PHARMA-AG im Januar 02 eine ordentliche Kapitalerhöhung durch. Dabei wird das Grundkapital um 25 Prozent erhöht. Bei einem Börsenkurs der Altaktien von 50 EUR/Stück werden die jungen zum Emissionskurs von 40 EUR platziert. Welches Aussehen hat die Bilanz der PHARMA-AG nach Durchführung der Kapitalerhöhung?

Wöhe S. 572–574

Die ordentliche Kapitalerhöhung der PHARMA-AG basiert auf folgenden Werten:

Grundkapital alt	100 Mio. EUR
Aktienanzahl alt	20 Mio. Stück
Grundkapital neu	125 Mio. EUR
Aktienanzahl neu	25 Mio. Stück
Aktienneuemission	5 Mio. Stück
Emissionskurs/Stück	40 EUR
Emissionserlös	200 Mio. EUR
Aktienagio/Stück (Emissionskurs – Nennbetrag)	35 EUR
Zuführung zur Kapitalrücklage	175 Mio. EUR

Das Aktienagio (35 EUR/Stück) ist in die Kapitalrücklage einzustellen. Die ordentliche Kapitalerhöhung lässt sich in folgendem Buchungssatz zusammenfassen:

Bank	200 Mio.	an	Grundkapital	25 Mio.
			Kapitalrücklage	175 Mio.

Nach Durchführung der Kapitalerhöhung hat die Bilanz der PHARMA-AG folgendes Aussehen.

Aktiva	Bilanz nach Kapitalerhöhung			Passiva
Immaterielle Anlagen	120	Grundkapital	125	
Grundstücke	180	Kapitalrücklage	195	
Maschinelle Anlagen	350	Gewinnrücklagen	80	
Sonstiges Umlaufvermögen	150	Eigenkapital	400	400
Bank	200	Rückstellungen		60
		Verbindlichkeiten		540
	1.000			1.000

Aufgabe 53 Bezugsrecht

Es gelten die Angaben der **Aufgabe 52**. Ermitteln Sie den rechnerischen Wert des Bezugsrechts. Wie hoch ist der (neue) Aktienkurs ex Bezugsrecht?

Wöhe S. 573f.

Bei einer Kapitalerhöhung um 25 % hat ein Altaktionär das Vorkaufsrecht für **eine** neue Aktie, sofern ihm **vier** alte Aktien gehören. Somit beträgt das Bezugsverhältnis a : n im Beispiel 4 : 1. Bei einem alten Aktienkurs K_a von 50 EUR und einem Emissionskurs K_e von 40 EUR lässt sich der rechnerische Wert des Bezugsrechts B wie folgt ermitteln:

$$B = \frac{K_a - K_e}{\frac{a}{n} + 1} = \frac{50 - 40}{\frac{4}{1} + 1} = 2 \text{ EUR/Stück}$$

Der rechnerische Wert des Bezugsrechts beträgt 2 EUR. Der neue Aktienkurs K_n nach Bezugsrechtabschlag beläuft sich auf (50 – 2 =) 48 EUR.

Aufgabe 54 Vorteilhaftigkeit der Ausübung des Bezugsrechts

Es gelten die Angaben der **Aufgabe 53**. Stellen Sie sich vor, dass Sie vor Durchführung der Kapitalerhöhung

- 20 Stück Altaktien
- 200 EUR Bankguthaben

besitzen. Halten Sie es für vorteilhafter,

(1) an der Kapitalerhöhung teilzunehmen oder
(2) nicht teilzunehmen und die Bezugsrechte zum rechnerischen Bezugskurs zu verkaufen?

Ausgehend von einem

- Kurs der Altaktien K_a = 50 EUR
- Emissionskurs K_e = 40 EUR
- Kurs der neuen Aktien K_n = 48 EUR

lässt sich folgende Vergleichsrechnung anstellen:

(0) Vermögen vor Kapitalerhöhung	
20 Altaktien á 50 EUR	1.000
Bankguthaben	200
Vermögen insgesamt	**1.200**

(1) Vermögen mit Beteiligung an der Kapitalerhöhung	
20 Stück Bestand Altaktien á 50 EUR	1.000
+ 5 Stück Erwerb junge Aktien á 40 EUR (per Bank)	200
25 Stück neue Aktien K_n = 48 EUR	**1.200**

(2) Vermögen ohne Beteiligung an der Kapitalerhöhung	
20 Stück Aktien K_n = 48 EUR	960
20 Stück verkaufte Bezugsrechte á 2 EUR	40
Ursprüngliches Bankguthaben	200
Vermögen insgesamt	**1.200**

Entspricht der Börsenkurs des Bezugsrechts seinem rechnerischen Wert, ist es für einen Altaktionär nach dieser Vermögensvergleichsrechnung gleichgültig, ob er an der Kapitalerhöhung teilnimmt oder nicht. Ausschlaggebend für seine Entscheidung sollte seine Erwartung im Hinblick auf die zukünftige Entwicklung des Aktienkurses nach der Kapitalerhöhung sein.

Aufgabe 55 Finanzwirtschaftliche Sanierung

Nach einer mehrjährigen Verlustphase ist die AEGROTA-AG zum Sanierungsfall geworden. Die Bilanz zum 31.12.01 hat (in Mio. EUR) folgendes Aussehen:

Aktiva	Bilanz AEGROTA-AG zum 31.12.01			Passiva
Diverse Aktiva	150	Grundkapital	20	
		Bilanzverlust	– 8	
		Eigenkapital	12	12
		Verbindlichkeiten		138
	150			150

Das Grundkapital in Höhe von 20 Mio. EUR basiert auf 2 Mio. Stück ausgegebener Aktien zum Nennbetrag von 10 EUR/Stück. Mit 7,50 EUR/Stück liegt der aktuelle Börsenkurs deutlich unter dem Nennbetrag.

Teilaufgabe a)

Wie beurteilen Sie die Vermögens- und Finanzlage der AEGROTA-AG? Lässt sich die aktuelle Finanzlage durch eine Kapitalerhöhung verbessern?

Wöhe S. 576–578

Die Eigenkapitalquote liegt nur noch bei 8 Prozent. Die Finanzlage der AEGROTA-AG ist schlecht. Das bilanzielle Eigenkapital ist kleiner als das Grundkapital. Eine Kapitalerhöhung ist in der derzeitigen Situation nicht möglich: Aus der Sicht des Aktienmarktes müsste der Emissionskurs der neuen Aktien unter dem aktuellen Börsenkurs von derzeit 7,50 EUR liegen. Angesichts eines Nennbetrags von 10 EUR/Aktie wäre dies eine **Unterpari-Emission**, die nach § 9 AktG verboten ist.

Teilaufgabe b)

Was halten Sie von dem Vorschlag, zur Vorbereitung einer ordentlichen Kapitalerhöhung zunächst eine nominelle Kapitalherabsetzung um 50 Prozent durchzuführen? Welches Aussehen hat die Bilanz nach einer solchen Kapitalherabsetzung?

Eine nominelle Kapitalherabsetzung ist ein rein buchungstechnischer Vorgang. Im Rahmen einer solchen Kapitalherabsetzung um 50 Prozent verringert sich das derzeitige Grundkapital von 20 Mio. EUR auf 10 Mio. EUR. Aus dem Kapitalherabsetzungsbetrag (10 Mio.) ist zunächst der Bilanzverlust (8 Mio.) abzudecken. Der übersteigende Betrag (2 Mio.) ist in die Kapitalrücklage einzustellen.

Buchungssatz zur nominellen Kapitalherabsetzung				
Grundkapital	10	an	Bilanzverlust	8
			Kapitalrücklage	2

Nach Durchführung der Kapitalherabsetzung hat die Bilanz folgendes Aussehen.

Aktiva	Bilanz nach nomineller	Kapitalherabsetzung		Passiva
Diverse Aktiva	150	Grundkapital	10	
		Kapitalrücklage	2	
		Eigenkapital	12	12
		Verbindlichkeiten		138
	150			150

Bei einem (neuen) Grundkapital in Höhe von 10 Mio. EUR und 2 Mio. Stück ausgegebener Aktien beträgt der Nennwert/Aktie 5 EUR und liegt damit unter dem Börsenkurs von derzeit 7,50 EUR/Aktie. Damit ist der Weg geebnet zu einer Kapitalerhöhung mit einem Emissionskurs, der zwischen 5 EUR und 7,50 EUR festzulegen ist.

Teilaufgabe c)

Zur finanziellen Sanierung plant die AEGROTA-AG eine ordentliche Kapitalerhöhung um 50 Prozent. Es sollen ausgegeben werden 1 Mio. Stück neuer Aktien.

5 EUR Nennwert/Stück
6 EUR Emissionskurs/Stück

Welches Aussehen hat die Bilanz der AEGROTA-AG nach Durchführung der Kapitalerhöhung?

Wöhe S. 572–574

Durch die Kapitalerhöhung kann die AEGROTA-AG einen Mittelzufluss in Höhe von 6 Mio. EUR verzeichnen. Das Aktienagio (1 Mio.) ist in die Kapitalrücklage einzustellen.

Buchungssatz zur Kapitalerhöhung				
Bank	6	an	Grundkapital	5
			Kapitalrücklage	1

Nach Durchführung der Kapitalerhöhung hat die Bilanz folgendes Aussehen:

Aktiva		Bilanz nach Kapitalerhöhung		Passiva
Diverse Aktiva	150	Grundkapital	15	
Bank	6	Kapitalrücklage	3	
		Eigenkapital	18	18
		Verbindlichkeiten		138
	156			156

Aufgabe 56 Kursverluste bei Festzinsanleihen

Ein Kapitalanleger hatte in Periode 01 eine Anleihe zum Emissionskurs (= Nennwert) von 1.000 EUR erworben. Der Nominalzins entsprach dem damaligen Marktzins von 6 Prozent. Zwischenzeitlich ist der Marktzins auf 8 Prozent angestiegen. Wie hoch ist der Kursverlust des Anleiheinhabers, wenn die **Restlaufzeit** der Anleihe

a) 2 Jahre
b) 9 Jahre

beträgt?

Wöhe S. 482–485 und S. 539–541

Potentielle Käufer erwarten bei der neuen Kapitalmarktsituation aus der Anleihe eine Rendite in Höhe von 8 Prozent. Da im vorliegenden Fall der aktuelle Marktzins (8 Prozent) höher ist als der festgeschriebene Nominalzins der Anleihe (6 Prozent), wird diese nur unter dem Nennwert veräußerbar sein: **Marktzinserhöhung → Kursverlust!** Zur Ermittlung des Kursverlustes muss der für die Restlaufzeit erwartete Zahlungsstrom mit einem Zinssatz von 8 Prozent diskontiert werden:

Fall (a)	Zinsen	·	Rentenbarwertfaktor 8%/2 Jahre	= **Barwert**
	60	·	1,783	= 106.98
	Tilgung	·	Abzinsungsfaktor 8%/2. Jahr	
	1.000	·	0,8573	= 857,30
	Barwert	=	Kurswert der Anleihe	964,28
	Kursverlust			**35,72**
Fall (b)	Zinsen	·	Rentenbarwertfaktor 8%/9 Jahre	= **Barwert**
	60	·	6,247	= 374,82
	Tilgung	·	Abzinsungsfaktor 8%/9. Jahr	
	1.000	·	0,5002	= 500,20
	Barwert	=	Kurswert der Anleihe	875,02
	Kursverlust			**124,98**

Je länger die Restlaufzeit der Anleihe, desto höher ist bei gegebener Unterverzinslichkeit (im Beispiel 2 Prozent) der Kurswertabschlag.

Aufgabe 57 Überpari-Emission einer Anleihe

Die OBLIGAT-AG begibt eine Anleihe im Volumen von 50 Mio. EUR in Form von Teilschuldverschreibungen mit einem Nennwert von 1.000 EUR/Stück. Die Anleihe soll nach fünf Jahren zum Nennwert zurückgezahlt werden. Das Rating der OBLIGAT-AG liegt bei A. Bei diesem Rating und einer Laufzeit von fünf Jahren ist eine (Effektiv-)Verzinsung von 6 Prozent marktgerecht.

Aus optischen Gründen will die OBLIGATH-AG die Anleihe mit einem Nominalzins in Höhe von 6,5 Prozent ausstatten. Ermitteln Sie den marktgerechten Emissionskurs der Anleihe!

Wöhe S. 482–485 und S. 540 f.

Der Käufer kann aus der Anleihe folgenden Zahlungsstrom erwarten:

Zeitpunkt	t_1	t_2	t_3	t_4	t_5
Zinszahlung	65	65	65	65	65
Tilgung					1.000

Diskontiert man diesen Zahlungsstrom mit dem Marktzins von 6 Prozent, erhält man folgenden Barwert:

Zinszahlung	·	Rentenbarwertfaktor 6 %/5 Jahre	=	**Barwert**
65	·	4,212	=	273,78
Tilgung	·	Abzinsungsfaktor 6 %/5. Jahr		
1.000	·	0,7473	=	747,30
Barwert des Zahlungsstroms				**1.021,08**

Bei einem Emissionskurs von ca. 102,10 Prozent gelangt der Kapitalgeber zur marktgerechten Effektivverzinsung von 6 Prozent.

Aufgabe 58 Lieferantenkredit

Das Handelsunternehmen MERCATO steht beim Bezug seiner Waren vor folgender Alternative:

- Skontoabzug S 2 Prozent bei Zahlung innerhalb der Skontofrist s von 8 Tagen;
- Zahlung ohne Skontoabzug bei einem Zahlungsziel z von 30 Tagen.

Teilaufgabe a)

Wie hoch sind auf ein Jahr bezogen die Zinskosten des Lieferantenkredits?

Wöhe S. 548

Die jährlichen Zinskosten i lassen sich nach folgender Formel ermitteln:

$$i = \frac{S}{100 - S} \cdot \frac{360}{z - s}$$

$$i = \frac{2}{100 - 2} \cdot \frac{360}{30 - 8} = 0{,}33395 \approx \mathbf{33{,}4\ \%}$$

Die Kosten des Lieferantenkredits belaufen sich auf ca. 33,4 Prozent pro Jahr.

5. Abschnitt

Teilaufgabe b)

Wie hoch sind die Kosten des Lieferantenkredits, wenn es MERCATO als großem Filialisten gelingt, das Zahlungsziel z bei sonst gleichen Bedingungen aufgrund seiner Nachfragemacht auf 90 Tage auszudehnen?

$$i = \frac{2}{100-2} \cdot \frac{360}{90-8} = 0{,}8959 \approx \mathbf{8{,}96\ \%}$$

Bei Anwendung der gleichen Berechnungsformel gelangt man zu dem Ergebnis, dass sich die Kosten des Lieferantenkredits auf ca. 8,96 Prozent pro Jahr belaufen.

Aufgabe 59 Wechseldiskont

Firma TRATTA hat auf ihren Kunden K folgenden Wechsel gezogen

Aufstellungsdatum	1.4.01
Fälligkeit	30.6.01
Wechselbetrag EUR	10.000

Am 3.4.01 reicht Firma TRATTA den Wechsel bei ihrer Hausbank zum Diskont ein. Die Hausbank diskontiert den Wechsel mit 6 Prozent (Basiszins 3,75 % + Risikozuschlag 2,25 %). Wie hoch ist der Betrag, der dem Konto der Firma TRATTA am 3.4.01 gutgeschrieben wird?

Wöhe S. 649 f.

Am Diskontierungstag 3.4.01 hat der Wechsel eine Restlaufzeit von 87 Tagen. Hieraus ergibt sich folgender Diskontbetrag D:

$$D = 10.000 \cdot \frac{87}{360} \cdot \frac{6}{100} = \mathbf{145\ EUR}$$

Damit ist dem Konto der Firma TRATTA ein Betrag von 9.855 EUR gutzuschreiben.

Aufgabe 60 Leasing

Die LEASING-AG verhandelt mit einem Spediteur über die Bereitstellung eines Kühltransporters. Dabei ist von folgenden Daten auszugehen:

Anlagedaten		
Anschaffungskosten t_0	(EUR)	100.000
Nutzungsdauer	(Jahre)	5
Restwert in t_5	(EUR)	0
Finanzierungsdaten		
Kreditaufnahme in t_0	(EUR)	100.000
Laufzeit des Darlehens	(Jahre)	5
Zinssatz	(Prozent)	6
Tilgung des Darlehens in t_5	(EUR)	100.000

Daten des Leasingvertrags		
Vertragslaufzeit	(Jahre)	5
Kündigungsmöglichkeit		keine
Verantwortung für Wartung und Erhalt des Leasingobjekts liegt beim Leasingnehmer		
Fälligkeit der Leasingraten jeweils am Jahresende		

Der potentielle Leasingnehmer verweist auf die Tatsache, dass er das gesamte Investitionsrisiko zu tragen habe und erklärt, bei einer jährlichen Leasingrate (zahlbar zum Jahresende) von 24.000 EUR zum Vertragsabschluss bereit zu sein.

Prüfen Sie, ob die LEASING-AG auf dieses Angebot eingehen sollte! Dabei sind eventuelle Verwaltungskosten zu vernachlässigen!

Wöhe S. 556–558

Im Falle eines Vertragsabschlusses finanziert die LEASING-AG die Anschaffungskosten in Höhe von 100.000 EUR in voller Höhe durch die Aufnahme eines Darlehens zu 6 Prozent Zinsen. Somit liegen die Kapitalkosten **(Kalkulationszinsfuß)** bei **6 Prozent**.

Im Falle des Vertragsabschlusses hat die LEASING-AG mit folgendem Zahlungsstrom (in TEUR) zu rechnen.

Zeitpunkt	t_1	t_2	t_3	t_4	t_5
Einzahlungen (Leasingraten)	+ 24	+ 24	+ 24	+ 24	+ 24
Auszahlungen • Zinsen an Bank • Tilgung an Bank	– 6	– 6	– 6	– 6	– 6 – 100

Durch Diskontierung des Zahlungsstroms mit dem Kalkulationszinsfuß von 6 Prozent erhält man folgenden Kapitalwert.

Kapitalwertermittlung	Barwert	
	Einzahlungen	Auszahlungen
+ 24.000 · RBF 4,212 (6%/5 Jahre)	101.088	–
– 6.000 · RBF 4,212 (6%/5 Jahre) – 100.000 · AZF 0,7473 (6%/5 Jahre)	– –	25.272 74.730
Zwischenergebnis	+ 101.088	– 100.002*
Kapitalwert	**+ 1.086**	

* Rundungsdifferenz 2 EUR

Der Kapitalwert von + 1.086 EUR zeigt, dass ein Vertragsabschluss für die LEASING-AG vorteilhaft ist.

Aufgabe 61 Kostendeckende Leasingrate

Es gelten die Angaben der **Aufgabe 60**. Ermitteln Sie den kritischen Grenzpreis, d. h. die Leasingrate, bei der die LEASING-AG zwischen einem Vertragsabschluss und einer Vertragsablehnung indifferent ist.

Im Falle eines Vertragsabschlusses kommen auf die LEASING-AG **zusätzliche Auszahlungen** (für Zinsen und Tilgung) in folgender Höhe zu:

Zeitpunkt	t_1	t_2	t_3	t_4	t_5
Zinsen und Tilgung	– 6	– 6	– 6	– 6	– 106

Bei einem Kalkulationszinsfuß von 6 Prozent beträgt der **Barwert vertragsbedingter Auszahlungen – 100.000 EUR**. Bezüglich eines Vertragsabschlusses bzw. einer -ablehnung ist die LEASING-AG **indifferent,** wenn der **Barwert vertragsbedingter Einzahlungen** (Leasingraten) **+ 100.000 EUR** beträgt.

Die kritische Leasingrate erhält man im vorliegenden Fall, wenn man den Barwert von 100.000 EUR mit dem Annuitätenfaktor (6 %/5 Jahre) aus Spalte (5) der Zinstabelle multipliziert.

Anfangskapital K_0	**Annuitätenfaktor 6 %/5 Jahre**	**Gleichbleibender Jahresbetrag**
100.000 EUR	0,23740	**23.740 EUR**

Bei einer Jahresrate von 23.740 EUR ist der Leasinggeber zwischen Vertragsabschluss und -ablehnung indifferent.

Aufgabe 62 Belastungsvergleich Leasing – Kreditkauf

Ein Betrieb steht vor der Alternative, eine Maschine mit Anschaffungskosten von 100.000 EUR und einer betriebsgewöhnlichen Nutzungsdauer von 10 Jahren mit Hilfe eines Bankkredits zu erwerben oder im Wege des Leasings zu mieten. Die Kreditbedingungen der Bank sehen eine Laufzeit des Darlehens von 5 Jahren vor, Tilgung jeweils nach einem Jahr in gleichen Raten bei einer Zinszahlung in Höhe von 10 Prozent auf die jeweilige Restschuld.

Der Leasingvertrag sieht während der Grundmietzeit von 5 Jahren eine jeweils am Jahresende zu zahlende Miete von 25.000 EUR vor. Nach Ablauf der Grundmietzeit kann die Anlage für weitere 5 Jahre zu einer Jahresmiete von 5.000 EUR gemietet werden.

Welche finanzielle Belastung erwächst dem Betrieb zum einen für den Kreditkauf aus dem Kapitaldienst und zum anderen aus dem Leasingvertrag, wenn der Betrieb die Maschine 10 Jahre benötigt?

Wöhe S. 556–558

Ende des Jahres	Auszahlungen Kredit			Auszahlung Leasing	Auszahlungsdifferenz Kredit – Leasing	
	Tilgung	Zinsen	Kapital-dienst		einfach	kumuliert
1	20.000	10.000	30.000	25.000	+ 5.000	+ 5.000
2	20.000	8.000	28.000	25.000	+ 3.000	+ 8.000
3	20.000	6.000	26.000	25.000	+ 1.000	+ 9.000
4	20.000	4.000	24.000	25.000	– 1.000	+ 8.000
5	20.000	2.000	22.000	25.000	– 3.000	+ 5.000
6	–	–	–	5.000	– 5.000	0
7	–	–	–	5.000	– 5.000	– 5.000
8	–	–	–	5.000	– 5.000	– 10.000
9	–	–	–	5.000	– 5.000	– 15.000
10	–	–	–	5.000	– 5.000	– 20.000
insgesamt	100.000	30.000	130.000	150.000	– 20.000	–

Leasing erbringt zunächst einen geringen **Liquiditätsvorteil,** der jedoch schnell in einen bis auf 20.000 EUR ansteigenden **Liquiditätsnachteil** anwächst. Es erscheint somit aus liquiditätsmäßiger Sicht vorteilhafter, die Anlage im Wege der Fremdfinanzierung zu kaufen, statt einen Leasingvertrag abzuschließen. Zinst man die Auszahlungsdifferenzen auf den Entscheidungszeitpunkt mit dem Kalkulationszinsfuß von 10% ab, ergibt sich der Betrag von ca. – 6.538,6 EUR. Insofern ist die Fremdfinanzierung auch aus rentabilitätsmäßiger Sicht günstiger als die Leasingvariante.

Aufgabe 63 Leveraged Buy-Out (LBO)

Die FINIS-GmbH, ein grundsolides, vollständig eigenfinanziertes Unternehmen, steht in Ermanglung eines familieneigenen Nachfolgers zum Verkauf.

Aktiva	Bilanz der FINIS-GmbH		Passiva
Diverse Aktiva	**1.000**	**Eigenkapital**	**1.000**
	1.000		**1.000**

Der Alleingesellschafter der FINIS-GmbH veräußert seine Gesellschaftsanteile an die Private-Equity-Gesellschaft PRISTIS zum Preis von 1.000 EUR. Die Transaktion wird von der Private-Equity-Gesellschaft in folgenden Schritten abgewickelt:

(1) Zwecks Beteiligungserwerbs gründet die Private-Equity-Gesellschaft die Erwerbsgesellschaft PRISTIS-GmbH und stattet diese mit einem Eigenkapital von 300 EUR aus. Zusätzlich nimmt die PRISTIS-GmbH ein Darlehen in Höhe von 700 EUR auf.

(2) Mit dem Barvermögen von 1.000 EUR erwirbt die PRISTIS-GmbH die Beteiligung an der FINIS-GmbH.

(3) Durch Verschmelzung mit der PRISTIS-GmbH geht die alte FINIS-GmbH unter. Stille Rücklagen liegen nicht vor.

(4) Die aus der Verschmelzung hervorgehende Gesellschaft trägt den Namen NOVUM-GmbH.

Teilaufgabe a)

Welches Aussehen haben die Bilanzen im Zuge der Transaktionsschritte (1) bis (4)?

Wöhe S. 564 f.

Auf den einzelnen Transaktionsstufen ergeben sich folgende Bilanzen:

(1) Gründung der PRISTIS-GmbH

Aktiva	PRISTIS-GmbH		Passiva
Bank	1.000	Eigenkapital	300
		Fremdkapital	700
	1.000		1.000

(2) Beteiligungserwerb durch die PRISTIS-GmbH

Aktiva	PRISTIS-GmbH		Passiva
Beteiligung	1.000	Eigenkapital	300
		Fremdkapital	700
	1.000		1.000

(3) Verschmelzung beider Gesellschaften durch Aufrechnung der Beteiligung gegen das Eigenkapital der FINIS-GmbH

Aktiva	FINIS-GmbH		Passiva		Aktiva	PRISTIS-GmbH		Passiva
Diverse Aktiva	1.000	**Eigenkapital**	**1.000**	↔	**Beteiligung**	**1.000**	Eigenkapital	300
							Fremdkapital	700
	1.000		1.000			1.000		1.000

(4) Bilanz nach Abschluss der Verschmelzung

Aktiva	Bilanz der NOVUM-GmbH		Passiva
Diverse Aktiva	**1.000**	**Eigenkapital**	**300**
		Fremdkapital	**700**
	1.000		**1.000**

Teilaufgabe b)

Vergleichen Sie die Bilanz der ursprünglichen FINIS-GmbH mit der Bilanz der aus der Verschmelzung hervorgegangenen NOVUM-GmbH!

Das Vermögen der FINIS-GmbH wurde im Wege der Gesamtrechtsnachfolge auf die NOVUM-GmbH übertragen. Damit ist die Aktivseite beider Bilanzen gleich. Zu einer Änderung der wirtschaftlichen Verhältnisse kommt es auf der Passivseite. Während die FINIS-GmbH ihren Geschäftsbetrieb vollständig mit Eigenkapital finanziert hatte, wird das gleiche Vermögen nach der Übernahme durch die Private-Equity-Gesellschaft zu 70 Prozent fremdfinanziert.

Teilaufgabe c)

Welchen Einfluss hat der Leveraged Buy-Out durch die Private-Equity-Gesellschaft auf die finanzielle Stabilität des Unternehmens, wenn die NOVUM-GmbH das operative Geschäft der FINIS-GmbH in unveränderter Form weiterführt?

Bei einem unveränderten operativen Geschäft beider Gesellschaften ist von einem gleichbleibenden Cash Flow auszugehen. Im Gegensatz zur FINIS-GmbH muss die NOVUM-GmbH aus dem Cash Flow den Schuldendienst (Zinsen und Tilgungen) leisten. Die Belastung des Cash Flows um diese zusätzlichen Ausgaben macht das Unternehmen krisenanfälliger.

3. Innenfinanzierung

Wiederholungsfragen:

	Wöhe Seite
Was sind die üblichen Formen der Innenfinanzierung durch zusätzliche Kapitalbindung?	579 f.
Was sind die üblichen Formen der Innenfinanzierung durch Vermögensumschichtung?	580 f.
Unter welchen Bedingungen kommt es zu offener und stiller Selbstfinanzierung?	581
Wo liegen die Vor- und Nachteile der Selbstfinanzierung?	584
Welcher Zusammenhang besteht zwischen Gewinnsteuer und Gewinnausschüttung auf der einen und dem Finanzierungseffekt einer Rückstellungsbildung auf der anderen Seite?	585
In welchen Schritten vollzieht sich die Bildung einer Pensionsrückstellung?	585 f.
Unter welchen Bedingungen kommt es durch Abschreibungsverrechnung zu einem Kapitalfreisetzungseffekt?	587 f.
Wie verhalten sich Periodenkapazität und Totalkapazität beim Kapazitätserweiterungseffekt?	588 f.
Welche Arten außerplanmäßiger Vermögensumschichtungen werden unterschieden?	589
Wie funktioniert das Sale-and-Lease-Back-Verfahren?	556 f.
Wie können durch Rationalisierungsmaßnahmen finanzielle Mittel freigesetzt werden?	590 f.

Aufgabe 64 Finanzierungswirkung der Bildung und Auflösung stiller Rücklagen

Ein Unternehmen erwirtschaftet im Jahre 01 einen Gewinn in Höhe von 300.000 EUR; sein Gewinnsteuersatz liegt bei 60 %. Bei Erstellung der Steuerbilanz zum 31.12.01 hat man folgende Möglichkeiten:

(a) keine stille Rücklage zu bilden;
(b) durch Unterbewertung der Warenvorräte eine stille Rücklage in Höhe von 100.000 EUR zu bilden;
(c) durch Unterbewertung von Wertpapieren des Anlagevermögens eine stille Rücklage in Höhe von 100.000 EUR zu bilden.

Welche dieser drei Möglichkeiten würden Sie wählen, wenn Sie davon ausgehen müssen, dass im Fall (b) die Warenvorräte im Jahre 02, im Fall (c) die Wertpapiere im Jahre 04 verkauft werden? Wie beurteilen Sie in Anbetracht des Auflösungszeitpunktes die Finanzierungswirkung der Bildung stiller Rücklagen? Gehen Sie davon aus, dass der tatsächlich erwirtschaftete Gewinn auch in den folgenden Jahren 300.000 EUR betragen wird!

Wöhe S. 583 und S. 815–817

Gewinnausweis TEUR	(a) keine stille Rücklage			(b) stille Rücklage im UV			(c) stille Rücklage im AV		
	tatsächliche Gewinne	– Rücklagenbildung + Rücklagenauflösung	Gewinnausweis	tatsächliche Gewinne	– Rücklagenbildung + Rücklagenauflösung	Gewinnausweis	tatsächliche Gewinne	– Rücklagenbildung + Rücklagenauflösung	Gewinnausweis
01	300	–	300	300	– 100	200	300	– 100	200
02	300	–	300	300	+ 100	400	300	–	300
03	300	–	300	300	–	300	300	–	300
04	300	–	300	300	–	300	300	+ 100	400
Summe	**1.200**	**–**	**1.200**	**1.200**	**–**	**1.200**	**1.200**	**–**	**1.200**

Die Bildung stiller Rücklagen führt zu einer Verkürzung, die Auflösung stiller Rücklagen führt zu einer Erhöhung des Gewinnausweises in der betreffenden Periode.

Steuerzahlung in TEUR	(a) keine stille Rücklage		(b) stille Rücklage im UV		(c) stille Rücklage im AV	
	Gewinnausweis	Steuerzahlung	Gewinnausweis	Steuerzahlung	Gewinnausweis	Steuerzahlung
01	300	180	200	120	200	120
02	300	180	400	240	300	180
03	300	180	300	180	300	180
04	300	180	300	180	400	240
Summe	**1.200**	**720**	**1.200**	**720**	**1.200**	**720**

Von der Höhe der Gesamtsteuerbelastung der kommenden vier Jahre her gesehen ist es gleichgültig, ob sich der Betrieb für Möglichkeit (a), (b) oder (c) entscheidet. Die Gesamtsteuerbelastung beträgt in allen drei Fällen 720.000 EUR. Unterschiedlich ist lediglich die zeitliche Verteilung der jährlichen Steuerzahlungen. Im Vergleich zum Fall (a) gelingt es nämlich im Fall (b), einen einjährigen Zahlungsaufschub in Höhe von 60.000 EUR zu erwirken, während im Fall (c) sogar eine dreijährige Steuerstundung in Höhe von 60.000 EUR möglich ist.

Da jeder Betrieb bestrebt sein wird, **Auszahlungen** soweit wie möglich **in die Zukunft zu verschieben**, wird man im vorliegenden Fall der Alternative (c) den Vorzug geben und durch Unterbewertung der Wertpapiere des Anlagevermögens eine stille Rücklage in Höhe von 100.000 EUR bilden.

Die Finanzierungswirkung der Bildung stiller Rücklagen hängt nicht nur von der Höhe der stillen Rücklage, sondern auch von ihrem voraussichtlichen Auflösungszeitpunkt ab. Je weiter dieser Zeitpunkt in der Zukunft liegt, desto nachhaltiger ist der Finanzierungseffekt der Steuerverschiebung.

Aufgabe 65 Steuerlich bedingter Finanzierungseffekt stiller Rücklagen bei vollständiger Gewinnthesaurierung

Welche der folgenden Behauptungen sind richtig?

(1) Je höher die stille Rücklage, desto größer ist ihr Finanzierungseffekt.

(2) Je niedriger der Gewinnsteuersatz, desto geringer ist der Finanzierungseffekt der Bildung stiller Rücklagen.

(3) Je höher der Gewinnsteuersatz, desto größer ist die absolute Steuerersparnis durch Bildung stiller Rücklagen.
(4) Je weiter der Zeitpunkt der Bildung und der Auflösung einer stillen Rücklage auseinanderliegen, desto nachhaltiger ist der Finanzierungseffekt der Bildung stiller Rücklagen.
(5) Der Zeitpunkt der Auflösung stiller Rücklagen beendet deren Finanzierungswirkung.

Richtig sind die Behauptungen (1), (2), (4) und (5).

Aufgabe 66 Finanzierung aus Abschreibungen bei langfristigem Kapitalbedarf

Das Taxiunternehmen IGNORANT erstellt für das Jahr 01 folgende Gewinn- und Verlustrechnung (in TEUR):

Soll		GuV	Haben
Abschreibungen	20	Erlöse	100
Sonstige Aufwendungen	60		
Gewinn	20		
	100		100

Erlöse und sonstige Aufwendungen wurden als Barzahlungen abgewickelt. Herr IGNORANT beabsichtigt, ein neues Betriebsgrundstück für 20.000 EUR zu erwerben. Der Verkäufer besteht auf Barzahlung. Würden Sie Herrn IGNORANT empfehlen, diese Investition im Wege der offenen Selbstfinanzierung oder mit Hilfe einer Finanzierung aus Abschreibungen vorzunehmen?

Wöhe S. 586–589

Zunächst muss festgestellt werden, dass der Erwerb des Grundstücks auf jeden Fall zu einer Reduzierung des Kassenbestands um 20.000 EUR führt. Entscheidet sich Herr IGNORANT zur **offenen Selbstfinanzierung,** dann hat das zur Folge, dass der erwirtschaftete Gewinn in Höhe von 20.000 EUR zur Begleichung des Kaufpreises herangezogen wird. Eine Verwendung des Gewinns als Privatentnahme ist in diesem Falle definitionsgemäß ausgeschlossen.

Entscheidet sich Herr IGNORANT dagegen zur **Finanzierung aus Abschreibungen,** steht der Gewinn in Höhe von 20.000 EUR zur Privatentnahme zur Verfügung. Im Gegensatz zur Finanzierung aus Abschreibungen bedeutet Selbstfinanzierung immer: Verzicht auf Gewinnentnahmen.

Im vorliegenden Falle hat die Selbstfinanzierung gegenüber der Finanzierung aus Abschreibungen einen entscheidenden Vorteil: Der Grundstückskauf führt zu einer praktisch **unbefristeten Kapitalbindung** in Höhe von 20.000 EUR. Während die im Wege der Selbstfinanzierung bereitgestellten Mittel praktisch bis zur **Liquidation** der Unternehmung zur Verfügung stehen, werden die im Wege einer Finanzierung aus Abschreibungen aufgebrauchten Mittel zur **Ersatzbeschaffung** entsprechender Anlagegüter benötigt. Müssen nämlich im Jahre 02 zwei Fahrzeuge ersetzt werden, dann ist bei einem Anschaffungspreis von 20.000 EUR pro Stück eine reibungslose Finanzierung aus Abschreibungsgegenwerten nur möglich, wenn die Abschreibungsgegenwerte des Jahres 01 nicht schon zur Finanzierung anderer Investitionen (z. B. Grundstückskauf) „verbraucht" wurden.

Hieraus folgt: Investitionen mit langfristiger Kapitalbindung sollten nicht aus Abschreibungsgegenwerten, die nur kurzfristig – bis zur Ersatzbeschaffung – zur Verfügung stehen, finanziert werden. Investitionen mit langfristiger Kapitalbindung sollten vielmehr im Wege der Selbstfinanzierung, der Einlagenfinanzierung oder der langfristigen Kreditfinanzierung durchgeführt werden.

Aufgabe 67 Abschreibungsverfahren und Finanzierung aus Abschreibungen

Die WACHSTUM AG, die im Jahr 01 gegründet wurde, beabsichtigt, im Jahre 02 Investitionen vorzunehmen. Die Erlöse der AG beliefen sich in 01 auf 600, die sonstigen Aufwendungen auf 200. Erlöse und Aufwendungen wurden als Barzahlungen abgewickelt. Zu Beginn des Jahres 01 war der Kassenbestand gleich null. Der Vorstand der AG hat die Möglichkeit, das abnutzbare Anlagevermögen in Höhe von 800

(a) linear mit 20 %
(b) geometrisch-degressiv mit 40 %

abzuschreiben. In welchem Umfang können Mittel im Wege der Innenfinanzierung aufgebracht werden, wenn die Gesellschafter der WACHSTUM AG auf

(1) restlose Ausschüttung
(2) vollständige Thesaurierung

des ausgewiesenen Gewinns bestehen und von einer Gewinnsteuer abgesehen wird?

Wöhe S. 697 f.

Zur Lösung der Aufgabe muss folgende Gleichung berücksichtigt werden:

	Selbstfinanzierung
+	Finanzierung aus Abschreibungen
=	Innenfinanzierung

Im Fall (1), bei restloser Ausschüttung also, entspricht das Innenfinanzierungsvolumen den Abschreibungsgegenwerten. Dann ist Innenfinanzierung gleich Finanzierung aus Abschreibungen. Im Fall (2), bei vollständiger Thesaurierung also, gilt die obige Gleichung uneingeschränkt.

Die Gewinn- und Verlustrechnung der WACHSTUM AG hat für das Jahr 01 in den Fällen (a) und (b) folgendes Aussehen:

Fall (a):

Soll	GuV		Haben
Abschreibung	160	Erlöse	600
Sonst. Aufwand	200		
Gewinn	240		
	600		600

Fall (b):

Soll	GuV		Haben
Abschreibung	320	Erlöse	600
Sonst. Aufwand	160		
Gewinn	80		
	600		600

Fall	(1) restlose Ausschüttung			(2) vollständige Thesaurierung		
	Abschreibungsgegenwerte	Einbehaltene Gewinne	Innenfinanzierung	Abschreibungsgegenwerte	Einbehaltene Gewinne	Innenfinanzierung
(a)	160	–	160	160	240	400
(b)	320	–	320	320	80	400

Bei (1) restloser Ausschüttung ist das Innenfinanzierungsvolumen abhängig vom Abschreibungsverfahren; bei (2) vollständiger Thesaurierung der ausgewiesenen Gewinne hat das Abschreibungsverfahren keinen Einfluss auf die Höhe des Innenfinanzierungsvolumens, wie folgende Säulendiagramme zeigen:

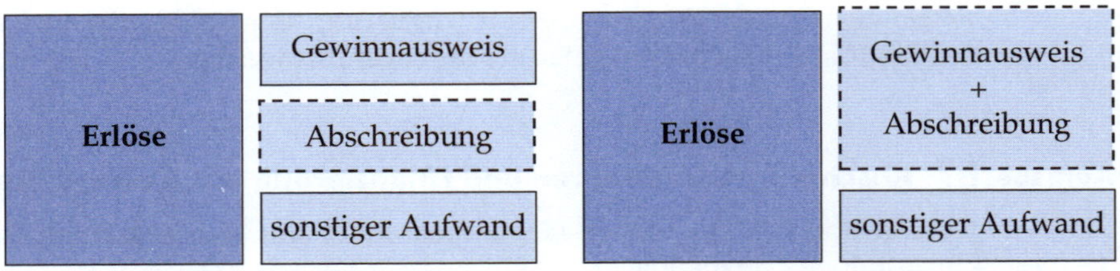

(1) restlose Ausschüttung (2) vollständige Thesaurierung

Die mit gestrichelten Linien begrenzten Felder markieren das Innenfinanzierungsvolumen.

Aufgabe 68 Abschreibungsverfahren und Finanzierung aus Abschreibungen mit Gewinnsteuer

Die EXPANSION GMBH beschaffte zu Beginn des Jahres 01 eine maschinelle Anlage für 1 Mio. EUR, deren Nutzungsdauer auf 4 Jahre veranschlagt wird. Die Erlöse des Jahres 01 sollen ebenso wie die Erlöse der folgenden Jahre 2 Mio. EUR betragen. Die sonstigen Aufwendungen beziffern sich (ohne Abschreibungen) auf 900.000 EUR. Erlöse und sonstige Aufwendungen werden als Barzahlungen abgewickelt. Der Gewinnsteuersatz der EXPANSION GMBH beträgt 60 %. Zu Beginn des Jahres 01 war der Kassenstand gleich null. Die Gesellschafter der EXPANSION GMBH haben vereinbart, in den kommenden Jahren auf Gewinnausschüttungen zu verzichten.

Der Kaufpreis der maschinellen Anlage in Höhe von 1 Mio. EUR wurde von der Herstellerfirma vollständig kreditiert. Der Einfachheit halber soll angenommen werden, dass es sich um einen zinslosen Kredit handelt. Zwischen der Herstellerfirma und der EXPANSION GMBH soll vereinbart worden sein, dass die jährlichen Ratenzahlungen bis zur Abzahlung des Kaufpreises dem jährlichen Liquiditätszufluss (Erlöse – zahlungswirksame Aufwendungen – Steuerzahlung) entsprechen.

Die Geschäftsführung der EXPANSION GMBH hat die Möglichkeit, zwischen drei Abschreibungsverfahren zu wählen:

(a) lineare Abschreibung,
(b) arithmetisch-degressive Abschreibung (digitale Abschreibung) oder
(c) Sofortabschreibung im Jahre 01.

Welchen Geldbetrag kann die EXPANSION GMBH jeweils am Jahresende an die Herstellerfirma abführen? Zu welchem Zeitpunkt ist die Lieferantenverbindlichkeit restlos getilgt? Wie hoch ist in den Jahren 01 bis 04 der Kassenendbestand (nach Kredittilgung)?

Wöhe S. 697–699

Die jährlichen Abschreibungsquoten der EXPANSION GMBH betragen (in TEUR):

Abschreibungsverfahren	01	02	03	04
(a) linear	250	250	250	250
(b) arithmetisch-degressiv	400	300	200	100
(c) Sofortabschreibung	1.000	–	–	–

zu (b): Die digitale Abschreibung ist eine Sonderform der arithmetisch-degressiven Abschreibung, bei der sich der jährliche Abschreibungsbetrag um einen konstanten Degressionsbetrag d (= Abschreibungsbetrag des letzten Jahres) reduziert. Dieser ermittelt sich unter Berücksichtigung der Anschaffungskosten AK und der Nutzungsdauer ND wie folgt:

$$d = \frac{2 \cdot AK}{ND \cdot (ND+1)} = \frac{2 \cdot 1 \text{ Mio. EUR}}{4 \cdot (4+1)} = 100 \text{ TEUR}$$

Die jährliche Abschreibung lässt sich dann ermitteln mit d · 1 für das letzte, d · 2 für das vorletzte, d · 3 für das drittletzte Jahr usw.

(a) Lineare Abschreibung

Jahresende	Erlöse	sonstiger Aufwand	Abschreibung	Gewinnausweis (1) – (2) – (3)	Steuerzahlung 4 · 0,60	Kassenzugang (1) – (2) – (5)	Kredittilgung	Kassenzugang nach Tilgung (8) = (6) – (7)	Kassenendbestand (8) kumuliert
	(1)	(2)	(3)	(4)	(5)	(6)	(7)	(8)	(9)
01	2.000	900	250	850	510	590	590	0	0
02	2.000	900	250	850	510	590	410	180	180
03	2.000	900	250	850	510	590	–	590	770
04	2.000	900	250	850	510	590	–	590	1.360
Summe			**1.000**	**3.400**	**2.040**	**2.360**	**1.000**	**1.360**	

(b) Arithmetisch-degressive Abschreibung

01	2.000	900	400	700	420	680	680	0	0
02	2.000	900	300	800	480	620	320	300	300
03	2.000	900	200	900	540	560	–	560	860
04	2.000	900	100	1.000	600	500	–	500	1.360
Summe			**1.000**	**3.400**	**2.040**	**2.360**	**1.000**	**1.360**	

(c) Sofortabschreibung

01	2.000	900	1.000	100	60	1.040	1.000	40	40
02	2.000	900	–	1.100	660	440	–	440	480
03	2.000	900	–	1.100	660	440	–	440	920
04	2.000	900	–	1.100	660	440	–	440	1.360
Summe				**3.400**	**2.040**	**2.360**	**1.000**	**1.360**	

Die EXPANSION GMBH kann bei Anwendung der verschiedenen Abschreibungsverfahren folgende Geldbeträge an die Herstellerfirma abführen:

Abschreibungsverfahren	01	02
(a)	590	410
(b)	680	320
(c)	1.000	–

In den Fällen (a) und (b) ist der Lieferantenkredit am Ende des Jahres 02 restlos getilgt. Bei Sofortabschreibung (Fall (c)) ist der Lieferantenkredit schon am Ende des Jahres 01 getilgt.

Der Kassenbestand entwickelt sich bei den drei verschiedenen Abschreibungsverfahren wie folgt:

Kassenendbestand	01	02	03	04
(a)	0	180	770	1.360
(b)	0	300	860	1.360
(c)	40	480	920	1.360

Dass die Kassenbestände bei den verschiedenen Abschreibungsverfahren am Ende der Perioden (1), (2) und (3) eine unterschiedliche Höhe haben, ist auf die zeitliche Verteilung der Gesamtsteuerzahlung in Höhe von 2.040 EUR zurückzuführen. Hohe Abschreibungsquoten zu Beginn der Nutzungsdauer (01 und 02) führen zu vergleichsweise niedrigem Gewinnausweis und somit auch zu geringerer Steuerzahlung. Geringere Gewinnsteuerzahlungen in den ersten Jahren haben dann vergleichsweise hohe Kassenbestände in diesen Jahren zur Folge.

Aufgabe 69 Erweiterung der Periodenkapazität bei linearer Abschreibung und gleich hohem Wertverzehr

In den vorangegangenen Aufgaben wurde gezeigt, dass die verdienten Abschreibungsgegenwerte die Liquidität eines Unternehmens, d.h. seinen Kassenbestand, erhöhen. Dieses Ergebnis tritt nur dann ein, wenn die verdienten Abschreibungsgegenwerte weder zur Kreditrückzahlung noch zu Privatentnahmen noch zur Finanzierung anderweitiger Investitionen verwendet werden. In den folgenden Aufgaben soll davon ausgegangen werden, dass die **verdienten Abschreibungsgegenwerte** zur **Finanzierung neuer Investitionen** verwendet werden.

Ein Spezialfall der Verwendung von Abschreibungsgegenwerten besteht in der Beschaffung einer Anlage, die einer bereits genutzten Anlage genau entspricht. Im folgenden Beispiel handelt es sich dabei um Fahrzeuge eines Taxiunternehmens. Um den Effekt besser veranschaulichen zu können, wird nicht von einem, sondern von fünf Fahrzeugen ausgegangen, die am Ende des Jahres 01 für jeweils 20.000 EUR angeschafft wurden. Die Abschreibungsgegenwerte sollen am Jahresende soweit wie möglich zum Ankauf neuer Taxis verwandt werden. Ein gegebenenfalls verbleibender Kassenüberschuss wird bis zum Ende des nächsten Jahres aufbewahrt und den Abschreibungsgegenwerten des folgenden Jahres zugeschlagen.

Es soll im Hinblick auf jedes Taxi davon ausgegangen werden, dass insgesamt 200.000 km gefahren werden können und pro Jahr eine Fahrleistung von 40.000 km erbracht wird. Der Wertverzehr pro km Fahrleistung beträgt somit bei einem Anschaffungspreis von 20.000 EUR pro Fahrzeug 0,10 EUR und bei einer Fahrleistung von 40.000 km pro Jahr 4.000 EUR.

> Wie viele Fahrzeuge stehen bei linearer Abschreibung über 5 Jahre dem Betrieb zu Beginn des Jahres 02 sowie Ende 02 bis Ende 08 bei sofortiger Wiederverwendung der Abschreibungsgegenwerte zum Kauf neuer Fahrzeuge zur Verfügung?

Wöhe S. 586–589

Es ergibt sich folgende Entwicklung (Beträge in TEUR):

	AB	A	EB	A	EB	A	EB	A	EB	A	EB	A	EB	A	EB
Taxi Nr.	1.1.02	02	31.12.02	03	31.12.03	04	31.12.04	05	31.12.05	06	31.12.06	07	31.12.07	08	31.12.08
T_1	20	4	16	4	12	4	8	4	4	4	0	–	–	–	–
T_2	20	4	16	4	12	4	8	4	4	4	0	–	–	–	–
T_3	20	4	16	4	12	4	8	4	4	4	0	–	–	–	–
T_4	20	4	16	4	12	4	8	4	4	4	0	–	–	–	–
T_5	20	4	16	4	12	4	8	4	4	4	0	–	–	–	–
		20													
T_6			▶20	4	16	4	12	4	8	4	4	4	0	–	–
				24											
T_7					▶20	4	16	4	12	4	8	4	4	4	0
					▶(4)	▶ 4									
						32									
T_8							▶20	4	16	4	12	4	8	4	4
							▶(12)	▶12							
								44							
T_9									▶20	4	16	4	12	4	8
T_{10}									▶20	4	16	4	12	4	8
									▶(4)	▶ 4					
										44					
T_{11}											▶20	4	16	4	12
											▶20	4	16	4	12
T_{12}											▶(4)	▶ 4			
												32			
T_{13}													▶20	4	16
													▶(12)	▶ 12	
														40	
T_{14}															▶20
T_{15}															▶20
Wert Taxis	100		100		96		88		96		96		88		100
Wert Kasse	0		0		4		12		4		4		12		0
Summe	100		100		100		100		100		100		100		100
Anzahl Taxis	**5**		**6**		**7**		**8**		**10**		**7**		**7**		**8**

AB = Anfangsbestand A = Abschreibung EB = Endbestand

Obwohl das Kapital des Taxiunternehmens während des gesamten Zeitraums 100.000 EUR nicht übersteigt, erhöht sich der Fahrzeugbestand von 5 Stück (Ende 01) über 10 Stück (Ende 05) auf 8 Stück (Ende 08).

Aufgabe 70 Total- und Periodenkapazität bei linearer Abschreibung und gleich hohem Wertverzehr

In **Aufgabe 69** wurde gezeigt, dass die Periodenkapazität gemessen an der mit jeweils 40.000 km Fahrleistung pro Jahr zur Verfügung stehenden Anzahl der Fahrzeuge von 5 zu Beginn des Jahres 02 bis maximal auf 10 am Ende des Jahres 05 ansteigt, um dann auf 8 am Ende des Jahres 08 zu fallen.

Wie hoch ist die Totalkapazität, wenn man unter dieser Größe den am jeweiligen Stichtag noch vorhandenen Leistungsvorrat (gemessen in km) eines jeden Fahrzeugs über die Restnutzungsdauer versteht? Ordnen Sie jedem Fahrzeug die noch in ihm steckenden Fahrkilometer zu und addieren Sie die Gesamtkilometerleistung (Totalkapazität). Verwenden Sie dazu die Tabelle in **Aufgabe 69**!

	1.1.02	31.12.02	31.12.03	31.12.04	31.12.05	31.12.06	31.12.07	31.12.08
Zusammensetzung der Totalkapazität	T_5 200	T_6 200	T_7 200	T_8 200	T_{10} 200	T_{12} 200	T_{13} 200	T_{15} 200
	T_4 200	T_5 160	T_6 160	T_7 160	T_9 200	T_{11} 200	T_{12} 160	T_{14} 200
	T_3 200	T_4 160	T_5 120	T_6 120	T_8 160	T_{10} 160	T_{11} 160	T_{13} 160
	T_2 200	T_3 160	T_4 120	T_5 80	T_7 120	T_9 160	T_{10} 120	T_{12} 120
	T_1 200	T_2 160	T_3 120	T_4 80	T_6 80	T_8 120	T_9 120	T_{11} 120
		T_1 160	T_2 120	T_3 80	T_5 40	T_7 80	T_8 80	T_{10} 80
			T_1 120	T_2 80	T_4 40	T_6 40	T_7 40	T_9 80
				T_1 80	T_3 40			T_8 40
					T_2 40			
					T_1 40			
Anzahl der Fahrzeuge	**5 Taxis**	**6 Taxis**	**7 Taxis**	**8 Taxis**	**10 Taxis**	**7 Taxis**	**7 Taxis**	**8 Taxis**
Totalkapazität	1.000	1.000	960	880	960	960	880	1.000
Kassenbestand	0	0	4	12	4	4	12	0

Die grau unterlegten Flächen sollen zum Ausdruck bringen, dass die Totalkapazität geringer als 1 Mio. km ist, dafür aber ein entsprechender Kassenbestand vorhanden ist, der in das nächste Jahr vorgetragen wird. Im Kassenbestand am Periodenende „schlummert" eine Reserve zur Schaffung von Totalkapazität. So kann man gedanklich einen Kassenbestand von 10.000 EUR in den Gegenwert von einem halben Taxi umrechnen, was einer Totalkapazität von 100.000 km entspricht.

Aufgabe 71 Bildung von Pensionsrückstellungen

Die VORSORGE GMBH schließt am 2.1.01 mit ihrem Prokuristen Herrn Treu, der am 31.12.03 aus dem aktiven Dienst der Firma ausscheiden wird, einen Pensionsvertrag. Danach soll Herr Treu eine jährliche Pension in Höhe von 30.000 EUR, zahlbar am Jahresende, erhalten. Der Einfachheit halber soll angenommen werden, dass die letzte Pensionszahlung am 31.12.08 fällig wird.

Teilaufgabe a)

(1) Wie hoch ist der Barwert X der fünf Pensionszahlungen bezogen auf den 31.12.03, dem Tag des Ausscheidens von Herrn Treu?

(2) Wie hoch ist der Barwert Y dieses Geldbetrags X bezogen auf den 2.1.01, den Zeitpunkt des Vertragsabschlusses?

(3) Wie hoch sind die Beträge, die zwischen dem Zeitpunkt des Vertragsabschlusses und dem Zeitpunkt des Ausscheidens von Herrn Treu jeweils am Jahresende der Pensionsrückstellung zuzuführen sind? Die Zuführung soll in (drei) gleichen Jahresraten (Annuitäten) im Hinblick auf den Zeitraum der (Rest-)Beschäftigung von Herrn Treu erfolgen. Darüber hinaus sind Zinsen zu berücksichtigen.

Es soll der Zinssatz von 6 % Anwendung finden.

Lösungshinweis: Vergegenwärtigen Sie sich zunächst die drei Lösungsschritte (1) bis (3) mit Hilfe der üblichen Säulendiagramme! (vgl. **Aufgabe 6 ff.**).

Wöhe S. 482–485 und S. 584–586

Die drei Lösungsschritte lassen sich folgendermaßen darstellen:

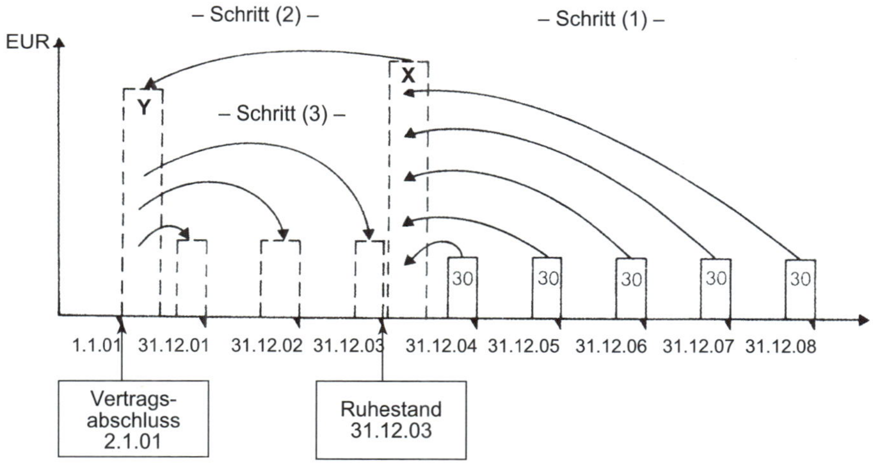

Schritt (1):

Rente	·	Rentenbarwertfaktor 6 %/5 Jahre	=	**Barwert X**
30.000 EUR	·	4,212	=	**126.360 EUR**

Schritt (2):

Endwert X	·	Abzinsungsfaktor 6 %/3 Jahre	=	**Barwert Y**
126.360 EUR	·	0,8396	=	**106.092 EUR**

Schritt (3):

Anfangswert Y	·	Annuitätenfaktor 6 %/3 Jahre	=	**Annuität**
106.092 EUR	·	0,37411	=	**39.690 EUR**

Soll für die dem Prokuristen Treu zugesagte Pension eine Rückstellung gebildet werden, dann muss die VORSORGE GMBH zum Ende des Jahres jeweils 39.690 EUR zuzüglich 6 % Jahreszinsen auf den jeweiligen Bestand der Rückstellungen zum Vorjahresende zuführen. Da diese Beträge als Periodenaufwand zu verrechnen sind, kürzen sie das jeweilige Jahresergebnis der VORSORGE GMBH.

Teilaufgabe b)

Es gelten die Angaben der Teilaufgabe a). Wie hoch ist die von der VORSORGE GMBH gebildete Pensionsrückstellung am 31.12.01, am 31.12.02 und am 31.12.03? Versuchen Sie zunächst durch Nachdenken, nicht durch Nachrechnen, die Frage zu beantworten, wie hoch angesichts der Ergebnisse aus Teilaufgabe a) der Rückstellungsbestand am 31.12.03 sein muss!

Bis zum 31.12.03 muss der Rückstellungsbestand auf den Betrag X = 126.360 EUR, d.h. also auf den Barwert sämtlicher Pensionszahlungen angewachsen sein. Zum jeweiligen Jahresende ergibt sich folgender Rückstellungsbestand:

Datum	Zuführung zu Pensionsrückstellungen		Bestand an Pensionsrückstellungen
	Annuität	Zinsen	
31.12.01	39.690		39.690
31.12.02		2.381	
31.12.02	39.690		
31.12.02			81.761
31.12.03		4.906	
31.12.03	39.690		
31.12.03			126.357*

* Es ergibt sich eine Rundungsdifferenz in Höhe von 3 EUR.

Die erfolgswirksame Aufwandsverrechnung für die Jahre 01 bis 03 beziffert sich auf 3 · 39.690 EUR = 119.070 EUR zuzüglich 7.287 EUR Zinsaufwand für die Jahre 02 und 03.

Aufgabe 72 Finanzierungswirkung von Pensionsrückstellungen

Es gelten die Annahmen der **Aufgabe 71**. Ohne Berücksichtigung der Zuführung zu den Pensionsrückstellungen beläuft sich der Jahresgewinn der VORSORGE GMBH zwischen den Jahren 01 und 03 auf jeweils 100.000 EUR. Der einheitliche Gewinnsteuersatz liegt bei 60 %. Wie hoch ist die Finanzierungswirkung der Pensionsrückstellung, wenn die Gesellschafter der VORSORGE GMBH

(a) volle Ausschüttung
(b) volle Thesaurierung

des Jahresgewinns (nach Steuern) vereinbart haben. Der Einfachheit halber soll angenommen werden, dass die jährliche Zuführung zu den Pensionsrückstellungen einschließlich Zinsen jeweils 40.000 EUR beträgt.

Wöhe S. 584–586

Ohne Bildung einer Pensionsrückstellung hat die VORSORGE GMBH zwischen den Jahren 01 und 03 folgende Finanzierungsvolumen zu verzeichnen (in TEUR):

Periode 01, 02 und 03	(a) Ausschüttung	(b) Thesaurierung
Gewinn – 60 % Gewinnsteuern	100 60	100 60
Gewinn nach Steuern – Ausschüttung	40 40	40 –
Innenfinanzierungsvolumen	–	40

Wird dagegen eine Pensionsrückstellung gebildet, kann die VORSORGE GMBH zwischen den Perioden 01 bis 03 Jahr für Jahr über folgende Beträge zur Finanzierung von Investitionen verfügen (in TEUR):

Periode 01, 02 und 03	(a) Ausschüttung	(b) Thesaurierung
Gewinn vor Rückstellungen – Zuführung zu Rückstellungen	100 40	100 40
Gewinn vor Steuern – 60 % Gewinnsteuer	60 36	60 36
Gewinn nach Steuern – Ausschüttung	24 24	24 –
Selbstfinanzierung + Finanzierung aus Pensionsrückstellungen	– 40	24 40
Innenfinanzierungsvolumen	40	64

Die Finanzierungswirkung der Bildung von Pensionsrückstellungen beziffert sich im Falle (a) auf 40.000 EUR, im Falle (b) auf 24.000 EUR (= 64.000 – 40.000) pro Jahr.

Aufgabe 73 Finanzierung aus Pensionsrückstellungen

Es gelten die Annahmen der **Aufgabe 71**. Weiterhin soll unterstellt werden, dass die Pensionsrückstellungen das einzige Finanzierungsinstrument der VORSORGE GMBH sind. Es existieren also weder die Möglichkeiten der Außenfinanzierung noch der Selbstfinanzierung noch der Finanzierung aus Abschreibungen.

Die VORSORGE GMBH hat die Wahl zwischen folgenden Investitionsalternativen:

(1) Kauf eines Grundstücks am 1.2.02 für 60.000 EUR, das am 31.12.03 für 75.000 EUR wieder verkauft werden könnte.
(2) Kauf von Aktien am 31.12.02 für 81.761 EUR, die keine Dividende abwerfen und am 31.12.03 für 86.000 EUR verkauft werden könnten.
(3) Erwerb einer Beteiligung am 31.12.03 für 125.000 EUR, die am 15.3.05 für 170.000 EUR verkauft werden könnte.
(4) Erwerb einer Beteiligung am 31.12.03 für 125.000 EUR, die neben einer Gewinnausschüttung zum 1.12.04 in Höhe von 30.000 EUR einen Verkaufserlös zum 1.10.05 in Höhe von 150.000 EUR erwarten lässt.

Welche dieser Alternativinvestitionen können realisiert werden, wenn mit einer betriebsinternen Verzinsung von 6 % gerechnet werden darf?

Lösungshinweis: Beachten Sie die Aufstellung in **Aufgabe 71b)**.

Vor einer Investitionsentscheidung muss die VORSORGE GMBH folgende Faktoren berücksichtigen:

(1) Die durch Bildung der Pensionsrückstellung bis zum 1.2.02 freigesetzten Mittel in Höhe von 39.690 EUR + 6 % Zinsen für einen Monat reichen nicht aus, um eine Investition in Höhe von 60.000 EUR zu finanzieren.

(2) Bis zum 31.12.02 sind durch Rückstellungsbildung inkl. Zinsen genau 81.761 EUR freigesetzt. Der Kauf der Aktien scheitert aber nicht an der Höhe des Investitionsvolumens (wie bei Ziff. 1), sondern am zu geringen Verkaufserlös. Der Erlös übersteigt die Einstandskosten nur um 4.239 EUR, während zur Auffüllung der Pensionsrückstellung 4.906 EUR (vgl. **Aufgabe 71b)**) in Form von Zinsen benötigt werden. Die Investition wird nicht durchgeführt, da ihre Rendite unterhalb der betriebsinternen Verzinsung in Höhe von 6 % liegt.

(3) Die bis zum 31.12.03 freigesetzten Beträge in Höhe von 126.357 EUR reichen zur Finanzierung der Investition aus. Da jedoch schon am 31.12.04 die erste Pensionszahlung in Höhe von 30.000 EUR fällig wird, kann die Beteiligung wegen der zu langen Kapitalbindung nicht erworben werden.

(4) Zum Investitionsvolumen vgl. Ziff. (3). Die am 1.12.04 fällig werdende Gewinnausschüttung in Höhe von 30.000 EUR kann zur Begleichung der ersten Pensionszahlung verwendet werden. Die Investition ist also durchführbar.

Aufgabe 74 Cash Flow und Netto Cash Flow

Der Leiter des Rechnungswesens der TREND AG hat für die folgenden fünf Perioden eine mittelfristige Planerfolgsrechnung erstellt:

Soll	Planerfolgsrechnung		Haben
Materialaufwand	1.800	Erträge	10.000
Personalaufwand	3.000		
Abschreibungen	2.000		
Sonstiger betrieblicher Aufwand	700		
Steuern vom Einkommen und Ertrag	1.000		
Jahresüberschuss	1.500		
	10.000		10.000

Er ist dabei von folgenden Annahmen ausgegangen:

- Alle Erträge sind zahlungswirksam;
- im Personalaufwand ist eine Zuführung zu den Pensionsrückstellungen in Höhe von 1.200 enthalten;
- auch in Zukunft soll der Jahresüberschuss zu zwei Dritteln ausgeschüttet werden.

Ermitteln Sie den operativen Cash Flow unter Berücksichtigung des einfachsten Modells der Cash-Flow-Berechnung und den Netto Cash Flow (nach Steuern und Ausschüttungen) der TREND AG für diese Perioden. Erläutern Sie, welche der beiden Größen Auskunft über das frei verfügbare Innenfinanzierungsvolumen gibt.

Wöhe S. 639–641

Der operative Cash Flow ist der Einzahlungsüberschuss aus der laufenden Geschäftstätigkeit vor Abzug der gewinnabhängigen Auszahlungen. Für seine (indirekte) Ermittlung wird vom handelsrechtlichen Gewinn vor Steuer ausgegangen.

Diese Ausgangsgröße wird dann um nicht zahlungswirksame Aufwendungen und Erträge korrigiert. Da nach Aussagen des Leiters des Rechnungswesens alle Erträge der TREND AG zahlungswirksam sind, ist der Gewinn nur noch um diejenigen Größen zu erhöhen, die als Aufwendungen den Gewinn verringern, aber nicht liquiditätswirksam sind:

	Gewinn vor Steuern	2.500
+	Abschreibungen	2.000
+	Zuführungen zu langfristigen Rückstellungen (Pensionsrückstellungen)	1.200
=	**Operativer Cash Flow vor Steuern**	**5.700**

Werden vom operativen Cash Flow vor Steuern die gewinnabhängigen Auszahlungen, also Ertragsteuern und Dividendenzahlungen, abgezogen, erhält man den Netto Cash Flow:

	Operativer Cash Flow vor Steuern	5.700
–	Steuern vom Einkommen und Ertrag	1.000
=	**Operativer Cash Flow nach Steuern**	**4.700**
–	Gewinnausschüttung (Dividende)	1.000
=	**Netto Cash Flow**	**3.700**

Bei der Innenfinanzierung kann nur auf Mittel zurückgegriffen werden, die tatsächlich im Unternehmen verbleiben und nicht wie die gewinnabhängigen Auszahlungen der Verfügungsgewalt der Unternehmensleitung entzogen werden. Daher kann nur der Netto Cash Flow der näherungsweisen Bestimmung des Innenfinanzierungsvolumens dienen.

In den kommenden fünf Planperioden wird bei der TREND AG also jeweils eine Kapitalfreisetzung von 3.700 EUR erwartet. Diese frei verfügbaren Mittel können zur Vornahme von Investitionen und zur Tilgung von Krediten herangezogen werden.

4. Kapitalstruktur, Rentabilität und Kapitalkosten

Wiederholungsfragen:

	Wöhe Seite
Welche Finanzierungsempfehlung gibt die vertikale Kapitalstrukturregel?	592
Welche Finanzierungsempfehlungen geben die goldene Finanzierungsregel (goldene Bankregel) und die goldene Bilanzregel?	594 f.
Wie ist der Verschuldungsgrad definiert?	596
Welcher Zusammenhang besteht zwischen den Eigen- und Fremdkapitalkosten auf der einen Seite und dem Kapitalertrag auf der anderen Seite?	596 f.
Welchen Einfluss hat das mit der Erhöhung des Verschuldungsgrades einhergehende Kapitalstrukturrisiko auf die Eigen- und Fremdkapitalgeber?	597 f.

	Wöhe Seite
Aus welchen Kostenbestandteilen setzt sich der Zins als Entgelt für die Kapitalüberlassung zusammen?	598
Welcher Zusammenhang besteht zwischen dem Gesamtwert eines Unternehmens UGW und den Kapitalkosten i?	599
Unter welchen Bedingungen kommt es im Rahmen des Leverage-Effekts zu einem positiven bzw. negativen Hebeleffekt?	600 f.
Warum sind dem positiven Leverage-Effekt in der Finanzierungspraxis Grenzen gesetzt?	601
Auf welchen Prämissen beruht die klassische These zum optimalen Verschuldungsgrad?	603 f.
Auf welchen modellmäßigen Annahmen beruht die MM-These?	605
Warum hat der Verschuldungsgrad im MM-Modell keinen Einfluss auf die Finanzierungsentscheidung?	605–607
Wie verläuft die Zinskurve bei normaler Zinsstruktur?	611
Was versteht man unter einem Roll-over-Kredit?	611
Welche Zinsbindungsdauer sollte ein Kapitalnachfrager in der Niedrig- bzw. Hochzinsphase anstreben?	613
Auf welchen gemeinsamen Annahmen beruhen Portfoliotheorie und CAPM?	614
Wie müssen zwei Anteile korreliert sein, damit sich das Portfolio-Risiko durch Diversifikation vermindern lässt?	616
Was versteht man in der Portfoliotheorie unter zulässigen, effizienten und optimalen Portfolios?	618 f.
Auf welchen – über die Portfoliotheorie hinausgehenden – Prämissen beruht das CAPM?	619 f.
Wie gelangt man von einer gegebenen Pure Rate i_B und einer gegebenen Effizienzlinie zur Kapitalmarktlinie?	620 f.
Wie ermittelt man im CAPM das Marktportfolio?	621
Warum wird im CAPM das unsystematische Risiko vom Kapitalmarkt nicht vergütet?	623
Welche Beziehung stellt der Beta-Faktor zwischen einer einzelnen Aktie und dem Marktportfolio her?	624
Wo liegen die Schwächen des CAPM?	625

Aufgabe 75 Kapitalstrukturrisiko für Eigen- und Fremdkapitalgeber

Der Anleger MUTIG möchte mit einem Kapitaleinsatz von 10.000 Geldeinheiten (GE) einen Anteil an einem Immobilienfonds erwerben. Der Fonds garantiert für die nächsten Jahre eine Ausschüttung von jeweils 6 Prozent auf den ursprünglichen Kapitaleinsatz. Die künftige Kursentwicklung des Fondsanteils ist von der Entwicklung des Immobilienmarktes abhängig. Zwei Umweltzustände sind denkbar:

Umweltzustand	U_1	U_2
Eintrittswahrscheinlichkeit	$w_1 = 0{,}5$	$w_2 = 0{,}5$
Jährliche Kursänderung für einen Fondsanteil in GE	+ 900	– 100

Wöhe S. 596–599

Teilaufgabe a)

Wie hoch sind die den Kapitalgebern zuzurechnenden zustandsabhängigen Bruttogewinne BG? Wie hoch ist der Erwartungswert μ für die zustandsabhängigen Bruttogewinne BG?

Die Bruttogewinne BG und ihr Erwartungswert lassen sich folgendermaßen ermitteln (in GE):

Umweltzustand	U_1	U_2	
Eintrittswahrscheinlichkeit	0,5	0,5	Erwartungswert μ
Barausschüttung Kursänderung	+ 600 + 900	+ 600 – 100	
Bruttogewinne BG	+ 1.500	+ 500	+ 1.000

Teilaufgabe b)

Den Erwerb des Fondsanteils kann MUTIG mit Eigenkapital finanzieren. Er hat aber auch die Möglichkeit, Fremdkapital zu einem Zins i_F von 8 Prozent aufzunehmen. Besteht für MUTIG ein Verlustrisiko, wenn

- der ungünstige Umweltzustand U_2 eintritt und
- der Erwerb des Fondsanteils mit Eigenkapital finanziert wird?

Obwohl er nur den relativ niedrigen Bruttogewinn von + 500 GE erwarten kann, besteht für MUTIG kein Risiko des Vermögensverlustes. Da die Investition ausschließlich mit Eigenkapital finanziert ist, fallen keine Fremdkapitalkosten an, wodurch MUTIG der Bruttogewinn unvermindert zufließt.

Teilaufgabe c)

Besteht für Herrn MUTIG das Risiko des Vermögensverlustes, wenn

- in der nächsten Periode der ungünstige Umweltzustand U_2 eintritt,
- sein Verschuldungsgrad v (= FK/EK)
  (a) v = 1
  (b) v = 3 und
- der Fremdkapitalzinsfuß 8 Prozent beträgt?

	v	Eigenkapital in GE	Fremdkapital in GE	Fremdkapitalzinsen FKZ in GE	BG – FKZ = Nettogewinn G in GE
(a)	1	5.000	5.000	400	500 – 400 = + 100
(b)	3	2.500	7.500	600	500 – 600 = – 100

Nimmt MUTIG zur Finanzierung der Investition Fremdkapital auf, fallen unabhängig von der Höhe des erwarteten Bruttogewinns BG Fremdkapitalzinsen FKZ an. Sobald die zu zahlenden Fremdkapitalzinsen den Bruttogewinn der Periode übersteigen, sobald also der Nettogewinn G negativ wird, entsteht ein Verlust, der das Eigenkapital reduziert. Im Fall (b) kommt es daher für MUTIG zu einem Vermögensverlust in Höhe von 100 GE.

Teilaufgabe d)

Es wird jetzt angenommen, dass in allen künftigen Perioden der ungünstige Umweltzustand U_2 eintritt. Nach wie vielen Jahren ist mit einem Vermögensverlust der Fremdkapitalgeber zu rechnen, wenn der Verschuldungsgrad von MUTIG im Fall (a) v = 1 und im Fall (b) v = 3 beträgt? Gehen Sie davon aus, dass MUTIG außer dem Fondsanteil kein weiteres Vermögen besitzt!

Bei den Fremdkapitalgebern entsteht ein Vermögensverlust, wenn bei MUTIG Überschuldung eintritt, wenn also das Eigenkapital vollkommen aufgezehrt worden ist. Bei einem Verschuldungsgrad v = 1 reicht der Bruttogewinn von 500 GE zur Begleichung der Fremdkapitalzinsen stets aus, so dass das Eigenkapital nicht dezimiert wird. Das Risiko des Vermögensverlustes für die Fremdkapitalgeber besteht jedoch im Fall (b).

Der Zeitpunkt t* gibt an, nach wieviel Jahren das eingesetzte Eigenkapital im Verlustfall aufgezehrt worden ist bzw. ab wann es unter den gegebenen Voraussetzungen zu einem Vermögensverlust für die Fremdkapitalgeber kommt. Dabei wird t* folgendermaßen ermittelt:

$$t^* = \frac{EK}{-(BG - FKZ)}$$

	v	Eigenkapital	Fremdkapital	FKZ	BG – FKZ = G	t*
(b)	3	2.500	7.500	600	– 100	25

Bei einem Verschuldungsgrad von v = 3 ist das eingesetzte Eigenkapital nach 25 Verlustjahren aufgezehrt.

Aufgabe 76 Existentielles Risiko und Kapitalkosten

Die Kapitalgesellschaften A, B und C wollen Eigenkapital von jeweils 1.000 Geldeinheiten (GE) aufnehmen. Mit dem aufgenommenen Kapital kann erwartungsgemäß ein Bruttogewinn von 100 erwirtschaftet werden. Hinter dem Erwartungswert des Bruttogewinns stehen drei zustandsabhängige Einzelwerte:

Umweltzustand	U_1	U_2	U_3	Erwartungswert Bruttogewinn
Eintrittswahrscheinlichkeit w	$0,\overline{3}$	$0,\overline{3}$	$0,\overline{3}$	
Bruttogewinn A in GE	+ 100	+ 100	+ 100	+ 100
Bruttogewinn B in GE	+ 160	+ 100	+ 40	+ 100
Bruttogewinn C in GE	+ 300	+ 60	– 60	+ 100

Wie beurteilen Sie die Marktchancen der Eigenkapitalnachfrager A, B und C, wenn die Eigenkapitalanbieter risikoscheu sind? Welchen Einfluss hat das existentielle Risiko auf die Eigenkapitalkosten i_E?

Wöhe S. 596–599

Risikoneutrale Eigenkapitalanbieter wären zwischen A, B und C indifferent; in jedem Fall wird eine Kapitalverzinsung von 10 Prozent erwartet. Risikoscheue Eigenkapitalanbieter bevorzugen eine Anlage bei der Gesellschaft A, bei der in jedem Fall mit einer Verzinsung von 10 Prozent zu rechnen ist. Im Fall B (C) streut die Kapitalverzinsung zwischen + 16 und + 4 Prozent (+ 30 und – 6 Prozent). Damit hat die Gesellschaft C die schlechtesten Chancen, die Gunst der risikoscheuen Anleger zu gewinnen.

Bei der Gesellschaft A sind die Bruttogewinnergebnisse einwertig. Das existentielle Risiko ist gleich null. Die Gesellschaft A bietet die Gelegenheit zu risikoloser Eigenkapitalanlage. Sie kann mit niedrigen Eigenkapitalkosten i_E (= Mindestverzinsungswunsch der Eigenkapitalgeber) rechnen.

Besonders stark ist die Streuung der Bruttogewinne bei Gesellschaft C. Hier ist das existentielle Risiko am größten. Dieses Risiko muss durch einen Zinszuschlag abgegolten werden. Die Eigenkapitalkosten i_E werden also bei der Gesellschaft C am höchsten sein.

Aufgabe 77 Kapitalstrukturrisiko und Kapitalkosten nach der traditionellen These

In Anlehnung an **Aufgabe 76** will die Kapitalgesellschaft C einen Kapitalbetrag von 1.000 Geldeinheiten (GE) am Kapitalmarkt aufnehmen. Der Erwartungswert des Bruttogewinns beziffert sich auf + 100. Seine zustandsabhängige Streuung hat folgendes Aussehen:

Umweltzustand	U_1	U_2	U_3	Erwartungswert Bruttogewinn
Eintrittswahrscheinlichkeit w	$0,\overline{3}$	$0,\overline{3}$	$0,\overline{3}$	
Bruttogewinn in GE	+ 300	+ 60	– 60	+ 100

Der gesamte Kapitalbedarf GK = 1.000 GE kann durch Eigen- bzw. Fremdkapitalaufnahme gedeckt werden. Bei der Beschaffung von Fremdkapital ist von **vorläufigen Fremdkapitalkosten** i_F in Höhe von 8 Prozent auszugehen. Wie hoch ist der Nettogewinn G beim Eintreten der Umweltzustände U_2 und U_3, wenn sich die Gesellschaft C für einen Verschuldungsgrad v (= FK/EK) von

v = 0
v = 1
v = 3
v = 7

entscheidet? Welche Rückschlüsse erlaubt das Ergebnis auf die Mindestverzinsungsansprüche der Eigen- und der Fremdkapitalgeber nach der traditionellen These?

Wöhe S. 601–604

v	0	1	3	7
Gesamtkapital in GE	1.000	1.000	1.000	1.000
Eigenkapital in GE	1.000	500	250	125
Fremdkapital in GE	–	500	750	875
Fremdkapitalzinsen in GE (8 Prozent)	–	40	60	70

Zieht man vom Bruttogewinn BG die Fremdkapitalzinsen FKZ ab, erhält man den Nettogewinn G, der den Eigenkapitalgebern zusteht.

5. Abschnitt

Beim **Umweltzustand U_2** ist folgender Nettogewinn zu erwarten:

v	0	1	3	7
Bruttogewinn in GE	+ 60	+ 60	+ 60	+ 60
– Fremdkapitalzinsen in GE	–	– 40	– 60	– 70
Nettogewinn G in GE	+ 60	+ 20	0	– 10

Beim **Umweltzustand U_3** ist folgender Nettogewinn zu erwarten:

v	0	1	3	7
Bruttogewinn in GE	– 60	– 60	– 60	– 60
– Fremdkapitalzinsen in GE	–	– 40	– 60	– 70
Nettogewinn G in GE	– 60	– 100	– 120	– 130

Unter den Umweltbedingungen U_2 und U_3 sinken die Nettogewinne G mit steigendem Verschuldungsgrad. Mit zunehmender Verschuldung der Kapitalgesellschaft verschlechtern sich die Aussichten der Eigenkapitalgeber. Von einem Verschuldungsgrad von null ausgehend werden die Eigenkapitalgeber ihre Mindestverzinsungsansprüche i_E sukzessive erhöhen.

Bei isolierter Betrachtung des Umweltzustands U_2 reicht der Bruttogewinn bei $v = 3$ gerade noch aus, die Fremdkapitalzinsen abzudecken. Steigt der Verschuldungsgrad weiter an, gerät die Kapitalgesellschaft in die Verlustzone. Bei einem über $v = 3$ liegenden Verschuldungsgrad werden die Zins- und Tilgungsansprüche der Fremdkapitalgeber auf lange Sicht gefährdet. Deshalb werden sie ihre Mindestverzinsungsansprüche i_F ab $v > 3$ sukzessive erhöhen. Richtet man den Blick auf den Umweltzustand U_3, werden die Mindestverzinsungsansprüche der Fremdkapitalgeber schon ab $v \geq 0$ erhöht.

Aufgabe 78 Optimaler Verschuldungsgrad nach der traditionellen These und Unternehmenswert

Der Gesamtkapitalbedarf GK der X-AG beläuft sich auf 5.000 Geldeinheiten (GE). Das Unternehmen rechnet mit einem jährlichen Erwartungswert des Bruttogewinns BG von 450 GE. Die alternativen Finanzierungsmöglichkeiten des Gesamtkapitalbedarfs sowie die von der Kapitalstruktur abhängigen Mindestverzinsungsanforderungen des Eigenkapitalgebers, Alleinaktionär Y, und der Fremdkapitalgeber sind in der folgenden Tabelle aufgeführt:

Verschuldungsgradvariante	v_1	v_2	v_3	v_4	v_5
Gesamtkapital GK in GE	5.000	5.000	5.000	5.000	5.000
Eigenkapital EK in GE	5.000	4.000	3.000	2.000	1.000
Fremdkapital FK in GE	–	1.000	2.000	3.000	4.000
Eigenkapitalkosten i_E in %	9,0	9,0	9,5	10,5	12,5
Fremdkapitalkosten i_F in %	7,0	7,0	7,0	7,5	8,0

Teilaufgabe a)

Ermitteln Sie nach der klassischen These den optimalen Verschuldungsgrad v*! Wie hoch sind die minimalen durchschnittlichen Kapitalkosten i* und der maximale Unternehmensgesamtwert UGW* der X-AG?

Wöhe S. 601–604

Der optimale Verschuldungsgrad v* und der maximale Unternehmensgesamtwert UGW* liegen nach der klassischen These dort, wo die minimalen durchschnittlichen Kapitalkosten i* erreicht werden. Der Verschuldungsgrad v, die durchschnittlichen Kapitalkosten i und der Unternehmensgesamtwert UGW der X-AG berechnen sich nach folgenden Formeln:

$$\mathbf{v} = \frac{FK}{EK}$$

$$\mathbf{i} = \frac{EK}{GK} \cdot i_E + \frac{FK}{GK} \cdot i_F$$

$$\mathbf{UGW} = \frac{BG}{i}$$

Verschuldungsgradvariante	v_1	v_2	v_3	v_4	v_5
Eigenkapital EK (GE) Fremdkapital FK (GE)	5.000 –	4.000 1.000	3.000 2.000	2.000 3.000	1.000 4.000
Verschuldungsgrad v	0	0,25	**$0,\overline{66}$**	1,5	4
Kapitalkosten i (Prozent)	9	8,6	**8,5**	8,7	8,9
Unternehmensgesamtwert UGW (GE)	5.000	5.232,56	**5.294,12**	5.172,41	5.056,18

Die X-AG erreicht bei einem Verschuldungsgrad v* von 0,66 (Finanzierung des Gesamtkapitalbedarfs mit 3.000 GE Eigen- und 2.000 GE Fremdkapital) minimale durchschnittliche Finanzierungskosten i* von 8,5 %. Der maximale Gesamtwert der X-AG UGW* beläuft sich auf 5.294,12 GE.

Teilaufgabe b)

Ermitteln Sie den Unternehmenswert der X-AG aus Eignersicht UW^{EK}! Berechnen Sie anschließend aus Sicht des Eigners Y den Wert des Gesamtvermögens (= Privatvermögen + UW^{EK})! Gehen Sie dabei davon aus, dass das Privatvermögen von Y ursprünglich 5.000 GE betrug, welche er entweder dem Unternehmen (gegebenenfalls auch teilweise) als Eigenkapital zuführt oder alternativ als Barvermögen hält.

Wöhe S. 599

Das Gesamtvermögen des Eigners ergibt sich als Summe aus dem Unternehmenswert der X-AG aus Eignersicht UW^{EK} und dem Barvermögen des Eigners. Der Nettogewinn NG, die Fremdkapitalzinsen FKZ und der Unternehmenswert der X-AG aus Eignersicht UW^{EK} berechnen sich schließlich nach folgenden Formeln:

$$\textbf{NG} = BG - FKZ$$

$$\textbf{FKZ} = FK \cdot i_{FK}$$

$$\textbf{UW}^{EK} = \frac{NG}{i_{EK}}$$

Verschuldungsgradvariante	v_1	v_2	v_3	v_4	v_5
zugeführtes Eigenkapital EK (GE)	5.000	4.000	3.000	2.000	1.000
(restliches) Barvermögen (GE)	0	1.000	2.000	3.000	4.000
Ausgangsvermögen (GE)	5.000	5.000	5.000	5.000	5.000
Verschuldungsgrad v	0	0,25	**$0,\overline{66}$**	1,5	4
Fremdkapital (GE)	–	1.000	2.000	3.000	4.000
Fremdkapitalkosten i_F (Prozent)	7	7	7	7,5	8
Fremdkapitalzinsen FKZ (GE)	0	70	140	225	320
Bruttogewinn BG (GE)	450	450	450	450	450
– Fremdkapitalzinsen FKZ (GE)	– 0	– 70	– 140	– 225	– 320
Nettogewinn NG (GE)	450	380	310	225	130
Eigenkapitalkosten i_E (Prozent)	9	9	9,5	10,5	12,5
Unternehmenswert aus Eignersicht UW^{EK} (GE)	5.000,00	4.222,22	3.263,16	2.142,86	1.040,00
Barvermögen (GE)	0,00	1.000,00	2.000,00	3.000,00	4.000,00
Gesamtvermögen (GE)	5.000,00	5.222,22	5.263,16	5.142,86	5.040,00

Der optimale Verschuldungsgrad v* aus Sicht des Eigners liegt dort, wo sein Gesamtvermögen das Maximum erreicht. Auch aus Sicht des Eigners liegt der optimale Verschuldungsgrad v* bei $0,\overline{66}$ (Finanzierung des Gesamtkapitalbedarfs mit 3.000 GE Eigen- und 2.000 GE Fremdkapital). Das maximale Gesamtvermögen des Eigners beläuft sich dabei auf 5.263,16 GE.

Aufgabe 79 Mindesteigenkapitalanforderung an Banken im Hinblick auf das Kreditrisiko

Die MERKUR-BANK ist im Firmenkreditgeschäft tätig. Der Kreditabteilung liegen fünf Darlehensanträge über jeweils 1 Mio. EUR bei einer Laufzeit von fünf Jahren vor. Die fünf Firmenkunden haben eine unterschiedliche Bonität. Würde man die Abstufung von Standard & Poor's zugrunde legen, gehörte der Kunde mit der besten Bonität in die Ratingklasse AAA, der mit der schwächsten Bonität in die Ratingklasse BB. Im Zuge der Kreditwürdigkeitsprüfung wurden den Kreditanträgen folgende Risikogewichte zugeordnet:

Kreditantrag	I (AAA)	II (AA)	III (A)	IV (BBB)	V (BB)
Risikogewicht	0,30	0,60	0,90	1,40	2,00

Ermitteln Sie

- das von der Bank vorzuhaltende Mindesteigenkapital
- das Fremdfinanzierungsvolumen

für eine Darlehenssumme von jeweils 1 Mio. EUR!

Lösungshinweis: Gehen Sie bei der Ermittlung des Mindesteigenkapitals von der vereinfachten Grundformel

Kreditvolumen	·	Risikogewicht	·	8 Prozent	=	Mindesteigenkapital

aus.

Wöhe S. 607–610

Kreditantrag	(1) Kredit-volumen	(2) Risikoge-wicht	(3) 8 Prozent	(4) Mindest-eigenkapital (1) · (2) · (3)	(5) Fremdkapital (1) – (4)
I	1 Mio.	0,30	0,08	24.000	976.000
II	1 Mio.	0,60	0,08	48.000	952.000
II	1 Mio.	0,90	0,08	72.000	928.000
IV	1 Mio.	1,40	0,08	112.000	888.000
V	1 Mio.	2,00	0,08	160.000	840.000

Je besser die Bonität eines Schuldners, desto stärker kann die MERKUR-BANK zur Finanzierung ihres Kreditgeschäfts (preisgünstiges) Fremdkapital heranziehen.

Aufgabe 80 Abgestufte Zinskonditionen der Banken

Es gelten die Angaben der **Aufgabe 79**. Die MERKUR-BANK kalkuliert die Zinskonditionen für die fünf Kreditanträge nach folgendem Schema:

- gewünschte Eigenkapitalverzinsung i_E 14 Prozent
- Fremdkapitalkosten i_F 4 Prozent
- Aufschlag (Verwaltungskosten und Gewinn) bezogen auf die Darlehenssumme 1,2 Prozent.

Ermitteln Sie für jeden Kreditantrag den von der MERKUR BANK geforderten Darlehenszins! Wie hoch ist die Risikoprämie für den Kredit V?

Wöhe S. 607–610

Die MERKUR BANK kalkuliert den Darlehenszins nach folgendem Schema:

Kredit-antrag	(1) Eigen-kapital-einsatz	(2) Kosten für Eigen-kapital 0,14 von (1)	(3) Fremd-kapital-einsatz	(4) Kosten für Fremd-kapital 0,04 von (3)	(5) Ver-waltungs-kosten und Gewinn	(6) Kalkulierte Darlehens-zinsen (2) + (4) + (5)
I	24.000	**3.360**	976.000	**39.040**	**12.000**	**54.400**
II	48.000	**6.720**	952.000	**38.080**	**12.000**	**56.800**
III	72.000	**10.080**	928.000	**37.120**	**12.000**	**59.200**
IV	112.000	**15.680**	888.000	**35.520**	**12.000**	**63.200**
V	160.000	**22.400**	840.000	**33.600**	**12.000**	**68.000**

Im Falle des Kreditantrags V ist das Kreditausfallrisiko für die MERKUR-BANK weitaus höher als beim Kreditantrag I. Beim Kreditantrag I fordert die Bank einen Darlehenszins von (aufgerundet) 5,45 Prozent, im Fall V fordert sie 6,8 Prozent. Der Antragsteller V muss also eine Risikoprämie in Höhe von 1,35 Prozentpunkten zahlen.

Aufgabe 81 Marktwert im Modigliani-Miller-Modell (MM-Modell)

Es gelten die Bedingungen des Modigliani-Miller-Modells (MM-Modells). Eine Kapitalgesellschaft, die M-AG, gehört zur Risikoklasse X.

Folgende Größen sind **gegeben**:

– risikoloser Einheitszins i_F	4 Prozent
– Risikozuschlag Z für allgemeines Geschäftsrisiko der Risikoklasse X	6 Prozent
– Erwartungswert des Bruttogewinns BG der M-AG	16 Mio.
– Verschuldungsgrad v	1

Folgende Größen sind **gesucht**:

- durchschnittliche Kapitalkosten i
- Eigenkapitalkosten i_E
- Marktwert des Unternehmens UGW
- Marktwert des Eigenkapitals EK
- Marktwert des Fremdkapitals FK

Wöhe S. 604–607

Die **durchschnittlichen Kapitalkosten i** beziffern sich hier auf 10 Prozent; sie ergeben sich aus der Summe von risikolosem Einheitszins i_F und dem Risikozuschlag Z:

i_F	+	Z	=	i
0,04	+	0,06	=	0,10

Die **Eigenkapitalkosten i_E** beziffern sich hier auf 16 Prozent; sie sind vom Verschuldungsgrad

$$\mathbf{v} = \frac{FK}{EK} \text{ abhängig.}$$

Im vorliegenden Fall ist

$$\mathbf{v} = \frac{FK}{EK} = 1.$$

$\mathbf{i_E} =$	i	+	$(i - i_F)$	·	$\frac{FK}{EK}$	=	i_E
$\mathbf{i_E} =$	0,10	+	(0,10 – 0,04)	·	1	=	0,16

Der **Marktwert UGW** des Unternehmens lässt sich folgendermaßen ermitteln:

$$\mathbf{UGW} = \frac{BG}{i} = \frac{16 \text{ Mio.}}{0{,}10} = 160 \text{ Mio.}$$

Bei einem Verschuldungsgrad von 1 ist die M-AG zu gleichen Teilen mit Eigen- und Fremdkapital finanziert. Der **Marktwert** des **Eigenkapitals** und des **Fremdkapitals** beziffert sich also auf jeweils 80 Mio.:

Marktwert UGW	Marktwert EK	Marktwert FK
$\frac{BG}{i}$	$\frac{BG - FKZ}{i_E}$	$\frac{FKZ}{i_F}$
$\frac{16}{0{,}10}$	$\frac{16 - 3{,}2}{0{,}16}$	$\frac{3{,}2}{0{,}04}$
160 Mio.	80 Mio.	80 Mio.

Bei einem Marktwert des Fremdkapitals von 80 Mio. und einem Zinssatz i_F von 4 Prozent muss die M-AG 3,2 Mio. Fremdkapitalzinsen FKZ zahlen.

Aufgabe 82 Marktwerte nach MM und Bilanzrelationen

Großanleger REICH liegen die vereinfachte Bilanz und die vereinfachte Gewinn- und Verlustrechnung der WERT AG zum 31.12.01 vor (Angaben in Mio. EUR):

Aktiva	Bilanz zum 31.12.01		Passiva
Vermögen	210	Eigenkapital	50
		Fremdkapital	160
	210		210

Soll	GuV 01		Haben
Diverse Aufwendungen	226	Umsatzerlöse	250
Zinsaufwendungen	8		
Gewinn	16		
	250		250

Zusatzinformationen:

- Die Gewinne der WERT AG sind ewig in gleicher Höhe erzielbar und werden vollständig an die Anteilseigener ausgeschüttet.
- Die WERT AG hat einen Verschuldungsgrad von v = 2, wobei der Verschuldungsgrad v durch das Verhältnis vom Marktwert des Fremdkapitals zum Marktwert des Eigenkapitals abgebildet wird.
- Der Einheitszinssatz für Kreditaufnahmen i_F beträgt 5 Prozent.
- Bei einem unverschuldeten Unternehmen innerhalb der Risikoklasse der WERT AG fordern die Eigenkapitalgeber eine Rendite i von 10 Prozent.

Teilaufgabe a)

Wie hoch ist die Renditeforderung i_E der Eigenkapitalgeber der WERT AG im MM-Modell?

Im MM-Modell lässt sich die Eigenkapitalrendite mit Hilfe der folgenden Formel berechnen:

$$i + (i - i_F) \cdot v = i_E$$
$$10 + (10 - 5) \cdot 2 = 20$$

Die Eigenkapitalgeber der WERT AG werden eine Rendite von i_E = 20 Prozent fordern.

Teilaufgabe b)

Wie hoch ist der Marktwert des Eigenkapitals?

Wöhe S. 517 f. und S. 607

Der Marktwert des Eigenkapitals beträgt

$$\frac{\text{Nettogewinn}}{i_E} = \frac{16\text{ Mio.}}{0{,}2} = 80\text{ Mio.}$$

Teilaufgabe c)

Wie ist die Differenz zwischen dem bilanzierten Eigenkapital und dem sog. Marktwert des Eigenkapitals nach MM zu erklären?

Wöhe S. 519 f.

Der Marktwert des Eigenkapitals beträgt 80 Mio. EUR, der des bilanziellen Eigenkapitals dagegen nur 50 Mio. EUR. Zwischen den beiden Werten besteht somit eine Differenz in Höhe von 30 Mio. EUR.

Das bilanzielle Eigenkapital ergibt sich aus der Gegenüberstellung von bilanziertem Vermögen und Schulden. Es beschreibt den Wert, um den das Vermögen die Schulden übersteigt. Somit stellt das Eigenkapital der Bilanz lediglich eine rechnerische Residualgröße dar.

Nur wenn auf der Aktivseite der Bilanz der „tatsächliche" Wert des Vermögens abgebildet werden kann, entspricht das bilanzielle Eigenkapital dem Marktwert des Eigenkapitals. In der Realität liegen die bilanziellen Wertansätze des Vermögens i. d. R. aufgrund spezifischer handels- und steuerrechtlicher Vorschriften unter dem Wert des Vermögens. Somit weicht das bilanzielle Eigenkapital vom Marktwert des Eigenkapitals ab. Der Differenzbetrag zwischen diesen beiden Größen entspricht der Summe aus stillen Rücklagen und originärem Firmenwert.

Würden auch die stillen Reserven und der originäre Firmenwert in der Bilanz erfasst werden, könnte aus der Bilanz der WERT AG auch der Marktwert des Eigenkapitals abgelesen werden. Wird unterstellt, dass die stillen Rücklagen im Vermögen 20 Mio. EUR betragen, lässt sich die fiktive Bilanz der WERT AG folgendermaßen darstellen:

Aktiva	Bilanz (fiktiv)		Passiva
bilanziertes Vermögen	210	Eigenkapital	80
stille Rücklagen im Vermögen	20	Fremdkapital	160
originärer Firmenwert	10		
	240		240

Bei dieser (rechtlich nicht zulässigen) Darstellung der Bilanz entspricht das bilanzierte Eigenkapital dem Marktwert des Eigenkapitals.

Aufgabe 83 Arbitragebeweis zur MM-These

Auf einem vollkommenen Kapitalmarkt werden die Aktien von zwei Unternehmen gehandelt, die der gleichen Risikoklasse angehören und sich lediglich in ihrer Kapitalstruktur unterscheiden. Während die A-AG vollständig eigenfinanziert ist, hat die B-AG Fremdkapital in Höhe von 750.000 EUR zu 10 Prozent p. a. aufgenommen. Weiterhin gelten die folgenden Angaben:

	A-AG	B-AG
Jährlicher Bruttogewinn BG	225.000	225.000
Fremdkapital FK	0	750.000
Fremdkapitalzinsen FKZ	0	75.000
Jährlicher Nettogewinn (BG – FKZ)	225.000	150.000
Aktueller Marktwert des Gesamtunternehmens UGW	**1.500.000**	**1.650.000**

Vergleicht man die aktuellen Marktwerte der Gesamtunternehmen A und B, stellt man fest, dass das verschuldete Unternehmen B am Markt höher bewertet wird als das unverschuldete Unternehmen A.

Zur Vereinfachung wird im Folgenden angenommen, dass

- keine Steuern erhoben werden,
- die Bruttogewinne ewig in gleicher Höhe realisiert werden können und
- die Nettogewinne vollständig an die Anteilseigner ausgeschüttet werden.

Teilaufgabe a)

Aktionär MARGENSPANNER hält 10 Prozent des Eigenkapitals der B-AG. Zeigen Sie, dass MARGENSPANNER sich besser stellen kann, wenn er sein Kapital statt in die B-AG in die A-AG investiert!

Wöhe S. 604–607

Der Marktwert des gesamten Eigenkapitals der B-AG (UW_B^{EK}) ergibt sich aus der Differenz zwischen dem Marktwert des Gesamtunternehmens UGW_B und dem Marktwert des Fremdkapitals UW_B^{FK}:

$$UGW_B - UW_B^{FK} = UW_B^{EK}$$
$$1.650.000 - 750.000 = 900.000$$

Aus dem Verkauf seiner gesamten B-Aktien erhält MARGENSPANNER einen Verkaufserlös von $900.000 \cdot 0{,}1 = 90.000$ EUR. Investiert er den Verkaufserlös in A-Aktien, ist er mit 6 Prozent ($= 90.000/1.500.000 \cdot 100\,\%$) am Eigenkapital der A-AG beteiligt. Vergleicht man die jährlichen Dividendenzahlungen, ergibt sich:

	jährliche Dividende
Beteiligung an der B-AG (10% des EK)	$150.000 \cdot 0{,}1 = 15.000$ EUR
Beteiligung an der A-AG (6% des EK)	$225.000 \cdot 0{,}06 = 13.500$ EUR

Auf den ersten Blick scheint MARGENSPANNER sich durch den Tausch der Beteiligungen schlechter zu stellen. Bezieht man allerdings das Kapitalstrukturrisiko mit in die Betrachtung ein, ist eine eindeutige Aussage nicht möglich. Die A-AG verspricht eine geringere Dividende, ihre Aktionäre tragen aber auch – da sie unverschuldet ist – das geringere Kapitalstrukturrisiko als die Aktionäre der B-AG.

Um eine eindeutige Aussage bezüglich der Vorteilhaftigkeit treffen zu können, müssen somit die beiden Positionen zunächst vergleichbar gemacht werden. Als Aktionär der B-AG war MARGENSPANNER am Kapitalstrukturrisiko der B-AG beteiligt; als Aktionär der unverschuldeten A-AG trägt er dagegen kein Kapitalstrukturrisiko. Um die Vergleichbarkeit herzustellen, müsste MARGENSPANNER einen privaten Kredit aufnehmen und dadurch die Kapitalstruktur der B-AG in seine Privatsphäre übertragen. Mit der privaten Kreditaufnahme trägt MARGENSPANNER das Kapitalstrukturrisiko, das er auch als Aktionär der B-AG getragen hat.

Das Verhältnis von Fremdkapital zu Eigenkapital der B-AG beträgt 5 : 6 (= 750.000 : 900.000). Beteiligt sich MARGENSPANNER an der A-AG, muss er somit bei einem Eigenmitteleinsatz von 90.000 EUR einen privaten Kredit in Höhe von 75.000 EUR aufnehmen, um eine der B-AG entsprechende Kapitalstruktur zu realisieren. Werden auch diese zusätzlichen Mittel in A-Aktien investiert, kann MARGENSPANNER insgesamt 165.000 EUR zum Kauf der A-Aktien einsetzen und sich mit 11 Prozent (= 165.000/1.500.000 · 100 %) am Eigenkapital der A-AG beteiligen. Die Vergleichsrechnung verändert sich folgendermaßen:

		Beteiligung an A-AG	Beteiligung an B-AG
Kapitaleinsatz	Eigenmittel	90.000	90.000
	Fremdmittel	75.000	0
Zahlungen	+ Dividenden	24.750	15.000
	– Zinsen für privaten Kredit	7.500	0
	= **Nettozufluss**	**17.250**	**15.000**

Die Gegenüberstellung verdeutlicht, dass MARGENSPANNER sich durch einen Tausch der Beteiligungen besser stellen kann, ohne ein zusätzliches Risiko eingehen zu müssen. Bei einer Beteiligung an der A-AG steigt der jährliche Nettozufluss um 2.250 EUR auf 17.250 EUR.

Verglichen mit der A-AG war das Eigenkapital der B-AG überbewertet. Solange solche Bewertungsunterschiede bestehen, können die Aktionäre ihre Position dadurch verbessern, dass sie die überbewertete Aktie verkaufen und sich an der unterbewerteten Gesellschaft beteiligen. Gewinne, die ein Aktionär – ohne zusätzliches Risiko – aus der Ausnutzung solcher Bewertungsunterschiede realisieren kann, werden als Arbitragegewinne bezeichnet.

Teilaufgabe b)

Wie ist die in Teilaufgabe a) beschriebene Situation vor dem Hintergrund vollkommener Märkte zu beurteilen? Wann ist der Arbitrageprozess beendet?

Solange unterschiedliche Preise für gleiche Güter gezahlt werden, herrscht kein Marktgleichgewicht. Alle Aktionäre der B-AG werden versuchen, Arbitragegewinne zu realisieren und ihre Beteiligungen an der B-AG gegen A-Aktien zu tauschen. Hierdurch erhöht sich – bei tendenziell sinkender Nachfrage – das Angebot an B-Aktien, so dass die Kurse der B-Aktien fallen werden. Zugleich wird die Nachfrage bei tendenziell sinkendem Angebot nach A-Aktien steigen, so dass deren Kurse steigen werden. Diese Prozesse werden so lange stattfinden, bis der Markt im Gleichgewicht ist und sich die Marktwerte der beiden Unternehmen angeglichen haben. Im Gleichgewicht gilt:

$$UGW_A = UGW_B = UW_B^{EK} + UW_B^{FK}$$

Auf vollkommenen Kapitalmärkten werden somit die Marktwerte von zwei Unternehmen, die sich nur hinsichtlich der Kapitalstruktur unterscheiden, stets gleich sein. Ist die Gleichheitsbedingung – aus welchen Gründen auch immer – nicht erfüllt, werden Arbitrageprozesse beginnen, die für eine entsprechende Angleichung der Kurse sorgen. Ist das Marktgleichgewicht erreicht, können keine Arbitragegewinne mehr erzielt werden. Die folgende Proberechnung soll dies verdeutlichen.

Wird unterstellt, dass die A-AG richtig bewertet war und dass sich durch die Arbitrageprozesse der Marktwert der B-AG an den Marktwert der A-AG angleicht, gilt:

$$\begin{array}{ccccc} UGW_B & - & UW_B^{FK} & = & UW_B^{EK} \\ 1.500.000 & - & 750.000 & = & 750.000 \end{array}$$

MARGENSPANNER würde nun aus dem Verkauf seiner Aktien (10 Prozent am Eigenkapital der B-AG) einen Erlös von 75.000 EUR erzielen. Da die B-AG im Marktgleichgewicht einen Verschuldungsgrad von v = 1 hat, muss MARGENSPANNER zusätzlich einen Kredit von 75.000 EUR aufnehmen, um eine mit der B-AG vergleichbare Kapitalstruktur zu erlangen. Werden die gesamten 150.000 EUR für den Kauf von A-Aktien eingesetzt (Beteiligungsquote = 10 %), zeigt sich, dass MARGENSPANNER keinen Vorteil mehr aus der Transaktion ziehen kann:

		Beteiligung an A-AG	Beteiligung an B-AG
Kapitaleinsatz	Eigenmittel Fremdmittel	75.000 75.000	75.000 0
Zahlungen	+ Dividenden – Zinsen für privaten Kredit	22.500 7.500	15.000 0
	= Nettozufluss	**15.000**	**15.000**

Die Nettozuflüsse sind bei beiden Positionen gleich. Ein Arbitragegewinn ist nicht mehr zu erzielen.

Aufgabe 84 Kapitalmarktlinie im CAPM

Gegeben ist eine Menge risikobehafteter Wertpapiere (Anteile an Aktiengesellschaften), die zu effizienten Portfolios zusammengefasst werden können. Die Effizienzlinie DMT'A ist der geometrische Ort aller effizienten Wertpapierportfolios.

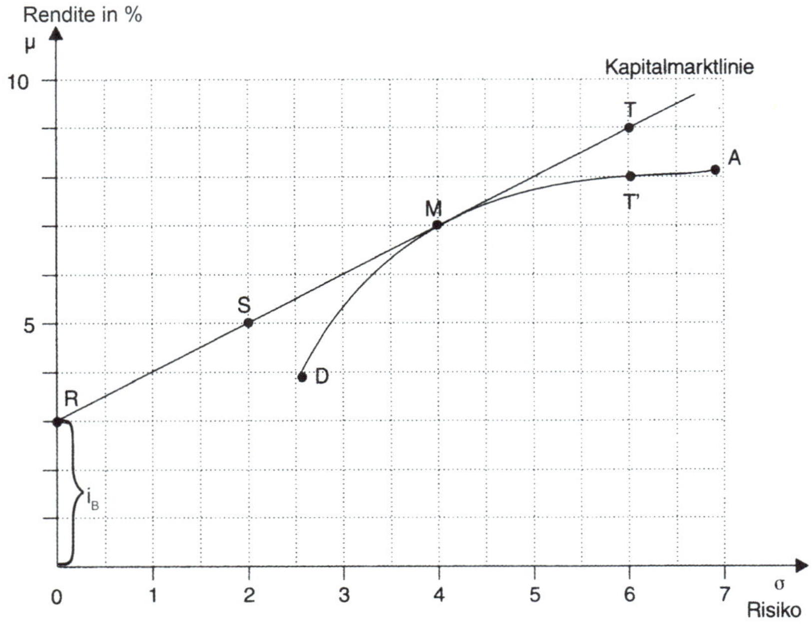

Gegeben ist weiterhin der risikolose Einheitszins i_B (Basiszins; Pure Rate), der im vorliegenden Fall 3 Prozent beträgt. Der Erwartungswert der Rendite (in Prozent) ist mit μ bezeichnet. Das Anlagerisiko ist mit σ bezeichnet, wobei $\sigma = 0{,}1, \ldots, n$ auf die Anzahl der mit der Kapitalanlage verbundenen Risikoeinheiten hinweist.

Wöhe S. 619–623

Teilaufgabe a)

Der Lottogewinner GLÜCKLICH verfügt über 1 Mio. EUR Eigenkapital. Wie soll er sein Eigenkapital anlegen, wenn er

- kein Risiko
- 2 Risikoeinheiten
- 4 Risikoeinheiten

übernehmen will? Wie hoch ist in diesen drei Fällen der Erwartungswert des Reinertrags?

Abhängig von seiner Risikoeinstellung realisiert GLÜCKLICH die Punkte R, S, bzw. M auf der Kapitalmarktlinie.

Risiko σ	Kapitalanlage	Erwartungswert des Reinertrags
0	R = risikolose Anlage i_B	30.000
2	S = Mischportfolio	50.000
4	M = Marktportfolio	70.000

Will GLÜCKLICH 4 Risikoeinheiten übernehmen, investiert er 1 Mio. in das Marktportfolio, dessen Renditeerwartungswert bei 7 Prozent liegt. Der Erwartungswert seines Reinertrags beziffert sich folglich auf 70.000.

Will GLÜCKLICH nur 2 Risikoeinheiten übernehmen, bildet er ein Mischportfolio, wobei 0,5 Mio. risikolos zu 3 Prozent und 0,5 Mio. ins Marktportfolio zum risikobehafteten Zins von 7 Prozent investiert werden.

Teilaufgabe b)

GLÜCKLICH sei bereit, 6 Risikoeinheiten zu übernehmen. Wo liegt unter dieser Bedingung seine optimale Kapitalanlage? Wie hoch ist der zugehörige Erwartungswert des Reinertrags?

GLÜCKLICH hat zwei Möglichkeiten:

Risiko σ	Kapitalanlage	Erwartungswert des Reinertrags
6	T′ = 1 Mio. EK	80.000
6	T = 1 Mio. EK + 0,5 Mio. FK	90.000

Realisiert GLÜCKLICH T′, investiert er 1 Mio. EK in ein vergleichsweise riskantes Wertpapierportfolio mit einem Renditeerwartungswert μ von 8 Prozent.

Vorteilhafter ist es für GLÜCKLICH, 1,5 Mio. in das Marktportfolio M zu investieren, dessen Renditeerwartungswert μ bei 7 Prozent liegt. Bei dieser Anlagestrategie muss sich GLÜCKLICH mit 0,5 Mio. zu $i_B = 3$ Prozent am Kapitalmarkt verschulden:

Erwartungswert des Bruttoertrags	1,5 Mio. · 0,07	= 105.000
– Fremdkapitalzinsen	0,5 Mio. · 0,03	= 15.000
Erwartungswert des Reinertrags		**90.000**

Aufgabe 85 Beta-Faktor und Rendite

Anleger Z hat sein Vermögen (3 Mio. EUR) in ein vollkommen diversifiziertes Aktienportfolio investiert. Er möchte seinen Aktienbestand um 10.000 EUR erhöhen. Ihm werden fünf Anlagealternativen vorgeschlagen:

Aktie	Branche	Beta-Faktor
A	Versorgungsunternehmen	0,5
B	Lebensmitteldiscounter	0,8
C	Anlagenbauer	1,0
D	Automobilhersteller	1,2
E	Luxusgüterhersteller	1,5

Teilaufgabe a)

Welchen Titel würden Sie empfehlen, wenn Z sein Geld in die Aktie mit dem niedrigsten Risiko investieren möchte?

Wöhe S. 623–625

Z hält ein wohldiversifiziertes Portfolio, das ausschließlich dem nicht mehr diversifizierbaren systematischen Risiko unterliegt. Da der Zukauf von Aktien zu Anschaffungskosten von 10.000 EUR die Portfoliostruktur nicht wesentlich verändert, kann zur Beurteilung des Risikos der neuen Aktien ausschließlich auf deren systematisches Risiko zurückgegriffen werden. Aktien mit niedrigem (hohem) Beta-Faktor sind in geringem (hohem) Maße konjunkturanfällig.

Die A-Aktie hat einen Beta-Faktor von 0,5. Das bedeutet, dass bei einem Sinken (Steigen) der Rendite des Marktportfolios um 10 Prozentpunkte die Rendite der A-Aktien nur um 5 Prozentpunkte sinkt (steigt). Die E-Aktie hat einen Beta-Faktor von 1,5. Bei einer Änderung der Rendite des Marktportfolios um 10 Prozentpunkte würde sich die Rendite der E-Aktien um 15 Prozentpunkte ändern. Die Renditeschwankungen der E-Aktie sind somit deutlich höher als die der A-Aktien. Möchte Z die risikoärmste Aktie kaufen, so sollte er die A-Aktie wählen (→ niedrigster Beta-Faktor).

Teilaufgabe b)

Am Kapitalmarkt existiert eine risikolose Anlage, deren Rendite i_B 2 Prozent beträgt. Die Rendite des Marktportfolios M wird von den beiden denkbaren Umweltzuständen U_1 und U_2 beeinflusst:

	Konjunkturelle Entwicklung	Rendite des Marktportfolios in Prozent (i_M)
U_1	gut	+ 20
U_2	schlecht	– 10

Mit welchen Renditeschwankungen muss Z bei den jeweiligen Aktien rechnen? Welche Aktien sollten Sie Z nicht empfehlen, wenn er bereit ist, einen Jahresverlust von maximal 1.200 EUR aus dem Zukauf der Aktien hinzunehmen?

Mit Hilfe des CAPM lässt sich die Rendite einer beliebigen Aktie i_p mit der Formel

$$i_p = i_B + (i_M - i_B) \cdot \beta_p$$

bestimmen.

Aktie	Rendite i_p in Prozent der Aktien bei Eintritt von	
	U_1	U_2
A	+ 11	– 4
B	+ 16,4	– 7,6
C	+ 20	– 10
D	+ 23,6	– 12,4
E	+ 29	– 16

Tritt Umweltzustand U_2 ein, würde Z bei einem Kapitaleinsatz von 10.000 EUR durch den Zukauf der Aktie D (E) einen Verlust von 1.240 EUR (1.600 EUR) hinnehmen müssen. Will Z seinen jährlichen Verlust auf max. 1.200 EUR begrenzen, scheiden die Aktien D und E als Alternativen aus.

5. Testfragen zu III. Finanzierung

Den folgenden Fragen sind Antworten beigegeben, die teils richtig, teils falsch sind. Ihre Aufgabe besteht darin, die richtigen Antworten herauszufinden und zu begründen, warum sie richtig und die anderen falsch sind. Die Lösungen finden Sie im Anschluss an die letzte Frage. Gelingt Ihnen die Begründung nicht, so ist es empfehlenswert, die erfragten Zusammenhänge und Definitionen im „Wöhe" noch einmal durchzuarbeiten. Das Stichwortverzeichnis des „Wöhe" wird Ihnen helfen, sich schnell zurechtzufinden.

1. Welche der folgenden Behauptungen sind richtig?

	richtig	falsch
(1) Unter Finanzierung versteht man die Beschaffung von Eigenkapital.	○	○
(2) Unter Finanzierung versteht man Kapitalbeschaffung jeder Art, unter Investition Kapitalverwendung.	○	○
(3) Der Kauf von Warenbeständen ist eine Investition.	○	○
(4) Die Abschreibung einer Maschine ist eine Desinvestition.	○	○
(5) Die Finanzierung ist die wichtigste der betrieblichen Hauptfunktionen.	○	○

2. Welcher der folgenden Vorgänge führt nicht zu einer Zunahme der finanziellen Mittel?

	richtig	falsch
(1) Überführung von Gewinnen auf Rücklagenkonten	○	○
(2) Kapitalerhöhung aus Gesellschaftsmitteln	○	○
(3) ordentliche Kapitalerhöhung durch Ausgabe junger Aktien	○	○
(4) Aufnahme eines Bankkredits	○	○

3. Welche der folgenden Finanzierungsarten zählen zur Außenfinanzierung?

	richtig	falsch
(1) Finanzierung aus Abschreibungsgegenwerten	○	○
(2) Selbstfinanzierung aus Gewinnen	○	○
(3) Finanzierung aus Pensionsrückstellungen	○	○
(4) Beteiligungsfinanzierung	○	○
(5) Aufnahme eines stillen Gesellschafters	○	○

4. Welche der folgenden Finanzierungsarten gehören zur Innenfinanzierung?

	richtig	falsch
(1) Finanzierung aus Abschreibungen	○	○
(2) Kontokorrentkredit	○	○
(3) Einlagenfinanzierung	○	○
(4) Ausgabe einer Obligation	○	○
(5) Thesaurierung von Gewinnen	○	○

5. Wann befindet sich ein Betrieb im finanziellen Gleichgewicht?

	richtig	falsch
(1) Er verfügt zum Bilanzstichtag über erhebliche Reserven an finanziellen Mitteln.	○	○
(2) Der Zahlungsmittelbestand beträgt 75 % der kurzfristigen Verbindlichkeiten.	○	○
(3) Zahlungsmittel, Forderungen und Bestände an Halb- und Fertigfabrikaten decken die kurzfristigen Verbindlichkeiten.	○	○
(4) Er kann seinen fälligen Verpflichtungen jederzeit nachkommen.	○	○

6. Wann ist ein Betrieb überschuldet?

	richtig	falsch
(1) Das Vermögen deckt nur 90 % der Verbindlichkeiten.	○	○
(2) 50 % des Eigenkapitals sind verloren.	○	○
(3) Alle offenen Rücklagen sind durch Verluste aufgebraucht.	○	○
(4) Das gesamte Eigenkapital ist verloren, das Vermögen deckt jedoch noch alle Verbindlichkeiten.	○	○

7. Welche der folgenden Vorgänge bezeichnet man als Umfinanzierung?

	richtig	falsch
(1) Aufnahme eines stillen Gesellschafters	○	○
(2) Selbstfinanzierung aus Gewinnen	○	○
(3) Ersatz eines kurzfristigen Kredits durch ein langfristiges Darlehen	○	○
(4) Bildung stiller Rücklagen durch überhöhte Abschreibungen	○	○
(5) Kapitalerhöhung aus Gesellschaftsmitteln	○	○

8. Bei einer Aktiengesellschaft erfolgt eine Kapitalerhöhung in Höhe von 50 Prozent des bisherigen Grundkapitals. Kurs der alten Aktien 180, Kurs der jungen Aktien 120. Wie hoch ist der Wert des Bezugsrechts?

	richtig	falsch
(1) 60	○	○
(2) 40	○	○
(3) 20	○	○
(4) 15	○	○

9. Wie hoch ist der neue Einheitskurs (Kurs nach der Kapitalerhöhung) in Frage 8?

	richtig	falsch
(1) 120	○	○
(2) 150	○	○
(3) 160	○	○
(4) 170	○	○

10. Aus welchen Gründen wird eine Kapitalerhöhung aus Gesellschaftsmitteln durchgeführt?

	richtig	falsch
(1) Zuführung neuen Eigenkapitals	○	○
(2) Erhöhung des Vermögens der Aktionäre durch Ausgabe von Gratisaktien	○	○
(3) Vermeidung von Körperschaftsteuer	○	○
(4) Minderung des Börsenkurses und Erhöhung der Effektivverzinsung der Aktien im Falle gleichbleibender Dividende	○	○

11. Welche der folgenden Rechte gelten nicht für eine Stammaktie?

	richtig	falsch
(1) Recht auf fristgerechte Rückzahlung	○	○
(2) Stimmrecht	○	○
(3) Recht auf Liquidationserlös	○	○
(4) Bezugsrecht	○	○
(5) Recht auf Mindestverzinsung in Verlustjahren	○	○

12. Welche der folgenden Rechte verbrieft eine Obligation?

	richtig	falsch
(1) feste Verzinsung	O	O
(2) Stimmrecht	O	O
(3) Bezugsrecht	O	O
(4) Recht auf vertragliche Tilgung	O	O
(5) Recht auf Liquidationserlös	O	O

13. Wobei handelt es sich um eine stille Selbstfinanzierung?

	richtig	falsch
(1) Aufnahme eines Darlehens	O	O
(2) Überführung von Gewinnen auf Rücklagekonten	O	O
(3) Unterbewertung einer Maschine durch steuerliche Sonderabschreibung	O	O
(4) Aufnahme eines stillen Gesellschafters in eine Einzelunternehmung	O	O

14. Welche der folgenden Größen wird durch den Kapazitätserweiterungseffekt verändert?

	richtig	falsch
(1) die Gesamtkapazität	O	O
(2) das Eigenkapital	O	O
(3) die Relation von Eigen- zu Fremdkapital	O	O
(4) die Periodenkapazität	O	O

15. Was bewirkt der Leverage-Effekt?

	richtig	falsch
(1) Erhöhung der Verzinsung des Fremdkapitals	O	O
(2) Vergrößerung der Gesamtkapitalrentabilität	O	O
(3) Verminderung der Gewinnsteuerbelastung	O	O
(4) Zunahme der Eigenkapitalrentabilität durch Aufnahme weiteren Fremdkapitals	O	O

16. Wie nennt man die Forderung, Eigen- und Fremdkapital müsste sich verhalten wie 1 : 1?

	richtig	falsch
(1) goldene Bilanzregel	O	O
(2) Leverage-Effekt	O	O
(3) vertikale Kapitalstrukturregel	O	O
(4) horizontale Kapital-Vermögensstrukturregel	O	O

17. Die goldene Bilanzregel besagt:

	richtig	falsch
(1) Das Anlagevermögen ist mit Eigenkapital zu finanzieren.	O	O
(2) Das Anlagevermögen ist mit langfristigem Kapital zu finanzieren.	O	O
(3) Das Anlagevermögen ist mit langfristigem Fremdkapital zu finanzieren.	O	O
(4) Anlagevermögen und eiserne Bestände des Umlaufvermögens sind mit langfristigem Kapital zu finanzieren.	O	O

18. Der optimale Verschuldungsgrad

	richtig	falsch
(1) liegt im Leverage-Modell dort, wo die Eigenkapitalrentabilität ihr Maximum erreicht.	O	O
(2) liegt unter finanzierungstheoretischen Gesichtspunkten dort, wo die durchschnittlichen Kapitalkosten i ihr Maximum erreichen.	O	O
(3) ist erreicht, wenn die durchschnittlichen Kapitalkosten i ihr Minimum und der Gesamtwert des Unternehmens UGW sein Maximum erreichen.	O	O
(4) lässt sich nach der klassischen These als exakter Einzelwert errechnen, weil die Funktion der durchschnittlichen Kapitalkosten i ein Minimum aufweist.	O	O
(5) liegt nach der MM-These dort, wo die Eigenkapitalkosten i_E ihr Maximum erreichen.	O	O

19. Das Capital Asset Pricing Model (CAPM)

	richtig	falsch
(1) beruht auf der Annahme des vollkommenen Kapitalmarktes.	O	O
(2) kann nur zur Bewertung von Aktien herangezogen werden.	O	O
(3) stellt eine lineare Beziehung zwischen dem unsystematischen Risiko und den Eigenkapitalkosten eines Unternehmens her.	O	O
(4) unterteilt die Kapitalkosten in einen Basiszinssatz (Pure Rate) und einen Risikozuschlag, der für die Übernahme des systematischen Risikos gezahlt werden muss.	O	O

Lösungen: Richtig sind folgende Antworten: **1.** (2), (3), (4); **2.** (1), (2); **3.** (4), (5); **4.** (1), (5); **5.** (4); **6.** (1); **7.** (3), (5); **8.** (3); **9.** (3); **10.** (4); **11.** (1), (5); **12.** (1), (4); **13.** (3); **14.** (4); **15.** (4); **16.** (3); **17.** (1), (2), (4); **18.** (1), (3), (4); **19.** (1), (4).

Betriebswirtschaftliches Rechnungswesen

Sechster Abschnitt

Seite

Seite

Seite

A. Grundlagen des Rechnungswesens

Wiederholungsfragen:

	Wöhe Seite
In welche Teilgebiete lässt sich das betriebswirtschaftliche Rechnungswesen einteilen?	629
Auf welchen Rechengrößen basieren Finanz- und Investitionsplanung?	632
Auf welchen Rechengrößen basiert das externe Rechnungswesen (Jahresabschluss)?	632
Auf welchen Rechengrößen basiert die kurzfristige Produktions- und Absatzplanung?	632
Wie sind Ein- und Auszahlungen definiert?	633
Wie sind Einnahmen und Ausgaben definiert?	633
Wie unterscheiden sich das ordentliche und das neutrale Ergebnis?	634 f.
Wie sind Kosten und Erlöse definiert?	635 f.
Wie sind neutraler Aufwand, Zweckaufwand und Grundkosten definiert?	636 f.
Welche Arten kalkulatorischer Kosten kennen Sie?	637 f.
Wie gelangt man vom Gesamtergebnis lt. GuV zum Betriebsergebnis?	638
Wie gelangt man vom Gesamtergebnis lt. GuV zum operativen Cash Flow?	639 f.
Welcher Zusammenhang besteht zwischen dem operativen Cash Flow einerseits und dem Cash Flow aus Investitions- bzw. Finanzierungstätigkeit andererseits?	640 f.

Aufgabe 1 Grundbegriffe des betriebswirtschaftlichen Rechnungswesens

Ordnen Sie die folgenden Beispiele den entsprechenden Grundbegriffen des Rechnungswesens zu! Bedienen Sie sich dabei der Tabelle in der folgenden Lösung, decken Sie aber zur Kontrolle Ihrer Antworten die rechte Seite der Tabelle zunächst ab!

Beispiele:

- Kalkulatorischer Unternehmerlohn
- Fertigungslöhne
- Spende an das Rote Kreuz
- Kursgewinn bei Wertpapieren
- Barkauf von Rohstoffen
- Verkauf von Fertigfabrikaten auf Ziel
- Eigenkapitalzinsen
- Telefongebühren
- Bareinlagen
- Kalkulatorische Wagniszuschläge
- Zerstörung einer Maschine durch Feuer

- Kauf von Waren auf Ziel
- Barentnahmen
- Umsatzerlöse
- Verkauf einer Maschine über dem Buchwert
- Verluste aus Bürgschaften
- Kalkulatorische Abschreibung übersteigt die bilanzielle Abschreibung
- Herstellung von Werkzeugen für den eigenen Betrieb
- Barverkauf von Waren
- Bilanzielle Abschreibung übersteigt die kalkulatorische Abschreibung.

Wöhe S. 633–638

Grundbegriffe	Beispiele
Auszahlung, aber kein Aufwand	Barkauf von Rohstoffen, Barentnahme
Einzahlung	Bareinlagen, Barverkauf von Waren
Ausgabe, aber keine Auszahlung und kein Aufwand	Kauf von Waren auf Ziel
Einnahme, aber keine Einzahlung und kein Ertrag	Verkauf von Fertigfabrikaten auf Ziel (Forderungszugang)
Zweckaufwand	Fertigungslöhne, Telefongebühren
Neutraler Aufwand (betriebsfremd)	Spende an das Rote Kreuz
Neutraler Aufwand (außergewöhnlich)	Zerstörung einer Maschine durch Feuer, Verluste aus Bürgschaften
Neutraler Aufwand (bewertungsbedingt)	Bilanzielle Abschreibung übersteigt die kalkulatorische Abschreibung
Zweckertrag (= ordentlicher Ertrag)	Umsatzerlöse, Herstellung von Werkzeugen für den eigenen Betrieb
Neutraler Ertrag (betriebsfremd)	Kursgewinn bei Wertpapieren
Neutraler Ertrag (außergewöhnlich)	Verkauf einer Maschine über dem Buchwert
Grundkosten (= Zweckaufwand)	Fertigungslöhne, Telefongebühren
Zusatzkosten (Opportunitätskosten)	Kalkulatorischer Unternehmerlohn, Eigenkapitalzinsen
Zusatzkosten (periodisierungsbedingt)	Kalkulatorische Wagniszuschläge
Anderskosten (bewertungsbedingt)	Kalkulatorische Abschreibung übersteigt die bilanzielle Abschreibung

Aufgabe 2 Beziehungen zwischen Auszahlung und Aufwand bzw. Einzahlung und Ertrag

Bestimmen Sie bei folgenden Vorgängen, ob Auszahlung und Aufwand bzw. Einzahlung und Ertrag sachlich und zeitlich übereinstimmen oder differieren. Bedienen Sie sich dabei der folgenden Übersicht und decken Sie zur Kontrolle die rechte Seite ab:

Kundenanzahlungen (Lieferung in der nächsten Periode)

Privatentnahmen in bar

Barkauf von Rohstoffen (Verbrauch in der folgenden Periode)

Auslieferung von in der Vorperiode bezahlten Fertigfabrikaten

Barverkauf von in der Periode erzeugten Fabrikaten

Barkauf und Verbrauch von Produktionsfaktoren in derselben Periode

Abschreibung einer in der Vorperiode bezahlten Maschine

Rückzahlung eines gewährten Darlehens durch den Schuldner

Abschreibung einer durch Schenkung erworbenen Maschine

Herstellung von Werkzeugen, die im eigenen Betrieb eingesetzt werden.

Wöhe S. 633 f.

Beziehungen zwischen Auszahlungen und Aufwand bzw. Einzahlungen und Ertrag			
Auszahlung der Periode	=	Aufwand der Periode	Barkauf und Verbrauch von Produktionsfaktoren in derselben Periode
Auszahlung der Periode	=	Aufwand einer späteren Periode	Barkauf von Rohstoffen (Verbrauch in der folgenden Periode)
Aufwand der Periode	=	Auszahlung einer früheren Periode	Abschreibung einer in der Vorperiode bezahlten Maschine
Auszahlung	=	kein Aufwand	Privatentnahme in bar
Aufwand	=	keine Auszahlung	Abschreibung einer durch Schenkung erworbenen Maschine
Einzahlung der Periode	=	Ertrag der Periode	Barverkauf von in der Periode erzeugten Fabrikaten
Einzahlung der Periode	=	Ertrag einer späteren Periode	Kundenzahlungen (Lieferung in der nächsten Periode)
Ertrag der Periode	=	Einzahlung einer früheren Periode	Auslieferung von in der Vorperiode bezahlten Fertigfabrikaten
Einzahlung	=	kein Ertrag	Rückzahlung eines gewährten Darlehens durch den Schuldner
Ertrag und Aufwand	=	keine Ein- und keine Auszahlung	Herstellung von Werkzeugen, die im eigenen Betrieb eingesetzt werden sollen

Aufgabe 3 Grundbegriffe des Rechnungswesens (Beispiele)

Die Grundbegriffe des Rechnungswesens lassen sich folgendermaßen abgrenzen:

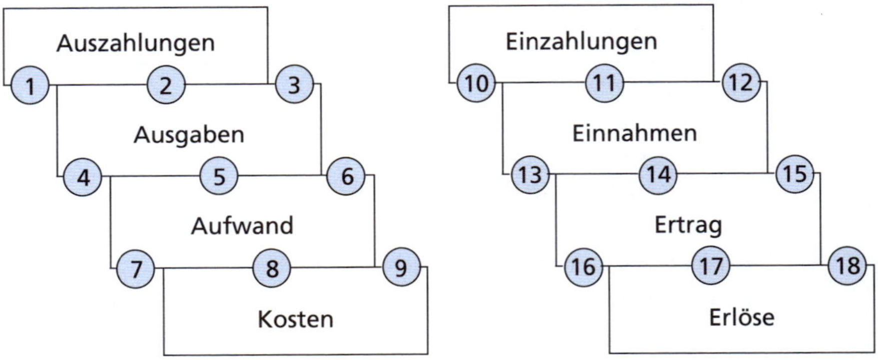

Am Beispiel von Aufwand und Kosten lässt sich die Systematik einfach erläutern:

⑦ Aufwand, aber keine Kosten (Bsp.: Spende)
⑧ Aufwand = Kosten (Bsp.: Materialverbrauch)
⑨ Kosten, aber kein Aufwand (Bsp.: kalkulatorische Miete)

Ordnen Sie die folgenden 18 Geschäftsvorfälle der obigen Abgrenzungssystematik zu:

(a) Einkauf von Rohstoffen auf Ziel. Die Rohstoffe werden eingelagert.
(b) In der Folgeperiode werden die eingelagerten Rohstoffe verbraucht.
(c) Aufnahme eines Bankkredits. Der Auszahlungsbetrag wird dem Girokonto gutgeschrieben.
(d) Eine nicht betriebsnotwendige Beteiligung wird mit Gewinn bar veräußert.
(e) Der Vorrat an Dieselkraftstoff zum Antrieb einer Maschine hat um 1.000 Liter abgenommen.
(f) Begleichung einer Lieferantenverbindlichkeit in bar.
(g) Fertigfabrikate, die in der Vorperiode zu Herstellungskosten (100) aktiviert wurden, werden (für interne Zwecke) auf 180 aufgewertet.
(h) Verkauf von Waren mit Gewinn in bar.
(i) Eine Werkhalle wird durch Feuerschaden total zerstört. Wegen grober Fahrlässigkeit leistet die Versicherung keinen Ersatz.
(j) Einkauf von Rohstoffen auf Ziel.
(k) Eine überzählige Maschine wird zum Buchwert auf Ziel verkauft.
(l) Eine in der Bilanz abgeschriebene Maschine kann weiter genutzt werden und wird kalkulatorisch abgeschrieben.
(m) Bareinkauf von Waren.
(n) Nach einer Mängelrüge für gelieferte Waren reduziert der Lieferant seine Forderung um 50 Prozent.
(o) Erhöhung des Bestands an Fertigfabrikaten.
(p) Wertzuschreibung einer maschinellen Anlage, die in der Vorperiode außerplanmäßig abgeschrieben worden war.
(q) Zinsgutschrift auf dem betrieblichen Bankkonto.
(r) Erhalt einer Reparaturrechnung im Dezember. Die Rechnung soll im neuen Jahr bezahlt werden.

Wöhe S. 633–638

Die richtigen Lösungen lauten: **(a)** 3 und 4; **(b)** 6 und 8; **(c)** 10; **(d)** 11, 14 und 16; **(e)** 6 und 8; **(f)** 1; **(g)** 18; **(h)** 11, 14 und 17; **(i)** 6 und 7; **(j)** 3 und 4; **(k)** 12 und 13; **(l)** 9; **(m)** 2 und 4; **(n)** 12 und 13; **(o)** 15 und 17; **(p)** 15 und 16; **(q)** 11, 14 und 16; **(r)** 3, 5 und 8.

Aufgabe 4 Ableitung von Ergebnisgrößen aus der GuV

Der Buchhalter der Einzelhandelsfirma SOLO hat für Periode 01 folgende GuV vorbereitet:

Soll		(Vorläufige) GuV 01		Haben
Wareneinsatz	1.000	Umsatzerlöse		
Personalaufwand	350	• Barverkäufe	1.600	
Mietaufwand	150	• Zielverkäufe		
Abschreibungsaufwendungen	200	(Zahlung Periode 02)	400	
Sonstige betriebliche				2.000
Aufwendungen	300			
		Mieterlöse aus Mitarbeiterwohnungen		300

Zusätzlich erhalten Sie folgende Informationen:

(a) Der sonstige betriebliche Aufwand resultiert aus
- der Bildung einer Rückstellung für geschäftsübliche Prozesskosten 200
- Reparaturaufwand (Barzahlung) für Mitarbeiterwohnungen 100

(b) Der Wareneinsatz erfolgte durch Entnahme vom Lager.

(c) Personalaufwand, Mietaufwand und Mieterlöse wurden durch Barzahlung abgewickelt.

(d) Die kalkulatorischen Kosten bestehen aus
- kalkulatorischem Unternehmerlohn 40
- kalkulatorischen Eigenkapitalzinsen 210

(e) Weitere Geschäftsvorfälle gab es nicht.

Teilaufgabe a)

Wie hoch ist

(1) das Gesamtergebnis lt. GuV?
(2) das neutrale Ergebnis?
(3) das ordentliche Ergebnis?
(4) der operative Cash Flow?
(5) das Betriebsergebnis?

Wöhe S. 638–641

Die einzelnen Ergebnisgrößen lassen sich folgendermaßen ermitteln:

(1)	Erträge		2.300
	– Aufwendungen		2.000
	Gesamtergebnis lt. GuV	+	**300**
(2)	Mietertrag Mitarbeiterwohnungen		300
	– Aufwand Mitarbeiterwohnungen	–	100
	neutrales Ergebnis	+	**200**
(3)	Gesamtergebnis lt. GuV	+	300
	– neutrales Ergebnis	–	200
	ordentliches Ergebnis	+	**100**

(4)		Barverkäufe	1.600		
	+	Mieterlöse	300		
		Einzahlungen	1.900		1.900
		Mietaufwand	150		
	+	Personalaufwand	350		
	+	Reparaturaufwand	100		
		Auszahlungen	600	–	600
		Operativer Cash Flow		**+**	**1.300**

(5)		Gesamtergebnis (1)		+	300
	–	neutrales Ergebnis (2)		–	200
	–	Zusatzkosten		–	250
		– kalkulatorischer Unternehmerlohn	40		
		– kalkulatorische Eigenkapitalzinsen	210		
		Betriebsergebnis		**–**	**150**

Teilaufgabe b)

Hat sich die betriebliche Tätigkeit aus dem Kerngeschäft „Warenhandel" für den Einzelunternehmer SOLO gelohnt?

SOLO hat zwar einen Reinvermögenszuwachs (= Erhöhung des Eigenkapitals) von + 300. Hätte er seine Mitarbeiterwohnungen anderweitig vermietet (+ 200) und sein Eigenkapital (+ 210) und seine Arbeitskraft (+ 40) anderweitig eingesetzt, hätte er ein Einkommen von + 450 erwirtschaftet. Gemessen an diesem Alternativeinkommen hat er ein negatives Ergebnis (Betriebsverlust) von 150 zu verzeichnen.

Testfragen zum Sechsten Abschnitt: A. Grundlagen

Den folgenden Fragen sind Antworten beigegeben, die teils richtig, teils falsch sind. Ihre Aufgabe besteht darin, die richtigen Antworten herauszufinden und zu begründen, warum sie richtig und die anderen falsch sind. Die Lösungen finden Sie im Anschluss an die letzte Frage. Gelingt Ihnen die Begründung nicht, so ist es empfehlenswert, die erfragten Zusammenhänge und Definitionen im „Wöhe" noch einmal durchzuarbeiten. Das Stichwortverzeichnis des „Wöhe" wird Ihnen helfen, sich schnell zurechtzufinden.

1. Welche der folgenden Behauptungen sind richtig?

	richtig	falsch
(1) Das betriebswirtschaftliche Rechnungswesen richtet sich ausschließlich an unternehmensexterne Adressaten.	○	○
(2) Die Ausgestaltung des externen Rechnungswesens unterliegt den Vorgaben einer Normsetzungsinstanz.	○	○
(3) Die Hauptadressaten des externen Rechnungswesens sind die Gläubiger, die Aktionäre und die Finanzbehörden.	○	○
(4) Gegenstand des externen Rechnungswesens sind Finanzbuchhaltung und Jahresabschluss.	○	○

2. Welche der folgenden Behauptungen sind richtig?

	richtig	falsch
(1) Die Finanzplanung will durch Gegenüberstellung der Ein- und Auszahlungen des abgelaufenen Jahres einen Beitrag zur Insolvenzprophylaxe leisten.	○	○
(2) Finanzplanung und dynamische Investitionsrechnung arbeiten mit den Rechengrößen Einzahlungen und Auszahlungen.	○	○
(3) Sind die Einzahlungen innerhalb einer Periode kleiner als die Auszahlungen, führt dies zwangsläufig zur Zahlungsunfähigkeit.	○	○
(4) Wenn sich das Geldvermögen erhöht (vermindert) hat, liegt in jedem Fall eine Einzahlung (Auszahlung) vor.	○	○

3. Welche der folgenden Behauptungen sind richtig?

	richtig	falsch
(1) Aufwendungen sind eine Stromgröße, Erträge, die den Bestand des Unternehmens garantieren, sind eine Bestandsgröße.	○	○
(2) Ein Unternehmen ist vor einer Insolvenz sicher, solange die erwirtschafteten Erträge die Aufwendungen übersteigen.	○	○
(3) Aufwendungen werden in der GuV im Soll, Erträge im Haben ausgewiesen.	○	○
(4) Zur Sicherung der Gläubiger sind Kapitalgesellschaften gesetzlich verpflichtet, ein positives Gesamtergebnis (Ertrag > Aufwand) auszuweisen.	○	○

4. Welche der folgenden Behauptungen sind richtig?

	richtig	falsch
(1) Unter neutralem Ertrag versteht man den positiven, nachhaltig erzielbaren Erfolgsbeitrag aus dem Kerngeschäft.	○	○
(2) Spekulationsgewinne gehören bei einem Maschinenbauer zum neutralen Ertrag, bei einer Investmentbank zum ordentlichen Ertrag.	○	○
(3) Neutrale Erträge haben für die Bilanzadressaten einen höheren Informationsgehalt als ordentliche Aufwendungen.	○	○
(4) Wird eine maschinelle Anlage am Ende der Nutzungsdauer unter Buchwert verkauft, ist ein neutraler Aufwand in Höhe des Verkaufserlöses zu verbuchen.	○	○

5. Welche der folgenden Behauptungen sind richtig?

	richtig	falsch
(1) In der GuV wird nur das ordentliche Ergebnis ausgewiesen, im Anhang wird das neutrale Ergebnis nachrichtlich aufgeführt.	○	○
(2) Planmäßige Abschreibungen auf betriebsnotwendiges Vermögen stellen immer ordentlichen Aufwand dar.	○	○
(3) Zum ordentlichen Aufwand gehört nur der Aufwand für Stammpersonal, nicht der Aufwand für Saisonkräfte.	○	○
(4) Alle nach den Grundsätzen ordnungsmäßiger Buchführung verbuchten Ausgaben gehören zum ordentlichen Aufwand.	○	○

6. Welche der folgenden Behauptungen sind richtig?

	richtig	falsch
(1) Bei planmäßiger Abschreibung handelt es sich um Aufwand, dem normalerweise eine Auszahlung in einer früheren Periode vorausgegangen ist.	○	○
(2) Bei der Bildung einer Rückstellung handelt es sich um einen Aufwand, der in einer späteren Periode erwartungsgemäß zu einer Auszahlung führt.	○	○
(3) Bei der Bildung einer Rückstellung handelt es sich um einen Aufwand, der in einer späteren Periode zu einem Ertragsausweis führen kann.	○	○
(4) Eine unerwartete Bestandsminderung aus Fertigfabrikaten ist (nach dem Gesamtkostenverfahren) als neutraler Aufwand zu verbuchen.	○	○

7. Kosten sind

	richtig	falsch
(1) stets – mal früher mal später – mit Auszahlungen verbunden.	○	○
(2) die negative Entscheidungskomponente des internen Rechnungswesens.	○	○
(3) die negative Entscheidungskomponente der kurzfristigen Erfolgsrechnung.	○	○
(4) der alleinige Beurteilungsmaßstab der Kostenvergleichsrechnung.	○	○

8. Kosten sind

	richtig	falsch
(1) betriebszweckbezogene Wertminderungen.	○	○
(2) oftmals höher, niemals aber geringer als der entsprechende Periodenaufwand.	○	○
(3) immer betriebsbedingt.	○	○
(4) die Summe aus aufwandsgleichen und kalkulatorischen Kosten.	○	○

9. Kosten sind

	richtig	falsch
(1) aus der GuV abzuleiten, indem man vom Aufwand den neutralen Aufwand abzieht und die zusätzlichen kalkulatorischen Kosten hinzufügt.	○	○
(2) der bewertete Verzehr an Gütern und Dienstleistungen, der durch die Erstellung betrieblicher Leistungen verursacht wird.	○	○
(3) der Geldbetrag, den man zur Sicherung der betrieblichen Existenz mindestens erwirtschaften muss.	○	○
(4) als Personalkosten deckungsgleich mit dem in der GuV ausgewiesenen Personalaufwand einer Personengesellschaft.	○	○

10. Welche der folgenden Behauptungen sind richtig?

	richtig	falsch
(1) Das Betriebsergebnis der Kosten- und Erlösrechnung kann niemals höher sein als das Gesamtergebnis der GuV.	○	○
(2) Die Zinskosten können niemals niedriger sein als der Zinsaufwand in der GuV.	○	○
(3) Der Betriebsgewinn wird auch als Residualgewinn bezeichnet.	○	○
(4) Wenn der Betriebsgewinn positiv ist, kann der Cash Flow nicht negativ sein.	○	○

11. Der Cash Flow ist

	richtig	falsch
(1) bei indirekter Ermittlung aus der Kosten- und Erlösrechnung abzuleiten.	○	○
(2) bei direkter Ermittlung als Zu- bzw. Abgang der Bestandsgrößen „Zahlungsmittel“ abzuleiten.	○	○
(3) stets größer als das Betriebsergebnis, aber kleiner als das Gesamtergebnis lt. GuV.	○	○
(4) ein Maßstab zur Beurteilung der Finanzkraft eines Unternehmens.	○	○

12. Der Cash Flow

	richtig	falsch
(1) ist im Falle eines positiven GuV-Ergebnisses stets positiv.	○	○
(2) ist im Falle eines Auszahlungsüberschusses negativ.	○	○
(3) lässt sich als operativer Cash Flow näherungsweise aus der GuV ableiten.	○	○
(4) kann als operativer Cash Flow als Innenfinanzierungsvolumen interpretiert werden.	○	○

Lösungen: Folgende Antworten sind richtig: **1.** (2), (3), (4); **2.** (2); **3.** (3); **4.** (2); **5.** (2); **6.** (1), (2), (3); **7.** (2), (3), (4); **8.** (1), (3), (4); **9.** (1), (2), (3); **10.** (2), (3); **11.** (2), (4); **12.** (2), (3), (4).

B. Jahresabschluss

I. Grundlagen

Wiederholungsfragen:

	Wöhe Seite
Welche Rechenwerke bilden die vier Kernelemente des handelsrechtlichen Jahresabschlusses?	644
In welche großen Gruppen von Vermögens- und Kapitalposten lassen sich die Aktiv- und die Passivseite der Bilanz gliedern?	646
Was versteht man unter Anlage- bzw. Umlaufvermögen?	646
In welcher Reihenfolge werden die Zahlungsansprüche der Kapitalgeber im Falle einer Liquidation bedient?	646 f.
Worin unterscheiden sich laufende Bilanzen und Sonderbilanzen?	647 f.
Wie ist eine Veränderungsbilanz aufgebaut?	649
Wie lässt sich der Periodenerfolg im Wege der Distanzrechnung bzw. der Gewinn- und Verlustrechnung (GuV) ermitteln?	649 f.
Was versteht man unter Überschuldung?	650
Worin liegt der höhere Informationsgehalt einer GuV in Staffelform?	651
Welche Tatbestände zwingen den Vorstand einer Kapitalgesellschaft zur Insolvenzanmeldung?	652
Wie ist die Kapitalflussrechnung in ihrer einfachsten Grundform strukturiert?	652
Welche Bilanzadressaten erfreuen sich des vorrangigen Schutzes durch das HGB?	653 f.
Was versteht man unter der Dokumentations-, der Zahlungsbemessungs- und der Informationsfunktion des Jahresabschlusses?	654 f.
Welche Bilanzgrößen erfüllen die Funktion des Schuldendeckungspotentials, des Ertragspotentials und des Verlustauffangpotentials?	655 f.
Wodurch ist ein optimistischer (rosa getönter) Bilanzausweis gekennzeichnet?	657
Wodurch ist ein pessimistischer (grau getönter) Bilanzausweis gekennzeichnet?	658
Unter welchen Bedingungen kommt es bei der Bilanzierung zur Bildung einer stillen Rücklage bzw. einer stillen Last?	658 f.
Welche Bilanzierungsgrundsätze werden aus der statischen bzw. dynamischen Bilanzauffassung abgeleitet?	660
Aus welchem Bilanzierungsgrundsatz lässt sich das Prinzip der Einzelbewertung ableiten?	661
Unter welchen Bedingungen sind Unternehmen von der Erstellung eines handelsrechtlichen Jahresabschlusses befreit?	663

	Wöhe Seite
Welche Unternehmen unterwirft das HGB den strengsten Jahresabschlussvorschriften?	662–665
In welchen Teilen des HGB sind die für alle Kaufleute geltenden Jahresabschlussvorschriften bzw. die ergänzenden Vorschriften für Kapitalgesellschaften enthalten?	665
Was versteht man unter dem Maßgeblichkeitsgrundsatz (der Handelsbilanz für die Steuerbilanz)?	666
Nach welchem Grundsatz bzw. Grundprinzip funktioniert die Einnahmen-Überschussrechnung?	667

Aufgabe 5 Aufgaben der Jahresbilanz

Stellen Sie die Aufgaben, die der Gesetzgeber mit der Jahresbilanz verfolgt – getrennt nach Bilanzadressaten – und die Mittel, die zur Realisierung dieser Aufgaben dienen, in einer Übersicht zusammen! Benutzen Sie die folgende Lösungshilfe erst nach selbständiger Lösung der Aufgabe zur Kontrolle!

Wöhe S. 653–656

Adressaten	Aufgaben	Mittel zur Realisierung
Gläubiger	Rechenschaftslegung, Schutz vor einer „geschönten" Darstellung der Vermögens-, Finanz- und Ertragslage	(1) Dokumentation: Buchführungspflicht (2) Kontrolle durch Selbstinformation der Geschäftsführung (3) Gesetzliche Fixierung der Ansatz-, Bewertungs- und Ausweisvorschriften, insb. Fixierung oberer Wertgrenzen zur Verhinderung eines überhöhten Vermögens- und Ertragsausweises (4) Ausschüttungssperre für Eigenkapitalteile bei beschränkter Haftung (5) Prüfungs- und Publizitätspflichten
Nicht geschäftsführende Gesellschafter und **Anteilseigner**	Rechenschaftslegung, Schutz vor falschen Informationen über die Vermögens-, Finanz- und Ertragslage, Verhinderung der Verkürzung von Gewinnansprüchen	Wie bei Gläubigern (1)–(3), (5); ferner: Fixierung unterer Wertgrenzen zur Vermeidung der Bildung stiller Rücklagen, Vorschriften über die Gewinnverwendung, Beschränkung der Kompetenz der Geschäftsführung, Gewinne zu thesaurieren

Adressaten	Aufgaben	Mittel zur Realisierung
Finanzbehörden	Schutz vor Verkürzung oder Verschiebung von Steuerzahlungen durch Zwang zur Offenlegung der in der Periode erzielten steuerpflichtigen Gewinne	Maßgeblichkeit der Handelsbilanz und der für sie geltenden Instrumente; zusätzliche Fixierung von Wertuntergrenzen (niedrigerer Teilwert) zur Vermeidung der Verlagerung von Steueransprüchen auf spätere Perioden
Öffentlichkeit (Potentielle Gläubiger und Anleger, Führungskräfte, staatliche Institutionen u. a.)	Schutz vor falschen Informationen, die zu Fehlentscheidungen führen könnten	siehe Gläubiger
Belegschaft	Durch Dokumentation und Kontrollfunktion der Bilanz Schutz vor plötzlichem Zusammenbruch des Betriebes und Verlust der Arbeitsplätze; Schutz vor Verkürzung von Gewinnbeteiligungs- und Vermögensbildungsansprüchen	siehe Gläubiger; ferner Information des Betriebsrats über die Geschäftslage und Erläuterung des Jahresabschlusses

Aufgabe 6 Jahresabschluss einer Einzelfirma

Die Eröffnungsbilanz der Firma SOLO hat folgendes Aussehen:

Aktiva		Bilanz 1.1.01		**Passiva**
Darlehensforderung			Eigenkapital	170
Schuldner A	20		Rückstellungen	50
Schuldner B	100	120	Verbindlichkeiten	80
Waren		100		
Bank		80		
		300		**300**

In Periode 01 kam es zu folgenden Geschäftsvorfällen:

(1) Zu Beginn des Jahres wird eine maschinelle Anlage für 80 gegen Banküberweisung gekauft. Die Maschine wird linear über vier Jahre abgeschrieben (direkte Abschreibung).
(2) Die Hälfte der Waren wird für 95 auf Ziel verkauft.
(3) Schuldner A geht in die Insolvenz. Die Insolvenzquote beträgt 10 Prozent. Der Insolvenzverwalter überweist uns 2.
(4) Schuldner B überweist nach schriftlicher Mahnung Darlehenszinsen in Höhe von 6.
(5) Wider Erwarten gewinnen wir einen Schadenersatzprozess, für den wir eine Rückstellung von 10 gebildet hatten.
(6) Ein Teil der übrigen Waren wird wegen Farbveränderung durch Lichteinwirkung (Schaden in Höhe von 12) unbrauchbar. Der Warenendbestand lt. Inventur beziffert sich auf 38.

Nennen Sie die Buchungssätze (ohne Umsatzsteuer)! Erstellen Sie die vorläufige Schlussbilanz sowie die vorläufige GuV!

Die **Buchungssätze** lauten:

(1)	Maschine		an	Bank	80
	Abschreibungen		an	Maschine	20
(2)	Forderungen aus Lieferungen und Leistungen		an	Umsatzerlöse	95
	Wareneinsatz		an	Waren	50
(3)	Bank	2			
	sonst. betr. Aufwand	18	an	Darlehensforderung A	20
(4)	Bank		an	Zinsertrag	6
(5)	Rückstellungen		an	sonst. betr. Ertrag	10
(6)	sonst. betr. Aufwand		an	Waren	12
(x)	GuV		an	Eigenkapital	11

Aktiva	Vorläufige Schlussbilanz		Passiva
Maschinelle Anlage	60	Eigenkapital	181
Darlehensforderungen	100	Rückstellungen	40
Waren	38	Verbindlichkeiten	80
Forderungen aus Lieferungen und Leistungen	95		
Bank	8		
	301		**301**

Soll	Vorläufige GuV 01		Haben
Wareneinsatz	50	Umsatzerlöse	95
Abschreibungen	20	Zinsertrag	6
Sonstiger betrieblicher Aufwand	30	Sonstiger betrieblicher Ertrag	10
Gewinn	11		
	111		**111**

Aufgabe 7 Jahresabschlussgestaltung

Es gelten die Angaben der **Aufgabe 6** mit den dortigen Daten zum vorläufigen Jahresabschluss. Firma SOLO verfolgt das Ziel eines möglichst geringen Erfolgsausweises für Periode 01. Machen Sie Vorschläge zur Reduzierung des Erfolgsausweises!

Zur Reduzierung des Erfolgsausweises kommen u.a. folgende bilanzpolitische Maßnahmen in Frage:

Maschinelle Anlage

- Verkürzung der planmäßigen Nutzungsdauer
- Degressives Abschreibungsverfahren
- Außerplanmäßige Abschreibung auf niedrigeren Stichtagswert

Darlehensforderung B

- Möglichkeit der Einzelwertberichtigung wegen säumiger Zinszahlung

Waren

- Höhere außerplanmäßige Abschreibung auf Waren wegen Beschädigung

Rückstellungen

- Zusätzliche Rückstellungsbildung wegen möglicher Garantieverpflichtungen aus Warenverkäufen

Aufgabe 8 Jahresabschluss einer OHG

Die Eröffnungsbilanz der DUO OHG hat folgendes Aussehen:

Aktiva	Bilanz zum 1.1.02		Passiva
Grundstücke und Gebäude	80	Eigenkapital A	88
Darlehensforderungen	60	Eigenkapital B	88
Wertpapiere	40	Rückstellungen	12
Bank	20	RAP passiv	12
	200		**200**

In Periode 02 sind folgende Geschäftsvorfälle zu berücksichtigen:

(1) Am 1. Dezember des Vorjahres hatte DUO eine Mietzahlung in Höhe von 18 für drei Monate im Voraus erhalten.

(2) Das Gericht verurteilte DUO zu einer Schadenersatzzahlung in Höhe von 7, die per Bank überwiesen wurde. Im Vorjahresabschluss hatte DUO mit einer Inanspruchnahme in Höhe von 12 gerechnet und entsprechende Vorsorge getragen.

(3) Zum 31.12.02 ist eine planmäßige Gebäudeabschreibung in Höhe von 4 zu verrechnen.

(4) Eine Darlehensforderung in Höhe von 9 ist wegen Insolvenz des Schuldners vollständig abzuschreiben.

(5) Nach einer Kurserholung (Kurs 31.12.02: 48) soll eine Zuschreibung bei den Wertpapieren (Anschaffungskosten: 42) vorgenommen werden.

(6) Am Gewinn bzw. Verlust sind die Gesellschafter A und B zu gleichen Teilen beteiligt.

Nennen Sie die Buchungssätze! Erstellen Sie die GuV 02 und die Schlussbilanz zum 31.12.02!

Die **Buchungssätze** lauten:

(1)	RAP passiv		an	Mietertrag	12
(2)	Rückstellungen	12	an	Bank	7
				sonst. betr. Ertrag	5
(3)	Abschreibungsaufwand		an	Grundstücke und Gebäude	4
(4)	sonst. betr. Aufwand		an	Darlehensforderungen	9
(5)	Wertpapiere		an	sonst. betr. Ertrag	2
(6)	GuV	6	an	Eigenkapital A	3
				Eigenkapital B	3

Soll	GuV 02		Haben
Abschreibung auf Gebäude	4	Mietertrag	12
sonst. betr. Aufwand	9	sonst. betr. Ertrag	7
Gewinn	6		
	19		**19**

Aktiva	Bilanz zum 31.12.02		Passiva
Grundstücke und Gebäude	76	Eigenkapital A	91
Darlehensforderungen	51	Eigenkapital B	91
Wertpapiere	42		
Bank	13		
	182		**182**

Aufgabe 9 Steuerliche Erfolgsermittlung durch Betriebsvermögensvergleich

Die Eröffnungsbilanz des Einzelunternehmers U hat folgendes Aussehen:

A	Bilanz		P
Bank	4.000	Eigenkapital	4.000
	4.000		**4.000**

In den Perioden 01 und 02 kommt es zu folgenden **Geschäftsvorfällen**:

	Periode 01	
(1)	Wareneinkauf (Banküberweisung)	2.000
(2)	Kauf einer Maschine (Banküberweisung)	1.200
(3)	Warenverkauf (Banküberweisung)	200
(4)	Warenverkauf (Zahlungsziel Februar 02)	1.500
(5)	Rückstellung für Prozessrisiko (Urteil in 02)	500
(6)	Abschreibung auf Maschine	300
(7)	Warenendbestand lt. Inventur	1.000
	Periode 02	
(8)	Zahlungseingang auf Warenverkauf (4)	1.500
(9)	Zahlung an Prozessgegner nach Urteil (5)	500
(10)	Verkauf der Maschine am 02.01. (Banküberweisung)	600
(11)	Warenverkauf (Banküberweisung)	1.600
(12)	Warenendbestand lt. Inventur	null

Ermitteln Sie den
- Periodenerfolg 01
- Periodenerfolg 02
- Totalerfolg für Periode 01 und 02

durch Betriebsvermögensvergleich nach §5 EStG und erstellen Sie die Schlussbilanzen zum Ende der Periode 01 und der Periode 02!

Wöhe S. 666

Die Bilanzposten „Warenbestand" und „Maschinenelle Anlagen" entwickeln sich wie folgt.

Warenbestand		
	Zugang 01	2.000
–	Wareneinsatz 01	1.000
	Endbestand 01	1.000
	Anfangsbestand 02	1.000
–	Wareneinsatz 02	1.000
	Endbestand 02	0

Maschinelle Anlagen		
	Zugang 01	1.200
–	Abschreibung 01	300
	Endbestand 01	900
	Anfangsbestand 02	900
–	Verkaufserlös 02	600
	Veräußerungsverlust	300

Erfolgsermittlung nach § 5 EStG			
GuV Periode 01			
Warenverkauf aus (3)	200		
Warenverkauf aus (4)	1.500		
Erträge 01	**1.700**	**1.700**	
Wareneinsatz aus (1) – (7)	1.000		
Aufwand aus Prozess (5)	500		
Abschreibung aus (6)	300		
Aufwand 01	**1.800**	**– 1.800**	
Steuerliches Ergebnis 01		**– 100**	**– 100**
GuV Periode 02			
Warenverkauf aus (11)	1.600		
Erträge 02	**1.600**	**1.600**	
Wareneinsatz aus (7) – (12)	1.000		
Veräußerungsverlust aus (10)	300		
Aufwand Periode 02	**1.300**	**– 1.300**	
Steuerliches Ergebnis 02		**+ 300**	**+ 300**
Totalergebnis aus 01 und 02			**+ 200**

Vor der Ermittlung der Schlussbilanzen ist zunächst die Entwicklung des Bankkontos darzustellen:

S	Bank 01		H
AB	4.000	(1)	2.000
(3)	200	(2)	1.200
		EB	**1.000**
	4.200		**4.200**

S	Bank 02		H
AB	1.000	(9)	500
(8)	1.500	**EB**	**4.200**
(10)	600		
(11)	1.600		
	4.700		**4.700**

6. Abschnitt

Zum Ende der Periode 01 bzw. Periode 02 gelangt man zu folgender Schlussbilanz:

A	Bilanz zum 31.12.01		P
Masch. Anlagen	900	Eigenkapital	3.900
Warenbestand	1.000	Rückstellungen	500
Forderungen aus Lief. u. Leist.	1.500		
Bank	1.000		
	4.400		**4.400**

A	Bilanz zum 31.12.02		P
Bank	4.200	Eigenkapital	4.200
	4.200		**4.200**

Durch Gegenüberstellung des betrieblichen Reinvermögens vom Periodenanfang und vom Periodenende gelangt man zum gleichen Erfolgsausweis:

Periode 01	
Eigenkapital am P.-Ende	3.900
– Eigenkapital am P.-Anfang	4.000
Verlust	**– 100**

Periode 02	
Eigenkapitel am P.-Ende	4.200
– Eigenkapital am P.-Anfang	3.900
Gewinn	**300**

Aufgabe 10 Steuerliche Erfolgsermittlung durch Einnahmen-Überschussrechnung

Es gelten die in **Aufgabe 9** aufgeführten Geschäftsvorfälle (1) bis (12) für die beiden Perioden 01 und 02.

Beim Einzelunternehmer U handele es sich jetzt aber um den **Inhaber eines Kleinbetriebes**, der seinen steuerlichen Jahreserfolg im Wege einer **Einnahmen-Überschussrechnung nach §4 Abs.3 EStG** ermittelt. Berechnen Sie den

- Periodenerfolg 01
- Periodenerfolg 02
- Totalerfolg für Periode 01 und 02

und vergleichen Sie das Ergebnis mit dem Erfolgsausweis durch Betriebsvermögensvergleich aus Aufgabe 9!

Wöhe S.667f.

Der Kleinunternehmer U ist von der Pflicht zur Buchführung und Bilanzerstellung freigestellt. Seinen steuerlichen Jahreserfolg ermittelt er durch die Gegenüberstellung von **Betriebseinnahmen** (= Mittelzufluss) und **Betriebsausgaben** (= Mittelabfluss). **Ausnahmen** von dieser Regel betreffen im Hinblick auf das Beispiel

- den Kauf langlebiger Anlagegüter (keine Betriebsausgabe)
- die Abschreibung langlebiger Anlagegüter (Betriebsausgabe)
- den Restbuchwert beim Verkauf langlebiger Anlagegüter (Betriebsausgabe).

	Geschäftsvorfälle	Periode 01	Periode 02	Totalperiode
	Warenverkauf aus (3)	200		
	Warenverkauf aus (4)		1.500	
	Warenverkauf aus (11)		1.600	
	Maschinenverkauf aus (10)		600	
(a)	**Betriebseinnahmen**	**200**	**3.700**	
	Wareneinkauf aus (1)	– 2.000		
	Abschreibung aus (6)	– 300		
	Zahlung an Prozessgegner aus (9)		– 500	
	Restbuchwert aus (10) (1.200 – 300)		– 900	
(b)	**Betriebsausgaben**	**– 2.300**	**– 1.400**	
(c)	**Steuerliches Ergebnis (a) – (b)**	**– 2.100**	**+ 2.300**	**+ 200**

Beim Vergleich der beiden Verfahren zur steuerlichen Gewinnermittlung gelangt man zu folgendem Ergebnis:

Erfolgsausweis	Periode 01	Periode 02	Totalperiode
Betriebsvermögensvergleich	– 100	+ 300	+ 200
Einnahmen-Überschussrechnung	– 2.100	+ 2.300	+ 200

Beide Gewinnermittlungsverfahren führen für die Totalperiode zum gleichen Ergebnis (+ 200). Die **Einnahmen-Überschussrechnung** hat den **Vorteil der Einfachheit**. Dem steht als **Nachteil die Verletzung des Prinzips periodengerechter Gewinnermittlung** gegenüber.

Aufgabe 11 Jahresabschluss Teil 1 – GuV und Kapitalflussrechnung (KFR)

Zur Erstellung eines – vereinfachten – Jahresabschlusses der X-AG zum 31.12.01 erhalten Sie folgende Ausgangswerte:

Aktiva	Bilanz der X-AG zum 01.01.01		Passiva
Immaterielles Vermögen	30	Eigenkapital	40
Sachvermögen	50	Fremdkapital	60
Liquide Mittel	20		
	100		**100**

Geschäftsvorfälle in Periode 01

(1)	Ertrag (einzahlungswirksam)		85
(2)	Aufwand (insgesamt)		65
	• davon auszahlungswirksam	57	
	• davon Abschreibung auf Sachanlagen	8	
(3)	Gewinnausschüttung		5
(4)	Darlehenstilgung		12

Erstellen Sie eine vereinfachte GuV und eine vereinfachte Kapitalflussrechnung für Periode 01! Ertragsteueraufwand ist nicht zu berücksichtigen.

Wöhe S. 639 f. und S. 652

Die GuV für Periode 01 schließt mit einem Gewinn von 20 ab.

	GuV 01	
	Erträge	85
–	Aufwendungen	– 65
	Gewinn	**20**

Die Kapitalflussrechnung 01 hat folgendes Aussehen:

	Kapitalflussrechnung 01	
	Zahlungswirksamer Ertrag	85
–	Zahlungswirksamer Aufwand	– 57
	Operativer Cash Flow	+ 28
–	Gewinnausschüttung	– 5
–	Darlehenstilgung	– 12
	Zahlungsmittelüberschuss	+ 11
+	Liquide Mittel 01.01.01	+ 20
	Liquide Mittel 31.12.01	**31**

Aufgabe 12 Jahresabschluss Teil 2 – GuV, KFR, Schlussbilanz und Eigenkapitalspiegel

Es gelten die Angaben im Vorspann zu **Aufgabe 11**. Erstellen Sie die Schlussbilanz der X-AG zum 31.12.01 und den Eigenkapitalspiegel! Zeigen Sie die Verknüpfung von Kapitalflussrechnung, GuV, Schlussbilanz und Eigenkapitalspiegel durch die Jahresabschlussgrößen

- Liquide Mittel (Stand 31.12.01)
- Eigenkapital (Stand 31.12.01)
- Gewinn (Periode 01).

Nach Erstellung der Schlussbilanz (31.12.01) und des Eigenkapitalspiegels lässt sich der inhaltliche Zusammenhang zwischen den vier Rechenwerken des Jahresabschlusses durch Pfeile markieren:

Jahresabschluss der X-AG zum 31.12.01

Kapitalflussrechnung

Zahlungswirksamer Ertrag	85
– Zahlungswirksamer Aufwand	– 57
Operativer Cash Flow	+ 28
– Gewinnausschüttung	– 5
– Darlehenstilgung	– 12
Zahlungsmittelüberschuss	+ 11
+ Liquide Mittel 01.01.01	+ 20
Liquide Mittel 31.12.01	**31**

Bilanz zum 31.12.01

Immaterielles Vermögen	30	Eigenkapital	55
Sachvermögen	42	Fremdkapital	48
Liquide Mittel	31		
	103		**103**

GuV

Ertrag	85
– Aufwand	– 65
Gewinn	**20**

Eigenkapitalspiegel

Eigenkapital zum 01.01.01	**40**
+ Gewinn	**+ 20**
– Gewinnausschüttung	**– 5**
Eigenkapital zum 31.12.01	**55**

Aufgabe 13 Jahresabschluss Teil 3 – Einblick in die Vermögens-, Finanz- und Ertragslage

Zu welchem Urteil über die geschäftliche Entwicklung der X-AG gelangen Gläubiger und Aktionäre auf der Basis des Jahresabschlusses zum 31.12.01, wie er in **Aufgabe 12** enthalten ist, gegebenenfalls im Vergleich zur Ausgangssituation? Unterscheiden Sie dabei zwischen der Beurteilung von

- Vermögenslage
- Finanzlage
- Ertragslage.

Markieren Sie ein positives (negatives) Urteil mit dem Zeichen + (–)!

Wöhe S. 644–656

Bei der Auswertung des Jahresabschlusses aus **Aufgabe 12** können Gläubiger und Aktionäre zu folgendem Ergebnis gelangen:

Kurzinterpretation des Jahresabschlusses der X-AG	
Sachverhalt	**Urteil**
Vermögenslage	
Haftungs- und Ertragspotential steigt von 100 auf 103	+
Verlustauffangpotential steigt von 40 auf 55	+
Verbindlichkeiten sinken von 60 auf 48	+
Geringes Insolvenzrisiko, weil Vermögen weitaus > Schulden	+
Finanzlage	
Bestand liquider Mittel steigt von 20 auf 31	+
Hoher Mittelzufluss (operativer Cash Flow) von 28	+
Ertragslage	
Hoher Gewinn von 20	+
Dividendenausschüttung 5	+

Mit ihrem Jahresabschuss präsentiert sich die X-AG als solides Unternehmen. Die

- **Gläubiger** dürfen mit einem **geringen Insolvenzrisiko**
- **Aktionäre** dürfen mit einer **hohen Ertragskraft**

rechnen.

II. Bewertungsmaßstäbe und Bewertungsprinzipien

Wiederholungsfragen:

	Wöhe Seite
Was gebieten die formellen und materiellen Grundsätze ordnungsmäßiger Buchführung?	669 f.
Welche Fristen müssen Unternehmen bei der Erstellung des handelsrechtlichen Jahresabschlusses einhalten?	670
Was versteht man unter Bilanzidentität und unter formeller Bilanzkontinuität?	671 f.
Welcher Zusammenhang besteht zwischen Vorsichtsprinzip, Niederstwertprinzip und Höchstwertprinzip?	673 f.
Was besagt das Realisationsprinzip?	674
Wie sind unrealisierte Wertänderungen nach dem Imparitätsprinzip zu behandeln?	674
Was besagt das Prinzip der Unternehmensfortführung (Going-Concern-Prinzip)?	675
Was versteht man unter dem Prinzip der materiellen Bilanzkontinuität?	675
Worin bestehen die wesentlichen Unterschiede zwischen bilanzieller Einzelbewertung und zukunftsorientierter Gesamtbewertung?	676
Welcher Zusammenhang besteht zwischen Nominalgewinn, Umsatzgewinn und Scheingewinn?	676–678
Welche Aktivierungsvoraussetzungen gelten für Vermögensgegenstände?	679–681
Warum verordnet das HGB für selbst erstellte immaterielle Gegenstände des Anlagevermögens keine Aktivierungspflicht?	680
Nach welchen Prinzipien lassen sich Aktiv- bzw. Passivposten der Bilanz gliedern?	682 f.
Welchen Beitrag leistet der Anlagespiegel zur Verbesserung des Einblicks in die Vermögenslage?	685 f.
Wie lauten die wichtigsten Bewertungsregeln, die in § 253 HGB zusammengefasst sind?	688
Worin liegt der Unterschied zwischen Anschaffungspreis und Anschaffungskosten?	689
Für welche Sachverhalte gilt im Zuge der Ermittlung der handelsrechtlichen Herstellungskosten eine Aktivierungspflicht, ein Aktivierungswahlrecht bzw. ein Aktivierungsverbot?	690 f.
Was versteht man unter verlustfreier Bewertung?	692 f.
Welche Sachverhalte sind zum Erfüllungsbetrag zu bilanzieren?	693 f.

Aufgabe 14 Prinzip periodengerechter Gewinnermittlung

Die WOHNUNGSBAU-AG weist zum 31.12.01 folgende Bilanz aus:

Aktiva	Bilanz der Wohnungsbau-AG zum 31.12.01 (in TEUR)		Passiva
Grundstücke und Gebäude	1.000	Eigenkapital	1.000
	1.000		**1.000**

In den Perioden 02, 03 und 04 betragen die

- Mieterlöse/Jahr (in TEUR) 120
- planmäßigen Abschreibungen/Jahr (in TEUR) 20

Am Ende der Periode 04 wird der Gebäudekomplex zum Preis von (in TEUR) 1.000 verkauft.

Teilaufgabe a)

Ermitteln Sie den Erfolg (ohne Berücksichtigung von Steuern) für die Perioden 02, 03 und 04 unter der Annahme, dass es (außer den obigen Angaben) keine weiteren Geschäftsvorfälle gab!

Periode	02	03	04	Total
Mieterträge	120	120	120	360
– planmäßige Abschreibungen	– 20	– 20	– 20	– 60
Erfolgsausweis	**+ 100**	**+ 100**	**+ 100**	**300**

Die Grundstücksveräußerung am Ende der Periode 04 ist ein erfolgsneutraler Vorgang. Somit beziffert sich der Erfolg der Perioden 02, 03 und 04 auf jeweils 100.

Teilaufgabe b)

Aus Gründen kaufmännischer Vorsicht verrechnet die WOHNUNGSBAU-AG zum 31.12.02 eine außerplanmäßige Abschreibung auf das Gebäude in Höhe von (in TEUR) 30. Ermitteln Sie den Erfolg für die Jahre 02, 03 und 04, wenn es außer den eingangs gemachten Angaben keine weiteren Geschäftsvorfälle gab!

Wöhe S. 658 f.

Periode	02	03	04	Total
Mieterträge	120	120	120	360
– planmäßige Abschreibungen	– 20	– 20	– 20	– 60
– apl. Abschreibung	– 30			– 30
+ sonst. betr. Erträge (Veräußerungsgewinn)			+ 30	+ 30
Erfolgsausweis	**+ 70**	**+ 100**	**+ 130**	**300**

Die außerplanmäßige Abschreibung von 30 in Periode 02 erweist sich nachträglich als Störfaktor beim Erfolgsausweis: In Periode 02 wurde eine **stille Rücklage** gebildet, die in Periode 04 gewinnerhöhend aufzulösen ist. Fälschlicherweise entsteht der Eindruck steigender Periodenerfolge im Zeitverlauf. Das Prinzip periodengerechter Gewinnermittlung ist verletzt.

Teilaufgabe c)

Angesichts steigender Preise auf dem Immobilienmarkt verrechnet die WOHNUNGSBAU-AG zum 31.12.02 eine Zuschreibung (in TEUR) in Höhe von 30. Wie hoch ist der Erfolgsausweis für die Jahre 02, 03 und 04?

Wöhe S. 658 f.

Periode	02	03	04	Total
Mieterträge	120	120	120	360
– planmäßige Abschreibungen	– 20	– 20	– 20	– 60
+ Zuschreibungsertrag	+ 30			+ 30
– sonst. betr. Aufwand (Veräußerungsverlust)			– 30	– 30
Erfolgsausweis	**+ 130**	**+ 100**	**+ 70**	**+ 300**

Die Zuschreibung von 30 in Periode 02 erweist sich nachträglich als nicht gerechtfertigt: In Periode 02 wird eine **stille Last** gebildet, die in Periode 04 gewinnmindernd aufgelöst wird. Das Prinzip periodengerechter Gewinnermittlung wird (mit dem Ausweis scheinbar fallender Periodenerfolge im Zeitverlauf) verletzt.

Aufgabe 15 Anschaffungsnebenkosten bei abnutzbaren Anlagegütern

Ein Betrieb beschafft am 2.1.01 eine maschinelle Anlage für 100.000 EUR. Versicherung, Transport und Installierung, alle Anschaffungsnebenkosten also, belaufen sich zusammen auf 40.000 EUR. Die Anlage soll eine vierjährige Nutzungsdauer haben und linear abgeschrieben werden. Die mit dieser Anlage erzielten Erträge belaufen sich auf 50.000 EUR/Jahr. Bilden Sie für den Fall (a) der Aktivierung, (b) der Nichtaktivierung von Anschaffungsnebenkosten die Periodenergebnisse auf einer Zeitachse ab!

Wöhe S. 689 f.

Im **Fall (a)** werden die Anschaffungsnebenkosten über die Abschreibungen (somit = 140.000 EUR/4 Jahre) gleichmäßig für die gesamte Nutzungsdauer der Anlage verteilt: 50.000 EUR Erlöse – 35.000 EUR Abschreibung = 15.000 EUR Gewinne. Im **Fall (b)** dagegen werden die Anschaffungsnebenkosten als Aufwand des Jahres 01 verrechnet. Der Verlust dieses Jahres in Höhe von 15.000 EUR setzt sich zusammen aus: Erlöse 50.000 EUR – Anschaffungskosten 40.000 EUR – Abschreibung 25.000 EUR. Letztere ergibt sich wiederum aus 100.000 EUR/4 Jahre.

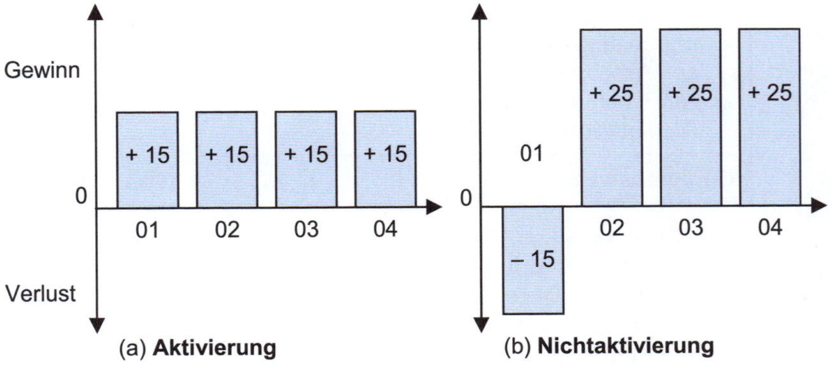

Addiert man die Ergebnisse aller vier Perioden, so erhält man in beiden Fällen einen Gesamtgewinn in Höhe von 60.000 EUR. Die Nichtaktivierung von Anschaffungsnebenkosten führt im Beispiel zu einem Verlustausweis der Beschaffungsperiode und zu einem höheren Gewinnausweis der Folgeperioden.

Aufgabe 16 Anschaffungsnebenkosten und Bilanzadressaten

Es gelten die Zahlenangaben der Aufgabe 15. Welche der folgenden Aussagen sind richtig?

	richtig	falsch
(1) Die Nichtaktivierung von Anschaffungsnebenkosten führt dazu, dass die Gewinnsteuerzahlungen später anfallen als bei Aktivierung.	○	○
(2) Die Nichtaktivierung von Anschaffungsnebenkosten führt dazu, dass das Vermögen zu hoch ausgewiesen wird, wodurch Gläubiger geschädigt werden können.	○	○
(3) Die Nichtaktivierung von Anschaffungsnebenkosten führt dazu, dass die Gewinne insgesamt zu niedrig ausgewiesen werden, was die Gesellschafter einer Personengesellschaft benachteiligt.	○	○
(4) Die Nichtaktivierung von Anschaffungsnebenkosten führt dazu, dass der Gewinnausweis zunächst zu niedrig ist und Dividendenzahlungen an Aktionäre in spätere Perioden verschoben werden können.	○	○

Wöhe S. 689 f.

Richtig sind die Antworten (1) und (4).

Aufgabe 17 Herstellungskosten und Erfolgsausweis

Ein Unternehmen hat in Periode 01 1.000 Bootsmotoren hergestellt, die in Periode 02 verkauft werden sollen. Die damit verbundenen Aufwendungen sind in nachfolgender Tabelle dargestellt. Gleichzeitig hat das Unternehmen in Periode 01 einen Beteiligungsertrag in Höhe von 1.200 TEUR erwirtschaftet.

Daten für Periode 01		
Produzierte Menge x_p	1.000	Stück
Abgesetzte Menge x_a	0	Stück
Beteiligungserträge 01 (TEUR)	1.200	
Aufwendungen 01 (TEUR)		
• Materialeinzelkosten	300	
• Fertigungseinzelkosten	500	
• Materialgemeinkosten	100	
• Fertigungsgemeinkosten	700	
• Verwaltungsgemeinkosten	300	
• Vertriebsgemeinkosten	100	
Aufwendungen insgesamt	**2.000**	

Teilaufgabe a)

> Welcher Zusammenhang besteht zwischen der Höhe des Wertansatzes für die Fertigfabrikate und der Höhe des Erfolgsausweises?

Je höher der Wertansatz für die Fertigfabrikate auf der Aktivseite der Bilanz, desto höher ist der Ausweis des Eigenkapitals auf der Passivseite. Anders gesagt: Ein um 1.000 EUR erhöhter Bilanzansatz des Vorratsvermögens erhöht den Eigenkapitalausweis und somit auch den Erfolgsausweis um 1.000 EUR.

Teilaufgabe b)

> Zu welchem Betrag sind im obigen Beispiel am Ende der Periode 01 die 1.000 Stück Fertigfabrikate nach den Vorschriften des HGB
> (1) mindestens
> (2) höchstens
> zu bewerten?

Wöhe S. 690–692

Kostenarten	Kosten TEUR	Aktivierungs-pflicht	Aktivierungs-wahlrecht	Aktivierungs-verbot
Materialeinzelkosten	300	300		
Fertigungseinzelkosten	500	500		
Materialgemeinkosten	100	100		
Fertigungsgemeinkosten	700	700		
Verwaltungsgemeinkosten	300		300	
Vertriebsgemeinkosten	100			100
Insgesamt	**2.000**	**1.600**	**300**	**100**

Zum Bilanzstichtag sind die **Fertigfabrikate** zu bewerten:

(1) **mindestens** mit **1.600 TEUR**
(2) **höchstens** mit **1.900 TEUR** (= 1.600 TEUR + 300 TEUR).

Teilaufgabe c)

> Wie hoch ist für Periode 01 der in der handelsrechtlichen GuV auszuweisende Jahreserfolg, wenn die Vorräte an Fertigfabrikaten mit dem
> (1) geringstmöglichen
> (2) höchstmöglichen
> Wert angesetzt werden?

Nach dem obigen Beispiel hat die GuV nach dem Gesamtkostenverfahren in den Fällen folgendes Aussehen (jeweils in TEUR):

Soll	**GuV (Fall 1)**		**Haben**
Materialaufwand	400	Beteiligungserträge	1.200
Fertigungsaufwand	1.200	Bestandserhöhung an Fertigfabrikaten	1.600
Verwaltungsaufwand	300		
Vertriebsaufwand	100		
Gewinn	800		
	2.800		**2.800**

Soll	GuV (Fall 2)		Haben
Materialaufwand	400	Beteiligungserträge	1.200
Fertigungsaufwand	1.200	Bestandserhöhung	
Verwaltungsaufwand	300	an Fertigfabrikaten	1.900
Vertriebsaufwand	100		
Gewinn	1.100		
	3.100		**3.100**

Aufgabe 18 Aktivierungsvorschriften für Herstellungskosten in der Handelsbilanz

Die NEPTUN-WERFT hat in der Periode 01 nur einen Auftrag. Sie fertigt ein Motorschiff, welches in Periode 02 für 3,5 Mio. EUR verkauft wird.

In Periode 01 fallen folgende Herstellungskosten an:

Kostenart	Kosten TEUR
Materialeinzelkosten	900
Fertigungseinzelkosten	800
Sondereinzelkosten der Fertigung	100
Materialgemeinkosten	100
Fertigungsgemeinkosten	700
Verwaltungsgemeinkosten	200
kalkulatorische Eigenkapitalzinsen	200
kalkulatorischer Unternehmerlohn	100
Summe	**3.100**

Teilaufgabe a)

Für welche Bestandteile der Herstellungskosten gilt ein Aktivierungsgebot, ein Aktivierungswahlrecht bzw. ein Aktivierungsverbot in der Handelsbilanz?

Wöhe S. 690–692

	Kosten TEUR	Aktivierungspflicht	Aktivierungswahlrecht	Aktivierungsverbot
Materialeinzelkosten	900	900		
Fertigungseinzelkosten	800	800		
Sondereinzelkosten der Fertigung	100	100		
Materialgemeinkosten	100	100		
Fertigungsgemeinkosten	700	700		
Verwaltungsgemeinkosten	200		200	
kalk. Eigenkapitalzinsen	200			200
kalk. Unternehmerlohn	100			100
Summe	**3.100**	**2.600**	**200**	**300**

Teilaufgabe b)

Wie hoch ist der im handelsrechtlichen Jahresabschluss der Perioden 01 und 02 auszuweisende Jahreserfolg, wenn die NEPTUN-WERFT nach dem Gesamtkostenverfahren vorgeht und in der Periode 01 von ihrem Aktivierungswahlrecht

(1) Gebrauch macht
(2) keinen Gebrauch macht?

Zieht man von den Gesamtkosten von 3.100 TEUR die kalkulatorischen Kosten von 300 TEUR ab, erhält man den Aufwand für Periode 01.

(1) Aktivierungswahlrecht: ja

Angaben in TEUR	Ertrag	Aufwand	Erfolg
Periode 01	2.800	2.800	**0**
Periode 02	3.500	2.800	**+ 700**

(2) Aktivierungswahlrecht: nein

Angaben in TEUR	Ertrag	Aufwand	Erfolg
Periode 01	2.600	2.800	**– 200**
Periode 02	3.500	2.600	**+ 900**

Aufgabe 19 Verlustfreie Bewertung

Die Bestände an Halb- und Fertigfabrikaten sind in der Regel mit ihren Herstellungskosten zu bewerten. Nur wenn der Börsen- oder Marktpreis solcher Gegenstände niedriger ist, sind diese zur Bewertung heranzuziehen **(Niederstwertprinzip)**.

Die Firma ALUFIX produziert kunststoffbeschichtete Bratpfannen. Das Niederstwertprinzip gebietet am Bilanzstichtag für die Lagerbestände einen Vergleich der Herstellungskosten mit den Marktpreisen, welche am Absatzmarkt zu erzielen sind. Maßgeblich für die Bewertung ist dabei der voraussichtlich erzielbare Verkaufserlös abzüglich aller Erlösschmälerungen und aller noch anfallenden Aufwendungen (verlustfreie Bewertung).

Für die Halbfabrikate der Firma ALUFIX gelten folgende Daten:

Lagerbestand am 31.12.01	10.000 Stück
Bisherige Herstellungskosten	12 EUR/Stück
Voraussichtlicher Verkaufspreis	14 EUR/Stück
Erlösschmälerungen (Garantieaufwand)	3 % vom Verkaufspreis
Kosten für Verpackung und Fracht	0,60 EUR/Stück
Noch anfallende Verwaltungskosten	2 % vom Verkaufspreis
Noch anfallende Herstellungskosten für Kunststoffbeschichtung	1,70 EUR/Stück

Mit welchem Wertansatz müssen die Halbfabrikate der Firma ALUFIX bilanziert werden?

Wöhe S. 692 f.

Würde man die Bestände an Halbfabrikaten zu Herstellungskosten bewerten, gelangte man zu einem Wertansatz von 12 EUR/Stück · 10.000 Stück = 120.000 EUR. Bei verlustfreier Bewertung dagegen ergibt sich folgender Wertansatz:

	Voraussichtlicher Verkaufserlös	140.000 EUR
–	Erlösschmälerungen	4.200 EUR
–	Verpackungs- und Frachtkosten	6.000 EUR
–	Verwaltungskosten	2.800 EUR
–	Zusätzliche Herstellungskosten	17.000 EUR
	Wertansatz bei verlustfreier Bewertung	**110.000 EUR**

Da der durch die verlustfreie Bewertung fingierte Marktpreis (= Tageswert) niedriger ist als die Herstellungskosten, ist der Betrag von 110.000 EUR anzusetzen.

Aufgabe 20 Bilanzierungs- und Bewertungsprinzipien

Welche der folgenden Behauptungen sind richtig?

	richtig	falsch
(1) Das Imparitätsprinzip besagt, dass im Interesse des Gläubigerschutzes Vermögensgegenstände möglichst hoch, Verbindlichkeiten und Rückstellungen möglichst niedrig bewertet werden sollen.	○	○
(2) Mit Aktivierungs- und Passivierungsverboten will das HGB einen möglichst niedrigen Erfolgsausweis erreichen.	○	○
(3) Zur Einhaltung des Niederstwertprinzips sollte man das Abschreibungsverfahren wählen, das zum niedrigstmöglichen Restbuchwert führt.	○	○
(4) Zur Erreichung eines hohen Erfolgsausweises sollte man die zu aktivierenden Herstellungskosten möglichst niedrig ansetzen.	○	○
(5) Zwecks nomineller Kapitalerhaltung genügt es, die Anschaffungskosten einer Maschine abzuschreiben.	○	○
(6) Im Gegensatz zu maschinellen Anlagen sind Finanzanlagen nach dem strengen Niederstwertprinzip zu bewerten.	○	○
(7) Weil im Umlaufvermögen das strenge Niederstwertprinzip gilt, sollte man bei der Ermittlung der Herstellungskosten vom Aktivierungswahlrecht keinen Gebrauch machen.	○	○
(8) Nach dem Höchstwertprinzip dürfen Vermögensgegenstände höchstens zu Anschaffungskosten bewertet werden.	○	○
(9) Das Wertaufholungsgebot dient der Bildung stiller Rücklagen.	○	○

Wöhe S.672–678 und S.688

Richtig ist die Behauptung (5).

Aufgabe 21 Imparitätsprinzip

Das Imparitätsprinzip verbietet den Ausweis unrealisierter Gewinne und zwingt zum Ausweis unrealisierter Verluste. Welche der folgenden Bewertungsmaßnahmen verstoßen gegen dieses Bewertungsprinzip und sind somit unzulässig?

(1) Ein unbebautes **Grundstück** kostete 80.000 EUR. Sein Wert am Bilanzstichtag wird auf 120.000 EUR veranschlagt. Vorsichtshalber wählt man aber einen Wertansatz von 95.000 EUR.

(2) Die Anschaffungskosten eines **Warenbestands** belaufen sich auf 50.000 EUR. Der Wert dieses Bestands am Bilanzstichtag beträgt 35.000 EUR. Man wählt einen Bilanzansatz von
(a) 55.000 EUR
(b) 40.000 EUR
(c) 35.000 EUR.

(3) Ein deutscher Exporteur lieferte Waren im Wert von 1.000 US-Dollar mit einem Zahlungsziel von 18 Monaten. Es handelt sich um eine langfristige Fremdwährungsforderung. Der Dollarkurs lag seinerzeit bei 1,05 EUR. Der Dollarkurs am Bilanzstichtag beläuft sich auf 0,98 EUR. Der Exporteur bewertet seine **Forderung** mit
(a) 980 EUR
(b) 1.050 EUR.

(4) Wie Ziffer (3). Der Dollarkurs liegt jedoch am Bilanzstichtag bei 1,12 EUR. Der Exporteur bewertet seine **Forderung** mit
(a) 1.120 EUR
(b) 1.050 EUR.

(5) Ein deutscher Importeur erhielt aus den USA Waren im Wert von 2.000 Dollar auf Ziel. Der Dollarkurs lag seinerzeit bei 1,20 EUR. Am Bilanzstichtag kostete der Dollar 1,13 EUR. Der Importeur bewertet seine **langfristige Fremdwährungsverbindlichkeit** mit
(a) 2.400 EUR
(b) 2.260 EUR.

(6) Wie Ziffer (5). Der Dollar liegt jedoch am Bilanzstichtag bei 1,25 EUR. Der Importeur bewertet seine **Verbindlichkeit** mit
(a) 2.400 EUR
(b) 2.500 EUR.

Wöhe S. 673 f.

Folgende Wertansätze verstoßen gegen das Imparitätsprinzip: (1), (2 a), (2 b), (3 b), (4 a), (5 b), (6 a). Alle übrigen Wertansätze sind zulässig.

III. Bilanzierung und Bewertung der Aktiva

1. Bilanzierung und Bewertung des Anlagevermögens

Wiederholungsfragen:

	Wöhe Seite
Welche (wichtigen) Bilanzposten gehören zum Anlagevermögen?	684
Was versteht man unter Abschreibungen?	694
Welche Wertminderungsursachen führen zu planmäßiger, welche zu außerplanmäßiger Abschreibung?	694
Welche Vermögensgegenstände unterliegen planmäßiger Abschreibung?	695
Warum wird die planmäßige Abschreibung als Verteilungsabschreibung bezeichnet?	695
Auf welchen (drei) Größen basiert der Abschreibungsplan?	696 f.
Welchen Einfluss hat das dominierende Vorsichtsprinzip auf die Schätzung der Nutzungsdauer?	696
Welche Zeitabschreibungsverfahren gibt es?	697
Welche Zeitabschreibungsverfahren sind handels- und steuerrechtlich zulässig?	697–699
Welche Vor- bzw. Nachteile hat die Leistungsabschreibung?	699
Welches Ziel verfolgt man mit der Verrechnung außerplanmäßiger Abschreibungen?	700
Welche Wertminderungen unterliegen einem Gebot, einem Wahlrecht bzw. einem Verbot zur Verrechnung außerplanmäßger Abschreibungen?	700
Welchen Einfluss hat die außerplanmäßige Abschreibung auf die Höhe der planmäßigen Abschreibung während der Restnutzungsdauer?	700 f.
Wie berechnet man – nach Wegfall des Grundes einer außerplanmäßigen Abschreibung – den Zuschreibungsbetrag im Rahmen der Wertaufholung?	701 f.
Wie sind Forschungs- bzw. Entwicklungsaufwand bei der Aktivierung selbst erstellter immaterieller Anlagegegenstände zu behandeln?	703 f.
Welche Bilanzierungsvorschriften gelten für den entgeltlich erworbenen Geschäfts- oder Firmenwert?	704–706
Wie sind Zerobonds zu bewerten?	711 f.

Aufgabe 22 Abschreibungsursachen

Es gibt unterschiedliche Abschreibungsursachen, die alle aus der Notwendigkeit resultieren, verschiedenartigen Wertminderungen von Anlagegegenständen Rechnung zu tragen. Derartige Abschreibungsursachen sind u. a.:

a) Substanzverringerung,
b) Wertminderung durch Katastrophen,
c) Nachfrageverschiebungen,
d) Sinken der Absatzpreise,
e) zeitlich bedingte Abschreibung und
f) Sinken der Wiederbeschaffungskosten.

Wie lassen sich die folgenden sechs Fälle den einzelnen Abschreibungsursachen zuordnen:

(1) Im Laufe des Jahres wurden 6 ha eines 50 ha großen Torfvorkommens abgebaut.
(2) Ein Schmuckwarenhersteller hat einen Goldvorrat erworben, der zu Trauringen verarbeitet werden soll. Zum Bilanzstichtag sinken die Goldpreise stark.
(3) Durch Verschulden des Fahrers erleidet ein neues Taxi einen Totalschaden.
(4) Im Jahr 01 wurde eine Anlage zur Produktion von Chemiefasern errichtet. Schon im Jahr 02 kommt es bei diesem Erzeugnis zu einem nachhaltigen Preisverfall.
(5) Nach Fertigstellung der U-Bahn ist eine private Buslinie nur noch zu 60 % ausgelastet.
(6) Ein auf zehn Jahre befristetes Patentrecht wird nach Ablauf des ersten Nutzungsjahres zu einem Zehntel abgeschrieben.

Wöhe S. 694 f.

Den einzelnen Fällen lassen sich folgende Abschreibungsursachen zuordnen: 1 a, 2 f, 3 b, 4 d, 5 c und 6 e.

Aufgabe 23 Abschreibung und periodengerechte Gewinnermittlung

Ein Taxiunternehmer erwirbt ein Fahrzeug für 20.000 EUR. Zunächst geht er davon aus, das Auto vier Jahre lang gleichmäßig nutzen zu können. Der Restwert soll dann annahmegemäß gleich null sein. Diese Erwartungen erfüllen sich jedoch nicht, weil

(a) sich gleich nach der Anschaffung herausstellt, dass sich die Inanspruchnahme (km pro Jahr) nicht gleichmäßig verläuft, sondern sich von Jahr zu Jahr verdoppelt;
(b) sich gleich nach der Anschaffung herausstellt, dass die gesamte Fahrleistung von 200.000 km im 1. Jahr 80.000 km betragen wird und sich dann von Jahr zu Jahr um 20.000 km reduziert;
(c) das Taxi am Ende des zweiten Jahres einen Totalschaden erleidet;
(d) gleich nach der Anschaffung mitgeteilt wird, dass die Taxilizenz zu Beginn des 3. Jahres entzogen wird; das Fahrzeug soll dann für 4.000 EUR verkauft werden;
(e) zu Beginn des 3. Jahres die Taxilizenz unerwartet entzogen wird; danach wird das Fahrzeug für 4.000 EUR verkauft;
(f) nach Ablauf des 4. Jahres eine Buslinie eingerichtet wird, wodurch die Nachfrage um 20 % zurückgehen wird;
(g) am Ende des 2. Jahres einige Buslinien eingestellt werden, was im 3. Jahr einen erhöhten Einsatz und einen völligen Verschleiß bis zum Ende des 3. Jahres zur Folge hat.

Wie würden Sie in den eben genannten Fällen die einzelnen Jahre mit Abschreibungsaufwand belasten?

Wöhe S. 695–701

Im Interesse einer **periodengerechten Gewinnermittlung** müssten den einzelnen Jahren folgende Abschreibungsbeträge (planmäßig + außerplanmäßig) angelastet werden:

Fall	1. Jahr	2. Jahr	3. Jahr	4. Jahr	Summe
„ursprünglich"	5.000	5.000	5.000	5.000	20.000
(a)	1.333	2.667	5.333	10.667	20.000
(b)	8.000	6.000	4.000	2.000	20.000
(c)	5.000	15.000	–	–	20.000
(d)	8.000	8.000	–	–	16.000
(e)	5.000	5.000	6.000	–	16.000
(f)	5.000	5.000	5.000	5.000	20.000
(g)	5.000	5.000	10.000	–	20.000

Aufgabe 24 Planmäßige und außerplanmäßige Abschreibung

In welchem der in **Aufgabe 23** genannten Fällen liegt eine planmäßige, in welchen eine außerplanmäßige Abschreibung vor?

Wöhe S. 695–701

Im Fall (c) werden für das 1. und 2. Jahr planmäßig jeweils 5.000 EUR Abschreibung als Aufwand verrechnet. Darüber hinaus wird im 2. Jahr eine außerplanmäßige Abschreibung in Höhe von 10.000 EUR (= Restbuchwert) erforderlich.

Im Fall (e) muss im 3. Jahr eine außerplanmäßige Abschreibung in Höhe von 6.000 EUR (= Restbuchwert – Veräußerungserlös) vorgenommen werden.

Im Fall (g) lässt es sich nicht ohne weiteres entscheiden, ob es sich bei dem Betrag von 10.000 EUR im 3. Jahr um eine planmäßige oder eine außerplanmäßige Abschreibung handelt. War die Einstellung der Buslinien zum Zeitpunkt der Erstellung des Abschreibungsplans, also zu Beginn des 1. Jahres, bereits absehbar und konnte also die stärkere Inanspruchnahme im 3. Jahr vorausgesehen werden, dann handelt es sich bei diesem Betrag in voller Höhe um eine planmäßige Abschreibung. War diese künftige Entwicklung dagegen nicht vorhersehbar, werden im 3. Jahr 5.000 EUR planmäßig und 5.000 EUR außerplanmäßig abgeschrieben.

Alle übrigen Abschreibungsbeträge („ursprünglich", a, b, d, f) sind Ergebnis planmäßiger Abschreibung.

Aufgabe 25 Berechnung von Abschreibungsquoten

Eine technische Anlage mit einer erwarteten Nutzungsdauer von 5 Jahren kostet 100.000 EUR. Wie hoch sind die Abschreibungsquoten des 1. und des 4. Jahres, wenn die Anlage

(a) linear,
(b) arithmetisch-degressiv (digital),

(c) geometrisch-degressiv 20 %,
(d) geometrisch-degressiv 60 % und
(e) nach der Leistung und Inanspruchnahme

abgeschrieben wird, wobei im letzten Fall (e) davon auszugehen ist, dass die Anlage im ersten Jahr 30.000 Stück und in jedem folgenden Jahr 10.000 mehr produziert als im Vorjahr?

Wöhe S. 697–699

Je nach Abschreibungsverfahren haben die Abschreibungsquoten des 1. und des 4. Jahres folgende Höhe:

Abschreibungsverfahren	Abschreibungsquote	
	1. Jahr	4. Jahr
(a) linear	20.000	20.000
(b) arithmetisch-degressiv (digital)	33.333	13.333
(c) geometrisch-degressiv 20 %	20.000	10.240
(d) geometrisch-degressiv 60 %	60.000	3.840
(e) Leistungsabschreibung	12.000	24.000

Aufgabe 26 Planmäßige und außerplanmäßige Abschreibungen auf Sachanlagen

Für eine maschinelle Anlage der GASTURBINEN-AG gelten folgende Ausgangsdaten:

Anschaffungskosten in t_0 (2.1.01)	2.400 GE
Planmäßige Nutzungsdauer	5 Jahre
Abschreibungsverfahren	linear
Erwarteter Restverkaufserlös	0 GE

Teilaufgabe a)

Erstellen Sie den Abschreibungsplan! Welche Beträge müssten in der GuV des 5. Jahres ausgewiesen werden, wenn die Anlage am Ende ihrer Nutzungsdauer wider Erwarten für 70 GE verkauft werden könnte?

Wöhe S. 697–699

Der Abschreibungsplan hat folgendes Aussehen:

Zeitpunkt	Buchwert (RBW)	Abschreibung
t_0	2.400	
		480
t_1	1.920	
		480
t_2	1.440	
		480
t_3	960	
		480
t_4	480	
		480
t_5	0	

6. Abschnitt

Wenn am Ende des 5. Jahres ein Resterlös von 70 GE erzielt werden könnte, hätte die GuV folgendes Aussehen:

Soll	**GuV Periode 05**		**Haben**
Abschreibungsaufwand	480	Sonstiger betrieblicher Ertrag	70

Teilaufgabe b)

Kurz vor dem Ende des 2. Jahres wird bekannt, dass der Gesetzgeber eine Verschärfung der Abgasnormen plant. Dadurch sinkt der beizulegende Wert der Anlage in t_2 auf 900.

Wie ist der Abschreibungsplan aus Teilaufgabe a) zu ändern, wenn man die Wertminderung für dauerhaft hält?

Wöhe S. 700 f.

Der alte Abschreibungsplan ist folgendermaßen zu ändern:

	Alter Abschreibungsplan		**außerplanmäßige Abschreibung**	**Neuer Abschreibungsplan**	
	RBW	Abschreibung		RBW	Abschreibung
t_0	2.400				
		480			
t_1	1.920				
		480			
t_2	**1.440** →		→ **540** →	→ **900**	
		480			300
t_3	960			600	
		480			300
t_4	480			300	
		480			300
t_5	0			0	

In t_2 ist die Anlage auf den niedrigeren Stichtagswert von 900 abzuschreiben. Hierzu bedarf es einer außerplanmäßigen Abschreibung in Höhe von 540. In t_2 erfolgt – neben der planmäßigen Abschreibung von 480 – also eine außerplanmäßige Abschreibung von 540. Im neuen Abschreibungsplan ist der Restbuchwert t_2 in Höhe von 900 gleichmäßig auf die drei Restnutzungsjahre bis t_5 zu verteilen.

Aufgabe 27 Wertaufholung

Es gelten die Angaben der **Aufgabe 26**, wonach die Anlage der GASTURBINEN-AG in t_2 wegen einer geplanten Verschärfung der Umweltgesetzgebung außerplanmäßig auf 900 abgeschrieben wurde.

Am Ende des 4. Jahres, also in t_4, erklärt die Regierung, auf die Gesetzesänderung verzichten zu wollen. Welchen Einfluss hat diese Verlautbarung auf den Abschreibungsplan? Nennen Sie die zum 31.12.04 notwendigen Buchungssätze!

Wöhe S. 701 f.

Ist der Grund für eine außerplanmäßige Abschreibung entfallen, ist das Unternehmen nach § 253 Abs. 5 HGB zur Wertaufholung verpflichtet. Dies geschieht durch eine Rückkehr zum alten Abschreibungsplan:

	Alter Abschreibungsplan		außerplanmäßige Abschreibung	Zuschreibung	Neuer Abschreibungsplan	
	RBW	Abschreibung			RBW	Abschreibung
t_0	2.400					
		480				
t_1	1.920					
		480				
t_2	**1.440**		**540**		**900**	
		480				300
t_3	960				600	
		480				300
t_4	**480**			**180**	**300**	
		480				300
t_5	0				0	

Am Ende der Periode 04 hat die GASTURBINEN-AG folgende Buchungen vorzunehmen:

Planmäßige Abschreibung	**an**	Maschinelle Anlagen	300
Maschinelle Anlagen	**an**	sonstiger betrieblicher Ertrag	180

Aufgabe 28 Planmäßige und außerplanmäßige Abschreibungen

Welche der folgenden Behauptungen sind zutreffend?

	richtig	falsch
(1) Der Erfolgsausweis für die Totalperiode ist von der Höhe planmäßiger und außerplanmäßiger Abschreibungen abhängig.	○	○
(2) Je kürzer die planmäßige Nutzungsdauer geschätzt wird, desto geringer ist c. p. die Wahrscheinlichkeit, dass eine außerplanmäßige Abschreibung notwendig wird.	○	○
(3) Außerplanmäßige Abschreibungen leisten einen guten Beitrag zur gewünschten Vergleichbarkeit der Periodenergebnisse.	○	○
(4) Eine außerplanmäßige Abschreibung bei gleichzeitiger Verkürzung der ursprünglich geplanten Nutzungsdauer führt in jedem Fall zu einer Verringerung der planmäßigen Jahresabschreibungsbeträge für die jeweiligen Perioden der Restnutzungsdauer.	○	○
(5) Ist bei einer maschinellen Anlage der Grund für eine außerplanmäßige Abschreibung, die in einer früheren Periode vorgenommen wurde, entfallen, dann muss das Unternehmen eine Zuschreibung in Höhe der ursprünglichen außerplanmäßigen Abschreibung vornehmen.	○	○
(6) Wird eine maschinelle Anlage planmäßig nach „Leistung und Inanspruchnahme" abgeschrieben, erübrigt sich eine außerplanmäßige Abschreibung.	○	○

Wöhe S. 696–701

Folgende Behauptung ist richtig: (2)

Aufgabe 29 Originärer und derivativer Firmenwert

Die K-AG prüft die Möglichkeit des Kaufs der V-AG, die der Alleinaktionär V aus Altersgründen verkaufen möchte. Die (vereinfachte) Bilanz der V-AG hat folgendes Aussehen:

Aktiva	Bilanz der V-AG		Passiva
$Sachvermögen_V$	600	$Eigenkapital_V$	400
		$Fremdkapital_V$	200
	600		**600**

Das Sachvermögen der V-AG hat (bei Einzelbewertung) zum Bilanzstichtag einen Zeitwert in Höhe von 750. Angesichts der guten Ertragsaussichten der V-AG ermittelt K für das Kaufobjekt einen Unternehmensgesamtwert UGW in Höhe von 1.000. Da K im Fall des Erwerbs die Verbindlichkeiten der V-AG in Höhe von 200 übernehmen muss, liegt seine Preisobergrenze für die V-AG bei:

	UGW (Gesamtwert von Eigen- und Fremdkapital)	1.000
–	Wert des Fremdkapitals	– 200
	Wert des Eigenkapitals aus Sicht von K (Preisobergrenze)	**800**

K kann die V-AG (bei Übernahme der Verbindlichkeiten von V in Höhe von 200) zum Preis von 700 erwerben. Wie hoch ist der originäre und wie hoch der derivative Firmenwert der V-AG jeweils auch Sicht von K?

Wöhe S. 704–706

Beide Werte lassen sich folgendermaßen ermitteln:

Originärer Firmenwert		
Gesamtwert UGW		1.000
– $Fremdkapital_V$		200
Wert $Eigenkapital_V$		800
Zeitwert $Sachvermögen_V$	750	
– $Fremdkapital_V$	200	
Substanzwert	550	– 550
Originärer Firmenwert		**+ 250**

Derivativer Firmenwert		
Kaufpreis		700
Zeitwert $Sachvermögen_V$	750	
– $Fremdkapital_V$	200	
Substanzwert	550	– 550
Derivativer Firmenwert		**+ 150**

Als derivativen Firmenwert bezeichnet man den bezahlten Teil des (originären) Firmenwertes. Der derivative Firmenwert ergibt sich aus der Differenz zwischen dem Kaufpreis und dem Zeitwert der übernommen Aktiva abzüglich übernommener Schulden.

Aufgabe 30 Bilanzierung des Firmenwertes

Es gelten die Ausgangsdaten der **Aufgabe 29**.

Teilaufgabe a)

Wie ist die Bilanzierung des
- originären Firmenwertes
- derivativen Firmenwertes

im HGB geregelt?

Wöhe S. 704–706

Der originäre Firmenwert gehört zu den selbst geschaffenen immateriellen Vermögensgegenständen des Anlagevermögens. Hier gilt das Aktivierungsverbot nach § 248 Abs. 2 HGB.

Der derivative Firmenwert lässt sich durch die Höhe des gezahlten Kaufpreises verifizieren. Für den derivativen Firmenwert gilt ein Aktivierungsgebot nach § 246 Abs. 1 HGB.

Teilaufgabe b)

Die Bilanzen der
- K-AG (Käufer)
- V-AG (Verkäufer)

haben folgendes Aussehen:

Aktiva	K-AG		Passiva
$Bank_K$	1.000	EK_K	500
		FK_K	500
	1.000		**1.000**

Aktiva	V-AG		Passiva
$Sachvermögen_V$	600	EK_V	400
		FK_V	200
	600		**600**

Der Zeitwert des $Sachvermögens_V$ beträgt 750. Welches Aussehen hat die Bilanz der K-AG nach der Übernahme von V zum Preis von 700?

Nach Übernahme von V hat die K-Bilanz nach der Aktivierung des derivativen Firmenwertes folgendes Aussehen:

Aktiva	K-AG (nach Übernahme von V-AG)		Passiva
Derivativer Firmenwert	150	$Eigenkapital_K$	500
$Sachvermögen_V$	750	$Fremdkapital_K$	500
$Bank_K$	300	$Fremdkapital_V$	200
	1.200		**1.200**

Bei Aktivierung des derivativen Firmenwertes ist der Unternehmenskauf ein erfolgsneutraler Vorgang. Im Gegenzug ist der aktivierte (derivative) Firmenwert in der Folgezeit erfolgswirksam abzuschreiben.

Aufgabe 31 Niedrigverzinsliche Darlehensforderung (Bilanzausweis)

Die INTEREST KG begibt an einen Schuldner bester Bonität ein Darlehen zu folgenden Konditionen:

Darlehenssumme (Nennbetrag)	100.000
Laufzeit 2.1.01 – 31.12.04	4 Jahre
Nominalzins (fest für 4 Jahre)	6 Prozent
Zinstermine: nachschüssig jährlich jeweils zum	30. Dezember

Im Dezember 01 steigt der Marktzins für derartige Darlehensforderungen infolge einer weltweiten Kapitalverknappung auf 10 Prozent. Dieses erhöhte Marktzinsniveau gilt einheitlich für Kreditlaufzeiten von ein bis fünf Jahren und verharrt bis zum Ende der Darlehenslaufzeit unverändert bei 10 Prozent.

Teilaufgabe a)

Mit welchem Zahlungsstrom rechnet der Darlehensgläubiger? Was versteht man unter einem niedrigverzinslichen Darlehen? Mit welchem Betrag ist das Darlehen am 2.1.01 zu aktivieren (Zugangsbewertung) und in der Schlussbilanz zum 31.12.01 (Folgebewertung) auszuweisen?

Wöhe S. 482–484 und S. 709 f.

Der Zahlungsstrom hat folgendes Aussehen:

Zeitpunkt	2.1.01 t_0	31.12.01 t_1	31.12.02 t_2	31.12.03 t_3	31.12.04 t_4
Einzahlung (+)		+ 6.000	+ 6.000	+ 6.000	+ 106.000
Auszahlung (–)	– 100.000				

Von einem niedrigverzinslichen Darlehen spricht man, wenn der vertraglich vereinbarte Festzins niedriger ist als der fristadäquate Marktzins. Der Gläubiger eines niedrigverzinslichen Darlehens muss im Falle einer Darlehensabtretung damit rechnen, dass der Darlehenskäufer nicht den vollen Nennbetrag des Darlehens, sondern nur den Barwert des zu erwartenden Kapitalrückflusses als Kaufpreis erstattet. Die Restlaufzeit des Darlehens und das Ausmaß der Unterverzinslichkeit bestimmen den Umfang des Barwertabschlags.

Die **Zugangsbewertung** des Darlehens erfolgt zu **Anschaffungskosten**, im vorliegenden Beispielfall zum **Nennwert** von **100.000 EUR**.

Die Folgebewertung zum 31.12.01 entspricht dem beizulegenden Wert, also dem Preis, zu dem ein potentieller Käufer das Darlehen übernehmen würde. Ein fiktiver Käufer, der das Darlehen zum 31.12.01 übernehmen würde, macht folgende Rechnung auf (Barwerte gerundet):

Zeitpunkt	t_2	t_3	t_4	Bilanzausweis
Erwartete Einzahlungen	6.000	6.000	106.000	
Abzinsungsfaktor 10 %	0,9091	0,8264	0,7513	
Barwert t_1 (31.12.01)	5.455	4.958	79.638	**90.051**

Die Darlehensforderung ist zum 31.12.01 mit 90.051 EUR zu bewerten. Somit ist für Periode 01 eine Abschreibung in Höhe von 9.949 EUR zu verrechnen:

Abschreibungen auf Finanzanlagen	**an**	Darlehensforderung	9.949

6. Abschnitt

Teilaufgabe b)

Ermitteln Sie (bei unverändertem Marktzins von 10 Prozent) den beizulegenden Wert der Darlehensforderung für die Bilanz zum

- Stichtag 31.12.02
- Stichtag 31.12.03.

Der beizulegende Wert für die Schlussbilanzen zum 31.12.02 und zum 31.12.03 ist folgendermaßen zu ermitteln:

Zeitpunkt	t_2	t_3	t_4	Bilanzausweis
Erwartete Einzahlungen Abzinsungsfaktor 10 %	–	6.000 0,9091	106.000 0,8264	
Barwert t_2 (31.12.02)		5.455	87.598	**93.053**
Erwartete Einzahlungen Abzinsungsfaktor 10 %	–	–	106.000 0,9091	
Barwert t_3 (31.12.03)			96.365	**96.365**

Die Darlehensforderung ist in beiden Fällen zum Barwert der erwarteten Kapitalrückflüsse, d. h. zum 31.12.02 mit 93.053 EUR und zum 31.12.03 mit 96.365 EUR, zu bewerten.

Aufgabe 32 Niedrigverzinsliche Darlehensforderung (Erfolgsausweis)

Es gelten die Angaben der **Aufgabe 31**. Zeigen Sie in einer Übersicht den Erfolgsausweis der INTEREST KG für die Perioden 01 bis 04. Gehen Sie dabei von der Annahme aus, dass die Darlehenszinsen der INTEREST KG jeweils zum 30.12. eines Jahres gutgeschrieben werden.

Im Zuge der Erfolgsermittlung sind für die einzelnen Abrechnungsperioden Zinserträge (6.000/Jahr) sowie Abschreibungen auf Finanzanlagen (im Abschreibungsfall) bzw. Erträge aus Ausleihungen (im Zuschreibungsfall) zu berücksichtigen.

Zeitpunkt	Bilanzausweis	Abschreibung	Zuschreibung
t_0	100.000		
		9.949	
t_1	90.051		
			3.002
t_2	93.053		
			3.312
t_3	96.365		
			3.635
t_4	100.000*		
Insgesamt		**9.949**	**9.949**

* Bankguthaben nach Forderungseingang

Unter Berücksichtigung von Abschreibungen und Zuschreibungen gelangt man für die Perioden 01 bis 04 zu folgendem Erfolgsausweis:

Soll		GuV 01	Haben
Abschreibungen auf Finanzanlagen	9.949	Zinsertrag	6.000
		Verlust	**3.949**
	9.949		**9.949**

Soll		GuV 02	Haben
Gewinn	**9.002**	Zinsertrag	6.000
		Erträge aus Ausleihungen	3.002
	9.002		**9.002**

Soll		GuV 03	Haben
Gewinn	**9.312**	Zinsertrag	6.000
		Erträge aus Ausleihungen	3.312
	9.312		**9.312**

Soll		GuV 04	Haben
Gewinn	**9.635**	Zinsertrag	6.000
		Erträge aus Ausleihungen	3.635
	9.635		**9.635**

Für die Totalperiode 01 bis 04 gelangt man per Saldo zu einem **Totalergebnis** von **24.000 EUR**. Dies entspricht der Summe der Zinserträge, die, darauf sei hingewiesen, im vorliegenden Fall sachgerechterweise auch unter der GuV-Position „Erträge aus Ausleihungen" auszuweisen sind. Die Abschreibungen auf Finanzanlagen und die Erträge aus Ausleihungen sind also per Saldo gleich null.

2. Bilanzierung und Bewertung des Umlaufvermögens

Wiederholungsfragen:

	Wöhe Seite
Welche (wichtigen) Bilanzposten gehören zum Umlaufvermögen?	684
Warum gilt im Umlaufvermögen das strenge Niederstwertprinzip?	688
Unter welchen Bedingungen ist eine außerplanmäßige Abschreibung im Umlaufvermögen zwingend erforderlich?	700
Für welche Gegenstände des Umlaufvermögens ist eine Festbewertung, eine Gruppenbewertung bzw. eine Bewertung nach Verbrauchsfolgeverfahren zulässig?	706
Welche Verfahren zur Bewertung gleichartiger Vorräte sind handelsrechtlich möglich?	707 f.
Welche Arten von Forderungen können zum Umlaufvermögen gehören?	708

	Wöhe Seite
Worin liegt der Unterschied zwischen einer Einzelbewertung und einer Pauschalabschreibung von Forderungen?	709
Wie ermittelt man den beizulegenden Wert einer niedrigverzinslichen Forderung?	709 f.
Gilt bei der Bewertung kurzfristiger Fremdwährungsforderungen das Realisationsprinzip?	710

Aufgabe 33 Herstellungskosten nach HGB

Welche der folgenden Behauptungen sind richtig?

		richtig	falsch
(1)	Herstellungskosten werden nur zum Ausweis von Aufwand in der GuV, nicht aber zum Bilanzausweis benötigt.	○	○
(2)	Alle selbst erstellten, bilanzierten Vermögensgegenstände sind zu Herstellungskosten zu bewerten.	○	○
(3)	Mit der Wahl des Wertansatzes für die Herstellungskosten lässt sich der Vermögensausweis in der Bilanz, nicht aber der Erfolgsausweis in der GuV beeinflussen.	○	○
(4)	Kalkulatorische Kosten dürfen bei der Ermittlung der Herstellungskosten auf keinen Fall berücksichtigt werden.	○	○
(5)	Für Verwaltungsgemeinkosten besteht ein Aktivierungswahlrecht.	○	○
(6)	Alle Einzelkosten sind aktivierungspflichtig.	○	○
(7)	Verzichtet man auf die Ausübung des Aktivierungswahlrechts für Verwaltungsgemeinkosten, gelangt man c. p. zu einem höheren Erfolgsausweis.	○	○
(8)	Weil das Niederstwertprinzip einen Vermögensausweis zum niedrigeren Wert gebietet, darf das Aktivierungswahlrecht für Verwaltungsgemeinkosten nicht ausgeübt werden.	○	○
(9)	Der Vermögensausweis zu Herstellungskosten erfolgt in Handels- und Steuerbilanz nach einheitlichen Vorschriften.	○	○
(10)	Je niedriger Fertigfabrikate in der Herstellungsperiode 01 bewertet werden, desto niedriger ist der Erfolgsausweis in der Veräußerungsperiode 02.	○	○

Wöhe S. 690–692

Richtig sind folgende Behauptungen: (2), (4) und (5).

Aufgabe 34 Grundsatz der Einzelbewertung und Niederstwertprinzip

Vermögensgegenstände des Anlage- und Umlaufvermögens sind mit ihren Anschaffungs- (oder Herstellungs-)kosten zu bewerten, es sei denn, ihr Wert ist bis zum Bilanzstichtag gesunken. Neben diesem Anschaffungskostenprinzip gilt das Prinzip der Einzelbewertung. In § 252 Abs. 1 Nr. 3 HGB heißt es: „Die Vermögensgegenstände und Schulden sind zum Abschlußstichtag einzeln zu bewerten."

Die WOHNUNGSBAU AG ließ im Jahr 01 in drei Baugebieten jeweils 10 Eigenheime von den Baufirmen A, B und C als sog. Vorratshäuser erstellen. Baufirma A berechnete für jedes Haus 140.000 EUR, Baufirma B jeweils 160.000 EUR und Baufirma C jeweils 180.000 EUR. Alle auf Vorrat gebauten Häuser sind identisch. Am Ende des Jahres 01 kann die WOHNUNGSBAU AG 10 dieser Häuser verkaufen. Bei einem Preis von 172.000 EUR pro Haus (= Marktpreis) ist es den Interessenten gleichgültig, ob sie ein Haus aus Baugebiet A, B oder C übernehmen.

Hat die WOHNUNGSBAU AG durch die Auswahl der anzubietenden Häuser Möglichkeiten zur Erfolgsgestaltung? Aus welchem Baugebiet müssen die Häuser angeboten werden, wenn der Periodenerfolg für das Jahr 01

(a) möglichst hoch
(b) möglichst niedrig

ausgewiesen werden soll?

Wöhe S. 673 f.

Die Vorratshäuser gehören zum Umlaufvermögen der WOHNUNGSBAU AG. Es gilt das **strenge Niederstwertprinzip**, wonach die 10 Häuser des Baugebiets C, sollten sie bis zum 31.12.01 noch nicht verkauft sein, nicht mit ihren Anschaffungskosten in Höhe von 180.000 EUR pro Haus, sondern mit ihrem niedrigeren Wert am Bilanzstichtag in Höhe von 172.000 EUR pro Haus zu bewerten sind. Sollten also die Häuser des Baugebiets C am 31.12.01 noch nicht verkauft sein, ist eine außerplanmäßige Abschreibung in Höhe von 8.000 EUR pro Haus erforderlich.

Durch den Verkauf von 10 Häusern beläuft sich der Ertrag der WOHNUNGSBAU AG in jedem Fall auf 1.720.000 EUR. Der Aufwand lässt sich jedoch durch die Auswahl der Häuser „gestalten". Bezeichnet man die Anschaffungskosten der verkauften Häuser als Wareneinsatz, dann zeigen die drei Auswahlmöglichkeiten folgendes Ergebnis:

	Verkauf aus Baugebiet A	Verkauf aus Baugebiet B	Verkauf aus Baugebiet C
Umsatzerlöse	1.720.000	1.720.000	1.720.000
– Wareneinsatz	1.400.000	1.600.000	1.800.000
– Abschreibung auf C	80.000	80.000	–
Gewinn/Verlust	+ 240.000	+ 40.000	– 80.000

Will die WOHNUNGSBAU AG ein möglichst hohes Jahresergebnis für das Jahr 01 ausweisen, muss sie zuerst die Häuser des Baugebiets A verkaufen. Soll dagegen das Jahresergebnis möglichst gering sein, wird man zuerst die Häuser des Baugebiets C verkaufen. Aus diesem Beispiel lässt sich folgern: Wurden gleichartige Gegenstände zu unterschiedlichen Preisen angeschafft, dann muss man zum Zwecke eines hohen Gewinnausweises die Waren mit den niedrigsten, zum Zwecke eines niedrigen Gewinnausweises die Waren mit den höchsten Einstandspreisen zuerst verkaufen.

Aufgabe 35 Sammelbewertung

Die SCHLAU-MEIER GMBH betreibt eine Kohlenhandlung. Als geschäftsführender Gesellschafter ist Herr Schlau mit 60 % an der Gesellschaft beteiligt. Herr Meier hält die restlichen 40 % der Gesellschaftsanteile. Das Eigenkapital belief sich am 1.1.01 auf 50.000 EUR.

Als Oberbuchhalter der SCHLAU-MEIER GMBH haben Sie die Aufgabe, die Bilanz für das Jahr 01 zu erstellen. Bei der Bilanzierung des Vorratsvermögens liegen Ihnen für die Position „Koks“ folgende Daten vor:

Anfangsbestand am 1.1.01 2.000 dz à 24 EUR	48.000 EUR	1. Abgang 1.2.01 1.500 dz à 44 EUR	66.000 EUR
1. Zugang 1.4.01 3.000 dz à 34 EUR	102.000 EUR	2. Abgang 1.7.01 5.000 dz à 44 EUR	220.000 EUR
2. Zugang 1.6.01 2.000 dz à 26 EUR	52.000 EUR	3. Abgang 1.11.01 1.500 dz à 44 EUR	66.000 EUR
3. Zugang 1.10.01 4.000 dz à 43 EUR	172.000 EUR	**Endbestand** 31.12.01 3.000 dz	? EUR

Teilaufgabe a)

Die zu unterschiedlichen Anschaffungskosten (EUR/dz) zugegangenen Kokslieferungen wurden nicht getrennt, sondern auf einer einzigen Halde gelagert. Welches Bilanzierungsproblem ergibt sich aus dieser Tatsache? Auf welche Weise wird dieses Problem in der Bilanzierungspraxis gelöst?

Wöhe S. 707 f.

Es gilt der Grundsatz der Einzelbewertung, d. h. jeder zu bilanzierende Vermögensgegenstand ist für sich allein (höchstens) mit seinen individuellen Anschaffungskosten zu bewerten. Dieses Prinzip lässt sich einhalten bei

(a) verschiedenartigen Sachen (Grundstücke, Gebäude, Maschinen),
(b) gleichartigen Sachen, sofern sie getrennt nach Lieferungen gelagert werden, so dass sich die verschiedenen Anschaffungskosten feststellen lassen.

Werden jedoch gleichartige Sachen gemeinsam gelagert, ohne sie mit dem Einkaufspreis zu versehen, dann lassen sich bei unterschiedlichen Anschaffungskosten dem Endbestand keine exakten Anschaffungskosten mehr zuordnen, da sich nicht mehr feststellen lässt, aus welchen Lieferungen sich der Endbestand zusammensetzt.

Alle Versuche, dem Endbestand Anschaffungskosten beizumessen, bauen auf einer **Fiktion** der Zusammensetzung des Endbestands und damit auch auf einer Fiktion der Zusammensetzung des Verbrauchs (Wareneinsatzes) auf.

Bewertungs-verfahren	Fiktion der Zusammensetzung des Endbestands	Fiktion der Zusammensetzung des Verbrauchs
gewogener Durchschnitt	Im Endbestand steckt die gleiche Mengenrelation aus Anfangsbestand und Einzellieferungen (2 : 3 : 2 : 4).	Im Verbrauch steckt die gleiche Mengenrelation aus Anfangsbestand und Einzellieferungen (2 : 3 : 2 : 4).
Fifo	Im Endbestand sind die letzten Lieferungen enthalten.	Der Verbrauch setzt sich aus dem Anfangsbestand und den ersten Lieferungen zusammen.
Lifo	Im Endbestand sind der Anfangsbestand und ggf. die ersten Lieferungen enthalten.	Der Verbrauch setzt sich aus den letzten Lieferungen zusammen.

Teilaufgabe b)

Wie hoch sind die Anschaffungskosten (einschließlich des Anfangsbestands) sowie der Umsatz der SCHLAU-MEIER GMBH für das Jahr 01?

Anschaffungskosten und Umsatz lassen sich folgendermaßen ermitteln:

ANSCHAFFUNGSKOSTEN	
Anfangsbestand	48.000 EUR
1. Zugang	102.000 EUR
2. Zugang	52.000 EUR
3. Zugang	172.000 EUR
SUMME	374.000 EUR

UMSATZ	
1. Abgang	66.000 EUR
2. Abgang	220.000 EUR
3. Abgang	66.000 EUR
SUMME	352.000 EUR

Aufgabe 36 Durchschnittsmethode

Bei der SCHLAU-MEIER GMBH (**Aufgabe 35**) wurde der Endbestand bisher immer auf der Basis des gewogenen Durchschnitts ermittelt. Welches Ergebnis und welcher Endbestand ergeben sich bei Anwendung dieser Methode?

$$\text{Gewogener Durchschnittspreis} = \frac{\text{Anschaffungskosten}}{\text{Anschaffungsmenge}}$$

$$\text{Gewogener Durchschnittspreis} = \frac{374.000 \text{ EUR}}{11.000 \text{ dz}} = 34 \text{ EUR/dz}$$

Bewertet man den Endbestand von 3.000 dz mit diesem gewogenen Durchschnittspreis, der die fiktiven Anschaffungskosten darstellt, dann gelangt man für den Endbestand zu einem Bilanzansatz in Höhe von 102.000 EUR (= 3.000 dz · 34 EUR/dz). Die Bewertung des Wareneinsatzes ergibt sich als zwangsläufige Folge der Bewertung des **Endbestands:**

Anschaffungskosten 374.000 EUR	Wareneinsatz 272.000 EUR
	Endbestand 102.000 EUR

Bei Anwendung der Durchschnittsmethode gelangt die SCHLAU-MEIER GMBH zu folgendem **Gewinnausweis:**

	Umsatz	352.000 EUR
–	Wareneinsatz (8.000 dz · 34 EUR/dz)	272.000 EUR
	Gewinn	**80.000 EUR**

Aufgabe 37 Fifo-Methode

Es gelten die Ausgangsdaten der **Aufgabe 35**. Zu welchem Betrag ist der Endbestand (3.000 dz) in der Schlussbilanz auszuweisen, wenn die Vorräte nach der Fifo-Methode bewertet werden? Welchen Einfluss hat die veränderte Vorratsbewertung auf den Erfolgsausweis?

Bei der Fifo-Methode finden die Anschaffungskosten der letzten Lieferung(en) Eingang in die Endbestandsbewertung.

	Menge	Wert / dz	Wert
Endbestand	3.000 dz	?	?
3. Zugang	4.000 dz	43,–	172.000 EUR
Endbestand	3.000 dz	43,–	**129.000 EUR**

Wird der Endbestand der Vorräte mit 129.000 EUR bewertet, gelangt man für Periode 01 zu folgendem Wareneinsatz:

Anschaffungskosten 374.000 EUR	Wareneinsatz 245.000 EUR
	Endbestand 129.000 EUR

Bei Anwendung der Fifo-Methode gelangt die SCHLAU-MEIER GMBH zu folgendem Gewinnausweis:

	Umsatz	352.000 EUR
–	Wareneinsatz	245.000 EUR
	Gewinn	**107.000 EUR**

Gemessen am Ergebnis der Durchschnittsmethode wird der Endbestand mit einem um 27.000 EUR höheren Wert ausgewiesen. Es kommt zu einer Bilanzverlängerung. Der dem Eigenkapitalposten zuzuordnende Gewinnausweis erhöht sich ebenfalls um 27.000 EUR.

Aufgabe 38 Lifo-Methode

Es gelten die Ausgangsdaten der **Aufgabe 35**. Herr Meier möchte seinen 40%-Gesellschaftsanteil verkaufen. Da der Geschäftsführer Schlau an einer Übernahme dieser Anteile interessiert ist, weist er Sie als Buchhalter an, die Vermögenslage der Gesellschaft recht **ungünstig** darzustellen. Um welchen Betrag verringern sich der Ausweis des Vorratsvermögens und somit der Ausweis des Eigenkapitals, wenn Sie statt der Durchschnittsmethode das Lifo-Verfahren anwenden? Wieviel kann Schlau an diesem Bewertungstrick verdienen, wenn sich der Übernahmepreis für Meiers Anteile am Buchwert des Eigenkapitals orientiert?

Wöhe S. 707 f.

Das Lifo-Verfahren führt zu folgendem Buchwert des Endbestands:

Anfangsbestand	2.000 dz à 24 EUR	48.000 EUR
1. Zugang	1.000 dz à 34 EUR	34.000 EUR
Endbestand	3.000 dz	82.000 EUR

Im vorliegenden Fall führt die Lifo-Methode gegenüber der Durchschnittsmethode (vgl. Aufgabe 36) zu einer Verringerung des ausgewiesenen Endbestands des Vorratsvermögens um 20.000 EUR und damit zu einer entsprechenden Verringerung des ausgewiesenen Gewinns.

Im konkreten Fall lässt sich durch die Anwendung der Lifo-Methode der Eigenkapitalausweis der SCHLAU-MEIER GMBH um 20.000 EUR reduzieren. Mit Hilfe dieses Bewertungstricks kann Schlau u. U. 8.000 EUR (40% von 20.000 EUR) verdienen. Allgemein kann man sagen: Im Fall kontinuierlich ansteigender Beschaffungspreise führt die Lifo-Methode zum geringstmöglichen Vermögens- und Erfolgsausweis.

Aufgabe 39 Sammelbewertung – Anwendung des Niederstwertprinzips

Die Durchschnittsmethode, die Fifo- und die Lifo-Methode haben die Aufgabe, die fiktiven Anschaffungskosten des Endbestands gleichartiger Vorräte zu ermitteln. Nach dem Niederstwertprinzip muss man darüber hinaus die (historischen bzw. fiktiven) Anschaffungskosten bzw. den aktuellen Buchwert mit dem beizulegenden Wert am Bilanzstichtag vergleichen.

Die **fiktiven Anschaffungskosten** des Endbestands (3.000 dz) bezifferten sich bei der Anwendung der

- **Durchschnittsmethode** auf 102.000 EUR (**Aufgabe 36**)
- **Fifo-Methode** auf 129.000 EUR (**Aufgabe 37**)
- **Lifo-Methode** auf 82.000 EUR (**Aufgabe 38**).

Mit welchem Wert ist der Endbestand der Vorräte in der Schlussbilanz zum 31.12.01 auszuweisen, wenn der **beizulegende Wert am Bilanzstichtag**

(a) 43,50 EUR/dz
(b) 33,00 EUR/dz

beträgt?

Wöhe S. 707 f.

(a) Beizulegender Wert am Bilanzstichtag 43,50 EUR/dz.

Bei einem mengenmäßigen Endbestand von 3.000 dz beziffert sich der beizulegende Wert am Bilanzstichtag auf 130.500 EUR.

Fall (a)	∅-Methode	Fifo-Methode	Lifo-Methode
Fiktive Anschaffungskosten	102.000 EUR	129.000 EUR	82.000 EUR
Beizulegender Wert	130.500 EUR	130.500 EUR	130.500 EUR
Bilanzansatz nach dem Niederstwertprinzip	**102.000 EUR**	**129.000 EUR**	**82.000 EUR**

Nach jeder der drei Bewertungsmethoden werden die Vorräte zu fiktiven Anschaffungskosten in der Bilanz ausgewiesen, weil der beizulegende Wert in jedem Fall höher ist.

(b) Beizulegender Wert am Bilanzstichtag 33,00 EUR/dz.

Fall (b)	∅-Methode	Fifo-Methode	Lifo-Methode
Fiktive Anschaffungskosten	102.000 EUR	129.000 EUR	82.000 EUR
Beizulegender Wert	99.000 EUR	99.000 EUR	99.000 EUR
Bilanzansatz nach dem Niederstwertprinzip	**99.000 EUR**	**99.000 EUR**	**82.000 EUR**

Im Fall (b) ist der beizulegende Wert (wegen gesunkener Wiederbeschaffungskosten) sehr niedrig. Nur bei Anwendung der Lifo-Methode wird im konkreten Fall der Endbestand zu fiktiven Anschaffungskosten bewertet, weil diese noch niedriger sind als der beizulegende Wert am Bilanzstichtag.

Aufgabe 40 Kurzfristige Fremdwährungsforderungen

Die EXPORT AG verkauft am 1.8.01 Waren auf Ziel an einen Abnehmer in den USA zum Preis von 100.000 USD. Das Zahlungsziel beträgt 6 Monate. Am Tag der Lieferung liegt der Devisenkurs bei 1,25 USD/EUR.

Teilaufgabe a)

Wie hoch sind die Anschaffungskosten der Fremdwährungsforderung?

Wöhe S. 700

Die Anschaffungskosten der Forderung belaufen sich auf 80.000 EUR.

Teilaufgabe b)

Mit welchem Bilanz- und Erfolgsausweis erscheint die Fremdwährungsforderung im Jahresabschluss zum 31.12.01, wenn der

(a) Devisenkurs zum 31.12.01 bei 1 USD/EUR
(b) Devisenkurs zum 31.12.01 bei 2 USD/EUR

liegt?

Kurzfristige Fremdwährungsforderung: Anschaffungskosten 80 TEUR			
(a) Devisenkurs 31.12.: Aktueller Wert der Forderung	1 USD/EUR 100 TEUR	(b) Devisenkurs 31.12.: Aktueller Wert der Forderung	2 USD/EUR 50 TEUR
Bilanzausweis 31.12.01 **Erfolgsausweis 01:** **sonst. betr. Ertrag**	**100 TEUR** **20 TEUR**	**Bilanzausweis 31.12.01** **Erfolgsausweis 01:** **sonst. betr. Aufwand**	**50 TEUR** **30 TEUR**

Kurzfristige Fremdwährungsforderungen werden zum aktuellen Wert bilanziert, der sich aus dem Devisenkurs zum Bilanzstichtag ergibt. Steigt der Wert der ausländischen Währung (Fall a), kommt es zum Ausweis unrealisierter Gewinne.

Aufgabe 41 Langfristige Fremdwährungsforderungen

Es gelten die Angaben der **Aufgabe 40**. Die Export AG hat aber ihrem Abnehmer in den USA ein Zahlungsziel von 20 Monaten eingeräumt. Zum Bilanzstichtag 31.12.01 hat die Fremdwährungsforderung in Höhe von 100.000 USD eine Restlaufzeit von 15 Monaten, sodass die Ausnahmeregelung des §256 a HGB für kurzfristige Fremdwährungsforderungen (Restlaufzeit ≤ 12 Monate) nicht zum Tragen kommt.

Ermitteln Sie für den Jahresabschluss zum 31.12.01 den Bilanzausweis und den Erfolgsausweis der Fremdwährungsforderung auf der Basis folgender Eckdaten.

Nennwert der Forderung USD	100.000
Laufzeit der Forderung	1.8.01 – 31.3.03
Devisenkurs am 1.8.01	1,25 USD/EUR
Devisenkurs am 31.12.01	
(a)	1,00 USD/EUR
(b)	2,00 USD/EUR

Wöhe S. 700

Die Zugangsbewertung der Fremdwährungsforderung erfolgt am 1.8.01 zu Anschaffungskosten von 80.000 EUR. Zum 31.12.01 gelangt man zu folgenden Abschlusswerten:

Langfristige Fremdwährungsforderung: Anschaffungskosten 80 TEUR			
(a) Devisenkurs 31.12.: Aktueller Wert der Forderung	1 USD/EUR 100 TEUR	(b) Devisenkurs 31.12.: Aktueller Wert der Forderung	2 USD/EUR 50 TEUR
Bilanzausweis 31.12.01 **Erfolgsausweis 01:**	**80 TEUR** –	**Bilanzausweis 31.12.01** **Erfolgsausweis 01:** **sonst. betr. Aufwand**	**50 TEUR** **30 TEUR**

Bei der Bewertung langfristiger Forderungen gilt das aus dem Vorsichtsprinzip abgeleitete Niederstwertprinzip. Der Ausweis eines unrealisierten Währungsgewinns ist untersagt.

IV. Bilanzierung und Bewertung der Passiva

Wiederholungsfragen:

	Wöhe Seite
Warum kommt dem Bilanzausweis des Eigenkapitals eine besonders hohe Bedeutung zu?	713
Wie lassen sich die handelsrechtlichen Sondervorschriften zum Eigenkapitalausweis von Kapitalgesellschaften erklären?	714
In welche Klassen lässt sich das Eigenkapital einer Kapitalgesellschaft einteilen?	715 f.
Aus welchen Einzelposten setzen sich die Gewinnrücklagen zusammen?	715
Welchen Mindestbetrag fordern AktG bzw. GmbHG für das Grundkapital einer AG bzw. das Stammkapital einer GmbH?	716
Welche handelsrechtlichen Regelungen gelten für die Bildung bzw. Auflösung von gesetzlichen Rücklagen?	717
Welche Beschlüsse kann die Hauptversammlung zur Verwendung des Bilanzgewinns treffen?	718 f.
Worin liegen die Unterschiede eines Eigenkapitalausweises vor, nach teilweiser bzw. nach vollständiger Ergebnisverwendung?	716, 719
Wie sind Verbindlichkeiten zu bilanzieren, wenn der Auszahlungsbetrag unter dem Rückzahlungsbetrag liegt?	719 f.
Wie sind Rentenverpflichtungen, Fremdwährungsverbindlichkeiten sowie Anleiheverbindlichkeiten im Fall einer Nullkuponanleihe zu bilanzieren?	721
Welche Sachverhalte führen zur Bildung von sog. Rückstellungen für ungewisse Verbindlichkeiten?	721 f.
Wie lassen sich Rückstellungen von anderen Passivposten abgrenzen?	723 f.

Aufgabe 42 Ermittlung des Bilanzgewinns

Die PLASTIK AG legt folgende vorläufige Bilanz zum 31.12.01 vor:

Aktiva	vorläufige Bilanz zum 31.12.01			Passiva
Anlagevermögen	150.000	Gezeichnetes Kapital	100.000	
Umlaufvermögen	67.000	gesetzl. Rücklagen	7.000	
		andere Gewinnrücklagen	40.000	
		Verlustvortrag	– 23.000	
		Jahresüberschuss	43.000	
		Eigenkapital	167.000	167.000
		Verbindlichkeiten		50.000
	217.000			**217.000**

Welchen Betrag muss der Vorstand der Hauptversammlung zur Ausschüttung mindestens anbieten und welchen Betrag kann er der Hauptversammlung maximal zur Ausschüttung anbieten, wenn in beiden Fällen zunächst der Verlustvortrag abgedeckt werden soll? Zeigen Sie die jeweilige Entwicklung vom Jahresüberschuss zum Bilanzgewinn!

Wöhe S. 718 f.

Aus dem Jahresüberschuss von 43.000 EUR ist zunächst der **Verlustvortrag** von 23.000 EUR zu decken. Es verbleiben somit 20.000 EUR. Von diesen 20.000 EUR müssen 5 % den **gesetzlichen Rücklagen** zugeführt werden, weil die gesetzlichen Rücklagen noch nicht 10 % des gezeichneten Kapitals erreicht haben. Da die gesetzlichen Rücklagen lediglich 7.000 EUR, also 7 % des gezeichneten Kapitals betragen, sind ihnen somit 1.000 EUR (5 % von 20.000 EUR) zuzuführen.

Für den Fall des **geringstmöglichen Bilanzgewinnausweises** stellt der Vorstand folgende Rechnung an: Der Jahresüberschuss von 43.000 EUR ist zunächst um den Verlustvortrag (23.000 EUR) und die Zuführung zur gesetzlichen Rücklage (1.000 EUR) zu kürzen. Der Restbetrag von 19.000 EUR wird zur Hälfte in die **anderen Gewinnrücklagen** eingestellt und zur anderen Hälfte als Bilanzgewinn ausgewiesen.

Will der Vorstand den **höchstmöglichen Gewinn** ausschütten, so wird er erstens auf die Zuführung zu den anderen Gewinnrücklagen verzichten und zweitens die gesamten anderen Gewinnrücklagen von 40.000 EUR auflösen, sodass insgesamt ein Bilanzgewinn von 59.000 EUR ausgewiesen wird.

Es ergibt sich somit folgende Entwicklung vom Jahresüberschuss zum Bilanzgewinn für die beiden Fälle:

Verwendung des Jahresüberschusses einer AG	Bilanzgewinn	
	minimal	maximal
Jahresüberschuss	43.000	43.000
– Verlustvortrag aus dem Vorjahr	– 23.000	– 23.000
Bemessungsgrundlage I	20.000	20.000

Verwendung des Jahresüberschusses einer AG	Bilanzgewinn	
	minimal	maximal
– Einstellung in gesetzliche Rücklage (5 % von I)	– 1.000	– 1.000
Bemessungsgrundlage II	19.000	19.000
– Einstellung in andere Gewinnrücklagen (max. 50 % von II)	– 9.500	–
+ Auflösung anderer Gewinnrücklagen	–	+ 40.000
Bilanzgewinn	**9.500**	**59.000**

Aufgabe 43 Erstellung der Jahresbilanz

Welche endgültige Bilanz ergibt sich im Anschluss an **Aufgabe 42** bei einem Bilanzgewinn von 9.500 EUR? Weisen Sie die Zuführungen zu den Rücklagen getrennt aus! Verwenden Sie das handelsrechtliche Gliederungsschema nach § 266 HGB!

Wöhe S. 717–719

Die endgültige Bilanz zum 31.12.01 hat folgendes Aussehen:

Aktiva		**Bilanz zum 31.12.01**			**Passiva**
I. Anlagevermögen	150.000	I. Gezeichnetes Kapital			100.000
II. Umlaufvermögen	67.000	II. Gewinnrücklagen			
		1. gesetzliche Rücklage Stand 31.12.00	7.000		
		Zuführung in 01	1.000	8.000	
		2. andere Gewinnrücklagen Stand 31.12.00	40.000		
		Zuführung in 01	9.500	49.500	57.500
		III. Bilanzgewinn			9.500
		IV. Verbindlichkeiten			50.000
	217.000				**217.000**

6. Abschnitt

Aufgabe 44 Eigenkapitalausweis bei Kapitalgesellschaften

Welche der folgenden Behauptungen sind richtig?

	richtig	falsch
(1) Kapitalgesellschaften müssen ihre stillen Rücklagen als gesonderte Eigenkapitalposition ausweisen.	○	○
(2) Zur Sicherung einer Mindesthaftungssubstanz für die Gläubiger müssen Aktiengesellschaften ein Grundkapital von mindestens 25.000 EUR ausweisen.	○	○

	richtig	falsch
(3) Gesetzliche Rücklagen entstehen durch Zwangsthesaurierung von Gewinnen und dürfen nur in Gewinnjahren zur Ausschüttung herangezogen werden.	○	○
(4) Aktionäre können vom Vorstand verlangen, mindestens die Hälfte der „anderen Gewinnrücklagen" (= freie Rücklagen) zur Dividendenausschüttung freizugeben.	○	○
(5) Nach Abdeckung eines Verlustvortrags und Zuführung zur gesetzlichen Rücklage darf der Vorstand bis zu 5 % des verbleibenden Jahresüberschusses in die „anderen Gewinnrücklagen" einstellen.	○	○
(6) Je höher die Zuführung zu den „anderen Gewinnrücklagen", desto niedriger ist c. p. der auszuweisende Jahresüberschuss.	○	○

Wöhe S. 714–719

Alle sechs Behauptungen sind falsch.

Aufgabe 45 Offene und stille Rücklagen

Welche der folgenden Behauptungen sind richtig?

	richtig	falsch
(1) Stille Rücklagen werden durch zu hohen Ansatz von Herstellungskosten gebildet.	○	○
(2) Stille Rücklagen entstehen durch zu hohe Abschreibungen.	○	○
(3) Stille Rücklagen entstehen durch Unterbewertung von Gewinnrücklagen.	○	○
(4) Durch Bildung überhöhter Rückstellungen entstehen stille Rücklagen.	○	○
(5) Durch die Bildung stiller Rücklagen erhöht sich der Eigenkapitalausweis.	○	○
(6) Durch Bildung offener Rücklagen erhöht sich der Eigenkapitalausweis.	○	○
(7) Zwecks Dividendenausschüttung darf der Vorstand alle Gewinnrücklagen auflösen.	○	○
(8) Gewinnrücklagen entstehen durch Thesaurierung von Gewinnen.	○	○

Wöhe S. 658 f. und S. 715–719

Folgende Behauptungen sind richtig: (2), (4), (6) und (8).

Aufgabe 46 Bilanzgewinn, Verlustvortrag, Gewinnvortrag

Der Vorstand der PUBLICO AG erstellt zum 31.12.01 folgende vorläufige Bilanz (in TEUR):

Aktiva	vorläufige Bilanz zum 31.12.01		Passiva
Anlagevermögen		Gezeichnetes Kapital	10.000
Immaterielle		Gewinnrücklagen	
Vermögensgegenstände	2.000	Gesetzliche Rücklagen	900
Sachanlagen	15.000	Andere Gewinnrücklagen	1.100
Finanzanlagen	3.000	Verlustvortrag	– 400
		Jahresüberschuss	2.400
Umlaufvermögen		Eigenkapital insgesamt	14.000
Vorräte	6.000		
Wertpapiere	3.000	Rückstellungen	1.000
Bank/Kasse	1.000	Verbindlichkeiten	15.000
	30.000		**30.000**

Der Vorstand verfolgt das Ziel, einen möglichst großen Teil des Jahresgewinns zu thesaurieren.

Teilaufgabe a)

Wie hoch ist der Bilanzgewinn, den der Vorstand der im April 02 stattfindenden Hauptversammlung mindestens zur Ausschüttung anbieten muss?

Wöhe S. 716–719

Der Bilanzgewinn für Periode 01 ist folgendermaßen zu ermitteln (in TEUR):

	Jahresüberschuss 01	+ 2.400
–	Verlustvortrag	– 400
	Bemessungsgrundlage I	+ 2.000
–	Einstellung in die gesetzliche Rücklage (5 % von I)	– 100
	Bemessungsgrundlage II	+ 1.900
–	Einstellung in andere Gewinnrücklagen (50 % von II)	– 950
	Bilanzgewinn 01	**950**

Teilaufgabe b)

In Periode 02 erwirtschaftet die PUBLICO AG erneut einen Jahresüberschuss in Höhe von 2.400 TEUR. Der Vorstand strebt abermals nach größtmöglicher Gewinnthesaurierung. Bei der Ermittlung des Bilanzgewinns für Periode 02 hat er die Tatsache zu berücksichtigen, dass die Hauptversammlung im April 02 einen Beschluss zur Nichtausschüttung und „Wiedervorlage" des Bilanzgewinns 01 gefasst hatte. Wie hoch ist unter diesen Umständen der Bilanzgewinn für Periode 02?

Da die Hauptversammlung den Bilanzgewinn 01 in Höhe von 950 TEUR nicht zur Ausschüttung angenommen hat, ist er im Jahresabschluss 02 als **Gewinnvortrag** auszuweisen. Da die gesetzliche Rücklage mit der Dotierung in Periode 01 das gesetzlich vorgeschriebene Mindestmaß von 10 Prozent des Grundkapitals erreicht hat, erübrigt sich eine weitere Dotierung. Der Bilanzgewinn für die Periode 02 ist entsprechend wie folgt zu ermitteln (in TEUR):

	Jahresüberschuss 02 (Bemessungsgrundlage I)	+ 2.400
–	Einstellung in andere Gewinnrücklagen (50 % von I)	– 1.200
	korrigierter Jahresüberschuss	+ 1.200
+	Gewinnvortrag	+ 950
	Bilanzgewinn 02	**2.150**

Aufgabe 47 Ergebnisverwendung bei Aktiengesellschaften

Welche der folgenden Behauptungen sind richtig?

	richtig	falsch
(1) Bei einem Eigenkapitalausweis vor Ergebnisverwendung wird in der Bilanz ein Jahresüberschuss oder Jahresfehlbetrag ausgewiesen.	○	○
(2) Eine Aktiengesellschaft ist in jedem Fall verpflichtet, Zuführungen zur gesetzlichen Rücklage vorzunehmen.	○	○
(3) Gesetzliche Rücklagen dürfen zur Verlustabdeckung herangezogen werden.	○	○
(4) In Verlustjahren dürfen gesetzliche Rücklagen zur Umbuchung in andere Gewinnrücklagen herangezogen werden.	○	○
(5) Wird das Geschäftsjahr mit einem Jahresfehlbetrag abgeschlossen, darf kein Bilanzgewinn ausgewiesen werden.	○	○
(6) Andere Gewinnrücklagen unterliegen keinerlei Ausschüttungsbeschränkung.	○	○
(7) Ein zum 31.12. ausgewiesener Bilanzverlust erscheint in der Bilanz des Folgejahres als Verlustvortrag.	○	○

Wöhe S. 716–719

Folgende Behauptungen sind richtig: (1), (3) und (7).

Aufgabe 48 Eigenkapitalausweis

Welche der folgenden Behauptungen sind richtig?

	richtig	falsch
(1) Einzelunternehmen weisen ihr Eigenkapital stets als Einzelposten aus.	○	○
(2) Die Anzahl der in einer GmbH auszuweisenden Eigenkapitalposten richtet sich nach der Anzahl der Gesellschafter.	○	○
(3) In einer OHG darf es zwar negative Eigenkapitalkonten geben, jedoch muss das gesamte Eigenkapital per Saldo positiv sein.	○	○
(4) Das Eigenkapitalkonto „Gesetzliche Rücklage" ist von allen Kapitalgesellschaften zu bilden.	○	○
(5) Eine Aktiengesellschaft ist immer zur Zuführung zur gesetzlichen Rücklage verpflichtet.	○	○

Wöhe S. 713–719

Folgende Behauptungen sind richtig: (1).

Aufgabe 49 Eigenkapitalausweis einer AG vor und nach Ergebnisverwendung

Die Bilanz einer Aktiengesellschaft hat zum 31.12.01 (in vereinfachter Form) folgendes Aussehen:

Aktiva		Bilanz zum 31.12.01	Passiva
Diverse Vermögensteile	1.400	I. Grundkapital	1.000
		II. Kapitalrücklage	50
		III. Gewinnrücklagen	
		1. Gesetzliche Rücklage	10
		2. Satzungsmäßige Rücklage	15
		3. Andere Gewinnrücklagen	25
		IV. Verlustvortrag	– 40
		Eigenkapital insgesamt	1.060
		Verbindlichkeiten gegenüber Kreditinstituten	340
	1.400		**1.400**

Im **Folgejahr** (Periode 02) hat die AG einen **Jahresüberschuss** in Höhe von **200** erwirtschaftet, wobei sich das Vermögen um 200 erhöht hat, während die Verbindlichkeiten gegenüber Kreditinstituten auf dem Vorjahresstand geblieben sind.

Die Gewinnverwendung erfolgt nach den gesetzlichen und satzungsmäßigen Vorschriften. Kraft Satzung ist der Vorstand verpflichtet, einen Betrag von 20 in die satzungsmäßigen Rücklagen einzustellen. Im Übrigen will der Vorstand von seinem Recht Gebrauch machen, 50 % des frei verfügbaren Jahresüberschusses in die anderen Gewinnrücklagen einzustellen.

Wöhe S. 715–719

Teilaufgabe a)

Ermitteln Sie nach den obigen Vorgaben den Bilanzgewinn der Periode 02!

	Ergebnisverwendung Periode 02	
	Jahresüberschuss (Periode 02)	**200**
–	Verlustvortrag (aus Periode 01)	– 40
	Bemessungsgrundlage (BMG I)	160
–	Einstellung in die gesetzliche Rücklage (5 % von BMG I)	– 8
	Korrigierter Jahresüberschuss (BMG II)	152
–	Einstellung in andere Gewinnrücklagen (max. 50 % von BMG II)	– 76
	Bemessungsgrundlage III	76
–	Einstellung in die satzungsmäßigen Rücklagen	– 20
	Bilanzgewinn	**56**

Teilaufgabe b)

Welches Aussehen hat die **Passivseite der Bilanz zum 31.12.02** bei einem

(1) Eigenkapitalausweis vor Ergebnisverwendung
(2) Eigenkapitalausweis nach teilweiser Ergebnisverwendung
(3) Eigenkapitalausweis nach vollständiger Ergebnisverwendung?

Die Passivseite der Bilanz der AG zum 31.12.02 hat in den Fällen (1)–(3) folgendes Aussehen:

Alternativen zum Eigenkapitalausweis der AG zum 31.12.02

Eigenkapitalausweis einer AG	(1)	(2)	(3)
I. Grundkapital	1.000	1.000	1.000
II. Kapitalrücklage	50	50	50
III. Gewinnrücklagen			
1. Gesetzliche Rücklage	10	→ 18	18
2. Satzungsmäßige Rücklage	15	→ 35	35
3. Andere Gewinnrücklagen	25	→ 101	101
IV. Verlustvortrag	– 40	→ 0	–
V. **Jahresüberschuss**	**200**	–	–
Bilanzgewinn	–	→ 56	–
Eigenkapital insgesamt	1.260	1.260	1.204
Verbindlichkeiten gegenüber Kreditinstituten	340	340	340
Verbindlichkeiten gegenüber Gesellschaftern	–	–	→ 56
Passiva insgesamt	**1.600**	**1.600**	**1.600**

Fazit:

- Die Verteilung des Jahresüberschusses in **(1)** auf die Eigenkapitalposten – Pfeile von **(1)** nach **(2)** –, hat keinen Einfluss auf die Höhe des Eigenkapitals insgesamt (1.260).
- Bei formaljuristischer Betrachtung schuldet die AG als eigenständiges Rechtssubjekt den Aktionären die Ausschüttung des in **(2)** ausgewiesenen Bilanzgewinns. Dieser formaljuristischen Betrachtungsweise folgt der **(3) Eigenkapitalausweis nach vollständiger Ergebnisverwendung**, indem der Eigenkapitalposten „Bilanzgewinn" aus **(2)** umgebucht wird auf den Fremdkapitalposten „Verbindlichkeiten gegenüber Gesellschaftern" in **(3)**.

Aufgabe 50 Jahresfehlbetrag einer AG

Welche der folgenden Behauptungen sind richtig?

	richtig	falsch
(1) Durch den Ausweis eines Jahresfehlbetrags kommt es zu einer Verringerung des bilanzierten Eigenkapitals.	○	○
(2) Als negatives Eigenkapital ist der Jahresfehlbetrag als letzter Posten auf der Aktivseite der Bilanz auszuweisen.	○	○
(3) Zur Deckung eines Jahresfehlbetrags ist vorrangig die gesetzliche Rücklage aufzulösen.	○	○
(4) Zur Deckung eins Jahresfehlbetrags müssen zuallererst die stillen Rücklagen aufgelöst werden.	○	○

	richtig	falsch
(5) Dem Prinzip kaufmännischer Vorsicht folgend sollte das Vermögen so hoch ausgewiesen werden, dass gar kein Jahresfehlbetrag entsteht.	○	○

Wöhe S. 715–719

Richtig ist nur Behauptung (1).

Aufgabe 51 Deckung eines Jahresfehlbetrags

Der Finanzchef der MALUS-AG legt dem Vorstand die folgende vorläufige Jahresbilanz zum 31.12.01 vor (in TEUR):

Aktiva	vorläufige Bilanz zum 31.12.01			Passiva
Anlagevermögen	6.500	Gezeichnetes Kapital	3.400	
Umlaufvermögen	3.500	Kapitalrücklage	+ 300	
		Gesetzliche Rücklage	+ 200	
		Andere Gewinnrücklagen	+ 700	
		Gewinnvortrag	+ 100	
		Jahresfehlbetrag 01	– 1.700	
		Eigenkapital	3.000	3.000
		Verbindlichkeiten		7.000
	10.000			**10.000**

Erstellen Sie die

- Rechnung zur Deckung des Jahresfehlbetrags
- endgültige Bilanz nach Ergebnisverwendung!

Wöhe S. 716–719

Bei der **vorläufigen Bilanz zum 31.12.01** handelt es sich um eine Bilanz vor Ergebnisverwendung: In den Eigenkapitalkonten wurden die **Eigenkapitalbestände zum 1.1.01** ausgewiesen. Der **Jahresfehlbetrag** aus Periode 01 in Höhe von **1.700 TEUR** kann – zumindest anteilig – folgendermaßen gedeckt werden (in TEUR):

Deckung des Jahresfehlbetrags der MALUS-AG			
	Jahresfehlbetrag	–	1.700
+	Gewinnvortrag	+	100
+	Entnahmen aus anderen Gewinnrücklagen	+	700
+	Entnahmen aus der gesetzlichen Rücklage	+	200
+	Entnahmen aus der Kapitalrücklage	+	300
	Bilanzverlust	–	**400**

Daraus ergibt sich die folgende **Bilanz nach Ergebnisverwendung** mit dem **Stand der Eigenkapitalkonten zum 31.12.01:**

6. Abschnitt

Aktiva	endgültige Bilanz zum 31.12.01			Passiva
Anlagevermögen	6.500	Gezeichnetes Kapital	3.400	
Umlaufvermögen	3.500	Bilanzverlust	– 400	
		Eigenkapital	3.000	3.000
		Verbindlichkeiten		7.000
	10.000			**10.000**

Aufgabe 52 Rückstellungsbildung – Pflicht, Wahlrecht, Verbot

Der Buchhalter Luca P. schlägt dem Vorstand der VARIO AG vor, wegen folgender Sachverhalte in der Bilanz zum 31.12.01 eine Rückstellung zu bilden:

(1) Dem Pförtner wurde anlässlich seines 64. Geburtstags eine Betriebsrente im Gegenwert von 90.000 EUR zugesagt.
(2) Nach dem Abschluss einer steuerlichen Außenprüfung im November 01 rechnet man für Februar 02 mit einer Gewerbesteuerrückerstattung von 8.000 EUR.
(3) Am 28.12.01 fiel im Verwaltungsgebäude die Heizung aus. Der Heizungsinstallateur hat die Reparatur (Kostenvoranschlag 4.000 EUR) für die erste Januarwoche fest eingeplant.
(4) Das fortgeschrittene Alter des Maschinenparks lässt für Periode 02 einen Anstieg der Reparaturkosten um 200.000 EUR erwarten.
(5) Der TÜV teilte im Januar 01 mit, dass nach einer neuen Brandschutzverordnung die Sprinkleranlage künftig im Dreijahresturnus (erstmals im Januar 04) einer Hauptuntersuchung (Kosten 120.000 EUR) unterzogen werden muss.
(6) Für das kommende Jahr ist wegen erwarteter Energiepreissteigerungen mit einem um 70.000 EUR verringerten Gewinnausweis zu rechnen.
(7) An der Lagerhalle sollen im Sommer nächsten Jahres die schadhaften Fenster erneuert werden. Der Kostenvoranschlag liegt bei 60.000 EUR.
(8) Ein in Periode 01 abgeschlossener Festpreisauftrag soll in Periode 02 zur Auslieferung kommen. Die benötigten Rohstoffe sind bereits geordert. Wegen gestiegener Rohstoffkosten wird mit einem Verlust in Höhe von 20.000 EUR gerechnet.

Für welchen der genannten Sachverhalte gilt ein
(a) Passivierungszwang
(b) Passivierungswahlrecht
(c) Passivierungsverbot?

Wöhe S. 721–725

Es besteht ein

(a) Passivierungszwang in den Fällen (1), (3) und (8).
(b) Passivierungswahlrecht existiert nicht.
(c) Passivierungsverbot in den Fällen (2), (4), (5), (6) und (7).

Aufgabe 53 Pensionsrückstellungen

Die VORSORGE GMBH schließt am 2.1.01 mit ihrem Prokuristen Treu, der am 31.12.03 aus dem Unternehmen ausscheiden wird, folgenden Pensionsvertrag:

- **Pensionszahlung von 30.000 EUR pro Jahr zahlbar zum Jahresende**
- **Erstmalige Zahlung am 31.12.04**
- **Letztmalige Zahlung am 31.12.08**

Die VORSORGE GMBH beginnt in der Periode der Vertragszusage (01) mit der Bildung einer Pensionsrückstellung. Die künftigen Zahlungsverpflichtungen an Treu sind zum Barwert als Pensionsrückstellung zu passivieren. Der maßgebliche Diskontierungszinsfuß beträgt 6 Prozent.

Ermitteln Sie für den Zeitraum von der Pensionszusage (2.1.01) bis zum Tag der letzten Pensionszahlung (31.12.08) die in der

(1) Bilanz auszuweisende Pensionsrückstellung
(2) GuV auszuweisenden Aufwendungen für die Altersversorgung

der VORSORGE GMBH.

Lösungshinweis: Beachten Sie die Barwertermittlung zu diesem Beispielfall in **Aufgabe 71** im Fünften Abschnitt.

Wöhe S. 721–725

In Aufgabe 71 des Fünften Abschnitts wurde festgestellt, dass in der Anwartschaftsphase, d. h. bis zum 31.12.03, jährlich (Annuität) 39.690 EUR in die Pensionsrückstellung einzustellen sind, damit die fünf Pensionszahlungen von jeweils 30.000 EUR in der Bilanz sachgerecht abgebildet werden.

Datum	Geschäftsvorfall		Bestand der Rückstellung	Aufwand GuV	Periode
31.12.01	Zuführung der Annuität	39.690	**39.690**	39.690	**1**
31.12.02	+ Zinsen (6%)	2.381			**2**
31.12.02	+ Zuführung der Annuität	39.690	**81.761**	42.071	
31.12.03	+ Zinsen (6%)	4.906			**3**
31.12.03	+ Zuführung der Annuität	39.690	**126.357**	44.596	
31.12.04	+ Zinsen (6%)	+ 7.582			**4**
31.12.04	– 1. Pensionszahlung	– 30.000	**103.939**	7.582	
31.12.05	+ Zinsen (6%)	+ 6.236			**5**
31.12.05	– 2. Pensionszahlung	– 30.000	**80.175**	6.236	
31.12.06	+ Zinsen (6%)	+ 4.810			**6**
31.12.06	– 3. Pensionszahlung	– 30.000	**54.985**	4.810	
31.12.07	+ Zinsen (6%)	+ 3.299			**7**
31.12.07	– 4. Pensionszahlung	– 30.000	**28.284**	3.299	
31.12.08	+ Zinsen (6%)	+ 1.697			**8**
31.12.08	– 5. Pensionszahlung	– 30.000	(– 19)*	1.697	
Aufwand insgesamt				**149.981***	

Abgesehen von der Rundungsdifferenz* von 19 EUR entspricht der Aufwand der Totalperiode exakt dem Gesamtbetrag aller Pensionszahlungen von 150.000 EUR (= 5 · 30.000 EUR).

Aufgabe 54 Zerobonds

Die DEBET-AG emittiert in t_0 eine Nullkuponanleihe (Zerobond):

Laufzeit	**5 Jahre**
Rückzahlungsbetrag (TEUR) in t_5	**10.000**
Marktzins in t_0	**6 Prozent**

Diese Anleihe wird in t_0 von der FONDS-AG erworben und über die volle Laufzeit gehalten.

Teilaufgabe a)

Wieviel bezahlt die FONDS-AG in t_0 für die Anschaffung des Zerobonds?

Wöhe S. 711 f.

Zur Ermittlung des Ausgabekurses des Zerobonds ist der Rückzahlungsbetrag (Nennbetrag) von 10.000 TEUR mit dem fristadäquaten Marktzinssatz von 6 Prozent abzuzinsen: 10.000 · 0,7473. Der Ausgabekurs des Zerobonds (= Anschaffungskosten für die FONDS-AG) beziffert sich auf 7.473 TEUR.

Teilaufgabe b)

Wie ist der Zerobond in t_0 und an den folgenden Bilanzstichtagen (t_1 bis t_5)
- bei der FONDS-AG zu aktivieren
- bei der DEBET-AG zu passivieren?

In welcher Höhe ist Ertrag beim Gläubiger bzw. Aufwand beim Schuldner zu verrechnen?

Wöhe S. 711 f. und S. 721

Der Zerobond ist beim Gläubiger FONDS-AG bzw. beim Schuldner DEBET-AG folgendermaßen zu bilanzieren (in TEUR):

Gläubiger FONDS-AG				Schuldner DEBET-AG		
Periode	**Ertrag**	**Aktivposten**		**Passivposten**	**Aufwand**	**Periode**
		7.473	t_0	7.473		
1.	448				448	1.
		7.921	t_1	7.921		
2.	475				475	2.
		8.396	t_2	8.396		
3.	504				504	3.
		8.900	t_3	8.900		
4.	534				534	4.
		9.434	t_4	9.434		
5.	566				566	5.
		10.000	t_5	**10.000**		

In t_0 wird der Zerobond vom Gläubiger (Schuldner) zum Barwert von 7.473 TEUR aktiviert (passiviert). Bis zum Zeitpunkt t_1 wächst der Barwert des Zerobonds auf 7.921 TEUR an. In Höhe des Differenzbetrags von 448 TEUR (= 7.921 – 7.473) erfolgt eine Zuschreibung zum Aktivum bzw. Passivum. Dieser erfolgswirksame Vorgang ist folgendermaßen zu verbuchen (in TEUR):

Gläubiger: Wertpapierforderungen	**an**	Zinsertrag	448
Schuldner: Zinsaufwand	**an**	Wertpapierverbindlichkeiten	448

In t_2 bis einschließlich t_4 ist analog – mit entsprechend angepassten Beträgen – zu verfahren.

Aufgabe 55 Disagio im HGB-Abschluss

Die DEBET-AG erhält in t_0 von der FONDS-AG ein Darlehen mit folgenden Konditionen:

Laufzeit	**5 Jahre**
Rückzahlungsbetrag (= Nennbetrag)	**10.000 GE**
Ausgabebetrag (95 Prozent)	**9.500 GE**
Nominalzins	**6 Prozent**

Wöhe S. 719 f.

Teilaufgabe a)

Welche Möglichkeiten zur bilanziellen Behandlung des Disagios hat die DEBET-AG als Darlehensschuldnerin?

Als Darlehensnehmerin hat die DEBET-AG die Verbindlichkeit zum Rückzahlungsbetrag von 10.000 zu passivieren. Zur bilanziellen Behandlung des Disagios gilt folgendes Wahlrecht:

(1) Das Disagio von 500 wird in der ersten Periode als Aufwand verrechnet.
(2) Das Disagio wird in t_0 als aktiver Rechnungsabgrenzungsposten aktiviert und über die Laufzeit von 5 Jahren linear abgeschrieben.

Im Fall (2) wird ein jährlicher Aufwand in Höhe von 700 verrechnet, der sich aus einem Zinsaufwand von 600 (= 10.000 · 0,06) und einem Abschreibungssaufwand (des RAP aktiv) von 100 (= 500/5) zusammensetzt.

Teilaufgabe b)

Gehen Sie davon aus, dass die DEBET-AG von ihrem Aktivierungswahlrecht für das Disagio Gebrauch macht. Wie ist zum Zeitpunkt t_0 und an den folgenden Bilanzstichtagen (t_1 bis t_5)

- die Darlehensforderung bei der FONDS-AG zu aktivieren
- die Darlehensverbindlichkeit bei der DEBET-AG zu passivieren?

In welcher Höhe ist Aufwand beim Schuldner bzw. Ertrag beim Gläubiger zu verrechnen?

Das Darlehen ist beim Gläubiger FONDS-AG bzw. beim Schuldner DEBET-AG folgendermaßen zu bilanzieren:

Gläubiger FONDS-AG					Schuldner DEBET-AG				
Aktivum	Zuschreibungs-ertrag	Zinsertrag	Ertrag Σ		Passivum	RAP aktiv	Abschreibungs-aufwand	Zinsaufwand	Aufwand Σ
9.500				t_0	10.000	500			
	100	600	700				100	600	700
9.600				t_1	10.000	400			
	100	600	700				100	600	700
9.700				t_2	10.000	300			
	100	600	700				100	600	700
9.800				t_3	10.000	200			
	100	600	700				100	600	700
9.900				t_4	10.000	100			
	100	600	700				100	600	700
10.000				t_5	10.000	–			

Durch die Aktivierung und anschließende Abschreibung des Disagios gelangt man beim Darlehensschuldner zu einer gleichbleibenden Aufwandsverrechnung von 700 GE/Jahr. Damit wird dem Prinzip periodengerechter Gewinnermittlung Genüge getan.

Aufgabe 56 Kurzfristige Fremdwährungsverbindlichkeiten

Die Firma INTERMERCATO importiert Frischfleisch aus Argentinien. Die Lieferungen werden in US-Dollar (USD) abgerechnet.

Zum Bilanzstichtag 31.12.01 ist eine Fremdwährungsverbindlichkeit zu bilanzieren. Dabei ist von folgenden **Ausgangsdaten** auszugehen.

Lieferantenverbindlichkeiten in USD	1 Mio.
Liefertermin	1.10.01
Fälligkeit	31.1.02
Währungskurs am 1.10.01 (USD/1 EUR)	1,25 USD
Währungskurs am 31.12.01 (USD/1 EUR)	
(1) Währungskurs am 31.12.01 (USD/1 EUR)	1,00 USD
(2) Währungskurs am 31.12.01 (USD/1 EUR)	2,00 USD

Teilaufgabe a)

Wie ist die Fremdwährungsverbindlichkeit im Jahresabschluss zum 31.12.01 auszuweisen, wenn der Dollarkurs zum Bilanzstichtag bei

(1) 1,00 USD/EUR
(2) 2,00 USD/EUR

liegt? Zeigen Sie den Bilanz- und den GuV-Ausweis!

Wöhe S. 720

Die Zugangsbewertung der Fremdwährungsverbindlichkeit erfolgt am 1.10.01 zum Devisenkurs am Zugangstag, also mit einem Wert von 800.000 EUR (800 TEUR). Im vorliegenden Fall handelt es sich um eine kurzfristige Fremdwährung (Restlaufzeit < 1 Jahr). Nach § 256a HGB sind **kurzfristige Fremdwährungsforderungen bzw. -verbindlichkeiten stets zum Devisenkurs am Bilanzstichtag zu bewerten**:

Kurzfristige Fremdwährungsverbindlichkeiten		
Fall	(1) Kurssteigerung	(2) Kursrückgang
Zugangsbewertung 1.10.01	800 TEUR	800 TEUR
Bilanzausweis 31.12.01	**1.000 TEUR**	**500 TEUR**
GuV-Ausweis Ertrag (+)/Aufwand (–)	**– 200 TEUR**	**+ 300 TEUR**

Die Buchungssätze zum 31.12.01 lauten:

(1) Sonst. betriebl. Aufwand	an	Lieferantenverbindlichkeiten	200
(2) Lieferantenverbindlichkeiten	an	Sonst. betriebl. Ertrag	300

Teilaufgabe b)

Entspricht die Bilanzierung kurzfristiger Fremdwährungsverbindlichkeiten dem Imparitätsprinzip?

Wöhe S. 674

Nach dem aus dem Vorsichtsprinzip abgeleiteten Imparitätsprinzip

- dürfen unrealisierte Erträge nicht ausgewiesen
- müssen unrealisierte Aufwendungen ausgewiesen

werden. Von diesem Bewertungsgrundsatz macht § 256a HGB eine Ausnahme. Weil bei kurzer Restlaufzeit sehr zeitnah mit einer Realisierung zu rechnen ist, müssen nach dem Willen des Gesetzgebers unrealisierte Erträge berücksichtigt werden.

Aufgabe 57 Langfristige Fremdwährungsverbindlichkeiten

Die Wohnungsbaugesellschaft DOMUS-AG hat eine große Baumaßnahme mit einem zinsgünstigen Kredit finanziert, der auf Schweizer Franken (CHF) lautet. Für diese Darlehensverbindlichkeit gelten folgende **Ausgangsdaten**:

Darlehensverbindlichkeiten in CHF	1 Mio.
Darlehenslaufzeit (Beginn)	2.1.01
Darlehenslaufzeit (Ende)	31.1.06
Währungskurs am 2.1.01 (CHF/1 EUR)	1,60 CHF
Währungskurs am 31.12.01 (CHF/1 EUR)	
(1) Währungskurs am 31.12.01 (CHF/1 EUR)	1,25 CHF
(2) Währungskurs am 31.12.01 (CHF/1 EUR)	2,00 CHF

Wie ist die langfristige Fremdwährungsverbindlichkeit im Jahresabschluss zum 31.12.01 in der

- Bilanz
- GuV

auszuweisen?

Wöhe S. 720

Die Zugangsbewertung erfolgt zum Umrechnungskurs des Zugangstags (2.1.01), also zu 625.000 EUR (625 TEUR). Die langfristige Fremdwährungsverbindlichkeit ist im Jahresabschluss zum 31.12.01 wie folgt auszuweisen:

Langfristige Fremdwährungsverbindlichkeiten			
Fall		(1) Kurssteigerung	(2) Kursrückgang
Zugangsbewertung	2.1.01	625 TEUR	625 TEUR
Aktueller Wert	31.12.01	800 TEUR	500 TEUR
Bilanzansatz	**31.12.01**	**800 TEUR**	**625 TEUR**
GuV-Ausweis Ertrag (+)/Aufwand (–)		**– 175 TEUR**	–

Langfristige Fremdwährungsverbindlichkeiten sind nach den üblichen – aus dem Vorsichtsprinzip abgeleiteten – Bilanzierungsgrundsätzen auszuweisen:

- **Höchstwertprinzip:** Verbindlichkeiten sind (beim Abgleich von Zugangswert und Stichtagswert) stets zum höheren Wert anzusetzen.
- **Imparitätsprinzip:** Unrealisierte, wechselkursbedingte Wertänderungen müssen im Fall von
  - unrealisierten Verlusten erfasst
  - unrealisierten Gewinnen vernachlässigt

werden.

Aufgabe 58 Bilanzierung von Rentenverpflichtungen

Die PENSIO-AG erwirbt am 2.1.01 (t_0) ein Betriebsgrundstück auf Rentenbasis. Der Kaufpreis ist in vier gleichen und jeweils endfälligen Jahresraten zu zahlen.

Jährliche Ratenzahlung (t_1, t_2, t_3, t_4)	1 Mio. EUR
Fristadäquater Diskontierungszinssatz	6 Prozent

Wöhe S. 482–485 und S. 720

Teilaufgabe a)

Mit welchem Betrag ist

- das Grundstück
- die sonstige Verbindlichkeit

zum Erwerbszeitpunkt t_0 zu bilanzieren?

Grundstück und Verbindlichkeit sind zum Zeitpunkt t_0 zum Barwert (der Rentenzahlung) zu bilanzieren:

Rentenbetrag	·	RBF (6 %/4 Jahre)	= Barwert
1 Mio. EUR	·	3,465	= 3.465.000

Der Buchungssatz in TEUR zum Erwerbszeitpunkt lautet:

Grundstücke **an** **sonstige Verbindlichkeiten** **3.465**

Teilaufgabe b)

Mit welchem Betrag ist die sonstige Verbindlichkeit an den folgenden Bilanzstichtagen t_1, t_2, t_3 und t_4 auszuweisen?

Die sonstigen Verbindlichkeiten sind zu jedem Bilanzstichtag zum Barwert der noch ausstehenden Ratenzahlungen auszuweisen:

Zeitpunkt	Anzahl ausstehender Raten	Rentenbetrag (TEUR)	·	RBW (6 %)	Barwert (TEUR)
t_1	3	1.000	·	2,673	**2.673**
t_2	2	1.000	·	1,833	**1.833**
t_3	1	1.000	·	0,943	**943**
t_4	0	–		–	–

Teilaufgabe c)

Die PENSIO-AG leistet zum Zeitpunkt t_1, t_2, t_3 und t_4 an den Grundstücksverkäufer eine Ratenzahlung (per Bank) in Höhe von jeweils 1 Mio. EUR. Wie hoch ist der Zins- bzw. der Tilgungsanteil der jeweiligen Ratenzahlung? Nennen Sie die Buchungssätze, die zum Bilanzstichtag t_1 und t_4 vorzunehmen sind.

Der Barwert der sonstigen Verbindlichkeiten sinkt von 3.465 TEUR (t_0) auf 0 EUR (t_4). Der **Tilgungsanteil** einer Ratenzahlung **entspricht der Barwertabnahme**.

Zeitpunkt	(1) **Barwert (TEUR) sonst. Verbindlichk.**	(2) **Tilgungsanteil (TEUR)** Δ aus (1)	(3) **Zinsanteil (TEUR)**	**Ratenzahlung (TEUR)** (2) + (3)
t_0	3.465			
		792	208	1.000
t_1	2.673			
		840	160	1.000
t_2	1.833			
		890	110	1.000
t_3	943			
		943	57	1.000
t_4	–			

Der Periode 01 ist ein zinsähnlicher Aufwand in Höhe 208 TEUR anzulasten. Dies entspricht einer Zinsbelastung in Höhe von 6 Prozent auf die Verbindlichkeit, die zum Periodenanfang (t_0) mit 3.465 TEUR valutiert.

Buchungssätze (in TEUR):

t_1	Sonstige Verbindlichkeiten	792	**an**	Bank	1.000
	Zinsen und ähnl. Aufwendungen	208			
t_4	Sonstige Verbindlichkeiten	943	**an**	Bank	1.000
	Zinsen und ähnl. Aufwendungen	57			

Aufgabe 59 Bilanzierung einer Rekultivierungsverpflichtung

Die ROLLING STONES-KG hat zum Abbau von Feinkies ein Grundstück erworben. Die planmäßige Nutzungsdauer beträgt vier Jahre:

- Beginn der Abbautätigkeit t_0 (2. Januar 01)
- Ende der Abbautätigkeit t_4 (31. Dezember 04)

Vor Erhalt der kommunalen Betriebsgenehmigung musste sich die ROLLING STONES-KG zur Rekultivierung des Grundstücks zum 31.12.04 (t_4) verpflichten. Hierzu hat ein Fachbetrieb ein Angebot vorgelegt:

- Rekultivierungskosten (Stand Januar 01) EUR 888.494
- Erfahrungswert zur Kostensteigerung/Jahr 3 Prozent

Der Kapitalmarktzins im Laufzeitbereich bis zu fünf Jahren beziffert sich auf 6 Prozent/Jahr.

Wöhe S. 482–485 und S. 724 f.

Teilaufgabe a)

Wie hoch ist die für den Rekultivierungszeitpunkt t_4 (Dezember 04) zu erwartende Kostenbelastung der ROLLING STONES-KG? Wie ist die Rekultivierungsverpflichtung im Jahresabschluss zum 31.12.01 zu berücksichtigen?

Die zum Dezember 04 (t_4) zu erwartende Kostenbelastung lässt sich wie folgt ermitteln:

Kostenniveau t_0	·	Steigerungsfaktor	=	Kostenniveau t_4
K_0	·	$1{,}03^4$	=	K_4
888.494 EUR	·	1,1255	=	1.000.000 EUR

Bei einem erwarteten Kostenanstieg in Höhe von drei Prozent/Jahr muss die ROLLING STONES-KG im Dezember 04 mit Rekultivierungskosten in Höhe von 1 Mio. EUR rechnen.

Bei diesen Rekultivierungskosten handelt es sich um eine ungewisse Verbindlichkeit gegenüber Dritten, für die im Jahresabschluss zum 31.12.01 eine Rückstellung zu bilden ist.

6. Abschnitt

Teilaufgabe b)

> Der Kiesabbau soll sich mit gleichbleibender Intensität kontinuierlich über vier Jahre (t_0 bis t_4) erstrecken. Wie hoch ist die zum 31.12.01 zu bildende Rückstellung? Nennen Sie den Buchungssatz!

Nach dem Prinzip periodengerechter Gewinnermittlung sind die Kosten für die Rekultivierung in t_4 jenen Perioden als Aufwand anzulasten, in denen Erträge aus dem Kiesabbau erwirtschaftet werden.

Kostenanfall (t_4)	:	Nutzungsdauer **(4 Jahre)**	=	**Aufwand/Jahr Grundbetrag**
1.000.000 EUR	:	4 Jahre	=	**250.000 EUR**

Würde man in t_1 (zum 31.12.01) eine Rückstellung in Höhe von 250.000 EUR bilden und an den folgenden drei Bilanzstichtagen, also in t_2, t_3 und t_4 die Rückstellung um eben diesen Betrag erhöhen, stünden in t_4, also zum 31.12.04, 1 Mio. EUR zur Ablösung der Rekultivierungsverpflichtung zur Verfügung.

Im vorliegenden Fall hat die Rückstellung eine Laufzeit von mehr als einem Jahr. Folglich ist sie mit dem Marktzinssatz von 6 Prozent abzuzinsen (§253 Abs. 2 HGB). In t_1 hat die Rückstellung eine Restlaufzeit von 3 Jahren (t_1 bis t_4). Daraus ergibt sich zum 31.12.01 (t_1) folgender Barwert des in t_1 zuzuführenden Rückstellungsgrundbetrags:

Grundbetrag	·	**Abzinsungsfaktor (AZF)**	=	**Rückstellung (Barwert t_1)**
250.000 EUR	·	$1{,}06^{-3}$ (= 0,8396)	=	**209.905 EUR**
Buchungssatz zum 31.12.01:				
Sonst. betriebl. Aufwand	**an**	**Sonstige Rückstellungen**		**209.905**

Teilaufgabe c)

> Ermitteln Sie
> - die Zuführungen zur Rückstellung
> - den Bilanzansatz der Rückstellung
>
> zu den folgenden Bilanzstichtagen t_2, t_3 und t_4!

Die periodenweise Zuführung zur Rückstellung setzt sich aus zwei Komponenten zusammen:

(1) Barwert des Grundbetrags (= sonst. betriebl. Aufwand)
(2) Zinsen auf den Rückstellungsbestand des Vorjahres (= Zinsaufwand)

Auf dieser Basis ergibt sich folgende Berechnung:

Grundbetrag · AZF		Zuführungsbetrag (1)	Zuführungsbetrag (2)	Rückstellung (Bilanzausweis)
t_1	$250.000 \cdot 1{,}06^{-3}$	209.905	–	209.905
t_2	$250.000 \cdot 1{,}06^{-2}$	222.499	12.594	444.998
t_3	$250.000 \cdot 1{,}06^{-1}$	235.849	26.700	707.547
t_4	$250.000 \cdot 1{,}00$	250.000	42.453	1.000.000

In t_1 (Bilanzstichtag 31.12.01) steht die Rückstellung mit 209.905 EUR zu Buche. Die darauf für Periode 02 zu verrechnenden Zinsen (6 Prozent) betragen 12.594 EUR.

Damit lautet der Buchungssatz in t_2 (zum 31.12.02):

Sonst. betriebl. Aufwand	222.499	**an**	Sonstige Rückstellungen	235.093
Zinsaufwand	12.594			

Damit erhöht sich der Rückstellungsausweis von 209.905 EUR in t_1 auf 444.998 EUR in t_2.

V. Erfolgsrechnung, Kapitalflussrechnung, Eigenkapitalspiegel, Anhang und Lagebericht

Wiederholungsfragen:

	Wöhe Seite
Warum dürfen in der GuV Aufwendungen und Erträge nicht gegeneinander aufgerechnet werden?	726
Welcher Zusammenhang besteht zwischen dem gesamten Periodenergebnis, dem nachhaltig erzielbaren Ergebnis und dem zufallsbedingten Ergebnis (sog. Einmaleffekten)?	726
Wie unterscheidet sich der Ergebnisausweis nach dem Gesamtkostenverfahren und dem Umsatzkostenverfahren?	727–729
Welcher Zusammenhang besteht zwischen dem HGB-Betriebsergebnis, dem Finanzergebnis und dem Jahresüberschuss/Jahresfehlbetrag?	731
Wie sind EBIT und EBITDA definiert?	732
Welche wichtigen Ertragskomponenten werden im Posten „sonstige betriebliche Erträge" zusammengefasst?	733
Sind im Posten „sonstige betriebliche Aufwendungen" neutrale oder ordentliche Aufwandskomponenten enthalten?	733
Warum ist das in der GuV-Gliederung nach §275 HGB enthaltene Erfolgsspaltungskonzept aus betriebswirtschaftlicher Sicht zu bemängeln?	733 f.
Welche Arten von Kapitalflussrechnungen lassen sich unterscheiden?	742
Welche (wichtigen) Posten gehören zum Cash Flow aus laufender Geschäftstätigkeit, aus Investitionstätigkeit bzw. aus Finanzierungstätigkeit?	742
Welches Aussehen hat ein grob strukturierter Eigenkapitalspiegel?	743
Welche Aufgaben haben Anhang und Lagebericht und wo liegen deren Informationsschwerpunkte?	734 f.
Welche Pflichtangaben muss der Anhang enthalten?	735 f.
Welche Pflichtangaben muss der Lagebericht enthalten?	737
Welche Aufgabe hat die Segmentberichterstattung?	738 f.
Welche Aufgabe hat die Sozial- und Umweltberichterstattung?	739–741

Aufgabe 60 Komponenten des ordentlichen und des neutralen Erfolgs

Nennen Sie im Hinblick auf das Gesamtkostenverfahren beispielhaft Aufwands- und Ertragspositionen des Betriebsergebnisses, die sich eindeutig dem ordentlichen bzw. dem neutralen Ergebnis zuordnen lassen! Bei welchen anderen Positionen handelt es sich um Mischposten, die sich keiner der beiden Ergebniskategorien eindeutig zuordnen lassen?

Wöhe S. 635, S. 726 und S. 729–734

	Ertrag	Aufwand
„ordentlich“	(1) Umsatzerlöse (2) Bestandsveränderungen (3) aktivierte Eigenleistungen	(5) Materialaufwand (6) Personalaufwand
„neutral“		(7b) Abschreibungen auf das UV
„Mischposten“	(4) sonstige betriebliche Erträge	(8) sonstige betriebliche Aufwendungen (7a) Abschreibungen auf das AV

In der Position (7a) sind sowohl planmäßige Abschreibungen, die ordentlichen Aufwand darstellen, als auch außerplanmäßige Abschreibungen enthalten, die als neutraler Aufwand zu klassifizieren sind.

Aufgabe 61 GuV einer Kapitalgesellschaft

Zur Erstellung der GuV nach dem Gesamtkostenverfahren muss die CONSTRUCTA AG für Periode 01 folgende Sachverhalte berücksichtigen:

(1)	Umsatzerlöse	30.000
(2)	(a) Bestandserhöhung Fertigfabrikate (FF)	250
	(b) Bestandsminderung Halbfabrikate (HF)	1.550
(3)	Herstellungskosten eines selbst erstellten Betriebsgebäudes	2.800
(4)	Zuschreibung auf maschinelle Anlagen	500
(5)	Provisionserträge	1.000
(6)	Materialaufwand	5.500
(7)	Personalaufwand	5.000
(8)	Planmäßige Abschreibungen	3.500
(9)	Totalabschreibung einer Forderung nach Insolvenz eines Großkunden	600
(10)	Mietaufwand	2.000
(11)	Verlust aus dem Verkauf einer Anlage (Fehlinvestition)	2.400
(12)	Zins- und Dividendenerträge	700
(13)	Zinsaufwand	4.000
(14)	Abschreibung auf Finanzanlagen	500
(15)	Entschädigungsloser Entzug einer Förderlizenz; Buchwert	200
(16)	Steuern vom Einkommen und Ertrag 30 % vom Ergebnis vor Steuern	

Teilaufgabe a)

Erstellen Sie die GuV für Periode 1 nach dem Gesamtkostenverfahren (Gliederungsschema in § 275 HGB). Dabei sollen folgende Posten gesondert ausgewiesen werden:

- Betriebsergebnis
- Finanzergebnis
- Ergebnis vor Steuern
- Jahresüberschuss/Jahresfehlbetrag

Wöhe S. 729–731

Die nach dem Gesamtkostenverfahren erstellte GuV 01 hat folgendes Aussehen:

	GuV für Periode 01 der CONSTRUCTA AG			
	Umsatzerlöse	(1)	30.000	
–	Bestandsminderung HF, FF	(2)	– 1.300	
+	Aktivierte Eigenleistungen	(3)	+ 2.800	
+	Sonstige betriebliche Erträge	(4), (5)	+ 1.500	
–	Materialaufwand	(6)	– 5.500	
–	Personalaufwand	(7)	– 5.000	
–	Abschreibungen auf Sachanlagen	(8)	– 3.500	
–	Abschreibungen auf Umlaufvermögen	(9)	– 600	
–	Sonstige betriebliche Aufwendungen	(10), (11), (15)	– 4.600	
	Betriebsergebnis		**+ 13.800**	**+ 13.800**
+	Erträge aus Wertpapieren	(12)	+ 700	
–	Zinsen und ähnliche Aufwendungen	(13)	– 4.000	
–	Abschreibungen auf Finanzanlagen	(14)	– 500	
	Finanzergebnis		**– 3.800**	**– 3.800**
	Ergebnis vor Steuern			**+ 10.000**
–	Steuern vom Einkommen und Ertrag 30 %	(16)		– 3.000
	Jahresüberschuss			**7.000**

Teilaufgabe b)

Inwieweit wird das „Ergebnis vor Steuern" durch sog. **Einmaleffekte** beeinträchtigt? Beziffern Sie die diesbezüglichen

- neutralen (periodenfremden und außergewöhnlichen) Erträge
- neutralen (periodenfremden und außergewöhnlichen) Aufwendungen!

In folgenden GuV-Posten sind neutrale Erträge bzw. neutrale Aufwendungen enthalten:

GuV-Posten	insgesamt	ordentlich	neutral
Sonst. betr. Erträge	+ 1.500	+ 1.000	+ 500
Abschreibungen auf UV	– 600	–	– 600
Sonst. betr. Aufwendungen	– 4.600	– 2.000	– 2.600
Abschreibungen auf Finanzanlagen	– 500	–	– 500

Im Ergebnis vor Steuern sind enthalten:
- neutrale Erträge in Höhe von 500
- neutrale Aufwendungen in Höhe von 3.700.

Teilaufgabe c)

Zeigen Sie in einer Gegenüberstellung den
- ursprünglichen Wert
- bilanzanalytisch korrigierten Wert

für das Betriebsergebnis, Finanzergebnis, Ergebnis vor Steuern und Jahresüberschuss/Jahresfehlbetrag! Weisen Sie zudem das neutrale Ergebnis aus! Verändert der korrigierte Erfolgsausweis Ihr Urteil über die Ertragslage der CONSTRUCTA AG?

Wöhe S. 821–823

GuV 01	ausgewiesener Wert	korrigierter Wert
Betriebsergebnis Finanzergebnis	+ 13.800 – 3.800	+ 16.500 – 3.300
Betriebs- und Finanzergebnis Neutrales Ergebnis	+ 10.000 –	+ 13.200 – 3.200
Ergebnis vor Steuern Jahresüberschuss	+ 10.000 + 7.000	+ 10.000 + 7.000

Die Korrektur des Erfolgsausweises hat keinen Einfluss auf die Höhe des ausgewiesenen Jahresüberschusses. Gleichwohl verändert sie das Urteil über die Ertragslage des Unternehmens.

Betrachtet man das korrigierte Betriebs- und Finanzergebnis (ordentliches Ergebnis) als Indikator des **nachhaltig erzielbaren Jahreserfolgs** (vor Steuern), dann gelangt man zu folgendem Urteil: Die nachhaltige Ertragskraft der CONSTRUCTA AG ist besser als in der GuV ausgewiesen, da negative Einmaleffekte in Höhe von 3.200 dem neutralen Ergebnis zuzurechnen sind.

Aufgabe 62 Nachhaltig erzielbarer Periodenerfolg

Für die Periode 01 hat die GuV der AGENDA-AG folgendes Aussehen:

Gewinn- und Verlustrechnung 01		
Umsatzerlöse	10.000	
Änderung des Bestands an Fertigfabrikaten	– 600	
Sonstige betriebliche Erträge	+ 1.100	
Materialaufwand	– 1.500	
Personalaufwand	– 2.000	
Abschreibungen auf Sachanlagen	– 2.500	
Abschreibungen auf Gegenstände des UV	– 500	
Sonstige betriebliche Aufwendungen	– 1.700	
Betriebsergebnis	**+ 2.300**	**+ 2.300**

Gewinn- und Verlustrechnung 01		
Zinsen und ähnliche Erträge	+ 1.200	
Abschreibungen auf Finanzanlagen	– 400	
Zinsen und ähnliche Aufwendungen	– 1.000	
Finanzergebnis	**– 200**	**– 200**
Ergebnis vor Steuern		**+ 2.100**
Steuern vom Einkommen und Ertrag		– 1.000
Sonstige Steuern		– 100
Jahresüberschuss		**+ 1.000**

Auszug aus dem Anhang der AGENDA-AG

(1) Die planmäßigen Abschreibungen betrugen 1.800. Sie wurden nach der linearen Methode berechnet.

(2) Die sonstigen betrieblichen Aufwendungen setzen sich folgendermaßen zusammen:

Verlust aus Abgang von Anlagegegenständen	380
Ausfall Großforderung gegen Pleite AG	800
Heraufsetzung der Pauschalwertberichtigung	20
Mietaufwand	500
Sonstige betriebliche Aufwendungen	1.700

(3) Der Personalaufwand setzt sich folgendermaßen zusammen:

Zahlung von Lohn und Gehalt	1.700
Zuführung zu Pensionsrückstellungen	300
Personalaufwand	2.000

(4) Die sonstigen betrieblichen Erträge setzen sich folgendermaßen zusammen:

Wertzuschreibungen	200
Gewinn aus Veräußerung eines Grundstücks	800
Erträge aus geschäftsüblichen Provisionen	100
Sonstige betriebliche Erträge	1.100

Wöhe S. 732–734

Teilaufgabe a)

Worin liegt der Unterschied zwischen dem Erfolgsausweis nach dem HGB-Gliederungsschema der GuV und dem nachhaltig erzielbaren Periodenerfolg?

Der Jahreserfolg eines Unternehmens setzt sich aus

(1) gewöhnlich anfallenden Erfolgskomponenten
(2) einmalig oder zufällig anfallenden Erfolgskomponenten, den sog. **Einmaleffekten**

zusammen. Zu (1) gehören z. B. Umsatzerlöse, Personalaufwand, Zinsaufwand, Zinserträge u. Ä. Zu den „Einmaleffekten“, also zur Gruppe (2), gehören z. B. Gewinne aus dem Verkauf eines Grundstücks, außerplanmäßige Abschreibungen, Kursverluste bei Wertpapieren u. Ä.

Zur Beurteilung der Ertragslage ermitteln Bilanzanalysten das um Einmaleffekte bereinigte Ergebnis, das man als nachhaltig erzielbares (ordentliches) Ergebnis bezeichnen kann. Zu diesem Zweck werden die Einmaleffekte in das neutrale Ergebnis verlagert.

Teilaufgabe b)

Wie hoch sind im obigen Beispielfall das um Einmaleffekte korrigierte Betriebsergebnis, das korrigierte Finanzergebnis sowie das neutrale Ergebnis?

Das Ergebnis lässt sich folgendermaßen korrigieren:

	Umsatzerlöse		10.000	
–	Bestandsänderungen		– 600	
+	Sonstige betriebliche Erträge (Provision)		+ 100	
–	Materialaufwand		– 1.500	
–	Personalaufwand		– 2.000	
–	Planmäßige Abschreibungen Sachanlagen		– 1.800	
–	Sonstige betriebliche Aufwendungen			
	• Pauschalwertberichtigung	20		
	• Mietaufwand	500	– 520	
–	Sonstige Steuern		– 100	
	Korrigiertes Betriebsergebnis		**+ 3.580**	**+ 3.580**
+	Zinsen und ähnliche Erträge		+ 1.200	
–	Zinsen und ähnliche Aufwendungen		– 1.000	
	Korrigiertes Finanzergebnis		**+ 200**	**+ 200**
	Ordentliches Ergebnis			**+ 3.780**
	Sonstige betriebliche Erträge		+ 1.000	
–	Sonstige betriebliche Aufwendungen		– 1.180	
–	Außerplanmäßige Abschreibung AV		– 700	
–	Außerplanmäßige Abschreibung UV		– 500	
–	Abschreibungen auf Finanzanlagen		– 400	
	Neutrales Ergebnis		**– 1.780**	**– 1.780**
–	Ertragsteuern			– 1.000
	Jahresüberschuss			**+ 1.000**

Teilaufgabe c)

Gelangen Sie nach der Erfolgsspaltung in Teilaufgabe b) zu einem veränderten Urteil über die Ertragslage der AGENDA-AG?

Der Informationsnutzen der Erfolgsspaltung lässt sich aus der Gegenüberstellung folgender Teilergebnisse beurteilen:

- **Ergebnis vor Steuern lt. GuV** **+ 2.100**
- **Ordentliches Ergebnis** **+ 3.780**

Nach der Verlagerung zahlreicher negativer Einmaleffekte in das neutrale Ergebnis kann man feststellen, dass das nachhaltig erzielbare Ergebnis (3.780) deutlich höher ausfällt, als es in der GuV (2.100) ausgewiesen wird.

Aufgabe 63 Operativer Cash Flow

Das Unternehmen LIQUOR legt für Periode 01 folgende GuV vor:

	GuV Periode 01	
	Umsatzerlöse	2.000
+	Sonstige betriebliche Erträge	+ 1.400
–	Materialaufwand	– 800
–	Personalaufwand	– 920
–	Abschreibungen auf das Anlagevermögen	– 580
–	Sonstige betriebliche Aufwendungen	– 300
–	Zinsaufwand	– 1.000
	Verlust	**– 200**

Alle Aufwendungen sind auszahlungswirksam, alle Erträge sind einzahlungswirksam, soweit dem nicht folgende **Zusatzinformationen** im Wege stehen:

(1) Die Umsatzerlöse basieren zu einem Viertel auf Verkäufen auf Ziel.
(2) Die sonstigen betrieblichen Erträge setzen sich wie folgt zusammen:
- Provisionserträge (Bankgutschrift) 950
- Auflösung einer Rückstellung nach Prozessgewinn 300
- Wertzuschreibung auf Finanzanlagen 150

(3) Der Personalaufwand setzt sich zusammen aus:
- Lohn- und Gehaltszahlungen 600
- Zuführung zu Pensionsrückstellungen 320

(4) In den sonstigen betrieblichen Aufwendungen ist ein Betrag zur Bildung einer Rückstellung für Garantieleistungen enthalten 130

Teilaufgabe a)

Ermitteln Sie den Cash Flow aus laufender Geschäftstätigkeit (= operativer Cash Flow) unter der Annahme, dass es keine weiteren Geschäftsvorfälle gab.

Wöhe S. 639–641 und S. 741–743

Der operative Cash Flow lässt sich auf zwei verschiedenen Wegen ermitteln: direkt (a) und indirekt (b).

(a) Gegenüberstellung von Einzahlungen und Auszahlungen

	GuV Periode 01		Cash-Flow-Rechnung 01	
			Einzahlung	Auszahlung
	Umsatzerlöse	2.000	1.500	
+	Sonstige betriebliche Erträge	+ 1.400	950	
–	Materialaufwand	– 800		– 800
–	Personalaufwand	– 920		– 600
–	Abschreibungen auf Anlagevermögen	– 580		
–	Sonstige betriebliche Aufwendungen	– 300		– 170
–	Zinsaufwand	– 1.000		– 1.000
			+ 2.450	**– 2.570**
	Verlust	**– 200**	**Oper. Cash Flow**	**– 120**

(b) Übergangsrechnung vom Jahreserfolg zum operativen Cash Flow

	Verlust	**– 200**
+	Abschreibungen	+ 580
+	Zuführung zu Rückstellungen	+ 450
–	Zuschreibungen	– 150
–	Auflösung von Rückstellungen	– 300
–	Nichtzahlungswirksame Umsatzerlöse	– 500
	Operativer Cash Flow	**– 120**

In beiden Fällen gelangt man für Periode 01 zu einem operativen Cash Flow in Höhe von – 120.

Teilaufgabe b)

Wie beurteilen Sie die Ertrags- und Finanzlage der Firma LIQUOR in Periode 01? Welche Konsequenz hat das Cash-Flow-Ergebnis in Periode 01 für die Zahlungsfähigkeit des Unternehmens?

Sowohl die unkorrigierte Ertragslage (Verlust 200) als auch die Finanzlage (Auszahlungsüberschuss 120) sind negativ zu beurteilen. Ist der operative Cash Flow – wie im vorliegenden Fall – negativ, muss der Auszahlungsüberschuss durch

- ein Abschmelzen von Barmittelreserven
- einen positiven Cash Flow aus der Investitionstätigkeit (z. B. aus Anlageverkäufen)
- einen positiven Cash Flow aus der Finanzierungstätigkeit (z. B. aus Kreditaufnahme)

aufgefangen werden.

Aufgabe 64 Kapitalflussrechnung – Ableitung aus der GuV

Die (vereinfachte) GuV der SIMPEL-AG hat folgendes Aussehen:

	GuV Periode 02	
	Umsatzerlöse	20.000
+	Sonstige betriebliche Erträge	+ 2.000
–	Materialaufwand	– 3.000
–	Personalaufwand	– 3.000
–	Abschreibungen auf das Anlagevermögen	– 5.000
–	Sonstige betriebliche Aufwendungen	– 4.000
–	Fremdkapitalzinsen	– 1.000
	Ergebnis vor Steuern	+ 6.000
–	Ertragsteuern	– 2.000
	Jahresüberschuss	**+ 4.000**

Zusatzangaben aus Bilanz und Anhang:

(1) In den sonstigen betrieblichen Erträgen ist die Auflösung einer Prozesskostenrückstellung in Höhe von 1.500 enthalten.

(2) In den sonstigen betrieblichen Aufwendungen ist ein Veräußerungsverlust aus dem Verkauf eines Grundstücks in Höhe von 1.000 enthalten.
(3) Im Personalaufwand ist die Bildung einer Pensionsrückstellung in Höhe von 500 enthalten.
(4) Die Forderungen aus Lieferungen und Leistungen haben sich um 2.000 verringert.
(5) Aus dem Grundstücksverkauf (2) ergab sich ein Mittelzufluss in Höhe von 5.000.
(6) Die Neuinvestitionen in das Anlagevermögen bezifferten sich auf 10.000.
(7) Die Kredittilgung bezifferte sich auf 10.000.
(8) Es wurde ein neues Darlehen in Höhe von 5.000 aufgenommen.
(9) Der Jahresüberschuss des Vorjahres in Höhe von 6.000 wurde zur Hälfte ausgeschüttet.
(10) Der Finanzmittelbestand am Periodenanfang bezifferte sich auf 2.100.

Erstellen Sie für die Periode 02 die Kapitalflussrechnung der SIMPEL-AG! Unterscheiden Sie dabei zwischen

- Mittelfluss aus der laufenden Geschäftstätigkeit
- Mittelfluss aus der Investitionstätigkeit
- Mittelfluss aus der Finanzierungstätigkeit.

Wie hoch ist das Innenfinanzierungsvolumen der Periode 02?

Wie hoch ist der Finanzmittelbestand am Ende der Periode 02?

Wöhe S. 741–743

Die Kapitalflussrechnung der SIMPEL-AG hat für Periode 02 folgendes Aussehen:

	Kapitalflussrechnung 1.1.02–31.12.02			
	Jahresüberschuss		+ 4.000	
+	Abschreibungen auf das AV		+ 5.000	
–	Auflösung Prozesskostenrückstellung	(1)	– 1.500	
+	Bildung Pensionsrückstellungen	(3)	+ 500	
+	Veräußerungsverlust Grundstücksverkauf	(2)	+ 1.000	
+	Abnahme Forderungen aus Lieferungen und Leistungen	(4)	+ 2.000	
	A. Mittelfluss aus der laufenden Geschäftstätigkeit		+ 11.000	**+ 11.000**
+	Einzahlungen aus Abgängen AV	(5)	+ 5.000	
–	Auszahlungen für Investitionen AV	(6)	– 10.000	
	B. Mittelfluss aus der Investitionstätigkeit		– 5.000	**– 5.000**
–	Auszahlungen an Gesellschafter	(9)	– 3.000	
+	Einzahlungen aus Kreditaufnahme	(8)	+ 5.000	
–	Auszahlungen aus Kredittilgung	(7)	– 10.000	
	C. Mittelfluss aus der Finanzierungstätigkeit		– 8.000	**– 8.000**
	Zahlungswirksame Veränderung des Finanzmittelfonds **(A + B + C)**			**– 2.000**
–	Finanzmittelbestand am Periodenanfang	(10)		**+ 2.100**
	D. Finanzmittelbestand am Periodenende			**+ 100**

Das Innenfinanzierungsvolumen entspricht dem Mittelzufluss aus laufender Geschäftstätigkeit und beziffert sich im Beispielfall auf 11.000 GE.

Am Periodenende ist ein Finanzmittelbestand von 100 GE vorhanden.

Aufgabe 65 Cash Flow

Welche der folgenden Behauptungen sind richtig?

	richtig	falsch
(1) Unter dem Cash Flow versteht man flüssige Mittel, die in der Bilanz unter dem Aktivposten „Kassenbestand und Sichtguthaben bei Kreditinstituten" auszuweisen sind.	○	○
(2) Der Cash Flow kann einen positiven oder einen negativen Wert annehmen.	○	○
(3) Ein negativer Cash Flow ist auf der Passivseite der Bilanz unter „Sonstige Verbindlichkeiten" auszuweisen.	○	○
(4) Ein negativer Cash Flow zeigt an, dass die Auszahlungen der Periode größer waren als die Einzahlungen.	○	○
(5) Ein negativer Cash Flow führt zwangsläufig zur Zahlungsunfähigkeit und damit zur Insolvenz des Unternehmens.	○	○
(6) Der Vorstand einer Aktiengesellschaft hat das Recht, ohne Zustimmung der Aktionäre bis zu 50 Prozent eines (positiven) Cash Flows in den Eigenkapitalposten „Andere Gewinnrücklagen" einzustellen.	○	○
(7) Der Jahresfehlbetrag einer Kapitalgesellschaft führt immer zu einem negativen Cash Flow.	○	○
(8) Der (Gesamt-)Cash Flow setzt sich aus den drei Komponenten „Operativer (= laufender) Cash Flow", „Cash Flow aus der Investitionstätigkeit" und „Cash Flow aus der Finanzierungstätigkeit" zusammen.	○	○
(9) Der operative (= laufende) Cash Flow entspricht dem Innenfinanzierungsvolumen.	○	○
(10) Ein negativer Cash Flow in Periode 01 muss durch einen entsprechend hohen positiven Cash Flow in Periode 02 ausgeglichen werden.	○	○

Wöhe S. 741–743

Zutreffend sind die Behauptungen (2), (4), (8) und (9).

Aufgabe 66 Anlagespiegel

Sie haben die Aufgabe übernommen, für die POTAMOS-AG einen Jahresabschluss zu erstellen. Im Zuge der Vorbereitungsarbeiten ist der Anlagespiegel zu entwickeln.

Zur Erstellung des Anlagespiegels für die **Periode 03** liegen Ihnen folgende Informationen vor:

Technische Anlagen

Anschaffungs- bzw. Herstellungskosten Periodenanfang (AHK)	1.000
Zugänge Periode 03	200
Kumulierte Abschreibung Vorperioden	300
Abschreibung lfd. Periode 03	50

Finanzanlagen

Posten A:
Erwerb in Periode 02 Anschaffungskosten 100

Posten B:
Erwerb in Periode 01 Anschaffungskosten 650
außerplanmäßige Abschreibung Periode 02 150
Veräußerung in Periode 03 zu 580

Weitere Positionen existieren nicht. Erstellen Sie den Anlagespiegel!

Wöhe S. 685 f.

Für die Abrechnungsperiode 03 hat der Anlagespiegel folgendes Aussehen:

Anlagespiegel (Periode 03)										
	AHK				Abschreibungen				RBW	
Bilanzposten	01.01.03 kumuliert	Zugänge	Abgänge	31.12.03 kumuliert	01.01.03 kumuliert	Zugänge	Abgänge	31.12.03 kumuliert	Vorjahr	lfd. Jahr
Techn. Anlagen	1.000	200	0	1.200	300	50	0	350	700	850
Finanzanlagen	750	0	– 650	100	150	0	– 150	0	600	100
AV insg.	1.750	200	– 650	1.300	450	50	– 150	350	1.300	950

Im Hinblick auf den Bilanzposten „Finanzanlagen" liegen dem Anlagespiegel folgende Detailinformationen zugrunde:

detaillierter Auszug aus dem Anlagespiegel (Periode 03)										
	AHK				Abschreibungen				RBW	
Finanzanlagen	01.01.03 kumuliert	Zugänge	Abgänge	31.12.03 kumuliert	01.01.03 kumuliert	Zugänge	Abgänge	31.12.03 kumuliert	Vorjahr	lfd. Jahr
A	100	0	0	100	0	0	0	0	100	100
B	650	0	– 650	0	150	0	– 150	0	500	0
insg.	750	0	– 650	100	150	0	– 150	0	600	100

Beim Verkauf der Finanzanlagen (Posten B) ist folgender Sachverhalt auszubuchen:

Anschaffungskosten	650	kumulierte Abschreibungen	150
		Restbuchwert	500
	650		650

Aufgabe 67 Veränderungsbilanz

Die POTAMOS-AG legt zum 31.12.03 folgende Bilanz vor. Die Daten des Anlagespiegels aus der Aufgabe 66 sind in diese Bilanz eingearbeitet.

AKTIVA	(Vorjahr)	31.12.03
Anlagevermögen		
Technische Anlagen	(700)	850
Finanzanlagen	(600)	100
Umlaufvermögen		
Vorräte	(100)	320
Forderungen aus Lieferungen und Leistungen	(300)	280
Schecks, Kasse, Bank	(100)	450
	(1.800)	**2.000**

PASSIVA	(Vorjahr)	31.12.03
Eigenkapital		
Grundkapital	(200)	280
Kapitalrücklage	(50)	70
Andere Gewinnrücklagen	(230)	230
Jahresüberschuss	(70)	200
Rückstellungen		
Pensionsrückstellung	(250)	270
Verbindlichkeiten		
Anleihen	(500)	300
Verbindlichkeiten gegenüber Kreditinstituten	(350)	450
Verbindlichkeiten aus Lieferung und Leistungen	(150)	200
	(1.800)	**2.000**

Erstellen Sie auf der Basis der obigen Bilanzangaben die Veränderungsbilanz (Bewegungsbilanz) der POTAMOS-AG auf den Ebenen Anlagevermögen, Umlaufvermögen, Eigenkapital, Rückstellungen bzw. Fremdkapital!

Wöhe S. 649

Die Veränderungsbilanz hat folgendes Aussehen:

Mittelverwendung		Mittelherkunft	
Zunahme Umlaufvermögen	550	Abnahme Anlagevermögen	350
Abnahme Verbindlichkeiten	50	Zunahme Eigenkapital	230
		Zunahme Rückstellungen	20
	600		**600**

Zur Erhöhung des Umlaufvermögens und zur Tilgung von Verbindlichkeiten musste die POTAMOS-AG Finanzmittel in Höhe von 600 aufbringen. Die benötigten Mittel resultieren aus einer Abnahme des Anlagevermögens sowie aus einer Aufstockung des Eigenkapitals und der Rückstellungen.

Aufgabe 68 Kapitalflussrechnung

Es gelten die Angaben der **Aufgaben 66** und **67**. Zusätzlich erhalten Sie folgende Informationen:

(1) Beim Verkauf von Finanzanlagen entstand ein Veräußerungsgewinn von 80, der im Jahresüberschuss von 200 enthalten ist.
(2) Der Jahresüberschuss der Periode 02 in Höhe von 70 wurde in Periode 03 vollständig an die Anteilseigner ausgeschüttet.
(3) In Periode 03 wurde das Grundkapital um 80 erhöht. Das Aktienagio betrug 20.

Erstellen Sie die Kapitalflussrechnung der Periode 03!

Wöhe S. 741–743

Die Kapitalflussrechnung hat folgendes Aussehen:

Kapitalflussrechnung Periode 03			
1.	+/–	Periodenergebnis (Jahresüberschuss)	+ 200
2.	+/–	Abschreibungen/Zuschreibungen auf das Anlagevermögen	+ 50
3.	+/–	Zunahme/Abnahme der Rückstellungen	+ 20
4.	+/–	Abnahme/Zunahme der Vorräte, Forderungen aus LuL sowie anderer Aktiva, die nicht der Investitions- oder Finanzierungstätigkeit zuzuordnen sind	– 200
5.	+/–	Zunahme/Abnahme der Verbindlichkeiten aus LuL sowie anderer Passiva, die nicht der Investitions- oder Finanzierungstätigkeit zuzuordnen sind	+ 50
6.	+/–	Verlust/Gewinn aus dem Abgang von Anlagevermögen	– 80
7.	**=**	**Cash Flow aus laufender Geschäftstätigkeit**	**+ 40**
8.		Einzahlungen aus Abgängen des Finanzanlagevermögens	+ 580
9.	–	Auszahlungen für Investitionen in das Sachanlagevermögen	– 200
10.	**=**	**Cash Flow aus der Investitionstätigkeit**	**+ 380**
11.		Einzahlungen aus Eigenkapitalzuführungen	+ 100
12.	–	Auszahlungen an Unternehmenseigner	– 70
13.	+	Einzahlungen aus der Aufnahme von (Finanz-)Krediten	+ 100
14.	–	Auszahlungen aus der Tilgung von Anleihen	– 200
15.	**=**	**Cash Flow aus der Finanzierungstätigkeit**	**– 70**
16.		Veränderungen des Finanzmittelfonds (Summe aus 7, 10 und 15)	+ 350
17.	+	Finanzmittelfonds am Anfang der Periode	+ 100
18.	**=**	**Finanzmittelfonds am Ende der Periode**	**+ 450**

Der Bestand an flüssigen Mitteln hat sich in der Periode 03 von 100 auf 450 erhöht. Der Mittelzufluss von 350 ist in Zeile (16) ausgewiesen.

Aus der lfd. Geschäftstätigkeit resultiert ein Mittelzufluss von 40 (Zeile 7). Durch den Verkauf der Finanzanlage kam es im Investitionsbereich per Saldo zu einem weiteren Mittelzufluss von 380 (Zeile 10). Der Mittelzufluss von 40 + 380 = 420 reduziert sich um einen Mittelabfluss von 70 im Finanzierungsbereich (Zeile 15). Dieser Mittelabfluss ist im Wesentlichen auf eine Tilgung von Anleiheverbindlichkeiten (Zeile 14) zurückzuführen.

Aufgabe 69 Eigenkapitalspiegel

In ihrer Bilanz zum 31.12.01 hat die THESAURO-AG folgende Eigenkapitalposten ausgewiesen:

Gezeichnetes Kapital	1.000
Kapitalrücklage	200
Gewinnrücklagen	
• gesetzliche Rücklage	300
• andere Gewinnrücklagen	900
Gewinnvortrag	400

Erstellen Sie den Eigenkapitalspiegel zum Jahresabschluss 02 unter Beachtung folgender Geschäftsvorfälle aus der Abrechnungsperiode 02:

(1) Am 3.4.02 erwarb die THESAURO-AG eigene Aktien (Nennwert 100) zum Preis von 600.

(2) Am 2.5.02 beschließt die Hauptversammlung, den Gewinnvortrag aus Periode 01 in Höhe von 400 wie folgt zu verwenden:
- Dividendenausschüttung 250
- Einstellung in andere Gewinnrücklagen 150

(3) Der Jahresüberschuss 02 beträgt 300

Wöhe S. 743

Der Eigenkapitalspiegel 02 hat folgendes Aussehen:

Eigenkapitalspiegel 02						
THESAURO-AG	**Gezeichnetes Kapital**	**Kapitalrücklage**	**Gewinnrücklagen**	**Gewinnvortrag/ Verlustvortrag**	**Jahresüberschuss/ Jahresfehlbetrag**	**Summe Eigenkapital**
Anfangsbestand 1.1.02	1.000	200	1.200	+ 400	–	**2.800**
Zugänge						
• Jahresüberschuss					+ 300	+ 300
Abgänge						
• Erwerb eigener Aktien	– 100		– 500			– 600
• Dividendenzahlung				– 250		– 250
Umbuchung			+ 150	– 150		–
Endbestand 31.12.02	900	200	850	–	300	**2.250**

Aufgabe 70 Inhalt und Aufgaben von Anhang und Lagebericht

Welche der folgenden Behauptungen sind richtig?

	richtig	falsch
(1) Anhang und Lagebericht dienen der Vermittlung eines „true and fair view."	O	O
(2) Der Anhang verbietet Kapitalgesellschaften die Bildung stiller Rücklagen.	O	O
(3) Der Anhang soll ansatzweise offenlegen, in welchem Maße stille Rücklagen gebildet bzw. aufgelöst wurden.	O	O
(4) Anhang und Lagebericht haben Informationsfunktion, aber keine Zahlungsbemessungsfunktion.	O	O
(5) Im Anhang sind Aussagen über die Ausübung von Ansatz-, Bewertungs- und Abschreibungswahlrechten zu machen.	O	O
(6) Anhang und Lagebericht können durch freiwillige Zusatzangaben in den Dienst aktiver Informationspolitik gestellt werden.	O	O

Wöhe S. 734–738

Zutreffend sind die Behauptungen (1), (3), (4), (5) und (6).

Aufgabe 71 Sektorale Segmentberichterstattung

Die UNIVERSAL-AG ist ein international agierender Chemiekonzern, der in verschiedenen Geschäftssparten tätig ist. Die sektorale Segmentberichterstattung weist für die Periode 02 folgende Ergebnisse (Vorjahresergebnisse in Klammern) aus:

Unternehmens-sparte	Umsatz		Ergebnis vor Steuern	
	Periode 02	(Vorjahr)	Periode 02	(Vorjahr)
Pharma	10.000	(8.000)	1.120	(800)
Chemiefasern	4.000	(4.000)	– 50	(– 100)
Düngemittel	1.500	(3.000)	– 65	(– 150)
Farben/Lacke	3.300	(3.000)	165	(150)
Gentechnik	3.200	(2.000)	480	(300)
Konzern insgesamt	**22.000**	**(20.000)**	**1.650**	**(1.000)**

Wöhe S. 738 f.

Teilaufgabe a)

Wie beurteilen Sie die Ertragskraft der einzelnen Geschäftsfelder?

In Periode 02 erwirtschaftete der Gesamtkonzern eine Umsatzrendite (1.650 : 22.000) von 7,5 %. Die Pharmasparte ist das Standbein des Unternehmens. Ihr Umsatzanteil liegt bei ca. 45 %, ihr Ergebnisanteil bei ca. 68 %.

Die Sparten „Chemiefasern" und „Düngemittel" lieferten negative Ergebnisbeiträge. Am ungünstigsten ist die Situation im Bereich „Düngemittel", in dem eine negative Umsatzrendite von rund 4,3 % zu verzeichnen war. Demgegenüber nahm die Sparte „Gentechnik" mit einer Umsatzrendite von 15 % die Spitzenstellung ein.

Teilaufgabe b)

Hat die UNIVERSAL-AG im abgelaufenen Geschäftsjahr 02 eine erfolgreiche Unternehmenspolitik betrieben?

Die UNIVERSAL-AG hat in der Periode 02 eine sehr erfolgreiche Unternehmenspolitik betrieben:

Unternehmens-sparte	Umsatzrendite in Prozent	(Vorjahr)	Umsatzänderung in Prozent
Pharma	11,20	(10,00)	+ 25
Chemiefasern	– 1,25	(– 2,50)	± 0
Düngemittel	– 4,33	(– 5,00)	– 50
Farben/Lacke	5,00	(5,00)	+ 10
Gentechnik	15,00	(15,00)	+ 60
Konzern insgesamt	**7,50**	**(5,00)**	**+ 10**

Bezogen auf den Gesamtkonzern konnte die Umsatzrendite von 5,0 auf 7,5 Prozent gesteigert werden. Diese positive Rentabilitätsentwicklung ist im Wesentlichen auf drei Faktoren zurückzuführen:

(1) In der ertragstarken Pharmasparte konnte der Umsatz um 25 Prozent gesteigert werden.

(2) Ein Teilrückzug aus der besonders defizitären Sparte „Düngemittel" konnte realisiert werden (Halbierung des Umsatzvolumens).

(3) In der besonders ertragstarken Sparte „Gentechnik" konnte die UNIVERSAL-AG ihren Umsatz um 60 Prozent ausdehnen, ohne dass der Umsatzzuwachs auf Kosten der Gewinnmarge gegangen wäre.

Aufgabe 72 Regionale Segmentberichterstattung

Die regionale Segmentberichterstattung der UNIVERSAL-AG weist für Periode 02 (Vorjahresergebnisse in Klammern) folgende Werte aus:

Region	Umsatz		Ergebnis vor Steuern	
	Periode 02	(Vorjahr)	Periode 02	(Vorjahr)
Deutschland	6.600	(8.000)	200	(250)
Übriges Europa	5.500	(5.000)	275	(250)
Amerika	4.800	(4.000)	240	(200)
Asien/Pazifik	4.900	(2.800)	925	(290)
Übrige	200	(200)	10	(10)
Konzern insgesamt	**22.000**	**(20.000)**	**1.650**	**(1.000)**

Wöhe S. 738 f.

Teilaufgabe a)

In welcher Region hat sich der Umsatz am günstigsten (ungünstigsten) entwickelt?

Am ungünstigsten hat sich der Umsatz in Deutschland entwickelt. Hier ist der Anteil am gesamten Konzernumsatz von 40 auf 30 Prozent zurückgegangen. Das stärkste Umsatzwachstum war im Raum „Asien/Pazifik" zu verzeichnen. Hier ist – bezogen auf den Gesamtkonzern – die Umsatzquote von 14 auf über 22 Prozent angestiegen.

Teilaufgabe b)

Welchen Einfluss hatten der Umsatzrückgang in Deutschland und die starke Umsatzexpansion im Raum „Asien/Pazifik" auf die Ertragsentwicklung der UNIVERSAL-AG?

In den beiden angesprochenen Regionen hat sich die Umsatzrendite wie folgt entwickelt:

Region	Umsatzrendite in Prozent	
	Periode 02	(Vorjahr)
Deutschland	3,03	(3,13)
Asien/Pazifik	18,88	(10,36)

Die UNIVERSAL-AG ist auf einem ertragschwachen Markt geschrumpft und auf einem ertragstarken Markt gewachsen. Per Saldo hat sich die Umsatzverlagerung in den Raum „Asien/Pazifik" sehr positiv auf die Ertragsentwicklung ausgewirkt.

Aufgabe 73 Angaben im Lagebericht

Es gelten die Angaben der **Aufgaben 71** und **72**. Zusätzlich erhalten die Bilanzadressaten aus dem Lagebericht der UNIVERSAL-AG folgende Informationen:

(1) Die Düngemittelsparte wurde kurz nach dem Bilanzstichtag an eine ausländische Investorengruppe verkauft. Hierzu weist der Anhang einen „geringfügigen Veräußerungsverlust" aus.

(2) Der Veräußerungserlös aus (1) soll zum Ausbau des Unternehmensbereichs „Gentechnik" verwendet werden.

(3) Die neuen Produktionskapazitäten im Bereich „Gentechnik" sollen in Südostasien angesiedelt werden.

Welchen Einfluss haben diese Informationen auf die Einschätzung der **künftigen Ertragslage** durch die Bilanzadressaten?

Wöhe S. 737 f.

Die Informationen im Lagebericht werden die Bilanzadressaten zu einer positiven Einschätzung der künftigen Ertragslage veranlassen. Mit dem Verkauf der Düngemittelsparte hat sich die UNIVERSAL-AG ihres verlustträchtigsten Geschäftszweiges entledigt. Dem „geringfügigen Veräußerungsverlust" (einmalig) steht der Wegfall künftiger Dauerverluste aus der Düngemittelproduktion gegenüber.

Wird der Veräußerungserlös – wie geplant – zur Erweiterung des Geschäftsfelds „Gentechnik" verwendet, investiert die UNIVERSAL-AG in den Geschäftsbereich mit der höchsten Umsatzrendite. Unter regionalen Gesichtspunkten wird die höchste Umsatzrendite im Raum „Asien/Pazifik" erzielt. Dass die Sparte „Gentechnik" gerade in dieser Region ausgebaut werden soll, könnte die Ertragserwartungen der Eigenkapitalgeber zusätzlich beflügeln.

Aufgabe 74 Wertschöpfungsrechnung

Die MASCHINENBAU AG legt für Periode 02 folgende GuV vor **(Vorjahreswerte in Klammern)**:

		GuV für Periode 02 der MASCHINENBAU AG		
(1)		Umsatzerlöse	7.200	(7.200)
(2)	+	Bestandserhöhung HF/FF	+ 500	(+ 500)
(3)	+	Aktivierte Eigenleistungen	+ 300	(+ 300)
(4)		**Gesamtleistung**	**8.000**	**(8.000)**
(5)	–	Materialaufwand	– 3.500	(– 2.530)
(6)	–	Personalaufwand	– 3.000	(– 4.000)
(7)	–	Planmäßige Abschreibungen	– 800	(– 800)
(8)	–	Sonstige betriebl. Aufwendungen	– 250	(– 250)
(9)		**Betriebsergebnis**	**+ 450**	**(+ 420)**
(10)	–	Zinsaufwand	– 300	(– 300)
(11)		Ergebnis vor Steuern	+ 150	(+ 120)
(12)	–	Steuern vor Einnahmen und Ertrag	– 50	(– 40)
(13)		**Jahresüberschuss**	**100**	**(+ 80)**

Teilaufgabe a)

Worin unterscheidet sich die GuV 02 von der GuV der Vorperiode 01? Welcher ökonomische Sachverhalt könnte die Veränderung der Ergebnisrechnung bewirkt haben?

Gegenüber der Vorperiode 01 ist der Jahresüberschuss 02 von 80 auf 100 gestiegen. Diese Ergebnisverbesserung lässt sich auf eine Verschiebung in den beiden Aufwandposten

(5) Materialaufwand (→ Zunahme 970)	3.500 (2.530)
(6) Personalaufwand (→ Abnahme 1.000)	3.000 (4.000)

zurückführen. Die Verringerung des Personalaufwands um 1.000 bei gegenläufiger Erhöhung des Materialaufwands um 970 kann u. U. auf folgenden Sachverhalt zurückzuführen sein: Die MASCHINENBAU AG bezieht Einbauteile, die man in Periode 01 noch selbst erstellt hat, seit Periode 02 von einem Zulieferer. Im Zuge der Produktionsauslagerung wurden zahlreiche Mitarbeiter entlassen, was zur Senkung des Personalaufwands führte.

Teilaufgabe b)

Ermitteln Sie die Wertschöpfung (Entstehungsseite) der MASCHINENBAU AG für Periode 01 und Periode 02.

Wöhe S. 740 und S. 828

Die Wertschöpfung der MASCHINENBAU AG lässt sich auf der Entstehungsseite wie folgt berechnen:

Wertschöpfung (Entstehungsseite)				
	Bruttoproduktionswert (= Gesamtleistung)		8.000	(8.000)
–	Materialaufwand	–	3.500	(– 2.530)
–	Planmäßige Abschreibungen	–	800	(– 800)
–	Sonstige betriebl. Aufwendungen	–	250	(– 250)
	Wertschöpfung des Unternehmens		**3.450**	**(4.420)**

Weil Teile der Produktion an Zulieferer ausgelagert wurden, hat sich die Wertschöpfung der MASCHINENBAU AG um 970 verringert.

Aufgabe 75 Wertschöpfungsrechnung und Sozialberichterstattung

Es gelten die Ausgangsdaten der **Aufgabe 74**. Erstellen Sie die Wertschöpfungsrechnung unter dem Aspekt der Verwendungsseite! Kommentieren Sie die Veränderungen aus der Sicht der beteiligten Stakeholder!

Wöhe S. 740

Die Wertschöpfungsrechnung der MASCHINENBAU AG hat auf der Verwendungsseite folgendes Aussehen:

Wertschöpfung (Verwendungsseite)				
	Anteil der Mitarbeiter	(= Personalaufwand)	3.000	(4.000)
+	Anteil der FK-Geber	(= Zinsaufwand)	300	(300)
+	Anteil der EK-Geber	(= Jahresüberschuss)	100	(80)
+	Anteil des Staates	(= Steueraufwand)	50	(40)
	Unternehmenseinkommen		**3.450**	**(4.420)**

Die Wertschöpfungsrechnung zeigt auf der Verwendungsseite, wie die Stakeholder die unternehmerische Wertschöpfung als Gruppeneinkommen unter sich aufteilen. Man sieht, dass der Staat und die Eigenkapitalgeber ihre Einkommensposition verbessert haben, während sich die Einkommensposition der Belegschaft deutlich verschlechtert hat.

VI. Jahresabschluss nach IFRS

Wiederholungsfragen:

	Wöhe Seite
Welche Ziele verfolgt der Jahresabschluss nach IFRS?	748 f.
Welche Aufgabe hat das Framework?	753
Welche Bestandteile gehören zum Jahresabschluss nach IFRS?	755 f.
Wie lauten die Grundannahmen der Rechnungslegung nach IFRS?	756 f.
Was versteht man unter dem matching principle?	758
Worin unterscheiden sich die Rechnungslegungsgrundsätze nach IFRS und HGB?	758 f.
Wann muss ein Sachverhalt als asset bzw. liability in die IFRS-Bilanz aufgenommen werden?	759–761
Welches Aussehen hat das (vereinfachte) Gliederungsschema der IFRS-Bilanz?	762
Wie sind die Herstellungskosten nach IFRS definiert?	764
Was versteht man unter dem Anschaffungskostenmodell und unter dem Neubewertungsmodell?	767 f.
Wie werden Sachanlagen im IFRS-Abschluss bilanziert?	768 f.
Wie werden immaterielle Anlagen im IFRS-Abschluss bilanziert?	769 f.
Wie wird der derivative Geschäfts- oder Firmenwert im IFRS-Abschluss bilanziert?	770
Wie wird das Vorratsvermögen im IFRS-Abschluss bilanziert?	771 f.
Welche Eigenkapitalpositionen werden im IFRS-Abschluss ausgewiesen?	772–778
Wie sind Verbindlichkeiten, Rückstellungen und pass. Rechnungsabgrenzungsposten im IFRS-Abschluss zu bilanzieren?	775–779
Wie werden Rückstellungen in der IFRS-Bilanz behandelt?	776–779
Wie ist die GuV nach IFRS gegliedert?	780 f.
Welche Angaben sind im Anhang nach IFRS zu machen?	783
Wie ist die Eigenkapitalveränderungsrechnung nach IFRS aufgebaut?	783 f.
Wie ist die Segmentberichterstattung nach IFRS aufgebaut?	785

Aufgabe 76 Herstellungskosten nach HGB und IFRS

Die CONSTRUCTA-AG fertigt Einbauteile für einen Automobilproduzenten. Für die abgelaufene **Periode 01** gelten folgende Daten:

– Produzierte Menge (Stück)		1.000
– Abgesetzte Menge (Stück)		500
– Aufwandsgleiche Kosten Periode 01		
• Materialeinzelkosten		10.000 EUR
• Fertigungseinzelkosten		40.000 EUR
• Materialgemeinkosten		6.000 EUR
• Fertigungsgemeinkosten		14.000 EUR
• Verwaltungsgemeinkosten		
– herstellungsbezogen	10.000	
– nicht herstellungsbezogen	10.000	
	20.000	20.000 EUR
• Vertriebseinzelkosten		4.000 EUR
• Vertriebsgemeinkosten		6.000 EUR
– Umsatzerlöse für 500 Stück		70.000 EUR

Die CONTRUCTA-AG möchte für die Periode 01 ein **möglichst niedriges Ergebnis ausweisen**. Ermitteln Sie nach

- HGB
- IFRS

die Herstellungskosten!

Wöhe S. 764

Will man einen minimalen Jahreserfolg ausweisen, müssen die auf Lager genommenen Fertigfabrikate (500 Stück) mit möglichst geringen Herstellungskosten bewertet werden.

Mindestumfang aktivierungspflichtiger Herstellungskosten		HGB	IFRS
Materialeinzelkosten	10.000	10.000	10.000
Fertigungseinzelkosten	40.000	40.000	40.000
Materialgemeinkosten	6.000	6.000	6.000
Fertigungsgemeinkosten	14.000	14.000	14.000
Verwaltungsgemeinkosten			
herstellungsbezogen	10.000	–	10.000
nicht herstellungsbezogen	10.000	–	–
Vertriebseinzelkosten	4.000	–	–
Vertriebsgemeinkosten	6.000	–	–
Herstellungskosten für 1.000 Stück		70.000	80.000
Herstellungskosten/Stück		70	80
Bilanzansatz der Lagerbestandserhöhung (500 Stück)		**35.000**	**40.000**

Nach § 255 HGB gilt ein Aktivierungswahlrecht für Verwaltungsgemeinkosten. Die Nichtaktivierung führt zu einer Unterbewertung der Lagerbestandserhöhung. Eine solche Bildung stiller Rücklagen ist nach IFRS nicht zulässig.

Das Jahresergebnis vor Steuern lässt sich folgendermaßen ermitteln:

	GuV		HGB		IFRS
	Umsatzerlöse	+	70.000	+	70.000
+	Bestandserhöhung Fertigfabrikate	–	35.000	–	40.000
–	diverse Aufwendungen	–	100.000	–	100.000
	Jahresergebnis vor Steuern	+	**5.000**	+	**10.000**

Aufgabe 77 Langfristige Fertigungsaufträge nach HGB und IFRS

Die PONTIFEX-AG erhält zu Beginn der Periode 01 einen Festpreisauftrag zum Bau einer Brücke. Das Bauwerk soll zum Ende der Periode 03 fertiggestellt und gleich zu Beginn der Periode 04 zum **Festpreis von 12 Mio. EUR** an den Auftraggeber übergeben werden. Der gesamte Herstellungsaufwand in Höhe von 8 Mio. EUR verteilt sich über die Bauphase wie folgt:

Herstellungsaufwand	EUR
Periode 01	2 Mio.
Periode 02	4 Mio.
Periode 03	2 Mio.
Gesamtaufwand	**8 Mio.**

Teilaufgabe a)

Die PONTIFEX-AG ermittelt ihren Erfolg nach dem Gesamtkostenverfahren. Zu welchem Erfolgsausweis gelangt man in den Perioden 01, 02, 03 und 04 im

- IFRS-Abschluss
- HGB-Abschluss?

Im IFRS-Abschluss soll die *cost-to-cost*-Methode angewendet werden. Für den HGB-Abschluss ist einfachheitshalber davon auszugehen, dass ausschließlich Herstellungsaufwand entsteht und dass dieser in vollem Umfang in die Ermittlung der zu bilanzierenden Herstellungskosten eingeht.

Wöhe S. 771 f.

Da es sich um einen Festpreisauftrag handelt, wird nach IFRS der Gesamtertrag, hier also der Festpreis in Höhe von 12 Mio. EUR, nach Maßgabe des Baufortschritts auf die einzelnen Perioden verteilt. Zu diesem Zweck ermittelt man den Realisierungsfaktor.

$$\textbf{Realisierungsfaktor (RF)} = \frac{\textbf{Auftragsbezogene Kosten der Periode}}{\textbf{Auftragsbezogene Gesamtkosten}} \cdot 100\ \%$$

Periodenertrag nach IFRS		
Periode	$\frac{\text{Periodenaufwand}}{\text{Gesamtaufwand}} \cdot 100\,\% = \text{RF}$	RF · Festpreis = **Periodenertrag**
01	$\frac{2\text{ Mio.}}{8\text{ Mio.}} \cdot 100\,\% = 25\,\%$	25 % · 12 Mio. = **3 Mio.**
02	$\frac{4\text{ Mio.}}{8\text{ Mio.}} \cdot 100\,\% = 50\,\%$	50 % · 12 Mio. = **6 Mio.**
03	$\frac{2\text{ Mio.}}{8\text{ Mio.}} \cdot 100\,\% = 25\,\%$	25 % · 12 Mio. = **3 Mio.**

Im HGB-Abschluss wird das Bauwerk zum Periodenende jeweils zu Herstellungskosten bewertet. Als Periodenertrag wird nur die Bestandserhöhung an Halbfabrikaten (= zusätzlich aktivierte Herstellungskosten der Periode) ausgewiesen. Am Ende der Periode 03 steht das Bauwerk mit Herstellungskosten in Höhe von 8 Mio. zu Buche. Die Gewinnrealisierung (4 Mio.) erfolgt erst bei Übergabe des Bauwerks zu Beginn der Periode 04, wobei den Umsatzerlösen (12 Mio.) eine Bestandsminderung (8 Mio.) gegenübersteht.

Periode		**IFRS**	**HGB**
01	Erträge Aufwendungen	3 Mio. 2 Mio.	2 Mio. 2 Mio.
	Erfolg 01	**+ 1 Mio.**	–
02	Erträge Aufwendungen	6 Mio. 4 Mio.	4 Mio. 4 Mio.
	Erfolg 02	**+ 2 Mio.**	–
03	Erträge Aufwendungen	3 Mio. 2 Mio.	2 Mio. 2 Mio.
	Erfolg 03	**+ 1 Mio.**	–
04	Erträge Aufwendungen	– –	12 Mio. 8 Mio.
	Erfolg 04	–	**+ 4 Mio.**

Teilaufgabe b)

Wie lässt sich die Unterschiedlichkeit des Erfolgsausweises erklären?

Der **HGB-Abschluss** wird vom **Gläubigerschutzprinzip** dominiert: Das Vermögen soll eher zu niedrig als zu hoch bewertet werden. Nach dem strengen Realisationsprinzip darf vor dem Realisationszeitpunkt (Übergang der Gefahr auf den Abnehmer) keine über die Herstellungskosten hinausgehende Wertzuschreibung vorgenommen werden.

Im **IFRS-Abschluss** dominiert das **Prinzip periodengerechter Gewinnermittlung**. Die Vergleichbarkeit der Periodenergebnisse hat Vorrang vor vorsichtiger Vermögensbewertung.

Aufgabe 78 Bewertung von Sachanlagen im IFRS-Abschluss

Die EXPANSION-AG erwirbt in Periode 01 ein an das eigene Betriebsgelände angrenzendes unbebautes Grundstück, um sich für die Zukunft eine strategische Betriebserweiterungsoption zu schaffen. Da es sich um Bauerwartungsland handelt, betragen die Anschaffungskosten für dieses große Grundstück – nur – 1 Mio. EUR.

In den Folgejahren kommt es im Gemeinderat zu einer politischen Kontroverse über den Ausweis eines neuen Gewerbegebiets im Bereich des „Reservegrundstücks" der EXPANSION-AG. Eine Bürgerinitiative macht sich für den Naturschutz stark.

Die schwankenden Erwartungen über den Baulandausweis finden in kräftigen Preisschwankungen auf dem örtlichen Immobilienmarkt ihren Niederschlag. Infolge spekulativer Preisbewegungen sind für das „Reservegrundstück" der EXPANSIONS-AG an den folgenden Bilanzstichtagen folgende Verkehrswerte (fair value) ermittelbar:

Bilanzstichtag	Verkehrswert (in TEUR)
31.12.01	1.020
31.12.02	950
31.12.03	1.100
31.12.04	880
31.12.05	1.250

Wöhe S. 767 f.

Teilaufgabe a)

Wie ist das Reservegrundstück im IFRS-Abschluss 01 bis 05 auszuweisen, wenn sich die EXPANSIONS-AG für das

(1) Anschaffungskostenmodell (cost model)
(2) Neubewertungsmodell (revaluation model)

entscheidet? Bei Anwendung des Neubewertungsmodells ist – wegen starker Wertschwankungen – von einer jährlichen Neubewertung auszugehen. Aus Vereinfachungsgründen sind steuerliche Auswirkungen nicht zu berücksichtigen. Das Grundstück wird nicht als Finanzinvestition (IAS 40) gehalten.

Entscheidet sich die EXPANSIONS-AG für das **Anschaffungskostenmodell,** ist das Reservegrundstück nach dem Imparitätsprinzip auszuweisen. Dies bedeutet: Ein Wertansatz oberhalb der Anschaffungskosten ist verboten. Wertänderungen unterhalb der Anschaffungskosten sind durch außerplanmäßige Abschreibungen bzw. Zuschreibungen im Zuge der Wertaufholung zu berücksichtigen.

Bilanzstichtag	Bilanz		GuV Ertrag (+) Aufwand (–)
	Aktivum	Passivum (Neubew.-RL)	
31.12.01	1.000	–	0
31.12.02	950	–	– 50
31.12.03	1.000	–	+ 50
31.12.04	880	–	– 120
31.12.05	1.000	–	+ 120

Vorgehen nach dem Anschaffungskostenmodell (in TEUR)

6. Abschnitt

Entscheidet sich die EXPANSIONS-AG für das **Neubewertungsmodell,** sind in den IFRS-Abschlüssen der Folgejahre folgende Werte auszuweisen:

Bilanzstichtag	**Bilanz**		**GuV** Ertrag (+) Aufwand (–)
	Aktivum	Passivum (Neubew.-RL)	
31.12.01	1.020	20	0
31.12.02	950	0	– 50
31.12.03	1.100	100	+ 50
31.12.04	880	0	– 120
31.12.05	1.250	250	+ 120

Vorgehen nach dem Neubewertungsmodell (in TEUR)

Nach dem Neubewertungsmodell wird das unbebaute Grundstück auf der Aktivseite der Bilanz immer zum Verkehrswert ausgewiesen. Bei Verkehrswerten oberhalb der Anschaffungskosten wird (statt eines Ertragsausweises in der GuV) auf der Passivseite eine Neubewertungsrücklage in Höhe der unrealisierten Wertsteigerung ausgewiesen. Wertänderungen unterhalb der Anschaffungskosten werden erfolgswirksam über das GuV-Konto gebucht. So wird z. B. die Wertänderung der Periode 05 am 31.12.05 durch den Buchungssatz (in TEUR)

Grundstücke	370	**an**	Neubewertungsrücklage	250
			Sonstiger betrieblicher Ertrag	120

erfasst. Die Veränderungen der Neubewertungsrücklage werden schließlich in der OCI-Rechnung ausgewiesen, die – neben der GuV – Bestandteil der Gesamtergebnisrechnung ist.

Teilaufgabe b)

Es gelten die Angaben der Teilaufgabe a). Die EXPANSIONS-AG hat das Reservegrundstück zum 31.12.05 nach dem Neubewertungsmodell bewertet. Aus der Bilanz (in TEUR) können folgende Informationen entnommen werden:

Aktiva	**Bilanz 31.12.05**		**Passiva**
Grundstücke	1.250	Neubewertungsrücklage	250

In der Folgeperiode 06 ändert die EXPANSIONS-AG ihre Erweiterungspläne und verkauft das Reservegrundstück am 1.4.06 zum Preis (in TEUR) von

(1) 1.250 **(2) 1.100** **(3) 1.300**.

Die Kaufpreiszahlung erfolgt durch Banküberweisung. Wie lauten die Buchungssätze zum 1.4.06?

Bei einem Verkauf wird der Posten „Grundstücke" auf der Aktivseite und der Posten „Neubewertungsrücklage" auf der Passivseite aufgelöst. Die Auflösung der Neubewertungsrücklage erfolgt erfolgsneutral, d. h. unter Umgehung der GuV. Zu diesem Zweck wird der Eigenkapitalposten „Neubewertungsrücklage" durch den Eigenkapitalposten „Andere Gewinnrücklagen" ersetzt. Ein Erfolgsausweis in der GuV findet nur dann statt, wenn der Verkaufspreis des Vermögenswertes oberhalb des aktivierten Grundstückswertes liegt.

Die Buchungssätze lauten (in TEUR):

(1) Verkaufspreis: 1.250				
Bank	1.250	**an**	Grundstücke	1.250
Neubewertungsrücklage	250	**an**	Andere Gewinnrücklagen	250
(2) Verkaufspreis: 1.100				
Bank	1.100	**an**	Grundstücke	1.250
Neubewertungsrücklage	250		Andere Gewinnrücklagen	100
(3) Verkaufspreis: 1.300				
Bank	1.300	**an**	Grundstücke	1.250
			Sonstiger betrieblicher Ertrag	50
Neubewertungsrücklage	250	**an**	Andere Gewinnrücklagen	250

Aufgabe 79 Ansatz- und Bewertungsgrundsätze im IFRS-Abschluss

Welche der folgenden Behauptungen sind richtig?

	richtig	falsch
(1) Im IFRS-Abschluss gilt ein generelles Aktivierungsverbot für alle selbst erstellten immateriellen Vermögenswerte.	○	○
(2) Der tendenziell höhere Vermögensausweis im IFRS-Abschluss hat den Zweck, im Interesse des Gläubigerschutzes das Schuldendeckungspotential zu vergrößern.	○	○
(3) Auf die Totalperiode bezogen ist die Summe der Periodenerfolge aus den IFRS-Abschlüssen mit jener aus den HGB-Abschlüssen identisch.	○	○
(4) Ein Ausweis von Pensionsrückstellungen ist im IFRS-Abschluss nicht vorgesehen, weil Aufwandsrückstellungen prinzipiell unzulässig sind.	○	○
(5) Fremdwährungsverbindlichkeiten müssen bei einem Kursanstieg der Fremdwährung im IFRS-Abschluss zu einem geringeren Wert angesetzt werden als im HGB-Abschluss.	○	○
(6) Bei der Ermittlung eines möglichen Forderungsausfallrisikos soll man sich im IFRS-Abschluss nicht von vorsichtiger, sondern von nüchterner Betrachtungsweise leiten lassen.	○	○
(7) Bei Vermögenswerten des Sachanlagevermögens müssen im IFRS-Abschluss außerplanmäßige Abschreibungen nach Maßgabe des Niederstwerttests (impairment test) vorgenommen werden, auch wenn man von einer nur vorübergehenden Wertminderung ausgeht.	○	○

Zutreffend sind die Behauptungen (3), (6) und (7).

Aufgabe 80 Effektivzinsmethode im IFRS-Abschluss

Einer zum Zeitpunkt t_0 getroffenen Darlehensvereinbarung liegen folgende Konditionen zugrunde:

Laufzeit	**5 Jahre**
Rückzahlungsbetrag (= Nennbetrag)	**10.000 GE**
Ausgabebetrag (95 Prozent)	**9.500 GE**
Nominalzins	**6 Prozent**

Ermitteln Sie die Effektivverzinsung des Darlehens nach der Methode des internen Zinsfußes!

Lösungshinweis: Zur Ermittlung des internen Zinsfußes vgl. den in Aufgabe 27 des Fünften Abschnitts beschriebenen Lösungsweg!

Wöhe S. 778

Aus Sicht des Gläubigers hat die Zahlungsreihe des Darlehens folgendes Aussehen:

t_0	t_1	t_2	t_3	t_4	t_5
– 9.500	+ 600	+ 600	+ 600	+ 600	+ 600 + 10.000

Außer dem Nominalzins von 6 Prozent erhält der Darlehensgeber einen Vermögenszuwachs von 500 GE, denn der Auszahlung in t_0 in Höhe von 9.500 GE steht in t_5 ein Kapitalrückfluss in Höhe von 10.000 GE gegenüber.

Im vorliegenden Fall erhält der Darlehensgeber eine **Effektivverzinsung in Höhe von 7,225 Prozent**. Diskontiert man den Einzahlungsstrom zwischen t_1 und t_5 mit diesem Zinssatz, erhält man einen Barwert der Kapitalrückflüsse in Höhe von 9.500 GE. Da die Anschaffungsauszahlung ebenfalls 9.500 GE beträgt, hat diese Investition bei einem Kalkulationszinsfuß von 7,225 Prozent einen Kapitalwert von null:

Zeitpunkt	t_0	t_1	t_2	t_3	t_4	t_5
Zahlung	– 9.500	+ 600	+ 600	+ 600	+ 600	+ 600 + 10.000
Barwert (i = 7,225 %)	**– 9.500**	+ 559,57	+ 521,87	+ 486,70	+ 453,91	+ 423,32 + 7.055,37
				+ 9.500,74		

Es ergibt sich eine Rundungsdifferenz von 0,74 GE.

Aufgabe 81 Bewertung nach der Effektivzinsmethode

Es gelten die Angaben der **Aufgabe 80**.

Teilaufgabe a)

Zu welchem Wert hat der Darlehensgeber die Darlehensforderung bei Darlehensgewährung in t_0 und an den folgenden Bilanzstichtagen t_1 bis t_5 zu bewerten, wenn dies auf der Basis der Effektivzinsmethode zu erfolgen hat? Wie hoch ist der in der GuV auszuweisende Ertrag der Perioden 01 bis 05?

Zum Zeitpunkt der Darlehensgewährung in t_0 ist die Forderung mit dem nach der Effektivzinsmethode ermittelten Barwert künftiger Zins- und Tilgungszahlungen zu bewerten. Im Beispielfall der Aufgabe 80 beziffert sich dieser **Barwert** auf **9.500 GE**. Den Effektivzinsertrag des 1. Jahres erhält man durch Multiplikation des Jahresanfangskapitals von 9.500 GE mit dem **Effektivzins** von **7,225 Prozent**. Für das 1. Jahr sind entsprechend in der GuV 686,38 GE als Ertrag auszuweisen. Dieser Gesamtertrag der Periode 01 lässt sich in zwei Bestandteile zerlegen: den tatsächlich empfangenen Nominalzins von 600 GE und den Kapitalzuwachs von 86,38 GE.

	Bilanzausweis	GuV-Ausweis (Effektivzins)	Zahlung	Kapitalzuwachs
t_0	**9.500,00**			
		686,38	600,00	86,38
t_1	**9.586,38**			
		692,62	600,00	92,62
t_2	**9.679,00**			
		699,31	600,00	99,31
t_3	**9.778,31**			
		706,48	600,00	106,48
t_4	**9.884,79**			
		714,18	600,00	114,18
t_5	**9.998,97**			**(498,97)**

Durch den Kapitalzuwachs des ersten Jahres (86,38) erhöht sich der Kapitalwert der Forderung in t_1 auf 9.586,38 GE. Die Effektivverzinsung des zweiten Jahres beträgt dann $9.586,38 \cdot 0,07225 = 692,62$ GE usw.

Eine Addition der jährlichen Kapitalzuwächse führt zu einem Gesamtbetrag von 498,97 GE, was (unter Berücksichtigung der Rundungsdifferenz beim Kalkulationszinsfuß) dem Betrag des Disagios entspricht.

Teilaufgabe b)

Mit welchen Beträgen in Bilanz und GuV muss der Darlehensnehmer die Verbindlichkeit im IFRS-Abschluss ausweisen?

Wöhe S. 778

In der Lösung zu Teilaufgabe a) sind die Beträge aufgeführt, die der **Darlehensgeber** als

- Aktivum in der Bilanz (z. B. 9.679,00 GE in t_2)
- Ertrag in der GuV (z. B. 692,62 GE in Periode 02)

auszuweisen hat. **Entsprechende Beträge** muss der **Darlehensnehmer** als

- **Verbindlichkeit in der Bilanz**
- **Aufwendungen in der GuV**

ausweisen.

Aufgabe 82 Disagio im IFRS-Abschluss

Die KREDIT-AG vergibt ein Darlehen mit folgenden Konditionen

- Darlehenslaufzeit 5 Jahre
- Nominalzins/Jahr 6 Prozent
- Nominalbetrag 1.000
- Disagio 10 Prozent

Teilaufgabe a)

Zeigen Sie den künftigen Zahlungsstrom aus der Sicht des Darlehensgebers! Wie hoch ist die Effektivverzinsung des Darlehens?

Wöhe S. 778

Als Darlehensgeber hat die KREDIT-AG mit folgenden Einzahlungen (+) und Auszahlungen (–) zu rechnen:

Zeitpunkt der Zahlung	t_0	t_1	t_2	t_3	t_4	t_5
Höhe der Zahlung	– 900	+ 60	+ 60	+ 60	+ 60	+ 1.060
Barwert der Zahlung (i = 8,54 %)	– 900	+ 55,27	+ 50,93	+ 46,92	+ 43,23	+ 703,65

Die Effektivverzinsung des Darlehens entspricht der internen Verzinsung des Zahlungsstroms. Im vorliegenden Beispiel liegt der Effektivzinssatz bei 8,54 Prozent pro Jahr. Diskontiert man die künftigen Zins- und Tilgungszahlungen (t_1 bis t_5) mit diesem Zinssatz, erhält man einen Barwert von + 900.

Damit entspricht der Barwert der künftigen Rückflüsse exakt dem Auszahlungsbetrag (– 900) in t_0.

Teilaufgabe b)

Ermitteln Sie den Jahresbetrag der

- Effektivverzinsung
- Nominalverzinsung
- Wertänderung (Amortisation des Disagios)

des Darlehens!

Zeitpunkt	Zeitwert des Darlehens	Effektiver Zinsbetrag (bei 8,54 %)	Nominaler Zinsbetrag	Tilgung	Wertänderung
t_0	900				
		77	60	–	+ 17
t_1	917				
		78	60	–	+ 18
t_2	935				
		80	60	–	+ 20
t_3	955				
		82	60	–	+ 22
t_4	977				
		83	60	–	+ 23
t_5	1.000			– 1.000	

Bei einer Effektivverzinsung von 8,54 % ist im ersten Jahr ein Vermögenszuwachs (900 · 0,0854) von 77 zu erwarten. Nach Abzug der zufließenden Nominalzinsen von 60 gelangt der Darlehensgeber zu einem Wertzuwachs von 17. Damit erhöht sich der Zeitwert seiner Darlehensforderung in t_1 auf 917.

Teilaufgabe c)

Darlehensnehmer ist die DEBET-AG. Das Darlehen ist also von der

- KREDIT-AG zu aktivieren
- DEBET-AG zu passivieren.

Zeigen Sie den Bilanz- und Erfolgsausweis beim Gläubiger und beim Schuldner!

Das Darlehen ist beim Gläubiger und Schuldner folgendermaßen zu bilanzieren:

Gläubiger: KREDIT-AG				Schuldner: DEBET-AG		
Periode	Ertrag	Aktivposten		Passivposten	Aufwand	Periode
		900	t_0	900		
01	60 + 17				17 + 60	01
		917	t_1	917		
02	60 + 18				18 + 60	02
		935	t_2	935		
03	60 + 20				20 + 60	03
		955	t_3	955		
04	60 + 22				22 + 60	04
		977	t_4	977		
05	60 + 23				23 + 60	05
		0	t_5	0		

Aufgabe 83 Erweiterte Erfolgsrechnung (Gesamtergebnisrechnung) nach IFRS

Die VARIO-AG hat für das Geschäftsjahr 02 folgende Erträge und Aufwendungen zu verzeichnen:

Erträge:	(in Mio. EUR)
Umsatzerlöse	80
Sonstige betriebliche Erträge	15
Finanzerträge	5
	100
Aufwendungen:	
Materialaufwand	14
Personalaufwand	30
Abschreibungen	8
Sonstige betriebliche Aufwendungen	10
Finanzaufwendungen	12
	74
Ertragsteuern	**8**

6. Abschnitt

Außerhalb der GuV sind folgende Reinvermögensänderungen zu berücksichtigen:

(1) **Erhöhung der Neubewertungsrücklage** für Betriebsgrundstücke **6**

(2) **Erhöhung der Fair Value-Rücklage** für Wertpapiere **3**

(3) **Ertragsteuern (33 Prozent)** aus (1) und (2) **3**

Erstellen Sie die erweiterte Erfolgsrechnung nach IFRS mit den Bestandteilen

- GuV
- Other comprehensiv income (OCI)!

Wöhe S. 779–782

Erweiterte Erfolgsrechnung nach IFRS (in Mio. EUR)			
GuV-Rechnung	Umsatzerlöse	80	
	+ Sonstige betriebliche Erträge	+ 15	
	– Materialaufwand	– 14	
	– Personalaufwand	– 30	
	– Abschreibungen	– 8	
	– Sonstige betriebliche Aufwendungen	– 10	
	Betriebsergebnis	**33**	
	+ Finanzerträge	+ 5	
	– Finanzaufwendungen	– 12	
	Ergebnis vor Steuern	**26**	
	– Ertragsteuern	– 8	
	Ergebnis nach Steuern	**18**	**+ 18**
OCI-Rechnung	+ Erhöhung der Neubewertungsrücklage	+ 6	
	+ Erhöhung der Fair Value-Rücklage	+ 3	
	OCI vor Steuern	**9**	
	– Ertragsteuern (33 %)	– 3	
	OCI nach Steuern	**6**	**+ 6**
	Erweitertes Periodenergebnis		**+ 24**

Aufgabe 84 Statement of changes in equity

Es gelten die Ausgangsdaten der **Aufgabe 83**. Die VARIO-AG weist zum 31.12.01 folgenden Endbestand an Eigenkapital (Mio. EUR) aus:

	31.12.01
Issued capital	120
Capital reserves	20
Revenue reserves • Retained earnings • Statutory reserves • Legal reserve • Other revenue reserves	 60 25 15 10
Other reserves	50
Total	**300**

Für die **Periode 02** sind als **Eigenkapitaländerungen** zu berücksichtigen:

(a) Ausgabe von 10 Mio. neuen Aktien (Nennbetrag/Aktie 1 EUR) zum Kurs von 2,50 EUR/Stück.
(b) Dividendenzahlung von 12 Mio. EUR
(c) Aus dem Vorjahresergebnis stellt die Hauptversammlung 4 Mio. EUR in die satzungsmäßigen Rücklagen ein.
(d) Nach einer Wertsteigerung betrieblich genutzter Grundstücke um 6 Mio. EUR ist die Neubewertungsrücklage nach Abzug von 33 Prozent Ertragsteuern um 4 Mio. EUR zu erhöhen.
(e) Nach einer Kurssteigerung von Wertpapieren um 3 Mio. EUR ist die Fair-Value-Rücklage nach Abzug von 33 Prozent Ertragsteuern um 2 Mio. EUR zu erhöhen.
(f) Die GuV 02 weist ein Ergebnis nach Steuern von 18 Mio. EUR aus.

Erstellen Sie das statement of changes in equity!

Wöhe S. 772–775 und S. 783 f.

Die Eigenkapitalveränderungsrechnung für die Periode 02 hat folgendes Aussehen (in Mio. EUR):

Eigenkapitalposten	**Stand 1.1.02**	Zugänge	Abgänge	**Stand 31.12.02**
Issued capital (a)	120	10		130
Capital reserves (a)	20	15		35
Revenue reserves • Retained earnings (b) (c) (f) • Statutory reserves (c) • Legal reserve • Other revenue reserves	 60 25 15 10	 18 4	 16	 62 29 15 10
Other reserves (d) (e)	50	6		56
Equity Total	**300**	53	16	**337**

Die Abgänge bei den retained earnings in Höhe von 16 Mio. EUR setzen sich aus einer Dividendenausschüttung (12 Mio. EUR) und einer Umbuchung in die statutory reserves (4 Mio. EUR) zusammen.

6. Abschnitt

VII. Konzernabschluss

Wiederholungsfragen:

	Wöhe Seite
Was versteht man unter einem Konzern?	786
Worin besteht der entscheidende Unterschied zwischen einer Summenbilanz und einer Konzernbilanz?	786
Aus welchen Bestandteilen setzt sich der Konzernabschluss nach HGB bzw. der nach IFRS zusammen?	788
Wer ist zur Aufstellung eines Konzernabschlusses verpflichtet?	788
Welche Konsolidierungsmethoden existieren in Abhängigkeit vom Einfluss des Mutterunternehmens?	789
Welche Arbeitsschritte führen zum Konzernabschluss?	790–792
Welche Unterschiede bestehen zwischen der Handelsbilanz I, Handelsbilanz II und Handelsbilanz III?	790 f.
Wie funktioniert die Kapitalkonsolidierung nach der Erwerbsmethode?	792–799
Wie lautet der Buchungssatz zur erstmaligen Kapitalkonsolidierung bei einem Beteiligungserwerb ohne Wertaufschlag?	794
Wie lautet der Buchungssatz zur erstmaligen Kapitalkonsolidierung bei einem Beteiligungserwerb mit Wertaufschlag?	795
Welche Sachverhalte sind bei einer Folgekonsolidierung zu beachten?	797–799
Welche Sachverhalte unterliegen der Schuldenkonsolidierung?	799
Welche Sachverhalte unterliegen der Zwischenergebniseliminierung?	800
Welche Sachverhalte unterliegen der Aufwands- und Ertragskonsolidierung?	801
Was versteht man unter einer Quotenkonsolidierung (von Gemeinschaftsunternehmen)?	802
Wie funktioniert die Equity-Bewertung für assoziierte Unternehmen?	803 f.

Aufgabe 85 Kapitalkonsolidierung nach IFRS (mit Badwill)

Das Mutterunternehmen (MU) erwirbt eine 80%-Beteiligung an einem Tochterunternehmen (TU). Die Anschaffungskosten betrugen 500 TEUR. Führen Sie die Kapitalkonsolidierung zum Zeitpunkt des Anteilserwerbs (Erstkonsolidierung) durch. (Hinweis: Es bestehen stille Rücklagen bei TU in „Verschiedene Aktiva" von 500 TEUR.) Wie lauten die notwendigen Buchungssätze?

Aktiva	Bilanz (HB II) MU (TEUR)		Passiva
Beteiligung	500	Eigenkapital	4.000
Verschiedene Aktiva	4.500	Fremdkapital	1.000
	5.000		**5.000**

Aktiva	Bilanz (HB II) TU (TEUR)		Passiva
Verschiedene Aktiva	2.000	Eigenkapital	800
		Fremdkapital	1.200
	2.000		**2.000**

Wöhe S. 790 f. und S. 793–797

Die Kapitalkonsolidierung ergibt folgendes Bild (in TEUR):

Bilanzposten	MU (HB II)	TU (HB III)	Summen-bilanz	Kapital-konsolidierung S	Kapital-konsolidierung H	Konzern-bilanz
Aktiva						
Goodwill	–	–	–			–
Beteiligung	500	–	500		500[1]	–
Verschiedene Aktiva	4.500	2.500	7.000			7.000
Unterschiedsbetrag				540[2]	540[1]	
Summe Aktiva	5.000	2.500	7.500			7.000
Passiva						
Eigenkapital	4.000	1.300	5.300	1.300[1]	540[2]	4.540
Minderheitsbeteiligte	–	–	–		260[1]	260
Fremdkapital	1.000	1.200	2.200			2.200
Summe Passiva	5.000	2.500	7.500	1.840	1.840	7.000

Die stillen Rücklagen bei TU werden aufgelöst. Im Rahmen der Kapitalkonsolidierung wird zunächst der Beteiligungsbuchwert bei MU gegen das Eigenkapital von TU verrechnet. Hierbei sind die Minderheitsbeteiligten (20 % von 1.300 TEUR = 260 TEUR) zu berücksichtigen.

Buchungssatz 1 (in TEUR):

Eigenkapital	1.300	**an**	Beteiligung	500
			Minderheitsbeteiligte	260
			Unterschiedsbetrag	540

Der sich ergebende Unterschiedsbetrag resultiert aus einem Lucky Buy. Dieser ist lt. IFRS nicht als Badwill auszuweisen, sondern zum Zeitpunkt der Erstkonsolidierung erfolgswirksam über das Eigenkapital zu verrechnen.

Buchungssatz 2 (in TEUR):

Unterschiedsbetrag	540	**an**	Eigenkapital	540

Aufgabe 86 Zwischenergebniseliminierung und Aufwands- und Ertragskonsolidierung

Das Mutterunternehmen (MU) ist zu 100 % an dem Tochterunternehmen (TU) beteiligt. In der Periode 01 liefert TU an MU Waren zu einem Gesamtpreis von 50 TEUR. Die Herstellungskosten bei TU beziffern sich auf 30 TEUR. MU verarbeitet 50 % der Waren weiter, wodurch zusätzliche Kosten von 6 TEUR entstanden sind, und verkauft diese an einen Dritten (Außenumsätze) zu 40 TEUR. Führen Sie die Aufwands- und Ertragskonsolidierung sowie die damit verbundene Zwischenergebniseliminierung unter Anwendung des Umsatzkostenverfahrens durch!

Wöhe S. 800–802

Unter Anwendung des Umsatzkostenverfahrens stellt sich die Konzern-GuV wie folgt dar (in TEUR):

GuV-Posten	MU	TU	Summen-GuV	Aufwands- und Ertragskonsolidierung		Konzern-GuV
				S	H	
Ertrag Umsatzerlöse	40	50	90	**50**		40
Aufwand Herstellungskosten des Umsatzes	31	30	61		**40**	31
Jahresergebnis	+ 9	+ 20	+ 29		**10**	19

50 % der Waren sind in der Periode nicht verkauft worden. In der Konzern-GuV dürfen für diese deshalb keine Umsatzerlöse, Herstellungskosten des Umsatzes oder ein Ergebnis ausgewiesen werden. Die Korrektur erfolgt durch Buchungssatz 1.

Buchungssatz 1 (in TEUR):

Umsatzerlöse	25	**an**	Herstellungskosten des Umsatzes	15
			Jahresergebnis	10

Die Buchung 1 führt zu einer Verkürzung der Konzernbilanz. Auf der Aktivseite werden die verbliebenen 50 % der Waren nicht zu den Anschaffungskosten des MU (25 TEUR), sondern zu den Konzernanschaffungskosten (15 TEUR) ausgewiesen. Auf der Passivseite reduziert sich das Jahresergebnis um den konzerninternen Gewinn.

Für die Außenumsatzerlöse sind die Herstellungskosten des Umsatzes gegen die Innenumsatzerlöse zwischen TU und MU zu korrigieren.

Buchungssatz 2 (in TEUR):

Umsatzerlöse	15	**an**	Herstellungskosten des Umsatzes	15

Aufgabe 87 Equity-Methode nach HGB

Die M-AG erwirbt am 1.1.01 eine 25%-Beteiligung an der A-AG und erlangt damit einen maßgeblichen Einfluss auf die Geschäftsführung dieses Unternehmens (assoziiertes Unternehmen). Die Anschaffungskosten der Beteiligung betragen 2.000 TEUR. Die Bilanz der A-AG stellt sich (zu Buchwerten in TEUR) im Erwerbszeitpunkt wie folgt dar:

Aktiva	Bilanz der A-AG zum 31.12.00		Passiva
Immaterielle Vermögensgegenstände	1.500	Gezeichnetes Kapital	4.000
Sachanlagen	5.000	Rücklagen	800
Vorräte	2.000	Jahresüberschuss	–
Forderungen	500	Verbindlichkeiten	5.200
Kassenbestand	1.000		
	10.000		**10.000**

In den immateriellen Vermögensgegenständen und in den Sachanlagen sind stille Rücklagen in Höhe von jeweils 600 TEUR enthalten.

Wöhe S. 803 f.

Teilaufgabe a)

(1) Wie hoch ist der Anteil der stillen Rücklagen, der auf die M-AG entfällt?
(2) Wie hoch wäre der mögliche Geschäfts- oder Firmenwert, der sich bei Vollkonsolidierung ergeben würde?

(1) Auf die M-AG entfallen entsprechend dem Beteiligungsanteil 25 % der stillen Rücklagen, also insgesamt 300 TEUR (= Immaterielle Vermögensgegenstände 150 TEUR + Sachanlagen 150 TEUR).

(2) Das buchmäßige Eigenkapital der A-AG beträgt 4.800 TEUR. Davon hat die M-AG 1.200 TEUR (25 %) erworben. Erhöht um den Teil der stillen Rücklagen, der auf die M-AG entfällt, beträgt der erworbene Anteil am Substanzwert des Eigenkapitals der A-AG 1.500 TEUR. Somit ergäbe sich ein rechnerischer Geschäfts- oder Firmenwert von 500 TEUR (= Anschaffungskosten 2.000 TEUR – Substanzwert des Eigenkapitals 1.500 TEUR) bei Vollkonsolidierung.

Teilaufgabe b)

Am 31.12.01 stellt die A-AG folgende Bilanz (in TEUR) auf:

Aktiva	Bilanz der A-AG zum 31.12.01		Passiva
Immaterielle Vermögensgegenstände	1.000	Gezeichnetes Kapital	4.000
Sachanlagen	4.500	Rücklagen	800
Vorräte	2.200	Jahresüberschuss	900
Forderungen	1.000	Verbindlichkeiten	5.000
Kassenbestand	2.000		
	10.700		**10.700**

Wie hoch ist der Beteiligungsbuchwert der M-AG an der A-AG am 31.12.01 nach der Equity-Methode, wenn

- die immateriellen Vermögensgegenstände aus einem Patent bestehen, welches ab dem 1.1.01 über eine Restnutzungsdauer von drei Jahren abgeschrieben wird,
- die Sachanlagen ab dem 1.1.01 insgesamt über eine Nutzungsdauer von zehn Jahren abzuschreiben sind,
- der unter a)(2) berechnete Geschäfts- oder Firmenwert ab dem 01.01.01 über 10 Jahre abgeschrieben wird?

Berechnung nach der Equity-Methode (in TEUR):

	Anschaffungskosten der Beteiligung	2.000
+	anteiliges Periodenergebnis	+ 225
–	Abschreibungen anteiliger stiller Rücklagen	– 65
–	vereinnahmte Dividende	–
–	Kapitalentnahmen	–
+	Kapitaleinlagen	–
–	Abschreibung des Geschäfts- oder Firmenwertes	– 50
	Beteiligungsbuchwert	2.110

Die Anschaffungskosten der Beteiligung sind in der Folgeperiode um das anteilige Periodenergebnis des assoziierten Unternehmens sowie um die Fortschreibung der stillen Rücklagen und des Geschäfts- oder Firmenwertes zu korrigieren. Für MU ergeben sich folgende Werte (in TEUR):

	Betrag	Wertverzehr	Anteil MU 25 %
Jahresüberschuss	+ 900	–	+ 225
stille Rücklagen			
• immaterielle Vermögensgegenstände	600	(1/3) – 200	– 50
• Sachanlagen	600	(1/10) – 60	– 15
			– 65

Da der Geschäfts- oder Firmenwert zu 100 % der M-AG zuzurechnen ist, muss dessen Abschreibung (= 500 TEUR/10 Jahre) in voller Höhe berücksichtigt werden.

VIII. Bilanzpolitik und Bilanzanalyse

Wiederholungsfragen:

Wöhe	Seite
Was versteht man unter Bilanzpolitik?	805
Wie lassen sich bilanzpolitische Einzelziele aus dem Oberziel der langfristigen Gewinnmaximierung ableiten?	806–810
Was versteht man unter aktiver bzw. passiver Publizitätspolitik?	809
Wie lassen sich die bilanzpolitischen Instrumente systematisieren?	810
Welche bilanzpolitischen Bewertungs- und Abschreibungswahlrechte gibt es im HGB?	812
Welche Sachverhalte eröffnen bilanzpolitische Ermessensspielräume?	813
Welche Arten stiller Rücklagen werden unterschieden?	815
Welche Sachverhalte führen zur Auflösung stiller Rücklagen?	815 f.
Wie gelangt man zur stillen Auflösung stiller Rücklagen?	816
Wann kann in stillen Rücklagen ein Verlustverschleierungspotential stecken?	817
An welcher Art der Bilanzanalyse sind Gläubiger bzw. Aktionäre vorrangig interessiert?	818
In welchen Arbeitsschritten gelangt man vom Jahresabschluss zur Kennzahlenauswertung?	818 f.
Welches Aussehen hat die Strukturbilanz?	820
Über welche Korrekturen gelangt man vom gesetzlichen Gliederungsschema der GuV zur betriebswirtschaftlichen Erfolgsspaltung?	822 f.
In welche Teilbereiche lässt sich die kennzahlenorientierte Bilanzanalyse gliedern?	823
Welche Kennzahlen zur Investitionsanalyse sind bedeutend?	824
Welche Kennzahlen zur Finanzierungsanalyse sind bedeutend?	825
Welche Kennzahlen zur Liquiditätsanalyse sind bedeutend?	826
Welche Kennzahlen zur Ergebnisanalyse sind bedeutend?	828
Welche Kennzahlen zur Rentabilitätsanalyse sind bedeutend?	829
Welcher Zusammenhang besteht zwischen dem Operating Profit und dem Return on Investment?	831
Wie wird der Kostendeckungspunkt im Rahmen der Break-Even-Analyse ermittelt?	831–832
Warum hat die Bilanzanalyse eine begrenzte Aussagekraft?	833 f.

Aufgabe 88 Bilanzpolitische Instrumente

Die PRUDENTIA-AG ist um einen **niedrigen Gewinnausweis** bemüht. Zu diesem Zweck schlägt der Bilanzbuchhalter folgende Maßnahmen vor:

(1) Ein originärer Firmenwert von 20 Mio. soll aktiviert werden.
(2) Ein im Vorjahr aktivierter derivativer Firmenwert soll in diesem Jahr zur Hälfte abgeschrieben werden, weil eine voraussichtlich dauernde Wertminderung sehr wahrscheinlich ist.
(3) Kosten der Eigenkapitalbeschaffung in Höhe von 1 Mio. sollen aktiviert werden.
(4) Ein bei der Darlehensaufnahme (Laufzeit 5 Jahre) vereinbartes Disagio soll aktiviert und zu einem Fünftel abgeschrieben werden.
(5) Angesichts rückläufiger Konjunktur soll zur Berücksichtigung des allgemeinen Geschäftsrisikos eine Rückstellung in Höhe von 3 Mio. gebildet werden.
(6) Die (gestiegenen) Bestände an Fertigfabrikaten sollen zu Herstellungskosten unter Einschluss von Verwaltungsgemeinkosten bewertet werden.
(7) Gleichartige Vorräte, deren Wiederbeschaffungskosten in den vergangenen Jahren permanent gestiegen sind, sollen nach der Lifo-Methode bewertet werden.
(8) Eine Verbindlichkeit soll wegen gesunkener Marktzinsen zu einem unter dem Rückzahlungsbetrag liegenden Wert angesetzt werden.
(9) Zur Bewertung einer erstmals zu passivierenden Pensionsrückstellung soll auf eine Diskontierung verzichtet werden.

Wöhe S. 812 f.

Teilaufgabe a)

Welche der genannten bilanzpolitischen Maßnahmen sind handelsrechtlich zulässig?

Rechtlich zulässig sind die Maßnahmen (2), (4), (6) und (7).

Teilaufgabe b)

Welche der rechtlich zulässigen Maßnahmen sollten unter Berücksichtigung der bilanzpolitischen Zielsetzung ergriffen werden?

Folgende Vorschläge sollten realisiert werden: (2) und (7).

Aufgabe 89 Bilanzpolitische Maßnahmen zur Verlustverschleierung

Bei der Vorbereitung des gesetzlichen Jahresabschlusses stellt die MALUS-AG einen hohen (vorläufigen) Verlust aus der gewöhnlichen Geschäftstätigkeit fest. Zur Kaschierung der Verlustsituation schlägt der Leiter des Rechnungswesens die unten genannten bilanzpolitischen Einzelmaßnahmen vor.

a) Welche der hier genannten bilanzpolitischen Maßnahmen sollte die MALUS-AG ergreifen?
b) Begründen Sie stichwortartig, **warum die übrigen Maßnahmen nicht zu realisieren sind**!

Katalog bilanzpolitischer Maßnahmen zur Verlustverschleierung:

(1) Bei einem bilanzierten Vermögen von 30 Mio. EUR beziffert sich der originäre Firmenwert nach vernünftiger kaufmännischer Beurteilung (= vorsichtige Bewertung) auf 3 Mio. EUR. Dieser Betrag sollte aktiviert werden.

(2) Zwecks verringerter Aufwandsverrechnung sollte eine selbst erstellte Anlage zum niedrigst möglichen Wert aktiviert werden.
(3) Zur Erhöhung des Eigenkapitalausweises sollte eine gesetzliche Rücklage gebildet werden.
(4) Abweichend von der bisher üblichen planmäßigen Nutzungsdauer von vier Jahren sollen die im Laufe der Periode neu beschafften Fahrzeuge über fünf Jahre abgeschrieben werden.
(5) Abweichend von der bisher üblichen Praxis soll bei neu beschafften technischen Anlagen bei der Ermittlung der Abschreibungsbasis auf den Abzug in Höhe des erwarteten Liquidationserlöses verzichtet werden.
(6) In die Herstellungskosten der zu bilanzierenden Fertigfabrikate sollen die Vertriebseinzelkosten einbezogen werden.
(7) Das Disagio eines im abgelaufenen Jahr aufgenommenen Darlehens sollte aktiviert werden.
(8) Die im Zusammenhang mit der Erhöhung des Eigenkapitals angefallenen Kosten sollten als Rechnungsabgrenzungsposten aktiviert werden.
(9) Im Zuge eines Unternehmenskaufs in der abgelaufenen Periode war für den Kundenstamm des erworbenen Unternehmens ein Kaufpreisaufschlag in Höhe von 2 Mio. EUR vereinbart worden. Dieser Geschäfts- oder Firmenwert sollte nicht aktiviert werden.
(10) Zur Berechnung von Pensionsrückstellungen sollte der verwendete Diskontierungszinsfuß 3 Prozent über dem fristadäquaten Marktzinssatz liegen.
(11) Die Neuerschließung des spanischen Marktes verursachte in der abgelaufenen Periode besonders hohe Kosten für Marktforschung i.H.v. 5 Mio. EUR, die aktiviert werden sollten.
(12) Zur Erhöhung des Verlustauffangpotentials sollte zum Bilanzstichtag eine satzungsmäßige Rücklage gebildet werden.
(13) Vor dem Hintergrund permanent steigender Rohstoffpreise sollen die gleichartigen Vorräte nach der Lifo-Methode bewertet werden.
(14) Eine außerplanmäßige Zuschreibung zur Erfassung künftiger Wertsteigerungen bei den Warenvorräten sollte vorgenommen werden.

(a) Folgende Maßnahmen sollten realisiert werden: (4) und (7)

(b) Folgende Maßnahmen sollten nicht realisiert werden:
(1), (6), (8), (10), (11) und (14), weil rechtlich unzulässig
(2), (5) und (13), weil unzweckmäßig (gewinnvermindernd)
(3) und (12), weil unsinnig (nicht erfolgswirksam)
(9), weil unzweckmäßig (gewinnvermindernd) und unzulässig.

Aufgabe 90 Bilanzpolitik und Liquidität

Die PLUS-AG ist ein schnell wachsendes Unternehmen mit einem hohen Finanzmittelbedarf. Die **Finanzplanung für die kommende Periode 03** geht von folgendem Sachverhalt aus:

Liquiditätsbedarf 03 750 Mio. EUR

Daten:

- Eine zusätzliche Kreditaufnahme kommt nicht in Frage.
- Eine Erhöhung des Grundkapitals kommt nicht in Frage.
- Die Aktionäre erwarten eine Mindestausschüttung nach Maßgabe des §58 AktG.
- Bilanz des Vorjahres:

Aktiva	Bilanz zum 31.12.02 (Mio. EUR)		Passiva
Maschinelle Anlagen	800	Grundkapital	1.000
Vorräte	1.100	Gesetzliche Rücklage	100
Flüssige Mittel	100	Andere Gewinnrücklagen	100
		Verbindlichkeiten	800
	2.000		**2.000**

Plan-GuV 03 (Mio. EUR)		
	Umsatzerlöse	1.000
–	Materialaufwand	– 100
–	Personalaufwand	– 100
–	Abschreibungsaufwand	– 200
–	Ertragsteuern (50%)	– 300
	Jahresüberschuss	**300**

Teilaufgabe a)

Inwieweit kann die PLUS-AG ihren Liquiditätsbedarf 03 aus dem Innenfinanzierungsvolumen decken?

Da die Aktionäre auf einer Ausschüttung nach §58 AktG bestehen, ist der ihnen zustehende Bilanzgewinn 03 folgendermaßen zu berechnen (in Mio. EUR):

	Jahresüberschuss 03	300
–	Einstellung in andere Gewinnrücklagen	– 150
	Bilanzgewinn 03	**150**

Das nach planmäßiger Ausschüttung in 03 verbleibende Innenfinanzierungsvolumen lässt sich folgendermaßen berechnen (in Mio. EUR):

	Jahresüberschuss 03	300
+	Abschreibungen 03	+ 200
	Operativer Cash Flow 03	+ 500
–	Bilanzgewinn 03 (Ausschüttung)	– 150
	Innenfinanzierungsvolumen (= Netto Cash Flow) 03	**+ 350**
+	Vorhandene flüssige Mittel	+ 100
	Verfügbare Finanzmittel	**+ 450**

Bei einem geplanten Investitionsvolumen von 750 klafft eine Finanzierungslücke von 300.

Teilaufgabe b)

Die Steuerabteilung macht die Finanzplanung darauf aufmerksam, dass in Periode 03 neben der planmäßigen Abschreibung (200) **eine zusätzliche außerplanmäßige Abschreibung von 400** auf das Vorratsvermögen **handels- und steuerrechtlich zulässig** ist.

(1) Erstellen Sie unter Berücksichtigung der außerplanmäßigen Abschreibung die handelsrechtliche Plan-GuV 03 und ermitteln Sie den Bilanzgewinn 03!
(2) Stellen Sie eine Cash-Flow-Rechnung auf! Wie hoch ist nun das verfügbare Finanzmittelvolumen am Ende der Periode 03?

Unter Berücksichtigung einer zusätzlichen Abschreibung in Höhe von 400 hat die erweiterte Plan-GuV 03 folgendes Aussehen:

Plan-GuV 03 (Mio. EUR)		
	Umsatzerlöse	1.000
–	Materialaufwand	– 100
–	Personalaufwand	– 100
–	Abschreibung (planmäßige)	– 200
–	Abschreibung (außerplanmäßig)	– 400
	Gewinn vor Steuern	+ 200
–	Ertragsteuern (50 %)	– 100
	Jahresüberschuss	+ 100
–	Einstellung in andere Gewinnrücklagen	– 50
	Bilanzgewinn	**50**

Unter den veränderten Bedingungen lässt sich das Innenfinanzierungsvolumen folgendermaßen ermitteln (in Mio. EUR):

	Jahresüberschuss 03	100
+	Abschreibungen 03	+ 600
	Operativer Cash Flow 03	+ 700
–	Bilanzgewinn 03 (Ausschüttung)	– 50
	Innenfinanzierungsvolumen (= Netto Cash Flow) 03	**+ 650**
+	Vorhandene flüssige Mittel	+ 100
	Verfügbare Finanzmittel	**+ 750**

Die außerplanmäßige Abschreibung hat eine Verringerung der

- Ausschüttung um 100
- Ertragsteuerzahlung um 200

zur Folge. Damit lässt sich die Finanzierungslücke aus Teilaufgabe a) schließen.

6. Abschnitt

Aufgabe 91 Analyse der Bilanzgliederung

Ihnen wird die folgende HGB-Bilanz vorgelegt. In welchen Punkten erscheint Ihnen diese Bilanz fehlerhaft?

Bilanz der XY-OHG zum 31.12.01

Aktiva	**Passiva**
A Anlagevermögen I. Sachanlagen 1. Grundstücke und Gebäude 2. Grundschulden 3. Maschinelle Anlagen II. Immaterielle Vermögensgegenstände 1. Originärer Firmenwert 2. Langfristige Mietverträge III. Finanzanlagen 1. Beteiligungen 2. Postgiroguthaben 3. Langfristige Darlehensverbindlichkeiten **B Umlaufvermögen** I. Schecks, Kassenbestand und Sichtguthaben II. Forderungen und sonstige Vermögensgegenstände 1. Forderungen aus Lieferungen und Leistungen 2. Kurzfristige Darlehensforderungen III. Vorräte 1. Roh-, Hilfs- und Betriebsstoffe 2. Fertigfabrikate 3. Bestandserhöhung an Halbfabrikaten **C Rechnungsabgrenzungsposten** **D Aktive latente Steuern**	**A Eigenkapital** I. Kapitalrücklage II. Grundkapital III. Gewinnrücklagen IV. Stille Rücklagen V. Rückstellungen **B Verbindlichkeiten** 1. Anleiheverbindlichkeiten 2. Bestellungen von Kunden 3. Verbindlichkeiten gegenüber Kreditinstituten 4. Eventualverbindlichkeiten aus Bürgschaftsübernahmen **C Rechnungsabgrenzungsposten** **D Passive latente Steuern**

Wöhe S. 684 f.

Die Bilanz ist in folgenden Punkten unstimmig:

(1) Es handelt sich nicht um die Bilanz einer OHG, sondern um die Bilanz einer Aktiengesellschaft (vgl. Eigenkapitalgliederung).
(2) Grundschulden sind kein Vermögensgegenstand (vgl. A, I, 2).
(3) Immaterielle Vermögensgegenstände (A, II) gehören vor Sachanlagen.
(4) Ein originärer Firmenwert (A, II, 1) ist nicht bilanzierungsfähig.
(5) Langfristige Mietverträge (A, II, 2) sind kein Vermögensgegenstand.
(6) Das Postgiroguthaben (A, III, 2) gehört in das Umlaufvermögen.
(7) Langfristige Darlehensverbindlichkeiten (A, III, 3) gehören auf die Passivseite.
(8) Liquide Mittel (B, I) sind letzter Posten im Umlaufvermögen.
(9) Vorräte (B, III) sind erster Posten im Umlaufvermögen.
(10) Fertigfabrikate (B, III, 2) sind letzter Posten bei Vorräten.
(11) Bestandserhöhung an Halbfabrikaten (B, III, 3) gehören als Ertragsposten in die GuV.

(12) Kapitalrücklage (A, I) gehört hinter Grundkapital.
(13) Stille Rücklagen (A, IV) sind nicht Bestandteil der Bilanz.
(14) Rückstellungen (A, V) sind als gesonderter Posten (B) vor Verbindlichkeiten (C) auszuweisen.
(15) Bestellungen von Kunden (B, 2) sind nicht zu bilanzieren.
(16) Eventualverbindlichkeiten (B, 4) sind nicht in der Bilanz auszuweisen.

Aufgabe 92 Ordentliche und neutrale Erfolgskomponenten

Die CONSTRUCTA-GmbH ist als Bauunternehmung mit der Herstellung von Betonfertigteilen und mit auftragsweisem Montagebau beschäftigt. In Periode 02 kam es zu folgenden Geschäftsvorfällen (in TEUR).

Geschäftsvorfälle Periode 02		
(1)	Umsatzerlöse	13.800
(2)	Bau einer neuen Lagerhalle; aktivierte Herstellungskosten	900
(3)	Fertigfabrikate	
	• Anfangsbestand	1.300
	• Endbestand	800
(4)	Vereinnahmte Lizenzgebühr	100
(5)	Materialaufwand	2.000
(6)	Lohn und Gehalt inkl. Sozialabgaben	3.100
(7)	Mietaufwand	350
(8)	Zuführung zu Pensionsrückstellung	400
(9)	Wertaufholung Maschinenpark	200
(10)	Gewinn aus Wertpapierverkauf	300
(11)	Brandschaden bei Lagervorräten	150
(12)	Verlust aus Veräußerung maschineller Anlagen	900
(13)	Zinserträge	250
(14)	Zinsaufwand	900
(15)	Unerwartete Entschädigung nach Grundstücksabtretung für Straßenbau	120
(16)	Leistung für Sozialplan nach Einstellung der Sparte „Tiefbau"	920
(17)	Kfz-Steuern	200
(18)	Gewerbe- und Körperschaftsteuer	1.200
(19)	Planmäßige Abschreibung auf Sachanlagen	1.500
(20)	Außerplanmäßige Abschreibung auf Sachanlagen	400
(21)	Abschreibung auf Finanzanlagen	350

Zeigen Sie in einer Übersicht, welche Geschäftsvorfälle mit

- ordentlichem Ertrag
- ordentlichem Aufwand
- neutralem Ertrag
- neutralem Aufwand

verbunden sind und ermitteln Sie das ordentliche und das neutrale Ergebnis!

Wöhe S. 634 f., S. 726, S. 733 f. und S. 821–823

Die verschiedenen Geschäftsvorfälle lassen sich folgendermaßen zuordnen (in TEUR):

Ertrag				Aufwand			
ordentlich		neutral		ordentlich		neutral	
(1)	13.800	(9)	200	(3)	500	(11)	150
(2)	900	(10)	300	(5)	2.000	(12)	900
(4)	100	(15)	120	(6)	3.100	(16)	920
(13)	250			(7)	350	(20)	400
				(8)	400	(21)	350
				(14)	900		
				(17)	200		
				(19)	1.500		
	15.050		**620**		**8.950**		**2.720**

Beim Geschäftsvorfall **(18) Gewerbe- und Körperschaftsteuer 1.200** handelt es sich um Aufwand. Eine eindeutige Zuordnung zum ordentlichen bzw. neutralen Aufwand ist aber nicht möglich, da diese Ertragsteuern vom Gesamtergebnis berechnet werden.

Das Geschäftsergebnis der CONSTRUCTA-GmbH lässt sich folgendermaßen ermitteln:

Ergebnisrechnung Periode 02 (in TEUR)			
	ordentlicher Ertrag	15.050	
–	ordentlicher Aufwand	– 8.950	
	ordentliches Ergebnis	**+ 6.100**	**+ 6.100**
	neutraler Ertrag	620	
–	neutraler Aufwand	– 2.720	
	neutrales Ergebnis	**– 2.100**	**– 2.100**
	Gesamtergebnis vor Steuern		**+ 4.000**
–	Steuern vom Einkommen und Ertrag		– 1.200
	Gesamtergebnis nach Steuern		**+ 2.800**

Aufgabe 93 Gewinn- und Verlustrechnung einer Kapitalgesellschaft

Erstellen Sie für die CONSTRUCTA-GmbH die Gewinn- und Verlustrechnung nach dem Gesamtkostenverfahren für die Periode 02 nach Maßgabe der in **Aufgabe 92** enthaltenen Geschäftsvorfälle. Vermerken Sie bei jedem einzelnen GuV-Posten die Ordnungsnummer des zugehörigen Geschäftsvorfalls! Beachten Sie dabei das GuV-Gliederungsschema nach § 275 HGB!

Wöhe S. 700 f.

Die GuV der CONSTRUCTA-GmbH für die Periode 02 hat folgendes Aussehen:

GuV 02 (in TEUR)				
	Umsatzerlöse	(1)	+ 13.800	
–	Bestandsminderung Fertigfabrikate	(3)	– 500	
+	aktivierte Eigenleistung	(2)	+ 900	
+	sonstige betriebliche Erträge	(4), (9), (10), (15)	+ 720	
–	Materialaufwand	(5)	– 2.000	
–	Personalaufwand	(6), (8)	– 3.500	
–	Abschreibungen auf Anlagevermögen	(19), (20)	– 1.900	
–	Abschreibungen auf Umlaufvermögen	(11)	– 150	
–	sonstige betriebliche Aufwendungen	(7), (12), (16)	– 2.170	
	Betriebsergebnis		**+ 5.200**	**+ 5.200**
	Zinsen und ähnliche Erträge	(13)	+ 250	
–	Abschreibungen auf Finanzanlagen	(21)	– 350	
–	Zinsen und ähnliche Aufwendungen	(14)	– 900	
	Finanzergebnis		**– 1.000**	**– 1.000**
	Ergebnis vor Steuern			**+ 4.200**
–	Steuern vom Einkommen und Ertrag	(18)	– 1.200	– 1.200
–	sonstige Steuern	(17)	– 200	– 200
	Jahresüberschuss			**2.800**

Diese GuV hat im Vergleich zur Ergebnisrechnung aus **Aufgabe 92** folgende Gemeinsamkeiten und Unterschiede aufzuweisen:

Gemeinsamkeit im Endergebnis (in TEUR):

Jahresüberschuss	**2.800**	**=**	**Gesamtergebnis nach Steuern**	**2.800**

Unterschiede beim neutralen Ergebnis (in TEUR):

neutrales Ergebnis lt. GuV	**0**	**≠**	**neutrales Ergebnis**	**– 2.100**

Daraus folgt: Das Ergebnis vor Steuern in Höhe von 4.200 TEUR darf nicht mit dem ordentlichen Ergebnis (6.100 TEUR) gleichgesetzt werden. Im **Ergebnis vor Steuern** sind **neutrale Erfolgskomponenten**, sog. **Einmaleffekte, enthalten**.

Aufgabe 94 Erfolgsspaltung

Mit der Erfolgsspaltung verfolgt die Bilanzanalyse das Ziel
- neutrale Aufwendungen und Erträge (= Einmaleffekte)
- aus dem Betriebs- und Finanzergebnis herauszurechnen und
- in das außergewöhnliche (neutrale) Ergebnis zu verlagern.

Führen Sie auf Basis der GuV aus **Aufgabe 93** die Erfolgsspaltung durch, indem Sie die GuV in eine korrigierte Ergebnisrechnung überführen!

Wöhe S. 821–823

Im Zuge der Erfolgsspaltung bedürfen folgende GuV-Posten der Korrektur.

GuV-Posten (in TEUR)		GuV-Ausweis	Einmaleffekt	Korrigierter GuV-Ausweis
sonst. betriebl. Erträge		+ 720		
(4) Lizenzgebühr	100			+ 100
(9) Wertaufholung	200		+ 200	
(10) Gewinn Wertpapierverkäufe	300		+ 300	
(15) Entschädigung	120		+ 120	
Abschreibungen auf Anlagevermögen		– 1.900		
(19) planmäßige Abschreibungen	1.500			– 1.500
(20) außerplanm. Abschreibungen	400		– 400	
Abschreibungen auf Umlaufvermögen		– 150	– 150	–
sonst. betriebl. Aufwendungen		– 2.170		
(7) Mietaufwand	350			– 350
(12) Verlust aus Maschinenverkauf	900		– 900	
(16) Leistung für Sozialplan	920		– 920	
Abschreibung auf Finanzanlagen		– 350	– 350	–

Die Einmaleffekte sind dem o.a. Ergebnis zuzurechnen. Die sonstigen Steuern (= Kfz-Steuer 200) sind dem korrigierten Betriebsergebnis zuzuordnen. Damit gelangt man nach Durchführung der Erfolgsspaltung zur folgenden korrigierten GuV.

GuV (in TEUR) nach Erfolgsspaltung			
(GuV-Ausweis)			korrigierter Ausweis
(13.800)	Umsatzerlöse	+ 13.800	
(– 500)	Bestandsminderung für Fertigfabrikate	– 500	
(+ 900)	aktivierte Eigenleistung	+ 900	
(+ 720)	sonstige betriebliche Erträge	+ 100	
(– 2.000)	Materialaufwand	– 2.000	
(– 3.500)	Personalaufwand	– 3.500	
(– 1.900)	Abschreibung auf Anlagevermögen	– 1.500	
(– 150)	Abschreibung auf Umlaufvermögen	–	
(– 2.170)	sonstige betriebliche Aufwendungen	– 350	
(– 200)	sonstige Steuern	– 200	
	KORRIGIERTES BETRIEBSERGEBNIS	**+ 6.750**	**+ 6.750**

(+ 250)	Zinsen und ähnl. Erträge	+ 250		
(– 350)	Abschreibung auf Finanzanlagen	–		
(– 900)	Zinsen und ähnl. Aufwendungen	– 900		
	KORRIGIERTES FINANZERGEBNIS	**– 650**	**– 650**	
	KORRIGIERTES BZW. ORDENTLICHES ERGEBNIS		**+ 6.100**	
	sonst. betriebl. Erträge	+ 620		
	apl. Abschreibung auf AV	– 400		
	Abschreibung auf UV	– 150		
	sonst. betriebl. Aufwendungen	– 1.820		
	Abschreibung auf Finanzanlagen	– 350		
	NEUTRALES ERGEBNIS	**– 2.100**	**– 2.100**	
	ERGEBNIS VOR ERTRAGSTEUERN		**+ 4.000**	
	Steuern vom Einkommen und Ertrag		– 1.200	
	JAHRESÜBERSCHUSS		**2.800**	

Das Ergebnis vor Ertragsteuern setzt sich wie folgt zusammen.

	Korrigiertes bzw. ordentliches Ergebnis	+ 6.100
–	Neutrales Ergebnis	– 2.100
	Ergebnis vor Ertragsteuern	+ 4.000

Das korrigierte bzw. **ordentliche Ergebnis** ist die **maßgebliche Größe zur Beurteilung der Ertragskraft eines Unternehmens**. Der Vergleich mit dem Resultat aus **Aufgabe 92** zeigt, dass dieses exakt dem dort ermittelten ordentlichen Ergebnis entspricht.

Aufgabe 95 Ergebnisanalyse

Für die zurückliegenden drei Perioden 01 bis 03 weist die XY-AG steigende Jahresüberschüsse aus:

GuV (stark verkürzt)	**Periode**		
	01	**02**	**03**
Ergebnis vor Steuern	+ 2.000	+ 9.000	+ 10.000
Steuern von Einkommen und Ertrag	– 1.000	– 4.500	– 5.000
Jahresüberschuss	**+ 1.000**	**+ 4.500**	**+ 5.000**

Aus dem Anhang erhalten Sie folgende Zusatzinformationen:

	Anhang	01	02	03
(1)	**Abschreibung auf Sachanlagen**	8.000	6.000	4.000
	– davon außerplanmäßige Abschreibung	4.000	2.000	–
(2)	**sonstige betriebliche Erträge aus**			
	– Wertaufholungen			
	– Abgang von Gegenständen AV			
	– Auflösung Rückstellungen			
	insgesamt	–	5.000	12.000
(3)	**sonstige betriebliche Aufwendungen**			
	insgesamt	11.000	4.000	1.000
	davon aus:			
	– einmaligem Verlust aus Bürgschaftsübernahme	–	(1.000)	–
	– Brandschaden im Warenlager	(9.000)		
	– Verlust aus Abgang von Sachanlagen	–	(2.000)	–
	Die übrigen Bestandteile des sonstigen betrieblichen Aufwands sind periodenbezogener ordentlicher Aufwand.			

Teilaufgabe a)

Welches Ziel verfolgt die Erfolgsspaltung?

Wöhe S. 821–823

Die Erfolgsspaltung verfolgt das Ziel, das „Vorsteuerergebnis“ eines Unternehmens in die beiden Komponenten

(1) nachhaltig erzielbares (ordentliches) Ergebnis
(2) neutrales Ergebnis

zu zerlegen. Zu diesem Zweck werden „ungewöhnliche Ergebniskomponenten“, sog. „Einmaleffekte“, in ein neutrales Ergebnis separiert.

Teilaufgabe b)

Wie beurteilen Sie die Entwicklung der tatsächlichen Ertragskraft in den zurückliegenden drei Perioden?

Beim ersten Blick auf das **ausgewiesene Ergebnis** vor Steuern entsteht der Eindruck einer stark wachsenden Ertragskraft. Zur Ermittlung der **tatsächlichen Ertragsentwicklung** muss das ausgewiesene „Vorsteuerergebnis“ um neutrale Erfolgskomponenten bereinigt werden.

	Periode		01	02	03
	Ausgewiesenes Ergebnis vor Steuern		+ 2.000	+ 9.000	+ 10.000
	Ergebniskorrekturen:				
+	außerplanmäßige Abschreibung	(1)	+ 4.000	+ 2.000	–
–	sonstige betriebliche Erträge	(2)	–	– 5.000	– 12.000
+	sonstiger betrieblicher Aufwand	(3)	+ 9.000	+ 3.000	–
	Bereinigtes Ergebnis vor Steuern		**+ 15.000**	**+ 9.000**	**– 2.000**
±	neutrales Ergebnis (1) bis (3)		– 13.000	–	+ 12.000
	Ausgewiesenes Ergebnis vor Steuern		**+ 2.000**	**+ 9.000**	**+ 10.000**

Rechnet man periodenbedingte Sondereinflüsse (= neutrales Ergebnis) aus dem ausgewiesenen Ergebnis vor Steuern heraus, zeigt sich, dass die Ertragsentwicklung der letzten drei Jahre stark rückläufig war.

Aufgabe 96 Return on Investment

Nach Durchführung der Erfolgsspaltung legt die MIXTA-AG folgende GuV (verkürzte Form) vor:

	GuV nach Erfolgsspaltung		
	Umsatzerlöse		30.000
+	sonstige betriebl. Erträge (ordentlich)	+	2.000
–	Materialaufwand	–	7.000
–	Personalaufwand	–	11.000
–	Abschreibungen (planmäßig)	–	5.000
–	sonstige betriebl. Aufwendungen (ordentlich)	–	4.000
–	sonstige Steuern	–	2.000
	Korrigiertes (ordentliches) Betriebsergebnis	**+**	**3.000**
–	Zinsen und ähnliche Aufwendungen	–	1.200
	Korrigiertes (ordentliches) Ergebnis vor Steuern	**+**	**1.800**
–	Neutrales Ergebnis	–	300
	Ergebnis vor Ertragsteuern	**+**	**1.500**
–	Steuern vom Einkommen und Ertrag	–	450
	Jahresüberschuss		**1.050**

Das Kapital der MIXTA-AG setzt sich aus

Eigenkapital	15.000
Fremdkapital	15.000
Gesamtkapital	**30.000**

zusammen.

Teilaufgabe a)

Wie hoch ist der Return on Investment (ROI) der MIXTA-AG? Ermitteln Sie neben dem ROI die Eigenkapitalrentabilität und die Fremdkapitalrentabilität auf der Basis der GuV nach Erfolgsspaltung!

Wöhe S. 829–831

Der korrigierte Bruttogewinn in Höhe von 3.000 setzt sich aus den Komponenten

– Korrigiertes Ergebnis vor Steuern (Gewinn)	1.800
– Fremdkapitalzinsen (FKZ)	1.200

zusammen.

Return on Investment	$\frac{\text{Gewinn + FKZ}}{\text{Gesamtkapital}} \cdot 100\,\% = \frac{1.800 + 1.200}{30.000} \cdot 100\,\% = \mathbf{10\,\%}$
Eigenkapitalrentabilität	$\frac{\text{Gewinn}}{\text{Eigenkapital}} \cdot 100\,\% = \frac{1.800}{15.000} \cdot 100\,\% = \mathbf{12\,\%}$
Fremdkapitalrentabilität	$\frac{\text{FKZ}}{\text{Fremdkapital}} \cdot 100\,\% = \frac{1.200}{15.000} \cdot 100\,\% = \mathbf{8\,\%}$

Der Return on Investment entspricht der Gesamtkapitalrentabilität. Bei der MIXTA-AG liegt dieser Wert bei 10 Prozent.

Teilaufgabe b)

Die MIXTA-AG plant die Einführung des Just-in-Time-Konzepts. Durch diese Maßnahme könnte der Kapitaleinsatz von 30.000 auf 24.000 reduziert werden. Wie würde sich der Return on Investment durch diese Maßnahme verändern, wenn der korrigierte Bruttogewinn (= Gewinn + FKZ) und der Umsatz unverändert blieben?

Wöhe S. 202 f.

Durch Aufspaltung lässt sich die ROI-Formel folgendermaßen modifizieren:

$$\text{Return on Investment} = \text{Umsatzrentabilität} \cdot \text{Kapitalumschlag}$$

$$\text{Return on Investment} = \frac{\text{Gewinn + FKZ}}{\text{Umsatz}} \cdot 100\,\% \cdot \frac{\text{Umsatz}}{\text{Gesamtkapital}}$$

$$\text{Return on Investment} = \frac{3.000}{30.000} \cdot 100\,\% \cdot \frac{30.000}{24.000}$$

$$\textbf{Return on Investment} = 10\,\% \cdot 1{,}25 = \mathbf{12{,}5\,\%}$$

Der Return on Investment ist das Produkt aus Umsatzrentabilität und Kapitalumschlag. Durch die Einführung des Just-in-Time-Konzepts würde sich der Kapitalumschlagfaktor von 1,0 auf 1,25 erhöhen. Über diesen Rationalisierungseffekt würde sich der Return on Investment von 10 auf 12,5 Prozent erhöhen.

Aufgabe 97 Rentabilitätskennzahlen

Die PROGRESS-AG legt für Periode 01 folgende Jahresabschlussdaten vor:

Aktiva	Strukturbilanz zum 31.12.01 (in TEUR)			Passiva
Anlagevermögen	**7.500**	**Eigenkapital**		**4.000**
Umlaufvermögen	**2.500**	• Gezeichnetes Kapital	1.000	
		• Gewinnrücklagen	3.000	
		Fremdkapital		**6.000**
		• langfristig	3.000	
		• mittelfristig	2.000	
		• kurzfristig	1.000	
	10.000			**10.000**

	Korrigierte Erfolgsrechnung Periode 01 (in TEUR)		
	Umsatzerlöse		21.000
+	sonst. betriebl. Erträge (ordentlich)	+	1.000
–	Materialaufwand	–	3.000
–	Personalaufwand	–	10.000
–	Abschreibungen (planmäßig)	–	6.000
–	sonst. betriebl. Aufwendungen (ordentlich)	–	2.000
–	sonstige Steuern	–	160
	Korrigiertes (ordentliches) Betriebsergebnis	**+**	**840**
–	Zinsen und ähnliche Aufwendungen	–	240
	Korrigiertes (ordentliches) Ergebnis vor Steuern	**+**	**600**
+	Neutrales Ergebnis	+	100
	Ergebnis vor Ertragsteuern	**+**	**700**
–	Steuern vom Einkommen und Ertrag	–	210
	Jahresüberschuss		**490**

Zusätzlich erhalten Sie folgende Informationen:

- Das Gezeichnete Kapital (1 Mio. EUR) setzt sich aus 200.000 Stammaktien mit einem Nennbetrag von 5 EUR/Stück zusammen.
- Am Bilanzstichtag wurde die PROGRESS-Aktie zum Kurs von 42 EUR/Stück gehandelt.

Teilaufgabe a)

Ermitteln Sie die Eigenkapitalrentabilität, die Gesamtkapitalrentabilität und die Umsatzrentabilität!

Wöhe S. 829 f.

Zur Ermittlung dieser Rentabilitätskennziffern sind folgende Ergebnisgrößen heranzuziehen (in TEUR):

	Gewinn = korrigiertes Ergebnis vor Steuern		**600**
+	Zinsaufwand	+	240
	Korrigierter Bruttogewinn	**+**	**840**

Hieraus lassen sich folgende Rentabilitätskennzahlen ableiten:

Eigenkapitalrentabilität	$\frac{\text{Gewinn}}{\text{Eigenkapital}} \cdot 100\,\% = \frac{600\text{ TEUR}}{4.000\text{ TEUR}} \cdot 100\,\% = \mathbf{15\,\%}$
Gesamtkapitalrentabilität	$\frac{\text{Bruttogewinn}}{\text{Gesamtkapital}} \cdot 100\,\% = \frac{840\text{ TEUR}}{10.000\text{ TEUR}} \cdot 100\,\% = \mathbf{8{,}4\,\%}$
Umsatzrentabilität	$\frac{\text{Bruttogewinn}}{\text{Umsatz}} \cdot 100\,\% = \frac{840\text{ TEUR}}{21.000\text{ TEUR}} \cdot 100\,\% = \mathbf{4\,\%}$

Teilaufgabe b)

Ermitteln Sie das Ergebnis/Aktie und das Kurs-Gewinn-Verhältnis (KGV)!

Wöhe S. 830

Das **Ergebnis/Aktie** ist auf der Basis des bereinigten Ergebnisses vor Steuern zu ermitteln:

Ergebnis/Aktie	$\frac{\text{Gewinn}}{\text{Anzahl der Aktien}} = \frac{600.000\text{ EUR}}{200.000\text{ Stück}} = \mathbf{3\text{ EUR/Stück}}$

Das Kurs-Gewinn-Verhältnis (KGV) errechnet sich wie folgt:

KGV	$\frac{\text{Kurs je Aktie}}{\text{Gewinn je Aktie}} = \frac{42\text{ EUR}}{3\text{ EUR}} = \mathbf{14}$

Ein KGV von 14 besagt, dass die PROGRESS-AG im abgelaufenen Geschäftsjahr eine Rendite in Höhe von 7,14 Prozent bezogen auf den Kapitaleinsatz eines Aktionärs (42 EUR/Aktie) erwirtschaftet hat.

Aufgabe 98 Strukturbilanz und Bilanzkennzahlen

Die ANALYSIS-AG legt zum 31.12.01 folgenden Jahresabschluss vor.

Aktiva	**Bilanz zum 31.12.01**			**Passiva**
Sachanlagen	500	Grundkapital	100	
Finanzanlagen	100	Rücklagen	200	
Waren	250	Bilanzgewinn	10	
Forderungen aus		Eigenkapital	310	310
Lieferungen und Leistungen	100	Pensionsrückstellungen		190
Bank	50	Steuerrückstellungen		20
		Langfristige		
		Darlehensverbindlichkeiten		220
		Erhaltene Anzahlungen		80
		Lieferantenverbindlichkeiten		180
	1.000			**1.000**

GuV Periode 01	
Umsatzerlöse	1.000
– Wareneinsatz	– 405
– Personalaufwand	– 250
– Abschreibungsaufwand	– 185
– Sonstiger betrieblicher Aufwand	– 110
+ Zinserträge	+ 12
– Zinsaufwand	– 15
– Sonstige Steuern	– 2
– Ertragsteuern	– 18
Jahresüberschuss	**+ 27**

Angaben im Anhang:

(1) Der Ertragsteuersatz beträgt 40 Prozent.
(2) Im Abschreibungsaufwand sind nur planmäßige Abschreibungen enthalten.
(3) Im Personalaufwand ist eine Zuführung zu den Pensionsrückstellungen i. H. v. 60 enthalten.
(4) Alle übrigen Erträge und Aufwendungen sind zahlungswirksam.
(5) Die erhaltenen Anzahlungen betreffen eine Bestellung für eine Lieferung in Periode 04.

Teilaufgabe a)

Welches Aussehen hat die Strukturbilanz?

Wöhe S. 820 f.

Aktiva			**Strukturbilanz**		**Passiva**
Anlagevermögen			**Eigenkapital**		
			Grundkapital	100	
			Rücklagen	200	**300**
			Fremdkapital langfristig		
			Pensionsrückstellungen	190	
Sachanlagen	500		Langfristige Darlehensverbindlichkeiten	220	**410**
Finanzanlagen	100	**600**	**Fremdkapital mittelfristig**		
			Erhaltene Anzahlungen	80	**80**
Umlaufvermögen			**Fremdkapital kurzfristig**		
Waren	250		Steuerrückstellungen	20	
Forderungen aus Lieferungen und Leistungen	100		Lieferantenverbindlichkeiten	180	
Bank	50	**400**	Bilanzgewinn	10	**210**
		1.000			**1.000**

Teilaufgabe b)

Erfüllt die ANALYSIS-AG die Anforderungen der „Goldenen Bilanzregel"?

Wöhe S. 593–596

„Goldene Bilanzregel" (enge Fassung):

In ihrer engen Fassung verlangt die „Goldene Bilanzregel", dass das Anlagevermögen durch Eigenkapital gedeckt sein sollte: EK ≥ AV. Diese Bedingung

AV = 600 EK = 300

ist im vorliegenden Fall nicht erfüllt.

„Goldene Bilanzregel" (weite Fassung):

Hiernach sollte das Anlagevermögen durch langfristiges Kapital gedeckt sein (EK + langfristiges FK ≥ AV):

AV = 600 EK + lfr. FK = 300 + 410 = 710

Im vorliegenden Fall ist diese Bedingung erfüllt.

Teilaufgabe c)

Wie hoch ist im vorliegenden Fall der operative Cash Flow?

Wöhe S. 639 f.

Der operative Cash Flow lässt sich folgendermaßen ermitteln:

	Jahresüberschuss	27
+	Abschreibungen	185
+	Zuführung zu langfristigen Rückstellungen	60
	Operativer Cash Flow	**272**

Teilaufgabe d)

Wie hoch ist der Gewinn vor Steuern? Ermitteln Sie folgende Bilanzkennzahlen:

(1) Anlagenintensität
(2) Eigenkapitalquote
(3) Fremdkapitalzinslast
(4) Liquidität 2. Grades
(5) Schuldentilgungsdauer
(6) Net Working Capital
(7) Personalaufwandsquote
(8) Eigenkapitalrentabilität
(9) Umsatzrentabilität
(10) Return on Investment

Wöhe S. 824–831

Der Gewinn vor Steuern beziffert sich auf (27 + 18 =) 45 GE.

(1) **Anlagenintensität** $= \frac{\text{Anlagevermögen}}{\text{Gesamtvermögen}} \cdot 100\,\% = \frac{600}{1.000} \cdot 100\,\% = \mathbf{60\,\%}$

(2) **Eigenkapitalquote** $= \frac{\text{Eigenkapital}}{\text{Gesamtkapital}} \cdot 100\,\% = \frac{300}{1.000} \cdot 100\,\% = \mathbf{30\,\%}$

(3) **Fremdkapitalzinslast** $= \frac{\text{Zinsaufwand}}{\text{Fremdkapital}} \cdot 100\,\% = \frac{15}{700} \cdot 100\,\% = \mathbf{2{,}1\,\%}$

(4) **Liquidität 2. Grades** $= \frac{\text{ZM + kfr. Forderungen}}{\text{kfr. Fremdkapital}} \cdot 100\,\% = \frac{50 + 100}{210} \cdot 100\,\% = \mathbf{71{,}4\,\%}$

(5) **Schuldentilgungsdauer** $= \frac{\text{Fremdkapital}}{\text{Cash Flow}} = \frac{700}{272} = $ **2,6 Jahre**

(6) **Net Working Capital** $= \begin{array}{c}\text{Umlaufvermögen}\\ -\text{kfr. Fremdkapital}\end{array} = 400 - 210 = \mathbf{190\ GE}$

(7) **Personalaufwandsquote** $= \frac{\text{Personalaufwand}}{\text{Gesamtleistung}} \cdot 100\,\% = \frac{250}{1.000} \cdot 100\,\% = \mathbf{25\,\%}$

(8) **Eigenkapitalrentabilität** $= \frac{\text{Gewinn vor Steuern}}{\text{Eigenkapital}} \cdot 100\,\% = \frac{45}{300} \cdot 100\,\% = \mathbf{15\,\%}$

(9) **Umsatzrentabilität** $= \frac{\text{Gewinn + FK-Zinsen}}{\text{Umsatz}} \cdot 100\,\% = \frac{45 + 15}{1.000} \cdot 100\,\% = \mathbf{6\,\%}$

(10) **Return on Investment** $= \frac{\text{Gewinn + FK-Zinsen}}{\text{Gesamtkapital}} \cdot 100\,\% = \frac{45 + 15}{1.000} \cdot 100\,\% = \mathbf{6\,\%}$

Aufgabe 99 EBIT und EBITDA

Die GuV der ALBION-AG hat folgendes Aussehen:

	GuV Periode 01		
	Umsätze		4.700
+	sonstige betriebliche Erträge		300
–	Materialaufwand		800
–	Personalaufwand		1.000
–	Abschreibungen auf Sachanlagen und immaterielle Vermögensgegenstände		500
–	sonstige betriebliche Aufwendungen		200
	Betriebsergebnis	+	2.500
–	Zinsaufwand	–	1.000
	Ergebnis vor Steuern	+	1.500
–	Ertragsteuern		700
	Jahresüberschuss	**+**	**800**

Ermitteln Sie EBIT und EBITDA und interpretieren Sie das Ergebnis.

Wöhe S. 732

EBIT und EBITDA lassen sich folgendermaßen ermitteln:

	Jahresüberschuss		800
+	Ertragsteuern	+	700
+	Zinsaufwand	+	1.000
	EBIT		**2.500**
+	Abschreibungen	+	500
	EBITDA		**3.000**

Am besten lassen sich EBIT und EBITDA verstehen, wenn man zu ihrer Interpretation vom korrigierten (ordentlichen) Ergebnis vor Steuern ausgeht. Dieses ist das um Zufallsschwankungen (sog. Einmaleffekte) bereinigte „Vorsteuerergebnis". Zählt man zu dieser Ergebnisgröße (+ 1.500) den Zinsaufwand (1.000) hinzu, erhält man die Kennzahl „EBIT“ (2.500). Die Kennzahl „EBIT“ ist also die Erfolgsgröße (vor Unternehmenssteuern), die zur Verzinsung des betrieblichen Gesamtkapitals (= Betriebsvermögen abzüglich nichtbetriebsnotwendiger Finanzanlagen) zur Verfügung steht.

Erhöht man die Kennzahl „EBIT“ (2.500) um die Abschreibungen (500), erhält man die Kennzahl „EBITDA“ (3.000). Diese ist jener Kapitalrückfluss (Cash Flow) aus dem operativen Geschäft, der zur Gesamtkapitalverzinsung und zur Finanzierung von (Ersatz-)Investitionen zur Verfügung steht.

Aufgabe 100 Cash-Flow-Analyse

Eine Kapitalflussrechnung ist in die Sektoren

- Cash Flow aus der laufenden Geschäftstätigkeit (= Operativer Cash Flow)
- Cash Flow aus der Investitionstätigkeit
- Cash Flow aus der Finanzierungstätigkeit

gegliedert.

Im Folgenden werden acht Fälle mit unterschiedlichen Cash-Flow-Konstellationen aufgeführt. Beurteilen Sie für jeden dieser Fälle die Finanzlage des jeweiligen Unternehmens. Vereinfachende Annahme: Die **Finanzierungstätigkeit** beschränkt sich auf Fremdkapitaltransaktionen, also auf **Kreditaufnahmen bzw. Kredittilgungen**.

Fall	Operativer Cash Flow	Cash Flow aus der Investitionstätigkeit	Cash Flow aus der Finanzierungstätigkeit
(1)	+ 900	– 500	– 360
(2)	+ 900	– 860	0
(3)	+ 900	– 2.700	+ 1.800
(4)	+ 900	– 500	0
(5)	– 900	+ 500	+ 360
(6)	– 900	0	0
(7)	0	– 500	+ 500
(8)	0	+ 900	– 500

Wöhe S. 640 f.

(1) Starkes Unternehmen
Einzahlungsüberschüsse aus dem laufenden Geschäft wurden zu neuen Investitionen und zur Schuldentilgung verwendet.

(2) Konservative Wachstumsstrategie
Der Mittelzufluss aus dem laufenden Geschäft wurde fast vollständig für (Erweiterungs-)Investitionen eingesetzt.

(3) Stürmisches Unternehmenswachstum
Expansionskurs wird zu zwei Dritteln aus Kreditaufnahme, zu einem Drittel aus laufenden Einzahlungsüberschüssen finanziert.

(4) Sparkurs
Laufende Einzahlungsüberschüsse werden teilweise für Investitionen, teilweise zum Aufbau einer Liquiditätsreserve verwendet.

(5) **Sanierungsfall**
Ein hohes Zahlungsdefizit im laufenden Geschäft wird durch (Not-)Verkäufe von Anlagegegenständen und Kreditaufnahme gedeckt.

(6) **Insolvenzfall**
Das Unternehmen ist zahlungsunfähig, es sei denn, der laufende Auszahlungsüberschuss konnte aus vorhandenen Barmittelbeständen abgedeckt werden.

(7) **Gründungsphase**
Es gibt (noch) kein laufendes Geschäft. Die Investitionen wurden durch Kreditaufnahme finanziert.

(8) **Liquidationsphase**
Es gibt kein laufendes Geschäft. Das Anlagevermögen wird veräußert, die Kredite werden zurückgezahlt.

Die dargestellten Beurteilungen stellen Vermutungen dar, die von der Realität abweichen können.

IX. Testfragen zum Sechsten Abschnitt: B. Jahresabschluss

Den folgenden Fragen sind Antworten beigegeben, die teils richtig, teils falsch sind. Ihre Aufgabe besteht darin, die richtigen Antworten herauszufinden und zu begründen, warum sie richtig und die anderen falsch sind. Die Lösungen finden Sie im Anschluss an die letzte Frage. Gelingt Ihnen die Begründung nicht, so ist es empfehlenswert, die erfragten Zusammenhänge und Definitionen im „Wöhe" noch einmal durchzuarbeiten. Das Stichwortverzeichnis des „Wöhe" wird Ihnen helfen, sich schnell zurechtzufinden.

1. Welche der folgenden Behauptungen sind richtig?

	richtig	falsch
(1) Von kleinen Einzelkaufleuten abgesehen sind alle deutschen Unternehmen zur Erstellung eines handelsrechtlichen Jahresabschlusses (= Einzelabschluss) verpflichtet.	○	○
(2) Konzernmutterunternehmen müssen – von Befreiungstatbeständen abgesehen – die Einzelabschlüsse aller Konzerngesellschaften der Welt zu einem Konzernabschluss zusammenfassen.	○	○
(3) Der Konzernabschluss ersetzt die Einzelabschlüsse.	○	○
(4) Deutsche Unternehmen, an denen Ausländer beteiligt sind, müssen einen Jahresabschluss nach IFRS erstellen.	○	○

2. Der handelsrechtliche Jahresabschluss

	richtig	falsch
(1) dient dem Schutz der Bilanzadressaten.	○	○
(2) besteht nur aus der (Einzel-)Bilanz.	○	○
(3) umfasst mindestens die Bilanz und die GuV.	○	○
(4) ist den Finanzbehörden vorzulegen.	○	○

3. Der handelsrechtliche Jahresabschluss

	richtig	falsch
(1) ist vom Steuerberater aufzustellen.	○	○
(2) ist von der Unternehmensleitung aufzustellen.	○	○
(3) basiert auf der Finanzbuchhaltung.	○	○
(4) muss immer von einem Wirtschaftsprüfer geprüft werden.	○	○

4. Das Inventar

	richtig	falsch
(1) ist von jedem Kaufmann zu erstellen.	○	○
(2) ist nur von buchführungspflichtigen Kaufleuten zu erstellen.	○	○
(3) enthält nur Mengenangaben zu Vermögen und Schulden.	○	○
(4) enthält nur Wertangaben zu Vermögen und Schulden.	○	○

6. Abschnitt

5. Das Inventar

	richtig	falsch
(1) ist einmalig zu Beginn des Handelsgewerbes zu erstellen.	○	○
(2) umfasst lediglich die drei Rubriken Anlagevermögen, Umlaufvermögen, Reinvermögen.	○	○
(3) ist die Grundlage zur Erstellung der Bilanz.	○	○
(4) ist aus der Bilanz abzuleiten.	○	○

6. Die Bilanz

	richtig	falsch
(1) zeigt auf der Sollseite das Vermögen, auf der Habenseite die Schulden.	○	○
(2) ist ein Kernelement des handelsrechtlichen Jahresabschlusses.	○	○
(3) blendet als vergangenheitsorientierte Rechnung jede Art von Zukunftserwartung aus.	○	○
(4) zeigt die Unternehmensentwicklung im abgelaufenen Geschäftsjahr.	○	○

7. Die Bilanz

	richtig	falsch
(1) zeigt auf der Aktivseite die Mittelherkunft, auf der Passivseite die Mittelverwendung.	○	○
(2) muss auf der Aktivseite Anlage- und Umlaufvermögen getrennt ausweisen.	○	○
(3) dient der Schuldendeckungskontrolle.	○	○
(4) fasst einzelne Vermögensgegenstände zu aktiven Bilanzposten zusammen.	○	○

8. Zu den Sonderbilanzen gehören

	richtig	falsch
(1) alle Bilanzen außer der Jahresbilanz.	○	○
(2) die Steuerbilanz.	○	○
(3) die Gründungsbilanz.	○	○
(4) die Konzernbilanz.	○	○
(5) die Veränderungsbilanz.	○	○

9. Welche der folgenden Behauptungen sind richtig?

	richtig	falsch
(1) Überschuldung tritt ein, sobald das Fremdkapital das Eigenkapital übersteigt.	○	○
(2) Bei Überschuldung erscheint das Eigenkapital auf der Aktivseite der Bilanz.	○	○
(3) Überschuldung tritt ein, wenn der Jahresverlust größer ist als das Eigenkapital am Jahresanfang.	○	○
(4) Bei Überschuldung muss eine Kapitalgesellschaft Insolvenz anmelden.	○	○

10. Welche der folgenden Behauptungen sind richtig?

	richtig	falsch
(1) Zu den Bilanzadressaten gehören alle Stakeholder.	○	○
(2) Vorrangiges Ziel der Rechnungslegungsvorschriften des HGB ist der Schutz der Gläubiger und der (Klein-) Aktionäre.	○	○
(3) Die Sicherung eines Einblicks in die Vermögens-, Finanz- und Ertragslage bezeichnet man als Dokumentationsfunktion des Jahresabschlusses.	○	○
(4) Die Kapitalflussrechnung soll eine Schuldendeckungskontrolle ermöglichen.	○	○

11. Das Eigenkapital

	richtig	falsch
(1) hat die Aufgabe, die Zahlungsfähigkeit des Unternehmens zu sichern.	○	○
(2) fungiert als Verlustauffangpotential.	○	○
(3) fungiert als Schuldendeckungspotential.	○	○
(4) dient in einer Kapitalgesellschaft als Haftungspotential.	○	○

12. Optimistische Bilanzierung

	richtig	falsch
(1) geht mit einer Überbewertung von Vermögen und einer Unterbewertung von Fremdkapital einher.	○	○
(2) ist mit der Bildung stiller Rücklagen verbunden.	○	○
(3) ist aus Sicht der Gläubiger prinzipiell unerwünscht.	○	○
(4) ist aus Sicht der Aktionäre erwünscht.	○	○
(5) ist generell erwünscht, weil sie mit einem Anstieg des Eigenkapitals verbunden ist.	○	○

13. Ein pessimistischer Jahresabschluss

	richtig	falsch
(1) führt zu einem verringerten Erfolgsausweis.	○	○
(2) ist c. p. mit einer Unterbewertung von Vermögen verbunden.	○	○
(3) kann die Gläubiger zu einer ungerechtfertigten Kreditvergabe verleiten.	○	○
(4) ist aus der Sicht des HGB genauso unerwünscht wie ein optimistischer Jahresabschluss.	○	○

14. Eine stille Rücklage

	richtig	falsch
(1) wird c. p. durch Unterbewertung von Vermögen gebildet.	○	○
(2) stellt Eigenkapital dar, das in der Bilanz nicht ausgewiesen wird.	○	○
(3) muss im Interesse der Bilanzwahrheit wie eine Eventualverbindlichkeit ausgewiesen werden.	○	○
(4) vernebelt den Einblick in die Vermögens- und Ertragslage.	○	○
(5) dient im Jahr ihrer Bildung dem Gläubigerschutz.	○	○

15. Der Wunsch nach Schuldendeckungskontrolle

	richtig	falsch
(1) ist nach statischer Bilanzauffassung vorrangige Jahresabschlussaufgabe.	○	○
(2) ist das Hauptanliegen der Gläubiger.	○	○
(3) verträgt sich nicht mit der Bildung stiller Lasten.	○	○
(4) ist eng mit dem Vorsichtsprinzip verbunden.	○	○
(5) ist eng mit dem Prinzip periodengerechter Gewinnermittlung verbunden.	○	○

16. Welche der folgenden Behauptungen sind richtig?

	richtig	falsch
(1) Die Vergleichbarkeit der Periodenergebnisse ist das Hauptanliegen der dynamischen Bilanzauffassung.	○	○
(2) Der Schutz der Bilanzadressaten soll durch die drei Bilanzierungsgrundsätze Vorsichtsprinzip, Prinzip periodengerechter Gewinnermittlung und Verursachungsprinzip erreicht werden.	○	○
(3) Das Vorsichtsprinzip lässt sich aus dem Prinzip periodengerechter Gewinnermittlung ableiten.	○	○
(4) Aus der Sicht periodengerechter Gewinnermittlung ist die Bildung einer stillen Rücklage genauso unerwünscht wie die Bildung einer stillen Last.	○	○

17. Welche der folgenden Behauptungen sind richtig?

	richtig	falsch
(1) Kleine Einzelkaufleute (Umsatz < 600.000 EUR; Gewinn < 60.000 EUR) brauchen keinen handelsrechtlichen Jahresabschluss zu erstellen.	○	○
(2) Der Jahresabschluss einer Kapitalgesellschaft umfasst (mindestens) die Bilanz, die GuV und den Anhang.	○	○
(3) Nur kapitalmarktorientierte Kapitalgesellschaften müssen neben Bilanz und GuV einen Anhang erstellen.	○	○
(4) Nur kapitalmarktorientierte Kapitalgesellschaften müssen zusätzlich (zu 2) eine Kapitalflussrechnung und einen Eigenkapitalspiegel erstellen.	○	○

18. Kleine Kapitalgesellschaften

	richtig	falsch
(1) sind von der Pflicht zur Erstellung eines Jahresabschlusses befreit.	○	○
(2) erstellen die Bilanz und GuV in vereinfachter Form.	○	○
(3) brauchen die Grundsätze ordnungsmäßiger Buchführung nicht zu beachten.	○	○
(4) brauchen keinen Lagebericht zu erstellen.	○	○
(5) sind von der Prüfungspflicht befreit.	○	○

19. Welche der folgenden Behauptungen sind richtig?

	richtig	falsch
(1) Kleine Einzelkaufleute brauchen keine Bilanz zu erstellen.	○	○
(2) Kleine Einzelkaufleute ermitteln ihren Erfolg im Rahmen der Einnahmen-Überschussrechnung.	○	○
(3) Die Einnahmen-Überschussrechnung orientiert sich am Zuflussprinzip.	○	○
(4) Bezogen auf die Totalperiode gelangt die Einnahmen-Überschussrechnung zum gleichen Totalerfolg wie der Betriebsvermögensvergleich mit der GuV.	○	○

20. Welche der folgenden Behauptungen sind richtig?

	richtig	falsch
(1) Die Grundsätze ordnungsmäßiger Buchführung (GoB) müssen von allen buchführungspflichtigen Kaufleuten beachtet werden.	○	○
(2) Hauptzweck der Grundsätze ordnungsmäßiger Bilanzierung ist die sachgerechte Dokumentation der Geschäftsvorfälle.	○	○
(3) Die GoB sind auch bei der Erstellung der Steuerbilanz zu beachten.	○	○
(4) Nach dem Maßgeblichkeitsprinzip muss die Handelsbilanz die Werte der Steuerbilanz übernehmen.	○	○

21. Welche der folgenden Behauptungen sind richtig?

	richtig	falsch
(1) Hauptzweck der Grundsätze ordnungsmäßiger Buchführung (GoB) i. e. S. ist die Erfüllung der Dokumentationsfunktion.	○	○
(2) Das Streben nach Vollständigkeit und Richtigkeit der Buchführung ist Gegenstand der formellen GoB.	○	○
(3) Einer der beiden Hauptzwecke der Grundsätze ordnungsmäßiger Bilanzierung ist die Erfüllung der Informationsfunktion.	○	○
(4) Hauptgegenstand der Grundsätze ordnungsmäßiger Bilanzierung sind die Bewertungsgrundsätze.	○	○

22. Welche der folgenden Behauptungen sind richtig?

	richtig	falsch
(1) Die Bewertungsgrundsätze orientieren sich an den Bilanzierungsprinzipien Vorsicht, periodengerechte Gewinnermittlung und Nachprüfbarkeit.	○	○
(2) Das Prinzip der Vollständigkeit ist ein wichtiger Bewertungsgrundsatz.	○	○
(3) Das Prinzip nomineller Kapitalerhaltung lässt sich aus dem Vorsichtsprinzip ableiten.	○	○
(4) Das Prinzip materieller Bilanzkontinuität gebietet die Beibehaltung der Gliederung von Bilanz und GuV.	○	○

23. Das Vorsichtsprinzip

	richtig	falsch
(1) ist das dominierende Bewertungsprinzip des handelsrechtlichen Jahresabschlusses.	○	○

	richtig	falsch
(2) verlangt, dass das Eigenkapital mindestens so hoch ist wie das Fremdkapital.	○	○
(3) gebietet eine pessimistische Bewertung von Vermögen und Schulden.	○	○
(4) verbietet den Ausweis unrealisierter Gewinne.	○	○

24. Das Vorsichtsprinzip

	richtig	falsch
(1) gebietet eine Vermögensbewertung nach dem Niederstwertprinzip.	○	○
(2) erfordert eine Vermögensbewertung zu Liquidationswerten.	○	○
(3) gebietet einen Eigenkapitalansatz nach dem Höchstwertprinzip.	○	○
(4) verlangt einen möglichst hohen Eigenkapitalausweis, damit auch große Verluste abgedeckt werden können.	○	○

25. Was versteht man unter dem Prinzip der nominellen Kapitalerhaltung?

	richtig	falsch
(1) Das Kapital ist erhalten, wenn der Betrieb durch Umsatzerlöse den gleichen Geldbetrag zurückerhält, den er zur Erzielung des Erlöses einsetzen musste.	○	○
(2) Das Kapital ist erhalten, wenn der Betrieb die gleiche Menge an Kostengütern wiederbeschaffen kann, die er zur Durchführung des Betriebsprozesses einsetzen musste.	○	○
(3) Das Kapital ist erhalten, wenn der Betrieb aus dem Umsatzerlös alle eingesetzten Konsumgüter – bewertet mit Wiederbeschaffungskosten – wiederbeschaffen kann.	○	○
(4) Das Kapital ist erhalten, wenn der Betrieb durch Umsatzerlöse den gleichen Geldbetrag, den er zur Erzielung der Erlöse einsetzten musste, multipliziert mit dem Index der Änderung des Geldwertes, zurückerhält.	○	○

26. Welche der folgenden Behauptungen sind richtig?

	richtig	falsch
(1) Im HGB-Abschluss gilt das Prinzip nomineller Kapitalerhaltung.	○	○
(2) Im IFRS-Abschluss gilt das Prinzip der Substanzerhaltung.	○	○
(3) Das Prinzip nomineller Kapitalerhaltung besagt, dass eine Aktiengesellschaft ihr Nominalkapital nicht zur Ausschüttung heranziehen darf.	○	○
(4) Sinkende Wiederbeschaffungskosten führen zu einer Verminderung des Nominalkapitals.	○	○

27. Welche der folgenden Behauptungen zum HGB-Abschluss sind richtig?

	richtig	falsch
(1) Oberstes Prinzip der Bewertung ist das Prinzip kaufmännischer Vorsicht.	○	○

	richtig	falsch
(2) Im Umlaufvermögen gilt das strenge Niederstwertprinzip.	○	○
(3) Im Anlagevermögen sind bei Preissteigerungen die Wiederbeschaffungskosten die obere Grenze der Bewertung.	○	○
(4) Das Anschaffungsprinzip verbietet die bilanzielle Bewertung von Vermögensgegenständen zu einem Betrag, der über die Herstellungskosten hinausgeht.	○	○

28. Das Prinzip nomineller Kapitalerhaltung

	richtig	falsch
(1) steht im Dienst der Nachprüfbarkeit der Erfolgsermittlung.	○	○
(2) macht keinen Unterschied zwischen Umsatzgewinn und Scheingewinn.	○	○
(3) führt bei Geldwertstabilität zum gleichen Erfolgsausweis wie das Substanzerhaltungsprinzip.	○	○
(4) vereitelt die Substanzerhaltung, wenn der Scheingewinn besteuert und ausgeschüttet wird.	○	○

29. Welche der folgenden Behauptungen sind richtig?

	richtig	falsch
(1) Der Begriff „Vermögensgegenstand" ist im HGB nicht definiert.	○	○
(2) Aktivierungsvoraussetzungen für Vermögensgegenstände sind die Merkmale: Nachhaltigkeit, Einzelverwertbarkeit und selbständige Bewertbarkeit.	○	○
(3) Mit Ausnahme selbst erstellter immaterieller Vermögensgegenstände des Anlagevermögens gilt für alle Vermögensgegenstände ein Aktivierungsgebot.	○	○
(4) Für alle selbst erstellten immateriellen Vermögensgegenstände des Anlagevermögens gilt ein Aktivierungsverbot.	○	○

30. Ein Aktivierungswahlrecht gilt für

	richtig	falsch
(1) das Disagio bei der Kreditvergabe beim Kreditgeber.	○	○
(2) den entgeltlich erworbenen Firmenwert.	○	○
(3) Aufwendungen für produktspezifische Entwicklungskosten.	○	○
(4) Gründungsaufwendungen.	○	○
(5) Aufwendungen für selbst geschaffene Marken.	○	○

31. Eine Passivierungspflicht besteht für

	richtig	falsch
(1) alle Verbindlichkeiten gegenüber Dritten.	○	○
(2) alle Eventualverbindlichkeiten (z. B. aus Bürgschaft).	○	○
(3) alle ungewissen Verbindlichkeiten gegenüber Dritten.	○	○
(4) alle Aufwandsrückstellungen.	○	○
(5) keinerlei Aufwandsrückstellung.	○	○

	richtig	falsch
(6) Drohverlustrückstellungen.	○	○
(7) in Höhe von 5 Prozent des Jahresüberschusses zur Abdeckung des allgemeinen unternehmerischen Verlustrisikos.	○	○

32. Die Bilanzgliederung nach §266 HGB

	richtig	falsch
(1) ist als Mindestgliederungsschema nur für Kapitalgesellschaften verbindlich.	○	○
(2) folgt auf der Aktivseite grundsätzlich dem Liquiditätsprinzip.	○	○
(3) folgt auf der Passivseite dem Prozessgliederungsprinzip.	○	○
(4) folgt auf der Passivseite den mit der Kapitalbereitstellung verbundenen Rechtsverhältnissen.	○	○

33. Das HGB-Bilanzgliederungsschema für Kapitalgesellschaften

	richtig	falsch
(1) folgt auf der Aktivseite der Grobgliederung Anlagevermögen, Umlaufvermögen, Rechnungsabgrenzungsposten, aktive latente Steuern.	○	○
(2) folgt im Anlagevermögen der Grobgliederung Sachanlagen, Finanzanlagen, Vorräte.	○	○
(3) sieht bei der AG für jeden Gesellschafter ein eigenes Eigenkapitalkonto vor.	○	○
(4) weist die Rückstellungen zwischen dem Eigenkapital und den Verbindlichkeiten aus.	○	○

34. Der Anlagespiegel

	richtig	falsch
(1) soll den Einblick in die Vermögenslage durch Offenlegung der Finanzierung von Anlagekäufen verbessern.	○	○
(2) soll Außenstehenden einen Einblick in die Veränderung bei Einzelposten des Anlagevermögens, insbesondere einen Einblick in die Altersstruktur abnutzbarer Anlagegegenstände, gewähren.	○	○
(3) liefert Informationen über die Höhe der kumulierten Abschreibung (der Vorperioden).	○	○
(4) liefert Informationen über die Abschreibung im abgelaufenen Geschäftsjahr differenziert nach planmäßiger und außerplanmäßiger Abschreibung.	○	○

35. Der Niederstwerttest

	richtig	falsch
(1) ist für jeden Vermögensposten zu jedem Bilanzstichtag durchzuführen.	○	○
(2) basiert für nicht abnutzbare Gegenstände, die bisher nicht außerplanmäßig abgeschrieben wurden, auf der Gegenüberstellung von bilanziellem Buchwert und aktuellem Wert am Bilanzstichtag.	○	○

	richtig	falsch
(3) ist nur für Vermögensgegenstände des Umlaufvermögens zwingend vorgeschrieben.	○	○
(4) ist nur für Kapitalgesellschaften zwingend vorgeschrieben.	○	○

36. Welche der folgenden Behauptungen sind richtig?

	richtig	falsch
(1) Aus Gründen kaufmännischer Vorsicht gilt für Anschaffungsnebenkosten eine Aktivierungspflicht.	○	○
(2) Den um planmäßige Abschreibungen verminderten Ausgangswert bezeichnet man als fortgeführte Anschaffungs- bzw. Herstellungskosten.	○	○
(3) Herstellungskosten lassen sich leichter ermitteln als Anschaffungskosten.	○	○
(4) Bei der Durchführung des Niederstwerttests gelten für Posten des Umlaufvermögens strengere Abwertungsregeln als für Anlagegegenstände.	○	○

37. Als Wertausweis in der Handelsbilanz kommen auf der Aktivseite in Betracht:

	richtig	falsch
(1) die Anschaffungskosten	○	○
(2) die Abschreibungen	○	○
(3) der Teilwert	○	○
(4) der Entscheidungswert	○	○
(5) der Börsenkurs oder Marktpreis	○	○
(6) der Erwartungswert	○	○
(7) die Herstellungskosten	○	○
(8) der beizulegende Wert	○	○
(9) die fortgeführten Anschaffungs- bzw. Herstellungskosten.	○	○

38. Im HGB gelten folgende Bewertungsgrundsätze:

	richtig	falsch
(1) Im Umlaufvermögen gilt das strenge Niederstwertprinzip.	○	○
(2) Im Anlagevermögen bilden die Wiederbeschaffungskosten die Wertobergrenze.	○	○
(3) Bei abnutzbaren Anlagegegenständen bilden die fortgeführten Anschaffungs- bzw. Herstellungskosten die Wertobergrenze.	○	○
(4) Der Ausweis unrealisierter Gewinne ist nur in wenigen Ausnahmefällen (kurzfristige Fremdwährungsgeschäfte, kurzfristige Wertpapiergeschäfte bei Banken) erlaubt.	○	○

39. Nach dem strengen Niederstwertprinzip

	richtig	falsch
(1) darf stets der niedrigst mögliche Wert angesetzt werden.	○	○
(2) ist stets der Börsen- oder Marktpreis am Bilanzstichtag anzusetzen.	○	○

	richtig	falsch
(3) sind alle kurzfristigen Rückstellungen zu bewerten.	○	○
(4) muss stets der niedrigste von zwei zur Wahl stehenden Werten zur Vermögensbewertung herangezogen werden.	○	○
(5) sind grundsätzlich alle Vermögensgegenstände zu bewerten.	○	○

40. Solange keine dauerhafte Wertminderung eingetreten ist, liegt für Gegenstände des nicht abnutzbaren Anlagevermögens die Obergrenze der Bewertung in Höhe

	richtig	falsch
(1) der Wiederbeschaffungskosten.	○	○
(2) des Marktwertes.	○	○
(3) der Anschaffungs- bzw. Herstellungskosten (AHK).	○	○
(4) der fortgeführten AHK.	○	○
(5) der AHK abzüglich außerplanmäßiger Abschreibung.	○	○

41. Gegenstände des Anlagevermögens müssen immer mit dem niedrigeren Wert am Bilanzstichtag bewertet werden, wenn

	richtig	falsch
(1) der beizulegende Wert am Bilanzstichtag erheblich unter die (fortgeführten) Anschaffungs- bzw. Herstellungskosten gesunken ist.	○	○
(2) der beizulegende Wert < (fortgeführte) AHK und die Wertminderung voraussichtlich von Dauer ist.	○	○
(3) es sich um Finanzanlagen handelt, deren beizulegender Wert < Anschaffungskosten ist.	○	○
(4) der Grund für eine außerplanmäßige Abschreibung entfallen ist.	○	○

42. Das gemilderte Niederstwertprinzip

	richtig	falsch
(1) gilt nur für Nichtkapitalgesellschaften.	○	○
(2) gilt nur für Finanzanlagen.	○	○
(3) gilt nur im Anlagevermögen.	○	○
(4) erlaubt die Beibehaltung des niedrigeren Wertes, auch wenn der Grund der außerplanmäßigen Abschreibung entfallen ist.	○	○

43. Bei der Bewertung der Wertpapiere des Umlaufvermögens ist zwingend anzuwenden

	richtig	falsch
(1) das gemilderte Niederstwertprinzip.	○	○
(2) das Wertaufholungsgebot.	○	○
(3) das strenge Niederstwertprinzip.	○	○
(4) das Imparitätsprinzip.	○	○
(5) das Prinzip verlustfreier Bewertung.	○	○

44. Eine handelsrechtliche Bewertung zu Herstellungskosten

	richtig	falsch
(1) ist für die Zugangsbewertung selbst erstellter Vermögensgegenstände heranzuziehen.	○	○
(2) verbietet die Einbeziehung kalkulatorischer Kosten.	○	○
(3) kommt nur für selbst erstellte Fertigfabrikate in Frage.	○	○
(4) eröffnet einen bilanzpolitischen Gestaltungsspielraum zum Vermögens- und Erfolgsausweis.	○	○

45. In die nach HGB zu bilanzierenden Herstellungskosten dürfen folgende Aufwandsbestandteile nicht eingerechnet werden:

	richtig	falsch
(1) Abschreibungen	○	○
(2) Sondereinzelkosten des Vertriebs	○	○
(3) Verwaltungsgemeinkosten	○	○
(4) Vertriebsgemeinkosten	○	○

46. Bei der Ermittlung der Herstellungskosten gilt nach HGB ein Aktivierungswahlrecht für folgende Aufwandskomponenten:

	richtig	falsch
(1) Sondereinzelkosten der Fertigung	○	○
(2) Materialgemeinkosten	○	○
(3) Produktbezogene Fremdkapitalzinsen	○	○
(4) Freiwillige soziale Leistungen	○	○

47. Abschreibungen

	richtig	falsch
(1) haben die Aufgabe, die Wertminderung bei Vermögensgegenständen als Aufwand in der GuV zu berücksichtigen.	○	○
(2) haben einen verringerten Vermögens- und Erfolgsausweis zur Folge.	○	○
(3) sind nur bei abnutzbaren Vermögensgegenständen zu verrechnen.	○	○
(4) können auf verbrauchsbedingten, wirtschaftlich oder zeitlich bedingten Wertverzehr zurückzuführen sein.	○	○

48. Außerplanmäßige Abschreibungen

	richtig	falsch
(1) können nur im Umlaufvermögen notwendig werden.	○	○
(2) können zusätzlich zur planmäßigen Abschreibung notwendig werden.	○	○
(3) sind – anders als planmäßige Abschreibungen – nicht vorhersehbar.	○	○
(4) führen zu einer Verringerung des Restbuchwertes und beeinflussen damit bei abnutzbaren Vermögensgegenständen die Höhe planmäßiger Abschreibung in den Folgeperioden.	○	○

49. Bei planmäßiger Abschreibung

	richtig	falsch
(1) sollte die planmäßige Nutzungsdauer eher zu kurz als zu lang geschätzt werden.	○	○
(2) liefern die AfA-Tabellen der Finanzverwaltung einen Anhaltspunkt zur Planung der Nutzungsdauer im handelsrechtlichen Abschluss.	○	○
(3) wird der Abschreibungsbetrag für die Anschaffungsperiode monatsanteilig (pro rata temporis) berechnet.	○	○
(4) verzichtet die Abschreibungspraxis mehrheitlich auf den Abzug eines möglichen Restverkaufserlöses von den Anschaffungskosten.	○	○

50. Zur Abschreibung von Vermögensgegenständen, die einer schnellen technischen Überalterung unterliegen, eignet sich am besten die

	richtig	falsch
(1) lineare Abschreibung.	○	○
(2) progressive Abschreibung.	○	○
(3) Abschreibung nach Leistung und Inanspruchnahme.	○	○
(4) degressive Abschreibung.	○	○

51. Dem Prinzip kaufmännischer Vorsicht widerspricht

	richtig	falsch
(1) die geometrisch-degressive Abschreibung.	○	○
(2) die arithmetisch-degressive Abschreibung.	○	○
(3) die lineare Abschreibung.	○	○
(4) die progressive Abschreibung.	○	○
(5) die außerplanmäßige Abschreibung.	○	○

52. Eine Abschreibung nach Leistung und Inanspruchnahme eignet sich zur Abschreibung von

	richtig	falsch
(1) Maschinen, die einem schnellen technischen Fortschritt unterliegen.	○	○
(2) Büroeinrichtungsgegenständen.	○	○
(3) Lastkraftwagen.	○	○
(4) Gebäuden.	○	○

53. Eine Wertzuschreibung

	richtig	falsch
(1) über die Anschaffungs- und Herstellungskosten (AHK) hinaus ist nach HGB grundsätzlich unzulässig.	○	○
(2) führt nach HGB zu einem erhöhten Erfolgsausweis in der GuV.	○	○
(3) ist nach dem Wegfall des Grundes einer vorausgegangenen außerplanmäßigen Abschreibung nur für Kapitalgesellschaften zwingend vorgeschrieben.	○	○
(4) ist nach dem Wegfall des Grundes einer außerplanmäßigen Abschreibung auf den entgeltlich erworbenen Firmenwert verboten.	○	○

54. Für selbst erstellte immaterielle Anlagegegenstände gilt ein

	richtig	falsch
(1) generelles Aktivierungsverbot.	○	○
(2) Aktivierungswahlrecht in Höhe der Forschungskosten.	○	○
(3) Aktivierungswahlrecht in Höhe der Entwicklungskosten.	○	○
(4) Aktivierungsgebot in Höhe der Entwicklungskosten.	○	○

55. Der Firmenwert

	richtig	falsch
(1) ist ein immaterieller Wert.	○	○
(2) darf keinesfalls aktiviert werden.	○	○
(3) sollte aktiviert werden, sofern er entgeltlich erworben wurde.	○	○
(4) ist ein einzeln veräußerbarer Vermögensgegenstand.	○	○

56. Der entgeltlich erworbene (derivative) Firmenwert

	richtig	falsch
(1) ist aktivierungspflichtig.	○	○
(2) darf nach HGB nur außerplanmäßig abgeschrieben werden.	○	○
(3) ist aus Gründen des Gläubigerschutzes planmäßig über eine möglichst lange Nutzungsdauer abzuschreiben.	○	○
(4) entspricht der Differenz zwischen dem Zeitwert der übernommenen Aktiva und der übernommenen Schulden.	○	○

57. Bei der Bewertung des Vorratsvermögens gilt:

	richtig	falsch
(1) Die Fifo-Methode führt bei steigenden Wiederbeschaffungskosten zum niedrigsten Periodengewinn.	○	○
(2) Die Lifo-Methode trägt bei steigenden Preisen zur Substanzerhaltung bei.	○	○
(3) Die Festbewertung von Hotelbettwäsche leistet einen Beitrag zur Vereinfachung des Rechnungswesens.	○	○
(4) das gemilderte Niederstwertprinzip.	○	○

58. Gleichartige Vorräte sollten bei kontinuierlich steigenden Wiederbeschaffungskosten zur Erreichung eines möglichst niedrigen Erfolgsausweises nach folgenden Verfahren bewertet werden:

	richtig	falsch
(1) Durchschnittsbewertung	○	○
(2) Lifo-Methode	○	○
(3) Verlustfreie Bewertung	○	○
(4) Fifo-Methode	○	○
(5) Festbewertung	○	○

59. Forderungen

	richtig	falsch
(1) können dem Anlage- oder Umlaufvermögen zugeordnet werden.	○	○
(2) sind, wenn zweifelhaft, auszubuchen.	○	○
(3) sind, wenn zweifelhaft, auf den Betrag des erwarteten Zahlungseingangs abzuschreiben.	○	○
(4) sind als niedrigverzinsliche Forderungen auf den geringeren Barwert abzuschreiben.	○	○

60. Die Bewertung von Fremdwährungsforderungen

	richtig	falsch
(1) erfolgt immer nach dem Imparitätsprinzip.	○	○
(2) erfolgt bei wechselkursbedingter Wertminderung immer zum niedrigeren Tageswert.	○	○
(3) erfolgt bei wechselkursbedingter Wertsteigerung immer zu historischen Anschaffungskosten.	○	○
(4) erfolgt bei kurzfristigen Fremdwährungsforderungen immer zum Tageswert.	○	○

61. Die Bilanzierung von Wertpapieren

	richtig	falsch
(1) erfolgt zum Erwerbsstichtag zu Anschaffungskosten.	○	○
(2) folgt im Umlaufvermögen dem strengen Niederstwertprinzip.	○	○
(3) erfolgt im Anlagevermögen bei voraussichtlich vorübergehender Wertminderung zwingend zu Anschaffungskosten.	○	○
(4) vollzieht sich bei Zerobonds durch eine jährliche Zuschreibung in Höhe des Barwertanstiegs.	○	○

62. Bei der Bilanzierung des Eigenkapitals einer Kapitalgesellschaft

	richtig	falsch
(1) ist das Höchstwertprinzip zu beachten.	○	○
(2) ist zwischen bilanziertem und tatsächlichem Eigenkapital zu unterscheiden.	○	○
(3) ist eine gesetzliche Rücklage von einer GmbH nicht zu bilden.	○	○
(4) muss im Fall der Überschuldung eine negative Gewinnrücklage ausgewiesen werden.	○	○

63. Welche der folgenden Behauptungen sind richtig?

	richtig	falsch
(1) Stille Rücklagen werden durch zu hohen Ansatz der Herstellungskosten gebildet.	○	○
(2) Stille Rücklagen entstehen durch zu hohe Abschreibungen.	○	○
(3) Die gesetzliche Rücklage unterliegt einer Ausschüttungssperre.	○	○
(4) Gewinnrücklagen entstehen durch Thesaurierung von Gewinnen.	○	○

64. Die Bildung von Gewinnrücklagen

	richtig	falsch
(1) erhöht die Rückstellungen.	○	○
(2) bedarf immer der Zustimmung der Hauptversammlung.	○	○
(3) schafft einen Spielraum für höhere Gewinnausschüttungen in späteren Jahren.	○	○
(4) dient der Substanzerhaltung.	○	○
(5) stärkt die Liquidität.	○	○
(6) verringert die Krisenanfälligkeit des Unternehmens.	○	○

65. Zum bilanzierten Eigenkapital einer Aktiengesellschaft gehören die Einzelposten

	richtig	falsch
(1) gesetzliche Rücklage	○	○
(2) satzungsmäßige Rücklagen	○	○
(3) Pensionsrücklagen	○	○
(4) Stammkapital	○	○
(5) Beteiligungen	○	○
(6) eigene Aktien	○	○

66. Welche der folgenden Behauptungen sind richtig?

	richtig	falsch
(1) Der Ausweis des Bilanzpostens Jahresüberschuss spricht für einen Eigenkapitalausweis vor Ergebnisverwendung.	○	○
(2) Eine Aktiengesellschaft muss immer eine Zuführung zur gesetzlichen Rücklage vornehmen.	○	○
(3) Das Stammkapital ist das Produkt aus Nennbetrag/Aktie und Aktienanzahl.	○	○
(4) Aktionäre können in jedem Fall die Ausschüttung des halben Jahresüberschusses verlangen.	○	○

67. Der Bilanzgewinn

	richtig	falsch
(1) ist in Gewinnjahren in jeder Bilanz auszuweisen.	○	○
(2) ist der den Gesellschaftern zur Ausschüttung angebotene Geldbetrag.	○	○
(3) kann nur in Gewinnjahren ausgewiesen werden.	○	○
(4) kann von der Hauptversammlung zur Verlustabdeckung herangezogen werden.	○	○
(5) kann von der Hauptversammlung in andere Gewinnrücklagen eingestellt werden.	○	○

68. Welche der folgenden Behauptungen sind richtig?

	richtig	falsch
(1) Vor einer weiteren Verwendung des Jahresüberschusses ist ein Gewinnvortrag aus dem Vorjahr zum Jahresüberschuss hinzuzurechnen.	○	○
(2) Vor einer weiteren Verwendung des Jahresüberschusses ist ein Verlustvortrag abzudecken.	○	○

	richtig	falsch
(3) Die Einstellung in andere Gewinnrücklagen erfolgt nach der Dotierung der gesetzlichen Rücklagen.	O	O
(4) Durch die Bildung einer stillen Rücklage entsteht der Bilanzposten Gewinnvortrag.	O	O

69. Beim Eigenkapitalausweis nach teilweiser Ergebnisverwendung

	richtig	falsch
(1) weist eine Einzelfirma ihr Eigenkapital nach Durchführung der Privatentnahmen aus.	O	O
(2) weist eine Kapitalgesellschaft als letzten Eigenkapitalposten einen Jahresüberschuss/Jahresfehlbetrag aus.	O	O
(3) weist eine Kapitalgesellschaft ihre Eigenkapitalposten mit dem Jahresendbestand aus.	O	O
(4) weist eine Kapitalgesellschaft als letzten Eigenkapitalposten einen Bilanzgewinn/Bilanzverlust aus.	O	O

70. Welche der folgenden Behauptungen sind nach HGB richtig?

	richtig	falsch
(1) Verbindlichkeiten sind in der Bilanz zum Erfüllungsbetrag auszuweisen.	O	O
(2) Rentenverpflichtungen sind zum Barwert auszuweisen.	O	O
(3) Langfristige Fremdwährungsverbindlichkeiten sind stets zum Tageswert auszuweisen.	O	O
(4) Nullkuponanleiheverbindlichkeiten werden am Zugangstag zum Auszahlungsbetrag passiviert, der durch aufwandswirksame Zuschreibungen Jahr für Jahr aufzustocken ist.	O	O

71. Rückstellungen

	richtig	falsch
(1) sind nur in der Bilanz einer Kapitalgesellschaft auszuweisen.	O	O
(2) dienen als Verlustauffangpotential bei Unternehmenskrisen.	O	O
(3) werden in drei Unterposten als Pensionsrückstellungen, Steuerrückstellungen und gesetzliche Rückstellungen ausgewiesen.	O	O
(4) für drohende Verluste aus schwebenden Geschäften dienen im Jahr ihrer Bildung der Antizipation von Aufwand.	O	O

72. Die Gewinn- und Verlustrechnung (GuV) der Kapitalgesellschaft

	richtig	falsch
(1) weist einen positiven (negativen) Jahreserfolg als Jahresüberschuss (Jahresfehlbetrag) aus.	O	O
(2) weist den positiven (negativen) Jahreserfolg auf der Sollseite (Habenseite) aus.	O	O

	richtig	falsch
(3) weist den Jahreserfolg vor Abzug von Ausschüttungen aus.	○	○
(4) weist den Jahreserfolg vor Abzug von Ertragsteuern aus.	○	○

73. Die HGB-GuV der Kapitalgesellschaft

	richtig	falsch
(1) folgt einem Mindestgliederungsschema.	○	○
(2) ist in Staffelform zu erstellen.	○	○
(3) trennt das Gesamtergebnis in ein ordentliches und ein neutrales Ergebnis.	○	○
(4) kann nach dem Gesamtkostenverfahren oder dem Umsatzkostenverfahren erstellt werden.	○	○

74. In der GuV nach dem Umsatzkostenverfahren im Sinne des HGB

	richtig	falsch
(1) sind planmäßige und außerplanmäßige Abschreibungen getrennt auszuweisen.	○	○
(2) werden allgemeine Fertigungskosten ausgewiesen.	○	○
(3) werden allgemeine Verwaltungskosten ausgewiesen.	○	○
(4) werden Abschreibungen auf Finanzanlagen ausgewiesen.	○	○

75. In der GuV der Kapitalgesellschaft gilt

	richtig	falsch
(1) Jahresüberschuss = Betriebsergebnis + a.o. Ergebnis	○	○
(2) Jahresüberschuss = Betriebsergebnis + Finanzergebnis + a.o. Ergebnis	○	○
(3) Betriebsergebnis + Finanzergebnis – Steuern = Jahresüberschuss	○	○
(4) Finanzergebnis = Zinsertrag – Zinsaufwand	○	○

76. Das Erfolgsspaltungskonzept des HGB ist unbefriedigend, weil

	richtig	falsch
(1) außerplanmäßige Abschreibungen nicht einem neutralen Ergebnis zugerechnet werden.	○	○
(2) das Betriebsergebnis auch Einmaleffekte enthält.	○	○
(3) Abschreibungen auf Finanzanlagen nicht einem neutralen Ergebnis zugeordnet werden.	○	○
(4) sonstige Steuern nicht dem Betriebsergebnis zugeordnet werden.	○	○

77. Die Kapitalflussrechnung

	richtig	falsch
(1) ist für alle Kapitalgesellschaft Pflichtbestandteil des Jahresabschlusses.	○	○
(2) ist eine Zeitraumrechnung, in der keine Bestandsgrößen ausgewiesen werden.	○	○
(3) ist nach den Vorgaben des HGB eine zukunftsorientierte (Plan-)Rechnung.	○	○

	richtig	falsch
(4) muss nach HGB von Unternehmen aller Rechtsformen aufgestellt werden.	○	○

78. In der Kapitalflussrechnung gilt:

	richtig	falsch
(1) Jeder der drei Cash-Flow-Bestandteile (aus laufender Geschäftstätigkeit, aus der Investitionstätigkeit und aus der Finanzierungstätigkeit) muss positiv sein.	○	○
(2) Der aus drei Komponenten bestehende Gesamt-Cash-Flow darf nicht negativ sein.	○	○
(3) Ein negativer Gesamt-Cash-Flow führt zwangsläufig zur Insolvenz.	○	○
(4) Ein negativer Gesamt-Cash-Flow darf nicht größer sein als der Endbestand flüssiger Mittel.	○	○
(5) Ein negativer Gesamt-Cash-Flow verringert den Bestand flüssiger Mittel.	○	○

79. Welche der folgenden Behauptungen sind richtig?

	richtig	falsch
(1) Der Eigenkapitalspiegel zeigt für jeden Eigenkapitalposten den Anfangsbestand, den Endbestand und die Zu- und Abgänge.	○	○
(2) Der Eigenkapitalspiegel muss nach HGB von allen kapitalmarktorientierten Kapitalgesellschaften erstellt werden.	○	○
(3) Der Anhang hat die Aufgabe, Bilanz und GuV durch quantitative oder qualitative Angaben zu ergänzen bzw. zu erläutern.	○	○
(4) Im Lagebericht sind der Geschäftsverlauf zu erläutern und die Konkurrenzsituation des Unternehmens zu beschreiben.	○	○

80. Welche der folgenden Behauptungen sind richtig?

	richtig	falsch
(1) Der Jahresabschluss nach IFRS führt immer zu einem höheren Erfolgsausweis als der HGB-Abschluss.	○	○
(2) Im IFRS-Abschluss werden stille Rücklagen als eigenständiger Eigenkapitalposten ausgewiesen.	○	○
(3) Die IFRS orientieren sich vorzugsweise an den Informationsbedürfnissen der Investoren.	○	○
(4) Die Wertansätze des IFRS-Abschlusses haben keine bindende Wirkung für die Steuerbilanz.	○	○

81. Ein IFRS-Abschluss

	richtig	falsch
(1) muss in Deutschland von allen kapitalmarktorientierten Mutterunternehmen als Konzernabschluss erstellt werden.	○	○
(2) basiert auf dem Framework und den IFRS/IAS-Einzelstandards.	○	○

	richtig	falsch
(3) besteht ausschließlich aus folgenden Pflichtbestandteilen: Bilanz und GuV.	○	○
(4) soll den Bilanzadressaten entscheidungsnützliche Informationen liefern.	○	○

82. In einem IFRS-Abschluss

	richtig	falsch
(1) gilt ein grundsätzliches Aktivierungsverbot für selbst erstellte immaterielle Anlagegegenstände.	○	○
(2) muss ein aktiver bzw. passiver Rechnungsabgrenzungsposten in der Bilanz gesondert ausgewiesen werden.	○	○
(3) ist die Passivseite der Bilanz nach den Rubriken „Eigenkapital", „langfristiges Fremdkapital" und „kurzfristiges Fremdkapital" zu gliedern.	○	○
(4) sind Pensionsrückstellungen unter der Rubrik „langfristiges Fremdkapital" auszuweisen.	○	○

83. Im IFRS-Abschluss

	richtig	falsch
(1) gibt es bei der Ermittlung der Herstellungskosten kein Wahlrecht zur Einbeziehung von Gemeinkostenbestandteilen.	○	○
(2) ist jede steuerlich zulässige Abschreibung erlaubt.	○	○
(3) gilt für alle Vermögenswerte ein Methodenwahlrecht zwischen dem Anschaffungskostenmodell und dem Neubewertungsmodell.	○	○
(4) ist die Fifo-Methode zur Bewertung gleichartiger Vorräte erlaubt.	○	○

84. Im IFRS-Abschluss ist es erlaubt,

	richtig	falsch
(1) Sachanlagen zu fortgeführten Anschaffungskosten	○	○
(2) Sachanlagen zu einem über den fortgeführten Anschaffungskosten liegenden Wert	○	○
(3) Zerobonds zum Barwert	○	○
(4) Eventualschulden zu Anschaffungskosten	○	○

zu bewerten.

85. Im IFRS-Abschluss

	richtig	falsch
(1) ist die Möglichkeit zur Bildung stiller Rücklagen stärker eingeschränkt als im HGB-Abschluss.	○	○
(2) ist der Eigenkapitalausweis in die Rubriken „Gezeichnetes Kapital" und „Stille Rücklagen" einzuordnen.	○	○
(3) ist die „Neubewertungsrücklage" im Eigenkapital auszuweisen.	○	○
(4) wird das Jahresergebnis der GuV in die „Retained earnings" übernommen.	○	○

86. Welche Konzerne müssen nach dem HGB keinen Konzernabschluss aufstellen?

	richtig	falsch
(1) Horizontale Konzerne	○	○
(2) Gleichordnungskonzerne	○	○
(3) Unterordnungskonzerne	○	○
(4) Vertikale Konzerne	○	○

87. Welche der folgenden Behauptungen sind richtig?

	richtig	falsch
(1) Bei der Kapitalkonsolidierung wird die Beteiligung des Tochterunternehmens gegen das Eigenkapital des Mutterunternehmens aufgerechnet.	○	○
(2) Jede inländische Konzernmutter hat die Wahl zwischen einem Konzernabschluss nach HGB oder IFRS.	○	○
(3) Mit Ausnahme der Kapitalflussrechnung enthält der Konzernabschluss nach HGB die gleichen Pflichtbestandteile wie der Konzernabschluss nach IFRS.	○	○
(4) Im Gegensatz zum Konzernabschluss nach HGB hat der IFRS-Konzernabschluss keine bindende Wirkung für die Steuerbilanz.	○	○

88. Welche der folgenden Behauptungen sind richtig?

	richtig	falsch
(1) Mutterunternehmen, die einen beherrschenden Einfluss auf (mindestens ein) konsolidierungspflichtiges Tochterunternehmen ausüben, sind zur Erstellung eines Konzernabschlusses im Wege der Vollkonsolidierung verpflichtet.	○	○
(2) Von einem Gemeinschaftsunternehmen spricht man dann, wenn das Mutterunternehmen an einem Verbund von Tochterunternehmen mit mehr als 20 Prozent, aber weniger als 50 Prozent, beteiligt ist.	○	○
(3) Voll- und Quotenkonsolidierung folgen der Fiktion der Erwerbsmethode.	○	○
(4) Bei der Equity-Methode werden Vermögen und Schulden des assoziierten Unternehmens nicht in die Konzernbilanz übernommen.	○	○

89. Welche der folgenden Behauptungen sind richtig?

	richtig	falsch
(1) Die Bilanzen der Tochterunternehmen und des Mutterunternehmens werden nach den Vorgaben des Mutterunternehmens vereinheitlicht.	○	○
(2) Die Vereinheitlichung (gemäß 1) erfolgt durch die Transformation von der Handelsbilanz II zur Handelsbilanz III.	○	○
(3) Für jedes Konzernunternehmen, auch für das Mutterunternehmen, ist eine Handelsbilanz III zu erstellen.	○	○
(4) In der Handelsbilanz III werden bei Erstkonsolidierung Vermögen und Schulden zum Zeitwert des Erwerbszeitpunktes der Beteiligung ausgewiesen.	○	○

90. Welche der folgenden Behauptungen sind richtig?

	richtig	falsch
(1) Von einem Beteiligungserwerb ohne Wertedifferenz spricht man dann, wenn der Kaufpreis der Beteiligung dem Zeitwert des übernommenen (also anteiligen) Reinvermögens entspricht.	○	○
(2) Ist der Kaufpreis höher (niedriger) als der Zeitwert des übernommenen (also anteiligen) Reinvermögens, liegt ein Goodwill (Badwill) vor.	○	○
(3) Ein Badwill ist in der GuV eines IFRS-Konzernabschlusses als Ertrag auszuweisen.	○	○
(4) Ein in der Konzernbilanz ausgewiesener Goodwill ist im HGB- und im IFRS-Abschluss im Zuge der Folgekonsolidierung planmäßig abzuschreiben.	○	○

91. Welche der folgenden Behauptungen sind richtig?

	richtig	falsch
(1) Im Zuge der Schuldenkonsolidierung werden nur die Forderungen und Verbindlichkeiten zwischen dem Mutterunternehmen einerseits und den Tochterunternehmen andererseits gegeneinander aufgerechnet.	○	○
(2) Im Wege der Aufwands- und Ertragskonsolidierung sollen alle konzerninternen Leistungsbeziehungen aus der Konzern-GuV eliminiert werden.	○	○
(3) Die Aktionäre des Mutterunternehmens können von der Konzernleitung verlangen, dass (mindestens) die Hälfte des Konzernjahresüberschusses zur Ausschüttung angeboten wird.	○	○
(4) Der Konzernabschluss hat ausschließlich Informationsfunktion.	○	○

92. Bilanzpolitik

	richtig	falsch
(1) hat immer das Ziel, die Ertragslage des Unternehmens in günstigem Licht erscheinen zu lassen.	○	○
(2) kann unterschiedliche, teilweise konkurrierende Ziele verfolgen.	○	○
(3) dient immer dem Schutz der Gläubiger und Aktionäre.	○	○
(4) kann mit einer aktiven oder passiven Publizitätspolitik verbunden sein.	○	○

93. Zur Stärkung der Eigenkapitalbasis im Rahmen der Bilanzpolitik

	richtig	falsch
(1) ist die Bildung stiller Rücklagen ungeeignet, da diese im Bilanzausweis des Eigenkapitals nicht enthalten sind.	○	○
(2) kann ein übertrieben vorsichtiger Ansatz von Rückstellungen zweckdienlich sein.	○	○
(3) empfiehlt es sich, Rückstellungen möglichst gering zu bewerten.	○	○
(4) empfiehlt es sich, Vermögensgegenstände möglichst hoch zu bewerten.	○	○

94. Welche der folgenden Behauptungen sind richtig?

	richtig	falsch
(1) Bei einem proportionalen Gewinnsteuertarif kann durch Bildung stiller Rücklagen eine Steuerersparnis erreicht werden, wenn eine Aussicht auf eine Tarifanhebung in Zukunft besteht.	○	○
(2) Das Modell der Steuerbarwertminimierung bietet die Möglichkeit, die steuerliche Vorteilhaftigkeit der Bildung stiller Rücklagen zu messen.	○	○
(3) Im Falle ihrer steuerlichen Anerkennung hat die Bildung stiller Rücklagen einen stärkeren Liquiditätseffekt als die Bildung offener Rücklagen.	○	○
(4) Zur Stärkung der Liquidität eignet sich allein die offene bzw. die stille Selbstfinanzierung.	○	○

95. Zu einem geringeren Erfolgsausweis gelangt man

	richtig	falsch
(1) durch die Ausübung von Aktivierungswahlrechten zur Aktivierung.	○	○
(2) durch hohe Gewinnausschüttungen, die den Bilanzgewinn schmälern.	○	○
(3) im Anschaffungsjahr durch die Festlegung einer kurzen planmäßigen Nutzungsdauer.	○	○
(4) durch eine GuV nach dem Umsatzkostenverfahren, die den Abzug von Vertriebskosten erlaubt.	○	○

96. Die Bildung stiller Rücklagen

	richtig	falsch
(1) eröffnet keinen bilanzpolitischen Spielraum, soweit es sich um Zwangsrücklagen handelt.	○	○
(2) in Form von Willkürrücklagen ist unzulässig.	○	○
(3) ist bilanzpolitisch umso attraktiver, je weiter ihr Auflösungszeitpunkt in der Zukunft liegt.	○	○
(4) kann den Bilanzadressaten zum Nachteil gereichen, wenn sie von der Unternehmensleitung als Verlustverschleierungspotenzial missbraucht werden.	○	○

97. Welche der folgenden Behauptungen sind richtig?

	richtig	falsch
(1) Die finanzwirtschaftliche Bilanzanalyse bemüht sich um Aussagen zur (künftigen) Zahlungsfähigkeit des Unternehmens.	○	○
(2) Für die Ergebnisse der erfolgswirtschaftlichen Bilanzanalyse interessieren sich nur die am Erfolg beteiligten Eigenkapitalgeber.	○	○
(3) Im Vordergrund der erfolgswirtschaftlichen Bilanzanalyse steht die Auswertung der GuV.	○	○
(4) Zur materiellen Datenaufbereitung gehören die Erstellung der Strukturbilanz und die Erfolgsspaltung.	○	○

98. Eine Strukturbilanz

	richtig	falsch
(1) ist nach HGB von jeder Kapitalgesellschaft zu erstellen.	○	○
(2) soll Informationen zur Einhaltung der vertikalen Kapitalstrukturregel liefern.	○	○
(3) soll Informationen zur Einhaltung der horizontalen Finanzierungsregeln liefern.	○	○
(4) gliedert die Passivposten nach der Dauer der Verfügbarkeit des Kapitals.	○	○

99. Im Zuge der Erfolgsspaltung

	richtig	falsch
(1) werden alle Steuern dem Betriebsergebnis zugeordnet.	○	○
(2) werden alle Abschreibungen dem neutralen Ergebnis zugerechnet.	○	○
(3) werden alle unregelmäßig anfallenden Aufwendungen und Erträge dem neutralen Ergebnis zugerechnet.	○	○
(4) wird das Gesamtergebnis vor Ertragsteuern zum maßgeblichen Indikator zur Beurteilung der nachhaltigen Ertragskraft des Unternehmens.	○	○

100. Welche der folgenden Behauptungen sind richtig?

	richtig	falsch
(1) Eine hohe Investitionsquote ist ein Indikator für ein solide finanziertes Unternehmen.	○	○
(2) Ein Unternehmen mit einer hohen Anlagenintensität kann flexibler auf Marktveränderungen reagierten als ein Unternehmen mit einer hohen Finanzanlagenintensität.	○	○
(3) Der Verschuldungsgrad bewegt sich immer zwischen null und eins.	○	○
(4) Die Liquidität zweiten Grades kann nicht niedriger sein als die Liquidität ersten Grades.	○	○

101. Welche der folgenden Behauptungen sind richtig?

	richtig	falsch
(1) Zur Cash-Flow-Analyse stützen sich Bilanzanalysten in der Praxis vorzugsweise auf die Kapitalflussrechnung.	○	○
(2) Beim Fehlen einer Kapitalflussrechnung leiten Bilanzanalysten den Cash Flow näherungsweise aus der Bilanz und den einschlägigen Informationen im Anhang ab.	○	○
(3) Die Umsatzquote gibt Auskunft über die Höhe der Umsatzrentabilität.	○	○
(4) Die Umsatzrentabilität zeigt das Verhältnis von Bruttogewinn zu den Umsatzerlösen.	○	○

102. Welche der folgenden Behauptungen sind richtig?

	richtig	falsch
(1) Die Eigenkapitalrentabilität kann keinen negativen Wert annehmen.	○	○
(2) Die Eigenkapitalrentabilität ist immer höher als die Gesamtkapitalrentabilität.	○	○

	richtig	falsch
(3) Der Gewinn/Aktie hat für den (Klein-)Aktionär gewöhnlich einen höheren Informationsgehalt als die Globalgröße Jahresüberschuss.	O	O
(4) Je höher der Gewinn/Aktie, desto höher ist c. p. das Kurs-Gewinn-Verhältnis.	O	O

103. Der Return on Investment

	richtig	falsch
(1) entspricht der Eigenkapitalrentabilität.	O	O
(2) entspricht der Umsatzrentabilität.	O	O
(3) entspricht der Gesamtkapitalrentabilität.	O	O
(4) kann c. p. durch Erhöhung des Kapitalumschlags gesteigert werden.	O	O

104. Die Break-Even-Analyse

	richtig	falsch
(1) will Auskunft über die kostendeckende (Mindest-) Produktionsmenge geben.	O	O
(2) setzt einen Einblick in die Kostenstruktur des Unternehmens voraus.	O	O
(3) setzt üblicherweise einen proportionalen Gesamtkostenverlauf voraus.	O	O
(4) stößt in Mehrproduktunternehmen auf besonders große Durchführungsschwierigkeiten.	O	O

Lösungen: Richtig sind folgende Antworten: **1.** (1), (2); **2.** (1), (3); **3.** (2), (3); **4.** (2); **5.** (3); **6.** (2); **7.** (2), (3), (4); **8.** (3); **9.** (2), (3), (4); **10.** (1), (2); **11.** (2); **12.** (1), (3); **13.** (1), (2); **14.** (1), (2), (4), (5); **15.** (1), (2), (3), (4); **16.** (1), (4); **17.** (1), (2), (4); **18.** (2), (4), (5); **19.** (1), (2), (3), (4); **20.** (1), (3); **21.** (1), (3), (4); **22.** (1); **23.** (1), (3), (4); **24.** (1); **25.** (1); **26.** (1); **27.** (1), (2), (4); **28.** (1), (2), (3), (4); **29.** (1), (3); **30.** (3); **31.** (1), (3), (6); **32.** (1), (2), (4); **33.** (1), (4); **34.** (2), (3); **35.** (1), (2); **36.** (2), (4); **37.** (1), (5), (7), (8), (9); **38.** (1), (3), (4); **39.** (4); **40.** (3); **41.** (2); **42.** (3); **43.** (2), (3), (4); **44.** (1), (2), (4); **45.** (2), (4); **46.** (3), (4); **47.** (1), (2), (4); **48.** (2), (3), (4); **49.** (1), (2), (3), (4); **50.** (4); **51.** (4); **52.** (3); **53.** (1), (2), (4); **54.** (3); **55.** (1); **56.** (1); **57.** (2), (3); **58.** (2); **59.** (1), (3), (4); **60.** (2), (4); **61.** (1), (2), (4); **62.** (2), (3); **63.** (2), (3), (4); **64.** (3), (4), (5), (6); **65.** (1), (2); **66.** (1); **67.** (2), (5); **68.** (2), (3); **69.** (3), (4); **70.** (1), (2), (4); **71.** (4); **72.** (1), (3); **73.** (1), (2), (4); **74.** (3), (4); **75.** (3); **76.** (1), (2), (3), (4); **77.** alle Antworten sind falsch; **78.** (5); **79.** (1), (2), (3), (4); **80.** (3), (4); **81.** (1), (2), (4); **82.** (3), (4); **83.** (1), (4); **84.** (1), (2), (3); **85.** (1), (3), (4); **86.** (1), (2), (4); **87.** alle Antworten sind falsch; **88.** (1), (3), (4); **89.** (1), (4); **90.** (1), (2), (3); **91.** (2), (4); **92.** (2), (4); **93.** (2); **94.** (2), (3); **95.** (3); **96.** (1), (2), (3), (4); **97.** (1), (3); **98.** (3), (4); **99.** (3); **100.** (4); **101.** (1), (4); **102.** (3); **103.** (3), (4); **104.** (1), (2), (3), (4).

C. Kostenrechnung

I. Grundlagen

Wiederholungsfragen:

	Wöhe Seite
Was versteht man unter der Planungs-, der Kontroll- und der Dokumentationsaufgabe der Kostenrechnung?	835
In welchem Ausnahmefall erfolgt die Preisermittlung von Aufträgen auf der Basis von Selbstkosten?	836
Worin unterscheiden sich die Planungsaufgaben der Investitionsrechnung und der Kostenrechnung?	837 f.
Welche Aufgabe hat die Kosten- und Erlösrechnung beim Auftreten eines (kurzfristigen) Produktionsengpasses?	838
Mit welchen Entscheidungskomponenten arbeitet die Kosten- und Erlösrechnung?	838 f.
Wie ist der wertmäßige Kostenbegriff definiert? Wie ist der pagatorische Kostenbegriff definiert?	840 f.
Welche Kostenrechnungsprinzipien kennen Sie?	841
Wo liegen die Anwendungsschwierigkeiten des Kostenverursachungsprinzips?	842
Welche Konsequenzen ergeben sich aus einer Verletzung des Kostenverursachungsprinzips?	843
Welche Rolle spielt die Losgrößendegression im Rahmen des „Gesetzes der Massenproduktion"?	844 f.
Welche Verfahren der Kostenauflösung sind zu unterscheiden?	845–847
Was versteht man unter relevanten Kosten?	847
Worin liegt der Unterschied zwischen langfristiger und kurzfristiger Preisuntergrenze?	849
Was versteht man unter Deckungsbeitrag?	850
Was versteht man unter Vorkalkulation und Nachkalkulation?	852

Aufgabe 101 Einteilung der Kostenrechnung

Wie sind die Ausdrücke Kosten, Kostenarten, Kostenstellen und Kostenträger definiert? Versuchen Sie, den Zusammenhang zwischen diesen vier Begriffen graphisch darzustellen! Wählen Sie ein (beliebiges) Zahlenbeispiel zur Verrechnung der Gesamtkosten K auf drei verschiedene Kostenträger.

Kosten = Bewerteter Verzehr von Gütern und Dienstleistungen einer Periode, der durch die betriebliche Leistungserstellung verursacht wird.

Kostenarten = Aufteilung der Kosten nach verbrauchten Produktionsfaktoren (Faktormenge · Faktorpreis).

Kostenstelle = Betriebliche Abrechnungseinheit, für die Gemeinkosten gesondert erfasst und auf die Kostenstellennutzer weiterverrechnet werden.

Kostenträger = Betriebliche Leistungen (Produkte oder Aufträge), auf welche die Kosten nach dem Verursachungsprinzip weiterverrechnet werden.

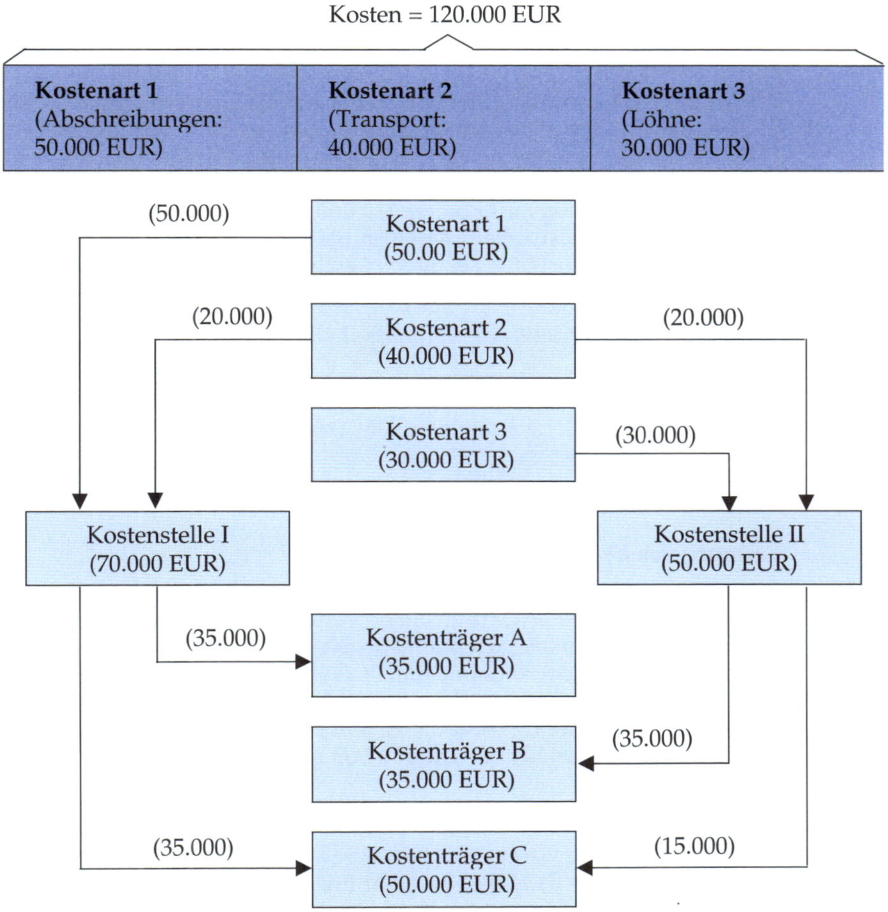

Es gibt Kostenarten, die in allen Kostenstellen anfallen (Kostenart 2), während andere Kostenarten nur in einzelnen Kostenstellen vorkommen (Kostenart 1 und Kostenart 3). Ebenso gibt es Kostenträger, die alle Kostenstellen beanspruchen (Kostenträger C), während andere Kostenträger nur eine beschränkte Anzahl von Kostenstellen durchlaufen (Kostenträger A und Kostenträger B). Das bedeutet, dass in einzelnen Kostenträgern nur eine beschränkte Anzahl von Kostenarten enthalten ist. Der Graphik zufolge ist in Kostenträger A die Kostenart 3, in Kostenträger B die Kostenart 1 nicht enthalten.

Aufgabe 102 Dominanz des Kostenverursachungsprinzips

Firma STABILO ist ein Handwerksunternehmen der Baubranche, das einen Auftrag dann erhält, wenn es bei einer von einem Architekten ausgeschriebenen Bauleistung einen niedrigeren Preis verlangt als die übrigen an der Ausschreibung beteiligten Anbieter. Da sich die einzeln nachgefragten Bauleistungen stark voneinander unterscheiden (individuelle Ein- bzw. Mehrfamilienhäuser), orientiert sich die Preisforderung für ein spezielles Rohbauvorhaben an der Höhe der im Wege der Vorkalkulation ermittelten Selbstkosten.

Wöhe S. 840–843

Teilaufgabe a)

STABILO hat ein starkes Interesse an der Ausführung des ausgeschriebenen Bauvorhabens X. Um den Auftrag zu erhalten, schätzt man die Selbstkosten mit 96.000 EUR extrem niedrig ein und gibt bei einem Gewinnaufschlag von 3,125 Prozent ein Gebot zum Ausführungspreis von 99.000 EUR ab. Man erhält den Auftrag, da der zweitgünstigste Anbieter 120.000 EUR forderte. Bei der Nachkalkulation muss man aber feststellen, dass sich die tatsächlichen Kosten auf 114.000 EUR belaufen. Wie beurteilen Sie dieses Geschäft?

Mit seiner bewusst niedrigen Selbstkostenschätzung hat STABILO das Kostenverursachungsprinzip verletzt. Die Fehlkalkulation führt zum Verlustgeschäft:

	Erlös	99.000 EUR
–	tatsächliche Selbstkosten	114.000 EUR
	Verlust	**15.000 EUR**

Teilaufgabe b)

STABILO hat aus seinem Fehler gelernt und kalkuliert deshalb bei der nächsten Ausschreibung die erwarteten Selbstkosten übertrieben vorsichtig. Für das Bauvorhaben Y gibt man nach Maßgabe extrem vorsichtig kalkulierter Selbstkosten von 140.000 EUR ein Angebot zum Preis von 145.000 EUR ab. Den Zuschlag erhält der Niedrigstbieter zum Preis von 136.000 EUR. Bei nüchterner Nachberechnung seines Angebots stellt STABILO fest, dass seine Selbstkosten bei verursachungsgerechter Kalkulation bei nur 128.000 EUR gelegen hätten. Was hat STABILO falsch gemacht?

Jede Vorkalkulation ist mit dem Risiko der Fehlkalkulation belastet. Gleichwohl sollte jeder Anbieter um eine nüchterne Selbstkostenprognose bemüht sein. Im vorliegenden Fall hätte STABILO bei einer Preisforderung von 132.000 EUR (= neutral kalkulierte Selbstkosten 128.000 EUR + 3,125 Prozent Gewinnzuschlag) den Auftrag erhalten.

Aufgabe 103 Proportionale Gesamtkostenfunktion

Vom Buchhalter des Einprodukt-Unternehmens PROPORZ erhalten Sie folgende Informationen: „Je höher unsere Ausbringungsmenge x, desto geringer sind unsere Stückkosten k. Folgende Erfahrungswerte liegen uns vor:

Produktionsmenge x	Stückkosten k
100	210
500	50
1.000	30

Unsere variablen Kosten Kv verändern sich proportional zur Ausbringungsmenge x“. Ermitteln Sie die Gesamtkostenfunktion!

Wöhe S. 843–847

Die Gesamtkosten K für die alternativen Ausbringungsmengen x = 100 bzw. x = 500 betragen

$$\mathbf{K_{100}} = 100 \text{ Stück} \cdot 210 \text{ EUR/Stück} = 21.000 \text{ EUR}$$
$$\mathbf{K_{500}} = 500 \text{ Stück} \cdot 50 \text{ EUR/Stück} = 25.000 \text{ EUR}$$

Daraus folgt: Eine zusätzliche Produktionsmenge von 400 Stück verursacht zusätzliche, d.h. variable, Kosten von 4.000 EUR.

$$\mathbf{k_v} = \frac{K_{500} - K_{100}}{x_{500} - x_{100}} = \frac{4.000 \text{ EUR}}{400 \text{ Stück}} = 10 \text{ EUR/Stück}$$

Die Stückkosten k setzen sich aus den variablen Stückkosten k_v und den fixen Stückkosten k_f zusammen.

Menge	k	–	k_v	=	k_f	k_f	·	x	=	K_f
x = 100	210	–	10	=	200	200	·	100	=	20.000
x = 500	50	–	10	=	40	40	·	500	=	20.000

Setzt man in die Formel

$$\mathbf{K} = K_f + k_v \cdot x$$

die Zahlenwerte des Beispielunternehmens PROPORZ ein, erhält man die Kostenfunktion

$$\mathbf{K} = 20.000 + 10 \cdot x$$

Probe: Für x = 1.000 betragen mit dieser Formel die Gesamtkosten $K_{1.000}$ = 30.000 EUR, woraus sich Stückkosten von k = 30 EUR ergeben.

Aufgabe 104 Kostendeckungspunkt, Gewinnzone, Verlustzone

Ausgehend von der Gesamtkostenfunktion

$$\mathbf{K = 20.000 + 10 \cdot x}$$

der Firma PROPORZ erfahren Sie vom Buchhalter, dass man einen Stückerlös p in Höhe von 50 EUR erzielt. Wie lautet die Erlösfunktion? Ermitteln Sie den Kostendeckungspunkt (Break-Even-Punkt) rechnerisch und graphisch! Markieren Sie dabei die Gewinnzone (GZ) und die Verlustzone (VZ)!

Wöhe S. 831–833

Die Erlösfunktion E lautet:

$$\mathbf{E = 50 \cdot x}$$

Den Kostendeckungspunkt markiert jene Ausbringungsmenge $\bar{x}$, bei der die Kosten K gerade durch die Erlöse E gedeckt sind. Somit gilt für $\bar{x}$

$$\begin{aligned} \mathbf{E} &= \mathbf{K} \\ \mathbf{50 \cdot x} &= \mathbf{20.000 + 10 \cdot x} \\ \bar{\mathbf{x}} &= \mathbf{500 \text{ Stück}} \end{aligned}$$

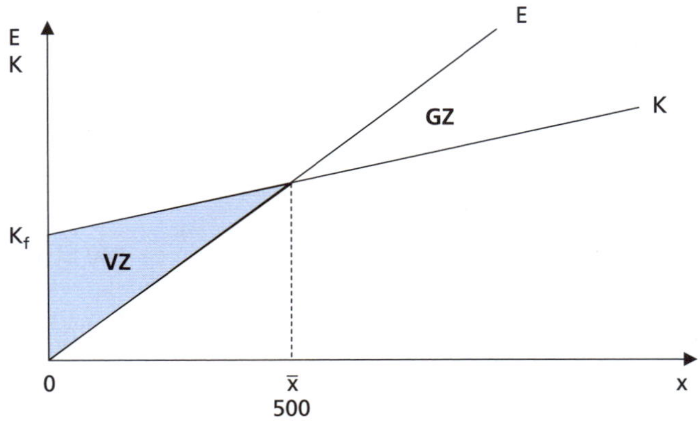

Bei einer Ausbringungsmenge

0 < x < 499 Stück	**werden Verluste gemacht**
x = 500 Stück	**werden die Kosten gerade gedeckt**
x > 500 Stück	**werden Gewinne erwirtschaftet.**

Aufgabe 105 Kosten- und Erfolgsgrößen

Für das Einprodukt-Unternehmen PROPORZ sind die Kosten- und die Erlösfunktion aus **Aufgabe 104** relevant.

$E = 50 \cdot x$
$K = 20.000 + 10 \cdot x$

Die für die laufende Periode geplante Ausbringungsmenge x liegt bei **800 Stück.** Ermitteln Sie

- die Stückkosten k
- den Stückgewinn g
- den Deckungsbeitrag/Stück db
- den Periodengewinn G
- den Deckungsbeitrag/Periode DB.

Wöhe S. 843 f. und S. 850

Bei einer Ausbringungsmenge von x = 800 gilt für Erlöse E, Kosten K und Periodengewinn G:

E	=	50 · x	=	50 · 800 Stück	=	40.000 EUR
K	=	20.000 + 10 · x	=	20.000 + 10 · 800 Stück	=	28.000 EUR
G	=	E – K	=	40.000 – 28.000	=	+ 12.000 EUR
g	=	G : x	=	12.000 : 800 Stück	=	15 EUR/Stück
k	=	K : x	=	28.000 : 800 Stück	=	35 EUR/Stück
db	=	$p - k_v$	=	50 – 10	=	40 EUR/Stück
DB	=	db · x	=	40 · 800 Stück	=	32.000 EUR
DB	=	$E - K_v$	=	40.000 – 8.000	=	32.000 EUR

Aufgabe 106 Lang- und kurzfristige Preisuntergrenze

Es gelten die Angaben zu **Aufgabe 105**, wonach das Einproduktunternehmen PROPORZ für die laufende Periode bei einer Kosten- und einer Erlösfunktion

$E = 50 \cdot x$
$K = 20.000 + 10 \cdot x$

mit einer **Absatzmenge von 800 Stück** rechnet. Ermitteln Sie unter diesen Bedingungen die

- langfristige Preisuntergrenze PUG_l
- kurzfristige Preisuntergrenze PUG_k

der Firma PROPORZ! Beschreiben Sie zuvor die Informationsfunktion der Preisuntergrenze!

Wöhe S. 847–850

Die Preisuntergrenze markiert den kritischen Preis, bei dem es für einen Anbieter gleichgültig ist, ob er einen Auftrag annimmt oder ablehnt. Diese Bedingung ist erfüllt, wenn der erzielbare Preis gerade ausreicht, die durch die Auftragsannahme verursachten Kosten zu decken.

Auf lange Sicht kann ein Unternehmen nur existieren, wenn die Erlöse E mindestens so hoch sind wie die Gesamtkosten K. Deshalb gilt für die langfristige Preisuntergrenze

$$PUG_l = k$$

Im vorliegenden Fall einer geplanten Absatzmenge von 800 Stück liegt die **langfristige Preisuntergrenze** bei k = 35 EUR. Sinkt der Absatzpreis unter diesen kritischen Grenzwert, macht das Unternehmen Verlust.

Sinkt der Marktpreis p vorübergehend unter die kritische Marke k = 35 EUR, kann es zweckmäßig sein, einen Auftrag auch zu einem niedrigeren Preis anzunehmen. Die kurzfristige Preisuntergrenze wird durch die variablen Stückkosten kv markiert. Im Beispielfall gilt für die **kurzfristige Preisuntergrenze k_v** = 10 EUR/Stück.

Aufgabe 107 Kurzfristige Preisuntergrenze und Verlustminimierung

Es gelten die Angaben aus den **Aufgaben 105** und **106**:

$K = 20.000 + 10 \cdot x$
$x_{plan} = 800$ Stück
$PUG_l = k = 35$ EUR/Stück.

Der Konkurrenzanbieter der Firma PROPORZ bietet wegen seines Firmenjubiläums im gesamten Jubiläumsjahr den gleichen Artikel zum Jubiläumspreis von 27 EUR/Stück an. Die Firma PROPORZ hat zwei Möglichkeiten:

(1) Sie beharrt auf ihrer langfristigen Preisuntergrenze $PUG_l = k = 35$ EUR/Stück und verliert die gesamte Nachfrage.
(2) Sie senkt den Absatzpreis auf 27 EUR/Stück und verkauft wie geplant 800 Stück.

Ermitteln Sie für beide Varianten den Jahreserfolg der Firma PROPORZ!

In beiden Fällen macht PROPORZ Verlust:

(1) Preisforderung 35 EUR					(2) Preisforderung 27 EUR				
x	=	0			x	=	800 Stück		
E	=	35 · x	=	0	E	=	27 · x	=	21.600
K	=	20.000 + 10 · x	=	20.000	K	=	20.000 + 10 · x	=	28.000
Erfolg (Verlust)			**=**	**– 20.000**	**Erfolg (Verlust)**			**=**	**– 6.400**

6. Abschnitt

Bei einem Preis von 27 EUR/Stück beträgt der Stückdeckungsbeitrag db = 17 EUR und der Periodendeckungsbeitrag DB = 13.600 EUR. Mit diesem Deckungsbeitrag können die Fixkosten K_f = 20.000 wenigstens teilweise gedeckt werden.

Aufgabe 108 Optimales Produktionsverfahren

Die PERICULUM-GMBH hat ein neuartiges Produkt entwickelt, das nach den Ergebnissen einer Markteinführungsstudie

- **ein jährliches Absatzvolumen x von 6.000 Stück**
- **zum Absatzpreis p von 16 EUR/Stück**

erwarten lässt.

Beim Aufbau der Produktionskapazität hat die PERICULUM-GMBH die Wahl zwischen einem lohnintensiven Produktionsverfahren A und einem automatisierten Produktionsverfahren B. Die zugehörigen Kostenfunktionen lauten

$$\mathbf{K_A = 20.000 + 11 \cdot x}$$
$$\mathbf{K_B = 50.000 + 7 \cdot x}$$

Für welches Produktionsverfahren sollte sich die PERICULUM-GMBH unter den gegebenen Bedingungen entscheiden? Wie hoch ist der Jahreserfolg in den Fällen A und B? Erläutern Sie die Lösung des Entscheidungsproblems an einer grafischen Darstellung mit den beiden Kostenfunktionen K_A und K_B!

Wöhe S. 843 f.

Für eine geplante Ausbringungsmenge **x = 6.000 Stück** lassen sich die verfahrensabhängigen Produktionskosten K_A und K_B wie folgt ermitteln:

$$\mathbf{K_A} = 20.000 + 11 \cdot x = 20.000 + 66.000 = \mathbf{86.000}$$
$$\mathbf{K_B} = 50.000 + 7 \cdot x = 50.000 + 42.000 = \mathbf{92.000}$$

Bei einem planmäßigen Absatzpreis von 16 EUR/Stück ist mit folgendem Planjahresergebnis zu rechnen:

	Verfahren A	**Verfahren B**
Erlöse (geplant)	96.000	96.000
– Kosten (geplant)	86.000	92.000
Jahreserfolg (geplant)	**+ 10.000**	**+ 4.000**

Die PERICULUM-GMBH ist bei der Verfahrenswahl indifferent, wenn $K_A = K_B$. Die zugehörige kritische Ausbringungsmenge wird in der Grafik mit x* bezeichnet:

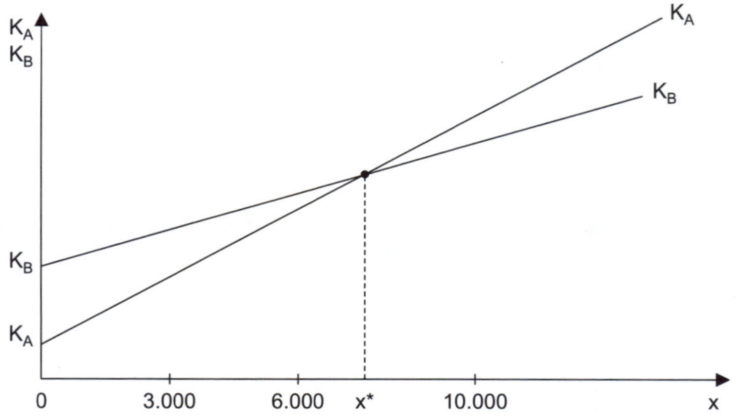

Die kritische Ausbringungsmenge x* liegt bei 7.500 Stück:

$$K_A = K_B$$
$$20.000 + 11 \cdot x = 50.000 + 7 \cdot x$$
$$\mathbf{x^*} = 7.500 \text{ Stück}$$

Bei einer planmäßigen Produktionsmenge

- unter 7.500 Stück ist A
- über 7.500 Stück ist B

das vorteilhafte Produktionsverfahren.

Aufgabe 109 Verfahrenswahl bei unsicheren Erwartungen

Nach dem Ergebnis aus **Aufgabe 108** entscheidet sich die PERICULUM-GMBH in der Planperiode 01 für die Schaffung der Produktionskapazität mit dem Verfahren A, wenn sie fest damit rechnen kann, dass

(1) die Kostenfunktionen K_A und K_B Gültigkeit behalten
(2) die planmäßige Absatzmenge x = 6.000/Jahr langfristig konstant ist
(3) der Absatzpreis p = 16 EUR/Stück langfristig Gültigkeit hat.

In der Realität muss die PERICULUM-GMBH mit einer Änderung der für Periode 01 angenommenen Plandaten rechnen.

Teilaufgabe a)

Welche Handlungsempfehlung würden Sie der PERICULUM-GMBH geben, wenn mit sehr hoher Wahrscheinlichkeit davon auszugehen ist, dass

(1) die Kostenfunktionen für die 10-jährige Betriebsdauer von A und B Gültigkeit behalten
(2) die planmäßige Absatzmenge x = 6.000 Stück konstant bleibt
(3) der Absatzpreis p durch zusätzliches Konkurrenzangebot unter Druck gerät und sich nach zwei bis drei Jahren bei 12 EUR/Stück einpendeln wird.

Sinkt der nachhaltig erzielbare Absatzpreis auf 12 EUR/Stück, wird die Erfolgsprognose negativ.

E	=	12 · 6.000 Stück	=	72.000
K_A	=	20.000 + 11 · 6.000 Stück	=	86.000
Jahreserfolg (Verlust)			**=**	**– 14.000**

Die PERICULUM-GMBH sollte das Produktionsvorhaben nicht realisieren.

Teilaufgabe b)

Auf Sicht von zwei bis drei Jahren kann die PERICULUM-GMBH mit hoher Wahrscheinlichkeit davon ausgehen, dass im Vergleich zu den Ausgangsdaten Bedingung

(1) eintritt wie erwartet
(2) sich ändert: die Absatzmenge steigt schrittweise auf 10.000 Stück
(3) eintritt wie erwartet.

Wie sollte sich die PERICULUM-GMBH unter diesen Bedingungen entscheiden?

Bei einem Planerlös E = 16 EUR · 10.000 Stück = 160.000 EUR sollte das Vorhaben auf jeden Fall realisiert werden. Da ab einer Jahresausbringungsmenge von 7.500

Stück das Produktionsverfahren B günstiger ist als Verfahren A (vgl. Aufgabe 108), sollte sich das Unternehmen (langfristig) für B entscheiden, obwohl A im ersten Jahr kostengünstiger ist.

Aufgabe 110 Kalkulation eines Zusatzauftrags

Von der Brauerei GAMBRINUS, einem Produzenten von Dosenbier, erhalten Sie für die gerade begonnene Periode 01 folgende Informationen:

Gesamtkosten K (geplant)	3 Mio. EUR
Produktionsmenge x (geplant)	10 Mio. Stück
Verfügbare Kapazität Periode 01	14 Mio. Stück
Üblicher Verkaufspreis/Stück	0,39 EUR.

Ein großer Lebensmittelfilialist stellt darüber hinaus folgenden Auftrag in Aussicht:

Volumen des Zusatzauftrags	2 Mio. Stück
Preisangebot des Auftraggebers/Stück	0,26 EUR.

Wöhe S. 847–850

Teilaufgabe a)

Soll GAMBRINUS diesen Auftrag annehmen?

GAMBRINUS verfügt in der Planperiode 01 über eine freie Kapazität von 4 Mio. Produkteinheiten. Unter diesen Bedingungen gilt der Grundsatz: Der Zusatzauftrag wird nicht zu Stückkosten k (im Beispielfall 0,30 EUR), sondern zu zusätzlich anfallenden Kosten kalkuliert. Im konkreten Beispielfall ist zu prüfen, um welchen Betrag ΔK die Gesamtkosten ansteigen, wenn die Ausbringungsmenge von 10 auf 12 Mio. Stück erhöht wird.

Bei den durch den Zusatzauftrag verursachten Zusatzkosten ΔK wird es sich ausschließlich um variable Kosten K_v handeln. Eine Entscheidung über die Auftragsannahme kann erst getroffen werden, wenn man die Kostenfunktion von GAMBRINUS kennt.

Teilaufgabe b)

Die Fixkosten K_f von GAMBRINUS belaufen sich auf 1 Mio. EUR pro Jahr. Soll GAMBRINUS den Zusatzauftrag annehmen? Wie lautet die Gesamtkostenfunktion K?

Die Höhe der variablen Gesamtkosten K_v lässt sich für die bislang geplante Menge x = 10 Mio. Stück folgendermaßen ermitteln:

	Gesamtkosten K	3 Mio. EUR
–	Fixkosten K_f	1 Mio. EUR
	variable Kosten K_v	2 Mio. EUR
	variable Kosten/Stück k_v	0,20 EUR

Somit lautet die Kostenfunktion

$$\mathbf{K} = 1.000.000 + 0{,}20 \cdot x$$

Da GAMBRINUS über freie Kapazitäten von 4 Mio. Stück verfügt, ist der Zusatzauftrag auf der Basis zusätzlich entstehender Kosten ΔK zu kalkulieren. Für die

- Zusatzmenge $\Delta x = 2$ Mio. Stück entstehen
- Zusatzkosten $\Delta K = 2$ Mio. Stück $\cdot$ 0,20 = 400.000 EUR.

Der aus dem Zusatzauftrag erzielbare Erlös liegt bei 2 Mio. Stück $\cdot$ 0,26 = 520.000 EUR. Unter den gegebenen Bedingungen ist die Annahme des Zusatzauftrags vorteilhaft. Schließlich gilt auch $p = 0{,}26$ EUR $> k_v = 0{,}20$ EUR; der Deckungsbeitrag db im Hinblick auf den Zusatzauftrag ist also positiv: 0,06 EUR.

II. Kostenartenrechnung

Wiederholungsfragen:

	Wöhe Seite
Nach welchen Kriterien lassen sich Gesamtkosten in einzelne Kostenarten aufteilen?	853
Worin liegt der Unterschied zwischen primären und sekundären Kosten?	854 f.
Aus welchen Komponenten setzen sich die Personalkosten zusammen?	856 f.
Wie sind aperiodisch anfallende Personalkosten in der Kostenrechnung zu behandeln?	857 f.
Welche Verfahren zur Erfassung von Materialverbrauchsmengen kennen Sie?	858 f.
Welche Verfahren zur Bewertung des Materialverbrauchs kennen Sie?	859 f.
Worin besteht der Unterschied zwischen Anderskosten und Zusatzkosten?	860 f.
Was versteht man unter Opportunitätskosten?	861
Welche Abschreibungsbasis sollte der Ermittlung kalkulatorischer Abschreibungen zugrunde gelegt werden?	863
Welchen Zweck verfolgt man mit der Verrechnung kalkulatorischer Wagnisse?	864 f.
Wie ermittelt man den Kapitalkostensatz zur Berechnung kalkulatorischer Zinsen?	865 f.
Wie ermittelt man die Kapitalbasis zur Berechnung kalkulatorischer Zinsen?	866

Aufgabe 111 Kostenarten

Welche der folgenden Behauptungen sind richtig?

(1) Sekundäre Kosten lassen sich immer auf primäre Kosten zurückführen.
(2) Kalkulatorische Kosten sind in einem Mehrproduktunternehmen immer Kostenträgergemeinkosten.
(3) Kalkulatorische Wagniskosten sind Grundkosten, weil ihr Entstehungsgrund in der Verfolgung des Betriebszwecks liegt.
(4) Personalkosten können Einzelkosten, Gemeinkosten, Grundkosten oder kalkulatorische Kosten sein.
(5) Personalkosten können fixe oder variable Kosten sein.
(6) Kalkulatorische Kosten sind Zusatzkosten, soweit ihnen kein Aufwand gegenübersteht.
(7) Je höher die Fixkosten, desto stärker weicht die kurzfristige von der langfristigen Preisuntergrenze ab.
(8) Bei proportionalem Gesamtkostenverlauf entsprechen die variablen Kosten nur dann den Grenzkosten, wenn die Gesamtkostenfunktion ihren Ursprung im Nullpunkt hat.

(9) Die Kosten entsprechen dem Aufwand, der durch die betriebliche Leistungserstellung verursacht wurde.
(10) Sind die geschätzten Kosten höher als die tatsächlichen Kosten, besteht die Gefahr, dass verlustträchtige Aufträge angenommen werden.

Zutreffend sind die Behauptungen (1), (2), (4), (5), (6) und (7).

Aufgabe 112 Zeitliche Abgrenzung der Personalkosten

Der Mitarbeiter FLEISSIG erhält einen Bruttostundenlohn von 15 EUR, Urlaubsgeld von 700 EUR p. a. und Weihnachtsgeld von 1.420 EUR p. a. Er arbeitet an fünf Wochentagen jeweils acht Stunden.

FLEISSIG erhält Bezahlung für folgende Frei- und Ausfallzeiten (bezogen auf ein Kalenderjahr):

bezahlte Feiertage	10
bezahlte Krankheitstage (betriebsindividueller Ø)	13
bezahlte Urlaubstage	28
bezahlter Sonderurlaub (betriebsindividueller Ø)	1

Ermitteln Sie zunächst für die Monate Januar und August den **effektiv zu zahlenden Bruttoarbeitslohn** (einschließlich Urlaubsgeld) des FLEISSIG! Errechnen Sie danach durch zeitliche Abgrenzung der Lohnkosten den **verursachten** Lohn (einschließlich Urlaubs- und Weihnachtsgeld) für diese beiden Monate! Gehen Sie dabei von folgenden Annahmen aus:

	Januar	August
nominelle Arbeitstage	23	22
gesetzliche Feiertage	1	–
Krankheitstage	2	–
Urlaubstage	1	22

Wöhe S. 856–858

Bei 28 Urlaubstagen und 700 EUR Urlaubsgeld erhält FLEISSIG pro Urlaubstag eine Sonderzahlung in Höhe von 25 EUR.

Lohnzahlungen	Januar	August
Nominelle Arbeitstage $\cdot\ 8\ \frac{\text{Std.}}{\text{Tag}} \cdot 15\ \frac{\text{EUR}}{\text{Std.}}$	2.760 EUR	2.640 EUR
Urlaubsgeld 25 EUR/Tag	25 EUR	550 EUR
Zu zahlender Betrag	**2.785 EUR**	**3.190 EUR**

Die verursachten Lohnkosten sind zeitlich folgendermaßen abzugrenzen:

		Tage		Stunden	
	Kalendertage		365		
–	Samstage und Sonntage		104		
	nominelle Arbeitszeit (bezahlt)		261		2.088
–	bezahlte Feiertage	10		80	
–	bezahlte Krankheitstage	13		104	
–	bezahlte Urlaubstage	28		224	
–	bezahlter Sonderurlaub	1	52	8	416
	tatsächliche Arbeitszeit		**209**		**1.672**

Bruttoarbeitslohn/Jahr = 2.088 Std. · 15 EUR/Std. =	31.320 EUR
+ Urlaubsgeld/Jahr	700 EUR
+ Weihnachtsgeld/Jahr	1.420 EUR
Bruttoarbeitsentgelt/Jahr	33.440 EUR

Demnach beträgt das Bruttoarbeitsentgelt für eine tatsächlich geleistete Arbeitsstunde 33.440 EUR : 1.672 Std. = 20 EUR/Std. Mit diesem Stundensatz sind die tatsächlich geleisteten Arbeitsstunden zu gewichten.

Lohnabgrenzung	Januar	August
nominelle Arbeitstage	23	22
– Frei- und Ausfallzeiten	4	22
tatsächliche Arbeitstage	19	–
tatsächliche Arbeitsstunden	152	–
verursachter Bruttoarbeitslohn	**3.040 EUR**	–

Im Monat August wird von FLEISSIG keine Arbeitsleistung erbracht. Also werden keine Lohnkosten verursacht, obwohl der Betrieb in diesem Monat 3.190 EUR als Bruttoarbeitsentgelt zahlt.

Aufgabe 113 Mengenmäßiger Materialverbrauch

Die DEPOT KG hat ein geschlossenes Materiallager. Aus der Lagerbuchhaltung erhalten Sie folgende Informationen:

Anfangsbestand (AB)	3.000 Stück
Endbestand lt. Inventur (EB)	1.200 Stück
Zugang (1)	1.800 Stück
Zugang (2)	500 Stück
Zugang (3)	2.000 Stück
Entnahme (1) lt. Materialentnahmeschein	1.500 Stück
Entnahme (2) lt. Materialentnahmeschein	1.700 Stück
Entnahme (3) lt. Materialentnahmeschein	2.400 Stück
Materialverderb	150 Stück.

a) Ermitteln Sie den Materialverbrauch nach der Inventurmethode und nach der Skontrationsmethode!

b) Ermitteln Sie den Soll-Endbestand!

c) Wer ist für die Abweichung des tatsächlichen Endbestands vom Soll-Endbestand verantwortlich?

Wöhe S. 858 f.

Zu a):

Materialverbrauch laut **Inventurmethode:**

AB	+ Zugänge	– EB	= Verbrauch
3.000	+ 4.300	– 1.200	= 6.100 Stück

Materialverbrauch laut **Skontrationsmethode:**

Summe der Einzelentnahmen lt. Beleg	= Verbrauch
1.500 + 1.700 + 2.400	= 5.600 Stück

Zu b):

Der **Soll-Endbestand** ist folgendermaßen zu ermitteln:

AB	+ Zugänge	– Verbrauch	= Soll-Endbestand
3.000	+ 4.300	– 5.600	= 1.700 Stück

Zu c):

Der Endbestand laut Inventur liegt um 500 Stück unter dem Soll-Endbestand. Der Lagerverwalter müsste eigentlich einen Endbestand von 1.700 Stück präsentieren können. Da 150 Stück am Lager verdorben sind, reduziert sich der rechnerische Endbestand auf 1.550 Stück. Angesichts eines tatsächlichen Endbestands von 1.200 Stück ergibt sich eine **ungeklärte Verbrauchsabweichung von 350 Stück**. Mögliche Ursachen dieser Fehlmenge sind: Diebstahl durch Dritte, Unterschlagung durch den Lagerverwalter, nicht belegter Verderb, Fehlkontierungen bei Entnahmen oder Fehlmengen beim Lagerzugang. In jedem Fall ist mit dem Lagerverwalter die Ursache der Abweichung zu ermitteln.

Aufgabe 114 Kalkulatorische Kosten

Welche der folgenden Behauptungen sind richtig?

(1) Grundkosten lassen sich einfacher ermitteln als kalkulatorische Kosten.
(2) Die Gesamtkosten setzen sich aus Einzelkosten und kalkulatorischen Kosten zusammen.
(3) Verluste vermeidet man, wenn man kalkulatorische Abschreibungen eher zu hoch als zu niedrig ansetzt.
(4) Die Verrechnung kalkulatorischer Wagniskosten dient der vollständigen Erfassung des Wertverzehrs.
(5) Eine Kapitalgesellschaft kann auf die Erfassung kalkulatorischer Miete verzichten.
(6) Die Verrechnung kalkulatorischer Wagniskosten dient der Periodisierung aperiodisch anfallenden Wertverzehrs.

Zutreffend sind die Behauptungen (1), (5) und (6).

Aufgabe 115 Kalkulatorische Abschreibung und bilanzielle Abschreibung

Charakterisieren Sie die bilanzielle und die kalkulatorische Abschreibung nach folgenden Gesichtspunkten: Ziel, Abschreibungsbasis, gesetzliche Regelung, Abschreibungsverfahren, Nutzungsdauer, Kapitalerhaltung, tatsächliche Nutzungsdauer größer als prognostizierte Nutzungsdauer.

Wöhe S. 694–701 und S. 861–864

Kriterium	bilanzielle Abschreibung	kalkulatorische Abschreibung
Ziel	Erfassung des Wertverzehrs in der GuV; zudem: bilanzpolitische Ziele wie: hoher oder niedriger Gewinnausweis, hoher oder niedriger Vermögensausweis usw.	Erfassung des tatsächlichen Wertverzehrs zur Ermittlung brauchbarer, d. h. der Wirklichkeit entsprechender Entscheidungs- und Kontrollziffern

Kriterium	bilanzielle Abschreibung	kalkulatorische Abschreibung
Abschreibungsbasis	Anschaffungs- bzw. Herstellungskosten	Anschaffungskosten, Wiederbeschaffungskosten oder „Tageswerte"
Gesetzliche Regelung	§ 253 HGB; Planmäßigkeit erforderlich	keine
Abschreibungsverfahren	je nach bilanzpolitischer Zielsetzung: lineare, degressive, progressive oder Leistungsabschreibung	planmäßiges Verfahren nicht zwingend; Bemessung der Abschreibungsquoten nach Einschätzung des tatsächlichen Wertverzehrs; lineares Verfahren in der Praxis aber vorherrschend
Nutzungsdauer (ND)	Festlegung nach wirtschaftlicher Nutzungsdauer und bilanzpolitischen Zielen	möglichst realistische Schätzung der Nutzungsdauer
Kapitalerhaltung	bei positiver Ertragslage: Erhaltung des nominellen Kapitals	bei positiver Ertragslage und richtiger Schätzung der Wiederbeschaffungskosten: Erhaltung der Substanz
tatsächliche Nutzungsdauer > prognostizierte Nutzungsdauer	Restbuchwert 1 EUR; keine weiteren Abschreibungen möglich	nach Beendigung der geschätzten ND werden bis zum endgültigen Ausscheiden der Anlage Abschreibungsbeträge verrechnet, die der längeren ND angepasst sind

Aufgabe 116 Abschreibungen

Welche der folgenden Behauptungen sind richtig?

(1) Bilanzielle und kalkulatorische Abschreibungen können zwar in den einzelnen Jahresraten divergieren, sind jedoch auf die gesamte Nutzungsdauer bezogen stets gleich.

(2) Die kalkulatorische Abschreibung ist höher als die bilanzielle Abschreibung, da man in der Kostenrechnung von einer längeren Nutzungsdauer ausgeht.

(3) Die kalkulatorische Abschreibung ist insgesamt höher als die bilanzielle Abschreibung, wenn in der Kostenrechnung c. p. trotz Beendigung der geschätzten Nutzungsdauer weiterhin kalkulatorische Abschreibungen verrechnet werden.

(4) Eine höhere kalkulatorische Abschreibung führt zwangsläufig über höhere Preise zu höheren Gewinnen.

(5) Zur Ermittlung kalkulatorischer Abschreibungen sollte man die erwartete Nutzungsdauer möglichst vorsichtig einschätzen.

Zutreffend ist die Behauptung (3).

Aufgabe 117 Kalkulatorische Abschreibungen und Preisuntergrenze

Ein großes Speditionsunternehmen hat mehrere große Kühlfahrzeuge gleicher Bauart im Einsatz. Für ein solches Fahrzeug gelten folgende Eckwerte:

Kalkulatorische Ausgangsbasis*	130.000 EUR
Planmäßige Nutzungsdauer	4 Jahre
Durchschnittliche Laufleistung/Jahr	50.000 km
Restverkaufserlös Ende des 4. Jahres	10.000 EUR

* Anschaffungskosten = Wiederbeschaffungskosten

Nach welchen Verfahren würden Sie die kalkulatorische Abschreibung berechnen? Mit welchem Betrag schlägt sich die kalkulatorische Abschreibung in der Preisuntergrenze nieder, wenn der Fahrzeugeinsatz gegenüber den Kunden nach Kilometern abgerechnet wird?

Wöhe S. 861–863

Der durch den Fahrzeugeinsatz bedingte Wertverzehr lässt sich folgendermaßen ermitteln:

	EUR
Kalkulatorischer Ausgangswert	130.000
– Restverkaufserlös t_4	– 10.000
Wertverzehr in 4 Jahren	120.000
Wertverzehr/Jahr	**30.000**
Wertverzehr/km	**0,60**

Durch Berücksichtigung der kalkulatorischen Abschreibung erhöht sich die Preisuntergrenze für eine Kostenträgereinheit, also für einen gefahrenen Kilometer, um 0,60 EUR. Dabei ist es im vorliegenden Fall gleichgültig, ob man die kalkulatorische Abschreibung nach der linearen Methode oder nach Leistung und Inanspruchnahme ermittelt.

Aufgabe 118 Kalkulatorische Einzelwagnisse

Die Großgärtnerei HORTUS ist seit vielen Jahrzehnten an einem hochwassergefährdeten Standort in der Donauniederung angesiedelt. Nach jahrzehntelanger Erfahrung ist

- im statistischen Durchschnitt alle 12 Jahre mit einem „Jahrhunderthochwasser" zu rechnen, das
- einen Schaden von jeweils 200.000 EUR verursacht.

Die Sachversicherung der Firma HORTUS deckt 80 Prozent der Hochwasserschäden ab und verlangt dafür eine Jahresprämie von 17.000 EUR. Am versicherungsmäßig nicht abgedeckten Restschaden beteiligt sich der Freistaat Bayern mit einem Zuschuss von 25 Prozent.

Wöhe S. 864 f.

Teilaufgabe a)

Welches Ziel verfolgt die Kostenrechnung mit der Erfassung der kalkulatorischen Wagnisse? Um welche Art kalkulatorischer Kosten handelt es sich dabei?

Die Verrechnung kalkulatorischer Wagnisse verfolgt das Ziel, aperiodisch anfallenden Aufwand im Wege zeitlicher Durchschnittsbildung zu periodisieren. Damit will man verhindern, dass eine extrem hohe Kostenbelastung in der Schadensperiode zu einer verzerrten Ermittlung von Preisuntergrenzen führt. Bei kalkulatorischen Wagnissen handelt es sich um Anderskosten, d.h. um Kosten, denen Aufwand in anderer Höhe bzw. in einer anderen Periode gegenübersteht.

Teilaufgabe b)

Wie hoch sind die hochwasserbedingten kalkulatorischen Wagniskosten der Firma HORTUS?

Die kalkulatorischen Wagniskosten lassen sich im vorliegenden Fall folgendermaßen ermitteln:

	Kalkulatorische Wagniskosten	EUR
	Gesamtschaden	200.000
–	Kostenübernahme Versicherung 80 %	160.000
	Restschaden	40.000
–	Staatlicher Zuschuss 25 %	10.000
	Aufwand im Zwölfjahresturnus	30.000
	Kalkulatorische Wagnisse/Jahr	**2.500**

Aufgabe 119 Kalkulatorische Wagnisse durch Garantieleistungen

Das Unternehmen PERFEKTA, ein Hersteller von elektrischen Haushaltsgeräten, gibt seinen Kunden ein Jahr Garantie auf die Funktionstüchtigkeit seiner Produkte. Der Aufwand für Garantieleistungen ist abhängig von der Höhe des Umsatzes.

Für die **zurückliegenden fünf Jahre** liegen folgende Werte vor:

Periode	**01**	**02**	**03**	**04**	**05**
Garantieaufwand (in Mio. EUR)	0,3	0,5	0,45	0,48	0,27
Umsatz (in Mio. EUR)	12	30	21	24	13

Für die **Planperiode 06** ist ein Umsatz in Höhe von 20 Mio. EUR geplant. Ermitteln Sie die kalkulatorischen Wagniskosten für Garantieleistungen der Planperiode 06!

Wöhe S. 864 f.

Bezogen auf den Umsatz lässt sich aus dem Zahlenmaterial der zurückliegenden Perioden 01 bis 05 die durchschnittliche Garantieaufwandsquote folgendermaßen ermitteln:

$$\text{Garantieaufwandsquote} = \frac{\begin{array}{c}\text{Garantieaufwand}\\ \text{Periode 01 bis 05}\end{array}}{\begin{array}{c}\text{Umsatz}\\ \text{Periode 01 bis 05}\end{array}} \cdot 100\ \% = \frac{2\ \text{Mio. EUR}}{100\ \text{Mio. EUR}} \cdot 100\ \% = 2\ \%$$

Bei einer Garantieaufwandsquote in Höhe von 2 Prozent vom Umsatz beziffern sich die kalkulatorischen Wagniskosten wegen erwarteter Garantieleistungen für die Periode 06 auf 400.000 EUR.

Aufgabe 120 Kalkulatorische Zinsen

Die SERVICE OHG erstellt auf einer Datenverarbeitungsanlage jährliche Heizkostenabrechnungen für 10.000 feste Kunden. Die Anlage wird zu Beginn des Jahres 01 beschafft; die Abschreibungsbasis beträgt 120.000 EUR, der Zinssatz 10 % p. a. Die Anlage soll vier Jahre lang genutzt und danach für 40.000 EUR verkauft werden. Der Wert der Anlage verringert sich proportional zum Zeitverlauf. Wie hoch sind für die Jahre 01 bis 04 die kalkulatorischen Zinsen, wenn sie nach der

a) Durchschnittsmethode bzw.
b) Restwertmethode

ermittelt werden? Errechnen Sie dabei den Restwert eines Jahres als arithmetisches Mittel aus der Kapitalbindung am Jahresanfang und am Jahresende! Wie hoch sind die kalkulatorischen Zinsen/Leistungseinheit (Auftrag), wenn jede Auftragseinheit den gleichen Zinskostenanteil tragen soll?

Wöhe S. 865–867

Ermittlung der kalkulatorischen Zinsen nach der **Durchschnittsmethode**:

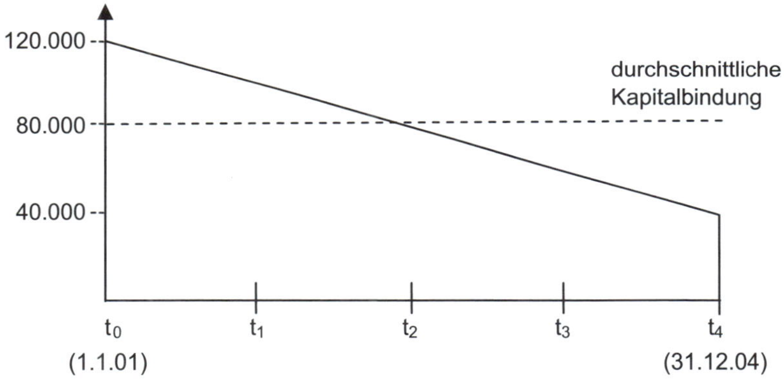

In den Jahren 01 bis 04 liegt die durchschnittliche Kapitalbindung bei 80.000 EUR. Nach der Durchschnittsmethode sind jedem Nutzungsjahr 8.000 EUR kalkulatorische Zinsen anzulasten.

Ermittlung der kalkulatorischen Zinsen nach der **Restwertmethode**:

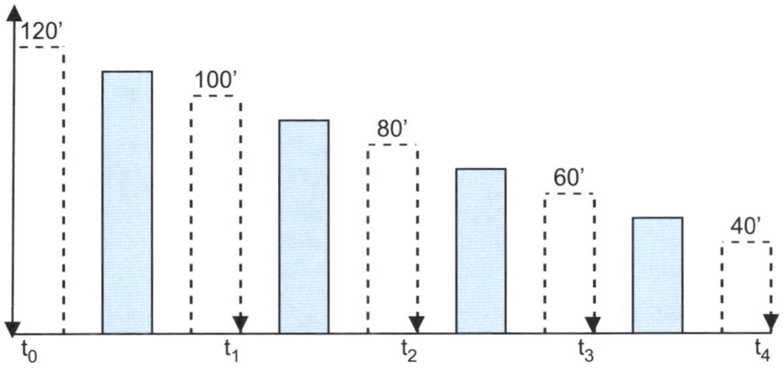

Jahr	01	02	03	04
∅-Restwert Zinsen	110.000 11.000	90.000 9.000	70.000 7.000	50.000 5.000

Zinsbelastung pro Jahr	Jahr 01	Jahr 02	Jahr 03	Jahr 04	Total
Durchschnittsmethode	8.000	8.000	8.000	8.000	32.000
Restwertmethode	11.000	9.000	7.000	5.000	32.000

Bei der Durchschnittsmethode betragen die kalkulatorischen Zinsen/Auftrag 0,80 EUR. Bei Anwendung der Restwertmethode sind sie anfangs vergleichsweise hoch (1,10 EUR), sinken aber im Zeitverlauf auf 0,50 EUR/Auftrag. Die Durchschnittsmethode hat also den Vorteil der Kalkulationsstetigkeit, d.h. einer gleichbleibenden Kostenzurechnung im Zeitverlauf.

Aufgabe 121 Kapitalbasis kalkulatorischer Zinsen

Der Markenartikelhersteller PROTECTION legt zum 31.12.01 folgende Bilanz vor (in GE):

Aktiva	Bilanz zum 31.12.01		Passiva
Anlagevermögen			
Grundstücke und Gebäude	450	Eigenkapital	570
Maschinelle Anlagen	700	Darlehensverbindlichkeiten	900
Beteiligungen	100	Erhaltene Anzahlungen	12
Umlaufvermögen		Lieferantenverbindlichkeiten	18
Rohstoffvorräte	50		
Fertigfabrikate	130		
Forderungen aus Lieferungen und Leistungen	60		
Bank	10		
	1.500		**1.500**

Aus dem Geschäftsbericht stehen folgende Zusatzinformationen zur Verfügung:

(1) Zu den Gebäuden gehört ein zu Anlagezwecken gehaltenes, vermietetes Bürohaus. Sein Buchwert beträgt 50, sein Verkehrswert 180.

(2) Zum Bilanzposten „Grundstücke und Gebäude" gehört ein unbebautes Grundstück (Buchwert 400), das als betrieblicher Lagerplatz benötigt wird. Nach einem Sachverständigengutachten liegt der Verkehrswert bei 630.

(3) Der Neuwert der maschinellen Anlagen beträgt 1.800.

(4) Der Bestand an Fertigfabrikaten ist saisonbedingt außerordentlich hoch. Im Jahresmittel liegt der Wert des Bestands bei 50.

(5) Im abgelaufenen Jahr bot der Marktführer einen Preis von 330 für den Erwerb der Markenrechte. Firma PROTECTION hat diese Offerte abgelehnt.

Ermitteln Sie den Wert des betriebsnotwendigen Vermögens zu Zeitwerten! Dabei sollen die maschinellen Anlagen nach Maßgabe der Durchschnittsmethode zum halben Abschreibungsausgangswert (Gesamtbetrag 1.800) angesetzt werden.

Wöhe S. 866 f.

Die Kapitalbasis zur Ermittlung kalkulatorischer Zinsen ermittelt sich (in GE):

Ausgangswert **Bilanziertes Vermögen zu Bilanzwerten 1.500**	**Abzug**	**Hinzu-rechnung**	**Resultat**
– nicht betriebsnotwendige Grundstücke – nicht betriebsnotwendige Beteiligungen	– 50 – 100		
Betriebsnotwendiges Vermögen zu Bilanzwerten			**1.350**
Wertkorrekturen: + Stille Rücklagen betriebsnotwendiger Grundstücke + Zuschlag wegen ½ Ansatz Maschinelle Anlagen – Überbestand an Fertigfabrikaten	 – 80	 + 230 + 200	
Betriebsnotwendiges Bilanzvermögen zu Zeitwerten			**1.700**
+ Firmenwert (Markenname) – Abzugskapital Anzahlungen – Abzugskapital Lieferantenverbindlichkeiten	 – 12 – 18	+ 330	
Betriebsnotwendiges Vermögen zu Zeitwerten			**2.000**

Die betriebliche Tätigkeit der Firma PROTECTION setzt einen Gesamtkapitaleinsatz von 2.000 GE (bewertet zu Zeitwerten) voraus. Die mit dem Kapitaleinsatz verbundenen Kapitalkosten müssen in Form kalkulatorischer Zinsen in die Kalkulation der Selbstkosten der PROTECTION-Produkte eingehen.

Aufgabe 122 Ermittlung kalkulatorischer Zinsen

Es gelten die Angaben der **Aufgabe 121**, wonach sich für die Firma PROTECTION der Wert des betriebsnotwendigen Vermögens zu Zeitwerten auf 2.000 GE beläuft.

Der Mischzinssatz WACC (Weighted Average Cost of Capital) für das betriebsnotwendige Gesamtkapital beziffert sich nach Angaben der Unternehmensleitung auf 7,5 Prozent. Die bilanzierten Darlehensverbindlichkeiten in Höhe von 900 GE sind zu i_F = 5 Prozent verzinst.

Ermitteln Sie die

- kalkulatorischen Zinsen
- kalkulatorischen Eigenkapitalzinsen

der Firma PROTECTION!

Wöhe S. 865–867

Die Zinskosten der Firma PROTECTION lassen sich wie folgt ermitteln (in GE):

Kapitalkostenermittlung	**A** **Kalkulatorische Zinsen auf Gesamtkapital**	**B** **Zinsaufwand lt. GuV**	**C** **Kalkulatorische Eigenkapital-zinsen**
Gesamtkapital · WACC 2.000 · 0,075	**150**		
Fremdkapital · i_F 900 · 0,05		**45**	
Kalkulatorische Eigenkapitalzinsen C = A – B			**105**

6. Abschnitt

Somit hat der Kostenrechner die Möglichkeit, entweder

(a) Zinsaufwand lt. GuV (45) und kalkulatorische Eigenkapitalzinsen (105) oder
(b) kalkulatorische Zinsen (150) auf das Gesamtkapital anzusetzen.

Im Fall (b) findet der GuV-Zinsaufwand keinen Eingang in die Kostenrechnung.

Aufgabe 123 Aufbau einer Kostenartenrechnung

Während der Semesterferien arbeiten Sie als Praktikant bei der Fa. JOSEPH ZÜNFTIG, einem kleinen Schreinereibetrieb. Bei der Kalkulation der Angebotspreise spielte ZÜNFTIGs Daumen bisher eine große Rolle. Das soll anders werden. Darum beauftragt Sie JOSEPH ZÜNFTIG, ein Kalkulationskonzept für seine Firma zu entwickeln. Wie gehen Sie vor? Welche Informationen benötigen Sie?

Wöhe S. 839 f. und S. 853

JOSEPH ZÜNFTIG möchte seine Angebotspreise künftig genauer kalkulieren. Er hat das Ziel, seine gesamten Kosten „richtig“ auf die einzelnen Aufträge zu verteilen.

Der Aufbau einer Kostenrechnung beginnt im Allgemeinen mit einer vergangenheitsorientierten Istkostenrechnung. Am Anfang einer Istkostenrechnung steht die Ermittlung der Kosten der abgelaufenen Abrechnungsperiode. Dabei sind die Kosten nach Art des Faktorverbrauchs gegliedert. Eine solche Kostenartenrechnung fußt auf der Gewinn- und Verlustrechnung. Sie bitten JOSEPH ZÜNFTIG zunächst um die Gewinn- und Verlustrechnung des Vorjahres.

Aufgabe 124 Ableitung der Kostenartenrechnung aus der GuV

ZÜNFTIG, der Alleininhaber der Firma ist, macht Ihnen zusätzlich folgende Angaben: Als Meister in einem fremden Betrieb könne er monatlich 4.000 EUR verdienen. Im Versicherungsaufwand sei die Prämie in Höhe von 1.000 EUR für einen Pkw enthalten, der in Wirklichkeit privat genutzt werde. Ebenso seien in den Abschreibungen der Finanzbuchhaltung 5.000 EUR Abschreibungsaufwand für den privaten Pkw enthalten. Wegen gestiegener Wiederbeschaffungskosten liege die kalkulatorische Abschreibung um 20 % über dem Abschreibungsaufwand der Finanzbuchhaltung. Das im betriebsnotwendigen Vermögen gebundene Eigenkapital schätzt ZÜNFTIG auf 400.000 EUR, die zu 8 % p. a. alternativ angelegt werden könnten. Der übrige Aufwand setzt sich aus einer Spende von 1.000 EUR und der Übernahme von Garantieleistungen in Höhe von 5.000 EUR zusammen. Im Durchschnitt der zurückliegenden Jahre hätten die Garantieleistungen 1 % vom Umsatz betragen. Fa. ZÜNFTIG arbeitet in einem Gebäude, das zum Privatvermögen von JOSEPH ZÜNFTIG gehört. Bei Anmietung entsprechender Gewerberäume wäre eine monatliche Miete in Höhe von 2.000 EUR zu zahlen.

Gewinn- und Verlustrechnung in EUR (Jahr 01)			
Materialaufwand	300.000	Umsatzerlöse	1.000.000
Lohn und Gehalt	454.000	Sonst. betr. Ertrag	60.000
Beiträge und Gebühren	2.000		
Versicherungen	6.000		
Abschreibungen	145.000		
Zinsaufwand	40.000		
Fremdleistungen	12.000		
Übriger Aufwand	6.000		
Gewinn	95.000		
	1.060.000		1.060.000

Versuchen Sie aus der obigen Gewinn- und Verlustrechnung und den Zusatzinformationen den Aufwand der Finanzbuchhaltung in **Kosten** zu überführen! Wie hoch ist das **Betriebsergebnis** des Jahres 01, wenn man die Kosten einer Gesamtleistung von 1.000.000 EUR gegenüberstellt?

Wöhe S. 894–897

Im Rahmen der **Kostenartenrechnung** lässt sich der Aufwand des Jahres 01 folgendermaßen in Kostenwerte umrechnen (in TEUR):

Zeile	Aufwand	GuV	Kürzung	Hinzurechnung	Kosten
(1)	Material	300	–	–	300
(2)	Lohn und Gehalt	454	–	48	502
(3)	Beiträge und Gebühren	2	–	–	2
(4)	Versicherungen	6	1	–	5
(5)	Abschreibungen	145	5	28	168
(6)	Zinsen	40	–	32	72
(7)	Fremdleistungen	12	–	–	12
(8)	kalkulatorische Miete	–	–	24	24
(9)	kalkulatorische Wagnisse	–	–	10	10
(10)	Übriger Aufwand	6	6	–	–
	Summe:	965			1.095

Erläuterungen zu

Zeile (5): betrieblich bedingte Abschreibung 140 + 20 % Zuschlag wegen gestiegener Wiederbeschaffungskosten.

Das Betriebsergebnis des Jahres 01 beträgt:

Gesamtleistung	1.000.000 EUR
– Kosten	1.095.000 EUR
Betriebsverlust	**95.000 EUR**

Aufgabe 125 Lohneinzelkosten und Lohngemeinkosten

Der Handwerksbetrieb JOSEPH ZÜNFTIG hatte im Jahr 01 (einschließlich Personalnebenkosten) Lohn- und Gehaltskosten in Höhe von 502.000 EUR (vgl. **Aufgabe 124**). Im Zuge der Kostenstellenrechnung muss dieser Kostenblock in Einzel- und Gemeinkosten zerlegt werden.

Wöhe S. 856–858

Teilaufgabe a)

Von welchem Einteilungskriterium im Hinblick auf die Kostenträger würden Sie die Zuordnung der Lohn- und Gehaltskosten zu den Einzel- bzw. Gemeinkosten abhängig machen?

Soweit sich die Personalkosten unmittelbar einer betrieblichen Leistung, einem **einzelnen** Auftrag, zurechnen lassen, handelt es sich um **Einzelkosten. Gemeinkosten** werden dagegen von allen (mehreren) Kostenträgern (Aufträgen) **gemeinsam** verursacht. In Handwerksbetrieben ist es üblich, zwischen produktiven, d. h.

auftragsbezogenen, Löhnen (Lohneinzelkosten) und unproduktiven Löhnen (Lohngemeinkosten) zu unterscheiden. Unproduktive Löhne und Gehälter entstehen z. B. durch die Lagerverwaltung, das Ausarbeiten von Angeboten, Garantiearbeiten, innerbetriebliche Reparaturarbeiten, Arbeitsbesprechungen, Wartezeiten und im gesamten Büro- bzw. Verwaltungsbereich.

Teilaufgabe b)

Zum Umfang unproduktiver Löhne und Gehälter macht Ihnen JOSEPH ZÜNFTIG folgende Angaben: Die Lohn- und Gehaltskosten setzen sich aus 454.000 EUR Lohnzahlungen und 48.000 EUR kalkulatorischem Unternehmerlohn zusammen. Er, ZÜNFTIG, verwende ein Achtel seiner Arbeitszeit für produktive, d.h. auftragsspezifische, Tätigkeit. Die restliche Arbeitszeit entfalle auf Führungs- und Verwaltungstätigkeit. Das Büro sei mit einer Buchhalterin besetzt, die 24.000 EUR/Jahr kostet. Etwa ein Viertel ihrer Arbeitszeit entfalle auf die Lagerverwaltung.

Die restlichen Personalkosten von 430.000 EUR entfallen auf den Werkstatt-(Fertigungs-)bereich. 80 % der dortigen Arbeitszeit seien produktiver, 20 % unproduktiver Tätigkeit gewidmet.

Wie hoch sind die **Lohneinzelkosten** bei der Firma von JOSEPH ZÜNFTIG? Wie lassen sich die **Lohngemeinkosten** auf die drei Betriebsbereiche „Lagerhaltung", „Werkstatt" und „Büro" (= Verwaltung und Vertrieb) aufteilen?

		Lohn-einzelkosten	Lohngemeinkosten		
			Material-bereich	Fertigung	Verwaltung und Vertrieb
Kalkulierter Unternehmerlohn	48.000	6.000	–	–	42.000
Buchhalterin	24.000	–	6.000	–	18.000
Fertigungslöhne	430.000	344.000	–	86.000	–
Insgesamt:	502.000	350.000	6.000	86.000	60.000

6. Abschnitt

III. Kostenstellenrechnung

Wiederholungsfragen:

	Wöhe Seite
Welche Aufgaben erfüllt die Kostenstellenrechnung im Rahmen der Planungs- und der Kontrollfunktion?	868 f.
Nach welchen Kriterien lassen sich Kostenstellen bilden?	869 f.
Worin unterscheiden sich Haupt- und Hilfskostenstellen?	871 f.
Auf welchen Verrechnungsebenen benötigt man Kostenverteilungsschlüssel?	872
Worin besteht der Unterschied zwischen Kostenstelleneinzelkosten und Kostenstellengemeinkosten?	872 f.
Welchem Zweck dient das Proportionalitätsprinzip?	873
Zu welchem Zweck bildet man Kalkulationssätze?	873
Unter welchen Bedingungen kommt die sog. Platzkostenrechnung zur Anwendung?	874
Welche Rolle spielen Einzel- und Gemeinkosten im Betriebsabrechnungsbogen (BAB)?	875
In welchen Arbeitsschritten erfolgt die Betriebsabrechnung im BAB?	876 f.
Welche Sachverhalte sind Gegenstand der innerbetrieblichen Leistungsverrechnung?	877
Wodurch entsteht das Interdependenzproblem der innerbetrieblichen Leistungsverrechnung?	877 f.
Wie werden innerbetriebliche Leistungen im Rahmen des Anbauverfahrens abgerechnet?	878 f.
Wie werden innerbetriebliche Leistungen im Rahmen des Gleichungsverfahrens abgerechnet?	880
Welche Bezugsgrößen werden zur Ermittlung von Kalkulations-sätzen (für Hauptkostenstellen) herangezogen?	883

Aufgabe 126 Aufgaben der innerbetrieblichen Leistungsverrechnung

Welchen Aufgaben dient die innerbetriebliche Leistungsverrechnung?

Wöhe S. 877 f.

Die innerbetriebliche Leistungsverrechnung dient im Wesentlichen drei Aufgaben:

(1) der Schaffung von Grundlagen zur Ermittlung der Selbstkosten der Produkte;
(2) der Ermittlung von bilanziellen Wertansätzen für aktivierbare Eigenleistungen;
(3) der Wirtschaftlichkeitskontrolle durch Vergleich der Kosten der Eigenleistungen mit den Preisen für adäquate Fremdlieferungen.

Aufgabe 127 Innerbetriebliche Leistungsverrechnung nach dem Stufenleiterverfahren

Die Ziegelei TONSTEIN verfügt über eine eigene Stromversorgung und eine eigene Reparaturabteilung. Für diese beiden Hilfskostenstellen gelten folgende Angaben:

	Stromerzeugung	Reparaturabteilung
Primäre Gemeinkosten	60.000 EUR	40.000 EUR
Leistungserstellung/Periode	1.000.000 kWh	10.000 Std.
Empf. Leistung Strom	–	100.000 kWh
Empf. Leistung Reparaturen	8.000 Std.	–

Rechnen Sie beide Hilfskostenstellen nach dem Stufenleiterverfahren ab. Ist das Ergebnis der innerbetrieblichen Leistungsverrechnung davon abhängig, welche der beiden Hilfskostenstellen Sie zuerst abrechnen? In welcher Reihenfolge würden Sie beide Kostenstellen anordnen?

Wöhe S. 879

Wenn man die **Hilfskostenstelle „Stromerzeugung" zuerst** abrechnet, gelangt man zu folgendem Ergebnis:

	Hilfskostenstellen		Hauptkostenstellen	
	Strom	Reparaturen	I	II …
Primäre Gemeinkosten	60.000	40.000	....	
Kostenumlage Strom (0,06 EUR/kWh)	→	6.000	....	
		46.000		
Kostenumlage Reparaturen (23 EUR/Std.)		→	....	

$$\text{Verrechnungssatz pro Leistungseinheit} = \frac{\text{Gemeinkosten}}{\text{Leistungsabgabe*}}$$

* Leistungsabgabe an nachgeordnete Kostenstellen (hier: 10.000 – 8.000 = 2.000 Std.).

Verrechnungssatz pro kWh	$\frac{60.000 \text{ EUR}}{1.000.000 \text{ kWh}}$	= 0,06 EUR/kWh
Verrechnungssatz pro Reparaturstunde	$\frac{40.000 \text{ EUR} + 6.000 \text{ EUR}}{2.000 \text{ Std.}}$	= 23 EUR/Std.

Wenn man die **Hilfskostenstelle „Reparaturleistung" zuerst** abrechnet, kommt man zu folgendem Ergebnis:

	Hilfskostenstellen		Hauptkostenstellen	
	Reparaturen	Strom	I	II …
Primäre Gemeinkosten	40.000	60.000	....	
Kostenumlage Reparaturen (4 EUR/Std.)	→	32.000	....	
		92.000		
Kostenumlage Strom (0,1022 EUR/kWh)		→	....	

Verrechnungssatz pro Reparaturstunde	$\frac{40.000\ \text{EUR}}{10.000\ \text{Std.}}$	= 4 EUR/Std.
Verrechnungssatz pro kWh	$\frac{60.000\ \text{EUR} + 32.000\ \text{EUR}}{900.000\ \text{kWh}}$	= 0,1022 EUR/kWh

In beiden Fällen führt das Stufenleiterverfahren nicht zu einer exakten Abrechnung der innerbetrieblichen Leistungen. Im ersten Fall wird die Belieferung der Hilfskostenstelle „Strom" mit Reparaturleistungen, im zweiten Fall wird die Belieferung der Reparaturabteilung mit Strom vernachlässigt.

Die Hilfskostenstelle „Strom" gibt 10 % ihrer Gesamtleistung an die Hilfskostenstelle „Reparaturen" ab. Umgekehrt liefert die Reparaturabteilung 80 % ihrer Gesamtleistung an die Hilfskostenstelle „Strom". Um die Rechenungenauigkeit in Grenzen zu halten, sollte man beim Stufenleiterverfahren die Hilfskostenstelle zuerst abrechnen, die von nachgelagerten Kostenstellen keine oder nur geringe Leistungen empfängt. Deshalb sollte die Reparaturabteilung zuerst abgerechnet werden.

Aufgabe 128 Innerbetriebliche Leistungsverrechnung nach dem mathematischen Verfahren (Gleichungsverfahren)

Für die Ziegelei TONSTEIN gelten weiterhin die Angaben der **Aufgabe 127**. Rechnen Sie die beiden Hilfskostenstellen „Strom" und „Reparaturen" nach dem Gleichungsverfahren ab! Vergleichen Sie dieses exakte Abrechnungsergebnis mit den beiden Resultaten des Stufenleiterverfahrens aus der **Aufgabe 127**!

Wöhe S. 880

Das Gleichungsverfahren basiert auf folgendem Rechenansatz:

	Primäre Gemeinkosten	+	Sekundäre Gemeinkosten	=	Wert der erstellten Leistung
Kostenstelle (1)	K_1	+	$m_{21} \cdot k_2$	=	$m_1 \cdot k_1$
Kostenstelle (2)	K_2	+	$m_{12} \cdot k_1$	=	$m_2 \cdot k_2$
„Strom"	60.000	+	$8.000 \cdot k_2$	=	$1.000.000 \cdot k_1$
„Reparaturen"	40.000	+	$100.000 \cdot k_1$	=	$10.000 \cdot k_2$

$$\mathbf{k_1 = 0{,}10\ EUR/kWh}$$
$$\mathbf{k_2 = 5{,}00\ EUR/Std.}$$

Bei exakter Abrechnung betragen der Verrechnungssatz für eine kWh 0,10 EUR und derjenige für eine Reparaturstunde 5 EUR. Hierbei erkennt man, dass sich die Ungenauigkeit des Stufenleiterverfahrens minimieren lässt, wenn man die Hilfskostenstelle „Reparaturen" (0,1022 EUR; 4 EUR) zuerst abrechnet.

Aufgabe 129 Aufbau des BAB

Versuchen Sie, die ersten vier Schritte der Erstellung eines Betriebsabrechnungsbogens (BAB) graphisch darzustellen! Dabei sollen nur die Teile des BAB berücksichtigt werden, die in den Bereich der Kostenstellenrechnung fallen.

Wöhe S. 875–877

Schritt (1): Verteilung der (primären) Gemeinkosten auf Haupt- und Hilfskostenstellen (horizontal)

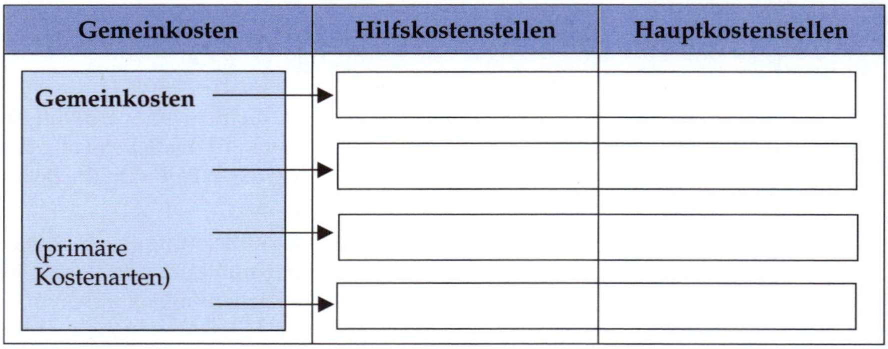

Schritt (2): Ermittlung der (primären) Gemeinkostensumme je Kostenstelle (vertikal)

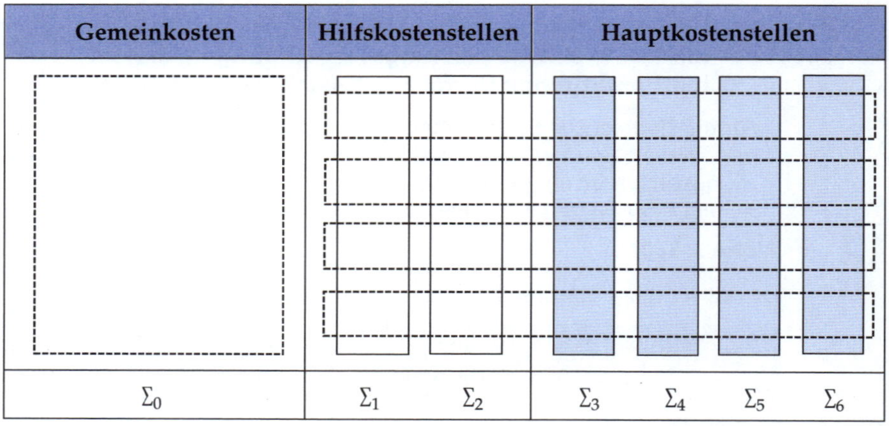

Schritt (3): Verteilung der sekundären Gemeinkosten (Σ_1, Σ_2) auf die Hauptkostenstellen (Durchführung der innerbetrieblichen Leistungsverrechnung)

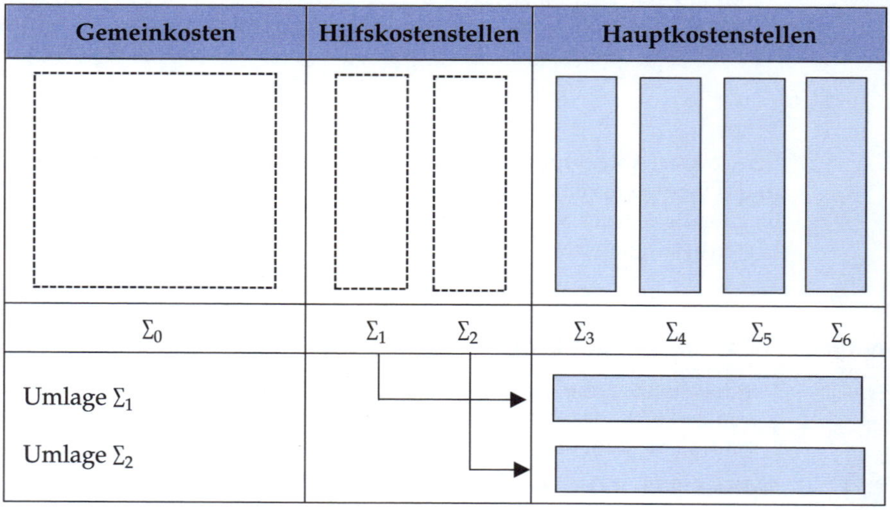

Schritt (4): Ermittlung der gesamten (primären und sekundären) Gemeinkosten je Hauptkostenstelle (Σ_7 bis Σ_{10})

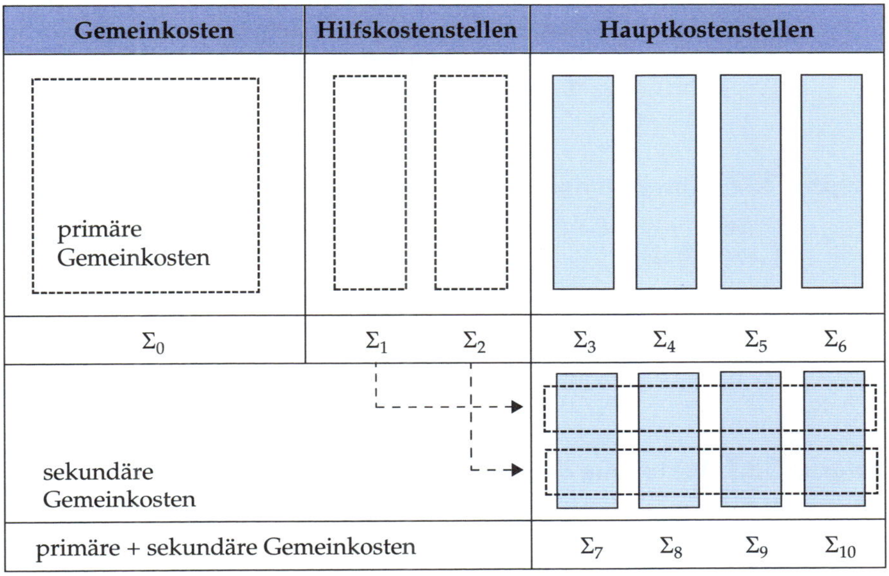

Aufgabe 130 Inhalt des BAB

Der BAB verteilt die Summe der Gemeinkosten (Σ_0 in **Aufgabe 129**) auf die Hauptkostenstellen. Welche der folgenden Definitionsgleichungen sind richtig?

(a) $\Sigma_0 = \Sigma_1 + \Sigma_2$
(b) $\Sigma_0 = \Sigma_1 + \Sigma_2 + \Sigma_3 + \Sigma_4 + \Sigma_5 + \Sigma_6$
(c) $\Sigma_0 = \Sigma_3 + \Sigma_4 + \Sigma_5 + \Sigma_6$
(d) $\Sigma_0 = \Sigma_1 + \Sigma_2 + \Sigma_7 + \Sigma_8 + \Sigma_9 + \Sigma_{10}$
(e) $\Sigma_0 = \Sigma_7 + \Sigma_8 + \Sigma_9 + \Sigma_{10}$

Richtig sind die Gleichungen (b) und (e).

Aufgabe 131 Funktion des BAB

Warum werden die Gemeinkostenbeträge der Hilfskostenstellen (Σ_1, Σ_2 in **Aufgabe 129**) auf die Hauptkostenstellen (Fertigungsstellen) umgelegt?

Wöhe S. 875–878

Die vom Betrieb erstellten Leistungen lassen sich in zwei Gruppen einteilen: in solche, die auf dem Markt verwertet werden (Sach- und Dienstleistungen), und in solche, die im eigenen Produktionsprozess verwertet werden (innerbetriebliche Leistungen). Die zuletzt genannte Gruppe entsteht in der Regel in Hilfskostenstellen.

Um festzustellen, ob **Eigenerstellung oder Fremdbezug** solcher Leistungen vorteilhafter ist (Wirtschaftlichkeitsvergleich), dividiert man Σ_1 (z. B. Kosten der Stromerzeugung) durch die Anzahl der Leistungseinheiten x_1 (Anzahl der Kilowattstunden) oder Σ_2 (z. B. Kosten der Gebäudereinigung) durch x_2 (Anzahl der Quadratmeter).

Will man aber die **Selbstkosten** der Fertigprodukte ermitteln, muss man zunächst den Kostenstellen (Hauptkostenstellen), die unmittelbar durch die Fertigprodukte beansprucht wurden, jene Kostenanteile zurechnen, die sie durch die Inanspruchnahme innerbetrieblicher Leistungen verursacht haben. Würde man auf die Umlagen dieser **sekundären Gemeinkosten** verzichten, wären die Selbstkosten der Fertigfabrikate zu niedrig kalkuliert.

Aufgabe 132 Anwendungsbereiche des Verursachungsprinzips

Welches sind die drei vom Verursachungsprinzip beherrschten Phasen der Kostenrechnung?

(1) Einteilung des Betriebes in Kostenstellen,
(2) Verteilung der (primären und sekundären) Gemeinkosten auf die Kostenstellen und
(3) Bildung von Kalkulationssätzen.

Aufgabe 133 Verteilung der Gemeinkosten auf Kostenstellen

Der Schreinermeister JOSEPH ZÜNFTIG will für seinen Handwerksbetrieb einen einfachen Betriebsabrechnungsbogen erstellen. Sein Betrieb soll in folgende drei Bereiche – **Kostenstellen** – eingeteilt werden: „Material", „Fertigung" und „Verwaltung und Vertrieb". In die Kostenstelle „Material" fallen alle mit der Lagerhaltung zusammenhängenden Aufgaben.

In **Aufgabe 125** wurden die Lohngemeinkosten bereits auf die drei Kostenstellen verteilt. Dabei diente die Beschäftigungszeit als **Bezugsgröße** zur kostenstellenweisen Verteilung der Lohngemeinkosten. Die Beschäftigungszeit ist hier Kostenbeeinflussungsfaktor.

In **Aufgabe 124** (Zeilen (3) bis (9)) sind die übrigen Gemeinkostenarten der Firma JOSEPH ZÜNFTIG aufgeführt. Prüfen Sie, nach welchen Verteilungsgrundlagen bzw. nach welchen Bezugsgrößen die verschiedenen Gemeinkostenarten verursachungsgerecht auf die drei Kostenstellen verteilt werden können.

Wöhe S. 872 f.

Gemeinkostenart	EUR	Mögliche Bezugsgröße
(3) Beiträge und Gebühren	2.000	Einzelbelege
(4) Versicherungen*	5.000	Versicherungssumme
(5) Abschreibungen	168.000	Wertminderung lt. Anlagenkartei
(6) Zinsen	72.000	Kapitalbindung lt. Anlagenkartei
(7) Fremdleistungen	12.000	Inanspruchnahme lt. Einzelbeleg
(8) kalkulierte Miete	24.000	Quadratmeter
(9) kalkulierte Wagnisse**	10.000	Umsatzvolumen

* Es handelt sich um Prämien für eine Sachversicherung.
** Die Wagniskosten aus Garantieleistungen sind umsatzabhängig.

6. Abschnitt

Aufgabe 134 Gemeinkostenumlage im BAB

JOSEPH ZÜNFTIG gibt Ihnen den Auftrag, die verschiedenen Arten von Gemeinkosten (vgl. **Aufgabe 133**) auf die drei Kostenstellen „Material" (M), „Fertigung" (F) und „Verwaltung und Vertrieb" (V) zu verteilen. Dabei kann die Umlage der Lohngemeinkosten unmittelbar aus **Aufgabe 125** übernommen werden.

Zusammen mit JOSEPH ZÜNFTIG stellen Sie für die drei Kostenstellen folgende Verteilungsrelationen (M : F : V) fest:

Gemeinkostenart	Bezugsgröße	Schlüssel
Beiträge und Gebühren	Einzelbelege	0 : 0 : 1
Versicherungen	Versicherungssumme	8 : 8 : 4
Abschreibungen	Wertminderung	0 : 19 : 1
Zinsen	Kapitalbindung	2 : 17 : 1
Fremdleistungen	Einzelbelege	1 : 7 : 4
kalkulatorische Miete	Quadratmeter	4 : 11 : 5
kalkulatorische Wagnisse	Umsatzvolumen	0 : 0 : 1

Zeigen Sie das Ergebnis der Gemeinkostenumlage im Rahmen des Betriebsabrechnungsbogens!

Wöhe S. 872 f.

Betriebsabrechnungsbogen für das Jahr 01 (Angaben in EUR)

Kostenarten	Betrag	Material	Fertigung	Verw. und Vertrieb	Summe
(2) Lohngemeinkosten	152.000	6.000	86.000	60.000	152.000
(3) Beiträge und Gebühren	2.000	–	–	2.000	2.000
(4) Versicherungen	5.000	2.000	2.000	1.000	5.000
(5) Abschreibungen	168.000	–	159.600	8.400	168.000
(6) Zinsen	72.000	7.200	61.200	3.600	72.000
(7) Fremdleistungen	12.000	1.000	7.000	4.000	12.000
(8) kalkulatorische Miete	24.000	4.800	13.200	6.000	24.000
(9) kalkulatorische Wagnisse	10.000	–	–	10.000	10.000
Summe	445.000	21.000	329.000	95.000	445.000

Aufgabe 135 Verteilung kalkulatorischer Wagniskosten

Nach welchem Grundsatz sind kalkulatorische Wagniskosten auf Kostenstellen bzw. Kostenträger zu verrechnen? Erläutern Sie das Verrechnungsprinzip an den folgenden beiden Beispielen:

Kalkulatorische Wagnisse	EUR
Außerplanmäßige Abschreibung auf Anlagen wegen vorzeitig beendeter Nutzungsdauer: Durchschnittswert der letzten 5 Perioden	24.000
Schwund bzw. Verderb an Rohstoffen: Durchschnittswert der letzten 5 Jahre	13.000

Wöhe S. 864 f. und S. 872 f.

Wie alle Kosten so sind auch kalkulatorische Wagnisse nach dem Verursachungsprinzip zu verrechnen. Das Problem liegt in der Ermittlung eines **Verteilungsschlüssels,** der im **proportionalen Verhältnis** zur Höhe der verursachten Kosten steht.

Die kalkulatorischen Wagniskosten aus

- außerplanmäßigen Abschreibungen auf Anlagen sollten auf die einzelnen Kostenstellen nach dem gleichen Schlüssel verteilt werden wie die planmäßigen Abschreibungen.
- Schwund/Verderb an Rohstoffen sollten der Kostenstelle „Materiallager“ als Gemeinkosten zugerechnet werden.

Aufgabe 136 Umsatzabhängige Wagniskosten

Die DIVISIO-AG verrechnet ihre kalkulatorischen Wagniskosten aus

- Garantieleistungen
- Forderungsausfall

traditionell als prozentualen Zuschlag auf die Herstellkosten (HK) des Umsatzes. Für die zurückliegenden fünf Perioden (01) bis (05) liegen folgende Daten (in TEUR) vor:

Periode	01	02	03	04	05	**Insgesamt**
Garantieleistung	450	–	180	810	60	1.500
Forderungsausfall	40	180	140	60	80	500
Herstellkosten des Umsatzes	14.000	20.000	27.000	22.000	17.000	**100.000**

Ermitteln Sie den Kalkulationssatz zur Verrechnung der kalkulatorischen Wagniskosten!

Wöhe S. 882 f.

Im vorliegenden Fall werden die Wagniskosten nach der Schlüsselgröße verrechnet, nach der üblicherweise alle Verwaltungs- und Vertriebsgemeinkosten auf die Kostenträger weiterverrechnet werden.

Kalkulationssatz	**Kalkulatorische Wagniskosten**	
	Garantieleistung	**Forderungsausfall**
$\frac{\text{Gemeinkosten}}{\text{Bezugsgröße}} \cdot 100\ \%$	$\frac{\text{Garantieleistung}}{\text{HK des Umsatzes}} \cdot 100\ \%$ $\frac{1{,}5 \text{ Mio. EUR}}{100 \text{ Mio. EUR}} \cdot 100\ \%$	$\frac{\text{Forderungsfall}}{\text{HK des Umsatzes}} \cdot 100\ \%$ $\frac{0{,}5 \text{ Mio. EUR}}{100 \text{ Mio. EUR}} \cdot 100\ \%$
	1,5 Prozent	**0,5 Prozent**

Aufgabe 137 Beispielfall zum BAB

Zur Erstellung eines Betriebsabrechnungsbogens stehen der CAMBIO-GMBH folgende Daten zur Verfügung:

Gemeinkostenart	EUR	Hilfskostenstelle I	Hilfskostenstelle II	Material	Fertigung	Verwaltung und Vertrieb
(1) Kalkulatorische Miete	240.000					
(2) Kalkulatorische Zinsen	120.000					
(3) Energiekosten	40.000					
Summe	400.000					

Kostenumlage					
(1) Mietfläche 1.000 m²	100 m²	50 m²	500 m²	250 m²	100 m²
(2) Kapitalbindung: 1,2 Mio.	80.000 EUR	40.000 EUR	180.000 EUR	600.000 EUR	300.000 EUR
(3) Energieverbrauch: 200.000 kWh	–	30.000 kWh	50.000 kWh	70.000 kWh	50.000 kWh

Innerbetriebliche Leistungsverrechnung					
Umlage Hilfskostenstelle I Leistungsabgabe in Prozent	–	25 %	–	50 %	25 %
Umlage Hilfskostenstelle II 1.000 Reparaturstunden	–	–	400 Std.	–	600 Std.

Verteilen Sie die Gemeinkosten (1) bis (3) auf die Hilfs- und Hauptkostenstellen!

Führen Sie die innerbetriebliche Leistungsverrechnung nach dem Stufenleiterverfahren durch!

Ermitteln Sie die Summe aus primären und sekundären Gemeinkosten!

Wöhe S. 872 f. und S. 880–882

Zur Gemeinkostenumlage sind folgende Verrechnungssätze heranzuziehen:

Mietkosten	Zinskosten	Energiekosten
$\frac{240.000 \text{ EUR}}{1.000 \text{ m}^2} = 240 \frac{\text{EUR}}{\text{m}^2}$	$\frac{120.000 \text{ EUR}}{1{,}2 \text{ Mio. EUR}} \cdot 100\,\% = 10\,\%$	$\frac{40.000 \text{ EUR}}{200.000 \text{ kWh}} = 0{,}20 \frac{\text{EUR}}{\text{kWh}}$

Mit Hilfe dieser Verrechnungssätze lassen sich die Gemeinkosten auf die Kostenstellen verteilen:

Gemeinkostenart	EUR	Hilfskostenstelle I	Hilfskostenstelle II	Material	Fertigung	Verwaltung und Vertrieb
(1) Kalkulatorische Miete	240.000	24.000	12.000	120.000	60.000	24.000
(2) Kalkulatorische Zinsen	120.000	8.000	4.000	18.000	60.000	30.000
(3) Energiekosten	40.000	–	6.000	10.000	14.000	10.000
A. Primäre Gemeinkosten		32.000	22.000	148.000	134.000	64.000
Innerbetriebliche Leistungsverrechnung						
Umlage Hilfskostenstelle I		→	8.000	–	16.000	8.000
			30.000			
Umlage Hilfskostenstelle II			→	12.000	–	18.000
B. Sekundäre Gemeinkosten				12.000	16.000	26.000
A + B (Primäre + Sekundäre Gemeinkosten)				**160.000**	**150.000**	**90.000**

Hilfskostenstelle II „liefert" 1.000 Reparaturstunden an die Hauptkostenstellen. Bei 30.000 EUR Gemeinkosten liegt der Verrechnungssatz bei 30 EUR/Reparaturstunde.

Aufgabe 138 Ermittlung von Kalkulationssätzen im BAB

Nach Durchführung der innerbetrieblichen Leistungsverrechnung liegt folgender Rest-BAB vor:

Kostenstelle	Material	Fertigung I	Fertigung II	Verwaltung	Vertrieb
Primäre und sekundäre Gemeinkosten EUR	24.000	240.000	336.000	160.000	40.000
Bezugsgrößenart	Materialeinzelkosten	Lohneinzelkosten	Lohneinzelkosten	Herstellkosten	Herstellkosten
Bezugsgrößenmenge EUR	400.000	600.000	400.000	?	?

Teilaufgabe a)

Wie hoch sind die Herstellkosten und die Selbstkosten der Periode?

Wöhe S. 888 f.

Herstellkosten und Selbstkosten lassen sich im vorliegenden Fall wie folgt ermitteln (in EUR):

Materialeinzelkosten	400.000	
+ Materialgemeinkosten	24.000	
Materialkosten		424.000
Lohneinzelkosten	1.000.000	
+ Fertigungsgemeinkosten	576.000	
Fertigungskosten		1.576.000
Herstellkosten		**2.000.000**
+ Verwaltungsgemeinkosten		160.000
+ Vertriebsgemeinkosten		40.000
Selbstkosten		**2.200.000**

Teilaufgabe b)

Ermitteln Sie für die Hauptkostenstellen die Kalkulationssätze nach dem traditionellen Schema der Zuschlagskalkulation!

Wöhe S. 880–883

Die Kalkulationssätze lassen sich folgendermaßen ermitteln:

Kostenstelle	Material	Fertigung I	Fertigung II	Verwaltung	Vertrieb
Primäre und sekundäre Gemeinkosten EUR	24.000	240.000	336.000	160.000	40.000
Bezugsgrößenart	Materialeinzelkosten	Lohneinzelkosten	Lohneinzelkosten	Herstellkosten	Herstellkosten
Bezugsgrößenmenge EUR	400.000	600.000	400.000	2.000.000	2.000.000
Kalkulationssatz	**6 Prozent**	**40 Prozent**	**84 Prozent**	**8 Prozent**	**2 Prozent**

Aufgabe 139 Betriebsabrechnungsbogen

Welche der folgenden Behauptungen sind richtig?

(1) Alle Verfahren der Zuschlagskalkulation bauen auf dem BAB auf.
(2) Der BAB ist das Kernstück der Kostenstellenrechnung.
(3) Die für die Hilfskostenstellen ermittelten Kalkulationssätze sind das Bindeglied zwischen Kostenstellen- und Kostenträgerrechnung.
(4) Die einer Hilfskostenstelle zugerechneten Gemeinkosten können primäre und sekundäre Gemeinkosten sein.
(5) Die einer Hilfskostenstelle zugerechneten Gemeinkosten werden als sekundäre Gemeinkosten auf nachgelagerte Kostenstellen weiterverrechnet.
(6) Die den Hilfskostenstellen zugerechneten Gemeinkosten finden keinen Niederschlag in den Selbstkosten der Kostenträger.
(7) Beim Stufenleiterverfahren hängt die Genauigkeit der Gemeinkostenverrechnung auf nachgelagerte Kostenstellen von einer sinnvollen Abrechnungsfolge der Gemeinkosten ab.
(8) Die Bezugsgrößenkalkulation verzichtet auf die Verrechnung von Fertigungseinzelkosten.

(9) Kalkulatorische Zinsen und kalkulatorische Abschreibungen können – verursachungsgerecht – immer nach ein und derselben Schlüsselgröße auf die Kostenstellen weiterverrechnet werden.

(10) Sekundäre Kostenstellengemeinkosten werden ausschließlich Hauptkostenstellen zugerechnet.

Zutreffend sind die Behauptungen (2), (4) und (5).

IV. Kostenträgerrechnung

Wiederholungsfragen:

	Wöhe Seite
Welche Kalkulationsverfahren finden in der Kostenrechnungspraxis Anwendung?	884
Nach welchem Prinzip arbeitet die mehrstufige Divisionskalkulation?	885 f.
Was versteht man unter einer Äquivalenzziffer?	886 f.
Welcher Zusammenhang besteht zwischen der Kostenstellenrechnung und der differenzierenden Zuschlagskalkulation?	888–890
Nach welchem Kalkulationsschema werden die Selbstkosten bei differenzierender Zuschlagskalkulation ermittelt?	889
Eignet sich die Kuppelproduktkalkulation zur Ermittlung von Dispositionsgrundlagen (= Preisuntergrenzen)?	891 f.

Aufgabe 140 Anwendungsgebiete der Kalkulationsverfahren

Welches Kalkulationsverfahren ist für die hier genannten Unternehmen angemessen?

(1) Herstellung von Herrenkonfektion, wobei der Gemeinkostenanteil verhältnismäßig niedrig ist.
(2) Großbäckerei, welche drei verschiedene Brötchensorten herstellt.
(3) Wasserkraftwerk.
(4) Spezialmaschinenfabrik mit Einzelfertigung.
(5) Herstellung von Winterreifen in acht verschiedenen Größen.
(6) Steinkohlebergwerk mit schwankenden Haldenbeständen.

Wöhe S. 884–890

(1) Summarische Zuschlagskalkulation;
(2) einstufige Äquivalenzziffernkalkulation;
(3) einstufige Divisionskalkulation;
(4) differenzierende Zuschlagskalkulation;
(5) mehrstufige Äquivalenzziffernkalkulation;
(6) mehrstufige Divisionskalkulation.

Aufgabe 141 Mehrstufige Divisionskalkulation

PETER PANSCHER ist Alleingesellschafter der VERITAS GmbH. Diese importiert 10.000 Hektoliter (hl) spanischen Rotwein in Tankwagen nach Deutschland. In der hauseigenen Kellerei wird der spanische Wein mit 20 % deutschem Wein (2.000 hl) verschnitten und in Tanks gelagert. In der Abfüllanlage wird der Wein auf Flaschen gezogen, in Kartons zu jeweils 12 Liter abgepackt und unter der Marke „Kaiser Rotbart" an Supermärkte verkauft.

Für den spanischen Wein beziffert sich der Einstandspreis pro hl auf 75 EUR frei spanische Grenze, für den deutschen Wein auf 150 EUR/hl frei Haus. Die Transportkosten für 10.000 hl spanischen Wein bezifferten sich auf 30.000 EUR. Die Kellereikosten (für Einlagerung und Mischung) für 12.000 hl Verschnitt bezifferten sich auf 180.000 EUR. Die Kosten für Abfüllung und Verpackung von 75.000 Kisten à 12 Flaschen zu einem Liter betragen 225.000 EUR.

Ermitteln Sie

(a) die Herstellkosten frei Haus für einen hl spanischen Rotwein,
(b) die Herstellkosten für einen hl Verschnitt im Kellertank,
(c) die Selbstkosten für eine Kiste „Kaiser Rotbart"!

Wöhe S. 885 f.

	Rohstoffkosten I (Spanischer Wein)	Transportkosten	Rohstoffkosten II (Deutscher Wein)	Rohstoffkosten III (Verschnitt)	Kellereikosten	Abfüllung und Verpackung
Betrag	750.000 EUR	30.000 EUR	300.000 EUR	1.080.000 EUR	180.000 EUR	225.000 EUR
Menge	10.000 hl	10.000 hl	2.000 hl	12.000 hl	12.000 hl	75.000 Kisten
Kostensatz	75 EUR/hl	3 EUR/hl	150 EUR/hl	90 EUR/hl	15 EUR/hl	3 EUR/Kiste

Die **Herstellkosten** frei Haus für einen Hektoliter spanischen Rotwein beziffern sich auf 75 EUR + 3 EUR = 78 EUR/hl. Die **Herstellkosten** für einen Hektoliter Verschnitt im Kellertank betragen 90 EUR + 15 EUR = 105 EUR/hl.

Die **Selbstkosten** für eine Kiste „Kaiser Rotbart" lassen sich folgendermaßen ermitteln (1 hl = 100 l):

	Rohstoffkosten III/hl	90,00 EUR
+	Kellereikosten/hl	15,00 EUR
	Herstellkosten/hl Verschnitt	**105,00 EUR**
	Herstellkosten/12 l Verschnitt	12,60 EUR
+	Abfüllung und Verpackung/Kiste	3,00 EUR
	Selbstkosten/Kiste	**15,60 EUR**

Aufgabe 142 Ermittlung von Äquivalenzziffern

RICHARD REICH ist Alleininhaber der Firma STEIN-REICH, die aus Marmorblöcken Bodenplatten unterschiedlicher Größe schneidet. Hergestellt werden in jeweils 20 mm Stärke die Sorten A (Länge · Breite = 20 · 20 cm), B (25 · 40 cm) und C (40 · 40 cm). Bezogen auf ein Jahr sind die Fertigungskosten für Sorte A genauso hoch wie die Kosten für den Bezug des Rohmaterials.

Durch Bruch und Verschnitt kommt es zu einem Mehrbedarf an Rohmaterial, der bei den drei Sorten unterschiedlich ist: Bei Sorte A sind es 10 %, bei Sorte B 26,5 % und bei Sorte C 65 %. In der Säge- und Schleifanlage können in einer Stunde entweder 15 m^2 Fertigprodukte der Sorte A, 12 m^2 der Sorte B oder 10 m^2 der Sorte C bearbeitet werden. Ermitteln Sie für jede Sorte die zugehörige Äquivalenzziffer, welche den Materialverbrauch bzw. die Fertigungszeit berücksichtigt!

Wöhe S. 886 f.

Sorte	A	B	C
(1) Materialbedarf/m^2 Fertigprodukt	1,10 m^2	1,265 m^2	1,65 m^2
(2) Verhältniszahlen für Materialkosten	1,00	1,15	1,50
(3) Bearbeitungsmenge/Std.	15 m^2	12 m^2	10 m^2
(4) Verhältniszahlen für Fertigungskosten	1,00	1,25	1,50
Äquivalenzziffern (2) + (4)	**2,00**	**2,40**	**3,00**

Aufgabe 143 Einstufige Äquivalenzziffernkalkulation

Firma STEIN-REICH hatte im Jahre 01 Gesamtkosten in Höhe von 1.800.000 EUR. Die Produktionsmengen für die drei Sorten A, B und C beziffern sich auf 30.000 m^2, 20.000 m^2 und 14.000 m^2. Ermitteln Sie die Selbstkosten im Wege der Äquivalenzziffernkalkulation unter Berücksichtigung der Äquivalenzziffern aus **Aufgabe 142**!

Wöhe S. 886 f.

Sorte	(1) produzierte Menge	(2) ÄZ	(3) Rechnungseinheiten (RE) (1) · (2)	(4) Kosten/RE	(5) Kosten/m^2 (2) · (4)	(6) Kosten/ Sorte (1) · (5)
A	30.000	2,0	60.000	12,00	24,00	720.000,00
B	20.000	2,4	48.000	12,00	28,80	576.000,00
C	14.000	3,0	42.000	12,00	36,00	504.000,00
Insgesamt:			150.000	↑		1.800.000,00
1.800.000 EUR : 150.000 RE = 12 EUR/RE						

Aufgabe 144 Zweistufige Äquivalenzziffernkalkulation

Es gelten die Ausgangsdaten der **Aufgaben 142** und **143**. Die Gesamtkosten der Firma STEIN-REICH setzen sich aus 1.500.000 EUR Material- und Fertigungskosten sowie 300.000 EUR Verwaltungs- und Vertriebskosten zusammen. Von den drei Sorten wurden folgende Mengen produziert bzw. abgesetzt:

Sorte	produzierte Menge (m^2)	$ÄZ_H$	abgesetzte Menge (m^2)	$ÄZ_V$
A	30.000	2,0	25.000	1,6
B	20.000	2,4	18.000	1,5
C	14.000	3,0	10.000	0,8

Ermitteln Sie für jede Sorte die Herstellkosten und die Selbstkosten pro Quadratmeter unter Berücksichtigung der Äquivalenzziffern für die Herstellkosten $ÄZ_H$ sowie für die Verwaltungs- und Vertriebskosten $ÄZ_V$.

Wöhe S. 886 f.

Ermittlung der Herstellkosten/m²:

Sorte	(1) produzierte Menge	(2) $ÄZ_H$	(3) Rechnungs-einheiten (RE) (1) · (2)	(4) Kosten/RE	(5) Kosten/m² (2) · (4)	(6) Kosten/ Sorte (1) · (5)
A	30.000	2,0	60.000	10,00	20,00	600.000,00
B	20.000	2,4	48.000	10,00	24,00	480.000,00
C	14.000	3,0	42.000	10,00	30,00	420.000,00
Insgesamt:			150.000	↑		1.500.000,00
1.500.000 EUR : 150.000 RE = 10 EUR/RE →						

Ermittlung der Verwaltungs- und Vertriebskosten/m²:

Sorte	(1) abgesetzte Menge	(2) $ÄZ_v$	(3) Rechnungs-einheiten (RE) (1) · (2)	(4) Kosten/RE	(5) Kosten/m² (2) · (4)	(6) Kosten/ Sorte (1) · (5)
A	25.000	1,6	40.000	4,00	6,40	160.000,00
B	18.000	1,5	27.000	4,00	6,00	108.000,00
C	10.000	0,8	8.000	4,00	3,20	32.000,00
Insgesamt:			75.000	↑		300.000,00
300.000 EUR : 75.000 RE = 4 EUR/RE →						

Ermittlung der Selbstkosten/m²:

Sorte	Herstellkosten/m²	Verwaltungs- und Vertriebskosten/m²	Selbstkosten/m²
A	20,00	6,40	**26,40**
B	24,00	6,00	**30,00**
C	30,00	3,20	**33,20**

Aufgabe 145 Bezugsgrößenauswahl

In einer Dreherei werden Gewinde an verschiedenen Drehbänken gefertigt. Die Gewinde unterscheiden sich hinsichtlich Länge, Durchmesser, Voll- und Hohlkörper, Präzisionsgrad des Gewindeschnitts, Tiefe des Gewindeschnitts und Anzahl der Windungen pro Längeneinheit des Werkstücks.

Teilaufgabe a)

Welche der hier genannten Bezugsgrößen

(1) Anzahl der Windungen
(2) Anzahl der Werkstücke
(3) Materialeinzelkosten der Werkstücke
(4) Gewicht der Werkstücke
(5) Gewicht der Fertigprodukte
(6) Bearbeitungszeit (Maschinenstunden)
(7) Fertigungseinzelkosten
(8) Gewicht des Spanabhubs

scheint Ihnen zur Bildung von Kalkulationssätzen in der Kostenstelle Dreherei am besten geeignet?

Antwort: (6) Bearbeitungszeit

Teilaufgabe b)

Welche der in Teilaufgabe a) genannten Bezugsgrößen könnten Sie ebenfalls wählen, wenn es keine Unterschiede im Präzisionsgrad des Gewindeschnitts gäbe und sämtliche Drehbänke gleichartig wären?

Antwort: (8) Gewicht des Spanabhubs

Teilaufgabe c)

Es gelten die Bedingungen der Teilaufgabe a). Erscheint Ihnen die derzeitige Abrechnung über eine einzige Kostenstelle verbesserungsbedürftig?

Wöhe S. 874 f.

Mit zunehmendem Unterschied in den Anforderungen an den Präzisionsgrad der einzelnen Gewinde und zunehmender Verschiedenheit der technischen Daten der einzelnen Aggregate wächst die Notwendigkeit zur feineren Gliederung der Kostenstellen **(Platzkostenrechnung)**.

Aufgabe 146 Kostenstelleneinteilung und Bezugsgrößenauswahl

Die Speditionsfirma BLITZ & SCHNELL übernimmt Frachtaufträge von Industrieunternehmen auf den Strecken Frankfurt–Hamburg, Frankfurt–Berlin und Frankfurt–München. Die Kapazitätsauslastung auf den einzelnen Strecken ist sehr unterschiedlich.

Teilaufgabe a)

Wie könnte die Kostenstelleneinteilung für dieses Unternehmen aussehen?

Kostenstelleneinteilung:

1. Fahrzeuginstandhaltung und -unterhaltung
2. Fahrzeugeinsatz
   2.1 Frankfurt–Hamburg
   2.2 Frankfurt–Berlin
   2.3 Frankfurt–München
3. Verladen und Ausliefern
4. Kontor (Verwaltung und Vertrieb).

Teilaufgabe b)

Welche Bezugsgrößen wählen Sie in den einzelnen Kostenstellen zur Bildung von Kalkulationssätzen?

Bezugsgrößen:

1. gefahrene Kilometer
   2.1 Tonnenkilometer (tatsächliche Auslastung)
   2.2 Tonnenkilometer (tatsächliche Auslastung)
   2.3 Tonnenkilometer (tatsächliche Auslastung)
3. Anzahl der verladenen Tonnen oder Ladezeit
4. Anzahl der Aufträge.

Aufgabe 147 Ermittlung von Kalkulationssätzen

Außer den **Gemeinkosten** in Höhe von 445.000 EUR sind im Jahre 01 bei JOSEPH ZÜNFTIG 300.000 EUR **Materialeinzelkosten** (vgl. Nr. (1) in **Aufgabe 124**) und 350.000 EUR **Fertigungseinzelkosten** (vgl. **Aufgabe 125**) angefallen. Welche Probleme entstehen im Zuge der Ermittlung der Kalkulationssätze bei der Bezugsgrößenauswahl?

Wöhe S. 873–875

Bei der Ermittlung der Kalkulationssätze ist die Bezugsgröße als Maßgröße zur Gemeinkostenverteilung so auszuwählen, dass eine (möglichst weitgehende) **Proportionalität** zwischen Bezugsgrößenhöhe und Kostenhöhe besteht.

Bei einem kleinen Handwerksbetrieb wie dem des JOSEPH ZÜNFTIG liegt es nahe, die Materialgemeinkosten nach Maßgabe der Materialeinzelkosten, die Fertigungsgemeinkosten nach Maßgabe der Fertigungseinzelkosten sowie die Verwaltungs- und Vertriebsgemeinkosten nach Maßgabe der Herstellkosten des Umsatzes weiterzuverrechnen.

Aufgabe 148 Kalkulationssätze

Ermitteln Sie in Anlehnung an die **Aufgaben 134** und **147** die Kalkulationssätze! Versuchen Sie, die Kalkulationssätze zu interpretieren!

Wöhe S. 873–875 und S. 882 f.

Ehe der Kalkulationssatz für die Kostenstelle „Verwaltung und Vertrieb" errechnet werden kann, muss der Bezugsgrößenumfang, d. h. die Höhe der Herstellkosten des Umsatzes, ermittelt werden:

	Materialeinzelkosten (MEK)	300.000,00
+	Materialgemeinkosten (MGK)	21.000,00
+	Fertigungseinzelkosten (FEK)	350.000,00
+	Fertigungsgemeinkosten (FGK)	329.000,00
=	**Herstellkosten*** (HK)	1.000.000,00
+	Verwaltungs- und Vertriebsgemeinkosten	95.000,00
=	**Selbstkosten**	1.095.000,00

* Gleich Herstellkosten des Umsatzes, da keine Lagerbestandsänderung

	Kostenstelle	Material	Fertigung	Verwaltung und Vertrieb
(1)	Gemeinkosten	21.000,00	329.000,00	95.000,00
(2)	Bezugsgrößenart	MEK	FEK	HK
(3)	Bezugsgrößenumfang	300.000,00	350.000,00	1.000.000,00
(4)	**Kalkulationssatz** (1) : (3)	**7 %**	**94 %**	**9,5 %**

Nach der hier unterstellten Proportionalität „verursacht" jeder EUR Materialeinsatz zusätzlich sieben Cent Materialgemeinkosten; jeder für produktive Löhne (Fertigungseinzelkosten) gezahlte EUR „verursacht" zusätzlich 94 Cent an Fertigungsgemeinkosten. Anders gesagt: Ein Auftrag, der 100 EUR Materialeinzelkosten (Fertigungseinzelkosten) verursacht, muss zusätzlich 7 EUR (94 EUR) Materialgemeinkosten (Fertigungsgemeinkosten) tragen.

Aufgabe 149 Summarische Zuschlagskalkulation (kumulatives Verfahren)

Der Schreinermeister JOSEPH ZÜNFTIG kalkuliert seine Aufträge nach der summarischen Zuschlagskalkulation. Seine Kosten setzten sich im abgelaufenen Jahr 01 folgendermaßen zusammen (vgl. **Aufgabe 148**):

Materialeinzelkosten (MEK)	300.000,00
Materialgemeinkosten (MGK)	21.000,00
Fertigungseinzelkosten (FEK)	350.000,00
Fertigungsgemeinkosten (FGK)	329.000,00
Verwaltungs- und Vertriebsgemeinkosten (VGK)	95.000,00
Gesamtkosten	1.095.000,00

JOSEPH ZÜNFTIG muss eine **Vorkalkulation** für einen Auftrag ausarbeiten, bei dem er mit 10.000 EUR Materialeinzelkosten und 2.000 EUR Fertigungseinzelkosten zu rechnen hat. Als **Gewinnzuschlag** möchte er 10 % auf die Selbstkosten verrechnen.

Zu welchem **Angebotspreis** gelangt JOSEPH ZÜNFTIG, wenn er die gesamten Gemeinkosten (GK) nach Maßgabe der

(a) Einzelkosten (EK)
(b) Materialeinzelkosten (MEK)
(c) Fertigungseinzelkosten (FEK)

verrechnet?

Wöhe S. 887 f.

JOSEPH ZÜNFTIG errechnet zunächst folgende Gemeinkostenzuschlagssätze:

Gemeinkosten	Bezugsgröße	Kalkulationssatz
(a) 445.000 EUR	EK	$\frac{445.000 \text{ EUR}}{650.000 \text{ EUR}} \cdot 100\,\% = 68{,}46\,\%$
(b) 445.000 EUR	MEK	$\frac{445.000 \text{ EUR}}{300.000 \text{ EUR}} \cdot 100\,\% = 148{,}33\,\%$
(c) 445.000 EUR	FEK	$\frac{445.000 \text{ EUR}}{350.000 \text{ EUR}} \cdot 100\,\% = 127{,}14\,\%$

Auf der Basis dieser Kalkulationssätze ergeben sich folgende **Angebotspreise**:

	(a)	(b)	(c)
(1) Zuschlagsbasis	EK = 12.000 EUR	MEK = 10.000 EUR	FEK = 2.000 EUR
(2) Kalkulationssatz	68,46 %	148,33 %	127,14 %
(3) Gemeinkostenzuschlag (1) · (2)	8.215 EUR	14.833 EUR	2.543 EUR
(4) Einzelkosten	12.000 EUR	12.000 EUR	12.000 EUR
(5) Selbstkosten (3) + (4)	20.215 EUR	26.833 EUR	14.543 EUR
(6) Gewinnzuschlag 10 % von (5)	2.022 EUR	2.683 EUR	1.454 EUR
Angebotspreis (5) + (6)	**22.237 EUR**	**29.516 EUR**	**15.997 EUR**

Beim kumulativen Verfahren ist die Höhe der **errechneten** Selbstkosten von der Wahl der Zuschlagsbasis abhängig.

Aufgabe 150 Schwächen der kumulativen Zuschlagskalkulation

Es gelten die Angaben der **Aufgabe 149**. Im Wege der Materialzuschlagskalkulation gelangt JOSEPH ZÜNFTIG zu einem Angebotspreis von 29.516 EUR, nach der Lohnzuschlagskalkulation würde er die gleiche Leistung für 15.997 EUR anbieten.

Welcher Angebotspreis ist „richtig"? Wo liegen die Schwächen kumulativer Zuschlagsverfahren?

Wöhe S. 887 f.

Richtig ist der Angebotspreis, der kostengerecht kalkuliert wird. Von einer kostengerechten Kalkulation kann aber in beiden Fällen keine Rede sein.

Die Gemeinkosten in Höhe von 445.000 EUR setzen sich aus verschiedenen Kostenarten zusammen. Jedes Kalkulationsverfahren, das eine Proportionalität zwischen einer Kostenart (Materialeinzelkosten bzw. Fertigungseinzelkosten) und dem gesamten **Gemeinkostenblock** unterstellt, ist willkürlich.

Bei der hier kalkulierten Leistung handelt es sich um einen materialintensiven Auftrag. Die Fertigungseinzelkosten sind von untergeordneter Bedeutung. Wenn die gesamten Gemeinkosten nach Maßgabe der Materialeinzelkosten verrechnet werden, wird der materialintensive Auftrag kostenmäßig zu stark belastet.

Im Rahmen einer reinen Lohnzuschlagskalkulation wird der materialintensive Auftrag zu „billig" kalkuliert. Auch ein materialintensiver Auftrag kann hohe Gemeinkosten (z. B. Lagerkosten) verursacht haben. Bei extrem niedrigen Fertigungseinzelkosten ist dann die Zuschlagsbasis zu schmal.

Aufgabe 151 Differenzierende Zuschlagskalkulation I

Zu welchem Preis wird der Schreinermeister JOSEPH ZÜNFTIG seine Leistung (vgl. **Aufgabe 149**) anbieten, wenn er die differenzierende Zuschlagskalkulation anwendet? Die Materialeinzelkosten betragen 10.000 EUR, die Fertigungseinzelkosten 2.000 EUR. Die Zuschlagssätze (vgl. Aufgabe 148) beziffern sich für die Materialgemeinkosten auf 7 %, für die Fertigungsgemeinkosten auf 94 % und für die Verwaltungs- und Vertriebsgemeinkosten auf 9,5 %.

Wöhe S. 888 f.

JOSEPH ZÜNFTIG ermittelt seinen Angebotspreis folgendermaßen:

Materialeinzelkosten	10.000 EUR		
+ Materialgemeinkosten (7 %)	700 EUR	Materialkosten	10.700 EUR
Fertigungseinzelkosten	2.000 EUR		
+ Fertigungsgemeinkosten (94 %)	1.880 EUR	Fertigungskosten	3.880 EUR
		Herstellkosten	14.580 EUR
		+ Verwaltungs- und Vertriebsgemeinkosten (9,5 %)	1.385 EUR
		Selbstkosten	15.965 EUR
		+ Gewinnzuschlag (10 %)	1.597 EUR
		Angebotspreis	**17.562 EUR**

Mit seiner differenzierten Gemeinkostenschlüsselung steht dieses Verfahren einer verursachungsgerechten Kostenverteilung näher als das kumulative Vorgehen (vgl. **Aufgabe 149**), bei dem die Gemeinkosten pauschal weiterverrechnet werden.

Aufgabe 152 Kostenüberdeckung – Kostenunterdeckung

Der Schreinermeister JOSEPH ZÜNFTIG kalkuliert seine Aufträge mit Hilfe der differenzierenden Zuschlagskalkulation. Die Kalkulationssätze zur Verteilung der Materialgemeinkosten, der Fertigungsgemeinkosten sowie der Verwaltungs- und Vertriebsgemeinkosten ermittelt er stets auf der Basis der Vorjahreswerte. So errechnet er die folgenden im Jahr 02 geltenden Kalkulationssätze auf Basis der Kostenwerte des Jahres 01 (vgl. **Aufgabe 148**):

	Material	Fertigung	Verwaltung und Vertrieb
Gemeinkosten (Jahr 01) / Bezugsgrößenmenge (Jahr 01)	$\frac{21.000\text{ EUR}}{300.000\text{ EUR}} \cdot 100\,\%$	$\frac{329.000\text{ EUR}}{350.000\text{ EUR}} \cdot 100\,\%$	$\frac{95.000\text{ EUR}}{1.000.000\text{ EUR*}} \cdot 100\,\%$
Kalkulationssätze für das Jahr 02	**7 %**	**94 %**	**9,5 %**

* Herstellkosten

Nach Ablauf des Jahres 02 ermittelt JOSEPH ZÜNFTIG folgende Kostenwerte:

	Material	Fertigung	Verwaltung und Vertrieb
Gemeinkosten (Jahr 02)	60.000 EUR	340.000 EUR	130.000 EUR
Bezugsgrößenmenge (Jahr 02)	500.000 EUR	400.000 EUR	X EUR

Errechnen Sie:

(1) die Herstellkosten im Jahr 02 (X EUR)
(2) die Kalkulationssätze für das Jahr 03
(3) Kostenüber- und -unterdeckungen des Jahres 02

Wöhe S. 880–883

Die **Herstellkosten** des Jahres 02 setzen sich folgendermaßen zusammen:

Materialeinzelkosten (MEK)	500.000 EUR
Materialgemeinkosten (MGK)	60.000 EUR
Fertigungseinzelkosten (FEK)	400.000 EUR
Fertigungsgemeinkosten (FGK)	340.000 EUR
Herstellkosten im Jahr 02	**1.300.000 EUR**

Die **Kalkulationssätze** für das Jahr 03 lauten:

	Material	Fertigung	Verwaltung und Vertrieb
Gemeinkosten (Jahr 02) / Bezugsgrößenmenge (Jahr 02)	$\frac{60.000\text{ EUR}}{500.000\text{ EUR}} \cdot 100\,\%$	$\frac{340.000\text{ EUR}}{400.000\text{ EUR}} \cdot 100\,\%$	$\frac{130.000\text{ EUR}}{1.300.000\text{ EUR*}} \cdot 100\,\%$
Kalkulationssätze für das Jahr 03	12 %	85 %	10 %

* Herstellkosten

Die **Kostenüberdeckung** und **Kostenunterdeckungen** des Jahres 02 lassen sich folgendermaßen errechnen:

	Material	Fertigung	Verw. u. Vertrieb
(1) Kalkulationssatz (Jahr 02)	**7 %**	**94 %**	**9,5 %**
(2) Einzelkosten (Jahr 02)	500.000 EUR	400.000 EUR	1.300.000 EUR*
(3) Verrechnete Gemeinkosten (Jahr 02) (1) · (2)	35.000 EUR	376.000 EUR	123.500 EUR
(4) Entstandene Gemeinkosten (Jahr 02)	60.000 EUR	340.000 EUR	130.000 EUR
(5) Kostenüberdeckung (3) – (4)		36.000 EUR	
(6) Kostenunterdeckung (3) – (4)	– 25.000 EUR		– 6.500 EUR

* Herstellkosten

Aufgabe 153 Differenzierende Zuschlagskalkulation II

Die METALLBAU KG produziert Metallfenster (nach Maß) in Einzelfertigung in einem zweistufigen Arbeitsprozess mit den Fertigungsstellen I und II. Für die laufende Periode lassen sich den fünf Hauptkostenstellen Einzel- und Gemeinkosten in folgender Höhe zuordnen:

Kostenstelle	Einzelkosten (EK) Gemeinkosten (GK)	TEUR/Jahr
Materialwirtschaft	Materialeinzelkosten (MEK) Materialgemeinkosten (MGK)	500 60
Fertigungsstelle I	Fertigungseinzelkosten (FEK_I) Fertigungsgemeinkosten (FGK_I)	800 1.200
Fertigungsstelle II	Fertigungseinzelkosten (FEK_{II}) Fertigungsgemeinkosten (FGK_{II})	100 1.340
Verwaltung	Verwaltungsgemeinkosten (VerwGK)	320
Vertrieb	Sondereinzelkosten Vertrieb (SoKV) Vertriebsgemeinkosten (VertrGK)	1.000 80

Teilaufgabe a)

Ermitteln Sie für die laufende Periode die

- Materialkosten
- Fertigungskosten (Summe aus Stelle I und II)
- Herstellkosten
- Selbstkosten

in TEUR pro Jahr!

Wöhe S. 880–883 und S. 889 f.

	Kosten		TEUR
	Materialkosten MEK + MGK 500 + 60		**560**
	Fertigungskosten I und II $FEK_I + FGK_I + FEK_{II} + FGK_{II}$ 800 + 1.200 + 100 + 1.340		**3.440**
	Herstellkosten		
	Materialkosten	560	
+	Fertigungskosten	3.440	
	Herstellkosten	4.000	**4.000**
	Selbstkosten		
	Herstellkosten	4.000	
+	VerwGK	320	
+	SoKV	1.000	
+	VertrGK	80	
	Selbstkosten	5.400	**5.400**

Teilaufgabe b)

Ermitteln Sie die Kalkulationssätze nach Maßgabe der differenzierenden Zuschlagskalkulation! Dabei sind die Verwaltungs- und Vertriebsgemeinkosten nach Maßgabe der Herstellkosten (HK) zu verrechnen.

Hauptkostenstellen	Materialwirtschaft	Fertigung I	Fertigung II	Verwaltung	Vertrieb
Gemeinkosten (TEUR)	60	1.200	1.340	320	80
Bezugsgrößenart	MEK	FEK_I	FEK_{II}	HK	HK
Bezugsgrößenmenge	500	800	100	4.000	4.000
Kalkulationssatz	**12 %**	**150 %**	**1.340 %**	**8 %**	**2 %**

Teilaufgabe c)

Für den Auftrag Nr. 123 liegen der METALLBAU KG folgende **auftragsspezifische Einzelkosten** vor:

Einzelkosten für Auftrag 123	EUR
Materialeinzelkosten	2.000
Fertigungseinzelkosten Stelle I	400
Fertigungseinzelkosten Stelle II	50
Sondereinzelkosten des Vertriebs (Verpackung und Transport)	188

6. Abschnitt

Zu welchem Preis soll die METALLBAU KG die Leistung aus Auftrag Nr. 123 anbieten, wenn man unter Berücksichtigung der aktuellen Marktlage einen Gewinnaufschlag von 10 % auf die Selbstkosten für angemessen hält?

	Kalkulation für Auftrag Nr. 123		EUR	EUR
	Materialeinzelkosten		2.000,00	
+	Materialgemeinkosten	12 %	240,00	
	Materialkosten		2.240,00	**2.240,00**
	Fertigungseinzelkosten I		400,00	
+	Fertigungsgemeinkosten I	150 %	600,00	
+	Fertigungseinzelkosten II		50,00	
+	Fertigungsgemeinkosten II	1.340 %	670,00	
	Fertigungskosten		1.720,00	**1.720,00**
	Herstellkosten HK			**3.960,00**
+	Verwaltungsgemeinkosten	8 %		316,80
+	Vertriebsgemeinkosten	2 %		79,20
+	Sondereinzelkosten des Vertriebs			188,00
	Selbstkosten			**4.544,00**
+	Gewinnaufschlag	10 %		454,40
	Angebotspreis (netto)			**4.998,40**

Aufgabe 154 Schema der Bezugsgrößenkalkulation

Die EXTRAVAGANT AG schneidert als Lizenznehmerin Herrenanzüge nach Modellen des berühmten Modeschöpfers Dandy Snob. Für die Herstellung des Spitzenmodells „King" gelten folgende Daten:

Stoffbedarf 3,5 m; Preis/m 40 EUR; Bedarf an Futter 2 m à 9 EUR; Frontfixierung (Einlage) 12 EUR/Stück; Materialgemeinkosten betragen 9 % der Materialeinzelkosten.

Die Fertigung besteht aus vier Stufen: Zuschneiden, Nähen, Nähte säubern und Aufbügeln. Für diese Kostenstellen gelten folgende **Kalkulationssätze**:

Kostenstelle	Art der Bezugsgröße	Bezugsgrößenmenge	Kalkulationssatz EUR/ Bezugsgrößeneinheit
A Zuschneiden	Maschinenminuten	6	0,60
B Nähen	Fertigungsminuten	109	0,40
C Säubern	Meter	30	0,25
D Aufbügeln	Maschinenminuten	11	0,50

Die Sondereinzelkosten der Fertigung bestehen aus der Lizenzgebühr in Höhe von 15 % des Verkaufspreises von 430 EUR. Fertigungsgemeinkosten fallen nicht an. Die Verwaltungsgemeinkosten betragen 8 %, die Vertriebsgemeinkosten 4 % der Herstellkosten. Die Verkaufsprovision für den Handelsvertreter beläuft sich auf 6 % des Verkaufspreises. Wie hoch sind die Selbstkosten? Erstellen Sie ein **Kalkulationsschema!**

Wöhe S. 890

	Bezugsgrößenkalkulation „KING"				Kosten EUR/ Stück
	Material:		Menge	Preis	
	Stoff Futter Frontfixierung		3,5 m 2,0 m 1 Stück	40,00 9,00 12,00	140,00 18,00 12,00
(1)	MATERIALEINZELKOSTEN Materialgemeinkosten 9 % von (1)				170,00 15,30
(2)	MATERIALKOSTEN				185,30
	Fertigungskosten:				
	Kostenstelle	Bezugsgrößenart	Bezugs-größen-menge	Kalkula-tionssatz	
	A Zuschneiden B Nähen C Säubern D Aufbügeln	Maschinenminuten Fertigungsminuten Meter Maschinenminuten	6 109 30 11	0,60 0,40 0,25 0,50	3,60 43,60 7,50 5,50
(3)	FERTIGUNGSKOSTEN (ohne Sondereinzelkosten) Sondereinzelkosten 15 % von 430,00 EUR				60,20 64,50
(4)	FERTIGUNGSKOSTEN				124,70
(5)	HERSTELLKOSTEN (2) + (4)				310,00
	Verwaltungsgemeinkosten 8 % von (5) Vertriebsgemeinkosten 4 % von (5) Sondereinzelkosten des Vertriebs 6 % von 430,00 EUR				24,80 12,40 25,80
(6)	**SELBSTKOSTEN**				**373,00**

Aufgabe 155 Kalkulationsverfahren

Welche der folgenden Behauptungen sind richtig?

(1) Alle Verfahren der Zuschlagskalkulation basieren auf einem BAB.
(2) Im Gegensatz zur Divisionskalkulation muss die Äquivalenzziffernkalkulation zwischen Einzel- und Gemeinkosten differenzieren.
(3) Die Divisionskalkulation ist nur in Unternehmen mit proportionalem Gesamtkostenverlauf anwendbar.
(4) Die zweistufige Äquivalenzziffernkalkulation ist anzuwenden bei Sortenfertigung mit Lagerbestandsveränderungen.
(5) Bei der Maschinenstundensatzkalkulation wird der Kalkulationssatz als Prozentsatz ausgewiesen.
(6) Die Zahl der zur Selbstkostenermittlung im Wege der Zuschlagskalkulation heranzuziehenden Kalkulationssätze ist abhängig von der Anzahl der im BAB ausgewiesenen Kostenstellen.

Zutreffend ist die Behauptung (4).

Aufgabe 156 Mischkalkulation

Die Bäckerei PFISTER produziert Weizenbrötchen und Laugenbrötchen. Für das neue Geschäftsjahr erstellt PFISTER folgenden Produktions- und Kostenplan:

	Weizenbrötchen		Laugenbrötchen
Geplante Produktionsmenge (Stück/Jahr)	100.000		100.000
Geplante Kosten (EUR/Jahr)		80.000	
Davon entfallen auf			
• Materialkosten		54.000	
• Fertigungskosten		16.000	
• Verwaltungs- und Vertriebskosten		10.000	

Teilaufgabe a)

PFISTER will seine Selbstkosten im Wege der Mischkalkulation (Divisionskalkulation) ermitteln. Wie hoch sind seine Planselbstkosten/Stück? Wie hoch ist sein Angebotspreis, wenn er einen Gewinnaufschlag von 10 % auf die Selbstkosten verrechnet?

Bei Anwendung der **Divisionskalkulation** gelangt PFISTER zu folgenden Selbstkosten/Stück (k):

$$\mathbf{k} = \frac{K}{x} = \frac{80.000 \text{ EUR}}{200.000 \text{ Stück}} = 0{,}40 \text{ EUR/Stück}$$

	Weizenbrötchen	Laugenbrötchen
Selbstkosten EUR/Stück	**0,40**	**0,40**
+ Gewinnaufschlag 10 %	0,04	0,04
Angebotspreis EUR/Stück	**0,44**	**0,44**

Teilaufgabe b)

Bei einer genaueren Analyse der Kostenstruktur erhält man folgende Werte:

	Insgesamt	Anteil Weizenbrötchen	Anteil Laugenbrötchen
Materialkosten EUR	54.000	20.000	34.000
Fertigungskosten EUR	16.000	6.000	10.000
Verwaltungs- und Vertriebskosten EUR	10.000	5.000	5.000

Ermitteln Sie die Selbstkosten für beide Kostenträger nach dem Kostenverursachungsprinzip! Gehen Sie davon aus, dass die Brötchen zum Planangebotspreis aus Teilaufgabe a) angeboten werden. Welche Konsequenzen wird die Mischkalkulation aus a) auf einem wettbewerbsintensiven Markt für Backwaren haben?

Bei produktspezifischer Kalkulation gelangt PFISTER zu folgenden Selbstkosten:

	Weizen-brötchen	Laugen-brötchen
Materialkosten EUR Fertigungskosten EUR Verwaltungs- und Vertriebskosten EUR	20.000 6.000 5.000	34.000 10.000 5.000
Selbstkosten EUR/Jahr	31.000	49.000
Selbstkosten EUR/Stück	**0,31**	**0,49**
Planpreis EUR/Stück	0,44	0,44
Planerfolg EUR/Stück	+ 0,13	– 0,05

Den Plangewinn bei Weizenbrötchen von 0,13 EUR/Stück wird PFISTER nicht realisieren können, weil die Konkurrenz die Weizenbrötchen zu etwa 0,35 EUR/Stück anbieten wird und die Kunden zur Konkurrenz abwandern werden.

Den Planverlust bei Laugenbrötchen von 0,05 EUR/Stück kann PFISTER nicht aus Plangewinnen bei Weizenbrötchen abdecken, weil die potentiellen Kunden zur Konkurrenz abgewandert sind.

Aufgabe 157 Schwierigkeiten der Kostenträgerstückrechnung

Wodurch wird eine Kostenträgerstückrechnung (auf Istkostenbasis) besonders erschwert?

(1) Vielzahl verschiedenartiger Produkte
(2) Zwischenlager
(3) Vielzahl der Lieferanten
(4) Prozentuale Kalkulationssätze
(5) Schwankungen des Beschäftigungsgrades
(6) Zwischenlagerbestandsveränderungen
(7) Hoher Anteil der Gemeinkosten an den Einzelkosten
(8) Hoher Anteil der Einzelkosten an den Stückkosten
(9) Hoher Anteil der Gemeinkosten an den Gesamtkosten
(10) Hohe Stückkosten
(11) Kuppelproduktion

Antwort: (1), (6), (9) und (11).

V. Kurzfristige Erfolgsrechnung

Wiederholungsfragen:

	Wöhe Seite
Welche Arten Kurzfristiger Erfolgsrechnung (KER) kennen Sie?	895
Warum ist bei der KER dem Umsatzkostenverfahren der Vorzug zu geben?	897
Warum ist die KER auf Vollkostenbasis zur Optimierung kurzfristiger Entscheidungen ungeeignet?	898
Welches Ziel verfolgt die mehrstufige Deckungsbeitragsrechnung mit der Aufspaltung des Fixkostenblocks?	899 f.
Welchen Einfluss hat die Anzahl der Produkte und der Produktionsengpässe auf die kurzfristige Produktionsplanung?	902

Aufgabe 158 Kurzfristige Erfolgsrechnung (KER) auf Vollkostenbasis

Die PLENUS KG fertigt die Produkte A und B:

Produktart	produzierte Menge x_p	abgesetzte Menge x_a	Absatzpreis EUR/St. (netto)
A	1.000	1.000	630,00
B	2.000	2.000	300,00

Dem Betriebsabrechnungsbogen des abgelaufenen Jahres sind folgende Daten zu entnehmen:

	Kosten EUR	Hilfskostenstellen		Hauptkostenstellen				
		Gebäudereinigung	Reparaturabteilung	Material	Fertigung I	Fertigung II	Verwaltung	Vertrieb
EINZELKOSTEN								
(1) Material-EK	400.000			400.000				
(2) Fertigungs-EK	310.000				260.000	50.000		
GEMEINKOSTEN								
(3) Gehälter	80.000	2.000	2.000	3.000	10.000	12.000	40.000	11.000
(4) Miete	60.000	500	500	9.000	15.000	25.000	8.000	2.000
(5) Abschreibung	100.000	500	2.500	7.000	25.000	60.000	3.000	2.000
(6) Versicherungen	20.000	200	800	8.000	6.000	4.000	900	100
(7) Kalk. Zinsen	50.000	800	1.200	6.000	17.000	20.000	3.100	1.900
(8) andere GK	90.000	1.250	2.750	5.000	22.000	24.000	31.000	4.000
(9) Σ primäre GK	400.000	5.250	9.750	38.000	95.000	145.000	86.000	21.000
(10) Gebäudereinigung		→	250	1.000	1.600	1.400	800	200
(11) Reparaturabteilung			10.000 →	1.000	3.400	3.600	1.200	800
(12) Σ prim. + sek. GK				40.000	100.000	150.000	88.000	22.000
(13) Bezugsgrößenart				MEK	FEK I	FEK II	HK	HK
(14) Kalkulationssatz				10 %	38,5 %	300 %	8,8 %	2,2 %

Teilaufgabe a)

Für die Erzeugnisse A und B gelten folgende Produktionsdaten:

	A	B
Materialeinzelkosten EUR/St.	240	80
Fertigungseinzelkosten I EUR/St.	156	52
Fertigungseinzelkosten II EUR/St.	30	10

Ermitteln Sie die Herstellkosten pro Stück und pro Sorte für die Produkte A und B!

Wöhe S. 889 f.

Die Herstellkosten lassen sich folgendermaßen ermitteln:

		A	B
	Materialeinzelkosten	240	80
+	Materialgemeinkosten (10 %)	24	8
+	Fertigungseinzelkosten I	156	52
+	Fertigungsgemeinkosten I (38,5 %)	60	20
+	Fertigungseinzelkosten II	30	10
+	Fertigungsgemeinkosten II (300 %)	90	30
	Herstellkosten/Stück	600	200
	Herstellkosten/Sorte	600.000	400.000

Teilaufgabe b)

Erstellen Sie die KER auf Vollkostenbasis nach dem Gesamtkostenverfahren (GKV) und dem Umsatzkostenverfahren (UKV)! Welches Verfahren liefert die besseren Informationen zur Beurteilung des Erfolgsbeitrags der beiden Produkte?

Wöhe S. 896 f.

	Kurzfristige Erfolgsrechnung (GKV)	
	Umsatzerlöse A	630.000
+	Umsatzerlöse B	+ 600.000
–	Materialkosten	– 400.000
–	Personalkosten	– 390.000
–	Abschreibungen	– 100.000
–	Zinskosten	– 50.000
–	Sonstige Kosten	– 170.000
	Betriebsergebnis	**+ 120.000**

	Kurzfristige Erfolgsrechnung (UKV)		
	Umsatzerlöse A	630.000	
–	Herstellkosten des Umsatzes A	– 600.000	
	Bruttoergebnis vom Umsatz A	**+ 30.000**	**+ 30.000**
	Umsatzerlöse B	+ 600.000	
–	Herstellkosten des Umsatzes B	– 400.000	
	Bruttoergebnis vom Umsatz B	**+ 200.000**	**+ 200.000**
–	Bruttoergebnis vom Umsatz insgesamt		+ 230.000
–	Verwaltungskosten		– 88.000
	Vertriebskosten		– 22.000
	Betriebsergebnis		**+ 120.000**

6. Abschnitt

Auch wenn beide Formen der Erfolgsrechnung zum gleichen Betriebsergebnis (+ 120.000) führen, ist der Kurzfristigen Erfolgsrechnung nach dem UKV der Vorzug zu geben: Hierbei wird deutlich, dass das (gesamte) Bruttoergebnis vom Umsatz (+ 230.000) in weit überwiegendem Maße aus Produkt B (+ 200.000) erwirtschaftet wird.

Aufgabe 159 Kurzfristige Erfolgsrechnung (KER) auf Vollkostenbasis und Teilkostenbasis

Die TRITONUS-GMBH ist ein Drei-Produkt-Unternehmen, das für das abgelaufene Quartal folgende Produktions- und Absatzdaten aufweist:

Produktart	A	B	C	Summe
Produktionsmenge (Stück)	2.000	1.000	4.000	
Erlös (Euro/Stück)	40	30	50	
Variable Kosten (Euro/Stück)	18	10	15	
Fixe Kosten (Euro/Quartal)				**175.000**

Die fixen Kosten in Höhe von 175.000 Euro/Quartal werden im Rahmen der Vollkostenrechnung nach der Durchschnittsmethode auf die Produktionsmenge (7.000 Stück/Quartal) verteilt.

Teilaufgabe a)

Ermitteln Sie für die KER auf Vollkostenbasis die Umsatzerlöse, die variablen Kosten, die fixen Kosten und das Quartalsergebnis jeweils pro Sorte und in Summe!

KER auf Vollkostenbasis	A	B	C	Summe
Umsatzerlöse/Sorte	80.000	30.000	200.000	310.000
Variable Kosten/Sorte	– 36.000	– 10.000	– 60.000	– 106.000
Fixe Kosten/Sorte	– 50.000	– 25.000	– 100.000	– 175.000
Betriebsergebnis/Sorte	**– 6.000**	**– 5.000**	**+ 40.000**	**+ 29.000**

Durch die beiden Verlustartikel A und B wird das positive Ergebnis aus Artikel C von 40.000 EUR auf ein Gesamtergebnis von 29.000 EUR reduziert.

Teilaufgabe b)

Sollte die TRITONUS-GMBH die beiden Verlustprodukte A und B aus dem Produktionsprogramm streichen? Erstellen Sie zur Beantwortung dieser Frage eine KER auf Teilkostenbasis! Welche Rolle spielt in diesem Zusammenhang der Deckungsbeitrag/Stück db und der Deckungsbeitrag/Periode DB?

Wöhe S. 898

KER auf Teilkostenbasis	A	B	C	Summe
– Umsatzerlöse/Sorte	80.000	30.000	200.000	310.000
Variable Kosten/Sorte	– 36.000	– 10.000	– 60.000	– 106.000
DB Deckungsbeitrag/Sorte	**+ 44.000**	**+ 20.000**	**+ 140.000**	**+ 204.000**
– K_f Fixe Kosten	175.000			– 175.000
Betriebsergebnis	**+ 29.000**			**+ 29.000**

Die beiden „Verlustprodukte" A und B erwirtschaften einen positiven Deckungsbeitrag/Sorte in Höhe von 44.000 bzw. 20.000 EUR. Der Deckungsbeitrag/Stück ($db = p - k_v$) liegt für Produkt A bei 22 EUR, für Produkt B bei 20 EUR.

Würden die Produkte A und B aus dem Produktionsprogramm gestrichen, gingen die beiden Deckungsbeiträge ($DB_A = + 44.000$) ($DB_B = + 20.000$) verloren. Das Betriebsergebnis verringerte sich um 64.000 EUR von + 29.000 EUR auf – 35.000 EUR:

	Umsatzerlöse C	200.000
–	Variable Kosten C	– 60.000
	Deckungsbeitrag C	+ 140.000
–	K_f Fixe Kosten	– 175.000
	Betriebsergebnis	**– 35.000**

Da die fixen Kosten K_f kurzfristig nicht abgebaut werden können, sollten im Rahmen der kurzfristigen Produktionsplanung alle Produkte in das Produktionsprogramm aufgenommen werden, die einen positiven Deckungsbeitrag erwarten lassen.

Aufgabe 160 Deckungsbeitragsrechnung (Teil 1)

Die KUNSTSTOFF KG stellt in sechs verschiedenen Produktionsbereichen unterschiedliche chemische Erzeugnisse her. In den Bereichen I bis IV ist ein Kühlverfahren notwendig. Zu diesem Zweck wird kaltes Wasser benötigt, welches nach seiner zwangsläufigen Erwärmung während des Produktionsprozesses immer wieder auf die ursprüngliche Temperatur abgekühlt werden muss, um erneut verwendungsfähig zu sein.

Die fixen Kosten dieses Verfahrens belaufen sich pro Periode auf 54.000 EUR; die variablen Kosten betragen 0,20 EUR/m³. Die einzelnen Bereiche nahmen im vergangenen Jahr folgende Kühlwassermengen in Anspruch:

Kostenstelle	I	II	III	IV	V	VI	Summe
Verbrauch m³/Periode	10.000	35.000	15.000	30.000	–	–	90.000 m³

Teilaufgabe a)

Wie hoch waren die Kosten/m³ und wie hoch war die Kostenbelastung der einzelnen Kostenstellen bei Vollkostenrechnung?

$$\textbf{(Kosten/m}^3\textbf{) k} = \frac{K_f}{x} + k_v = \frac{54.000\ \text{EUR}}{90.000\ \text{m}^3} + 0{,}20\ \text{EUR} = 0{,}80\ \text{EUR/m}^3$$

Bei 0,80 EUR/m³ sah die Kostenbelastung der einzelnen Kostenstellen wie folgt aus:

Kostenstelle	I	II	III	IV	V	VI	Summe
Kühlwasserkosten EUR/Periode	8.000	28.000	12.000	24.000	–	–	72.000 EUR

Teilaufgabe b)

Wie hoch sind die Kosten/m³ und die Kostenbelastung der einzelnen Stellen, wenn
- mit Periodenbeginn der Bereich IV auf Luftkühlung umgestellt und
- die übrigen Bereiche die gleichen Teilmengen beanspruchen wie in der abgelaufenen Periode?

Kostenstelle	I	II	III	IV	V	VI	Summe
Verbrauch m³/Periode	10.000	35.000	15.000	–	–	–	60.000 m³
Kühlwasserkosten EUR/Periode	11.000	38.500	16.500	–	–	–	66.000 EUR

$$\mathbf{k} = \frac{54.000 \text{ EUR}}{60.000 \text{ m}^3} + 0{,}20 \text{ EUR} = 1{,}10 \text{ EUR/m}^3$$

Teilaufgabe c)

Stellen Sie sich vor, Sie wären als Betriebsleiter des Produktionsbereichs II mit 2 % am Jahreserfolg Ihres Produktionsbereichs beteiligt. Wie reagieren Sie auf die neue Situation?

Durch die Kostenmehrbelastung um 10.500 EUR verschlechtert sich das Jahresergebnis Ihres Produktionsbereichs um diesen Betrag. Ihre Erfolgsbeteiligung verringert sich hierdurch um 210 EUR. Sie erheben Einspruch bei der Geschäftsleitung und argumentieren wie folgt: ein gleichbleibender Verbrauch von 35.000 m³ lasse darauf schließen, dass in Kostenstelle II genauso sparsam gewirtschaftet wurde wie bisher. Die Verringerung des Gesamtbedarfs an Kühlwasser sei nicht von Ihnen zu vertreten; deshalb könnten Sie auch nicht für die dadurch bedingte Verteuerung der Erzeugniseinheit zur Rechenschaft gezogen werden.

Teilaufgabe d)

Was kann die Geschäftsleitung unternehmen, um Ihren Vorstellungen gerecht zu werden? Welche erfolgsrechnerischen Konsequenzen hätten diese Entscheidungen?

Wöhe S. 898

Die Geschäftsleitung könnte zunächst entscheiden, die Kühlwassereinheit weiterhin mit 0,80 EUR/m³ abzurechnen. Das hätte zur Folge, dass die empfangenden Kostenstellen im bisherigen Ausmaß belastet würden. Für die leistende Kostenstelle (Kühlanlage) hieße das allerdings, dass ein Teil der dort entstandenen fixen Kosten

$$\frac{54.000 \text{ EUR}}{90.000 \text{ m}^3} \cdot (90.000 \text{ m}^3 - 60.000 \text{ m}^3) = 18.000 \text{ EUR}$$

nicht weiterverrechnet würden.

Die zweite Möglichkeit, die Kostensätze vom Beschäftigungseinfluss freizuhalten, besteht darin, auf die Weiterverrechnung anteiliger Fixkosten ganz zu verzichten. In diesem Fall würde die Kostenstelle „Kühlanlage" bei einer Abgabemenge von beispielsweise 60.000 m³/Periode nur mit den variablen Kosten in Höhe von

12.000 EUR belastet. Die Entlastung erfolgte über Weiterverrechnung von 2.000 EUR an Stelle I, 7.000 EUR an Stelle II und 3.000 EUR an Stelle III. Die Fixkosten in Höhe von 54.000 EUR würden der Kostenstelle „Kühlanlage“ gar nicht erst zugerechnet, sondern dem sog. Fixkostenblock (= Fixkosten des gesamten Unternehmens) zugeschlagen. Dieses Abrechnungsverfahren nennt man Deckungsbeitragsrechnung. Bei diesem Vorgehen wäre jedoch der Prozentsatz der erfolgsabhängigen Vergütung (nach unten) anzupassen.

Aufgabe 161 Deckungsbeitragsrechnung (Teil 2)

Für die sechs Produkte der KUNSTSTOFF KG gelten **vor Verrechnung der Kühlwasserkosten** folgende Daten:

Produktart	I	II	III	IV	V	VI
geplante Mengeneinheiten Stück/Periode	20.000	35.000	7.500	16.000	26.000	2.000
geplante Verkaufspreise EUR/Stück	8	10	24	12	18	20
variable Kosten EUR/Stück	6	9	14	10	12	8

Die Fixkosten werden auf 236.000 EUR veranschlagt.

Teilaufgabe a)

Erstellen Sie das Abrechnungsschema der Deckungsbeitragsrechnung ohne Berücksichtigung der Kühlwasserkosten. Wie hoch ist der Periodenerfolg?

Wöhe S. 898

Produktart	I	II	III	IV	V	VI
(1) Preis EUR/Stück	8	10	24	12	18	20
(2) Variable Kosten EUR/Stück	6	9	14	10	12	8
(3) Deckungsbeitrag db EUR/Stück (1) – (2)	2	1	10	2	6	12
(4) Menge Stück/Periode	20.000	35.000	7.500	16.000	26.000	2.000
(5) Deckungsbeitrag DB EUR/Sorte (3) · (4)	40.000	35.000	75.000	32.000	156.000	24.000
(6) Deckungsbeitrag DB EUR/Periode			362.000			
(7) Fixkosten EUR/Periode			236.000			
(8) **Erfolg** EUR/Periode (6) – (7)			**126.000**			

Teilaufgabe b)

Wie verändert sich die Abrechnung unter Einbeziehung der Kühlwasserkosten aus Aufgabe 160 im Hinblick auf die Produktarten I bis III? (K_f = 54.000 EUR; k_v = 0,20 EUR/m^3; x = 60.000 m^3).

Diese Kostenart kann man in einer **einstufigen** oder einer **mehrstufigen** Deckungsbeitragsrechnung erfassen.

Kostenstelle bzw. Produktart	**I**	**II**	**III**
(1) Verbrauch m^3/Periode	10.000	35.000	15.000
(2) Variable Kühlkosten EUR/Periode	2.000	7.000	3.000
(3) Erzeugniseinheiten	20.000	35.000	7.500
(4) Variable Kühlkosten EUR/Stück (2) : (3)	0,10	0,20	0,40

Das **einstufige** Abrechnungsschema:

Produktart	**I**	**II**	**III**	**IV**	**V**	**VI**
(1) Preis EUR/Stück	8,00	10,00	24,00	12,00	18,00	20,00
(2) Variable Kosten EUR/Stück	6,10	9,20	14,40	10,00	12,00	8,00
(3) Deckungsbeitrag EUR/Stück (1) – (2)	1,90	0,80	9,60	2,00	6,00	12,00
(4) Erzeugniseinheiten/ Periode	20.000	35.000	7.500	16.000	26.000	2.000
(5) Deckungsbeitrag DB EUR/Sorte (3) · (4)	38.000	28.000	72.000	32.000	156.000	24.000
(6) Deckungsbeitrag DB EUR/Periode			350.000			
(7) Fixkosten EUR/Periode			290.000			
(8) **Erfolg** EUR/Periode (6) – (7)			**60.000**			

Das **zweistufige** Abrechungsschema:

Produktart	**I**	**II**	**III**	**IV**	**V**	**VI**
(5) Deckungsbeitrag DB I 1. Stufe EUR/Sorte	38.000	28.000	72.000	32.000	156.000	24.000
		138.000				
(6) Fixe Kostenträgergruppenkosten EUR/Periode		54.000				
(7) Deckungsbeitrag DB II 2. Stufe EUR (5) – (6)		84.000		32.000	156.000	24.000
(8) Deckungsbeitrag DB EUR/Periode				296.000		
(9) Fixe Unternehmenskosten EUR/Periode				236.000		
(10) **Erfolg** EUR/Periode (8) – (9)				**60.000**		

Aufgabe 162 Zweistufige Deckungsbeitragsrechnung

Es gelten die gleichen Angaben wie in **Aufgabe 161**, Teilaufgabe b). Wegen vorübergehender Absatzschwierigkeiten müssen jedoch (bei unveränderten Verkaufsmengen) die Preise für die Produkte I und III zurückgenommen werden. Der neue Verkaufspreis für Produkt I beträgt jetzt 6,50 EUR/Stück, der Preis für Produkt III beträgt 15 EUR/Stück.

Hat der Preisverfall bei Sorte I und III Rückwirkungen auf die Zusammensetzung des Produktionsprogramms, wenn Sorte I, II und III in produktionstechnischem Verbund stehen, d. h. nur gemeinsam oder gar nicht produziert werden können? (Zwischen den Sorten I bis III einerseits und IV bis VI andererseits sollen absatzpolitische Interdependenzen nicht bestehen.)

Lösungshinweis: Benutzen Sie zunächst das einstufige und dann das zweistufige Abrechnungsschema (**Aufgabe 161**, Teilaufgabe b) und interpretieren Sie das Ergebnis!

Die hier anstehende Entscheidungsalternative lautet:

(1) Produktion von Sorte I bis III in bisherigem Umfang weiterführen oder
(2) Produktion von Sorte I bis III einstellen.

Unter Heranziehung des einstufigen Abrechnungsschemas gelangt man zu folgendem Ergebnis:

Produktart	I	II	III
(1) Preis EUR/Stück	6,50	10,00	15,00
(2) Variable Kosten EUR/Stück	6,10	9,20	14,40
(3) Deckungsbeitrag db	0,40	0,80	0,60
(4) Menge Stück/Periode	20.000	35.000	7.500
(5) Deckungsbeitrag DB EUR/Sorte (3) · (4)	8.000	28.000	4.500
Deckungsbeitrag für I bis III insgesamt		**40.500**	

Der Deckungsbeitrag aus den Sorten I bis III hat sich von 138.000 EUR (Aufgabe 161b) auf 40.500 EUR ermäßigt. Trotzdem erscheint es aufgrund der einstufigen Deckungsbeitragsrechnung vorteilhaft, Handlungsalternative (1) zu wählen, d. h. die Produktion aufrechtzuerhalten, da auf diese Weise noch ein positiver Beitrag (40.500 EUR) zur Deckung der fixen Kosten (290.000 EUR) erwirtschaftet wird.

Das zweistufige Abrechnungsschema führt zu folgendem Ergebnis:

Produktart	I	II	III
(1) Preis EUR/Stück	6,50	10,00	15,00
(2) Variable Kosten EUR/Stück	6,10	9,20	14,40
(3) Deckungsbeitrag db EUR/Stück (1) – (2)	0,40	0,80	0,60
(4) Menge Stück/Periode	20.000	35.000	7.500
(5) Deckungsbeitrag 1. Stufe EUR/Sorte (3) · (4)	8.000	28.000	4.500
		40.500	
(6) Fixe Kostenträgergruppenkosten EUR/Periode		54.000	
(7) Deckungsbeitrag 2. Stufe EUR (5) – (6)		– 13.500	

Bei gleichen Ausgangsdaten hat die Anwendung der zweistufigen Deckungsbeitragsrechnung zur Folge, dass die Produktion der Produkte I bis III einzustellen ist, da anderenfalls zur Deckung der fixen Unternehmenskosten (236.000 EUR) nicht nur nichts beigetragen, sondern darüber hinaus ein negativer Deckungsbeitrag in Höhe von 13.500 EUR erzielt würde.

Sobald sich Fixkostenbestandteile (Kühlwasserfixkosten) einzelnen Produktgruppen (I bis III) zuordnen lassen, ist bei Entscheidungen über Produktion bzw. Nichtproduktion die mehrstufige Deckungsbeitragsrechnung anzuwenden, da man dem Verursachungsprinzip (nur Sorte I bis III verursacht Kühlwasserkosten) mit dieser differenzierten Fixkostenabrechnung weit eher gerecht werden kann.

Aufgabe 163 Produktionsprogrammplanung mit Hilfe der Deckungsbeitragsrechnung (Teil 1)

Die ALPHABET KG fertigt die Produkte A, B und C. Die Verkaufspreise ab Werk liegen bei 16,40 EUR, 16,10 EUR und 13 EUR pro Stück. Die Produktionsmengen lagen in der abgelaufenen Periode bei 12.000, 32.000 und 25.000 Stück je Sorte. Die dazu gehörenden Selbstkosten je Sorte betrugen 153.600 EUR, 512.000 EUR und 287.500 EUR. Bei jeder Sorte ist der Gesamtkostenverlauf proportional ansteigend.

Teilaufgabe a)

Wie hoch sind für das abgelaufene Geschäftsjahr das Gesamtergebnis, das Ergebnis/ Stück und das Ergebnis/Sorte?

Sorte	(1)	(2)	(3)	(4)	(5)
	Preis EUR/Stück	Kosten EUR/Stück	Gewinn (1) – (2) EUR/Stück	Menge Stück/Periode	Gewinn EUR/Sorte (3) · (4)
A	16,40	12,80	3,60	12.000	43.200
B	16,10	16,00	0,10	32.000	3.200
C	13,00	11,50	1,50	25.000	37.500
				Gesamtgewinn	**83.900**

Teilaufgabe b)

Für das kommende Jahr rechnet man bei unveränderten Absatzpreisen mit einem mengenmäßigen Absatzrückgang um 10 % bei jeder Sorte. Die Gesamtkosten je Sorte dürften sich dann auf 143.760 EUR, 481.280 EUR und 264.250 EUR belaufen. Wie hoch werden das Gesamtergebnis, das Ergebnis/Stück und das Ergebnis/Sorte im kommenden Geschäftsjahr vermutlich sein? Worauf führen sie das Absinken des Gewinns/Stück zurück?

Sorte	(1)	(2)	(3)	(4)	(5)
	Preis EUR/Stück	Kosten* EUR/Stück	Gewinn EUR/Stück (1) – (2)	Menge Stück/Periode	Gewinn EUR/Sorte (3) · (4)
A	16,40	13,31	3,09	10.800	33.372
B	16,10	16,71	– 0,61	28.800	– 17.568
C	13,00	11,74	1,26	22.500	28.350
				Gesamtgewinn	**44.154***

* Aufgrund der Rundung bei den Stückkosten ergibt sich beim Gewinn eine Differenz von 144 EUR.

Der Gewinn/Stück reduziert sich aufgrund gestiegener Stückkosten. Das Ansteigen der Stückkosten bei zurückgehender Ausbringungsmenge deutet auf die Existenz fixer Kosten hin, die ja bei rückläufiger Beschäftigung definitionsgemäß konstant bleiben.

Teilaufgabe c)

Was halten Sie von dem Vorhaben der Geschäftsleitung, das Produkt B aus dem Produktionsprogramm zu streichen? Welche zusätzlichen Informationen benötigen Sie zur Beantwortung dieser Frage? Wie hoch sind die Fixkosten?

Wöhe S. 846 f. und S. 898–900

Zunächst sieht es so aus, als ließe sich der Gesamtgewinn durch eine solche Entscheidung von 44.154 EUR auf 61.722 EUR erhöhen. Ob diese im Rahmen der Vollkostenrechnung empfehlenswert scheinende Maßnahme wirklich richtig ist, hängt letztlich vom Vorhandensein fixer Kosten und der Möglichkeit ihres Abbaus im Falle des völligen Ausscheidens des Produkts B ab. Auf Ihre Anfrage unterrichtet Sie die Geschäftsleitung, dass im Fall der Eliminierung des Produkts B die dort entstehenden fixen Kosten nicht abgebaut werden könnten. Man überlässt es aber Ihnen selbst, die Höhe dieser fixen Kosten zu ermitteln:

Bei einem Absinken der Produktion der Sorte B von 32.000 auf 28.800 Stück fallen die Kosten von 512.000 EUR auf 481.280 EUR. Da diese Kosteneinsparung von 30.720 EUR allein auf die variablen Kosten zurückgeht, kann man die variablen Kosten der Sorte B folgendermaßen bestimmen:

$$\mathbf{k_v} = \frac{\Delta K_v}{\Delta x} = \frac{30.720 \text{ EUR}}{3.200 \text{ Stück}} = 9{,}60 \text{ EUR/Stück}$$

Belaufen sich die variablen Stückkosten bei Sorte B auf 9,60 EUR, dann lässt sich die Gesamtkostenfunktion mit Hilfe der übrigen Zahlen leicht rekonstruieren. Für eine Ausbringungsmenge von 28.800 Stück gilt dann:

$$K = K_f + k_v \cdot x$$
$$481.280 = K_f + 9{,}60 \cdot 28.800$$
$$K_f = 204.800$$

Bedient man sich der Gleichung: $512.000 = K_f + 9{,}60 \cdot 32.000$, so gelangt man zum gleichen Ergebnis. Dieses Vorgehen lässt sich auch graphisch demonstrieren:

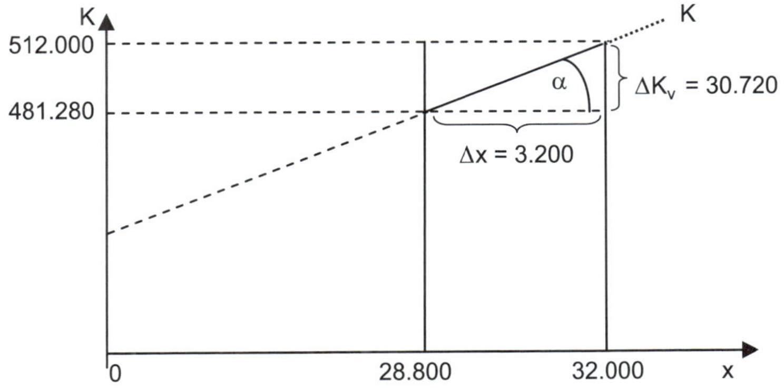

$$\mathbf{k_v} = \frac{\Delta K_v}{\Delta x} = \text{tg}\,\alpha$$

Bei analoger Berechnung für die anderen beiden Sorten ergibt sich:

Sorte	Fixkosten EUR/Periode	variable Kosten EUR/Stück
A	55.200	8,20
B	204.800	9,60
C	55.000	9,30

Da sich die dem Produkt B zugerechneten Fixkosten in Höhe von 204.800 EUR nicht abbauen lassen, entstünde bei Produktionseinstellung von B ein Gesamtverlust in Höhe von 143.078 EUR:

	Gewinn A	33.372
+	Gewinn C	28.350
		61.722
–	Fixkosten B	204.800
	Verlust	**143.078**

Bei nicht abbaufähigen Fixkosten führt nur die **Deckungsbeitragsrechnung** zu richtigen Entscheidungen:

Sorte	(1)	(2)	(3)	(4)	(5)	(6)	(7)
	Preis EUR/ Stück	variable Kosten EUR/ Stück	Deckungs-beitrag EUR/Stück (1) – (2)	Menge Stück/ Periode	Deckungs-beitrag EUR/Sorte (3) · (4)	Fixkosten EUR/ Periode	Gewinn EUR/Sorte (5) – (6)
A	16,40	8,20	8,20	10.800	88.560	55.200	33.360
B	16,10	9,60	6,50	28.800	187.200	204.800	– 17.600
C	13,00	9,30	3,70	22.500	83.250	55.000	28.250
						Gesamtgewinn	**44.010**

Maßgeblich für Verbleib oder Ausscheiden aus dem Produktionsprogramm ist allein die Höhe des Deckungsbeitrags. Ist er positiv, sollte auch bei negativen Stückgewinnen ein Produkt so lange im Produktionsprogramm bleiben, bis es möglich ist, entsprechende Fixkostenteile abzubauen. Demnach sollte die Sorte B unbedingt weiterproduziert werden.

Aufgabe 164 Produktionsprogrammplanung mit Hilfe der Deckungsbeitragsrechnung (Teil 2)

Es war Ihnen gelungen **(Aufgabe 163)**, die Geschäftsleitung davon zu überzeugen, dass es auch bei einem Sortenverlust von 17.600 EUR immer noch vorteilhafter sei, die Produktion von Sorte B aufrechtzuerhalten. Diesen Verlust möchte die Firmenleitung jetzt dadurch beseitigen, dass die Produktart B zwar weiterhin im Verkaufsprogramm bleibt, aber nicht mehr im eigenen Betrieb produziert, sondern von außen bezogen wird. Der Bezugspreis für Sorte B liegt bei 12,50 EUR/Stück, wozu allerdings noch Verwaltungs- und Vertriebskosten in Höhe von 1,50 EUR/Stück (bei 28.800 Stück/Periode) kämen. Diese Verwaltungs- und Vertriebskosten sind zu einem Drittel variabel.

Wie beurteilen Sie die Absicht der Geschäftsleitung, Sorte B nicht mehr selbst zu produzieren, sondern von außen zu beziehen?

Wöhe S. 898 f.

Zunächst hat es den Anschein, als ließe sich das Jahresergebnis durch eine solche Maßnahme in zweifacher Hinsicht verbessern: Erstens würde man durch den Fremdbezug der Sorte B den Produktionsverlust von 17.600 EUR vermeiden. Zweitens erzielte man bei einem Stückgewinn von 16,10 EUR – 14 EUR = 2,10 EUR noch einen Zusatzgewinn von 2,10 EUR/Stück · 28.800 Stück = 60.480 EUR.

Natürlich wäre auch eine solche Rechnung falsch, denn sie lässt die verbleibenden Fixkostenanteile von B in Höhe von 204.800 EUR unberücksichtigt. In Wahrheit würde sich das Jahresergebnis durch den Fremdbezug der Sorte B erheblich verschlechtern:

Sorte	(1) Preis EUR/ Stück	(2) Variable Kosten EUR/ Stück	(3) Deckungsbeitrag EUR/Stück (1) – (2)	(4) Menge Stück/ Periode	(5) Deckungsbeitrag EUR/Sorte (3) · (4)	(6) Fixkosten EUR/ Periode	(7) Gewinn EUR/Sorte (5) – (6)
A	16,40	8,20	8,20	10.800	88.560	55.200	33.360
B	16,10	13,00*	3,10	28.800	89.280	233.600**	– 144.320
C	13,00	9,30	3,70	22.500	83.250	55.000	28.250
						Gesamtverlust	**82.710**

* 12,50 + 1/3 · 1,50 = 13
** 204.800 + 28.800 · 2/3 · 1,50 = 233.600

Zwar wird auch beim Fremdbezug von Sorte B ein positiver Deckungsbeitrag erzielt (d. h. Fremdbezug ist immer noch vorteilhafter als völliger Verzicht auf Sorte B), doch ist der Deckungsbeitrag bei der Eigenherstellung höher. Da bei dieser Handlungsalternative zudem noch die zu deckenden Fixkosten geringer sind, ist ihr der Vorzug vor dem Fremdbezug zu geben.

VI. Plankostenrechnung

Wiederholungsfragen:

	Wöhe Seite
Welche Aufgaben hat die Plankostenrechnung?	906
Wie sind Plan-, Soll- und Istkosten definiert?	907
Welche Systeme der Plankostenrechnung lassen sich unterscheiden?	908
Wie ist eine starre Plankostenrechnung aufgebaut und wo liegen ihre Schwächen?	908 f.
Wie ist eine flexible Plankostenrechnung auf Vollkostenbasis aufgebaut?	909–911
Warum gibt es in einer Grenzplankostenrechnung keine Beschäftigungsabweichung?	912
In welchen Arbeitsschritten erfolgt die Planung der Einzelkosten?	914
In welchen Arbeitsschritten erfolgt die Planung der Gemeinkosten?	915 f.
Wie ist eine Plankalkulation aufgebaut?	916 f.
Wie gelangt man von der Gesamtabweichung zur globalen Verbrauchsabweichung?	918 f.
Wie gelangt man von der globalen Verbrauchsabweichung zur Restabweichung?	919 f.
Welche Arten von Spezialabweichungen lassen sich unterscheiden?	919 f.

Aufgabe 165 Bezugsgrößenkalkulation und Kostenrechnungssystem

Skizzieren Sie die Hauptelemente einer Betriebsabrechnung mit Bezugsgrößenkalkulation im Rahmen der Istkostenrechnung auf Vollkostenbasis! Wählen Sie die Einteilung in Kostenarten-, Kostenstellen- und Kostenträgerrechnung! Vergleichen Sie danach diese Zusammenfassung mit den Hauptelementen einer Bezugsgrößenkalkulation auf Grenzplankostenbasis!

Lösungshinweis: Rekapitulieren Sie zuvor den Inhalt der **Aufgabe 154**.

Wöhe S. 880–884 und S. 887–890

	Istkostenrechnung (auf Vollkostenbasis)	**Grenzplankostenrechnung**
Kostenartenrechnung	Übernahme von Einzel- und Gemeinkosten aus der Finanzbuchhaltung (Istkosten) und Ermittlung kalkulatorischer Kosten.	Festlegung eines **Planpreissystems** (erwartete Preise der kommenden Abrechnungsperiode; ein Jahr); die **Planeinzelkosten** werden ermittelt, indem zuerst die Planverbrauchsmengen pro Kostenträger festgestellt und mit den zugehörigen Planpreisen multipliziert werden (= Planeinzelkosten/Produkteinheit). Multipliziert man diese Planeinzelkosten mit der planmäßigen Ausbringungsmenge, so erhält man für jede Einzelkostenart die erwartete Plankostenhöhe.
Kostenstellenrechnung	Einteilung des Unternehmens in Kostenstellen; Verteilung der Gemeinkosten (Geko) auf Kostenstellen; innerbetriebliche Leistungsverrechnung; Ermittlung der Gemeinkosten pro Hauptkostenstelle.	Die **Gemeinkostenplanung** ist nach Kostenarten und Kostenstellen differenziert: Einteilung des Unternehmens in Kostenstellen; auf die Festlegung der Bezugsgrößenart und Bezugsgrößenmenge (pro Kostenstelle) folgt die Erstellung eines Kostenstellenplans. Im **Kostenstellenplan** wird jede Gemeinkostenart in ihre fixen und proportionalen Bestandteile zerlegt. Im Ergebnis enthält jeder Kostenstellenplan die verrechneten Plangemeinkosten (dieser Kostenstelle), differenziert nach proportionalen und fixen Plangemeinkosten.
Kostenträgerrechnung	Ermittlung von **Kalkulationssätzen** $\mathbf{KS = \frac{Geko}{BG}}$, für jede Hauptkostenstelle in den Bereichen Material(lager), Fertigung sowie Verwaltung und Vertrieb. Die Gemeinkosten (Geko) jeder Hauptkostenstelle werden hierbei zur Bezugsgröße (BG) ins Verhältnis gesetzt. Traditionell werden die Gemeinkosten im Materialbereich nach Maßgabe der Materialeinzelkosten, im Fertigungsbereich nach Maßgabe der Fertigungslöhne sowie im Verwaltungs- und Vertriebsbereich nach Maßgabe der Herstellkosten auf die Kostenträger verrechnet. Häufig werden in den Kostenstellen des Fertigungsbereichs statt des Fertigungslohns mengenmäßige Bezugsgrößen zur Gemeinkostenumlage herangezogen. Ergebnis: **Selbstkosten/Stück.**	Ermittlung von **Planverrechnungssätzen**: $\frac{\text{proportionale Plangemeinkosten}}{\text{Planbezugsgröße Plan-BG}}$ Anders als in der Kostenträgerrechnung auf Vollkostenbasis werden die fixen Gemeinkosten bei der Kostenumlage vernachlässigt. Somit werden nur die proportionalen (Plan-)Gemeinkosten in die Ermittlung der Planverrechnungssätze einbezogen. Als Planbezugsgrößen (Plan-BG) kommen die gleichen Bezugsgrößenarten zur Anwendung wie bei der Vollkostenrechnung. Ergebnis: **proportionale Plankosten/Stück.**

1. Einzelkostenplanung

Aufgabe 166 Kapazitäts- und Engpassplanung (Planbeschäftigung)

Die Firma HOBELMANN & SÖHNE produziert Türblätter (Türen ohne Türrahmen) in großen Serien. Zurzeit fertigt man die Türblätter in zwei verschiedenen Ausführungen:

„N" Türblatt beidseitig in Nussbaum furniert (90 cm · 200 cm),
„R" Türblatt beidseitig mit Resopal furniert (100 cm · 200 cm).

Im Übrigen ist die Konstruktion beider Ausführungen identisch. Der Türblattkern besteht aus lamellenartig aufgebauten Holzplatten, welche HOBELMANN & SÖHNE von einem Spezialhersteller beziehen. Diese Platten haben eine Abmessung von 205 cm · 500 cm und werden bei HOBELMANN auf Türmaße zugeschnitten.

Anschließend werden die Türblattkerne entweder mit Resopal oder Nussbaum furniert. Hierzu werden die Türblattkerne zuerst mit Leim bestrichen, dann mit Furnier belegt und anschließend in einer der vier vorhandenen Furnierpressen entweder

„N" 5 Minuten lang bei 100 Grad Hitze oder
„R" 7,5 Minuten lang bei 50 Grad Hitze

gepresst.

Nach dem Einsetzen eines Schlosses ist der Herstellungsprozess für die Ausführung „R" beendet. Die Ausführung „N" muss dagegen nach dem Einsetzen des Schlosses noch geschliffen und grundiert werden.

Teilaufgabe a)

Wie groß ist die **Jahreskapazität** bei HOBELMANN & SÖHNE, wenn die Furnierpressen den Produktionsengpass bilden, das Jahr 250 Arbeitstage und der Arbeitstag acht Stunden zählt, jede Presse eine tägliche Rüstzeit von 60 Minuten hat, für Generalüberholungen und eventuelle Reparaturen durchschnittlich zwei Arbeitstage p. a. einzuplanen sind und die Ausführungen „N" und „R" im Verhältnis 60 zu 40 produziert werden?

Die planmäßige Betriebszeit beläuft sich auf 1.736 Std. (= (250 Tage – 2 Tage) · (8 Std. – 60 Min.)) pro Presse und Jahr. Die Gesamtzahl der Betriebsminuten beläuft sich somit auf 416.640 Minuten (= 1.736 Std. · 60 Min./Std. · 4 Pressen) für alle vier Pressen. Sechs Türblätter „N" und vier Türblätter „R" bilden aufgrund des gewünschten Ausbringungsverhältnisses eine Produktionseinheit. Für eine Produktionseinheit benötigt man genau 60 Minuten (= 6 · 5 + 4 · 7,5). Somit können jährlich 6.944 Produktionseinheiten (= 4 · 1.736 Std.) hergestellt werden. Die Jahreskapazität bei HOBELMANN & SÖHNE beträgt somit:

Ausführung „N"	6.944 · 6 = 41.664 Türblätter
Ausführung „R"	6.944 · 4 = 27.776 Türblätter

Teilaufgabe b)

Für das kommende Jahr halten HOBELMANN & SÖHNE folgende Absatzprognose für realistisch: insgesamt 60.000 Türblätter, davon 36.000 der Ausführung „N" und 24.000 der Ausführung „R". Wie groß ist die Planbeschäftigung für das kommende Jahr?

6. Abschnitt

Bei der Ermittlung der Planbeschäftigung müssen HOBELMANN & SÖHNE Restriktionen berücksichtigen, die im Fertigungsbereich bzw. im Absatzbereich liegen können. Im vorliegenden Fall sind folgende Produktmengenbeschränkungen zu beachten:

Produktart	Maximale Produktionsmenge	Maximale Absatzmenge
Türblatt „N“ Türblatt „R“	41.664 Stück 27.776 Stück	36.000 Stück 24.000 Stück

Der entscheidende Engpass, der sog. Minimumsektor, liegt in beiden Fällen im Absatzbereich. Somit ist die Planbeschäftigung auf 36.000 Stück der Sorte „N“ bzw. 24.000 Stück der Sorte „R“ zu veranschlagen.

Aufgabe 167 Aufbau der Einzelkostenplanung

Die Erstellung einer Grenzplankostenrechnung kann man in die beiden Hauptschritte Einzelkostenplanung und Gemeinkostenplanung zerlegen. In welche Teilschritte lässt sich das Vorgehen bei der Einzelkostenplanung zerlegen? Woher nimmt der Kostenrechner die Informationen?

Lösungshinweis: Vgl. das Schema in **Aufgabe 165**.

Wöhe S. 913 f.

Im Rahmen der Einzelkostenplanung sind folgende Schritte zu unternehmen:

(1) Feststellung der Einzelkostenarten
(2) Feststellung der planmäßigen Verbrauchsmenge pro Kostenträgereinheit
(3) Feststellung der Planbeschäftigung
(4) Feststellung der Planbeschaffungspreise
(5) Ermittlung der Planeinzelkosten für jede Produktart aus diesen Komponenten.

Die erforderlichen Informationen erhält man aus der Geschäfts- bzw. der Betriebsbuchhaltung (Einzelkostenarten, Preisgrundlagen), von Betriebsingenieuren bzw. Meistern (Verbrauchsmengen) und von der Geschäftsleitung (erwartete Ausbringungsmenge, Beschäftigung).

Aufgabe 168 Feststellung der Einzelkostenarten

Ermitteln Sie aus den Angaben der **Aufgabe 166** die Einzelkostenarten! Berücksichtigen Sie dabei, dass die Grenzplankostenrechnung für HOBELMANN & SÖHNE mit einer Bezugsgrößenkalkulation verknüpft ist, so dass die Fertigungseinzelkosten (Löhne) in den Kostenstellenplänen zweckmäßigerweise Bestandteil der Planverrechnungssätze werden.

Aus den Angaben der **Aufgabe 166** lassen sich folgende (Material-)Einzelkostenarten entnehmen:

(1) Türblattkern
(2) Furnier
(3) Schloss.

Strenggenommen gehören auch die Kosten für Leim und Grundierung zu den Materialeinzelkosten. Da es sich hierbei jedoch um vergleichsweise geringfügige Kostenbestandteile handelt, erscheint es sinnvoll, diese Kostenarten kostenstellenweise, d.h. am Ort ihres Anfalls, somit also in den entsprechenden Kostenstellenplänen zu erfassen.

Die Tatsache, dass die Fertigungseinzelkosten in die Kostenstellenrechnung eingehen und somit Bestandteil der Planverrechnungssätze werden, hat zur Folge, dass in den Kalkulationsplänen nur die Planmaterialeinzelkosten als Einzelkosten in Erscheinung treten (vgl. die **Aufgaben 181** und **188**).

Aufgabe 169 Feststellung der Planverbrauchsmengen

Wie hoch sind die planmäßigen Verbrauchsmengen pro Kalkulationseinheit (= ein Türblatt), wenn das Resopal in einer Abmessung von 200 cm · 100 cm angeliefert wird, und wenn beim Nussbaumfurnier, welches unterschiedliche Abmessungen hat, bei wirtschaftlichem Einsatz mit einem Materialabfall von durchschnittlich 12,5 % gerechnet werden muss? Welches ist für Türblattkerne der Ausführung „N" das wirtschaftlichste Zuschneideverfahren, wenn ein häufiges Ein- und Ausspannen der Werkstücke in den Zuschneideautomaten vermieden werden soll?

Wöhe S. 913 f.

Materialart	Nettoplaneinzelmaterialmengen	Bruttoplaneinzelmaterialmengen
Ausführung „N":		
Türblattkern	1,80 m^2	2,05 m^2
Nussholzfurnier	3,60 m^2	4,05 m^2
Schloss	1 Stück	1 Stück
Ausführung „R":		
Türblattkern	2,00 m^2	2,05 m^2
Resopal	4,00 m^2	4,00 m^2
Schloss	1 Stück	1 Stück

Die Bruttoplaneinzelmaterialmenge für den Türblattkern ergibt sich aus der Abmessung der Platten 205 · 500 = 10,25 m^2 und der Tatsache, dass sich aus einer Platte fünf Türblattkerne herausschneiden lassen.

Die wirtschaftlichste Schnittfolge der Platten (205 cm · 500 cm) sieht bei Türblattkernen für Ausführung „N" folgendermaßen aus:

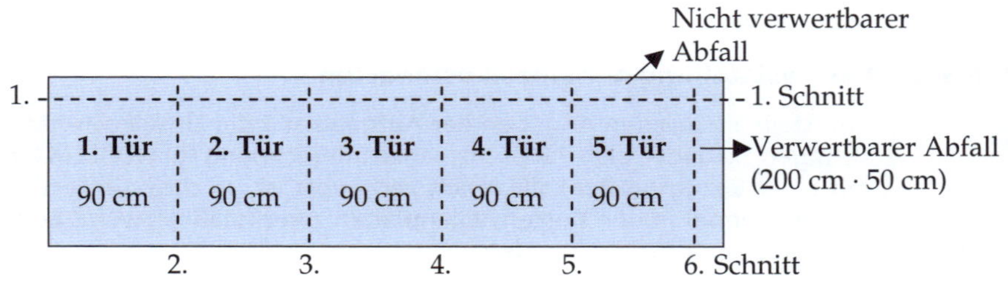

Das bei je fünf Einheiten der Ausführung „N" anfallende Reststück von 200 cm · 50 cm kann als Abfall für 4 EUR/m^2 verkauft werden (vgl. Aufgabe 186).

Aufgabe 170 Feststellung der Planpreise

Die Holzplatten, aus welchen die Türblattkerne geschnitten werden, kosteten in der ablaufenden Periode 12,50 EUR/m^2. Der Lieferant von HOBELMANN & SÖHNE hat für das kommende Jahr bereits eine Preissteigerung um 12 % angekündigt. Sollte jedoch die Abnahmemenge im Monatsdurchschnitt 10.000 m^2 übersteigen, wird er für die gesamte Liefermenge einen Sonderrabatt von 5 % gewähren.

Das Nussholzfurnier kostete in der abgelaufenen Periode 12 EUR/m². Im Durchschnitt der vergangenen fünf Jahre lag die Preissteigerungsrate bei 5,7 %. Da sich der Preissteigerungstrend in den letzten beiden Jahren etwas verstärkte, veranschlagt man die zu erwartende Preissteigerung auf 6,5 %.

Resopal, das bislang für 14 EUR/m² zu haben war, lässt für das kommende Jahr eine Preisanhebung von 5 % erwarten. Schlösser werden nach wie vor für 3,80 EUR/Stück zu haben sein.

Ermitteln Sie die Planpreise für die Materialeinzelkostenarten!

Materialart	Einheit	Planpreis EUR/Einheit
Türblattkern	m²	13,30
Nussholzfurnier	m²	12,78
Resopal	m²	14,70
Schloss	Stück	3,80

Wird der Normalpreis für den Türblattkern voraussichtlich bei 14 EUR/m² liegen, so ermäßigt sich der Planpreis um den Sonderrabatt von 5 %, da man die Mindestabnahmemenge überschreiten wird:

Bruttoplaneinzelmaterialmenge	· Planbeschäftigung	= Planverbrauchsmenge/Jahr
2,05 m²/Stück	· 60.000 Stück	= 123.000 m²

Der Monatsdurchschnitt beträgt somit 10.250 m².

Aufgabe 171 Feststellung der Planmaterialeinzelkosten

Ermitteln Sie aus den Angaben der **Aufgaben 169** und **170** die Planmaterialeinzelkosten für die Ausführungen „N" und „R"! Gemäß **Aufgabe 166** liegt die Planbeschäftigung bei 36.000 bzw. 24.000 Produktionseinheiten.

Materialart	(1) Einheit	(2) Brutto-plan-einzel-material-menge	(3) Planpreis, EUR/Einheit	(4) Plan-beschäfti-gung	(5) Plan-material-einzel-kosten EUR/Periode (2) · (3) · (4)
Ausführung „N":					
Türblattkern	m²	2,05	13,30	36.000	981.540
Nussholzfurnier	m²	4,05	12,78	36.000	1.863.324
Schloss	Stück	1	3,80	36.000	136.800
Planmaterialeinzelkosten „N"					**2.981.664**
Ausführung „R":					
Türblattkern	m²	2,05	13,30	24.000	654.360
Resopal	m²	4,00	14,70	24.000	1.411.200
Schloss	Stück	1	3,80	24.000	91.200
Planmaterialeinzelkosten „R"					**2.156.760**

2. Gemeinkostenplanung

Aufgabe 172 Aufbau der Gemeinkostenplanung

Im Zuge der Gemeinkostenplanung ist das Unternehmen in Kostenstellen einzuteilen (vgl. die folgende **Aufgabe 173**).

Danach muss für jede Kostenstelle eine Bezugsgröße ausgewählt werden, mit der sich die Gemeinkosten verursachungsgerecht auf die Kostenträger verrechnet werden (siehe hierzu die **Aufgaben 174** bis **179**).

Zeigen Sie, welche Plangrößen im Rahmen der Grenzplankostenrechnung zur Erstellung eines Kostenstellenplans benötigt werden!

Wöhe S. 914–916

Will man im Kostenstellenplan einen Planverrechnungssatz auf Grenzkostenbasis ermitteln, benötigt man folgende Plandaten:

(1) die in der Kostenstelle anfallenden Gemeinkostenarten,
(2) die Planverbrauchsmengen (z. B. Anzahl der Arbeitsstunden) für jede Gemeinkostenart (1) sowie jeweils
(3) den Planpreis/Einheit (z. B. Lohnsatz/Std.).
(4) Die so ermittelten Plangemeinkosten, (2) · (3), werden in proportionale (variable) und fixe Gemeinkosten unterteilt.
(5) Die der Kostenstelle zugeordnete Bezugsgrößenart (z. B. Maschinenminuten) ist durch Angabe der Bezugsgrößenmenge (z. B. Anzahl der Maschinenminuten für die Planperiode) zu konkretisieren.
(6) Dividiert man die proportionalen Plangemeinkosten der Kostenstelle (4) durch die geplante Bezugsgrößenmenge (5), erhält man den Planverrechnungssatz.

Aufgabe 173 Kostenstelleneinteilung

Informieren Sie sich über den in **Aufgabe 166** skizzierten Arbeitsablauf und machen Sie einen Vorschlag zur Kostenstelleneinteilung bei HOBELMANN & SÖHNE!

Eine an Betriebsabteilungen (Verantwortungsbereichen) orientierte Kostenstelleneinteilung könnte folgendermaßen aussehen:

Kostenstellen Nr.	Kostenstellenbezeichnung
(1)	Materiallager
(2)	Zuschneiderei
(3)	Furnierabteilung
(4)	Furnierpressen
(5)	Schleiferei
(6)	Lackiererei
(7)	Verwaltung

Das Material wird in (1) aufgenommen, geprüft und gelagert. In (2) werden Türblattkerne zugeschnitten, in (3) wird das Furnier zugeschnitten und aufgelegt. In (4) wird das Furnier auf die Türblattkerne gepresst und das Schloss eingesetzt. In (5) werden die Nussbaumtürblätter geschliffen und in (6) grundiert. Technische und kaufmännische Leitung vollziehen sich in (7).

Aufgabe 174 Festlegung der Bezugsgrößenart je Kostenstelle (1)

In der Kostenstelle (1) – Materiallager – fallen folgende Kostenarten an: Löhne, Transportkosten, Versicherungsprämien, kalkulatorische Zinsen und kalkulatorische Raumkosten. Welche der folgenden Bezugsgrößen scheint Ihnen als Maßstab zur Erfassung der Kostenverursachung am besten geeignet?

a) Materialgewicht
b) Materialvolumen
c) Materialeinzelkosten
d) Anzahl der Lagerbestandsveränderungen.

Jede der hier genannten möglichen Bezugsgrößen ist teilweise geeignet, keine ist vollkommen. Die innerbetrieblichen Transportkosten dürften weitgehend vom Materialgewicht abhängen; somit wäre a) das Materialgewicht für diesen Kostenbestandteil eine dem **Proportionalitätsprinzip** gehorchende Bezugsgröße. Die kalkulatorischen Raumkosten, die Kosten also, die entstünden, wenn der Lagerraum gemietet wäre, werden weitgehend vom Materialvolumen abhängen. So gesehen wäre b) das Materialvolumen als Bezugsgröße geeignet. Die kalkulatorischen Zinsen hängen bei konstanter Umschlagshäufigkeit von der Höhe der Materialkosten ab. Ebenso verhält es sich mit den Versicherungsprämien. Hier sind also c) die Materialeinzelkosten die geeignete Bezugsgröße. Die Anzahl der Lagerbestandsveränderungen ist ausschlaggebend für die Höhe der Löhne und Gehälter, welche hauptsächlich durch die Lagerverwaltung verursacht werden. Somit ist auch d) als Bezugsgröße nicht abwegig.

In der Kostenstelle (1) – Materiallager – liegt ein Fall **heterogener Kostenverursachung** vor. Strenggenommen müssten für diese Kostenstelle vier Kostenstellenpläne (für jede Bezugsgröße ein Kostenstellenplan) aufgestellt werden. Da aber Versicherungsprämien und kalkulatorische Zinsen zusammengenommen einen wesentlichen Teil der Kosten dieser Stelle ausmachen, sollen auch der Einfachheit halber c) die Materialeinzelkosten als Planbezugsgröße gewählt werden.

Aufgabe 175 Festlegung der Bezugsgrößenart je Kostenstelle (2)

In der Kostenstelle (2) – Zuschneiderei – fallen folgende Kostenarten an: Löhne, elektrische Energie, Reparaturen, kalkulatorische Abschreibungen, kalkulatorische Zinsen und kalkulatorische Raumkosten. Welche der folgenden ausgewählten Bezugsgrößen erscheint Ihnen als Maßstab der Kostenverursachung am besten geeignet?

a) Anzahl der zugeschnittenen Türblattkerne
b) Materialeinzelkosten
c) mengenmäßiger Bruttomaterialverbrauch an Holzplatten
d) mengenmäßiger Nettomaterialverbrauch an Holzplatten.

Da in dieser Kostenstelle nur die Holzplatten zu Türblattkernen geschnitten werden, in den Materialeinzelkosten aber auch die Furniere enthalten sind, scheidet die Größe b) als Bezugsgröße aus. Der mengenmäßige Bruttomaterialverbrauch ist mit 2,05 m^2 für beide Kostenträger gleich (vgl. Aufgabe 169). Die Bezugsgrößen a) und c) führen deshalb zum gleichen Kalkulationsergebnis. Jede Einheit der beiden Kostenträger würde mit gleich hohen Gemeinkostenanteilen dieser Stelle belastet. Würde man dagegen d) den mengenmäßigen Nettomaterialverbrauch als Bezugsgröße wählen, würde Ausführung „N" vergleichsweise schwächer, Ausführung „R" vergleichsweise stärker mit Gemeinkosten dieser Kostenstelle belastet (vgl. Aufgabe 169). Dass eine solche Gemeinkostenverteilung nicht verursachungsgerecht wäre, zeigt sich an folgender Überlegung: Ob aus einer Holzplatte 205 cm · 500 cm fünf Türblattkerne der Ausführung „N" oder der Ausführung „R" geschnitten werden, macht von der Arbeitsbelastung und somit auch von der Kostenverursachung her keinen Unterschied. Für beide Sorten entfällt auf jedes einzelne Werkstück der gleiche Kostenanteil.

Bei der Wahl zwischen den Bezugsgrößen a) und c), die zum gleichen Ergebnis führen, sollte man sich zum Zwecke der Vereinfachung des Rechengangs für a), die Anzahl der zugeschnittenen Türblattkerne, als Planbezugsgröße entscheiden.

Aufgabe 176 Festlegung der Bezugsgrößenart je Kostenstelle (3)

In der Kostenstelle (3) – Furnierabteilung – fallen folgende Kostenarten an: Löhne, Leim, Reparaturen, kalkulatorische Abschreibung, kalkulatorische Zinsen und kalkulatorische Raumkosten. Das beidseitige Aufleimen des Nussholzfurniers dauert 10 Minuten pro Türblatt, das beidseitige Aufleimen des Resopals dagegen dauert nur 5 Minuten pro Türblatt. Welche der folgenden Bezugsgrößen scheint Ihnen als Maßstab der Kostenverursachung am besten geeignet?

a) Fertigungsminuten
b) Materialeinzelkosten für Furniere
c) Materialeinzelkosten für Türblattkern
d) Anzahl der bearbeiteten Türblätter.

Bei unterschiedlicher Bearbeitungszeit/Einheit ist die durch beide Kostenträger hervorgerufene Kostenverursachung verschieden. Aus diesem Grunde fallen c) und d) als mögliche Bezugsgrößen aus. Das gleiche gilt für b), weil sich keine proportionale Beziehung zwischen dem Kostenanfall in dieser Stelle und den Materialeinzelkosten für das Furnier erkennen lässt. Da eine solche Beziehung für a) die Fertigungsminuten klar erkennbar ist, findet man in dieser Größe die am besten geeignete Planbezugsgröße.

Aufgabe 177 Festlegung der Bezugsgrößenart je Kostenstelle (4)

In der Kostenstelle (4) – Furnierpressen – fallen folgende Kostenarten an: Löhne, elektrische Energie, Reparaturen, kalkulatorische Abschreibung, kalkulatorische Zinsen und kalkulatorische Raumkosten. Welche der folgenden Bezugsgrößen erscheint Ihnen als Maßstab der Kostenverursachung am besten geeignet?

a) Materialeinzelkosten
b) Maschinenminuten
c) Energieverbrauch
d) Anzahl der bearbeiteten Türblätter.

Lösungshinweis: Vgl. **Aufgabe 166**.

Als Bezugsgröße d) die Anzahl der bearbeiteten Türblätter zu wählen, wäre nur dann angebracht, wenn in dieser Kostenstelle ein Türblatt jeder der beiden Ausführungen die gleichen Kosten verursachte. Da dies nicht der Fall ist, scheidet d) als mögliche Bezugsgröße aus.

Dagegen kommt c) der Energieverbrauch als Kostenbestimmungsfaktor und somit auch als Bezugsgröße in Frage. Der Energieverbrauch verhält sich bei beiden Ausführungen umgekehrt proportional zur Bearbeitungszeit. Auch hier liegt heterogene Kostenverursachung vor, die strenggenommen für diese Kostenstelle die Anfertigung zweier Kostenstellenpläne erforderlich machte. Da jedoch die Energiekosten von vergleichsweise untergeordneter Bedeutung sind (vgl. Aufgabe 183), soll als Bezugsgröße der Energieverbrauch zugunsten der b) Maschinenminuten ausscheiden.

Aufgabe 178 Festlegung der Bezugsgrößenart je Kostenstelle ((5) und (6))

Warum ist es unabhängig von der Zusammensetzung der Kosten in beiden Kostenstellen (5) – Schleiferei – und (6) – Lackiererei – angebracht, die Anzahl der bearbeiteten Türblätter zur Bezugsgröße zu machen?

Beide Kostenstellen werden nur durch einen einzigen Kostenträger (Türblätter der Ausführung „N") beansprucht. Es gibt somit in beiden Kostenstellen nicht die Möglichkeit kostenträgerabhängiger Unterschiede in der Kostenverursachung. Jede Kostenträgereinheit, also jedes Stück der Sorte „N", beansprucht die Kostenstelle gleichermaßen.

Aufgabe 179 Festlegung der Bezugsgrößenart je Kostenstelle (Verwaltung)

Warum wählt man im Verwaltungsbereich sehr oft die Herstellkosten, im Falle der Grenzplankostenrechnung also die Plangrenzherstellkosten, als Bezugsgröße?

Die betriebliche Leistungserstellung wäre ohne diesen Unternehmensbereich nicht möglich. Die in diesem Bereich anfallenden Kosten sind daher auf die betrieblichen Leistungen (Kostenträger) zu verteilen. Eine verursachungsgerechte Verteilung dieser Kosten setzt voraus, dass es gemeinsame Kostenträgermerkmale (Fertigungsstunden, Gewicht, Oberfläche usw.) gibt, an denen sich das Ausmaß der durch einen „Kostenträger" herbeigeführten Kostenanteile ablesen lässt. Solche gemeinsamen Kostenträgermerkmale, die für die Kostenverursachung maßgeblich sind, dem Proportionalitätsprinzip entsprechende Bezugsgrößen also, lassen sich im Verwaltungsbereich einer Unternehmung so gut wie niemals auffinden. Da einerseits eine verursachungsgerechte Kostenrechnung in diesem Bereich nicht möglich ist, andererseits aber auf eine Verrechnung auf die Kostenträger nicht verzichtet werden soll, wählt man behelfsmäßig die (Plangrenz-)Herstellkosten als Bezugsgröße. Dieser Wahl liegt die Fiktion zugrunde, dass diejenigen Kostenträger, welche die höchsten (niedrigsten) Herstellkosten verursachen, auch die höchsten (niedrigsten) Verwaltungskosten herbeiführen.

Aufgabe 180 Anfertigung von Kostenstellenplänen (1)

In der Kostenstelle (1) – Materiallager – ist nur ein Lagerverwalter tätig, der an 250 Planarbeitstagen und bei einer planmäßigen Arbeitszeit von acht Stunden/Tag im kommenden Jahr einschließlich aller sozialen Aufwendungen einen Stundenlohn von 12,57 EUR erhalten wird. Die im Lagerbereich anfallenden Transportkosten verhalten sich proportional zur Ausbringungsmenge. Die Ausbringungsmenge des vergangenen Jahres lag im Vergleich zur Ausbringungsmenge dieses Jahres um 10 % niedriger. Die Transportkosten beliefen sich seinerzeit auf 1.800 EUR. Zusätzlich rechnet man mit einer inflationären Transportkostenerhöhung um 5 %.

Die Prämie für Feuer- und Diebstahlversicherung beläuft sich auf 4 ‰ vom Wert des Lagerbestands. Dieser lässt sich ermitteln, indem die Höhe der Planmaterialeinzelkosten (vgl. Aufgabe 171) durch die Anzahl der jährlichen Bestellungen – zwölf – dividiert und auf volle Hunderttausend aufgerundet wird.

Zur Berechnung der kalkulatorischen Zinsen wird ein Zinsfuß von 11 % angenommen. Zu verzinsen ist der durchschnittliche Lagerbestand, d. h. der der Versicherung zugrunde gelegte Lagerhöchstbestand, der kurz nach Eingang der Monatsbezugsmenge gegeben ist, muss durch zwei geteilt werden.

Das Lagergebäude, das eine Lagerfläche von 1.500 m² bietet, steht im Eigentum der Fa. HOBELMANN & SÖHNE. Deshalb müssten eigentlich die Kosten der Gebäudeerhaltung, kalkulatorischen Zinsen, Gebäudeversicherung, kalkulatorischen Abschreibung auf Gebäude usw. in den Kostenstellenplan eingehen. Wesentlich einfacher ist es aber, all diese Kostenfaktoren in einer einzigen Ziffer, den kalkulatorischen Raumkosten, zu erfassen. Man nimmt deshalb an, dass man für ein vergleichbares Lager 1,50 EUR Miete pro Quadratmeter und Monat bezahlen müsste.

Man muss davon ausgehen, dass es sich bei den Löhnen zu 70 %, bei den Transportkosten zu 100 %, bei der Versicherung zu 90 % und bei den kalkulatorischen Zinsen zu 90 % um proportionale Kosten handelt. Die kalkulatorischen Raumkosten sind reine Fixkosten.

Berechnen Sie die **Bezugsgrößenmenge** (vgl. **Aufgabe 171**), erstellen Sie den **Kostenstellenplan**, und ermitteln Sie den **Planverrechnungssatz** (auf Grenzkostenbasis) für das Jahr 02!

HOBELMANN & SÖHNE Kostenplanung für das Jahr 02	– Materiallager – Kostenstellen-Nr. (1)					
Bezugsgrößenart: Materialeinzelkosten	Bezugsgrößenmenge: 5.138.424 EUR					
Kostenarten	Einheit	Plan-menge	Planpreis EUR/ Einheit	Plankosten gesamt EUR/ Periode	Plankosten pro-portional EUR/ Periode	Plankosten fix EUR/ Periode
Löhne	Std.	2.000	12,57	25.140	17.598	7.542
Transportkosten				2.100	2.100	–
Versicherung	EUR	500.000	0,004	2.000	1.800	200
Kalk. Zinsen	EUR	250.000	0,11	27.500	24.750	2.750
Kalk. Raumkosten	m²	1.500	18,–	27.000	–	27.000
Kostendeckung: verrechnete Plankosten	Plankosten für das Jahr 02			83.740	46.248	37.492
Unterschrift des Stellenleiters:	**Planverrechnungssatz** für das Jahr 02 (Materialgemeinkostenzuschlag) **0,9 %**					

Hinweis:
In den folgenden fünf Aufgaben **(181** bis **185)** geht es darum, für die verbleibenden Kostenstellen Kostenstellenpläne zu entwickeln, die in ihrer Konzeption dem der **Aufgabe 180** entsprechen.

Aufgabe 181 Anfertigung von Kostenstellenplänen (2)

Die Kostenstelle (2) – Zuschneiderei – besteht in der Hauptsache aus einer automatischen Sägeanlage, die vor zwölf Jahren beschafft wurde, damals 60.000 EUR kostete und in der Handelsbilanz inzwischen abgeschrieben ist. Eine vergleichbare Anlage würde heute 100.000 EUR kosten; zum Zeitpunkt ihrer planmäßigen Ersetzung, das ist in drei Jahren, wird man für eine solche Anlage vermutlich 120.000 EUR bezahlen müssen. Man geht davon aus, dass sich der Wertverzehr der Anlage gleichmäßig auf die Jahre der Nutzung verteilt und zu 70 % gebrauchsbedingt ist. Die kalkulatorischen Zinsen für diese Anlage sind bei einem Zinssatz von 11 % nach der Durchschnittswertmethode zu ermitteln.

Das Zuschneiden eines Türblattes dauert 90 Sekunden. Der Stromverbrauch der Anlage liegt bei 20 kWh. Der Strompreis wird im Jahr 02 0,08 EUR/kWh zuzüglich 60 EUR Grundkosten pro Monat betragen.

An der Anlage sind vier Personen (= 8.000 Jahresarbeitsstunden) tätig, die hauptsächlich mit dem Einspannen und dem Abtransport der Werkstücke beschäftigt sind. Ihr Stundenlohn wird einschließlich aller sozialen Aufwendungen für das Jahr 02 auf 10,40 EUR veranschlagt. Bei diesen Löhnen handelt es sich zu 100 % um proportionale Kosten.

Am Sägeautomaten wird alle zwei Jahre eine Generalüberholung fällig, die ca. 4.100 EUR kostet. Die laufenden Inspektionen kosten einschließlich des Einsetzens neuer Sägeblätter 250 EUR pro Monat. Reparatur- und Instandhaltungskosten sind zu 5 % Fixkosten.

Diese Kostenstelle beansprucht 400 m² Raum. Die kalkulatorische Raummiete wird auf 2,50 EUR pro m² und Monat veranschlagt.

Berechnen Sie die **Bezugsgrößenmenge** (vgl. **Aufgabe 166**), erstellen Sie den **Kostenstellenplan**, und ermitteln Sie den **Planverrechnungssatz** (auf Grenzkostenbasis) für das Jahr 02!

Lösungshinweis: Zur Durchschnittswertverzinsung vgl. **Wöhe S. 866 f.**

HOBELMANN & SÖHNE Kostenplanung für das Jahr 02	– Zuschneiderei – Kostenstellen-Nr. (2)					
Bezugsgrößenart: bearbeitete Werkstücke	Bezugsgrößenmenge: 60.000 Stück					
Kostenarten	Einheit	Plan-menge	Planpreis EUR/ Einheit	Plankosten gesamt EUR/ Periode	Plan-kosten pro-portional EUR/ Periode	Plankosten fix EUR/ Periode
Löhne	Std.	8.000	10,40	83.200	83.200	–
Elektr. Energie	kWh	30.000	0,08	3.120	2.400	720
Reparaturen				5.050	4.798	252
Kalk. Abschreibung				8.000	5.600	2.400
Kalk. Zinsen	EUR	30.000	0,11	3.300	–	3.300
Kalk. Raumkosten (beheizt)	m²	400	30,00	12.000	–	12.000
Kostendeckung: verrechnete Plankosten	Plankosten für das Jahr 02			114.670	95.998	18.672
Unterschrift des Stellenleiters:	**Planverrechnungssatz** für das Jahr 02 (EUR/Werkstück) **1,60**					

Aufgabe 182 Anfertigung von Kostenstellenplänen (3)

In der Kostenstelle (3) – Furnierabteilung – ist der Anteil an Handarbeit sehr hoch. Es werden Nussbaumtüren (à 10 Minuten) und Resopaltüren (à 5 Minuten) bearbeitet. An jedem Werkstück sind zwei Personen beschäftigt, deren Stundenlohn bei 250 Arbeitstagen und acht Arbeitsstunden pro Tag voraussichtlich bei 12,20 EUR liegen wird. Die Lohnkosten sind vollständig proportional.

Der Leimverbrauch liegt im Durchschnitt bei 700 g pro Türblatt. Der Planpreis für 1 kg Leim liegt bei 2,50 EUR. Die kalkulatorische Abschreibung beläuft sich auf 4 % von 45.000 EUR, die kalkulatorische Verzinsung auf 11 % von 20.000 EUR. Die Reparaturkosten werden auf 1.500 EUR pro Jahr geschätzt. Man nimmt an, dass Wertverzehr und Reparaturanfälligkeit am Anlagevermögen bei derartiger Auslastung zu zwei Drittel gebrauchsbedingt sind.

Der Raumbedarf liegt bei 250 m^2, die kalkulatorische Miete bei 2,50 EUR pro m^2 und Monat.

Berechnen Sie die **Bezugsgrößenmenge**, erstellen Sie den **Kostenstellenplan**, und ermitteln Sie den **Planverrechnungssatz** für das Jahr 02!

HOBELMANN & SÖHNE Kostenplanung für das Jahr 02	– Furnierabteilung – Kostenstellen-Nr. (3)					
Bezugsgrößenart: Fertigungsminuten	Bezugsgrößenmenge: 480.000 Minuten					
Kostenarten	Einheit	Plan-menge	Planpreis EUR/Einheit	Plankosten gesamt EUR/Periode	Plankosten proportional EUR/Periode	Plankosten fix EUR/Periode
Löhne	Std.	16.000	12,20	195.200	195.200	–
Leim	kg	42.000	2,50	105.000	105.000	–
Reparaturen				1.500	1.000	500
Kalk. Abschreibung				1.800	1.200	600
Kalk. Zinsen	EUR	20.000	0,11	2.200	–	2.200
Kalk. Raumkosten	m^2	250	30,00	7.500	–	7.500
Kostendeckung: verrechnete Plankosten	Plankosten für das Jahr 02			313.200	302.400	10.800
Unterschrift des Stellenleiters:	**Planverrechnungssatz** für das Jahr 02 (EUR/Fertigungsminute) **0,63**					

Aufgabe 183 Anfertigung von Kostenstellenplänen (4)

In der Kostenstelle (4) – Furnierpressen – stehen vier Aggregate, von denen jeweils zwei von einem Arbeiter mit einem voraussichtlichen Stundenlohn von 12,60 EUR bedient werden. Von den beiden Arbeitern werden auch die Schlösser eingesetzt. Alle vier Pressen wurden vor sieben Jahren für jeweils 18.000 EUR beschafft; heute würden sie 30.000 EUR, in drei Jahren, wenn die Ersatzbeschaffung fällig wird, werden sie voraussichtlich jeweils 35.000 EUR kosten. Auch hier sind die kalkulatorischen Zinsen (11 %) nach der Durchschnittswertmethode zu berechnen. Man nimmt an, dass der Wertverzehr an den Pressen zu 60 % gebrauchsbedingt ist. Bei den Furnierpressen handelt es sich um Spezialmaschinen, so dass mit der Herstellerfirma ein Wartungsvertrag mit einer Laufzeit von 10 Jahren abgeschlossen wurde. Hiernach gehen alle Reparaturen gegen eine feste Gebühr von 1.800 EUR pro Presse und Jahr zu Lasten der Herstellerfirma.

Die Furnierpressen sind auf 12,5 kWh ausgelegt. Der Planpreis beträgt 0,08 EUR/kWh, die Grundkosten belaufen sich auf 30 EUR pro Presse und Monat. Der Raumbedarf der Kostenstelle liegt bei 320 m², der Planpreis bei 2,50 EUR pro m² und Monat.

Berechnen Sie die **Bezugsgrößenmenge** (vgl. **Aufgabe 166**), erstellen Sie den **Kostenstellenplan**, und ermitteln Sie den **Planverrechnungssatz** für das Jahr 02!

HOBELMANN & SÖHNE Kostenplanung für das Jahr 02	– Furnierpressen – Kostenstellen-Nr. (4)					
Bezugsgrößenart: Maschinenminuten	Bezugsgrößenmenge: 360.000 Minuten					
Kostenarten	Einheit	Plan-menge	Planpreis EUR/ Einheit	Plankosten gesamt EUR/ Periode	Plankosten pro-portional EUR/ Periode	Plankosten fix EUR/ Periode
Löhne	Std.	4.000	12,60	50.400	50.400	–
Elektr. Energie	kWh	75.000	0,08	7.440	6.000	1.440
Reparaturen				7.200	–	7.200
Kalk. Abschreibung				14.000	8.400	5.600
Kalk. Zinsen				3.960	–	3.960
Kalk. Raumkosten	m^2	320	30,00	9.600	–	9.600
Kostendeckung: verrechnete Plankosten	Plankosten für das Jahr 02			92.600	64.800	27.800
Unterschrift des Stellenleiters:	**Planverrechnungssatz** für das Jahr 02 (EUR/Maschinenminute)				**0,18**	

6. Abschnitt

Aufgabe 184 Anfertigung von Kostenstellenplänen (5)

In der Kostenstelle (5) – Schleiferei – werden nur Türblätter der Ausführung „N" bearbeitet. Das beidseitige Abschleifen dauert drei Minuten pro Türblatt. In der Kostenstelle sind zwei Personen mit einem voraussichtlichen Stundenlohn von 10,67 EUR beschäftigt. Die Schleifanlage ist auf 5 kWh ausgelegt. Der Planpreis liegt bei 0,08 EUR/kWh zuzüglich 25 EUR pro Monat. Mit einem Schleifband, das 7 EUR kostet, können normalerweise sechs Türblätter bearbeitet werden.

Die Schleifanlage kostete vor fünf Jahren 16.000 EUR, wenn sie in zehn Jahren ersetzt wird, muss man etwa 30.000 EUR dafür bezahlen. Der Wertverzehr der Anlage ist zu 50 % gebrauchsbedingt. Der Kalkulationszinsfuß liegt auch hier bei 11 %. Der Raumbedarf beträgt 200 m^2, der Planpreis pro m^2 und Monat 2,50 EUR.

Berechnen Sie die **Bezugsgrößenmenge,** erstellen Sie den **Kostenstellenplan,** und ermitteln Sie den **Planverrechnungssatz** für das Jahr 02!

HOBELMANN & SÖHNE Kostenplanung für das Jahr 02	– Schleiferei – Kostenstellen-Nr. (5)					
Bezugsgrößenart: Türblätter „N"	Bezugsgrößenmenge: 36.000 Stück					
Kostenarten	Einheit	Plan-menge	Planpreis EUR/ Einheit	Plankosten gesamt EUR/ Periode	Plankosten pro-portional EUR/ Periode	Plankosten fix EUR/ Periode
Löhne	Std.	4.000	10,67	42.680	42.680	–
Elektr. Energie	kWh	9.000	0,08	1.020	720	300
Schleifmaterial	Stück	6.000	7,00	42.000	42.000	–
Kalk. Abschreibung				2.000	1.000	1.000
Kalk. Zinsen				880	–	880
Kalk. Raumkosten	m^2	200	30,00	6.000	–	6.000
Kostendeckung: verrechnete Plankosten	Plankosten für das Jahr 02			94.580	86.400	8.180
Unterschrift des Stellenleiters:	**Planverrechnungssatz** für das Jahr 02 (EUR/Türblatt „N")				**2,40**	

Aufgabe 185 Anfertigung von Kostenstellenplänen (6)

In der Kostenstelle (6) – Lackiererei – sind zwei Personen beschäftigt, deren Stundenlohn voraussichtlich 11,90 EUR betragen wird. Auch hier sind die Lohnkosten zu 100 % proportionale Kosten. Der Energieverbrauch liegt bei 10.000 kWh. Der Planpreis beträgt 0,08 EUR/kWh, die Grundkosten 30 EUR pro Monat.

Für die Behandlung eines Türblattes benötigt man 400 g Lack, der 6 EUR/kg kostet. Die kalkulatorische Abschreibung auf die Anlage veranschlagt man auf 3.000 EUR, davon zwei Drittel proportional. Die kalkulatorischen Zinsen beziffern sich auf 1.200 EUR. Der Raumbedarf liegt bei 400 m^2, der Planpreis pro m^2 und Monat bei 2,50 EUR.

Berechnen Sie die **Bezugsgrößenmenge,** erstellen Sie den **Kostenstellenplan**, und ermitteln Sie den **Planverrechnungssatz** für das Jahr 02!

HOBELMANN & SÖHNE Kostenplanung für das Jahr 02	– Lackiererei – Kostenstellen-Nr. (6)					
Bezugsgrößenart: Türblätter „N"	Bezugsgrößenmenge: 36.000 Stück					
Kostenarten	Einheit	Plan-menge	Planpreis EUR/ Einheit	Plankosten gesamt EUR/ Periode	Plankosten pro-portional EUR/ Periode	Plankosten fix EUR/ Periode
Löhne	Std.	4.000	11,90	47.600	47.600	–
Elektr. Energie	kWh	10.000	0,08	1.160	800	360
Lack	kg	14.400	6,00	86.400	86.400	–
Kalk. Abschreibung				3.000	2.000	1.000
Kalk. Zinsen				1.200	–	1.200
Kalk. Raumkosten	m^2	400	30,00	12.000	–	12.000
Kostendeckung: verrechnete Plankosten	Plankosten für das Jahr 02			151.360	136.800	14.560
Unterschrift des Stellenleiters:	**Planverrechnungssatz** für das Jahr 02 (EUR/Türblatt „N")				**3,80**	

Aufgabe 186 Ermittlung von Plangrenzherstellkosten

Aus welchen Bestandteilen setzen sich die Plangrenzherstellkosten zusammen? Ermitteln Sie mit Hilfe der bisherigen Ergebnisse (vgl. **Aufgabe 171** und **180** bis 185) für die Fa. HOBELMANN & SÖHNE die Plangrenzherstellkosten für das Jahr 02!

Lösungshinweis: Die Abfallerlöse (vgl. **Aufgabe 169**) sind nach der Subtraktionsmethode abzurechnen.

Die Plangrenzherstellkosten setzen sich wie folgt zusammen:

	Planmaterialeinzelkosten
+	Planmaterialgemeinkosten (proportional)
–	Abfallerlöse
=	Planmaterialkosten
+	Plangrenzfertigungskosten
=	**Plangrenzherstellkosten**

Die Plangrenzfertigungskosten setzen sich aus den proportionalen Plankosten der einzelnen Fertigungsstellen zusammen.

	Planmaterialeinzelkosten „N“		(Aufgabe 171)		2.981.664
+	Planmaterialeinzelkosten „R“		(Aufgabe 171)		2.156.760
=	**Planmaterialeinzelkosten** (gesamt)				5.138.424
+	Planmaterialgemeinkosten		(Aufgabe 180)		46.248
–	Abfallerlöse		(Aufgabe 169)		28.800
=	**Planmaterialkosten**				**5.155.872**
+	Zuschneiderei	(2)	(Aufgabe 181)	95.998	
+	Furnierabteilung	(3)	(Aufgabe 182)	302.400	
+	Furnierpressen	(4)	(Aufgabe 183)	64.800	
+	Schleiferei	(5)	(Aufgabe 184)	86.400	
+	Lackiererei	(6)	(Aufgabe 185)	136.800	
			Plangrenzfertigungskosten:	686.398	**686.398**
=	**Plangrenzherstellkosten**				**5.842.270**

Die Plangrenzherstellkosten belaufen sich auf **5.842.270 EUR**.

Aufgabe 187 Kostenplanung im Verwaltungsbereich

Im ablaufenden Geschäftsjahr beliefen sich die planmäßigen Verwaltungskosten auf 382.530 EUR. Für die Planungsperiode wird mit einer Kostensteigerung um 12 % gerechnet. Auch für das Jahr 02 schätzt man im Verwaltungsbereich den proportionalen Kostenanteil auf 30 %.

Ermitteln Sie für die Kostenstelle (7) – Verwaltung – die proportionalen und fixen Plankosten für das Jahr 02, und beziffern Sie den **Planverrechnungssatz** (auf Grenzkostenbasis) nach der Bezugsgröße Plangrenzherstellkosten = 5.842.270 EUR!

	Planverwaltungskosten (Jahr 01)	382.530
+	12 % Zuschlag	45.904
=	Planverwaltungskosten (Jahr 02)	428.434
+	30 % proportionale Planverwaltungskosten (Jahr 02)	128.530
=	70 % fixe Planverwaltungskosten (Jahr 02)	299.904
	gesamte Planverwaltungskosten (Jahr 02)	428.434

$$\frac{\textbf{proportionale Planverwaltungskosten}}{\textbf{Bezugsgröße}} = \frac{128.530}{5.842.270} \cdot 100\,\% = 2{,}2\,\%$$

Der Planverrechnungssatz für das Jahr 02 beziffert sich auf 2,2 % proportionale Planverwaltungskosten, bezogen auf die Plangrenzherstellkosten.

3. Plankalkulation

Aufgabe 188 Anfertigung von Kalkulationsplänen I

Nachdem die Kostenstellenrechnung hiermit abgeschlossen ist, sind nunmehr die Kalkulationspläne für die beiden Kostenträger anzufertigen. Erstellen Sie zuerst einen Kalkulationsplan für den Kostenträger Türblatt-Ausführung „N". Die Kalkulationseinheit soll 1 Stück betragen. Verfahren Sie dabei nach dem in **Aufgabe 186** wiedergegebenen Schema; fassen Sie aber dieses Schema hier als Kostenträger**stück**rechnung auf und dehnen Sie es durch den Ansatz eines Verwaltungskostenzuschlags über die Plangrenzherstellkosten hinaus bis zu den Plangrenzselbstkosten aus!

Lösungshinweis: Beachten Sie die Bearbeitungszeiten in Kostenstelle (3) und (4) (vgl. **Aufgabe 166** (Vorspann) und **Aufgabe 182** und **183**). Ein Beispiel zur Bezugsgrößenkalkulation auf Istkostenbasis findet sich in **Aufgabe 154**.

HOBELMANN & SÖHNE	**Plankalkulation (Jahr 02)** – Türblatt Ausführung „N" – Kalkulationseinheit: 1 Stück (90 · 200) geplante Anzahl an Kalkulationseinheiten: 36.000 Stück			
Berechnung der Planmaterialkosten	Art der Mat.-Einh.	Anzahl der Mat.-Einh.	EUR/ Mat.-Einh.	Grenzkosten EUR/Kalk.-Einh.
Türblattkern	m^2	2,05	13,30	27,27
Nussholzfurnier	m^2	4,05	12,78	51,76
Schloss	Stück	1	3,80	3,80
I. Einzelmaterialkosten				82,83
+ Materialgemeinkosten (0,9 % von I)				0,75
– Abfallerlöse (0,2 m^2 Türblattkern)				– 0,80
II. Planmaterialkosten				**82,78**

Berechnung der Plangrenzfertigungskosten		Bezugsgröße	Umrechnungsfaktor	Kostensatz EUR/ Bezugsgrößeneinh.	Grenzkosten EUR/Kalk.-Einh.
Zuschneiderei	(2)	1 Stück	1	1,60	1,60
Furnierabteilung	(3)	1 Fert.-Min.	10	0,63	6,30
Furnierpressen	(4)	1 Masch.-Min.	5	0,18	0,90
Schleiferei	(5)	1 Stück	1	2,40	2,40
Lackiererei	(6)	1 Stück	1	3,80	3,80
III. Plangrenzfertigungskosten					**15,00**
IV. Plangrenzherstellkosten (II + III)					97,78
V. Plangrenzverwaltungskosten (2,2 % von IV)					2,15
VI. Plangrenzselbstkosten (IV + V)					**99,93**

Erläuterungen:

Die Erlöse aus dem Abfall an Holzplatten von 0,80 EUR pro Nussbaumtür ergeben sich aus folgender Rechnung (vgl. Aufgabe 169): Aus einer Holzplatte, das entspricht fünf Nussbaumtürblättern, ergibt sich ein Abfallstück von 200 cm · 50 cm. Bei einem Abfallerlös von 4 EUR/m^2 entfällt auf ein Türblatt ein Abfallerlös von 0,2 m^2 · 4 EUR = 0,80 EUR.

Bei der Berechnung der Plangrenzfertigungskosten sind die aus den Kostenstellenplänen übernommenen Kostensätze (= Planverrechnungssätze) auf eine bestimmte Bezugsgrößeneinheit, z. B. eine Fertigungsminute, definiert. Sind Bezugsgrößeneinheit und Kalkulationseinheit nicht identisch, benötigt man also zur Herstellung eines Türblattes nicht nur eine, sondern zehn Fertigungsminuten, dann ist der Kostensatz (pro Bezugsgrößeneinheit) zur Berechnung der anteiligen Grenzkosten mit einem von eins abweichenden Umrechnungsfaktor zu gewichten.

Aufgabe 189 Anfertigung von Kalkulationsplänen II

Erstellen Sie einen vergleichbaren Kalkulationsplan für Türblatt-Ausführung „R“. Die Umrechnungsfaktoren zu den Kostensätzen aus Kostenstelle (3) und (4) finden Sie im Vorspann zu **Aufgabe 166** und in **Aufgabe 176**.

HOBELMANN & SÖHNE	**Plankalkulation (Jahr 02)** – Türblatt Ausführung „R“ – Kalkulationseinheit: 1 Stück (100 · 200) geplante Anzahl an Kalkulationseinheiten: 24.000 Stück			
Berechnung der Planmaterialkosten	Art der Mat.-Einh.	Anzahl der Mat.-Einh.	EUR/ Mat.-Einheit	Grenzkosten EUR/Kalk.-Einh.
Türblattkern	m^2	2,05	13,30	27,27
Resopal	m^2	4,00	14,70	58,80
Schloss	Stück	1	3,80	3,80
I. Einzelmaterialkosten				89,87
+ Materialgemeinkosten (0,9 % von I)				0,81
II. Planmaterialkosten				**90,68**
Berechnung der Plangrenzfertigungskosten	Bezugsgröße	Umrechnungsfaktor	Kostensatz EUR/ Bezugsgrößeneinh.	Grenzkosten EUR/Kalk.-Einh.
Zuschneiderei (2)	1 Stück	1	1,60	1,60
Furnierabteilung (3)	1 Fert.-Min.	5	0,63	3,15
Furnierpressen (4)	1 Masch.-Min.	7,5	0,18	1,35
III. Plangrenzfertigungskosten				**6,10**
IV. Plangrenzherstellkosten (II + III)				96,78
V. Plangrenzverwaltungskosten (2,2 % von IV)				2,13
VI. Plangrenzselbstkosten (IV + V)				**98,91**

Aufgabe 190 Überprüfung der Plankalkulation

Überprüfen Sie die Richtigkeit der beiden Plankalkulationen! Wie ist eine Kontrollrechnung aufzubauen, um Fehler, die sich bei der Erstellung einer Plankalkulation einschleichen können, aufzudecken?

Will man die Richtigkeit einer Plankalkulation überprüfen, muss man von folgender Überlegung ausgehen: Die Summe aller voraussichtlich **anfallenden** Kosten (Materialeinzelkosten + Kosten aus Kostenstellenplänen) muss restlos auf die Kostenträger verteilt werden, d.h. sie muss mit der Summe der **verrechneten** Kosten übereinstimmen.

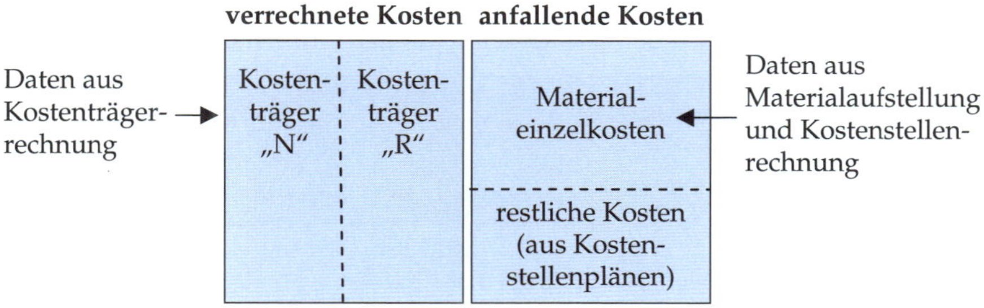

Es ist also eine Tabelle aufzustellen, in welche als kalkulierte Kosten (linker Block) die Daten der Kostenträgerrechnung (Kalkulationspläne) eingehen. Dabei ist der Kostensatz/Bezugsgrößeneinheit mit der Bezugsgrößenmenge (36.000 bzw. 24.000) zu multiplizieren.

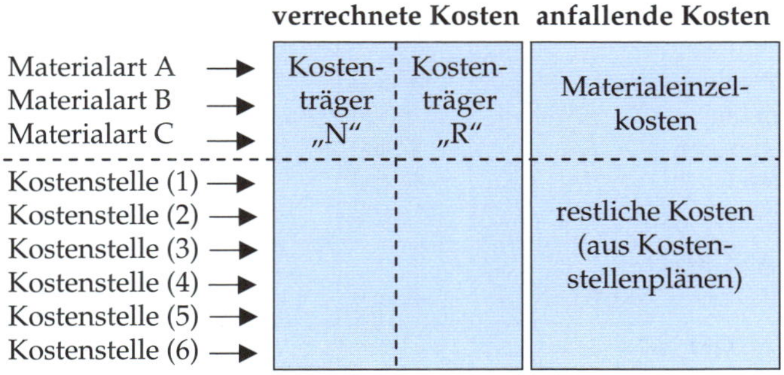

Sind die Daten aus den Kalkulationsplänen in den linken Block übertragen, kann man ihn um eine Summenspalte (Σ_1) und um eine Summenzeile (Σ_2, Σ_3) erweitern:

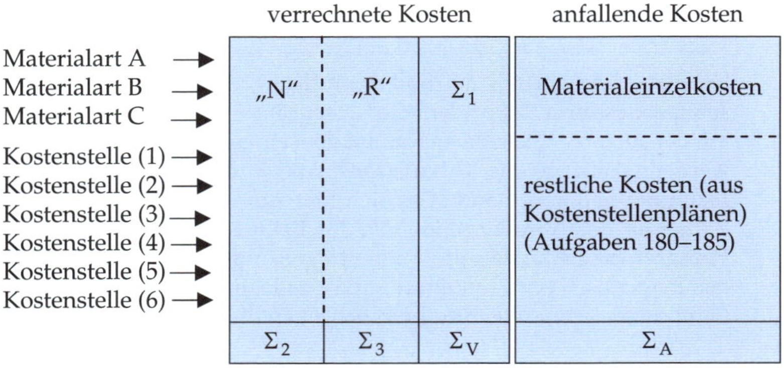

In der Summenspalte (Σ_1) lassen sich dann die verrechneten Kosten pro Materialart bzw. die verrechneten Kosten pro Kostenstelle ablesen, während in der Summenzeile (Σ_2, Σ_3) die verrechneten Kosten differenziert nach Kostenträgern ausgewiesen sind. Das Ergebnis von Summenspalte und Summenzeile ist Σ_V, die Summe der verrechneten Kosten.

Die Zahlen in der Summenzeile sind wichtige Daten für **Erfolgsplanung** und **-kontrolle** (Kurzfristige Erfolgsrechnung), während die Zahlen der Summenspalte Σ_1 die Möglichkeit zum **Vergleich** mit den Werten der Kostenstellenrechnung (anfallende Kosten) und somit zur Fehlereinkreisung bieten. Unter Σ_A ist die Summe der anfallenden Kosten zu verstehen, wobei – wie oben gesagt – $\Sigma_A = \Sigma_V$ sein muss.

Vergleich der verrechneten mit den anfallenden Grenzplankosten

Kostenträger / Kostenherkunft		Ausführung „N" 36.000 Kalk.-Einheiten	Ausführung „R" 24.000 Kalk.-Einheiten	Σ verrechnete Plankosten (Plankosten aus Kostenträgerrechnung)	Σ anfallende Plankosten (Planeinzelkosten + Plangemeinkosten)
Türblattkern	27,27/Kalk.-E.	981.720	654.480	1.636.200	1.635.900
Nussholzfurnier	51,76/Kalk.-E.	1.863.360		1.863.360	1.863.324
Resopal	58,80/Kalk.-E.		1.411.200	1.411.200	1.411.200
Schloss	3,80/Kalk.-E.	136.800	91.200	228.000	228.000
I. MATERIALEINZELKOSTEN		2.981.880	2.156.880	5.138.760	5.138.424
Materialverwaltung	0,9 % v. I	26.837	19.412	46.249	46.248
– Abfallerlös	0,80/Kalk.-E.	– 28.800		– 28.800	– 28.800
II. PLANMATERIALKOSTEN		2.979.917	2.176.292	5.156.209	5.155.872
Zuschneiderei		57.600	38.400	96.000	95.998
Furnierabteilung		226.800	75.600	302.400	302.400
Furnierpressen		32.400	32.400	64.800	64.800
Schleiferei		86.400		86.400	86.400
Lackiererei		136.800		136.800	136.800
III. PLANGRENZ-FERTIGUNGSKOSTEN		540.000	146.400	686.400	686.398
IV. PLANGRENZ-VERWALTUNGSKOSTEN (2,2 % von II + III)		77.438	51.099	128.537	128.530
Σ II, III und IV (PLANGRENZSELBSTKOSTEN)		3.597.355	2.373.791	**5.971.146**	**5.970.800**

Die unter Ausführung „N" und Ausführung „R" enthaltenen Zahlenwerte werden spaltenweise ermittelt, indem die Kostensätze in den einzelnen Kalkulationsplänen mit der geplanten Anzahl an Kalkulationseinheiten (36.000 bzw. 24.000) multipliziert werden. Während die Kalkulationspläne in den Bereich der Kostenträger**stück**rechnung gehören, handelt es sich hier um eine Kostenträger**zeit**rechnung. Die Zahlen in der Summenzeile (3.597.355 EUR; 2.373.791 EUR) beziffern folglich die **Plangrenzselbstkosten** pro Kostenträger und Periode. Setzt man diese Werte zu den Planerlösen pro Produktart und Periode in Beziehung, so erhält man die für die Planperiode erwarteten produktbezogenen **Plandeckungsbeiträge**.

Die erste Summenspalte enthält die für die Planperiode zu erwartenden kalkulierten Grenzplankosten nach Materialarten bzw. Kostenstellen gegliedert. Da diese Zahlenwerte aus den Kalkulationsplänen ermittelt wurden, die Kalkulationspläne aber nur dann richtig sind, wenn nicht mehr und nicht weniger als die in den Kostenstellenplänen (und Einzelmaterialaufstellungen) ausgewiesenen Plankosten verteilt werden, erlaubt ein Vergleich dieser Zahlen mit denen der zweiten Summenspalte Rückschlüsse auf die Richtigkeit der Kalkulation.

Die Abweichung beläuft sich im vorliegenden Beispiel auf 346 EUR und ist auf Rundungsdifferenzen zurückzuführen.

Aufgabe 191 Plandeckungsbeitrag und Plangewinn

HOBELMANN & SÖHNE rechnen damit, in Anbetracht der gewünschten Absatzmengen (36.000 bzw. 24.000 Stück) einen Preis von 118 EUR/Stück für Ausführung „N" und einen Preis von 107 EUR/Stück für Ausführung „R" erzielen zu können. Ermitteln Sie den Planerlös, den Plandeckungsbeitrag und den Plangewinn für das Jahr 02!

Lösungshinweis: Die Fixkostenbestandteile sind in den Kostenstellenplänen aufgeführt.

Planerlös:	118 EUR/Stück · 36.000 Stück =		4.248.000 EUR
	107 EUR/Stück · 24.000 Stück =		2.568.000 EUR
			6.816.000 EUR
Plangrenzselbstkosten: (Aufgabe 190)			**5.971.146 EUR**
Planfixkosten:			
	Kostenstelle (1)	37.492 EUR	
	Kostenstelle (2)	18.672 EUR	
	Kostenstelle (3)	10.800 EUR	
	Kostenstelle (4)	27.800 EUR	
	Kostenstelle (5)	8.180 EUR	
	Kostenstelle (6)	14.560 EUR	
	Kostenstelle (7)	299.904 EUR	
			417.408 EUR
Planerlös			6.816.000 EUR
– Plangrenzselbstkosten			5.971.146 EUR
= Plandeckungsbeitrag			844.854 EUR
– Planfixkosten			417.408 EUR
= Plangewinn			**427.446 EUR**

4. Kostenkontrolle

Aufgabe 192 Grenzplankostenrechnung und Kontrollfunktion

Es wurde oben bereits dargestellt, dass die zweite Aufgabe der Grenzplankostenrechnung darin besteht, eine Kontrolle der Wirtschaftlichkeit des Faktoreinsatzes zu ermöglichen. Wie ist eine solche Kontrollrechnung aufzubauen?

Wöhe S. 917–921

Da die Kontrollrechnung (Soll-Ist-Vergleich) nicht Selbstzweck ist, sondern hiermit das Ziel verfolgt wird, die für die Unwirtschaftlichkeit identifizierten Probleme gemeinsam mit dem verantwortlichen Mitarbeiter zu lösen, ist diese Kontrollrechnung an den Verantwortlichkeiten der einzelnen Mitarbeiter auszurichten. Das lässt sich am einfachsten dadurch erreichen, dass man die geplanten Kosten und die tatsächlich angefallenen Kosten **kostenstellenweise** erfasst und gegenüberstellt, denn schließlich wurden die Kostenstellen u. a. nach Verantwortungsbereichen gebildet.

In jeder einzelnen Kostenstelle werden – gegliedert nach Kostenarten – die im Jahr 02 tatsächlich angefallenen Kosten mit den ursprünglich geplanten Kosten verglichen. Dabei ist zu berücksichtigen, dass eine wirksame Kostenkontrolle nur dort möglich ist, wo es mehr oder weniger genaue Anhaltspunkte für die Kostenverursachung gibt. Dies dürfte in den Fertigungsstellen (bei HOBELMANN & SÖHNE, Stelle (2) bis (6)) in der Regel der Fall sein.

Da sich die Kostenkontrolle kostenstellenweise vollzieht, baut sie auf den Kostenstellenplänen auf (vgl. **Aufgabe 181** bis **185**). In diesen sind freilich die Planmaterialeinzelkosten nicht enthalten. Da aber auch die Materialeinzelkosten kontrolliert werden müssen, kann es zweckmäßig sein, die Kosten für das Einzelmaterial in den Kostenstellen zu erfassen, in welchen es verbraucht bzw. verarbeitet wurde. (Danach müssten die Kosten für Türblattkerne dort erfasst werden, wo diese zugeschnitten werden, nämlich in Kostenstelle (2). Die Kosten für Furnier müssten dort erfasst werden, wo dieses verarbeitet wird, nämlich in Stelle (3) und die Kosten für die Schlösser müssten in Kostenstelle (4) erfasst und kontrolliert werden.)

In der Grenzplankostenrechnung vollzieht sich die Kostenkontrolle durch einen Vergleich der Istkosten mit den **Sollkosten** (Sollkosten = Plankosten beim Istbeschäftigungsgrad). Unter „Istkosten" versteht man hier ausnahmsweise die Istverbrauchsmengen bewertet mit **Planpreisen**. Da in der Regel kein Mitarbeiter im Fertigungsbereich für Preisabweichungen verantwortlich gemacht werden kann, sollen derartige Kostenabweichungen die Kostenkontrolle unberührt lassen. Die Sollkosten sind nur dann mit den Plankosten identisch, wenn die Beschäftigung (Ausbringungsmenge) in der abgelaufenen Periode tatsächlich so groß war, wie man sie zuvor veranschlagte. Plante man eine Ausbringung von 60.000 Einheiten zu proportionalen Plankosten von 100.000 EUR und produzierte man in Wirklichkeit nur 30.000 Einheiten, dann belaufen sich die Sollkosten, welche den „Istkosten" gegenüberzustellen sind, auf 50.000 EUR.

Stehen diesen Sollkosten „Istkosten" in Höhe von 58.000 EUR gegenüber, ergibt sich eine Kostenabweichung von 8.000 EUR, die man als **Verbrauchsabweichung** bezeichnet. Da nämlich die „Istkosten" mit Planpreisen bewertet wurden, kann diese Kostenüberschreitung in einer Grenzplankostenrechnung nur auf einen im Vergleich zur Planung erhöhten Verbrauch von Produktionsfaktoren zurückzuführen sein.

Aufgabe 193 Ermittlung von Verbrauchsabweichungen

Bis zum Ende des Jahres 02 haben HOBELMANN & SÖHNE produziert und verkauft:

Ausführung „N“: 32.400 Stück (geplant 36.000 Stück)
Ausführung „R“: 21.600 Stück (geplant 24.000 Stück)

Die Istbeschäftigung ist somit um 10 % hinter der Planbeschäftigung zurückgeblieben. Für die Fertigungsstellen ergeben sich folgende Istkosten (bewertet zu Planpreisen):

(2) – Zuschneiderei –		**(3) – Furnierabteilung –**	
Türblattkern	1.475.318 EUR	Nussfurnier	1.713.415 EUR
Löhne	73.840 EUR	Resopal	1.271.491 EUR
Elektr. Energie	3.200 EUR	Löhne	177.022 EUR
Reparaturen	4.790 EUR	Leim	95.025 EUR
Kalk. Abschreibung	7.440 EUR	Reparaturen	1.400 EUR
Kalk. Zinsen	3.300 EUR	Kalk. Abschreibung	1.680 EUR
Kalk. Raumkosten	12.000 EUR	Kalk. Zinsen	2.200 EUR
		Kalk. Raumkosten	7.500 EUR
(4) – Furnierpressen –		**(5) – Schleiferei –**	
Schlösser	205.333 EUR	Löhne	39.159 EUR
Löhne	46.242 EUR	Elektr. Energie	960 EUR
Elektr. Energie	6.920 EUR	Schleifmaterial	38.220 EUR
Reparaturen	7.200 EUR	Kalk. Abschreibung	1.900 EUR
Kalk. Abschreibung	13.160 EUR	Kalk. Zinsen	880 EUR
Kalk. Zinsen	3.960 EUR	Kalk. Raumkosten	6.000 EUR
Kalk. Raumkosten	9.600 EUR		
(6) – Lackiererei –			
Löhne	41.055 EUR		
Elektr. Energie	1.016 EUR		
Lack	71.700 EUR		
Kalk. Abschreibung	2.800 EUR		
Kalk. Zinsen	1.200 EUR		
Kalk. Raumkosten	12.000 EUR		

Ermitteln Sie aus diesen Angaben die **Verbrauchsabweichungen** (prop. Istkosten – prop. Sollkosten) gegliedert nach Kostenstellen und Kostenarten. Die Istkosten für Türblattkerne in Höhe von 1.475.318 EUR wurden bereits um die tatsächlichen Abfallerlöse reduziert. Die ihnen gegenüberzustellenden Sollkosten sind gleichermaßen zu behandeln. Vergessen Sie nicht, dass in den hier aufgeführten Istkosten Fixkostenbestandteile enthalten sind! Die proportionalen Sollkosten werden aus den proportionalen Plankosten nach folgender Formel abgeleitet:

$$\text{proportionale Sollkosten} = \frac{\text{proportionale Plankosten}}{\text{Planbeschäftigung}} \cdot \text{Istbeschäftigung}$$

Die notwendigen Ausgangsdaten zur Ermittlung der Sollkosten finden Sie demnach in den Kostenstellenplänen (vgl. die **Aufgaben 181** bis **185**). Die Angaben zu den Planmaterialkosten finden Sie in **Aufgabe 190**.

6. Abschnitt

Ermittlung der Verbrauchsabweichungen in den Fertigungsstellen für Periode 02 (Lösung zu Aufgabe 193)

HOBELMANN & SÖHNE	(2) – Zuschneiderei –				(3) – Furnierabteilung –			
Planbezugsgröße Istbezugsgröße Auslastung	60.000 Stück 54.000 Stück 90 %				480.000 Minuten 432.000 Minuten 90 %			
Kostenarten	Fixkosten	prop. Kosten		Kostenabweichung	Fixkosten	prop. Kosten		Kostenabweichung
		Ist	Soll			Ist	Soll	
Türblattkern		1.475.318	1.446.390	28.928				
Nußfurnier						1.713.415	1.676.992	36.423
Resopal						1.271.491	1.270.080	1.411
Schlösser								
Löhne		73.840	74.800	– 960		177.022	175.680	1.342
Elektrische Energie	720	2.480	2.160	320				
Leim						95.025	94.500	525
Lack								
Schleifmaterial								
Reparaturen	252	4.538	4.318	220	500	900	900	
Kalkulatorische Abschreibung	2.400	5.040	5.040		600	1.080	1.080	
Kalkulatorische Zinsen	3.300				2.200			
Kalkulatorische Raumkosten	12.000				7.500			
Summe	**18.672**	**1.561.216**	**1.532.708**	**28.508**	**10.800**	**3.258.933**	**3.219.232**	**39.701**

Ermittlung der Verbrauchsabweichungen (Fortsetzung)

HOBELMANN & SÖHNE	(4) – Furnierpressen –				(5) – Schleiferei –				(6) – Lackiererei			
Planbezugsgröße Istbezugsgröße Auslastung	360.000 Minuten 324.000 Minuten 90 %				36.000 Stück 32.400 Stück 90 %				36.000 Stück 32.400 Stück 90 %			
Kostenarten	Fixkosten	proportionale Kosten		Kosten-abweichung	Fixkosten	proportionale Kosten		Kosten-abweichung	Fixkosten	proportionale Kosten		Kosten-abweichung
		Ist	Soll			Ist	Soll			Ist	Soll	
Türblattkern												
Nussfurnier												
Resopal												
Schlösser		205.333	205.200	133								
Löhne		46.242	45.360	882		39.159	38.412	747		41.055	42.840	– 1.785
Elektrische Energie	1.440	5.480	5.400	80	300	660	648	12	360	656	720	– 64
Leim												
Lack										71.700	77.760	– 6.060
Schleifmaterial						38.220	37.800	420				
Reparaturen	7.200											
Kalkulatorische Abschreibung	5.600	7.560	7.560		1.000	900	900		1.000	1.800	1.800	
Kalkulatorische Zinsen	3.960				880				1.200			
Kalkulatorische Raumkosten	9.600				6.000				12.000			
Summe	**27.800**	**264.615**	**263.520**	**1.095**	**8.180**	**78.939**	**77.760**	**1.179**	**14.560**	**115.211**	**123.120**	**– 7.909**

Aufgabe 194 Analyse von Verbrauchsabweichungen

Der Ermittlung der Verbrauchsabweichungen folgt die Analyse der Verbrauchsabweichungen. Geht man davon aus, dass dies die erste Kontrolle nach Einführung der Grenzplankostenrechnung ist, und unterstellt man ferner, dass sich teilweise sehr große (positive und negative) Verbrauchsabweichungen ergeben, erhebt sich die Frage, womit man bei der Analyse der Verbrauchsabweichungen beginnt.

Wöhe S. 917–921

Überall dort, wo sich hohe Kostenabweichungen ergeben, sollte zunächst der Plankostenansatz, auf welchem die **Sollkosten** basieren, überprüft werden. Ehe ein Mitarbeiter für Kostenabweichungen zur Rechenschaft gezogen wird, muss erwiesen sein, dass der Plankostenansatz realistisch ist.

Aufgabe 195 Verbrauchsabweichungen und Verantwortlichkeit

Nachfolgend wird unterstellt, dass sich die Plankostenansätze nach genauer Überprüfung als richtig erwiesen haben. In den Kostenstellen (4) und (5) ergaben sich Kostenabweichungen, die so geringfügig sind, dass sie im Folgenden vernachlässigt werden können, wodurch die verantwortlichen Leiter dieser Stellen zunächst entlastet sind. Stark ins Gewicht fällt dagegen die Verbrauchsabweichung der Kostenstelle (2), insbesondere bei den Materialkosten für Türblattkerne mit 28.928 EUR. Nachforschungen ergeben, dass der außerplanmäßige Materialverbrauch darauf zurückzuführen ist, dass eine erhebliche Anzahl von Holzplatten nicht maßgerecht geschnitten und somit nur noch als Abfall verkauft werden konnten. Mit dem Leiter der Zuschneiderei müssen geeignete Maßnahmen zur Abstellung solcher Mängel vereinbart werden.

Dem verantwortlichen Leiter der Lackiererei ist es hingegen gelungen, die Kostenvorgaben zu unterschreiten. Eine Prämie, welche von der Höhe der Kosteneinsparung abhängig ist, wird diesen Kostenstellenleiter auch künftig zu einem kostensparenden Faktoreinsatz veranlassen.

In der Kostenstelle (3) – Furnierabteilung – ergab sich ein außerplanmäßiger Verbrauch an Nussholzfurnier. Vom Leiter dieser Abteilung erfahren Sie, dass im abgelaufenen Jahr 02 ca. 600 Türblätter, die bis auf die Lackierung fertiggestellt waren, zum erneuten Furnieren zurückgekommen seien, da das Furnier an einer Stelle oder mehreren Stellen versehentlich bis auf den Türblattkern durchgeschliffen wurde. Wie beurteilen Sie diesen Vorgang im Hinblick auf die Verantwortlichkeit der Abteilungsleiter für Kostenabweichungen?

Der Mehrverbrauch an Nussholzfurnier ist zwar in Kostenstelle (3) – Furnierabteilung – angefallen, wurde aber durch Kostenstelle (5) – Schleiferei – verursacht. Deshalb ist nicht der Leiter der Stelle (3), sondern derjenige der Stelle (5) für diese Verbrauchsabweichung zur Rechenschaft zu ziehen. Dieser ist nicht nur für den Mehrverbrauch an Furnier und Leim, sondern ebenso für die zusätzlichen Bearbeitungskosten in der Kostenstelle (4) – Furnierpressen – verantwortlich.

Aufgabe 196 Beschäftigungsabweichung

Was ist eine Beschäftigungsabweichung? Wie kommt sie zustande? Warum gibt es in der Grenzplankostenrechnung keine Beschäftigungsabweichung?

Wöhe S. 918–920

Bei einer Änderung des Beschäftigungsgrades, d.h. bei einer Verringerung oder Erhöhung der Ausbringungsmenge, verändern sich auch die Gesamtkosten. Sind in diesen Gesamtkosten auch fixe Kosten enthalten, dann vermindern (erhöhen) sich bei einer Verringerung (Steigerung) der Ausbringungsmenge um beispielsweise 10% die Gesamtkosten um weniger als 10%. In einer Plankostenrechnung auf Vollkostenbasis wird dagegen unterstellt, dass sich die Kosten im gleichen Maße ändern wie die Ausbringungsmenge. Da in den Kalkulationssätzen der Plankostenrechnung auf Vollkostenbasis fixe und variable Kostenbestandteile enthalten sind, werden in diesem Abrechnungssystem bei einer Verringerung (Steigerung) der Ausbringungsmenge um 10% nicht nur 10% weniger (mehr) variable, sondern auch 10% weniger (mehr) fixe Kosten berechnet. Verrechnet man aber in der Plankostenrechnung auf Vollkostenbasis weniger (mehr) Fixkosten als tatsächlich entstanden sind, dann entsteht eine Differenz zwischen verrechneten Plankosten und tatsächlich entstandenen Kosten, welche man **Beschäftigungsabweichung** nennt.

In der Grenzplankostenrechnung kann es derartige Beschäftigungsabweichungen nicht geben, da in die Kalkulationssätze nur variable Kosten eingehen und somit eine Beschäftigungsänderung um 10% nur eine proportionale Änderung der variablen, nicht aber der fixen Kosten nach sich zieht.

VII. Testfragen zum Sechsten Abschnitt: C. Kostenrechnung

Den folgenden Fragen sind Antworten beigegeben, die teils richtig, teils falsch sind. Ihre Aufgabe besteht darin, die richtigen Antworten herauszufinden und zu begründen, warum sie richtig und die anderen falsch sind. Die Lösungen finden Sie im Anschluss an die letzte Frage. Gelingt Ihnen die Begründung nicht, so ist es empfehlenswert, die erfragten Zusammenhänge und Definitionen im „Wöhe" noch einmal durchzuarbeiten. Das Stichwortverzeichnis des „Wöhe" wird Ihnen helfen, sich schnell zurechtzufinden.

1. Folgende Sachverhalte lassen sich der Planungsaufgabe der Kostenrechnung zuordnen:

	richtig	falsch
(1) Ermittlung der Selbstkosten zur Feststellung der Preisuntergrenze.	O	O
(2) Ermittlung der Herstellungskosten zur Vorratsbewertung in der Handelsbilanz.	O	O
(3) Ermittlung der Selbstkosten zur Wahl des optimalen Produktionsverfahrens.	O	O
(4) Ermittlung der Istkosten im Wege der Nachkalkulation zur Feststellung von Unwirtschaftlichkeiten.	O	O

2. Welche der folgenden Behauptungen sind richtig?

	richtig	falsch
(1) Die Investitionsrechnung ist eine langfristige Rechnung, welche die Prüfung der Vorteilhaftigkeit von Kapazitätsänderungen zum Gegenstand hat.	O	O
(2) Die Kostenrechnung ist eine kurzfristige (Vorteilhaftigkeits-)Rechnung auf der Basis gegebener Kapazitäten.	O	O
(3) Investitionskalküle orientieren sich am Ziel langfristiger, Kostenrechnungskalküle orientieren sich am Ziel kurzfristiger Gewinnmaximierung.	O	O
(4) Für den Investitionsrechner sind Produktionsengpässe (und ihre Beseitigung) Planungsgegenstand, für den Kostenrechner sind sie ein Datum.	O	O

3. Welche der folgenden Behauptungen sind richtig?

	richtig	falsch
(1) Neutraler Aufwand darf keinen Eingang in die Kostenrechnung finden.	O	O
(2) Wertmäßige Kosten sind immer (früher oder später) mit Auszahlungen verbunden.	O	O
(3) Das Verursachungsprinzip ist das dominierende Prinzip der Kostenrechnung.	O	O
(4) In die Kostenrechnung findet nur der Teil des Aufwands Eingang, der durch die Erfüllung des Betriebszwecks verursacht wird.	O	O

4. Bei der Gesamtkostenfunktion K = 100 + 5 · x

	richtig	falsch
(1) handelt es sich um einen proportionalen Gesamtkostenverlauf mit Fixkostenblock.	○	○
(2) betragen die variablen Stückkosten 100.	○	○
(3) betragen die Durchschnittskosten k bei einer Ausbringungsmenge von 10 Stück 15 Geldeinheiten.	○	○
(4) nehmen die Grenzkosten K' mit zunehmender Ausbringungsmenge ab.	○	○

5. Welche der folgenden Behauptungen sind richtig?

	richtig	falsch
(1) Zur langfristigen Existenzsicherung muss ein Betrieb Erlöse erzielen, die seine Gesamtkosten K abdecken.	○	○
(2) Die Stückkosten k markieren die langfristige Preisuntergrenze.	○	○
(3) Auf kurze Sicht sind die variablen Kosten K_v unvermeidbar, also entscheidungsirrelevant.	○	○
(4) Als kurzfristige Preisuntergrenze sind wegen (3) nur die fixen Stückkosten k_f entscheidungsrelevant.	○	○
(5) Solange die Fixkosten K_f nicht abgebaut werden können, behält die kurzfristige Preisuntergrenze in Höhe der variablen Kosten ihre Gültigkeit.	○	○

6. Welche der folgenden Behauptungen sind richtig?

	richtig	falsch
(1) Ausgangspunkt zum Aufbau einer Kostenartenrechnung ist die Kostenträgerrechnung.	○	○
(2) Ausgangspunkt zum Aufbau einer Kostenartenrechnung ist die GuV.	○	○
(3) Die Kostenstellenrechnung ist eine unabdingbare Voraussetzung zur Erstellung einer Kostenträgerrechnung.	○	○
(4) Die Kostenstellenrechnung bezeichnet man auch als Kalkulation.	○	○
(5) Die Kostenstellenrechnung erleichtert die Wirtschaftlichkeitskontrolle.	○	○

7. Welche der folgenden Behauptungen sind richtig?

	richtig	falsch
(1) Die Vorkalkulation soll Dispositionsgrundlagen (= geplante Kosten) liefern.	○	○
(2) Die Interne Revision dient der Kostenkontrolle.	○	○
(3) Die Nachkalkulation liefert Informationen zu den tatsächlich angefallenen Kosten (= Istkosten).	○	○
(4) Zwecks Wirtschaftlichkeitskontrolle vergleicht man Plankosten und Istkosten bzw. Sollkosten.	○	○

8. Welche der folgenden Behauptungen sind richtig?

	richtig	falsch
(1) Die Kostenartenrechnung unterteilt die Gesamtkosten vorzugsweise nach der Herkunft der Kostengüter, weil auch die GuV diesem Einteilungskriterium folgt.	○	○
(2) Gemeinkosten lassen sich den einzelnen Kostenträgern leichter zurechnen als Einzelkosten.	○	○
(3) Fixe Kosten bezeichnet man auch als (Betriebs-) Bereitschaftskosten.	○	○
(4) Sekundäre Kosten entstehen durch die Erstellung innerbetrieblicher Leistungen.	○	○
(5) Sekundäre Kosten lassen sich immer auf fixe Kosten zurückführen.	○	○

9. Welche Aussagen zu den Grundlagen der Kostenrechnung sind richtig?

	richtig	falsch
(1) Die Absatzpreise der erstellten Produkte werden grundsätzlich durch die kostenrechnerische Kalkulation ermittelt.	○	○
(2) Einzelkosten sind immer variable Kosten, variable Kosten aber nicht immer Einzelkosten.	○	○
(3) Gemeinkosten sind immer Fixkosten, variable Kosten aber nicht immer Einzelkosten.	○	○
(4) Der wertmäßige Kostenbegriff ist im Wesentlichen durch die Merkmale Leistungsbezogenheit, Verbrauch von Produktionsfaktoren und Bewertung charakterisiert.	○	○

10. Welche der folgenden Antworten sind richtig?

	richtig	falsch
(1) Grundkosten lassen sich einfacher ermitteln als kalkulatorische Kosten.	○	○
(2) Die Gesamtkosten setzen sich aus Einzelkosten und kalkulatorischen Kosten zusammen.	○	○
(3) Verluste vermeidet man dann, wenn man kalkulatorische Abschreibungen eher zu hoch als zu niedrig ansetzt.	○	○
(4) Die Verrechnung kalkulatorischer Wagniskosten dient der vollständigen Erfassung des Wertverzehrs.	○	○

11. Welche der folgenden Feststellungen sind zutreffend?

	richtig	falsch
(1) Fixe Kosten = Einzelkosten; variable Kosten = Gemeinkosten.	○	○
(2) fixe Kosten = Gemeinkosten; variable Kosten = Einzelkosten.	○	○
(3) zwischen fixen und variablen Kosten einerseits und Einzel- und Gemeinkosten andererseits lässt sich keine Beziehung herstellen.	○	○
(4) fixe Kosten = Gemeinkosten abzüglich variabler Gemeinkosten, variable Kosten = Einzelkosten zuzüglich variabler Gemeinkosten.	○	○

12. Bei welchen der folgenden Kostenarten handelt es sich um variable Kosten?

	richtig	falsch
(1) Grundsteuer	○	○
(2) Akkordlöhne	○	○
(3) Zeitabschreibung	○	○
(4) Einzelmaterial	○	○
(5) Leistungsabschreibung	○	○
(6) Geschäftsführergehalt	○	○
(7) Ladenmiete	○	○

13. In der Kostenrechnung sind zu berücksichtigen:

	richtig	falsch
(1) Kredittilgungen	○	○
(2) Der Verkauf einer Maschine zu einem über dem Restwert liegenden Preis	○	○
(3) Die Zahlung von Lohnvorschüssen	○	○
(4) Die Zahlung bzw. der Erhalt von Spenden	○	○
(5) Der Einsatz unternehmerischer Arbeitsleistung in Personenunternehmen	○	○

14. Folgende Personalkostenbestandteile zählen in einem Mehrproduktunternehmen zu den Kostenträgereinzelkosten:

	richtig	falsch
(1) Kalkulatorischer Unternehmerlohn	○	○
(2) Hilfslöhne	○	○
(3) Fertigungslöhne	○	○
(4) Freiwillige Sozialkosten	○	○

15. Zu den aperiodisch anfallenden Personalkosten gehören

	richtig	falsch
(1) Akkordlöhne	○	○
(2) Urlaubslöhne	○	○
(3) Weihnachtsgeld	○	○
(4) Lohnfortzahlung im Krankheitsfall	○	○

16. Welche der folgenden Behauptungen sind richtig?

	richtig	falsch
(1) Die Inventurmethode ermittelt die Materialverbrauchsmenge nach der Gleichung: Verbrauch = Anfangsbestand + Endbestand – Zugänge.	○	○
(2) Bei der Inventurmethode wird der ordnungsgemäß vom Lager entnommene Materialverbrauch ermittelt.	○	○
(3) Bei der Rückrechnung wird der planmäßige Materialverbrauch bei ordentlicher Wirtschaftsführung ermittelt.	○	○
(4) Die parallele Anwendung unterschiedlicher Verfahren der Verbrauchsmengenerfassung dient der differenzierten Wirtschaftlichkeitskontrolle.	○	○

17. Welche der folgenden Behauptungen sind richtig?

	richtig	falsch
(1) Kalkulatorische Kosten bestehen aus Anderskosten und Zusatzkosten.	○	○
(2) Zusatzkosten basieren auf entgangenen Erlösen.	○	○
(3) Die kalkulatorische Miete gehört zu den Anderskosten.	○	○
(4) Die kalkulatorischen Abschreibungen gehören zu den Anderskosten.	○	○

18. Welche der folgenden Behauptungen sind richtig?

	richtig	falsch
(1) Bilanzielle und kalkulatorische Abschreibungen können zwar in den einzelnen Jahresraten divergieren, sind jedoch auf die gesamte Nutzungsdauer bezogen stets gleich.	○	○
(2) Die kalkulatorische Abschreibung ist höher als die bilanzielle Abschreibung, da man in der Kostenrechnung von einer längeren Nutzungsdauer ausgeht.	○	○
(3) Die kalkulatorische Abschreibung ist insgesamt höher als die bilanzielle Abschreibung, wenn in der Kostenrechnung trotz Beendigung der ursprünglich prognostizierten Nutzungsdauer weiterhin kalkulatorische Abschreibungen verrechnet werden.	○	○
(4) Eine höhere kalkulatorische Abschreibung führt zwangsläufig über höhere Preise zu höheren Gewinnen.	○	○

19. Warum verrechnet man einen kalkulatorischen Unternehmerlohn?

	richtig	falsch
(1) Um möglichst hohe Preise zu erzielen,	○	○
(2) um Steuern zu sparen,	○	○
(3) um das Unternehmergehalt auszahlen zu können,	○	○
(4) um den Faktorverbrauch bei Ermittlung der Preisuntergrenze vollständig zu erfassen.	○	○

20. Welche Gemeinsamkeiten bestehen zwischen kalkulatorischer Miete und kalkulatorischen Zinsen für Eigenkapital? In beiden Fällen handelt es sich um

	richtig	falsch
(1) ein fiktives Entgelt für unternehmereigene Faktorleistungen.	○	○
(2) Kosten, denen kein Aufwand gegenübersteht.	○	○
(3) Beträge, die aus dem Gewinn der Handels- und Steuerbilanz nicht eliminiert wurden.	○	○
(4) eine Maßnahme zur Verhinderung einer zu niedrigen Preisuntergrenze.	○	○

21. Welche der folgenden Aussagen sind richtig?

	richtig	falsch
(1) Eine Kapitalgesellschaft kann auf die Erfassung kalkulatorischer Miete verzichten.	○	○
(2) Eine Kapitalgesellschaft kann mit ihren Gesellschaftern Verträge abschließen und deshalb auf die Berücksichtigung aller Arten von Zusatzkosten verzichten.	○	○
(3) Sind die erwarteten Wiederbeschaffungskosten höher als die Anschaffungskosten, übersteigt die kalkulatorische Abschreibung in jedem Nutzungsjahr die bilanzielle Abschreibung.	○	○
(4) Die Verrechnung kalkulatorischer Wagniskosten dient der Periodisierung aperiodischer anfallenden Wertverzehrs.	○	○

22. Welche der folgenden Aussagen sind richtig?

	richtig	falsch
(1) Eine Berechnung kalkulatorischer Abschreibungen auf der Basis erwarteter Wiederbeschaffungskosten sichert in jedem Falle die Substanzerhaltung.	○	○
(2) Bei der Ermittlung kalkulatorischer Abschreibungen sind außerplanmäßige Abschreibungen nicht zu berücksichtigen.	○	○
(3) Nachkalkulationen werden nicht nur zur Kostenkontrolle benötigt.	○	○
(4) Bei der Ermittlung der kurzfristigen Preisuntergrenze werden nur variable Kosten berücksichtigt.	○	○

23. Kalkulatorische Zinsen

	richtig	falsch
(1) können sich aus Zinsaufwand lt. GuV und kalkulatorischen Eigenkapitalzinsen zusammensetzen.	○	○
(2) sind immer Einzelkosten.	○	○
(3) können bei abnutzbaren Anlagegütern nach der Restwertmethode oder nach der Durchschnittsmethode berechnet werden.	○	○
(4) gehören üblicherweise zu den variablen Kosten.	○	○

24. Welche Grundsätze sind bei der Kostenstellenbildung zu berücksichtigen?

	richtig	falsch
(1) Jede Kostenstelle muss ein abgeschlossener Raum sein.	○	○
(2) In jeder Kostenstelle darf nur eine Person beschäftigt sein.	○	○
(3) In einer Kostenstelle dürfen nicht zu hohe Kosten anfallen.	○	○
(4) In einer Kostenstelle dürfen nur Einzelkosten anfallen.	○	○
(5) In einer Kostenstelle dürfen nur variable Kosten anfallen.	○	○

25. Welche der folgenden Behauptungen sind richtig?

	richtig	falsch
(1) Im Betriebsabrechnungsbogen werden nur Gemeinkosten, nicht aber Zusatzkosten berücksichtigt.	○	○
(2) Sekundäre Kosten erscheinen immer nur dann, wenn es Hilfskostenstellen gibt.	○	○
(3) Gibt es zwischen den Hilfskostenstellen keinen Leistungszufluss, sollte man zur innerbetrieblichen Leistungsverrechnung einfachheitshalber das Stufenleiterverfahren heranziehen.	○	○
(4) Die Summe der primären Gemeinkosten der Hilfskostenstellen ist identisch mit der Summe der sekundären Gemeinkosten der Hauptkostenstellen.	○	○

26. Die innerbetriebliche Leistungsverrechnung

	richtig	falsch
(1) ist Bestandteil der Kostenartenrechnung.	○	○
(2) nach dem Gleichungsverfahren führt immer zu exakten Kalkulationsergebnissen.	○	○
(3) führt beim Anbauverfahren nur bei einseitigem Leistungsfluss innerhalb der Hilfskostenstellen zu exakten Ergebnissen.	○	○
(4) erfolgt im Rahmen des Betriebsabrechnungsbogens.	○	○

27. Im Betriebsabrechnungsbogen

	richtig	falsch
(1) werden nur Gemeinkosten verrechnet.	○	○
(2) werden zuerst die Hauptkostenstellen, danach die Hilfskostenstellen abgerechnet.	○	○
(3) werden üblicherweise Material-, Fertigungs-, Verwaltungs- und Vertriebsstellen als Hauptkostenstellen behandelt.	○	○
(4) wird für jede Hauptkostenstelle ein Kalkulationssatz ermittelt.	○	○

28. Welche Kostenarten sind Bestandteil der Herstellkosten?

	richtig	falsch
(1) Fertigungsgemeinkosten	○	○
(2) Fertigungsmaterial	○	○
(3) Sondereinzelkosten der Fertigung	○	○
(4) Sondereinzelkosten des Vertriebs	○	○
(5) Verwaltungsgemeinkosten	○	○

29. Herstellkosten

	richtig	falsch
(1) beinhalten nur Gemeinkosten.	○	○
(2) umfassen alle Kosten mit Ausnahme der Verwaltungs- und Vertriebskosten.	○	○

	richtig	falsch
(3) sind identisch mit den handelsrechtlichen Herstellungskosten zur Bewertung von Halb- und Fertigfabrikaten.	○	○
(4) dienen häufig als Bezugsgröße zur Ermittlung der Kalkulationssätze in den Kostenstellen Verwaltung bzw. Vertrieb.	○	○

30. Der Betriebsabrechnungsbogen ist Bestandteil

	richtig	falsch
(1) der Kostenartenrechnung.	○	○
(2) der Kostenstellenrechnung.	○	○
(3) der Kostenträgerrechnung.	○	○
(4) der Divisionskalkulation.	○	○
(5) der Zuschlagskalkulation.	○	○

31. Zur Anwendung einer einstufigen Divisionskalkulation müssen folgende Voraussetzungen vorliegen:

	richtig	falsch
(1) Einproduktunternehmen	○	○
(2) nur variable Kosten	○	○
(3) proportionaler Gesamtkostenverlauf	○	○
(4) keine Bestandsveränderungen an Halb- und Fertigfabrikaten	○	○

32. Welche Aussagen zur Äquivalenzziffernkalkulation sind richtig?

	richtig	falsch
(1) Die Äquivalenzziffernkalkulation ist eine spezielle Methode der Divisionskalkulation.	○	○
(2) Die Äquivalenzziffernkalkulation beruht darauf, dass die unterschiedlichen Kostenverhältnisse einzelner Sorten durch Äquivalenzziffern erfasst werden können.	○	○
(3) Die Äquivalenzziffernkalkulation kann nur angewendet werden, wenn alle Produkte in der gleichen Menge produziert werden.	○	○
(4) Die Äquivalenzziffernkalkulation eignet sich auch gut für Unternehmen mit Einzelfertigung.	○	○

33. Die mehrstufige Äquivalenzziffernkalkulation ist anzuwenden bei:

	richtig	falsch
(1) Einzelfertigung	○	○
(2) einheitlicher Massenfertigung	○	○
(3) Sortenfertigung ohne Lagerbestandsveränderungen	○	○
(4) Sortenfertigung mit Lagerbestandsveränderungen	○	○

34. Welche der folgenden Behauptungen sind richtig?

	richtig	falsch
(1) Dem Proportionalitätsprinzip wird in jedem Fall Genüge getan, wenn zur Ermittlung des Kalkulationssatzes einer Fertigungsstelle Fertigungseinzelkosten als Bezugsgröße herangezogen werden.	○	○
(2) Im Einproduktunternehmen führt eine einstufige Divisionskalkulation immer zu Kalkulationsergebnissen, die dem Kostenverursachungsprinzip entsprechen.	○	○
(3) Die summarische Zuschlagskalkulation kann ohne Betriebsabrechnungsbogen abgewickelt werden.	○	○
(4) Orientieren sich die Äquivalenzziffern am Materialverbrauch, führt nur eine zweistufige Äquivalenzziffernkalkulation zu kostenverursachungsgerechten Kalkulationsergebnissen.	○	○

35. Die Deckungsbeitragsrechnung bietet gegenüber der Vollkostenrechnung vor allem den Vorteil,

	richtig	falsch
(1) die effektiven Selbstkosten pro Stück zu ermitteln.	○	○
(2) die variablen Kosten verursachungsgerecht zu verrechnen.	○	○
(3) die fixen Kosten verursachungsgerecht zu verrechnen.	○	○
(4) das Verursachungsprinzip einzuhalten und auf die Einbeziehung nicht zurechenbarer (fixer) Kosten zu verzichten.	○	○

36. Die Differenz zwischen Plankosten und Sollkosten bezeichnet man als

	richtig	falsch
(1) Verbrauchsabweichung	○	○
(2) Beschäftigungsabweichung	○	○
(3) Preisabweichung	○	○
(4) Planabweichung	○	○

37. Welche Abweichungen gibt es in der Grenzplankostenrechnung?

	richtig	falsch
(1) Preisabweichung	○	○
(2) Beschäftigungsabweichung	○	○
(3) Verbrauchsabweichung	○	○
(4) überhaupt keine Kostenabweichung	○	○

Lösungen: Richtig sind folgende Antworten: **1.** (1), (3); **2.** (1), (2), (4); **3.** (1), (3), (4); **4.** (1), (3); **5.** (1), (2), (5); **6.** (2), (5); **7.** (1), (3), (4); **8.** (3), (4); **9.** (2), (4); **10.** (1); **11.** (4); **12.** (2), (4), (5); **13.** (5); **14.** (3); **15.** (2), (3), (4); **16.** (3), (4); **17.** (1), (2), (4); **18.** (3); **19.** (4); **20.** (1), (2), (3), (4); **21.** (1), (4); **22.** (2), (3), (4); **23.** (1), (3); **24.** alle Antworten sind falsch; **25.** (2), (4); **26.** (2), (4); **27.** (1), (3), (4); **28.** (1), (2), (3); **29.** (2), (4); **30.** (2); **31.** (1), (4); **32.** (1), (2); **33.** (4); **34.** (3); **35.** (4); **36.** (2); **37.** (1), (3).

Zinstabellen

6 %					
Periode n	Aufzin-sungsfaktor $(1 + i)^n$	Abzin-sungsfaktor $\frac{1}{(1 + i)^n}$	Rentenbar-wertfaktor $\frac{(1 + i)^n - 1}{i \cdot (1 + i)^n}$	Annuitäten-faktor $\frac{i \cdot (1 + i)^n}{(1 + i)^n - 1}$	**Periode** n
(1)	(2)	(3)	(4)	(5)	(6)
1	1,060	0,9434	0,943	1,06000	1
2	1,124	0,8900	1,833	0,54544	2
3	1,191	0,8396	2,673	0,37411	3
4	1,262	0,7921	3,465	0,28859	4
5	1,338	0,7473	4,212	0,23740	5
6	1,419	0,7050	4,917	0,20336	6
7	1,504	0,6651	5,582	0,17914	7
8	1,594	0,6274	6,210	0,16104	8
9	1,689	0,5919	6,802	0,14702	9
10	1,791	0,5584	7,360	0,13587	10
11	1,898	0,5268	7,887	0,12679	11
12	2,012	0,4970	8,384	0,11928	12
13	2,133	0,4688	8,853	0,11296	13
14	2,261	0,4423	9,295	0,10758	14
15	2,397	0,4173	9,712	0,10296	15
16	2,540	0,3936	10,106	0,09895	16
17	2,693	0,3714	10,477	0,09544	17
18	2,854	0,3503	10,828	0,09236	18
19	3,026	0,3305	11,158	0,08962	19
20	3,207	0,3118	11,470	0,08718	20
21	3,400	0,2942	11,764	0,08500	21
22	3,604	0,2775	12,042	0,08305	22
23	3,820	0,2618	12,303	0,08128	23
24	4,049	0,2470	12,550	0,07968	24
25	4,292	0,2330	12,783	0,07823	25
26	4,549	0,2198	13,003	0,07690	26
27	4,822	0,2074	13,211	0,07570	27
28	5,112	0,1956	13,406	0,07459	28
29	5,418	0,1846	13,591	0,07358	29
30	5,743	0,1741	13,765	0,07265	30
31	6,088	0,1643	13,929	0,07179	31
32	6,453	0,1550	14,084	0,07100	32
33	6,841	0,1462	14,230	0,07027	33
34	7,251	0,1379	14,368	0,06960	34
35	7,686	0,1301	14,498	0,06897	35
36	8,147	0,1227	14,621	0,06839	36
37	8,636	0,1158	14,737	0,06786	37
38	9,154	0,1092	14,846	0,06736	38
39	9,704	0,1031	14,949	0,06689	39
40	10,286	0,0972	15,046	0,06646	40
41	10,903	0,0917	15,138	0,06606	41
42	11,557	0,0865	15,225	0,06568	42
43	12,250	0,0816	15,306	0,06533	43
44	12,985	0,0770	15,383	0,06501	44
45	13,765	0,0727	15,456	0,06470	45
46	14,590	0,0685	15,524	0,06441	46
47	15,466	0,0647	15,589	0,06415	47
48	16,394	0,0610	15,650	0,06390	48
49	17,378	0,0575	15,708	0,06366	49
50	18,420	0,0543	15,762	0,06344	50

8 %					
Periode n	Aufzinsungsfaktor $(1+i)^n$	Abzinsungsfaktor $\frac{1}{(1+i)^n}$	Rentenbarwertfaktor $\frac{(1+i)^n-1}{i\cdot(1+i)^n}$	Annuitätenfaktor $\frac{i\cdot(1+i)^n}{(1+i)^n-1}$	**Periode** n
(1)	(2)	(3)	(4)	(5)	(6)
1	1,080	0,9259	0,926	1,08000	1
2	1,166	0,8573	1,783	0,56077	2
3	1,260	0,7938	2,577	0,38803	3
4	1,360	0,7350	3,312	0,30192	4
5	1,469	0,6806	3,993	0,25046	5
6	1,587	0,6302	4,623	0,21632	6
7	1,714	0,5835	5,206	0,19207	7
8	1,851	0,5403	5,747	0,17401	8
9	1,999	0,5002	6,247	0,16008	9
10	2,159	0,4632	6,710	0,14903	10
11	2,332	0,4289	7,139	0,14008	11
12	2,518	0,3971	7,536	0,13270	12
13	2,720	0,3677	7,904	0,12652	13
14	2,937	0,3405	8,244	0,12130	14
15	3,172	0,3152	8,559	0,11683	15
16	3,426	0,2919	8,851	0,11298	16
17	3,700	0,2703	9,122	0,10963	17
18	3,996	0,2502	9,372	0,10670	18
19	4,316	0,2317	9,604	0,10413	19
20	4,661	0,2145	9,818	0,10185	20
21	5,034	0,1987	10,017	0,09983	21
22	5,437	0,1839	10,201	0,09803	22
23	5,871	0,1703	10,371	0,09642	23
24	6,341	0,1577	10,529	0,09498	24
25	6,848	0,1460	10,675	0,09368	25
26	7,396	0,1352	10,810	0,09251	26
27	7,988	0,1252	10,935	0,09145	27
28	8,627	0,1159	11,051	0,09049	28
29	9,317	0,1073	11,158	0,08962	29
30	10,063	0,0994	11,258	0,08883	30
31	10,868	0,0920	11,350	0,08811	31
32	11,737	0,0852	11,435	0,08745	32
33	12,676	0,0789	11,514	0,08685	33
34	13,690	0,0730	11,587	0,08630	34
35	14,785	0,0676	11,655	0,08580	35
36	15,968	0,0626	11,717	0,08534	36
37	17,246	0,0580	11,775	0,08492	37
38	18,625	0,0537	11,829	0,08454	38
39	20,115	0,0497	11,879	0,08419	39
40	21,725	0,0460	11,925	0,08386	40
41	23,462	0,0426	11,967	0,08356	41
42	25,339	0,0395	12,007	0,08329	42
43	27,367	0,0365	12,043	0,08303	43
44	29,556	0,0338	12,077	0,08280	44
45	31,920	0,0313	12,108	0,08259	45
46	34,474	0,0290	12,137	0,08239	46
47	37,232	0,0269	12,164	0,08221	47
48	40,211	0,0249	12,189	0,08204	48
49	43,427	0,0230	12,212	0,08189	49
50	46,902	0,0213	12,233	0,08174	50

10 %					
Periode n	Aufzinsungsfaktor $(1 + i)^n$	Abzinsungsfaktor $\frac{1}{(1 + i)^n}$	Rentenbarwertfaktor $\frac{(1 + i)^n - 1}{i \cdot (1 + i)^n}$	Annuitätenfaktor $\frac{i \cdot (1 + i)^n}{(1 + i)^n - 1}$	**Periode** n
(1)	(2)	(3)	(4)	(5)	(6)
1	1,100	0,9091	0,909	1,10000	1
2	1,210	0,8264	1,736	0,57619	2
3	1,331	0,7513	2,487	0,40211	3
4	1,464	0,6830	3,170	0,31547	4
5	1,611	0,6209	3,791	0,26380	5
6	1,772	0,5645	4,355	0,22961	6
7	1,949	0,5132	4,868	0,20541	7
8	2,144	0,4665	5,335	0,18744	8
9	2,358	0,4241	5,759	0,17364	9
10	2,594	0,3855	6,145	0,16275	10
11	2,853	0,3505	6,495	0,15396	11
12	3,138	0,3186	6,814	0,14676	12
13	3,452	0,2897	7,103	0,14078	13
14	3,797	0,2633	7,367	0,13575	14
15	4,177	0,2394	7,606	0,13147	15
16	4,595	0,2176	7,824	0,12782	16
17	5,054	0,1978	8,022	0,12466	17
18	5,560	0,1799	8,201	0,12193	18
19	6,116	0,1635	8,365	0,11955	19
20	6,727	0,1486	8,514	0,11746	20
21	7,400	0,1351	8,649	0,11562	21
22	8,140	0,1228	8,772	0,11401	22
23	8,954	0,1117	8,883	0,11257	23
24	9,850	0,1015	8,985	0,11130	24
25	10,835	0,0923	9,077	0,11017	25
26	11,918	0,0839	9,161	0,10916	26
27	13,110	0,0763	9,237	0,10826	27
28	14,421	0,0693	9,307	0,10745	28
29	15,863	0,0630	9,370	0,10673	29
30	17,449	0,0573	9,427	0,10608	30
31	19,194	0,0521	9,479	0,10550	31
32	21,114	0,0474	9,526	0,10497	32
33	23,225	0,0431	9,569	0,10450	33
34	25,548	0,0391	9,609	0,10407	34
35	28,102	0,0356	9,644	0,10369	35
36	30,913	0,0323	9,677	0,10334	36
37	34,004	0,0294	9,706	0,10303	37
38	37,404	0,0267	9,733	0,10275	38
39	41,145	0,0243	9,757	0,10249	39
40	45,259	0,0221	9,779	0,10226	40
41	49,785	0,0201	9,799	0,10205	41
42	54,764	0,0183	9,817	0,10186	42
43	60,240	0,0166	9,834	0,10169	43
44	66,264	0,0151	9,849	0,10153	44
45	72,890	0,0137	9,863	0,10139	45
46	80,180	0,0125	9,875	0,10126	46
47	88,197	0,0113	9,887	0,10115	47
48	97,017	0,0103	9,897	0,10104	48
49	106,719	0,0094	9,906	0,10095	49
50	117,391	0,0085	9,915	0,10086	50